www.kuhminsa.com

한 발 앞서는 출판사 구민사

# KUHMINSA

#604, Mullaebuk-ro 116, Yeongdeungpo-gu
Seoul, Republic of Korea

T. 02 701 7421
F. 02 3273 9642

Email kuhminsa@kuhminsa.co.kr

# 자격증 시험 접수부터 자격증 수령까지

### 필기원서접수
큐넷 회원 가입 후 (www.q-net.or.kr)
**인터넷 접수만 가능**
사진 파일, 접수비 (인터넷 결제) 필요
**응시자격 요건**
반드시 확인할 것

### 필기시험
입실 시간 미준수 시
**시험 응시 불가**
준비물 : 수험표, 신분증, 필기구 지참!

### 합격여부 확인
**큐넷 사이트**에서 확인 (www.q-net.or.kr)

### 실기원서접수
큐넷 회원 가입 후 (www.q-net.or.kr)
응시 자격 서류는
**실기시험 접수기간 (4일 이내)**에 제출 해야만 접수 가능

# 합격

한 발 앞서나가는 출판사
구민사에서 시작하세요!

### 실기시험

필답형과 작업형으로 분류. 원서 접수 시 선택한 장소와 시간에 맞게 시험을 봅니다.
**준비물 : 수험표, 신분증, 필기구 지참!**

### 합격여부 확인

**큐넷 사이트**에서 확인 (www.q-net.or.kr)

### 자격증 신청

방문 또는 인터넷 신청 가능. 방문 신청 시 **신분증, 발급 수수료** 지참할 것!

### 자격증 수령

방문 또는 등기 우편 수령 가능. 등기비용을 추가하면 우편으로 받을 수 있습니다.

# CONTENTS

**필답형**

## Part 1 안전관리

**Chapter 1 안전보건관리조직** ... 1-004
- 안전과 생산 ... 1-004
- 페일 세이프(Fail safe)와 풀 프루프(Fool proof) ... 1-006
- 안전보건 관리조직 ... 1-006
- 산업안전보건법상의 안전보건조직 체계 ... 1-008
- ❖ 예상문제 ... 1-025

**Chapter 2 안전관리계획 수립 및 운용** ... 1-042
- 안전보건관리규정 ... 1-042
- 안전보건관리계획 및 안전보건 개선계획 ... 1-043
- 안전관리자의 증원·교체임명 명령 ... 1-045
- 사업장의 산업재해 발생건수 등 공표 ... 1-046
- 안전보건 진단 ... 1-048
- ❖ 예상문제 ... 1-051

**Chapter 3 산업재해발생 및 재해조사 분석** ... 1-059
- 재해조사 분석 ... 1-059
- 산업재해발생 보고 ... 1-062
- 산업재해 발생형태 및 상해 종류 ... 1-067
- 산업재해 발생원인, 상해정도 구분 ... 1-071
- 재해통계 및 재해사례연구 ... 1-073
- 사고발생 및 사고방지 이론 ... 1-075
- 재해율의 계산 ... 1-078
- 재해손실비의 종류 및 계산 ... 1-085
- ❖ 예상문제 ... 1-087

**Chapter 4 안전점검·인증 및 진단** ... 1-112
- 안전점검 ... 1-112
- 안전검사 ... 1-113
- 자율검사프로그램에 따른 안전검사 ... 1-114
- 안전인증 ... 1-116
- 자율안전확인 ... 1-118
- 안전인증의 표시 ... 1-119
- 안전인증 및 안전검사 대상 기계, 기구 ... 1-120
- ❖ 예상문제 ... 1-124

| Chapter 5 | 보호구 및 안전 보건 표지 | 1-133 |
|---|---|---|
| | • 안전인증 대상 보호구의 종류별 특성 및 성능기준, 시험방법 | 1-136 |
| | • 안전보건표지 | 1-156 |
| | ❖ 예상문제 | 1-161 |

| Chapter 6 | 안전보건교육 | 1-176 |
|---|---|---|
| | • 안전교육 목적 및 필요성 | 1-176 |
| | • 학습이론 | 1-177 |
| | • 학습조건 | 1-180 |
| | • 안전보건교육계획 수립 및 실시 | 1-181 |
| | • 학습목적 및 교육의 단계 | 1-182 |
| | • 교육실시 방법의 종류 | 1-185 |
| | • 안전보건관리책임자 등에 대한 직무교육 | 1-187 |
| | • 산업심리 | 1-203 |
| | • 리더십과 헤드십 | 1-205 |
| | • 동기부여 이론 | 1-207 |
| | • 무재해운동과 위험예지훈련 | 1-209 |
| | ❖ 예상문제 | 1-212 |

## Part 2 건설공사 안전

| Chapter 1 | 건설공사 특수성 분석 | 1-234 |
|---|---|---|
| | • 시설물의 안전관리에 관한 특별법 | 1-234 |
| | • 건설공시 안전관리계획의 수립(건설기술 진흥법 시행령) | 1-236 |

| Chapter 2 | 가설공사 안전 | 1-239 |
|---|---|---|
| | • 비계의 종류 및 기준 | 1-239 |
| | • 비계작업 시 안전조치 | 1-243 |
| | • 작업통로 설치기준 | 1-244 |
| | • 계단, 이동식 사다리, 작업발판 등의 설치 | 1-246 |
| | ❖ 예상문제 | 1-249 |

| Chapter 3 | 토공사 안전 | 1-257 |
|---|---|---|
| | • 지반의 조사 | 1-257 |
| | • 지반의 이상 현상 및 안전대책 | 1-258 |
| | ❖ 예상문제 | 1-261 |

## Chapter 4 구조물공사 안전 — 1-265
- 거푸집 및 거푸집 동바리 안전 — 1-265
- 콘크리트 타설 작업 및 철골공사 안전 — 1-267
- 해체공사 — 1-269
- ❖ 예상문제 — 1-270

## Chapter 5 건설기계 · 기구 안전 — 1-275
- 굴삭장비(굴착기계) — 1-275
- 안전수칙 — 1-276
- 항타기 및 항발기 — 1-279
- 컨베이어 — 1-281
- 화물자동차 — 1-282
- 고소작업대 — 1-283
- 구내운반차 — 1-284
- 지게차 — 1-284
- 양중기 — 1-288
- 양중기의 안전수칙 — 1-290
- ❖ 예상문제 — 1-297

## Chapter 6 사고형태별 안전 — 1-309
- 추락위험방지 — 1-309
- 추락방지설비 — 1-310
- 안전대 — 1-313
- 토석붕괴 위험성 — 1-314
- 흙막이 공법의 분류 — 1-316
- 터널굴착공사 안전 — 1-317
- 교량작업 및 채석작업 시 안전 — 1-320
- 낙하 · 비래 예방대책 — 1-321
- 운반, 하역작업 안전 — 1-322
- 밀폐공간에서의 건강장애 예방, 환기장치 — 1-323
- 전기작업 안전 — 1-327
- 정전전로에서의 전기작업(정전작업) — 1-330
- 충전전로에서의 전기작업(활선작업) — 1-332
- 충전전로 인근에서의 차량 · 기계장치 작업 — 1-334
- 전격재해 예방 및 조치 — 1-334
- 아세틸렌 용접장치 — 1-339
- 가스집합용접장치 — 1-342
- ❖ 예상문제 — 1-344

## Part 3 안전기준

**Chapter 1** 건설안전 관련법규 — 1-358
- 건설업 등의 산업재해 예방 — 1-358
- 산업안전보건관리비 계상 및 사용 — 1-361
- 산업안전보건관리비의 항목별 사용내역 및 기준 — 1-364
- 사전조사 및 작업계획서 — 1-368
- 유해위험방지계획서를 제출해야 될 건설공사 — 1-372
- 작업지휘자 지정 및 일정 신호방법 결정 — 1-374
- ❖ 예상문제 — 1-375

**Chapter 2** 안전기준 및 기술지침 적용 — 1-388
- 안전·보건조치 — 1-388
- 공정안전보고서 — 1-391
- 건강진단 — 1-395
- 위험성 평가 — 1-398
- 작업시작 전 점검 — 1-409
- 관리감독자의 유해위험방지업무 — 1-412
- ❖ 예상문제 — 1-418

## Part 4 실기 [필답형] 기출문제

| | |
|---|---|
| 건설안전산업기사(2012년 1회) | 1-426 |
| 건설안전산업기사(2012년 2회) | 1-434 |
| 건설안전산업기사(2012년 4회) | 1-441 |
| 건설안전산업기사(2013년 1회) | 1-447 |
| 건설안전산업기사(2013년 2회) | 1-455 |
| 건설안전산업기사(2013년 4회) | 1-462 |
| 건설안전산업기사(2014년 1회) | 1-468 |
| 건설안전산업기사(2014년 2회) | 1-474 |
| 건설안전산업기사(2014년 4회) | 1-479 |
| 건설안전산업기사(2015년 1회) | 1-485 |
| 건설안전산업기사(2015년 2회) | 1-492 |
| 건설안전산업기사(2015년 4회) | 1-498 |
| 건설안전산업기사(2016년 1회) | 1-505 |
| 건설안전산업기사(2016년 2회) | 1-512 |
| 건설안전산업기사(2016년 4회) | 1-518 |
| 건설안전산업기사(2017년 1회) | 1-524 |
| 건설안전산업기사(2017년 2회) | 1-531 |
| 건설안전산업기사(2017년 4회) | 1-537 |

| | | |
|---|---|---|
| 건설안전산업기사(2018년 1회) | | 1-543 |
| 건설안전산업기사(2018년 2회) | | 1-550 |
| 건설안전산업기사(2018년 4회) | | 1-555 |
| 건설안전산업기사(2019년 1회) | | 1-561 |
| 건설안전산업기사(2019년 2회) | | 1-568 |
| 건설안전산업기사(2019년 4회) | | 1-574 |
| 건설안전산업기사(2020년 1회) | | 1-581 |
| 건설안전산업기사(2020년 2회) | | 1-587 |
| 건설안전산업기사(2020년 4회) | | 1-594 |
| 건설안전산업기사(2021년 1회) | | 1-602 |
| 건설안전산업기사(2021년 2회) | | 1-609 |
| 건설안전산업기사(2021년 4회) | | 1-618 |
| 건설안전산업기사(2022년 1회) | | 1-623 |
| 건설안전산업기사(2022년 2회) | | 1-630 |
| 건설안전산업기사(2022년 4회) | | 1-636 |
| 건설안전산업기사(2023년 1회) | | 1-643 |
| 건설안전산업기사(2023년 2회) | | 1-651 |
| 건설안전산업기사(2023년 4회) | | 1-658 |
| 건설안전산업기사(2024년 1회) | | 1-665 |
| 건설안전산업기사(2024년 2회) | | 1-671 |
| 건설안전산업기사(2024년 3회) | | 1-679 |

### 작업형

**Part 1**
**실기 [작업형] 과목별 요약정리 기출문제**

| | | |
|---|---|---|
| 01 | 건설장비 관련 문제 | 2-004 |
| 02 | 건설안전 일반(법규 관련 문제) | 2-016 |
| 03 | 건축시공 관련 문제 | 2-131 |
| 04 | 동영상 확인 문제 | 2-154 |

## Part 2
### 실기 [작업형] 기출문제

- **2012년**
  - 1회 1부  건설안전산업기사  2-220
  - 2회 1부  건설안전산업기사  2-226
  - 2회 2부  건설안전산업기사  2-232
  - 4회 1부  건설안전산업기사  2-239

- **2013년**
  - 1회 1부  건설안전산업기사  2-246
  - 1회 2부  건설안전산업기사  2-253
  - 2회 1부  건설안전산업기사  2-259
  - 4회 1부  건설안전산업기사  2-267
  - 4회 2부  건설안전산업기사  2-275

- **2014년**
  - 1회 1부  건설안전산업기사  2-280
  - 1회 2부  건설안전산업기사  2-286
  - 2회 1부  건설안전산업기사  2-292
  - 2회 2부  건설안전산업기사  2-298
  - 4회 1부  건설안전산업기사  2-305
  - 4회 2부  건설안전산업기사  2-312

- **2015년**
  - 1회 1부  건실안진산입기사  2-317
  - 2회 1부  건설안전산업기사  2-322
  - 4회 1부  건설안전산업기사  2-329
  - 4회 2부  건설안전산업기사  2-335

- **2016년**
  - 1회 1부  건설안전산업기사  2-340
  - 1회 2부  건설안전산업기사  2-347
  - 2회 1부  건설안전산업기사  2-353
  - 2회 2부  건설안전산업기사  2-359
  - 4회 1부  건설안전산업기사  2-366
  - 4회 2부  건설안전산업기사  2-372

- **2017년**
  - 1회 1부  건설안전산업기사  2-378
  - 1회 2부  건설안전산업기사  2-385
  - 2회 1부  건설안전산업기사  2-391
  - 2회 2부  건설안전산업기사  2-398
  - 4회 1부  건설안전산업기사  2-404

- **2018년**
  - 1회 1부　건설안전산업기사　　2-410
  - 1회 2부　건설안전산업기사　　2-417
  - 2회 1부　건설안전산업기사　　2-423
  - 2회 2부　건설안전산업기사　　2-429
  - 4회 1부　건설안전산업기사　　2-436
  - 4회 2부　건설안전산업기사　　2-443

- **2019년**
  - 1회 1부　건설안전산업기사　　2-448
  - 1회 2부　건설안전산업기사　　2-454
  - 2회 1부　건설안전산업기사　　2-459
  - 2회 2부　건설안전산업기사　　2-465
  - 4회 1부　건설안전산업기사　　2-471
  - 4회 2부　건설안전산업기사　　2-478

- **2020년**
  - 1회 1부　건설안전산업기사　　2-483
  - 2회 1부　건설안전산업기사　　2-488
  - 2회 2부　건설안전산업기사　　2-494
  - 3회 1부　건설안전산업기사　　2-499
  - 3회 2부　건설안전산업기사　　2-504
  - 4회 1부　건설안전산업기사　　2-511
  - 4회 2부　건설안전산업기사　　2-518

- **2021년**
  - 1회 1부　건설안전산업기사　　2-523
  - 1회 2부　건설안전산업기사　　2-528
  - 2회 1부　건설안전산업기사　　2-533
  - 2회 2부　건설안전산업기사　　2-538
  - 4회 1부　건설안전산업기사　　2-543
  - 4회 2부　건설안전산업기사　　2-548

- **2022년**
  - 1회 1부　건설안전산업기사　　2-554
  - 1회 2부　건설안전산업기사　　2-559
  - 2회 1부　건설안전산업기사　　2-564
  - 2회 2부　건설안전산업기사　　2-568
  - 4회 1부　건설안전산업기사　　2-572
  - 4회 2부　건설안전산업기사　　2-578

- **2023년**
  - 1회 1부  건설안전산업기사  2-583
  - 2회 1부  건설안전산업기사  2-589
  - 4회 1부  건설안전산업기사  2-595
- **2024년**
  - 1회  건설안전산업기사  2-601
  - 2회  건설안전산업기사  2-606
  - 3회 1부  건설안전산업기사  2-613
  - 3회 2부  건설안전산업기사  2-619

**별책 부록**  안전보건표지의 종류와 형태
파이널 스마트북(필답형, 작업형)

# HOW TO STUDY
### 건설안전 실기 이렇게 공부하세요

건설안전은 계산문제가 많지 않아 많은 분들이 시작할 땐 만만하게 생각하지만 막상 최종 합격이 그리 쉬운 시험은 아닙니다. 2차 6과목, 3차 작업형까지 방대한 공부량이 문제입니다.

필기시험 후 실기까지 시험기간은 불과 1달~1달 반 정도입니다. 한달 남짓한 기간동안 누구나 두꺼운 책 한권을 정확히 암기하기란 불가능합니다.

그렇다면 어떻게 공부해야 한번에 합격할 수 있는가? 지금부터 건설안전 실기 합격비결을 알려드립니다.

**1.** 내용 전부를 정확히 암기하겠다는 욕심을 버리세요. 60점만 받아도 합격입니다. 최종점수 60점 중 2차 필답형의 목표점수는 30점입니다. 물론 30점 이상 받으신다면 합격 안정권에 들게 되고, 30점 이하라도 실망하실 필요는 없습니다. 작업형에 40점의 점수가 남아있습니다.

**2.** 자주 출제되는 단골문제에서 점수를 놓쳐선 안 됩니다.
첫 번째, 필답형 예상문제 중 별표 3개(★★★) 문제부터 공략하세요.
두 번째, 별표 2개(★★)는 법규의 내용은 아니지만 자주 출제되는 내용들입니다. 암기하여야 하는 문제는 별표 3개~2개까지입니다. 이제 공부량이 절반 이상 줄었을 것입니다.
예상문제 중 별표 3개~ 2개의 문제들은 10번 이상 적으며 암기하세요.
세 번째, 별표 1개(★)는 암기하지 말고 나올 때마다 읽고 넘어가세요.
출제되어도 배점이 낮은 문제들로, 1~2점씩의 부분점수를 얻기 위한 문제들입니다.

**3.** 공부시간이 많지 않으므로 내용부터 전체를 훑겠다는 생각은 무리입니다. 반드시 예상문제부터 공부하세요. 과목별 내용은 예상문제 풀이를 하다가 정리가 안 되는 부분을 정리하기 위한 정도로 활용하는 것이 좋습니다. 내용으로만 공부한 것은 막상 시험장에서 실패할 확률이 높습니다. 답을 보지 않은 상태에서 문제가 무엇을 묻고 있는지부터 생각해 보아야 합니다. 시험장에서 답은 알고 있었으나 적지 못하거나 다른 답을 적고 나오는 수험생들이 많습니다. 이유는 공부할 때 문제를 고민해 보지 않았기 때문입니다. 무엇을 묻고 있는지 정확히 판단하여야 정확한 답을 적을 수 있습니다. 기출문제만 공부하는 것 또한 위험합니다. 기출에 출제되진 않았으나 출제가 예상되는 부분까지 반드시 공부하여야 합니다. 예상문제 공부를 충실히 한 후 기출문제를 풀어보세요.

4. 예상문제를 공부하였으나 기출문제로 넘어가면 처음 보는 문제들에 당황할 수 있습니다. 필답형 13~15문제 중 2~3문제는 낯선 문제들이 출제되고 있습니다. 시험을 앞두고 이런 문제들만 정리하고 암기하는 것은 불합격의 지름길입니다. 점수를 낮추기 위한 문제들은 다음 시험에는 또 새로운 유형으로 출제된다는 것을 기억하세요.

5. 실기공부는 눈으로만 공부하여서는 절대 안 됩니다. 필기 때의 눈으로 보던 공부습관을 빨리 버려야 실기에 합격할 수 있습니다. 펜을 들고 반복하여 적으세요. 눈으로만 한 공부는 시험장에서 머리에만 맴돌 뿐 답을 적고 나올 수 없습니다. 10번 이상 읽으면 단어가 기억나고, 10번 이상 적어야 문장이 적어집니다.

6. 긴 문장은 암기가 어렵습니다. 핵심단어 위주로 문장을 줄여 암기하세요. 법규 내용 그대로 적지 않아도 충분히 점수를 받을 수 있습니다.

'노력하는 자가 이룬다'라고 합니다.
수험생 여러분들 열심히 하셔서 모두 합격하시길 기원드립니다.

## 작업형 실기 이렇게 공부하세요

작업형 시험에서 가장 주의해야 할 점은 시험에서 주어지는 동영상에 의지하여 답을 작성하는 것입니다. 언뜻 이해가 안 될 수도 있습니다. 동영상 시험은 당연히 동영상을 보고 답을 적어야 하는 것 아닌가요? 물론, 반드시 동영상을 확인하고 답을 적어야 하는 경우도 있으나, **80%의 문제는 동영상을 보는 것이 더 함정에 빠질 수 있습니다.**

그렇다면 어떻게 답을 적어야 할까요?

작업형 시험은 필답형 시험과 같은 시험지가 주어지고 문제마다 동영상 화면이 제공됩니다. 우선, **동영상을 보지 않은 상태에서 시험지를 읽고 답을 적을 수 있는 문제부터 답안을 마무리 하세요.** 그 다음 반드시 동영상을 확인하여야만 답을 적을 수 있는 문제들을 해결하여야 합니다.(동영상은 제공되는 개별 컴퓨터로 다시보기 할 수 있습니다.)

예를 들어보면, 동영상 화면에서는 작업자가 밀폐공간에 들어가는 장면은 잠시 보이고, 주변에 기름통이 널려있고 정리정돈이 안 된 상태에서 용접불꽃을 붙이는 순간 폭발하는 장면이 나옵니다. 화면은 주변의 기름통과 폭발 장면을 반복하여 보여주다 정지합니다. 시험지에는 밀폐공간 작업 시 위험을 적으라고 되어 있습니다. 밀폐공간의 위험은 첫 번째가 '산소결핍에 의한 질식'입니다. 하지만 동영상을 먼저 보신 분들은 '주변 인화성 물질에 의한 폭발'이라고 적을 확률이 높습니다. 시험지를 먼저 보신 분들은 고민 없이 '산소결핍에 의한 질식'을 답으로 적을 것입니다. 이처럼 동영상을 먼저 보는 것이 정답을 적는데 방해로 작용하는 경우가 많이 있습니다. 공부할 때도 마찬가지로 교재의 그림에 의지해서는 안 됩니다. 여러 수험생들이 기출에서 봤던 기계가 나오면 생각 없이 기출에서 암기한 답을 적고나오는 실수를 하고 있습니다.

**작업형 공부에서 교재의 그림과 답을 기억하는 것은 아주 위험한 공부방법입니다. 그림은 참고로만 활용하세요.** 시험에서의 동영상은 절대 공개되지 않으므로 교재의 그림과 시험의 동영상이 동일하다는 생각은 잘못된 생각입니다.

작업형 시험은 대부분이 기출문제에서 반복되고 있습니다. **가장 좋은 공부 방법은 기출문제를 잘 암기하는 것입니다.** 여기서 주의할 것은 문제를 이해하지 못한 상태에서 무턱대고 답을 암기하는 것입니다.

문제부터 이해하고 그 다음 답을 기억하여야 합니다. 예를 들면 과년도 기출문제에는 롤러기 점검 중 사고가 나왔으나 막상 시험에는 모르는 기계 점검 중 사고가 나올 수 있습니다. 알지 못하는 기계라고 답을 고민할 필요는 없습니다. 문제를 여러 번 읽으며 문제가 묻고 있는 것을 생각하세요. 결국 문제가 묻고 있는 것은 기계점검 시 주의사항입니다. 문제를 파악하였다면 기출에서 공부했던 유사한 문제의 답을 떠올려 보세요. 답은 롤러기 점검 중 주의사항과 같다는 것입니다. 점수를 잘 받기 위한 비결은 시험지를 꼼꼼히 읽어보고 문제의 핵심을 파악하는 것입니다.

작업형은 필답형 시험을 친 후 5일 정도면 충분히 준비할 수 있습니다. 대신 5일을 정말 열심히 하여야 합니다. 필답형 점수가 예상보다 잘 나왔을 경우 작업형 시험을 소홀히 여기는 수험생들이 많이 있습니다. 꼭 기억하세요. 작업형에도 40점의 점수가 남아있습니다. 필답형에서 20점을 받으셨더라도 합격할 수 있습니다. 물론 필답형에서 40점을 받은 분도 불합격 할 수 있습니다.

여기까지, 온·오프라인에서 건설안전산업기사 강의를 해온 저의 경험을 바탕으로 수험생 여러분들의 합격을 바라는 진심어린 마음을 담아 공부 방법을 적어보았습니다.

두서없는 긴 글이었지만, 건설안전을 공부하시는 수험생 여러분께 조금이나마 도움이 되었으면 합니다.

긴 시간 열심히 달려오시느라 정말 고생하셨습니다. 필답형 시험 후에 작업형 준비가 많이 지치고 힘들 것입니다. 남은 며칠만 더 고생하면 정말 마지막입니다.
합격의 기쁨을 생각하며, 마지막까지 힘내세요~!!

# 40일 완성 계획표

| 일수 | 계획 | 체크(☑) |
|---|---|---|
| 1일 | 필답형 예상문제 풀이(제1편 안전관리 1. 안전보건관리 조직, 2.안전보건관리 조직) | ☐ |
| 2일 | 필답형 예상문제 풀이(제1편 안전관리 3. 산업재해발생 및재해조사 분석) | ☐ |
| 3일 | 필답형 예상문제 풀이(제1편 안전관리 4. 안전점검. 인증 및 분석, 5. 보호구 및 안전보건표지) | ☐ |
| 4일 | 필답형 예상문제 풀이(제1편 안전관리 4. 안전점검. 인증 및 분석, 5. 보호구 및 안전보건표지) | ☐ |
| 5일 | 필답형 예상문제 풀이(제1편 안전관리 6. 안전보건교육) | ☐ |
| 6일 | 필답형 예상문제 풀이(제2편 건설공사 안전 1. 건설공사 특수성 분석, 2. 가설공사 안전) | ☐ |
| 7일 | 필답형 예상문제 풀이(제2편 건설공사 안전 3. 토공사 안전, 4. 구조물공사 안전) | ☐ |
| 8일 | 필답형 예상문제 풀이(제2편 건설공사 안전 5. 건설기계·기구 안전 ) | ☐ |
| 9일 | 필답형 예상문제 풀이(제2편 건설공사 안전 5. 건설기계·기구 안전, 6. 사고형태별 안전) | ☐ |
| 10일 | 필답형 예상문제 풀이(제3편 안전기준 1. 건설안전관련 법규, 2. 안전기준 및 기술지침 적용) | ☐ |
| 11일 | 필답형 예상문제 풀이 2번째 복습(제1편 안전관리) | ☐ |
| 12일 | 필답형 예상문제 풀이 2번째 복습(제1편 안전관리) | ☐ |
| 13일 | 필답형 예상문제 풀이 2번째 복습(제1편 안전관리) | ☐ |
| 14일 | 필답형 예상문제 풀이 2번째 복습(제2편 건설공사 안전) | ☐ |
| 15일 | 필답형 예상문제 풀이 2번째 복습(제2편 건설공사 안전) | ☐ |
| 16일 | 필답형 예상문제 풀이 2번째 복습(제2편 건설공사 안전) | ☐ |
| 17일 | 필답형 예상문제 풀이 2번째 복습(제3편 안전기준) | ☐ |
| 18일 | 필답형 예상문제 풀이 2번째 복습(제3편 안전기준) | ☐ |
| 19일 | 필답형 예상문제 풀이 2번째 복습(제3편 안전기준) | ☐ |
| 20일 | 필답형 예상문제 풀이 3번째 복습(제1편 안전관리) | ☐ |
| 21일 | 필답형 예상문제 풀이 3번째 복습(제1편 안전관리) | ☐ |
| 22일 | 필답형 예상문제 풀이 3번째 복습(제2편 건설공사 안전) | ☐ |
| 23일 | 필답형 예상문제 풀이 3번째 복습(제2편 건설공사 안전) | ☐ |
| 24일 | 필답형 예상문제 풀이 3번째 복습(제3편 안전기준) | ☐ |
| 25일 | 필답형 예상문제 풀이 3번째 복습(제3편 안전기준) | ☐ |
| 26일 | 필답형 예상문제 풀이 4번째 복습(제1편 안전관리) | ☐ |
| 27일 | 필답형 예상문제 풀이 4번째 복습(제2편 건설공사 안전) | ☐ |
| 28일 | 필답형 기출문제 풀이(2012~2014년) | ☐ |
| 29일 | 필답형 기출문제 풀이(2015~2018년) | ☐ |
| 30일 | 필답형 기출문제 풀이(2019~2023년) | ☐ |
| 31일 | 필답형 기출문제 풀이(2012~2014년)- 2번째 복습 | ☐ |
| 32일 | 필답형 기출문제 풀이(2015~2019년)- 2번째 복습 | ☐ |
| 33일 | 필답형 기출문제 풀이(2020~2024년)- 2번째 복습 | ☐ |
| 34일 | 필답형 예상문제 틀린문제 다시 풀기- 5번째 복습 | ☐ |
| 35일 | 필답형 기출문제 틀린문제 다시 풀기- 3번째 복습 | ☐ |
| 36일 | 작업형 과목별 요약정리(1. 건설장비 관련 문제, 2. 건설안전 일반) | ☐ |
| 37일 | 작업형 과목별 요약정리(3. 건축시공 관련 문제, 4. 동영상 확인 문제) | ☐ |
| 38일 | 작업형 과목별 요약정리 복습 | ☐ |
| 39일 | 작업형 기출문제 풀이 | ☐ |
| 40일 | 작업형 기출문제 풀이 | ☐ |

# INSTRUCTION MANUAL

## 이 책의 **사용설명서**

**01** 법규로 구성된 본문 참고

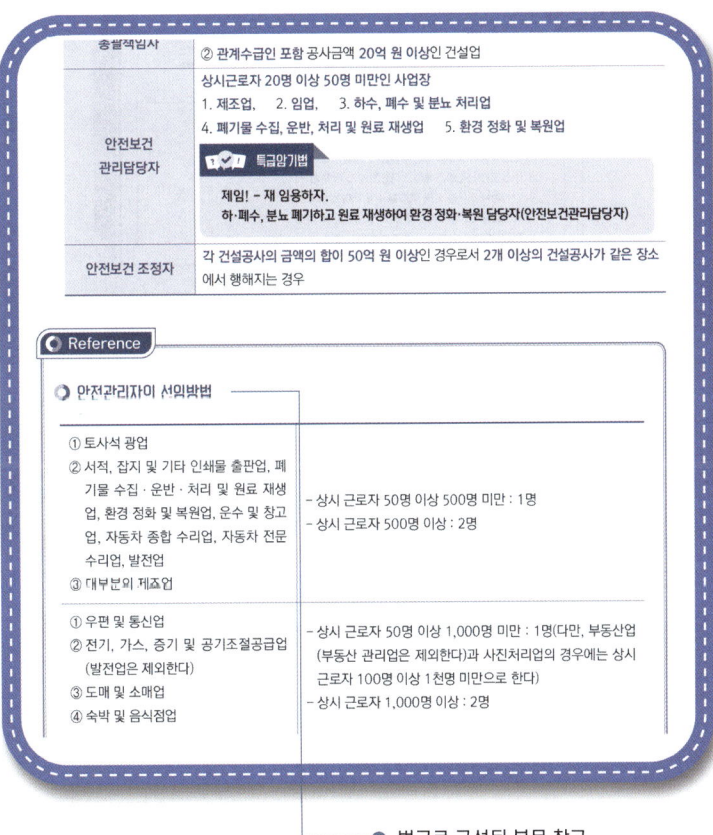

● 법규로 구성된 본문 참고

건설안전산업기사 실기는 필답형과 작업형 두 파트로 나누어져 있습니다.
건설안전산업기사 공부에 필요한 **주요 내용을 수록**하였습니다.
**반드시 알아야 할 법규내용만을 정리하여 편하고 알기 쉽게 설명**하였습니다.

## 02 별(★)의 갯수에 따른 중요도 표시 및 예상문제 수록

각 항목별 주요 개요     저자의 특급 암기법

내용의 **중요도에 따라 별표**로 구분하였으며, 이해하기 쉽게 자세하면서도 편리하게 구성하였습니다.
**개정내용에 맞추어** 각 단원이 끝나면 저자가 **엄선한 예상문제**를 통해 내용을 학습해 봅니다.
상세한 **해설과 참고**를 통해 문제를 잘 이해할 수 있습니다.

### 03 필답형 & 작업형 기출문제 수록

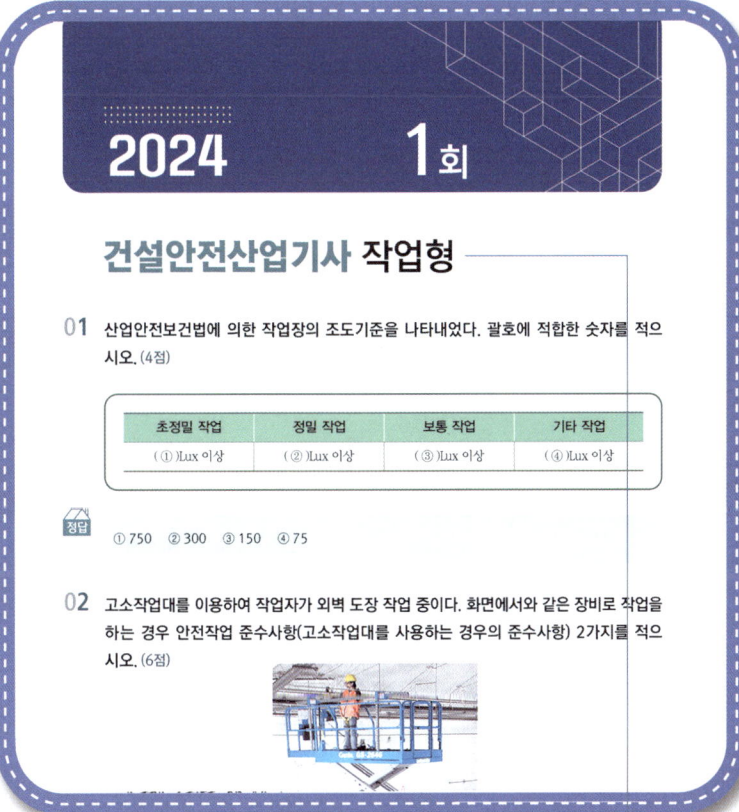

실기[필답형]기출문제/실기[작업형]기출문제 수록

실기[필답형] 기출문제, 실기[작업형] 기출문제의 해설에는 문제 "참고"가 실려 있습니다. 안전보건표지의 종류와 형태 & 스마트북을 별도로 제작하였습니다. 꼭 소지하시면서 공부하시기 바랍니다.

# 출제기준

| 직무분야 | 안전관리 | 중직무분야 | 안전관리 | 자격종목 | 건설안전<br>산업기사 | 적용기간 | 2021.1.1~<br>2025.12.31 |
|---|---|---|---|---|---|---|---|
| 직무내용 | 건건설현장의 생산성 향상과 인적·물적 손실을 최소화하기 위한 안전계획을 수립하고, 그에 따른 작업환경의 점검 및 개선, 현장 근로자의 교육계획 수립 및 실시, 작업환경 순회감독 등 안전관리 업무를 통해 인명과 재산을 보호하고, 사고 발생 시 효과적이며 신속한 처리 및 재발 방지를 위한 대책 안을 수립, 이행하는 등 안전에 관한 기술적인 관리 업무를 수행하는 직무이다. ||||||||
| 수행준거 | 1. 안전관리에 관한 이론적 지식을 바탕으로 안전관리 계획을 수립하고, 재해조사 분석을 하며 안전교육을 실시할 수 있다.<br>2. 각종 건설공사 현장에서 발생할 수 있는 유해·위험요소를 인지하고 이를 예방 조치를 할 수 있다.<br>3. 안전에 관련한 규정사항을 인지하고 이를 현장에 적용할 수 있다. ||||||||
| 실기검정방법 | 복합형 |||| 시험시간 | 1시간 50분 정도<br>(필답형: 1시간, 작업형: 50분 정도) |||

| 실기과목명 | 주요항목 | 세부항목 |
|---|---|---|
| 건설안전실무 | 1. 안전관리 | 1. 안전관리 조직 이해하기<br>2. 안전관리계획 수립하기<br>3. 산업재해발생 및 재해 조사 분석하기<br>4. 재해 예방대책 수립하기<br>5. 개인보호구 선정하기<br>6. 안전 시설물 설치하기<br>7. 안전보건교육 계획하기<br>8. 안전보건교육 실시하기 |
| | 2. 건설공사 안전 | 1. 건설공사 특수성 분석하기<br>2. 가설공사 안전을 이해하기<br>3. 토공사 안전을 이해하기<br>4. 구조물공사 안전을 이해하기<br>5. 마감공사 안전을 이해하기<br>6. 건설기계, 기구 안전을 이해하기<br>7. 사고형태별 안전을 이해하기 |
| | 3. 안전기준 | 1. 건설안전 관련법규 적용하기<br>2. 안전기준에 관한 규칙 및 기술지침 적용하기 |

## 공학용 계산기 사용법

**01**  $e^{-0.9} = 0.41$

shift → ln (shift를 누른 다음 ln을 누르면 ln 위의 $e^{\square}$가 입력됨) → 커서를 □로 이동시켜 − 0.9 = 을 입력한다.

**02**  $10^6$

shift → log (shift를 누른 다음 log를 누르면 log 위의 $10^{\square}$가 입력 됨) → 커서를 □로 이동하여 6 = 을 입력한다.

### 03   $2^5$

$x^\square$ → $x$에 2입력 → 커서를 위의 □로 이동 → 5 = 을 입력한다.

### 04   $2^{\frac{3}{10}}$

$x^\square$ → $x$에 2입력 → 커서를 위의 □로 이동 → (3÷10) = 을 입력한다.

### 05   $\log_2(\frac{1}{0.5})$

$\log_\square\square$ → 커서를 아래쪽 네모로 이동 → 아래쪽 네모에 2를 입력 → 커서를 위의 네모로 이동 → (1÷0.5) =을 입력한다. " $\log_\square\square$ → $\log_2\square$ → $\log_2(1\div0.5)$ "

화살표를 이용하여 커서를 이동한다.

**06** $10\log(10^{\frac{86}{10}}+10^{\frac{89}{10}})$

10 × log를 누른다. → 괄호 → $10^{\square}$(shift를 누른 다음 log를 누르면 log 위의 $10^{\square}$가 입력됨)를 누르면 커서가 위의 □에 있다. □에 8.6 을 입력 → + → $10^{\square}$(shift를 누른 다음 log를 누르면 log 위의 $10^{\square}$가 입력됨)를 누르면 커서가 위의 □에 있다. □에 8.9 을 입력한다. → 괄호 - 을 입력한다. "10 × → log → ( $10^{\square}$8.6 + $10^{\square}$8.9 ) ="

$$\underline{07} \quad \frac{1.2-1.0}{\sqrt{\dfrac{1.0}{120,000}\times 1,000,000}}$$

분자, 분모의 값을 괄호로 구분하고, 루트 안에 포함되는 값도 괄호로 구분한다.

"$(1.2-1.0)\div(\sqrt{\ }\ (1.0\div 120,000\times 1,000,000\,))$"를 차례로 입력한다.

건설안전산업기사실기

# 필답형

**PART 01**
안전관리

**PART 02**
건설공사 안전

**PART 03**
안전기준

**PART 04**
실기[필답형] 기출문제

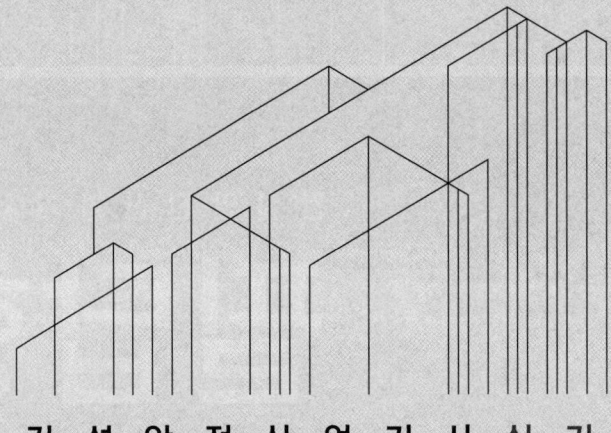

# 안전관리

**CHAPTER 01** 안전보건관리조직

**CHAPTER 02** 안전관리계획 수립 및 운용

**CHAPTER 03** 산업재해발생 및 재해조사 분석

**CHAPTER 04** 안전점검 · 인증 및 진단

**CHAPTER 05** 보호구 및 안전 보건 표지

**CHAPTER 06** 안전보건교육

# CHAPTER 01 안전보건관리조직

Industrial Engineer Construction Safety

**주요내용 알고 가기!**

1. 안전보건관리조직의 목적과 종류
2. 안전보건관리조직의 장단점을 이해하고 활용할 수 있어야 한다.
3. 안전보건관리책임자 및 안전관리자의 직무를 이해하고 숙지하여야 한다.
4. 산업안전보건위원회의 구성과 역할을 이해하여야 한다.

## 안전과 생산

### (1) 산업재해

**노무를 제공하는 자가** 업무에 관계되는 **건설물·설비·원재료·가스·증기·분진 등에 의하거나** 작업 또는 그 밖의 **업무로 인하여 사망 또는 부상하거나 질병에 걸리는 것**을 말한다.

### (2) 근로자

직업의 종류와 관계없이 **임금을 목적으로 사업이나 사업장에 근로를 제공하는 자**를 말한다.

### (3) 사업주

**근로자를 사용하여 사업을 하는 자**를 말한다.

### (4) 근로자대표

근로자의 과반수로 조직된 노동조합이 있는 경우에는 그 노동조합을, 근로자의 과반수로 조직된 노동조합이 없는 경우에는 **근로자의 과반수를 대표하는 자**를 말한다.

### (5) 작업환경측정

**작업환경 실태를 파악하기 위하여** 해당 **근로자 또는 작업장에 대하여** 사업주가 유해인자에 대한 측정계획을 수립한 후 **시료(試料)를 채취하고 분석·평가하는 것**을 말한다.

### (6) 안전·보건진단

**산업재해를 예방하기 위하여 잠재적 위험성을 발견하고 그 개선대책을 수립할 목적**으로 고용노동부장관이 지정하는 자가 **하는 조사·평가를 말한다.**

### (7) 중대재해 ★★★

산업재해 중 사망 등 재해 정도가 심하거나 다수의 재해자가 발생한 경우로서 고용노동부령으로 정하는 재해를 말한다.
- **사망자가 1인 이상 발생**한 재해
- **3개월 이상 요양을 요하는 부상자가 동시에 2인 이상 발생**한 재해
- **부상자 또는 직업성 질병자가 동시에 10인 이상 발생**한 재해

### (8) 도급

명칭에 관계없이 물건의 제조·건설·수리 또는 서비스의 제공, 그 밖의 **업무를 타인에게 맡기는 계약**을 말한다.

### (9) 도급인

물건의 제조·건설·수리 또는 서비스의 제공, 그 밖의 **업무를 도급하는 사업주**를 말한다. 다만, 건설공사발주자는 제외한다.

### (10) 수급인

도급인으로부터 물건의 제조·건설·수리 또는 서비스의 제공, 그 밖의 **업무를 도급받은 사업주**를 말한다.

### (11) 관계수급인

도급이 여러 단계에 걸쳐 체결된 경우에 **각 단계별로 도급받은 사업주 전부**를 말한다.

### (12) 건설공사발주자

**건설공사를 도급하는 자로서 건설공사의 시공을 주도하여 총괄·관리하지 아니하는 자**를 말한다. 다만, 도급받은 건설공사를 다시 도급하는 자는 제외한다.

### (13) 건설공사

다음 각 목의 어느 하나에 해당하는 공사를 말한다.
- 「건설산업기본법」 제2조제4호에 따른 **건설공사**
- 「전기공사업법」 제2조제1호에 따른 **전기공사**
- 「정보통신공사업법」 제2조제2호에 따른 **정보통신공사**
- 「소방시설공사업법」에 따른 **소방시설공사**
- 「문화재수리 등에 관한 법률」에 따른 **문화재수리 공사**
- 「국가유산수리 등에 관한 법률」에 따른 **국가유산수리 공사**

## 페일 세이프(Fail safe)와 풀 프루프(Fool proof)

### (1) 페일 세이프(Fail safe)

기계의 고장이 있어도 **안전사고를 발생시키지 않도록 2중, 3중 통제를 가함**

### (2) 풀 프루프(Fool proof)

인간의 실수가 있어도 **안전사고를 발생시키지 않도록 2중, 3중 통제를 가함**

> **페일 세이프(Fail Safe)의 구분 ★★★**
> ① Fail Passive : 부품의 고장 시 기계장치는 정지 상태로 옮겨간다.
> ② Fail active : 부품이 고장나면 경보를 울리며 짧은 시간 운전이 가능하다.
> ③ Fail operational : 부품의 고장이 있어도 다음 정기점검까지 운전이 가능하다.

## 안전보건 관리조직

### (1) 안전관리조직의 목적

① 조직적인 사고예방 활동
② 위험제거기술의 수준 향상
③ 조직 간 종적·횡적 신속한 정보처리와 유대강화

## (2) 안전조직의 종류 ★★★

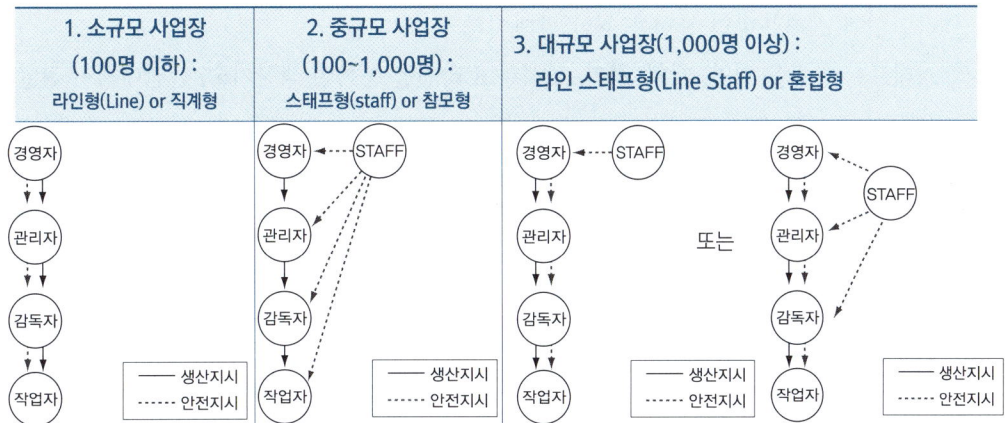

## (3) 안전관리조직의 특징 및 장·단점

### 1) 라인형(Line) or 직계형

① 안전관리에 관한 계획, 실시, 평가에 이르기까지 안전관리의 모든 것을 생산조직을 통하여 행하는 관리 방식이다.
② 생산과 안전을 동시에 지시하는 형태이다.

| 라인형(Line)의 장·단점 ★★ ||
|---|---|
| 장점 | 단점 |
| ① 명령 및 지시가 신속, 정확하다. | ① 안전정보가 불충분하다. |
| ② 안전대책의 실시가 신속하다. | ② 라인에 과도한 책임이 부여될 수 있다. |

### 2) 스태프형(staff) or 참모형

① 안전관리를 전담하는 스태프를 두고 안전관리에 대한 계획, 조사, 검토 등을 행하는 관리방식이다.
② 안전 전문가(스태프)가 문제해결 방안을 모색하고 스태프는 경영자의 조언, 자문 역할을 한다.

| 스태프형(staff)의 장·단점 ★★ ||
|---|---|
| 장점 | 단점 |
| ① 안전정보 수집이 용이하고 빠르다. | ① 안전과 생산을 별개로 취급한다. |
| ② 안전지식 및 기술축적이 용이하다. | ② 생산부문은 안전에 대한 책임, 권한이 없다. |

## 3) 라인 스태프형(Line Staff) or 혼합형

① 라인형과 스태프형의 장점을 취한 형태이다.
② 스태프는 안전을 입안, 계획, 평가, 조사하고 라인을 통하여 생산기술, 안전대책이 전달된다.

| 라인 스태프형(Line Staff)의 장 · 단점 ★★ ||
|---|---|
| 장점 | 단점 |
| ① 안전전문가에 의해 입안된 것을 경영자가 명령하므로 **명령이 신속, 정확하다.**<br>② **안전정보 수집이 용이**하고 **빠르다.**<br>③ 안전지식 및 기술축적이 용이하다. | ① **명령계통과 조언, 권고적 참여의 혼돈이 우려된다.**<br>② **스태프의 월권행위가 우려**되고 지나치게 스태프에게 의존할 수 있다.<br>③ 라인이 스탭에 의존 또는 활용하지 않는 경우가 있다. |

## 산업안전보건법상의 안전보건조직 체계

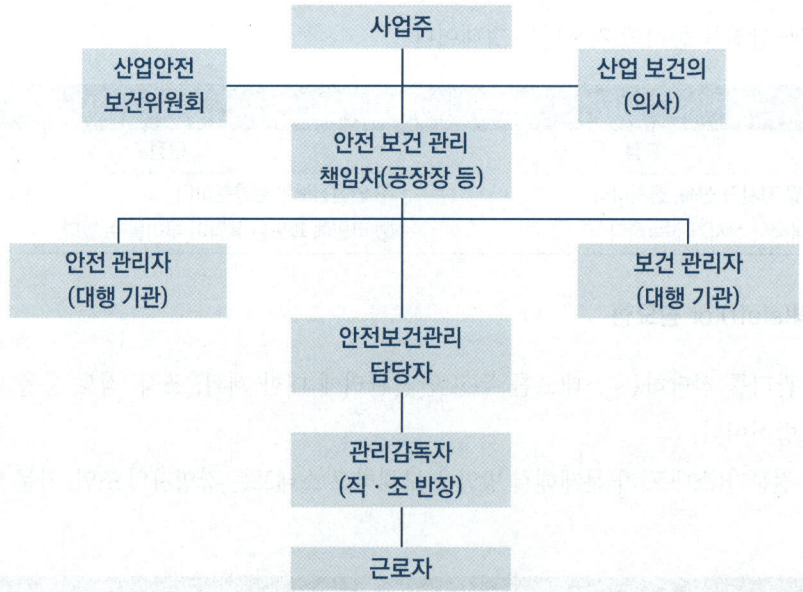

## (1) 안전관리자 등의 선임기준 ★★★

| | |
|---|---|
| 안전관리자(전담) | ① 상시근로자 300인 이상 사업장<br>② 건설업 : 공사금액 120억 원(토목공사 : 150억 원) 이상인 사업장 |
| 산업안전<br>보건위원회 | ① 상시근로자 50인 이상 사업장부터<br>② 건설업 : 공사금액 120억 원(토목공사 : 150억 원) 이상인 사업장 |
| 노사협의체 | 공사금액 120억 원(토목공사 : 150억 원) 이상인 건설업(도급사업인 경우) |
| 안전보건<br>관리책임자 | ① 상시근로자 50인 이상 사업장부터<br>② 총 공사금액 20억 원 이상인 건설업 |
| 안전보건<br>총괄책임자 | ① 관계수급인 포함 상시근로자 100명 이상(선박 및 보트 건조업, 1차 금속 제조업 및 토사석 광업 50명)인 사업<br>② 관계수급인 포함 공사금액 20억 원 이상인 건설업 |
| 안전보건<br>관리담당자 | 상시근로자 20명 이상 50명 미만인 사업장<br>1. 제조업, 2. 임업, 3. 하수, 폐수 및 분뇨 처리업<br>4. 폐기물 수집, 운반, 처리 및 원료 재생업 5. 환경 정화 및 복원업<br>**특급암기법**<br>제임! - 재 임용하자.<br>하·폐수, 분뇨 폐기하고 원료 재생하여 환경 정화·복원 담당자(안전보건관리담당자) |
| 안전보건 조정자 | 각 건설공사의 금액의 합이 50억 원 이상인 경우로서 2개 이상의 건설공사가 같은 장소에서 행해지는 경우 |

## (2) 이사회 보고 및 승인 ★

① 「상법」에 따른 주식회사 중 **상시근로자 500명 이상**을 사용하는 회사 및 「건설산업기본법」에 따라 평가하여 공시된 **시공능력의 순위 상위 1천위 이내의 건설회사의 대표이사는 매년 회사의 안전 및 보건에 관한 계획을 수립하여 이사회에 보고하고 승인을 받아야 한다.**
② 회사의 대표이사(「상법」에 따라 대표이사를 두지 못하는 회사의 경우에는 대표집행임원을 말한다)는 회사의 정관에서 정하는 바에 따라 회사의 안전 및 보건에 관한 계획을 수립해야 한다.
③ 대표이사는 안전 및 보건에 관한 계획을 성실하게 이행하여야 한다.
④ **안전 및 보건에 관한 계획에는** 안전 및 보건에 관한 **비용, 시설, 인원** 등의 사항을 **포함하여야 한다.**

**특급암기법**

500명 이상 1천위 이내 건설회사는 비(비용)실(시설)대는 인원 매년 이사회에 보고

### Reference

#### ◎ 안전관리자의 선임방법

| | |
|---|---|
| ① 토사석 광업<br>② 서적, 잡지 및 기타 인쇄물 출판업, 폐기물 수집·운반·처리 및 원료 재생업, 환경 정화 및 복원업, 운수 및 창고업, 자동차 종합 수리업, 자동차 전문 수리업, 발전업<br>③ 대부분의 제조업 | - 상시 근로자 50명 이상 500명 미만 : 1명<br>- 상시 근로자 500명 이상 : 2명 |
| ① 우편 및 통신업<br>② 전기, 가스, 증기 및 공기조절공급업 (발전업은 제외한다)<br>③ 도매 및 소매업<br>④ 숙박 및 음식점업<br>⑤ 공공행정(청소, 시설관리, 조리 등 현업 업무에 종사하는 사람으로서 고용노동부장관이 정하여 고시하는 사람으로 한정한다)<br>⑥ 교육 서비스업 중 초등·중등·고등 교육기관, 특수학교·외국인학교 및 대안학교(청소, 시설관리, 조리 등 현업 업무에 종사하는 사람으로서 고용노동부장관이 정하여 고시하는 사람으로 한정한다)<br>⑦ 농업, 임업 및 어업 등 | - 상시 근로자 50명 이상 1,000명 미만 : 1명(다만, 부동산업 (부동산 관리업은 제외한다)과 사진처리업의 경우에는 상시 근로자 100명 이상 1천명 미만으로 한다)<br>- 상시 근로자 1,000명 이상 : 2명 |
| 건설업 | - 공사금액 **50억 원** 이상(관계수급인은 100억 원 이상) **120억 원** 미만(토목공사업의 경우에는 150억 원 미만) 또는 공사금액 **120억 원 이상**(토목공사업의 경우에는 150억 원 이상) **800억 원** 미만 : **1명 이상**<br>- 공사금액 **800억 원** 이상 1,500억 원 미만 : 2명 이상 (다만, 전체 공사기간을 100으로 할 때 공사 시작에서 15에 해당하는 기간과 공사 종료 전의 15에 해당하는 기간 동안은 1명 이상으로 한다)<br>- 공사금액 **1,500억 원** 이상 2,200억 원 미만 : 3명 이상 (다만, 전체 공사기간 중 전·후 15에 해당하는 기간은 2명 이상으로 한다) |

| | |
|---|---|
| 건설업 | - 공사금액 **2,200억 원** 이상 3천억 원 미만 : 4명 이상 (다만, 전체 공사기간 중 전·후 15에 해당하는 기간은 2명 이상으로 한다)<br>- 공사금액 **3천억 원** 이상 3,900억 원 미만 : 5명 이상 (다만, 전체 공사기간 중 전·후 15에 해당하는 기간은 3명 이상으로 한다)<br>- 공사금액 **3,900억 원** 이상 4,900억 원 미만 : 6명 이상 (다만, 전체 공사기간 중 전·후 15에 해당하는 기간은 3명 이상으로 한다)<br>- 공사금액 **4,900억 원** 이상 6천억 원 미만 : 7명 이상 (다만, 전체 공사기간 중 전·후 15에 해당하는 기간은 4명 이상으로 한다)<br>- 공사금액 **6천억 원 이상** 7,200억 원 미만 : 8명 이상 (다만, 전체 공사기간 중 전·후 15에 해당하는 기간은 4명 이상으로 한다)<br>- 공사금액 **7,200억 원 이상** 8,500억 원 미만 : 9명 이상 (다만, 전체 공사기간 중 전·후 15에 해당하는 기간은 5명 이상으로 한다)<br>- 공사금액 **8,500억 원** 이상 1조원 미만 : 10명 이상 (다만, 전체 공사기간 중 전·후 15에 해당하는 기간은 5명 이상으로 한다)<br>- **1조원 이상** : 11명 이상[매 **2천억 원(2조원 이상부터는 매 3천억 원)마다 1명씩 추가**한다]. (다만, 전체 공사기간 중 전·후 15에 해당하는 기간은 선임 대상 안전관리자 수의 2분의 1 (소수점 이하는 올림한다) 이상으로 한다) |

## 1. 안전관리자의 선임

① **같은 사업주가 경영하는** 둘 이상의 사업장이 다음 각 호의 어느 하나에 해당하는 경우에는 그 **둘 이상의 사업장에 1명의 안전관리자를 공동으로 둘 수 있다.** 이 경우 해당 **사업장의 상시근로자 수의 합계는 300명 이내** [**건설업**의 경우에는 **공사금액의 합계가 120억 원**(토목공사업의 경우 150억 원) 이내]이어야 한다.
  - **같은 시·군·구(자치구를 말한다) 지역에 소재**하는 경우
  - 사업장 간의 경계를 기준으로 **15킬로미터 이내에 소재**하는 경우

② 도급인의 사업장에서 이루어지는 **도급사업에서 도급인**이 고용노동부령으로 정하는 바에 따라 그 사업의 **관계수급인 근로자에 대한** 안전관리를 전담하는 **안전관리자를 선임한 경우에는** 그 사업의 관계수급인은 해당 도급사업에 대한 안전관리자를 선임하지 않을 수 있다.

> **안전관리자 및 보건관리자를 두어야 할 수급인인 사업주가
> 안전관리자 및 보건관리자를 선임하지 않을 수 있는 조건**
>
> 1. **도급인인 사업주 자신이 선임해야 할 안전관리자 및 보건관리자를 둔 경우**
> 2. 안전관리자 및 보건관리자를 두어야 할 **수급인인 사업주의 사업의 종류**로 상시근로자 수(건설공사의 경우에는 건설공사 금액을 말한다)를 합계하여 그 **상시근로자 수에 해당하는 안전관리자 및 보건관리자를 추가로 선임한 경우**
>
> ③ 사업주는 **안전관리자를** 선임하거나 안전관리자의 업무를 안전관리전문기관에 위탁한 경우에는 고용노동부령으로 정하는 바에 따라 **선임하거나 위탁한 날부터 14일 이내에 고용노동부장관에게 증명할 수 있는 서류를 제출**하여야 한다. 안전관리자를 늘리거나 교체한 경우에도 또한 같다.
>
> ## 2. 안전보건관리담당자의 요건
>
> 해당 사업장 소속 근로자로서 다음 각 호의 어느 하나에 해당하는 요건을 갖추어야 한다.
>
> ① 안전관리자의 자격을 갖추었을 것
> ② 보건관리자의 자격을 갖추었을 것
> ③ 고용노동부장관이 정하여 고시하는 안전보건교육을 이수했을 것

## Reference

### 안전보건관리책임자를 두어야 할 사업의 종류 및 규모

| 사업의 종류 | 규모 |
|---|---|
| 1. 토사석 광업<br>2. 식료품 제조업, 음료 제조업<br>3. 목재 및 나무제품 제조업(가구 제외)<br>4. 펄프, 종이 및 종이제품 제조업<br>5. 코크스, 연탄 및 석유정제품 제조업<br>6. 화학물질 및 화학제품 제조업(의약품 제외)<br>7. 의료용 물질 및 의약품 제조업<br>8. 고무 및 플라스틱제품 제조업<br>9. 비금속 광물제품 제조업<br>10. 1차 금속 제조업<br>11. 금속가공제품 제조업(기계 및 가구 제외)<br>12. 전자부품, 컴퓨터, 영상, 음향 및 통신장비 제조업<br>13. 의료, 정밀, 광학기기 및 시계 제조업<br>14. 전기장비 제조업<br>15. 기타 기계 및 장비 제조업<br>16. 자동차 및 트레일러 제조업<br>17. 기타 운송장비 제조업<br>18. 가구 제조업<br>19. 기타 제품 제조업<br>20. 서적, 잡지 및 기타 인쇄물 출판업<br>21. 해체, 선별 및 원료 재생업<br>22. 자동차 종합 수리업, 자동차 전문 수리업 | 상시 근로자 50명 이상 |
| 23. 농업<br>24. 어업<br>25. 소프트웨어 개발 및 공급업<br>26. 컴퓨터 프로그래밍, 시스템 통합 및 관리업<br>26의 2. 영상·오디오물 제공 서비스업<br>27. 정보서비스업<br>28. 금융 및 보험업<br>29. 임대업(부동산 제외)<br>30. 전문, 과학 및 기술 서비스업(연구개발업은 제외한다)<br>31. 사업지원 서비스업<br>32. 사회복지 서비스업 | 상시 근로자 300명 이상 |
| 33. 건설업 | 공사금액 20억 원 이상 ★ |
| 34. 제1호부터 제26호까지, 제26호의 2 및 제27호부터 제33호까지의 사업을 제외한 사업 | 상시 근로자 100명 이상 |

## (2) 안전조직의 직무 ★★★

| | |
|---|---|
| ★<br>사업주 | ① 산업재해 예방을 위한 기준을 따를 것<br>② 근로자의 신체적 피로와 정신적 스트레스 등을 줄일 수 있는 **쾌적한 작업환경의 조성 및 근로조건 개선**<br>③ 해당 사업장의 안전·보건에 관한 정보를 근로자에게 제공할 것 |
| ★★★<br>안전보건총괄책임자 | ① 산업재해가 발생할 급박한 위험이 있을 때 및 중대재해가 발생하였을 때의 작업의 중지<br>② 도급 시 산업재해 예방조치<br>③ 산업안전보건관리비의 관계수급인 간의 사용에 관한 **협의·조정 및 그 집행의 감독**<br>④ 안전인증대상 기계 등과 자율안전확인대상 기계 등의 **사용 여부 확인**<br>⑤ 위험성 평가의 실시에 관한 사항 |
| ★★★<br>안전보건관리책임자 | ① 산업재해 예방계획의 수립에 관한 사항<br>② 안전보건관리규정의 작성 및 변경에 관한 사항<br>③ 근로자의 안전·보건교육에 관한 사항<br>④ 작업환경 측정 등 작업환경의 점검 및 개선에 관한 사항<br>⑤ 근로자의 건강진단 등 건강관리에 관한 사항<br>⑥ 산업재해의 원인 조사 및 재발 방지대책 수립에 관한 사항<br>⑦ 산업재해에 관한 통계의 기록 및 유지에 관한 사항<br>⑧ 안전장치 및 보호구 구입 시 적격품 여부 확인에 관한 사항<br>⑨ 위험성 평가의 실시에 관한 사항<br>⑩ 근로자의 위험 또는 건강장해의 방지에 관한 사항 |
| ★★★<br>안전관리자 | ① 사업장 안전교육계획의 수립 및 안전교육 실시에 관한 보좌 및 조언·지도<br>② 사업장 순회점검·지도 및 조치의 건의<br>③ 산업재해 발생의 원인 조사·분석 및 재발 방지를 위한 기술적 보좌 및 조언·지도<br>④ 산업재해에 관한 통계의 유지·관리·분석을 위한 보좌 및 조언·지도<br>⑤ 안전인증대상 기계·기구 등과 자율안전확인대상 기계·기구 등 **구입 시 적격품의 선정**에 관한 보좌 및 조언·지도<br>⑥ 위험성 평가에 관한 보좌 및 조언·지도<br>⑦ 안전에 관한 사항의 이행에 관한 보좌 및 조언·지도<br>⑧ 산업안전보건위원회 또는 노사협의체, 안전보건관리규정 및 취업규칙에서 정한 직무<br>⑨ 업무수행 내용의 기록·유지<br>⑩ 그 밖에 안전에 관한 사항으로서 고용노동부장관이 정하는 사항 |
| 안전보건관리담당자 | ① 안전·보건교육 실시에 관한 보좌 및 조언·지도<br>② 위험성 평가에 관한 보좌 및 조언·지도<br>③ **작업환경측정 및 개선**에 관한 보좌 및 조언·지도<br>④ **건강진단**에 관한 보좌 및 조언·지도<br>⑤ 산업재해 발생의 **원인 조사, 산업재해 통계의 기록 및 유지**를 위한 보좌 및 조언·지도<br>⑥ 산업안전·보건과 관련된 **안전장치 및 보호구 구입 시 적격품 선정**에 관한 보좌 및 조언·지도 |

| | |
|---|---|
| ★★<br>안전보건조정자 | ① 같은 장소에서 행하여지는 **각각의 공사 간에 혼재된 작업의 파악**<br>② 혼재된 작업으로 인한 **산업재해 발생의 위험성 파악**<br>③ 혼재된 작업으로 인한 **산업재해를 예방하기 위한 작업의 시기·내용 및 안전 보건 조치 등의 조정**<br>④ 각각의 공사 도급인의 안전보건관리책임자 간 작업내용에 관한 정보공유 여부의 확인 |
| ★★★<br>관리감독자 | ① **기계·기구 또는 설비의 안전·보건 점검 및 이상 유무의 확인**<br>② 근로자의 **작업복·보호구 및 방호장치의 점검과 그 착용·사용에 관한 교육·지도**<br>③ **산업재해에 관한 보고 및** 이에 대한 **응급조치**<br>④ **작업장 정리·정돈 및 통로확보에 대한 확인·감독**<br>⑤ **산업보건의, 안전관리자**(안전관리전문기관의 해당 사업장 담당자) 및 **보건관리자**(보건관리전문기관의 해당 사업장 담당자), **안전보건관리담당자**(안전관리전문기관 또는 보건관리전문기관의 해당 사업장 담당자)의 **지도·조언에 대한 협조**<br>⑥ 위험성 평가를 위한 유해·위험요인의 파악 및 개선조치의 시행에 대한 참여<br>⑦ 그 밖에 해당 작업의 안전·보건에 관한 사항으로서 고용노동부령으로 정하는 사항 |
| 산업안전지도사 | ① 공정상의 안전에 관한 평가·지도<br>② 유해·위험의 방지대책에 관한 평가·지도<br>③ 공정상의 안전 및 유해·위험의 방지대책과 관련된 계획서 및 보고서의 작성<br>④ 안전보건개선계획서의 작성<br>⑤ 위험성 평가의 지도<br>⑥ 그 밖에 산업안전에 관한 사항의 자문에 대한 응답 및 조언 |
| ★<br>근로자 | ① 법에서 정하는 **산업재해 예방을 위한 기준을 지켜야 한다.**<br>② 사업주 또는 근로감독관, 공단 등 **관계인이 실시하는 산업재해 예방에 관한 조치에 따라야 한다.** |

## (3) 산업안전보건위원회, 노사협의체

### 1) 산업안전보건위원회, 노사협의체의 설치기준 ★★★

| 산업안전보건위원회 설치기준 | 노사협의체 설치기준 |
|---|---|
| 1. 상시 근로자 50명 이상을 사용하는 사업장. 다만, 건설업의 경우 공사금액 120억 원(토목공사업 150억 원) 이상인 사업장 | 1. 공사금액 120억 원(토목공사 : 150억 원)이상인 건설업 |
| [상시근로자 50명 이상 설치 대상 사업] <br> ① 토사석 광업 <br> ② 목재 및 나무제품 제조업(가구는 제외) <br> ③ 화학물질 및 화학제품 제조업(의약품, 세제·화장품 및 광택제 제조업, 화학섬유 제조업은 제외) <br> ④ 비금속광물제품 제조업 <br> ⑤ 1차 금속 제조업 <br> ⑥ 금속가공제품 제조업(기계 및 가구는 제외) <br> ⑦ 자동차 및 트레일러 제조업 <br> ⑧ 기타 기계 및 장비 제조업(사무용기기 및 장비 제조업은 제외), 가정용기기 제조업, 그 외 기타 전기장비 제조업 <br> ⑨ 기타 운송장비 제조업(전투용 차량 제조업은 제외) <br><br> **특급암기법** <br> ① 토사석 광업에서 캔 ② 1차금속으로 ③ 금속가공제품, ④ 비금속 광물제품 만들어 ⑤ 자동차 트레일러 만들고 ⑥ 운송장비 위원회 열자. | |

### 2) 산업안전보건위원회, 노사협의체의 구성

| 산업안전보건위원회의 구성 ★★★ | 노사협의체의 구성 ★★★ |
|---|---|
| 1. 근로자위원 <br> ① 근로자대표 <br> ② 근로자대표가 지명하는 1명 이상의 명예산업안전감독관 <br> ③ 근로자대표가 지명하는 9명 이내의 해당사업장의 근로자 | 1. 근로자위원 <br> ① 도급 또는 하도급 사업을 포함한 전체 사업의 근로자대표 <br> ② 근로자대표가 지명하는 명예산업안전감독관 1명 (다만, 명예산업안전감독관이 위촉되어 있지 아니한 경우에는 근로자대표가 지명하는 해당 사업장 근로자 1명) <br> ③ 공사금액이 20억 원 이상인 공사의 관계수급인의 근로자대표 |

| 산업안전보건위원회의 구성 ★★★ | 노사협의체의 구성 ★★★ |
|---|---|
| 2. 사용자위원<br>① 해당 사업의 대표자<br>② 안전관리자 1명<br>③ 보건관리자 1명<br>④ 산업보건의<br>⑤ 사업의 대표자가 지명하는 9명 이내의 해당 사업장 부서의 장 | 2. 사용자위원<br>① 도급 또는 하도급 사업을 포함한 **전체사업의 대표자**<br>② 안전관리자 1명<br>③ 보건관리자 1명(보건관리자 선임대상건설업으로 한정)<br>④ 공사금액이 20억 원 이상인 공사의 관계수급인의 사업주 |

### Reference

#### ○ 산업안전보건위원회를 설치·운영해야 할 사업의 종류 및 규모

| 사업의 종류 | 규모 |
|---|---|
| 1. 토사석 광업<br>2. 목재 및 나무제품 제조업(가구 제외)<br>3. 화학물질 및 화학제품 제조업(의약품 제외(세제, 화장품 및 광택제제조업과 화학섬유 제조업은 제외한다))<br>4. 비금속 광물제품 제조업<br>5. 1차 금속 제조업<br>6. 금속가공제품 제조업(기계 및 가구 제외)<br>7. 자동차 및 트레일러 제조업<br>8. 기타 기계 및 장비 제조업(사무용 기계 및 장비 제조업은 제외한다)<br>9. 기타 운송장비 제조업(전투용 차량 제조업은 제외한다) | 상시 근로자 50명 이상 |
| 10. 농업<br>11. 어업<br>12. 소프트웨어 개발 및 공급업<br>13. 컴퓨터 프로그래밍, 시스템 통합 및 관리업<br>13의 2. 영상·오디오물 제공 서비스업<br>14. 정보서비스업<br>15. 금융 및 보험업<br>16. 임대업(부동산 제외)<br>17. 전문, 과학 및 기술 서비스업(연구개발업은 제외한다)<br>18. 사업지원 서비스업<br>19. 사회복지 서비스업 | 상시 근로자 300명 이상 |
| 20. 건설업 | 공사금액 120억 원 이상(「건설산업기본법 시행령」 별표 1에 따른 토목공사업에 해당하는 공사의 경우에는 150억 원 이상) |
| 21. 제1호부터 제20호까지의 사업을 제외한 사업 | 상시 근로자 100명 이상 |

## 3) 산업안전보건위원회, 노사협의체의 협의사항

| 산업안전보건위원회 및<br>노사협의체의 심의·의결 사항 ★★ | 노사협의체의 협의사항 ★★ |
|---|---|
| ① 산업재해 예방계획의 수립에 관한 사항<br>② 안전보건관리규정의 작성 및 변경에 관한 사항<br>③ 근로자의 **안전·보건교육**에 관한 사항<br>④ 작업환경측정 등 **작업환경의 점검 및 개선에 관한 사항**<br>⑤ 근로자의 건강진단 등 **건강관리**에 관한 사항<br>⑥ 중대재해의 **원인 조사 및 재발 방지대책 수립**에 관한 사항<br>⑦ 산업재해에 관한 **통계의 기록 및 유지**에 관한 사항<br>⑧ 유해, 위험한 기계·기구 및 설비를 도입한 경우 **안전·보건조치**에 관한 사항<br>⑨ 그 밖에 해당 사업장 근로자의 안전 및 보건을 유지·증진시키기 위하여 필요한 사항 | ① **산업재해 예방방법** 및 산업재해가 발생한 경우의 **대피방법**<br>② **작업의 시작시간 및 작업장 간의 연락방법**<br>③ 그 밖의 산업재해 예방과 관련된 사항 |

## 4) 산업안전보건위원회, 노사협의체의 운영

| 산업안전보건위원회의 운영 ★★★ | 노사협의체의 운영 ★★★ |
|---|---|
| 1. 정기회의 : **분기마다**<br>2. 임시회의 : 위원장이 필요하다 인정할 때 | 1. 정기회의 : **2개월마다**<br>2. 임시회의 : 위원장이 필요하다 인정할 때 |

> **Reference**
>
> 🔧 **point**
> "산업안전보건위원회의 심의·의결 사항"과 "안전보건관리책임자 직무"는 6가지 항목이 동일합니다.
> 동일한 내용 중 5가지를 암기하면 한 번에 정리 끝!
>
> | 산업안전보건위원회 및<br>노사협의체의 심의·의결 사항 ★★ | 안전보건관리 책임자의 직무 ★★★ |
> |---|---|
> | ① 산업재해 예방계획의 수립에 관한 사항<br>② 안전보건관리규정의 작성 및 변경에 관한 사항<br>③ 근로자의 안전·보건교육에 관한 사항<br>④ 작업환경측정 등 작업환경의 점검 및 개선에 관한 사항<br>⑤ 근로자의 건강진단 등 건강관리에 관한 사항<br>⑥ 산업재해에 관한 통계의 기록 및 유지에 관한 사항<br>⑦ 중대재해의 원인 조사 및 재발 방지대책 수립에 관한 사항<br>⑧ 유해, 위험한 기계·기구 및 설비를 도입한 경우 안전·보건 조치에 관한 사항 | ① 산업재해 예방계획의 수립에 관한 사항<br>② 안전보건관리규정의 작성 및 변경에 관한 사항<br>③ 근로자의 안전·보건교육에 관한 사항<br>④ 작업환경 측정 등 작업환경의 점검 및 개선에 관한 사항<br>⑤ 근로자의 건강진단 등 건강관리에 관한 사항<br>⑥ 산업재해에 관한 통계의 기록 및 유지에 관한 사항<br>⑦ 산업재해의 원인 조사 및 재발 방지대책 수립에 관한 사항<br>⑧ 안전장치 및 보호구 구입 시 적격품 여부 확인에 관한 사항<br>⑨ 위험성평가의 실시에 관한 사항<br>⑩ 근로자의 위험 또는 건강장해의 방지에 관한 사항 |

## (4) 명예산업안전감독관

고용노동부장관은 산업재해 예방활동에 대한 참여와 지원을 촉진하기 위하여 근로자, 근로자단체, 사업주단체 및 산업재해 예방 관련 전문단체에 소속된 자 중에서 명예산업안전감독관을 위촉할 수 있다.

### 1) 명예산업안전감독관 위촉대상 ★

① **산업안전보건위원회 또는 노사협의체 설치 대상 사업의** 근로자 중에서 **근로자대표가 사업주의 의견을 들어 추천하는 사람**

② 노동조합 또는 그 지역 대표기구에 소속된 임직원 중에서 해당 연합단체인 **노동조합 또는 그 지역대표기구가 추천하는 사람**

③ **전국 규모의 사업주단체** 또는 그 산하조직에 소속된 임직원 중에서 해당단체 **또는 그 산하조직이 추천하는 사람**

④ **산업재해 예방 관련 업무를 하는 단체** 또는 그 산하조직에 소속된 임직원 중에서 해당단체 **또는 그 산하조직이 추천하는 사람**

### 2) 명예산업안전감독관의 업무 ★

① 사업장에서 하는 **자체점검 참여** 및 **근로감독관이 하는 사업장 감독 참여**
② 사업장 **산업재해 예방계획 수립 참여** 및 사업장에서 하는 **기계·기구 자체검사 참석**
③ **법령을 위반한 사실이 있는 경우** 사업주에 대한 **개선 요청 및 감독기관에의 신고**
④ **산업재해 발생의 급박한 위험이 있는 경우** 사업주에 대한 **작업중지 요청**
⑤ **작업환경측정, 근로자 건강진단 시의 참석 및 그 결과에 대한 설명회 참여**
⑥ 직업성 질환의 증상이 있거나 질병에 걸린 근로자가 여럿 발생한 경우 사업주에 대한 임시건강진단 실시 요청
⑦ **근로자에 대한 안전수칙 준수 지도**
⑧ **법령 및 산업재해 예방정책 개선 건의**
⑨ **안전·보건 의식을 북돋우기 위한 활동 등에 대한 참여와 지원**
⑩ 그 밖에 산업재해 예방에 대한 홍보 등 산업재해 예방업무와 관련하여 고용노동부장관이 정하는 업무

### 3) 명예산업안전감독관의 해촉 ★

① **근로자대표가 사업주의 의견을 들어** 위촉된 **명예산업안전감독관의 해촉을 요청한 경우**
② 위촉된 **명예산업안전감독관이** 해당 단체 또는 그 산하조직으로부터 **퇴직하거나 해임된 경우**
③ 명예산업안전감독관의 **업무와 관련하여 부정한 행위를 한 경우**
④ **질병이나 부상** 등의 사유로 **명예산업안전감독관의 업무 수행이 곤란하게 된 경우**

### 4) 명예산업안전감독관의 임기 : 2년

### 5) 산업안전보건위원회 설치 시 위원장의 선출방법

산업안전보건위원회의 **위원장은 위원 중에서 호선(互選)**한다. 이 경우 **근로자위원과 사용자 위원 중 각 1명을 공동위원장으로 선출**할 수 있다.

### 6) 의결되지 아니한 사항에 대한 처리방법

근로자 위원과 사용자 위원의 합의에 따라 **산업안전보건위원회에 중재기구를 두어 해결하거나 제3자에 의한 중재**를 받아야 한다.

## (5) 도급사업

1) 도급에 따른 산업재해 예방조치

① 도급인과 수급인을 구성원으로 하는 **안전 및 보건에 관한 협의체의 구성 및 운영**
② **작업장 순회점검**
③ **관계수급인이 근로자에게 하는 안전보건교육을 위한 장소 및 자료의 제공** 등 지원
④ **관계수급인이 근로자에게 하는 안전보건교육의 실시 확인**
⑤ **경보체계 운영과 대피방법 등 훈련**
⑥ **위생시설 등** 고용노동부령으로 정하는 시설의 설치 등을 위하여 **필요한 장소의 제공 또는 도급인이 설치한 위생시설 이용의 협조**

> **Reference**

### 1. 도급인과 수급인을 구성원으로 하는 안전 및 보건에 관한 협의체의 구성 및 운영 ★

① 협의체는 **도급인인 사업주 및 그의 수급인인 사업주 전원**으로 구성
② 협의체는 매월 1회 이상 정기적으로 회의를 개최하고 그 결과를 기록·보존하여야 한다.

| 협의체의 협의사항 |
|---|
| ① **작업의 시작시간**<br>② 작업 또는 **작업장 간의 연락방법**<br>③ **재해발생 위험 시의 대피방법**<br>④ 작업장에서의 **위험성 평가의 실시**에 관한 사항<br>⑤ 사업주와 수급인 또는 수급인 상호 간의 연락 방법 및 작업공정의 조정 |

### 2. 작업장 순회점검 ★

| | |
|---|---|
| 2일에 1회 이상 | ① 건설업<br>② 제조업<br>③ 토사석 광업<br>④ 서적, 잡지 및 기타 인쇄물 출판업<br>⑤ 음악 및 기타 오디오물 출판업<br>⑥ 금속 및 비금속 원료 재생업 |
| 1주일에 1회 이상 | 그 밖의 사업 |

### 3. 경보체계 운영과 대피방법 등 훈련 ★

| 경보체계의 운영 및 대피방법 등을 훈련하여야 하는 경우 |
|---|
| ① 작업 장소에서 **발파작업**을 하는 경우<br>② 작업 장소에서 화재·폭발, 토사·구축물 등의 **붕괴 또는 지진 등**이 발생한 경우 |

### 4. 위생시설 등 필요한 장소의 제공 또는 도급인이 설치한 위생시설 이용의 협조

| 수급인에게 필요한 장소의 제공 및 이용을 협조하여야 하는 위생시설 |
|---|
| ① 휴게시설<br>② 세면·목욕시설<br>③ 세탁시설<br>④ 탈의시설<br>⑤ 수면시설 |

## 2) 도급사업의 합동 안전·보건점검 ★

| 점검반의 구성 | ① 도급인(같은 사업 내에 지역을 달리하는 사업장이 있는 경우에는 그 사업장의 안전보건관리책임자)<br>② 관계수급인(같은 사업 내에 지역을 달리하는 사업장이 있는 경우에는 그 사업장의 안전보건관리책임자)<br>③ 도급인 및 관계수급인의 근로자 각 1명(관계수급인의 근로자의 경우에는 해당 공정만 해당한다) |
|---|---|
| 합동 안전·보건점검의 실시 횟수 | ① 2개월에 1회 이상<br>  • 건설업<br>  • 선박 및 보트 건조업<br>② 그 밖의 사업 : 분기에 1회 이상 |

## 3) 유해작업 도급금지

① 사업주는 근로자의 안전 및 보건에 유해하거나 위험한 작업으로서 **다음 각 호의 어느 하나에 해당하는 작업을 도급하여 자신의 사업장에서 수급인의 근로자가 그 작업을 하도록 해서는 아니 된다.**

> **작업을 도급하여 자신의 사업장에서 수급인의 근로자가 작업을 하도록 해서는 아니 되는 작업(도급금지 작업) ★**

① 도금작업
② 수은, 납 또는 카드뮴을 제련, 주입, 가공 및 가열하는 작업
③ 허가대상물질을 제조하거나 사용하는 작업

 **특급암기법**

도금(도급금지) 수(수은) 납하는 카드(카드뮴)는 허가받아 제조(허가대상물질 제조)

② 사업주는 다음 각 호의 어느 하나에 해당하는 경우에는 **작업을 도급하여 자신의 사업장에서 수급인의 근로자가 그 작업을 하도록 할 수 있다.**

> **작업을 도급하여 자신의 사업장에서 수급인의 근로자가 작업을 할 수 있는 작업(도급가능 작업)**

① 일시·간헐적으로 하는 작업을 도급하는 경우
② 수급인이 보유한 **기술이 전문적**이고 사업주(수급인에게 도급을 한 도급인으로서의 사업주를 말한다)의 **사업 운영에 필수 불가결한 경우로서 고용노동부장관의 승인을 받은 경우**

③ **도급 작업의 승인**
- 사업주는 **고용노동부장관의 도급 작업에 대한 승인을 받으려는 경우**에는 고용노동부령으로 정하는 바에 따라 **고용노동부장관이 실시하는 안전 및 보건에 관한 평가를 받아야 한다.**
- 고용노동부장관에 따른 **승인의 유효기간은 3년**의 범위에서 정한다. ★
- 고용노동부장관은 유효기간이 만료되는 경우에 **사업주가 유효기간의 연장을 신청하면 승인의 유효기간이 만료되는 날의 다음 날부터 3년의 범위에서 고용노동부령으로 정하는 바에 따라 그 기간의 연장을 승인할 수 있다.** 이 경우 사업주는 안전 및 보건에 관한 평가를 받아야 한다.
- 사업주는 **도급공정, 도급공정 사용 최대 유해화학 물질량, 도급기간**(3년 미만으로 승인 받은 자가 승인일부터 3년 내에서 연장하는 경우만 해당한다)을 **변경하려는 경우**에는 고용노동부령으로 정하는 바에 따라 **변경에 대한 승인을 받아야 한다.**
- 고용노동부장관은 승인, 연장승인 또는 변경승인을 받은 자가 **다음 각 호의 어느 하나에 해당하는 경우에는 승인을 취소해야 한다.**

| 도급승인이 취소되는 경우 ★ |
|---|

가. **도급승인 기준에 미달하게 된 때**
나. **거짓이나 그 밖의 부정한 방법**으로 승인, 연장승인, 변경승인을 받은 경우
다. **연장승인 및 변경승인을 받지 않고 사업을 계속한 경우**

④ 사업주는 자신의 사업장에서 안전 및 보건에 유해하거나 위험한 작업 중 **급성 독성, 피부 부식성 등이 있는 물질의 취급** 등 대통령령으로 정하는 **작업을 도급하려는 경우에는 고용노동부장관의 승인을 받아야 한다.** 이 경우 사업주는 고용노동부령으로 정하는 바에 따라 **안전 및 보건에 관한 평가를 받아야 한다.**

| 도급승인 대상 작업 |
|---|

1. **중량비율 1퍼센트 이상의 황산, 불화수소, 질산 또는 염화수소를 취급하는 설비를 개조·분해·해체·철거하는 작업 또는 해당 설비의 내부에서 이루어지는 작업.** 다만, 도급인이 해당 화학물질을 모두 제거한 후 증명자료를 첨부하여 고용노동부장관에게 신고한 경우는 제외한다.
2. 그 밖에 따른 산업재해보상보험 및 예방심의위원회의 심의를 거쳐 고용노동부장관이 정하는 작업

# 예상문제

**01** 다음 설명은 산업안전보건법상의 용어정의에 대한 내용이다. 괄호 안에 적합한 내용을 적으시오.

> (1) "산업재해"란 ( ① )가 업무에 관계되는 건설물·설비·원재료·가스·증기·분진 등에 의하거나 작업 또는 그 밖의 업무로 인하여 사망 또는 부상하거나 질병에 걸리는 것을 말한다.
> (2) "( ② )"란 직업의 종류와 관계없이 임금을 목적으로 사업이나 사업장에 근로를 제공하는 자를 말한다.
> (3) "( ③ )"란 근로자를 사용하여 사업을 하는 자를 말한다.
> (4) "근로자대표"란 근로자의 과반수로 조직된 노동조합이 있는 경우에는 그 ( ④ )을, 근로자의 과반수로 조직된 노동조합이 없는 경우에는 ( ⑤ )를 말한다.
> (5) "( ⑥ )"이란 작업환경 실태를 파악하기 위하여 해당 ( ⑦ )에 대하여 사업주가 유해인자에 대한 측정계획을 수립한 후 시료(試料)를 채취하고 분석·평가하는 것을 말한다.
> (6) "( ⑧ )"이란 산업재해를 예방하기 위하여 잠재적 위험성을 발견하고 그 개선대책을 수립할 목적으로 조사·평가하는 것을 말한다.

**정답**
① 노무를 제공하는 자   ② 근로자
③ 사업주            ④ 노동조합
⑤ 근로자의 과반수를 대표하는 자   ⑥ 작업환경측정
⑦ 근로자 또는 작업장   ⑧ 안전·보건진단

**참고**

1. "**도급**"이란 명칭에 관계없이 물건의 제조·건설·수리 또는 서비스의 제공, 그 밖의 **업무를 타인에게 맡기는 계약**을 말한다.
2. "**도급인**"이란 물건의 제조·건설·수리 또는 서비스의 제공, 그 밖의 **업무를 도급하는 사업주**를 말한다. 다만, 건설공사발주자는 제외한다.
3. "**수급인**"이란 도급인으로부터 물건의 제조·건설·수리 또는 서비스의 제공, 그 밖의 **업무를 도급받은 사업주**를 말한다.
4. "**관계수급인**"이란 도급이 여러 단계에 걸쳐 체결된 경우에 **각 단계별로 도급받은 사업주 전부**를 말한다.

5. "건설공사발주자"란 건설공사를 도급하는 자로서 건설공사의 시공을 주도하여 총괄·관리하지 아니하는 자를 말한다. 다만, 도급받은 건설공사를 다시 도급하는 자는 제외한다.
6. "건설공사"란 다음 각 목의 어느 하나에 해당하는 공사를 말한다.

    가. 「건설산업기본법」 제2조제4호에 따른 **건설공사**
    나. 「전기공사업법」 제2조제1호에 따른 **전기공사**
    다. 「정보통신공사업법」 제2조제2호에 따른 **정보통신공사**
    라. 「소방시설공사업법」에 따른 **소방시설공사**
    마. 「문화재수리 등에 관한 법률」에 따른 **문화재수리 공사**
    바. 「국가유산수리 등에 관한 법률」에 따른 **국가유산수리 공사**

## 02 ★★★

산업재해 중 사망 등 재해 정도가 심하거나 다수의 재해자가 발생한 경우로서 고용노동부령으로 정하는 재해를 (중대재해)라고 한다. 산업안전보건법상에서 중대재해에 해당하는 3가지를 적으시오.

**정답**
① 사망자가 1인 이상 발생한 재해
② 3개월 이상 요양을 요하는 부상자가 동시에 2인 이상 발생한 재해
③ 부상자 또는 직업성 질병자가 동시에 10인 이상 발생한 재해

## 03 ★★★

풀 프루프와 페일 세이프를 설명하시오.

**정답**
① 페일 세이프 : 기계의 고장이 있어도 안전사고를 발생시키지 않도록 2중, 3중 통제장치를 가함
② 풀 프루프 : 인간의 실수가 있어도 안전사고를 발생시키지 않도록 2중, 3중 통제장치를 가함

## 04
산업안전보건법에 의한 안전 및 보건 계획의 수립에 관한 내용이다. 괄호에 적합한 내용을 적으시오.

> 「상법」에 따른 주식회사 중 상시근로자 ( ① ) 이상을 사용하는 회사 및 「건설산업기본법」에 따라 평가하여 공시된 시공능력의 순위 상위 ( ② )위 이내의 건설회사의 대표이사는 매년 회사의 안전 및 보건에 관한 계획을 수립하여 이사회에 보고하고 승인을 받아야 한다.

**정답** ① 500명  ② 1천(1,000)

**참고**

안전 및 보건에 관한 계획에는 안전 및 보건에 관한 비용, 시설, 인원 등의 사항을 포함하여야 한다.

> **특급암기법**  500명 이상 1천위 이내 건설회사는 비(비용)실(시설)대는 인원 매년 이사회에 보고

## 05
안전조직 종류를 적고, 그림으로 설명하시오.

**정답**

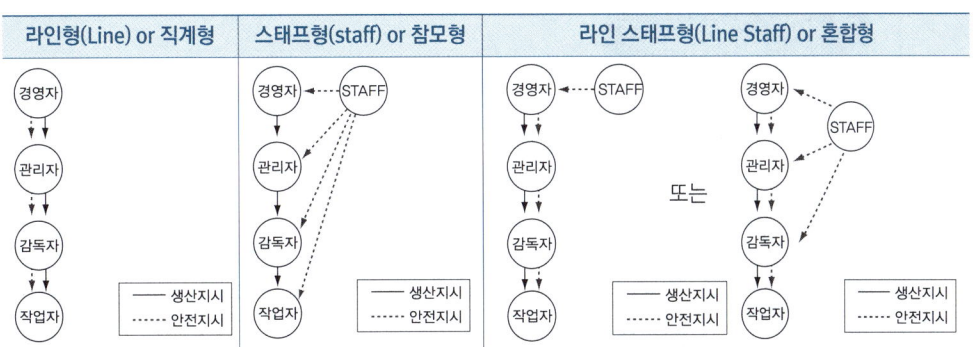

## 06 안전조직의 종류를 3가지로 구분하고 특징을 2가지씩 쓰시오.

**정답**

(1) 라인형 or 직계형(Line)
① 소규모 사업장에 적용이 가능하다.
② 라인형 장점 : 명령 및 지시가 신속, 정확하다.
③ 라인형 단점 : 안전정보가 불충분하다.

(2) 스태프형 or 참모형(staff)
① 중규모 사업장에 적용이 가능하다.
② 스태프형 장점 : 안전정보 수집이 용이하고 빠르다.
③ 스태프형 단점 : 안전과 생산을 별개로 취급한다.

(3) 라인 스태프형 or 혼합형(Line Staff)
① 대규모 사업장에 적용이 가능하다.
② 라인–스태프형 장점
  • 명령이 신속, 정확하다.
  • 안전정보 수집이 용이하고 빠르다.
③ 라인–스태프형 단점
  • 명령계통과 조언, 권고적 참여의 혼돈이 우려된다.

## 07 다음 안전보건조직의 선임기준(선임대상 사업의 규모)을 쓰시오.

| | |
|---|---|
| 안전관리자(전담) | ① <br> ② |
| 산업안전보건위원회 | ① <br> ② |
| 노사협의체 | |
| 안전보건 관리책임자 | |
| 안전보건 총괄책임자 | |
| 안전보건 관리담당자 | |
| 안전보건조정자 | |

**정답**

| 구분 | 내용 |
|---|---|
| 안전관리자(전담) | ① 상시근로자 300인 이상 사업장<br>② 건설업 : 공사금액 120억 원(토목공사 : 150억 원) 이상인 사업장 |
| 산업안전보건위원회 | ① 상시근로자 50인 이상 사업장부터<br>② 건설업 : 공사금액 120억 원(토목공사 : 150억 원) 이상인 사업장 |
| 노사협의체 | 공사금액 120억 원(토목공사 : 150억 원) 이상인 건설업(도급사업인 경우) |
| 안전보건 관리책임자 | ① 상시근로자 50인 이상 사업장부터<br>② 총 공사금액 20억 원 이상인 건설업 |
| 안전보건 총괄책임자 | ① 관계수급인 포함 상시근로자 100명 이상(선박 및 보트 건조업, 1차 금속 제조업 및 토사석 광업 50명)인 사업<br>② 관계수급인 포함 공사금액 20억 원 이상인 건설업 |
| 안전보건 관리담당자 | 상시근로자 20명 이상 50명 미만인 사업장<br>1. 제조업<br>2. 임업<br>3. 하수, 폐수 및 분뇨 처리업<br>4. 폐기물 수집, 운반, 처리 및 원료 재생업<br>5. 환경 정화 및 복원업<br><br>**특급암기법**<br>제임! – 재 임용하자.<br>하·폐수, 분뇨 폐기하고 원료 재생하여 환경 정화·복원 담당자(안전보건관리담당자) |
| 안전보건 조정자 | 각 건설공사의 금액의 합이 50억 원 이상인 경우로서 2개 이상의 건설공사가 같은 장소에서 행해지는 경우 |

## 08 다음 [보기]의 사업장에서 선임하여야 하는 안전관리자의 최소 인원을 적으시오.

(1) 운수업 : 상시근로자 500명
(2) 토사석 광업 : 상시근로자 1,000명
(3) 총 공사금액 1,500억 원인 건설업

**정답** (1) 2명(이상)  (2) 2명(이상)  (3) 3명(이상)

## 참고

**[안전관리자의 선임방법]**

| | |
|---|---|
| ① 토사석 광업<br>② 서적, 잡지 및 기타 인쇄물 출판업, 폐기물 수집·운반·처리 및 원료 재생업, 환경 정화 및 복원업, 운수 및 창고업, 자동차 종합 수리업, 자동차 전문 수리업, 발전업<br>③ 대부분의 제조업 | - 상시 근로자 50명 이상 500명 미만 : 1명<br>- 상시 근로자 500명 이상 : 2명 |
| ① 우편 및 통신업<br>② 전기, 가스, 증기 및 공기조절공급업(발전업은 제외한다)<br>③ 도매 및 소매업<br>④ 숙박 및 음식점업<br>⑤ 공공행정(청소, 시설관리, 조리 등 현업업무에 종사하는 사람으로서 고용노동부장관이 정하여 고시하는 사람으로 한정한다)<br>⑥ 교육 서비스업 중 초등·중등·고등 교육기관, 특수학교·외국인학교 및 대안학교(청소, 시설관리, 조리 등 현업업무에 종사하는 사람으로서 고용노동부장관이 정하여 고시하는 사람으로 한정한다)<br>⑦ 농업, 임업 및 어업 등 | - 상시 근로자 50명 이상 1,000명 미만 : 1명(다만, 부동산업(부동산 관리업은 제외한다)과 사진처리업의 경우에는 상시근로자 100명 이상 1천명 미만으로 한다)<br>- 상시 근로자 1,000명 이상 : 2명 |
| 건설업 | - 공사금액 50억 원 이상(관계수급인은 100억 원 이상) 120억 원 미만(토목공사업의 경우에는 150억 원 미만) 또는 공사금액 120억 원 이상(토목공사업의 경우에는 150억 원 이상) 800억 원 미만 : 1명 이상<br>- 공사금액 800억 원 이상 1,500억 원 미만 : 2명 이상 (다만, 전체 공사기간을 100으로 할 때 공사 시작에서 15에 해당하는 기간과 공사 종료 전의 15에 해당하는 기간 동안은 1명 이상으로 한다)<br>- 공사금액 2,200억 원 이상 3천억 원 미만 : 4명 이상 (다만, 전체 공사기간 중 전·후 15에 해당하는 기간은 2명 이상으로 한다)<br>- 공사금액 3천억 원 이상 3,900억 원 미만 : 5명 이상 (다만, 전체 공사기간 중 전·후 15에 해당하는 기간은 3명 이상으로 한다)<br>- 공사금액 3,900억 원 이상 4,900억 원 미만 : 6명 이상 (다만, 전체 공사기간 중 전·후 15에 해당하는 기간은 3명 이상으로 한다)<br>- 공사금액 4,900억 원 이상 6천억 원 미만 : 7명 이상 (다만, 전체 공사기간 중 전·후 15에 해당하는 기간은 4명 이상으로 한다) |

| | |
|---|---|
| 건설업 | - 공사금액 **6천억 원 이상** 7,200억 원 미만 : 8명 이상 (다만, 전체 공사기간 중 전·후 15에 해당하는 기간은 4명 이상으로 한다)<br>- 공사금액 **7,200억 원 이상** 8,500억 원 미만 : 9명 이상 (다만, 전체 공사기간 중 전·후 15에 해당하는 기간은 5명 이상으로 한다)<br>- 공사금액 **8,500억 원 이상** 1조원 미만 : (10명 이상. 다만, 전체 공사기간 중 전·후 15에 해당하는 기간은 5명 이상으로 한다)<br>- **1조원 이상** : 11명 이상[매 **2천억 원(2조원 이상부터는 매 3천억 원)마다 1명씩 추가**한다]. (다만, 전체 공사기간 중 전·후 15에 해당하는 기간은 선임 대상 안전관리자 수의 2분의 1(소수점 이하는 올림한다) 이상으로 한다) |

## 09 ★★ 다음 [보기]는 건설업의 안전관리자의 선임기준을 설명하고 있다. (   )에 적합한 내용을 적으시오.

> 1. 공사금액 120억 원 이상 800억 원 미만 : ( ① )명 이상
> 2. 공사금액 800억 원 이상 1,500억 원 미만 : ( ② )명 이상
> 3. 공사금액 1,500억 원 이상 2,200억 원 미만 : ( ③ )명 이상
> 4. 1조원 이상 : 11명 이상[매 ( ④ )(2조원 이상부터는 매 ( ⑤ )마다 1명씩 추가한다.]

**정답**
① 1
② 2
③ 3
④ 2천억 원
⑤ 3천억 원

## 10

안전관리자를 두어야 할 수급인인 사업주는 도급인인 사업주가 법에서 정한 요건을 갖춘 경우에는 안전관리자를 선임하지 아니할 수 있다. 이 경우 안전관리자를 선임하지 않아도 되는 요건 2가지를 적으시오.

**정답**
① 도급인인 사업주 자신이 선임하여야 할 안전관리자를 둔 경우
② 안전관리자를 두어야 할 수급인인 사업주의 업종별로 상시 근로자 수(건설업의 경우 상시 근로자 수 또는 공사금액)를 합계하여 그 근로자 수 또는 공사금액에 해당하는 안전관리자를 추가로 선임한 경우

## 11

산업안전보건법상 산업안전보건위원회 및 노사협의체의 구성위원을 쓰시오.

| 산업안전보건위원회의 구성 | 노사협의체의 구성 |
|---|---|
| 1. 근로자위원<br>①<br>②<br>③<br><br>2. 사용자위원<br>①<br>②<br>③<br>④<br>⑤ | 1. 근로자위원<br>①<br>②<br>③<br><br>2. 사용자위원<br>①<br>②<br>③<br>④ |

**정답**

| 산업안전보건위원회의 구성 | 노사협의체의 구성 ★★★ |
|---|---|
| 1. 근로자위원<br>　① 근로자대표<br>　② 근로자대표가 지명하는 1명 이상의 명예산업안전감독관<br>　③ 근로자대표가 지명하는 9명 이내의 해당사업장의 근로자 | 1. 근로자위원<br>　① 도급 또는 하도급 사업을 포함한 전체 사업의 근로자대표<br>　② 근로자대표가 지명하는 명예산업안전감독관 1명 (다만, 명예산업안전감독관이 위촉되어 있지 아니한 경우에는 근로자대표가 지명하는 해당 사업장 근로자 1명)<br>　③ 공사금액이 20억 원 이상인 공사의 관계수급인의 근로자대표 |
| 2. 사용자위원<br>　① 해당 사업의 대표자<br>　② 안전관리자 1명<br>　③ 보건관리자 1명<br>　④ 산업보건의<br>　⑤ 사업의 대표자가 지명하는 9명 이내의 해당 사업장 부서의 장 | 2. 사용자위원<br>　① 도급 또는 하도급 사업을 포함한 전체 사업의 대표자<br>　② 안전관리자 1명<br>　③ 보건관리자 1명(보건관리자 선임대상 건설업으로 한정)<br>　④ 공사금액이 20억 원 이상인 공사의 관계수급인의 사업주 |

## 12 산업안전보건위원회 및 노사협의체의 심의·의결사항과 노사협의체의 협의사항을 적으시오.

| 산업안전보건위원회 및 노사협의체의 심의·의결 사항 | 노사협의체의 협의사항 |
|---|---|
| | |

**정답**

| 산업안전보건위원회 및 노사협의체의 심의·의결 사항 | 노사협의체의 협의사항 |
|---|---|
| ① 산업재해 예방계획의 수립에 관한 사항<br>② 안전보건관리규정의 작성 및 변경에 관한 사항<br>③ 근로자의 안전·보건교육에 관한 사항<br>④ 작업환경측정 등 작업환경의 점검 및 개선에 관한 사항<br>⑤ 근로자의 건강진단 등 건강관리에 관한 사항<br>⑥ 중대재해의 원인 조사 및 재발 방지대책 수립에 관한 사항<br>⑦ 산업재해에 관한 통계의 기록 및 유지에 관한 사항<br>⑧ 유해, 위험한 기계·기구 및 설비를 도입한 경우 안전·보건조치에 관한 사항<br>⑨ 그 밖에 해당 사업장 근로자의 안전 및 보건을 유지·증진시키기 위하여 필요한 사항 | ① 산업재해 예방방법 및 산업재해가 발생한 경우의 대피방법<br>② 작업의 시작시간 및 작업장 간의 연락방법<br>③ 그 밖의 산업재해 예방과 관련된 사항 |

**참고**

| 산업안전보건위원회 및 노사협의체의 심의·의결 사항 ★★ | 안전보건관리책임자의 직무 ★★★ |
|---|---|
| ① 산업재해 예방계획의 수립에 관한 사항<br>② 안전보건관리규정의 작성 및 변경에 관한 사항<br>③ 근로자의 안전·보건교육에 관한 사항<br>④ 작업환경측정 등 작업환경의 점검 및 개선에 관한 사항<br>⑤ 근로자의 건강진단 등 건강관리에 관한 사항<br>⑥ 산업재해에 관한 통계의 기록 및 유지에 관한 사항<br>⑦ 중대재해의 원인 조사 및 재발 방지대책 수립에 관한 사항<br>⑧ 유해, 위험한 기계·기구 및 설비를 도입한 경우 안전·보건조치에 관한 사항 | ① 산업재해 예방계획의 수립에 관한 사항<br>② 안전보건관리규정의 작성 및 변경에 관한 사항<br>③ 근로자의 안전·보건교육에 관한 사항<br>④ 작업환경 측정 등 작업환경의 점검 및 개선에 관한 사항<br>⑤ 근로자의 건강진단 등 건강관리에 관한 사항<br>⑥ 산업재해에 관한 통계의 기록 및 유지에 관한 사항<br>⑦ 산업재해의 원인 조사 및 재발 방지대책 수립에 관한 사항<br>⑧ 안전장치 및 보호구 구입 시 적격품 여부 확인에 관한 사항<br>⑨ 위험성평가의 실시에 관한 사항<br>⑩ 근로자의 위험 또는 건강장해의 방지에 관한 사항 |

## 13 산업안전보건위원회, 노사협의체의 정기회의 개최기간을 쓰시오.

| 산업안전보건위원회의 운영 | 노사협의체의 운영 |
| --- | --- |
| 1. 정기회의 :<br>2. 임시회의 : 위원장이 필요하다 인정할 때 | 1. 정기회의 :<br>2. 임시회의 : 위원장이 필요하다 인정할 때 |

**정답**

| 산업안전보건위원회의 운영 ★★★ | 노사협의체의 운영 ★★★ |
| --- | --- |
| 1. 정기회의 : 분기마다<br>2. 임시회의 : 위원장이 필요하다 인정할 때 | 1. 정기회의 : 2개월마다<br>2. 임시회의 : 위원장이 필요하다 인정할 때 |

## 14 안전보건조직의 직무를 적으시오. (단, 괄호 안의 항목 수대로 적으시오.)

| 사업주(2가지) | |
| --- | --- |
| 안전보건총괄책임자(3가지) | |
| 안전보건관리책임자(5가지) | |
| 안전관리자(5가지) | |
| 안전보건 관리담당자(5가지) | |
| 안전보건조정자(3가지) | |
| 관리감독자(5가지) | |
| 산업안전지도사(2가지) | |
| 근로자(2가지) | |

| 정답 | | |
|---|---|---|
| | 사업주 | ① 산업재해 예방을 위한 기준을 따를 것<br>② 근로자의 신체적 피로와 정신적 스트레스 등을 줄일 수 있는 쾌적한 작업환경의 조성 및 근로조건 개선<br>③ 해당 사업장의 안전·보건에 관한 정보를 근로자에게 제공할 것 |
| | 안전보건총괄책임자 | ① 산업재해가 발생할 급박한 위험이 있을 때 및 중대재해가 발생하였을 때의 작업의 중지<br>② 도급 시의 산업재해 예방조치<br>③ 산업안전보건관리비의 관계수급인 간의 사용에 관한 협의·조정 및 그 집행의 감독<br>④ 안전인증대상 기계 등과 자율안전확인대상 기계 등의 사용 여부 확인<br>⑤ 위험성 평가의 실시에 관한 사항 |
| | 안전보건관리책임자 | ① 산업재해 예방계획의 수립에 관한 사항<br>② 안전보건관리규정의 작성 및 변경에 관한 사항<br>③ 근로자의 안전·보건교육에 관한 사항<br>④ 작업환경 측정 등 작업환경의 점검 및 개선에 관한 사항<br>⑤ 근로자의 건강진단 등 건강관리에 관한 사항<br>⑥ 산업재해의 원인 조사 및 재발 방지대책 수립에 관한 사항<br>⑦ 산업재해에 관한 통계의 기록 및 유지에 관한 사항<br>⑧ 안전장치 및 보호구 구입 시 적격품 여부 확인에 관한 사항<br>⑨ 위험성 평가의 실시에 관한 사항<br>⑩ 근로자의 위험 또는 건강장해의 방지에 관한 사항 |
| | 안전관리자 | ① 사업장 안전교육계획의 수립 및 안전교육 실시에 관한 보좌 및 조언·지도<br>② 사업장 순회점검·지도 및 조치의 건의<br>③ 산업재해 발생의 원인 조사·분석 및 재발 방지를 위한 기술적 보좌 및 조언·지도<br>④ 산업재해에 관한 통계의 유지·관리·분석을 위한 보좌 및 조언·지도<br>⑤ 안전인증대상 기계·기구 등과 자율안전확인대상 기계·기구 등 구입 시 적격품의 선정에 관한 보좌 및 조언·지도<br>⑥ 위험성 평가에 관한 보좌 및 조언·지도<br>⑦ 안전에 관한 사항의 이행에 관한 보좌 및 조언·지도<br>⑧ 산업안전보건위원회 또는 노사협의체, 안전보건관리규정 및 취업규칙에서 정한 직무<br>⑨ 업무수행 내용의 기록·유지<br>⑩ 그 밖에 안전에 관한 사항으로서 고용노동부장관이 정하는 사항 |
| | 안전보건관리담당자 | ① 안전·보건교육 실시에 관한 보좌 및 조언·지도<br>② 위험성 평가에 관한 보좌 및 조언·지도<br>③ 작업환경측정 및 개선에 관한 보좌 및 조언·지도<br>④ 건강진단에 관한 보좌 및 조언·지도<br>⑤ 산업재해 발생의 원인 조사, 산업재해 통계의 기록 및 유지를 위한 보좌 및 조언·지도<br>⑥ 산업안전·보건과 관련된 안전장치 및 보호구 구입 시 적격품 선정에 관한 보좌 및 조언·지도 |

| | |
|---|---|
| 안전보건조정자 | ① 같은 장소에서 행하여지는 각각의 공사 간에 혼재된 작업의 파악<br>② 혼재된 작업으로 인한 산업재해 발생의 위험성 파악<br>③ 혼재된 작업으로 인한 산업재해를 예방하기 위한 작업의 시기·내용 및 안전보건 조치 등의 조정<br>④ 각각의 공사 도급인의 안전보건관리책임자 간 작업 내용에 관한 정보 공유 여부의 확인 |
| 관리감독자 | ① 기계·기구 또는 설비의 안전·보건 점검 및 이상 유무의 확인<br>② 근로자의 작업복·보호구 및 방호장치의 점검과 그 착용·사용에 관한 교육·지도<br>③ 산업재해에 관한 보고 및 이에 대한 응급조치<br>④ 작업장 정리·정돈 및 통로확보에 대한 확인·감독<br>⑤ 산업보건의, 안전관리자(안전관리전문기관의 해당 사업장 담당자) 및 보건관리자(보건관리전문기관의 해당 사업장 담당자), 안전보건관리담당자(안전관리전문기관 또는 보건관리전문기관의 해당 사업장 담당자)의 지도·조언에 대한 협조<br>⑥ 위험성 평가를 위한 유해·위험요인의 파악 및 개선조치의 시행에 대한 참여<br>⑦ 그 밖에 해당 작업의 안전·보건에 관한 사항으로서 고용노동부령으로 정하는 사항 |
| 산업안전지도사 | ① 공정상의 안전에 관한 평가·지도<br>② 유해·위험의 방지대책에 관한 평가·지도<br>③ 공정상의 안전 및 유해·위험의 방지대책과 관련된 계획서 및 보고서의 작성<br>④ 안전보건개선계획서의 작성<br>⑤ 위험성 평가의 지도<br>⑥ 그 밖에 산업안전에 관한 사항의 자문에 대한 응답 및 조언 |
| 근로자 | ① 법에서 정하는 산업재해 예방에 필요한 사항을 지켜야 한다.<br>② 사업주 또는 근로감독관, 공단 등 관계자가 실시하는 산업재해 방지에 관한 조치에 따라야 한다. |

## ★ 15 도급사업 시 안전보건조치를 3가지 적으시오.

**정답**
① 도급인과 수급인을 구성원으로 하는 안전 및 보건에 관한 협의체의 구성 및 운영
② 작업장 순회점검
③ 관계수급인이 근로자에게 하는 안전보건교육을 위한 장소 및 자료의 제공 등 지원
④ 관계수급인이 근로자에게 하는 안전보건교육의 실시 확인
⑤ 경보체계 운영과 대피방법 등 훈련
⑥ 위생시설 등 고용노동부령으로 정하는 시설의 설치 등을 위하여 필요한 장소의 제공 또는 도급인이 설치한 위생시설 이용의 협조

**참고**

(1) 작업장의 순회점검 등 안전·보건관리

| | |
|---|---|
| 2일에 1회 이상 | ① 건설업<br>② 제조업<br>③ 토사석 광업<br>④ 서적, 잡지 및 기타 인쇄물 출판업<br>⑤ 음악 및 기타 오디오물 출판업<br>⑥ 금속 및 비금속 원료 재생업 |
| 1주일에 1회 이상 | 그 밖의 사업 |

(2) 수급인에게 위생시설 등 고용노동부령으로 정하는 시설의 설치 등을 위하여 필요한 장소의 제공 또는 도급인이 설치한 위생시설 이용의 협조

| 수급인에게 필요한 장소의 제공 및 이용을 협조하여야 하는 위생시설 |
|---|
| ① 휴게시설<br>② 세면·목욕시설<br>③ 세탁시설<br>③ 탈의시설<br>④ 수면시설 |

## 16
작업을 도급하여 자신의 사업장에서 수급인의 근로자가 그 작업을 하도록 해서는 아니 되는 작업의 종류 3가지를 적으시오.

**정답**
① 도금작업
② 수은, 납 또는 카드뮴을 제련, 주입, 가공 및 가열하는 작업
③ 허가대상물질을 제조하거나 사용하는 작업

**특급암기법**

도금(도급금지) 수(수은) 납하는 카드(카드뮴)는 허가받아 제조(허가대상물질 제조)

**참고**

[도급 작업의 승인]

① 사업주는 고용노동부장관의 도급 작업에 대한 승인을 받으려는 경우에는 고용노동부령으로 정하는 바에 따라 고용노동부장관이 실시하는 안전 및 보건에 관한 평가를 받아야 한다.
② 고용노동부장관에 따른 승인의 유효기간은 3년의 범위에서 정한다. ★
③ 고용노동부장관은 유효기간이 만료되는 경우에 사업주가 유효기간의 연장을 신청하면 승인의 유효기간이 만료되는 날의 다음 날부터 3년의 범위에서 고용노동부령으로 정하는 바에 따라 그 기간의 연장을 승인할 수 있다. 이 경우 사업주는 안전 및 보건에 관한 평가를 받아야 한다.
④ 사업주는 도급공정, 도급공정 사용 최대 유해화학 물질량, 도급기간(3년 미만으로 승인 받은 자가 승인일부터 3년 내에서 연장하는 경우만 해당한다)을 변경하려는 경우에는 고용노동부령으로 정하는 바에 따라 변경에 대한 승인을 받아야 한다.

### 도급승인이 취소되는 경우 ★

가. 도급승인 기준에 미달하게 된 때
나. 거짓이나 그 밖의 부정한 방법으로 승인, 연장승인, 변경승인을 받은 경우
다. 연장승인 및 변경승인을 받지 않고 사업을 계속한 경우

### 도급승인 대상 작업

1. 중량비율 1퍼센트 이상의 황산, 불화수소, 질산 또는 염화수소를 취급하는 설비를 개조·분해·해체·철거하는 작업 또는 해당 설비의 내부에서 이루어지는 작업. 다만, 도급인이 해당 화학물질을 모두 제거한 후 증명자료를 첨부하여 고용노동부장관에게 신고한 경우는 제외한다.
2. 그 밖에 따른 산업재해보상보험 및 예방심의위원회의 심의를 거쳐 고용노동부장관이 정하는 작업

## 17. 산업안전보건법에 의하여 (1) 명예산업안전감독관으로 위촉이 가능한 대상의 기준 3가지와 (2) 명예감독관의 임기를 적으시오.

**정답**

(1) 명예산업안전감독관 위촉대상
① 산업안전보건위원회 또는 노사협의체 설치 대상 사업의 근로자 중에서 근로자대표가 사업주의 의견을 들어 추천하는 사람
② 노동조합 또는 그 지역 대표기구에 소속된 임직원 중에서 해당 연합단체 인 노동조합 또는 그 지역대표기구가 추천하는 사람
③ 전국 규모의 사업주단체 또는 그 산하조직에 소속된 임직원 중에서 해당단체 또는 그 산하조직이 추천하는 사람
④ 산업재해 예방 관련 업무를 하는 단체 또는 그 산하조직에 소속된 임직원 중에서 해당 단체 또는 그 산하조직이 추천하는 사람

(2) 명예산업안전감독관의 임기 : 2년

## 18. 산업안전보건법에 의하여 명예산업안전감독관을 해촉할 수 있는 경우 2가지를 적으시오.

**정답**
① 근로자대표가 사업주의 의견을 들어 위촉된 명예산업안전감독관의 해촉을 요청한 경우
② 위촉된 명예산업안전감독관이 해당 단체 또는 그 산하조직으로부터 퇴직하거나 해임된 경우
③ 명예산업안전감독관의 업무와 관련하여 부정한 행위를 한 경우
④ 질병이나 부상 등의 사유로 명예산업안전감독관의 업무 수행이 곤란하게 된 경우

> **참고**

**[명예산업안전감독관의 업무사항]**

① 사업장에서 하는 **자체점검 참여 및 근로감독관이 하는 사업장 감독 참여**
② 사업장 **산업재해 예방계획 수립 참여** 및 사업장에서 하는 **기계·기구 자체검사 입회**
③ 법령을 위반한 사실이 있는 경우 사업주에 대한 개선 요청 및 감독기관에의 신고
④ **산업재해 발생의 급박한 위험이 있는 경우** 사업주에 대한 **작업중지 요청**
⑤ **작업환경측정, 근로자 건강진단 시의 입회 및 그 결과에 대한 설명회 참여**
⑥ 직업성 질환의 증상이 있거나 질병에 걸린 근로자가 여럿 발생한 경우 사업주에 대한 임시건강진단 실시 요청
⑦ **근로자에 대한 안전수칙 준수 지도**
⑧ **법령 및 산업재해 예방정책 개선 건의**
⑨ 안전·보건 의식을 북돋우기 위한 활동 등에 대한 참여와 지원
⑩ 그 밖에 산업재해 예방에 대한 홍보·계몽 등 산업재해 예방업무와 관련하여 고용노동부장관이 정하는 업무

## ★ 19
도급사업의 합동 안전·보건점검에서 점검반의 구성에 포함하여야 하는 사람 3명을 적으시오.

> **정답**
> ① **도급인**(같은 사업 내에 지역을 달리하는 사업장이 있는 경우에는 그 사업장의 안전보건관리책임자)
> ② **관계수급인**(같은 사업 내에 지역을 달리하는 사업장이 있는 경우에는 그 사업장의 안전보건관리책임자)
> ③ **도급인 및 관계수급인의 근로자 각 1명**(관계수급인의 근로자의 경우에는 해당 공정만 해당한다)

> **참고**
>
> **도급사업의 합동 안전·보건점검의 횟수**
>
> 1. 다음 각 목의 사업의 경우 : **2개월에 1회 이상**
>    가. **건설업**
>    나. **선박 및 보트 건조업**
> 2. 그밖의 사업 : **분기에 1회 이상**

# CHAPTER 02 안전관리계획 수립 및 운용

**주요내용 알고 가기!**

1. 안전보건관리 규정을 이해·적용할 수 있어야 한다.
2. 안전보건관리 계획을 수립할 수 있어야 한다.
3. 주요 평가척도를 알고 적용할 수 있어야 한다.
4. 안전보건 개선계획을 수립할 수 있어야 한다.

## 안전보건관리규정

### (1) 안전보건관리규정의 작성

1) 작성대상 : 상시 근로자 100명 이상을 사용하는 사업 ★★

 **Reference**

● 안전보건관리규정을 작성하여야 할 사업의 종류 및 규모

| 사업의 종류 | 규모 |
| --- | --- |
| 1. 농업<br>2. 어업<br>3. 소프트웨어 개발 및 공급업<br>4. 컴퓨터 프로그래밍, 시스템 통합 및 관리업<br>4의 2. 영상·오디오물 제공 서비스업<br>5. 정보서비스업<br>6. 금융 및 보험업<br>7. 임대업(부동산 제외)<br>8. 전문, 과학 및 기술 서비스업(연구개발업은 제외한다)<br>9. 사업지원 서비스업<br>10. 사회복지 서비스업 | 상시 근로자 300명 이상을 사용하는 사업장 |
| 11. 제1호부터 제4호까지, 제4호의 2 및 제5호부터 제10호까지의 사업을 제외한 사업 | 상시 근로자 100명 이상을 사용하는 사업장 |

2) 사업주는 안전보건관리규정을 작성하여야 할 **사유가 발생한 날부터 30일 이내**에 안전보건관리규정을 **작성**하여야 한다. ★

3) 안전보건관리규정의 포함사항 ★★★

    ① **안전 · 보건 관리조직과 그 직무**에 관한 사항
    ② **안전 · 보건교육**에 관한 사항
    ③ **작업장의 안전 및 보건관리**에 관한 사항
    ④ **사고 조사 및 대책 수립**에 관한 사항
    ⑤ 그 밖에 안전 · 보건에 관한 사항

4) 안전관리규정 작성 시 유의사항

    ① **법정 기준을 상회하도록** 작성
    ② **법령의 제, 개정 시 즉시 수정**
    ③ **현장의견을 충분히 반영**
    ④ **정상 시 및 이상 시 조치**에 관하여도 **규정**
    ⑤ 관리자 층의 **직무 및 권한 등을 명확히 기재**

5) 안전보건관리규정을 작성하거나 변경할 때에는 산업안전보건위원회의 심의 · 의결을 거쳐야 한다. 다만, 산업안전보건위원회가 설치되어 있지 아니한 사업장의 경우에는 근로자대표의 동의를 받아야 한다. ★

## 안전보건 관리계획 및 안전보건 개선계획

### (1) 안전계획 작성 시 고려사항

    ① 사업장 실태에 맞도록 **독자적, 실현가능성 있게 작성**
    ② **목표는 점진적으로 높게**
    ③ 직장 단위로 **구체적으로 작성**

## (2) 안전보건 개선계획

1) 안전보건개선계획의 수립·시행명령을 받은 사업주는 안전보건개선계획서를 작성하여 그 **명령을 받은 날부터 60일 이내에 관할 지방고용노동관서의 장에게 제출**하여야 한다. ★

2) 안전보건 개선계획서 포함 사항 ★

   ① 시설
   ② 안전·보건관리체제
   ③ 안전·보건교육
   ④ 산업재해 예방 및 작업환경 개선을 위하여 필요한 사항

3) 사업주는 **안전보건개선계획을 수립할 때에는 산업안전보건위원회의 심의를 거쳐야 한다.** 다만, **산업안전보건위원회가 설치되어 있지 아니한 사업장의 경우에는 근로자대표의 의견을 들어야 한다.** ★

4) 안전보건 개선계획 작성대상 사업장

| 안전보건 개선계획 작성대상 사업장 ★★★ |
|---|
| ① 산업재해율이 같은 업종의 규모별 평균 산업재해율보다 높은 사업장<br>② 사업주가 안전보건조치의무를 이행하지 아니하여 중대재해가 발생한 사업장<br>③ 직업성 질병자가 연간 2명 이상 발생한 사업장<br>④ 유해인자의 노출기준을 초과한 사업장 |

> **특급암기법**
> 평균보다 높으면 **개선계획!**
> 중대재해 발생하면 **개선계획!**
> 직업성 질병자 2명, 노출기준 초과하면 **개선계획!**

> **비교 point**
>
> **안전·보건진단을 받아 안전보건개선계획을 수립·제출하도록 명할 수 있는 사업장** ★★
>
> 1. 산업재해율이 **같은 업종 평균 산업재해율의 2배 이상인 사업장**
> 2. 사업주가 필요한 **안전조치 또는 보건조치를 이행하지 아니하여 중대재해가 발생한 사업장**
> 3. **직업성 질병자가 연간 2명 이상**(상시근로자 1천명 이상 사업장의 경우 **3명 이상**) 발생한 사업장
> 4. 그 밖에 작업환경 불량, 화재·폭발 또는 누출 사고 등으로 사업장 주변까지 피해가 확산된 사업장으로서 고용노동부령으로 정하는 사업장
>
> **특급암기법**
>
> 평균의 2배 이상, 직업성 질병 2명 이상(1,000명 이상 3명) 진단받아 **개선!**
> 중대재해 발생하면 진단받아 **개선!**

# 안전관리자의 증원·교체임명 명령

(1) 지방고용노동관서의 장은 다음 각 호의 어느 하나에 해당하는 사유가 발생한 경우에는 사업주에게 안전관리자나 보건관리자 또는 안전보건관리담당자를 정수 이상으로 증원하게 하거나 교체하여 임명할 것을 명할 수 있다. 다만, 제4호에 해당하는 경우로서 직업성 질병자 발생 당시 사업장에서 해당 화학적 인자(因子)를 사용하지 않은 경우에는 그렇지 않다.

(2) 관리자를 정수 이상으로 증원하게 하거나 교체하여 임명할 것을 명하는 경우에는 미리 사업주 및 해당 관리자의 의견을 듣거나 소명자료를 제출받아야 한다. 다만, 정당한 사유 없이 의견진술 또는 소명자료의 제출을 게을리한 경우에는 그렇지 않다.

> **안전관리자의 증원·교체임명 명령 대상 사업장** ★★★
>
> ① 해당 사업장의 **연간 재해율이 같은 업종의 평균재해율의 2배 이상인 경우**
> ② **중대재해가 연간 2건 이상 발생**한 경우(다만, 해당 사업장의 **전년도 사망만인율이 같은 업종의 평균 사망만인율 이하인 경우는 제외**)
> ③ 관리자가 **질병이나 그 밖의 사유로 3개월 이상 직무를 수행할 수 없게 된 경우**
> ④ **화학적 인자로 인한 직업성질병자가 연간 3명 이상 발생**한 경우(이 경우 직업성질병자 발생일은 요양급여의 결정일로 한다.)

> **특급암기법**
>
> 평균의 2배 이상, 중대재해 2건 이상 증원!
> 직업성 질병 3명 이상, 3개월 이상 일안하면 교체!

## 사업장의 산업재해 발생건수 등 공표

### (1) 공표방법

① 관보
② 일간신문(보급지역을 전국으로 하여 등록한 경우)
③ 인터넷 등에 게재

#### 재해발생 건수 등 재해율 공표 대상 사업장 ★★★

① 사망재해자가 연간 2명 이상 발생한 사업장
② 사망만인율(사망재해자 수를 연간 상시근로자 1만 명당 발생하는 사망재해자 수로 환산한 것)이 규모별 같은 업종의 평균 사망만인율 이상인 사업장
③ 중대산업사고가 발생한 사업장
④ 산업재해 발생 사실을 은폐한 사업장
⑤ 산업재해의 발생에 관한 보고를 최근 3년 이내 2회 이상 하지 않은 사업장

> **특급암기법**
>
> 사망자 2명, 평균 사망만인율 이상 공표!
> 중대산업사고 발생하면 공표!
> 재해은폐, 재해보고 3년 동안 2번 이상 안하면 공표!

### (2) 제1호부터 제3호까지(사망재해자가 연간 2명 이상, 사망만인율이 규모별 같은 업종의 평균 사망만인율 이상, 중대산업사고가 발생한 사업장)의 규정에 해당하는 사업장은 해당 사업장이 관계수급인의 사업장으로서 도급인이 관계수급인 근로자의 산업재해 예방을 위한 조치의무를 위반하여 관계수급인 근로자가 산업재해를 입은 경우에는 도급인의 사업장의 산업재해발생건수 등을 함께 공표한다. ★

## (3) 도급인의 산업재해 발생건수 등에 수급인의 산업재해 발생건수 등을 포함하여 공표하여야 하는 사업장(통합 공표대상 사업장) ★

도급인이 사용하는 **상시근로자 수가 500명 이상**인 다음 각 호의 어느 하나에 해당하는 사업장으로서 **도급인 사업장의 사고사망만인율**(질병으로 인한 사망재해자를 제외하고 산출한 사망만인율)**보다 관계수급인의 근로자를 포함하여 산출한 사고사망만인율이 높은 사업장**을 말한다.

1. **제조업**
2. **철도운송업**
3. **도시철도운송업**
4. **전기업**

 특급암기법

500명 이상의 제(제조업)철 운송(철도운송업) 도시(도시철도운송업)의 전기는 수급인 포함하여 공표

### ○ Reference

**○ 도급인이 지배 · 관리하는 장소**
(도급인의 산업재해발생 건수 등에 관계수급인의 산업재해발생 건수 등을 포함하여 공표하여야 하는 장소)

1. 토사(土砂) · 구축물 · 인공구조물 등이 **붕괴될 우려**가 있는 장소
2. 기계 · 기구 등이 **넘어지거나 무너질 우려**가 있는 장소
3. **안전난간의 설치가 필요한** 장소
4. **비계(飛階) 또는 거푸집을 설치하거나 해체**하는 장소
5. **건설용 리프트를 운행**하는 장소
6. 지반(地盤)을 **굴착하거나 발파**작업을 하는 장소
7. 엘리베이터 홀 등 근로자가 **추락할 위험**이 있는 장소
8. 석면이 붙어 있는 물질을 파쇄하거나 해체하는 작업을 하는 장소
9. 공중 전선에 가까운 장소로서 **시설물의 설치 · 해체 · 점검 및 수리 등의 작업을 할 때 감전의 위험**이 있는 장소
10. **물체가 떨어지거나 날아올 위험**이 있는 장소
11. **프레스 또는 전단기(剪斷機)를 사용**하여 작업을 하는 장소
12. **차량계(車輛系) 하역운반기계 또는 차량계 건설기계**를 사용하여 작업하는 장소
13. **전기 기계 · 기구를 사용하여 감전의 위험**이 있는 작업을 하는 장소
14. 「철도산업발전기본법」에 따른 철도차량(「도시철도법」에 따른 도시철도차량을 포함한다)에 의한 충돌 또는 협착의 위험이 있는 작업을 하는 장소

15. 그 밖에 화재·폭발 등 사고발생 위험이 높은 장소로서 고용노동부령으로 정하는 다음의 장소
   ① **화재·폭발** 우려가 있는 다음 각 목의 어느 하나에 해당하는 작업을 하는 장소
      가. 선박 내부에서의 용접·용단작업
      나. 인화성 액체를 취급·저장하는 설비 및 용기에서의 용접·용단작업
      다. 특수화학설비에서의 용접·용단작업
      라. 가연물(可燃物)이 있는 곳에서의 용접·용단 및 금속의 가열 등 화기를 사용하는 작업이나 연삭 숫돌에 의한 건식연마작업 등 불꽃이 발생할 우려가 있는 작업
   ② **양중기(揚重機)에 의한 충돌 또는 협착(狹窄)의 위험**이 있는 작업을 하는 장소
   ③ **유기화합물 취급** 특별장소
   ④ **방사선 업무**를 하는 장소
   ⑤ **밀폐공간**
   ⑥ **위험물질을 제조하거나 취급**하는 장소
   ⑦ **화학설비 및 그 부속설비에 대한 정비·보수** 작업이 이루어지는 장소

> **특급암기법**
> · 붕괴, 기계의 넘어짐, 추락(안전난간, 비계 거푸집), 굴착 발파, 낙하비래, 감전, 철도 충돌, 화재·폭발
> · 석면, 차량계 하역운반 및 건설기계, 프레스 전단기, 건설용 리프트

## 안전보건 진단

**(1) 고용노동부장관**은 추락·붕괴, 화재·폭발, 유해하거나 위험한 물질의 누출 등 **산업재해 발생의 위험이 현저히 높은 사업장**의 사업주에게 안전보건진단기관이 실시하는 안전보건 진단을 받을 것을 명할 수 있다.

### 안전보건진단 대상 사업장의 종류 ★

① 중대재해 발생 사업장
② 안전보건개선계획 수립·시행명령을 받은 사업장
③ 추락·폭발·붕괴 등 재해발생 위험이 현저히 높은 사업장으로서 지방 노동관서의 장이 안전·보건진단이 필요하다고 인정하는 사업장

> **특급암기법**
> 중대재해 발생하면 진단! 진단받아 개선계획 수립!

(2) 사업주는 안전보건진단 명령을 받은 경우 고용노동부령으로 정하는 바에 따라 안전보건진단기관에 안전보건진단을 의뢰하여야 한다.

(3) 사업주는 안전보건진단기관이 실시하는 안전보건진단에 적극 협조하여야 하며, 정당한 사유 없이 이를 거부하거나 방해 또는 기피해서는 아니 된다. 이 경우 근로자대표가 요구할 때에는 해당 안전보건진단에 근로자대표를 참여시켜야 한다.

### (4) 안전보건진단의 종류 및 내용 ★

| 종류 | 진단내용 |
|---|---|
| 종합진단 | 1. **경영 · 관리적 사항**에 대한 평가<br>  가. 산업재해 예방계획의 적정성<br>  나. 안전 · 보건 관리조직과 그 직무의 적정성<br>  다. 산업안전보건위원회 설치 · 운영, 명예산업안전감독관의 역할 등 근로자의 참여 정도<br>  라. 안전보건관리규정 내용의 적정성<br>2. **산업재해 또는 사고의 발생 원인**(산업재해 또는 사고가 발생한 경우만 해당한다)<br>3. **작업조건 및 작업방법**에 대한 평가<br>4. **유해 · 위험요인**에 대한 측정 및 분석<br>  가. 기계 · 기구 또는 그 밖의 설비에 의한 위험성<br>  나. 폭발성 · 물반응성 · 자기반응성 · 자기발열성 물질, 자연발화성 액체 · 고체 및 인화성 액체 등에 의한 위험성<br>  다. 전기 · 열 또는 그 밖의 에너지에 의한 위험성<br>  라. 추락, 붕괴, 낙하, 비래(飛來) 등으로 인한 위험성<br>  마. 그 밖에 기계 · 기구 · 설비 · 장치 · 구축물 · 시설물 · 원재료 및 공정 등에 의한 위험성<br>  바. 법 제118조제1항에 따른 허가대상물질, 고용노동부령으로 정하는 관리대상 유해물질 및 온도 · 습도 · 환기 · 소음 · 진동 · 분진, 유해광선 등의 유해성 또는 위험성<br>5. **보호구, 안전 · 보건장비 및 작업환경 개선시설**의 적정성<br>6. **유해물질의 사용 · 보관 · 저장, 물질안전보건자료의 작성, 근로자 교육 및 경고표시 부착**의 적정성<br>7. 그 밖에 작업환경 및 근로자 건강 유지 · 증진 등 보건관리의 개선을 위하여 필요한 사항 |

| 종류 | 진단내용 |
|---|---|
| 안전진단 | 1. **산업재해 또는 사고의 발생 원인**(산업재해 또는 사고가 발생한 경우만 해당한다)<br>2. **작업조건 및 작업방법**에 대한 평가<br>3. **유해·위험요인에 대한 측정 및 분석**(안전 관련 사항만 해당한다)<br>  가. 기계·기구 또는 그 밖의 설비에 의한 위험성<br>  나. 폭발성·물반응성·자기반응성·자기발열성 물질, 자연발화성 액체·고체 및 인화성 액체 등에 의한 위험성<br>  다. 전기·열 또는 그 밖의 에너지에 의한 위험성<br>  라. 추락, 붕괴, 낙하, 비래(飛來) 등으로 인한 위험성<br>  마. 그 밖에 기계·기구·설비·장치·구축물·시설물·원재료 및 공정 등에 의한 위험성 |
| 보건진단 | 1. **산업재해 또는 사고의 발생 원인**(산업재해 또는 사고가 발생한 경우만 해당한다)<br>2. **작업조건 및 작업방법**에 대한 평가<br>3. **허가대상물질, 관리대상 유해물질 및 온도·습도·환기·소음·진동·분진, 유해광선** 등의 유해성 또는 위험성<br>4. **보호구, 안전·보건장비 및 작업환경 개선시설**의 적정성(보건 관련 사항만 해당한다)<br>5. **유해물질의 사용·보관·저장, 물질안전보건자료의 작성, 근로자 교육 및 경고표시** 부착의 적정성<br>6. 그 밖에 작업환경 및 근로자 건강 유지·증진 등 보건관리의 개선을 위하여 필요한 사항 |

# 예상문제

**01** 사내 안전관리규정 제정 시 고려할 사항 3가지를 쓰시오.

**정답**
① 법정 기준을 상회하도록 작성  ② 법령의 제, 개정 시 즉시 수정
③ 현장의견을 충분히 반영  ④ 정상 시 및 이상 시 조치에 관하여도 규정
⑤ 관리자층의 직무 및 권한 등을 명확히 기재

**02** ★★ (1) 안전보건관리규정을 작성하여야 할 사업은 상시 근로자 ( ① ) 이상을 사용하는 사업으로 한다. (2) 안전보건관리규정을 작성하거나 변경할 때에는 ( ② )의 심의·의결을 거쳐야 한다. 다만, 산업안전보건위원회가 설치되어 있지 아니한 사업장의 경우에는 ( ③ )의 동의를 받아야 한다.

**정답**
① 100명
② 산업안전보건위원회
③ 근로자대표

### 참고

**[안전보건관리규정을 작성하여야 할 사업의 종류 및 규모 ★★]**

| 사업의 종류 | 규모 |
|---|---|
| 1. 농업<br>2. 어업<br>3. 소프트웨어 개발 및 공급업<br>4. 컴퓨터 프로그래밍, 시스템 통합 및 관리업<br>4의 2. 영상 · 오디오물 제공 서비스업<br>5. 정보서비스업<br>6. 금융 및 보험업<br>7. 임대업(부동산 제외)<br>8. 전문, 과학 및 기술 서비스업(연구개발업은 제외한다)<br>9. 사업지원 서비스업<br>10. 사회복지 서비스업 | 상시 근로자 300명 이상을 사용하는 사업장 |
| 11. 제1호부터 제4호까지, 제4호의 2 및 제5호부터 제10호<br>까지의 사업을 제외한 사업 | 상시 근로자 100명 이상을 사용하는 사업장 |

## 03 ★★ 사업장 안전보건관리 규정에 포함하여 근로자에게 알려야 하고 사업장에 비치할 사항을 쓰시오.

**정답**
① 안전 · 보건 관리조직과 그 직무에 관한 사항
② 안전 · 보건교육에 관한 사항
③ 작업장의 안전 및 보건관리에 관한 사항
④ 사고 조사 및 대책 수립에 관한 사항
⑤ 그 밖에 안전·보건에 관한 사항

## 04 다음 물음에 적합한 대상 사업장을 적으시오.

**(1) 안전보건 개선계획 작성대상 사업장(4가지)**
① 
② 
③ 
④ 

**(2) 안전·보건진단을 받아 안전보건개선계획을 수립·제출하도록 명할 수 있는 사업장(3가지)**
① 
② 
③ 

**(3) 안전관리자의 증원·교체임명 명령 대상 사업장(4가지)**
① 
② 
③ 
④ 

**(4) 재해발생 건수 등 재해율 공표 대상 사업장(4가지)**
① 
② 
③ 
④ 

**(5) 안전보건진단 대상 사업장(2가지)**
① 
② 

---

**정답**

**(1) 안전보건 개선계획 작성대상 사업장 ★★★**
① 산업재해율이 같은 업종의 규모별 평균 산업재해율보다 높은 사업장
② 사업주가 안전보건조치의무를 이행하지 아니하여 중대재해가 발생한 사업장
③ 직업성 질병자가 연간 2명 이상 발생한 사업장
④ 유해인자의 노출기준을 초과한 사업장

> **특급암기법**
>
> 평균보다 높으면 개선계획!
> 중대재해 발생하면 개선계획!
> 직업성 질병자 2명, 노출기준 초과하면 개선계획!

(2) **안전·보건진단을 받아 안전보건개선계획을 수립·제출하도록 명할 수 있는 사업장 ★★★**

1. 산업재해율이 같은 업종 평균 산업재해율의 2배 이상인 사업장
2. 사업주가 필요한 안전조치 또는 보건조치를 이행하지 아니하여 중대재해가 발생한 사업장
3. 직업성 질병자가 연간 2명 이상(상시근로자 1천명 이상 사업장의 경우 3명 이상) 발생한 사업장
4. 그 밖에 작업환경 불량, 화재·폭발 또는 누출 사고 등으로 사업장 주변까지 피해가 확산된 사업장으로서 고용노동부령으로 정하는 사업장

> **특급암기법**
>
> 평균의 2배 이상, 직업성 질병 2명 이상(1,000명 이상 3명) 진단받아 개선!
> 중대재해 발생하면 진단받아 개선!

(3) **안전관리자의 증원·교체임명 명령 대상 사업장 ★★★**

① 연간 재해율이 같은 업종의 평균재해율의 2배 이상인 경우
② 중대재해가 연간 2건 이상 발생한 경우(다만, 해당 사업장의 전년도 사망만인율이 같은 업종의 평균 사망만인율 이하인 경우는 제외)
③ 관리자가 3개월 이상 직무를 수행할 수 없게 된 경우
④ 화학적 인자로 인한 직업성질병자가 연간 3명 이상 발생한 경우

> **특급암기법**
>
> 평균의 2배 이상, 중대재해 2건 이상 증원!
> 직업성 질병 3명 이상, 3개월 이상 일안하면 교체!

(4) **재해발생 건수 등 재해율 공표 대상 사업장 ★★★**

① 사망재해자가 연간 2명 이상 발생한 사업장
② 사망만인율(사망재해자 수를 연간 상시근로자 1만명 당 발생하는 사망재해자 수로 환산한 것)이 규모별 같은 업종의 평균 사망만인율 이상인 사업장
③ 중대산업사고가 발생한 사업장
④ 산업재해 발생 사실을 은폐한 사업장
⑤ 산업재해의 발생에 관한 보고를 최근 3년 이내 2회 이상 하지 않은 사업장

> **특급암기법**
> 사망자 2명, 평균 사망만인율 이상 **공표!**
> 중대산업사고 발생하면 **공표!**
> 재해은폐, 재해보고 3년 동안 2번 이상 안하면 **공표!**

(5) 　　　　　　　　　　　　**안전보건진단 대상 사업장 ★**
① 중대재해발생 사업장
② 안전보건개선계획 수립 · 시행명령을 받은 사업장
③ 추락·폭발·붕괴 등 재해발생 위험이 현저히 높은 사업장으로서 지방 노동관서의 장이 안전 · 보건진단이 필요하다고 인정하는 사업장

## 05 ★
추락·붕괴, 화재·폭발, 유해하거나 위험한 물질의 누출 등 산업재해 발생의 위험이 현저히 높은 사업장의 경우 고용노동부장관은 안전진단을 실시하도록 명령할 수 있다. 안전보건진단의 종류를 3가지 적으시오.

**정답**　① 종합진단　② 안전진단　③ 보건진단

**참고**

| 사업의 종류 | 규모 |
|---|---|
| 종합진단 | 1. 경영 · 관리적 사항에 대한 평가<br>　가. 산업재해 예방계획의 적정성<br>　나. 안전·보건 관리조직과 그 직무의 적정성<br>　다. 산업안전보건위원회 설치·운영, 명예산업안전감독관의 역할 등 근로자의 참여 정도<br>　라. 안전보건관리규정 내용의 적정성<br>2. **산업재해 또는 사고의 발생 원인**(산업재해 또는 사고가 발생한 경우만 해당한다)<br>3. **작업조건 및 작업방법**에 대한 평가 |

| 사업의 종류 | 규모 |
|---|---|
| 종합진단 | 4. 유해·위험요인에 대한 측정 및 분석<br>　가. 기계·기구 또는 그 밖의 설비에 의한 위험성<br>　나. 폭발성·물반응성·자기반응성·자기발열성 물질, 자연발화성 액체·고체 및 인화성 액체 등에 의한 위험성<br>　다. 전기·열 또는 그 밖의 에너지에 의한 위험성<br>　라. 추락, 붕괴, 낙하, 비래(飛來) 등으로 인한 위험성<br>　마. 그 밖에 기계·기구·설비·장치·구축물·시설물·원재료 및 공정 등에 의한 위험성<br>　바. 법 제118조제1항에 따른 허가대상물질, 고용노동부령으로 정하는 관리대상 유해물질 및 온도·습도·환기·소음·진동·분진, 유해광선 등의 유해성 또는 위험성<br>5. 보호구, 안전·보건장비 및 작업환경 개선시설의 적정성<br>6. 유해물질의 사용·보관·저장, 물질안전보건자료의 작성, 근로자 교육 및 경고표시 부착의 적정성<br>7. 그 밖에 작업환경 및 근로자 건강 유지·증진 등 보건관리의 개선을 위하여 필요한 사항 |
| 안전진단 | 1. 산업재해 또는 사고의 발생 원인(산업재해 또는 사고가 발생한 경우만 해당한다)<br>2. 작업조건 및 작업방법에 대한 평가<br>3. 유해·위험요인에 대한 측정 및 분석(안전 관련 사항만 해당한다)<br>　가. 기계·기구 또는 그 밖의 설비에 의한 위험성<br>　나. 폭발성·물반응성·자기반응성·자기발열성 물질, 자연발화성 액체·고체 및 인화성 액체 등에 의한 위험성<br>　다. 전기·열 또는 그 밖의 에너지에 의한 위험성<br>　라. 추락, 붕괴, 낙하, 비래(飛來) 등으로 인한 위험성<br>　마. 그 밖에 기계·기구·설비·장치·구축물·시설물·원재료 및 공정 등에 의한 위험성 |
| 보건진단 | 1. 산업재해 또는 사고의 발생 원인(산업재해 또는 사고가 발생한 경우만 해당한다)<br>2. 작업조건 및 작업방법에 대한 평가<br>3. 허가대상물질, 관리대상 유해물질 및 온도·습도·환기·소음·진동·분진, 유해광선 등의 유해성 또는 위험성<br>4. 보호구, 안전·보건장비 및 작업환경 개선시설의 적정성(보건 관련 사항만 해당한다)<br>5. 유해물질의 사용·보관·저장, 물질안전보건자료의 작성, 근로자 교육 및 경고표시 부착의 적정성<br>6. 그 밖에 작업환경 및 근로자 건강 유지·증진 등 보건관리의 개선을 위하여 필요한 사항 |

## 06 다음 물음에 적합한 내용을 적으시오.

> 1. 도급인의 산업재해 발생건수 등에 수급인의 산업재해 발생건수 등을 포함하여 공표하여야 하는 사업장은 도급인이 사용하는 상시근로자 수가 (　　)명 이상인 사업장이다.
> 2. 도급인 사업장의 사고사망만인율 보다 수급인[하수급인을 포함]의 근로자를 포함하여 산출한 통합 사고사망만인율이 높은 사업장 중 도급인의 산업재해 발생건수 등에 수급인의 산업재해 발생건수 등을 포함하여 공표하여야 하는 사업장의 종류를 3가지 적으시오.

**정답**
1. 500
2. ① 제조업
   ② 철도운송업
   ③ 도시철도운송업
   ④ 전기업

### 특급암기법
500명 이상의 제(제조업)철 운송(철도운송업) 도시(도시철도운송업)의 전기는 수급인 포함하여 공표

### 참고

**[도급인이 지배·관리하는 장소(도급인의 산업재해발생 건수 등에 관계수급인의 산업재해발생 건수 등을 포함하여 공표하여야 하는 장소)]**

1. 토사(土砂)·구축물·인공구조물 등이 **붕괴될 우려**가 있는 장소
2. 기계·기구 등이 **넘어지거나 무너질 우려**가 있는 장소
3. **안전난간의 설치가 필요한** 장소
4. **비계(飛階) 또는 거푸집을 설치하거나 해체**하는 장소
5. **건설용 리프트를 운행**하는 장소
6. 지반(地盤)을 **굴착하거나 발파작업**을 하는 장소
7. 엘리베이터 홀 등 근로자가 **추락할 위험**이 있는 장소
8. 석면이 붙어 있는 물질을 파쇄하거나 해체하는 작업을 하는 장소
9. 공중 전선에 가까운 장소로서 **시설물의 설치·해체·점검 및 수리 등의 작업**을 할 때 감전의 위험이 있는 장소
10. **물체가 떨어지거나 날아올 위험**이 있는 장소
11. **프레스 또는 전단기(剪斷機)를 사용**하여 작업을 하는 장소
12. **차량계(車輛系) 하역운반기계 또는 차량계 건설기계를 사용**하여 작업하는 장소
13. **전기 기계·기구를 사용하여 감전**의 위험이 있는 작업을 하는 장소

14. 「철도산업발전기본법」에 따른 **철도차량**(「도시철도법」에 따른 도시철도차량을 포함한다)에 의한 **충돌 또는 협착의 위험**이 있는 작업을 하는 장소
15. 그 밖에 화재·폭발 등 사고발생 위험이 높은 장소로서 고용노동부령으로 정하는 다음의 장소
   ① **화재 · 폭발** 우려가 있는 다음 각 목의 어느 하나에 해당하는 작업을 하는 장소
      가. 선박 내부에서의 용접·용단작업
      나. 인화성 액체를 취급·저장하는 설비 및 용기에서의 용접·용단작업
      다. 특수화학설비에서의 용접·용단작업
      라. 가연물(可燃物)이 있는 곳에서의 용접·용단 및 금속의 가열 등 화기를 사용하는 작업이나 연삭숫돌에 의한 건식연마작업 등 불꽃이 발생할 우려가 있는 작업
   ② **양중기(揚重機)에 의한 충돌 또는 협착(狹窄)의 위험**이 있는 작업을 하는 장소
   ③ **유기화합물 취급** 특별장소
   ④ **방사선 업무**를 하는 장소
   ⑤ **밀폐공간**
   ⑥ **위험물질을 제조**하거나 **취급**하는 장소
   ⑦ **화학설비 및 그 부속설비에 대한 정비 · 보수** 작업이 이루어지는 장소

> **특급암기법**
> - 붕괴, 기계의 넘어짐, 추락(안전난간, 비계 거푸집), 굴착 발파, 낙하비래, 감전, 철도 충돌, 화재·폭발
> - 석면, 차량계 하역운반 및 건설기계, 프레스 전단기, 건설용 리프트

# CHAPTER 03 산업재해발생 및 재해조사 분석

Industrial Engineer Construction Safety

 **주요내용 알고 가기!**

1. 재해조사 목적을 이해하여야 한다.
2. 재해조사 시 유의사항을 알고 있어야 한다.
3. 재해조사 항목과 내용을 이해·적용할 수 있어야 한다.
4. 재해발생 시 조치사항을 알고 적용할 수 있어야 한다.
5. 재해발생 메커니즘을 알고 있어야 한다.
6. 산업재해 발생형태를 알고 분류할 수 있어야 한다.
7. 재해발생 원인을 알고 적용할 수 있어야 한다.
8. 상해의 종류를 이해·분류할 수 있어야 한다.
9. 통계적 원인분석방법을 이해·적용할 수 있어야 한다.
10. 재해예방의 4원칙을 이해·적용할 수 있어야 한다.
11. 사고예방대책의 기본원리 5단계를 이해·적용할 수 있어야 한다.
12. 재해율의 정의를 숙지하고 계산할 수 있어야 한다.
13. 재해코스트를 숙지하고 계산할 수 있어야 한다.
14. 재해사례 연구순서를 이해·적용할 수 있어야 한다.

## 재해조사 분석

### (1) 재해조사의 목적

① 재해발생 원인 및 결함 규명
② 재해예방 자료 수집
③ 동종 재해 및 유사재해 재발방지

### (2) 재해조사의 유의사항

① **사실을 수집**한다.
② 목격자 등이 증언하는 **사실 이외의 추측의 말은 참고로만 한다.**
③ 조사는 신속하게 행하고 긴급조치를 하여 **2차 재해의 방지**를 도모한다.
④ **사람, 기계설비의 양면의 재해요인을 모두 도출**한다.
⑤ **객관적인 입장에서 공정하게** 조사하며, 조사는 **2인 이상**이 한다.
⑥ 책임추궁보다 **재발방지를 우선하는 기본 태도**를 갖는다.

## (3) 재해조사 항목과 내용

■ 산업안전보건법 시행규칙 [별지 제30호서식]

### 산업재해조사표

※ 뒤쪽의 작성방법을 읽고 작성해 주시기 바라며, [ ]에는 해당하는 곳에 ∨ 표시를 합니다. (앞쪽)

**I. 사업장 정보**
- ① 산재관리번호(사업개시번호) / 사업자등록번호
- ② 사업장명
- ③ 근로자 수
- ④ 업종 / 소재지 ( - )
- ⑤ 재해자가 사내 수급인 소속인 경우(건설업 제외): 원도급인 사업장명 / 사업장 산재관리번호(사업개시번호)
- ⑥ 재해자가 파견근로자인 경우: 파견사업주 사업장명 / 사업장 산재관리번호(사업개시번호)
- 건설업만 작성:
  - 발주자 [ ]민간 [ ]국가·지방자치단체 [ ]공공기관
  - ⑦ 원수급 사업장명 / 공사현장 명
  - ⑧ 원수급 사업장 산재 관리번호(사업개시번호)
  - ⑨ 공사종류 / 공정률 % / 공사금액 백만원

※ 아래 항목은 재해자별로 각각 작성하되, 같은 재해로 재해자가 여러 명이 발생한 경우에는 별도 서식에 추가로 적습니다.

**II. 재해 정보**
- 성명 / 주민등록번호(외국인등록번호) / 성별 [ ]남 [ ]여
- 국적 [ ]내국인 [ ]외국인 [국적: ] ⑩ 체류자격: [ ] ⑪ 직업
- 입사일 년 월 일 / ⑫ 같은 종류업무 근속기간 년 월
- ⑬ 고용형태 [ ]상용 [ ]임시 [ ]일용 [ ]무급가족종사자 [ ]자영업자 [ ]그 밖의 사항 [ ]
- ⑭ 근무형태 [ ]정상 [ ]2교대 [ ]3교대 [ ]4교대 [ ]시간제 [ ]그 밖의 사항 [ ]
- ⑮ 상해종류(질병명) / ⑯ 상해부위(질병부위) / ⑰ 휴업예상일수 휴업 [ ]일 / 사망 여부 [ ] 사망

**III. 재해발생 개요 및 원인**
- ⑱ 재해발생 개요
  - 발생일시 [ ]년 [ ]월 [ ]일 [ ]요일 [ ]시 [ ]분
  - 발생장소
  - 재해관련 작업유형
  - 재해발생 당시 상황
- ⑲ 재해발생원인

**IV. ⑳ 재발방지계획**

※ 위 재발방지 계획 이행을 위한 안전보건교육 및 기술지도 등을 한국산업안전보건공단에서 무료로 제공하고 있으니 즉시 기술지원 서비스를 받고자 하는 경우 오른쪽에 ∨표시를 하시기 바랍니다. 즉시 기술지원 서비스 요청[ ]

작성자 성명
작성자 전화번호 / 작성일 년 월 일
사업주 (서명 또는 인)
근로자대표(재해자) (서명 또는 인)

( )지방고용노동청장(지청장) 귀하

| 재해 분류자 기입란 (사업장에서는 작성하지 않습니다) | 발생형태 | □□□ | 기인물 | □□□□□ |
|---|---|---|---|---|
| | 작업지역·공정 | □□□ | 작업내용 | □□□ |

210mm×297mm[백상지(80g/m²) 또는 중질지(80g/m²)]

■ 산업안전보건법 시행규칙 [별지 제1호서식]

## 통합 산업재해 현황 조사표

※ 제2쪽의 작성 요령을 읽고, 아래의 각 항목을 작성합니다.

(제1쪽)

### Ⅰ. 도급인 사업장 정보

| ① 사업장명 | ② 사업자 등록번호 | ③ 사업장 관리번호 | 사업 개시번호 | 사업장 소재지 | ④ 근로자 수 | ⑤ 재해 현황 ||||  ⑥ 업종 |
|---|---|---|---|---|---|---|---|---|---|---|
| | | | | | | 사고 사망자 수 | 질병 사망자 수 | 사고 재해자 수 (사망 포함) | 질병재 해자 수 (사망 포함) | |
| | | | | | | | | | | |

### Ⅱ. 수급인 사업장 정보

| ⑦ 사업장명 | 사업자 등록번호 | ⑧ 사업장 관리번호 | 사업 개시번호 | 사업장 소재지 | ⑨ 근로자 수 | ⑩ 재해 현황 ||||
|---|---|---|---|---|---|---|---|---|---|
| | | | | | | 사고 사망자 수 | 질병 사망자 수 | 사고 재해자 수 (사망 포함) | 질병 재해자 수 (사망 포함) |
| | | | | | | | | | |
| | | | | | | | | | |
| | | | | | | | | | |
| | | | | | | | | | |
| | | | | | | | | | |
| | | | | | | | | | |
| | | | | | | | | | |
| ⑪ 합계 | 총 ( ) 개소 |||||  명 | 명 | 명 | 명 | 명 |

### Ⅲ. 도급인과 수급인의 통합 산업재해발생건수 등의 정보

| ⑫ 도급인·수급인 통합 근로자 수 | ⑬ 도급인·수급인 통합 사고사망자 수 | ⑭ 도급인·수급인 통합 재해자 수 |
|---|---|---|
| 명 | 명 | 명 |
| ⑮ 도급인·수급인 통합 사고사망만인율(‰) || ⑯ 도급인·수급인 통합 산업재해율(%) |
| ‰ || % |

작성자 소속 및 성명:

작성자 전화번호:  작성일  년  월  일

원도급 사업주   (서명 또는 인)

**고용노동부**  (지)청장 귀하

210㎜×297㎜[일반용지 60g/㎡(재활용품)]

# 산업재해발생 보고

(1) 재해 발생 시 조치사항

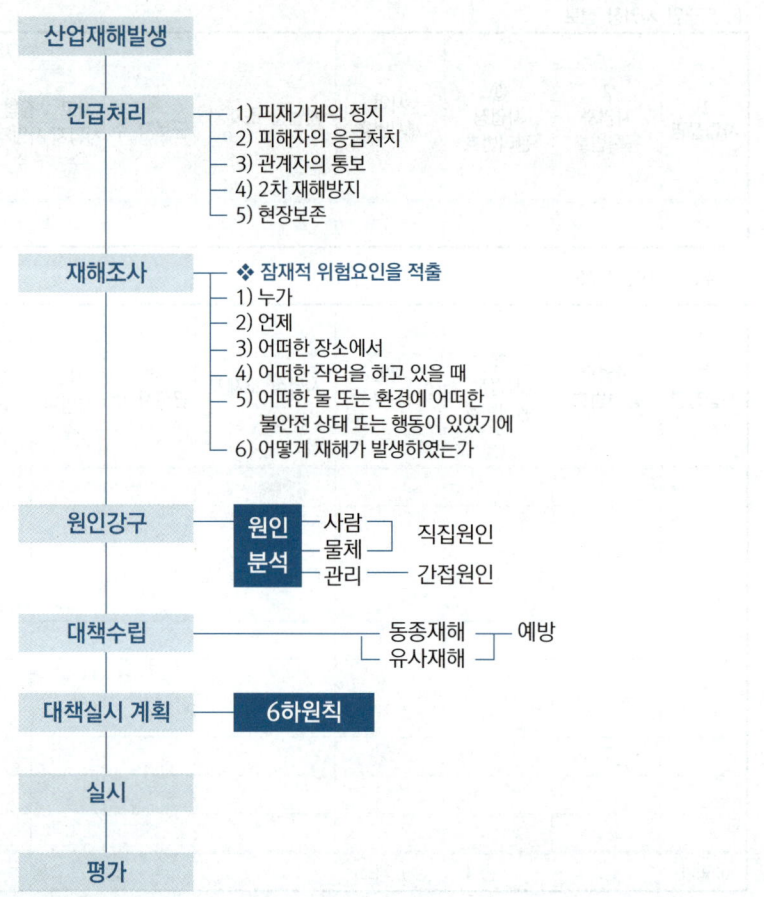

| 재해발생 시 조치순서 ★ | ① 긴급조치 ② 재해조사<br>③ 원인분석 ④ 대책수립<br>⑤ 실시 ⑥ 평가 |
|---|---|
| 긴급조치 순서 ★ | ① 피재기계 정지<br>② 피재자 응급조치<br>③ 관계자에게 통보<br>④ 2차 재해 방지<br>⑤ 현장 보존 |

## (2) 재해발생 위험이 있을 경우의 조치

### 1) 사업주의 작업 중지

**사업주는 산업재해가 발생할 급박한 위험이 있을 때에는 즉시 작업을 중지시키고 근로자를 작업장소에서 대피**시키는 등 안전 및 보건에 관하여 필요한 조치를 하여야 한다.

### 2) 근로자의 작업 중지

① **근로자는 산업재해가 발생할 급박한 위험이 있는 경우에는 작업을 중지하고 대피할 수 있다.**
② **작업을 중지하고 대피한 근로자는 지체 없이 그 사실을 관리감독자** 또는 그 밖에 부서의 장("관리감독자 등")**에게 보고**하여야 한다.
③ 관리감독자 등은 보고를 받으면 안전 및 보건에 관하여 필요한 조치를 하여야 한다.
④ 사업주는 산업재해가 발생할 급박한 위험이 있다고 근로자가 믿을 만한 합리적인 이유가 있을 때에는 작업을 중지하고 대피한 근로자에 대하여 해고나 그 밖의 불리한 처우를 해서는 아니 된다.

### 3) 고용노동부장관의 시정조치

① **고용노동부장관**은 사업주가 사업장의 건설물 또는 그 부속건설물 및 기계·기구·설비·원재료 등에 대하여 안전 및 보건에 관하여 고용노동부령으로 정하는 필요한 조치를 하지 아니하여 **근로자에게 현저한 유해·위험이 초래될 우려가 있다고 판단될 때에는 해당 기계·설비 등에 대하여 사용중지**·대체·제거 또는 시설의 개선, 그밖에 안전 및 보건에 관하여 고용노동부령으로 정하는 시정조치를 명할 수 있다.
② **시정조치 명령을 받은 사업주는** 해당 기계·설비 등에 대하여 **시정조치를 완료할 때까지 시정조치 명령 사항을 사업장 내에 근로자가 쉽게 볼 수 있는 장소에 게시**하여야 한다.
③ **고용노동부장관은 사업주가** 해당 기계·설비 등에 대한 **시정조치 명령을 이행하지 아니하여** 유해·위험 상태가 해소 또는 개선되지 아니하거나 근로자에 대한 유해·위험이 현저히 높아질 우려가 있는 경우에는 해당 **기계·설비 등과 관련된 작업의 전부 또는 일부의 중지를 명할 수 있다.**
④ 고용노동부장관은 **작업의 전부 또는 일부 중지를 명하려는 경우에는 작업중지 명령서 등을 발부하거나 부착**할 수 있다.
⑤ 고용노동부장관의 **시정조치 명령을 받은 사업주는 해당 내용을** 시정할 때까지 **위반 장소 또는 사내 게시판 등에 게시**해야 한다.

⑥ 사용중지 명령 또는 작업중지 명령을 받은 사업주는 그 **시정조치를 완료한 경우에는 고용노동부장관에게 사용중지 또는 작업중지의 해제를 요청할 수 있다.**

⑦ 고용노동부장관은 해제 요청에 대하여 **시정조치가 완료되었다고 판단될 때에는 사용중지 또는 작업중지를 해제하여야 한다.**

> **참고**
>
> [근로감독관이 산업안전보건법에 따른 명령을 시행하기 위하여 관계자에게 질문을 하고, 장부, 서류, 그 밖의 물건의 검사 및 안전·보건 점검을 하며, 검사에 필요한 한도에서 무상으로 제품·원재료 또는 기구를 수거하기 위하여 사업장 등에 출입을 할 수 있는 경우]
>
> ① **산업재해가 발생**하거나 산업재해 발생의 **급박한 위험이 있는 경우**
> ② **근로자의 신고** 또는 **고소·고발** 등에 대한 조사가 필요한 경우
> ③ 법 또는 법에 따른 명령을 위반한 범죄의 수사 등 **사법경찰 관리의 직무를 수행하기 위하여 필요한 경우**
> ④ 그 밖에 고용노동부장관 또는 지방고용노동관서의 장이 법 또는 **법에 따른 명령의 위반 여부를 조사하기 위하여 필요하다고 인정하는 경우**

### (3) 산업재해 발생 보고

1) 사업주는 **산업재해로 사망자가 발생, 3일 이상의 휴업이 필요한 부상 또는 질병에 걸린 자가 발생 시** 산업재해가 **발생한 날부터 1개월 이내에 산업재해조사표를 작성, 관할 지방고용노동관서장에게 제출**하여야 한다. ★

2) 산업재해조사표에 **근로자대표의 확인을 받아야 하며**, 그 기재 내용에 대하여 근로자대표의 이견이 있는 경우에는 그 내용을 첨부하여야 한다. 다만, **근로자대표가 없는 경우에는 재해자 본인의 확인을 받아 제출**할 수 있다. ★

3) 산업재해가 발생한 경우 사업장에 기록·보존하여야 할 사항 ★

　① **사업장의 개요** 및 **근로자의 인적사항**　② 재해 발생의 **일시 및 장소**
　③ 재해 발생의 **원인 및 과정**　　　　　　　④ 재해 **재발방지 계획**

### (4) 중대재해 발생 시 사업주의 조치 ★

① 사업주는 **중대재해가 발생**하였을 때에는 **즉시 해당 작업을 중지**시키고 **근로자**를 작업 장소에서 **대피**시키는 등 안전 및 보건에 관하여 필요한 조치를 하여야한다.

② 사업주는 "**중대재해**"가 발생한 사실을 알게 된 경우에는 고용노동부령으로 정하는 바에 따라 "**지체 없이**" 다음 각 호의 사항을 **관할 지방고용 노동관서의 장에게 전화·팩스, 또는 그 밖에 적절한 방법으로 보고**하여야 한다. 다만, **천재지변 등 부득이한 사유가 발생한 경우에는 그 사유가 소멸되면 지체 없이 보고**하여야 한다.

## 중대재해 ★★★

① 사망자가 1인 이상 발생한 재해
② 3개월 이상 요양을 요하는 부상자가 동시에 2인 이상 발생한 재해
③ 부상자 또는 직업성 질병자가 동시에 10인 이상 발생한 재해

## 중대재해 발생 시 보고사항 ★

① 발생 개요 및 피해 상황
② 조치 및 전망
③ 그 밖의 중요한 사항

### (5) 중대재해 발생 시 고용노동부장관의 작업 중지 조치

① **고용노동부장관은 중대재해가 발생하였을 때** 다음 각 호의 어느 하나에 해당하는 작업으로 인하여 **해당 사업장에 산업재해가 다시 발생할 급박한 위험이 있다고 판단되는 경우에는 그 작업의 중지를 명할 수 있다.**
  - **중대재해가 발생한 해당 작업**
  - **중대재해가 발생한 작업과 동일한 작업**

② 고용노동부장관은 **토사·구축물의 붕괴, 화재·폭발, 유해하거나 위험한 물질의 누출** 등으로 인하여 중대재해가 발생하여 그 재해가 발생한 장소 주변으로 산업재해가 확산될 수 있다고 판단되는 등 불가피한 경우에는 **해당 사업장의 작업을 중지할 수 있다.**

③ 작업중지를 명하는 경우에는 **작업중지명령서를 발부**해야 한다.

④ **사업주가 작업중지의 해제를 요청할 경우에는 작업중지명령 해제신청서를 작성**하여 사업장의 소재지를 관할하는 **지방고용노동관서의 장에게 제출**해야 한다.

⑤ **사업주가 작업중지명령 해제신청서를 제출하는 경우에는** 미리 유해·위험요인 개선 내용에 대하여 중대재해가 발생한 해당 작업 근로자의 의견을 들어야 한다. ★

⑥ 지방고용노동관서의 장은 **작업중지명령 해제를 요청받은 경우에는 근로감독관으로 하여금 안전·보건을 위하여 필요한 조치를 확인**하도록 하고, 천재지변 등 불가피한 경우를 제외하고는 **해제요청일 다음 날부터 4일 이내**(토요일과 공휴일을 포함하되, 토요일과 공휴일이 연속하는 경우에는 3일까지만 포함한다)에 작업중지해제 심의위원회를 개최하여 심의한 후 해당조치가 완료되었다고 판단될 경우에는 즉시 **작업중지명령을 해제해야 한다.** ★

## (6) 재해발생 매커니즘 ★

| | |
|---|---|
| 단순자극형(집중형) | 상호 자극에 의하여 순간적으로 재해가 발생하는 유형으로 **재해가 일어난 장소에, 그 시기에 일시적으로 요인이 집중한다는 유형**<br><br>[재해 (⊗)] |
| 연쇄형 | 하나의 사고 요인이 또 다른 요인을 발생시키면서 재해가 발생하는 유형<br><br>[단순연쇄형]<br><br>[복합연쇄형] |
| 복합형 | 단순 자극형과 연쇄형의 복합적인 발생유형 |

# 산업재해 발생형태 및 상해 종류

## (1) 상해종류별 분류 ★★★

| 분류항목 | 세부항목 |
|---|---|
| ① 골절 | 뼈가 부러진 상해 |
| ② 동상 | 저온물 접촉으로 생긴 동상 상해 |
| ③ 부종 | 국부의 혈액순환의 이상으로 몸이 퉁퉁 부어오르는 상해 |
| ④ 찔림(자상) | 칼날 등 날카로운 물건에 찔린 상해 |
| ⑤ 타박상(뼘, 좌상) | 타박·충돌·추락 등으로 피부표면보다는 피하조직 또는 근육부를 다친 상태 |
| ⑥ 절단(절상) | 신체 부위가 절단된 상해 |
| ⑦ 중독·질식 | 음식물·약물·가스 등에 의한 중독이나 질식된 상해 |
| ⑧ 찰과상 | 스치거나 문질러서 피부가 벗겨진 상해 |
| ⑨ 베임(창상) | 창·칼 등에 베인 상해 |
| ⑩ 화상 | 화재 또는 고온물 접촉으로 인한 상해 |
| ⑪ 뇌진탕 | 머리를 세게 맞았을 때 장해로 일어난 상해 |
| ⑫ 익사 | 물 속에 추락하여 익사한 상해 |
| ⑬ 피부병 | 직업과 연관되어 발생 또는 악화되는 모든 피부질환 |
| ⑭ 청력장애 | 청력이 감퇴 또는 난청이 된 상태 |
| ⑮ 시력장애 | 시력이 감퇴 또는 실명된 상해 |

## (2) 재해 발생형태 : 재해 및 질병이 발생된 형태 또는 근로자(사람)에게 상해를 입힌 기인물과 상관된 현상 ★★★

| 분류항목 | 세부항목 |
|---|---|
| 떨어짐 | • 높이가 있는 곳에서 사람이 떨어짐<br>• 사람이 인력(중력)에 의하여 건축물, 구조물, 가설물, 수목, 사다리 등의 높은 장소에서 떨어지는 것 |
| 넘어짐 | • 사람이 미끄러지거나 넘어짐<br>• 사람이 거의 평면 또는 경사면, 층계 등에서 구르거나 넘어지는 경우 |

| 분류항목 | 세부항목 |
|---|---|
| 깔림 · 뒤집힘 | • 물체의 쓰러짐이나 뒤집힘<br>• 기대어져 있거나 세워져 있는 **물체 등이 쓰러져 깔린 경우** 및 지게차 등의 **건설기계 등이 운행 또는 작업 중 뒤집어진 경우** |
| 부딪힘 · 접촉 | • 물체에 부딪힘, 접촉<br>• 재해자 자신의 움직임 · 동작으로 인하여 **기인물에 접촉 또는 부딪히거나**, 물체가 고정부에서 이탈하지 않은 상태로 움직임(규칙, 불규칙) 등에 의하여 **접촉한 경우** |
| 맞음 | • 날아오거나 떨어진 물체에 맞음<br>• 고정되어 있던 물체가 고정부에서 이탈하거나 또는 설비 등으로부터 **물질이 분출되어 사람을 가해하는 경우** |
| 끼임 | • 기계설비에 끼이거나 감김<br>• 두 물체 사이의 움직임에 의하여 일어난 것으로 직선 운동하는 **물체 사이의 끼임**, 회전부와 고정체 사이의 끼임, 롤러 등 회전체 사이에 **물리거나** 또는 회전체 · 돌기부 등에 **감긴 경우** |
| 무너짐 | • 건축물이나 쌓여진 물체가 무너짐<br>• 토사, **건축물**, 가설물 등이 전체적으로 **허물어져 내리거나** 또는 주요 부분이 꺾어져 **무너지는 경우** |
| 감전 | **충전부 등에 신체의 일부가 직접 접촉**하거나 **유도전류의 통전**으로 근육의 수축, 호흡곤란, 심실세동 등이 발생한 경우 또는 특별고압 등에 접근함에 따라 발생한 섬락 접촉, 합선 · 혼촉 등으로 인하여 발생한 **아아크에 접촉**된 경우 |
| 이상온도 노출 · 접촉 | 고 · 저온 환경 또는 물체에 노출 · 접촉된 경우 |
| 유해 · 위험물질 노출 · 접촉 | 유해 · 위험물질에 노출 · 접촉 또는 흡입하였거나 독성동물에 쏘이거나 물린 경우 |
| 산소결핍 · 질식 | 유해물질과 관련 없이 **산소가 부족한 상태 · 환경**에 노출되었거나 이물질 등에 의하여 **기도가 막혀 호흡기능이 불충분한 경우** |
| 소음노출 | 폭발음을 제외한 **일시적 · 장기적인 소음에 노출**된 경우 |
| 이상기압 노출 | 고 · 저기압 등의 환경에 노출된 경우 |
| 유해광선 노출 | 전리 또는 비전리 방사선에 노출된 경우 |
| 폭발 | 건축물, 용기 내 또는 대기 중에서 **물질의 화학적, 물리적 변화가 급격히 진행되어 열, 폭음, 폭발압이 동반하여 발생하는 경우** |
| 화재 | 가연물에 점화원이 가해져 비의도적으로 **불이 일어난 경우**를 말하며, **방화**는 의도적이기는 하나 관리할 수 없으므로 **화재에 포함**시킨다. |
| 부자연스런 자세 | 물체의 취급과 관련 없이 작업환경, 설비의 부적절한 설계, 배치로 **작업자가 특정한 자세 · 동작을 장시간 취하여 신체의 일부에 부담을 주는 경우** |

| 과도한 힘 · 동작 | 물체의 취급과 관련하여 근육의 힘을 많이 사용하는 경우로서 밀기, 당기기, 지탱하기, 들어올리기, 돌리기, 잡기, 운반하기 등과 같은 행위 · 동작 |
|---|---|
| 반복적 동작 | 물체의 취급과 관련하여 근육의 힘을 많이 사용하지 않는 경우로서 지속적 또는 반복적인 업무수행으로 신체의 일부에 부담을 주는 행위 · 동작 |
| 신체반작용 | 물체의 취급과 관련 없이 일시적이고 급격한 행위 · 동작, 균형상실에 따른 반사적 행위 또는 놀람, 정신적 충격, 스트레스 등 |
| 압박 · 진동 | 재해자가 물체의 취급과정에서 신체특정부위에 과도한 힘이 편중 · 집중 · 눌려진 경우나 마찰접촉 또는 진동 등으로 신체에 부담을 주는 경우 |
| 폭력행위 | 의도적인 또는 의도가 불분명한 위험행위(마약, 정신질환 등)로 자신 또는 타인에게 상해를 입힌 폭력 · 폭행을 말하며, 협박 · 언어 · 성폭력 및 동물에 의한 상해 등도 포함한다. |

### (3) 재해발생형태의 분류기준 ★

1) 두 가지 이상의 발생형태가 연쇄적으로 발생된 재해의 경우는 상해결과 또는 피해를 크게 유발한 형태로 분류한다. ★

| | | |
|---|---|---|
| 재해자가 「넘어짐」으로 인하여 기계의 동력전달부위 등에 끼이는 사고가 발생하여 신체부위가 「절단」된 경우 | ⇨ | 「끼임」 |
| 재해자가 구조물 상부에서 「넘어짐」으로 인하여 사람이 떨어져 두개골 골절이 발생한 경우 | ⇨ | 「떨어짐」 |
| 재해자가 「넘어짐」 또는 「떨어짐」으로 물에 빠져 익사한 경우 | ⇨ | 「유해 · 위험물질 노출 · 접촉」★ |
| 재해자가 전주에서 작업 중 「전류접촉(감전)」으로 떨어진 경우 | 상해결과가 골절인 경우 | ⇨ | 「떨어짐」 |
| | 상해결과가 전기쇼크인 경우 | ⇨ | 「전류접촉(감전)」 |

2) 기계의 구동축, 회전체 등 주요 부위의 파단, 파열 등으로 재해가 발생한 경우
→ 상해를 입힌 물체의 운동 형태에 따라 「맞음」 재해로 분류한다.

3) 「떨어짐」과 「넘어짐」의 분류 ★

| | | |
|---|---|---|
| 바닥면과 신체가 떨어진 상태로 더 낮은 위치로 떨어진 경우 | ⇨ | 「떨어짐」 |
| 바닥면과 신체가 접해있는 상태에서 더 낮은 위치로 떨어진 경우 | ⇨ | 「넘어짐」 |
| 신체가 바닥면과 접해있었는지 여부를 알 수 없는 경우 작업발판 등 구조물의 높이가 보폭(약 60cm) 이상인 경우 | ⇨ | 「떨어짐」 ★ |
| 보폭 미만인 경우 | ⇨ | 「넘어짐」 ★ |

4) 「맞음」, 「이상온도 노출·접촉」 또는 「유해·위험물질 노출·접촉」의 분류 ★

| | | |
|---|---|---|
| 물체 또는 물질이 떨어지거나 날아와 타박상 등의 상해를 입었을 경우 | ⇨ | 「맞음」 |
| 고·저온 물체 또는 물질이 떨어지거나 날아와 화상을 입었을 경우 | ⇨ | 「이상온도 노출·접촉」★ |
| 떨어지거나 날아온 물체 또는 물질의 특성에 의하여 상해를 입은 경우 | ⇨ | 「유해·위험물질 노출·접촉」★ |

5) 「폭력행위」와 「유해·위험물질 노출·접촉」의 분류

| | | |
|---|---|---|
| 개, 뱀 등 동물에게 물려 광견병, 독성물질 중독이 발생한 경우 | ⇨ | 「유해·위험물질 접촉」 |
| 감염은 없이 찔림 정도의 교상만 발생한 경우 | ⇨ | 「폭력행위」 |

6) 「폭발」과 「화재」의 분류

| | | |
|---|---|---|
| 폭발과 화재, 두 현상이 복합적으로 발생된 경우 | ⇨ | 「폭발」 |

### (4) 기인물 및 가해물

1) 기인물

**직접적으로 재해를 유발하거나 영향을 끼친 에너지원**(운동, 위치, 열, 전기 등)**을 지닌 기계·장치, 구조물, 물체·물질, 사람 또는 환경**을 말한다.

2) 2차 기인물

복합적 요인으로 발생된 재해에 있어서 기인물을 유발(가속화)시켰거나 재해 또는 특정 물질에 노출을 유도한 것 즉, **간접적 영향을 끼친 물체, 사람, 에너지원, 환경요인**을 말한다.

3) 가해물

**근로자(사람)에게 직접적으로 상해를 입힌 기계, 장치, 구조물, 물체·물질, 사람 또는 환경요인**을 말한다.

### (5) 기인물 및 가해물의 분류기준

1) 재해발생 주 요인이 사물이면 그 사물을 기인물로 한다.

2) 재해발생 주 요인이 사람이나 기인물이 있으면 그 기인물로 분류한다. (조작 및 취급하던 물체를 우선한다)

| 예) 운전 중 한눈을 팔다 전주에 충돌 | ⇨ | 기인물 : 차량 |

3) 재해발생 주 요인이 사람이고 기인물이 존재하지 않고 가해물이 있으면 그 가해물을 기인물로 분류한다.

| 예) 손에 들고 있던 운반물을 놓침 | ⇨ | 기인물 : 운반물 |

4) 재해발생 주 요인이 사람이고 기인물, 가해물이 되는 사물이 없으면 사람으로 분류한다.

| 예) 외부요인이 없는 상태에서 사람이 걷다가 발목을 겹질림 | ⇨ | 기인물 : 사람 |

5) 재해발생 주 요인이 사람이 아니고 불안전한 상태도 없으나 기인물이 있는 경우는 그 기인물로 분류한다.

| 예) 자연재해, 천재지변 |

## 산업재해 발생원인, 상해정도 구분

### (1) 재해의 직접원인

① 인적원인(불안전한 행동)
② 물적원인(불안전한 상태)

| 인적원인(불안전한 행동) | 물적원인(불안전한 상태) |
| --- | --- |
| • 위험장소 접근<br>• 안전장치의 기능 제거<br>• 복장, 보호구의 잘못 사용<br>• 기계・기구 잘못 사용<br>• 운전 중인 기계장치의 손질<br>• 불안전한 속도 조작<br>• 위험물 취급 부주의<br>• 불안전한 상태 방치<br>• 불안전한 자세・동작<br>• 감독 및 연락 불충분 | • 물 자체의 결함<br>• 안전 방호장치의 결함<br>• 복장, 보호구의 결함<br>• 물의 배치 및 작업장소 불량<br>• 작업환경의 결함<br>• 생산공정의 결함<br>• 경계표시, 설비의 결함 |

### (2) 재해의 간접원인

① 기술적 원인
② 교육적 원인
③ 신체적 원인
④ 정신적 원인
⑤ 작업관리상 원인

| 기술적 원인 | • 건물 기계장치 설계불량<br>• 생산방법의 부적당 | • 구조 재료의 부적합<br>• 점검 정비 보존 불량 |
|---|---|---|
| 교육적 원인 | • 안전지식의 부족<br>• 경험 훈련의 부족<br>• 유해 위험 작업의 교육 불충분 | • 안전수칙의 오해<br>• 작업 방법의 교육 불충분 |
| 작업관리상 원인 | • 안전관리 조직 결함<br>• 작업준비 불충분<br>• 작업지시 부적당 | • 안전수칙 미제정<br>• 인원 배치 부적당 |

### (3) 인간에러(휴먼 에러)의 배후요인(4M)

| 휴먼 에러의 배후요인(4M) ★★★ ||
|---|---|
| Man(인간) | 본인 외의 사람, 직장의 인간관계 등 |
| Machine(기계) | 기계, 장치 등의 물적 요인 |
| Media(매체) | 작업정보, 작업방법 등 |
| Management(관리) | 작업관리, 법규준수, 단속, 점검 등 |

### (4) ILO의 근로불능 상해의 구분(상해정도별 분류)

| 근로불능 상해의 구분 ★★ |
|---|

① 사망
② 영구 전 노동불능 : 신체 전체의 노동기능 완전 상실(1~3급 상해)
③ 영구 일부 노동불능 : 신체 일부의 노동 기능 상실(4~14급 상해)
④ 일시 전 노동불능 : 일정기간 노동 종사 불가(휴업상해)
⑤ 일시 일부 노동불능 : 일정기간 일부노동에 종사 불가(통원상해)
⑥ 구급조치상해

## 재해통계 및 재해사례연구

### (1) 재해통계방법 ★

1) 파레토도

사고 유형, 기인물 등 데이터를 분류하여 **그 항목값이 큰 순서대로 정리**하여 막대그래프로 나타낸다.

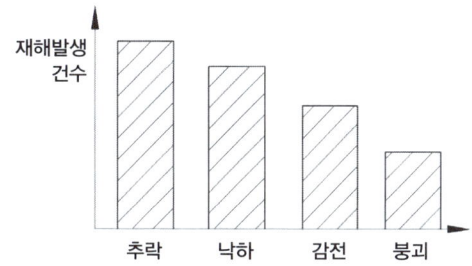

2) 특성요인도

**재해와 그 요인의 관계를 어골상으로** 세분화하여 **나타낸다.**

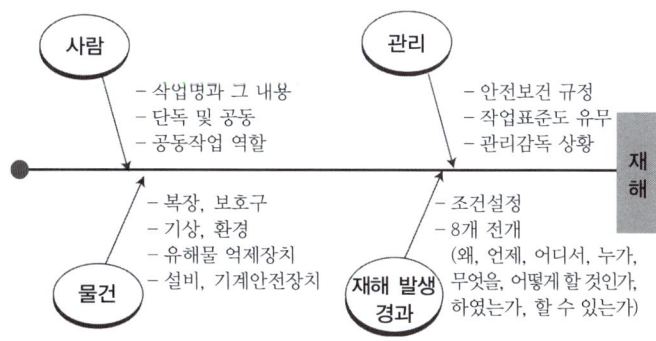

### 3) 크로스(Cross) 분석

2가지 또는 2개 항목 이상의 요인이 상호관계를 유지할 때 문제를 분석하는데 사용된다.

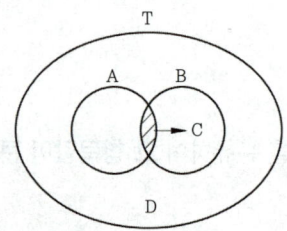

T : 전체 재해
A : 인적원인으로 인한 재해
B : 물적원인으로 인한 재해
C : 인적, 물적원인이 함께 발생한 재해
D : 인적, 물적원인 외의 원인으로 인한 재해

### 4) 관리도

시간경과에 따른 재해발생 건수 등 **대략적인 추이 파악에 사용**된다.

## (2) 산업재해 예방의 4원칙 ★★

### 1) 예방 가능의 원칙

**재해**는 원칙적으로 원인만 제거되면 **예방이 가능**하다.

### 2) 손실 우연의 원칙

**사고의 결과 생기는 상해(손실)의 종류와 정도**는 사고 발생 시 사고대상의 조건에 따라 **우연히 발생한다.**

### 3) 대책 선정의 원칙

사고의 원인에 대한 적합한 대책이 선정되어야 한다.

### 4) 원인 연계의 원칙

재해는 직접원인과 간접원인이 연계되어 일어난다.

## (3) 재해사례연구 진행 단계 ★★

| 전제 조건 | 재해 상황의 파악 |
|---|---|
| 1단계 | 사실의 확인 |
| 2단계 | 문제점 발견 |
| 3단계 | 근본 문제점 결정(재해원인 결정) |
| 4단계 | 대책수립 |

> **Reference**
>
> ● 1단계 사실의 확인에서 확인해야 할 4가지
>
> - 사람
> - 물건
> - 관리
> - 재해발생경과

# 사고발생 및 사고방지 이론

## (1) 하인리히의 사고방지 이론 ★★

| 1단계 : 안전조직 | • 안전목표 설정<br>• 안전조직 구성<br>• 조직을 통한 안전 활동 전개 | • 안전관리자의 선임<br>• 안전활동 방침 및 계획수립 |
|---|---|---|
| 2단계 : 사실의 발견 | • 작업분석<br>• 사고조사 | • 점검<br>• 안전진단 |
| 3단계 : 분석 | • 사고원인 및 경향성 분석<br>• 사고기록 및 관계자료 분석 | • 작업공정 분석<br>• 인적·물적 환경 조건분석 |
| 4단계 : 시정방법 선정 | • 기술적 개선<br>• 교육훈련 분석<br>• 배치 조정 | • 안전운동 전개<br>• 안전행정의 개선<br>• 규칙 및 수칙 등 제도의 개선 |
| 5단계 : 시정책 적용<br>(3E 적용) | • 안전교육(Education)<br>• 안전기술(Engineering)<br>• 안전독려(Enforcement) | |

## (2) 사고발생 이론

### 1) 하인리히(H. W. Heinrich) 사고발생 도미노 5단계 ★★

| 1단계 | 선천적 결함(사회, 환경, 유전적 결함) |
|---|---|
| 2단계 | 개인적 결함 |
| 3단계 | **불안전 행동**(인적결함), **불안전한 상태**(물적결함) : 제거 가능 |
| 4단계 | 사고 |
| 5단계 | 재해(상해) |

### 2) 버드(Frank. E. Bird)의 사고 연쇄성 이론 5단계 ★★

| 1단계 | 제어부족(관리 부재) |
|---|---|
| 2단계 | 기본원인(기원) |
| 3단계 | 직접원인(징후) |
| 4단계 | 사고(접촉) |
| 5단계 | 상해(손실) |

### 3) 아담스(Edward Adams) 연쇄성 이론 5단계 ★★

| 1단계 | 관리구조 |
|---|---|
| 2단계 | 작전적 에러 |
| 3단계 | 전술적 에러 |
| 4단계 | 사고 |
| 5단계 | 상해 |

### 4) 자베타키스(Micheal Zabetakis)의 이론

| 1단계 | 안전정책과 결정 |
|---|---|
| 2단계 | 개인적인 요소 |
| 3단계 | 환경적 요소 |

### 5) 웨버의 연쇄성 이론 ★

| 1단계 | 사회적 환경 및 유전적 요소(유전과 환경) |
|---|---|
| 2단계 | 인간의 결함(개인적 결함) |

| 3단계 | 불안전 행동 및 상태 |
|---|---|
| 4단계 | 사고 |
| 5단계 | 상해 |

## (3) 사고빈도법칙 ★

| 하인리히 1 : 29 : 300의 법칙 | 버드의 1 : 10 : 30 : 600의 법칙 |
|---|---|
| 총 330건의 사고를 분석했을 때<br>• 중상 또는 사망 : 1건<br>• 경상해 : 29건<br>• 무상해사고 : 300건이 발생함을 의미한다. | 총 641건의 사고를 분석했을 때<br>• 중상 또는 폐질 : 1건<br>• 경상해 : 10건<br>• 무상해사고(물적 손실) : 30건<br>• 무상해, 무사고(위험 순간) : 600건이 발생함을 의미한다. |

## (4) 사고의 본질적 특성

| 사고의 시간성 | 사고는 공간적이 아니고 시간적으로 발생한다. |
|---|---|
| 우연성 중의 법칙성 | 사고는 우연이 아닌 법칙에 따라 발생한다. |
| 필연성 중의 우연성 | 인간의 착오와 같이 우연적인 사고도 있다 |
| 사고의 재현 불가능성 | 사고 발생 후 재현은 불가능하다 |

## (5) J · H Harvey(하비)의 3E ★★

① **안전 교육**(Education)
② **안전 기술**(Engineering)
③ **안전 독려**(Enforcement), **안전감독**

## (6) 3S ★

① **단순화**(Simplification)   ② **표준화**(Standardization)
③ **전문화**(Specification)   ④ 총합화(Synthesization) → 4S

## (7) 안전관리 4-Cycle(P-D-C-A)

계획(Plan) → 실시(Do) → 검토(check) → 조치(Action)

## 재해율의 계산

### (1) 연천인율

① 근로자 1,000명 중 재해자 수 비율(1년간)

② 연천인율 = $\dfrac{\text{연간재해자 수}}{\text{연평균 근로자 수}} \times 1,000$

③ 연천인율 = 도수율 × 2.4

**EXERCISE**

연근로자수가 600명인 A사업장의 강도율이 4.68, 종합재해지수가 2.55일 때 이 사업장의 연천인율을 구하시오.(단, 연근로시간수는 ILO 기준에 따른다.)

**풀이하기**

> 1. 종합재해지수
>    $FSI = \sqrt{FR \times SR} = \sqrt{\text{도수율} \times \text{강도율}}$
> 2. 연천인율
>    ① 근로자 1,000명 중 재해자 수 비율(1년간)
>    ② 연천인율 = $\dfrac{\text{연간 재해자 수}}{\text{연평균 근로자 수}} \times 1,000$
>    ③ 연천인율 = 도수율×2.4

1. $FSI = \sqrt{\text{도수율} \times \text{강도율}}$

   $FSI^2 = \text{도수율} \times \text{강도율}$

   도수율 = $\dfrac{FSI^2}{\text{강도율}}$

   도수율 = $\dfrac{2.55^2}{4.68} = 1.39$

2. 연천인율 = 도수율×2.4

   연천인율 = 1.39×2.4 = 3.34

**EXERCISE**

연평균 근로자수가 600명인 사업장에서 연간 재해자수 3명이 발생되었다. 연천인율을 구하시오.

**풀이하기**

연천인율 = $\dfrac{\text{연간 재해자수}}{\text{연평균 근로자수}} \times 1,000 = \dfrac{3}{600} \times 1,000 = 5$

## (2) 도수율(빈도율 F.R) ★★★

① 100만 근로시간당 요양재해 발생 건수 비율

② 도수율(빈도율) = $\dfrac{\text{재해 건수}}{\text{연 근로시간 수}} \times 10^6$

**근로자 1인의 1년간 총 근로시간수 계산**

8시간 × 300일 = 2,400시간

- 1일 근로시간 : 8시간
- 1년 근로일수 : 300일

## (3) 강도율(S.R) ★★★

① 1,000 근로시간당 요양재해로 인한 근로손실일수 비율

② 강도율 = $\dfrac{\text{총 요양 근로손실일 수}}{\text{연 근로시간 수}} \times 1,000$

※ 근로손실일수 = 휴업일수, 요양일수, 입원일수 × $\dfrac{300(\text{실제 근로일수})}{365}$

| 신체장해 등급 | 사망, 1, 2, 3급 | 4급 | 5급 | 6급 | 7급 | 8급 |
|---|---|---|---|---|---|---|
| 근로손실일수 | 7,500일 | 5,500일 | 4,000일 | 3,000일 | 2,200일 | 1,500일 |

| 신체장해 등급 | 9급 | 10급 | 11급 | 12급 | 13급 | 14급 |
|---|---|---|---|---|---|---|
| 근로손실일수 | 1,000일 | 600일 | 400일 | 200일 | 100일 | 50일 |

**사망 및 1, 2, 3급의 근로손실일수 계산**

25년 × 300일 = 7,500일

- 근로손실 년수 : 25년
- 1년 근로일수 : 300일

**EXERCISE**

A 사업장의 근로자 수는 (3월말 300명, 6월말 320명, 9월말 270명, 12월말 260명)이었으며, 1일 8시간, 연간 280일 작업하는 동안 연간 15건의 재해가 발생하여 휴업일수 288일을 가져왔다. 도수율과 강도율을 구하시오.

**풀이하기**

① 도수율 = $\dfrac{\text{재해 건수}}{\text{연 근로시간 수}} \times 10^6 = \dfrac{15}{288 \times 8 \times 280} \times 10^6 = 23.25$

(연평균근로자수 = $\dfrac{300+320+270+260}{4} = 287.5 = 288$명)

② 강도율 = $\dfrac{\text{총 요양 근로손실일 수}}{\text{연 근로시간 수}} \times 1{,}000 = \dfrac{288 \times \dfrac{280}{365}}{288 \times 8 \times 280} \times 1{,}000 = 0.34$

**EXERCISE**

근로자수는 1,440명인 A사업장의 지난해 재해건수 40건, 근로손실일수 1,200일, 사망재해 1건이 발생하였을 때 강도율을 구하시오.
(단, 주당 40시간, 1년 50주 근무하며 조기출근 및 잔업시간 합계가 100,000시간)

**풀이하기**

강도율 = $\dfrac{\text{총 요양 근로손실일 수}}{\text{연 근로시간 수}} \times 1{,}000$

강도율 = $\dfrac{1{,}200 + 7{,}500}{(1{,}440 \times 40 \times 50) + 100{,}000} \times 1{,}000 = 2.92$

(사망 1건의 근로손실일 수 : 7,500일)

### (4) 종합재해지수 ★★★

① 재해의 빈도와 상해의 강약도를 혼합하여 집계하는 지표로 사용된다.
② FSI = $\sqrt{FR \times SR} = \sqrt{\text{도수율} \times \text{강도율}}$

## EXERCISE

종업원 수가 400명인 H사업장에서 하루에 8시간씩 연간 280일 근로하는 동안 재해건수가 80건, 재해로 인한 근로손실일수가 800일 발생하였다. FSI를 구하시오.

**풀이하기**

도수율 = $\dfrac{재해\ 건수}{연\ 근로시간\ 수} \times 10^6 = \dfrac{80}{400 \times 8 \times 280} \times 10^6 = 89.29$

강도율 = $\dfrac{총\ 요양\ 근로손실일\ 수}{연\ 근로시간\ 수} \times 1,000 = \dfrac{800}{400 \times 8 \times 280} \times 1,000 = 0.89$

FSI = $\sqrt{도수율 \times 강도율} = \sqrt{89.29 \times 0.89} = 8.91$

### (5) 환산 강도율(S) ★★★

① **일평생 근로하는 동안**의 **근로손실일 수**를 말한다.

② 환산 강도율(S) = $\dfrac{총\ 요양\ 근로손실일\ 수}{연\ 근로시간\ 수} \times$ 평생 근로시간 수(100,000)

③ 환산 강도율 = 강도율 × 100

> 환산 강도율은 평생근로시간 100,000시간 단위이고 강도율은 1,000시간 단위이므로
> - 100,000시간 = 1,000시간 × 100
> - 환산 강도율 = 강도율 × 100

**근로자 1인의 평생 근로시간수 계산**

(40년 × 2,400시간) + 4,000시간 = 100,000시간

- 1인의 일평생 근로연수 : 40년
- 1년 총 근로시간수 : 2,400시간
- 일평생 잔업시간 : 4,000시간

### (6) 환산 도수율(F) ★★★

① **일평생 근로하는 동안**의 **재해건수**를 말한다.

② 환산 도수율(F) = $\dfrac{재해건수}{연\ 근로시간\ 수} \times$ 평생 근로시간 수(100,000)

③ 환산 도수율 = 도수율 ÷ 10

> 환산 도수율은 평생근로시간 100,000시간 단위이고 도수율은 1,000,000단위
> - 100,000시간 = 1,000,000시간 ÷ 10
> - 환산 도수율 = 도수율 ÷ 10

## EXERCISE

어느 사업장의 연천인율이 36이었다. 다음을 계산하시오.
(단, 총 근로시간 수 100,000시간, 근로손실일수 219일)
(1) 도수율을 구하시오.
(2) 강도율을 구하시오.
(3) 어느 작업자가 평생 근무한다면 몇 건의 재해를 당하겠는가?
(4) 어느 작업자가 평생 작업한다면 몇 일의 근로손실일수를 당하겠는가?

**풀이하기**

(1) 도수율

연천인율 = 도수율 × 2.4

도수율 = $\dfrac{\text{연천인율}}{2.4} = \dfrac{36}{2.4} = 15$

(2) 강도율

강도율 = $\dfrac{\text{총 요양 근로손실일 수}}{\text{연 근로시간 수}} \times 1,000 = \dfrac{219}{100,000} \times 1,000 = 2.19$

(3) 평생 근무하는 동안의 재해건수(환산 도수율)

환산 도수율(F) = 도수율 ÷ 10 = 15 ÷ 10 = 1.5(2건)

(4) 평생 근무하는 동안의 근로손실일 수(환산 강도율)

환산 강도율(S) = 강도율 × 100 = 2.19 × 100 = 219(일)

### (7) 평균 강도율 ★★

평균 강도율 = $\dfrac{\text{강도율}}{\text{도수율}} \times 1,000$

### (8) 안전활동률 ★★

① 100만 시간당 안전 활동건수를 나타낸다.

② 안전활동률 = $\dfrac{\text{안전 활동 건수}}{\text{총 근로 시간 수}} \times 10^6$

# EXERCISE

1,000명이 근무하는 A사업장의 작년 재해건수는 3건 발생하였다. 이에 따라 안전관리부서 주관으로 6개월간에 걸쳐서 불안전행동의 발견 및 조치건수 21건, 안전제안건수 8건, 안전홍보건수 12건, 안전회의건수 8건의 안전활동을 전개하였을 때 안전활동률을 계산하시오.(단, 1일 8시간, 월 26일 근무)

### 풀이하기

$$\text{안전활동률} = \frac{\text{안전활동 건수}}{\text{총 근로 시간수}} \times 10^6 = \frac{21+8+12+8}{1,000 \times 8 \times 26 \times 6} \times 10^6 = 39.26$$

## (9) Safe-T-Score(세이프 티 스코어) ★★★

① 과거와 현재의 안전을 성적내어 비교, 평가하는 기법이다.

② $\text{Safe-T-Score} = \dfrac{\text{현재빈도율} - \text{과거빈도율}}{\sqrt{\dfrac{\text{과거빈도율}}{\text{(현재)총근로시간수}} \times 1,000,000}}$

③ 판정
- 계산 값이 -2 이하 : 과거보다 안전이 좋아졌다.
- 계산 값이 -2 ~ +2 사이 : 과거와 큰 차이 없다.
- 계산 값이 +2 이상 : 과거보다 안전이 심각하게 나빠졌다.

# EXERCISE

다음 조건에서의 2006년도와 2007년도의 Safe-T-score를 구하고 안전도에 대한 심각성 여부를 판정하시오.

| 구분 | 2006년 | 2007년 |
| --- | --- | --- |
| 인원 | 80명 | 100명 |
| 재해건수 | 100건 | 125건 |
| 총 근로시간 수 | 1,000,000시간 | 1,100,000시간 |

### 풀이하기

1. 도수율(빈도율) $= \dfrac{\text{재해 건수}}{\text{연 근로시간 수}} \times 10^6$

2. $\text{Safe-T-Score} = \dfrac{\text{현재빈도율} - \text{과거빈도율}}{\sqrt{\dfrac{\text{과거빈도율}}{\text{(현재)총근로시간수}} \times 10^6}}$

```
1. 2006년 빈도율
   도수율(빈도율) = $\dfrac{100}{1,000,000} \times 10^6 = 100$

2. 2007년 빈도율
   도수율(빈도율) = $\dfrac{125}{1,100,000} \times 10^6 = 113.63$

3. Safe-T-Score = $\dfrac{113.63 - 100}{\sqrt{\dfrac{100}{1,100,000} \times 10^6}} = 1.43$

4. 판정 : 계산 값이 +2.00 ~ -2.00이므로 과거에 비해 심각한 차이가 없다.
```

### (10) 사망 만인율

① 산재보험적용 근로자수 10,000명당 발생하는 사망자 수의 비율을 말한다.

② 사망 만인율 = $\dfrac{\text{사망자 수}}{\text{산재보험적용 근로자 수}} \times 10,000$

### (11) 재해율

① 산재보험적용 근로자수 100명당 발생하는 재해자수의 비율을 말한다.

② 재해율 = $\dfrac{\text{재해자수}}{\text{산재보험적용 근로자 수}} \times 100$

### (12) 휴업 재해율

① 임금 근로자수 100명당 발생하는 휴업 재해자수의 비율을 말한다.

② 휴업 재해율 = $\dfrac{\text{휴업 재해자 수}}{\text{임금 근로자 수}} \times 100$

### (13) 건설업체의 산업재해발생률

다음의 계산식에 따른 사고 사망 만인율로 산출하되, **소수점 셋째 자리에서 반올림한다.**

사고사망 만인율(‱) = $\dfrac{\text{사고 사망자 수}}{\text{상시 근로자 수}} \times 10,000$

상시 근로자 수 = $\dfrac{\text{연간 국내공사 실적액} \times \text{노무비율}}{\text{건설업 월평균임금} \times 12}$

# 재해손실비의 종류 및 계산

## (1) 하인리히 방식 ★★

총 재해비용 = 직접비+간접비(1 : 4)

| 직접비 | 간접비 |
|---|---|
| • 치료비<br>• 휴업급여<br>• 요양급여<br>• 유족급여<br>• 장해급여<br>• 간병급여<br>• 직업재활급여<br>• 상병(傷病)보상연금<br>• 장례비 등 | • 인적 손실비<br>• 물적 손실비<br>• 생산 손실비<br>• 기계 · 기구 손실비 등 |

## (2) 시몬즈의 방식 ★★

**총 재해코스트 = 보험코스트+비보험코스트**

**총 재해코스트** = 산재보험료 + (A×휴업상해 건수) + (B×통원상해 건수)
　　　　　　　　+ (C×구급조치상해 건수) + (D×무상해 사고 건수)

* A, B, C, D : 상수(각 재해에 대한 평균 비보험코스트)

| 보험코스트 | 비보험코스트 |
|---|---|
| • 산재보험료 | • 휴업상해<br>• 통원상해<br>• 구급조치상해<br>• 무상해 사고 |

## EXERCISE

H기업의 근로자는 1,000명, 연간재해건수는 60건이다. 지난해 납부한 산재보험료는 18,000,000원이며, 산재보상금 12,650,000을 받았다. 또한, 휴업상해건수는 10건, 통원상해건수는 15건, 구급조치건수 8건, 무상해건수 20건이었으며 각각의 평균비용은 아래와 같다. 다음 각각의 방식에 의한 총 재해비용을 계산하시오.
(휴업상해 900,000원, 통원상해 290,000원, 구급조치상해 150,000원, 무상해사고 200,000원)

(1) 하인리히 방식
(2) 시몬즈 방식

### 풀이하기

(1) 하인리히 방식

총 재해코스트 = 직접비 + 간접비
　　　　　　　　　1 : 4
　　　　　　= 12,650,000 + (4 × 12,650,000) = 63,250,000원
　　　　　　(산재보상금 : 직접비)

(2) 시몬즈 방식

총 재해코스트 = 보험코스트 + 비보험코스트
　　　　　　= 산재보험료+[(A×휴업상해 건수)+(B×통원상해 건수)+(C×응급처치 건수)+(D×무상해 사고 건수)]
　　　　　　= 18,000,000+[(900,000×10)+(290,000×15)+(150,000×8)+(200,000×20)]
　　　　　　= 36,550,000원

### (3) 버즈의 방식

보험비용　　:　　비보험 재산비용　　:　　비보험 기타재산비용
　　1　　　　:　　　5 ~ 50　　　　　:　　　　1 ~ 3

### (4) 콤패스 방식

총 재해비용 = 공동비용 + 개별비용

| 공동비용(불변비용) | 개별비용(가변비용) |
|---|---|
| • 보험료<br>• 안전보건팀 유지비 등 | • 작업 중단 손실비<br>• 사고조사비<br>• 수리비용 등 |

# 예상문제

**01** 재해발생 시 조치순서이다. (   ) 안에 들어갈 말을 쓰시오.

> 재해발생 → ( ① ) → ( ② ) → ( ③ ) → 대책수립

**정답**
① 긴급조치
② 재해조사
③ 원인분석

**02** 산업재해 예방의 4원칙을 쓰시오.

**정답**
① 예방 가능의 원칙 : 재해는 원칙적으로 원인만 제거되면 **예방이 가능하다.**
② 손실 우연의 원칙 : 사고의 결과 생기는 상해의 종류와 정도는 사고 발생시 사고대상의 조건에 따라 **우연히 발생한다.**
③ 대책 선정의 원칙 : 사고의 원인에 대한 적합한 대책이 선정되어야 한다.
④ 원인 연계의 원칙 : 재해는 직접원인과 간접원인이 연계되어 일어난다.

## 03 재해사례연구 순서 5단계를 기술하시오.

**정답**
전제 조건 : 재해 상황의 파악
1단계 조건 : 사실의 확인
2단계 조건 : 문제점 발견
3단계 조건 : 근본 문제점 결정(재해원인 결정)
4단계 조건 : 대책수립

## 04 (1) 중대재해에 해당하는 3가지를 설명하고 보고사항, 보고시점을 적으시오. (2) 산업재해 발생 시에 사업주가 기록·보존하여야 하는 사항 3가지를 적으시오.

**정답** (1)

| 중대재해 ★★★ | 보고사항 ★ | 보고시점 ★ |
|---|---|---|
| ① 사망자가 1인 이상 발생한 재해<br>② 3개월 이상 요양을 요하는 부상자가 동시에 2인 이상 발생한 재해<br>③ 부상자 또는 직업성질병자가 동시에 10인 이상 발생한 재해 | ① 발생 개요 및 피해 상황<br>② 조치 및 전망<br>③ 그 밖의 중요한 사항 | 지체 없이 보고 |

(2) 산업재해 발생 시에 사업주가 기록·보존하여야 하는 사항 ★
 ① 사업장의 개요 및 근로자의 인적사항
 ② 재해 발생의 일시 및 장소
 ③ 재해 발생의 원인 및 과정
 ④ 재해 재발방지 계획

### 참고

**1. 중대재해 발생 시 사업주의 조치**
① 사업주는 **중대재해가 발생**하였을 때에는 **즉시 해당 작업을 중지시키고 근로자를 작업장소에서 대피시키는 등** 안전 및 보건에 관하여 필요한 조치를 하여야한다.
② 사업주는 **중대재해가 발생한 사실**을 알게 된 경우에는 고용노동부령으로 정하는 바에 따라 **지체 없이 고용노동부장관에게 보고**하여야 한다. 다만, **천재지변 등 부득이한 사유가 발생한 경우에는 그 사유가 소멸되면 지체 없이 보고**하여야 한다.

**2. 산업재해 발생 은폐 금지 및 보고**
1) 사업주는 **산업재해**가 발생하였을 때에는 그 **발생 사실을 은폐해서는 아니 된다.**
2) 사업주는 고용노동부령으로 정하는 **산업재해**에 대해서는 그 **발생 개요·원인 및 보고 시기, 재발방지 계획 등**을 고용노동부령으로 정하는 바에 따라 **고용노동부장관에게 보고**하여야 한다.
 ① 사업주는 산업재해로 **사망자**가 발생, **3일 이상의 휴업**이 필요한 부상 또는 질병에 걸린 자가 발생 시 산업재해가 발생한 날부터 **1개월 이내에 산업재해조사표를 작성, 관할 지방고용노동관서장에게 제출**하여야 한다. ★
 ② 산업재해조사표에 **근로자대표의 확인**을 받아야 하며, 그 기재 내용에 대하여 근로자대표의 이견이 있는 경우에는 그 내용을 첨부하여야 한다. 다만, **근로자대표가 없는 경우에는 재해자 본인의 확인**을 받아 제출할 수 있다. ★

## 05 하인리히의 사고방지 이론 5단계를 쓰시오.

**정답**
1단계 : 안전조직
2단계 : 사실의 발견
3단계 : 분석
4단계 : 시정방법 선정
5단계 : 시정책 적용

## 06 하인리히의 도미노 이론 5단계를 쓰고, 제거 가능한 요인을 쓰시오.

**정답**
1. 도미노 이론 5단계
   1단계 : 선천적 결함
   2단계 : 개인적 결함
   3단계 : 불안전 행동, 불안전한 상태
   4단계 : 사고
   5단계 : 재해
2. 제거가능 : 불안전 행동, 불안전한 상태

## 07 버드의 사고 연쇄성 이론 5단계를 쓰시오.

**정답**
1단계 : 제어부족(관리 부재)
2단계 : 기본원인(기원)
3단계 : 직접원인(징후)
4단계 : 사고(접촉)
5단계 : 상해(손실)

## 08 아담스의 사고발생단계를 적으시오.

**정답**
1단계 : 관리구조  2단계 : 작전적 에러
3단계 : 전술적 에러  4단계 : 사고
5단계 : 상해

**참고**

[웨버의 연쇄성 이론]

| | |
|---|---|
| 1단계 | 사회적 환경 및 유전적 요소(유전과 환경) |
| 2단계 | 인간의 결함(개인적 결함) |
| 3단계 | 불안전 행동 및 상태 |
| 4단계 | 사고 |
| 5단계 | 상해 |

## 09 하인리히와 버드의 사고 빈도 법칙을 설명하시오.

**정답**
(1) 하인리히 1 : 29 : 300(총 330건의 재해분석 시)
 - 중상 또는 사망 : 1건
 - 경상해 : 29건
 - 무상해사고(물적손실) : 300건
(2) 버드의 1 : 10 : 30 : 600의 법칙
 - 중상, 폐질 : 1건
 - 경상해 : 10건
 - 무상해사고(물적 손실) : 30건
 - 무상해, 무사고(위험 순간) : 600건

## 10 ★★

H기업에서 500만원의 총재해 코스트가 발생했다. 하인리히 방식을 적용하여 직접비와 간접비를 구하시오.

**정답**

총 재해코스트 = 직접비 + 간접비
　　　　　　　　　1 : 4
500만원 = 100만원 + 400만원
∴ 직접비 : 100만원, 간접비 : 400만원

## 11 ★★

H기업의 2020년도 산재보상금은 7,650,000원이었으며, 산재보험료는 9,000,000원이었다. 또한 휴업상해 10건, 통원상해 6건, 구급조치 3건, 무상해사고 1건이었으며 각각의 평균 비용은 아래와 같다(휴업상해 400,000원, 통원상해 190,000원, 구급조치상해 100,000원, 무상해사고 100,000원)

(1) 하인리히 방식과 시몬즈 방식에 의한 총 재해 비용을 구하시오.
(2) 두 방식에 따른 재해비용의 차이를 구하시오.

**정답**

(1) 하인리히의 총 재해코스트 = 직접비 + 간접비
　　　　　　　　　　　　　　　　1 : 4
　　　　　　　　　= 7,650,000 + (4 × 7,650,000)
　　　　　　　　　= 38,250,000원
　　　　　　　　　　(산재보상금 → 직접비)

시몬즈의 총 재해코스트 = 보험코스트 + 비보험코스트
　　　　　　　　　　　= 산재보험료+(A×휴업상해 건수)+(B×통원상해 건수)+(C×구급조치 건수)
　　　　　　　　　　　　+(D×무상해 사고 건수)
　　　　　　　　　　　= 9,000,000+[(400,000×10)+(190,000×6)+(100,000×3)+(100,000×1)]
　　　　　　　　　　　= 14,540,000원

(2) 비용의 차이 = 38,250,000원 − 14,540,000원 = 23,710,000원

## 12. 재해방지 대책에서 시정책의 적용에는 3S원칙과 3E원칙의 개념이 있다. 3S와 3E를 기술하시오.

(1) 3E
(2) 3S

**정답**
(1) ① 안전 교육(Education)
② 안전 기술(Engineering)
③ 안전 독려(Enforcement)
(2) ① 단순화(Simplification)
② 표준화(Standardization)
③ 전문화(Specification)

**참고**

[안전관리 4-cycle PDCA]

1. Plan(계획)　2. Do(실시)　3. Check(평가)　4. Action(조치)

## 13. 재해의 직접원인 2가지를 쓰시오.

**정답**
① 인적원인 : 불안전한 행동
② 물적원인 : 불안전한 상태

## 14. 재해의 간접원인 5가지를 쓰시오.

**정답**　① 기술적 원인　② 교육적 원인　③ 신체적 원인　④ 정신적 원인　⑤ 관리적 원인

## 15. 다음 근로 불능상해의 종류(상해정도별 분류)를 적고, 설명하시오.

**정답**
① 사망
② 영구 전 노동불능 : 신체 전체의 노동기능 완전 상실(1~3급)
③ 영구 일부 노동불능 : 신체 일부의 노동 기능 상실(4~14급)
④ 일시 전 노동불능 : 일정기간 노동 종사 불가(휴업상해)
⑤ 일시 일부 노동불능 : 일정기간 일부노동에 종사 불가(통원상해)

## 16. 안전에 관한 심각성 여부를 기준년도에 대한 현재를 비교하여 표시하는 통계방식으로 Safety-T-Score가 이용된다. (   )안에 알맞은 용어를 답란에 쓰시오.

$$\text{Safety-T-Score} = (①) - (②) / \sqrt{(③) / \text{총 근로 시간 수} \times 1{,}000{,}000}$$

**정답**
① 현재빈도율
② 과거빈도율
③ 과거빈도율

**참고**

$$\text{Safe-T-Score} = \frac{\text{현재빈도율} - \text{과거빈도율}}{\sqrt{\dfrac{\text{과거빈도율}}{\text{(현재)총근로시간수}}}} \times 10^6$$

## 17

어떤 제철공장에서 500명의 종업원이 1년간 작업하는 가운데 신체장해 11급 10명과 사망 및 영구 근로장해 2명이 발생하였다. 강도율을 구하시오. (단, 근로손실연수는 25년이고, 근로자 1인당 근로시간은 연 2,400시간이다.)

**정답**

강도율 = $\dfrac{\text{총 요양 근로손실일 수}}{\text{연 근로시간 수}} \times 1{,}000$

= $\dfrac{(400 \times 10) + (7{,}500 \times 2)}{500 \times 2{,}400} \times 1{,}000 = 15.83$

(11급 근로손실일 수 : 400일, 사망 및 영구 근로 장해 근로손실일 수 : 7,500일)

**참고**

| 신체장해 등급 | 사망, 1,2,3급 | 4급 | 5급 | 6급 | 7급 | 8급 | 9급 | 10급 | 11급 | 12급 | 13급 | 14급 |
|---|---|---|---|---|---|---|---|---|---|---|---|---|
| 근로 손실일수 | 7,500일 | 5,500일 | 4,000일 | 3,000일 | 2,200일 | 1,500일 | 1,000일 | 600일 | 400일 | 200일 | 100일 | 50일 |

## 18

평균 근로자수 1,000명인 어떤 사업장의 재해 빈도율은 10.55일 때 이 사업장의 재해건수는 얼마인지 계산하시오.

**정답**

빈도율(도수율) = $\dfrac{\text{재해건수}}{\text{연 근로시간 수}} \times 10^6$

재해건수 = $\dfrac{\text{빈도율} \times \text{연 근로시간 수}}{10^6}$

재해건수 = $\dfrac{10.55 \times 1{,}000 \times 2{,}400}{10^6} = 25.32\,(26건)$

### 19. 400명의 근로자가 작업 시, 연간 10건의 재해가 발생하였다. 도수율을 구하시오. (단, 결근율은 10%이다.)

**정답**

도수율(빈도율) = $\dfrac{\text{재해건수}}{\text{연 근로시간 수}} \times 10^6$

$= \dfrac{10}{400 \times 2400 \times 0.9} \times 10^6 = 11.57$

(결근율 10% → 출근율 90%)

### 20. 근로자 400명의 어떤 작업장의 연간재해자수는 14명이었고, 그 중 1건은 사망, 13건은 장해등급 14등급이었다.

(1) 연천인율 :

(2) 도수율 :

**정답**

(1) 연천인율 = $\dfrac{\text{연간 재해자수}}{\text{연평균 근로자수}} \times 1,000$

$= \dfrac{14}{400} \times 1,000 = 35$

(2) 도수율(빈도율) = $\dfrac{\text{재해건수}}{\text{연 근로시간 수}} \times 1,000,000$

$= \dfrac{14}{400 \times 2,400} \times 10^6 = 14.58$

**21** 500명의 근로자가 근무하는 사업장에서 재해건수 6건 중 장애등급 3급, 5급, 7급, 11급 각 1명씩이며 휴업일수 438일, 입원일수 30일, 요양일수 10일일 때 도수율과 강도율을 구하시오.

**정답**

(1) 도수율(빈도율) = $\dfrac{재해건수}{연\ 근로시간\ 수} \times 10^6 = \dfrac{6}{500 \times 2,400} \times 10^6 = 5$

(2) 강도율 = $\dfrac{총\ 요양\ 근로손실일\ 수}{연\ 근로시간\ 수} \times 1,000$

$= \dfrac{7,500+4,000+2,200+400+(438 \times \frac{300}{365})+(30 \times \frac{300}{365})+(10 \times \frac{300}{365})}{500 \times 2,400} \times 1,000 = 12.08$

(근로손실일 수 = 휴업일수, 입원일수, 요양일수 $\times \dfrac{300(실제\ 근로일\ 수)}{365}$)

(근로손실일 수 - 3급 : 7,500일, 5급 : 4,000일, 7급 : 2,200일, 11급 : 400일)

**참고**

| 신체장해 등급 | 사망, 1,2,3급 | 4급 | 5급 | 6급 | 7급 | 8급 | 9급 | 10급 | 11급 | 12급 | 13급 | 14급 |
|---|---|---|---|---|---|---|---|---|---|---|---|---|
| 근로 손실일수 | 7,500일 | 5,500일 | 4,000일 | 3,000일 | 2,200일 | 1,500일 | 1,000일 | 600일 | 400일 | 200일 | 100일 | 50일 |

**22** 2020년도 S기업의 근로자는 500명이 작업하면서 일일 8시간 년 300일 근무중 사망 재해 건수 2건, 휴업일수 27일, 잔업시간 10,000시간, 조퇴시간 500시간, 출근율 95%이다. 이 기업의 강도율을 계산하시오.

**정답**  강도율 = $\dfrac{\text{총 요양 근로손실일 수}}{\text{연 근로시간 수}} \times 1,000$

$= \dfrac{(2 \times 7500) + (27 \times \dfrac{300}{365})}{(500 \times 8 \times 300 \times 0.95) + 10,000 - 500} \times 1,000 = 13.07$

## 23. 평균 강도율의 공식을 쓰시오.

**정답**  평균 강도율 = $\dfrac{\text{강도율}}{\text{도수율}} \times 1,000$

## 24. 1년간 평균 500명의 상시 근로자를 두고 있는 기업체에서 연간 25명의 재해가 발생하였다면 연천인율을 구하시오.

**정답**  연천인율 = $\dfrac{\text{연간 재해자 수}}{\text{연평균 근로자 수}} \times 1,000$

$= \dfrac{25}{500} \times 1,000 = 50$

## 25. 
근로자수 300명, 1일 8시간, 연 300일 근로하는 사업장에 10명의 재해자가 발생하여 3급 장애 2명, 휴일 근로손실일수 219일이 생겼을 때 강도율을 구하시오.

**정답**

강도율 = $\dfrac{\text{총 요양 근로손실일 수}}{\text{연 근로시간 수}} \times 1{,}000$

$= \dfrac{7{,}500 \times 2}{300 \times 8 \times 300} \times 1{,}000 = 20.83$

* 휴일 근로손실일수는 재해율에 포함되지 않는다.
* 3급 장애의 근로손실일 수 : 7,500일

## 26.
근로자수 1,200명, 1주일에 54시간, 연 50주 근무, 결근율 5.5%, 재해건수 77건일 때 도수율을 구하시오.

**정답**

도수율(빈도율) = $\dfrac{\text{재해건수}}{\text{연 근로시간 수}} \times 10^6$

$= \dfrac{77}{1{,}200 \times 54 \times 50 \times 0.945} \times 10^6 = 25.15$

(결근율 5.5% → 출근율 94.5%)

**27** 연평균 100인의 근로자가 일하는 직장에서 6건의 재해가 발생하였다. 그 중 2명은 사망하고 6급 재해자 1명, 휴업일수 35일, 가료일수 20일이 발생하였다. 이 직장의 강도율은 얼마인가? (단, 1인당 일일 8시간, 연 290일 근무)

**정답**

강도율(S) = $\dfrac{\text{총 요양 근로손실일 수}}{\text{연 근로시간 수}} \times 1,000$

$= \dfrac{(2 \times 7,500) + (3,000 \times 1) + (35 \times \dfrac{290}{365}) + (20 \times \dfrac{290}{365})}{100 \times 8 \times 290} \times 1,000 = 77.77$

\* 근로손실일 수 = 휴업일수, 입원일수, 요양일수 $\times \dfrac{\text{실제 근로일 수}}{365}$

\* 근로손실일 수 = 가료일수(치료일수) $\times \dfrac{\text{실제 근로일 수}}{365}$

**참고**

| 신체장해 등급 | 사망, 1,2,3급 | 4급 | 5급 | 6급 | 7급 | 8급 | 9급 | 10급 | 11급 | 12급 | 13급 | 14급 |
|---|---|---|---|---|---|---|---|---|---|---|---|---|
| 근로 손실일수 | 7,500일 | 5,500일 | 4,000일 | 3,000일 | 2,200일 | 1,500일 | 1,000일 | 600일 | 400일 | 200일 | 100일 | 50일 |

**28** 도수율이 24.5이고 강도율이 2.15의 사업장이 있다. 한사람의 근로자가 입사하여 퇴직할 때까지는 몇 일간의 근로손실일수, 몇 건의 재해를 당하겠는가?

**정답**
① 환산 강도율(S) = 강도율×100 = 2.15×100 = 215일
② 환산 도수율(F) = 도수율÷10 = 24.5÷10 = 2.45 (3건)
- 입사하여 퇴직할 때까지의 근로손실일수 → 환산 강도율
- 입사하여 퇴직할 때까지의 재해건수 → 환산 도수율

★★★
**29** 도수율이 2.15인 사업장의 연천인율을 구하시오.

**정답** 연천인율 = 2.4×도수율 = 2.4×2.15 = 5.16

★★★
**30** 베어링 및 기계부품을 생산하는 업체에 300명의 근로자가 일하고 있는데 1년에 21건의 재해가 발생하였다. 이 사업장에서 근로자 1명이 평생 작업한다면 몇 건의 재해를 당할 수 있겠는가? (단, 평생근로시간은 12만 시간임)

**정답**
1. 평생 작업하는 동안의 재해건수 → 환산 도수율
2. 환산 도수율(F) = $\dfrac{재해건수}{연\ 근로시간\ 수} \times 평생\ 근로시간\ 수$
   = $\dfrac{21}{300 \times 2,400} \times 120,000 = 3.5$ [4건]

## 31

500명의 근로자가 근무하는 사업장에서 재해건수 6건 중 장애등급 3급, 5급, 7급, 11급 각 1명씩이며 휴업일수 438일일 때 도수율과 강도율을 구하시오. (단, 1인당 근로시간은 연 2,400시간, 총 잔업시간 120시간, 출근율 85%이다)

**정답**

① 도수율(빈도율) = $\dfrac{\text{재해건수}}{\text{연 근로시간 수}} \times 10^6$

$= \dfrac{6}{(500 \times 2,400 \times 0.85) + 120} \times 10^6 = 5.88$

② 강도율(S) = $\dfrac{\text{총 요양 근로손실일 수}}{\text{연 근로시간 수}} \times 1,000$

$= \dfrac{7,500 + 4,000 + 2,200 + 400 + (438 \times \dfrac{300}{365})}{(500 \times 2,400 \times 0.85) + 120} \times 1,000 = 14.17$

**참고**

| 신체장해 등급 | 사망, 1,2,3급 | 4급 | 5급 | 6급 | 7급 | 8급 | 9급 | 10급 | 11급 | 12급 | 13급 | 14급 |
|---|---|---|---|---|---|---|---|---|---|---|---|---|
| 근로 손실일수 | 7,500일 | 5,500일 | 4,000일 | 3,000일 | 2,200일 | 1,500일 | 1,000일 | 600일 | 400일 | 200일 | 100일 | 50일 |

## 32

근로자 800명, 연간 50주, 주당 48시간 작업, 5건의 재해가 발생되었다. 결근율 7%, 신체장애 등급 9급 4명, 1,200일의 휴업일수가 발생되었을 때 일평생 작업하는 동안의 근로손실일수, 일평생 작업하는 동안의 재해건수를 구하시오.

**정답**

① 평생 작업하는 동안의 재해건수 → 환산 도수율

환산 도수율(F) = $\dfrac{\text{재해건수}}{\text{연 근로시간 수}} \times \text{평생 근로시간 수}(100,000)$

$= \dfrac{5}{800 \times 48 \times 50 \times 0.93} \times 100,000 = 0.28$ [1건]

(결근율 7% → 출근율 93%)

② 평생 작업하는 동안의 근로손실일수 → 환산 강도율

환산 강도율(S) = $\dfrac{\text{총 요양 근로손실일 수}}{\text{연 근로시간 수}} \times \text{평생 근로시간 수}(100,000)$

$= \dfrac{(4 \times 1,000)+(1,200 \times \frac{300}{365})}{800 \times 48 \times 50 \times 0.93} \times 100,000 = 279.25$ [280일]

**참고**

48시간 × 50주 근무

1. $\dfrac{48\text{시간}}{8\text{시간}} = 6$일(주 6일 근무)

2. 6일 × 50주 = 300일(연간 300일 근무)

## ★★★ 33

평균근로자 440명, 일일 근로시간 7시간 30분, 연간 근무일수 300일, 출근율 95%, 잔업시간 10,000시간, 조퇴 500시간, 휴업 3일 이상의 재해건수가 4건, 불휴 재해건수가 6건일 때 도수율을 구하시오.

**정답**

도수율(빈도율) = $\dfrac{\text{재해건수}}{\text{연 근로시간 수}} \times 10^6$

$= \dfrac{4+6}{(440 \times 7.5 \times 300 \times 0.95)+10,000-500} \times 10^6 = 10.53$

※ 재해율 계산에는 불휴 재해도 포함시킨다.

## 34

어느 공장의 도수율이 13이고 강도율이 1.2일 때 입사부터 정년까지 몇 회의 부상과 몇 일의 근로손실일수를 갖게 되는가?

**정답**

① 환산 강도율(S)=강도율×100=1.2×100=120 [120일]
② 환산 도수율(F)=도수율÷10=13÷10=1.3 [2회]

┌ 입사하여 정년까지의 재해건수 → 환산 도수율 ┐
└ 입사하여 정년까지의 근로손실일수 → 환산 강도율 ┘

## 35

[보기]의 조건을 참고하여 사업장의 휴업재해율을 구하시오.

**[보기]**

임금근로자수가 1000명인 사업장에서 사고로 인하여 다음과 같은 손실이 발생하였다.

① 총 요양 근로손실일수 : 300일
② 총 휴업재해일수 : 150일
③ 통상의 출퇴근에 의한 휴업재해자수 : 10명
④ 생산설비에 의한 휴업재해자수 : 50명

**정답**

**휴업 재해율**

- 임금 근로자수 100명당 발생하는 휴업 재해자수의 비율을 말한다.
- 휴업 재해율 = $\dfrac{\text{휴업 재해자 수}}{\text{임금 근로자 수}} \times 100$
- "휴업 재해자 수"란 근로복지공단의 휴업급여를 지급받은 재해자수를 말함. 다만, 질병에 의한 재해와 사업장 밖의 교통사고(운수업, 음식숙박업은 사업장 밖의 교통사고도 포함) · 체육행사 · 폭력행위 · **통상의 출퇴근으로 발생한 재해는 제외함.**
- "임금 근로자 수"는 통계청의 경제활동 인구조사 상 임금 근로자 수를 말함.

휴업 재해율 = $\dfrac{50}{1,000} \times 100 = 5$

## 36 근로자 1인당 평생근로시간을 계산하시오.

**정답**  평생 근로시간수 = (40년 × 2,400시간) + 4,000시간 = 100,000시간
① 1인의 평생 근로연수 : 40년
② 1년 총 근로시간 수 : 2,400시간
③ 일평생 잔업시간 : 4,000시간

## 37 건설업체의 사고사망 만인율과 상시근로자수를 계산하는 공식을 쓰시오.

**정답**  사고사망 만인율(‱) = $\dfrac{\text{사고 사망자 수}}{\text{상시 근로자 수}} \times 10,000$

상시 근로자 수 = $\dfrac{\text{연간 국내공사 실적액} \times \text{노무비율}}{\text{건설업 월평균임금} \times 12}$

※ 소수점 셋째 자리에서 반올림한다.

## 38 다음의 상해 종류를 적으시오.

| 분류 항목 | 세부 항목 |
|---|---|
| ① | 뼈가 부러진 상해 |
| ② | 저온물 접촉으로 생긴 동상 상해 |
| ③ | 국부의 혈액순환의 이상으로 몸이 퉁퉁 부어오르는 상해 |
| ④ | 칼날 등 날카로운 물건에 찔린 상해 |
| ⑤ | 타박·충돌·추락 등으로 피부표면보다는 피하조직 또는 근육부를 다친 상태 |
| ⑥ | 신체 부위가 절단된 상해 |
| ⑦ | 음식물·약물·가스 등에 의한 중독이나 질식된 상해 |
| ⑧ | 스치거나 문질러서 벗겨진 피부가 상해 |
| ⑨ | 창·칼 등에 베인 상해 |
| ⑩ | 화재 또는 고온물 접촉으로 인한 상해 |
| ⑪ | 머리를 세게 맞았을 때 장해로 일어난 상해 |
| ⑫ | 물 속에 추락하여 익사한 상해 |
| ⑬ | 직업과 연관되어 발생 또는 악화되는 모든 피부질환 |
| ⑭ | 청력이 감퇴 또는 난청이 된 상태 |
| ⑮ | 시력이 감퇴 또는 실명된 상해 |

**정답**

| 분류 항목 | 세부 항목 |
|---|---|
| ① 골절 | 뼈가 부러진 상해 |
| ② 동상 | 저온물 접촉으로 생긴 동상 상해 |
| ③ 부종 | 국부의 혈액순환의 이상으로 몸이 퉁퉁 부어오르는 상해 |
| ④ 찔림(자상) | 칼날 등 날카로운 물건에 찔린 상해 |
| ⑤ 타박상(뼘, 좌상) | 타박·충돌·추락 등으로 피부표면보다는 피하조직 또는 근육부를 다친 상태 |
| ⑥ 절단(절상) | 신체 부위가 절단된 상해 |
| ⑦ 중독·질식 | 음식물·약물·가스 등에 의한 중독이나 질식된 상해 |
| ⑧ 찰과상 | 스치거나 문질러서 피부가 벗겨진 상해 |

| 분류 항목 | 세부 항목 |
|---|---|
| ⑨ 베임(창상) | 창·칼 등에 베인 상해 |
| ⑩ 화상 | 화재 또는 고온물 접촉으로 인한 상해 |
| ⑪ 뇌진탕 | 머리를 세게 맞았을 때 장해로 일어난 상해 |
| ⑫ 익사 | 물 속에 추락하여 익사한 상해 |
| ⑬ 피부병 | 직업과 연관되어 발생 또는 악화되는 모든 피부질환 |
| ⑭ 청력장애 | 청력이 감퇴 또는 난청이 된 상태 |
| ⑮ 시력장애 | 시력이 감퇴 또는 실명된 상해 |

## 39 다음의 재해발생형태를 적으시오.

| 분류 항목 | 세부 항목 |
|---|---|
|  | • 높이가 있는 곳에서 사람이 떨어짐<br>• 사람이 인력(중력)에 의하여 건축물, 구조물, 가설물, 수목, 사다리 등의 높은 장소에서 떨어지는 것 |
|  | • 사람이 미끄러지거나 넘어짐<br>• 사람이 거의 평면 또는 경사면, 층계 등에서 구르거나 넘어지는 경우 |
|  | • 물체의 쓰러짐이나 뒤집힘<br>• 기대어져 있거나 세워져 있는 물체 등이 쓰러져 깔린 경우 및 지게차 등의 건설기계 등이 운행 또는 작업 중 뒤집어진 경우 |
|  | • 물체에 부딪힘, 접촉<br>• 재해자 자신의 움직임·동작으로 인하여 기인물에 접촉 또는 부딪히거나, 물체가 고정부에서 이탈하지 않은 상태로 움직임(규칙, 불규칙)등에 의하여 접촉한 경우 |
|  | • 날아오거나 떨어진 물체에 맞음<br>• 고정되어 있던 물체가 고정부에서 이탈하거나 또는 설비 등으로부터 물질이 분출되어 사람을 가해하는 경우 |
|  | • 기계설비에 끼이거나 감김<br>• 두 물체 사이의 움직임에 의하여 일어난 것으로 직선 운동하는 물체 사이의 끼임, 회전부와 고정체 사이의 끼임, 롤러 등 회전체 사이에 물리거나 또는 회전체·돌기부 등에 감긴 경우 |

| 분류 항목 | 세부 항목 |
|---|---|
| | • 건축물이나 쌓여진 물체가 무너짐<br>• 토사, 건축물, 가설물 등이 전체적으로 허물어져 내리거나 또는 주요 부분이 꺾어져 무너지는 경우 |
| | 충전부 등에 신체의 일부가 직접 접촉하거나 유도전류의 통전으로 근육의 수축, 호흡곤란, 심실세동 등이 발생한 경우 또는 특별고압 등에 접근함에 따라 발생한 섬락 접촉, 합선·혼촉 등으로 인하여 발생한 아아크에 접촉된 경우 |
| | 고·저온 환경 또는 물체에 노출·접촉된 경우 |
| | 유해·위험물질에 노출·접촉 또는 흡입하였거나 독성동물에 쏘이거나 물린 경우 |
| | 유해물질과 관련 없이 산소가 부족한 상태·환경에 노출되었거나 이물질 등에 의하여 기도가 막혀 호흡기능이 불충분한 경우 |
| | 폭발음을 제외한 일시적·장기적인 소음에 노출된 경우 |
| | 고·저기압 등의 환경에 노출된 경우 |
| | 전리 또는 비전리 방사선에 노출된 경우 |
| | 건축물, 용기 내 또는 대기 중에서 물질의 화학적, 물리적 변화가 급격히 진행되어 열, 폭음, 폭발압이 동반하여 발생하는 경우 |
| | 가연물에 점화원이 가해져 비의도적으로 불이 일어난 경우를 말하며, 방화는 의도적이기는 하나 관리할 수 없으므로 화재에 포함시킨다. |
| | 물체의 취급과 관련 없이 작업환경, 설비의 부적절한 설계, 배치로 작업자가 특정한 자세·동작을 장시간 취하여 신체의 일부에 부담을 주는 경우 |
| | 물체의 취급과 관련하여 근육의 힘을 많이 사용하는 경우로서 밀기, 당기기, 지탱하기, 들어올리기, 돌리기, 잡기, 운반하기 등과 같은 행위·동작 |
| | 물체의 취급과 관련하여 근육의 힘을 많이 사용하지 않는 경우로서 지속적 또는 반복적인 업무수행으로 신체의 일부에 부담을 주는 행위·동작 |
| | 물체의 취급과 관련 없이 일시적이고 급격한 행위·동작, 균형상실에 따른 반사적 행위 또는 놀람, 정신적 충격, 스트레스 등 |
| | 재해자가 물체의 취급과정에서 신체특정부위에 과도한 힘이 편중·집중·눌려진 경우나 마찰접촉 또는 진동 등으로 신체에 부담을 주는 경우 |
| | 의도적인 또는 의도가 불분명한 위험행위(마약, 정신질환 등)로 자신 또는 타인에게 상해를 입힌 폭력·폭행을 말하며, 협박·언어·성폭력 및 동물에 의한 상해 등도 포함한다. |

**정답**

| 분류 항목 | 세부 항목 |
|---|---|
| 떨어짐 | • 높이가 있는 곳에서 사람이 떨어짐<br>• 사람이 인력(중력)에 의하여 건축물, 구조물, 가설물, 수목, 사다리 등의 높은 장소에서 떨어지는 것 |
| 넘어짐 | • 사람이 미끄러지거나 넘어짐<br>• 사람이 거의 평면 또는 경사면, 층계 등에서 구르거나 넘어지는 경우 |
| 깔림 · 뒤집힘 | • 물체의 쓰러짐이나 뒤집힘<br>• 기대어져 있거나 세워져 있는 물체 등이 쓰러져 깔린 경우 및 지게차 등의 건설기계 등이 운행 또는 작업 중 뒤집어진 경우 |
| 부딪힘 · 접촉 | • 물체에 부딪힘, 접촉<br>• 재해자 자신의 움직임·동작으로 인하여 기인물에 접촉 또는 부딪히거나, 물체가 고정부에서 이탈하지 않은 상태로 움직임(규칙, 불규칙) 등에 의하여 접촉한 경우 |
| 맞음 | • 날아오거나 떨어진 물체에 맞음<br>• 고정되어 있던 물체가 고정부에서 이탈하거나 또는 설비 등으로부터 물질이 분출되어 사람을 가해하는 경우 |
| 끼임 | • 기계설비에 끼이거나 감김<br>• 두 물체 사이의 움직임에 의하여 일어난 것으로 직선 운동하는 물체 사이의 끼임, 회전부와 고정체 사이의 끼임, 롤러 등 회전체 사이에 물리거나 또는 회전체·돌기부 등에 감긴 경우 |
| 무너짐 | • 건축물이나 쌓여진 물체가 무너짐<br>• 토사, 건축물, 가설물 등이 전체적으로 허물어져 내리거나 또는 주요 부분이 꺾어져 무너지는 경우 |
| 감전<br>(전류접촉) | 충전부 등에 신체의 일부가 직접 접촉하거나 유도전류의 통전으로 근육의 수축, 호흡곤란, 심실세동 등이 발생한 경우 또는 특별고압 등에 접근함에 따라 발생한 섬락 접촉, 합선·혼촉 등으로 인하여 발생한 아아크에 접촉된 경우 |
| 이상온도 노출 · 접촉 | 고 · 저온 환경 또는 물체에 노출 · 접촉된 경우 |
| 유해 · 위험물질<br>노출 · 접촉 | 유해 · 위험물질에 노출 · 접촉 또는 흡입하였거나 독성동물에 쏘이거나 물린 경우 |
| 산소결핍 · 질식 | 유해물질과 관련 없이 산소가 부족한 상태 · 환경에 노출되었거나 이물질 등에 의하여 기도가 막혀 호흡기능이 불충분한 경우 |
| 소음노출 | 폭발음을 제외한 일시적 · 장기적인 소음에 노출된 경우 |
| 이상기압 노출 | 고 · 저기압 등의 환경에 노출된 경우 |
| 유해광선 노출 | 전리 또는 비전리 방사선에 노출된 경우 |
| 폭발 | 건축물, 용기 내 또는 대기 중에서 물질의 화학적, 물리적 변화가 급격히 진행되어 열, 폭음, 폭발압이 동반하여 발생하는 경우 |
| 화재 | 가연물에 점화원이 가해져 비의도적으로 불이 일어난 경우를 말하며, 방화는 의도적이기는 하나 관리할 수 없으므로 화재에 포함시킨다. |

| 분류 항목 | 세부 항목 |
|---|---|
| 부자연스런 자세 | 물체의 취급과 관련 없이 작업환경, 설비의 부적절한 설계, 배치로 작업자가 특정한 자세·동작을 장시간 취하여 신체의 일부에 부담을 주는 경우 |
| 과도한 힘·동작 | 물체의 취급과 관련하여 근육의 힘을 많이 사용하는 경우로서 밀기, 당기기, 지탱하기, 들어올리기, 돌리기, 잡기, 운반하기 등과 같은 행위·동작 |
| 반복적 동작 | 물체의 취급과 관련하여 근육의 힘을 많이 사용하지 않는 경우로서 지속적 또는 반복적인 업무수행으로 신체의 일부에 부담을 주는 행위·동작 |
| 신체반작용 | 물체의 취급과 관련 없이 일시적이고 급격한 행위·동작, 균형상실에 따른 반사적 행위 또는 놀람, 정신적 충격, 스트레스 등 |
| 압박·진동 | 재해자가 물체의 취급과정에서 신체특정부위에 과도한 힘이 편중·집중·눌려진 경우나 마찰접촉 또는 진동 등으로 신체에 부담을 주는 경우 |
| 폭력행위 | 의도적인 또는 의도가 불분명한 위험행위(마약, 정신질환 등)로 자신 또는 타인에게 상해를 입힌 폭력·폭행을 말하며, 협박·언어·성폭력 및 동물에 의한 상해 등도 포함한다. |

## 40 다음 물음에 적합한 내용을 적으시오.

- 재해자가 「넘어짐」으로 인하여 기계의 동력전달부위 등에 끼이는 사고가 발생하여 신체부위가 「절단」된 경우 → (    )
- 재해자가 구조물 상부에서 「넘어짐」으로 인하여 사람이 떨어져 두개골 골절이 발생한 경우 → (    )
- 재해자가 「넘어짐」 또는 「떨어짐」으로 물에 빠져 익사한 경우 → (    )
- 재해자가 전주에서 작업 중 「전류접촉」으로 떨어져서 상해결과가 골절인 경우 → (    ), 상해결과가 전기쇼크인 경우 → (    )
- 바닥면과 신체가 떨어진 상태로 더 낮은 위치로 떨어진 경우 → (    )
- 바닥면과 신체가 접해있는 상태에서 더 낮은 위치로 떨어진 경우 → (    )
- 신체가 바닥면과 접해있었는지 여부를 알 수 없는 경우 작업발판 등 구조물의 높이가 보폭(약 60cm) 이상인 경우 → (    )
- 보폭 미만인 경우 → (    )
- 물체 또는 물질이 떨어지거나 날아와 타박상 등의 상해를 입었을 경우 → (    )
- 고·저온 물체 또는 물질이 떨어지거나 날아와 화상을 입었을 경우 → (    )
- 떨어지거나 날아온 물체 또는 물질의 특성에 의하여 상해를 입은 경우 → (    )

**정답**
- 재해자가 「넘어짐」으로 인하여 기계의 동력전달부위 등에 끼이는 사고가 발생하여 신체부위가 「절단」된 경우 → **(끼임)**
- 재해자가 구조물 상부에서 「넘어짐」으로 인하여 사람이 떨어져 두개골 골절이 발생한 경우 → **(떨어짐)**
- 재해자가 「넘어짐」 또는 「떨어짐」으로 물에 빠져 익사한 경우 → **(유해·위험물질 노출·접촉)**
- 재해자가 전주에서 작업 중 「전류접촉」으로 떨어져서 상해결과가 골절인 경우 → **(떨어짐)**, 상해결과가 전기쇼크인 경우 → **(감전(전류접촉))**
- 바닥면과 신체가 떨어진 상태로 더 낮은 위치로 떨어진 경우 → **(떨어짐)**
- 바닥면과 신체가 접해있는 상태에서 더 낮은 위치로 떨어진 경우 → **(넘어짐)**
- 신체가 바닥면과 접해있었는지 여부를 알 수 없는 경우 작업발판 등 구조물의 높이가 보폭(약 60cm) 이상인 경우 → **(떨어짐)**
- 보폭 미만인 경우 → **(넘어짐)**
- 물체 또는 물질이 떨어지거나 날아와 타박상 등의 상해를 입었을 경우 → **(맞음)**
- 고·저온 물체 또는 물질이 떨어지거나 날아와 화상을 입었을 경우 → **(이상온도 노출·접촉)**
- 떨어지거나 날아온 물체 또는 물질의 특성에 의하여 상해를 입은 경우 → **(유해·위험물질 노출·접촉)**

## 41 다음 물음에 적합한 내용을 적으시오.

(1) 운전 중 한눈을 팔다 전주에 충돌 → 기인물 :

(2) 손에 들고 있던 운반물을 놓침 → 기인물 :

(3) 외부요인이 없는 상태에서 사람이 걷다가 발목을 겹질림 → 기인물 :

**정답**
(1) 차량
(2) 운반물
(3) 사람

# 안전점검·인증 및 진단

Industrial Engineer Construction Safety

**주요내용 알고 가기!**

1. 안전점검의 정의 및 목적을 이해하고 적용할 수 있어야 한다.
2. 안전점검의 종류를 알고 적용할 수 있어야 한다.
3. 안전점검 기준을 이해하고 적용할 수 있어야 한다.
4. 안전검사 제도를 이해·적용할 수 있어야 한다.
5. 안전인증제도를 이해·적용할 수 있어야 한다.
6. 안전진단을 이해하고 실행할 수 있어야 한다.

## 안전점검

### (1) 안전점검의 정의

사고가 발생하기 전에 모든 작업장에서 존재하는 불안전한 행동 및 불안전한 상태를 조사하여 위험성을 찾아내는 행위를 말한다.

### (2) 안전점검의 목적

① 결함이나 불안전 조건의 제거
② 기계, 설비의 본래 성능 유지
③ 합리적인 생산관리

### (3) 안전점검의 종류 ★

| | |
|---|---|
| 정기점검(계획점검) | • 일정 기간마다 정기적으로 실시하는 점검<br>• 법적 기준 또는 사내 안전규정에 따라 해당 책임자가 실시하는 점검 |
| 수시점검(일상점검) | • 매일 작업 전, 중, 후에 실시하는 점검<br>• 작업자·작업책임자·관리감독자가 실시하며 사업주의 안전순찰도 포함된다. |
| 특별점검 | • 기계·기구 또는 설비의 신설·변경 또는 고장·수리 등으로 비정기적인 특정점검을 말하며 기술 책임자가 실시한다.<br>• 산업안전보건 강조기간, 악천후 시에도 실시한다. |
| 임시점검 | • 기계·기구 또는 설비의 이상 발견 시에 임시로 실시하는 점검<br>• 정기점검 실시 후 다음 점검일 이전에 임시로 실시하는 점검 |

### (4) 안전점검표(안전점검 체크리스트) 작성 시 유의사항

① **사업장에 적합한 내용**이며 **독자적**일 것
② **내용은 구체적**이며, **재해예방에 실효가 있을 것**
③ **중요도가 높은 순으로 작성**할 것
④ 일정양식 및 점검대상을 정하여 작성할 것
⑤ **가급적 쉬운 표현**으로 작성할 것


## 안전검사

### (1) 안전검사

① 유해하거나 위험한 기계·기구·설비로서 대통령령으로 정하는 것("**안전검사대상 기계 등**")을 **사용하는 사업주**는 안전검사대상 **기계 등의 안전에 관한 성능**이 고용노동부장관이 정하여 고시하는 **검사 기준에 맞는지에 대하여 안전검사를 받아야 한다.** 이 경우 안전검사대상 기계 등을 사용하는 **사업주와 소유자가 다른 경우**에는 안전검사대상 **기계 등의 소유자가 안전검사를 받아야 한다.**
② 안전검사대상 기계 등이 **다른 법령에 따라 안전성에 관한 검사나 인증을 받은 경우로서 고용노동부령으로 정하는 경우에는 안전검사를 면제할 수 있다.**

### (2) 안전검사의 신청

① 안전검사를 받아야 하는 자는 **안전검사 신청서를 검사 주기 만료일 30일 전에 안전검사기관에 제출**하여야 한다.
② 안전검사 신청을 받은 **안전검사기관은 30일 이내에 해당 기계·기구 및 설비별로 안전검사를 하여야 한다.**
③ 안전검사 결과 **안전검사기준에 적합한 경우**에는 "안전검사대상 유해·위험기계 등"에 직접 부착 가능한 **안전검사 합격표시를 발급**하고, **부적합한 경우**에는 해당 사업주에게 안전검사 **불합격통지서에 그 사유를 밝혀 발급**하여야 한다.

### (3) 안전검사의 방법 및 결과판정

① **안전검사기관에서** 유해·위험기계 등에 대한 **안전검사를 할 때에는 안전검사 결과서를 작성**하여야 한다.
② 안전검사기관은 **필수항목이 판정기준에 미달하거나 관리항목이** 안전검사 고시의 **검사기준에 미달**하여 재해발생의 위험이 있다고 판단되는 경우에는 **불합격 판정을 하고 이를 안전검사 결과서에 기재**하여야 한다.
③ 안전검사기관은 **안전검사결과 불합격되거나** 안전검사 고시의 **검사기준에 미달하는 사항에 대하여는** 사업장에 그 내용과 조치방법 등을 설명하고 **개선하도록 건의**하여야 한다.
④ 안전검사기관은 유해·위험기계 등에 대한 **검사를 완료한 때에는 검사원이 서명한 안전검사결과서 사본을 검사신청인에게 발급**하여야 한다.

### (4) 안전검사 결과의 보존

안전검사기관은 안전검사 결과서를 3년간 보존하여야 한다.

## 자율검사프로그램에 따른 안전검사

### (1) 자율검사프로그램에 따른 안전검사

안전검사를 받아야 하는 **사업주가 근로자대표와 협의하여** 검사기준, 검사 주기 등을 충족하는 **자율검사프로그램을 정하고 고용노동부장관의 인정을 받아** 법에서 정한 사람 중 어느 하나에 해당하는 사람으로부터 **자율검사프로그램에 따라 안전검사대상 기계 등에 대하여 자율안전검사를 받으면 안전검사를 받은 것으로 본다.**

### (2) 자율검사프로그램의 유효기간 : 2년 ★

## (3) 자율검사프로그램의 인정

**자율검사프로그램의 인정을 받기 위한 요건 ★★**

① 검사원을 고용하고 있을 것
② 검사를 할 수 있는 장비를 갖추고 이를 유지·관리할 수 있을 것
③ 안전검사 주기의 2분의 1에 해당하는 주기(크레인 중 건설현장 외에서 사용하는 크레인의 경우에는 6개월) 마다 검사를 할 것
④ 자율검사프로그램의 검사기준이 안전검사기준을 충족할 것

## (4) 자율검사프로그램의 인정취소

**자율검사프로그램의 인정취소 및 개선을 명할 수 있는 경우 ★★**

① 거짓이나 그 밖의 부정한 방법으로 자율검사프로그램을 인정받은 경우(다만, ①의 경우에는 인정을 취소한다.)
② 자율검사프로그램을 인정받고도 검사를 하지 아니한 경우
③ 인정받은 자율검사프로그램의 내용에 따라 검사를 하지 아니한 경우
④ 검사 자격을 가진 자 또는 지정검사기관이 검사를 하지 아니한 경우

## (5) 자율검사프로그램을 인정받기 위해 공단에 제출하여야 하는 서류(2부 제출) ★★

① 안전검사대상 **기계 등의 보유 현황**
② **검사원 보유 현황**과 검사를 할 수 있는 **장비 및 장비 관리방법**(자율안전검사기관에 위탁한 경우에는 위탁을 증명할 수 있는 서류를 제출한다)
③ 안전검사대상 기계 등의 **검사 주기 및 검사기준**
④ **향후 2년간** 검사대상 유해·위험기계 등의 검사수행계획
⑤ **과거 2년간** 자율검사프로그램 **수행 실적**(재신청의 경우만 해당한다)

# 안전인증

## (1) 안전인증

유해·위험기계 중 근로자의 안전 및 보건에 위해(危害)를 미칠 수 있다고 인정되어 대통령으로 정하는 것("**안전인증대상 기계 등**")을 **제조하거나 수입하는 자**(고용노동부령으로 정하는 안전인증대상 기계 등을 설치·이전하거나 주요구조 부분을 변경하는 자를 포함)는 **안전인증대상 기계 등이 안전인증기준에 맞는지에 대하여** 고용노동부장관이 실시하는 **안전인증을 받아야 한다.**

## (2) 안전인증 심사의 종류 및 방법 ★★

| 예비심사 | 기계·기구 및 방호장치·보호구가 유해·위험한 기계·기구·설비인지를 확인하는 심사 (안전인증을 신청한 경우만 해당) |
|---|---|
| 서면심사 | 유해·위험한 기계·기구·설비 등의 **제품기술과 관련된 문서가 안전 인증기준에 적합한지에** 대한 심사 |
| 기술능력 및 생산체계 심사 | 유해·위험한 기계·기구·설비 등의 안전성능을 지속적으로 유지·보증하기 위하여 사업장에서 갖추어야 할 **기술능력과 생산체계가 안전인증기준에 적합한지에 대한 심사** |
| 제품심사 | 유해·위험한 **기계·기구·설비 등이** 서면심사 내용과 일치하는지 여부와 유해·위험한 기계·기구·설비 등의 **안전에 관한 성능이 안전인증기준에 적합한지 여부에 대한 심사**(다음 각 목의 심사는 어느 하나만을 받는다)<br>• **개별 제품심사** : 유해·위험한 기계·기구·설비 등 **모두에 대하여 하는 심사**<br>• **형식별 제품심사** : 유해·위험한 기계·기구·설비 등의 **형식별로 표본을 추출하여 하는 심사** |

## (3) 심사종류별 심사기간 ★

| 예비심사 | 7일 |
|---|---|
| 서면심사 | 15일(외국에서 제조한 경우는 30일) |
| 기술능력 및 생산체계 심사 | 30일(외국에서 제조한 경우는 45일) |
| 제품심사 | • 개별 제품심사 : 15일<br>• 형식별 제품심사 : 30일(보호구는 60일) |

> **특급암기법**
>
> 예비 7, 개별서면 15, 기생형식 30

> **Reference**
>
> ● **형식별 제품심사의 심사기간을 60일로 두는 보호구의 종류** ★
>
> ① 추락 및 감전 위험방지용 안전모
> ② 안전화
> ③ 안전장갑
> ④ 방진마스크
> ⑤ 방독마스크
> ⑥ 송기(送氣)마스크
> ⑦ 전동식 호흡보호구
> ⑧ 보호복
>
> **특급암기법**
>
> 머리(안전모), 얼굴(방진마스크, 방독마스크, 송기(送氣)마스크, 전동식 호흡보호구), 손(안전장갑), 발(안전화), 몸(보호복)은 형식별로 심사

### (4) 안전인증 취소, (6개월) 이내의 기간을 정하여 안전인증표시의 사용 금지, 개선을 명 할 수 있는 경우 ★★

① **거짓이나 그 밖의 부정한 방법으로 안전인증을 받은 경우**(다만, ①의 경우는 취소한다.)
② 안진인증을 받은 **기계 · 기구 등의 안전성능이 안전인증기준에 맞지 아니하게 된 경우**
③ 고용노동부장관이 실시하는 **안전인증기준을 지키는지에 대한 확인을 거부**, 기피 또는 방해**하는 경우**

### (5) 안전인증대상 기계 · 기구 등의 제조 · 수입 · 양도 · 대여 · 사용하거나 양도 · 대여의 목적으로 진열할 수 없는 경우 ★

① **안전인증을 받지 아니한 경우**
② 안전인증**기준에 맞지 아니하게 된 경우**
③ **안전인증이 취소**되거나 안전인증표시의 사용 금지 명령을 받은 경우

### (6) 안전인증의 면제

**안전인증의 전부 또는 일부를 면제할 수 있는 경우 ★**

1. 연구·개발을 목적으로 제조·수입하거나 수출을 목적으로 제조하는 경우
2. 고용노동부장관이 정하여 고시하는 외국의 안전인증기관에서 인증을 받은 경우
3. 다른 법령에 따라 안전성에 관한 검사나 인증을 받은 경우로서 고용노동부령으로 정하는 경우

## 자율안전확인

### (1) 자율안전확인의 신고

안전인증대상 기계 등이 아닌 유해·위험기계 등으로서 대통령령으로 정하는 것("**자율안전확인대상 기계 등**")을 제조하거나 수입하는 자는 자율안전확인대상 기계 등의 안전에 관한 성능이 고용노동부장관이 정하여 고시하는 **자율안전기준에 맞는지 확인**("**자율안전확인**")하여 **고용노동부장관에게 신고하여야 한다**. 다만, 다음 각 호의 어느 하나에 해당하는 경우에는 신고를 면제할 수 있다.

**자율안전확인 신고를 면제할 수 있는 경우 ★**

① 연구·개발을 목적으로 제조·수입하거나 수출을 목적으로 제조하는 경우
② 안전인증을 받은 경우
③ 다른 법령에 따라 안전성에 관한 검사나 인증을 받은 경우로서 고용노동부령으로 정하는 경우
  - 「농업기계화촉진법」에 따른 검정을 받은 경우
  - 「산업표준화법」에 따른 인증을 받은 경우
  - 「전기용품 및 생활용품 안전관리법」에 따른 안전인증 및 안전검사를 받은 경우
  - 국제전기기술위원회의 국제방폭 전기기계·기구 상호인정제도에 따라 인증을 받은 경우

(2) 자율안전확인대상 기계·기구 등의 제조·수입·양도·대여·사용하거나 양도·대여의 목적으로 진열할 수 없는 경우 ★★

① 자율안전확인 신고를 하지 아니한 경우
② 거짓이나 그 밖의 부정한 방법으로 신고를 한 경우
③ 고용노동부장관이 정하여 고시하는 자율안전기준에 맞지 아니한 경우
④ 자율안전확인 표시의 사용금지 명령을 받은 경우

> **비교 point**
>
> **안전인증대상 기계 등을 제조·수입·양도·대여·사용하거나 양도·대여의 목적으로 진열할 수 없는 경우 ★★**
>
> ① 안전인증을 받지 아니한 경우(안전인증이 전부 면제되는 경우는 제외)
> ② 안전인증기준에 맞지 아니하게 된 경우
> ③ 안전인증이 취소되거나 안전인증표시의 사용금지 명령을 받은 경우

## 안전인증의 표시

(1) 안전인증대상 및 자율안전확인의 표시방법 ★★

가. 표시는 「국가표준기본법 시행령」에 따른 표시기준 및 방법에 따른다.
나. 표시를 하는 경우 인체에 상해를 입힐 우려가 있는 재질이나 표면이 거친 재질을 사용해서는 안 된다.

> **Reference**
>
> ◉ **인증 표시색**
> - 테두리와 문자 : 파란색(2.5PB 4/10)
> - 그 밖의 부분 : 흰색(N9.5)
>   (테두리와 문자를 흰색, 그 밖의 부분을 파란색으로 표현할 수 있다.)

# 안전인증 및 안전검사 대상 기계, 기구

## (1) 안전인증 및 자율안전확인 대상 기계, 기구 ★★★

| | 안전인증 | 자율안전확인 |
|---|---|---|
| 1. 기계 기구 · 설비 | 1. **설치 · 이전**하는 경우 안전인증을 받아야 하는 기계 · 기구<br>① 크레인<br>② 리프트<br>③ 곤돌라<br><br>2. **주요 구조 부분을 변경**하는 경우 안전인증을 받아야 하는 기계 · 기구<br>① 프레스<br>② 전단기 및 절곡기(折曲機)<br>③ 크레인<br>④ 리프트<br>⑤ 압력용기<br>⑥ 롤러기<br>⑦ 사출성형기(射出成形機)<br>⑧ 고소(高所)작업대<br>⑨ 곤돌라 | ① 연삭기 또는 연마기(휴대형은 제외)<br>② 산업용 로봇<br>③ 혼합기<br>④ 파쇄기 또는 분쇄기<br>⑤ 식품가공용 기계<br>　(파쇄 · 절단 · 혼합 · 제면기만 해당한다)<br>⑥ 컨베이어<br>⑦ 자동차정비용 리프트<br>⑧ 공작기계<br>　(선반, 드릴기, 평삭 · 형삭기, 밀링만 해당)<br>⑨ 고정형 목재가공용 기계<br>　(둥근톱, 대패, 루타기, 띠톱, 모떼기 기계만 해당)<br>⑩ 인쇄기 |

| | 안전인증 | 자율안전확인 |
|---|---|---|
| 1. 기계 기구 · 설비 | **특급암기법**<br>유사한 종류끼리 묶어서 암기<br>손 다치는 기계 – 프레스, 전단기 및 절곡기, 사출성형기, 롤러기<br>양중기 – 크레인, 리프트, 곤돌라<br>폭발 – 압력용기<br>추락 – 고소작업대 | **특급암기법**<br>공작기계로 철판 잘라서 연삭기, 연마기로 갈고, 고정형 목재가공용 기계로 나무 자르고, 식품가공용 기계로 식품 파쇄, 분쇄하여 혼합기로 혼합한 후 컨베이어로 운반해서 자동차 리프트에 올려놓고 인(인쇄기)기있는 산업용 로봇 만들자. |
| 2. 방호장치 | ① 프레스 및 전단기 방호장치<br>② 양중기용 과부하방지장치<br>③ 보일러 압력방출용 안전밸브<br>④ 압력용기 압력방출용 안전밸브<br>⑤ 압력용기 압력방출용 파열판<br>⑥ 절연용 방호구 및 활선작업용 기구<br>⑦ 방폭구조 전기기계 기구 및 부품<br>⑧ 추락 · 낙하 및 붕괴 등의 위험 방지 및 보호에 필요한 가설기자재로서 고용노동부장관이 정하여 고시하는 것<br>⑨ 충돌 · 협착 등의 위험 방지에 필요한 산업용 로봇 방호장치로서 고용노동부장관이 정하여 고시하는 것<br><br>**특급암기법**<br>안전인증 대상 중<br>손 다치는 기계 – 프레스 및 전단기의 방호장치<br>양중기 – 과부하방지장치<br>폭발 – 보일러의 안전밸브, 압력용기 안전밸브, 파열판<br>충돌 – 산업용 로봇<br>전기 – 방폭구조, 절연용 방호구, 활선작업용 기구 | ① 아세틸렌, 가스집합 용접장치용 안전기<br>② 교류아크용접기용 자동전격방지기<br>③ 롤러기 급정지장치<br>④ 연삭기 덮개<br>⑤ 목재가공용 둥근톱 반발 예방장치 및 날접촉 예방장치<br>⑥ 동력식수동대패의 칼날 접촉방지장치<br>⑦ 추락, 낙하 및 붕괴 등의 위험방호에 필요한 가설기자재(안전인증 제외)<br><br>**특급암기법**<br>롤러를 통과한 철판을 목재가공용 둥근톱, 동력식 수동대패로 잘라서 아세틸렌, 가스집합용접장치, 교류아크 용접기로 용접해서 연삭기로 다듬자. |
| 3. 보호구 | ① 추락 및 감전 위험방지용 안전모<br>② 안전화<br>③ 안전장갑<br>④ 방진마스크<br>⑤ 방독마스크<br>⑥ 송기마스크<br>⑦ 전동식 호흡보호구<br>⑧ 보호복<br>⑨ 안전대<br>⑩ 차광 및 비산물 위험방지용 보안경<br>⑪ 용접용 보안면<br>⑫ 방음용 귀마개 또는 귀덮개 | ① 안전모(안전인증 제외)<br>② 보안경(안전인증 제외)<br>③ 보안면(안전인증 제외) |

| | 안전인증 | 자율안전확인 |
|---|---|---|
| 3. 보호구 | **특급암기법**<br>※ 신체부위별로 구분하여 암기<br>머리 – 안전모(추락 및 감전방지용)<br>눈 – 보안경(차광 및 비산물 위험방지용)<br>코, 입 – 방진마스크, 방독마스크, 송기마스크, 전동식 호흡보호구<br>얼굴 – 보안면(용접용)<br>귀 – 귀마개 또는 귀덮개(방음용)<br>손 – 안전장갑<br>허리 – 안전대<br>발 – 안전화<br>몸 – 보호복 | |
| 4. 합격표시 | ① 형식 또는 모델명<br>② 규격 또는 등급<br>③ 제조자 명<br>④ 제조번호 및 제조연월<br>⑤ 안전인증 번호 | ① 형식 또는 모델명<br>② 규격 또는 등급<br>③ 제조자 명<br>④ 제조번호 및 제조연월<br>⑤ 자율안전확인 번호 |

## (2) 안전검사 대상 기계, 기구 ★★★

| 1. 안전검사 대상<br>유해·위험기계 등 | ① 프레스<br>② 전단기<br>③ 크레인[정격 하중이 2톤 미만인 것 제외]<br>④ 리프트<br>⑤ 압력용기<br>⑥ 곤돌라<br>⑦ 국소 배기장치(이동식은 제외)<br>⑧ 원심기(산업용만 해당)<br>⑨ 롤러기(밀폐형 구조는 제외한다)<br>⑩ 사출성형기[형 체결력 294킬로뉴턴(KN) 미만은 제외]<br>⑪ 고소작업대<br>⑫ 컨베이어<br>⑬ 산업용 로봇 |
|---|---|

| | |
|---|---|
| 1. 안전검사 대상<br>유해·위험기계 등 | **특급암기법**<br>안전인증 대상 중<br>**손 다치는 기계** – 프레스, 전단기, 사출성형기, 롤러기<br>**양중기** – 크레인, 리프트, 곤돌라<br>**폭발** – 압력용기<br>**추가** – 극소(국소) 로봇이 고소의 큰(컨) 원을 검사(안전검사)<br>　　　국소배기장치, 산업용 로봇, 고소작업대, 컨베이어, 원심기 |
| 2. 안전검사대상<br>유해·위험기계 등의<br>검사 주기 | ① 크레인(이동식 크레인은 제외), 리프트(이삿짐운반용 리프트는 제외) 및 곤돌라<br>: 사업장에 설치가 끝난 날부터 3년 이내에 최초 안전검사를 실시하되, 그 이후부터 2년마다(건설현장에서 사용하는 것은 최초로 설치한 날부터 6개월마다)<br>② 이동식 크레인, 이삿짐운반용 리프트 및 고소작업대 : 신규등록 이후 3년 이내에 최초 안전검사를 실시하되, 그 이후부터 2년마다<br>③ 프레스, 전단기, 압력용기, 국소 배기장치, 원심기, 롤러기, 사출성형기, 컨베이어 및 산업용 로봇 : 사업장에 설치가 끝난 날부터 3년 이내에 최초 안전검사를 실시하되, 그 이후부터 2년마다(공정안전보고서를 제출하여 확인을 받은 압력용기는 4년마다) |
| 3. 안전검사 합격표시 | ① 검사 대상 유해·위험 기계명<br>② 신청인<br>③ 형식번호(기호)<br>④ 합격번호<br>⑤ 검사유효기간<br>⑥ 검사기관 |

# 예상문제

**01** 안전점검의 종류 4가지를 쓰고 설명하시오.

**정답**
① 정기점검(계획점검) : 일정 기간마다 정기적으로 실시하는 점검
② 수시점검(일상점검) : 매일 작업 전, 중, 후에 실시하는 점검
③ 특별점검 : 기계·기구 또는 설비의 신설·변경 또는 고장·수리 시, 산업안전보건 강조기간, 악천후 시에 실시한다.
④ 임시점검 : 기계·기구 또는 설비의 이상 발견 시에 임시로 점검하는 점검

**02** 안전인증 심사의 종류를 4가지를 적고, 설명하시오.

**정답**

| 예비심사 | 기계·기구 및 방호장치·보호구가 유해·위험한 기계·기구·설비 등 인지를 확인하는 심사 |
|---|---|
| 서면심사 | 유해·위험한 기계·기구·설비 등의 제품기술과 관련된 문서가 안전인증기준에 적합한지에 대한 심사 |
| 기술능력 및 생산체계 심사 | 사업장에서 갖추어야 할 기술능력과 생산체계가 안전인증기준에 적합한지에 대한 심사 |
| 제품심사 | 유해·위험한 기계·기구·설비 등이 서면심사 내용과 일치하는지 여부와 유해·위험한 기계·기구·설비 등의 안전에 관한 성능이 안전인증기준에 적합한지 여부에 대한 심사<br>• 개별 제품심사 : 유해·위험한 기계·기구·설비 등 모두에 대하여 하는 심사<br>• 형식별 제품심사 : 유해·위험한 기계·기구·설비 등의 형식별로 표본을 추출하여 하는 심사 |

### 참고

| 예비심사 | 7일 |
|---|---|
| 서면심사 | 15일(외국에서 제조한 경우는 30일) |
| 기술능력 및 생산체계 심사 | 30일(외국에서 제조한 경우는 45일) |
| 제품심사 | • 개별 제품심사 : 15일<br>• 형식별 제품심사 : 30일(보호구는 60일) |

#### 특급암기법

예비 7, 개별서면 15, 기생형식 30

---

**03** 안전인증 취소, ( (1) )개월 이내의 기간을 정하여 (2) 안전인증표시의 사용 금지, 시정을 명할 수 있는 경우를 적으시오.

**정답**
(1) 6
(2) 1. 거짓이나 그 밖의 부정한 방법으로 안전인증을 받은 경우(안전인증 취소만 해당됨)
   2. 안전인증을 받은 유해·위험기계 등의 안전에 관한 성능 등이 안전인증기준에 맞지 아니하게 된 경우
   3. 정당한 사유 없이 안전인증 확인을 거부, 방해 또는 기피하는 경우

### 참고

**자율검사프로그램의 인정취소 및 개선을 명할 수 있는 경우 ★★**

① 거짓이나 그 밖의 부정한 방법으로 자율검사프로그램을 인정받은 경우(다만, ①의 경우에는 인정을 취소한다.)
② 자율검사프로그램을 인정받고도 검사를 하지 아니한 경우
③ 인정받은 자율검사프로그램의 내용에 따라 검사를 하지 아니한 경우
④ 검사 자격을 가진 자 또는 지정검사기관이 검사를 하지 아니한 경우

| 자율안전확인 표시나 이와 유사한 표시를 제거할 것을 명할 수 있는 경우 | 안전인증표시나 이와 유사한 표시를 제거할 것을 명할 수 있는 경우 |
|---|---|
| 1. 자율안전확인 대상이 아닌 기계 등에 자율안전확인 표시나 이와 유사한 표시를 한 경우<br>2. 거짓이나 그 밖의 부정한 방법으로 신고를 한 경우<br>3. 자율안전확인표시의 사용 금지 명령을 받은 경우 | 1. 안전인증을 받지 아니하고 안전인증표시나 이와 유사한 표시를 한 경우<br>2. 안전인증이 취소되거나 안전인증표시의 사용금지 명령을 받은 경우 |

**★ 04** 안전인증대상 기계·기구 등의 제조·수입·양도·대여·사용하거나 양도·대여의 목적으로 진열할 수 없는 경우를 적으시오.

**정답**
① 안전인증을 받지 아니한 경우(안전인증이 전부 면제되는 경우는 제외)
② 안전인증기준에 맞지 아니하게 된 경우
③ 안전인증이 취소되거나 안전인증표시의 사용금지 명령을 받은 경우

**참고**

[자율안전확인대상 기계·기구 등의 제조·수입·양도·대여·사용하거나 양도·대여의 목적으로 진열할 수 없는 경우]
① 자율안전확인 신고를 하지 아니한 경우
② 거짓이나 그 밖의 부정한 방법으로 신고를 한 경우
③ 자율안전확인대상 기계 등의 안전에 관한 성능이 자율안전기준에 맞지 아니하게 된 경우
④ 자율안전확인 표시의 사용금지 명령을 받은 경우

## 05 다음 괄호 안을 채우시오. ★

> 사업주가 근로자 대표와 협의하여 검사기준, 검사 주기 및 검사합격 표시 방법 등을 충족하는 검사프로그램을 정하고 고용노동부장관의 인정을 받아 그에 따라 유해·위험기계 등의 안전에 관한 성능검사를 하면 안전검사를 받은 것으로 본다. 이 경우 **자율검사프로그램의 유효기간은** (     )으로 한다.

**정답**  2년

## 06 자율검사프로그램의 인정을 받기 위한 요건을 적으시오. ★★

**정답**

### 자율검사프로그램의 인정을 받기위한 요건 ★★

① 검사원을 고용하고 있을 것
② 검사를 할 수 있는 장비를 갖추고 이를 유지·관리할 수 있을 것
③ 안전검사 주기의 2분의 1에 해당하는 주기(크레인 중 건설현장 외에서 사용하는 크레인의 경우에는 6개월)마다 검사를 할 것
④ 자율검사프로그램의 검사기준이 안전검사기준을 충족할 것

### 참고

**[자율검사프로그램 인정받기 위해 공단에 제출하여야 하는 서류(2부 제출)]** ★

① 안전검사대상 기계 등의 보유 현황
② 검사원 보유 현황과 검사를 할 수 있는 장비 및 장비 관리방법(자율안전검사기관에 위탁한 경우에는 위탁을 증명할 수 있는 서류를 제출한다)
③ 안전검사대상 기계 등의 **검사 주기 및 검사기준**
④ **향후 2년간** 검사대상 유해·위험기계 등의 검사수행계획
⑤ **과거 2년간** 자율검사프로그램 **수행 실적**(재신청의 경우만 해당한다.)

## 07. 안전인증 및 안전검사, 자율안전인증 기계, 기구, 방호장치, 보호구의 종류를 5가지씩 적으시오. (단, 자율안전 확인 대상 보호구 제외)

| | 안전인증 | 자율안전확인 |
|---|---|---|
| 1. 기계기구 · 설비 | 1. 설치 · 이전하는 경우 안전인증을 받아야 하는 기계 · 기구<br>①<br>②<br>③<br><br>2. 주요 구조 부분을 변경하는 경우 안전인증을 받아야 하는 기계 · 기구<br>①<br>②<br>③<br>④<br>⑤<br>⑥<br>⑦<br>⑧<br>⑨ | |
| 2. 방호장치 | | |
| 3. 보호구 | | |

**정답**

| | 안전인증 | 자율안전확인 |
|---|---|---|
| 1. 기계기구 · 설비 | 1. **설치 · 이전**하는 경우 안전인증을 받아야 하는 기계 · 기구<br>① **크레인**<br>② **리프트**<br>③ **곤돌라**<br><br>2. **주요 구조 부분을 변경**하는 경우 안전인증을 받아야 하는 기계 · 기구<br>① 프레스<br>② 전단기 및 절곡기(折曲機)<br>③ 크레인<br>④ 리프트<br>⑤ 압력용기<br>⑥ 롤러기<br>⑦ 사출성형기(射出成形機)<br>⑧ 고소(高所)작업대<br>⑨ 곤돌라 | ① 연삭기 또는 연마기(휴대형은 제외)<br>② 산업용 로봇<br>③ 혼합기<br>④ 파쇄기 또는 분쇄기<br>⑤ 식품가공용 기계<br>　(파쇄·절단·혼합·제면기만 해당한다)<br>⑥ 컨베이어<br>⑦ 자동차정비용 리프트<br>⑧ 공작기계<br>　(선반, 드릴기, 평삭·형삭기, 밀링만 해당)<br>⑨ 고정형 목재가공용 기계(둥근톱, 대패, 루타기, 띠톱, 모떼기 기계만 해당)<br>⑩ 인쇄기 |

| | 안전인증 | 자율안전확인 |
|---|---|---|
| 1. 기계기구·설비 | **특급암기법**<br>유사한 종류끼리 묶어서 암기<br>손 다치는 기계 – 프레스, 전단기 및 절곡기, 사출성형기, 롤러기<br>양중기 – 크레인, 리프트, 곤돌라<br>폭발 – 압력용기<br>추락 – 고소작업대 | **특급암기법**<br>공작기계로 철판 잘라서 연삭기, 연마기로 갈고, 고정형 목재가공용 기계로 나무 자르고, 식품가공용 기계로 식품 파쇄, 분쇄하여 혼합기로 혼합한 후 컨베이어로 운반해서 자동차 리프트에 올려놓고 인(인쇄기)기있는 산업용 로봇 만들자. |
| 2. 방호장치 | ① 프레스 및 전단기 방호장치<br>② 양중기용 과부하방지장치<br>③ 보일러 압력방출용 안전밸브<br>④ 압력용기 압력방출용 안전밸브<br>⑤ 압력용기 압력방출용 파열판<br>⑥ 절연용 방호구 및 활선작업용 기구<br>⑦ 방폭구조 전기기계 기구 및 부품<br>⑧ 추락·낙하 및 붕괴 등의 위험 방지 및 보호에 필요한 가설기자재로서 고용노동부장관이 정하여 고시하는 것<br>⑨ 충돌·협착 등의 위험 방지에 필요한 산업용 로봇 방호장치로서 고용노동부장관이 정하여 고시하는 것<br><br>**특급암기법**<br>안전인증 대상 중<br>손 다치는 기계 – 프레스 및 전단기의 방호장치<br>양중기 – 과부하방지장치<br>폭발 – 보일러의 안전밸브, 압력용기 안전밸브, 파열판<br>충돌 – 산업용 로봇<br>전기 – 방폭구조, 절연용 방호구, 활선작업용 기구 | ① 아세틸렌, 가스집합 용접장치용 안전기<br>② 교류아크용접기용 자동전격방지기<br>③ 롤러기 급정지장치<br>④ 연삭기 덮개<br>⑤ 목재가공용 둥근톱 반발 예방장치 및 날접촉예방장치<br>⑥ 동력식수동대패의 칼날 접촉방지장치<br>⑦ 추락, 낙하 및 붕괴 등의 위험방호에 필요한 가설기자재(안전인증 제외)<br><br>**특급암기법**<br>롤러를 통과한 철판을 목재가공용 둥근톱, 동력식 수동대패로 잘라서 아세틸렌, 가스집합 용접장치, 교류아크 용접기로 용접해서 연삭기로 다듬자. |
| 3. 보호구 | ① 추락 및 감전 위험방지용안전모<br>② 안전화<br>③ 안전장갑<br>④ 방진마스크<br>⑤ 방독마스크<br>⑥ 송기마스크<br>⑦ 전동식 호흡보호구<br>⑧ 보호복<br>⑨ 안전대<br>⑩ 차광 및 비산물 위험방지용 보안경<br>⑪ 용접용 보안면<br>⑫ 방음용 귀마개 또는 귀덮개 | ① 안전모(안전인증 제외)<br>② 보안경(안전인증 제외)<br>③ 보안면(안전인증 제외) |

| | 안전인증 | 자율안전확인 |
|---|---|---|
| 3. 보호구 | **특급암기법**<br>※ 신체부위별로 구분하여 암기<br>**머리** – 안전모(추락 및 감전방지용)<br>**눈** – 보안경(차광 및 비산물 위험방지용)<br>**코, 입** – 방진마스크, 방독마스크, 송기마스크, 전동식 호흡보호구<br>**얼굴** – 보안면(용접용)<br>**귀** – 귀마개 또는 귀덮개(방음용)<br>**손** – 안전장갑<br>**허리** – 안전대<br>**발** – 안전화<br>**몸** – 보호복 | |

## 08 안전검사 대상을 5가지 적으시오. (단, 세부항목 포함)

1. 안전검사 대상 유해·위험기계 등
   ① 
   ② 
   ③ 
   ④ 
   ⑤ 
   ⑥ 
   ⑦ 
   ⑧ 
   ⑨ 
   ⑩ 
   ⑪ 
   ⑫ 
   ⑬ 

**정답**

1. 안전검사 대상 유해·위험기계 등
   ① 프레스
   ② 전단기
   ③ 크레인[정격 하중이 2톤 미만인 것 제외]
   ④ 리프트
   ⑤ 압력용기
   ⑥ 곤돌라
   ⑦ 국소 배기장치(이동식은 제외)

⑧ 원심기(산업용만 해당)
⑨ 롤러기(밀폐형 구조는 제외한다)
⑩ 사출성형기[형 체결력(형 체결력) 294킬로뉴턴(KN)미만은 제외]
⑪ 고소작업대[화물자동차 또는 특수자동차에 탑재한 고소작업대로 한정]
⑫ 컨베이어
⑬ 산업용 로봇

1. 안전검사 대상 유해·위험기계 등

**특급암기법**

안전인증 대상 중
손 다치는 기계 – 프레스, 전단기, 사출성형기, 롤러기
양중기 – 크레인, 리프트, 곤돌라
폭발 – 압력용기
추가 – 극소(국소) 로봇이 고소의 큰(컨) 원을 검사(안전검사)
국소배기장치, 산업용 로봇, 고소작업대, 컨베이어, 원심기

## 09 안전검사 주기이다. (   ) 속을 채우시오.

1. 크레인(이동식 크레인은 제외한다), 리프트(이삿짐운반용 리프트는 제외한다) 및 곤돌라 : 사업장에 **설치가 끝난 날부터 ( ① )년 이내**에 최초 안전검사를 실시하되, **그 이후부터 ( ② )년마다**, 건설현장에서 사용하는 것은 **최초로 설치한 날부터 ( ③ )개월마다**)

2. 이동식 크레인, 이삿짐운반용 리프트 및 고소작업대 : **신규 등록 이후 ( ④ )년 이내**에 최초 안전검사를 실시하되, 그 이후부터 ( ⑤ )년마다

3. 프레스, 전단기, 압력용기, 국소 배기장치, 원심기, 롤러기, 사출성형기, 컨베이어 및 산업용 로봇 : 사업장에 **설치가 끝난 날부터 ( ⑥ )년 이내**에 최초 안전검사를 실시하되 **그 이후부터 ( ⑦ )년마다**, 공정안전보고서를 제출하여 확인을 받은 압력용기는 ( ⑧ )년마다

**정답**
① 3
② 2
③ 6
④ 3
⑤ 2
⑥ 3
⑦ 2
⑧ 4

## 10 안전인증 및 자율안전 확인, 안전검사의 합격표시에 표시할 내용을 적으시오.

| 안전인증 | 자율안전 확인 | 안전검사 |
|---|---|---|
| ① | ① | ① |
| ② | ② | ② |
| ③ | ③ | ③ |
| ④ | ④ | ④ |
| ⑤ | ⑤ | ⑤ |

**정답**

| 안전인증 | 자율안전 확인 | 안전검사 |
|---|---|---|
| ① 형식 또는 모델명 | ① 형식 또는 모델명 | ① 검사 대상 유해, 위험 기계명 |
| ② 규격 또는 등급 등 | ② 규격 또는 등급 등 | ② 신청인 |
| ③ 제조자 명 | ③ 제조자 명 | ③ 형식번호(기호) |
| ④ 제조번호 및 제조연월 | ④ 제조번호 및 제조연월 | ④ 합격번호 |
| ⑤ 안전인증 번호 | ⑤ 자율안전 확인 번호 | ⑤ 검사유효기간 |

# 보호구 및 안전보건 표지

## (1) 보호구의 지급 등 ★★★

| 작업조건에 적합한 보호구 | |
|---|---|
| 물체가 떨어지거나 날아올 위험 또는 근로자가 추락할 위험이 있는 작업 | 안전모 |
| 높이 또는 깊이 2미터 이상의 추락할 위험이 있는 장소에서 하는 작업 | 안전대(安全帶) |
| 물체의 낙하·충격, 물체에의 끼임, 감전 또는 정전기의 대전(帶電)에 의한 위험이 있는 작업 | 안전화 |
| 물체가 흩날릴 위험이 있는 작업 | 보안경 |
| 용접 시 불꽃이나 물체가 흩날릴 위험이 있는 작업 | 보안면 |
| 감전의 위험이 있는 작업 | 절연용 보호구 |
| 고열에 의한 화상 등의 위험이 있는 작업 | 방열복 |
| 선창 등에서 분진(粉塵)이 심하게 발생하는 하역작업 | 방진마스크 |
| 섭씨 영하 18도 이하인 급냉동어창에서 하는 하역작업 | 방한모·방한복·방한화·방한장갑 |
| 물건을 운반하거나 수거·배달하기 위하여 이륜자동차 또는 원동기장치 자전거를 운행하는 작업 | 승차용 안전모 |
| 물건을 운반하거나 수거·배달하기 위하여 자전거 등을 운행하는 작업 | 안전모 |

## (2) 보호구 구비 조건

① **착용이 간편**해야 한다.
② **작업에 방해주지 않아야 한다.**
③ **품질이 우수**해야 한다.
④ **구조, 끝마무리가 양호**해야 한다.
⑤ 겉모양, 보기가 좋아야 한다.
⑥ **유해, 위험에 대한 방호가 완전**할 것
⑦ **금속성 재료는 내식성**일 것

### (3) 보호구 선택 시 유의사항

① **사용 목적에 적합**해야 한다.
② **작업에 방해되지 않아야** 한다.
③ **품질이 우수**해야 한다.
④ **착용하기 쉽고 편리해야** 한다.

### (4) 안전인증 대상 보호구의 종류 ★★★

① 추락 및 감전 위험방지용 안전모
② 안전화
③ 안전장갑
④ 방진마스크
⑤ 방독마스크
⑥ 송기마스크
⑦ 전동식 호흡보호구
⑧ 보호복
⑨ 안전대
⑩ 차광 및 비산물 위험방지용 보안경
⑪ 용접용 보안면
⑫ 방음용 귀마개 또는 귀덮개

> **특급암기법**
> - 머리 : 안전모(추락 및 감전 위험방지용)
> - 눈 : 차광 및 비산물 위험방지용 보안경
> - 코, 입 : 방진마스크, 방독마스크, 송기마스크, 전동식 호흡보호구
> - 얼굴 : 용접용 보안면
> - 귀 : 방음용 귀마개 또는 귀덮개
> - 손 : 안전장갑
> - 허리 : 안전대
> - 발 : 안전화
> - 몸 : 보호복

### (5) 자율안전 확인 대상 보호구의 종류 ★★

① 안전모(안전인증 대상 제외)
② 보안경(안전인증 대상 제외)
③ 보안면(안전인증 대상 제외)

### (6) 안전인증 제품표시의 붙임 ★★★

안전인증제품에는 안전인증 표시 외에 다음 각 목의 사항을 표시한다.
① **형식 또는 모델명**
② **규격 또는 등급 등**
③ **제조자명**
④ **제조번호 및 제조연월**
⑤ **안전인증 번호**

### (7) 안전인증제품에는 다음 각 호의 사항을 포함하는 제품사용설명서를 작성하여 해당제품과 함께 제공하여야 한다.

| 제품사용설명서 포함사항 |
| --- |
| ① 안전인증의 표시 |
| ② 제품용도 |
| ③ 사용방법 |
| ④ 사용제한 및 경고사항 |
| ⑤ 점검사항과 방법 |
| ⑥ 폐기방법 |
| ⑦ 안전한 운반과 보관방법 |
| ⑧ 보증사항 |
| ⑨ 작성일자, 연락처 등 |

# 안전인증 대상 보호구의 종류별 특성 및 성능기준, 시험방법

## (1) 안전인증 대상 안전모

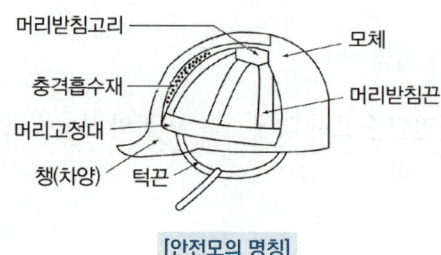

[안전모의 명칭]

### 1) 안전인증 대상 안전모의 일반구조

① 안전모는 모체, 착장체 및 턱끈을 가질 것
② 착장체의 머리고정대는 착용자의 머리부위에 적합하도록 조절할 수 있을 것
③ 착장체의 구조는 착용자의 머리에 균등한 힘이 분배되도록 할 것
④ 모체, 착장체 등 안전모의 부품은 착용자에게 상해를 줄 수 있는 날카로운 모서리 등이 없을 것
⑤ 모체에 구멍이 없을 것(착장체 및 턱끈의 설치 또는 안전등, 보안면 등을 붙이기 위한 구멍은 제외한다.)
⑥ 턱끈은 사용 중 탈락되지 않도록 확실히 고정되는 구조일 것
⑦ **안전모의 착용높이는 85mm 이상**이고 **외부수직거리는 80mm 미만**일 것
⑧ **안전모의 내부수직거리는 25mm 이상 50mm 미만일 것**
⑨ 안전모의 수평간격은 5mm 이상일 것
⑩ 머리받침끈의 폭은 15mm 이상이어야 하며, 교차지점 중심으로부터 방사되는 끈의 총합은 72mm 이상일 것
⑪ 턱끈의 폭은 10mm 이상일 것
⑫ AB종 안전모는 충격흡수재를 가져야 하며, 리벳(rivet)등 기타 돌출부가 모체의 표면에서 5mm 이상 돌출되지 않아야 한다.
⑬ AE종 안전모는 금속제의 부품을 사용하지 않고, 착장체는 모체의 내외면을 관통하는 구멍을 뚫지 않고 붙일 수 있는 구조로서 모체의 내외면을 관통하는 구멍 핀홀 등이 없어야 한다.
⑭ 안전모의 모체, 착장체 및 충격흡수재를 포함한 질량은 440g을 초과하지 않을 것

### 2) 안전인증 안전모의 종류(추락, 감전방지용) ★★★

| 종류<br>(기호) | 사용구분 | 비고 |
|---|---|---|
| AB | 물체의 낙하 또는 비래 및 추락에 의한 위험을 방지 또는 경감시키기 위한 것 | |
| AE | 물체의 낙하 또는 비래에 의한 위험을 방지 또는 경감하고, 머리부위 감전에 의한 위험을 방지하기 위한 것 | 내전압성 |

| 종류<br>(기호) | 사용구분 | 비고 |
|---|---|---|
| ABE | 물체의 낙하 또는 비래 및 추락에 의한 위험을 방지 또는 경감하고, 머리부위 감전에 의한 위험을 방지하기 위한 것 | 내전압성 |

내전압성이란 7,000V 이하의 전압에 견디는 것을 말한다.

### 3) 안전인증대상 안전모의 성능시험 종류 및 시험성능기준 ★★

| 항목 | 시험성능기준 |
|---|---|
| ① 내관통성 시험 | AE, ABE종 안전모는 관통거리가 9.5mm 이하이고, AB종 안전모는 관통거리가 11.1mm 이하이어야 한다. |
| ② 충격흡수성 시험 | 최고전달충격력이 4,450N을 초과해서는 안되며, 모체와 착장체의 기능이 상실되지 않아야 한다. |
| ③ 내전압성 시험 | AE, ABE종 안전모는 교류 20kV에서 1분간 절연파괴 없이 견뎌야 하고, 이때 누설되는 충전전류는 10mA 이하이어야 한다. |
| ④ 내수성 시험 | AE, ABE종 안전모는 질량증가율이 1% 미만이어야 한다. |
| ⑤ 난연성 시험 | 모체가 불꽃을 내며 5초 이상 연소되지 않아야 한다. |
| ⑥ 턱끈풀림 시험 | 150N 이상 250N 이하에서 턱끈이 풀려야 한다. |

#### 안전모의 내수성 시험

- AE, ABE종 안전모의 내수성 시험은 시험 안전모의 모체를 (20~25)℃의 수중에 24시간 담가놓은 후, 대기 중에 꺼내어 마른천 등으로 표면의 수분을 닦아내고 다음 산식으로 질량증가율(%)을 산출한다.

$$질량증가율(\%) = \frac{담근\ 후의\ 질량 - 담그기\ 전의\ 질량}{담그기\ 전의\ 질량} \times 100$$

- AE, ABE종 안전모는 질량증가율이 1% 미만이어야 한다.

**● Reference**

◯ **자율안전확인대상 안전모의 성능시험 종류 ★★**

① 내관통성 시험
② 충격흡수성 시험
③ 난연성 시험
④ 턱끈풀림시험

## (2) 안전화

### 1) 안전화 종류 ★

| 종류 | 성능구분 |
|---|---|
| 가죽제안전화 | 물체의 낙하, 충격 또는 날카로운 물체에 의한 찔림 위험으로부터 발을 보호하기 위한 것 |
| 고무제안전화 | 물체의 낙하, 충격 또는 날카로운 물체에 의한 찔림 위험으로부터 발을 보호하고 내수성을 겸한 것 |
| 정전기안전화 | 물체의 낙하, 충격 또는 날카로운 물체에 의한 찔림 위험으로부터 발을 보호하고 정전기의 인체대전을 방지하기 위한 것 |
| 발등안전화 | 물체의 낙하, 충격 또는 날카로운 물체에 의한 찔림 위험으로부터 발 및 발등을 보호하기 위한 것 |
| 절연화 | 물체의 낙하, 충격 또는 날카로운 물체에 의한 찔림 위험으로부터 발을 보호하고 저압의 전기에 의한 감전을 방지하기 위한 것 |
| 절연장화 | 고압에 의한 감전을 방지 및 방수를 겸한 것 |
| 화학물질용 안전화 | 물체의 낙하, 충격 또는 날카로운 물체에 의한 찔림 위험으로부터 발을 보호하고 화학물질로부터 유해위험을 방지하기 위한 것 |

### 2) 사용장소에 따른 안전화의 등급 ★

| 등급 | 용어정의 |
|---|---|
| 중 작업용 | 1,000밀리미터의 낙하높이에서 시험했을 때의 충격과 (15.0 ±0.1)킬로뉴턴(KN)의 압축하중에서 시험했을 때 압박에 대하여 보호해 줄 수 있는 선심을 부착하여, 착용자를 보호하기 위한 안전화를 말한다. |
| 보통 작업용 | 500밀리미터의 낙하높이에서 시험했을 때의 충격과 (10.0 ± 0.1)킬로뉴턴(KN)의 압축하중에서 시험했을 때 압박에 대하여 보호해 줄 수 있는 선심을 부착하여, 착용자를 보호하기 위한 안전화를 말한다. |
| 경 작업용 | 250밀리미터의 낙하높이에서 시험했을 때의 충격과 (4.4 ± 0.1)킬로뉴턴(KN)의 압축하중에서 시험했을 때 압박에 대하여 보호해 줄 수 있는 선심을 부착하여, 착용자를 보호하기 위한 안전화를 말한다. |

### 3) 고무제 안전화의 종류 ★

| 구분 | 사용장소 |
|---|---|
| 일반용 | 일반작업장 |
| 내유용 | 탄화수소류의 윤활유 등을 취급하는 작업장 |

4) 화학물질용 안전화의 종류

| 구분 | | 사용장소 |
|---|---|---|
| 가죽제 | | 물체의 낙하, 충격 또는 날카로운 물체에 의한 찔림 위험과 화학물질로부터 발을 보호하기 위한 것 |
| 고무제 | 내답판 있는 것 | 물체의 낙하, 충격 또는 날카로운 물체에 의한 찔림 위험과 화학물질로부터 발을 보호하기 위한 것 |
| | 내답판 없는 것 | |

5) 가죽제 안전화의 성능시험 종류 ★

① **내충격성** 시험
② **내압박성** 시험
③ **내답발성** 시험
④ **박리저항** 시험
⑤ 내유성 시험
⑥ 인장강도 시험 및 신장률 시험
⑦ 내부식성 시험
⑧ 인열강도 시험
⑨ 은면결렬 시험

### 가죽제 안전화의 내유성 시험

시험편을 공기 중에서 질량($m_1$)을 단 다음 실온의 증류수 중에서 질량($m_2$)을 단 후 알코올에 담그고 즉시 꺼내어 수분을 제거한다. 시험편을 시험용 기름 중에 일정 기간 담근 후 기름을 닦은 다음 공기 중의 질량($m_3$)을 달고 다시 실온의 증류수 중에서 질량($m_4$)를 달아서 다음 산식에 의해시 **부피변화율**을 산출한나.

$$\Delta V = \frac{(m_3 - m_4) - (m_1 - m_2)}{(m_1 - m_2)} \times 100$$

여기서, $\Delta V$ : 부피변화율(%)
$m_1$ : 담그기 전 공기 중에서의 질량(g)
$m_2$ : 담그기 전 수중에서의 질량(g)
$m_3$ : 담근 후 공기 중에서의 질량(g)
$m_4$ : 담근 후 수중에서의 질량(g)

### (3) 안전장갑

1) 내전압용 절연장갑

① 절연장갑의 등급 및 색상 ★

| 등급 | 최대사용전압 | | 색상 |
|---|---|---|---|
| | 교류(V, 실효값) | 직류(V) | |
| 00 | 500 | 750 | 갈색 |
| 0 | 1,000 | 1,500 | 빨간색 |
| 1 | 7,500 | 11,250 | 흰색 |
| 2 | 17,000 | 25,500 | 노란색 |
| 3 | 26,500 | 39,750 | 녹색 |
| 4 | 36,000 | 54,000 | 등색 |

> **특급암기법**
>
> 교류 × 1.5 = 직류
> 공(00)갈 공(0)적 1백 2황 3녹 4등

② 절연장갑의 성능

| 인장강도 | 1,400N/cm² 이상(평균값) |
|---|---|
| 신장률 | 100분의 600 이상(평균값) |
| 영구 신장률 | 100분의 15 이하 |

2) 화학물질용 안전장갑

### (4) 방진마스크

1) 용어정의

① **전면형 방진마스크** : 분진 등으로부터 **안면부 전체(입, 코, 눈)를 덮을 수 있는 구조의 방진 마스크**를 말한다. ★

② **반면형 방진마스크** : 분진 등으로부터 **안면부의 입과 코를 덮을 수 있는 구조의 방진 마스크**를 말한다. ★

## 2) 방진마스크의 등급 ★★

| 등급 | 특급 | 1급 | 2급 |
|---|---|---|---|
| 사용장소 | • 베릴륨 등과 같이 독성이 강한 물질들을 함유한 분진 등 발생장소<br>• 석면 취급 장소 | • 특급마스크 착용장소를 제외한 분진 등 발생장소<br>• 금속흄 등과 같이 열적으로 생기는 분진 등 발생장소<br>• 기계적으로 생기는 분진 등 발생장소(규소 등과 같이 2급 방진마스크를 착용하여도 무방한 경우는 제외한다) | • 특급 및 1급 마스크 착용장소를 제외한 분진 등 발생장소 |
| | 배기밸브가 없는 안면부여과식 마스크는 특급 및 1급 장소에 사용해서는 안 된다. | | |

## 3) 방진마스크의 형태

| 종류 | 분리식 | | 안면부 여과식 |
|---|---|---|---|
| | 격리식 | 직결식 | |
| 형태 | • 전면형 ([그림 1] 참조)<br>• 반면형 ([그림 3] 참조) | • 전면형 ([그림 2] 참조)<br>• 반면형 ([그림 4] 참조) | • 반면형 ([그림 5] 참조) |
| 사용조건 | 산소농도 18% 이상인 장소에서 사용하여야 한다. | | |

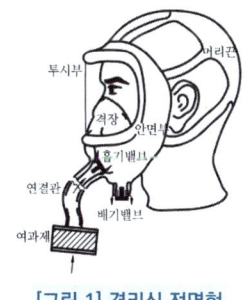

[그림 1] 격리식 전면형

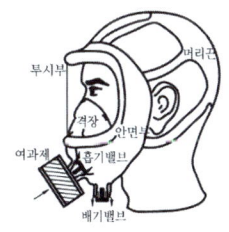

[그림 2] 직결식 전면형

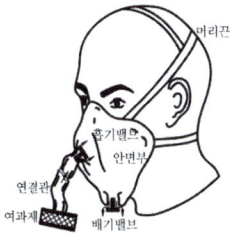

[그림 3] 격리식 반면형

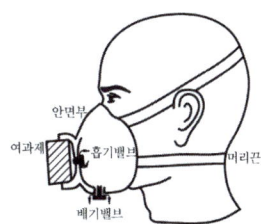

[그림 4] 직결식 반면형

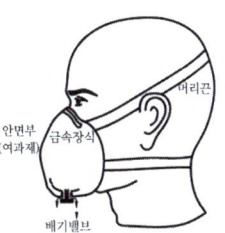

[그림 5] 안면부여과식

4) 방진마스크의 일반구조 ★

① **착용 시** 이상한 **압박감이나 고통을 주지 않을 것**
② **전면형 : 호흡 시에 투시부가 흐려지지 않을 것**
③ **분리식** 마스크 : **여과재, 흡기밸브, 배기밸브 및 머리끈을 쉽게 교환**할 수 있고 착용자 자신이 안면부와의 밀착성 여부를 수시로 확인할 수 있을 것
④ **안면부 여과식** : 여과재로 된 **안면부가 사용 중 심하게 변형되지 않을 것. 또한 여과재를 안면에 밀착시킬 수 있을 것**

5) 여과재 분진 등 포집효율 ★

| 형태 및 등급 | | 염화나트륨(NaCl) 및 파라핀 오일(Paraffin oil) 시험(%) |
|---|---|---|
| 분리식 | 특급 | 99.95 이상 |
| | 1급 | 94.0 이상 |
| | 2급 | 80.0 이상 |
| 안면부 여과식 | 특급 | 99.0 이상 |
| | 1급 | 94.0 이상 |
| | 2급 | 80.0 이상 |

6) 시야

| 형태 | | 시야(%) | |
|---|---|---|---|
| | | 유효시야 | 겹침시야 |
| 전면형 | 1 안식 | 70 이상 | 80 이상 |
| | 2 안식 | 70 이상 | 20 이상 |

7) 안면부 내부의 이산화탄소 농도 ★

**안면부 내부의 이산화탄소 농도가 부피분율 1% 이하일 것**

8) 방진마스크 성능시험 종류

| 방진마스크 성능시험 종류 | | |
|---|---|---|
| ① 안면부 흡기저항시험 | ② 여과재의 분진 등 포집효율시험 | ③ 안면부 배기저항시험 |
| ④ 안면부 누설률시험 | ⑤ 배기밸브 작동시험 | ⑥ 시야시험 |
| ⑦ 강도, 신장률 및 영구변형율시험 | ⑧ 불연성시험 | ⑨ 음성전달판시험 |
| ⑩ 투시부의 내충격성 시험 | ⑪ 여과재 질량시험 | ⑫ 여과재 호흡저항시험 |
| ⑬ 안면부 내부의 이산화탄소농도시험 | | |

## (5) 방독마스크

### 1) 용어정의

① **파과** : 대응하는 가스에 대하여 **정화통 내부의 흡착제가 포화상태가 되어 흡착능력을 상실한 상태**를 말한다. ★
② **파과시간** : 어느 일정농도의 유해물질 등을 포함한 공기를 일정 유량으로 정화통에 통과하기 시작부터 파과가 보일 때까지의 시간을 말한다.
③ **파과곡선** : 파과시간과 유해물질 등에 대한 농도와의 관계를 나타낸 곡선을 말한다.
④ **전면형 방독마스크** : 유해물질 등으로부터 **안면부 전체(입, 코, 눈)를 덮을 수 있는 구조**의 방독마스크를 말한다.
⑤ **반면형 방독마스크** : 유해물질 등으로부터 **안면부의 입과 코를 덮을 수 있는 구조의 방독마스크**를 말한다.
⑥ **복합용 방독마스크** : 2종류 이상의 유해물질 등에 대한 **제독능력이 있는 방독마스크**를 말한다. ★
⑦ **겸용 방독마스크** : 방독마스크(복합용 포함)의 성능에 방진마스크의 성능이 포함된 방독마스크를 말한다. ★

### 2) 방독마스크의 종류 ★★

| 종류 | 시험가스 |
|---|---|
| 유기화합물용 | 시클로헥산($C_6H_{12}$) |
| | 디메틸에테르($CH_3OCH_3$) |
| | 이소부탄($C_4H_{10}$) |
| 할로겐용 | 염소가스 또는 증기($Cl_2$) |
| 황화수소용 | 황화수소가스($H_2S$) |
| 시안화수소용 | 시안화수소가스(HCN) |
| 아황산용 | 아황산가스($SO_2$) |
| 암모니아용 | 암모니아가스($NH_3$) |

### 3) 방독마스크의 등급 ★★

| 등급 | 사용장소 |
|---|---|
| 고농도 | 가스 또는 증기의 농도가 100분의 2(암모니아에 있어서는 100분의 3) 이하의 대기 중에서 사용하는 것 |

| 등급 | 사용장소 |
|---|---|
| 중농도 | 가스 또는 증기의 농도가 100분의 1(암모니아에 있어서는 100분의 1.5) 이하의 대기 중에서 사용하는 것 |
| 저농도 및 최저농도 | 가스 또는 증기의 농도가 100분의 0.1 이하의 대기 중에서 사용하는 것으로서 긴급용이 아닌 것 |

비고 : 방독마스크는 산소농도가 18% 이상인 장소에서 사용하여야 하고, 고농도와 중농도에서 사용하는 방독마스크는 전면형(격리식, 직결식)을 사용해야 한다.

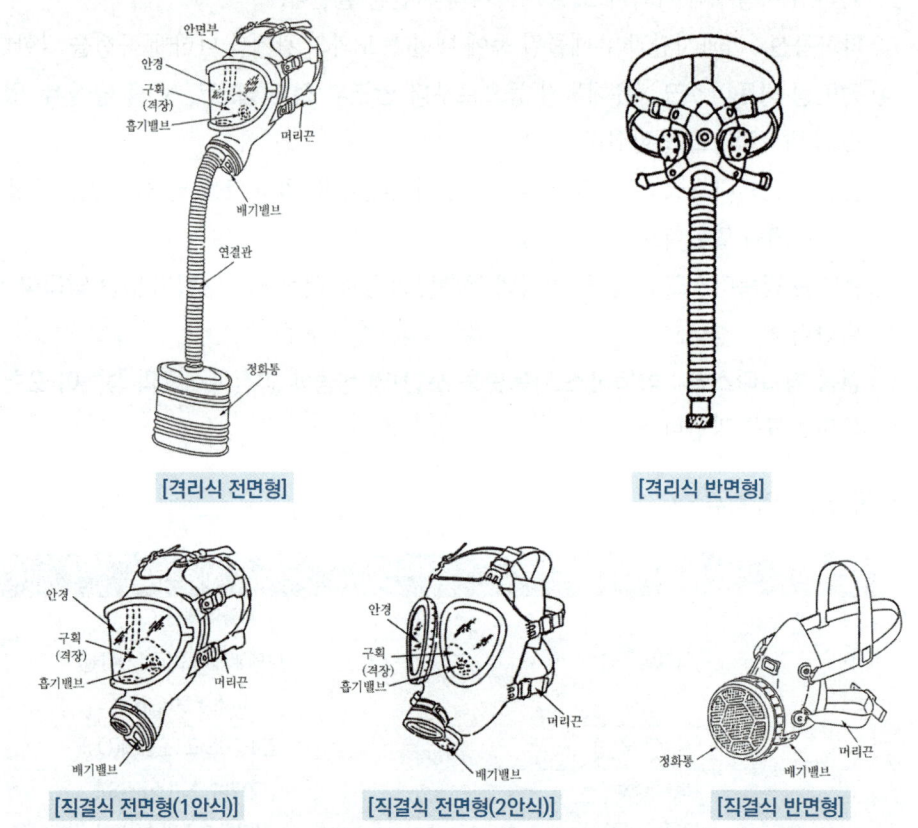

[격리식 전면형]     [격리식 반면형]

[직결식 전면형(1안식)]     [직결식 전면형(2안식)]     [직결식 반면형]

4) 시야

| 형태 | | 시야(%) | |
|---|---|---|---|
| | | 유효시야 | 겹침시야 |
| 전면형 | 1안식 | 70 이상 | 80 이상 |
| | 2안식 | 70 이상 | 20 이상 |

5) 안면부내부의 이산화탄소 농도 ★

**안면부 내부의 이산화탄소 농도가 부피분율 1% 이하일 것**

6) 방독마스크 성능시험

| 방독마스크 성능시험 종류 |
|---|
| ① 안면부 흡기저항시험 |
| ② 정화통의 제독능력시험 |
| ③ 안면부 배기저항시험 |
| ④ 안면부 누설률시험 |
| ⑤ 배기밸브 작동시험 |
| ⑥ 시야시험 |
| ⑦ 강도, 신장률 및 영구변형률시험 |
| ⑧ 불연성시험 |
| ⑨ 음성전달판시험 |
| ⑩ 투시부의 내충격성시험 |
| ⑪ 정화통 질량시험 |
| ⑫ 정화통 호흡저항시험 |
| ⑬ 안면부 내부의 이산화탄소농도시험 |

7) 안전인증 방독마스크 표시 외에 표시사항 ★★

　① **파과곡선도**
　② **사용시간 기록카드**
　③ **정화통의 외부측면의 표시색**
　④ **사용상의 주의사항**

8) 흡수제 종류

　① 활성탄
　② 큐프라마이트
　③ 호프칼라이트
　④ 실리카겔
　⑤ 소다라임
　⑥ 알칼리제재 등

## 9) 정화통 외부측면의 표시 색 ★★

| 종류 | 표시 색 |
|---|---|
| 유기화합물용 정화통 | 갈색 |
| 할로겐용 정화통 | 회색 |
| 황화수소용 정화통 | 회색 |
| 시안화수소용 정화통 | 회색 |
| 아황산용 정화통 | 노란색 |
| 암모니아용 정화통 | 녹색 |
| 복합용 및 겸용의 정화통 | • **복합용**의 경우 : 해당가스 모두 **표시(2층 분리)**<br>• **겸용**의 경우 : **백색과 해당가스 모두 표시(2층 분리)** |

※ 증기밀도가 낮은 유기화합물 정화통의 경우 색상표시 및 화학물질 명 또는 화학기호를 표기

## 10) 방독마스크의 유효시간 계산 ★

$$\text{유효시간(파과시간)} = \frac{\text{시험가스농도} \times \text{표준유효시간}}{\text{작업장 공기 중 유해가스 농도}} (\text{분})$$

### EXERCISE

시험가스농도 1.5%에서 표준유효시간이 80분인 정화통을 유해가스농도가 0.8%인 작업장에서 사용할 경우 유효사용 가능시간을 계산하시오.

#### 풀이하기

$$\text{정화통의 유효시간} = \frac{\text{표준 유효시간} \times \text{시험가스 농도}}{\text{작업장 공기중 유해가스 농도}} = \frac{80 \times 1.5}{0.8} = 150\text{분}$$

## (6) 송기마스크

### 1) 송기마스크의 종류 및 등급

| 종류 | 등급 | | 구분 |
|---|---|---|---|
| 호스 마스크 | 폐력흡인형 | | 안면부 |
| | 송풍기형 | 전동 | 안면부, 페이스실드, 후드 |
| | | 수동 | 안면부 |
| 에어라인마스크 | 일정유량형 | | 안면부, 페이스실드, 후드 |
| | 디맨드형 | | 안면부 |
| | 압력디맨드형 | | 안면부 |
| 복합식 에어라인마스크 | 디맨드형 | | 안면부 |
| | 압력디맨드형 | | 안면부 |

### 2) 송풍기형 호스 마스크의 분진 포집효율 ★

| 등급 | 효율(%) |
|---|---|
| 전동 | 99.8 이상 |
| 수동 | 95.0 이상 |

### 3) 송기마스크 성능시험

| 송기마스크 성능시험 종류 |
|---|

① 안면부 누설률시험
② 저입부의 기밀싱시험
③ 배기밸브의 작동기밀성시험
④ 안면부 내의 압력시험
⑤ 통기저항시험
⑥ 호스 및 중압호스시험
⑦ 호스 및 중압호스 연결부시험
⑧ 송풍기시험
⑨ 송풍기형 호스마스크의 분진포집효율시험
⑩ 일정유량형 에어라인마스크의 공기공급량시험
⑪ 기타의 구조시험

## (7) 전동식 호흡보호구

### 1) 전동식 호흡보호구의 분류

| 분류 | 사용구분 |
| --- | --- |
| 전동식 방진마스크 | 분진 등이 호흡기를 통하여 체내에 유입되는 것을 방지하기 위하여 고효율 여과재를 전동장치에 부착하여 사용하는 것 |
| 전동식 방독마스크 | 유해물질 및 분진 등이 호흡기를 통하여 체내에 유입되는 것을 방지하기 위하여 고효율 정화통 및 여과재를 전동장치에 부착하여 사용하는 것 |
| 전동식 후드 및 전동식 보안면 | 유해물질 및 분진 등이 호흡기를 통하여 체내에 유입되는 것을 방지하기 위하여 고효율 정화통 및 여과재를 전동장치에 부착하여 사용함과 동시에 머리, 안면부, 목, 어깨부분까지 보호하기 위해 사용하는 것 |

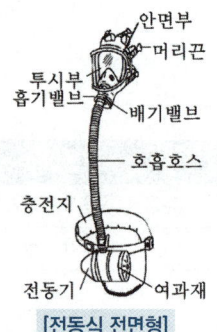
[전동식 전면형]

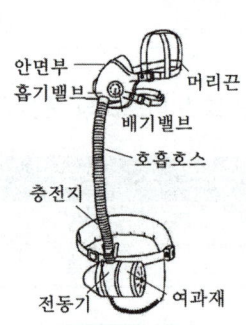
[전동식 반면형]

| 안면부 내부의 이산화탄소 농도 | 상태 | 농도(%) |
| --- | --- | --- |
| | 전원을 켠 상태 | 안면부 내부의 이산화탄소($CO_2$) 농도가 부피분율 1.0% 이하일 것 |
| | 전원을 끈 상태 | 안면부 내부의 이산화탄소($CO_2$) 농도가 부피분율 2.0% 이하일 것 |

### 2) 전동식 후드 및 전동식 보안면의 형태 및 구조

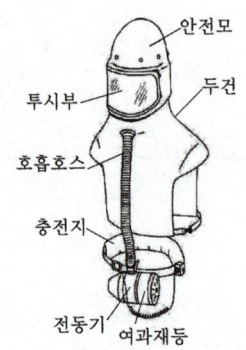
[전동식 후드]

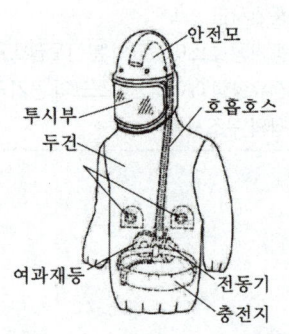

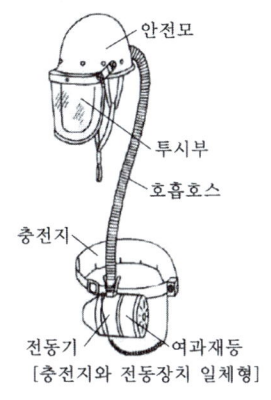 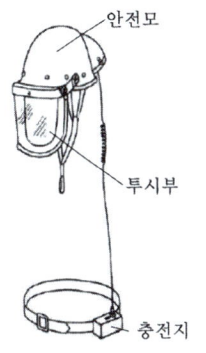

[충전지와 전동장치 일체형]    [충전지와 전동장치 분리형]

[전동식 보안면]

| 여과재의 분진 등 포집효율 | 형태 및 등급 | | 염화나트륨(NaCl) 및 파라핀 오일(Paraffin oil) 시험(%) |
|---|---|---|---|
| | 전동식 후드 및 전동식 보안면 | 전동식 특급 | 99.8 이상 |
| | | 전동식 1급 | 98.0 이상 |
| | | 전동식 2급 | 90.0 이상 |

| 후드 및 보안면 내부의 이산화탄소 농도 | 상태 | 농도(%) |
|---|---|---|
| | 전원을 켠 상태 | 후드 및 보안면 내부의 이산화탄소($CO_2$) 농도가 부피분율 1.0% 이하일 것 |

## (8) 보호복

### 1) 방열복

① **내열원단** : 내열섬유에 유연접착제를 바르고 알루미늄이 증착된 필름을 접착시켜 주름이 생기지 않도록 한 원단을 말한다.
② **방열상의** : 내열원단으로 제조되어 상체에 입는 옷을 말한다.
③ **방열하의** : 내열원단으로 제조되어 하체에 입는 옷을 말한다.
④ **방열일체복** : 방열 상·하의가 단일하게 연결되어 있는 옷을 말한다.
⑤ **방열장갑** : 내열원단으로 제조되어 손에 끼는 장갑을 말한다.
⑥ **방열두건 : 내열원단으로 제조되어 안전모와 안면렌즈가 일체형으로 부착되어 있는 형태의 두건**을 말한다.

## 2) 방열복의 종류★

| 종류 | 착용부위 |
|---|---|
| 방열상의 | 상체 |
| 방열하의 | 하체 |
| 방열일체복 | 몸체(상·하체) |
| 방열장갑 | 손 |
| 방열두건 | 머리 |

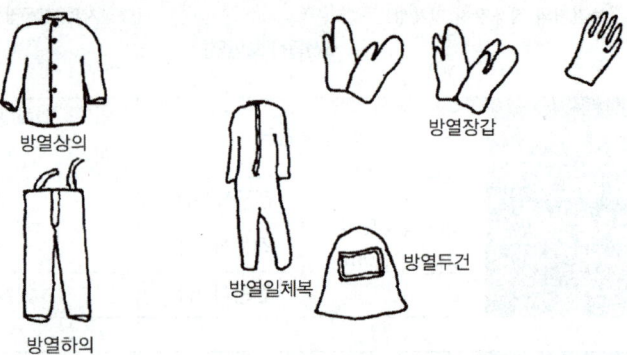

## 3) 방열복의 질량★

| 종류 | 질량(단위 : kg) |
|---|---|
| 방열상의 | 3.0 |
| 방열하의 | 2.0 |
| 방열일체복 | 4.3 |
| 방열장갑 | 0.5 |
| 방열두건 | 2.0 |

## 4) 방열복의 시험성능기준

| 구분 | 항목 | 시험성능기준 |
|---|---|---|
| 내열원단 | 난연성 | 잔염 및 잔진시간이 2초 미만이고 녹거나 떨어지지 말아야 하며, 탄화길이가 102mm 이내일 것 |
| | 절연저항 | 표면과 이면의 절연저항이 1MΩ 이상일 것 |
| | 인장강도 | 인장강도는 가로, 세로방향으로 각각 25$kg_f$ 이상일 것 |
| | 내열성 | 균열 또는 부풀음이 없을 것 |
| | 내한성 | 피복이 벗겨져 떨어지지 않을 것 |

| 구분 | 항목 | 시험성능기준 | | | |
|---|---|---|---|---|---|
| 안면렌즈 | 차광능력 | 투시부의 가시광선 파장영역에 대한 시감투과율은 0.061% 이상, 43.2% 이하이고, 가시광선 투과율에 따른 적외선 투과율이 다음 수치 이하일 것 | | | |
| | | 차광도번호 (#) | 가시광선투과율(%) (380~780nm) | 적외선 투과율(%) | |
| | | | | 근적외선 (780~1300nm) | 증적외선 (1300~2000nm) |
| | | 2.0 | 43.2~29.1 | 21 | 13 |
| | | 2.5 | 29.1~17.8 | 15 | 9.6 |
| | | 3 | 17.8~8.5 | 12 | 8.5 |
| | | 4 | 8.5~3.2 | 6.4 | 5.4 |
| | | 5 | 3.2~1.2 | 3.2 | 3.2 |
| | | 6 | 1.2~0.44 | 1.7 | 1.9 |
| | | 7 | 0.44~0.16 | 0.81 | 1.2 |
| | | 8 | 0.16~0.061 | 0.43 | 0.68 |
| | 열충격 | 열충격 시험 시 균열, 파손, 얼룩, 발포가 없을 것 | | | |
| | 표면마모저항 | 헤이즈 미터에 의한 시험결과가 다음 기준에 적합할 것 | | | |
| | | 연삭재의 양(g) | 100 | 200 | 400 | 800 |
| | | 표면마모저항(%) | 3 이하 | 5 이하 | 8 이하 | 13 이하 |
| | 내충격 | 균열 및 파손이 없을 것 | | | |
| 내열원단 및 안면렌즈 | 열전도율 | 이면중심 온도가 47℃ 이하이고, 온도상승이 25℃/4min 이하일 것 | | | |

### 5) 화학물질용 보호복

① 화학물질 : 제조 등이 금지되는 유해물질, 허가 대상 유해물질 및 관리대상 유해물질을 말한다.
② 화학물질용 보호복 : 화학물질이 피부를 통하여 인체에 흡수되는 것을 방지하기 위한 것으로서 신체의 전부 또는 일부를 보호하기 위한 옷을 말한다.

| 종류 | 형식 | 형식구분 기준 |
|---|---|---|
| 전신보호복 | 액체방호형 (3형식) | 보호복의 재료, 솔기 및 접합부가 화학물질의 분사에 대한 보호성능을 갖는 구조 |
| | 분무방호형 (4형식) | 보호복의 재료, 솔기 및 접합부가 화학물질의 분무에 대한 보호성능을 갖는 구조 |

| 종류 | 형식 | 형식구분 기준 |
|---|---|---|
| 부분보호복 | 액체방호형 (3형식) | 화학물질로부터 신체의 특정한 부분을 보호하는 것으로 재료, 솔기가 화학물질의 분사에 대한 보호성능을 갖는 구조 |
| | 분무방호형 (4형식) | 화학물질로부터 신체의 특정한 부분을 보호하는 것으로 재료, 솔기가 화학물질의 분무에 대한 보호성능을 갖는 구조 |

[화학물질 보호성능 표시]

### (9) 안전대

1) 안전대의 용어정의

① **안전그네** : **신체지지의 목적으로 전신에 착용하는 띠 모양의 것**으로서 상체 등 신체 일부분만 지지하는 것은 제외한다. ★
② **추락방지대** : 신체의 추락을 방지하기 위해 자동잠김 장치를 갖추고 죔줄과 수직구명줄에 연결된 금속장치를 말한다. ★
③ **안전블록** : **안전그네와 연결**하여 **추락발생시 추락을 억제할 수 있는 자동잠김장치가 갖추어져 있고 죔줄이 자동적으로 수축되는 장치**를 말한다. ★
④ **충격흡수장치** : 추락 시 신체에 가해지는 충격하중을 완화시키는 기능을 갖는 죔줄에 연결되는 부품을 말한다.
⑤ **U자 걸이** : 안전대의 **죔줄을 구조물 등에 U자 모양으로 돌린 뒤 훅 또는 카라비너를 D링에, 신축조절기를 각링 등에 연결하는 걸이 방법**을 말한다. ★
⑥ **1개 걸이** : **죔줄의 한쪽 끝을 D링에 고정시키고 훅 또는 카라비너를 구조물 또는 구명줄에 고정시키는 걸이 방법**을 말한다. ★

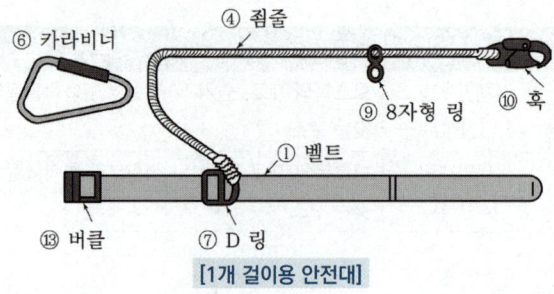

[1개 걸이용 안전대]

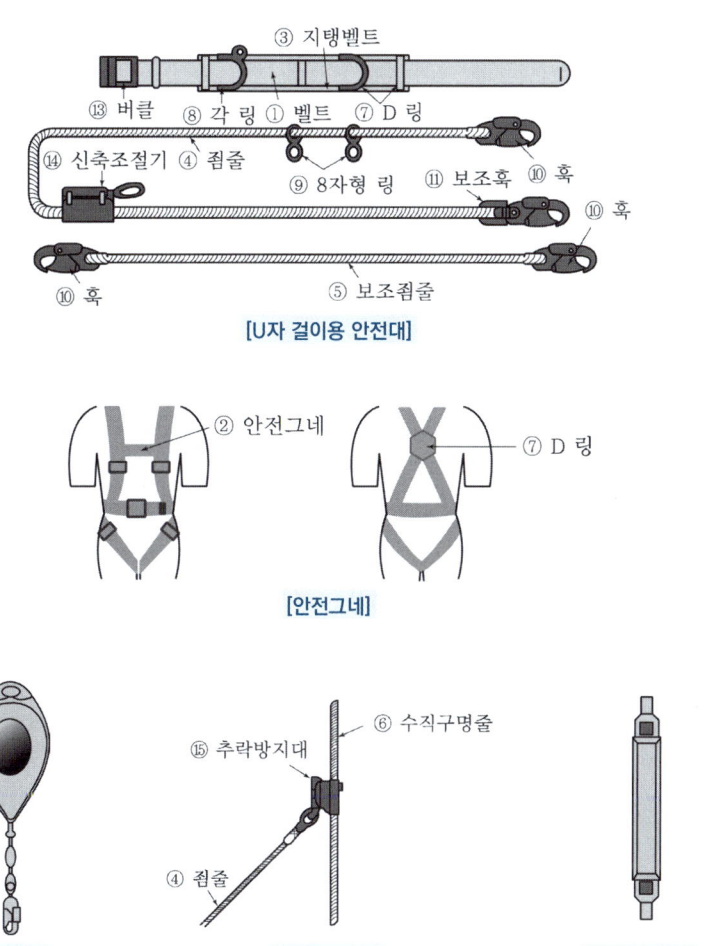

[U자 걸이용 안전대]

[안전그네]

[안전블록]　　[추락방지대]　　[충격흡수장치]

## 2) 안전대의 종류 ★★

| 종류 | 사용구분 |
|---|---|
| 벨트식 | 1개 걸이용 |
|  | U자 걸이용 |
| 안전그네식 | 추락방지대 |
|  | 안전블록 |

## 3) 안전대의 선정 ★

① **U자 걸이용**은 전주 위에서의 작업과 같이 **발받침은 확보되어 있어도 불완전하여 체중의 일부는 U자 걸이로 하여 안전대에 지지하여야만 작업**을 할 수 있으며, 1개 걸이의 상태로서는 사용하지 않는 경우에 선정해야 한다.

② **1개 걸이용은 안전대에 의지하지 않아도 작업할 수 있는 발판이 확보**되었을 때 사용한다.

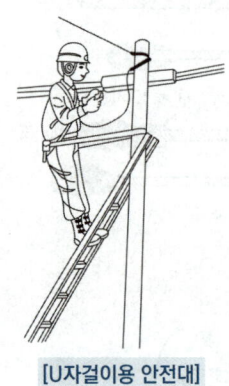
[U자걸이용 안전대]

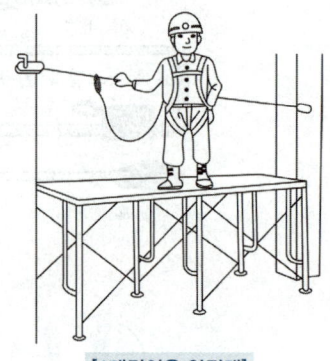
[1개걸이용 안전대]

4) 안전블록이 부착된 안전대의 구조

   ① **안전블록을 부착하여 사용하는 안전대**는 신체지지의 방법으로 **안전그네만을 사용**할 것
   ② 안전블록은 **정격 사용 길이가 명시될 것**
   ③ 안전블록의 **줄은 합성섬유로프, 웨빙(webbing), 와이어로프이어야 하며, 와이어로프인 경우 최소지름이 4mm 이상일 것**

5) 추락방지대가 부착된 안전대의 구조

   ① 추락방지대를 부착하여 사용하는 안전대는 **신체지지의 방법으로 안전그네만을 사용**하여야 하며 수직구명줄이 포함될 것
   ② 수직구명줄에서 걸이설비와의 연결부위는 훅 또는 카라비너 등이 장착되어 걸이설비와 확실히 연결될 것
   ③ 유연한 수직구명줄은 합성섬유로프 또는 와이어로프 등이어야 하며 구명줄이 고정되지 않아 흔들림에 의한 추락방지대의 오작동을 막기 위하여 적절한 긴장수단을 이용, 팽팽히 당겨질 것
   ④ **죔줄은 합성섬유로프, 웨빙, 와이어로프 등일 것**
   ⑤ 고정된 추락방지대의 **수직구명줄은 와이어로프 등으로 하며 최소지름이 8mm 이상일 것**
   ⑥ 고정 와이어로프에는 하단부에 무게추가 부착되어 있을 것

## (10) 차광보안경

### 1) 차광보안경의 용어정의

① **접안경** : 착용자의 시야를 확보하는 보안경의 일부로서 렌즈 및 플레이트 등을 말한다.
② **필터** : 해로운 자외선 및 적외선 또는 강렬한 가시광선의 강도를 감소시킬 수 있도록 설계된 것을 말한다.
③ **필터렌즈(플레이트)** : **유해광선을 차단**하는 원형 또는 변형모양의 **렌즈(플레이트)를 말한다.**★
④ **커버렌즈(플레이트)** : 분진, 칩, 액체약품 등 **비산물로부터 눈을 보호하기 위해 사용**하는 렌즈(플레이트)를 말한다.
⑤ 시감투과율 : 필터 입사에 대한 투과 광속의 비를 말하며, 분광투과율을 측정한다.
⑥ 차광도 번호(scale number) : 필터와 플레이트의 유해광선을 차단할 수 있는 능력을 말하고 자외선, 가시광선 및 적외선에 대해 표기한다.

### 2) 사용구분에 따른 차광보안경의 종류 ★

| 종류 | 사용구분 |
|---|---|
| 자외선용 | 자외선이 발생하는 장소 |
| 적외선용 | 적외선이 발생하는 장소 |
| 복합용 | 자외선 및 적외선이 발생하는 장소 |
| 용접용 | 산소용접작업 등과 같이 자외선, 적외선 및 강렬한 가시광선이 발생하는 장소 |

> **Reference**
>
> ◯ **자율안전확인 대상 보안경의 종류**
>
> | 유리 보안경 | 비산물로부터 눈을 보호하기 위한 것으로 렌즈의 재질이 유리인 것 |
> |---|---|
> | 플라스틱 보안경 | 비산물로부터 눈을 보호하기 위한 것으로 렌즈의 재질이 플라스틱인 것 |
> | 도수렌즈 보안경 | 비산물로부터 눈을 보호하기 위한 것으로 도수가 있는 것 |

### (11) 용접용 보안면

#### 1) 용접용 보안면의 형태

| 형태 | 구조 |
|---|---|
| 헬멧형 | 안전모나 착용자의 머리에 지지대나 헤드밴드 등을 이용하여 적정위치에 고정, 사용하는 형태(자동용접필터형, 일반용접필터형) |
| 핸드실드형 | 손에 들고 이용하는 보안면으로 적절한 필터를 장착하여 눈 및 안면을 보호하는 형태 |

#### 2) 용접용 보안면의 투과율★

| 투과율 | 커버플레이트 | 89% 이상 |
|---|---|---|
| | 자동용접필터 | 낮은 수준의 최소시감투과율 0.16% 이상 |

### (12) 방음용 귀마개 또는 귀덮개

#### 1) 방음용 귀마개 또는 귀덮개의 종류 · 등급★

| 종류 | 등급 | 기호 | 사용례 | 비고 |
|---|---|---|---|---|
| 귀마개 | 1종 | EP-1 | 저음부터 고음까지 차음하는 것 | 귀마개의 경우 재사용 여부를 제조특성으로 표기 |
| | 2종 | EP-2 | 주로 고음을 차음하고 저음(회화음영역)은 차음하지 않는 것 | |
| 귀덮개 | - | EM | | |

## 안전보건표지

### (1) 안전보건 표지의 정의 및 제작

① "안전·보건표지"란 근로자의 안전 및 보건을 확보하기 위하여 **위험장소 또는 위험물질에 대한 경고, 비상시에 대처하기 위한 지시 또는 안내, 그 밖에 근로자의 안전·보건의식을 고취하기 위한 사항** 등을 그림·기호 및 글자 등으로 표시하여 근로자의 판단이나 행동의 착오로 인하여 산업재해를 일으킬 우려가 있는 **작업장의 특정 장소, 시설 또는 물체에 설치하거나 부착하는 표지**를 말한다.

② 안전·보건표지는 그 표시내용을 근로자가 빠르고 쉽게 알아볼 수 있는 크기로 제작하여야 한다.
③ **안전·보건표지 속의 그림 또는 부호의 크기**는 안전·보건표지의 크기와 비례하여야 하며, **안전·보건표지 전체 규격의 30퍼센트 이상**이 되어야 한다.
④ 안전·보건표지는 **쉽게 파손되거나 변형되지 아니하는 재료**로 제작하여야 한다.
⑤ **야간**에 필요한 안전·보건표지는 **야광물질을 사용하는 등 쉽게 알아볼 수 있도록** 제작하여야 한다.

### (2) 안전보건 표지의 색채, 색도기준 및 용도 ★★★

| 색채 | 색도기준 | 용도 | 사용례 |
|---|---|---|---|
| 빨간색 | 7.5R 4/14 | 금지 | 정지신호, 소화설비 및 그 장소, 유해행위의 금지 |
| | | 경고 | 화학물질 취급장소에서의 유해·위험 경고 |
| 노란색 | 5Y 8.5/12 | 경고 | 화학물질 취급장소에서의 유해·위험경고 이외의 위험경고, 주의표지 또는 기계방호물 |
| 파란색 | 2.5PB 4/10 | 지시 | 특정 행위의 지시 및 사실의 고지 |
| 녹색 | 2.5G 4/10 | 안내 | 비상구 및 피난소, 사람 또는 차량의 통행표지 |
| 흰색 | N9.5 | | 파란색 또는 녹색에 대한 보조색 |
| 검은색 | N0.5 | | 문자 및 빨간색 또는 노란색에 대한 보조색 |

> **특급암기법**
>
> 7.5R 4/14(싫어 4/14) 5Y 8.5/12(오! 빨리와 이리)
> 2.5PB 4/10(2.5×4 = 10) or 2.5G 4/10(2.5×4 = 10)

### (3) 안전보건표지의 종류 및 형태 ★★★

[별책부록 컬러 자료를 참고해 주세요.]

| 1. 금지표지 | 101 출입금지 | 102 보행금지 | 103 차량통행금지 | 104 사용금지 |
|---|---|---|---|---|
| | 105 탑승금지 | 106 금연 | 107 화기금지 | 108 물체이동금지 |
| 2. 경고표지 | 201 인화성물질 경고 | 202 산화성물질 경고 | 203 폭발성물질 경고 | 204 급성독성물질 경고 | 205 부식성물질 경고 |
| | 206 방사성물질 경고 | 207 고압전기 경고 | 208 매달린 물체 경고 | 209 낙하물 경고 | 210 고온 경고 |
| | 211 저온 경고 | 212 몸균형 상실 경고 | 213 레이저광선 경고 | 214 발암성·변이원성·생식독성·전신독성·호흡기과민성물질경고 | 215 위험장소 경고 |

| | | | | | |
|---|---|---|---|---|---|
| **3. 지시표지** | 301<br>보안경 착용<br> | 302<br>방독마스크 착용<br> | 303<br>방진마스크 착용<br>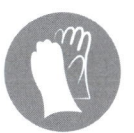 | 304<br>보안면 착용<br> | 305<br>안전모 착용<br> |
| | 306<br>귀마개 착용<br> | 307<br>안전화 착용<br> | 308<br>안전장갑 착용<br> | 309<br>안전복 착용<br>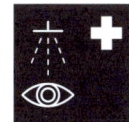 | |
| **4. 안내표지** | 401<br>녹십자표지<br> | 402<br>응급구호표지<br> | 403<br>들것<br> | 404<br>세안장치<br> | |
| | 405<br>비상용기구 | 406<br>비상구 | 407<br>좌측비상구 | 408<br>우측비상구 | |
| **5. 관계자외 출입금지** | 501<br>허가대상물질 작업장<br><br>**관계자외 출입금지**<br>(허가물질 명칭) 제조/사용/보관 중<br>보호구/보호복 착용<br>흡연 및 음식물<br>섭취 금지 | | 502<br>석면취급/해체 작업장<br><br>**관계자외 출입금지**<br>석면 취급/해체 중<br>보호구/보호복 착용<br>흡연 및 음식물<br>섭취 금지 | | 503<br>금지대상물질의 취급 실험실 등<br><br>**관계자외 출입금지**<br>발암물질 취급 중<br>보호구/보호복 착용<br>흡연 및 음식물<br>섭취 금지 |

## (4) 안전보건 표지의 기본 모형 및 색상

| 명칭 | 기본모형 | 색상 |
|---|---|---|
| 금지표지 | | 바탕은 흰색, 기본모형은 빨간색, 관련 부호 및 그림은 검은색 |
| 경고표지 | 화학물질 경고표지 | 바탕은 무색, 기본모형은 빨간색(검은색도 가능) |
| | 화학물질 경고표지 외 | 바탕은 노란색, 기본모형, 관련 부호 및 그림은 검은색 |
| 지시표지 | | 바탕은 파란색, 관련 그림은 흰색 |
| 안내표지 | | 바탕은 흰색, 기본모형 및 관련 부호는 녹색, 또는 바탕은 녹색, 관련부호 및 그림은 흰색 |
| (관계자 외) 출입금지 표지 | A<br>B<br>C | 글자는 흰색바탕에 흑색<br>다음 글자는 적색<br>- ○○○ 제조 / 사용 / 보관 중<br>- 석면 취급 / 해체 중<br>- 발암물질 취급 중 |

# 예상문제

## ★★★
## 01 다음 지급해야 할 보호구의 명칭을 (  ) 안에 적으시오.

| 작업조건에 적합한 보호구 | |
|---|---|
| 물체가 떨어지거나 날아올 위험 또는 근로자가 추락할 위험이 있는 작업 | |
| 높이 또는 깊이 2미터 이상의 추락할 위험이 있는 장소에서 하는 작업 | |
| 물체의 낙하·충격, 물체에의 끼임, 감전 또는 정전기의 대전(帶電)에 의한 위험이 있는 작업 | |
| 물체가 흩날릴 위험이 있는 작업 | |
| 용접 시 불꽃이나 물체가 흩날릴 위험이 있는 작업 | |
| 감전의 위험이 있는 작업 | |
| 고열에 의한 화상 등의 위험이 있는 작업 | |
| 선창 등에서 분진(粉塵)이 심하게 발생하는 하역작업 | |
| 섭씨 영하 18도 이하인 급냉동어창에서 하는 하역작업 | |
| 물건을 운반하거나 수거·배달하기 위하여 이륜자동차 또는 원동기장치 자전거를 운행하는 작업 | |
| 물건을 운반하거나 수거·배달하기 위하여 자전거 등을 운행하는 작업 | |

### 정답

| 작업조건에 적합한 보호구 | |
|---|---|
| 물체가 떨어지거나 날아올 위험 또는 근로자가 추락할 위험이 있는 작업 | 안전모 |
| 높이 또는 깊이 2미터 이상의 추락할 위험이 있는 장소에서 하는 작업 | 안전대 |
| 물체의 낙하·충격, 물체에의 끼임, 감전 또는 정전기의 대전(帶電)에 의한 위험이 있는 작업 | 안전화 |
| 물체가 흩날릴 위험이 있는 작업 | 보안경 |
| 용접 시 불꽃이나 물체가 흩날릴 위험이 있는 작업 | 보안면 |

| 감전의 위험이 있는 작업 | 절연용 보호구 |
|---|---|
| 고열에 의한 화상 등의 위험이 있는 작업 | 방열복 |
| 선창 등에서 분진(粉塵)이 심하게 발생하는 하역작업 | 방진마스크 |
| 섭씨 영하 18도 이하인 급냉동어창에서 하는 하역작업 | 방한모 · 방한복 · 방한화 · 방한장갑 |
| 물건을 운반하거나 수거 · 배달하기 위하여 이륜자동차 또는 원동기장치 자전거를 운행하는 작업 | 승차용 안전모 |
| 물건을 운반하거나 수거 · 배달하기 위하여 자전거 등을 운행하는 작업 | 안전모 |

**02** 보호구 선택 시 유의사항을 3가지 적으시오. (보호구의 구비 조건)

**정답**
① 사용 목적에 적합해야 한다.
② 착용이 간편해야 한다.
③ 작업에 방해되지 않아야 한다.
④ 품질이 우수해야 한다.
⑤ 구조, 끝마무리가 양호해야 한다.
⑥ 겉모양, 보기가 좋아야 한다.

**03** 안전인증 대상 안전모의 종류를 적으시오.

**정답**
① AB형 : 물체의 낙하 비래, 추락방지용
② AE형 : 물체의 낙하 비래, 머리부위 감전방지용
③ ABE형 : 물체의 낙하 비래, 추락, 머리부위 감전 방지용

## 04 안전인증 대상 안전모의 성능시험 종류를 쓰시오.

**정답**
① 내관통성 시험
② 충격흡수성 시험
③ 내수성 시험
④ 내전압성 시험
⑤ 난연성 시험
⑥ 턱끈풀림 시험

**참고**

[자율안전확인 대상 안전모의 성능시험 종류]

① 내관통성 시험
② 충격흡수성 시험
③ 난연성 시험
④ 턱끈풀림 시험

## 05 가죽제 안전화의 성능시험 종류를 쓰시오.

**정답**
① 내충격성시험
② 내압박성시험
③ 내답발성시험
④ 박리저항시험
⑤ 내유성시험

## 06 방진마스크에 관한 다음 물음에 답하시오.

> (1) 방진마스크의 등급을 3가지로 구분하시오.
>
> (2) 다음 [보기]의 분진 발생장소에서 착용하여야 할 방진마스크의 등급을 적으시오.
>   ① 베릴륨 등 독성이 강한 분진, 석면 취급 장소 : (   )
>   ② 금속흄 등 열적으로 생기는 분진, 기계적으로 생기는 분진(규소 제외) : (   )
>   ③ 특급 및 1급 마스크 착용장소를 제외한 분진 등 발생장소 : (   )

**정답**  (1) 방진마스크의 등급 : 특급, 1급, 2급
(2) 분진 발생장소에서 착용하여야 할 방진마스크의 등급

> ① 베릴륨 등 독성이 강한 분진, 석면 취급장소 : 특급
> ② 금속흄 등 열적으로 생기는 분진, 기계적으로 생기는 분진(규소 제외) : 1급
> ③ 특급 및 1급 마스크 착용장소를 제외한 분진 등 발생장소 : 2급

**참고**

[방진마스크의 여과재 분진 등 포집효율]

| 형태 및 등급 | | 염화나트륨(NaCl) 및 파라핀 오일(Paraffin oil) 시험(%) |
|---|---|---|
| 분리식 | 특급 | 99.95 이상 |
|  | 1급 | 94.0 이상 |
|  | 2급 | 80.0 이상 |
| 안면부 여과식 | 특급 | 99.0 이상 |
|  | 1급 | 94.0 이상 |
|  | 2급 | 80.0 이상 |

## 07 다음 방독마스크의 종류별 시험가스를 ( )안에 적으시오.

| 종류 | 시험 가스 |
|---|---|
| 유기화합물용 | ( ) |
| | ( ) |
| | ( ) |
| 할로겐용 | ( ) |
| 황화수소용 | ( ) |
| 시안화수소용 | ( ) |
| 아황산용 | ( ) |
| 암모니아용 | ( ) |

**정답**

| 종류 | 시험 가스 |
|---|---|
| 유기화합물용 | 시클로헥산($C_6H_{12}$) |
| | 디메틸에테르($CH_3OCH_3$) |
| | 이소부탄($C_4H_{10}$) |
| 할로겐용 | 염소가스 또는 증기($Cl_2$) |
| 황화수소용 | 황화수소가스($H_2S$) |
| 시안화수소용 | 시안화수소가스(HCN) |
| 아황산용 | 아황산가스($SO_2$) |
| 암모니아용 | 암모니아가스($NH_3$) |

## 08 다음 장소에 착용하여야 할 방독마스크의 등급을 구분하여 (  )안에 적으시오.

(1) 가스 또는 증기의 농도가 100분의 2(암모니아에 있어서는 100분의 3) 이하의 대기 중에서 사용하는 것 : (     )

(2) 가스 또는 증기의 농도가 100분의 1(암모니아에 있어서는 100분의 1.5) 이하의 대기 중에서 사용하는 것 : (     )

(3) 가스 또는 증기의 농도가 100분의 0.1 이하의 대기 중에서 사용하는 것으로서 긴급용이 아닌 것 : (     )

(4) 방독마스크는 산소농도가 (     ) 이상인 장소에서 사용하여야 하고, 고농도와 중농도에서 사용하는 방독마스크는 (     )을 사용해야 한다.

**정답**
(1) 고농도
(2) 중농도
(3) 저농도 및 최저농도
(4) 18%, 전면형

## 09 방독마스크 정화통 외부 측면 색을 (  )쓰시오.

| 종류 | 사용 구분 |
|---|---|
| 유기화합물용 정화통 | (     ) |
| 할로겐용 정화통 | |
| 황화수소용 정화통 | (     ) |
| 시안화수소용 정화통 | |
| 아황산용 정화통 | (     ) |
| 암모니아용 정화통 | (     ) |
| 복합용 및 겸용의 정화통 | (     ) : 해당가스 모두 표시, 2층 분리<br>(     ) : 백색과 해당가스 모두 표시, 2층 분리 |

**[정답]**

| 종류 | 표시 색 |
|---|---|
| 유기화합물용 정화통 | 갈색 |
| 할로겐용 정화통 | 회색 |
| 황화수소용 정화통 | 회색 |
| 시안화수소용 정화통 | 회색 |
| 아황산용 정화통 | 노란색 |
| 암모니아용 정화통 | 녹색 |
| 복합용 및 겸용의 정화통 | 복합용 : 해당가스 모두 표시, 2층 분리<br>겸용 : 백색과 해당가스 모두 표시, 2층 분리 |

**10** 방독마스크 정화통 표기사항을 쓰시오. (안전인증 방독마스크 표시 외에 표시사항)

**[정답]**
① 파과곡선도
② 사용시간 기록카드
③ 정화통의 외부측면의 표시 색
④ 사용상의 주의사항

**11** 안전대 종류 4가지를 구분하여 적으시오.

| 종류 | 사용 구분 |
|---|---|
|  |  |
|  |  |
|  |  |
|  |  |

**정답**

| 종류 | 사용 구분 |
|---|---|
| 벨트식 | 1개 걸이용 |
|  | U자 걸이용 |
| 안전그네식 | 추락방지대 |
|  | 안전블록 |

## 12. 안전인증 대상 차광보안경의 종류와 사용장소를 4가지로 구분하여 적으시오.

**정답**

| 종류 | 사용 구분 |
|---|---|
| 자외선용 | 자외선이 발생하는 장소 |
| 적외선용 | 적외선이 발생하는 장소 |
| 복합용 | 자외선 및 적외선이 발생하는 장소 |
| 용접용 | 산소용접작업 등과 같이 자외선, 적외선 및 강렬한 가시광선이 발생하는 장소 |

**참고**

[자율안전확인 대상 보안경의 종류]

| 유리 보안경 | 비산물로부터 눈을 보호하기 위한 것으로 렌즈의 재질이 유리인 것 |
|---|---|
| 플라스틱 보안경 | 비산물로부터 눈을 보호하기 위한 것으로 렌즈의 재질이 플라스틱인 것 |
| 도수렌즈 보안경 | 비산물로부터 눈을 보호하기 위한 것으로 도수가 있는 것 |

## 13. 안전인증 대상 안전화의 종류를 5가지 적으시오.

**정답** ① 가죽제안전화, ② 고무제안전화, ③ 정전기안전화, ④ 발등안전화, ⑤ 절연화, ⑥ 절연장화, ⑦ 화학물질용 안전화

**참고**

| 종류 | 성능 구분 |
|---|---|
| 가죽제안전화 | 물체의 낙하, 충격 또는 날카로운 물체에 의한 찔림 위험으로부터 발을 보호하기 위한 것 |
| 고무제안전화 | 물체의 낙하, 충격 또는 날카로운 물체에 의한 찔림 위험으로부터 발을 보호하고 내수성을 겸한 것 |
| 정전기안전화 | 물체의 낙하, 충격 또는 날카로운 물체에 의한 찔림 위험으로부터 발을 보호하고 정전기의 인체대전을 방지하기 위한 것 |
| 발등안전화 | 물체의 낙하, 충격 또는 날카로운 물체에 의한 찔림 위험으로부터 발 및 발등을 보호하기 위한 것 |
| 절연화 | 물체의 낙하, 충격 또는 날카로운 물체에 의한 찔림 위험으로부터 발을 보호하고 저압의 전기에 의한 감전을 방지하기 위한 것 |
| 절연장화 | 고압에 의한 감전을 방지 및 방수를 겸한 것 |
| 화학물질용 안전화 | 물체의 낙하, 충격 또는 날카로운 물체에 의한 찔림 위험으로부터 발을 보호하고 화학물질로부터 유해 위험을 방지하기 위한 것 |

## 14. 사용 장소에 따른 고무제 안전화의 종류를 2가지로 구분하시오.

**정답** ① 일반용, ② 내유용

**참고**

| 구분 | 사용 장소 |
|---|---|
| 일반용 | 일반작업장 |
| 내유용 | 탄화수소류의 윤활유 등을 취급하는 작업장 |

## 15 다음 안전보건표지의 명칭을 적으시오. [별책부록 컬러 자료를 참고해 주세요.]

| 1. 금지표지 | 101 | 102 | 103 | 104 |
|---|---|---|---|---|
| | 105 | 106 | 107 | 108 |

| 2. 경고표지 | 201 | 202 | 203 | 204 | 205 |
|---|---|---|---|---|---|
| | 206 | 207 | 208 | 209 | 210 |
| | 211 | 212 | 213 | 214 | 215 |

| | | | | | |
|---|---|---|---|---|---|
| 3. 지시표지 | 301 | 302 | 303 | 304 | 305 |
| | 306 | 307 | 308 | 309 | |
| 4. 안내표지 | 401 | 402 | 403 | 404 | |
| | 405 | 406 | 407 | 408 | |
| 5. 관계자외 출입금지 | 501 관계자외 출입금지 (허가물질 명칭) 제조/사용/보관 중 보호구/보호복 착용 흡연 및 음식물 섭취 금지 | | 502 관계자외 출입금지 석면 취급/해체 중 보호구/보호복 착용 흡연 및 음식물 섭취 금지 | | 503 관계자외 출입금지 발암물질 취급 중 보호구/보호복 착용 흡연 및 음식물 섭취 금지 |

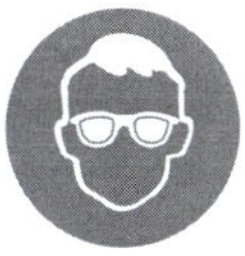

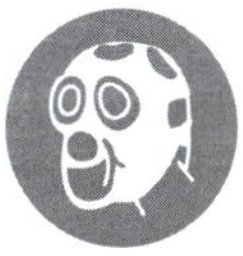

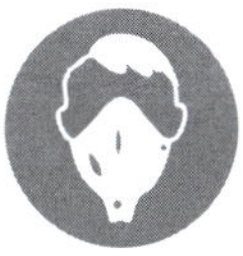

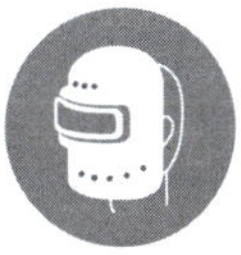

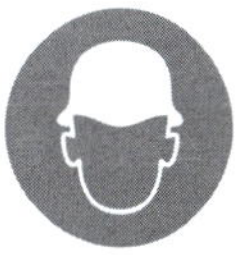

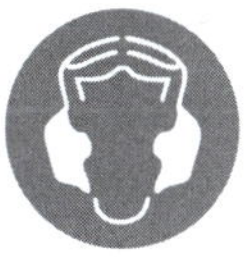

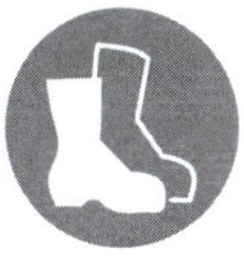

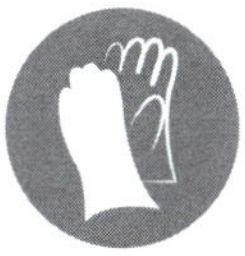

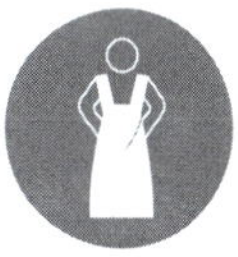

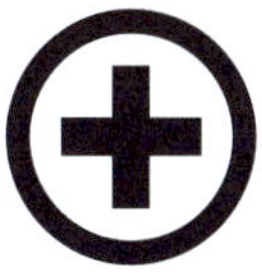

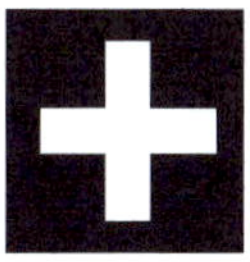

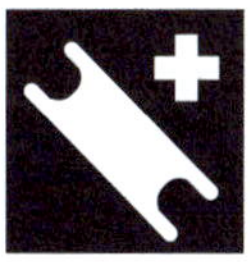

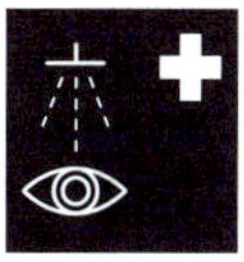

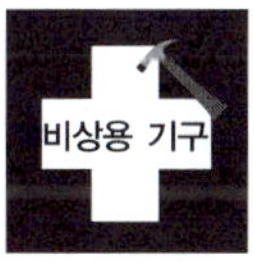

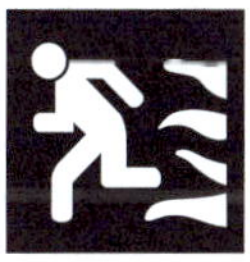

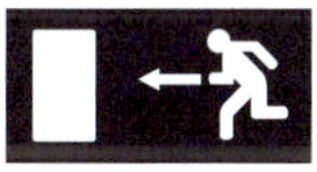

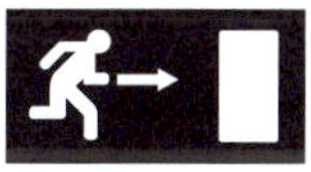

「정답」

### 1. 금지표지

| 101 출입금지 | 102 보행금지 | 103 차량통행금지 | 104 사용금지 |
|---|---|---|---|
| 105 탑승금지 | 106 금연 | 107 화기금지 | 108 물체이동금지 |

### 2. 경고표지

| 201 인화성물질 경고 | 202 산화성물질 경고 | 203 폭발성물질 경고 | 204 급성독성물질 경고 | 205 부식성물질 경고 |
|---|---|---|---|---|
| 206 방사성물질 경고 | 207 고압전기 경고 | 208 매달린 물체 경고 | 209 낙하물 경고 | 210 고온 경고 |
| 211 저온 경고 | 212 몸균형 상실 경고 | 213 레이저광선 경고 | 214 발암성·변이원성·생식독성·전신독성·호흡기과민성물질경고 | 215 위험장소 경고 |

### 3. 지시표지

| 301 보안경 착용 | 302 방독마스크 착용 | 303 방진마스크 착용 | 304 보안면 착용 | 305 안전모 착용 |
|---|---|---|---|---|
| 306 귀마개 착용 | 307 안전화 착용 | 308 안전장갑 착용 | 309 안전복 착용 | |

## ★★★
## 16 산업안전 표시의 종류 5가지를 쓰고, 색을 설명하시오.

**정답** (1) 금지표지 : 바탕 – 흰색, 기본모형 – 빨간색, 관련부호 · 그림 – 검은색

(2) 경고표지

　① 경고표지(삼각형) : 바탕 – 노란색, 기본모형 – 검은색, 관련부호 · 그림 – 검은색

　② 경고표지(마름모) : 바탕 – 무색, 기본모형 – 빨간색, 관련부호 · 그림 – 검은색

(3) 지시표지 : 바탕 – 파란색, 관련그림 – 흰색

(4) 안내표지 : 바탕 – 흰색, 기본모형, 관련그림 – 녹색(또는 바탕–녹색, 기본모형 · 관련그림– 흰색)

(5) 관계자 외 출입금지표지(출입금지 표지) : 바탕 – 흰색, 글자 – 검은색

　다음 글자는 빨간색

　– ○○○제조 / 사용 / 보관 중

　– 석면취급 / 해체 중

　– 발암물질 취급 중

## 17 다음 보기의 ( )안에 알맞은 내용을 쓰시오.

| 용도 | 색도기준 | 색채 |
|---|---|---|
| 금지, 경고표지 | ( ) | 적색 |
| 경고표지 | ( ) | 황색 |
| 지시표지 | ( ) | 청색 |
| 안내표지 | ( ) | 녹색 |
|  | ( ) | 흰색 |
|  | ( ) | 검정 |

**정답**

| 용도 | 색도기준 | 색채 |
|---|---|---|
| 금지, 경고표지 | 7.5R 4/14 | 적색 |
| 경고표지 | 5Y 8.5/12 | 황색 |
| 지시표지 | 2.5PB 4/10 | 청색 |
| 안내표지 | 2.5G 4/10 | 녹색 |
|  | N 9.5 | 흰색 |
|  | N 0.5 | 검정 |

**18** 산업안전보건법 상의 안전보건표지 중 '관계자외 출입금지' 표지의 하단에 포함되어야 하는 문자 2가지를 적으시오.

**정답**
① 보호구/보호복 착용
② 흡연 및 음식물 섭취 금지

**참고**

| 관계자외 출입금지 | 501<br>허가대상물질 작업장<br><br>관계자외 출입금지<br>(허가물질 명칭) 제조/사용/보관 중<br>보호구/보호복 착용<br>흡연 및 음식물<br>섭취 금지 | 502<br>석면취급/해체 작업장<br><br>관계자외 출입금지<br>석면 취급/해체 중<br>보호구/보호복 착용<br>흡연 및 음식물<br>섭취 금지 | 503<br>금지대상물질의 취급 실험실 등<br><br>관계자외 출입금지<br>발암물질 취급 중<br>보호구/보호복 착용<br>흡연 및 음식물<br>섭취 금지 |

# CHAPTER 06 안전보건교육

**주요내용 알고 가기!**

1. 안전교육을 지도하고 전개할 수 있어야 한다.
2. 교육방법의 4단계를 이해 · 적용할 수 있어야 한다.
3. 안전교육의 기본방향을 이해 · 적용할 수 있어야 한다.
4. 안전교육의 단계를 이해 · 적용할 수 있어야 한다.
5. 안전교육계획과 그 내용을 이해 · 적용할 수 있어야 한다.
6. O.J.T를 이해하고 실시할 수 있어야 한다.
7. Off.J.T를 이해하고 실시할 수 있어야 한다.
8. 학습목적의 3요소와 학습정도의 4단계를 이해 · 적용할 수 있어야 한다.
9. 교육훈련평가의 4단계를 이해 · 적용할 수 있어야 한다.
10. 산업안전보건법상의 교육의 종류와 교육시간 및 교육내용을 이해 · 적용할 수 있어야 한다.

## 안전교육 목적 및 필요성

### (1) 안전교육 실시 목적

① 인간정신의 안전화
② 인간행동의 안전화
③ 환경의 안전화
④ 설비물자의 안전화
⑤ 생산성 및 품질향상 기여
⑥ 직 · 간접적 경제적 손실 방지
⑦ 작업자를 산업재해로부터 보호

## (2) 안전교육의 필요성

① 지식 교육 : 안전의식 향상, **안전규정 및 기준 습득**
② 기능 교육 : **안전작업 기능 향상**
③ 태도 교육 : **표준 안전작업방법의 습관화, 안전태도의 습관화**

## (3) 교육 지도의 원칙 ★

① **상대방(피교육자) 입장**에서 교육한다.
② **동기부여를 한다.**(상대방으로부터 알려고 하는 의욕을 일어나게 하는 것이 중요하다.)
③ **반복하여 교육한다.**
④ **쉬운 것에서부터 어려운 것으로 진행한다.**
⑤ **한 번에 한가지씩 교육한다.**
⑥ **인상의 강화** : 특히 중요한 것은 재 강조한다.
⑦ **5관의 활용**

| 구분 | 시각 | 청각 | 촉각 | 미각 | 후각 |
|---|---|---|---|---|---|
| 교육효과 | 60% | 20% | 15% | 3% | 2% |

⑧ **기능적인 이해** : '왜 그렇게 되어야 하는가?' 하는 문제에 관하여 기능적으로 이해시켜야 한다.

# 학습이론

## (1) 자극과 반응이론(S – R이론)

학습이란 어떤 자극(S)에 대해서 생체가 나타내는 특정 반응(R)의 결합으로 이루어진다는 학습 이론으로 Thorndike가 이 이론의 시초라고 할 수 있다.

### 1) 돈다아크의 학습의 법칙(시행착오설) ★

① **준비성**의 법칙
② **연습 또는 반복**의 법칙
③ **효과**의 법칙

### 2) 파블로프의 조건반사설(자극과 반응이론 : S – R이론)★

① **일관성**의 원리
② **계속성**의 원리
③ **시간**의 원리
④ **강도**의 원리

### 3) 스키너의 조작적 조건화설(강화의 원리) : 강화에 의해 행동을 변화시킴

① 반응을 할 때마다 강화를 주는 것보다 **간헐적으로 강화를 제공하는 것이 효과적**이다.
② 벌이나 혐오자극보다 **칭찬, 격려 등 긍정적 강화물이 학습에 효과적**이다.
③ **반응을 보인 후 즉시 강화물을 제공하는 것이 효과적**이다.

### 4) 반두라(Bandura)의 사회학습이론

① 개인은 직접적인 경험이 아닌 관찰을 통해서도 학습을 할 수 있으며, **대부분의 학습이 다른 사람의 행동을 관찰하고 모방한 결과 일어난다.**
② 다른 아동이 보상이나 벌을 받는 것을 관찰함으로써 **간접적인 강화(대리적 강화)를 받는다.**

## (2) 하버드학파의 교수법★

**1단계** : **준비**시킨다.
**2단계** : **교시**시킨다.
**3단계** : **연합**한다.
**4단계** : **총괄**한다.
**5단계** : **응용**시킨다.

## (3) 슈퍼(SUPER D.E)의 역할이론★

① **역할 연기(Role playing)** : 자아 탐색인 동시에 **자아실현의 수단**이다.
② **역할 기대(Role expection)** : 자기 자신의 **역할을 기대**하고 감수하는 자는 자기 직업에 충실하다고 본다.
③ **역할 조성(Role shaping)** : 여러 가지 역할이 발생 시 그 중 어떤 역할에는 불응 또는 거부감을 나타내거나 또 다른 **역할에는 적응하여 실현시키기 위해 일을 구할 때** 발생한다.
④ **역할 갈등(R. K troubling)** : 작업 중 서로 **상반된 역할**이 기대될 경우 갈등이 발생한다.

## (4) 톨만(Tolman)의 기호형태설

① **학습은 환경에 대한 인지 지도를 신경조직 속에 형성시키는 것이다.**
② 학습은 자극과 자극 사이에 형성된 결속이다.[S-S(Sign-Signification)이론]
③ 톨만은 문제사태의 인지를 학습에 있어서 가장 필요한 조건이라고 생각하였다. 그는 학습의 목표를 의미체라 하고 그것을 달성하는 수단이 되는 대상을 기호라고 부르고, 이 양자 간의 수단, 목적 관계를 기호-형태라고 칭하였다.

## (5) 학습지도의 원리

① **자발성의 원리** : 학습자 **스스로가 능동적으로 학습활동에** 의욕을 가지고 **참여**하도록 하는 원리
② **개별화의 원리** : 학습자를 존중하고, **학습자 개개인의 능력, 소질, 성향 등 모든 발달 가능성을 신장**시키려는 원리
③ **목적의 원리** : 학습자는 **학습목표가 분명**하게 인식되었을 때 자발적이고 적극적인 학습활동을 하게 된다.
④ **사회화의 원리** : 학교교육을 통하여 **학생들이 사회화되어 유용한 사회인으로 육성**시키고자 하는 교육이다.
⑤ **통합화의 원리** : 학습자를 전체적 인격체로 보고 그에게 내재하여 있는 **모든 능력을 조화적으로 발달**시키기 위한 생활중심의 통합교육을 원칙으로 하는 원리
⑥ **직관의 원리(직접경험의 원리)** : 학습에 있어 언어위주로 설명을 하는 수업보다는 구체적인 사물을 **학습자가 직접 경험**해 봄으로써 학습의 효과를 높일 수 있는 원리

# 학습조건

## (1) 전이

한 상황에서 실시한 학습이 다른 상황의 학습에 영향을 끼치는 현상

| 앞에 실시한 교육이 뒤에 실시한 학습을 방해하는 조건(전이가 잘 되는 조건)★ |
|---|
| ① 학습의 정도 : 앞의 학습이 **불완전할 경우**<br>② 유사성 : 앞뒤의 학습내용이 **비슷한 경우**<br>③ 시간적 간격<br>   • 뒤의 학습을 앞의 학습 직후에 실시하는 경우<br>   • 앞의 학습내용을 제어하기 직전에 실시하는 경우<br>④ 학습자의 태도<br>⑤ 학습자의 지능 |

## (2) 기억의 과정 ★

① **기억** : 과거 행동이 미래 행동에 영향을 줌
② **기명** : 사물의 인상을 마음에 간직함
③ **파지** : 인상이 보존됨
④ **재생** : 보존된 인상이 떠오름
⑤ **재인** : 과거에 경험했던 것과 비슷한 상황에서 떠오르는 현상

## (3) 망각

**경험한 내용이나 학습된 내용을** 다시 생각하여 작업에 적용하지 아니하고 **방치함으로써** 경험의 내용이나 **인상이 약해지거나 소멸되는 현상**
① 학습된 내용은 학습 직후의 망각율이 가장 높다.
② 의미 없는 내용은 의미 있는 내용보다 빨리 망각한다.
③ 사고를 요하는 내용이 단순한 지식보다 망각이 적다.
④ 연습은 학습한 직후에 시키는 것이 효과가 있다.

# 안전보건교육계획 수립 및 실시

## (1) 안전교육 계획 수립

① 교육목표 설정 : 첫째 과제
② 교육 대상자와 범위설정
③ 교육의 과정 결정
④ 교육방법 결정
⑤ 보조자료 및 강사, 조교의 편성
⑥ 교육 진행 사항
⑦ 소요 예산 산정

## (2) OJT와 OFF JT의 특징★

### 1) OJT(On The Job Training)

**직속상사가 부하 직원에게 일상 업무를 통하여** 지식, 기능, 문제해결 능력 및 태도 등을 **교육하는 방법**으로 **개별교육에 적합하다.**

### 2) OFF JT(Off The Job Training)

**외부강사를 초청**하여 **근로자를** 일정한 장소에 **집합시켜 실시하는 교육**형태로서 **집합교육에 적합하다.**

| OJT의 특징★ | OFF JT의 특징★ |
| --- | --- |
| ① 개개인에게 적절한 훈련이 가능하다. | ① 다수의 근로자들에게 훈련을 할 수 있다. |
| ② 직장의 실정에 맞는 훈련이 가능하다. | ② 훈련에만 전념하게 된다. |
| ③ 교육효과가 즉시 업무에 연결된다. | ③ 특별설비기구 이용이 가능하다. |
| ④ 훈련에 대한 업무의 계속성이 끊어지지 않는다. | ④ 많은 지식이나 경험을 교류할 수 있다. |
| ⑤ 상호 신뢰 이해도가 높다. | ⑤ 교육훈련 목표에 대하여 집단적 노력이 흐트러질 수 있다. |

### (3) 전습법과 분습법

| 전습법 | 분습법 |
|---|---|
| ① 망각이 적다.<br>② 반복이 적다.<br>③ 연합이 생긴다.<br>④ 시간과 노력이 적다. | ① 학습효과가 빠르다.<br>② 길고 복잡한 학습에 적합하다.<br>③ 주의와 집중력의 범위를 좁히는데 적합하다. |

### (4) 관리감독자 대상 교육의 종류 ★

1) TWI(Training Within Industry) : 일선관리감독자 대상 교육

| TWI 교육과정 ★★ |
|---|
| ① 작업 방법 기법(Job Method Training : JMT)<br>② 작업 지도 기법(Job Instruction Training : JIT)<br>③ 인간 관계관리 기법 or 부하통솔법(Job Relations Training : JRT)<br>④ 작업 안전 기법(Job Safety Training : JST) |

2) MTP(Management Training Program) : 중간계층관리자 대상 교육

3) ATT(American Telephone & Telegraph Company) : 대상이 한정되어 있지 않고 **한번 교육을 이수한 자는 부하에게 지도가 가능**하다.

4) CCS(Civil Communication Section) : 최고층 관리감독자 대상 교육

## 학습목적 및 교육의 단계

### (1) 학습목적의 3요소

① **학습목표(goal)** : 학습을 통하여 달성하려는 지표를 말한다.(학습목적의 핵심)
② **주제(subject)** : 목적달성을 위한 중심내용을 의미한다.
③ **학습정도(level of learning)** : 주제를 학습시킬 때 내용범위와 내용의 정도를 뜻한다.

| 학습의 정도 4단계 |
|---|
| ① **인지**(to acquaint) : ~을 인지하여야 한다.<br>② **지각**(to know) : ~을 알아야 한다.<br>③ **이해**(to understand) : ~을 이해하여야 한다.<br>④ **적용**(to apply) : ~을 ~에 적용할 수 있어야 한다. |

### (2) 학습의 전개과정

① **쉬운 것부터 어려운 것으로** 학습한다.
② **과거에서 현재, 미래의 순으로** 학습한다.
③ **많이 사용하는 것에서 적게 사용하는 순으로** 학습한다.
④ **간단한 것에서 복잡한 것으로** 학습한다.
⑤ **전체에서 부분으로** 학습한다.
⑥ **기지에서 미지로** 학습한다.

### (3) 교육의 3요소 ★

| 교육의 주체 | 교육의 객체 | 교육의 매개체 |
|---|---|---|
| 강사 | 학생(수강자) | 교재(학습내용) |

### (4) 교육의 3단계 ★

① **제1단계(지식교육)** : 강의 및 시청각 교육 등을 통하여 **지식을 전달하는 단계**
② **제2단계(기능교육)** : **시범, 견학, 현장실습 교육** 등을 통하여 **경험을 체득하는 단계**
③ **제3단계(태도교육)** : 작업동작 지도 등을 통하여 **안전행동을 습관화하는 단계**

| 태도교육 실시 순서 ★ |
|---|
| ① **청취**한다.<br>② **이해, 납득**시킨다.<br>③ **모범**을 보인다.<br>④ **권장**한다.<br>⑤ **평가**한다.(상과 벌) |

### (5) 교육진행 4단계 ★

| 단계 | 교육방법 |
|---|---|
| 제1단계 : 도입<br>(학습할 준비를 시킨다) | • 마음을 안정시킨다.<br>• 무슨 작업을 할 것인가를 말해준다.<br>• 그 작업에 대해 알고 있는 정도를 확인한다.<br>• **작업을 배우고 싶은 의욕을 갖게 한다.**<br>• 정확한 위치에 자리 잡게 한다. |
| 제2단계 : 제시<br>(작업을 설명한다) | • 주요 단계를 하나씩 설명해주고, 시범해 보이고, 그려 보인다.<br>• 급소를 강조한다.<br>• **확실하게, 빠짐없이, 끈기 있게 지도한다.** |
| 제3단계 : 적용<br>(작업을 시켜본다) | • 작업을 지켜보고 잘못을 고쳐준다.<br>• 작업을 시키면서 설명하게 한다.<br>• 다시 한번 시키면서 **급소를 말하게 한다.**<br>• 확실히 알았다고 할 때까지 확인한다.<br>• 이해할 수 있는 능력 이상으로 강요하지 않는다. |
| 제4단계 : 확인<br>(가르친 뒤 살펴본다) | • 일에 임하도록 한다.<br>• 모르는 것이 있을 때는 물어 볼 사람을 정해 둔다.<br>• 질문을 하도록 분위기를 조성한다.<br>• 점차 지도 횟수를 줄여간다. |

### (6) 교육훈련 평가의 4단계

1단계 : **반응**단계 - 훈련을 어떻게 생각하고 있는가?
2단계 : **학습**단계 - 어떠한 원칙과 사실 및 기술 등을 배웠는가?
3단계 : **행동**단계 - 교육훈련을 통하여 직무수행 상 어떠한 행동의 변화를 가져왔는가?
4단계 : **결과**단계 - 교육훈련을 통하여 직무에 어떠한 성과가 있었는가?

## 교육실시 방법의 종류

### (1) 교육방법의 종류

#### 1) 강의법

강사가 중심이 되어 학습자들에게 지식, 개념, 사실 등의 정보를 제공하는 것을 목적으로 하여 해설방식으로 진행하는 학습지도 형태

| 강의법의 장점 | 강의법의 단점 |
| --- | --- |
| • **새로운 기술, 지식, 정보를 체계적으로 전달**할 수 있다.<br>• **많은 양의 정보를 전달**할 수 있다.<br>• **한 사람의 강사가 많은 학생을 지도**할 수 있다.<br>  (교육의 경제성이 높다)<br>• 구체적인 사실적 정보의 제공과 **요점을 파악하기에 효율적**이다. | • **학습자의 이해수준을 알 수가 없다.**<br>• **학습자의 성향을 고려할 수 없다.**<br>• 학습자의 **능동적 참여를 기대할 수 없다.**<br>• 강사의 지식수준에서 모든 것이 이루어지기 때문에 학습자에게 끼치는 영향이 크다. |

#### 2) 토의법

집단구성원들이 특정한 문제에 대하여 서로 의견을 발표하면서 올바른 결론에 도달하는 학습방법

| 토의법의 장점 | 토의법의 단점 |
| --- | --- |
| • 학습자의 적극적인 참여를 통해 학습동기와 흥미를 유발시킬 수 있다.<br>• 자기 스스로 **사고하는 능력 및 표현력을 키울 수 있다.**<br>• 자신의 생각에 대한 타당성을 검증하는 기회를 얻을 수 있다.<br>• **사회적 기능 및 태도를 형성**시킬 수 있다.<br>• 강사가 **학습자의 이해 정도를 파악하기 쉽다.** | • **시간이 많이 소요**된다.<br>• 철저한 사전준비와 체계적인 관리에도 불구하고 예측하지 못한 상황이 발생할 수 있다.<br>• 집단 구성원 수에 한계가 있다.<br>• 다양하고 많은 양의 정보를 다루기에 어려움이 있다.<br>• **내용에 대한 사전 지식이 필요**하다. |

#### 3) 실연법

학습자가 이미 설명을 듣거나 시범을 보고 알게 된 지식이나 기능을 강사의 감독아래 **직접적으로 연습해 적용케 하는 교육방법**

### 4) 모의법

**실제의 장면**이나 상태와 극히 유사한 사태를 **인위적으로 만들어 그 속에서 학습**토록 하는 교육 방법

### 5) 프로그램 학습법

**학생이 혼자서** 자기능력과 시간, 학습속도에 맞추어 학습할 수 있도록 **프로그램 학습자료를 이용하여 학습**하는 형태

| 프로그램 학습법의 장점 | 프로그램 학습법의 단점 |
|---|---|
| • 기본개념학습이나 논리적인 학습에 유리하다.<br>• 지능, 학습속도 등 개인차를 고려할 수 있다.<br>• 수업의 모든 단계에 적용이 가능하다.<br>• 수강자들이 학습이 가능한 시간대의 폭이 넓다.<br>• 매 학습마다 피드백을 할 수 있다. | • 한번 개발된 프로그램 자료는 변경이 어렵다.<br>• 개발비가 많이 들고 제작 과정이 어렵다.<br>• 교육 내용이 고정되어 있다.<br>• 학습에 많은 시간이 걸린다.<br>• 집단 사고의 기회가 없다. |

### 6) 시청각교육법

① 라디오·텔레비전·견학 등 다양한 **시청각 교육매체를 이용하여 학습자의 감각기관을 통해 학습효과를 높이기 위한 학습방법**
② 교육 대상자수가 많고 교육 대상자의 학습능력의 차가 큰 경우 집단안전교육 방법으로 **가장 효과적**이다.

### 7) 문제법(Problem Method)

새로운 문제에 당면했을 때 그 문제를 해결하는 과정에서 이루어지는 학습방법

### 8) 구안법(Project Method)

학습자가 마음 속에 생각하고 있는 것(자신의 목표)을 구체적으로 실천하기 위하여 **스스로 계획을 세워 수행하는 학습활동**

## (2) 토의식 교육법의 종류

### 1) 사례연구법(Case Study : Case Method) ★

먼저 **사례를 제시**, 문제적 사실들과 그의 상호관계에 대해서 검토하고 **대책을 토의**하는 학습방법

### 2) 롤 플레잉(역할연기 : Role Playing) ★

참가자에게 일정한 역할을 주어서 **실제적으로 연기를 시켜봄**으로써 자기의 역할을 보다 확실히 인식시키는 방법

### 3) 포럼(Forum) ★

**새로운 자료나 교재를 제시**, 거기서의 **문제점을 피교육자로 하여금** 제기하게 하여 **발표하고 토의**하는 방법

### 4) 심포지엄(Symposium) ★

**몇 사람의 전문가**에 의하여 과제에 관한 **견해를 발표한 뒤 참가자로 하여금 의견이나 질문을 하게 하여 토의**하는 방법

### 5) 패널 디스커션(Panel discussion) ★

**패널 멤버**(교육과제에 정통한 전문가 4~5명)**가** 피교육자 앞에서 토의를 하고, 뒤에 피교육자 **전원이 참가하여 사회자의 사회에 따라 토의**하는 방법

### 6) 버즈 세션(6-6 회의 : Buzz Session) ★

사회자와 기록계를 선출한 후 **6명씩의 소집단으로 구분**하고, 소집단별로 **6분씩 자유토의**를 행하여 의견을 종합하는 방법

## 안전보건관리책임자 등에 대한 직무교육

### (1) 안전보건관리책임자 등에 대한 직무교육 ★★

다음 각 호의 어느 하나에 해당하는 사람은 **해당 직위에 선임**(위촉의 경우를 포함)**되거나 채용된 후 3개월**(보건관리자가 의사인 경우는 1년) 이내에 직무를 수행하는 데 필요한 **신규교육을 받아야 하며, 신규교육을 이수한 후 매 2년이 되는 날을 기준으로 전후 6개월 사이에** 고용노동부장관이 실시하는 안전보건에 관한 **보수교육을 받아야 한다.**

① **안전보건관리책임자**
② **안전관리자**(「기업활동 규제완화에 관한 특별조치법」 제30조제3항에 따라 안전관리자로 채용된 것으로 보는 사람을 포함한다)
③ **보건관리자**
④ **안전보건관리담당자**
⑤ **안전관리전문기관 또는 보건관리전문기관**에서 안전관리자 또는 보건관리자의 위탁 업무를 수행하는 사람
⑥ **건설재해예방전문지도기관**에서 지도업무를 수행하는 사람
⑦ **안전검사기관**에서 검사업무를 수행하는 사람
⑧ **자율안전검사기관**에서 검사업무를 수행하는 사람
⑨ **석면조사기관**에서 석면조사 업무를 수행하는 사람

### (2) 안전보건 교육의 교육시간

1) 사업주가 근로자에게 실시해야 하는 안전보건교육의 교육시간 ★★★

① 근로자 안전보건교육

| 교육과정 | 교육대상 | | 교육시간 |
|---|---|---|---|
| 가. 정기교육 | 1) 사무직 종사 근로자 | | 매반기 6시간 이상 |
| | 2) 그 밖의 근로자 | 가) 판매업무에 직접 종사하는 근로자 | 매반기 6시간 이상 |
| | | 나) 판매업무에 직접 종사하는 근로자 외의 근로자 | 매반기 12시간 이상 |
| 나. 채용 시 교육 | 1) 일용근로자 및 근로계약기간이 1주일 이하인 기간제근로자 | | 1시간 이상 |
| | 2) 근로계약기간이 1주일 초과 1개월 이하인 기간제근로자 | | 4시간 이상 |
| | 3) 그 밖의 근로자 | | 8시간 이상 |
| 다. 작업내용 변경 시 교육 | 1) 일용근로자 및 근로계약기간이 1주일 이하인 기간제근로자 | | 1시간 이상 |
| | 2) 그 밖의 근로자 | | 2시간 이상 |
| 라. 특별교육 | 1) 일용근로자 및 근로계약기간이 1주일 이하인 기간제 근로자(타워크레인신호작업에 종사하는 근로자 제외) | | 2시간 이상 |

| 교육과정 | 교육대상 | 교육시간 |
|---|---|---|
| 라. 특별교육 | 2) 일용근로자 및 근로계약기간이 1주일 이하인 기간제 근로자 중 타워크레인신호작업에 종사하는 근로자 | 8시간 이상 |
| | 3) 일용근로자 및 근로계약기간이 1주일 이하인 기간제 근로자를 제외한 근로자 | 가) 16시간 이상(최초 작업에 종사하기 전 4시간 이상 실시하고 12시간은 3개월 이내에서 분할하여 실시 가능)<br>나) 단기간 작업 또는 간헐적 작업인 경우에는 2시간 이상 |
| 마. 건설업 기초 안전·보건교육 | 건설 일용근로자 | 4시간 이상 |

1. 위 표의 적용을 받는 "일용근로자"란 근로계약을 1일 단위로 체결하고 그 날의 근로가 끝나면 근로관계가 종료되어 계속 고용이 보장되지 않는 근로자를 말한다.
2. 일용근로자가 위 표의 나목 또는 라목에 따른 교육을 받은 날 이후 1주일 동안 같은 사업장에서 같은 업무의 일용근로자로 다시 종사하는 경우에는 이미 받은 위 표의 나목 또는 라목에 따른 교육을 면제한다.
3. 다음 각 목의 어느 하나에 해당하는 경우는 위 표의 가목부터 라목까지의 규정에도 불구하고 해당 교육과정별 교육시간의 2분의 1 이상을 그 교육시간으로 한다.
   가. 「광산안전법」 적용 사업(광업 중 광물의 채광·채굴·선광 또는 제련 등의 공정으로 한정하며, 제조공정은 제외한다), 「원자력안전법」 적용 사업(발전업 중 원자력 발전설비를 이용하여 선기를 생산하는 사업장으로 한정한다), 「항공안전법」 적용 사업(항공기, 우주선 및 부품 제조업과 창고 및 운송관련 서비스업, 여행사 및 기타 여행보조 서비스업 중 항공 관련 사업은 각각 제외한다), 「선박안전법」 적용 사업(선박 및 보트 건조업은 제외한다)
   나. 상시근로자 50명 미만의 도매업, 숙박 및 음식점업
4. 근로자가 다음 각 목의 어느 하나에 해당하는 안전교육을 받은 경우에는 그 시간만큼 위 표의 가목에 따른 해당 반기의 정기교육을 받은 것으로 본다.
   가. 「원자력안전법 시행령」 제148조제1항에 따른 방사선작업종사자 정기교육
   나. 「항만안전특별법 시행령」 제5조제1항제2호에 따른 정기안전교육
   다. 「화학물질관리법 시행규칙」 제37조제4항에 따른 유해화학물질 안전교육
5. 근로자가 「항만안전특별법 시행령」 제5조제1항제1호에 따른 신규안전교육을 받은 때에는 그 시간만큼 위 표의 나목에 따른 채용 시 교육을 받은 것으로 본다.
6. 방사선 업무에 관계되는 작업에 종사하는 근로자가 「원자력안전법 시행규칙」 제138조제1항제2호에 따른 방사선작업종사자 신규교육 중 직장교육을 받은 때에는 그 시간만큼 위 표의 라목에 따른 특별교육 중 별표 5 제1호라목의 33.란에 따른 특별교육을 받은 것으로 본다.

② 관리감독자 안전보건교육

| 교육과정 | 교육시간 |
|---|---|
| 가. 정기교육 | 연간 16시간 이상 |
| 나. 채용 시 교육 | 8시간 이상 |
| 다. 작업내용 변경 시 교육 | 2시간 이상 |
| 라. 특별교육 | 16시간 이상(최초 작업에 종사하기 전 4시간 이상 실시하고 12시간은 3개월 이내에서 분할하여 실시가능) |
| | 단기간 작업 또는 간헐적 작업인 경우에는 2시간 이상 |

③ 안전보건관리책임자 등에 대한 교육(직무교육)

| 교육대상 | 교육시간 | |
|---|---|---|
| | 신규교육 | 보수교육 |
| 가. 안전보건관리책임자 | 6시간 이상 | 6시간 이상 |
| 나. 안전관리자, 안전관리전문기관의 종사자 | 34시간 이상 | 24시간 이상 |
| 다. 보건관리자, 보건관리전문기관의 종사자 | 34시간 이상 | 24시간 이상 |
| 라. 건설재해예방 전문지도기관 종사자 | 34시간 이상 | 24시간 이상 |
| 마. 석면조사기관 종사자 | 34시간 이상 | 24시간 이상 |
| 바. 안전보건관리담당자 | – | 8시간 이상 |
| 사. 안전검사기관, 자율안전검사기관의 종사자 | 34시간 이상 | 24시간 이상 |

④ 특수형태근로종사자에 대한 안전보건교육

| 교육과정 | 교육시간 |
|---|---|
| 가. 최초 노무제공 시 교육 | 2시간 이상(단기간 작업 또는 간헐적 작업에 노무를 제공하는 경우에는 1시간 이상 실시하고, 특별교육을 실시한 경우는 면제) |
| 나. 특별교육 | 16시간 이상(최초 작업에 종사하기 전 4시간 이상 실시하고 12시간은 3개월 이내에서 분할하여 실시가능) |
| | 단기간 작업 또는 간헐적 작업인 경우에는 2시간 이상 |

⑤ 검사원 성능검사 교육

| 교육과정 | 교육대상 | 교육시간 |
|---|---|---|
| 성능검사 교육 | – | 28시간 이상 |

## (3) 사업주가 근로자에게 실시해야 하는 안전보건교육의 대상별 교육내용

### 1) 근로자 정기안전·보건교육 ★★★

**근로자 정기안전·보건교육 내용**

① 산업안전 및 사고 예방에 관한 사항
② 산업보건 및 직업병 예방에 관한 사항
③ 유해·위험 작업환경 관리에 관한 사항
④ 산업안전보건법령 및 산업재해보상보험제도에 관한 사항
⑤ 직무스트레스 예방 및 관리에 관한 사항
⑥ 직장 내 괴롭힘, 고객의 폭언 등으로 인한 건강장해 예방 및 관리에 관한 사항
⑦ 건강증진 및 질병 예방에 관한 사항
⑧ 위험성 평가에 관한 사항

> **특급암기법**
>
> 공통 항목(관리감독자, 근로자)
> 1. 근로자는 법, 산재보상제도를 알자.
> 2. 근로자는 건강을 보존(산업보건)하고 직업병, 스트레스, 괴롭힘, 폭언 예방하자!
> 3. 근로자는 유해위험 환경을 관리해서 안전하고 사고예방하자!
> 4. 근로자는 위험성을 평가하자!
>
> 근로자 정기교육의 특징
> 1. 근로자는 건강증진하고 질병예방하자!

**근로자 채용 시의 교육 및 작업내용 변경 시 교육내용**

① 산업안전 및 사고 예방에 관한 사항
② 산업보건 및 직업병 예방에 관한 사항
③ 산업안전보건법령 및 산업재해보상보험제도에 관한 사항
④ 직무스트레스 예방 및 관리에 관한 사항
⑤ 직장 내 괴롭힘, 고객의 폭언 등으로 인한 건강장해 예방 및 관리에 관한 사항
⑥ 기계·기구의 위험성과 작업의 순서 및 동선에 관한 사항
⑦ 물질안전보건자료에 관한 사항
⑧ 작업 개시 전 점검에 관한 사항
⑨ 정리정돈 및 청소에 관한 사항
⑩ 사고 발생 시 긴급조치에 관한 사항
⑪ 위험성 평가에 관한 사항

> **특급암기법**
>
> 공통 항목
> 1. 신규자는 법, 산재보상제도를 알자!
> 2. 신규자는 건강을 보존(산업보건)하고 직업병, 스트레스, 괴롭힘, 폭언 예방하자!
> 3. 신규자는 안전하고 사고예방하자!
> 4. 신규자는 위험성을 평가하자!
>
> 신규채용자는 회사에 처음 입사해서 처음 일을 하는 근로자, 안전하게 일하기 위한 기본내용을 교육한다.
> 1. 신규자는 기계기구 위험성, 작업순서, 동선을 알자!
> 2. 신규자는 취급물질의 위험성(물질안전보건자료)을 알자!
> 3. 신규자는 작업 전 점검하자!
> 4. 신규자는 항상 정리정돈 청소하자!
> 5. 신규자는 사고 시 조치를 알자!

2) 관리감독자 정기안전 · 보건교육 ★★★

| 관리감독자의 정기교육 내용 |
|---|

① 산업안전 및 사고 예방에 관한 사항
② 산업보건 및 직업병 예방에 관한 사항
③ 유해 · 위험 작업환경 관리에 관한 사항
④ 산업안전보건법령 및 산업재해보상보험 제도에 관한 사항
⑤ 직무스트레스 예방 및 관리에 관한 사항
⑥ 직장 내 괴롭힘, 고객의 폭언 등으로 인한 건강장해 예방 및 관리에 관한 사항
⑦ 위험성평가에 관한 사항
⑧ 작업공정의 유해 · 위험과 재해 예방대책에 관한 사항
⑨ 표준안전 작업방법 결정 및 지도 · 감독 요령에 관한 사항
⑩ 비상시 또는 재해 발생 시 긴급조치에 관한 사항
⑪ 사업장 내 안전보건관리체제 및 안전 · 보건조치 현황에 관한 사항
⑫ 현장근로자와의 의사소통능력 및 강의능력 등 안전보건교육 능력 배양에 관한 사항
⑬ 그 밖의 관리감독자의 직무에 관한 사항

> **특급암기법**
>
> 공통 항목(관리감독자, 근로자)
> 1. 관리자는 법, 산재보상제도를 알자.
> 2. 관리자는 건강을 보존(산업보건)하고 직업병, 스트레스, 괴롭힘, 폭언 예방하자!
> 3. 관리자는 유해위험 환경을 관리해서 안전하고 사고예방하자!
> 4. 관리자는 위험성을 평가하자!

**관리감독자 정기교육의 특징**
1. 관리자는 유해위험의 재해예방대책 세우자!
2. 관리자는 안전 작업방법 결정해서 감독하자!
3. 관리자는 재해발생 시 긴급조치하자!
4. 관리자는 안전보건 조치하자!
5. 관리자는 안전보건교육 능력 배양하자!

## 관리감독자의 채용 시 교육 및 작업내용 변경 시 교육내용

① 산업안전 및 사고 예방에 관한 사항
② 산업보건 및 직업병 예방에 관한 사항
③ 산업안전보건법령 및 산업재해보상보험 제도에 관한 사항
④ 직무스트레스 예방 및 관리에 관한 사항
⑤ 직장 내 괴롭힘, 고객의 폭언 등으로 인한 건강장해 예방 및 관리에 관한 사항
⑥ 위험성평가에 관한 사항
⑦ 기계·기구의 위험성과 작업의 순서 및 동선에 관한 사항
⑧ 작업 개시 전 점검에 관한 사항
⑨ 물질안전보건자료에 관한 사항
⑩ 사업장 내 안전보건관리체제 및 안전·보건조치 현황에 관한 사항
⑪ 표준안전 작업방법 결정 및 지도·감독 요령에 관한 사항
⑫ 비상시 또는 재해 발생 시 긴급조치에 관한 사항
⑬ 그 밖의 관리감독자의 직무에 관한 사항

### 특급암기법

**공통 항목 – 채용 시 근로자 교육과 동일**
1. 신규 관리자는 법, 산재보상제도를 알자!
2. 신규 관리자는 건강을 보존(산업보건)하고 직업병, 스트레스, 괴롭힘, 폭언 예방하자!
3. 신규 관리자는 안전하고 사고예방하자!
4. 신규 관리자는 위험성을 평가하자!

**채용 시 근로자 교육 중 "정리정돈 청소" 제외**
1. 신규 관리자는 기계기구 위험성, 작업순서, 동선을 알자!
2. 신규 관리자는 취급물질의 위험성(물질안전보건자료)을 알자!
3. 신규 관리자는 작업 전 점검하자!

**신규 관리자 내용 추가**
1. 신규 관리자는 안전보건 조치하자!
2. 신규 관리자는 안전 작업방법 결정해서 감독하자!
3. 신규 관리자는 재해 시 긴급조치하자!

### 3) 건설업 기초안전·보건교육에 대한 내용 및 시간★★

| 교육 내용 | 시간 |
|---|---|
| 1. 건설공사의 종류(건축, 토목 등) 및 시공 절차 | 1시간 |
| 2. 산업재해 유형별 위험요인 및 안전보건조치 | 2시간 |
| 3. 안전보건관리체제 현황 및 산업안전보건 관련 근로자 권리·의무 | 1시간 |

### 4) 특수형태근로종사자에 대한 안전보건교육(최초 노무제공 시 교육)

| 교육내용 |
|---|

아래의 내용 중 **특수형태근로종사자의 직무에 적합한 내용을 교육**해야 한다.

① **교통안전 및 운전안전**에 관한 사항
② **보호구 착용**에 대한 사항
③ 산업안전 및 사고 예방에 관한 사항
④ 산업보건 및 직업병 예방에 관한 사항
⑤ 건강증진 및 질병 예방에 관한 사항
⑥ 유해·위험 작업환경 관리에 관한 사항
⑦ 기계·기구의 위험성과 작업의 순서 및 동선에 관한 사항
⑧ 작업 개시 전 점검에 관한 사항
⑨ 정리정돈 및 청소에 관한 사항
⑩ 사고 발생 시 긴급조치에 관한 사항
⑪ 물질안전보건자료에 관한 사항
⑫ 직무스트레스 예방 및 관리에 관한 사항
⑬ 직장 내 괴롭힘, 고객의 폭언 등으로 인한 건강장해 예방 및 관리에 관한 사항
⑭ 산업안전보건법령 및 산업재해보상보험 제도에 관한 사항

> **특급암기법**
> 채용 시 교육 내용 + 근로자 정기교육 내용 + 보호구 + 교통, 운전안전(위험성 평가 제외)

> **Reference**
>
> **특수형태근로종사자로부터 노무를 제공받는 자 중 안전·보건교육을 실시하여야 하는 자★**
>
> 1. 「건설기계관리법」에 따라 등록된 **건설기계를 직접 운전**하는 사람
> 2. 「체육시설의 설치·이용에 관한 법률」에 따라 **직장체육시설로 설치된 골프장** 또는 체육시설업의 등록을 한 골프장에서 골프경기를 보조하는 **골프장 캐디**
> 3. 한국표준직업분류표의 세분류에 따른 택배원으로서 **택배사업**(소화물을 집화·수송 과정을 거쳐 배송하는 사업을 말한다)에서 **집화 또는 배송 업무를 하는 사람**
> 4. 한국표준직업분류표의 세분류에 따른 택배원으로서 고용노동부장관이 정하는 기준에 따라 주로 **하나의 퀵서비스업자로부터 업무를 의뢰받아 배송 업무를 하는 사람**
> 5. 고용노동부장관이 정하는 기준에 따라 주로 **하나의 대리운전업자로부터 업무를 의뢰받아 대리운전 업무를 하는 사람**

### 5) 물질안전보건자료에 관한 교육내용

- 대상화학물질의 명칭(또는 제품명)
- 물리적 위험성 및 건강 유해성
- 취급상의 주의사항
- 적절한 보호구
- 응급조치 요령 및 사고시 대처방법
- 물질안전보건자료 및 경고표지를 이해하는 방법

## (4) 특별교육 대상 작업별 교육내용 ★

> 특별교육은 모두 39개 작업이 해당됩니다. 39개 작업별 교육내용을 5가지씩 다 암기할 만큼 자주 출제되진 않습니다. 이미 기출된 내용만 암기하고 넘어가는 정도로 공부하세요.

| 작업명 | 교육내용 |
| --- | --- |
| 〈개별내용〉<br>1. 고압실 내 작업(잠함공법이나 그 밖의 압기공법으로 대기압을 넘는 기압인 작업실 또는 수갱 내부에서 하는 작업만 해당한다) | • 고기압 장해의 인체에 미치는 영향에 관한 사항<br>• 작업의 시간·작업 방법 및 절차에 관한 사항<br>• 압기공법에 관한 기초지식 및 보호구 착용에 관한 사항<br>• 이상 발생 시 응급조치에 관한 사항<br>• 그 밖에 안전·보건관리에 필요한 사항 |

| 작업명 | 교육내용 |
|---|---|
| 2. 아세틸렌 용접장치 또는 가스집합 용접장치를 사용하는 금속의 용접·용단 또는 가열작업(발생기·도관 등에 의하여 구성되는 용접장치만 해당한다) | • 용접 흄, 분진 및 유해광선 등의 유해성에 관한 사항<br>• 가스용접기, 압력조정기, 호스 및 취관두(불꽃이 나오는 용접기의 앞부분) 등의 기기점검에 관한 사항<br>• 작업방법·순서 및 응급처치에 관한 사항<br>• 안전기 및 보호구 취급에 관한 사항<br>• 화재예방 및 초기대응에 관한 사항<br>• 그 밖에 안전·보건관리에 필요한 사항 |
| 3. 밀폐된 장소(탱크 내 또는 환기가 극히 불량한 좁은 장소를 말한다)에서 하는 용접작업 또는 습한 장소에서 하는 전기용접 작업 | • 작업순서, 안전작업방법 및 수칙에 관한 사항<br>• 환기설비에 관한 사항<br>• 전격 방지 및 보호구 착용에 관한 사항<br>• 질식 시 응급조치에 관한 사항<br>• 작업환경 점검에 관한 사항<br>• 그 밖에 안전·보건관리에 필요한 사항 |
| 4. 폭발성·물반응성·자기반응성·자기발열성 물질, 자연발화성 액체·고체 및 인화성 액체의 제조 또는 취급작업(시험연구를 위한 취급작업은 제외한다) | • 폭발성·물반응성·자기반응성·자기발열성 물질, 자연발화성 액체·고체 및 인화성 액체의 **성질이나 상태에 관한 사항**<br>• **폭발 한계점, 발화점** 및 **인화점** 등에 관한 사항<br>• **취급방법** 및 **안전수칙**에 관한 사항<br>• **이상 발견 시의 응급처치** 및 **대피 요령**에 관한 사항<br>• 화기·정전기·충격 및 **자연발화 등의 위험방지에 관한 사항**<br>• **작업순서, 취급주의사항** 및 **방호거리** 등에 관한 사항<br>• 그 밖에 안전·보건관리에 필요한 사항 |
| 5. 액화석유가스·수소가스 등 인화성 가스 또는 폭발성 물질 중 가스의 발생장치 취급 작업 | • 취급가스의 상태 및 성질에 관한 사항<br>• 발생장치 등의 위험 방지에 관한 사항<br>• 고압가스 저장설비 및 안전취급방법에 관한 사항<br>• 설비 및 기구의 점검 요령<br>• 그 밖에 안전·보건관리에 필요한 사항 |
| 6. 화학설비 중 반응기, 교반기·추출기의 사용 및 세척작업 | • 각 계측장치의 취급 및 주의에 관한 사항<br>• 투시창·수위 및 유량계 등의 점검 및 밸브의 조작주의에 관한 사항<br>• 세척액의 유해성 및 인체에 미치는 영향에 관한 사항<br>• 작업 절차에 관한 사항<br>• 그 밖에 안전·보건관리에 필요한 사항 |
| 7. 화학설비의 탱크 내 작업 | • 차단장치·정지장치 및 밸브 개폐장치의 점검에 관한 사항<br>• 탱크 내의 산소농도 측정 및 작업환경에 관한 사항<br>• 안전보호구 및 이상 발생 시 응급조치에 관한 사항<br>• 작업절차·방법 및 유해·위험에 관한 사항<br>• 그 밖에 안전·보건관리에 필요한 사항 |

| 작업명 | 교육내용 |
| --- | --- |
| 8. 분말·원재료 등을 담은 호퍼(하부가 깔대기 모양으로 된 저장통)·저장창고 등 저장탱크의 내부작업 | • 분말·원재료의 인체에 미치는 영향에 관한 사항<br>• 저장탱크 내부작업 및 복장보호구 착용에 관한 사항<br>• 작업의 지정·방법·순서 및 작업환경 점검에 관한 사항<br>• 팬·풍기(風旗) 조작 및 취급에 관한 사항<br>• 분진 폭발에 관한 사항<br>• 그 밖에 안전·보건관리에 필요한 사항 |
| 9. 다음 각 목에 정하는 설비에 의한 물건의 가열·건조작업<br>  가. 건조설비 중 위험물 등에 관계되는 설비로 속부피가 1세제곱미터 이상인 것<br>  나. 건조설비 중 가목의 위험물 등 외의 물질에 관계되는 설비로서, 연료를 열원으로 사용하는 것(그 최대연소소비량이 매 시간당 10킬로그램 이상인 것만 해당한다) 또는 전력을 열원으로 사용하는 것(정격소비전력이 10킬로와트 이상인 경우만 해당한다) | • 건조설비 내외면 및 기기기능의 점검에 관한 사항<br>• 복장보호구 착용에 관한 사항<br>• 건조 시 유해가스 및 고열 등이 인체에 미치는 영향에 관한 사항<br>• 건조설비에 의한 화재·폭발 예방에 관한 사항 |
| 10. 다음 각 목에 해당하는 집재장치(집재기·가선·운반기구·지주 및 이들에 부속하는 물건으로 구성되고, 동력을 사용하여 원목 또는 장작과 숯을 담아 올리거나 공중에서 운반하는 설비를 말한다)의 조립, 해체, 변경 또는 수리작업 및 이들 설비에 의한 집재 또는 운반 작업<br>  가. 원동기의 정격출력이 7.5킬로와트를 넘는 것<br>  나. 지간의 경사거리 합계가 350미터 이상인 것<br>  다. 최대사용하중이 200킬로그램 이상인 것 | • 기계의 브레이크 비상정지장치 및 운반경로, 각종 기능 점검에 관한 사항<br>• 작업 시작 전 준비사항 및 작업방법에 관한 사항<br>• 취급물의 유해·위험에 관한 사항<br>• 구조상의 이상 시 응급처치에 관한 사항<br>• 그 밖에 안전·보건관리에 필요한 사항 |
| 11. 동력에 의하여 작동되는 프레스기계를 5대 이상 보유한 사업장에서 해당 기계로 하는 작업 ★ | • 프레스의 특성과 위험성에 관한 사항<br>• 방호장치 종류와 취급에 관한 사항<br>• 안전작업방법에 관한 사항<br>• 프레스 안전기준에 관한 사항<br>• 그 밖에 안전·보건관리에 필요한 사항 |
| 12. 목재가공용 기계(둥근톱기계, 띠톱기계, 대패기계, 모떼기기계 및 라우터기(목재를 자르거나 홈을 파는 기계)만 해당하며, 휴대용은 제외한다)를 5대 이상 보유한 사업장에서 해당 기계로 하는 작업 | • 목재가공용 기계의 특성과 위험성에 관한 사항<br>• 방호장치의 종류와 구조 및 취급에 관한 사항<br>• 안전기준에 관한 사항<br>• 안전작업방법 및 목재 취급에 관한 사항<br>• 그 밖에 안전·보건관리에 필요한 사항 |

| 작업명 | 교육내용 |
|---|---|
| 13. 운반용 등 하역기계를 5대 이상 보유한 사업장에서의 해당 기계로 하는 작업 | • 운반하역기계 및 부속설비의 점검에 관한 사항<br>• 작업순서와 방법에 관한 사항<br>• 안전운전방법에 관한 사항<br>• 화물의 취급 및 작업신호에 관한 사항<br>• 그 밖에 안전·보건관리에 필요한 사항 |
| 14. 1톤 이상의 크레인을 사용하는 작업 또는 1톤 미만의 크레인 또는 호이스트를 5대 이상 보유한 사업장에서 해당 기계로 하는 작업★ | • 방호장치의 종류, 기능 및 취급에 관한 사항<br>• 걸고리·와이어로프 및 비상정지장치 등의 기계·기구 점검에 관한 사항<br>• 화물의 취급 및 안전작업방법에 관한 사항<br>• 신호방법 및 공동작업에 관한 사항<br>• 인양 물건의 위험성 및 낙하·비래(飛來)·충돌재해 예방에 관한 사항<br>• 인양물이 적재될 지반의 조건, 인양하중, 풍압 등이 인양물과 타워크레인에 미치는 영향<br>• 그 밖에 안전·보건관리에 필요한 사항 |
| 15. 건설용 리프트·곤돌라를 이용한 작업★ | • 방호장치의 기능 및 사용에 관한 사항<br>• 기계, 기구, 달기체인 및 와이어 등의 점검에 관한 사항<br>• 화물의 권상·권하작업방법 및 안전작업 지도에 관한 사항<br>• 기계·기구에 특성 및 동작원리에 관한 사항<br>• 신호방법 및 공동작업에 관한 사항<br>• 그 밖에 안전·보건관리에 필요한 사항 |
| 16. 주물 및 단조(금속을 두들기거나 눌러서 형체를 만드는 일) 작업 | • 고열물의 재료 및 작업환경에 관한 사항<br>• 출탕·주조 및 고열물의 취급과 안전작업방법에 관한 사항<br>• 고열작업의 유해·위험 및 보호구 착용에 관한 사항<br>• 안전기준 및 중량물 취급에 관한 사항<br>• 그 밖에 안전·보건관리에 필요한 사항 |
| 17. 전압이 75볼트 이상인 정전 및 활선작업 | • 전기의 위험성 및 전격 방지에 관한 사항<br>• 해당 설비의 보수 및 점검에 관한 사항<br>• 정전작업·활선작업 시의 안전작업방법 및 순서에 관한 사항<br>• 절연용 보호구, 절연용 보호구 및 활선작업용 기구 등의 사용에 관한 사항<br>• 그 밖에 안전·보건관리에 필요한 사항 |
| 18. 콘크리트 파쇄기를 사용하여 하는 파쇄작업 (2미터 이상인 구축물의 파쇄작업만 해당한다) | • 콘크리트 해체 요령과 방호거리에 관한 사항<br>• 작업안전조치 및 안전기준에 관한 사항<br>• 파쇄기의 조작 및 공통작업 신호에 관한 사항<br>• 보호구 및 방호장비 등에 관한 사항<br>• 그 밖에 안전·보건관리에 필요한 사항 |

| 작업명 | 교육내용 |
|---|---|
| 19. 굴착면의 높이가 2미터 이상이 되는 지반 굴착 (터널 및 수직갱 외의 갱 굴착은 제외한다)작업 ★ | • 지반의 형태·구조 및 굴착 요령에 관한 사항<br>• 지반의 붕괴재해 예방에 관한 사항<br>• 붕괴 방지용 구조물 설치 및 작업방법에 관한 사항<br>• 보호구의 종류 및 사용에 관한 사항<br>• 그 밖에 안전·보건관리에 필요한 사항 |
| 20. 흙막이 지보공의 보강 또는 동바리를 설치하거나 해체하는 작업 ★ | • 작업안전 점검 요령과 방법에 관한 사항<br>• 동바리의 운반·취급 및 설치 시 안전작업에 관한 사항<br>• 해체작업 순서와 안전기준에 관한 사항<br>• 보호구 취급 및 사용에 관한 사항<br>• 그 밖에 안전·보건관리에 필요한 사항 |
| 21. 터널 안에서의 굴착작업(굴착용 기계를 사용하여 하는 굴착작업 중 근로자가 칼날 밑에 접근하지 않고 하는 작업은 제외한다) 또는 같은 작업에서의 터널 거푸집 지보공의 조립 또는 콘크리트 작업 ★ | • 작업환경의 점검 요령과 방법에 관한 사항<br>• 붕괴 방지용 구조물 설치 및 안전작업 방법에 관한 사항<br>• 재료의 운반 및 취급·설치의 안전기준에 관한 사항<br>• 보호구의 종류 및 사용에 관한 사항<br>• 소화설비의 설치장소 및 사용방법에 관한 사항<br>• 그 밖에 안전·보건관리에 필요한 사항 |
| 22. 굴착면의 높이가 2미터 이상이 되는 암석의 굴착작업 ★ | • 폭발물 취급 요령과 대피 요령에 관한 사항<br>• 안전거리 및 안전기준에 관한 사항<br>• 방호물의 설치 및 기준에 관한 사항<br>• 보호구 및 신호방법 등에 관한 사항<br>• 그 밖에 안전·보건관리에 필요한 사항 |
| 23. 높이가 2미터 이상인 물건을 쌓거나 무너뜨리는 작업(하역기계로만 하는 작업은 제외한다) | • 원부재료의 취급 방법 및 요령에 관한 사항<br>• 물건의 위험성·낙하 및 붕괴재해 예방에 관한 사항<br>• 적재방법 및 전도 방지에 관한 사항<br>• 보호구 착용에 관한 사항<br>• 그 밖에 안전·보건관리에 필요한 사항 |
| 24. 선박에 짐을 쌓거나 부리거나 이동시키는 작업 | • 하역 기계·기구의 운전방법에 관한 사항<br>• 운반·이송경로의 안전작업방법 및 기준에 관한 사항<br>• 중량물 취급 요령과 신호 요령에 관한 사항<br>• 작업안전 점검과 보호구 취급에 관한 사항<br>• 그 밖에 안전·보건관리에 필요한 사항 |
| 25. 거푸집 동바리의 조립 또는 해체작업 ★ | • 동바리의 조립방법 및 작업 절차에 관한 사항<br>• 조립재료의 취급방법 및 설치기준에 관한 사항<br>• 조립 해체 시의 사고 예방에 관한 사항<br>• 보호구 착용 및 점검에 관한 사항<br>• 그 밖에 안전·보건관리에 필요한 사항 |

| 작업명 | 교육내용 |
|---|---|
| 26. 비계의 조립·해체 또는 변경작업 ★ | • 비계의 조립순서 및 방법에 관한 사항<br>• 비계작업의 재료 취급 및 설치에 관한 사항<br>• 추락재해 방지에 관한 사항<br>• 보호구 착용에 관한 사항<br>• 비계상부 작업 시 최대 적재하중에 관한 사항<br>• 그 밖에 안전·보건관리에 필요한 사항 |
| 27. 건축물의 골조, 다리의 상부구조 또는 탑의 금속제의 부재로 구성되는 것(5미터 이상인 것만 해당한다)의 조립·해체 또는 변경작업 | • 건립 및 버팀대의 설치순서에 관한 사항<br>• 조립 해체 시의 추락재해 및 위험요인에 관한 사항<br>• 건립용 기계의 조작 및 작업신호 방법에 관한 사항<br>• 안전장비 착용 및 해체순서에 관한 사항<br>• 그 밖에 안전·보건관리에 필요한 사항 |
| 28. 처마 높이가 5미터 이상인 목조건축물의 구조 부재의 조립이나 건축물의 지붕 또는 외벽 밑에서의 설치작업 | • 붕괴·추락 및 재해 방지에 관한 사항<br>• 부재의 강도·재질 및 특성에 관한 사항<br>• 조립·설치 순서 및 안전작업방법에 관한 사항<br>• 보호구 착용 및 작업 점검에 관한 사항<br>• 그 밖에 안전·보건관리에 필요한 사항 |
| 29. 콘크리트 인공구조물(그 높이가 2미터 이상인 것만 해당한다)의 해체 또는 파괴작업 | • 콘크리트 해체기계의 점점에 관한 사항<br>• 파괴 시의 안전거리 및 대피 요령에 관한 사항<br>• 작업방법·순서 및 신호 방법 등에 관한 사항<br>• 해체·파괴 시의 작업안전기준 및 보호구에 관한 사항<br>• 그 밖에 안전·보건관리에 필요한 사항 |
| 30. 타워크레인을 설치(상승작업을 포함한다)·해체하는 작업 ★ | • 붕괴·추락 및 재해 방지에 관한 사항<br>• 설치·해체 순서 및 안전작업방법에 관한 사항<br>• 부재의 구조·재질 및 특성에 관한 사항<br>• 신호방법 및 요령에 관한 사항<br>• 이상 발생 시 응급조치에 관한 사항<br>• 그 밖에 안전·보건관리에 필요한 사항 |
| 31. 보일러(소형 보일러 및 다음 각 목에서 정하는 보일러는 제외한다)의 설치 및 취급 작업<br>　가. 몸통 반지름이 750밀리미터 이하이고 그 길이가 1,300밀리미터 이하인 증기보일러<br>　나. 전열면적이 3제곱미터 이하인 증기보일러<br>　다. 전열면적이 14제곱미터 이하인 온수보일러<br>　라. 전열면적이 30제곱미터 이하인 관류보일러 (물관을 사용하여 가열시키는 방식의 보일러) | • 기계 및 기기 점화장치 계측기의 점검에 관한 사항<br>• 열관리 및 방호장치에 관한 사항<br>• 작업순서 및 방법에 관한 사항<br>• 그 밖에 안전·보건관리에 필요한 사항 |

| 작업명 | 교육내용 |
|---|---|
| 32. 게이지 압력을 제곱센티미터당 1킬로그램 이상으로 사용하는 압력용기의 설치 및 취급작업 | • 안전시설 및 안전기준에 관한 사항<br>• 압력용기의 위험성에 관한 사항<br>• 용기 취급 및 설치기준에 관한 사항<br>• 작업안전 점검 방법 및 요령에 관한 사항<br>• 그 밖에 안전 · 보건관리에 필요한 사항 |
| 33. 방사선 업무에 관계되는 작업(의료 및 실험용은 제외한다) | • 방사선의 유해 · 위험 및 인체에 미치는 영향<br>• 방사선의 측정기기 기능의 점검에 관한 사항<br>• 방호거리 · 방호벽 및 방사선물질의 취급 요령에 관한 사항<br>• 응급처치 및 보호구 착용에 관한 사항<br>• 그 밖에 안전 · 보건관리에 필요한 사항 |
| 34. 밀폐공간에서의 작업 ★ | • **산소농도 측정 및 작업환경**에 관한 사항<br>• **사고 시의 응급처치 및 비상 시 구출**에 관한 사항<br>• **보호구 착용 및 보호 장비 사용**에 관한 사항<br>• **작업내용 · 안전작업방법 및 절차**에 관한 사항<br>• **장비 · 설비 및 시설 등의 안전점검**에 관한 사항<br>• 그 밖에 안전 · 보건관리에 필요한 사항 |
| 35. 허가 및 관리 대상 유해물질의 제조 또는 취급 작업 | • 취급물질의 성질 및 상태에 관한 사항<br>• 유해물질이 인체에 미치는 영향<br>• 국소배기장치 및 안전설비에 관한 사항<br>• 안전작업방법 및 보호구 사용에 관한 사항<br>• 그 밖에 안전 · 보건관리에 필요한 사항 |
| 36. 로봇작업 | • **로봇**의 기본원리 구조 및 작업방법에 관한 사항<br>• 이상 발생 시 응급조치에 관한 사항<br>• 안전시설 및 안전기준에 관한 사항<br>• 조작방법 및 작업순서에 관한 사항 |
| 37. 석면해체 · 제거작업 | • 석면의 특성과 위험성<br>• 석면해체 · 제거의 작업방법에 관한 사항<br>• 장비 및 보호구 사용에 관한 사항<br>• 그 밖에 안전 · 보건관리에 필요한 사항 |
| 38. 가연물이 있는 장소에서 하는 화재위험작업 | • 작업준비 및 작업절차에 관한 사항<br>• 작업장 내 위험물, 가연물의 사용 · 보관 · 설치 현황에 관한 사항<br>• 화재위험작업에 따른 인근 인화성 액체에 대한 방호조치에 관한 사항 |

| 작업명 | 교육내용 |
|---|---|
| 38. 가연물이 있는 장소에서 하는 화재위험작업 | • 화재위험작업으로 인한 불꽃, 불티 등의 흩날림 방지 조치에 관한 사항<br>• 인화성 액체의 증기가 남아 있지 않도록 환기 등의 조치에 관한 사항<br>• 화재감시자의 직무 및 피난교육 등 비상조치에 관한 사항<br>• 그 밖에 안전·보건관리에 필요한 사항 |
| 39. 타워크레인을 사용하는 작업 시 신호업무를 하는 작업 ★ | • 타워크레인의 기계적 특성 및 방호장치 등에 관한 사항<br>• 화물의 취급 및 안전작업방법에 관한 사항<br>• 신호방법 및 요령에 관한 사항<br>• 인양 물건의 위험성 및 낙하·비래·충돌재해 예방에 관한 사항<br>• 인양물이 적재될 지반의 조건, 인양하중, 풍압 등이 인양물과 타워크레인에 미치는 영향<br>• 그 밖에 안전·보건관리에 필요한 사항 |

# 산업심리

## (1) 양립성 ★

### 1) 양립성의 정의

자극과 반응의 관계가 인간의 기대와 모순되지 않는 성질

### 2) 양립성의 종류 ★

| | |
|---|---|
| 개념적 양립성 | • 외부자극에 대해 인간의 개념적 현상의 양립성<br>• 예 빨간 버튼은 온수, 파란 버튼은 냉수 |
| 공간적 양립성 | • 표시장치, 조종장치의 형태 및 공간적 배치의 양립성<br>• 예 오른쪽 조리대는 오른쪽 조절장치로, 왼쪽 조리대는 왼쪽 조절장치로 조정한다. |
| 운동의 양립성 | • 표시장치, 조종장치 등의 운동 방향의 양립성<br>• 예 조종장치를 오른쪽으로 돌리면 표시장치 지침이 오른쪽으로 이동한다. |
| 양식 양립성 | • 직무에 알맞은 자극과 응답 양식의 존재에 대한 양립성<br>• 예 음성과업에 대해서는 청각적 자극 제시와 이에 대한 음성응답 과업에서 갖는 양립성 |

## (2) 적응기제

| 방어기제(갈등을 이겨내려는 능동성과 적극성) ★ | 도피기제(갈등을 해결하지 않고 도망감) ★ |
|---|---|
| ① 보상 : 열등감을 다른 곳에서 강점으로 발휘함<br>② 합리화 : 자기실패의 합리화, 자기미화<br>③ 동일시 : 힘 있고 능력 있는 사람을 통해 자기 만족을 얻으려 함<br>④ 승화 : 열등감과 욕구불만을 사회적으로 바람직한 가치로 나타내는 것<br>⑤ 투사 : 자신의 열등감을 다른 것의 결함을 발견해서 벗어나려 함 | ① 고립 : 외부와의 접촉을 끊음<br>② 퇴행 : 유아 시절로 돌아가 유치해짐<br>③ 억압 : 무의식으로 쑤셔 넣기<br>④ 백일몽 : 공상의 나래를 펼침 |

## (3) 에너지 대사율(RMR)

| 에너지 대사율(RMR)의 계산 ★★ |
|---|
| $$RMR = \frac{노동대사량}{기초대사량} = \frac{작업\ 시\ 소비\ energy - 안정\ 시\ 소비\ energy}{기초대사량}$$ |

① 작업강도는 에너지 대사율로 나타낸다.
② **작업 시의 소비에너지**는 작업 중에 **소비한 산소의 소모량으로 측정**한다.
③ 안정 시의 소비에너지는 의자에 앉아서 호흡하는 동안에 소비한 산소의 소모량으로 측정한다.

1) 작업강도 구분에 따른 RMR ★★

   ① **경작업**(가벼운 작업) : 1~2
   ② **중작업**(보통 작업) : 2~4
   ③ **중작업**(힘든 작업) : 4~7
   ④ **초중작업**(굉장히 힘든 작업) : 7 이상

(4) 휴식시간

| 휴식시간의 계산 ★ |
|---|

$$휴식시간(R) = \frac{60 \times (E - 5)}{E - 1.5} [분]$$

- 1.5 : 휴식 중의 에너지 소비량
- 5(kcal/분) : 보통 작업에 대한 평균 에너지(기초대사량을 포함하지 않을 경우 4)
- 60(분) : 작업시간
- E(kcal/분) : 문제에서 주어진 작업 시 필요한 에너지

**EXERCISE**

작업장에서 근로자가 작업 시 분당 에너지소모가 5.5kcal라면 적당한 휴식시간은 얼마인지 계산하시오.
(단, 작업에 관한 평균에너지 4kcal)

**풀이하기**

$$휴식시간(R) = \frac{60 \times (E - 4)}{E - 1.5} [분] = \frac{60 \times (5.5 - 4)}{5.5 - 1.5} = 22.5 [분]$$

## (5) 생체리듬(biorhythm)

### 1) 바이오리듬의 종류

| 육체적 리듬(P) | 감성적 리듬(S) | 지성적 리듬(I) |
|---|---|---|
| 23일 주기 | 28일 주기 | 33일 주기 |
| 청색의 실선으로 표시 | 적색의 점선으로 표시 | 녹색의 일점쇄선으로 표시 |
| 식욕, 소화력, 활동력, 지구력 등을 나타냄 | 감정, 주의심, 창조력, 희로애락 등을 나타냄 | 상상력, 사고력, 기억력, 인지력, 판단력 등을 나타냄 |

## (6) 작업면의 적정조도(법적 조도 기준)

① **초정밀** 작업 : 750 Lux 이상
② **정밀** 작업 : 300 Lux 이상
③ **보통** 작업 : 150 Lux 이상
④ **기타** 작업 : 75 Lux 이상

# 리더십과 헤드십

## (1) 리더십의 정의

**리더십(leadership)**

$$L = f(l \cdot f_1 \cdot s)$$

여기서, $L$ : 리더십(leader ship)
$f$ : 함수(function)
$l$ : 리더(leader)
$f_1$ : 멤버, 추종자(follower)
$s$ : 상황요인(situational variables)

## (2) 업무 추진의 방식에 따른 분류

① **권위주의적 리더** : 리더가 독단적으로 의사를 결정하는 형태
② **민주주의적 리더** : 집단토의에 의해 의사를 결정하는 형태
③ **자유방임적 리더** : 리더 역할은 하지 않고 명목상 자리만 유지하는 형태

### (3) 행동유형 방식에 따른 분류

① **참여적 리더십** : 부하들과 상담하여 부하의견을 고려하는 형태
② **지시적 리더십** : 지도자는 독선적이며 조직 구성원들을 보상-체벌의 연속선상에서 명령하고 통제한다.
③ **지원적 리더십** : 우호적이며 친밀감이 강하고 부하의 의사 표현을 존중하는 형태
④ **성취 지향적 리더십** : 도전적 목표설정을 강조하고 부하능력을 신뢰하는 형태

### (4) 리더의 행동유형 중 관리 그리드 이론★

| | |
|---|---|
| (1.1)형 | 무관심형 |
| (1.9)형 | 인기형 |
| (9.1)형 | 과업형 |
| (5.5)형 | 타협형 |
| (9.9)형 | 이상형 |

* (x, y)형에서 x는 과업의 관심도, y는 인간관계의 관심도를 나타냄

### (5) 리더십 권한의 역할★

① **보상적 권한** : 지도자가 **부하에게 보상**할 수 있는 능력
② **강압적 권한** : 지도자가 **부하들을 처벌**할 수 있는 권한
③ **합법적 권한** : 조직의 **규정에 의해 공식화된 권한**
④ **위임된 권한** : 부하직원들이 지도자를 따르고 지도자와 함께 일하는 것
⑤ **전문성의 권한** : 지도자가 집단 목표수행에 **전문적인 지식**을 갖고 있는가와 관련한 권한

### (6) 리더십과 헤드십의 특성

| 구 분 | 리더십 | 헤드십 |
|---|---|---|
| 권한 행사 | 선출된 리더 | **임명적 헤드** |
| 권한 부여 | 밑으로부터의 동의 | 위에서 위임 |
| 권한 귀속 | 집단 목표에 기여한 **공로인정** | 공식화된 **규정에 의함** |
| 상사, 부하 관계 | 개인적인 영향 | 지배적임 |
| 부하와의 관계 | 좁음 | 넓음 |
| 지휘형태 | 민주주의적 | 권위주의적 |
| 책임귀속 | 상사와 부하 | 상사 |
| 권한근거 | 개인적 | 법적, 공식적 |

# 동기부여 이론

## (1) 데이비스(K. Davis)의 동기부여 이론 ★

① 인간의 성과 × 물질의 성과 = 경영의 성과
② 지식(knowledge) × 기능(skill) = 능력(ability)
③ 상황(situation) × 태도(attitude) = 동기유발(motivation)
④ 능력 × 동기유발 = 인간의 성과(human performance)

## (2) 매슬로(Maslow A. H.)의 욕구단계 이론(인간의 욕구 5단계) ★★

① **제1단계(생리적 욕구)** : 인간의 가장 기본적인 욕구
② **제2단계(안전 욕구)** : 자기 보존 욕구
③ **제3단계(사회적 욕구)** : 소속감과 애정 욕구
④ **제4단계(존경 욕구)** : 인정받으려는 욕구
⑤ **제5단계(자아실현의 욕구)** : 잠재적인 능력을 실현하고자 하는 욕구

## (3) 헤르츠버그(Herzberg)의 동기·위생 이론 ★★

① 위생요인 : 인간의 동물적 욕구를 반영하는 것으로 Maslow의 생리적, 안전, 사회적 욕구와 비슷하다.(저차원의 욕구)
② 동기요인 : 자아실현을 하려는 인간의 독특한 경향을 반영한 것으로 Maslow의 존경, 자아실현의 욕구와 비슷하다.(고차원의 욕구)

| 위생 요인(직무 환경) | 동기 요인(직무 내용) |
|---|---|
| • 회사정책과 관리<br>• 개인 상호간의 관계<br>• 감독<br>• **임금**<br>• 보수<br>• **작업조건**<br>• 지위<br>• **안전** | • **성취감**<br>• **책임감**<br>• **안정감**<br>• 성장과 발전<br>• 도전감<br>• **일 그 자체** |

### (4) 알더퍼의 E.R.G이론 ★★

① **생존욕구(존재욕구)** : 의식주, 봉급, 직무안전
② **관계욕구** : 대인관계
③ **성장욕구** : 개인적 발전

### (5) 맥그리거(McGregor)의 X, Y 이론 ★

| X이론의 특징 | Y이론의 특징 |
| --- | --- |
| 인간 불신감 | 상호 신뢰감 |
| 성악설 | 성선설 |
| 인간은 원래 게으르고 태만하며 남의 지배를 받기를 즐긴다. | 인간은 부지런하고 적극적이며 자주적이다. |
| 물질욕구(저차원 욕구)에 만족 | 정신욕구(고차원 욕구)에 만족 |
| 명령, 통제에 의한 관리<br>(권위주의적 리더십) | 목표 통합과 자기통제에 의한 관리<br>(민주주의적 리더십) |
| 저개발국형 | 선진국형 |

**맥그리거(McGregor)의 X, Y이론의 관리처방**

| X이론(저차원) | Y이론(고차원) |
| --- | --- |
| • 경제적 보상체제의 강화<br>• 권위주의적 리더십의 확립<br>• 면밀한 감독과 엄격한 통제<br>• 상부 책임제도의 강화 | • 분권화와 권한의 위임<br>• 직무확장 및 목표에 의한 관리<br>• 민주적 리더십의 확립<br>• 비공식적 조직의 활용<br>• 상호 신뢰감<br>• 책임과 창조력<br>• 인간관계 관리방식 |

# 무재해운동과 위험예지훈련

## (1) 무재해의 정의 ★

**무재해** : 무재해운동 시행사업장에서 **근로자가 업무에 기인하여 사망 또는 4일 이상의 요양을 요하는 부상 또는 질병에 이환되지 않는 것**을 말한다. 다만, 다음 각 목의 어느 하나에 해당하는 경우에는 무재해로 본다.

### 무재해에 해당하는 경우 ★

① 업무수행 중의 사고 중 천재지변 또는 돌발적인 사고로 인한 구조행위 또는 긴급피난 중 발생한 사고
② 출·퇴근 도중에 발생한 재해
③ 운동경기 등 각종 행사 중 발생한 재해
④ 천재지변 또는 돌발적인 사고 우려가 많은 장소에서 사회통념상 인정되는 업무수행 중 발생한 사고
⑤ 제3자의 행위에 의한 업무상 재해
⑥ 업무상 질병에 대한 구체적인 인정기준 중 **뇌혈관질병 또는 심장질병에 의한 재해**
⑦ **업무시간 외에 발생한 재해.** 다만, 사업주가 제공한 사업장내의 시설물에서 발생한 재해 또는 작업개시 전의 작업준비 및 작업종료 후의 정리정돈 과정에서 발생한 재해는 제외한다.
⑧ 도로에서 발생한 사업장 밖의 교통사고, 소속 사업장을 벗어난 출장 및 외부기관으로 위탁교육 중 발생한 사고, 회식 중의 사고, 전염병 등 사업주의 법 위반으로 인한 것이 아니라고 인정되는 재해

> **특급암기법**
> 무재해 : 업무시간 외, 제3자, 각종 행사, 출·퇴근 도중, 뇌혈관질환·심장질환

## (2) 무재해 운동의 3대 원칙 ★★

① **무(無)의 원칙(ZERO의 원칙)** : 사업장 내의 모든 잠재위험요인을 적극적으로 사전에 발견하고 파악·해결함으로써 **산업재해의 근원적인 요소들을 없앤다는 것을 의미**한다.
② **선취의 원칙(안전제일의 원칙)** : 사업장 내에서 **행동하기 전에 잠재위험요인을 발견하고 파악·해결하여 재해를 예방**하는 것을 의미한다.
③ **참가의 원칙(참여의 원칙)** : 작업에 따르는 잠재위험요인을 발견하고 파악·해결하기 위하여 **전원이 일치 협력하여 각자의 위치에서 적극적으로 문제해결을 하겠다는 것을** 의미한다.

### (3) 무재해 운동의 3요소 ★

① 최고 경영자의 경영자세
② 라인관리자에 의한 안전보건 추진
③ 직장의 자주안전 활동의 활성화

### (4) 무재해 소집단활동

#### 1) 브레인스토밍(Brain storming)

인간의 잠재의식을 일깨워 자유로이 **아이디어를 개발하자는 토의식 아이디어 개발 기법**

| 브레인스토밍의 4원칙 ★ |
| --- |
| • **비판금지** : 좋다, 나쁘다 비판은 하지 않는다.<br>• **자유분방** : 마음대로 **자유로이 발언**한다.<br>• **대량발언** : 무엇이든 좋으니 **많이 발언**한다.<br>• **수정발언** : 타인의 생각에 **동참**하거나 **보충 발언**해도 좋다. |

#### 2) 미국 듀폰사의 STOP기법(Safety Training Observation Program : 안전교육 관찰 프로그램)

숙련된 관찰자(안전관리자)가 불안전한 행위를 관찰하기 위한 기법

| STOP 기법 진행방법 |
| --- |
| 결심 → 정지 → 관찰 → 보고 |

#### 3) T.B.M(Tool Box Meeting) : 단시간 즉시 적응법 ★

① 재해를 방지하기 위해 **현장에서 그때그때의 상황에 맞게 적응하여 실시하는 활동으로 단시간 미팅 즉시 적응훈련**이라 한다.
② **작업 전 또는 종료 시 5~10분간 작업자** 3~5인(10인 이하)이 **조를 이뤄 작업 시 위험요소에 대하여 말하는 방식**이다.
③ **진행과정** : 도입 - 점검정비 - 작업지시 - 위험예지훈련(위험예측) - 확인

#### 4) 안전 확인 5지 운동

① 모지(마음)
② 시지(복장)
③ 중지(규정)
④ 약지(정비)
⑤ 새끼손가락(확인)

5) 지적확인 ★

사람의 **눈이나 귀 등 오관의 감각기관을 총동원**해서 작업공정의 요소 요소에서 **자신의 행동을**(…좋아) 하고 대상을 지적하여 **큰 소리로 확인**하여 작업의 정확성과 **안전을 확인하는 방법**이다.

6) 5C 운동 ★

① **복장단정**(Correctness)
② **정리정돈**(Clearance)
③ **청소청결**(Cleaning)
④ **점검확인**(Checking)
⑤ **전심전력**(Concentration)

7) E.C.R(Error Cause Removal) 제안제도 ★

**근로자 자신이** 자기의 부주의 이외에 **제반 오류의 원인을 생각함으로서 개선을 하도록 하는 방법**

8) 터치 앤 콜(Touch and Call)

**팀의 전 구성원이 원을 만들어** 팀의 **행동목표**나 무재해 구호를 **지적 확인하는 방법**(무재해로 나가자, 좋아! 좋아! 좋아!)

### (5) 위험예지 훈련

| 위험예지 훈련 4단계 ★★ | |
|---|---|
| 1단계 : 현상 파악 | • 어떤 위험이 잠재하고 있는가?<br>• 전원이 대화로써 도해 상황 속의 **잠재위험요인을 발견**하고 그 요인이 초래할 수 있는 사고를 생각해내는 단계 |
| 2단계 : 요인조사 (본질추구) | • 이것이 위험의 포인트다.<br>• 발견해 낸 위험 중 **가장 위험한 것을** 합의로서 **결정**하는 단계 |
| 3단계 : 대책수립 | • 당신이라면 어떻게 할 것인가?<br>• 중요위험요인을 해결하기 위한 **대책을 세우는 단계** |
| 4단계 : 행동목표 설정(합의요약) | • 우리들은 이렇게 하자!<br>• 대책 중 중점 실시항목을 합의 요약해서 **그것을 실천하기 위한 행동목표를 설정**하는 단계 |

# 예상문제

**01** 파블로프의 조건 반사설의 학습 이론원리 4가지를 쓰시오.

**정답** ① 일관성의 원리, ② 계속성의 원리, ③ 시간의 원리, ④ 강도의 원리

**02** OJT와 OFF JT의 특징을 설명하시오.

**정답**
① OJT : 직속상사가 부하직원에게 일상업무를 교육하는 형태
② OFF JT : 외부강사에 의한 집합교육을 실시하는 형태

**참고**

| OJT의 특징 | OFF JT의 특징 |
| --- | --- |
| ① 개개인에게 적절한 훈련이 가능하다. | ① 다수의 근로자들에게 훈련을 할 수 있다. |
| ② 직장의 실정에 맞는 훈련이 가능하다. | ② 훈련에만 전념하게 된다. |
| ③ 교육효과가 즉시 업무에 연결된다. | ③ 특별설비기구 이용이 가능하다. |
| ④ 훈련에 대한 업무의 계속성이 끊어지지 않는다. | ④ 많은 지식이나 경험을 교류할 수 있다. |
| ⑤ 상호 신뢰 이해도가 높다. | ⑤ 교육 훈련 목표에 대하여 집단적 노력이 흐트러 질 수 있다. |

## 03 하버드학파의 교수법을 쓰시오.

**정답**
① 1단계 : 준비시킨다.
② 2단계 : 교시시킨다.
③ 3단계 : 연합한다.
④ 4단계 : 총괄한다.
⑤ 5단계 : 응용시킨다.

## 04 교육의 3요소를 적으시오.

**정답**
① 교육의 주체 : 강사
② 교육의 객체 : 학생
③ 교육의 매개체 : 교재(학습내용)

### 참고

**(1) 교육의 3단계**
① 1단계(지식교육) : 강의, 시청각 교육
② 2단계(기능교육) : 시범, 견학, 실습, 현장교육
  *기능교육의 3원칙 : 준비철저 – 안전작업 표준화 – 위험작업 규제화
③ 3단계(태도교육) : 청취한다 → 이해, 납득시킨다 → 모범을 보인다 → 권장한다 → 평가(칭찬, 벌)

**(2) 교육진행 4단계**
① 1단계(도입) : 학습할 준비
② 2단계(제시) : 작업 설명
③ 3단계(적용) : 시켜본다.
④ 4단계(확인) : 가르친 뒤 살펴본다.

## 05 안전태도교육의 기본과정에 대하여 5가지 기술하시오.

**정답** 청취한다 → 이해, 납득시킨다 → 모범을 보인다 → 권장한다 → 평가(칭찬, 벌)

## 06 관리감독자 훈련의 교육내용을 4가지 쓰시오.

**정답**
① 작업 방법 기법(Job Method Training : JMT)
② 작업 지도 기법(Job Instruction Training : JIT)
③ 인간관계관리기법, 부하통솔법(Job Relations Training : JRT)
④ 작업 안전 기법(Job Safety Training : JST)

**참고**

**[관리감독자 교육의 종류]**

① **TWI**(Training Within Industry) : 일선관리감독자 교육
② **MTP**(Management Training Program)
③ **ATT**(American Telephone & Telegraph Company)
④ **CCS**(Civil Communication Section)

**07** 산업안전보건법에 의한 근로자 및 관리감독자 안전보건교육의 종류를 5가지로 구분하고 교육시간을 적으시오.

① 근로자 안전보건교육

| 교육과정 | 교육대상 | | 교육시간 |
|---|---|---|---|
| 가. (　　) | 1) 사무직 종사 근로자 | | (　　　) |
| | 2) 그 밖의 근로자 | 가) 판매업무에 직접 종사하는 근로자 | (　　　) |
| | | 나) 판매업무에 직접 종사하는 근로자 외의 근로자 | (　　　) |
| 나. (　　) | 1) 일용근로자 및 근로계약기간이 1주일 이하인 기간제근로자 | | (　　　) |
| | 2) 근로계약기간이 1주일 초과 1개월 이하인 기간제근로자 | | (　　　) |
| | 3) 그 밖의 근로자 | | (　　　) |
| 다. (　　) | 1) 일용근로자 및 근로계약기간이 1주일 이하인 기간제근로자 | | (　　　) |
| | 2) 그 밖의 근로자 | | (　　　) |
| 라. (　　) | 1) 일용근로자 및 근로계약기간이 1주일 이하인 기간제 근로자(타워크레인신호작업에 종사하는 근로자 제외) | | (　　　) |
| | 2) 일용근로자 및 근로계약기간이 1주일 이하인 기간제 근로자 중 타워크레인신호작업에 종사하는 근로자 | | (　　　) |
| | 3) 일용근로자 및 근로계약기간이 1주일 이하인 기간제 근로자를 제외한 근로자 | | 가) 단기간 작업 또는 간헐적 작업 제외 :<br>나) 단기간 작업 또는 간헐적 작업 : |
| 마. (　　) | 건설 일용근로자 | | (　　　) |

② 관리감독자 안전보건교육

| 교육과정 | 교육시간 |
|---|---|
| 가. 정기교육 | (　　　　　) |
| 나. 채용 시 교육 | (　　　　　) |
| 다. 작업내용 변경 시 교육 | (　　　　　) |
| 라. 특별교육 | 단기간 작업 또는 간헐적 작업 제외 :<br>단기간 작업 또는 간헐적 작업 : |

**정답** ① 근로자 안전보건교육

| 교육과정 | 교육대상 | | 교육시간 |
|---|---|---|---|
| 가. 정기교육 | 1) 사무직 종사 근로자 | | 매반기 6시간 이상 |
| | 2) 그 밖의 근로자 | 가) 판매업무에 직접 종사하는 근로자 | 매반기 6시간 이상 |
| | | 나) 판매업무에 직접 종사하는 근로자 외의 근로자 | 매반기 12시간 이상 |
| 나. 채용 시의 교육 | 1) 일용근로자 및 근로계약기간이 1주일 이하인 기간제근로자 | | 1시간 이상 |
| | 2) 근로계약기간이 1주일 초과 1개월 이하인 기간제근로자 | | 4시간 이상 |
| | 3) 그 밖의 근로자 | | 8시간 이상 |
| 다. 작업내용 변경 시의 교육 | 1) 일용근로자 및 근로계약기간이 1주일 이하인 기간제근로자 | | 1시간 이상 |
| | 2) 그 밖의 근로자 | | 2시간 이상 |
| 라. 특별교육 | 1) 일용근로자 및 근로계약기간이 1주일 이하인 기간제 근로자(타워크레인신호작업에 종사하는 근로자 제외) | | 2시간 이상 |
| | 2) 일용근로자 및 근로계약기간이 1주일 이하인 기간제 근로자 중 타워크레인신호작업에 종사하는 근로자 | | 8시간 이상 |
| | 3) 일용근로자 및 근로계약기간이 1주일 이하인 기간제 근로자를 제외한 근로자 | | 가) 16시간 이상(최초 작업에 종사하기 전 4시간 이상 실시하고 12시간은 3개월 이내에서 분할하여 실시 가능)<br>나) 단기간 작업 또는 간헐적 작업인 경우에는 2시간 이상 |
| 마. 건설업 기초안전·보건교육 | 건설 일용근로자 | | 4시간 이상 |

② 관리감독자 안전보건교육

| 교육과정 | 교육시간 |
|---|---|
| 가. 정기교육 | 연간 16시간 이상 |
| 나. 채용 시 교육 | 8시간 이상 |
| 다. 작업내용 변경 시 교육 | 2시간 이상 |
| 라. 특별교육 | 16시간 이상(최초 작업에 종사하기 전 4시간 이상 실시하고, 12시간은 3개월 이내에서 분할하여 실시 가능) |
| | 단기간 작업 또는 간헐적 작업인 경우에는 2시간 이상 |

## 08 안전보건관리책임자 등에 대한 교육(직무교육)의 교육시간을 적으시오.

| 교육대상 | 교육시간 | |
| --- | --- | --- |
| | 신규교육 | 보수교육 |
| 가. 안전보건관리책임자 | | |
| 나. 안전관리자, 안전관리전문기관의 종사자 | | |
| 다. 보건관리자, 보건관리전문기관의 종사자 | | |
| 라. 건설재해예방 전문지도기관 종사자 | | |
| 마. 석면조사기관 종사자 | | |
| 바. 안전보건관리담당자 | | |
| 사. 안전검사기관, 자율안전검사기관의 종사자 | | |

**정답**

| 교육대상 | 교육시간 | |
| --- | --- | --- |
| | 신규교육 | 보수교육 |
| 가. 안전보건관리책임자 | 6시간 이상 | 6시간 이상 |
| 나. 안전관리자, 안전관리전문기관의 종사자 | 34시간 이상 | 24시간 이상 |
| 다. 보건관리자, 보건관리전문기관의 종사자 | 34시간 이상 | 24시간 이상 |
| 라. 건설재해예방 전문지도기관 종사자 | 34시간 이상 | 24시간 이상 |
| 마. 석면조사기관 종사자 | 34시간 이상 | 24시간 이상 |
| 바. 안전보건관리담당자 | – | 8시간 이상 |
| 사. 안전검사기관, 자율안전검사기관의 종사자 | 34시간 이상 | 24시간 이상 |

## 09 산업안전보건법에 의한 검사원 성능검사 교육의 교육시간을 적으시오.

**정답** 28시간 이상

## 10 특수형태근로종사자에 대한 안전보건교육의 교육시간을 적으시오.

| 교육과정 | 교육시간 |
|---|---|
| 가. 최초 노무제공 시 교육 | ( ① ) 시간 이상(단기간 작업 또는 간헐적 작업 : ( ② )시간 이상, 특별교육을 실시한 경우 : ( ③ )) |
| 나. 특별교육 | ( ④ ) 시간 이상(최초 작업에 종사하기 전 ( ⑤ ) 시간 이상 실시하고 ( ⑥ ) 시간은 ( ⑦ )개월 이내에서 분할하여 실시 가능) |
| | 단기간 작업 또는 간헐적 작업 : ( ⑧ )시간 이상 |

**정답**

| 교육과정 | 교육시간 |
|---|---|
| 가. 최초 노무제공 시 교육 | 2시간 이상(단기간 작업 또는 간헐적 작업에 노무를 제공하는 경우에는 1시간 이상 실시하고, 특별교육을 실시한 경우는 면제) |
| 나. 특별교육 | 16시간 이상(최초 작업에 종사하기 전 4시간 이상 실시하고 12시간은 3개월 이내에서 분할하여 실시가능) |
| | 단기간 작업 또는 간헐적 작업인 경우에는 2시간 이상 |

## 11 사업주가 근로자에게 실시해야 하는 안전보건교육의 대상별 교육내용을 4가지씩 적으시오.

| 근로자 정기안전 · 보건교육 | |
|---|---|
| 근로자 채용 시의 교육 및 작업내용 변경 시의 교육 | |
| 관리감독자 정기안전 · 보건교육 | |
| 관리감독자 채용 시 교육 및 작업내용 변경 시 교육 | |

정답

| 근로자 정기안전·보건교육 | ① 산업안전 및 사고 예방에 관한 사항<br>② 산업보건 및 직업병 예방에 관한 사항<br>③ 유해·위험 작업환경 관리에 관한 사항<br>④ 산업안전보건법령 및 산업재해보상보험제도에 관한 사항<br>⑤ 직무스트레스 예방 및 관리에 관한 사항<br>⑥ 직장 내 괴롭힘, 고객의 폭언 등으로 인한 건강장해 예방 및 관리에 관한 사항<br>⑦ 건강증진 및 질병 예방에 관한 사항<br>⑧ 위험성 평가에 관한 사항<br><br>**특급암기법**<br><br>공통 항목(관리감독자, 근로자)<br>1. 근로자는 법, 산재보상제도를 알자.<br>2. 근로자는 건강을 보존(산업보건)하고 직업병, 스트레스, 괴롭힘, 폭언 예방하자!<br>3. 근로자는 유해위험 환경을 관리해서 안전하고 사고예방하자!<br>4. 근로자는 위험성을 평가하자!<br><br>근로자 정기교육의 특징<br>1. 근로자는 건강증진하고 질병예방하자! |
| --- | --- |
| 근로자 채용 시의 교육 및 작업내용 변경 시의 교육 | ① 산업안전 및 사고 예방에 관한 사항<br>② 산업보건 및 직업병 예방에 관한 사항<br>③ 산업안전보건법령 및 산업재해보상보험제도에 관한 사항<br>④ 직무스트레스 예방 및 관리에 관한 사항<br>⑤ 직장 내 괴롭힘, 고객의 폭언 등으로 인한 건강장해 예방 및 관리에 관한 사항<br>⑥ 기계·기구의 위험성과 작업의 순서 및 동선에 관한 사항<br>⑦ 물질안전보건자료에 관한 사항<br>⑧ 작업 개시 전 점검에 관한 사항<br>⑨ 정리정돈 및 청소에 관한 사항<br>⑩ 사고 발생 시 긴급조치에 관한 사항<br>⑪ 위험성 평가에 관한 사항<br><br>**특급암기법**<br><br>공통 항목<br>1. 신규자는 법, 산재보상제도를 알자!<br>2. 신규자는 건강을 보존(산업보건)하고 직업병, 스트레스, 괴롭힘, 폭언 예방하자!<br>3. 신규자는 안전하고 사고예방하자!<br>4. 신규자는 위험성을 평가하자! |

| | |
|---|---|
| 근로자 채용 시의 교육 및 작업내용 변경 시의 교육 | 신규 채용자는 회사에 처음 입사해서 처음 일을 하는 근로자, 안전하게 일하기 위한 기본 내용을 교육한다.<br>1. 신규자는 기계기구 위험성, 작업순서, 동선을 알자!<br>2. 신규자는 취급물질의 위험성(물질안전보건자료)을 알자!<br>3. 신규자는 작업 전 점검하자!<br>4. 신규자는 항상 정리정돈 청소하자!<br>5. 신규자는 사고 시 조치를 알자! |
| 관리감독자 정기안전·보건교육 | ① 산업안전 및 사고 예방에 관한 사항<br>② 산업보건 및 직업병 예방에 관한 사항<br>③ 유해·위험 작업환경 관리에 관한 사항<br>④ 산업안전보건법령 및 산업재해보상보험 제도에 관한 사항<br>⑤ 직무스트레스 예방 및 관리에 관한 사항<br>⑥ 직장 내 괴롭힘, 고객의 폭언 등으로 인한 건강장해 예방 및 관리에 관한 사항<br>⑦ 위험성평가에 관한 사항<br>⑧ 작업공정의 유해·위험과 재해 예방대책에 관한 사항<br>⑨ 표준안전 작업방법 결정 및 지도·감독 요령에 관한 사항<br>⑩ 비상시 또는 재해 발생 시 긴급조치에 관한 사항<br>⑪ 사업장 내 안전보건관리체제 및 안전·보건조치 현황에 관한 사항<br>⑫ 현장근로자와의 의사소통능력 및 강의능력 등 안전보건교육 능력 배양에 관한 사항<br>⑬ 그 밖의 관리감독자의 직무에 관한 사항<br><br>**특급암기법**<br><br>공통 항목(관리감독자, 근로자)<br>1. 관리자는 법, 산재보상제도를 알자.<br>2. 관리자는 건강을 보존(산업보건)하고 직업병, 스트레스, 괴롭힘, 폭언 예방하자!<br>3. 관리자는 유해위험 환경을 관리해서 안전하고 사고예방하자!<br>4. 관리자는 위험성을 평가하자!<br><br>관리감독자 정기교육의 특징<br>1. 관리자는 유해위험의 재해예방대책 세우자!<br>2. 관리자는 안전 작업방법 결정해서 감독하자!<br>3. 관리자는 재해발생 시 긴급조치하자!<br>4. 관리자는 안전보건 조치하자!<br>5. 관리자는 안전보건교육 능력 배양하자! |

| | |
|---|---|
| 관리감독자 채용 시 교육 및 작업내용 변경 시 교육 | ① 산업안전 및 사고 예방에 관한 사항<br>② 산업보건 및 직업병 예방에 관한 사항<br>③ 산업안전보건법령 및 산업재해보상보험 제도에 관한 사항<br>④ 직무스트레스 예방 및 관리에 관한 사항<br>⑤ 직장 내 괴롭힘, 고객의 폭언 등으로 인한 건강장해 예방 및 관리에 관한 사항<br>⑥ 위험성평가에 관한 사항<br>⑦ 기계·기구의 위험성과 작업의 순서 및 동선에 관한 사항<br>⑧ 작업 개시 전 점검에 관한 사항<br>⑨ 물질안전보건자료에 관한 사항<br>⑩ 사업장 내 안전보건관리체제 및 안전·보건조치 현황에 관한 사항<br>⑪ 표준안전 작업방법 결정 및 지도·감독 요령에 관한 사항<br>⑫ 비상시 또는 재해 발생 시 긴급조치에 관한 사항<br>⑬ 그 밖의 관리감독자의 직무에 관한 사항<br><br>**특급암기법**<br><br>공통 항목 – 채용 시 근로자 교육과 동일<br>1. 신규 관리자는 법, 산재보상제도를 알자!<br>2. 신규 관리자는 건강을 보존(산업보건)하고 직업병, 스트레스, 괴롭힘, 폭언 예방하자!<br>3. 신규 관리자는 안전하고 사고예방하자!<br>4. 신규 관리자는 위험성을 평가하자!<br><br>채용 시 근로자 교육 중 "정리정돈 청소" 제외<br>1. 신규 관리자는 기계기구 위험성, 작업순서, 동선을 알자!<br>2. 신규 관리자는 취급물질의 위험성(물질안전보건자료)을 알자!<br>3. 신규 관리자는 작업 전 점검하자!<br><br>신규 관리자 내용 추가<br>1. 신규 관리자는 안전보건 조치하자!<br>2. 신규 관리자는 안전 작업방법 결정해서 감독하자!<br>3. 신규 관리자는 재해 시 긴급조치하자! |

### 참고

**(1) 건설업 기초안전 · 보건교육에 대한 내용 및 시간**

| 교육 내용 | 시간 |
|---|---|
| 1. 건설공사의 종류(건축, 토목 등) 및 시공 절차 | 1시간 |
| 2. 산업재해 유형별 위험요인 및 안전보건조치 | 2시간 |
| 3. 안전보건관리체제 현황 및 산업안전보건 관련 근로자 권리·의무 | 1시간 |

**(2) 물질안전보건자료에 관한 교육내용**
① 대상화학물질의 명칭(또는 제품명)
② 물리적 위험성 및 건강 유해성
③ 취급상의 주의사항
④ 적절한 보호구
⑤ 응급조치 요령 및 사고 시 대처방법
⑥ 물질안전보건자료 및 경고표지를 이해하는 방법

**(3) 특수형태근로종사자에 대한 안전보건교육(최초 노무제공 시 교육)**

| 교육내용 |
|---|

아래의 내용 중 특수형태근로종사자의 직무에 적합한 내용을 교육해야 한다.
① 교통안전 및 운전안전에 관한 사항
② 보호구 착용에 관한 사항
③ 산업안전 및 사고 예방에 관한 사항
④ 산업보건 및 직업병 예방에 관한 사항
⑤ 건강증진 및 질병 예방에 관한 사항
⑥ 유해 · 위험 작업환경 관리에 관한 사항
⑦ 기계 · 기구의 위험성과 작업의 순서 및 동선에 관한 사항
⑧ 작업 개시 전 점검에 관한 사항
⑨ 정리정돈 및 청소에 관한 사항
⑩ 사고 발생 시 긴급조치에 관한 사항
⑪ 물질안전보건자료에 관한 사항
⑫ 직무스트레스 예방 및 관리에 관한 사항
⑬ 직장 내 괴롭힘, 고객의 폭언 등으로 인한 건강장해 예방 및 관리에 관한 사항
⑭ 산업안전보건법령 및 산업재해보상보험 제도에 관한 사항

> **특급암기법**
> 채용 시 교육 내용 + 근로자 정기교육 내용 + 보호구 + 교통, 운전안전(위험성 평가 제외)

## 12. 안전보건관리책임자 등에 대한 1) 직무교육에 해당하는 대상을 4가지 적고, 2) 다음 괄호 안을 채우시오.

다음 각 호의 어느 하나에 해당하는 사람은 해당 직위에 선임된 후 ( ① )(보건관리자가 의사인 경우는 ( ② )) 이내에 직무를 수행하는 데 필요한 신규교육을 받아야 하며, 신규교육을 이수한 후 매 ( ③ )이 되는 날을 기준으로 ( ④ ) 사이에 고용노동부장관이 실시하는 안전·보건에 관한 보수교육을 받아야 한다.

**정답**

(1) 직무교육 대상
① 안전보건관리책임자
② 안전관리자
③ 보건관리자
④ 안전보건관리담당자
⑤ 안전관리전문기관 또는 보건관리전문기관에서 안전관리자 또는 보건관리자의 위탁 업무를 수행하는 사람
⑥ 건설재해예방전문지도기관에서 지도업무를 수행하는 사람
⑦ 안전검사기관에서 검사업무를 수행하는 사람
⑧ 자율안전검사기관에서 검사업무를 수행하는 사람
⑨ 석면조사기관에서 석면조사 업무를 수행하는 사람

(2) ① 3개월
② 1년
③ 2년
④ 전후 6개월

## 13. 건설 일용직 근로자를 대상으로 실시하는 건설업 기초안전보건교육의 (1) 교육시간 (2) 교육내용을 적으시오.

**[정답]** (1) 교육시간 : 4시간
(2) 건설업 기초안전·보건교육의 교육 내용 및 시간

| 교육 내용 | 시간 |
|---|---|
| 1. 건설공사의 종류(건축, 토목 등) 및 시공 절차 | 1시간 |
| 2. 산업재해 유형별 위험요인 및 안전보건조치 | 2시간 |
| 3. 안전보건관리체제 현황 및 산업안전보건 관련 근로자 권리·의무 | 1시간 |

## 14. 산업안전보건법에 의하여 「1톤 이상의 크레인을 사용하는 작업 또는 1톤 미만의 크레인 또는 호이스트를 5대 이상 보유한 사업장에서 해당 기계로 하는 작업」에 대하여 실시하여야 하는 특별교육의 내용을 3가지 적으시오.

**[정답]**
① 방호장치의 종류, 기능 및 취급에 관한 사항
② 걸고리·와이어로프 및 비상정지장치 등의 기계·기구 점검에 관한 사항
③ 화물의 취급 및 작업방법에 관한 사항
④ 신호방법 및 공동작업에 관한 사항
⑤ 그 밖에 안전·보건관리에 필요한 사항

**[참고]**

**[「건설용 리프트·곤돌라를 이용한 작업」의 특별교육 내용]**

① 방호장치의 기능 및 사용에 관한 사항
② 기계, 기구, 달기체인 및 와이어 등의 점검에 관한 사항
③ 화물의 권상·권하 작업방법 및 안전작업 지도에 관한 사항
④ 기계·기구에 특성 및 동작원리에 관한 사항
⑤ 신호방법 및 공동작업에 관한 사항
⑥ 그 밖에 안전·보건관리에 필요한 사항

## 15 「타워크레인을 사용하는 작업 시 신호업무를 하는 작업」의 특별교육 내용을 3가지 적으시오.

**정답**
① 타워크레인의 **기계적 특성 및 방호장치** 등에 관한 사항
② 화물의 **취급 및 안전작업방법**에 관한 사항
③ **신호방법 및 요령**에 관한 사항
④ **인양 물건의 위험성 및 낙하 · 비래 · 충돌재해 예방**에 관한 사항
⑤ 인양물이 적재될 지반의 조건, 인양하중, 풍압 등이 인양물과 타워크레인에 미치는 영향
⑥ 그 밖에 안전 · 보건관리에 필요한 사항

**참고**

[「타워크레인을 설치(상승작업을 포함한다)·해체하는 작업」의 특별교육 내용] ★

① **붕괴 · 추락 및 재해 방지**에 관한 사항
② **설치 · 해체 순서 및 안전작업방법**에 관한 사항
③ **부재의 구조 · 재질 및 특성**에 관한 사항
④ **신호방법 및 요령**에 관한 사항
⑤ **이상 발생 시 응급조치**에 관한 사항
⑥ 그 밖에 안전 · 보건관리에 필요한 사항

## 16. 동기부여 이론 중 매슬로(Maslow.A.H)의 욕구단계, 알더퍼의 E.R.G이론, Herzberg의 동기 · 위생 이론을 설명하시오.

**정답**

(1) 매슬로(Maslow.A.H)의 욕구단계
  ① 제1단계(생리적욕구)
  ② 제2단계(안전욕구)
  ③ 제3단계(사회적 욕구)
  ④ 제4단계(존경욕구)
  ⑤ 제5단계(자아실현 욕구)

(2) 알더퍼의 E.R.G이론
  ① 생존욕구(존재욕구)
  ② 관계욕구
  ③ 성장욕구

(3) Herzberg의 동기 · 위생 이론
  ① 위생 요인(저차원)
  ② 동기 요인(고차원)

> 참고

**[맥그리거(McGregor)의 X, Y 이론]**

| X이론의 특징 | Y이론의 특징 |
|---|---|
| 인간 불신감 | 상호 신뢰감 |
| 성악설 | 성선설 |
| 인간은 원래 게으르고 태만하여 남의 지배를 받기를 즐긴다. | 인간은 부지런하고 적극적이며 자주적이다. |
| 물질욕구(저차원 욕구)에 만족 | 정신욕구(고차원 욕구)에 만족 |
| 명령, 통제에 의한 관리<br>(권위주의적 리더십) | 목표 통합과 자기통제에 의한 자율관리<br>(민주주의적 리더십) |
| 저개발국형 | 선진국형 |

## 17 다음 용어를 정의하시오.

(1) 무재해의 3원칙
 ①
 ②
 ③

(2) 위험예지훈련 4라운드
 ① 1단계 :
 ② 2단계 :
 ③ 3단계 :
 ④ 4단계 :

**정답**
(1) ① 무(無)의 원칙(ZERO의 원칙) : 산업재해의 근원적인 요소들을 없앤다는 것을 의미
② 선취의 원칙(안전제일의 원칙) : 행동하기 전에 잠재위험요인을 발견하고 파악·해결하여 재해를 예방하는 것을 의미
③ 참가의 원칙(참여의 원칙) : 전원이 일치 협력하여 각자의 위치에서 적극적으로 문제해결을 하겠다는 것을 의미

(2) ① 1단계 : 현상 파악
② 2단계 : 요인조사 또는 본질추구
③ 3단계 : 대책수립
④ 4단계 : 행동계획(목표) 설정

**18** 브레인 스토밍의 4원칙을 쓰시오.

**정답**
① 비판금지
② 자유분방
③ 대량발언
④ 수정발언

**19** 양립성의 종류 3가지를 적으시오.

**정답**
① 개념적 양립성
② 공간적 양립성
③ 운동의 양립성
④ 양식 양립성

**참고**

[양립성]
자극과 반응의 관계가 인간의 기대와 모순되지 않는 성질
① 개념적 양립성 : 외부자극에 대해 인간의 개념적 현상의 양립성
② 공간적 양립성 : 표시장치, 조종장치의 형태 및 공간적배치의 양립성
③ 운동의 양립성 : 표시장치, 조종장치 등의 운동 방향의 양립성
④ 양식 양립성 : 직무에 알맞은 자극과 응답 양식의 존재에 대한 양립성

## 20 리더십의 유형 3가지를 적고 설명하시오.

**정답**
① 권위주의적 리더 : 리더가 독단적으로 의사를 결정하는 형태
② 민주주의적 리더 : 집단토의에 의해 의사를 결정하는 형태
③ 자유방임적 리더 : 리더 역할은 하지 않고 명목상 자리만 유지하는 형태

**참고**

(1) 리더십의 권한의 역할
① 보상적 권한 : 지도자가 부하에게 보상할 수 있는 능력
② 강압적 권한 : 부하들을 처벌할 수 있는 권한
③ 합법적 권한 : 조직의 규정에 의해 공식화된 권한
④ 위임된 권한 : 부하직원들이 지도자를 따르고 지도자와 함께 일하는 것
⑤ 전문성의 권한 : 지도자가 집단 목표수행에 전문적인 지식을 갖고 있는가와 관련한 권한

(2) 리더십과 헤드십의 특성

| 구분 | 리더십 | 헤드십 |
| --- | --- | --- |
| 권한 행사 | 선출된 리더 | 임명적 헤드 |
| 권한 부여 | 밑으로부터의 동의 | 위에서 위임 |
| 권한 귀속 | 집단 목표에 기여한 공로인정 | 공식화된 규정에 의함 |
| 상하, 부하 관계 | 개인적인 영향 | 지배적 |
| 부하와의 관계 | 좁음 | 넓음 |
| 지휘형태 | 민주주의적 | 권위주의적 |

## 21 다음 장소의 작업면의 조도를 쓰시오.

[보기]
① 초정밀 작업   ② 정밀 작업   ③ 보통 작업   ④ 그밖의 작업

**정답**
① 750[lux] 이상
② 300[lux] 이상
③ 150[lux] 이상
④ 75[lux] 이상

## 22 작업강도에 따른 RMR을 구분하여 적으시오.

(1) 경작업 :
(2) 중(中)작업 :
(3) 중(重)작업 :
(4) 초중(超重)작업 :

**정답**
(1) 1~2
(2) 2~4
(3) 4~7
(4) 7 이상

**참고**

1. $RMR = \dfrac{노동대사량}{기초대사량} = \dfrac{작업시의 \ 소비 \ energy - 안정시 \ 소비 \ energy}{기초대사량}$

2. 휴식시간$(R) = \dfrac{60 \times (E-5)}{E-1.5}$ [분]

## 23. 인간의 적응기제 중 방어적 기제와 도피적 기제의 예를 2가지씩 적으시오.

**정답**

| 도피적 기제 | 방어적 기제 |
|---|---|
| • 억압<br>• 퇴행<br>• 백일몽<br>• 고립(거부) | • 보상<br>• 합리화<br>• 승화<br>• 동일시<br>• 투사 |

## 24. 사업장 무재해운동 추진 및 운영에 관한 규칙에 의하여 무재해에 해당하는 경우 3가지를 적으시오.

**정답**

① 업무 수행 중의 사고 중 천재지변 또는 돌발적인 사고로 인한 구조행위 또는 긴급피난 중 발생한 사고
② 출·퇴근 도중에 발생한 재해
③ 운동경기 등 각종 행사 중 발생한 재해
④ 천재지변 또는 돌발적인 사고 우려가 많은 장소에서 사회통념상 인정되는 업무 수행 중 발생한 사고
⑤ 제3자의 행위에 의한 업무상 재해
⑥ 뇌혈관 질병 또는 심장질병에 의한 재해
⑦ 업무시간 외에 발생한 재해. 다만, 사업주가 제공한 사업장 내의 시설물에서 발생한 재해 또는 작업개시 전의 작업 준비 및 작업종료 후의 정리정돈과정에서 발생한 재해는 제외한다.
⑧ 도로에서 발생한 사업장 밖의 교통사고, 소속 사업장을 벗어난 출장 및 외부기관으로 위탁교육 중 발생한 사고, 회식 중의 사고, 전염병 등 사업주의 법 위반으로 인한 것이 아니라고 인정되는 재해

**특급암기법**

무재해 : 업무시간 외, 제3자, 각종 행사, 출·퇴근 도중, 뇌혈관질환·심장질환, 도로의 교통사고

# 건설공사 안전

CHAPTER 01　건설공사 특수성 분석

CHAPTER 02　가설공사 안전

CHAPTER 03　토공사 안전

CHAPTER 04　구조물공사 안전

CHAPTER 05　건설기계 · 기구 안전

CHAPTER 06　사고형태별 안전

# CHAPTER 01 건설공사 특수성 분석

## 시설물의 안전관리에 관한 특별법

### (1) 시설물의 안전 및 유지관리에 관한 기본계획의 수립

국토교통부장관은 시설물이 안전하게 유지관리될 수 있도록 하기 위하여 **5년마다 시설물의 안전 및 유지관리에 관한 기본계획을 수립·시행**하여야 한다.

### (2) 시설물의 안전 및 유지관리에 관한 기본계획의 포함사항

① 시설물의 안전 및 유지관리에 관한 기본목표 및 추진방향에 관한 사항
② 시설물의 안전 및 유지관리체계의 개발, 구축 및 운영에 관한 사항
③ 시설물의 안전 및 유지관리에 관한 정보체계의 구축·운영에 관한 사항
④ 시설물의 안전 및 유지관리에 필요한 기술의 연구·개발에 관한 사항
⑤ 시설물의 안전 및 유지관리에 필요한 인력의 양성에 관한 사항
⑥ 그 밖에 시설물의 안전 및 유지관리에 관하여 대통령령으로 정하는 사항

### (3) 용어정의 ★

① **안전점검** : 경험과 기술을 갖춘 자가 육안이나 점검기구 등으로 검사하여 시설물에 내재(內在)되어 있는 위험요인을 조사하는 행위를 말하며, 점검목적 및 점검수준을 고려하여 국토교통부령으로 정하는 바에 따라 정기안전점검 및 정밀안전점검으로 구분한다.
② **정밀안전진단** : 시설물의 물리적·기능적 결함을 발견하고 그에 대한 신속하고 **적절한 조치를 하기 위하여** 구조적 안전성과 **결함의 원인 등을 조사·측정·평가하여 보수·보강 등의 방법을 제시하는 행위**를 말한다.

③ **긴급안전점검** : 시설물의 붕괴 · 전도 등으로 인한 **재난 또는 재해가 발생할 우려가 있는 경우에 시설물의 물리적 · 기능적 결함을 신속하게 발견하기 위하여 실시**하는 점검을 말한다.

### (4) 시설물의 안전관리에 관한 특별법 상의 안전점검 및 정밀안전진단의 실시 시기

1) **정기점검** : 반기에 1회 이상
2) **긴급점검** : 관리주체가 필요하다고 판단한 때 또는 관계 행정기관의 장이 필요하다고 판단하여 관리주체에게 긴급점검을 요청한 때
3) 정기점검, 정밀점검 및 정밀안전진단, 성능평가의 실시 주기 ★

| 안전등급 | 정기안전점검 | 정밀점검 | | 정밀안전진단 | 성능평가 |
|---|---|---|---|---|---|
| | | 건축물 | 그 외 시설물 | | |
| A등급 | 반기에 1회 이상 | 4년에 1회 이상 | 3년에 1회 이상 | 6년에 1회 이상 | 5년 1회 이상 |
| B · C등급 | | 3년에 1회 이상 | 2년에 1회 이상 | 5년에 1회 이상 | |
| D · E등급 | 1년에 3회 이상 | 2년에 1회 이상 | 1년에 1회 이상 | 4년에 1회 이상 | |

### (5) 시설물관리 계획에 포함사항

① 시설물의 적정한 안전과 유지관리를 위한 **조직 · 인원 및 장비의 확보**에 관한 사항
② **긴급상황 발생 시 조치 체계**에 관한 사항
③ 시설물의 설계 · 시공 · 감리 및 유지관리 등에 관련된 **설계도서의 수집 및 보존**에 관한 사항
④ **안전점검 또는 정밀안전진단의 실시**에 관한 사항
⑤ 보수 · 보강 등 **유지관리 및 그에 필요한 비용**에 관한 사항

### (6) 시설물의 안전 및 유지관리에 관한 특별법상 제1, 2, 3종 시설물

1) 제1종 시설물

① 고속철도 교량, 연장 500미터 이상의 도로 및 철도 교량
② 고속철도 및 도시철도 터널, 연장 1,000미터 이상의 도로 및 철도 터널
③ 갑문시설 및 연장 1,000미터 이상의 방파제
④ 다목적댐, 발전용댐, 홍수전용댐 및 총저수용량 1천만톤 이상의 용수전용댐

⑤ 21층 이상 또는 연면적 5만제곱미터 이상의 건축물
⑥ 하구둑, 포용저수량 8천만톤 이상의 방조제
⑦ 광역상수도, 공업용수도, 1일 공급능력 3만톤 이상의 지방상수도

### 2) 제2종 시설물

① 연장 100미터 이상의 도로 및 철도 교량
② 고속국도, 일반국도, 특별시도 및 광역시도 도로터널 및 특별시 또는 광역시에 있는 철도터널
③ 연장 500미터 이상의 방파제
④ 지방상수도 전용댐 및 총저수용량 1백만톤 이상의 용수전용댐
⑤ 16층 이상 또는 연면적 3만제곱미터 이상의 건축물
⑥ 포용저수량 1천만톤 이상의 방조제
⑦ 1일 공급능력 3만톤 미만의 지방상수도

### 3) 제3종 시설물

제1종시설물 및 제2종시설물 외에 안전관리가 필요한 소규모 시설물로서 지정·고시된 시설물

## 건설공사 안전관리계획의 수립(건설기술 진흥법 시행령)

**(1)** 안전관리계획을 수립하여야 하는 건설공사는 다음 각 호와 같다. 이 경우 **원자력시설공사는 제외**하며, 해당 건설공사가 **유해·위험 방지 계획을 수립하여야 하는 건설공사에 해당하는 경우에는 해당 계획과 안전관리계획을 통합하여 작성할 수 있다**

1. 「시설물의 안전 및 유지관리에 관한 특별법」에 따른 **1종 시설물 및 2종 시설물의 건설공사**(유지관리를 위한 건설공사는 제외한다)
2. **지하 10미터 이상을 굴착하는 건설공사.** (이 경우 굴착 깊이 산정 시 집수정(集水井), 엘리베이터 피트 및 정화조 등의 굴착 부분은 제외하며, 토지에 높낮이 차가 있는 경우 굴착 깊이의 산정방법은 「건축법 시행령」을 따른다.)

3. 폭발물을 사용하는 건설공사로서 **20미터 안에 시설물이 있거나 100미터 안에 사육하는 가축이 있어** 해당 건설공사로 인한 영향을 받을 것이 예상되는 건설공사
4. **10층 이상 16층 미만**인 건축물의 건설공사
4-2. 다음 각 목의 리모델링 또는 해체공사
   ① **10층 이상인 건축물의 리모델링 또는 해체공사**
   ② 「주택법」에 따른 **수직 증축형 리모델링**
5. 「건설기계관리법」에 따라 등록된 다음 각 목의 어느 하나에 해당하는 건설기계가 사용되는 건설공사
   ① **천공기(높이가 10미터 이상**인 것만 해당한다)
   ② **항타 및 항발기**
   ③ **타워크레인**
5-2. 다음 **각 호의 가설구조물을 사용**하는 건설공사
   ① **높이가 31미터 이상인 비계**
   ② **작업발판 일체형 거푸집 또는 높이가 5미터 이상인 거푸집 및 동바리**
   ③ **터널의 지보공(支保工) 또는 높이가 2미터 이상인 흙막이 지보공**
   ④ **동력을 이용하여 움직이는 가설구조물**
   ⑤ 그 밖에 발주자 또는 인·허가기관의 장이 필요하다고 인정하는 가설구조물
6. 다음 각 목의 어느 하나에 해당하는 건설공사
   ① **발주자가 안전관리가 특히 필요하다고 인정**하는 건설공사
   ② 해당 지방자치단체의 조례로 정하는 건설공사 중에서 **인·허가기관의 장이 안전관리가 특히 필요하다고 인정**하는 건설공사

(2) 건설업자와 주택건설등록업자는 안전관리계획을 수립하여 발주청 또는 인·허가기관의 장에게 제출하는 경우에는 미리 공사감독자 또는 건설사업관리기술인의 검토·확인을 받아야 하며, 건설공사를 착공하기 전에 발주청 또는 인·허가기관의 장에게 제출해야 한다. 안전관리계획의 내용을 변경하는 경우에도 또한 같다.

(3) 안전관리계획을 제출받은 발주청 또는 인·허가기관의 장은 **20일 이내에 안전관리계획의 내용을 심사하여 건설업자 또는 주택건설등록업자에게 그 결과를 통보**하여야 한다.

(4) 발주청 또는 인·허가기관의 장이 안전관리계획의 내용을 심사하는 경우에는 건설안전점검기관에 검토를 의뢰하여야 한다. 다만, 「시설물의 안전 및 유지관리에 관한 특별법」에 따른 1종시설물 및 2종시설물의 건설공사의 경우에는 한국시설안전공단에 안전관리계획의 검토를 의뢰하여야 한다.

(5) 발주청 또는 인·허가기관의 장은 안전관리계획의 심사 결과를 다음 각 호의 구분에 따라 판정한 후 승인서(보완이 필요한 사유를 포함)를 건설업자 또는 주택건설등록업자에게 발급하여야 한다.

| 적정 | 안전에 필요한 조치가 구체적이고 명료하게 계획되어 건설공사의 시공상 안전성이 충분히 확보되어 있다고 인정될 때 |
|---|---|
| 조건부 적정 | 안전성 확보에 치명적인 영향을 미치지는 아니하지만 일부 보완이 필요하다고 인정될 때 |
| 부적정 | 시공 시 안전사고가 발생할 우려가 있거나 계획에 근본적인 결함이 있다고 인정될 때 |

(6) 발주청 또는 인·허가기관의 장은 건설업자 또는 주택건설등록업자가 제출한 안전관리계획서가 부적정 판정을 받은 경우에는 안전관리계획의 변경 등 필요한 조치를 하여야 한다.

# CHAPTER 02 가설공사 안전

## 비계의 종류 및 기준

### (1) 강관비계(강관을 이용한 단관비계의 구조) ★★

| 강관비계의 구조 | 강관비계 조립 시의 준수사항 |
|---|---|
| ① **비계기둥 간격 : 띠장방향에서는 1.85m 이하, 장선 방향에서는 1.5m 이하**로 할 것<br>다만, **다음 각 목의 어느 하나에 해당하는 작업의 경우에는** 안전성에 대한 구조검토를 실시하고 조립도를 작성하면 **띠장 방향 및 장선 방향으로 각각 2.7미터 이하**로 할 수 있다.<br>가. **선박 및 보트 건조작업**<br>나. 그 밖에 장비 반입·반출을 위하여 공간 등을 확보할 필요가 있는 등 **작업의 성질상 비계기둥 간격에 관한 기준을 준수하기 곤란한 작업**<br>② **띠장간격 : 2.0미터 이하로 할 것**(다만, 작업의 성질상 이를 준수하기가 곤란하여 쌍기둥 틀 등에 의하여 해당 부분을 보강한 경우에는 그러하지 아니하다)<br>③ **비계기둥의 제일 윗부분으로 부터 31m되는 지점 밑 부분의 비계기둥은 2본의 강관으로 묶어 세울 것**<br>(다만, 브라켓(bracket, 까치발) 등으로 보강하여 2개의 강관으로 묶을 경우 이상의 강도가 유지되는 경우에는 그러하지 아니하다)<br>④ **비계기둥간의 적재하중은 400kg을 초과하지 않도록 할 것** | ① 비계기둥에는 **미끄러지거나 침하하는 것을 방지하기 위하여 밑받침철물을 사용하거나 깔판·받침목 등을 사용하여 밑둥잡이를 설치할 것**<br>② 강관의 **접속부 또는 교차부는 적합한 부속철물을** 사용하여 접속하거나 단단히 묶을 것<br>③ **교차가새로 보강할 것**<br>④ 외줄비계·쌍줄비계 또는 돌출 비계의 벽이음 및 버팀 설치<br>　• 조립간격 : **수직방향에서 5m 이하, 수평방향에서 5m 이하**<br>　• 강관·통나무 등의 재료를 사용하여 견고한 것으로 할 것<br>　• 인장재와 압축재로 구성되어 있는 때에는 **인장재와 압축재의 간격을 1미터 이내로 할 것**<br>⑤ 가공전로에 근접하여 비계를 설치하는 때에는 가공전로를 이설, 절연용 방호구 장착하는 등 **가공전로와의 접촉 방지 조치할 것** |

## (2) 틀비계(강관 틀비계)

| 틀비계(강관 틀비계) 조립 시 준수사항 ★★ |
|---|
| ① 밑둥에는 밑받침철물을 사용하여야 하며 밑받침에 고저차가 있는 경우에는 조절형 밑받침철물을 사용하여 항상 수평 및 수직을 유지하도록 할 것<br>② 높이가 20미터를 초과하거나 중량물의 적재를 수반하는 작업을 할 경우에는 주틀 간의 간격이 1.8미터 이하로 할 것<br>③ 주틀간에 교차가새를 설치하고 최상층 및 5층 이내마다 수평재를 설치할 것<br>④ 벽이음 간격(조립간격) : 수직방향 6m, 수평방향으로 8m 이내마다 할 것<br>⑤ 길이가 띠장방향으로 4m 이하이고 높이가 10m를 초과하는 경우에는 10m 이내마다 띠장방향으로 버팀기둥을 설치할 것 |

## (3) 비계 조립간격(벽이음 간격) ★★

| 비계 종류 | | 수직 방향 | 수평 방향 |
|---|---|---|---|
| 강관비계 | 단관비계 | 5m | 5m |
| | 틀비계(높이 5m 미만인 것 제외) | 6m | 8m |

## (4) 달비계

작업발판을 와이어로프에 매달아 고층건물 청소용 등의 작업 시에 사용하는 비계

### 1) 달비계의 구조

**작업발판은 폭을 40센티미터 이상**으로 하고 틈새가 없도록 할 것

### 2) 달기체인 등 사용 금지 항목

| 달기체인 등 사용 금지 항목 ★★★ | |
|---|---|
| 와이어로프 | ① 이음매가 있는 것<br>② 와이어로프의 한 꼬임에서 끊어진 소선의 수가 10퍼센트 이상(비자전로프의 경우에는 끊어진 소선의 수가 와이어로프 호칭지름의 6배 길이 이내에서 4개 이상이거나 호칭지름 30배 길이 이내에서 8개 이상)인 것<br>③ 지름의 감소가 공칭지름의 7퍼센트를 초과하는 것<br>④ 꼬인 것<br>⑤ 심하게 변형되거나 부식된 것<br>⑥ 열과 전기충격에 의해 손상된 것 |

| | |
|---|---|
| 달기체인 | ① 달기체인의 길이가 제조된 때 길이의 5% 이상 늘어난 것<br>② 링의 단면지름이 제조된 때의 해당 링의 지름의 10%를 초과하여 감소한 것<br>③ 균열이 있거나 심하게 변형된 것 |
| 섬유로프 | ① 꼬임이 끊어진 것<br>② 심하게 손상 또는 부식된 것 |
| 달비계에 사용하는 섬유로프 또는 안전대의 섬유벨트 | ① 꼬임이 끊어진 것<br>② 심하게 손상되거나 부식된 것<br>③ 2개 이상의 작업용 섬유로프 또는 섬유벨트를 연결한 것<br>④ 작업 높이보다 길이가 짧은 것 |

## (5) 말비계

### 말비계의 조립 시 준수사항(말비계의 구조)★

① 지주부재의 하단에는 **미끄럼 방지장치**를 하고, 양측 끝부분에 올라서서 작업하지 아니하도록 할 것
② 지주부재와 **수평면과의 기울기를 75도 이하**로 하고, 지주부재와 지주부재 사이를 고정시키는 보조부재를 설치할 것
③ 말비계의 **높이가 2미터를 초과**할 경우에는 작업발판의 폭을 40센터미터 이상으로 할 것

## (6) 이동식 비계

### 이동식 비계의 조립 시 준수사항(이동식 비계의 구조)★

① 바퀴에는 갑작스러운 이동 또는 전도를 방지하기 위하여 브레이크 · 쐐기 등으로 바퀴를 고정시킨 다음 비계의 일부를 견고한 **시설물에 고정하거나 아웃트리거를 설치**하는 등 필요한 조치를 할 것
② 승강용 사다리는 견고하게 설치할 것
③ 비계의 **최상부에서 작업을 할 때에는 안전난간을 설치**할 것
④ 작업발판은 항상 수평을 유지하고 작업발판 위에서 **안전난간을 딛고 작업을 하거나 받침대 또는 사다리를 사용하여 작업하지 않도록** 할 것
⑤ 작업발판의 최대적재하중은 250킬로그램을 초과하지 않도록 할 것

## (7) 시스템 비계 ★★

수직재, 수평재, 가새재 등 각각의 부재를 공장에서 제작하고 현장에서 조립하여 사용하는 조립형 비계

| 시스템 비계의 구조 | 시스템 비계 조립 시의 준수사항 |
|---|---|
| ① 수직재·수평재·가새재를 **견고하게 연결**하는 구조가 되도록 할 것<br>② 비계 밑단의 **수직재와 받침철물은 밀착**되도록 설치하고, 수직재와 받침철물의 연결부의 **겹침길이는 받침철물 전체길이의 3분의 1 이상**이 되도록 할 것<br>③ **수평재는 수직재와 직각으로 설치**하여야 하며, 체결 후 흔들림이 없도록 **견고하게 설치할 것**<br>④ 수직재와 수직재의 **연결철물은 이탈되지 않도록 견고한 구조**로 할 것<br>⑤ 벽 **연결재의 설치간격은 제조사가 정한 기준에 따라 설치할 것** | ① 비계 기둥의 밑둥에는 **밑받침철물을 사용**하여야 하며, 밑받침에 **고저차가 있는 경우에는 조절형 밑받침철물을 사용**하여 시스템 비계가 **항상 수평 및 수직을 유지**하도록 할 것<br>② 경사진 바닥에 설치하는 경우에는 **피벗형 받침 철물 또는 쐐기 등을 사용**하여 밑받침 철물의 바닥면이 수평을 유지하도록 할 것<br>③ **가공전로에 근접**하여 비계를 설치하는 경우에는 가공전로를 이설하거나 가공전로에 절연용방호구를 설치하는 등 **가공전로와의 접촉을 방지**하기 위하여 필요한 조치를 할 것<br>④ 비계 내에서 근로자가 상하 또는 좌우로 **이동하는 경우에는 반드시 지정된 통로를 이용**하도록 주지시킬 것<br>⑤ 비계 작업 근로자는 같은 **수직면상의 위와 아래 동시 작업을 금지**할 것<br>⑥ **작업발판에는 제조사가 정한 최대적재하중을 초과하여 적재해서는 아니 되며, 최대적재하중이 표기된 표지판을 부착**하고 근로자에게 주지시키도록 할 것 |

## (8) 걸침비계의 구조

① 지지점이 되는 **매달림 부재의 고정부는 구조물로부터 이탈되지 않도록 견고히 고정**할 것
② **비계재료 간**에는 서로 **움직임, 뒤집힘** 등이 없어야 하고, **재료가 분리되지 않도록 철물 또는 철선으로 충분히 결속할 것**. 다만, 작업발판 밑부분에 띠장 및 장선으로 사용되는 수평부재 간의 결속은 철선을 사용하지 않을 것
③ **매달림 부재의 안전율은 4 이상**일 것
④ **작업발판에는** 구조검토에 따라 설계한 **최대적재하중을 초과하여 적재하여서는 아니 되며,** 그 작업에 종사하는 근로자에게 최대적재하중을 충분히 알릴 것

## 비계작업 시 안전조치

### (1) 달비계 또는 높이 5미터 이상의 비계 조립·해체 및 변경 시 준수사항 ★

① 관리감독자의 지휘 하에 작업하도록 할 것
② 조립·해체 또는 변경의 시기·범위 및 절차를 그 작업에 종사하는 근로자에게 교육할 것
③ 조립·해체 또는 변경작업구역 내에는 당해 작업에 종사하는 근로자외의 자의 출입을 금지시키고 그 내용을 보기 쉬운 장소에 게시할 것
④ 비·눈 그 밖의 기상상태의 불안정으로 인하여 날씨가 몹시 나쁠 때에는 그 작업을 중지시킬 것
⑤ 비계재료의 연결·해체작업을 하는 때에는 폭 20센티미터 이상의 발판을 설치하고 근로자로 하여금 안전대를 사용하도록 하는 등 근로자의 추락방지를 위한 조치를 할 것
⑥ 재료·기구 또는 공구 등을 올리거나 내리는 때에는 근로자로 하여금 달줄 또는 달포대 등을 사용하도록 할 것

### (2) 비계의 점검 보수 항목

**비계의 작업시작 전 점검사항 ★★**

① 발판재료의 손상여부 및 부착 또는 걸림 상태
② 당해비계의 연결부 또는 접속부의 풀림상태
③ 연결재료 및 연결철물의 손상 또는 부식상태
④ 손잡이의 탈락여부
⑤ 기둥의 침하·변형·변위 또는 흔들림 상태
⑥ 로프의 부착상태 및 매단장치의 흔들림 상태

 **특급암기법**

비계(연결부, 연결재료) → 발판 → 손잡이 → 비계기둥

## 작업통로 설치기준

### (1) 비상구의 설치

위험물질을 제조·취급하는 작업장과 그 작업장이 있는 건축물에 **출입구 외에 안전한 장소로 대피할 수 있는 비상구 1개 이상을 다음 각 호의 기준에 맞는 구조로 설치**하여야 한다. 다만, 작업장 바닥면의 가로 및 세로가 각 3미터 미만인 경우에는 그렇지 않다.

#### 비상구의 구조 ★

① 출입구와 같은 방향에 있지 아니하고, 출입구로부터 3미터 이상 떨어져 있을 것
② 작업장의 각 부분으로부터 하나의 비상구 또는 출입구까지의 수평거리가 50미터 이하가 되도록 할 것
  (다만, 작업장이 있는 층에 피난층 또는 지상으로 통하는 직통계단을 설치한 경우에는 그 부분에 한정하여 본문에 따른 기준을 충족한 것으로 본다.)
③ 비상구의 너비는 0.75미터 이상으로 하고, 높이는 1.5미터 이상으로 할 것
④ 비상구의 문은 피난 방향으로 열리도록 하고, 실내에서 항상 열 수 있는 구조로 할 것

### (2) 경보용 설비의 설치

**연면적이 400제곱미터 이상이거나 상시 50명 이상의 근로자가 작업하는 옥내 작업장**에는 비상시에 근로자에게 신속하게 알리기 위한 **경보용 설비 또는 기구를 설치**하여야 한다.

### (3) 통로의 설치

① 작업장으로 통하는 장소 또는 작업장 내에는 근로자가 사용하기 위한 안전한 통로를 설치하고 항상 사용가능한 상태로 유지하여야 한다.
② 통로의 주요한 부분에는 **통로표시**를 하고, 근로자가 안전하게 통행할 수 있도록 하여야 한다.
③ 근로자가 안전하게 통행할 수 있도록 **통로에 75럭스 이상의 채광 또는 조명시설을 하여야 한다.**
④ 통로면으로 부터 **높이 2미터 이내에는 장애물이 없도록** 하여야 한다.

## (4) 가설통로

### 가설통로의 구조 ★★

① 견고한 구조로 할 것
② 경사는 30도 이하로 할 것
③ 경사가 15도를 초과하는 때는 미끄러지지 아니하는 구조로 할 것
④ 추락의 위험이 있는 장소에는 안전난간을 설치할 것
⑤ 수직갱 : 길이가 15미터 이상인 때에는 10미터 이내마다 계단참을 설치할 것
⑥ 건설공사에 사용하는 높이 8미터 이상인 비계다리 : 7미터 이내 마다 계단참을 설치할 것

## (5) 사다리식 통로

### 사다리식 통로의 구조 ★★

① 견고한 구조로 할 것
② 심한 손상 · 부식 등이 없는 재료를 사용할 것
③ 발판의 간격은 일정하게 할 것
④ 발판과 벽과의 사이는 15센티미터 이상의 간격을 유지할 것
⑤ 폭은 30센티미터 이상으로 할 것
⑥ 사다리가 넘어지거나 미끄러지는 것을 방지하기 위한 조치를 할 것
⑦ 사다리의 상단은 걸쳐놓은 지점으로부터 60센티미터 이상 올라가도록 할 것
⑧ 사다리식 통로의 길이가 10미터 이상인 경우에는 5미터 이내마다 계단참을 설치할 것
⑨ 사다리식 통로의 기울기는 75도 이하로 할 것. 다만, 고정식 사다리식 통로의 기울기는 90도 이하로 하고, 그 높이가 7미터 이상인 경우에는 다음 각 목의 구분에 따른 조치를 할 것
  • 등받이울이 있어도 근로자 이동에 지장이 없는 경우 : 바닥으로부터 높이가 2.5미터 되는 지점부터 등받이울을 설치할 것
  • 등받이울이 있으면 근로자가 이동이 곤란한 경우 : 한국산업표준에서 정하는 기준에 적합한 개인용 추락 방지 시스템을 설치하고 근로자로 하여금 한국산업표준에서 정하는 기준에 적합한 전신 안전대를 사용하도록 할 것
⑩ 접이식 사다리 기둥은 사용 시 접혀지거나 펼쳐지지 않도록 철물 등을 사용하여 견고하게 조치할 것

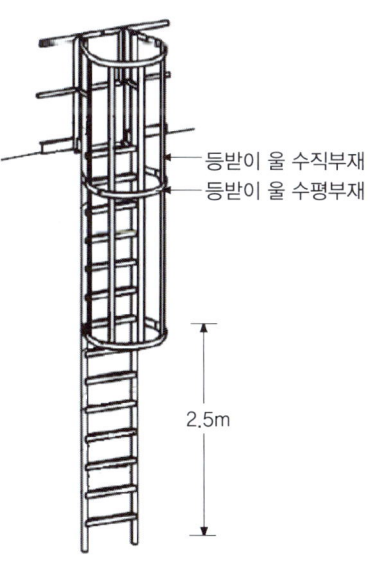

[등받이 울의 설치]

# 계단, 이동식 사다리, 작업발판 등의 설치

## (1) 계단

### 계단의 구조 ★★

① 계단의 강도 : 계단 및 계단참의 강도는 500kg/m² 이상이어야 하며 안전율은 4 이상으로 하여야 한다.
② 계단의 폭 : 1미터 이상으로 하여야 한다.
③ 계단참의 높이 : 높이가 3m를 초과하는 계단에는 높이 3m 이내마다 너비 1.2미터 이상의 계단참을 설치하여야 한다.
④ 천장의 높이 : 바닥면으로부터 높이 2미터 이내의 공간에 장애물이 없도록 하여야 한다.
⑤ 계단의 난간 : 높이 1미터 이상인 계단의 개방된 측면에 안전난간을 설치하여야 한다.

## (2) 이동식 사다리

### 1) 이동식 사다리의 구조 ★

#### 이동식 사다리의 구조

① 길이가 6미터를 초과해서는 안 된다.
② 다리의 벌림은 벽 높이의 1/4정도가 적당하다.
③ 벽면 상부로부터 최소한 60센티미터 이상의 연장길이가 있어야 한다.

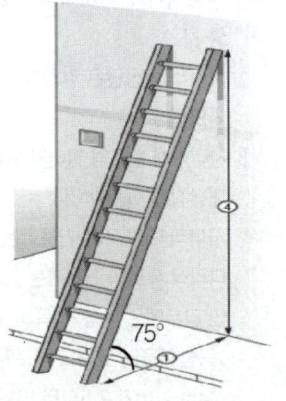

### 2) 추락 방지 ★

사업주는 추락을 방지하기 위하여 **작업발판 및 추락방호망을 설치하기 곤란한 경우에는** 근로자로 하여금 **3개 이상의 버팀대를 가지고 지면으로부터 안정적으로 세울 수 있는 구조를 갖춘 이동식 사다리를 사용하여 작업**을 하게 할 수 있다. 이 경우 사업주는 근로자가 다음 각 호의 사항을 준수하도록 조치해야 한다.

① **평탄하고 견고하며 미끄럽지 않은 바닥에 이동식 사다리를 설치**할 것
② 이동식 사다리의 **넘어짐을 방지**하기 위해 다음 각 목의 어느 하나 이상에 해당하는 **조치**를 할 것
   - 이동식 사다리를 **견고한 시설물에 연결하여 고정할 것**
   - **아웃트리거**(outrigger, 전도방지용 지지대)**를 설치**하거나 아웃트리거가 붙어있는 이동식 사다리를 설치할 것
   - 이동식 사다리를 **다른 근로자가 지지하여 넘어지지 않도록 할 것**
③ 이동식 사다리의 제조사가 정하여 표시한 이동식 사다리의 **최대사용하중을 초과하지 않는 범위 내에서만 사용**할 것
④ 이동식 사다리를 설치한 **바닥면에서 높이 3.5미터 이하의 장소에서만 작업**할 것
⑤ 이동식 사다리의 **최상부 발판 및 그 하단 디딤대에 올라서서 작업하지 않을 것**(다만, 높이 1미터 이하의 사다리는 제외한다.)
⑥ **안전모를 착용**하되, 작업 높이가 2미터 이상인 경우에는 안전모와 안전대를 함께 착용할 것
⑦ 이동식 사다리 **사용 전 변형 및 이상 유무 등을 점검하여 이상이 발견되면 즉시 수리하거나 그 밖에 필요한 조치를** 할 것

### (3) 작업발판 설치기준

비계(달비계·달대비계 및 말비계를 제외)의 높이가 2미터 이상인 작업장소에는 다음 각 호의 기준에 적합한 작업발판을 설치하여야 한다.

| 작업발판 설치기준 ★★ |
| --- |
| ① **발판재료** : 작업 시의 하중을 견딜 수 있도록 **견고한 것**으로 할 것 |
| ② **발판의 폭** : 40cm 이상으로 하고, 발판재료간의 틈 : 3cm 이하로 할 것 |
| ③ 추락의 위험성이 있는 장소에는 안전난간을 설치할 것 |
| ④ 작업발판의 지지물 : 하중에 의하여 파괴될 우려가 없는 것을 사용할 것 |
| ⑤ 작업발판 재료는 뒤집히거나 떨어지지 아니하도록 2 이상의 지지물에 연결하거나 고정시킬 것 |
| ⑥ 작업에 따라 이동시킬 때에는 위험방지 조치를 할 것 |
| ⑦ 선박 및 보트 건조작업에서 선박블록 또는 엔진실 등의 좁은 작업공간에 작업발판을 설치하는 경우 : 작업발판의 폭을 30센티미터 이상으로 할 수 있고, 걸침비계의 경우 발판재료 간의 틈을 3센티미터 이하로 유지하기 곤란하면 5센티미터 이하로 할 수 있다. |

### (4) 공사용 가설도로의 설치

① **도로**는 장비 및 차량이 안전하게 운행할 수 있도록 **견고하게 설치**할 것
② 도로와 **작업장이 접하여 있을 경우에는 울타리 등을 설치**할 것
③ 도로는 **배수를 위하여 경사지게 설치하거나 배수시설을 설치**할 것
④ **차량의 속도제한 표지를 부착할 것**

# 예상문제

## 01 계단의 구조를 설명하시오. (4가지)

**정답**
① 계단의 폭 : 1미터 이상
② 계단참의 높이 : 높이가 3미터를 초과하는 계단에는 높이 3미터 이내마다 너비 1.2미터 이상의 계단참 설치
③ 계단의 난간 : 높이 1미터 이상인 계단의 개방된 측면에 안전난간을 설치
④ 계단·계단참의 강도 : 500kg/m² 이상(안전율 4 이상)
⑤ 천장의 높이 : 바닥면으로부터 높이 2미터 이내의 공간에 장애물이 없도록 하여야 한다.

## 02 가설통로의 구조를 설명하시오. (4가지)

**정답**
① 견고한 구조
② 경사는 30도 이하로 할 것
③ 경사가 15도를 초과하는 때에는 미끄러지지 아니하는 구조
④ 추락의 위험이 있는 장소에는 안전난간을 설치할 것
⑤ 수직갱 : 길이가 15미터이상인 때에는 10미터 이내마다 계단참 설치
⑥ 높이 8미터 이상인 비계다리 : 7미터 이내마다 계단참 설치

## 03 이동식사다리의 구조를 3가지 적으시오.

**정답**
① 길이가 6미터를 초과해서는 안 된다.
② 다리의 벌림은 벽 높이의 1/4정도가 적당하다.
③ 벽면 상부로부터 최소한 60센티미터 이상의 연장길이가 있어야 한다.

## 04 3개 이상의 버팀대를 가지고 지면으로부터 안정적으로 세울 수 있는 구조를 갖춘 이동식 사다리를 사용하여 작업하는 경우 근로자의 준수사항 4가지를 적으시오.

**정답**
① 평탄하고 견고하며 미끄럽지 않은 바닥에 이동식 사다리를 설치할 것
② 이동식 사다리의 넘어짐을 방지하기 위해 다음 각 목의 어느 하나 이상에 해당하는 조치를 할 것
   • 이동식 사다리를 견고한 시설물에 연결하여 고정할 것
   • 아웃트리거(outrigger, 전도방지용 지지대)를 설치하거나 아웃트리거가 붙어있는 이동식 사다리를 설치할 것
   • 이동식 사다리를 다른 근로자가 지지하여 넘어지지 않도록 할 것
③ 이동식 사다리의 제조사가 정하여 표시한 이동식 사다리의 최대사용하중을 초과하지 않는 범위 내에서만 사용할 것
④ 이동식 사다리를 설치한 바닥면에서 높이 3.5미터 이하의 장소에서만 작업할 것
⑤ 이동식 사다리의 최상부 발판 및 그 하단 디딤대에 올라서서 작업하지 않을 것(다만, 높이 1미터 이하의 사다리는 제외한다.)
⑥ 안전모를 착용하되, 작업 높이가 2미터 이상인 경우에는 안전모와 안전대를 함께 착용할 것
⑦ 이동식 사다리 사용 전 변형 및 이상 유무 등을 점검하여 이상이 발견되면 즉시 수리하거나 그 밖에 필요한 조치를 할 것

## 05 사다리식 통로의 구조를 설명하시오. (4가지)

**정답**
① 견고한 구조
② 발판의 간격은 동일하게 할 것
③ 심한 손상·부식 등이 없는 재료를 사용할 것
④ 폭은 30센티미터 이상으로 할 것
⑤ 발판과 벽과의 사이 간격은 15센티미터 이상으로 할 것
⑥ 넘어짐, 미끄러짐 방지 조치 할 것
⑦ 사다리 상단은 걸쳐놓은 지점으로부터 60센티미터 이상 올라가도록 할 것
⑧ 길이가 10미터 이상인 때에는 5미터 이내마다 계단참 설치할 것
⑨ 사다리식 통로의 기울기는 75도 이하로 할 것. 다만, 고정식 사다리식 통로의 기울기는 90도 이하로 하고, 그 높이가 7미터 이상인 경우에는 다음 각 목의 구분에 따른 조치를 할 것
  • 등받이울이 있어도 근로자 이동에 지장이 없는 경우 : 바닥으로부터 높이가 2.5미터 되는 지점부터 등받이울을 설치할 것
  • 등받이울이 있으면 근로자가 이동이 곤란한 경우 : 한국산업표준에서 정하는 기준에 적합한 개인용 추락 방지 시스템을 설치하고 근로자로 하여금 한국산업표준에서 정하는 기준에 적합한 전신 안전대를 사용하도록 할 것
⑩ 접이식 사다리 기둥은 사용 시 접혀지거나 펼쳐지지 않도록 철물 등을 사용하여 견고하게 조치할 것

## 06 작업발판의 구조를 설명하시오. (4가지)

**정답**
① 폭은 40센티미터 이상, 발판재료간의 틈은 3센티미터 이하
② 추락 위험이 있는 장소에는 안전난간 설치
③ 뒤집히거나 떨어지지 아니하도록 2 이상의 지지물에 연결, 고정시킬 것
④ 작업에 따라 이동시킬 때에는 위험방지 조치할 것
⑤ 발판재료는 견고한 것으로 할 것
⑥ 작업발판의 지지물은 파괴될 우려가 없는 것 사용
⑦ 선박 및 보트 건조작업에서 선박블록 또는 엔진실 등의 좁은 작업공간에 작업발판을 설치하는 경우 **작업발판의 폭을 30센티미터 이상**으로 할 수 있고, 걸침비계의 경우 발판재료 간의 틈을 3센티미터 이하로 유지하기 곤란하면 5센티미터 이하로 할 수 있다.

## 07 강관비계를 이용한 단관비계의 구조를 적으시오. (4가지)

**정답**
① 비계기둥 간격 : 띠장방향에서는 1.85m 이하, 장선방향에서는 1.5m 이하로 할 것
  다만, 다음 각 목의 어느 하나에 해당하는 작업의 경우에는 안전성에 대한 구조검토를 실시하고 조립도를 작성하면 띠장 방향 및 장선 방향으로 각각 2.7미터 이하로 할 수 있다.
  가. 선박 및 보트 건조작업
  나. 그 밖에 장비 반입·반출을 위하여 공간 등을 확보할 필요가 있는 등 작업의 성질상 비계기둥 간격에 관한 기준을 준수하기 곤란한 작업
② 띠장간격 : 2.0m 이하
③ 비계기둥의 최고 부로부터 31미터되는 지점 밑부분의 비계기둥은 2본의 강관으로 묶어 세울 것
④ 비계기둥 간의 적재하중 : 400킬로그램을 초과하지 아니하도록 할 것

## 08 강관비계 조립 시의 준수사항을 적으시오. (4가지)

**정답**
① 미끄러지거나 침하하는 것을 방지하기 위하여 밑받침철물을 사용하거나 깔판·받침목 등을 사용하여 밑둥잡이를 설치할 것
② 접속부 또는 교차부는 적합한 부속철물을 사용하여 단단히 묶을 것
③ 교차가새로 보강할 것
④ 외줄비계·쌍줄비계 또는 돌출비계의 벽이음 및 버팀 설치
  • 조립간격 : 수직방향에서 5m 이하, 수평방향에서 5m 이하
  • 강관·통나무등의 재료를 사용하여 견고한 것으로 할 것
  • 인장재와 압축재로 구성되어 있는 때에는 인장재와 압축재의 간격을 1미터 이내로 할 것
⑤ 가공전로에 근접하여 비계를 설치하는 때에는 가공전로와의 접촉 방지 조치할 것

## 09 비계 조립간격(벽이음 간격)이다. 다음 표의 빈칸을 채우시오.

| 비계 종류 | | 수직 방향 | 수평 방향 |
|---|---|---|---|
| 강관비계 | 단관비계 | ( ① )m | ( ② )m |
| | 틀비계 (높이 5m 미만인 것 제외) | ( ③ )m | ( ④ )m |

**정답**

| 비계 종류 | | 수직 방향 | 수평 방향 |
|---|---|---|---|
| 강관비계 | 단관비계 | 5m | 5m |
| | 틀비계 (높이 5m 미만인 것 제외) | 6m | 8m |

## 10 시스템 비계의 구조를 쓰시오. (4가지)

**정답**
① 수직재 · 수평재 · 가새재를 견고하게 연결하는 구조가 되도록 할 것
② 비계 밑단의 수직재와 받침철물은 밀착되도록 설치하고, 수직재와 받침철물의 연결부의 겹침길이는 받침철물 전체 길이의 3분의 1 이상이 되도록 할 것
③ 수평재는 수직재와 직각으로 설치하여야 하며, 체결 후 흔들림이 없도록 견고하게 설치할 것
④ 수직재와 수직재의 연결철물은 이탈되지 않도록 견고한 구조로 할 것
⑤ 벽 연결재의 설치간격은 제조사가 정한 기준에 따라 설치할 것

## 11 시스템 비계 조립 시의 준수사항을 쓰시오. (4가지)

**정답**
① 밑받침 철물을 사용하여야 하며, 고저차가 있는 경우는 조절형 밑받침 철물을 사용하여 수평, 수직을 유지하도록 할 것
② 경사진 바닥에 설치하는 경우에는 피벗형 받침 철물 또는 쐐기 등을 사용하여 바닥면이 수평을 유지하도록 할 것
③ 가공전로에 근접하여 비계를 설치하는 경우에는 가공전로와의 접촉을 방지하기 위한 조치를 할 것
④ 비계 내에서 근로자가 이동하는 경우에는 지정된 통로를 이용하도록 주지시킬 것
⑤ 같은 수직면상의 위와 아래 동시 작업을 금지할 것
⑥ 작업발판에는 최대적재하중을 초과하여 적재해서는 아니 되며, 최대적재하중이 표기된 표지판을 부착하고 근로자에게 주지시키도록 할 것

**참고**

[시스템 비계]
수직재, 수평재, 가새재 등 각각의 부재를 공장에서 제작하고 현장에서 조립하여 사용하는 조립형 비계

## 12 이동식 비계의 조립 시의 준수사항(구조)를 쓰시오. (4가지)

**정답**
① 바퀴에는 갑작스러운 이동 또는 전도를 방지하기 위하여 브레이크·쐐기 등으로 바퀴를 고정시킨 다음 비계의 일부를 견고한 시설물에 고정하거나 아웃트리거를 설치하는 등 필요한 조치를 할 것
② 승강용사다리는 견고하게 설치할 것
③ 비계의 최상부에서 작업을 할 때에는 안전난간을 설치할 것
④ 작업발판은 항상 수평을 유지하고 작업발판 위에서 안전난간을 딛고 작업을 하거나 받침대 또는 사다리를 사용하여 작업하지 않도록 할 것
⑤ 작업발판의 최대적재하중은 250킬로그램을 초과하지 않도록 할 것

## 13 말비계의 조립 시의 준수사항(구조)를 적으시오. (3가지)

**정답**
① 높이가 2미터 초과 시는 작업발판의 폭을 40센티미터 이상으로 할 것
② 미끄럼 방지장치를 하고, 양측 끝부분에 올라서서 작업하지 않도록 할 것
③ 수평면과 기울기 75도 이하로 하고, 지주부재와 지주부재 사이를 고정시키는 보조부재를 설치할 것

## 14 틀비계 조립시의 준수사항을 적으시오. (3가지)

**정답**
① 밑둥에는 밑받침철물을 사용하여야 하며 밑받침에 고저차가 있는 경우에는 조절형 밑받침철물을 사용하여 항상 수평 및 수직을 유지하도록 할 것
② 높이가 20미터를 초과하거나 중량물의 적재를 수반하는 작업을 할 경우에는 주틀간의 간격이 1.8미터 이하로 할 것
③ 주틀간에 교차가새를 설치하고 최상층 및 5층 이내마다 수평재를 설치할 것
④ 벽이음 간격(조립간격) : 수직방향 6m, 수평방향으로 8m미터 이내마다 할 것
⑤ 길이가 띠장방향으로 4m 이하이고 높이가 10m를 초과하는 경우에는 10m 이내마다 띠장방향으로 버팀기둥을 설치할 것

## 15 비계를 조립·해체하거나 또는 변경한 후 당해 작업시작 전 점검사항을 적으시오. (5가지)

**정답**
① 발판재료의 손상여부 및 부착 또는 걸림상태
② 당해비계의 연결부 또는 접속부의 풀림상태
③ 연결재료 및 연결철물의 손상 또는 부식상태
④ 손잡이의 탈락여부
⑤ 기둥의 침하·변형·변위 또는 흔들림 상태
⑥ 로프의 부착상태 및 매단장치의 흔들림 상태

**특급암기법**
비계(연결부, 연결재료) → 발판 → 손잡이 → 비계기둥

# CHAPTER 03 토공사 안전

## 지반의 조사

### (1) 표준 관입 시험(standard penetration test) ★

① 표준 샘플러 63.5kg의 해머로 75cm의 높이에서 낙하시켜 관입량 30cm에 달하는데 요하는 타격횟수로서 사질지반(모래)의 밀도를 측정하는 방법이다.
② 타격횟수의 값이 클수록 밀실한 토질이다.

#### 타격횟수에 따른 지반의 판정 ★

- 타격횟수 4회 미만 : 대단히 연약한 지반
- 타격횟수 4~10회 : 연약한 지반
- 타격횟수 10~30회 : 보통지반
- 타격횟수 30~50회 : 밀실한 지반
- 타격횟수 50회 이상 : 대단히 밀실한 지반

### (2) 베인 테스트(vane test) ★

보링 구멍을 이용하여 십자 날개형의 베인 테스터를 지반에 박고 이것을 회전시켜 그 **회전력에 의하여 점토(진흙)의 점착력을 판별하는 방법**이다.

### (3) 보링(Boring) ★

지중에 철판을 꽂아 천공하면서 토사를 채취하여 지반을 조사하는 방법이다.

1) 보링(boring)시 주의사항

① 보링의 깊이는 경미한 건물은 **기초폭의 1.5~2.0배**, 지지층 이상으로 한다.

② **간격은 약 30m**로 하고 중간지점은 물리적 탐사법을 이용한다.
③ **한 장소에서 3개소 이상** 실시한다.
④ 보링 구멍은 **수직으로 판다.**
⑤ 채취 시료는 충분히 양생해야 한다.

2) 보링의 종류

① **회전식 보링(rotary boring)** : 천공날을 회전시켜 천공하는 공법으로 **가장 많이 사용**되는 방법이며, **지질의 상태를 가장 정확히 파악**할 수 있다.
② **수세식 보링(wash boring)** : 보링내 선단에서 **물을 뿜어내어 나온 진흙물을 침전시켜 토질을 분석**하는 방법으로 깊은 지층조사가 가능하다.
③ **충격식 보링(percussion boring)** : 낙하, **충격에 의해 파쇄되는 토사나 암석을 이용하여 분석**하는 방법
④ **오거 보링(auger boring)** : **송곳(auger)을 이용**해 **깊이 10m 이내**의 시추에 사용되며 **얕은 점토층의 분석**에 사용

## 지반의 이상 현상 및 안전대책

(1) 지반의 이상 현상

1) 히빙(Heaving) 현상★★

① **연약한 점토지반에서** 굴착에 의한 흙막이 내·외면의 **흙의 중량차이(토압)로 인해 굴착저면의 흙이 부풀어 올라오는 현상**
② 흙막이 바깥 흙이 안으로 밀려든다.

| 히빙 발생원인 | 히빙현상 방지책 ★ |
|---|---|
| ① 배면지반과 터파기 저면과의 **토압차** | ① 양질의 재료로 **지반을 개량**한다.(흙의 전단강도 높인다.) |
| ② **연약지반** 및 하부지반의 강성 부족 | ② 어스앵커 설치 |
| ③ **지표면의 토사적치 등 과재하** | ③ 시트파일 등의 근입심도 검토(흙막이 벽체의 근입 깊이를 깊게 한다.) |
| ④ **흙막이 밑둥넣기 부족** | |

④ 굴착주변에 웰포인트 공법을 병행한다.
⑤ 소단을 두면서 굴착한다.
⑥ 굴착주변의 상재하중을 제거한다.(표토를 제거하여 하중을 적게 한다)
⑦ 굴착저면에 하중을 가한다.(토사 등의 인공중력을 가중시킨다)
⑧ 토류벽의 배면토압을 경감시키고, 약액주입공법 및 탈수공법을 적용

## 2) 보일링(Boiling) 현상 ★★

① **사질토 지반**에서 굴착저면과 흙막이 배면과의 **수위차이로 인해** 굴착저면의 **흙과 물이 함께 위로 솟구쳐 오르는 현상**
② 모래가 액상화되어 솟아오른다.

| 보일링 발생원인 | 보일링현상 방지책 ★★ |
| --- | --- |
| ① 배면지반과 터파기 저면과의 **수위차** | ① 지하수위 저하 |
| ② 포화지반 및 **지하수위가 높은 경우** | ② 지하수 흐름 변경 |
| ③ **사질지반** 및 파이핑의 형성 | ③ **근입벽을 깊게** 한다. |
| ④ **흙막이 밑둥넣기 부족** | ④ 작업중지 |
|  | ⑤ 차수성이 높은 흙막이 벽 사용 |

## 3) 파이핑(Piping) 현상

보일링(Boiling) 현상으로 인하여 **지반 내에서 물의 통로가 생기면서 흙이 세굴되는 현상**

## 4) 압밀침하(consolidation settlement) 현상

흙 속에 하중이 가해지면 간극수가 배출되면서 천천히 압축되는 현상

## 5) 흙의 동상(frost heaving) 현상

물이 결빙되는 위치로 지속적으로 유입되는 조건에서 **온도가 하강함에 따라 토중수가 얼어** 생성된 결빙 크기가 계속 커져 **지표면이 부풀어 오르는 현상**

### 6) 비화작용(沸化作用, slaking)

건조한 흙이 급하게 물로 포화될 때 흙 안에 갇힌 공기의 압력이 높아지고, 높은 압력의 공기는 흙덩이를 부수면서 방출된다. 이와 같이 **갇혔던 공기가 방출되면서 흙덩이가 부서지는 것을 비화작용이라 한다.**(고체상태의 흙을 침수시키면 다시 액체로 되지 아니하고 흙 입자간의 결합력이 약해지며 붕괴되는 현상)

### 7) 연화현상

① **동결된 지반이 융해될 때 흙 속의 물이 배수되지 못하고** 과잉 존재하여 **지반이 연약화되고 강도가 떨어지는 현상**으로 배수불량이 주요 원인이다.
② 흙의 연화현상 방지책
- **동결부분의 함수량 증가를 방지**한다.
- 융해수의 배출을 위한 **배수 층을 동결깊이 아랫부분에 설치**한다.

## (2) 지반개량공법 ★

| 모래의 개량공법 | 점토의 개량공법 |
|---|---|
| ① 다짐말뚝공법 | ① 치환공법 |
| ② 다짐모래말뚝공법 | ② 탈수공법 |
| ③ 바이브로플로테이션 | ③ 재하공법 |
| ④ 전기충격공법 | ④ 압성토공법 |
| ⑤ 약액주입공법 | ⑤ 생석회말뚝공법 |
| ⑥ 웰포인트공법 | |

# 예상문제

## 01 표준관입시험(standard penetration test)을 설명하시오.

**정답** 63.5[kg]의 해머로 75[cm]의 높이에서 낙하시켜 땅을 30[cm] 관입하는데 요하는 타격횟수로서 사질지반의 밀도를 측정하는 방법이다. 타격횟수의 값이 클수록 밀실한 토질이다.

## 02 표준관입시험 결과 타격횟수이다. 지반을 판단하시오.

(1) 타격횟수 4회 미만 :
(2) 타격횟수 4회 ~ 10회 :
(3) 타격횟수 10회 ~ 30회 :
(4) 타격횟수 30회 ~ 50회 :
(5) 타격횟수 50회 이상 :

**정답**
(1) 대단히 연약한 지반
(2) 연약한 지반
(3) 보통지반
(4) 밀실한 지반
(5) 대단히 밀실한 지반

## 03 베인 테스트(vane test)의 용도를 쓰시오.

**정답** 점토(진흙)의 점착력을 판별하는 시험이다.

## 04 연약지반 개량공법을 적으시오. (5가지)

**정답**
① 치환공법
② 탈수공법
③ 다짐말뚝공법
④ 재하공법(여성토공법, 압성토공법)
⑤ 약액주입공법

## 05 모래지반의 개량공법을 적으시오.

**정답**
① 다짐말뚝공법
② 다짐모래말뚝공법
③ 바이브로플로테이션
④ 웰포인트공법
⑤ 전기충격공법

## 06 점토지반의 개량공법을 적으시오.

**정답**
① 샌드드레인공법
② 페이퍼드레인공법
③ 진공배수공법
④ 여성토공법
⑤ 압성토공법
⑥ 치환공법

## 07 보일링 현상과 히빙 현상을 설명하시오.

**정답**
① 보일링 현상 : 사질지반에서 유동하는 지하수에 의해 흙막이 저면이 붕괴되는 현상(모래가 액상화 되어 솟아오름)
② 히빙현상 : 연약한 점토지반에서 토압 차에 의해 흙막이 저면이 붕괴되는 현상(흙막이 바깥흙이 안으로 밀려든다)

## 08 보일링 현상 방지책을 쓰시오.

**정답**
① 지하수위 저하
② 지하수 흐름 변경
③ 근입벽을 깊게 한다.
④ 작업 중지

**참고**

**[히빙현상 방지책]**
① 양질의 재료로 지반을 개량한다. (흙의 전단강도 높인다.).
② 어스앵커 설치
③ 시트파일 등의 근입심도 검토(흙막이 벽체의 근입깊이를 깊게 한다.)
④ 굴착주변에 웰포인트 공법을 병행한다.
⑤ 소단을 두면서 굴착한다.
⑥ 굴착주변의 상재하중을 제거한다. (포토를 제거하여 하중을 적게 한다)
⑦ 굴착저면에 하중을 가한다. (토사 등의 인공중력을 가중시킨다)
⑧ 토류벽의 배면토압을 경감시키고, 약액주입공법 및 탈수공법을 적용

# CHAPTER 04 구조물공사 안전

## 거푸집 및 거푸집 동바리 안전

### (1) 거푸집 구비조건

① 거푸집은 **조립 · 해체 · 운반이 용이할 것**
② 최소한의 재료로 **여러 번 사용할 수 있는 형상과 크기일 것**
③ 수분이나 모르타르 등의 누출을 방지할 수 있는 **수밀성이 있을 것**
④ 시공 정확도에 알맞은 수평 · 수직 · 직각을 견지하고 **변형이 생기지 않는 구조일 것**
⑤ 콘크리트의 자중 및 부어넣기할 때의 **충격과 작업하중에 견디고, 변형을 일으키지 않을 강도를 가질 것**

> **비교 point**
>
> **철재 거푸집과 비교한 합판거푸집 장점**
> ① 녹이 슬지 않으므로 보관하기 쉽다.
> ② 가볍다.
> ③ 보수가 간단하다.
> ④ 삽입기구(insert)의 삽입이 간단하다.
> ⑤ 외기온도의 영향이 적다.

## (2) 동바리 유형에 따른 동바리 조립 시의 안전조치

### 동바리로 사용하는 파이프서포트의 조립 시 준수사항★★

- 파이프서포트를 3개본 이상 이어서 사용하지 아니하도록 할 것
- 파이프서포트를 이어서 사용할 때에는 4개 이상의 볼트 또는 전용철물을 사용하여 이을 것
- 높이가 3.5미터를 초과하는 경우에는 높이 2미터 이내마다 수평연결재를 2개 방향으로 만들고 수평연결재의 변위를 방지할 것

### 동바리로 사용하는 강관 틀의 준수사항

- 강관틀과 강관틀 사이에 교차가새를 설치할 것
- 최상단 및 5단 이내마다 동바리의 측면과 틀면의 방향 및 교차가새의 방향에서 5개 이내마다 수평연결재를 설치하고 수평연결재의 변위를 방지할 것
- 최상단 및 5단 이내마다 동바리의 틀면의 방향에서 양단 및 5개틀 이내마다 교차가새의 방향으로 띠장틀을 설치할 것

### 동바리로 사용하는 조립강주의 준수사항★

- 높이가 4미터를 초과할 때에는 높이 4미터 이내마다 수평연결재를 2개 방향으로 설치하고 수평연결재의 변위를 방지할 것

### 시스템 동바리의 준수사항(설치방법)★

- 수평재는 수직재와 직각으로 설치해야 하며, 흔들리지 않도록 견고하게 설치할 것
- 연결철물을 사용하여 수직재를 견고하게 연결하고, 연결 부위가 탈락 또는 꺾어지지 않도록 할 것
- 수직 및 수평하중에 의한 동바리의 구조적 안전성이 확보되도록 조립도에 따라 수직재 및 수평재에는 가새재를 견고하게 설치할 것
- 동바리 최상단과 최하단의 수직재와 받침철물은 서로 밀착되도록 설치하고 수직재와 받침철물의 연결부의 겹침길이는 받침철물 전체 길이의 3분의 1 이상 되도록 할 것

### 보 형식의 동바리[강제 갑판(steel deck), 철재트러스 조립 보 등 수평으로 설치하여 거푸집을 지지하는 동바리를 말한다]의 경우

- 접합부는 충분한 걸침 길이를 확보하고 못, 용접 등으로 양끝을 지지물에 고정시켜 미끄러짐 및 탈락을 방지할 것
- 양끝에 설치된 보 거푸집을 지지하는 동바리 사이에는 수평연결재를 설치하거나 동바리를 추가로 설치하는 등 보 거푸집이 옆으로 넘어지지 않도록 견고하게 할 것
- 설계도면, 시방서 등 설계도서를 준수하여 설치할 것

### (3) 거푸집 및 동바리의 조립·해체 등 작업 시의 준수사항 ★

① 해당 작업을 하는 구역에는 **관계 근로자가 아닌 사람의 출입을 금지**할 것
② 비·눈 그 밖의 기상상태의 불안정으로 인하여 **날씨가 몹시 나쁜 경우에는 그 작업을 중지**시킬 것
③ **재료·기구 또는 공구 등을 올리거나 내릴 때**에는 근로자로 하여금 **달줄·달포대 등을 사용**하도록 할 것
④ 낙하·충격에 의한 돌발적 재해를 방지하기 위하여 **버팀목을 설치**하고 **거푸집 동바리 등을 인양 장비에 매단 후에 작업**을 하도록 하는 등 필요한 조치를 할 것
⑤ 콘크리트를 타설하는 경우에는 **편심이 발생하지 않도록 골고루 분산하여 타설**할 것

### (4) 작업발판 일체형 거푸집

**거푸집을 작업발판과 일체로 제작하여 사용하는 거푸집**

| 작업발판 일체형 거푸집의 종류 ★ |
|---|
| ① 갱 폼(gang form) |
| ② 슬립 폼(slip form) |
| ③ 클라이밍 폼(climbing form) |
| ④ 터널 라이닝 폼(tunnel lining form) |
| ⑤ 그 밖에 거푸집과 작업발판이 일체로 제작된 거푸집 등 |

### (5) 거푸집 조립 및 해체 순서 ★

① 조립 순서 : 기둥 → 보받이 내력벽 → 큰보 → 작은보 → 바닥 → (내벽) → (외벽)
② 해체 순서 : 바닥 → 보 → 벽 → 기둥

## 콘크리트 타설 작업 및 철골공사 안전

### (1) 콘크리트의 타설 작업 시 준수사항 ★★

① 당일의 **작업을 시작하기 전**에 해당 작업에 관한 **거푸집 동바리 등의 변형·변위 및 지반의 침하 유무 등을 점검**하고 이상이 있으면 보수할 것
② **작업 중에는 감시자를 배치**하는 등의 방법으로 **거푸집 및 동바리의 변형·변위 및 침하 유무 등을 확인**해야 하며, **이상이 있으면 작업을 중지하고 근로자를 대피**시킬 것

③ 콘크리트의 **타설작업 시 거푸집붕괴의 위험이 발생할 우려가 있으면 충분한 보강조치를** 할 것
④ 설계도서상의 **콘크리트 양생기간을 준수하여 거푸집 및 동바리를 해체할** 것
⑤ 콘크리트를 타설하는 경우에는 **편심이 발생하지 않도록 골고루 분산하여 타설할** 것

(2) 콘크리트 타설 장비(플레이싱 붐(placing boom), 콘크리트 분배기, 콘크리트 펌프카 등) 사용 시의 준수사항

① **작업을 시작하기 전에 콘크리트 타설 장비를 점검하고 이상을 발견하였으면 즉시 보수** 할 것
② 건축물의 난간 등에서 작업하는 근로자가 **호스의 요동·선회로 인하여 추락하는 위험을 방지하기 위하여 안전난간 설치 등 필요한 조치를** 할 것
③ 콘크리트 **타설 장비의 붐을 조정하는 경우에는 주변의 전선 등에 의한 위험을 예방하기 위한 적절한 조치를** 할 것
④ 작업 중에 지반의 침하나 아웃트리거 등 **콘크리트 타설 장비 지지구조물의 손상 등에 의하여 콘크리트 타설 장비가 넘어질 우려가 있는 경우에는 이를 방지하기 위한 적절한 조치를** 할 것

(3) 콘크리트의 측압 ★

① 철골 or 철근량 적을수록 측압이 크다.
② 외기온도 낮을수록 측압이 크다.
③ 습도가 낮을수록 측압이 크다.
④ 타설 속도 빠를수록 측압이 크다.
⑤ 콘크리트 비중이 클수록 측압이 크다.

(4) 콘크리트 옹벽(흙막이 지보공)의 안정성 검토사항 ★★

① 전도에 대한 안정
② 활동에 대한 안정
③ 침하에 대한 안정(지반 지지력에 대한 안정)

(5) 철골구조물 중 강풍에 의한 풍압 등 외압에 대한 내력이 설계에 고려되었는지 확인하여야 할 대상(자립도 검토대상) ★

① 높이 20미터 이상의 구조물
② 구조물의 폭과 높이의 비가 1 : 4 이상인 구조물
③ 단면구조에 현저한 차이가 있는 구조물
④ 연면적당 철골량이 50kg/m² 이하인 구조물
⑤ 기둥이 타이플레이트(tie plate)형인 구조물
⑥ 이음부가 현장용접인 구조물

(6) 철골작업을 중지해야 하는 조건 ★★★

① 풍속이 초당 10미터 이상인 경우
② 강우량이 시간당 1밀리미터 이상인 경우
③ 강설량이 시간당 1센티미터 이상인 경우

## 해체공사

(1) 구축물, 건축물, 그 밖의 시설물 등의 해체공사의 작업계획서 내용 ★★

① 해체의 방법 및 해체 순서도면
② 가설설비 · 방호설비 · 환기설비 및 살수 · 방화설비 등의 방법
③ 사업장 내 연락방법
④ 해체물의 처분계획
⑤ 해체작업용 기계 · 기구 등의 작업계획서
⑥ 해체작업용 화약류 등의 사용계획서
⑦ 그 밖에 안전 · 보건에 관련된 사항

# 예상문제

**01** 강관지주 및 파이프써포트를 이용한 거푸집 조립 시의 방법이다. 다음 괄호 안을 채우시오.

> 동바리로 사용하는 파이프서포트의 조립 시 준수사항
> - 파이프서포트를 ( ① ) 이상 이어서 사용하지 아니하도록 할 것
> - 파이프서포트를 이어서 사용할 때에는 ( ② ) 이상의 볼트 또는 전용철물을 사용하여 이을 것
> - 높이가 ( ③ )를 초과할 때 높이 ( ④ )미터 이내마다 수평연결재를 ( ⑤ ) 방향으로 만들고 수평연결재의 변위를 방지할 것

**정답** ① 3개본  ② 4개  ③ 3.5m  ④ 2m  ⑤ 2개

**참고**

1. **시스템 동바리의 경우**
   (시스템동바리 : 규격화·부품화된 수직재, 수평재 및 가새재 등의 부재를 현장에서 조립하여 거푸집으로 지지하는 동바리 형식을 말한다)
   - 수평재는 수직재와 직각으로 설치해야 하며, 흔들리지 않도록 견고하게 설치할 것
   - 연결철물을 사용하여 수직재를 견고하게 연결하고, 연결 부위가 탈락 또는 꺾어지지 않도록 할 것
   - 수직 및 수평하중에 의한 동바리의 구조적 안전성이 확보되도록 조립도에 따라 수직재 및 수평재에는 가새재를 견고하게 설치할 것
   - 동바리 최상단과 최하단의 수직재와 받침철물은 서로 밀착되도록 설치하고 수직재와 받침철물의 연결부의 겹침길이는 받침철물 전체 길이의 3분의 1 이상 되도록 할 것

2. **동바리로 사용하는 강관 틀의 준수사항**
   - 강관틀과 강관틀 사이에 교차가새를 설치할 것
   - 최상단 및 5단 이내마다 동바리의 측면과 틀면의 방향 및 교차가새의 방향에서 5개 이내마다 수평연결재를 설치하고 수평연결재의 변위를 방지할 것
   - 최상단 및 5단 이내마다 동바리의 틀면의 방향에서 양단 및 5개틀 이내마다 교차가새의 방향으로 띠장틀을 설치할 것

3. **동바리로 사용하는 조립강주의 준수사항**
   - 높이가 4미터를 초과할 때에는 높이 4미터 이내마다 수평연결재를 2개 방향으로 설치하고 수평연결재의 변위를 방지할 것

## 02 거푸집 조립 순서를 설명하시오.

( ① ) → ( ② ) → ( ③ ) → ( ④ )

**정답** ① 기둥, ② 벽, ③ 보, ④ 바닥(슬라브)

## 03 콘크리트 타설작업 시 안전수칙을 적으시오. (4가지)

**정답**
① 당일의 작업을 시작하기 전에 해당 작업에 관한 거푸집동바리 등의 변형·변위 및 지반의 침하 유무 등을 점검하고 이상이 있으면 보수할 것
② 작업 중에는 감시자를 배치하는 등의 방법으로 거푸집 및 동바리의 변형·변위 및 침하 유무 등을 확인해야 하며, 이상이 있으면 작업을 중지하고 근로자를 대피시킬 것
③ 콘크리트의 타설작업 시 거푸집붕괴의 위험이 발생할 우려가 있으면 충분한 보강조치를 할 것
④ 설계도서상의 콘크리트 양생기간을 준수하여 거푸집 및 동바리를 해체할 것
⑤ 콘크리트를 타설하는 경우에는 편심이 발생하지 않도록 골고루 분산하여 타설할 것

## 04 콘크리트 플레이싱 붐(placing boom), 콘크리트 분배기, 콘크리트 펌프카 등 콘크리트 타설장비 사용 시의 준수사항 4가지를 적으시오.

**정답**
① 작업을 시작하기 전에 **콘크리트 타설 장비**를 점검하고 이상을 발견하였으면 즉시 보수할 것
② 건축물의 난간 등에서 작업하는 **근로자가 호스의 요동·선회로 인하여 추락하는 위험**을 방지하기 위하여 안전난간 설치 등 필요한 조치를 할 것
③ 콘크리트 타설 장비의 붐을 조정하는 경우에는 주변의 전선 등에 의한 위험을 예방하기 위한 적절한 조치를 할 것
④ 작업 중에 지반의 침하나 아웃트리거 등 콘크리트 타설 장비 지지구조물의 손상 등에 의하여 **콘크리트 타설 장비**가 넘어질 우려가 있는 경우에는 이를 방지하기 위한 적절한 조치를 할 것

## 05 콘크리트 측압이 큰 경우를 적으시오. (4가지)

**정답**
① 외기온도가 낮을수록 크다.
② 습도가 낮을수록 크다.
③ 철골 or 철근량이 적을수록 크다.
④ 타설속도가 빠를수록 크다.
⑤ 콘크리트 비중이 클수록 크다.

## 06 콘크리트 옹벽의 안정성 검토사항을 적으시오. (3가지)

**정답**
① 전도에 대한 안정
② 활동에 대한 안정
③ 침하(지반 지지력)에 대한 안정

## 07 철골구조물의 외압에 대한 내력이 설계에 고려되었는지 확인하여야 하는 대상을 적으시오. (4가지)

**정답**
① 높이 20미터 이상의 구조물
② 구조물의 **폭과 높이의 비가 1 : 4 이상**인 구조물
③ **단면구조에 현저한 차이**가 있는 구조물
④ 연면적당 **철골량이 50킬로그램/$m^2$ 이하**인 구조물
⑤ **기둥이 타이플레이트(tie plate)형**인 구조물
⑥ **이음부가 현장용접**인 구조물

## 08 철골작업 시 악천후 시의 작업중지 조건을 적으시오. (3가지)

**정답**
① 풍속이 1초당 10m 이상
② 강우량이 1시간당 1mm 이상
③ 강설량이 1시간당 1cm 이상

## 09 구축물, 건축물, 그 밖의 시설물 등의 해체작업 시 해체계획 작성 항목을 적으시오. (4가지)

**정답**
① 해체방법, 해체순서 도면
② 가설설비, 방호설비, 환기설비, 살수, 방화설비 등 방법
③ 사업장 내 연락방법
④ 해체물 처분계획
⑤ 해체작업용 기계·기구의 작업계획서
⑥ 해체작업용 화약류 등 사용계획서

# CHAPTER 05 건설기계 · 기구 안전

## 굴삭장비(굴착기계)

### (1) 셔블계 기계 ★

① **파워 셔블(power shovel)[dipper shovel : 동력삽]**
- 기계가 서 있는 지반면보다 **높은 곳의 땅파기에 적합**하다.
- 앞으로 흙을 긁어서 굴착하는 방식이다.
- 붐(boom)이 단단하여 **굳은 지반의 굴착에도 사용**된다.

② **드래그 셔블(drag shovel, 백호)**
- 기계가 서 있는 **지면보다 낮은 장소의 굴착 및 수중굴착이 가능**하다.
- 지하층이나 기초의 굴착에 사용된다.
- **굳은 지반**의 토질도 정확한 **굴착**이 된다.

③ **드래그 라인(drag line)**
- 기계가 **서 있는 위치보다 낮은 장소의 굴착에 적당**하고 굳은 토질에서의 굴착은 되지 않지만 굴착 반지름이 크다.
- 작업범위가 광범위하고 **수중굴착 및 연약한 지반의 굴착**에 적합하다.

④ **클램셸(clamshell)**
- 수중굴착 및 **가장 협소하고 깊은 굴착이 가능하며 호퍼(hopper)에 적당**하다.
- **연약지반이나 수중굴착** 및 자갈 등을 싣는데 적합하다.
- 깊은 땅파기 공사와 흙막이 버팀대를 설치하는데 사용한다.

### (2) 모터 그레이더(Motor grader)

토공판을 작동시켜 **지면의 정지작업**(땅을 깎아 고르는 작업)을 하는데 사용된다.

### (3) 항타기(pile driver)

낙하해머, 디젤해머에 의한 강관말뚝, **널말뚝(Sheet Pile)의 항타 작업**에 사용된다.

## 안전수칙

### (1) 차량계 건설기계의 안전

#### 1) 차량계 건설기계의 운전자 위치 이탈 시 조치 ★★

① 포크, 버킷, 디퍼 등의 장치를 가장 낮은 위치 또는 지면에 내려 둘 것
② 원동기를 정지시키고 **브레이크를 확실히 거는 등 갑작스러운 이동을 방지하기 위한 조치**를 할 것
③ 운전석을 이탈하는 경우에는 시동키를 운전대에서 분리시킬 것

> **비교 point**
>
> **차량계 하역운반기계 운전자 운전 위치 이탈 시 조치 ★★**
> ① 포크, 버킷, 디퍼 등의 장치를 가장 낮은 위치 또는 지면에 내려 둘 것
> ② 원동기를 정지시키고 브레이크를 확실히 거는 등 갑작스러운 이동을 방지하기 위한 조치를 할 것
> ③ 운전석을 이탈하는 경우에는 시동키를 운전대에서 분리시킬 것

#### 2) 차량계 건설기계의 넘어짐(전도) 방지 조치 ★★

① 유도자 배치          ② 지반의 부동침하방지
③ 갓길의 붕괴 방지     ④ 도로의 폭 유지

> **비교 point**
>
> **차량계 하역운반기계 넘어짐(전도) 방지 조치 ★★**
> ① 유도자 배치
> ② 지반의 부동침하방지
> ③ 갓길의 붕괴 방지

## 3) 낙하물 보호구조의 설치 ★

| 낙하물 보호 구조를 설치하여야 하는 차량계 건설기계 | |
|---|---|
| ① 불도저 | ② 트랙터 |
| ③ 굴착기 | ④ 로더(loader) |
| ⑤ 스크레이퍼 | ⑥ 덤프트럭 |
| ⑦ 모터그레이더 | ⑧ 롤러 |
| ⑨ 천공기 | ⑩ 항타기 및 항발기 |

## 4) 수리 등의 작업 시 조치

| 차량계 건설기계의 수리 또는 부속장치의 장착 및 해체작업을 하는 때 작업지휘자의 역할 |
|---|
| ① 작업순서를 결정하고 작업을 지휘할 것 |
| ② 안전지지대 또는 안전블록 등의 사용상황 등을 점검할 것 |

## 5) 차량계 건설기계를 사용하는 작업의 작업계획서 내용 ★★

① 사용하는 **차량계 건설기계의 종류 및 성능**
② 차량계 건설기계의 **운행경로**
③ 차량계 건설기계에 의한 **작업방법**

# (2) 운반기계의 안전

## 1) 차량계 하역운반기계 운전자 위치 이탈 시 조치 ★★

① **포크, 버킷, 디퍼 등의 장치를 가장 낮은 위치 또는 지면에 내려 둘 것**
② **원동기를 정지**시키고 **브레이크를 확실히 거는 등 갑작스러운 이동을 방지하기 위한 조치**를 할 것
③ **운전석을 이탈하는 경우**에는 **시동키를 운전대에서 분리시킬 것**

## 2) 차량계 하역운반기계 넘어짐(전도) 방지 조치 ★★

① 유도자 배치
② 지반의 부동침하방지
③ 갓길의 붕괴 방지

3) 차량계 하역운반기계에 화물적재시의 조치 ★

① **하중이 한쪽으로 치우치지 않도록 적재**할 것
② 구내운반차 또는 화물자동차의 경우 **화물의 붕괴 또는 낙하에 의한 위험을 방지하기 위하여 화물에 로프를 거는 등 필요한 조치**를 할 것
③ **운전자의 시야를 가리지 않도록 화물을 적재**할 것
④ 화물을 적재하는 경우에는 **최대적재량을 초과해서는 아니 된다.**

4) 차량계 하역운반기계에 **단위화물의 무게가 100킬로그램 이상인 화물을 싣는 작업 또는 내리는 작업 시 작업의 지휘자를 지정**하여야 한다. ★

| 차량계 하역운반기계 작업지휘자 임무 ★★ |
|---|
| ① **작업 순서 및 그 순서마다의 작업 방법을 정하고 작업을 지휘**할 것<br>② **기구 및 공구를 점검하고 불량품을 제거**할 것<br>③ 해당 작업을 하는 장소에 **관계 근로자가 아닌 사람이 출입하는 것을 금지**할 것<br>④ **로프를 풀거나 덮개를 벗기는 작업을 행하는 때에는 적재함의 낙하할 위험이 없음을 확인한 후에 당해 작업을 하도록 할 것** |

5) 수리 등의 작업 시 조치

| 차량계 하역운반기계의 수리 또는 부속장치의 장착 및 해체작업을 하는 때 작업지휘자의 역할 |
|---|
| ① **작업순서를 결정하고 작업을 지휘**할 것<br>② **안전지지대 또는 안전블록 등의 사용상황 등을 점검**할 것 |

6) 차량계 하역운반기계를 사용하는 작업의 작업계획서 내용 ★

① 작업에 따른 **추락·낙하·전도·협착 및 붕괴 등의 위험예방대책**
② 차량계 하역운반기계 등의 **운행경로 및 작업방법**

## 항타기 및 항발기

### (1) 항타기 또는 항발기의 무너짐을 방지하기 위한 준수사항(무너짐 방지 조치) ★

① 연약한 지반에 설치하는 경우에는 아웃트리거·받침 등 지지구조물의 침하를 방지하기 위하여 깔판·받침목 등을 사용할 것
② 시설 또는 가설물 등에 설치하는 **때**에는 그 내력을 확인하고 내력이 부족한 때에는 그 내력을 보강할 것
③ 아웃트리거·받침 등 지지구조물이 미끄러질 우려가 있는 경우에는 말뚝 또는 쐐기 등을 사용하여 해당 지지구조물을 고정시킬 것
④ 궤도 또는 차로 이동하는 항타기 또는 항발기에 대하여는 불시에 이동하는 것을 방지하기 위하여 **레일클램프 및 쐐기 등으로 고정시킬 것**
⑤ **버팀대만으로 상단부분을 안정시키는 때에는 버팀대는 3개 이상**으로 하고 그 하단부분은 견고한 버팀·말뚝 또는 철골 등으로 고정시킬 것 ★
⑥ 상단 부분은 버팀대·버팀줄로 고정하여 안정시키고, 그 하단 부분은 견고한 버팀·말뚝 또는 철골 등으로 고정시킬 것

### (2) 권상용 와이어로프

① 항타기 또는 항발기의 **권상용 와이어로프의 안전계수가 5 이상**이 아니면 이를 사용하여서는 아니 된다. ★
② **권상용 와이어로프는** 추 또는 해머가 최저의 위치에 있는 때 또는 널말뚝을 **빼어내기** 시작한 때를 기준으로 하여 **권상장치의 드럼에 적어도 2회 감기고 남을 수 있는 충분한 길이일 것**
③ 권상용 와이어로프는 권상장치의 드럼에 클램프·클립 등을 사용하여 견고하게 고정할 것
④ 항타기의 권상용 와이어로프에 있어서 추·해머 등과의 연결은 클램프·클립 등을 사용하여 견고하게 할 것

### (3) 권상기 및 도르래의 설치

① 항타기 또는 항발기에 사용하는 권상기에는 쐐기장치 또는 역회전방지용 브레이크를 부착하여야 한다.
② 항타기 또는 항발기의 **권상장치의 드럼축과 권상장치로부터 첫번째 도르래의 축과의 거리**를 권상장치의 **드럼폭의 15배 이상**으로 하여야 한다.★
③ **도르래는 권상장치의 드럼의 중심을 지나야 하며 축과 수직면상에 있어야 한다.**★

### (4) 항타기, 항발기 조립하는 때 점검사항★

① **본체의 연결부의 풀림 또는 손상**의 유무
② **권상용 와이어로프·드럼 및 도르래의 부착상태**의 이상 유무
③ **권상장치의 브레이크 및 쐐기장치 기능**의 이상 유무
④ **권상기의 설치상태**의 이상 유무
⑤ **리더(leader)의 버팀 방법 및 고정상태**의 이상 유무
⑥ **본체·부속장치 및 부속품의 강도가 적합한지** 여부
⑦ **본체·부속장치 및 부속품에 심한 손상·마모·변형 또는 부식이 있는지** 여부

### (5) 항타기 또는 항발기를 조립하거나 해체하는 경우 준수사항

① 항타기 또는 항발기에 사용하는 **권상기에 쐐기장치 또는 역회전방지용 브레이크를 부착**할 것
② 항타기 또는 항발기의 **권상기가 들리거나 미끄러지거나 흔들리지 않도록 설치**할 것
③ 그 밖에 조립·해체에 필요한 사항은 **제조사에서 정한 설치·해체 작업 설명서에 따를 것**

# 컨베이어

## (1) 컨베이어의 방호장치 ★★★

① **이탈 등의 방지장치** : 정전·전압강하 등에 의한 **화물 또는 운반구의 이탈 및 역주행을 방지하는 장치**
② **비상정지장치** : 컨베이어 등에 **근로자의 신체 일부가 말려드는 등 근로자에게 위험을 미칠 우려가 있는 때 및 비상시에 즉시 컨베이어 등의 운전을 정지**시킬 수 있는 장치
③ **덮개, 울의 설치** : 컨베이어 등으로 부터 **화물의 낙하로 인하여 근로자에게 위험을 미칠 우려가 있는 때에는 당해 컨베이어 등에 덮개 또는 울을 설치**

## (2) 건널다리의 설치 ★

운전 중인 컨베이어 등의 위로 근로자를 넘어가도록 하는 때에는 근로자의 위험을 방지하기 위하여 **건널다리를 설치**하는 등 필요한 조치를 하여야 한다.

## (3) 탑승의 제한

운전 중인 컨베이어 등에 근로자를 탑승시켜서는 아니 된다.

## (4) 컨베이어 작업시작 전 점검사항 ★★★

① **원동기 및 풀리기능**의 이상 유무
② **이탈 등의 방지장치기능**의 이상 유무
③ **비상정지장치 기능**의 이상 유무
④ 원동기·**회전축**·기어 및 풀리 **등의 덮개 또는 울** 등의 이상 유무

## 화물자동차

### (1) 승강설비

바닥으로부터 짐 윗면과의 **높이가 2미터 이상인 화물자동차에 짐을 싣는 작업 또는 내리는 작업을 하는 경우**에는 근로자의 추가 위험을 방지하기 위하여 해당 작업에 종사하는 근로자가 **바닥과 적재함의 짐 윗면 간을 안전하게 오르내리기 위한 설비를 설치**하여야 한다.

### (2) 섬유로프 등의 점검

> 섬유로프 등을 화물자동차의 짐걸이에 사용하는 때에 작업시작 전 조치(작업지휘자 역할)★
> 
> ① 작업순서 및 작업순서마다의 작업방법을 결정하고 작업을 직접 지휘하는 일
> ② 기구 및 공구를 점검하고 불량품을 제거하는 일
> ③ 당해 작업을 행하는 장소에는 관계근로자 외의 자의 출입을 금지시키는 일
> ④ 로프풀기작업 및 덮개를 벗기는 작업을 행하는 때에는 적재함의 화물에 낙하 위험이 없음을 확인한 후에 당해 작업의 착수를 지시하는 일

### (3) 화물 자동차 작업 시작 전 점검 사항★★★

① **제동 장치 및 조종 장치**의 기능
② **하역 장치 및 유압 장치**의 기능
③ **바퀴**의 이상 유무

## 고소작업대

### (1) 고소작업대를 설치하는 경우의 조치사항

① 작업대를 와이어로프 또는 체인으로 상승 또는 하강시킬 때에는 와이어로프 또는 체인이 끊어져 작업대가 낙하하지 아니하는 구조이어야 하며, **와이어로프 또는 체인의 안전율은 5 이상일 것** ★
② 작업대를 유압에 의하여 상승 또는 하강시킬 때에는 작업대를 일정한 위치에 유지할 수 있는 장치를 갖추고 **압력의 이상저하를 방지할 수 있는 구조**일 것
③ **권과방지장치를 갖추거나 압력의 이상상승을 방지할 수 있는 구조**일 것
④ **붐의 최대 지면경사각을 초과 운전하여 전도되지 않도록 할 것**
⑤ 작업대에 **정격하중(안전율 5 이상)을 표시할 것**
⑥ 작업대에 끼임·충돌 등 재해를 예방하기 위한 **가드 또는 과상승방지장치를 설치할 것**
⑦ **조작반의 스위치**는 눈으로 확인할 수 있도록 **명칭 및 방향표시를 유지할 것**

### (2) 고소작업대를 이동하는 경우의 조치사항 ★

① **작업대를 가장 낮게 하강시킬 것**
② **작업자를 태우고 이동하지 말 것**. 다만, 이동 중 전도 등의 위험예방을 위하여 유도하는 사람을 배치하고 짧은 구간을 이동하는 경우에는 작업대를 가장 낮게 내린 상태에서 작업자를 태우고 이동할 수 있다.
③ 이동**통로의 요철상태 또는 장애물의 유무 등을 확인할 것**

### (3) 악천후 시 작업 중지 ★

비·눈 그 밖의 기상상태의 불안정으로 인하여 **날씨가 몹시 나쁠 때에 10미터 이상의 높이에서 고소작업대를 사용**함에 있어 근로자에게 위험을 미칠 우려가 있는 때에는 **작업을 중지**하여야 한다.

### (4) 고소작업대의 작업시작 전 점검사항 ★★★

① **비상정지장치 및 비상하강방지장치 기능**의 이상 유무
② **과부하방지장치의 작동** 유무(와이어로프 또는 체인구동방식의 경우)
③ **아웃트리거 또는 바퀴의 이상** 유무
④ **작업면의 기울기 또는 요철** 유무

## 구내운반차

### (1) 구내운반차의 준수사항★

① 주행을 제동하고 또한 정지상태를 유지하기 위하여 유효한 **제동장치를 갖출 것**
② **경음기를 갖출 것**
③ 운전석이 차 실내에 있는 것은 **좌우에 한 개씩 방향지시기를 갖출 것**
④ **전조등과 후미등을 갖출 것**. 다만, 작업을 안전하게 하기 위하여 필요한 조명이 있는 장소에서 사용하는 구내운반차에 대해서는 그러하지 아니하다.
⑤ 구내운반차가 **후진 중에** 주변의 근로자 또는 차량계 하역운반기계 등과 **충돌할 위험이 있는 경우**에는 구내운반차에 **후진 경보기와 경광등을 설치할 것**

### (2) 구내운반차의 작업시작 전 점검사항★★★

① **제동장치 및 조종장치** 기능의 이상 유무
② **하역장치 및 유압장치** 기능의 이상 유무
③ **바퀴**의 이상 유무
④ **전조등·후미등·방향지시기 및 경음기** 기능의 이상 유무
⑤ **충전장치를 포함한 홀더 등의 결합상태**의 이상 유무

## 지게차

### (1) 방호장치★★

| | |
|---|---|
| 헤드가드 | • 지게차에는 **최대하중의 2배(4톤을 넘는 값에 대해서는 4톤으로)**에 해당하는 등분포정하중(等分布靜荷重)에 견딜 수 있는 강도의 헤드가드를 설치하여야 한다. |
| 백레스트 | • 지게차에는 포크에 적재된 화물이 마스트의 뒤쪽으로 떨어지는 것을 방지하기 위한 백레스트(backrest)를 설치하여야 한다. |
| 전조등, 후미등 | • 지게차에는 **7천5백칸델라** 이상의 광도를 가지는 전조등, **2칸델라** 이상의 광도를 가지는 후미등을 설치하여야 한다. |
| 안전벨트 | • 안전인증을 받은 제품, 국제적으로 인정되는 규격에 따른 제품 또는 국토해양부장관이 이와 동등 이상이라고 인정하는 제품일 것<br>• 사용자가 쉽게 잠그고 풀 수 있는 구조일 것 |

## (2) 설치방법 ★★

| | |
|---|---|
| 헤드가드 | ① 상부 틀의 각 개구의 폭 또는 길이는 16센티미터 미만일 것<br>② 운전자가 앉아서 조작하거나 서서 조작하는 지게차의 헤드가드는 한국산업표준에서 정하는 높이 기준 이상일 것(좌식 : 903mm, 입식 : 1,905mm 이상) |
| 백레스트 | ① 외부 충격이나 진동 등에 의해 탈락 또는 파손되지 않도록 견고하게 부착할 것<br>② 최대하중을 적재한 상태에서 마스트가 뒤쪽으로 경사지더라도 변형 또는 파손이 없을 것 |
| 전조등 | ① 좌우에 1개씩 설치할 것<br>② 등광색은 백색으로 할 것<br>③ 점등 시 차체의 다른 부분에 의하여 가려지지 아니할 것 |
| 후미등 | ① 지게차 뒷면 양쪽에 설치할 것<br>② 등광색은 적색으로 할 것<br>③ 지게차 중심선에 대하여 좌우대칭이 되게 설치할 것<br>④ 등화의 중심점을 기준으로 외측의 수평각 45도에서 볼 때에 투영면적이 12.5제곱센티미터 이상일 것 |

## (3) 지게차의 안전기준 ★★

1) 사업주는 다음 각 호에 따른 적합한 **헤드가드(head guard)를 갖추지 아니한 지게차를 사용해서는 아니 된다.** 다만, 화물의 낙하에 의하여 지게차의 운전자에게 위험을 미칠 우려가 없는 경우에는 그러하지 아니하다.
   ① **강도는 지게차의 최대하중의 2배 값(4톤을 넘는 값에 대해서는 4톤으로 한다)의 등분포정하중(等分布靜荷重)에 견딜 수 있을 것**
   ② 상부틀의 각 **개구의 폭 또는 길이가 16센티미터 미만**일 것
   ③ 운전자가 앉아서 조작하거나 서서 조작하는 지게차의 헤드가드는 「산업표준화법」에 따른 **한국산업표준에서 정하는 높이 기준 이상일 것**
      (좌식 : 903mm, 입식 : 1,905mm 이상)

2) **사업주는 백레스트(backrest)를 갖추지 아니한 지게차를 사용해서는 아니 된다.** 다만, 마스트의 후방에서 화물이 낙하함으로써 근로자가 위험해질 우려가 없는 경우에는 그러하지 아니하다.

3) 사업주는 지게차에 의한 **하역운반작업에 사용하는 팔레트(pallet) 또는 스키드(skid)는** 다음 각 호에 해당하는 것을 사용하여야 한다.
   1. 적재하는 화물의 중량에 따른 **충분한 강도를 가질 것**
   2. **심한 손상·변형 또는 부식이 없을 것**

4) 사업주는 앉아서 조작하는 방식의 지게차를 운전하는 근로자에게 좌석 안전띠를 착용하도록 하여야 한다.

### (4) 지게차의 안전조건

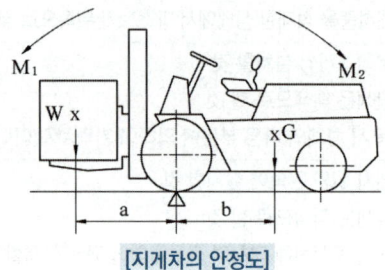

[지게차의 안정도]

① 지게차가 전도되지 않고 안정되기 위해서는 물체의 모멘트($NM_1 = W \times a$)보다 지게차의 모멘트($M_2 = G \times b$)가 더 커야 한다.

$$W \times a < G \times b ★★$$
$$(M_1 < M_2)$$

여기서, W : 화물중량, a : 앞바퀴~화물중심까지 거리, G : 지게차 자체 중량, b : 앞바퀴~차 중심까지 거리

② 전 경사각 : 마스터의 수직위치에서 앞으로 기울인 경우 최대 경사각 5~6° ★
③ 후 경사각 : 마스터의 수직위치에서 뒤로 기울인 경우 최대 경사각 10~12° ★

> **Reference**
>
> 1. 지게차는 지면에서 중심선이 지면의 기울어진 방향과 평행할 경우 앞이나 뒤로 넘어지지 아니하여야 한다.
>    (1) 지게차의 최대하중상태에서 쇠스랑을 가장 높이 올린 경우 기울기가 100분의 4(4%) [지게차의 최대하중이 5톤 이상인 경우에는 100분의 3.5(3.5%)]인 지면
>    (2) 지게차의 기준부하상태에서 주행할 경우 기울기가 100분의 18(18%)인 지면
>
> 2. 지게차는 지면에서 중심선이 지면의 기울어진 방향과 직각으로 교차할 경우 옆으로 넘어지지 아니하여야 한다.
>    (1) 지게차의 최대하중상태에서 쇠스랑을 가장 높이 올리고 마스트를 가장 뒤로 기울인 경우 기울기가 100분의 6(6%)인 지면
>    (2) 지게차의 기준 무부하 상태에서 주행할 경우 구배가 지게차의 최고주행속도에 1.1을 곱한 후 15를 더한 값인 지면. 다만, 규격이 5,000킬로그램 미만인 경우에는 최대 기울기가 100분의 50, 5,000킬로그램 이상인 경우에는 최대 기울기가 100분의 40인 지면을 말한다.

## (5) 지게차 작업 시의 안정도 ★★

| 안정도 | 지게차의 상태 |
|---|---|
| 하역작업 시의 전·후 안정도 : 4% 이내 (5t 이상 : 3.5%) | (위에서 본 경우) |
| 주행 시의 전·후 안정도 : 18% 이내 | |
| 하역작업 시의 좌·우 안정도 : 6% 이내 | (밑에서 본 경우) |
| 주행 시의 좌·우 안정도 : (15 + 1.1V)% 이내 최대 40%(V : 최고속도 km/h) | |

$$안정도 = \frac{h}{l} \times 100(\%)$$

## (6) 지게차의 작업시작 전 점검사항 ★★★

① **하역장치 및 유압장치** 기능의 이상 유무
② **제동장치 및 조종장치** 기능의 이상 유무
③ **바퀴**의 이상 유무
④ **전조등, 후미등, 방향지시기, 경보장치** 기능의 이상 유무

# 양중기

### (1) 양중기의 종류(산업안전보건법 기준) ★★★

① 크레인[호이스트(hoist) 포함]
② 이동식 크레인
③ 리프트(이삿짐운반용 리프트의 경우에는 **적재하중이 0.1톤 이상**인 것으로 한정한다)
④ 곤돌라
⑤ 승강기

### (2) 크레인

① **크레인** : 동력을 사용하여 중량물을 매달아 상하좌우로 운반하는 것을 목적으로 하는 기계
② **호이스트** : 훅이나 그 밖의 달기구 등을 사용하여 **화물을 권상 및 횡행 또는 권상동작만을 하여 양중하는 것**

### (3) 이동식 크레인

원동기를 내장하고 있는 것으로서 **불특정 장소에 스스로 이동할 수 있는 크레인으로 동력을 사용하여 중량물을 매달아 상하 및 좌우로 운반하는 설비**로서 기중기 또는 화물·특수자동차의 작업부에 탑재하여 화물운반 등에 사용하는 기계 또는 기계장치를 말한다.

### (4) 리프트

**동력을 사용하여 사람이나 화물을 운반하는 것을 목적으로 하는 기계 설비**

| 리프트의 종류 및 특징★ | |
|---|---|
| 건설용 리프트 | 동력을 사용하여 가이드레일(운반구를 지지하여 상승 및 하강 동작을 안내하는 레일)을 따라 **상하로 움직이는 운반구를 매달아 사람이나 화물을 운반할 수 있는 설비** 또는 이와 유사한 구조 및 성능을 가진 것으로 **건설현장에서 사용하는 것**을 말한다. |
| 산업용 리프트 | 동력을 사용하여 가이드레일을 따라 **상하로 움직이는 운반구를 매달아 화물을 운반할 수 있는 설비** 또는 이와 유사한 구조 및 성능을 가진 것으로 **건설현장 외의 장소에서 사용하는 것**을 말한다. |
| 자동차정비용 리프트 | 동력을 사용하여 가이드레일을 따라 움직이는 지지대로 **자동차 등을 일정한 높이로 올리거나 내리는 구조의 리프트로서 자동차 정비에 사용하는 것**을 말한다. |
| 이삿짐운반용 리프트 | 연장 및 축소가 가능하고 끝단을 건축물 등에 지지하는 구조의 **사다리형 붐에 따라 동력을 사용하여 움직이는 운반구를 매달아 화물을 운반하는 설비**로서 화물자동차 등 차량 위에 탑재하여 **이삿짐 운반 등에 사용하는 것**을 말한다. |

## (5) 곤돌라

달기발판 또는 운반구, 승강장치, 그 밖의 장치 및 이들에 부속된 기계부품에 의하여 구성되고, **와이어로프 또는 달기강선에 의하여 달기발판 또는 운반구가 전용 승강장치에 의하여 오르내리는 설비**

## (6) 승강기

건축물이나 고정된 시설물에 설치되어 **일정한 경로에 따라 사람이나 화물을 승강장으로 옮기는 데에 사용되는 설비**로서 다음 각 목의 것을 말한다.

| 승강기의 종류 및 특징★ | |
|---|---|
| 승객용 엘리베이터 | 사람의 운송에 적합하게 제조·설치된 엘리베이터 |
| 승객화물용 엘리베이터 | 사람의 운송과 화물 운반을 겸용하는데 적합하게 제조·설치된 엘리베이터 |
| 화물용 엘리베이터 | 화물 운반에 적합하게 제조·설치된 엘리베이터로서 조작자 또는 화물취급자 1명은 탑승할 수 있는 것(적재용량이 300킬로그램 미만인 것은 제외한다) |
| 소형화물용 엘리베이터 | 음식물이나 서적 등 소형 화물의 운반에 적합하게 제조·설치된 엘리베이터로서 사람의 탑승이 금지된 것 |
| 에스컬레이터 | 일정한 경사로 또는 수평로를 따라 위·아래 또는 옆으로 움직이는 디딤판을 통해 사람이나 화물을 승강장으로 운송시키는 설비 |

## 양중기의 안전수칙

### (1) 양중기의 권과방지장치

① 훅·버킷 등 달기구의 윗면(달기구에 권상용 도르래가 설치된 경우에는 권상용 도르래의 윗면)이 드럼, 상부도르래, 트롤리프레임 등 **권상장치의 아랫면과** 접촉할 우려 가 있는 경우에 그 **간격이 0.25미터 이상[(직동식(直動式) 권과방지장치는 0.05미터 이상]이 되도록 조정하여야 한다.** ★
② 권과방지장치를 설치하지 않은 크레인에 대해서는 **권상용 와이어로프에 위험표시를** 하고 **경보장치를 설치**하는 등 권상용 와이어로프가 지나치게 감겨서 근로자가 위험해질 상황을 방지하기 위한 조치를 하여야 한다.

### (2) 양중기의 해지장치 ★

훅걸이용 와이어로프 등이 훅으로부터 벗겨지는 것을 방지하기 위한 장치

### (3) 크레인의 스토퍼(stopper) 설치 ★

같은 주행로에 병렬로 설치되어 있는 주행 크레인의 수리·조정 및 점검 등의 작업을 하는 경우, 주행 크레인끼리 충돌하거나 주행 **크레인이 근로자와 접촉할 위험을 방지하기 위하여 감시인을 두고 주행로 상에 스토퍼(stopper)를 설치하는** 등 위험 방지 조치를 하여야 한다.

### (4) 크레인 통로의 설치

1) 주행 크레인 또는 선회 크레인과 건설물, 설비와의 통로 폭 : **0.6미터 이상**(통로 중 건설물의 기둥에 접촉하는 부분은 0.4미터 이상)

2) 다음 각 호의 **간격을 0.3미터 이하**로 하여야 한다.(근로자 추락위험 없는 경우 간격을 0.3미터 이하로 유지하지 아니할 수 있다.) ★
① 크레인의 운전실 또는 운전대를 통하는 통로의 끝과 건설물 등의 벽체의 간격
② 크레인 **거더(girder)의 통로 끝과 크레인 거더의 간격**
③ 크레인 **거더의 통로로 통하는 통로의 끝과 건설물 등의 벽체의 간격**

3) **갠트리 크레인** 등과 같이 작업장 바닥에 고정된 레일을 따라 **주행하는 크레인의 새들(saddle) 돌출부와 주변 구조물 사이의 안전공간이 40센티미터 이상** 되도록 바닥에 표시를 하는 등 안전공간을 확보하여야 한다.

> **특급암기법**
>
> 1. 움직이는 크레인(간격 넓어야 충돌안함)
>    주행, 선회하는 크레인과 통로 - 0.6m 이상(기둥에 접하는 경우 : 0.4m 이상)
> 2. 바닥에 고정되어 움직임(간격 넓어야 충돌안함)
>    갠트리 크레인 돌출부와 주변 구조물 - 0.4m 이상
> 3. 고정된 경우(간격 좁아야 추락안함)
>    크레인 운전실, 거더와 벽체 - 0.3m 이하

## (5) 양중기의 방호장치 설치

| 양중기의 방호장치 ★★★ | |
|---|---|
| 크레인<br>(호이스트 포함) | • 과부하방지장치<br>• 권과방지장치(捲過防止裝置)<br>• 비상정지장치<br>• 제동장치<br>(추가설치)<br>훅의 해지장치<br>안전밸브(유압식) |
| 이동식 크레인 | • 과부하방지장치<br>• 권과방지장치(捲過防止裝置)<br>• 비상정지장치<br>• 제동장치<br>(추가설치)<br>훅의 해지장치<br>안전밸브(유압식) |
| 리프트<br>(자동차정비용 리프트 제외) | • 권과방지장치<br>• 과부하방지장치<br>• 비상정지장치<br>• 제동장치<br>• **조작반(盤) 잠금장치** |
| 곤돌라 | • 과부하방지장치<br>• 권과방지장치(捲過防止裝置)<br>• 비상정지장치<br>• 제동장치 |

| 승강기 | • 과부하방지장치<br>• 권과방지장치(捲過防止裝置)<br>• 비상정지장치<br>• 제동장치<br>• **파이널리미트스위치**<br>• **출입문인터록**<br>• **조속기(속도조절기)** |
|---|---|

> **특급암기법**
> - 공통 방호장치 : 과부하방지장치, 권과방지장치, 비상정지장치, 제동장치
> - 추가설치
>   리프트(자동차정비용 제외) : 조작반잠금장치
>   승강기 : 파이널리미트스위치, 출입문인터록, 조속기(속도조절기)

### (6) 악천후 시 조치 ★★

① 순간풍속이 초당 **10미터를 초과** : 타워크레인의 **설치 · 수리 · 점검 또는 해체작업을 중지**
② 순간풍속이 초당 **15미터를 초과** : 타워크레인의 **운전작업을 중지**
③ 순간풍속이 초당 **30미터를 초과** : 옥외에 설치되어 있는 주행 크레인 이탈방지조치
④ 순간풍속이 초당 **30미터를 초과**하는 바람이 불거나 중진(中震) 이상 진도의 지진이 있은 후 : 옥외 양중기 각 부위 이상 점검
⑤ 순간풍속이 초당 **35미터를 초과** : 옥외 승강기 및 건설용 리프트(지하에 설치되어 있는 것은 제외)에 대하여 받침의 수를 증가시키는 등 **무너짐을 방지하기 위한 조치**

### (7) 작업시작 전 점검사항 ★★★

| 크레인 | ① 권과방지장치 · 브레이크 · 클러치 및 운전장치의 기능<br>② 주행로의 상측 및 트롤리가 횡행(橫行)하는 레일의 상태<br>③ 와이어로프가 통하고 있는 곳의 상태 |
|---|---|
| 이동식크레인 | ① 권과방지장치 그 밖의 경보장치의 기능<br>② 브레이크 · 클러치 및 조정장치의 기능<br>③ 와이어로프가 통하고 있는 곳 및 작업장소의 지반상태 |
| 리프트 | ① 방호장치 · 브레이크 및 클러치의 기능<br>② 와이어로프가 통하고 있는 곳의 상태 |
| 곤돌라 | ① 방호장치 · 브레이크의 기능<br>② 와이어로프 · 슬링와이어 등의 상태 |

### (8) 타워크레인의 작업계획서 내용 ★★

① 타워크레인의 종류 및 형식
② 설치 · 조립 및 해체순서
③ 작업도구 · 장비 · 가설설비(假設設備) 및 방호설비
④ 작업인원의 구성 및 작업근로자의 역할 범위
⑤ 타워크레인의 지지 방법

### (9) 타워크레인의 지지

① 타워크레인을 **자립고(自立高) 이상의 높이로 설치하는 경우** 건축물 등의 **벽체에 지지하거나 와이어로프에 의하여 지지**하여야 한다.
② **타워크레인을 벽체에 지지하는 경우 준수 사항**

> 가. 서면심사에 관한 서류 또는 제조사의 설치작업설명서 등에 따라 설치할 것
> 나. 서면심사 서류 등이 없거나 명확하지 아니한 경우에는 건축구조 · 건설기계 · 기계안전 · **건설안전기술사** 또는 건설안전분야 산업안전지도사의 확인을 받아 설치하거나 기종별 · 모델별 공인된 표준방법으로 설치할 것
> 다. **콘크리트구조물에 고정시키는 경우에는 매립이나 관통** 또는 이와 동등 이상의 방법으로 **충분히 지지**되도록 할 것
> 라. **건축 중인 시설물에 지지하는 경우에는** 그 시설물의 **구조적 안정성**에 영향이 없도록 할 것

③ **타워크레인을 와이어로프로 지지하는 경우 준수 사항**

> 가. 서면심사에 관한 서류 또는 제조사의 설치작업 설명서 등에 따라 설치할 것
> 나. 서면심사 서류 등이 없거나 명확하지 아니한 경우에는 건축구조 · 건설기계 · 기계안전 · 건설안전기술사 또는 건설안전분야 산업안전지도사의 확인을 받아 설치하거나 기종별 · 모델별 공인된 표준방법으로 설치할 것
> 다. 와이어로프를 고정하기 위한 **전용 지지프레임을 사용할 것**
> 라. 와이어로프 **설치각도는 수평면에서 60도 이내로 하되, 지지점은 4개소 이상**으로 하고, 같은 간격으로 설치할 것
> 마. 와이어로프의 **고정부위는** 충분한 강도와 장력을 갖도록 설치하고, 와이어로프를 클립 · 샤클(shackle) 등의 **고정기구를 사용하여 견고하게 고정시켜** 풀리지 않도록 하며, 사용 중에는 충분한 강도와 장력을 유지하도록 할 것
> 바. **와이어로프가 가공전선(架空電線)에 근접하지 않도록 할 것**

### (10) 탑승의 제한

① 크레인을 사용하여 근로자를 운반하거나 근로자를 달아 올린 상태에서 작업에 종사시켜서는 아니 된다.

| 크레인의 탑승설비에 근로자가 탑승하여도 되는 경우 ★ |
|---|
| ① 탑승설비가 뒤집히거나 떨어지지 않도록 필요한 조치를 할 것<br>② 안전대나 구명줄을 설치하고, 안전난간을 설치할 수 있는 구조이면 안전난간을 설치할 것<br>③ 탑승설비를 하강시킬 때에는 동력하강방법으로 할 것 |

② **이동식 크레인을 사용하여 근로자를 운반하거나 근로자를 달아 올린 상태에서 작업에 종사시켜서는 아니 된다.**
③ **내부에 비상정지장치·조작스위치 등 탑승 조작장치가 설치되어 있지 아니한 리프트의 운반구에 근로자를 탑승시켜서는 아니 된다.**
④ **자동차정비용 리프트에 근로자를 탑승시켜서는 아니 된다.** 다만, 자동차정비용 리프트의 수리·조정 및 점검 등의 작업을 할 때에 그 작업에 종사하는 근로자가 위험해질 우려가 없도록 조치한 경우에는 그러하지 아니하다.
⑤ **곤돌라의 운반구에 근로자를 탑승시켜서는 아니 된다.**

| 곤돌라의 운반구에 근로자가 탑승하여도 되는 경우 |
|---|
| ① 운반구가 뒤집히거나 떨어지지 않도록 필요한 조치를 할 것<br>② 안전대나 구명줄을 설치하고, 안전난간을 설치할 수 있는 구조이면 안전난간을 설치할 것 |

⑥ **소형화물용 엘리베이터에 근로자를 탑승시켜서는 아니 된다.** 다만, 소형화물용 엘리베이터의 수리·조정 및 점검 등의 작업을 하는 경우에는 그러하지 아니하다.
⑦ **차량계 하역운반기계(화물자동차는 제외한다)를 사용하여 작업을 하는 경우 승차석이 아닌 위치에 근로자를 탑승시켜서는 아니 된다.** 다만, 추락 등의 위험을 방지하기 위한 조치를 한 경우에는 그러하지 아니하다.
⑧ **화물자동차 적재함에 근로자를 탑승시켜서는 아니 된다.** 다만, 화물자동차에 울 등을 설치하여 추락을 방지하는 조치를 한 경우에는 그러하지 아니하다.
⑨ **운전 중인 컨베이어 등에 근로자를 탑승시켜서는 아니 된다.** 다만, 근로자를 운반할 수 있는 구조를 갖춘 컨베이어 등으로서 추락·접촉 등에 의한 위험을 방지할 수 있는 조치를 한 경우에는 그러하지 아니하다.
⑩ **이삿짐운반용 리프트 운반구에 근로자를 탑승시켜서는 아니 된다.** 다만, 이삿짐운반용 리프트의 수리·조정 및 점검 등의 작업을 할 때에 그 작업에 종사하는 근로자가 추락할 위험이 없도록 조치한 경우에는 그러하지 아니하다.

⑪ 전조등, 제동등, 후미등, 후사경 또는 제동장치가 정상적으로 **작동되지 아니하는 이륜자동차에 근로자를 탑승시켜서는 아니 된다.**

## (11) 크레인 작업 시의 조치 ★

1) 사업주는 크레인을 사용하여 작업을 하는 경우 **다음 각 호의 조치를 준수**하고, 그 작업에 종사하는 **관계 근로자가 그 조치를 준수**하도록 하여야 한다.
   ① 인양할 **하물(荷物)을 바닥에서 끌어당기거나 밀어내는 작업을 하지 아니할 것**
   ② 유류드럼이나 가스통 등 **운반 도중에 떨어져 폭발하거나 누출될 가능성이 있는 위험물 용기는 보관함(또는 보관고)에 담아** 안전하게 매달아 **운반할 것**
   ③ **고정된 물체를 직접 분리·제거하는 작업을 하지 아니할 것**
   ④ 미리 근로자의 출입을 통제하여 **인양 중인 하물이 작업자의 머리 위로 통과하지 않도록 할 것**
   ⑤ **인양할 하물이 보이지 아니하는 경우에는 어떠한 동작도 하지 아니할 것**(신호하는 사람에 의하여 작업을 하는 경우는 제외한다)

2) 사업주는 타워크레인을 사용하여 작업을 하는 경우 **타워크레인마다 근로자와 조종 작업을 하는 사람 간에 신호업무를 담당하는 사람을 각각 두어야 한다.**

## (12) 설치·조립·수리·점검 또는 해체 작업

### 크레인의 설치·조립·수리·점검 또는 해체 작업을 하는 경우의 조치 ★

① **작업순서를 정하고 그 순서에 따라** 작업을 할 것
② 작업을 할 구역에 관계 근로자가 아닌 사람의 출입을 금지하고 그 취지를 보기 쉬운 곳에 표시할 것
③ 비, 눈, 그 밖에 기상상태의 불안정으로 날씨가 몹시 나쁜 경우에는 그 작업을 중지시킬 것
④ **작업장소는** 안전한 작업이 이루어질 수 있도록 **충분한 공간을 확보하고 장애물이 없도록 할 것**
⑤ 들어올리거나 내리는 기자재는 균형을 유지하면서 작업을 하도록 할 것
⑥ 크레인의 성능, 사용조건 등에 따라 **충분한 응력(應力)을 갖는 구조로 기초를 설치하고 침하 등이 일어나지 않도록 할 것**
⑦ **규격품인 조립용 볼트를 사용**하고 대칭되는 곳을 차례로 결합하고 분해할 것

### 리프트 및 승강기의 설치·조립·수리·점검 또는 해체 작업을 하는 경우의 조치

① **작업을 지휘하는 사람을 선임**하여 그 사람의 지휘하에 작업을 실시할 것
② 작업을 할 구역에 관계 근로자가 아닌 사람의 출입을 금지하고 그 취지를 보기 쉬운 장소에 표시할 것
③ 비, 눈, 그 밖에 기상상태의 불안정으로 **날씨가 몹시 나쁜 경우에는 그 작업을 중지시킬 것**

| 리프트 및 승강기의 설치·조립·수리·점검 또는 해체 작업을 하는 경우 작업 지휘자의 이행 사항 |
|---|
| ① 작업방법과 근로자의 배치를 결정하고 해당 작업을 지휘하는 일<br>② 재료의 결함 유무 또는 기구 및 공구의 기능을 점검하고 불량품을 제거하는 일<br>③ 작업 중 안전대 등 보호구의 착용 상황을 감시하는 일 |

### (13) 양중기의 와이어로프 등 달기구의 안전계수 ★★

안전계수 : 달기구 절단하중의 값을 그 달기구에 걸리는 하중의 최대값으로 나눈 값

| 양중기 와이어로프 등의 안전계수 |
|---|
| ① 근로자가 탑승하는 운반구를 지지하는 달기와이어로프 또는 달기체인의 경우 : 10 이상<br>② 화물의 하중을 직접 지지하는 달기와이어로프 또는 달기체인의 경우 : 5 이상<br>③ 훅, 샤클, 클램프, 리프팅 빔의 경우 : 3 이상<br>④ 그 밖의 경우 : 4 이상 |

### (14) 와이어로프 등의 사용금지 사항 ★★★

| | |
|---|---|
| 와이어로프 | ① 이음매가 있는 것<br>② 와이어로프의 한 꼬임에서 끊어진 소선의 수가 10퍼센트 이상(비자전로프의 경우에는 끊어진 소선의 수가 와이어로프 호칭지름의 6배 길이 이내에서 4개 이상이거나 호칭지름 30배 길이 이내에서 8개 이상)인 것<br>③ 지름의 감소가 공칭지름의 7퍼센트를 초과하는 것<br>④ 꼬인 것<br>⑤ 심하게 변형되거나 부식된 것<br>⑥ 열과 전기충격에 의해 손상된 것 |
| 달기체인 | ① 달기체인의 길이가 달기체인이 제조된 때의 길이의 5퍼센트를 초과한 것<br>② 링의 단면지름이 달기체인이 제조된 때의 해당 링의 지름의 10퍼센트를 초과하여 감소한 것<br>③ 균열이 있거나 심하게 변형된 것 |
| 섬유로프 | ① 꼬임이 끊어진 것<br>② 심하게 손상 또는 부식된 것 |
| 달비계에 사용하는 섬유로프 또는 안전대의 섬유벨트 | ① 꼬임이 끊어진 것<br>② 심하게 손상되거나 부식된 것<br>③ 2개 이상의 작업용 섬유로프 또는 섬유벨트를 연결한 것<br>④ 작업높이보다 길이가 짧은 것 |

# 예상문제

**01** 화물적재 시 안전사항을 적으시오. (4가지)

**정답**
① 편하중이 생기지 않도록 적재할 것
② 운전자의 시야를 가리지 않도록 화물을 적재할 것
③ 최대적재량 초과 금지
④ 화물의 붕괴, 낙하방지 위해 화물에 로프를 거는 등 조치할 것

**02** 차량계 하역, 운반기계 운전자 운전위치 이탈시 조치를 적으시오. (3가지)

**정답**
① 포크, 버킷, 디퍼 등의 장치를 가장 낮은 위치 또는 지면에 내려 둘 것
② 원동기를 정지시키고 브레이크를 확실히 거는 등 갑작스러운 이동을 방지하기 위한 조치를 할 것
③ 운전석을 이탈하는 경우에는 시동키를 운전대에서 분리시킬 것

## 03 차량계 건설기계 운전자 운전 위치 이탈 시 조치를 적으시오. (3가지)

**정답**
① 포크, 버킷, 디퍼 등의 장치를 가장 낮은 위치 또는 지면에 내려 둘 것
② 원동기를 정지시키고 브레이크를 확실히 거는 등 갑작스러운 이동을 방지하기 위한 조치를 할 것
③ 운전석을 이탈하는 경우에는 시동키를 운전대에서 분리시킬 것

## 04 차량계 건설기계의 넘어짐(전도)방지 조치를 적으시오. (4가지)

**정답**
① 유도자 배치
② 지반의 부동침하방지
③ 갓길의 붕괴 방지
④ 도로의 폭 유지

## 05 차량계 하역운반기계 넘어짐(전도)방지 조치를 적으시오. (3가지)

**정답**
① 유도자 배치
② 지반의 부동침하방지
③ 갓길의 붕괴 방지

## 06 차량계 건설기계의 작업계획서 작성 항목을 적으시오. (3가지)

**정답**
① 차량계 건설기계의 종류 및 능력
② 차량계 건설기계의 운행경로
③ 차량계 건설기계에 의한 작업방법

## 07 다음은 지게차(Fork lift)와 관련한 내용이다. 괄호 안을 채우시오.

(1) 전경사각(마스터의 수직위치에서 앞으로 기울인 경우 최대경사각)은 ( ① )

(2) 후경사각(마스터의 수직위치에서 뒤로 기울인 경우 최대경사각)은 ( ② )

(3) 지게차의 헤드 가드 구비 조건
- 상부 프레임의 각 개구의 폭 또는 길이는 ( ③ ) 미만일 것
- 강도는 포크 리프트의 최대하중의 ( ④ ), 그 값이 ( ⑤ )을 넘을 경우에는 ( ⑥ )의 등분포 정하중에 견딜 것
- 운전자가 앉아서 조작하는 방식 : 운전자의 좌석 상면에서 헤드 가드의 상부 프레임 아랫면까지의 높이는 ( ⑦ ) 이상일 것
- 운전자가 서서 조작하는 방식 : 바닥에서 헤드가드의 상부 프레임 아랫면까지의 높이는 ( ⑧ ) 이상일 것

**정답**
① 5~6°
② 10~12°
③ 16[cm]
④ 2배값
⑤ 4[t]
⑥ 4[t]
⑦ 903[mm]
⑧ 1,905[mm]

## 08 지게차의 안정도를 적으시오.

(1) 주행시 좌·우 안정도 :
(2) 주행시 전·후 안정도 :
(3) 하역작업 시 좌·우 안정도 :
(4) 하역작업 시 전·후 안정도 :
(5) 하역작업 시 전·후 안정도(5t 이상) :

**정답**
① 15 + 1.1V(%) (V : 최고속도 Km/hr) 이내
② 18% 이내
③ 6% 이내
④ 4% 이내
⑤ 3.5% 이내

## 09 수평면의 길이가 9m, 높이가 3m인 비탈길을 올라가는 지게차의 안정도를 계산하시오.

**정답** 비탈길에서의 지게차의 안정도 = $\dfrac{h}{l} \times 100 = \dfrac{3}{9} \times 100 = 33.33[\%]$

## 10 양중기의 종류 (단, 세부사항 포함)를 적고, 그 방호장치를 적으시오.

**정답** (1) 양중기의 종류

① 크레인[호이스트(hoist)를 포함]
② 이동식 크레인
③ 리프트(이삿짐운반용 리프트의 경우에는 적재하중이 0.1톤 이상인 것)
④ 곤돌라
⑤ 승강기

(2) 양중기의 방호장치

| 양중기의 방호장치 ★★★ | | |
|---|---|---|
| 크레인 | • 과부하방지장치<br>• 비상정지장치<br>(추가설치)<br>훅의 해지장치<br>안전밸브(유압식) | • 권과방지장치(捲過防止裝置)<br>• 제동장치 |
| 이동식 크레인 | • 과부하방지장치<br>• 비상정지장치<br>(추가설치)<br>훅의 해지장치<br>안전밸브(유압식) | • 권과방지장치(捲過防止裝置)<br>• 제동장치 |
| 리프트<br>(자동차정비용 리프트<br>제외) | • 권과방지장치<br>• 비상정지장치<br>• 조작반(盤) 잠금장치 | • 과부하방지장치<br>• 제동장치 |
| 곤돌라 | • 과부하방지장치<br>• 비상정지장치 | • 권과방지장치(捲過防止裝置)<br>• 제동장치 |
| 승강기<br>(최대하중이 0.25t<br>이상인 것) | • 과부하방지장치<br>• 비상정지장치<br>• 파이널리미트스위치<br>• 출입문인터록<br>• 조속기(속도조절기) | • 권과방지장치(捲過防止裝置)<br>• 제동장치 |

### 특급암기법

- 공통 방호장치 : 과부하방지장치, 권과방지장치, 비상정지장치, 제동장치
- 추가설치
  리프트(자동차정비용 제외) : 조작반잠금장치
  승강기 : 파이널리미트스위치, 출입문인터록, 조속기(속도조절기)

## 11 리프트의 종류를 3가지로 구분하시오.

**정답**
① 건설용 리프트
② 산업용 리프트
③ 자동차정비용 리프트
④ 이삿짐운반용 리프트

**참고**

[리프트의 종류 및 특징]

| | |
|---|---|
| 건설용 리프트 | 동력을 사용하여 가이드레일(운반구를 지지하여 상승 및 하강 동작을 안내하는 레일)을 따라 상하로 움직이는 운반구를 매달아 사람이나 화물을 운반할 수 있는 설비 또는 이와 유사한 구조 및 성능을 가진 것으로 건설현장에서 사용하는 것을 말한다. |
| 산업용 리프트 | 동력을 사용하여 가이드레일을 따라 상하로 움직이는 운반구를 매달아 화물을 운반할 수 있는 설비 또는 이와 유사한 구조 및 성능을 가진 것으로 건설현장 외의 장소에서 사용하는 것을 말한다. |
| 자동차정비용 리프트 | 동력을 사용하여 가이드레일을 따라 움직이는 지지대로 자동차 등을 일정한 높이로 올리거나 내리는 구조의 리프트로서 자동차 정비에 사용하는 것 |
| 이삿짐운반용 리프트 | 연장 및 축소가 가능하고 끝단을 건축물 등에 지지하는 구조의 사다리형 붐에 따라 동력을 사용하여 움직이는 운반구를 매달아 화물을 운반하는 설비로서 화물자동차 등 차량 위에 탑재하여 이삿짐 운반 등에 사용하는 것 |

## 12 승강기의 종류를 5가지로 구분하고 특징을 설명하시오.

**정답**

| 승강기의 종류 및 특징 | |
|---|---|
| 승객용 엘리베이터 | 사람의 운송에 적합하게 제조·설치된 엘리베이터 |
| 승객화물용 엘리베이터 | 사람의 운송과 화물 운반을 겸용하는데 적합하게 제조·설치된 엘리베이터 |
| 화물용 엘리베이터 | 화물 운반에 적합하게 제조·설치된 엘리베이터로서 조작자 또는 화물취급자 1명은 탑승할 수 있는 것(적재용량이 300킬로그램 미만인 것은 제외한다) |
| 소형화물용 엘리베이터 | 음식물이나 서적 등 소형 화물의 운반에 적합하게 제조·설치된 엘리베이터로서 사람의 탑승이 금지된 것 |
| 에스컬레이터 | 일정한 경사로 또는 수평로를 따라 위·아래 또는 옆으로 움직이는 디딤판을 통해 사람이나 화물을 승강장으로 운송시키는 설비 |

## 13 다음 괄호 안을 채우시오.

> 권과방지장치는 훅·버킷 등 달기구의 윗면이 드럼·상부도르래·트롤리프레임 등 권상장치의 아랫면과 접촉할 우려가 있는 때에는 그 간격이 ( ① ) 이상[직동식 권과방지장치는 ( ② ) 이상]이 되도록 조정하여야 한다.

**정답**
① 0.25 미터
② 0.05 미터

## 14 다음 내용의 괄호 안을 채우시오.

> (1) 순간풍속이 초당 ( ① )미터를 초과하는 경우 : 타워크레인의 설치·수리점검 또는 해체작업을 중지
> (2) 순간풍속이 초당 ( ② )미터를 초과하는 경우 : 타워크레인의 운전작업을 중지
> (3) 순간풍속이 초당 ( ③ )미터를 초과하는 바람이 불어올 우려가 있는 경우 옥외에 설치되어 있는 주행 크레인의 이탈 방지조치
> (4) 순간풍속이 초당 ( ④ )미터를 초과하는 바람이 불거나 ( ⑤ ) 이상 진도의 지진이 있은 후 : 옥외에 설치되어 있는 양중기 각 부위 이상이 있는지를 점검
> (5) 순간풍속이 초당 ( ⑥ )미터를 초과하는 바람이 불어 올 우려가 있는 경우 : 옥외에 설치되어 있는 승강기 및 건설용 리프트 등 무너짐을 방지하기 위한 조치

**정답**
① 10m
② 15m
③ 30m
④ 30m
⑤ 중진(中震)
⑥ 35m

**참고**
① 순간풍속이 초당 10미터를 초과하는 경우 : 타워크레인의 설치·수리, 점검 또는 해체작업을 중지
② 순간풍속이 초당 15미터를 초과하는 경우 : 타워크레인의 운전작업을 중지
③ 순간풍속이 초당 30미터를 초과하는 바람이 불어올 우려가 있는 경우 : 옥외에 설치되어 있는 주행 크레인의 이탈 방지조치
④ 순간풍속이 초당 30미터를 초과하는 바람이 불거나 중진 이상 진도의 지진이 있은 후 : 옥외에 설치되어 있는 양중기 각 부위 이상이 있는지를 점검
⑤ 순간풍속이 초당 35미터를 초과하는 바람이 불어 올 우려가 있는 경우 : 옥외에 설치되어 있는 승강기 및 건설용 리프트 등 무너짐을 방지하기 위한 조치

## 15. 타워크레인의 조립·해체 작업 시 작성하는 작업계획서 작성항목을 적으시오. (4가지)

**정답**
① 타워크레인의 종류 및 형식
② 설치·조립 및 해체순서
③ 작업도구·장비·가설설비 및 방호설비
④ 작업인원의 구성 및 작업근로자의 역할범위
⑤ 타워크레인 지지방법

## 16 항타기, 항발기의 안전사항이다. 다음 괄호 안을 채우시오.

(1) 연약한 지반에 설치하는 경우에는 아웃트리거·받침 등 지지구조물의 침하를 방지하기 위하여 ( ① ), ( ② ) 등을 사용할 것
(2) 상단 부분은 ( ③ )로 고정하여 안정시키고, 그 하단 부분은 견고한 버팀·말뚝 또는 철골 등으로 고정시킬 것
(3) 권상용 와이어로프는 추 또는 해머가 최저의 위치에 있는 때 또는 널말뚝을 빼어내기 시작한 때를 기준으로 하여 권상장치의 드럼에 적어도 ( ④ )회 감기고 남을 수 있는 충분한 길이일 것
(4) 항타기 또는 항발기의 권상장치의 드럼 축과 권상장치로부터 첫 번째 도르래의 축과의 거리를 권상장치의 드럼 폭의 ( ⑤ ) 배 이상으로 하여야 한다.
(5) 도르래는 권상장치의 드럼의 ( ⑥ )을 지나야 하며 축과 ( ⑦ )에 있어야 한다.

**정답** ① 깔판 ② 받침목 ③ 버팀대·버팀줄 ④ 2 ⑤ 15 ⑥ 중심 ⑦ 수직면상

## 17 항타기, 항발기 조립 시에 하여야 하는 점검사항을 적으시오. (4가지)

**정답**
① 본체 연결부의 풀림 또는 손상의 유무
② 권상용 와이어로프·드럼 및 도르래의 부착상태의 이상 유무
③ 권상장치의 브레이크 및 쐐기장치 기능의 이상 유무
④ 권상기의 설치상태의 이상 유무
⑤ 리더(leader)의 버팀 방법 및 고정상태의 이상 유무
⑥ 본체·부속장치 및 부속품의 강도가 적합한지 여부
⑦ 본체·부속장치 및 부속품에 심한 손상·마모·변형 또는 부식이 있는지 여부

## 18 화물 취급작업 시의 관리감독자의 직무를 적으시오. (3가지)

**정답**
① 작업방법 및 순서를 결정하고 작업을 지휘하는 일
② 기구 및 공구를 점검하고 불량품을 제거하는 일
③ 그 작업장소에는 관계근로자 외의 자의 출입을 금지시키는 일
④ 로프 등의 해체작업을 하는 때에는 하대(荷臺)위의 화물의 낙하위험 유무를 확인하고 그 작업의 착수를 지시하는 일

## 19 다음 괄호 안을 채우시오.

와이어로프 등의 안전계수 : 와이어로프 또는 달기체인 ( ① )의 값을 그 와이어로프 또는 달기체인에 ( ② )의 ( ③ )으로 나눈 값

- 근로자가 탑승하는 운반구를 지지하는 달기와이어로프 또는 달기체인의 경우 : ( ④ ) 이상
- 화물의 하중을 직접 지지하는 달기와이어로프 또는 달기체인의 경우 : ( ⑤ ) 이상
- 훅, 샤클, 클램프, 리프팅 빔의 경우 : ( ⑥ ) 이상
- 그 밖의 경우 : ( ⑦ ) 이상

**정답**
① 절단하중
② 걸리는 하중
③ 최대 값
④ 10
⑤ 5
⑥ 3
⑦ 4

## 20 와이어로프 등의 사용금지 사항을 5가지 적으시오.

**정답**
① 이음매가 있는 것
② 와이어로프의 한 꼬임에서 끊어진 소선 수가 10퍼센트 이상인 것
③ 지름의 감소가 공칭지름의 7퍼센트를 초과하는 것
④ 꼬인 것
⑤ 심하게 변형 또는 부식된 것
⑥ 열 및 전기충격에 의해 손상된 것

## 21 늘어난 달기체인 등의 사용금지 사항을 3가지 적으시오.

**정답**
① 달기 체인의 길이가 달기 체인이 제조된 때의 길이의 5퍼센트를 초과한 것
② 링의 단면지름이 달기 체인이 제조된 때의 해당 링의 지름의 10퍼센트를 초과하여 감소한 것
③ 균열이 있거나 심하게 변형된 것

## 22 섬유로프의 사용금지 사항 2가지를 적으시오.

**정답**
① 꼬임이 끊어진 것
② 심하게 손상 또는 부식된 것

## 23 섬유로프 또는 안전대의 섬유벨트 등의 사용금지 사항을 2가지 적으시오.

**정답**
① 꼬임이 끊어진 것
② 심하게 손상되거나 부식된 것
③ 2개 이상의 작업용 섬유로프 또는 섬유벨트를 연결한 것
④ 작업높이보다 길이가 짧은 것

# CHAPTER 06 사고형태별 안전

## 추락위험방지

### (1) 추락위험 방지조치

1) **근로자가 추락하거나 넘어질 위험이 있는 장소** 또는 **기계·설비·선박블록 등에서 작업을 할 때**에 근로자가 위험해질 우려가 있는 경우 비계(飛階)를 조립하는 등의 방법으로 **작업발판을 설치**하여야 한다.

2) **작업발판을 설치하기 곤란한 경우 추락방호망을 설치**하여야 한다. 다만, **추락방호망을 설치하기 곤란한 경우에는 근로자에게 안전대를 착용**하도록 하여야 한다.

3) 개구부 등의 방호 조치

① 작업발판 및 통로의 끝이나 개구부로서 근로자가 추락할 위험이 있는 장소에는 **안전난간, 울타리, 수직형 추락방망 또는 덮개 등의 방호 조치**를 충분한 강도를 가진 구조로 튼튼하게 설치하여야 하며, **덮개를 설치하는 경우에는 뒤집히거나 떨어지지 않도록** 설치하여야 한다. 이 경우 어두운 장소에서도 알아볼 수 있도록 **개구부임을 표시**하여야 한다.

② **난간 등을 설치하는 것이 매우 곤란**하거나 작업의 필요상 **임시로 난간 등을 해체하여야 하는 경우 추락방호망을 설치**하여야 한다. 다만, 추락방호망을 설치하기 곤란한 경우에는 **근로자에게 안전대를 착용**하도록 하는 등 추락할 위험을 방지하기 위하여 필요한 조치를 하여야 한다.

| 추락위험 방지조치 ★★ | 작업발판, 통로의 끝, 개구부 등<br>추락위험 있는 장소의 조치 ★★ |
|---|---|
| ① 작업발판 설치<br>② 추락방호망 설치<br>③ 안전대 착용<br>④ 안전난간 설치 | ① 안전난간 설치<br>② 울타리 설치<br>③ 수직형 추락방망 설치<br>④ 덮개 설치<br>⑤ 추락방호망 설치(안전난간 설치가 곤란하거나 해체한 경우)<br>⑥ 안전대 착용(안전난간 및 추락방호망 설치가 곤란한 경우) |

### 4) 지붕 위에서의 위험 방지

① 사업주는 근로자가 **지붕 위에서 작업을 할 때에 추락하거나 넘어질 위험이 있는 경우에는 다음 각 호의 조치**를 해야 한다.
- **지붕의 가장자리에 안전난간을 설치**할 것
- **채광창(skylight)에는 견고한 구조의 덮개를 설치**할 것
- **슬레이트 등 강도가 약한** 재료로 덮은 **지붕에는 폭 30센티미터 이상의 발판을 설치**할 것 ★

② 사업주는 작업 환경 등을 고려할 때 ①의 **조치를 하기 곤란한 경우에는 추락방호망을 설치**해야 한다. 다만, 사업주는 작업 환경 등을 고려할 때 **추락방호망을 설치하기 곤란한 경우에는 근로자에게 안전대를 착용**하도록 하는 등 추락 위험을 방지하기 위하여 필요한 조치를 해야 한다.

## 추락방지설비

### (1) 추락방호망

#### 1) 추락방호망의 설치 ★★

① 추락방호망의 설치위치는 가능하면 **작업면으로부터 가까운 지점에 설치**하여야 하며, **작업면으로부터 망의 설치지점까지의 수직거리는 10미터를 초과하지 아니할 것**
② **추락방호망은 수평으로 설치하고, 망의 처짐은 짧은 변 길이의 12퍼센트 이상**이 되도록 할 것
③ **건축물 등의 바깥쪽으로 설치하는 경우 망의 내민 길이는 벽면으로부터 3미터 이상** 되도록 할 것(다만, 그물코가 20밀리미터 이하인 망을 사용한 경우에는 낙하물방지망을 설치한 것으로 본다.)

## 2) 방망의 구조

① 소 재 : **합성섬유** 또는 그 이상의 물리적 성질을 갖는 것이어야 한다.
② 그물코 : 사각 또는 마름모로서 그 **크기는 10센티미터 이하**이어야 한다.
③ 방망의 종류 : **매듭방망**으로서 매듭은 원칙적으로 단매듭을 한다.
④ 테두리로프와 방망의 재봉 : 테두리로프는 각 그물코를 관통시키고 서로 중복됨이 없이 재봉사로 결속한다.
⑤ 테두리로프 상호의 접합 : 테두리로프를 중간에서 결속하는 경우는 충분한 강도를 갖도록 한다.
⑥ 달기로프의 결속 : **달기로프는 3회 이상 엮어 묶는 방법** 또는 이와 동등 이상의 강도를 갖는 방법으로 테두리로프에 결속하여야 한다.

## 3) 방망사의 강도

방망사는 시험용사로부터 채취한 시험편의 양단을 인장시험기로 시험하거나 또는 이와 유사한 방법으로서 **등속인장시험**을 한 경우 그 강도는 〈표 1〉 및 〈표 2〉에 정한 값 이상이어야 한다.

〈표 1〉 방망사의 신품에 대한 인장강도 ★

| 그물코의 크기 (단위 : 센티미터) | 방망의 종류(단위 : 킬로그램) | |
|---|---|---|
| | 매듭 없는 방망 | 매듭방망 |
| 10 | 240 | 200 |
| 5 | | 110 |

〈표 2〉 방망사의 폐기 시 인장강도 ★

| 그물코의 크기 (단위 : 센티미터) | 방망의 종류(단위 : 킬로그램) | |
|---|---|---|
| | 매듭 없는 방망 | 매듭방망 |
| 10 | 150 | 135 |
| 5 | | 60 |

## 4) 지지점의 강도

지지점의 강도는 다음 각 호에 의한 계산값 이상이어야 한다.
① 방망 지지점은 **600킬로그램의 외력에 견딜 수 있는 강도**를 보유하여야 한다.
② 연속적인 구조물이 방망 지지점인 경우의 **외력 계산**

$$F = 200 \times B$$
여기에서 F는 외력(단위 : 킬로그램), B는 지지점간격(단위 : m)이다.

### 5) 정기시험

① 방망의 정기시험은 **사용개시 후 1년 이내**로 하고, **그 후 6개월마다 1회씩** 정기적으로 시험용사에 대해서 **등속인장시험**을 하여야 한다. 다만, 사용상태가 비슷한 다수의 방망의 시험용사에 대하여는 무작위 추출한 5개 이상을 인장시험했을 경우 다른 방망에 대한 등속 인장시험을 생략할 수 있다.
② 방망의 마모가 현저한 경우나 방망이 유해가스에 노출된 경우에는 사용 후 시험용사에 대해서 인장시험을 하여야 한다.

### 6) 사용제한

① 방망사가 **규정한 강도 이하인 방망**
② 인체 또는 이와 동등 이상의 무게를 갖는 **낙하물에 대해 충격을 받은 방망**
③ **파손한 부분을 보수하지 않은 방망**
④ **강도가 명확하지 않은 방망**

### 7) 방망의 표시

① **제조자명**
② **제조연월**
③ **재봉치수**
④ **그물코**
⑤ **신품인 때의 방망의 강도**

## (2) 안전난간의 구조 및 설치요건 ★★

① **상부 난간대, 중간 난간대, 발끝막이판 및 난간기둥으로 구성할 것**
② **상부 난간대**
 • 상부 난간대는 바닥면 등으로부터 **90센티미터 이상 지점에 설치**
 • 상부 난간대를 120센티미터 이하에 설치하는 경우 : 중간 난간대는 상부 난간대와 바닥면 등의 중간에 설치
 • 120센티미터 이상 지점에 설치하는 경우 : 중간 난간대를 2단 이상으로 설치, **난간의 상하 간격은 60센티미터 이하**가 되도록 할 것(다만, 난간기둥 간의 간격이 25센티미터 이하인 경우에는 중간 난간대를 설치하지 않을 수 있다.)
③ **발끝막이판** : 바닥면 등으로부터 10센티미터 이상의 높이를 유지할 것

④ 난간기둥 : 상부 난간대와 중간 난간대를 견고하게 떠받칠 수 있도록 적정한 간격을 유지할 것
⑤ 상부 난간대와 중간 난간대는 난간 길이 전체에 걸쳐 **바닥면 등과 평행을 유지**할 것
⑥ 난간대 : 지름 2.7센티미터 이상의 금속제 파이프
⑦ 안전난간은 100킬로그램 이상의 하중에 견딜 수 있는 튼튼한 구조일 것

## 안전대

### (1) 안전대의 구분 ★★

| 종류 | 사용구분 |
|---|---|
| 벨트식 | 1개 걸이용 |
|  | U자 걸이용 |
| 안전그네식 | 추락방지대 |
|  | 안전블록 |

### (2) 안전대의 선정 ★

① U자 걸이용
- "전주 위" 작업과 같이 발받침은 확보되어 있어도 불완전한 경우
- 체중의 일부를 U자 걸이로 안전대에 지지하여야만 **작업**을 할 수 있는 경우 선정

② 1개 걸이용 : 안전대에 의지하지 않아도 작업할 수 있는 **발판이 확보**되었을 때 사용

[U자걸이용 안전대]

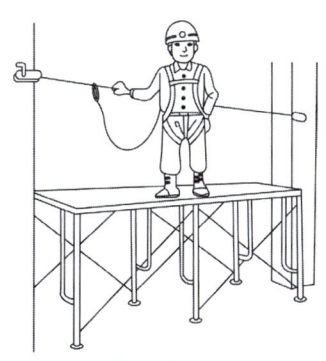
[1개걸이용 안전대]

## 토석붕괴 위험성

### (1) 토석붕괴의 외적원인 ★★

① 사면, 법면의 **경사 및 기울기의 증가**
② **절토 및 성토 높이의 증가**
③ 공사에 의한 **진동 및 반복 하중의 증가**
④ 지표수 및 **지하수의 침투**에 의한 **토사 중량의 증가**
⑤ 지진, 차량, 구조물의 하중작용
⑥ 토사 및 암석의 혼합층 두께

### (2) 토석붕괴의 내적원인

① 절토 사면의 토질·암질
② 성토 사면의 토질구성 및 분포
③ 토석의 강도 저하

### (3) 굴착작업 시 위험방지(굴착작업 시 토사 등의 붕괴 또는 낙하에 의한 위험방지 조치) ★

① **흙막이 지보공의 설치**
② **방호망의 설치**
③ **근로자의 출입 금지** 등

### (4) 굴착면의 붕괴 등에 의한 위험방지

① 사업주는 지반 등을 굴착하는 경우 **굴착면의 기울기를 기준에 맞도록 해야 한다.** 다만, 건설기준에 맞게 작성한 설계도서상의 굴착면의 기울기를 준수하거나 흙막이 등 기울기면의 붕괴 방지를 위하여 적절한 조치를 한 경우에는 그렇지 않다.
② 사업주는 **비가 올 경우를 대비하여 측구(側溝)를 설치**하거나 **굴착경사면에 비닐을 덮는 등** 빗물 등의 침투에 의한 붕괴재해를 예방하기 위하여 필요한 조치를 해야 한다.

## (5) 굴착면의 기울기 및 높이 기준 ★★★

| 지반의 종류 | 굴착면의 기울기 |
|---|---|
| 모래 | 1 : 1.8 |
| 연암 및 풍화암 | 1 : 1.0 |
| 경암 | 1 : 0.5 |
| 그 밖의 흙 | 1 : 1.2 |

## (6) 잠함 또는 우물통의 내부에서 굴착작업 시 급격한 침하로 인한 위험방지 조치 ★

① 침하관계도에 따라 **굴착방법 및 재하량(載荷量)** 등을 정할 것
② **바닥으로부터 천장 또는 보까지의 높이는 1.8미터 이상**으로 할 것

## (7) 잠함 등 내부에서의 굴착작업 시 준수사항 ★

① 산소결핍의 우려가 있는 때에는 **산소의 농도를 측정하는 자를 지명하여 측정**하도록 할 것
② 근로자가 **안전하게 오르내리기 위한 설비**를 설치할 것
③ **굴착 깊이가 20미터를 초과**하는 때에는 당해작업장소와 외부와의 **연락을 위한 통신설비** 등을 설치할 것
④ 산소농도 측정결과 **산소의 결핍이 인정되거나 굴착 깊이가 20미터를 초과**하는 때에는 송기를 위한 설비를 설치할 것

## (8) 굴착작업 시 사전조사 및 작업계획서 내용

| 굴착작업 시 사전조사 내용 ★★ | 굴착작업 시 작업계획서 내용 ★ |
|---|---|
| ① 형상·지질 및 지층의 상태<br>② 균열·함수(含水)·용수 및 동결의 유무 또는 상태<br>③ 매설물 등의 유무 또는 상태<br>④ 지반의 지하수위 상태 | ① 굴착방법 및 순서, 토사 반출 방법<br>② 필요한 인원 및 장비 사용계획<br>③ 매설물 등에 대한 이설·보호대책<br>④ 사업장 내 연락방법 및 신호방법<br>⑤ 흙막이 지보공 설치방법 및 계측계획<br>⑥ 작업지휘자의 배치계획<br>⑦ 그 밖에 안전·보건에 관련된 사항 |

> **특급암기법**
> 작업지휘자 배치 → 인원, 장비계획 → 지보공 설치
> → 매설물 보호 → 굴착, 토사 반출

### (9) 흙막이 지보공을 설치한 때 점검 사항★★

① **부재의 손상**·변형·부식·변위 및 **탈락**의 유무와 상태
② **버팀대의 긴압의 정도**
③ **부재의 접속부**·부착부 및 **교차부**의 상태
④ **침하의 정도**

### (10) 구축물 또는 시설물의 안전성 평가를 실시하여야 하는 경우★★

① **구축물 등의 인근에서 굴착·항타작업 등으로** 침하·균열 등이 발생하여 **붕괴의 위험이 예상될 경우**
② **구축물 등에** 지진, 동해(凍害), 부동침하(불동침하) 등으로 **균열·비틀림 등이 발생하였을 경우**
③ **구축물 등이 그 자체의 무게·적설·풍압** 또는 그 밖에 **부가되는 하중 등으로 붕괴 등의 위험이 있을 경우**
④ 화재 등으로 구축물 등의 **내력(耐力)이 심하게 저하되었을 경우**
⑤ 오랜 기간 사용하지 아니하던 **구축물 등을 재사용**하게 되어 안전성을 검토하여야 하는 경우
⑥ 구축물 등의 주요구조부에 대한 **설계 및 시공 방법의 전부 또는 일부를 변경하는 경우**
⑦ 그 밖의 잠재위험이 예상될 경우

## 흙막이 공법의 분류

| | |
|---|---|
| 지지방식에 의한 분류 | ① 자립공법<br>② 버팀대공법<br>　• 경사 버팀대식 흙막이<br>　• 버팀대식 흙막이<br>③ 어스앵커공법<br>④ 타이로드 공법 |
| 구조방식에 의한 분류 | ① H-PILE 공법<br>② 널말뚝공법<br>③ 지하연속벽공법<br>④ 탑다운공법 |

# 터널굴착공사 안전

## (1) 터널의 계측관리 사항(NATM 기준) ★

① 내공변위 측정
② 천단침하 측정
③ 지중, 지표침하 측정
④ 록볼트 축력측정
⑤ 숏크리트 응력 측정

> **Reference**
>
> ### ◯ 터널의 계측장치
>
> ① 내공변위 측정계　　② 천단침하 측정계
> ③ 지중, 지표침하 측정계　　④ 록볼트 축력측정계
> ⑤ 숏크리트 응력 측정계
>
> ### ◯ 깊이 10.5m 이상의 굴착작업 시 계측기기 ★
>
> ① 수위계　　② 경사계
> ③ 하중 및 침하계　　④ 응력계
>
> ### ◯ 터널공사 중 NATM공법에서 지질 및 지층에 관한 지반조사를 실시하고 확인하여야 하는 사항
>
> ① 시추(보링)위치　　② 토층분포상태
> ③ 투수계수　　④ 지하수위
> ⑤ 지반의 지지력
>
> ### ◯ 터널 작업면의 적합한 조도 ★
>
> | 작업 구분 | 기준 |
> |---|---|
> | 막장 구간 | 70 Lux 이상 |
> | 터널 중간 구간 | 50 Lux 이상 |
> | 터널 입출구, 수직구 구간 | 30 Lux 이상 |

### (2) 낙반에 의한 위험 방지 조치★

① 터널지보공 및 록볼트의 설치
② 부석의 제거

### (3) 인화성 가스 농도 측정

인화성 가스 농도를 측정한 결과 인화성 가스가 존재하여 폭발이나 화재가 발생할 위험이 있는 경우에는 인화성 가스 농도의 이상 상승을 조기에 파악하기 위하여 그 장소에 자동경보장치를 설치하여야 한다.

| 자동경보장치의 작업 시작 전 점검 사항★★ |
| --- |
| ① 계기의 이상 유무<br>② 검지부의 이상 유무<br>③ 경보장치의 작동상태 |

### (4) 터널지보공 설치 시 점검항목★★

① **부재의 손상 · 변형 · 부식 · 변위 탈락의 유무** 및 상태
② 부재의 **긴압의 정도**
③ 부재의 **접속부 및 교차부의 상태**
④ 기둥침하의 유무 및 상태

### (5) 터널 굴착작업의 작업계획서 내용★★

① 굴착의 방법
② 터널**지보공** 및 **복공(覆工)**의 **시공방법**과 **용수(湧水)**의 **처리방법**
③ 환기 또는 **조명시설**을 설치할 때에는 그 방법

### (6) 발파 작업 기준

① 얼어붙은 다이너마이트는 화기에 접근시키거나 그 밖의 고열물에 직접 접촉시키는 등 위험한 방법으로 융해하지 아니하도록 할 것
② 화약이나 폭약을 장전하는 경우에는 그 부근에서 화기를 사용하거나 흡연을 하지 않도록 할 것
③ 장전구(裝塡具)는 마찰 · 충격 · 정전기 등에 의한 폭발의 위험이 없는 안전한 것을 사용할 것★
④ 발파공의 충진재료는 점토 · 모래 등 발화성 또는 인화성의 위험이 없는 재료를 사용할 것★

⑤ 점화 후 장전된 화약류가 폭발하지 아니한 때 또는 장전된 화약류의 폭발여부를 확인하기 곤란한 때에는 다음 각목의 사항을 따를 것

| 전기뇌관에 의한 경우 | 재 점화되지 않도록 조치하고 5분 이상 경과한 후가 아니면 화약류의 장전장소에 접근시키지 않도록 할 것★ |
|---|---|
| 전기뇌관 외의 것에 의한 경우 | 점화한 때부터 15분 이상 경과한 후가 아니면 화약류의 장전장소에 접근시키지 않도록 할 것★ |

⑥ 전기뇌관에 의한 발파의 경우 점화하기 전에 **화약류를 장전한 장소로부터 30미터 이상 떨어진 안전한 장소에서** 전선에 대하여 저항측정 및 **도통(導通)시험을 할 것**★

## (7) 발파작업 시 관리감독자의 직무★

① 점화 전에 **점화 작업에 종사하는 근로자가 아닌 사람에게 대피를 지시**하는 일
② 점화 작업에 종사하는 **근로자에게 대피장소 및 경로를 지시**하는 일
③ 점화 전에 **위험구역 내에서 근로자가 대피한 것을 확인**하는 일
④ **점화순서 및 방법에 대하여 지시**하는 일
⑤ **점화 신호**를 하는 일
⑥ 점화 작업에 종사하는 **근로자에게 대피 신호**를 하는 일
⑦ 발파 후 **터지지 않은 장약이나 남은 장약의 유무, 용수(湧水)의 유무 및 암석·토사의 낙하 여부 등을 점검**하는 일
⑧ **점화하는 사람을 정하는 일**
⑨ **공기압축기의 안전밸브 작동 유무를 점검**하는 일
⑩ 안전모 등 **보호구 착용 상황을 감시**하는 일

# 교량작업 및 채석작업 시 안전

## (1) 교량작업 시 준수사항

> 교량의 설치 · 해체 또는 변경 작업을 하는 경우 준수사항
> (상부구조가 금속 또는 콘크리트로 구성되는 교량으로서 높이가 5미터 이상이거나
> 교량의 최대 지간 길이가 30미터 이상인 교량으로 한정)

① 작업을 하는 구역에는 **관계 근로자가 아닌 사람의 출입을 금지**할 것
② **재료, 기구 또는 공구** 등을 올리거나 내릴 경우에는 근로자로 하여금 **달줄, 달포대** 등을 사용하도록 할 것
③ 중량물 부재를 크레인 등으로 인양하는 경우에는 부재에 인양용 고리를 견고하게 설치하고, **인양용 로프는 부재에 두 군데 이상 결속**하여 인양하여야 하며, 중량물이 안전하게 거치되기 전까지는 걸이로프를 해제시키지 아니할 것
④ 자재나 부재의 낙하 · 전도 또는 붕괴 등에 의하여 근로자에게 위험을 미칠 우려가 있을 경우에는 **출입금지 구역의 설정, 자재 또는 가설시설의 좌굴(挫屈) 또는 변형 방지를 위한 보강재 부착** 등의 조치를 할 것

## (2) 작업계획서의 내용

| 작업명 | 작업계획서 내용 |
|---|---|
| 교량작업 | ① 작업 방법 및 순서<br>② 부재(部材)의 낙하 · 전도 또는 붕괴를 방지하기 위한 방법<br>③ 작업에 종사하는 근로자의 추락 위험을 방지하기 위한 안전조치 방법<br>④ 공사에 사용되는 가설 철 구조물 등의 설치 · 사용 · 해체 시 안전성 검토 방법<br>⑤ **사용하는 기계 등의 종류 및 성능**, 작업방법<br>⑥ **작업지휘자 배치계획**<br>⑦ 그 밖에 안전 · 보건에 관련된 사항 |

> **특급암기법**
> 작업지휘자 배치 → 작업 방법 순서 → 기계종류 성능 → 낙하, 전도 붕괴 방지 → 추락방지

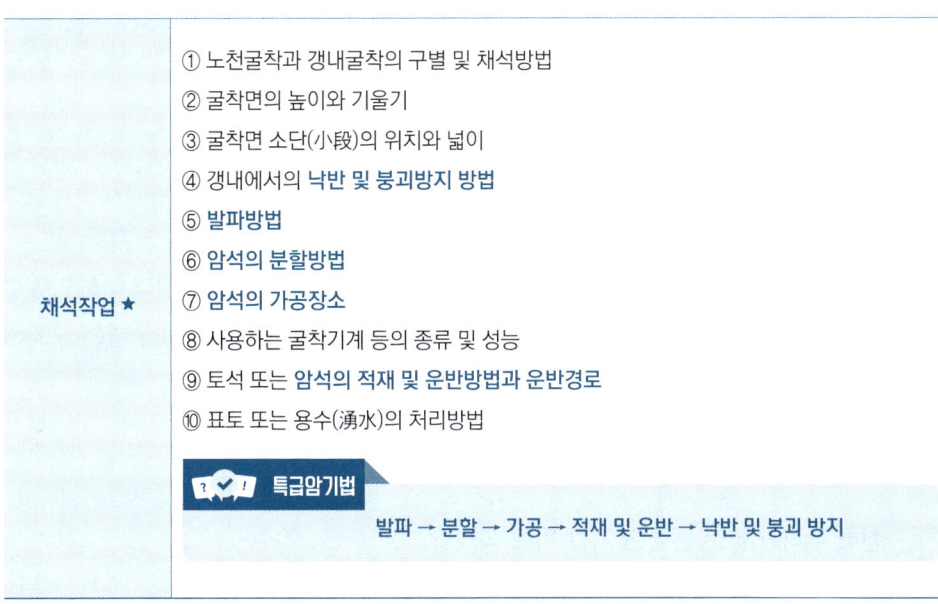

## 낙하 · 비래 예방대책

### (1) 낙하 · 비래 위험방지 조치 ★★

① 낙하물방지망 · 수직보호망 또는 방호선반의 설치
② 출입금지구역의 설정
③ 보호구의 착용

### (2) 낙하물방지망 또는 방호선반 설치 시 준수사항 ★★

① 설치높이는 10미터 이내마다 설치하고, 내민길이는 벽면으로부터 2미터 이상으로 할 것
② 수평면과의 각도는 20도 이상 30도 이하를 유지할 것

### (3) 투하설비의 설치

사업주는 높이가 3미터 이상인 장소로부터 물체를 투하하는 때에는 적당한 투하설비를 설치하거나 감시인을 배치하는 등 위험방지를 위하여 필요한 조치를 하여야 한다.

## 운반, 하역작업 안전

### (1) 부두·안벽 등 하역작업장의 조치기준

① 작업장 및 통로의 위험한 부분에는 안전하게 작업할 수 있는 조명을 유지할 것
② 부두 또는 안벽의 선을 따라 통로를 설치하는 경우에는 폭을 90센티미터 이상으로 할 것
③ 육상에서의 통로 및 작업장소로서 다리 또는 선거(船渠) 갑문(閘門)을 넘는 보도(步道) 등의 위험한 부분에는 안전난간 또는 울타리 등을 설치할 것

### (2) 화물의 적재 시의 준수사항 ★

① 침하 우려가 없는 튼튼한 기반 위에 적재할 것
② 건물의 칸막이나 벽 등이 화물의 압력에 견딜 만큼의 강도를 지니지 아니한 경우에는 칸막이나 벽에 기대어 적재하지 않도록 할 것
③ 불안정할 정도로 높이 쌓아 올리지 말 것
④ 하중이 한쪽으로 치우치지 않도록 쌓을 것

### (3) 항만하역작업의 안전수칙

① 갑판의 윗면에서 선창 밑바닥까지의 깊이가 1.5미터를 초과하는 선창의 내부에서 화물취급 작업을 하는 때에는 그 작업에 종사하는 근로자가 안전하게 통행할 수 있는 설비를 설치하여야 한다.
② 300톤급 이상의 선박에서 하역작업을 하는 경우에 근로자들이 안전하게 오르내릴 수 있는 현문(舷門) 사다리를 설치하여야 하며, 이 사다리 밑에 안전망을 설치하여야 한다. 현문 사다리는 견고한 재료로 제작된 것으로 너비는 55센티미터 이상이어야 하고, 양측에 82센티미터 이상의 높이로 울타리를 설치하여야 하며, 바닥은 미끄러지지 않도록 적합한 재질로 처리되어야 한다.
③ 현문 사다리는 근로자의 통행에만 사용하여야 하며, 화물용 발판 또는 화물용 보관으로 사용하도록 해서는 아니 된다.
④ 항만하역작업을 시작하기 전에 그 작업을 하는 선창 내부, 갑판 위 또는 안벽 위에 있는 화물 중에 급성 독성물질이 있는지를 조사하여 안전한 취급방법 및 누출 시 처리방법을 정하여야 한다.

# 밀폐공간에서의 건강장해 예방, 환기장치

## (1) 작업장의 적정공기 수준

| 적정공기 수준 ★★ |
|---|
| ① 산소농도의 범위가 18% 이상 23.5% 미만 |
| ② 탄산가스의 농도가 1.5% 미만 |
| ③ 일산화탄소의 농도가 30ppm 미만 |
| ④ 황화수소의 농도가 10ppm 미만 |

## (2) 산소결핍

공기 중의 **산소농도가 18퍼센트 미만**인 상태를 말한다. ★

## (3) 밀폐공간 작업 프로그램의 수립 · 시행

① 사업주는 밀폐공간에 근로자를 종사하도록 하는 경우에 다음 각 호의 내용이 포함된 **밀폐공간 작업 프로그램을 수립**하여 **시행**하여야 한다.

| 밀폐공간 작업 프로그램의 내용 ★ |
|---|
| ① 사업장 내 **밀폐공간의 위치 파악 및 관리 방안** |
| ② 밀폐공간 내 질식 · 중독 등을 일으킬 수 있는 **유해 · 위험 요인의 파악 및 관리 방안** |
| ③ 밀폐공간 작업 시 **사전 확인이 필요한 사항에 대한 확인 절차** |
| ④ **안전보건교육 및 훈련** |
| ⑤ 그 밖에 밀폐공간 작업 근로자의 건강장해 예방에 관한 사항 |

② 사업주는 근로자가 밀폐공간에서 작업을 시작하기 전에 다음 각 호의 사항을 확인하여 근로자가 안전한 상태에서 작업하도록 하여야 하며, **밀폐공간에서의 작업이 종료될 때까지** 각 호의 내용을 **해당 작업장 출입구에 게시**하여야 한다.

1. **작업 일시, 기간, 장소 및 내용** 등 작업 정보
2. 관리감독자, 근로자, 감시인 등 **작업자 정보**
3. **산소 및 유해가스 농도의 측정결과** 및 **후속조치 사항**
4. 작업 중 불활성가스 또는 유해가스의 누출 · 유입 · 발생 가능성 검토 및 후속조치 사항
5. 작업 시 **착용하여야 할 보호구의 종류**
6. 비상연락체계

### (4) 산소 및 유해가스 농도의 측정

① 사업주는 밀폐공간에서 근로자에게 작업을 하도록 하는 경우 작업을 시작(작업을 일시 중단하였다가 다시 시작하는 경우를 포함한다)하기 전에 밀폐공간의 산소 및 유해가스 농도의 측정 및 평가에 관한 지식과 실무경험이 있는 자를 지정하여 그로 하여금 해당 밀폐공간의 산소 및 유해가스 농도를 측정하여 적정공기가 유지되고 있는지를 평가하도록 해야 한다.

② 밀폐공간의 **산소 및 유해가스 농도를 측정 및 평가하는 자에 대하여** 밀폐공간에서 **작업을 시작하기 전에 다음 각 호의 사항의 숙지 여부를 확인하고 필요한 교육을 실시**해야 한다.

| 산소 및 유해가스 농도를 측정 및 평가하는 자에 대한 교육 내용 |
|---|
| • 밀폐공간의 위험성<br>• 측정장비의 이상 유무 확인 및 조작 방법<br>• 밀폐공간 내에서의 산소 및 유해가스 농도 측정방법<br>• 적정공기의 기준과 평가 방법 |

③ 사업주는 산소 및 유해가스 **농도를 측정한 결과 적정공기가 유지되고 있지 아니하다고 평가된 경우에는 작업장을 환기**시키거나, 근로자에게 **공기호흡기 또는 송기마스크를 지급하여 착용하도록** 하는 등 근로자의 건강장해 예방을 위하여 필요한 조치를 하여야 한다.

### (5) 환기

① **사업주는 밀폐공간에 근로자를 종사하도록 하는 경우에 작업 시작 전 및 작업 중에 해당 작업장을 적정공기 상태가 유지되도록 환기**하여야 한다. 다만, 폭발이나 산화 등의 위험으로 인하여 환기할 수 없거나 작업의 성질상 환기하기가 매우 곤란한 경우에는 근로자에게 공기호흡기 또는 송기마스크를 지급하여 착용하도록 하고 환기하지 아니할 수 있다.

② 근로자는 지급된 보호구를 착용하여야 한다.

### (6) 출입금지

① 사업주는 밀폐공간에 근로자를 종사하도록 하는 경우에는 그 장소에 **근로자를 입장시킬 때와 퇴장시킬 때마다 인원을 점검**하여야 한다.
② 사업주는 밀폐공간에서 하는 작업에 근로자를 종사하도록 하는 경우에는 그 밀폐공간에서 **작업하는 근로자가 아닌 사람이 그 장소에 출입하는 것을 금지하고, 출입금지 표지를 밀폐공간 근처의 보기 쉬운 장소에 게시**하여야 한다.

### (7) 감시인의 배치

① 사업주는 근로자가 밀폐공간에서 **작업을 하는 동안 작업 상황을 감시할 수 있는 감시인을 지정**하여 **밀폐공간 외부에 배치**하여야 한다.
② 감시인은 밀폐공간에 종사하는 근로자에게 이상이 있을 경우에 구조요청 등 필요한 조치를 한 후 이를 즉시 관리감독자에게 알려야 한다.
③ 사업주는 근로자가 밀폐공간에서 작업을 하는 동안 그 작업장과 외부의 감시인 간에 항상 연락을 취할 수 있는 설비를 설치하여야 한다.

### (8) 사고 시의 대피

① 사업주는 근로자가 밀폐공간에서 작업을 하는 경우에 산소결핍이나 유해가스로 인한 **질식·화재·폭발 등의 우려가 있으면 즉시 작업을 중단시키고 해당 근로자를 대피**하도록 하여야 한다.
② 사업주는 근로자를 대피시킨 경우 **적정공기 상태임이 확인될 때까지 그 장소에 관계자가 아닌 사람이 출입하는 것을 금지**하고, 그 **내용을 해당 장소의 보기 쉬운 곳에 게시**하여야 한다.
③ 근로자는 **출입이 금지된 장소에 사업주의 허락 없이 출입하여서는 아니 된다.**

### (9) 안전대 등 보호구 지급

① 사업주는 밀폐공간에서 작업하는 근로자가 **산소결핍이나 유해가스로 인하여 추락할 우려가 있는 경우**에는 해당 근로자에게 **안전대나 구명밧줄, 공기호흡기 또는 송기마스크를 지급**하여 착용하도록 하여야 한다.
② 안전대나 구명밧줄을 착용하도록 하는 경우에 이를 안전하게 착용할 수 있는 설비 등을 설치하여야 한다.
③ 근로자는 지급된 보호구를 착용하여야 한다.

### (10) 사업주는 **근로자가 밀폐공간에서 작업을 하는 경우**에 작업을 시작할 때마다 사전에 다음 각 호의 사항을 작업근로자(감시인을 포함한다)에게 알려야 한다. ★

① **산소 및 유해가스농도 측정**에 관한 사항
② **환기설비의 가동 등 안전한 작업방법**에 관한 사항
③ **보호구의 착용과 사용방법**에 관한 사항
④ 사고 시의 **응급조치 요령**
⑤ 구조요청을 할 수 있는 비상연락처, 구조용 장비의 사용 등 **비상시 구출에 관한 사항**

### (11) 대피용 기구의 비치

사업주는 밀폐공간에 근로자를 종사하도록 하는 경우에 **공기호흡기 또는 송기마스크, 사다리 및 섬유로프 등 비상시에 근로자를 피난시키거나 구출하기 위하여 필요한 기구를 갖추어 두어야 한다.** ★

### (12) 구출 시 공기호흡기 또는 송기마스크의 사용

사업주는 밀폐공간에서 위급한 근로자를 구출하는 작업을 하는 경우 그 **구출작업에 종사하는 근로자에게 공기호흡기 또는 송기마스크를 지급하여 착용**하도록 하여야 한다.

## 전기작업 안전

### (1) 전기기계 · 기구 등의 충전부 방호(직접접촉으로 인한 감전방지 조치)★

① 충전부가 노출되지 아니하도록 **폐쇄형 외함이 있는 구조**로 할 것
② 충분한 절연효과가 있는 **방호망 또는 절연덮개를 설치**할 것
③ 충전부는 내구성이 있는 **절연물로 완전히 덮어 감쌀 것**
④ 발전소 · 변전소 및 개폐소 등 구획되어 있는 장소로서 **관계 근로자가 아닌 사람의 출입이 금지되는 장소에 충전부를 설치**하고, **위험표시** 등의 방법으로 방호를 강화할 것
⑤ **전주 위 및 철탑 위 등** 격리되어 있는 장소로서 **관계 근로자가 아닌 사람이 접근할 우려가 없는 장소에 충전부를 설치할 것**

### (2) 전기기계 · 기구의 설치 시 고려사항(전기 기계 · 기구의 적정설치)

① 전기기계 · 기구의 **충분한 전기적 용량 및 기계적 강도**
② 습기 · 분진 등 **사용 장소의 주위 환경**
③ 전기적 · 기계적 **방호수단의 적정성**

### (3) 전기기계 · 기구의 조작 시 등의 안전조치

① **전기기계 · 기구의 조작부분을 점검하거나 보수하는 경우**에는 근로자가 안전하게 작업할 수 있도록 전기 기계 · 기구로부터 **폭 70센티미터 이상의 작업공간을 확보**하여야 한다. 다만, 작업 공간을 확보하는 것이 곤란하여 근로자에게 절연용 보호구를 착용하도록 한 경우에는 그러하지 아니하다.
② 전기적 불꽃 또는 아크에 의한 화상의 우려가 있는 **고압 이상의 충전전로 작업**에 근로자를 종사시키는 경우에는 **방염 처리된 작업복 또는 난연(難燃)성능을 가진 작업복을 착용**시켜야 한다.

### (4) 임시로 사용하는 전등 등의 위험방지

① 이동전선에 접속하여 임시로 사용하는 전등이나 가설의 배선 또는 이동전선에 접속하는 **가공매달기식 전등** 등을 접촉함으로 인한 **감전 및 전구의 파손에 의한 위험을 방지하기 위하여 보호망을 부착**하여야 한다.

② 보호망을 설치하는 때 준수사항
- 전구의 노출된 금속부분에 근로자가 쉽게 접촉되지 아니하는 구조로 할 것
- 재료는 쉽게 파손되거나 변형되지 아니하는 것으로 할 것

### (5) 배선 등의 절연피복

① 근로자가 접촉할 우려가 있는 배선 또는 이동전선에 대하여는 절연피복이 손상되거나 노화됨으로 인한 감전의 위험을 방지하기 위하여 필요한 조치를 하여야 한다.
② 전선을 서로 접속하는 때에는 전선의 절연성능 이상으로 절연될 수 있는 것으로 충분히 피복하거나 적합한 접속기구를 사용하여야 한다.

### (6) 습윤한 장소의 이동전선

물 등 도전성이 높은 액체가 있는 습윤한 장소에서 근로자가 작업 중에 통행하면서 이동전선 등에 접촉할 우려가 있는 경우에는 충분한 절연효과가 있는 것을 사용하여야 한다.

### (7) 꽂음 접속기의 설치·사용 시 준수사항 ★

① 서로 다른 전압의 꽂음 접속기는 서로 접속되지 아니한 구조의 것을 사용할 것
② 습윤한 장소에 사용되는 꽂음 접속기는 방수형 등 그 장소에 적합한 것을 사용할 것
③ 근로자가 해당 꽂음 접속기를 접속시킬 경우 땀 등으로 젖은 손으로 취급하지 않도록 할 것
④ 해당 꽂음 접속기에 잠금장치가 있는 때에는 접속 후 잠그고 사용할 것

### (8) 이동 및 휴대장비 등을 사용하는 전기작업 시 조치

① 근로자가 착용하거나 취급하고 있는 도전성 공구·장비 등이 노출 충전부에 닿지 않도록 할 것
② 근로자가 사다리를 노출 충전부가 있는 곳에서 사용하는 경우에는 도전성 재질의 사다리를 사용하지 않도록 할 것
③ 근로자가 젖은 손으로 전기기계·기구의 플러그를 꽂거나 제거하지 않도록 할 것
④ 근로자가 전기회로를 개방, 변환 또는 투입하는 경우에는 전기 차단용으로 특별히 설계된 스위치, 차단기 등을 사용하도록 할 것
⑤ 차단기 등의 과전류 차단장치에 의하여 자동 차단된 후에는 전기회로 또는 전기기계·기구가 안전하다는 것이 증명되기 전까지는 과전류 차단장치를 재투입하지 않도록 할 것

### (9) 변전실 등의 위치

가스폭발 위험장소 또는 분진폭발 위험장소에는 변전실 등을 설치하여서는 아니 된다. 다만, **변전실 등의 실내기압이 항상 양압(25파스칼 이상의 압력)을 유지하도록** 하고 다음 각 호의 조치를 하거나, 가스폭발 위험장소 또는 분진폭발 위험장소에 적합한 방폭 성능을 갖는 전기기계·기구를 변전실 등에 설치·사용한 경우에는 그러하지 아니하다.

① 양압을 유지하기 위한 환기설비의 고장 등으로 **양압이 유지되지 아니한 경우 경보를 할 수 있는 조치**
② 환기설비가 정지된 후 재가동하는 경우 변전실 등에 가스 등이 있는지를 확인할 수 있는 **가스 검지기 등 장비의 비치**
③ 환기설비에 의하여 **변전실 등에 공급되는 공기는 가스 또는 분진폭발위험장소가 아닌 곳으로부터 공급되도록 하는 조치**

### (10) 전기 작업자의 제한

근로자가 감전위험이 있는 **전기기계·기구 또는 전로의 설치·해체·정비·점검 등의 작업을 하는 경우**에는 유자격자가 작업을 수행하도록 하여야 한다.

### (11) 감전사고시 응급조치

#### 1) 감전사고 발생 시 처리순서

① 전원으로부터 **즉시 스위치를 분리**시키고 구출자 본인의 방호조치 후 신속하게 상해자를 구출할 것
② 즉시 **인공호흡을 실시**할 것
③ 생명 소생 후 **병원으로 후송**할 것

#### 2) 인공호흡 요령

① **1분당 12~15회(4초 간격), 30분 이상 계속 실시**한다.
② **1분 이내 소생률 : 95% 이상**

| 호흡정지에서 인공호흡 개시까지 경과시간 | 소생률(%) |
|---|---|
| 1분 | 95% |
| 2분 | 90% |
| 3분 | 75% |
| 4분 | 50% |
| 5분 | 25% |
| 6분 | 10% |

3) 전격 재해자 중요 관찰 사항

- 의식 상태
- 호흡 상태
- 맥박 상태
- 출혈 상태
- 골절 상태

## 정전전로에서의 전기작업(정전작업)

### (1) 정전작업을 하지 않아도 되는 경우

근로자가 노출된 충전부 또는 그 부근에서 작업함으로써 감전될 우려가 있는 경우에는 작업에 들어가기 전에 해당 전로를 차단하여야 한다. 다만, 다음 각 호의 경우에는 그러하지 아니하다.

| 정전작업을 하지 않아도 되는 경우 |
|---|
| ① 생명유지 장치, 비상경보설비, 폭발위험장소의 환기설비, 비상조명설비 등의 장치·설비의 가동이 중지되어 사고의 위험이 증가되는 경우 |
| ② 기기의 설계상 또는 작동 상 제한으로 전로차단이 불가능한 경우 |
| ③ 감전, 아크 등으로 인한 화상, 화재·폭발의 위험이 없는 것으로 확인된 경우 |

> **Reference**
>
> ● **정전작업**
> 전로를 개로(전원 차단)하여 당해 전로 또는 지지물의 설치·점검·수리 및 도장 등을 행하는 작업을 말한다.

## (2) 정전작업 시 전로 차단 절차★★

① 전기기기 등에 **공급되는 모든 전원을 관련 도면, 배선도 등으로 확인**할 것
② **전원을 차단한 후** 각 **단로기 등을 개방하고 확인**할 것
③ **차단장치나 단로기 등에 잠금장치 및 꼬리표를 부착**할 것
④ 개로된 전로에서 유도전압 또는 전기에너지가 축적되어 근로자에게 전기위험을 끼칠 수 있는 전기기기 등은 접촉하기 전에 **잔류전하를 완전히 방전시킬 것**
⑤ **검전기를 이용**하여 작업 대상 기기가 **충전되었는지를 확인**할 것
⑥ 전기기기 등이 다른 노출 충전부와의 접촉, 유도 또는 예비동력원의 역송전 등으로 전압이 발생할 우려가 있는 경우에는 충분한 용량을 가진 **단락 접지기구를 이용하여 접지할 것**

**특급암기법**

전원차단 → 잠금장치 꼬리표 부착 → 잔류전하 방전 → 검전기로 확인 → 단락접지 실시

## (3) 정전 작업 중 또는 작업을 마친 후 전원 공급 시 준수사항

① **작업기구, 단락 접지기구 등을 제거하고** 전기기기 등이 안전하게 통전될 수 있는지를 확인할 것
② **모든 작업자가** 작업이 완료된 **전기기기 등에서 떨어져 있는지를 확인**할 것
③ **잠금장치와 꼬리표는 설치한 근로자가 직접 철거할 것**
④ **모든 이상 유무를 확인한 후** 전기기기 등의 **전원을 투입**할 것

## 충전전로에서의 전기작업(활선작업)★

### (1) 충전전로에서의 전기작업(활선작업) 시의 조치★

① 충전전로를 정전시키는 경우에는 정전작업 시 전로차단 절차에 따른 조치를 할 것
② **충전전로를 방호하는 경우에는** 근로자의 신체가 전로와 직·간접 접촉되지 않도록 할 것
③ 충전전로 취급 근로자에게 절연용 보호구를 착용시킬 것
④ 충전전로에 근접한 장소에서 전기작업을 하는 경우 적합한 절연용 방호구를 설치할 것
⑤ 고압 및 특별고압의 전로에서 전기작업을 하는 근로자에게 활선작업용 기구 및 장치를 사용하도록 할 것
⑥ 절연용 방호구의 설치·해체작업 시 절연용 보호구를 착용하거나 활선작업용 기구 및 장치를 사용하도록 할 것
⑦ **유자격자가 아닌 근로자가** 충전전로 인근에서 작업할 때의 접근한계거리
  - 대지전압이 50킬로볼트 이하인 경우 : 근로자의 몸 또는 긴 도전성 물체가 충전전로에서 300 센티미터 이내로 접근금지
  - 대지전압이 50킬로볼트를 넘는 경우 : 10킬로볼트당 10센티미터씩 더한 거리 이상 이격 이내로 접근 금지
⑧ **유자격자가** 충전전로 인근에서 작업하는 경우 접근한계거리

| 충전전로의 선간전압<br>(단위 : 킬로볼트) | 충전전로에 대한 접근 한계거리<br>(단위 : 센티미터) |
|---|---|
| 0.3 이하 | 접촉금지 |
| 0.3 초과 0.75 이하 | 30 |
| 0.75 초과 2 이하 | 45 |
| 2 초과 15 이하 | 60 |
| 15 초과 37 이하 | 90 |
| 37 초과 88 이하 | 110 |
| 88 초과 121 이하 | 130 |
| 121 초과 145 이하 | 150 |
| 145 초과 169 이하 | 170 |
| 169 초과 242 이하 | 230 |
| 242 초과 362 이하 | 380 |
| 362 초과 550 이하 | 550 |
| 550 초과 800 이하 | 790 |

> **특급암기법**
> 선간전압 : 0.3, 0.75 / 2, 15 / 37, 88 / 121, 145, 169 / 242, 362 / 550, 800
> 접근한계거리 : 접촉 × / 3, 45, 6 / 9, 11, 13, 15, 17 / 23, 38, 55, 79 뒤에 "0"(45 제외)

⑨ **유자격자가 충전전로 인근에서 작업하는 경우 접근한계거리 이내로 접근하거나 절연 손잡이가 없는 도전체에 접근할 수 있는 경우**
- 근로자가 노출 충전부로부터 절연된 경우 또는 해당 전압에 적합한 절연 장갑을 착용한 경우
- 노출 충전부가 다른 전위를 갖는 도전체 또는 근로자와 절연된 경우
- 근로자가 다른 전위를 갖는 모든 도전체로부터 절연된 경우

> **특급암기법**
> ① 절연용 보호구 착용
> ② 절연용 방호구 설치
> ③ 활선작업용 기구, 장치 사용
> ④ 충전전로에 신체가 직·간접 접촉금지
> ⑤ 접근한계거리 : – 대지전압 50kV 이하 : 300cm 이내
> – 대지전압 50kV 초과 : 10kV 당 10cm씩 더한 거리 이내 접근금지

### (2) 울타리의 설치

**절연이 되지 않은 충전부나 그 인근에 근로자가 접근하는 것을 막거나 제한할 필요가 있는 경우에는 울타리를 설치**하고 근로자가 쉽게 알아볼 수 있도록 하여야 한다. 다만, 전기와 접촉할 위험이 있는 경우에는 도전성이 있는 금속제 울타리를 사용하거나, 접근한계거리 이내에 설치해서는 아니 된다.

### (3) 감시인 배치

**울타리의 설치가 곤란한 경우**에는 근로자를 감전위험에서 보호하기 위하여 사전에 위험을 경고하는 **감시인을 배치**하여야 한다.

## 충전전로 인근에서의 차량 · 기계장치 작업 ★

### (1) 충전전로 인근에서의 차량 · 기계장치 작업시의 안전조치

① 차량 등을 충전부로부터 300센티미터 이상 이격시키되, 대지전압이 50킬로볼트를 넘는 경우 10킬로볼트 증가할 때마다 10센티미터씩 증가
② 이격거리
  - 절연용 방호구를 설치한 경우 : 절연용 방호구 앞면까지
  - 차량의 버킷이나 끝부분이 절연되어 있고 유자격자가 작업하는 경우 : 접근한계거리까지
③ 근로자가 차량과 접촉하지 않도록 울타리를 설치하거나 감시인 배치 등의 조치

| 울타리 및 감시인 배치를 하지 않아도 되는 경우 |
|---|
| ① 근로자가 해당 전압에 적합한 절연용 보호구 등을 착용하거나 사용하는 경우 |
| ② 차량 등의 절연되지 않은 부분이 접근 한계거리 이내로 접근하지 않도록 하는 경우 |

④ 충전전로 인근에서 **접지된 차량 등이 충전전로와 접촉할 우려가 있을 경우에는 지상의 근로자가 접지점에 접촉하지 않도록** 조치

> **특급암기법**
> ① 이격거리 : – 충전전로로부터 300cm 이상
>            – 대지전압이 50kV 초과 – 10kV 증가 시 마다 10cm씩 증가
> ② 울타리 설치, 감시인 배치
> ③ 근로자가 접지점에 접촉않도록 조치

## 전격재해 예방 및 조치

### (1) 전압, 전류, 저항의 관계

| 옴의 법칙 | $V = I \times R$<br>여기서, $V$ : 전압(V : 볼트), $I$ : 전류(A : 암페어), $R$ : 저항(Ω : 옴) |
|---|---|

| | |
|---|---|
| 줄의 법칙 | $Q = I^2 \times R \times T$<br>여기서, $Q$ : 전기발생열(에너지)(J), $I$ : 전류(A),<br>$R$ : 전기저항($\Omega$), $T$ : 통전시간(S) |
| 위험한계 에너지 | 인체의 전기저항이 최악인 상태인 500$\Omega$일 때<br>$Q = I^2 \times R \times T = (\frac{165 \sim 185}{\sqrt{1}} \times 10^{-3})^2 \times 500 \times 1$<br>$= 13.61 \sim 17.11(J)$ |
| 심실세동 전류의 계산 | ① $I(\text{mA}) = \frac{165}{\sqrt{T}}$<br>$T$ : 통전시간(초)<br>② $I(\text{mA}) = \frac{V}{R}$ |
| 전하량의 계산 | $Q = I \times T$<br>여기서, $Q$ : 전하량(C), $I$ : 전류(A), $T$ : 시간(초) |

## EXERCISE

전압이 220V인 충전부에 작업자가 젖은 손으로 접촉되어 감전, 사망하였다. 다음을 계산하시오.
(단, 인체저항이 1000$\Omega$이다) (4점)

(1) 심실세동전류(mA)
(2) 통전시간(mS)

### 풀이하기

(1) 심실세동전류(mA)

> $V = I \times R$
> 여기서, $V$ : 전압(V : 볼트), $I$ : 전류(A : 암페어), $R$ : 저항($\Omega$ : 옴)

$I = \frac{V}{R}$에서 $V$ : 220V, $I$ : 1000$\Omega$(젖은 손이므로 저항이 $\frac{1}{25}$로 감소된다.)

$I = \frac{220}{1,000 \times \frac{1}{25}} = 5.5\text{A} \times 1,000 = 5,500\text{mA}$

(2) 통전시간(mS)

> $I(\text{mA}) = \frac{165}{\sqrt{T}}$
> 여기서, $T$ : 통전시간(초)

심실세동전류 $I(\text{mA}) = \frac{165}{\sqrt{T}}$에서 $\sqrt{T} = \frac{165}{I}$, $T = (\frac{165}{I})^2$

$T = (\frac{165}{5,500})^2 = 0.0009$초$\times 1,000 = 0.9\text{ms}$

* $\text{ms} = \frac{1}{1,000}\text{s}$

## (2) 허용접촉전압

인체가 접촉해도 안전한 전압을 말한다.

| 종별 | 접촉 상태 | 허용접촉전압 |
|---|---|---|
| 제1종 | • 인체의 대부분이 **수중**에 있는 상태 | 2.5V 이하 |
| 제2종 | • 인체가 **현저히 젖어 있는 상태**<br>• **금속성**의 전기 · 기계 장치나 구조물에 인체의 일부가 **상시 접촉**되어 있는 상태 | 25V 이하 |
| 제3종 | • 제1종, 제2종 이외의 경우로서 **통상의 인체 상태**에 있어서 접촉 전압이 가해지면 위험성이 높은 상태 | 50V 이하 |
| 제4종 | • 제1종, 제2종 이외의 경우로서 통상의 인체 상태에 **접촉 전압이 가해지더라도** 위험성이 낮은 상태<br>• 접촉 전압이 가해질 우려가 없는 경우 | 제한 없음 |

## (3) 인체의 저항

① 인체저항은 보통 5,000Ω이나 근로환경, 피부가 젖은 정도, 인가전압, 접촉면적, 접촉부위에 따라 최악의 상태에는 500Ω까지 감소한다.

| 인체저항 | 5,000Ω |
|---|---|
| 피부저항 | 2,500Ω |
| 내부저항 | 500Ω |
| 발과 신발 사이 저항 | 1,500Ω |
| 신발과 대지 사이 저항 | 500Ω |

② 피부에 **땀이 나면** 건조시보다 저항이 $\frac{1}{12}$로 감소되고, 물에 젖을 경우 $\frac{1}{25}$, 습기가 많을 경우는 $\frac{1}{10}$ 정도로 **저항이 감소**된다.

## (4) 감전위험요소

| 1차 감전위험 요소 및 영향력 ★ | 2차 감전위험 요소 |
|---|---|
| 통전전류크기 〉 통전시간 〉 통전경로 〉 전원의 종류<br>(직류보다 교류가 더 위험) | ① 인체조건(저항)<br>② 전압<br>③ 계절 |

## (5) 통전 경로별 위험도

| 통전 경로 | 위험도 |
|---|---|
| 왼손 – 가슴 | 1.5 |
| 오른손 – 가슴 | 1.3 |
| 왼손 – 한발 또는 양발 | 1.0 |
| 양손 – 양발 | 1.0 |
| 오른손 – 한발 또는 양발 | 0.8 |
| 왼손 – 등 | 0.7 |
| 한손 또는 양손 – 앉아있는 자리 | 0.7 |
| 왼손 – 오른손 | 0.4 |
| 오른손 – 등 | 0.3 |

> **특급암기법**
>
> 왼가 오가 / 왼발 손발 오발 / 왼등 손자리 / 손손 오등 (53땡땡 / 87743)

## (6) 전압의 구분 ★

| 전압의 종별 | 교류 | 직류 |
|---|---|---|
| 저압 | 1,000V 이하의 것 | 1,500V 이하의 것 |
| 고압 | 1,000V 초과 7,000V 이하 | 1,500V 초과 7,000V 이하 |
| 특별고압 | 7,000V 초과 | 7,000V 초과 |

## (7) 누전차단기를 설치해야 하는 기계, 기구 ★★

① **대지전압이 150볼트를 초과하는 이동형 또는 휴대형** 전기기계 · 기구
② **물 등** 도전성이 높은 액체가 있는 **습윤장소**에서 사용하는 저압용 전기기계 · 기구
③ **철판 · 철골 위 등 도전성이 높은 장소**에서 사용하는 이동형 또는 휴대형 전기기계 · 기구
④ **임시배선의 전로가 설치되는 장소**에서 사용하는 이동형 또는 휴대형 전기기계 · 기구

> **특급암기법**
>
> 누전차단기 설치 → 전기가 잘 통하는 곳 → ① 땅(대지전압 150V 초과)
> ② 물(습윤장소)
> ③ 철판 · 철골(도전성 높은 장소)

### (8) 누전차단기를 설치하지 않아도 되는 경우 ★★

① **이중절연구조** 또는 이와 동등 이상으로 보호되는 전기기계·기구
② **절연대 위** 등과 같이 감전위험이 없는 장소에서 사용하는 전기기계·기구
③ **비접지방식의 전로**

> **특급암기법**
> 누전차단기 설치 × → 전기가 잘 통하지 않음 → 절연이 우수한 경우 → ① 이중절연구조
> ② 절연대 위

### (9) 누전차단기 접속할 때 준수사항 ★

① 전기기계·기구에 설치되어 있는 누전차단기는 **정격감도전류가 30밀리암페어 이하이고 작동시간은 0.03초 이내일 것**. 다만, 정격전부하전류가 50암페어 이상인 전기기계·기구에 접속되는 누전차단기는 오작동을 방지하기 위하여 **정격감도전류는 200밀리암페어 이하로, 작동시간은 0.1초 이내로 할 수 있다.**
② **분기회로 또는 전기기계·기구마다 누전차단기를 접속할 것**
③ 누전차단기는 **배전반 또는 분전반 내에 접속**하거나 꽂음접속기형 누전차단기를 콘센트에 접속하는 등 파손이나 감전 사고를 방지할 수 있는 장소에 접속할 것
④ **지락보호전용** 기능만 있는 누전차단기는 과전류를 차단하는 퓨즈나 차단기 등과 조합하여 접속할 것

### (10) 누전차단기의 사용기준

① 당해 부하에 **적합한 정격전류를 갖출 것**
② 당해 부하에 **적합한 차단용량을 갖출 것**
③ **정격 부동작 전류가 정격감도전류의 50% 이상**이어야 하고 이들의 전류차가 가능한 한 작을 것
④ **절연저항이 5MΩ 이상일 것**
⑤ 누전차단기의 정격전압은 당해 누전차단기를 설치할 전로의 공칭전압의 90~110% 이내이어야 한다.

## 아세틸렌 용접장치

### (1) 아세틸렌 용접장치 및 가스집합용접장치의 방호장치명

안전기(역화방지기)

### (2) 안전기의 역할

가스의 역화 및 역류 방지

| 역류 | 역화 |
|---|---|
| ① **산소가 아세틸렌 호스 쪽으로 흘러가는 현상**<br>② 원인<br>　• 팁의 끝이 막혔을 때<br>　• 산소의 압력이 아세틸렌 압력보다 높을 때 | ① 아세틸렌 가스의 압력이 부족할 경우 팁 끝에서 "빵빵" 소리를 내면서 불꽃이 들어갔다, 나왔다 하는 현상<br>② 역화의 원인<br>　• 팁 끝이 막혔을 때<br>　• 팁 끝이 과열되었을 때<br>　• 가스 압력과 유량이 적당하지 않았을 때<br>　• 팁의 조임이 풀려올 때<br>　• 압력조정기 불량일 때<br>　• 토치의 성능이 좋지 않을 때 발생<br>③ 방지<br>　• 팁을 물에 담갔다 냉각시키면 방지된다. |

### (3) 안전기의 종류

① 수봉식 안전기
  • **유효수주 : 25mm 이상(저압용)**, 중압용 50mm 이상
② 건식 안전기(역화방지기)
  • 소염소자식
  • 우회로식

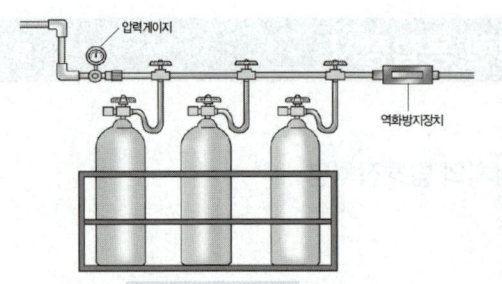
[역화방지기의 설치]

[역화방지기]

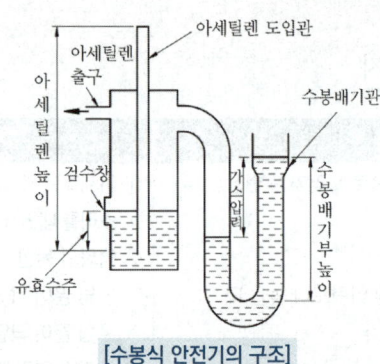
[수봉식 안전기의 구조]

> **Reference**
>
> ● 안전기(역화방지기)에 자율안전확인 표시 외에 추가로 표시하여야 하는 사항
>
> ① 가스의 흐름 방향
> ② 가스의 종류

### (4) 아세틸렌 발생 압력 ★

아세틸렌 용접장치를 사용하여 금속의 용접·용단 또는 가열작업을 하는 경우에는 **게이지 압력이 127킬로파스칼을 초과하는 압력의 아세틸렌을 발생시켜 사용해서는 아니 된다.**

### (5) 안전기의 설치 ★

① 아세틸렌 용접장치의 **취관마다 안전기를 설치**하여야 한다. 다만, 주관 및 취관에 가장 가까운 분기관마다 안전기를 부착한 경우에는 그러하지 아니 하다.
② 가스용기가 발생기와 분리되어 있는 아세틸렌 용접장치에 대하여는 **발생기와 가스용기 사이에 안전기를 설치**하여야 한다.

## (6) 아세틸렌 발생기실의 설치장소

① 아세틸렌 용접장치의 아세틸렌 발생기를 설치하는 경우에는 **전용의 발생기실에 설치**하여야 한다.
② 발생기실은 **건물의 최상층에 위치**하여야 하며, **화기를 사용하는 설비로부터 3미터를 초과하는 장소에 설치**하여야 한다.
③ 발생기실을 **옥외에 설치한 경우**에는 그 개구부를 다른 건축물로부터 1.5미터 이상 떨어지도록 하여야 한다.

## (7) 발생기실의 구조

① **벽은 불연성 재료**로 하고 철근 콘크리트 또는 그 밖에 이와 동등하거나 그 이상의 강도를 가진 구조로 할 것
② **지붕과 천장에는 얇은 철판이나 가벼운 불연성 재료를 사용**할 것
③ **바닥면적의 16분의 1 이상의 단면적을 가진 배기통을 옥상으로 돌출**시키고 그 **개구부를 창이나 출입구로부터 1.5미터 이상 떨어지도록** 할 것
④ **출입구의 문은 불연성 재료**로 하고 **두께 1.5밀리미터 이상의 철판**이나 그밖에 그 이상의 강도를 가진 구조로 할 것
⑤ **벽과 발생기 사이에는** 발생기의 조정 또는 카바이트 공급 등의 **작업을 방해하지 않도록 간격을 확보**할 것

## (8) 아세틸렌 용접장치를 사용하여 금속의 용접 · 용단(溶斷) 또는 가열작업을 하는 경우 준수사항

① **발생기**(이동식 아세틸렌 용접장치의 발생기는 제외한다)**의 종류, 형식, 제작 업체명, 매시 평균 가스발생량 및 1회 카바이드 공급량을** 발생기실 내의 보기 쉬운 장소에 게시할 것
② 발생기실에는 **관계 근로자가 아닌 사람이 출입하는 것을 금지**할 것
③ **발생기에서 5미터 이내** 또는 **발생기실에서 3미터 이내의 장소에서는 흡연, 화기의 사용 또는 불꽃이 발생할 위험한 행위를 금지**시킬 것 ★
④ 도관에는 **산소용과 아세틸렌용의 혼동을 방지하기 위한 조치**를 할 것
⑤ 아세틸렌 용접장치의 설치장소에는 **적당한 소화설비를 갖출 것**
⑥ 이동식 아세틸렌용접장치의 **발생기는 고온의 장소, 통풍이나 환기가 불충분한 장소 또는 진동이 많은 장소 등에 설치하지 않도록** 할 것

### (9) 아세틸렌 가스의 생성

탄화칼슘 + 물 → 아세틸렌 + 소석회

$CaC_2 + 2H_2O \rightarrow C_2H_2 + Ca(OH)_2$

## 가스집합용접장치

### (1) 화기와의 이격거리 ★

가스집합장치는 **화기를 사용하는 설비로부터 5미터 이상** 떨어진 장소에 설치하여야 한다.

### (2) 가스장치실의 구조

① 가스가 누출된 때에는 당해 **가스가 정체되지 아니하도록 할 것**
② **지붕 및 천장에는 가벼운 불연성의 재료를 사용**할 것
③ **벽에는 불연성의 재료를 사용**할 것

### (3) 가스집합용접장치의 배관 ★

① 플랜지·밸브·콕 등의 **접합부에는 개스킷을 사용**하고 접합면을 상호밀착 시키는 등의 조치를 할 것
② **주관 및 분기관에는 안전기를 설치**할 것(이 경우 **하나의 취관에 대하여 2개 이상의 안전기를 설치**하여야 한다)

### (4) 동의 사용금지

용해아세틸렌의 가스집합용접장치의 배관 및 부속기구는 동 또는 동을 70% 이상 함유한 합금을 사용하여서는 아니 된다.

## (5) 충전가스 용기의 도색 ★

① 산소 → 녹색
② 수소 → 주황색
③ 탄산가스 → 청색
④ 염소 → 갈색
⑤ 아세틸렌 → 황색
⑥ 암모니아 → 백색
⑦ 그 외 가스 → 회색

> **특급암기법**
> 산녹 수주 탄청 염갈 아황 암백

## (6) 가스등의 용기의 취급 시 주의사항 ★

① 가스용기를 **사용·설치·저장 또는 방치하지 않아야 하는 장소**
  - **통풍 또는 환기가 불충분한 장소**
  - **화기를 사용하는 장소 및 그 부근**
  - **위험물 또는 인화성 액체를 취급하는 장소** 및 그 부근
② **용기의 온도를 섭씨 40도 이하로 유지**할 것
③ **전도의 위험이 없도록** 할 것
④ 충격을 가하지 아니하도록 할 것
⑤ **운반할 때에는 캡을 씌울 것**
⑥ 사용할 때에는 용기의 마개에 부착되어 있는 유류 및 먼지를 제거할 것
⑦ **밸브의 개폐는 서서히** 할 것
⑧ 사용 전 또는 사용 중인 용기와 그 외의 용기를 명확히 구별하여 보관할 것
⑨ **용해아세틸렌의 용기는 세워 둘 것**
⑩ 용기의 부식·마모 또는 변형상태를 점검한 후 사용할 것

# 예상문제

**01** 안전난간의 구조를 설명하시오. (4가지)

**정답**
① 상부 난간대 · 중간 난간대 · 발끝막이판 및 난간기둥으로 구성
② 상부 난간대는 바닥면 등으로부터 90센티미터 이상 지점에 설치하고,
  • 상부 난간대를 120센티미터 이하에 설치하는 경우 : 중간 난간대는 상부 난간대와 바닥면 등의 중간에 설치
  • 120센티미터 이상 지점에 설치하는 경우 : 중간 난간대를 2단 이상으로 설치, 난간의 상하 간격은 60센티미터 이하가 되도록 할 것(다만, 난간기둥 간의 간격이 25센티미터 이하인 경우에는 중간 난간대를 설치하지 않을 수 있다.)
③ 발끝막이판 : 바닥면으로부터 10센티미터 이상의 높이 유지
④ 난간기둥 : 상부 난간대와 중간 난간대를 견고하게 떠받칠 수 있도록 적정간격 유지
⑤ 상부 난간대와 중간 난간대는 바닥면과 평행을 유지할 것
⑥ 난간대 : 지름 2.7센티미터 이상의 금속제파이프 사용
⑦ 안전난간은 100킬로그램 이상의 하중에 견딜 수 있는 튼튼한 구조일 것

## 02 추락방호망의 설치방법을 설명하시오. (3가지)

**정답**
① 가능하면 작업면으로부터 가까운 지점에 설치하여야 하며, 수직거리는 10미터를 초과하지 아니할 것
② 추락방호망은 수평으로 설치하고, 망의 처짐은 짧은 변 길이의 12퍼센트 이상이 되도록 할 것
③ 건축물 등의 바깥쪽으로 설치하는 경우 망의 내민 길이는 벽면으로부터 3미터 이상 되도록 할 것

## 03 추락방호망의 구조를 설명하시오. (3가지)

**정답**
① 소재 : 합성섬유 또는 그 이상의 물리적 성질을 갖는 것이어야 한다.
② 그물코 : 사각 또는 마름모로서 그 크기는 10센티미터 이하이어야 한다.
③ 방망의 종류 : 매듭방망으로서 매듭은 원칙적으로 단매듭을 한다.
④ 테두리로프와 방망의 재봉 : 테두리로프는 각 그물코를 관통시키고 서로 중복됨이 없이 재봉사로 결속한다.
⑤ 테두리로프 상호의 접합 : 테두리로프를 중간에서 결속하는 경우는 충분한 강도를 갖도록 한다.
⑥ 달기로프의 결속 : 달기로프는 3회 이상 엮어 묶는 방법 또는 이와 동등 이상의 강도를 갖는 방법으로 테두리로프에 결속하여야 한다.

## 04 방망사의 신품 및 폐기 대상의 인장강도이다. 빈칸을 채우시오.

[방망사의 신품의 인장강도]

| 그물코의 크기 (단위 : 센티미터) | 방망의 종류(단위 : 킬로그램) ||
|---|---|---|
| | 매듭없는 방망 | 매듭방망 |
| 10 | ( ① ) | ( ② ) |
| 5 |  | ( ③ ) |

[방망사의 폐기 시 인장강도]

| 그물코의 크기 (단위 : 센티미터) | 방망의 종류(단위 : 킬로그램) ||
|---|---|---|
| | 매듭없는 방망 | 매듭방망 |
| 10 | ( ④ ) | ( ⑤ ) |
| 5 |  | ( ⑥ ) |

**정답**
① 240kg
② 200kg
③ 110kg
④ 150kg
⑤ 135kg
⑥ 60kg

### 참고

**(1) 안전방망 지지점의 강도**
지지점의 강도는 다음 각 호에 의한 계산값 이상이어야 한다.
① 방망 지지점은 600킬로그램의 외력에 견딜 수 있는 강도를 보유하여야 한다.
② 연속적인 구조물이 방망 지지점인 경우의 외력 계산
$F = 200 \times B$
여기에서 F는 외력(단위 : 킬로그램), B는 지지점 간격(단위 : m)이다.

**(2) 정기시험**
① 방망의 정기시험은 사용개시 후 1년 이내로 하고, 그 후 6개월마다 1회씩 정기적으로 시험용사에 대해서 **등속인장시험**을 하여야 한다.

(3) 방망의 표시 : 방망에는 보기 쉬운 곳에 다음 각 호의 사항을 표시하여야 한다.
   ① 제조자명
   ② 제조연월
   ③ 재봉치수
   ④ 그물코
   ⑤ 신품인 때의 방망의 강도
(4) 사용 제한 : 다음 각호의 1에 해당하는 방망은 사용하지 말아야 한다.
   ① 방망사가 **규정한 강도 이하인 방망**
   ② 인체 또는 이와 동등 이상의 무게를 갖는 **낙하물에 대해 충격을 받은 방망**
   ③ **파손한 부분을 보수하지 않은 방망**
   ④ **강도가 명확하지 않은 방망**

## 05 낙하물방지망 또는 방호선반 설치 시의 준수사항을 쓰시오. (2가지)

**정답**
① 설치높이는 10미터 이내마다 설치하고, 내민길이는 벽면으로부터 2미터 이상으로 할 것
② 수평면과의 각도는 20도 내지 30도를 유지할 것

## 06 낙하 · 비래재해 방지조치를 적으시오. (3가지)

**정답**
① 낙하물방지망 · 수직보호망 또는 방호선반의 설치
② 출입금지구역의 설정
③ 보호구의 착용

## 07 굴착작업 시 위험방지 조치사항(굴착작업 시 토사 등의 붕괴 또는 낙하에 의한 위험방지 조치) 3가지를 적으시오.

**정답**
① 흙막이 지보공의 설치
② 방호망의 설치
③ 근로자의 출입금지 조치

## 08 낙반에 의한 위험방지 조치사항 2가지를 적으시오.

**정답**
① 터널지보공 및 록볼트의 설치
② 부석의 제거

## 09 토사붕괴 재해의 외적요인을 적으시오. (4가지)

**정답**
① 경사 및 구배의 증가
② 절토, 성토 높이의 증가
③ 진동, 반복하중 증가
④ 토사중량의 증가
⑤ 지진, 차량, 구조물의 하중작용

## 10 굴착면의 기울기 기준이다. 다음 표의 빈칸을 채우시오

| 지반의 종류 | 굴착면의 기울기 |
|---|---|
| 모래 | ( ① ) |
| 연암 및 풍화암 | ( ② ) |
| 경암 | ( ③ ) |
| 그 밖의 흙 | ( ④ ) |

**정답**
① 1 : 1.8
② 1 : 1.0
③ 1 : 0.5
④ 1 : 1.2

## 11 흙막이지보공(터널지보공) 설치 후 점검해야 할 사항을 적으시오. (4가지)

**정답**
① 부재의 손상·변형·부식·변위 및 탈락의 유무와 상태
② 버팀대의 긴압의 정도
③ 부재의 접속부·부착부 및 교차부의 상태
④ 침하의 정도

## 12. 터널지보공 설치 시 점검 항목을 적으시오. (4가지)

**정답**
① 부재의 손상·변형·부식·변위 탈락의 유무 및 상태
② 부재의 긴압의 정도
③ 부재의 접속부 및 교차부의 상태
④ 기둥침하의 유무 및 상태

## 13. 잠함 또는 우물통의 내부에서 근로자 굴착작업 시 잠함 또는 우물통의 급격한 침하에 의한 위험을 방지하기 위하여 준수하여야 할 사항을 2가지 적으시오.

**정답**
① 굴착방법 및 재하량 등을 정할 것
② 바닥으로부터 천장 또는 보까지의 높이는 1.8미터 이상으로 할 것

## 14. 잠함·우물통·수직갱 등의 내부에서 굴착작업을 하는 때 준수해야 할 사항을 적으시오. (3가지)

**정답**
① 산소농도 측정하는 자를 지명하여 측정하도록 할 것
② 안전하게 승강하기 위한 설비를 설치할 것
③ 굴착깊이가 20미터를 초과하는 때에는 통신설비 등을 설치할 것
④ 굴착깊이가 20미터를 초과하는 때에는 송기를 위한 설비를 설치

## 15 가연성가스를 조기에 파악할 목적으로 설치하는 장치명과 작업시작 전 점검항목을 적으시오.

**정답**
(1) 장치명 : 자동경보장치
(2) 작업시작 전 점검항목
   ① 계기의 이상유무
   ② 검지부의 이상유무
   ③ 경보장치의 작동상태

## 16 누전차단기를 설치하여야 하는 기계 · 기구 3가지를 쓰시오.

**정답**
① 대지전압이 150볼트를 초과하는 이동형 또는 휴대형 전기기계 · 기구
② 물 등 도전성이 높은 액체가 있는 습윤장소에서 사용하는 저압용 전기기계 · 기구
③ 철판 · 철골 위 등 도전성이 높은 장소에서 사용하는 이동형 또는 휴대형 전기기계 · 기구
④ 임시배선의 전로가 설치되는 장소에서 사용하는 이동형 또는 휴대형 전기기계 · 기구

**참고**

[꽂음접속기의 설치 · 사용 시의 준수사항]

① 서로 다른 전압의 꽂음 접속기는 서로 접속되지 아니한 구조의 것을 사용할 것
② 습윤한 장소에 사용되는 꽂음 접속기는 방수형 등 그 장소에 적합한 것을 사용할 것
③ 근로자가 해당 꽂음 접속기를 접속시킬 경우 땀 등으로 젖은 손으로 취급하지 않도록 할 것
④ 해당 꽂음 접속기에 잠금장치가 있는 때에는 접속 후 잠그고 사용할 것

## 17. 충전전로에서의 전기작업(활선작업)시의 조치사항 5가지를 쓰시오.

**정답**
① 충전전로를 정전시키는 경우에는 정전작업 시 전로차단 절차에 따른 조치를 할 것
② 충전전로를 방호, 차폐하거나 절연 등의 조치를 하는 경우에는 근로자의 신체가 전로와 직접 접촉하거나 도전재료, 공구 또는 기기를 통하여 간접 접촉되지 않도록 할 것
③ 충전전로를 취급하는 근로자에게 그 작업에 적합한 절연용 보호구를 착용시킬 것
④ 충전전로에 근접한 장소에서 전기작업을 하는 경우에는 해당 전압에 적합한 절연용 방호구를 설치할 것
⑤ 고압 및 특별고압의 전로에서 전기작업을 하는 근로자에게 활선작업용 기구 및 장치를 사용하도록 할 것
⑥ 근로자가 절연용 방호구의 설치·해체작업을 하는 경우에는 절연용 보호구를 착용하거나 활선작업용 기구 및 장치를 사용하도록 할 것
⑦ 유자격자가 아닌 근로자가 충전전로 인근의 높은 곳에서 작업할 때에 근로자의 몸 또는 긴 도전성 물체가 방호되지 않은 충전전로에서 대지전압이 50킬로볼트 이하인 경우에는 300센티미터 이내로, 대지전압이 50킬로볼트를 넘는 경우에는 10킬로볼트당 10센티미터씩 더한 거리 이내로 각각 접근할 수 없도록 할 것
⑧ 유자격자가 충전전로 인근에서 작업하는 경우에는 접근한계거리 이내로 접근하거나 절연 손잡이가 없는 도전체에 접근할 수 없도록 할 것

### 특급암기법
① 절연용 보호구 착용
② 절연용 방호구 설치
③ 활선작업용 기구, 장치 사용
④ 충전전로에 신체가 직·간접 접촉금지
⑤ 접근한계거리 : – 대지전압 50kV 이하 : 300cm 이내
　　　　　　　 – 대지전압 50kV 초과 : 10kV 당 10cm씩 더한 거리 이내 접근금지

**18** 전선로 주변에서 크레인 등의 건설장비로 건설공사 시 우려되는 감전을 방지하기 위한 조치를 적으시오. (충전전로 인근에서의 차량·기계장치 작업 시 감전방지 조치)

정답

① 충전전로 인근에서 차량, 기계장치 등의 작업이 있는 경우에는 **차량 등을 충전전로의 충전부로부터 300센티미터 이상 이격**시켜 유지시키되, 대지전압이 50킬로볼트를 넘는 경우 이격거리는 10킬로볼트 증가할 때마다 10센티미터씩 증가시켜야 한다. 다만, 차량 등의 높이를 낮춘 상태에서 이동하는 경우에는 이격거리를 120센티미터 이상(대지전압이 50킬로볼트를 넘는 경우에는 10킬로볼트 증가할 때마다 이격거리를 10센티미터씩 증가)으로 할 수 있다.
② 충전전로의 전압에 적합한 **절연용 방호구 등을 설치한 경우에는 이격거리를 절연용 방호구 앞면까지**로 할 수 있으며, **차량 등의 가공 붐대의 버킷이나 끝부분 등이** 충전전로의 전압에 적합하게 **절연되어 있고 유자격자가 작업을 수행하는 경우에는** 붐대의 절연되지 않은 부분과 충전전로 간의 **이격거리는 접근 한계거리까지**로 할 수 있다.
③ 근로자가 차량 등의 그 어느 부분과도 접촉하지 않도록 **울타리를 설치하거나 감시인 배치** 등의 조치를 하여야 한다.
④ 충전전로 인근에서 **접지된 차량 등이** 충전전로와 접촉할 우려가 있을 경우에는 지상의 근로자가 접지점에 접촉하지 **않도록 조치**하여야 한다.

> **특급암기법**
> ① 이격거리 : - 충전전로로부터 300cm 이상
>   - 대지전압 50kV 초과 : 10kV 증가 시 마다 10cm씩 증가
> ② 울타리 설치, 감시원 배치
> ③ 근로자가 접지점에 접촉 않도록 조치

## 19. 1차 감전위험요소는 (   ), (   ), (   ), (   )이다.

**정답**
① 통전전류 크기
② 통전시간
③ 통전 경로
④ 전원의 종류

## 20. 전기기계·기구 등의 충전부 방호조치(직접접촉으로 인한 감전 방지조치) 4가지를 쓰시오.

**정답**
① 충전부가 노출되지 아니하도록 폐쇄형 외함이 있는 구조로 할 것
② 충분한 절연효과가 있는 방호망 또는 절연덮개를 설치할 것
③ 충전부는 내구성이 있는 절연물로 완전히 덮어 감쌀 것
④ 발전소·변전소 및 개폐소 등 구획되어 있는 장소로서 관계 근로자가 아닌 사람의 출입이 금지되는 장소에 충전부를 설치하고, 위험표시 등의 방법으로 방호를 강화할 것
⑤ 전주 위 및 철탑 위 등 격리되어 있는 장소로서 관계 근로자가 아닌 사람이 접근할 우려가 없는 장소에 충전부를 설치할 것

## 21 공업용 가스에 대한 용기의 색상을 쓰시오.

① 수소
② 아세틸렌
③ 산소
④ 질소

**정답**
① 수소 : 주황색
② 아세틸렌 : 황색
③ 산소 : 녹색
④ 질소 : 회색

**참고**

[충전가스 용기의 도색]

① 산소 → 녹색
② 수소 → 주황색
③ 탄산가스 → 청색
④ 염소 → 갈색
⑤ 암모니아 → 백색
⑥ 아세틸렌 → 황색
⑦ 그 외 가스 → 회색

## 22 금속의 용접 · 용단 또는 가열에 사용되는 가스용기 취급 시의 준수사항 4가지를 쓰시오.

**정답**
① 용기의 온도를 섭씨 40도 이하로 유지할 것
② 전도의 위험이 없도록 할 것
③ 충격을 가하지 아니하도록 할 것
④ 운반할 때에는 캡을 씌울 것
⑤ 밸브의 개폐는 서서히 할 것
⑥ 사용 전 또는 사용 중인 용기와 그 외의 용기를 구별하여 보관할 것
⑦ 용해 아세틸렌의 용기는 세워둘 것

**23** 산업안전보건법상 다음 기계·기구에 대하여 설치하여야 할 방호장치를 쓰시오. ★

[보기]
① 아세틸렌 용접장치　② 교류아크 용접기 ★　③ 동력식 수동대패
④ 목재가공용 둥근톱 ★　⑤ 연삭기(직경 5cm 이상인 것)　⑥ 컨베이어

**정답**
① 안전기
② 자동 전격 방지기
③ 칼날 접촉 예방장치
④ 날접촉 예방장치, 반발 예방장치
⑤ 덮개
⑥ 이탈 등의 방지장치, 비상정지장치, 덮개·울

**참고**

[목재가공용 둥근톱의 방호장치 중 반발 예방장치의 종류]
① 분할날
② 반발방지롤러
③ 반발방지기구

# 안전기준

**CHAPTER 01** 건설안전 관련법규

**CHAPTER 02** 안전기준 및 기술지침 적용

# CHAPTER 01 건설안전 관련법규

## 건설업 등의 산업재해 예방

### (1) 건설공사발주자의 산업재해 예방 조치 ★

① 총 공사금액이 50억 원 이상인 건설공사발주자는 산업재해 예방을 위하여 건설공사의 계획, 설계 및 시공 단계에서 다음 각 호의 구분에 따른 조치를 하여야 한다.

| 건설공사 계획단계 | 해당 건설공사에서 중점적으로 관리하여야 할 유해·위험요인과 이의 감소방안을 포함한 기본 안전보건대장을 작성할 것 |
|---|---|
| 건설공사 설계단계 | 기본안전보건대장을 설계자에게 제공하고, 설계자로 하여금 유해·위험요인의 감소방안을 포함한 설계안전보건대장을 작성하게 하고 이를 확인할 것 |
| 건설공사 시공단계 | 건설공사발주자로부터 건설공사를 최초로 도급받은 수급인에게 설계안전보건대장을 제공하고, 그 수급인에게 이를 반영하여 안전한 작업을 위한 공사안전보건대장을 작성하게 하고 그 이행 여부를 확인할 것 |

② 공사 안전보건 대장에 포함하여 이행여부를 확인해야 할 사항
- 설계 안전보건 대장의 **위험성평가** 내용이 반영된 공사 중 안전보건 조치 이행계획
- 유해위험방지계획서의 심사 및 확인 결과에 대한 조치내용
- 산업안전보건관리비의 사용계획 및 사용내역
- 건설공사의 **산업재해 예방 지도를 위한 계약 여부, 지도 결과 및 조치내용**

② 건설공사발주자는 안전보건 분야의 전문가에게 대장에 기재된 내용의 적정성 등을 확인받아야 한다.

| 대장에 기재된 내용의 적정성을 확인할 수 있는 안전보건 전문가 |
|---|
| 1. 건설안전 분야의 산업안전지도사 자격을 가진 사람 |
| 2. 건설안전기술사 자격을 가진 사람 |
| 3. 건설안전기사 자격을 취득한 후 건설안전 분야에서 3년 이상의 실무경력이 있는 사람 |
| 4. 건설안전산업기사 자격을 취득한 후 건설안전 분야에서 5년 이상의 실무경력이 있는 사람 |

### (2) 공사기간 단축 및 공법변경 금지

① **건설공사발주자 또는 건설공사도급인**(건설공사발주자로부터 해당 건설공사를 최초로 도급받은 수급인 또는 건설공사의 시공을 주도하여 총괄·관리하는 자)은 **설계도서 등에 따라 산정된 공사기간을 단축해서는 아니 된다.**
② **건설공사발주자 또는 건설공사도급인**은 공사비를 줄이기 위하여 위험성이 있는 공법을 사용하거나 **정당한 사유 없이 정해진 공법을 변경해서는 아니 된다.**

### (3) 건설공사 기간의 연장

① **건설공사발주자는 다음 각 호의 어느 하나에 해당하는 사유로** 건설공사가 지연되어 해당 건설공사 **도급인이 산업재해 예방을 위하여 공사기간의 연장을 요청하는 경우**에는 특별한 사유가 없으면 **공사기간을 연장하여야 한다.**

| 도급인이 공사기간의 연장을 요청하는 경우 발주자가 공사기간을 연장하여야 하는 경우 |
|---|
| ① 태풍·홍수 등 악천후, 전쟁·사변, 지진, 화재, 전염병, 폭동, 그밖에 계약 당사자가 통제할 수 없는 사태의 발생 등 불가항력의 사유가 있는 경우 |
| ② 건설공사발주자에게 책임이 있는 사유로 착공이 지연되거나 시공이 중단된 경우 |

### (4) 설계변경의 요청

① 건설공사 도급인은 해당 건설공사 중에 대통령령으로 정하는 **가설구조물의 붕괴 등으로 산업재해가 발생할 위험이 있다고 판단**되면 건축·토목 분야의 전문가 등 대통령령으로 정하는 **전문가의 의견을 들어 건설공사발주자에게 해당 건설공사의 설계변경을 요청할 수 있다.** 다만, 건설공사발주자가 설계를 포함하여 발주한 경우는 그러하지 아니하다.
② 고용노동부장관으로부터 **공사중지 또는 유해위험방지계획서의 변경 명령을 받은** 건설공사 도급인은 설계변경이 필요한 경우 건설공사 **발주자에게 설계변경을 요청할 수 있다.**
③ 건설공사의 관계수급인은 건설공사 중에 **가설구조물의 붕괴 등으로 산업재해가 발생할 위험이 있다고 판단**되면 전문가의 의견을 들어 건설공사 **도급인에게** 해당 건설공사의 설계변경을 요청할 수 있다. 이 경우 건설공사 도급인은 그 요청받은 내용이 기술적으로 적용이 불가능한 명백한 경우가 아니면 이를 반영하여 해당 건설공사의 설계를 변경하거나 건설공사 발주자에게 설계변경을 요청하여야 한다.
④ **설계변경 요청을 받은** 건설공사 **발주자는** 그 요청받은 내용이 **기술적으로 적용이 불가능한 명백한 경우가 아니면 이를 반영하여 설계를 변경하여야 한다.**

| 산업재해가 발생할 위험이 있다고 판단되어 설계변경을 요청할 수 있는 경우 ★★ |
|---|
| ① 높이 31미터 이상인 비계<br>② 작업발판 일체형 거푸집 또는 높이 5미터 이상인 거푸집 동바리<br>③ 터널의 지보공 또는 높이 2미터 이상인 흙막이 지보공<br>④ 동력을 이용하여 움직이는 가설구조물 |

### (5) 건설공사의 산업재해 예방 지도

대통령령으로 정하는 **건설공사 도급인**은 해당 건설공사를 하는 동안에 건설재해예방전문지도기관에서 건설산업재해 예방을 위한 지도를 받아야 한다.

### (6) 기계 · 기구 등에 대한 건설공사도급인의 안전조치

**건설공사 도급인**은 자신의 사업장에서 **타워크레인** 등 대통령령으로 정하는 기계 · 기구 또는 설비 등이 설치되어 있거나 작동하고 있는 경우 또는 이를 설치 · 해체 · 조립하는 등의 작업이 이루어지고 있는 경우에는 필요한 안전조치 및 보건조치를 하여야 한다.

| 설치 · 해체 · 조립하는 등의 작업을 하는 경우<br>건설공사 도급인이 안전보건조치를 하여야 하는 기계 · 기구 ★ |
|---|
| 1. 타워크레인<br>2. 건설용 리프트<br>3. **항타기**(해머나 동력을 사용하여 말뚝을 박는 기계) 및 **항발기**(박힌 말뚝을 빼내는 기계) |

> **Reference**
>
> ● 타워크레인, 건설용 리프트, 항타기 등을 설치 · 해체 · 조립하는 등의 작업을 하는 경우 실시 · 확인 또는 조치해야 하는 사항
> 1. **작업시작 전** 기계 · 기구 등을 소유 또는 대여하는 자와 합동으로 안전점검 실시
> 2. 작업을 수행하는 **사업주의 작업계획서 작성 및 이행여부 확인**(영 제66조제1호 및 제3호에 한정한다)
> 3. **작업자가 법에서 정한 자격 · 면허 · 경험 또는 기능을 가지고 있는지 여부 확인**(영 제66조제1호 및 제3호에 한정한다)
> 4. 그 밖에 해당 기계 · 기구 또는 설비 등에 대하여 안전보건규칙에서 정하고 있는 안전보건 조치
> 5. 기계 · 기구 등의 결함, 작업방법과 절차 미준수, 강풍 등 이상 환경으로 인하여 **작업수행 시 현저한 위험이 예상되는 경우 작업 중지 조치**

### (7) 안전조치

① 사업주는 굴착, 채석, 하역, 벌목, 운송, 조작, 운반, 해체, 중량물취급, 그 밖의 작업을 할 때 **불량한 작업방법 등에 의한 위험으로 인한 산업재해를 예방하기 위하여 필요한 조치**를 하여야 한다.

② 사업주는 근로자가 다음 각 호의 **어느 하나에 해당하는 장소에서 작업을 할 때 발생할 수 있는 산업재해를 예방하기 위하여 필요한 조치**를 하여야 한다. ★
- 근로자가 **추락할 위험**이 있는 장소
- 토사·구축물 등이 **붕괴할 우려**가 있는 장소
- **물체가 떨어지거나 날아올 위험**이 있는 장소
- **천재지변으로 인한 위험**이 발생할 우려가 있는 장소

## 산업안전보건관리비 계상 및 사용

### (1) 산업안전보건관리비

건설사업장과 본사 안전전담부서에서 산업재해의 예방을 위하여 법령에 규정된 사항의 이행에 필요한 비용을 말한다.

### (2) 적용범위 ★★

산업안전보건법 제2조 제11호의 **건설공사 중 총 공사금액 2천만 원 이상인 공사에 적용**한다. 다만, 단가계약에 의하여 행하는 공사에 대하여는 총 계약금액을 기준으로 적용한다.

### (3) 산업안전보건관리비의 사용

① 건설공사도급인은 도급금액 또는 사업비에 계상(計上)된 산업안전보건관리비의 범위에서 그의 관계수급인에게 해당 사업의 위험도를 고려하여 적정하게 산업안전보건관리비를 지급하여 사용하게 할 수 있다.

② 건설공사도급인은 산업안전보건관리비를 사용하는 해당 **건설공사의 금액이 4천만원 이상인 때에는** 고용노동부장관이 정하는 바에 따라 **매월**(건설공사가 1개월 이내에 종료되는 사업의 경우에는 해당 건설공사가 끝나는 날이 속하는 달) **사용명세서를 작성**하고, **건설공사 종료 후 1년 동안 보존**해야 한다. ★

③ 도급을 받은 수급인 또는 자체사업을 하는 자 중 **공사금액 1억 원 이상 120억 원(토목공사업에 속하는 공사는 150억 원) 미만인 공사를 하는 자와 건축허가의 대상이 되는 공사를 하는 자가 산업안전보건관리비를 사용하려는 경우에는** 미리 그 사용방법, 재해예방 조치 등에 관하여 **"재해예방 전문지도기관"의 지도를 받아야 한다.** 다만, 다음 각 호의 어느 하나에 해당하는 공사를 하는 자는 제외한다. ★

> **산업안전보건관리비 사용 시 재해예방 전문지도기관의 지도를 받지 않아도 되는 공사** ★★
> - 공사기간이 1개월 미만인 공사
> - 육지와 연결되지 아니한 섬지역(제주특별자치도는 제외)에서 이루어지는 공사
> - 사업주가 안전관리자의 자격을 가진 사람을 선임(같은 광역 자치단체의 지역 내에서 같은 사업주가 경영하는 셋 이하의 공사에 대하여 공동으로 안전관리자 자격을 가진 사람 1명을 선임한 경우를 포함)하여 안전관리자의 업무만을 전담하도록 하는 공사
> - 유해·위험방지계획서를 제출하여야 하는 공사

④ 수급인 또는 자기공사자는 **안전관리비 사용내역에 대하여 공사 시작 후 6개월마다 1회 이상 발주자 또는 감리원의 확인**을 받아야 한다. 다만, **6개월 이내에 공사가 종료되는 경우에는 종료 시 확인**을 받아야 한다. ★

### (4) 산업안전보건관리비 계상기준 ★★

① 건설공사발주자가 도급계약 체결을 위한 원가계산에 의한 예정가격을 작성하거나, 자기공사자가 건설공사 사업 계획을 수립할 때에는 산업안전보건관리비를 계상하여야 한다. 다만, **발주자가 재료를 제공하거나 일부 물품이 완제품의 형태로 제작·납품되는 경우에는 해당 재료비 또는 완제품 가액을 대상액에 포함하여 산출한 산업안전보건관리비와 해당 재료비 또는 완제품 가액을 대상액에서 제외하고 산출한 산업안전보건관리비의 1.2배에 해당하는 값을 비교하여 그 중 작은 값 이상의 금액으로 계상**한다.

> ① 발주자의 재료비 포함 산업안전보건관리비
> ② 발주자의 재료비 제외한 산업안전보건관리비×1.2
> ①, ② 중 작은 값 이상으로 한다.

② 발주자는 계상한 산업안전보건관리비를 입찰공고 등을 통해 입찰에 참가하려는 자에게 알려야 한다.

### 산업안전보건관리비의 계상

1. **대상액이 5억 원 미만 또는 50억 원 이상**
   산업안전보건관리비 = 대상액(재료비 + 직접 노무비) × 비율

2. **대상액이 5억 원 이상 50억 원 미만**
   산업안전보건관리비 = 대상액(재료비 + 직접 노무비) × 비율 + 기초액(C)

3. **대상액이 명확하지 않은 경우** : 도급계약 또는 자체사업계획상 책정된 총 공사금액의 10분의 7에 해당하는 금액을 대상액으로 하고 제1호 및 제2호에서 정한 기준에 따라 계상

[별표 1] 공사종류 및 규모별 산업안전보건관리비 계상기준표

| 구 분<br>공사 종류 | 대상액 5억 원 미만인 경우 적용비율(%) | 대상액 5억 원 이상 50억 원 미만인 경우 적용비율(%) | 기초액 | 대상액 50억 원 이상인 경우 적용비율(%) | 보건관리자 선임 대상 건설공사의 적용비율(%) |
|---|---|---|---|---|---|
| 건축공사 | 3.11(%) | 2.28(%) | 4,325천원 | 2.37(%) | 2.64(%) |
| 토목공사 | 3.15(%) | 2.53(%) | 3,300천원 | 2.60(%) | 2.73(%) |
| 중건설공사 | 3.64(%) | 3.05(%) | 2,975천원 | 3.11(%) | 3.39(%) |
| 특수건설공사 | 2.07(%) | 1.59(%) | 2,450천원 | 1.64(%) | 1.78(%) |

③ 발주자와 건설공사도급인 중 자기공사자를 제외하고 발주자로부터 해당 건설공사를 최초로 도급받은 수급인(도급인)은 공사계약을 체결할 경우 계상된 산업안전보건관리비를 공사도급계약서에 별도로 표시하여야 한다.

④ **하나의 사업장 내에 건설공사 종류가 둘 이상인 경우**에는 **공사금액이 가장 큰 공사 종류를 적용**한다.

⑤ 발주자 또는 자기공사자는 **설계변경 등으로 대상액의 변동이 있는 경우 지체 없이 산업안전보건관리비를 조정 계상**하여야 한다. 다만, 설계변경으로 **공사금액이 800억 원 이상으로 증액된 경우**에는 **증액된 대상액을 기준으로 재 계상**한다.

[별표 2] 공사진척에 따른 산업안전보건관리비 사용기준 ★

| 공정률 | 50퍼센트 이상<br>70퍼센트 미만 | 70퍼센트 이상<br>90퍼센트 미만 | 90퍼센트 이상 |
|---|---|---|---|
| 사용기준 | 50퍼센트 이상 | 70퍼센트 이상 | 90퍼센트 이상 |

※ 공정률은 기성공정률을 기준으로 한다.

## 산업안전보건관리비의 항목별 사용내역 및 기준

### (1) 산업안전보건관리비의 사용 내역 ★★

① 안전·보건관리자 임금 등
② 안전시설비 등
③ 보호구 등
④ 안전보건진단비 등
⑤ 안전보건교육비 등
⑥ 근로자 건강장해예방비 등
⑦ 건설재해예방전문지도기관 기술지도비
⑧ 본사 전담조직 근로자 임금 등
⑨ 위험성평가 등에 따른 소요비용

### (2) 산업안전보건관리비의 세부 사용 항목 ★★

| 구분 | 내용 |
|---|---|
| 1. 안전관리자·보건관리자의 임금 등 | ① 안전관리 또는 보건관리 업무만을 전담하는 안전관리자 또는 보건관리자의 임금과 출장비 전액<br>② 안전관리 또는 보건관리 업무를 전담하지 않는 안전관리자 또는 보건관리자의 임금과 출장비의 각각 2분의 1에 해당하는 비용<br>③ 안전관리자를 선임한 건설공사 현장에서 산업재해 예방 업무만을 수행하는 작업지휘자, 유도자, 신호자 등의 임금 전액<br>④ 작업을 직접 지휘·감독하는 직·조·반장 등 관리감독자의 직위에 있는 자가 업무를 수행하는 경우에 지급하는 업무수당(임금의 10분의 1 이내) |
| 2. 안전시설비 등 | ① 산업재해 예방을 위한 안전난간, 추락방호망, 안전대 부착설비, 방호장치(기계·기구와 방호장치가 일체로 제작된 경우, 방호장치 부분의 가액에 한함) 등 안전시설의 구입·임대 및 설치를 위해 소요되는 비용<br>② 스마트 안전장비 구입·임대 비용의 10분의 7에 해당하는 비용(2025년 1월 1일~12월 31일까지 적용, 2016년 1월 1일부터는 "스마트 안전장비 구입·임대 비용"). 다만, 계상된 산업안전보건관리비 총액의 10분의 1을 초과할 수 없다.<br>③ 용접 작업 등 화재 위험작업 시 사용하는 소화기의 구입·임대비용 |
| 3. 보호구 등 | ① 보호구의 구입·수리·관리 등에 소요되는 비용<br>② 근로자가 보호구를 직접 구매·사용하여 합리적인 범위 내에서 보전하는 비용 |

| 항목 | 내용 |
|---|---|
| 3. 보호구 등 | ③ 안전관리자 등의 업무용 피복, 기기 등을 구입하기 위한 비용<br>④ 안전관리자 및 보건관리자가 안전보건 점검 등을 목적으로 건설공사 현장에서 사용하는 차량의 유류비·수리비·보험료 |
| 4. 안전보건진단비 등 | ① 유해위험방지계획서의 작성 등에 소요되는 비용<br>② 안전보건진단에 소요되는 비용<br>③ 작업환경 측정에 소요되는 비용<br>④ 그 밖에 산업재해예방을 위해 법에서 지정한 전문기관 등에서 실시하는 진단, 검사, 지도 등에 소요되는 비용 |
| 5. 안전보건교육비 등 | ① 의무교육이나 이에 준하여 실시하는 교육을 위해 건설공사 현장의 교육장소 설치·운영 등에 소요되는 비용<br>② 산업재해 예방 목적을 가진 다른 법령상 의무교육을 실시하기 위해 소요되는 비용<br>③ 「응급의료에 관한 법률」에 따른 안전보건교육 대상자 등에게 구조 및 응급처치에 관한 교육을 실시하기 위해 소요되는 비용<br>④ 안전보건관리책임자, 안전관리자, 보건관리자가 업무수행을 위해 필요한 정보를 취득하기 위한 목적으로 도서, 정기간행물을 구입하는 데 소요되는 비용<br>⑤ 건설공사 현장에서 안전기원제 등 산업재해 예방을 기원하는 행사를 개최하기 위해 소요되는 비용. 다만, 행사의 방법, 소요된 비용 등을 고려하여 사회통념에 적합한 행사에 한한다.<br>⑥ 건설공사 현장의 유해·위험요인을 제보하거나 개선방안을 제안한 근로자를 격려하기 위해 지급하는 비용 |
| 6. 근로자 건강장해예방비 등 | ① 법·영·규칙에서 규정하거나 그에 준하여 필요로 하는 각종 근로자의 건강장해 예방에 필요한 비용<br>② 중대재해 목격으로 발생한 정신질환을 치료하기 위해 소요되는 비용<br>③ 「감염병의 예방 및 관리에 관한 법률」에 따른 감염병의 확산 방지를 위한 마스크, 손소독제, 체온계 구입비용 및 감염병병원체 검사를 위해 소요되는 비용<br>④ 휴게시설을 갖춘 경우 온도, 조명 설치·관리기준을 준수하기 위해 소요되는 비용<br>⑤ 건설공사 현장에서 근로자 심폐소생을 위해 사용되는 자동심장충격기(AED) 구입에 소요되는 비용 |

7. 건설재해예방전문지도기관의 지도에 대한 대가로 자기공사자가 지급하는 비용

8. 「중대재해 처벌 등에 관한 법률」에 해당하는 건설사업자가 아닌 자가 운영하는 사업에서 안전보건 업무를 총괄·관리하는 3명 이상으로 구성된 본사 전담조직에 소속된 근로자의 임금 및 업무수행 출장비 전액. 다만, 산업안전보건관리비 총액의 20분의 1을 초과할 수 없다.

9. 위험성평가 또는 유해·위험요인 개선을 위해 필요하다고 판단하여 산업안전보건위원회 또는 노사협의체에서 사용하기로 결정한 사항을 이행하기 위한 비용. 계상된 산업안전보건관리비 총액의 10분의 1을 초과할 수 없다.

(3) 도급인 및 자기공사자는 다음 각 호의 어느 하나에 해당하는 경우에는 산업안전보건관리비를 사용할 수 없다.

> **산업안전보건관리비를 사용할 수 없는 경우** ★
> ① 「(계약예규)예정가격작성기준」 중 "경비"에 해당되는 비용(단, 산업안전보건관리비 제외)
> ② 다른 법령에서 의무사항으로 규정한 사항을 이행하는 데 필요한 비용
> ③ 근로자 재해예방 외의 목적이 있는 시설·장비나 물건 등을 사용하기 위해 소요되는 비용
> ④ 환경관리, 민원 또는 수방대비 등 다른 목적이 포함된 경우

(4) 사용내역의 확인

① **도급인은 산업안전보건관리비 사용내역에 대하여 공사 시작 후 6개월마다 1회 이상 발주자 또는 감리자의 확인을 받아야 한다.** 다만, 6개월 이내에 공사가 종료되는 경우에는 종료 시 확인을 받아야 한다. ★
② 발주자, 감리자 및 관계 근로감독관은 산업안전보건관리비 사용내역을 수시 확인할 수 있으며, 도급인 또는 자기공사자는 이에 따라야 한다.
③ 발주자 또는 감리자는 산업안전보건관리비 사용내역 확인 시 기술지도 계약 체결, 기술지도 실시 및 개선 여부 등을 확인하여야 한다.

(5) 실행예산의 작성 및 집행

① **공사금액 4천만 원 이상의 도급인 및 자기공사자는** 공사실행예산을 작성하는 경우에 해당 공사에 사용하여야 할 **산업안전보건관리비의 실행예산을 계상된 산업안전보건관리비 총액 이상으로 별도 편성**해야 하며, 이에 따라 산업안전보건관리비를 사용하고 산업안전보건관리비 사용내역서를 작성하여 해당 공사현장에 갖추어 두어야 한다. ★
② 도급인 및 자기공사자는 산업안전보건관리비 실행예산을 작성하고 집행하는 경우에 선임된 해당 사업장의 안전관리자가 참여하도록 하여야 한다.

> **Reference**

◎ **산업안전보건관리비에서 관리감독자 안전보건업무 수행 시 수당 지급이 가능한 작업**

① 건설용 리프트·곤돌라를 이용한 작업
② 콘크리트 파쇄기를 사용하여 행하는 파쇄작업(2미터 이상인 구축물 파쇄에 한정한다)
③ 굴착 깊이가 2미터 이상인 지반의 굴착작업
④ 흙막이지보공의 보강, 동바리 설치 또는 해체작업
⑤ 터널 안에서의 굴착작업, 터널거푸집의 조립 또는 콘크리트 작업
⑥ 굴착면의 깊이가 2미터 이상인 암석 굴착 작업
⑦ 거푸집지보공의 조립 또는 해체작업
⑧ 비계의 조립, 해체 또는 변경작업
⑨ 건축물의 골조, 교량의 상부구조 또는 탑의 금속제의 부재에 의하여 구성되는 것(5미터 이상에 한정한다)의 조립, 해체 또는 변경작업
⑩ 콘크리트 공작물(높이 2미터 이상에 한정한다)의 해체 또는 파괴 작업
⑪ 전압이 75볼트 이상인 정전 및 활선작업
⑫ 맨홀작업, 산소결핍장소에서의 작업
⑬ 도로에 인접하여 관로, 케이블 등을 매설하거나 철거하는 작업
⑭ 전주 또는 통신주에서의 케이블 공중가설작업

## 사전조사 및 작업계획서

**(1) 사전조사 및 작업계획서의 작성 대상작업** ★★

① 타워크레인을 설치·조립·해체하는 작업
② 차량계 하역운반기계 등을 사용하는 작업(화물자동차를 사용하는 도로상의 주행작업은 제외)
③ 차량계 건설기계를 사용하는 작업
④ 화학설비와 그 부속설비를 사용하는 작업
⑤ 전기작업(해당 전압이 50볼트를 넘거나 전기에너지가 250볼트암페어를 넘는 경우로 한정)
⑥ 굴착면의 높이가 2미터 이상이 되는 지반의 굴착작업
⑦ 터널굴착작업
⑧ 교량(상부구조가 금속 또는 콘크리트로 구성되는 교량으로서 그 **높이가 5미터 이상**이거나 교량의 최대 지간 길이가 30미터 이상인 교량으로 한정)의 설치·해체 또는 변경작업
⑨ 채석작업
⑩ 구축물, 건축물, 그 밖의 **시설물 등의 해체작업**
⑪ 중량물의 취급작업
⑫ 궤도나 그 밖의 관련 설비의 보수·점검작업
⑬ 열차의 교환·연결 또는 분리 작업(입환작업)

**(2) 사전조사 및 작업계획서 내용** ★★

| 작업명 | 사전조사 내용 | 작업계획서 내용 |
|---|---|---|
| 1. 타워크레인을 설치·조립·해체하는 작업 | – | ★★<br>가. 타워크레인의 종류 및 형식<br>나. 설치·조립 및 해체순서<br>다. 작업도구·장비·가설설비(假設設備) 및 방호설비<br>라. 작업인원의 구성 및 작업근로자의 역할 범위<br>마. 타워크레인의 지지 방법 |

| 작업명 | 사전조사 내용 | 작업계획서 내용 |
|---|---|---|
| 2. 차량계 하역운반기계 등을 사용하는 작업 | – | 가. 해당 작업에 따른 추락·낙하·전도·협착 및 붕괴 등의 위험 예방대책<br>나. 차량계 하역운반기계 등의 운행경로 및 작업방법 |
| 3. 차량계 건설기계를 사용하는 작업 | 해당 기계의 굴러 떨어짐, 지반의 붕괴 등으로 인한 근로자의 위험을 방지하기 위한 해당 작업장소의 지형 및 지반상태 | ★★<br>가. 사용하는 차량계 건설기계의 종류 및 성능<br>나. 차량계 건설기계의 운행경로<br>다. 차량계 건설기계에 의한 작업방법 |
| 4. 화학설비와 그 부속설비 사용작업 | – | 가. 밸브·콕 등의 조작(해당 화학설비에 원재료를 공급하거나 해당 화학설비에서 제품 등을 꺼내는 경우만 해당한다)<br>나. 냉각장치·가열장치·교반장치(攪拌裝置) 및 압축장치의 조작<br>다. 계측장치 및 제어장치의 감시 및 조정<br>라. 안전밸브, 긴급차단장치, 그 밖의 방호장치 및 자동경보장치의 조정<br>마. 덮개판·플랜지(flange)·밸브·콕 등의 접합부에서 위험물 등의 누출 여부에 대한 점검<br>바. 시료의 채취<br>사. 화학설비에서는 그 운전이 일시적 또는 부분적으로 중단된 경우의 작업방법 또는 운전 재개시의 작업방법<br>아. 이상 상태가 발생한 경우의 응급조치<br>자. 위험물 누출 시의 조치<br>차. 그 밖에 폭발·화재를 방지하기 위하여 필요한 조치 |
| 5. 전기작업 | – | 가. 전기작업의 목적 및 내용<br>나. 전기작업 근로자의 자격 및 적정 인원<br>다. 작업 범위, 작업책임자 임명, 전격·아크 섬광·아크 폭발 등 전기위험 요인 파악, 접근한계거리, 활선접근 경보장치 휴대 등 작업시작 전에 필요한 사항<br>라. 전로차단에 관한 작업계획 및 전원(電源) 재투입 절차 등 작업 상황에 필요한 안전 작업요령<br>마. 절연용 보호구 및 방호구, 활선작업용 기구·장치 등의 준비·점검·착용·사용 등에 관한 사항 |

| 작업명 | 사전조사 내용 | 작업계획서 내용 |
|---|---|---|
| 5. 전기작업 | | 바. 점검·시운전을 위한 일시 운전, 작업 중단 등에 관한 사항<br>사. 교대 근무 시 근무 인계(引繼)에 관한 사항<br>아. 전기작업장소에 대한 관계 근로자가 아닌 사람의 출입금지에 관한 사항<br>자. 전기안전작업계획서를 해당 근로자에게 교육할 수 있는 방법과 작성된 전기안전작업계획서의 평가·관리 계획<br>차. 전기 도면, 기기 세부 사항 등 작업과 관련되는 자료 |
| 6. 굴착작업 | ★★<br>가. 형상·지질 및 지층의 상태<br>나. 균열·함수(含水)·용수 및 동결의 유무 또는 상태<br>다. 매설물 등의 유무 또는 상태<br>라. 지반의 지하수위 상태 | ★<br>가. 굴착방법 및 순서, 토사 반출 방법<br>나. 필요한 인원 및 장비 사용계획<br>다. 매설물 등에 대한 이설·보호대책<br>라. 사업장 내 연락방법 및 신호방법<br>마. 흙막이 지보공 설치방법 및 계측계획<br>바. 작업지휘자의 배치계획<br>사. 그 밖에 안전·보건에 관련된 사항 |
| 7. 터널굴착작업 | 보링(boring) 등 적절한 방법으로 낙반·출수(出水) 및 가스폭발 등으로 인한 근로자의 위험을 방지하기 위하여 미리 지형·지질 및 지층 상태를 조사 | ★★<br>가. 굴착의 방법<br>나. 터널지보공 및 복공(覆工)의 시공방법과 용수(湧水)의 처리방법<br>다. 환기 또는 조명시설을 설치할 때에는 그 방법 |
| 8. 교량작업 | - | ★<br>가. 작업 방법 및 순서<br>나. 부재(部材)의 낙하·전도 또는 붕괴를 방지하기 위한 방법<br>다. 작업에 종사하는 근로자의 추락 위험을 방지하기 위한 안전조치 방법<br>라. 공사에 사용되는 가설 철구조물 등의 설치·사용·해체 시 안전성 검토 방법<br>마. 사용하는 기계 등의 종류 및 성능, 작업방법<br>바. 작업지휘자 배치계획<br>사. 그 밖에 안전·보건에 관련된 사항 |

| 작업명 | 사전조사 내용 | 작업계획서 내용 |
|---|---|---|
| 9. 채석작업 | 지반의 붕괴·굴착기계의 굴러 떨어짐 등에 의한 근로자에게 발생할 위험을 방지하기 위한 해당 작업장의 지형·지질 및 지층의 상태 | ★<br>가. 노천굴착과 갱내 굴착의 구별 및 채석방법<br>나. 굴착면의 높이와 기울기<br>다. 굴착면 소단(小段)의 위치와 넓이<br>라. 갱내에서의 낙반 및 붕괴방지 방법<br>마. 발파방법<br>바. 암석의 분할방법<br>사. 암석의 가공장소<br>아. 사용하는 굴착기계·분할기계·적재기계 또는 운반기계의 종류 및 성능<br>자. 토석 또는 암석의 적재 및 운반방법과 운반경로<br>차. 표토 또는 용수(湧水)의 처리방법 |
| 10. 구축물, 건축물, 그 밖의 시설물 등의 해체작업 | 해체건물 등의 구조, 주변 상황 등 | ★★<br>가. 해체의 방법 및 해체 순서도면<br>나. 가설설비·방호설비·환기설비 및 살수·방화설비 등의 방법<br>다. 사업장 내 연락방법<br>라. 해체물의 처분계획<br>마. 해체작업용 기계·기구 등의 작업계획서<br>바. 해체작업용 화약류 등의 사용계획서<br>사. 그 밖에 안전·보건에 관련된 사항 |
| 11. 중량물의 취급 작업 | - | 가. 추락위험을 예방할 수 있는 안전대책<br>나. 낙하위험을 예방할 수 있는 안전대책<br>다. 전도위험을 예방할 수 있는 안전대책<br>라. 협착위험을 예방할 수 있는 안전대책<br>마. 붕괴위험을 예방할 수 있는 안전대책 |
| 12. 궤도와 그 밖의 관련 설비의 보수·점검작업<br>13. 입환작업(入換作業) | - | 가. 적절한 작업 인원<br>나. 작업량<br>다. 작업순서<br>라. 작업방법 및 위험요인에 대한 안전조치방법 등 |

## 유해위험방지계획서를 제출해야 될 건설공사

### (1) 유해위험방지계획서 제출대상 건설공사 ★★★

1. 다음 각 목의 어느 하나에 해당하는 건축물 또는 시설 등의 건설·개조 또는 해체공사
   - 가. **지상높이가 31미터 이상**인 건축물 또는 인공구조물
   - 나. **연면적 3만제곱미터 이상**인 건축물
   - 다. **연면적 5천제곱미터 이상**인 시설로서 다음의 어느 하나에 해당하는 시설
     1) 문화 및 집회시설(전시장 및 동물원·식물원은 제외한다)
     2) 판매시설, 운수시설(고속철도의 역사 및 집배송시설은 제외한다)
     3) 종교시설
     4) 의료시설 중 종합병원
     5) 숙박시설 중 관광숙박시설
     6) 지하도상가
     7) 냉동·냉장 창고시설
2. **연면적 5천제곱미터 이상의 냉동·냉장창고시설의 설비공사 및 단열공사**
3. **최대 지간길이**(다리의 기둥과 기둥의 중심사이의 거리)가 50미터 이상인 교량 건설 등의 공사
4. **터널 건설** 등의 공사
5. **다목적댐**, 발전용 댐, **저수용량 2천만 톤 이상의 용수 전용 댐**, 지방상수도 전용 댐 건설 등의 공사
6. **깊이 10미터 이상인 굴착공사**

> **특급암기법**
> - 지상높이 31m, 연면적 3만m², 사람 많은 시설 연면적 5,000m²
> - 연면적 5,000m² 냉동·냉장창고시설
> - 최대 지간길이가 50미터 이상 교량
> - 터널
> - 저수용량 2천만 톤 이상 댐
> - 10미터 이상인 굴착

### (2) 유해위험방지계획서의 확인사항 ★

1) 사업주는 **건설공사 중 6개월 이내마다** 다음 각 호의 사항에 관하여 **공단의 확인을 받아야 한다.**

   ① 유해·위험방지계획서의 내용과 실제공사 내용이 부합하는지 여부
   ② 유해·위험방지계획서 변경내용의 적정성
   ③ 추가적인 유해·위험요인의 존재 여부

2) 자체심사 및 확인업체의 사업주는 해당 공사 준공 시까지 **6개월 이내마다 자체확인을 하여야 한다.** 다만, 그 공사 중 사망재해가 발생한 경우에는 공단의 확인을 받아야 한다.

3) 유해위험 방지계획서 심사 결과의 구분 ★★

   ① **적정** : 근로자의 **안전과 보건을 위하여 필요한 조치가 구체적으로 확보되었다고 인정**되는 경우
   ② **조건부 적정** : 근로자의 **안전과 보건을 확보하기 위하여 일부 개선이 필요하다고 인정**되는 경우
   ③ **부적정** : 기계·설비 또는 건설물이 심사기준에 위반되어 **공사착공 시 중대한 위험발생의 우려**가 있거나 **계획에 근본적 결함이 있다고 인정**되는 경우

### (3) 유해위험방지계획서 제출 시 첨부서류 ★

사업주가 **건설공사**에 해당하는 유해·위험방지계획서를 제출하려면 건설공사 유해·위험방지계획서에 다음 각 호 서류를 첨부하여 **해당 공사의 착공 전날까지 공단에 2부를 제출**하여야 한다.

1) 공사 개요 및 안전보건관리계획

   ① 공사 개요서
   ② 공사현장의 주변 현황 및 주변과의 관계를 나타내는 도면(매설물 현황을 포함한다)
   ③ 건설물, 사용 기계설비 등의 배치를 나타내는 도면
   ④ 전체 공정표
   ⑤ 산업안전보건관리비 사용계획
   ⑥ 안전관리 조직표
   ⑦ 재해 발생 위험 시 연락 및 대피방법

2) 작업 공사 종류별 유해·위험방지계획

# 작업지휘자 지정 및 일정 신호방법 결정

## (1) 작업지휘자의 지정 ★

**작업지휘자를 지정하여야 하는 작업**

① 차량계 하역운반기계 등을 사용하는 작업(화물자동차를 사용하는 도로상의 주행작업은 제외)
② 굴착면의 높이가 2미터 이상이 되는 지반의 굴착작업
③ 교량(상부구조가 금속 또는 콘크리트로 구성되는 교량으로서 그 높이가 5미터 이상이거나 교량의 최대 지간 길이가 30미터 이상인 교량으로 한정)의 설치·해체 또는 변경 작업
④ 중량물의 취급작업
⑤ 항타기나 항발기를 조립·해체·변경 또는 이동하여 작업을 하는 경우

## (2) 일정한 신호방법의 결정 ★

**일정한 신호방법을 정하여야 하는 작업**

① **양중기**(揚重機)를 사용하는 작업
② **차량계 하역운반기계**의 유도자를 배치하는 작업
③ **차량계 건설기계**의 유도자를 배치하는 작업
④ **항타기 또는 항발기**의 운전작업
⑤ **중량물을 2명 이상의 근로자가 취급**하거나 운반하는 작업
⑥ **양화장치**를 사용하는 작업
⑦ **궤도작업차량**의 유도자를 배치하는 작업
⑧ **입환작업**(入換作業)

> **특급암기법**
> 차량계 하역운반기계, 중량물의 취급작업, 항타기 또는 항발기는 작업지휘자 지정하고, 일정한 신호방법 정하자!!

## (3) 운전위치의 이탈금지 ★

**운전자가 운전위치를 이탈하여서는 안되는 기계**

① 양중기
② **항타기 또는 항발기**(권상장치에 하중을 건 상태)
③ **양화장치**(화물을 적재한 상태)

# 예상문제

## 01 다음 물음에 답하시오.

(1) 총 공사금액이 ( ① ) 이상인 건설공사발주자는 건설공사의 계획, 설계 및 시공 단계에서 산업재해 예방을 위한 조치를 하여야 한다.

(2) 건설공사 계획단계 : 해당 건설공사에서 중점적으로 관리하여야 할 유해·위험요인과 이의 감소방안을 포함한 ( ② )을 작성할 것

(3) 건설공사 설계단계 : ( ② )을 설계자에게 제공하고, 설계자로 하여금 유해·위험요인의 감소방안을 포함한 ( ③ )을 작성하게 하고 이를 확인할 것

(4) 건설공사 시공단계 : 건설공사발주자로부터 건설공사를 최초로 도급받은 수급인에게 ( ③ )을 제공하고, 그 수급인에게 이를 반영하여 안전한 작업을 위한 ( ④ )을 작성하게 하고 그 이행 여부를 확인할 것

**정답**
① 50억 원
② 기본 안전보건 대장
③ 설계 안전보건 대장
④ 공사 안전보건 대장

**02** 설치·해체·조립하는 등의 작업을 하는 경우 건설공사 도급인이 안전보건조치를 하여야 하는 기계·기구 3가지를 적으시오.

**정답**
① 타워크레인
② 건설용 리프트
③ 항타기 및 항발기

**03** 산업재해가 발생할 위험이 있다고 판단되어 설계변경을 요청할 수 있는 경우 3가지를 적으시오.

**정답**
① 높이 31미터 이상인 비계
② 작업발판 일체형 거푸집 또는 높이 5미터 이상인 거푸집 동바리
③ 터널의 지보공 또는 높이 2미터 이상인 흙막이 지보공
④ 동력을 이용하여 움직이는 가설구조물

## 04 건설공사에 사용되는 산업안전보건관리비의 항목을 적으시오.

**정답**
① 안전·보건관리자 임금 등
② 안전시설비 등
③ 보호구 등
④ 안전보건진단비 등
⑤ 안전보건교육비 등
⑥ 근로자 건강장해예방비 등
⑦ 건설재해예방전문지도기관 기술지도비
⑧ 본사 전담조직 근로자 임금 등
⑨ 위험성평가 등에 따른 소요비용

## 05 산업안전보건관리비에 관한 다음 [보기]의 괄호에 적합한 내용을 적으시오.

(1) 산업안전보건관리비의 적용범위
 • 산업안전보건법 제2조 제11호의 건설공사 중 총 공사금액 ( ① ) 이상인 공사에 적용한다. 다만, 단가계약에 의하여 행하는 공사에 대하여는 총 계약금액을 기준으로 적용한다.

(2) 산업안전보건관리비를 사용하려는 경우 미리 그 사용방법, 재해예방 조치 등에 관하여 "재해예방 전문지도기관"의 지도를 받아야 하는 공사
도급을 받은 수급인 또는 자체사업을 하는 자 중 공사금액 ( ② ) 이상 ( ③ )(토목공사업에 속하는 공사는 ( ④ )) 미만인 공사를 하는 자와 건축허가의 대상이 되는 공사

**정답**
① 2천만 원
② 1억 원
③ 120억 원
④ 150억 원

**06** 산업안전보건관리비 사용 시 재해예방 전문 지도기관의 지도를 받지 않아도 되는 공사의 종류 3가지를 적으시오.

**정답**
① 공사기간이 1개월 미만인 공사
② 육지와 연결되지 아니한 섬지역(제주특별자치도는 제외)에서 이루어지는 공사
③ 사업주가 안전관리자의 자격을 가진 사람을 선임하여 안전관리자의 업무만을 전담하도록 하는 공사
④ 유해 · 위험방지계획서를 제출하여야 하는 공사

**07** 다음 산업안전보건관리비 계상기준에 관한 내용 중 괄호에 적합한 내용을 적으시오.

(1) 산업안전보건관리비의 계상
  - 대상액이 5억 원 미만 또는 50억 원 이상
    산업안전보건관리비 = ( ① ) × 비율
  - 대상액이 5억 원 이상 50억 원 미만
    산업안전보건관리비 = ( ② ) × 비율 + ( ③ )

(2) 발주자가 재료를 제공하거나 일부 물품이 완제품의 형태로 제작 · 납품되는 경우에는 해당 재료비 또는 완제품 가액을 대상액에 포함하여 산출한 산업안전보건관리비와 해당 재료비 또는 완제품 가액을 대상액에서 제외하고 산출한 산업안전보건관리비의 ( ④ )배에 해당하는 값을 비교하여 그 중 작은 값 이상의 금액으로 계상한다.

**정답**
① 대상액(재료비 + 직접 노무비)
② 대상액(재료비 + 직접 노무비)
③ 기초액
④ 1.2

**참고**
① 발주자의 재료비 포함 산업안전보건관리비
② 발주자의 재료비 제외한 산업안전보건관리비 × 1.2
①, ② 중 작은 값 이상으로 한다.

## 08 [보기]의 항목 중 산업안전관리비로 사용 가능한 항목을 4가지 골라 번호를 적으시오.

[보기]
① 면장갑 및 코팅장갑의 구입비
② 안전보건 교육장 내 냉·난방 설비 설치비
③ 안전보건 관리자용 안전 순찰차량의 유류비
④ 교통통제를 위한 교통정리자의 인건비
⑤ 외부인 출입금지, 공사장 경계표시를 위한 가설울타리
⑥ 위생 및 긴급 피난용 시설비
⑦ 안전보건교육장의 대지 구입비
⑧ 안전관련 간행물, 잡지 구독비

**정답** ②, ③, ⑥, ⑧

**참고**

### 산업안전보건관리비의 사용 항목

| | |
|---|---|
| 1. 안전관리자·보건관리자의 임금 등 | ① 안전관리 또는 보건관리 업무만을 전담하는 안전관리자 또는 보건관리자의 임금과 출장비 전액<br>② 안전관리 또는 보건관리 업무를 전담하지 않는 안전관리자 또는 보건관리자의 임금과 출장비의 각각 2분의 1에 해당하는 비용<br>③ 안전관리자를 선임한 건설공사 현장에서 산업재해 예방 업무만을 수행하는 작업지휘자, 유도자, 신호자 등의 임금 전액<br>④ 작업을 직접 지휘·감독하는 직·조·반장 등 관리감독자의 직위에 있는 자가 업무를 수행하는 경우에 지급하는 업무수당(임금의 10분의 1 이내) |
| 2. 안전시설비 등 | ① 산업재해 예방을 위한 안전난간, 추락방호망, 안전대 부착설비, 방호장치(기계·기구와 방호장치가 일체로 제작된 경우, 방호장치 부분의 가액에 한함) 등 안전시설의 구입·임대 및 설치를 위해 소요되는 비용<br>② 스마트 안전장비 구입·임대 비용의 10분의 7에 해당하는 비용(2025년 1월 1일~12월 31일까지 적용, 2016년 1월 1일부터는 "스마트 안전장비 구입·임대 비용"). 다만, 계상된 산업안전보건관리비 총액의 10분의 1을 초과할 수 없다.<br>③ 용접 작업 등 화재 위험작업 시 사용하는 소화기의 구입·임대비용 |
| 3. 보호구 등 | ① 보호구의 구입·수리·관리 등에 소요되는 비용<br>② 근로자가 보호구를 직접 구매·사용하여 합리적인 범위 내에서 보전하는 비용<br>③ 안전관리자 등의 업무용 피복, 기기 등을 구입하기 위한 비용<br>④ 안전관리자 및 보건관리자가 안전보건 점검 등을 목적으로 건설공사 현장에서 사용하는 차량의 유류비·수리비·보험료 |

| | |
|---|---|
| 4. 안전보건진단비 등 | ① 유해위험방지계획서의 작성 등에 소요되는 비용<br>② 안전보건진단에 소요되는 비용<br>③ 작업환경 측정에 소요되는 비용<br>④ 그 밖에 산업재해예방을 위해 법에서 지정한 전문기관 등에서 실시하는 진단, 검사, 지도 등에 소요되는 비용 |
| 5. 안전보건교육비 등 | ① 의무교육이나 이에 준하여 실시하는 교육을 위해 건설공사 현장의 교육 장소 설치·운영 등에 소요되는 비용<br>② 산업재해 예방 목적을 가진 다른 법령상 의무교육을 실시하기 위해 소요되는 비용<br>③ 「응급의료에 관한 법률」에 따른 안전보건교육 대상자 등에게 구조 및 응급처치에 관한 교육을 실시하기 위해 소요되는 비용<br>④ 안전보건관리책임자, 안전관리자, 보건관리자가 업무수행을 위해 필요한 정보를 취득하기 위한 목적으로 도서, 정기간행물을 구입하는 데 소요되는 비용<br>⑤ 건설공사 현장에서 안전기원제 등 산업재해 예방을 기원하는 행사를 개최하기 위해 소요되는 비용. 다만, 행사의 방법, 소요된 비용 등을 고려하여 사회통념에 적합한 행사에 한한다.<br>⑥ 건설공사 현장의 유해·위험요인을 제보하거나 개선방안을 제안한 근로자를 격려하기 위해 지급하는 비용 |
| 6. 근로자 건강장해예방비 등 | ① 법·영·규칙에서 규정하거나 그에 준하여 필요로 하는 각종 근로자의 건강장해 예방에 필요한 비용<br>② 중대재해 목격으로 발생한 정신질환을 치료하기 위해 소요되는 비용<br>③ 「감염병의 예방 및 관리에 관한 법률」에 따른 감염병의 확산 방지를 위한 마스크, 손소독제, 체온계 구입비용 및 감염병병원체 검사를 위해 소요되는 비용<br>④ 휴게시설을 갖춘 경우 온도, 조명 설치·관리기준을 준수하기 위해 소요되는 비용<br>⑤ 건설공사 현장에서 근로자 심폐소생을 위해 사용되는 자동심장충격기(AED) 구입에 소요되는 비용 |

7. 건설재해예방전문지도기관의 지도에 대한 대가로 자기공사자가 지급하는 비용
8. 「중대재해 처벌 등에 관한 법률」에 해당하는 건설사업자가 아닌 자가 운영하는 사업에서 안전보건 업무를 총괄·관리하는 3명 이상으로 구성된 본사 전담조직에 소속된 근로자의 임금 및 업무수행 출장비 전액. 다만, 산업안전보건관리비 총액의 20분의 1을 초과할 수 없다.
9. 위험성평가 또는 유해·위험요인 개선을 위해 필요하다고 판단하여 산업안전보건위원회 또는 노사협의체에서 사용하기로 결정한 사항을 이행하기 위한 비용. 계상된 산업안전보건관리비 총액의 10분의 1을 초과할 수 없다.

## 09 사전조사 및 작업계획서를 작성하여야 하는 대상작업의 종류를 쓰시오. (5가지)

**정답**
① 타워크레인을 설치·조립·해체하는 작업
② 차량계 하역운반기계 등을 사용하는 작업(화물자동차를 사용하는 도로상의 주행작업은 제외한다.)
③ 차량계 건설기계를 사용하는 작업
④ 화학설비와 그 부속설비를 사용하는 작업
⑤ 전기작업(해당 전압이 50볼트를 넘거나 전기에너지가 250볼트암페어를 넘는 경우로 한정한다)
⑥ 굴착면의 높이가 2미터 이상이 되는 지반의 굴착작업
⑦ 터널굴착작업
⑧ 교량(상부구조가 금속 또는 콘크리트로 구성되는 교량으로서 그 높이가 5미터 이상이거나 교량의 최대 지간 길이가 30미터 이상인 교량으로 한정한다)의 설치·해체 또는 변경 작업
⑨ 채석작업
⑩ 구축물, 건축물, 그 밖의 시설물 등의 해체작업
⑪ 중량물의 취급작업
⑫ 궤도나 그 밖의 관련 설비의 보수·점검작업
⑬ 열차의 교환·연결 또는 분리 작업(이하 "입환작업"이라 한다)

## 10 굴착작업 시 사전조사 내용을 적으시오. (4가지)

**정답**
① 형상·지질 및 지층의 상태
② 균열·함수·용수 및 동결의 유무 또는 상태
③ 매설물 등의 유무 또는 상태
④ 지반의 지하수위 상태

## 11 굴착작업 시 작업계획서 내용을 적으시오. (3가지)

**정답**
① 굴착방법 및 순서, 토사 반출 방법
② 필요한 인원 및 장비 사용계획
③ 매설물 등에 대한 이설·보호대책
④ 사업장 내 연락방법 및 신호방법
⑤ 흙막이 지보공 설치방법 및 계측계획
⑥ 작업지휘자의 배치계획
⑦ 그 밖에 안전·보건에 관련된 사항

**특급암기법**
작업지휘자 배치 → 인원, 장비계획 → 지보공 설치 → 매설물 보호 → 굴착, 토사반출

## 12 터널 굴착작업 시 작업계획서 내용을 작성하시오. (3가지)

**정답**
① 굴착방법
② 터널지보공, 복공 시공법 및 용수처리법
③ 환기, 조명시설방법

## 13 교량작업 시 작업계획서 내용을 쓰시오. (3가지)

**정답**
① 작업 방법 및 순서
② 부재(部材)의 낙하·전도 또는 붕괴를 방지하기 위한 방법
③ 작업에 종사하는 근로자의 추락 위험을 방지하기 위한 안전조치 방법
④ 공사에 사용되는 가설 철구조물 등의 설치·사용·해체 시 안전성 검토 방법
⑤ 사용하는 기계 등의 종류 및 성능, 작업방법
⑥ 작업지휘자 배치계획
⑦ 그 밖에 안전·보건에 관련된 사항

**특급암기법**

작업지휘자 배치 → 작업 방법 순서 → 기계 종류 성능 → 낙하·전도·붕괴 방지 → 추락방지

## 14. 채석작업 시 작업계획서 내용을 쓰시오. (5가지)

**정답**
① 노천굴착과 갱내굴착의 구별 및 채석방법
② 굴착면의 높이와 기울기
③ 굴착면 소단(小段)의 위치와 넓이
④ 갱내에서의 **낙반 및 붕괴방지 방법**
⑤ **발파방법**
⑥ **암석의 분할방법**
⑦ **암석의 가공장소**
⑧ 사용하는 굴착기계 등의 종류 및 성능
⑨ 토석 또는 암석의 적재 및 운반방법과 운반경로
⑩ 표토 또는 용수(湧水)의 처리방법

**특급암기법**
발파 → 분할 → 가공 → 적재 및 운반 → 낙반 및 붕괴방지

## 15. 작업지휘자를 지정하여야 하는 작업의 종류를 쓰시오. (3가지)

**정답**
① 차량계 하역운반기계 등을 사용하는 작업(화물자동차를 사용하는 도로상의 주행작업은 제외)
② 굴착면의 높이가 2미터 이상이 되는 지반의 굴착작업
③ 교량(상부구조가 금속 또는 콘크리트로 구성되는 교량으로서 그 높이가 5미터 이상이거나 교량의 최대 지간 길이가 30미터 이상인 교량으로 한정한다)의 설치·해체 또는 변경 작업
④ 중량물의 취급작업
⑤ 항타기나 항발기를 조립·해체·변경 또는 이동하여 작업을 하는 경우

## ★ 16 일정한 신호방법을 정하여야 하는 작업의 종류를 쓰시오. (3가지)

**정답**
① 양중기(揚重機)를 사용하는 작업
② 차량계 하역운반기계의 유도자를 배치하는 작업
③ 차량계 건설기계의 유도자를 배치하는 작업
④ 항타기 또는 항발기의 운전작업
⑤ 중량물을 2명 이상의 근로자가 취급하거나 운반하는 작업
⑥ 양화장치를 사용하는 작업
⑦ 궤도작업차량의 유도자를 배치하는 작업
⑧ 입환작업(入換作業)

 특급암기법

차량계 하역운반기계, 중량물의 취급작업, 항타기 또는 항발기는 작업지휘자 지정하고, 일정한 신호방법 정하자!

## 17 운전자가 운전위치를 이탈하여서는 안 되는 기계의 종류를 쓰시오. (3가지)

**정답**
① 양중기
② 항타기 또는 항발기(권상장치에 하중을 건 상태)
③ 양화장치(화물을 적재한 상태)

## 18 유해·위험 방지계획서 제출대상 건설업의 종류를 적으시오. (5가지)

**정답**
1. 다음 각 목의 어느 하나에 해당하는 건축물 또는 시설 등의 건설·개조 또는 해체공사
   가. 지상높이가 31미터 이상인 건축물 또는 인공구조물
   나. 연면적 3만제곱미터 이상인 건축물
   다. 연면적 5천제곱미터 이상인 시설로서 다음의 어느 하나에 해당하는 시설
      1) 문화 및 집회시설(전시장 및 동물원·식물원은 제외한다)
      2) 판매시설, 운수시설(고속철도의 역사 및 집배송시설은 제외한다)
      3) 종교시설
      4) 의료시설 중 종합병원
      5) 숙박시설 중 관광숙박시설
      6) 지하도상가
      7) 냉동·냉장 창고시설
2. 연면적 5천제곱미터 이상의 냉동·냉장창고시설의 설비공사 및 단열공사
3. 최대 지간길이(다리의 기둥과 기둥의 중심사이의 거리)가 50미터 이상인 교량 건설 등의 공사
4. 터널 건설 등의 공사
5. 다목적댐, 발전용 댐, 저수용량 2천만 톤 이상의 용수 전용 댐, 지방상수도 전용 댐 건설 등의 공사
6. 깊이 10미터 이상인 굴착공사

> **특급암기법**
>
> - 지상높이 31m, 연면적 3만m², 사람 많은 시설 연면적 5,000m²
> - 연면적 5,000m² 냉동·냉장창고시설
> - 최대 지간길이가 50미터 이상 교량
> - 터널
> - 저수용량 2천만 톤 이상 댐
> - 10미터 이상인 굴착

## 19 유해위험 방지계획서 심사 결과를 구분하고 설명하시오.

**정답**

| 적정 | 근로자의 안전과 보건을 위하여 필요한 조치가 구체적으로 확보되었다고 인정되는 경우 |
|---|---|
| 조건부 적정 | 근로자의 안전과 보건을 확보하기 위하여 일부 개선이 필요하다고 인정되는 경우 |
| 부적정 | 기계·설비 또는 건설물이 심사기준에 위반되어 공사착공 시 중대한 위험발생의 우려가 있거나 계획에 근본적 결함이 있다고 인정되는 경우 |

# CHAPTER 02 안전기준 및 기술지침 적용

## 안전·보건조치

### (1) 유해·위험 예방조치

사업주는 사업을 할 때 다음 각 호의 위험 및 건강장해를 예방하기 위하여 필요한 조치를 하여야 한다.

| 안전조치 | 보건조치 |
|---|---|
| ① 기계·기구, 그 밖의 설비에 의한 위험<br>② 폭발성, 발화성 및 인화성 물질 등에 의한 위험<br>③ 전기, 열, 그 밖의 에너지에 의한 위험 | ① 원재료·가스·증기·분진·흄(fume)·미스트(mist)·산소결핍·병원체 등에 의한 건강장해<br>② 방사선·유해광선·고온·저온·초음파·소음·진동·이상기압 등에 의한 건강장해<br>③ 사업장에서 **배출되는** 기체·액체 또는 **찌꺼기** 등에 의한 건강장해<br>④ 계측감시(計測監視), 컴퓨터 단말기조작, 정밀공작 등의 **작업**에 의한 건강장해<br>⑤ 단순반복작업 또는 인체에 과도한 부담을 주는 작업에 의한 건강장해<br>⑥ 환기·채광·조명·보온·방습·청결 등의 적정기준을 유지하지 아니하여 발생하는 건강장해 |

### (2) 사업주는 근로자가 다음 각 호의 **어느 하나에 해당하는 장소에서 작업을 할 때 발생할 수 있는 산업재해를 예방하기 위하여 필요한 조치**를 하여야 한다. ★

① 근로자가 **추락할 위험**이 있는 장소
② 토사·구축물 등이 **붕괴할 우려**가 있는 장소
③ 물체가 **떨어지거나 날아올 위험**이 있는 장소
④ **천재지변으로 인한 위험**이 발생할 우려가 있는 장소

### (3) 배달종사자에 대한 안전조치

1) 「이동통신단말장치 유통구조 개선에 관한 법률」에 따른 이동통신단말장치로 **물건의 수거ㆍ배달 등을 중개하는 자는 이륜자동차로 물건의 수거ㆍ배달 등을 하는 사람의 산업재해 예방을 위하여 다음 각 호의 조치를 해야 한다.**
   ① 이륜자동차로 물건의 수거ㆍ배달 등을 하는 사람이 이동통신단말장치의 소프트웨어에 등록하는 경우 **이륜자동차를 운행할 수 있는 면허 및 승차용 안전모의 보유 여부 확인**
   ② 이동통신단말장치의 소프트웨어를 통하여 「도로교통법」에 따른 **운전자의 준수사항 등 안전운행 및 산업재해 예방에 필요한 사항에 대한 정기적 고지**

2) 물건의 수거ㆍ배달 등을 **중개하는 자는 물건의 수거ㆍ배달 등에 소요되는 시간에 대해 산업재해를 유발할 수 있을 정도로 제한해서는 안 된다.**

### (4) 가맹본부의 산업재해 예방 조치

가맹본부 중 대통령령으로 정하는 가맹본부는 가맹점사업자에게 가맹점의 설비나 기계, 원자재 또는 상품 등을 공급하는 경우에 가맹점사업자와 그 소속 근로자의 산업재해 예방을 위하여 다음 각 호의 조치를 하여야 한다.

| 산업재해 예방 조치를 하여야 하는 가맹본부 | 가맹본부의 산업재해 예방 조치 |
| --- | --- |
| 「가맹사업거래의 공정화에 관한 법률」에 따라 등록한 정보공개서(직전 사업연도 말 기준으로 등록된 것을 말한다)상 업종이 다음 각 호의 어느 하나에 해당하는 경우로서 **가맹점의 수가 200개 이상인 가맹본부**를 말한다.<br>1. 대분류가 외식업인 경우<br>2. 대분류가 도소매업으로서 중분류가 편의점인 경우 | 1. 다음의 내용을 포함한 가맹점의 **안전 및 보건에 관한 프로그램의 마련ㆍ시행**<br>① 가맹본부의 **안전보건경영방침 및 안전보건활동 계획**<br>② 가맹본부의 **프로그램 운영 조직의 구성, 역할** 및 가맹점사업자에 대한 **안전보건교육 지원 체계**<br>③ 가맹점 내 위험요소 및 예방대책 등을 **포함한 가맹점 안전보건매뉴얼**<br>④ 가맹점의 **재해 발생에 대비한** 가맹본부 및 가맹점사업자의 **조치사항**<br>2. 가맹본부가 가맹점에 설치하거나 공급하는 설비ㆍ기계 및 원자재 또는 상품 등에 대하여 **가맹점사업자에게 안전 및 보건에 관한 정보의 제공** |

(5) 사업주는 근로자(관계수급인의 근로자를 포함)가 신체적 피로와 정신적 스트레스를 해소할 수 있도록 휴식시간에 이용할 수 있는 휴게시설을 갖추어야 한다.

| 휴게시설 설치·관리기준 준수 대상 사업장 |
|---|

1. 상시근로자(관계수급인의 근로자를 포함) 20명 이상을 사용하는 사업장(건설업의 경우에는 관계수급인의 공사금액을 포함한 해당 공사의 총 공사금액이 20억원 이상인 사업장으로 한정)

2. 다음 각 목의 어느 하나에 해당하는 직종의 상시근로자가 2명 이상인 사업장으로서 상시근로자 10명 이상 20명 미만을 사용하는 사업장(건설업은 제외)
   가. 전화 상담원
   나. 돌봄 서비스 종사원
   다. 텔레마케터
   라. 배달원
   마. 청소원 및 환경미화원
   바. 아파트 경비원
   사. 건물 경비원

# 공정안전보고서

## (1) 공정안전보고서의 작성·제출

1) **사업주는** 사업장에 대통령으로 정하는 유해하거나 위험한 설비가 있는 경우 그 설비로부터의 위험물질 누출, 화재 및 폭발 등으로 인하여 사업장 내의 근로자에게 즉시 피해를 주거나 사업장 인근 지역에 피해를 줄 수 있는 사고로서 대통령령으로 정하는 사고("**중대산업사고**")를 예방하기 위하여 대통령령으로 정하는 바에 따라 **공정안전보고서를 작성하고 고용노동부장관에게 제출하여 심사를 받아야 한다.** 이 경우 **공정안전보고서의 내용**이 중대산업사고를 예방하기 위하여 **적합하다고 통보받기 전에는 관련된 유해하거나 위험한 설비를 가동해서는 아니 된다.**

2) 사업주는 **공정안전보고서를 작성할 때 산업안전보건위원회의 심의를 거쳐야 한다. 다만, 산업안전보건위원회가 설치되어 있지 아니한 사업장의 경우에는 근로자대표의 의견을 들어야 한다.** ★

3) 공정안전보고서의 제출 시기

   사업주는 **유해하거나 위험한 설비의 설치·이전 또는 주요 구조부분의 변경공사의 착공일** (기존 설비의 제조·취급·저장 물질이 변경되거나 제조량·취급량·저장량이 증가하여 유해·위험물질 규정량에 해당하게 된 경우에는 그 해당일을 말한다) **30일 전까지 공정안전보고서를 2부 작성하여 공단에 제출해야 한다.** ★

## (2) 공정안전보고서의 심사

1) **공단은** 공정안전보고서를 제출받은 경우에는 **제출받은 날부터 30일 이내에 심사**하여 1부를 사업주에게 송부하고, 그 내용을 지방고용노동관서의 장에게 보고해야 한다.

2) 심사결과 구분 ★

| 적정 | 보고서의 **심사기준을 충족시킨 경우** |
|---|---|
| 조건부 적정 | 보고서의 심사기준을 대부분 충족하고 있으나 **부분적인 보완이 필요하다고 판단할 경우** |
| 부적정 | 보고서의 **심사기준을 충족시키지 못한 경우** |

3) 사업주는 심사를 받은 **공정안전보고서를 사업장에 갖추어 두어야 한다.**

4) 사업주는 심사를 받은 **공정안전보고서의 내용을 변경하여야 할 사유가 발생한 경우에는 지체 없이 그 내용을 보완**하여야 한다.

### (3) 공정안전보고서의 이행

사업주와 근로자는 심사를 받은 공정안전보고서의 내용을 지켜야 한다.

### (4) 공정안전보고서의 확인 ★

1) 사업주는 **심사를 받은 공정안전보고서의 내용을 실제로 이행하고 있는지** 여부에 대하여 고용노동부령으로 정하는 바에 따라 **고용노동부장관의 확인을 받아야 한다.**

2) 공정안전보고서를 제출하여 심사를 받은 사업주는 **다음 각 호의 시기별로 공단의 확인을 받아야 한다.** 다만, 화공안전 분야 산업안전지도사 또는 대학에서 조교수 이상으로 재직하고 있는 사람으로서 화공 관련 교과를 담당하고 있는 사람, 그 밖에 자격 및 관련 업무 경력 등을 고려하여 고용노동부장관이 정하여 고시하는 요건을 갖춘 사람에게 자체감사를 하게 하고 그 결과를 공단에 제출한 경우에는 공단은 확인을 하지 아니할 수 있다.(안전보건진단을 받은 사업장 등 고용노동부장관이 정하여 고시하는 사업장의 경우에는 공단의 확인을 생략할 수 있다)

| 신규로 설치될 유해 · 위험설비 | 설치 과정 및 설치 완료 후 시운전단계 각 1회 |
|---|---|
| 기존에 설치되어 사용 중인 유해 · 위험설비 | 심사 완료 후 3개월 이내 |
| 유해 · 위험설비와 관련한 공정의 중대한 변경의 경우 | 변경 완료 후 1개월 이내 |
| 유해 · 위험설비 또는 이와 관련된 공정에 중대한 사고 또는 결함이 발생한 경우 | 1개월 이내 |

3) 공단은 사업주로부터 **확인요청을 받은 날부터 1개월 이내**에 내용이 현장과 일치하는지 여부를 **확인**하고, **확인한 날부터 15일 이내**에 그 결과를 사업주에게 **통보**하고 지방고용노동관서의 장에게 보고해야 한다.

| 적합 | 현장과 일치하는 경우 |
|---|---|
| 부적합 | 현장과 일치하지 아니하는 경우 |
| 조건부 적합 | 현장과 불일치하는 사항 또는 조건부 적정 사항 중 확인일 이후에 조치하여도 안전상에 문제가 없는 경우 |

### (5) 공정안전보고서 이행상태 평가

1) 고용노동부장관은 고용노동부령으로 정하는 바에 따라 **공정안전보고서의 이행 상태를 정기적으로 평가**할 수 있다.

2) 고용노동부장관은 **공정안전보고서의 확인**(신규로 설치되는 유해·위험설비의 경우에는 설치완료 후 시운전 단계에서의 확인을 말한다) **후 1년이 지난날 부터 2년 이내**에 공정안전보고서 이행상태평가를 하여야 한다. ★

3) 고용노동부장관은 이행상태평가 후 **4년마다 이행상태평가를 하여야 한다**. 다만, **다음 각 호의 어느 하나에 해당하는 경우에는 1년 또는 2년마다 실시할 수 있다**. ★

   ① 이행상태평가 후 **사업주가 이행상태평가를 요청하는 경우**
   ② 사업장에 출입하여 **검사 및 안전·보건점검 등을 실시한 결과 변경요소 관리계획 미준수로 공정안전보고서 이행상태가 불량한 것으로 인정되는 경우** 등 고용노동부장관이 정하여 고시하는 경우

4) 이행상태평가는 공정안전보고서의 세부 내용에 관하여 실시한다.

5) **고용노동부장관은 평가 결과 보완상태가 불량한** 사업상의 **사업주에게는 공정안전보고서의 변경을 명할 수 있으며**, 이에 따르지 아니하는 경우 공정안전보고서를 **다시 제출하도록 명할 수 있다.**

### (6) 공정안전보고서의 제출 대상

1) 공정안전보고서를 작성하여야 하는 유해·위험설비란 **다음 각 호의 어느 하나에 해당하는 사업을 하는 사업장의 경우에는 그 보유설비**를 말하고, 그 외의 사업을 하는 사업장의 경우에는 **유해·위험물질 중 하나 이상을 규정량 이상 제조·취급·사용·저장하는 설비 및 그 설비의 운영과 관련된 모든 공정설비**를 말한다.

   | 공정안전보고서의 제출 대상 사업 ★ |
   |---|
   | ① **원유 정제처리업** |
   | ② 기타 **석유정제물 재처리업** |
   | ③ 석유화학계 기초화학물 제조업 또는 합성수지 및 기타 플라스틱물질 제조업 |
   | ④ **질소 화합물**, 질소·인산 및 칼리질 화학비료 제조업 중 **질소질 비료 제조** |
   | ⑤ 복합비료 및 기타 화학비료 제조업 중 **복합비료 제조**(단순혼합 또는 배합에 의한 경우는 제외한다) |

⑥ 화학 살균·살충제 및 농업용 약제 제조업[농약 원제(原劑) 제조만 해당한다]
⑦ 화약 및 불꽃제품 제조업

> **특급암기법**
> 화재·폭발 – 원유, 석유정제물, 화약 및 불꽃제품
> 중독·질식 – 농약, 비료(**복합비료, 질소질 비료**)

2) 다음 각 호의 설비는 유해·위험설비로 보지 아니한다.

**공정안전보고서 제출 제외 대상 설비**

① 원자력 설비
② 군사시설
③ 사업주가 해당 사업장 내에서 직접 사용하기 위한 난방용 연료의 저장설비 및 사용설비
④ 도매·소매시설
⑤ 차량 등의 운송설비
⑥ 「액화석유가스의 안전관리 및 사업법」에 따른 **액화석유가스의 충전·저장시설**
⑦ 「도시가스사업법」에 따른 **가스공급시설**
⑧ 그 밖에 고용노동부장관이 누출·화재·폭발 등으로 인한 피해의 정도가 크지 않다고 인정하여 고시하는 설비

## (7) 공정안전보고서의 내용 ★★

① **공정안전자료**
② **공정위험성 평가서**
③ **안전운전계획**
④ **비상조치계획**
⑤ 그 밖에 공정상의 안전과 관련하여 고용노동부장관이 필요하다고 인정하여 고시하는 사항

## 건강진단

### (1) 건강진단에 관한 사업주의 의무

1) 사업주는 **건강진단을 실시하는 경우 근로자대표가 요구하면 근로자대표를 참석**시켜야 한다.

2) 사업주는 **산업안전보건위원회 또는 근로자대표가 요구할 때에는** 직접 또는 건강진단을 한 건강진단기관에 **건강진단 결과에 대하여 설명**하도록 하여야 한다. 다만, **개별 근로자의 건강진단 결과는 본인의 동의 없이 공개해서는 아니 된다.**

3) **사업주는 건강진단의 결과를** 근로자의 **건강 보호 및 유지 외의 목적으로 사용해서는 아니 된다.**

4) 사업주는 **건강진단의 결과 근로자의 건강을 유지하기 위하여 필요하다고 인정할 때에는 작업 장소 변경, 작업 전환, 근로시간 단축, 야간근로**(오후 10시부터 다음 날 오전 6시까지 사이의 근로를 말한다)**의 제한**, 작업환경측정 또는 **시설 · 설비의 설치 · 개선 등** 고용노동부령으로 정하는 바에 따라 **적절한 조치**를 하여야 한다.

### (2) 건강진단의 종류 및 정의

1) "**일반건강진단**"이란 상시 사용하는 **근로자의 건강관리를 위하여 사업주가 주기적으로 실시**하는 건강진단을 말한다.

| 일반건강진단 실시시기 ★ |
| --- |
| ① 사무직 종사 근로자(판매업무 종사하는 근로자 제외) : 2년에 1회 이상 |
| ② 그 밖의 근로자 : 1년에 1회 이상 |

2) "**특수건강진단**"이란 다음 각 목의 어느 하나에 해당하는 근로자의 건강관리를 위하여 사업주가 실시하는 건강진단을 말한다.

> ① 특수건강진단 대상 업무에 종사하는 근로자
> ② 건강진단 실시 결과 **직업병 소견이 있는 근로자로 판정받아** 작업 전환을 하거나 작업 장소를 변경하여 해당 판정의 원인이 된 특수건강진단 대상업무에 종사하지 아니하는 사람으로서 해당 유해인자에 대한 건강진단이 필요하다는 의사의 소견이 있는 근로자

> **Reference**
>
> ### 특수건강진단 대상 유해인자
>
> 1. **화학적 인자**
>    ① 유기화합물(109종)
>    ② 금속류(20종)
>    ③ 산 및 알칼리류(8종)
>    ④ 가스 상태 물질류(14종)
>    ⑤ 허가 대상 물질(12종)
>    ⑥ 금속가공유 : 미네랄 오일미스트(광물성 오일, Oil mist, mineral)
>
> 2. **분진(7종)**
>    ① 곡물 분진
>    ② 광물성 분진
>    ③ 면 분진
>    ④ 목재 분진
>    ⑤ 용접 흄
>    ⑥ 유리섬유 분진
>    ⑦ 석면분진
>
> 3. **물리적 인자(8종)**
>    ① 소음
>    ② 진동
>    ③ 방사선
>    ④ 고기압
>    ⑤ 저기압
>    ⑥ 유해광선(자외선, 적외선, 마이크로파 및 라디오파)
>
> 4. **야간작업(2종)**
>    ① 6개월간 밤 12시부터 오전 5시까지의 시간을 포함하여 계속되는 8시간 작업을 월 평균 4회 이상 수행하는 경우
>    ② 6개월간 오후 10시부터 다음날 오전 6시 사이의 시간 중 작업을 월 평균 60시간 이상 수행하는 경우

3) **"배치전건강진단"**이란 **특수건강진단 대상업무에 종사할 근로자에 대하여 배치예정업무에 대한 적합성 평가**를 위하여 사업주가 실시하는 건강진단을 말한다.

4) **"수시건강진단"**이란 **특수건강진단 대상업무에 따른 유해인자로 인한 것이라고 의심되는 건강장해 증상**을 보이거나 **의학적 소견이 있는 근로자 중** 보건관리자 등이 사업주에게 건강진단 실시를 건의하는 등 **고용노동부령으로 정하는 근로자**에 대하여 실시하는 건강진단을 말한다.

5) **"임시건강진단"**이란 **같은 유해인자에 노출되는 근로자들에게 유사한 질병의 증상**이 발생한 경우 등 고용노동부령으로 정하는 경우에 근로자의 건강을 보호하기 위하여 사업주가 특정 근로자에 대하여 실시하는 건강진단을 말한다.

| 임시 건강진단을 실시하여야 하는 경우 |
|---|

- **같은 부서에 근무하는 근로자** 또는 **같은 유해인자에 노출되는 근로자에게 유사한 질병의 자각 · 타각증상이 발생한 경우**
- **직업병 유소견자가 발생**하거나 **여러 명이 발생할 우려가 있는 경우**
- 그 밖에 지방고용노동관서의 장이 필요하다고 판단하는 경우

## (3) 특수 건강진단 시기 및 주기

| 구분 | 대상 유해인자 | 시기<br>(배치 후 첫 번째 특수 건강진단) | 주기 |
|---|---|---|---|
| 1 | N,N-디메틸아세트아미드<br>디메틸포름아미드 | 1개월 이내 | 6개월 |
| 2 | 벤젠 | 2개월 이내 | 6개월 |
| 3 | 1,1,2,2-테트라클로로에탄<br>사염화탄소<br>아크릴로니트릴<br>염화비닐 | 3개월 이내 | 6개월 |
| 4 | 석면, 면 분진 | 12개월 이내 | 12개월 |
| 5 | 광물성 분진<br>목재 분진<br>소음 및 충격소음 | 12개월 이내 | 24개월 |
| 6 | 제1호부터 제5호까지의 대상 유해인자를 제외한 별표22의 모든 대상 유해인자 | 6개월 이내 | 12개월 |

## (4) 건강진단 결과의 보고

**건강진단기관이 건강진단을 실시하였을 때**에는 그 결과를 고용노동부장관이 정하는 건강진단 개인 표에 기록하고, **건강진단 실시 일부터 30일 이내에 근로자에게 송부하여야 한다.**

| 건강관리구분 | | 건강관리구분내용 |
|---|---|---|
| A | | 건강관리상 사후관리가 필요 없는 근로자(**건강한 근로자**) |
| C | $C_1$ | 직업성 질병으로 진전될 우려가 있어 추적검사 등 관찰이 필요한 근로자(**직업병 요관찰자**) |
| | $C_2$ | 일반질병으로 진전될 우려가 있어 추적관찰이 필요한 근로자(**일반질병 요관찰자**) |

| 건강관리구분 | 건강관리구분내용 |
|---|---|
| $D_1$ | 직업성 질병의 소견을 보여 사후관리가 필요한 근로자(직업병 유소견자) |
| $D_2$ | 일반 질병의 소견을 보여 사후관리가 필요한 근로자(일반질병 유소견자) |
| R | 건강진단 1차 검사결과 건강수준의 평가가 곤란하거나 질병이 의심되는 근로자(제2차 건강진단 대상자) |

### (5) 건강진단 결과의 보존

**사업주는 건강진단 결과표** 및 근로자가 제출한 건강진단 결과를 증명하는 서류를 **5년간 보존**하여야 한다. 다만, 고용노동부장관이 고시하는 **발암성 확인물질을 취급하는 근로자에 대한 건강진단 결과**의 서류 또는 전산입력 **자료는 30년간 보존**하여야 한다.

## 위험성 평가

**사업주**는 건설물, 기계·기구·설비, 원재료, 가스, 증기, 분진, 근로자의 작업행동 또는 그 밖의 **업무로 인한 유해·위험 요인을 찾아내어** 부상 및 질병으로 이어질 수 있는 **위험성의 크기가 허용 가능한 범위인지를 평가**하여야 하고, **그 결과에 따른 조치를 하여야** 하며, 근로자에 대한 위험 또는 건강장해를 방지하기 위하여 필요한 경우에는 추가적인 조치를 하여야 한다.

### (1) 용어정의

1) "유해·위험요인"이란 유해·위험을 일으킬 잠재적 가능성이 있는 것의 고유한 특징이나 속성을 말한다.
2) "위험성"이란 유해·위험요인이 사망, 부상 또는 질병으로 이어질 수 있는 가능성과 중대성 등을 고려한 위험의 정도를 말한다.
3) "위험성평가"란 사업주가 스스로 유해·위험요인을 파악하고 해당 유해·위험요인의 위험성 수준을 결정하여, 위험성을 낮추기 위한 적절한 조치를 마련하고 실행하는 과정을 말한다.

## (2) 위험성 평가 실시 주체

1) **사업주는 스스로 사업장의 유해·위험요인을 파악하고 이를 평가하여 관리 개선하는 등 위험성 평가를 실시**하여야 한다.
2) 작업의 일부 또는 전부를 도급에 의하여 행하는 사업의 경우는 도급을 준 도급인("도급사업주")과 **도급을 받은 수급인**("수급사업주")은 **각각 위험성 평가를 실시**하여야 한다.
3) **도급사업주는 수급사업주가 실시한 위험성 평가 결과를 검토**하여 **도급사업주가 개선할 사항이 있는 경우 이를 개선**하여야 한다.

## (3) 위험성 평가의 대상 ★

1) 위험성 평가의 대상이 되는 유해·위험요인은 업무 중 근로자에게 노출된 것이 확인되었거나 노출될 것이 합리적으로 예견 가능한 모든 유해·위험요인이다. 다만, **매우 경미한 부상 및 질병만을 초래할 것으로 명백히 예상되는 유해·위험요인은 평가 대상에서 제외**할 수 있다.
2) 사업주는 **사업장 내 부상 또는 질병으로 이어질 가능성이 있었던 상황**("아차사고")을 확인한 경우에는 해당 사고를 일으킨 유해·위험요인을 위험성 평가의 대상에 포함시켜야 한다.
3) 사업주는 사업장 내에서 **중대재해가 발생한 때에는 지체 없이 중대재해의 원인이 되는 유해·위험요인에 대해 위험성 평가를 실시**하고, 그 밖의 사업장 내 유해·위험요인에 대해서는 위험성 평가 재검토를 실시하여야 한다.

## (4) 위험성 평가의 실시 시기 ★

1) 사업주는 **사업이 성립된 날**(사업 개시일을 말하며, 건설업의 경우 실착공일을 말한다)로부터 1개월이 되는 날까지 위험성평가의 대상이 되는 유해·위험요인에 대한 **최초 위험성 평가의 실시에 착수**하여야 한다. 다만, 1개월 미만의 기간 동안 이루어지는 작업 또는 공사의 경우에는 특별한 사정이 없는 한 작업 또는 공사 개시 후 지체 없이 최초 위험성평가를 실시하여야 한다.
2) 사업주는 **다음 각 호의 어느 하나에 해당하여 추가적인 유해·위험요인이 생기는 경우**에는 해당 유해·위험요인에 대한 **수시 위험성 평가를 실시**하여야 한다. 다만, 제5호에 해당하는 경우에는 재해발생 작업을 대상으로 작업을 재개하기 전에 실시하여야 한다.

| 수시평가를 하여야 하는 경우 |
| --- |

① 사업장 건설물의 설치·이전·변경 또는 해체
② 기계·기구, 설비, 원재료 등의 신규 도입 또는 변경
③ 건설물, 기계·기구, 설비 등의 정비 또는 보수(주기적·반복적 작업으로서 이미 위험성평가를 실시한 경우에는 제외)
④ 작업방법 또는 작업절차의 신규 도입 또는 변경
⑤ 중대산업사고 또는 산업재해(휴업 이상의 요양을 요하는 경우에 한정한다) 발생
⑥ 그 밖에 사업주가 필요하다고 판단한 경우

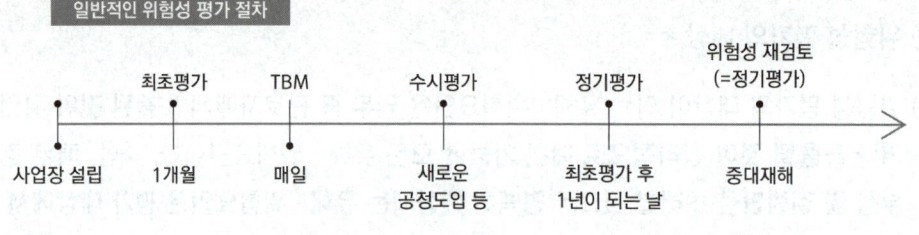

### (5) 근로자 참여

사업주는 위험성 평가를 실시할 때 다음 각 호에 해당하는 경우 **해당 작업에 종사하는 근로자를 참여시켜야 한다.**

① 유해·위험요인의 **위험성 수준을 판단하는 기준을 마련**하고, 유해·위험요인별로 **허용 가능한 위험성 수준을 정하거나 변경하는 경우**
② 해당 사업장의 **유해·위험요인을 파악하는 경우**
③ 유해·위험요인의 **위험성이 허용 가능한 수준인지 여부를 결정하는 경우**
④ **위험성 감소대책을 수립하여 실행**하는 경우
⑤ **위험성 감소대책 실행 여부를 확인**하는 경우

### (6) 사업장 위험성 평가의 방법

① **안전보건관리책임자 등** 해당 사업장에서 **사업의 실시를 총괄 관리하는 사람에게 위험성 평가의 실시를 총괄 관리하게 할 것**
② 사업장의 **안전관리자, 보건관리자 등이 위험성 평가의 실시에 관하여 안전보건관리책임자를 보좌하고 지도·조언하게 할 것**
③ **유해·위험요인을 파악하고 그 결과에 따른 개선조치를 시행**할 것

④ 기계 · 기구, 설비 등과 관련된 위험성 평가에는 해당 기계 · 기구, 설비 등에 **전문 지식을 갖춘 사람을 참여**하게 할 것
⑤ 안전 · 보건관리자의 선임의무가 없는 경우에는 업무를 수행할 사람을 **지정**하는 등 그 밖에 위험성 평가를 위한 체제를 구축할 것

(7) 사업주가 **다음 각 호의 어느 하나에 해당하는 제도를 이행한 경우**에는 그 부분에 대하여 이 고시에 따른 **위험성 평가를 실시한 것으로 본다.**

### 위험성 평가를 실시한 것으로 인정하는 경우

① 위험성 평가 방법을 적용한 안전 · 보건진단
② 공정안전보고서(다만, 공정안전보고서의 내용 중 **공정위험성 평가서가 최대 4년 범위 이내에서 정기적으로 작성된 경우**에 한한다.)
③ 근골격계 부담작업 유해요인조사
④ 그 밖에 법과 이 법에 따른 명령에서 정하는 위험성 평가 관련 제도

## (8) 위험성 평가의 절차 ★

사업주는 위험성 평가를 다음의 절차에 따라 실시하여야 한다. 다만, **상시근로자 5인 미만 사업장(건설공사의 경우 1억 원 미만)의 경우 제1호의 절차를 생략할 수 있다.**

① **사전준비**
② **유해 · 위험요인 파악**
③ **위험성 결정**
④ **위험성 감소대책 수립 및 실행**
⑤ **위험성 평가 실시내용 및 결과에 관한 기록 및 보존**

## (9) 유해 · 위험요인을 파악하는 방법

사업주는 다음 각 호의 방법 중 어느 하나 이상의 방법을 사용하되, **특별한 사정이 없으면 제1호에 의한 방법을 포함**하여야 한다.

### 유해·위험요인을 파악하는 방법 ★

① 사업장 순회점검에 의한 방법
② 근로자들의 상시적 제안에 의한 방법
③ 설문조사·인터뷰 등 청취조사에 의한 방법
④ **물질안전보건자료**, 작업환경측정결과, 특수건강진단결과 등 **안전보건 자료**에 의한 방법
⑤ **안전보건 체크리스트**에 의한 방법
⑥ 그 밖에 사업장의 특성에 적합한 방법

> **특급암기법**
> 사업장 점검하며 근로자 제안 청취하여 안전보건 자료에 체크한다.

### (10) 위험성의 결정

#### 1) 위험성 평가의 방법 선정

사업주는 사업장의 규모와 특성 등을 고려하여 **다음 각 호의 위험성 평가 방법 중 한 가지 이상을 선정하여 위험성 평가를 실시할 수 있다.** ★

① **위험 가능성과 중대성을 조합한 빈도·강도법**
② **체크리스트(Checklist)법**
③ **위험성 수준 3단계(저·중·고) 판단법**
④ **핵심요인 기술(One Point Sheet)법**
⑤ 그 외 공정위험성 평가 기법

## 1. 빈도 · 강도법

사업장에서 파악된 유해 · 위험요인이 얼마나 위험한지를 판단하기 위해 **위험성의 빈도 (가능성)와 강도(중대성)를 곱셈, 덧셈, 행렬 등의 방법으로 조합하여 위험성의 크기(수준)를 산출**해 보고, 이 위험성의 크기가 **허용 가능한 수준인지 여부를 살펴보는 방법**이다.

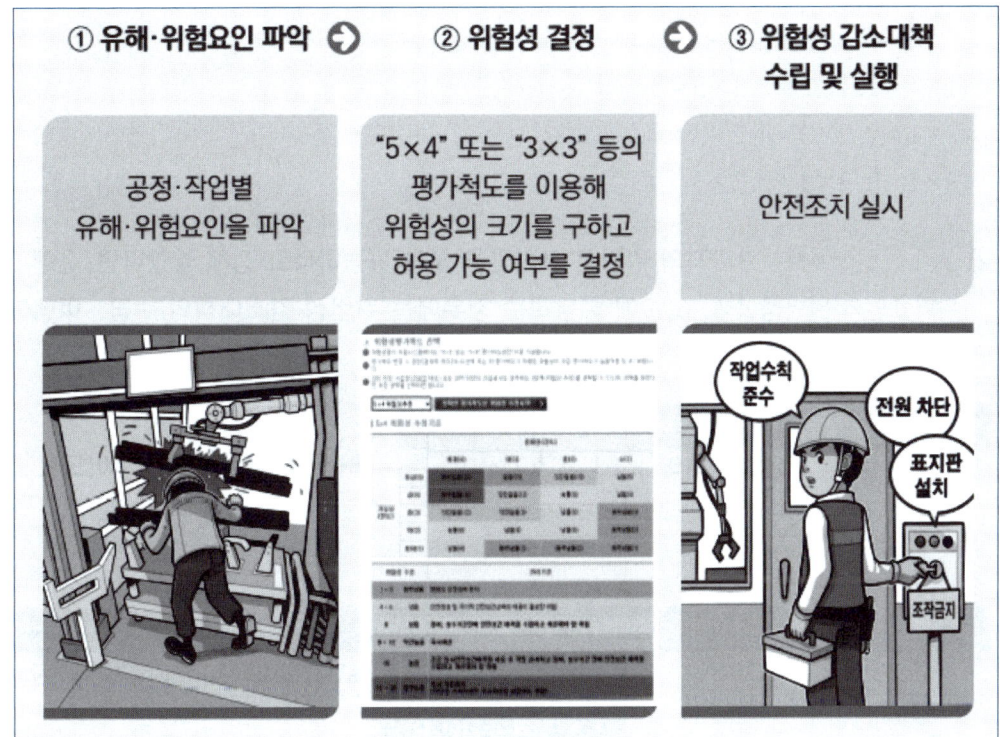

1) **빈도와 강도를 곱하거나 더해서 나온 숫자가 유해 · 위험요인의 위험성의 크기**이며, 이를 사전에 근로자들과 상의하여 준비한 "허용 가능한 위험성의 크기"와 비교한다.

◎ **빈도의 크기** : 2 (※ 사유 : 이동식 사다리 작업을 1주일에 1회 실시)
◎ **강도의 크기** : 3 (※ 사유 : 추락 시 근로자 사망)
◎ **위험성의 크기** : 6 = 2 (빈도의 크기) × 3 (강도의 크기)

| 빈도의 크기 산출 기준 ||| 강도의 크기 산출 기준 |||
|---|---|---|---|---|---|
| 구분 | 빈도의 크기 | 기준 | 구분 | 강도의 크기 | 기준 |
| 빈번 | 3 | 1일에 1회 정도 | 대 | ③ | 사망(장애 발생) |
| 가끔 | ② | 1주일에 1회 정도 | 중 | 2 | 휴업 필요 |
| 거의 없음 | 1 | 3개월에 1회 정도 | 소 | 1 | 비치료 |

※ 예를 들어 "3 × 3" 평가방법을 사용하면 유해·위험요인의 위험성 크기는 1에서부터 9까지의 숫자로 나타나게 된다.

$1 \times 1 = 1, 1 \times 2 = 2, 1 \times 3 = 3$
$2 \times 1 = 2, 2 \times 2 = 4, 2 \times 3 = 6$
$3 \times 1 = 3, 3 \times 2 = 6, 3 \times 3 = 9$

2) 우리 사업장에서는 **3까지의 위험성 크기만을 허용 가능하다고 정해 놓았다면**, 유해·위험요인의 위험성이 **4, 6, 9**에 해당하는 경우에는 위험성 감소대책의 수립·이행이 **필요**하다.

| 허용 가능한 위험수준인지 여부의 결정 예시 |||
|---|---|---|
| 위험성의 크기 | 허용 가능 여부 | 개선 여부 |
| 4~9 | 허용 불가능 | 개선책 마련·이행 |
| 1~3 | 허용 가능 | (필요 시) 개선 |

▶ 허용 불가능한 위험이므로 개선대책 마련·이행

| 위험성 평가 실시규정(예시) |||||||
|---|---|---|---|---|---|---|
| 사업장명 | ○○산업 | 위험성 평가 실시규정(예시) (최초-정기-수시평가용) | 담당자 | 검토자 | 근로자 대표 | 승인자 |
| 작성일자 (개정일자) | '22.2.1. ('23.5.10.) ||||||
| 목적 | • 실질적인 위험성 평가로 안전사고를 예방하여 무재해 사업장 달성 ||||||
| 방법 | • 위험성 수준 5단계 판단법(매우높음 - 높음 - 보통 - 낮음 - 매우낮음)을 채택한다.<br>　- 작업기간 1개월 미만의 임시·수시·비정형 작업에 대해서는 핵심요인기술법을 활용한다.<br>• 위험성 결정 시 "낮음" 이상에 대해서는 위험성 감소대책을 수립한다.<br>• 이외의 사항은 「새로운 위험성평가 안내서」를 따른다. ||||||
| 위험성 수준의 판단 기준 | • 매우 높음 : 사망 또는 영구적 장해<br>• 높음 : 6개월 이상 휴업을 요하는 부상·질병<br>• 보통 : 3~6개월 휴업을 요하는 부상·질병<br>• 낮음 : 3개월 미만 휴업을 요하는 부상·질병<br>• 매우 낮음 : 휴업을 요하지 않는 부상·질병 ||||||
| 허용 가능한 위험성 수준 | • 매우 낮음(매우 높음부터 낮음의 경우 위험성 감소대책을 수립한다) ||||||

## 2. 위험성 수준 3단계 판단법

위험성 결정을 위해 유해·위험요인의 위험성을 가늠하고 판단할 때, **위험성 수준을 상·중·하 또는 고·중·저와 같이 간략하게 구분**하고, 직관적으로 이해할 수 있도록 위험성의 수준을 표시하는 방법이다.

## 3. 체크리스트법

유해·위험요인을 파악하고, **유해·위험요인별로 체크리스트를 만들어 위험성을 줄이기 위한 현재 조치가 적정한지 아닌지 "○" 또는 "×"으로 표시하는 방법**이다.
① 목록에 제시된 유해·위험요인의 위험성과 현재 조치사항을 종합하여, 그 위험성이 우리 사업장에서 허용 가능한 수준의 위험인지 여부를 판단한다.
② 체크리스트가 지나치게 단순하게 작성되었거나, 주관적으로 작성된 경우 중요한 유해·위험요인을 빠트릴 수 있으므로 주의하여야 한다.

  예 이 프레스는 위험한가? (×)
   → 이 프레스는 작업 시 광전자식 방호장치가 제대로 작동하는가? (○)

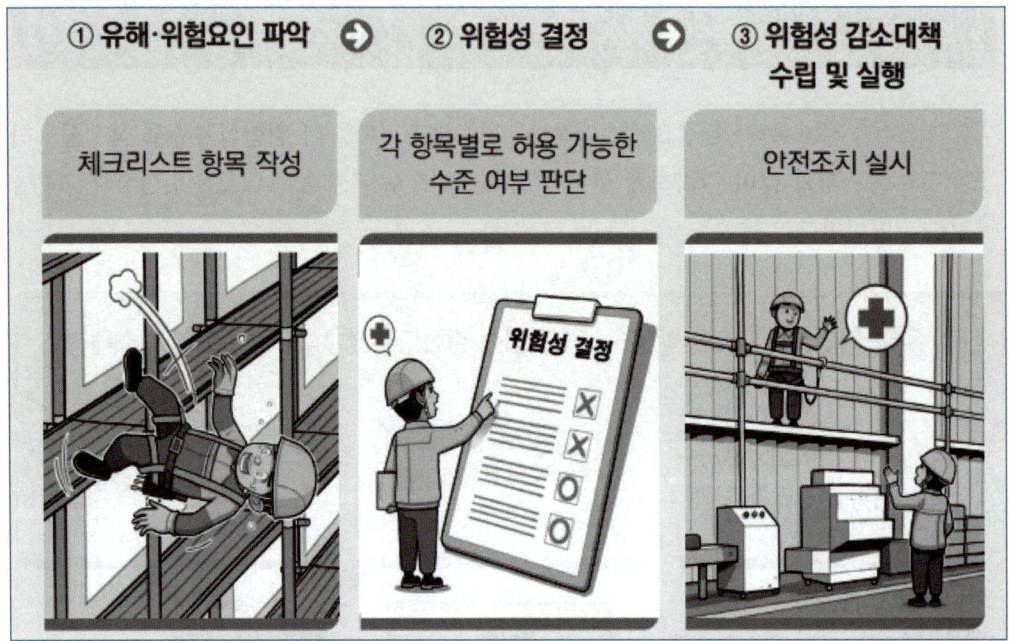

### 4. 핵심요인 기술법

① 영국 산업안전보건청(HSE), 국제노동기구(ILO)에서 **위험성 수준이 높지 않고, 유해·위험 요인이 많지 않은 중·소규모 사업장의 위험성평가를 위해 제시한 방법** 중 하나이다.
② 단계적으로 **핵심 질문에 답변하는 방법으로 간략하게 위험성평가를 실시**할 수 있다.
③ "유해·위험요인은 무엇인지?" "누가, 어떻게 피해를 입는지?" "현재 시행 중인 안전조치는 무엇인지?" "추가적으로 필요한 조치는 무엇인지?"의 **질문에 단계적으로 답변하며 위험성을 결정하고, 위험성 감소대책을 수립**하여 시행하게 된다.

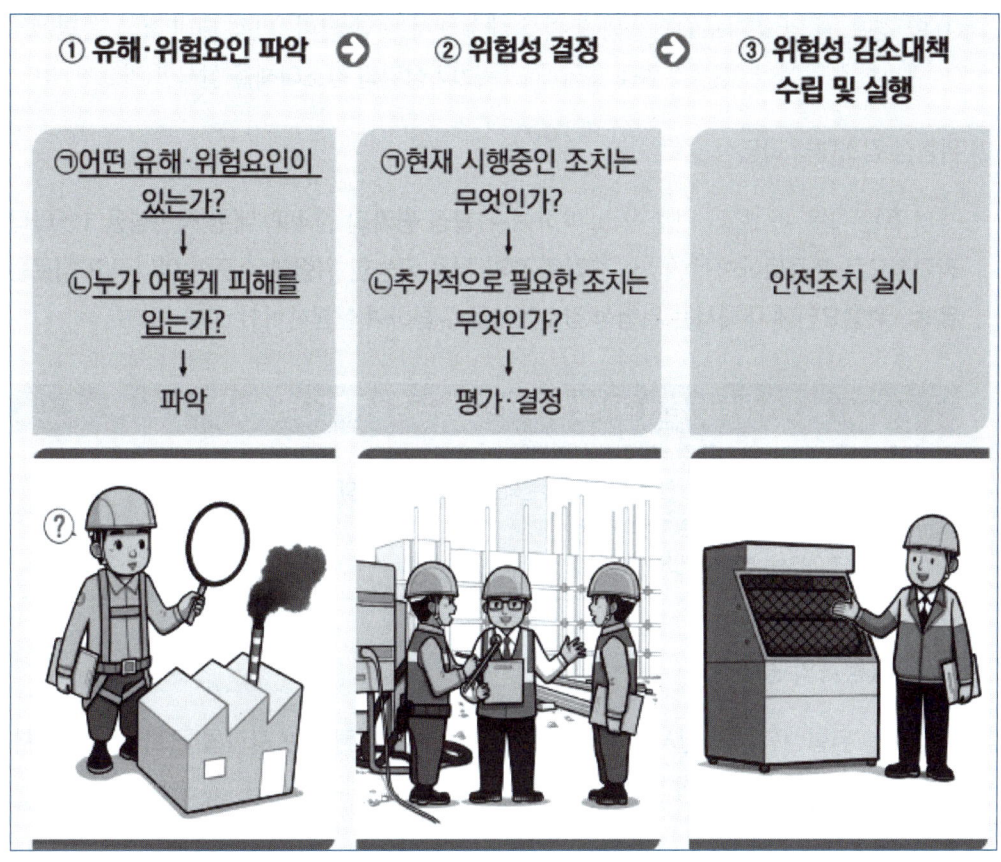

## (11) 위험성 감소대책 수립 및 실행

위험성 평가 결과 **허용 불가능한 위험성을 합리적으로 실천 가능한 범위에서 가능한 낮은 수준으로 감소시키기 위한 대책을 수립하고 시행하는 단계**이다.

1) 위험성 감소대책 수립·실행 시의 고려사항

   ① **위험성의 크기가 큰 것부터 위험성 감소대책의 대상**으로 한다. 위험성 감소를 위한 우선도를 결정하는 방법은 위험성평가 1단계인 사전준비 단계에서 미리 설정해 두는 것이 바람직하다.
   ② **안전보건 상 중대한 문제가 있는 것은 위험성 감소 조치를 즉시 실시**하여야 한다.
   ③ 위험성 감소대책의 구체적 내용은 **법령에 규정된 사항이 있는 경우에는 그것을 반드시 실시**해야 한다.

④ 이 경우, ④의 조치로 ①~③의 조치를 대체해서는 안 되며, 비용 대비 효과 측면에서 현저한 불균형이 있는 경우를 제외하고는 **보다 상위의 감소대책을 실시**할 필요가 있다.

2) 위험성 감소대책 타당성 검토

사업주는 다음 각 호의 사항을 고려하여 **위험성 평가의 결과에 대한 적정성을 1년마다 정기적으로 재검토**하여야 한다. 재검토 결과 허용 가능한 위험성 수준이 아니라고 검토된 유해・위험요인에 대해서는 위험성 감소대책을 수립하여 실행하여야 한다.

| 위험성 평가 결과에 대한 적정성을 재검토하여야 하는 경우 |
| --- |
| ① 기계・기구, 설비 등의 기간 경과에 의한 성능 저하<br>② 근로자의 교체 등에 수반하는 **안전・보건과 관련되는 지식 또는 경험의 변화**<br>③ 안전・보건과 관련되는 **새로운 지식의 습득**<br>④ 현재 수립되어 있는 **위험성 감소대책의 유효성** 등 |

## (12) 위험성평가의 공유

사업주는 위험성평가를 실시한 결과 중 다음 각 호에 해당하는 사항을 근로자에게 게시, 주지 등의 방법으로 알려야 한다.

| 위험성 평가 결과 중 근로자에게 알려야 하는 사항 |
| --- |
| ① 근로자가 종사하는 작업과 관련된 **유해・위험요인**<br>② **위험성 결정 결과**<br>③ 유해・위험요인의 **위험성 감소대책과 그 실행 계획 및 실행 여부**<br>④ 위험성 감소대책에 따라 **근로자가 준수하거나 주의하여야 할 사항** |

## (13) 기록 및 보존

1) 위험성평가의 결과와 조치사항을 기록·보존할 때에는 다음 각 호의 사항이 포함되어야 한다. ★

| 위험성평가 기록에 포함사항 |
|---|
| ① 위험성 평가 대상의 **유해·위험요인** |
| ② **위험성 결정의 내용** |
| ③ 위험성 결정에 따른 **조치의 내용** |
| ④ 위험성 평가를 위해 **사전조사 한 안전보건정보** |
| ⑤ 그 밖에 사업장에서 필요하다고 정한 사항 |

2) 사업주는 제1항에 따른 **자료를 3년간 보존**해야 한다. ★

## 작업시작 전 점검 ★★★

| 작업의 종류 | 점검내용 |
|---|---|
| 1. 프레스 등을 사용하여 작업을 할 때 | 가. 클러치 및 브레이크의 기능<br>나. 크랭크축·플라이휠·슬라이드·연결봉 및 연결 나사의 풀림 여부<br>다. 1행정 1정지기구·급정지장치 및 비상정지장치의 기능<br>라. 슬라이드 또는 칼날에 의한 위험방지 기구의 기능<br>마. 프레스의 금형 및 고정볼트 상태<br>바. 방호장치의 기능<br>사. 전단기(剪斷機)의 칼날 및 테이블의 상태 |

| 작업의 종류 | 점검내용 |
|---|---|
| 2. 로봇의 작동 범위에서 그 로봇에 관하여 교시 등(로봇의 동력원을 차단하고 하는 것은 제외한다.)의 작업을 할 때 | 가. 외부 전선의 피복 또는 외장의 손상 유무<br>나. 매니퓰레이터(manipulator) 작동의 이상 유무<br>다. 제동장치 및 비상정지장치의 기능 |
| 3. 공기압축기를 가동할 때★★★ | 가. 공기저장 압력용기의 외관 상태<br>나. 드레인밸브(drain valve)의 조작 및 배수<br>다. 압력방출장치의 기능<br>라. 언로드밸브(unloading valve)의 기능<br>마. 윤활유의 상태<br>바. 회전부의 덮개 또는 울<br>사. 그 밖의 연결 부위의 이상 유무 |
| 4. 크레인을 사용하여 작업을 하는 때★★★ | 가. 권과방지장치·브레이크·클러치 및 운전장치의 기능<br>나. 주행로의 상측 및 트롤리(trolley)가 횡행하는 레일의 상태<br>다. 와이어로프가 통하고 있는 곳의 상태 |
| 5. 이동식 크레인을 사용하여 작업을 할 때★★★ | 가. 권과방지장치나 그 밖의 경보장치의 기능<br>나. 브레이크·클러치 및 조정장치의 기능<br>다. 와이어로프가 통하고 있는 곳 및 작업장소의 지반상태 |
| 6. 리프트(간이리프트를 포함한다)를 사용하여 작업을 할 때★★★ | 가. 방호장치·브레이크 및 클러치의 기능<br>나. 와이어로프가 통하고 있는 곳의 상태 |
| 7. 곤돌라를 사용하여 작업을 할 때★★★ | 가. 방호장치·브레이크의 기능<br>나. 와이어로프·슬링와이어(sling wire) 등의 상태 |
| 8. 양중기의 와이어로프·달기체인·섬유로프·섬유벨트 또는 훅·샤클·링 등의 철구(이하 "와이어로프등"이라 한다)를 사용하여 고리걸이작업을 할 때★★★ | 와이어로프 등의 이상 유무 |
| 9. 지게차를 사용하여 작업을 하는 때★★★ | 가. 제동장치 및 조종장치 기능의 이상 유무<br>나. 하역장치 및 유압장치 기능의 이상 유무<br>다. 바퀴의 이상 유무<br>라. 전조등·후미등·방향지시기 및 경보장치 기능의 이상 유무 |
| 10. 구내운반차를 사용하여 작업을 할 때★★★ | 가. 제동장치 및 조종장치 기능의 이상 유무<br>나. 하역장치 및 유압장치 기능의 이상 유무<br>다. 바퀴의 이상 유무<br>라. 전조등·후미등·방향지시기 및 경음기 기능의 이상 유무<br>마. 충전장치를 포함한 홀더 등의 결합상태의 이상 유무 |

| 작업의 종류 | 점검내용 |
|---|---|
| 11. 고소작업대를 사용하여 작업을 할 때★★★ | 가. 비상정지장치 및 비상하강 방지장치 기능의 이상 유무<br>나. 과부하 방지장치의 작동 유무(와이어로프 또는 체인구동 방식의 경우)<br>다. 아웃트리거 또는 바퀴의 이상 유무<br>라. 작업면의 기울기 또는 요철 유무<br>마. 활선작업용 장치의 경우 홈·균열·파손 등 그 밖의 손상 유무 |
| 12. 화물자동차를 사용하는 작업을 하게 할 때★★★ | 가. 제동장치 및 조종장치의 기능<br>나. 하역장치 및 유압장치의 기능<br>다. 바퀴의 이상 유무 |
| 13. 컨베이어 등을 사용하여 작업을 할 때★★★ | 가. 원동기 및 풀리(pulley) 기능의 이상 유무<br>나. 이탈 등의 방지장치 기능의 이상 유무<br>다. 비상정지장치 기능의 이상 유무<br>라. 원동기·회전축·기어 및 풀리 등의 덮개 또는 울 등의 이상 유무 |
| 14. 차량계 건설기계를 사용하여 작업을 할 때 | 브레이크 및 클러치 등의 기능 |
| 14-2. 용접·용단작업 등의 화재위험작업을 할 때★★ | 가. 작업 준비 및 작업 절차 수립 여부<br>나. 화기작업에 따른 인근 가연성물질에 대한 방호조치 및 소화기구 비치 여부<br>다. 용접불티 비산방지덮개 또는 용접방화포 등 불꽃·불티 등의 비산을 방지하기 위한 조치 여부<br>라. 인화성 액체의 증기 또는 인화성 가스가 남아 있지 않도록 하는 환기 조치 여부<br>마. 작업근로자에 대한 화재예방 및 피난교육 등 비상조치 여부 |
| 15. 이동식 방폭구조(防爆構造) 전기기계·기구를 사용할 때 | 전선 및 접속부 상태 |
| 16. 근로자가 반복하여 계속적으로 중량물을 취급하는 작업을 할 때★★ | 가. 중량물 취급의 올바른 자세 및 복장<br>나. 위험물이 날아 흩어짐에 따른 보호구의 착용<br>다. 카바이드·생석회(산화칼슘) 등과 같이 온도상승이나 습기에 의하여 위험성이 존재하는 중량물의 취급방법<br>라. 그 밖에 하역운반기계 등의 적절한 사용방법 |
| 17. 양화장치를 사용하여 화물을 싣고 내리는 작업을 할 때★★ | 가. 양화장치(揚貨裝置)의 작동상태<br>나. 양화장치에 제한하중을 초과하는 하중을 실었는지 여부 |
| 18. 슬링 등을 사용하여 작업을 할 때★★ | 가. 훅이 붙어 있는 슬링·와이어슬링 등이 매달린 상태<br>나. 슬링·와이어슬링 등의 상태(작업시작 전 및 작업 중 수시로 점검) |

## 관리감독자의 유해위험방지업무

| 작업의 종류 | 직무수행 내용 |
|---|---|
| 1. 프레스 등을 사용하는 작업 | 가. 프레스 등 및 그 방호장치를 점검하는 일<br>나. 프레스 등 및 그 방호장치에 이상이 발견되면 즉시 필요한 조치를 하는 일<br>다. 프레스 등 및 그 방호장치에 전환스위치를 설치했을 때 그 전환스위치의 열쇠를 관리하는 일<br>라. 금형의 부착·해체 또는 조정작업을 직접 지휘하는 일 |
| 2. 목재가공용 기계를 취급하는 작업 | 가. 목재가공용 기계를 취급하는 작업을 지휘하는 일<br>나. 목재가공용 기계 및 그 방호장치를 점검하는 일<br>다. 목재가공용 기계 및 그 방호장치에 이상이 발견된 즉시 보고 및 필요한 조치를 하는 일<br>라. 작업 중 지그(jig) 및 공구 등의 사용 상황을 감독하는 일 |
| 3. 크레인을 사용하는 작업 ★ | 가. **작업방법과 근로자 배치를 결정**하고 그 **작업을 지휘**하는 일<br>나. **재료의 결함** 유무 또는 **기구 및 공구의 기능을 점검하고 불량품을 제거**하는 일<br>다. 작업 중 **안전대 또는 안전모의 착용 상황을 감시**하는 일 |
| 4. 위험물을 제조하거나 취급하는 작업 | 가. 작업을 지휘하는 일<br>나. 위험물을 제조하거나 취급하는 설비 및 그 설비의 부속설비가 있는 장소의 온도·습도·차광 및 환기 상태 등을 수시로 점검하고 이상을 발견하면 즉시 필요한 조치를 하는 일<br>다. 나목에 따라 한 조치를 기록하고 보관하는 일 |
| 5. 건조설비를 사용하는 작업 | 가. 건조설비를 처음으로 사용하거나 건조방법 또는 건조물의 종류를 변경했을 때에는 근로자에게 미리 그 작업방법을 교육하고 작업을 직접 지휘하는 일<br>나. 건조설비가 있는 장소를 항상 정리정돈하고 그 장소에 가연성 물질을 두지 않도록 하는 일 |
| 6. 아세틸렌 용접장치를 사용하는 금속의 용접·용단 또는 가열작업 | 가. 작업방법을 결정하고 작업을 지휘하는 일<br>나. 아세틸렌 용접장치의 취급에 종사하는 근로자로 하여금 다음의 작업요령을 준수하도록 하는 일<br>　(1) 사용 중인 발생기에 불꽃을 발생시킬 우려가 있는 공구를 사용하거나 그 발생기에 충격을 가하지 않도록 할 것<br>　(2) 아세틸렌 용접장치의 가스누출을 점검할 때에는 비눗물을 사용하는 등 안전한 방법으로 할 것<br>　(3) 발생기실의 출입구 문을 열어 두지 않도록 할 것<br>　(4) 이동식 아세틸렌 용접장치의 발생기에 카바이드를 교환할 때에는 옥외의 안전한 장소에서 할 것 |

| 작업의 종류 | 직무수행 내용 |
|---|---|
| 6. 아세틸렌 용접장치를 사용하는 금속의 용접·용단 또는 가열작업 | 다. 아세틸렌 용접작업을 시작할 때에는 아세틸렌 용접장치를 점검하고 발생기 내부로부터 공기와 아세틸렌의 혼합가스를 배제하는 일<br>라. 안전기는 작업 중 그 수위를 쉽게 확인할 수 있는 장소에 놓고 1일 1회 이상 점검하는 일<br>마. 아세틸렌 용접장치 내의 물이 동결되는 것을 방지하기 위하여 아세틸렌 용접장치를 보온하거나 가열할 때에는 온수나 증기를 사용하는 등 안전한 방법으로 하도록 하는 일<br>바. 발생기 사용을 중지하였을 때에는 물과 잔류 카바이트가 접촉하지 않은 상태로 유지하는 일<br>사. 발생기를 수리·가공·운반 또는 보관할 때에는 아세틸렌 및 카바이트에 접촉하지 않은 상태로 유지하는 일<br>아. 작업에 종사하는 근로자의 보안경 및 안전장갑의 착용 상황을 감시하는 일 |
| 7. 가스집합용접장치의 취급작업 | 가. 작업방법을 결정하고 작업을 직접 지휘하는 일<br>나. 가스집합장치의 취급에 종사하는 근로자로 하여금 다음의 작업요령을 준수하도록 하는 일<br>　(1) 부착할 가스용기의 마개 및 배관 연결부에 붙어 있는 유류·찌꺼기 등을 제거할 것<br>　(2) 가스용기를 교환할 때에는 그 용기의 마개 및 배관 연결부 부분의 가스누출을 점검하고 배관 내의 가스가 공기와 혼합되지 않도록 할 것<br>　(3) 가스누출 점검은 비눗물을 사용하는 등 안전한 방법으로 할 것<br>　(4) 밸브 또는 콕은 서서히 열고 닫을 것<br>다. 가스용기의 교환작업을 감시하는 일<br>라. 작업을 시작할 때에는 호스·취관·호스밴드 등의 기구를 점검하고 손상·마모 등으로 인하여 가스나 산소가 누출될 우려가 있다고 인정할 때에는 보수하거나 교환하는 일<br>마. 안전기는 작업 중 그 기능을 쉽게 확인할 수 있는 장소에 두고 1일 1회 이상 점검하는 일<br>바. 작업에 종사하는 근로자의 보안경 및 안전장갑의 착용 상황을 감시하는 일 |
| 8. 거푸집 동바리의 고정·조립 또는 해체 작업/지반의 굴착작업/흙막이 지보공의 고정·조립 또는 해체 작업/터널의 굴착작업/건물 등의 해체작업 ★ | 가. **안전한 작업방법을 결정**하고 **작업을 지휘**하는 일<br>나. **재료·기구의 결함 유무를 점검**하고 **불량품을 제거**하는 일<br>다. 작업중**안전대 및 안전모 등 보호구 착용 상황을 감시**하는 일 |

| 작업의 종류 | 직무수행 내용 |
|---|---|
| 9. 달비계 또는 높이 5미터 이상의 비계(飛階)를 조립·해체하거나 변경하는 작업(해체작업의 경우 가목은 적용 제외)★ | 가. 재료의 결함 유무를 점검하고 불량품을 제거하는 일<br>나. 기구·공구·안전대 및 안전모 등의 기능을 점검하고 불량품을 제거하는 일<br>다. 작업방법 및 근로자 배치를 결정하고 작업 진행 상태를 감시하는 일<br>라. 안전대와 안전모 등의 착용 상황을 감시하는 일 |
| 10. 발파작업★ | 가. 점화 전에 점화작업에 종사하는 근로자가 아닌 사람에게 대피를 지시하는 일<br>나. 점화작업에 종사하는 근로자에게 대피장소 및 경로를 지시하는 일<br>다. 점화 전에 위험구역 내에서 근로자가 대피한 것을 확인하는 일<br>라. 점화순서 및 방법에 대하여 지시하는 일<br>마. 점화신호를 하는 일<br>바. 점화작업에 종사하는 근로자에게 대피신호를 하는 일<br>사. 발파 후 터지지 않은 장약이나 남은 장약의 유무, 용수(湧水)의 유무 및 암석·토사의 낙하 여부 등을 점검하는 일<br>아. 점화하는 사람을 정하는 일<br>자. 공기압축기의 안전밸브 작동 유무를 점검하는 일<br>차. 안전모 등 보호구 착용 상황을 감시하는 일 |
| 11. 채석을 위한 굴착작업★ | 가. 대피방법을 미리 교육하는 일<br>나. 작업을 시작하기 전 또는 폭우가 내린 후에는 토사 등의 낙하·균열의 유무 또는 함수(含水)·용수(湧水) 및 동결의 상태를 점검하는 일<br>다. 발파한 후에는 발파장소 및 그 주변의 토사 등의 낙하·균열의 유무를 점검하는 일 |
| 12. 화물취급작업★ | 가. 작업방법 및 순서를 결정하고 작업을 지휘하는 일<br>나. 기구 및 공구를 점검하고 불량품을 제거하는 일<br>다. 그 작업장소에는 관계 근로자가 아닌 사람의 출입을 금지하는 일<br>라. 로프 등의 해체작업을 할 때에는 하대(荷臺) 위의 화물의 낙하위험 유무를 확인하고 작업의 착수를 지시하는 일 |
| 13. 부두와 선박에서의 하역작업 | 가. 작업방법을 결정하고 작업을 지휘하는 일<br>나. 통행설비·하역기계·보호구 및 기구·공구를 점검·정비하고 이들의 사용 상황을 감시하는 일<br>다. 주변 작업자간의 연락을 조정하는 일 |

| 작업의 종류 | 직무수행 내용 |
|---|---|
| 14. 전로 등 전기작업 또는 그 지지물의 설치, 점검, 수리 및 도장 등의 작업 | 가. 작업구간 내의 충전전로 등 모든 충전 시설을 점검하는 일<br>나. 작업방법 및 그 순서를 결정(근로자 교육 포함)하고 작업을 지휘하는 일<br>다. 작업근로자의 보호구 또는 절연용 보호구 착용 상황을 감시하고 감전재해 요소를 제거하는 일<br>라. 작업 공구, 절연용 방호구 등의 결함 여부와 기능을 점검하고 불량품을 제거하는 일<br>마. 작업장소에 관계 근로자 외에는 출입을 금지하고 주변 작업자와의 연락을 조정하며 도로작업 시 차량 및 통행인 등에 대한 교통통제 등 작업전반에 대해 지휘·감시하는 일<br>바. 활선작업용 기구를 사용하여 작업할 때 안전거리가 유지되는지 감시하는 일<br>사. 감전재해를 비롯한 각종 산업재해에 따른 신속한 응급처치를 할 수 있도록 근로자들을 교육하는 일 |
| 15. 관리대상 유해물질을 취급하는 작업 | 가. 관리대상 유해물질을 취급하는 근로자가 물질에 오염되지 않도록 작업방법을 결정하고 작업을 지휘하는 업무<br>나. 관리대상 유해물질을 취급하는 장소나 설비를 매월 1회 이상 순회점검하고 국소배기장치 등 환기설비에 대해서는 다음 각 호의 사항을 점검하여 필요한 조치를 하는 업무. 단, 환기설비를 점검하는 경우에는 다음의 사항을 점검<br>  (1) 후드(hood)나 덕트(duct)의 마모·부식, 그 밖의 손상 여부 및 정도<br>  (2) 송풍기와 배풍기의 주유 및 청결 상태<br>  (3) 덕트 접속부가 헐거워졌는지 여부<br>  (4) 전동기와 배풍기를 연결하는 벨트의 작동 상태<br>  (5) 흡기 및 배기 능력 상태<br>다. 보호구의 착용 상황을 감시하는 업무<br>라. 근로자가 탱크 내부에서 관리대상 유해물질을 취급하는 경우에 다음의 조치를 했는지 확인하는 업무<br>  (1) 관리대상 유해물질에 관하여 필요한 지식을 가진 사람이 해당 작업을 지휘<br>  (2) 관리대상 유해물질이 들어올 우려가 없는 경우에는 작업을 하는 설비의 개구부를 모두 개방<br>  (3) 근로자의 신체가 관리대상 유해물질에 의하여 오염되었거나 작업이 끝난 경우에는 즉시 몸을 씻는 조치<br>  (4) 비상 시에 작업설비 내부의 근로자를 즉시 대피시키거나 구조하기 위한 기구와 그 밖의 설비를 갖추는 조치 |

| 작업의 종류 | 직무수행 내용 |
|---|---|
| 15. 관리대상 유해물질을 취급하는 작업 | (5) 작업을 하는 설비의 내부에 대하여 작업 전에 관리대상 유해물질의 농도를 측정하거나 그 밖의 방법으로 근로자가 건강에 장해를 입을 우려가 있는지를 확인하는 조치<br>(6) 제(5)에 따른 설비 내부에 관리대상 유해물질이 있는 경우에는 설비 내부를 충분히 환기하는 조치<br>(7) 유기화합물을 넣었던 탱크에 대하여 제(1)부터 제(6)까지의 조치 외에 다음의 조치<br>  (가) 유기화합물이 탱크로부터 배출된 후 탱크 내부에 재유입되지 않도록 조치<br>  (나) 물이나 수증기 등으로 탱크 내부를 씻은 후 그 씻은 물이나 수증기 등을 탱크로부터 배출<br>  (다) 탱크 용적의 3배 이상의 공기를 채웠다가 내보내거나 탱크에 물을 가득 채웠다가 내보내거나 탱크에 물을 가득 채웠다가 배출<br>마. 나목에 따른 점검 및 조치 결과를 기록·관리하는 업무 |
| 16. 허가대상 유해물질 취급작업 | 가. 근로자가 허가대상 유해물질을 들이마시거나 허가대상 유해물질에 오염되지 않도록 작업수칙을 정하고 지휘하는 업무<br>나. 작업장에 설치되어 있는 국소배기장치나 그 밖에 근로자의 건강장해 예방을 위한 장치 등을 매월 1회 이상 점검하는 업무<br>다. 근로자의 보호구 착용 상황을 점검하는 업무 |
| 17. 석면 해체·제거작업 | 가. 근로자가 석면분진을 들이마시거나 석면분진에 오염되지 않도록 작업방법을 정하고 지휘하는 업무<br>나. 작업장에 설치되어 있는 석면분진 포집장치, 음압기 등의 장비의 이상 유무를 점검하고 필요한 조치를 하는 업무<br>다. 근로자의 보호구 착용 상황을 점검하는 업무 |
| 18. 고압작업 | 가. 작업방법을 결정하여 고압작업자를 직접 지휘하는 업무<br>나. 유해가스의 농도를 측정하는 기구를 점검하는 업무<br>다. 고압작업자가 작업실에 입실하거나 퇴실하는 경우에 고압작업자의 수를 점검하는 업무<br>라. 작업실에서 공기조절을 하기 위한 밸브나 콕을 조작하는 사람과 연락하여 작업실 내부의 압력을 적정한 상태로 유지하도록 하는 업무 |

| 작업의 종류 | 직무수행 내용 |
|---|---|
| 18. 고압작업 | 마. 공기를 기압조절실로 보내거나 기압조절실에서 내보내기 위한 밸브나 콕을 조작하는 사람과 연락하여 고압작업자에 대하여 가압이나 감압을 다음과 같이 따르도록 조치하는 업무<br>(1) 가압을 하는 경우 1분에 제곱센티미터당 0.8킬로그램 이하의 속도로 함<br>(2) 감압을 하는 경우에는 고용노동부장관이 정하여 고시하는 기준에 맞도록 함<br>바. 작업실 및 기압조절실 내 고압작업자의 건강에 이상이 발생한 경우 필요한 조치를 하는 업무 |
| 19. 밀폐공간 작업(제3편제10장)★ | 가. **산소**가 **결핍**된 공기나 **유해가스**에 **노출되지 않도록** 작업 시작 전에 해당 근로자의 **작업을 지휘**하는 업무<br>나. **작업**을 하는 **장소의 공기가 적절한지를 작업 시작 전에 측정**하는 업무<br>다. **측정장비·환기장치 또는 송기마스크 등을 작업 시작 전에 점검**하는 업무<br>라. 근로자에게 **송기마스크 등의 착용을 지도**하고 **착용 상황을 점검**하는 업무 |

# 예상문제

**01** 산업안전보건법에 의한 공정안전보고서에 관한 내용이다. 괄호에 적합한 내용을 적으시오.

> (1) 사업주는 사업장에 대통령령으로 정하는 유해하거나 위험한 설비가 있는 경우 그 설비로부터의 중대산업사고를 예방하기 위하여 대통령령으로 정하는 바에 따라 ( ① )를 작성하고 고용노동부장관에게 제출하여 심사를 받아야 한다.
>
> (2) 사업주는 ( ① )를 작성할 때 ( ② )의 심의를 거쳐야 한다. 다만, ( ② )가 설치되어 있지 아니한 사업장의 경우에는 ( ③ )의 의견을 들어야한다.

**정답**
① 공정안전보고서
② 산업안전보건위원회
③ 근로자대표

## 02 공정안전보고서 제출대상 사업의 종류를 5가지 적으시오.

**정답**
① 원유 정제처리업
② 기타 석유정제물 재처리업
③ 석유화학계 기초화학물 제조업 또는 합성수지 및 기타 플라스틱물질 제조업
④ 질소, 인산 및 칼리질 비료 제조업(인산 및 칼리질 비료 제조업에 해당하는 경우는 제외한다)
⑤ 복합비료 제조업(단순혼합 또는 배합에 의한 경우는 제외한다)
⑥ 농약 제조업(원제 제조만 해당한다)
⑦ 화약 및 불꽃제품 제조업

화재·폭발 – 원유, 석유정제물, 화약 및 불꽃제품
중독·질식 – 농약, 비료(복합비료, 질소질 비료)

**공정안전보고서 제출 제외 대상**

① 원자력 설비
② 군사시설
③ 사업주가 해당 사업장 내에서 직접 사용하기 위한 난방용 연료의 저장설비 및 사용설비
④ 도매·소매시설
⑤ 차량 등의 운송설비
⑥ 액화석유가스의 충전·저장시설
⑦ 가스공급시설
⑧ 그 밖에 고용노동부장관이 누출·화재·폭발 등으로 인한 피해의 정도가 크지 않다고 인정하여 고시하는 설비

## 03 공정안전보고서의 내용을 4가지 적으시오.

**정답**
① 공정안전자료
② 공정위험성 평가서
③ 안전운전계획
④ 비상조치계획
⑤ 그 밖에 공정상의 안전과 관련하여 노동부장관이 필요하다고 인정하여 고시하는 사항

**참고**

(1) 공정안전보고서의 제출 시기
사업주는 유해·위험설비의 설치·이전 또는 주요 구조부분의 변경공사의 (착공 30일 전)까지 공정안전보고서를 2부 작성하여 공단에 제출하여야 한다.

(2) 공정안전보고서의 확인

| | |
|---|---|
| 신규로 설치될 유해·위험설비에 대해서는 설치 과정 및 설치 완료 후 시운전단계 | 각 1회 |
| 기존에 설치되어 사용 중인 유해·위험설비에 대해서는 심사 완료 후 | 3개월 이내 |
| 유해·위험설비와 관련한 공정의 중대한 변경의 경우에는 변경 완료 후 | 1개월 이내 |
| 유해·위험설비 또는 이와 관련된 공정에 중대한 사고 또는 결함이 발생한 경우 | 1개월 이내 |

(3) 공정안전보고서 이행상태 평가 ★
① 고용노동부장관은 공정안전보고서의 확인(신규로 설치되는 유해·위험설비의 경우에는 설치완료 후 시운전 단계에서의 확인을 말한다) 후 (1년)이 경과한 날부터 (2년) 이내에 공정안전보고서 이행상태평가를 하여야 한다.
② 고용노동부장관은 이행상태평가 후 (4년)마다 이행상태평가를 하여야 한다. 다만, 다음 각 호의 어느 하나에 해당하는 경우에는 (1년 또는 2년)마다 실시할 수 있다.
  • 이행상태평가 후 사업주가 이행상태평가를 요청하는 경우
  • 사업장에 출입하여 검사 및 안전·보건점검 등을 실시한 결과 변경요소 관리계획 미준수로 공정안전보고서 이행상태가 불량한 것으로 인정되는 경우 등 고용노동부장관이 정하여 고시하는 경우

## 04. 

사업주는 근로자가 다음 각 호의 어느 하나에 해당하는 장소에서 작업을 할 때 발생할 수 있는 산업재해를 예방하기 위하여 필요한 조치를 하여야 한다. 산업재해를 예방하기 위하여 필요한 조치를 하여야 하는 작업장소를 3가지 적으시오.

**정답**
① 근로자가 **추락할 위험**이 있는 장소
② **토사·구축물 등이 붕괴할 우려**가 있는 장소
③ **물체가 떨어지거나 날아올 위험**이 있는 장소
④ **천재지변으로 인한 위험**이 발생할 우려가 있는 장소

## 05.

다음 작업시작 전 점검내용을 적으시오.

| 작업시작 전 점검사항 ||
|---|---|
| 작업의 종류 | 점검내용 |
| 1. 공기압축기를 가동할 때(5가지) | |
| 2. 크레인을 사용하여 작업을 하는 때(3가지) | |
| 3. 이동식 크레인을 사용하여 작업을 할 때 (3가지) | |
| 4. 리프트(간이리프트를 포함한다)를 사용하여 작업을 할 때(2가지) | |

| 작업시작 전 점검사항 ||
|---|---|
| 작업의 종류 | 점검내용 |
| 5. 곤돌라를 사용하여 작업을 할 때(2가지) | |
| 6. 지게차를 사용하여 작업을 하는 때(4가지) | |
| 7. 구내운반차를 사용하여 작업을 할 때 (4가지) | |
| 8. 고소작업대를 사용하여 작업을 할 때 (4가지) | |
| 9. 화물자동차를 사용하는 작업을 하게 할 때 (3가지) | |
| 10. 컨베이어 등을 사용하여 작업을 할 때 (4가지) | |
| 11. 용접·용단 작업 등의 화재위험작업을 할 때 (4가지) | |
| 12. 근로자가 반복하여 계속적으로 중량물을 취급하는 작업을 할 때(3가지) | |
| 13. 양화장치를 사용하여 화물을 싣고 내리는 작업을 할 때(2가지) | |
| 14. 슬링 등을 사용하여 작업을 할 때(2가지) | |

| 작업의 종류 | 점검내용 |
|---|---|
| 1. 공기압축기를 가동할 때 | 가. 공기저장 압력용기의 외관 상태<br>나. 드레인밸브(drain valve)의 조작 및 배수<br>다. 압력방출장치의 기능<br>라. 언로드밸브(unloading valve)의 기능<br>마. 윤활유의 상태<br>바. 회전부의 덮개 또는 울<br>사. 그 밖의 연결 부위의 이상 유무 |
| 2. 크레인을 사용하여 작업을 하는 때 | 가. 권과방지장치·브레이크·클러치 및 운전장치의 기능<br>나. 주행로의 상측 및 트롤리(trolley)가 횡행하는 레일의 상태<br>다. 와이어로프가 통하고 있는 곳의 상태 |
| 3. 이동식 크레인을 사용하여 작업을 할 때 | 가. 권과방지장치나 그 밖의 경보장치의 기능<br>나. 브레이크·클러치 및 조정장치의 기능<br>다. 와이어로프가 통하고 있는 곳 및 작업장소의 지반상태 |
| 4. 리프트(간이리프트를 포함한다)를 사용하여 작업을 할 때 | 가. 방호장치·브레이크 및 클러치의 기능<br>나. 와이어로프가 통하고 있는 곳의 상태 |
| 5. 곤돌라를 사용하여 작업을 할 때 | 가. 방호장치·브레이크의 기능<br>나. 와이어로프·슬링와이어(sling wire) 등의 상태 |
| 6. 지게차를 사용하여 작업을 하는 때 | 가. 제동장치 및 조종장치 기능의 이상 유무<br>나. 하역장치 및 유압장치 기능의 이상 유무<br>다. 바퀴의 이상 유무<br>라. 전조등·후미등·방향지시기 및 경보장치 기능의 이상 유무 |
| 7. 구내운반차를 사용하여 작업을 할 때 | 가. 제동장치 및 조종장치 기능의 이상 유무<br>나. 하역장치 및 유압장치 기능의 이상 유무<br>다. 바퀴의 이상 유무<br>라. 전조등·후미등·방향지시기 및 경음기 기능의 이상 유무<br>마. 충전장치를 포함한 홀더 등의 결합상태의 이상 유무 |
| 8. 고소작업대를 사용하여 작업을 할 때 | 가. 비상정지장치 및 비상하강 방지장치 기능의 이상 유무<br>나. 과부하 방지장치의 작동 유무(와이어로프 또는 체인구동방식의 경우)<br>다. 아웃트리거 또는 바퀴의 이상 유무<br>라. 작업면의 기울기 또는 요철 유무<br>마. 활선작업용 장치의 경우 홈·균열·파손 등 그 밖의 손상 유무 |
| 9. 화물자동차를 사용하는 작업을 하게 할 때 | 가. 제동장치 및 조종장치의 기능<br>나. 하역장치 및 유압장치의 기능<br>다. 바퀴의 이상 유무 |

| 작업의 종류 | 점검내용 |
| --- | --- |
| 10. 컨베이어 등을 사용하여 작업을 할 때 | 가. 원동기 및 풀리(pulley) 기능의 이상 유무<br>나. 이탈 등의 방지장치 기능의 이상 유무<br>다. 비상정지장치 기능의 이상 유무<br>라. 원동기 · 회전축 · 기어 및 풀리 등의 덮개 또는 울 등의 이상 유무 |
| 11. 용접 · 용단 작업 등의 화재위험작업을 할 때 | 가. 작업 준비 및 작업 절차 수립 여부<br>나. 화기작업에 따른 인근 가연성물질에 대한 방호조치 및 소화기구 비치 여부<br>다. 용접불티 비산방지덮개 또는 용접방화포 등 불꽃 · 불티 등의 비산을 방지하기 위한 조치 여부<br>라. 인화성 액체의 증기 또는 인화성 가스가 남아 있지 않도록 하는 환기 조치 여부<br>마. 작업근로자에 대한 화재예방 및 피난교육 등 비상조치 여부 |
| 12. 근로자가 반복하여 계속적으로 중량물을 취급하는 작업을 할 때 | 가. 중량물 취급의 올바른 자세 및 복장<br>나. 위험물이 날아 흩어짐에 따른 보호구의 착용<br>다. 카바이드 · 생석회(산화칼슘) 등과 같이 온도상승이나 습기에 의하여 위험성이 존재하는 중량물의 취급방법<br>라. 그 밖에 하역운반기계 등의 적절한 사용방법 |
| 13. 양화장치를 사용하여 화물을 싣고 내리는 작업을 할 때 | 가. 양화장치(揚貨裝置)의 작동상태<br>나. 양화장치에 제한하중을 초과하는 하중을 실었는지 여부 |
| 14. 슬링 등을 사용하여 작업을 할 때 | 가. 훅이 붙어 있는 슬링 · 와이어슬링 등이 매달린 상태<br>나. 슬링 · 와이어슬링 등의 상태(작업시작 전 및 작업 중 수시로 점검) |

# 실기[필답형]
## 기출문제

# 2012년 1회 건설안전산업기사 필답형

**01** 작업발판 및 통로의 끝이나 개구부로서 근로자가 추락할 위험이 있는 장소에 하여야 하는 방호조치 2가지를 적으시오. (6점)

> **정답**
> ① 안전난간 설치
> ② 울타리 설치
> ③ 수직형 추락방망 또는 덮개 설치
> ④ 추락방호망 설치(안전난간 설치 곤란 또는 해체한 경우)

**참고**

**개구부 등의 방호 조치**

난간 등을 설치하는 것이 매우 곤란하거나 작업의 필요상 임시로 난간 등을 해체하여야 하는 경우 추락방호망을 설치하여야 한다. 다만, 추락방호망을 설치하기 곤란한 경우에는 근로자에게 안전대를 착용하도록 하는 등 추락할 위험을 방지하기 위하여 필요한 조치를 하여야 한다.

**02** 와이어로프의 사용금지 사항 3가지를 적으시오. (6점)

> **정답**
> ① 이음매가 있는 것
> ② 와이어로프의 한 꼬임에서 끊어진 소선의 수가 10퍼센트 이상인 것
> ③ 지름의 감소가 공칭 지름의 7퍼센트를 초과하는 것
> ④ 꼬인 것
> ⑤ 심하게 변형되거나 부식된 것
> ⑥ 열과 전기충격에 의해 손상된 것

# 03. 사업주가 근로자에게 실시해야 하는 안전보건교육의 [보기]에 적합한 교육시간을 적으시오. (6점)

[보기]
① 사무직 종사 근로자의 정기교육 : 매 반기 ( )시간 이상
② 관리감독자의 정기교육 : 연간 ( )시간 이상
③ 일용근로자 및 근로계약기간이 1주일 이하인 기간제 근로자 및 근로계약기간이 1주일 초과 1개월 이하인 기간제 근로자를 제외한 근로자의 채용 시의 교육시간 : ( )시간 이상
④ 일용근로자 및 근로계약기간이 1주일 이하인 기간제 근로자의 작업내용변경 시의 교육시간 : ( )시간 이상
⑤ 일용근로자 및 근로계약기간이 1주일 이하인 기간제 근로자를 제외한 근로자의 특별교육 : ( )시간 이상
⑥ 건설업 기초안전보건교육 : ( )시간

**정답**  ① 6  ② 16  ③ 8  ④ 1  ⑤ 16  ⑥ 4

**참고**

[사업주가 근로자에게 실시해야 하는 안전보건교육의 교육시간]
가. 근로자 안전보건교육

| 교육과정 | 교육대상 | | 교육시간 |
| --- | --- | --- | --- |
| 가. 정기교육 | 1) 사무직 종사 근로자 | | 매반기 6시간 이상 |
| | 2) 그 밖의 근로자 | 가) 판매업무에 직접 종사하는 근로자 | 매반기 6시간 이상 |
| | | 나) 판매업무에 직접 종사하는 근로자 외의 근로자 | 매반기 12시간 이상 |
| 나. 채용 시의 교육 | 1) 일용근로자 및 근로계약기간이 1주일 이하인 기간제 근로자 | | 1시간 이상 |
| | 2) 근로계약기간이 1주일 초과 1개월 이하인 기간제 근로자 | | 4시간 이상 |
| | 3) 그 밖의 근로자 | | 8시간 이상 |

| 교육과정 | 교육대상 | 교육시간 |
|---|---|---|
| 다. 작업내용 변경 시의 교육 | 1) 일용근로자 및 근로계약기간이 1주일 이하인 기간제 근로자 | 1시간 이상 |
| | 2) 그 밖의 근로자 | 2시간 이상 |
| 라. 특별교육 | 1) 일용근로자 및 근로계약기간이 1주일 이하인 기간제 근로자(타워크레인신호작업에 종사하는 근로자 제외) | 2시간 이상 |
| | 2) 일용근로자 및 근로계약기간이 1주일 이하인 기간제 근로자 중 타워크레인신호작업에 종사하는 근로자 | 8시간 이상 |
| | 3) 일용근로자 및 근로계약기간이 1주일 이하인 기간제 근로자를 제외한 근로자 | 가) 16시간 이상(최초 작업에 종사하기 전 4시간 이상 실시하고 12시간은 3개월 이내에서 분할하여 실시 가능) <br> 나) 단기간 작업 또는 간헐적 작업인 경우에는 2시간 이상 |
| 마. 건설업 기초안전·보건교육 | 건설 일용근로자 | 4시간 이상 |

**나. 관리감독자 안전보건교육**

| 교육과정 | 교육시간 |
|---|---|
| 가. 정기교육 | 연간 16시간 이상 |
| 나. 채용 시 교육 | 8시간 이상 |
| 다. 작업내용 변경 시 교육 | 2시간 이상 |
| 라. 특별교육 | 16시간 이상(최초 작업에 종사하기 전 4시간 이상 실시하고, 12시간은 3개월 이내에서 분할하여 실시 가능) |
| | 단기간 작업 또는 간헐적 작업인 경우에는 2시간 이상 |

**04** 산업안전보건법에 의하여 목재 가공용 둥근톱 기계에 설치하여야 하는 방호장치 2가지를 적으시오. (4점)

> **정답**
> ① 날접촉 예방장치(덮개)
> ② 반발예방장치

> **참고**

**반발예방장치의 종류**

① 분할날(spreader)
② 반발방지기구(finger)
③ 반발방지롤러(roll)

## 05 차량계 건설기계의 넘어짐을 방지하기 위한 조치사항 3가지를 적으시오. (6점)

**정답**
① 유도자 배치
② 지반의 부동침하 방지
③ 갓길의 붕괴 방지
④ 도로의 폭 유지

> **참고**

**차량계 하역운반기계의 넘어짐 방지 조치**

① 유도자 배치
② 지반의 부동침하 방지
③ 갓길의 붕괴 방지

## 06 안전난간의 구조 및 설치요건 4가지를 적으시오. (4점)

**정답**
① 상부 난간대, 중간 난간대, 발끝 막이판 및 난간기둥으로 구성할 것
② 상부 난간대는 바닥면 등으로부터 90센티미터 이상 지점에 설치하고,
  - 상부 난간대를 120센티미터 이하에 설치하는 경우 : 중간 난간대는 상부 난간대와 바닥면 등의 중간에 설치
  - 120센티미터 이상 지점에 설치하는 경우 : 중간 난간대를 2단 이상으로 설치, 난간의 상하 간격은 60센티미터 이하가 되도록 할 것(다만, 난간기둥 간의 간격이 25센티미터 이하인 경우에는 중간 난간대를 설치하지 않을 수 있다.)
③ 발끝 막이판은 바닥면 등으로부터 10센티미터 이상의 높이를 유지할 것
④ 난간기둥은 상부 난간대와 중간 난간대를 견고하게 떠받칠 수 있도록 적정한 간격을 유지할 것
⑤ 상부 난간대와 중간 난간대는 난간 길이 전체에 걸쳐 바닥면 등과 평행을 유지할 것
⑥ 난간대는 지름 2.7센티미터 이상의 금속제 파이프나 그 이상의 강도가 있는 재료일 것
⑦ 안전난간은 구조적으로 가장 취약한 지점에서 가장 취약한 방향으로 작용하는 100킬로그램 이상의 하중에 견딜 수 있는 튼튼한 구조일 것

## 07 산업안전보건법의 경고표지 중 바탕색이 노란색인 경고표지의 종류를 5가지 적으시오. (4점)

**정답**
① 방사성물질 경고
② 고압전기 경고
③ 매달린 물체 경고
④ 낙하물 경고(낙하물체 경고)
⑤ 고온 경고
⑥ 저온 경고
⑦ 몸균형 상실 경고
⑧ 레이저광선 경고
⑨ 위험장소 경고

> **참고**

**경고표지의 종류**

| 종류 | 색채 |
|---|---|
| 1. 인화성물질 경고<br>2. 산화성물질 경고<br>3. 폭발성물질 경고<br>4. 급성독성물질 경고<br>5. 부식성물질 경고<br>6. 발암성 · 변이원성 · 생식독성 · 전신독성 · 호흡기과민성물질 경고 | 바탕은 무색, 기본모형은 빨간색<br>(검은색도 가능) |
| 7. 방사성물질 경고<br>8. 고압전기 경고<br>9. 매달린물체 경고<br>10. 낙하물 경고<br>11. 고온 경고<br>12. 저온 경고<br>13. 몸균형 상실 경고<br>14. 레이저광선 경고<br>15. 위험장소 경고 | 바탕은 노란색<br>기본모형, 관련 부호 및 그림은 검은색 |

**08** 연평균 근로자수가 1,500명인 어느 공장에서 연간 재해건수가 3건이 발생하여 사망이 1명, 근로손실일수 60일 1명, 휴업일수 50일 1명이 발생하였다. (1) 연천인율을 구하시오. (2) 도수율을 구하시오. (4점)

**정답**

1. 연천인율 = $\dfrac{\text{연간재해자 수}}{\text{연평균 근로자 수}} \times 1{,}000$

2. 연천인율 = 도수율 × 2.4

3. 도수율 = $\dfrac{\text{재해 건수}}{\text{연 근로시간 수}} \times 10^6$

1. 연천인율 = $\dfrac{\text{연간재해자 수}}{\text{연평균 근로자 수}} \times 1{,}000 = \dfrac{3}{1{,}500} \times 1{,}000 = 2$

2. 도수율 = $\dfrac{\text{재해 건수}}{\text{연 근로시간 수}} \times 10^6 = \dfrac{3}{1{,}500 \times 2{,}400} \times 10^6 = 0.83$

**09** 산업안전보건기준에 관한 규칙에 의하여 교류아크용접기에 설치하여야 하는 (1) 방호장치 명을 적으시오. (2) 방호장치의 성능조건을 적으시오. (4점)

**정답**
(1) 자동전격방지기(자동전격방지장치)
(2) 용접을 중단하고 1.0초 내에 용접기의 홀더, 어스선에 흐르는 무부하 전압을 안전전압 25V 이하로 내려준다.

**10** 휴먼 에러의 배후요인 4M을 적으시오. (4점)

**정답**
① Man(인간)
② Machine(기계)
③ Media(매체)
④ Management(관리)

**11** 히빙 현상의 방지 대책 3가지를 적으시오. (3점)

**정답**
① 양질의 재료로 지반을 개량한다.(흙의 전단강도를 높인다.)
② 어스앵커를 설치한다.
③ 시트파일 등의 근입 심도 검토(흙막이 벽체의 근입 깊이를 깊게 한다.)
④ 굴착주변에 웰포인트 공법을 병행한다.
⑤ 소단을 두면서 굴착한다.
⑥ 굴착주변의 상재하중을 제거한다.
⑦ 굴착저면에 토사 등의 인공중력을 가중시킨다.

**12** 달비계에 사용하는 달기체인의 사용금지 조건 3가지를 적으시오. (6점)

> **정답**
> ① 달기 체인의 **길이가** 달기 체인이 **제조된 때의 길이의 5퍼센트를 초과한 것**
> ② 링의 단면지름이 달기 체인이 **제조된 때의 해당 링의 지름의 10퍼센트를 초과하여 감소한 것**
> ③ 균열이 있거나 심하게 변형된 것

**13** 작업자가 고소작업을 하던 중 작업발판에서 떨어지며 바닥에 부딪혀 상해를 입었다. 다음 물음에 답하시오. (3점)

1. 재해 발생형태 :

2. 기인물 :

3. 가해물 :

> **정답**
> 1. 재해 발생형태 : 떨어짐
> 2. 기인물 : 작업발판
> 3. 가해물 : 바닥

# 2012년 2회 건설안전산업기사 필답형

**01** 안전인증 대상 제품에 표시해야 할 사항을 4가지 적으시오. (4점)

**정답**
1. 형식 또는 모델명
2. 규격 또는 등급 등
3. 제조자명
4. 제조번호 및 제조연월
5. 안전인증 번호

**참고**

| 자율안전확인 제품 표시사항 | 안전검사 합격표시 사항 |
|---|---|
| ① 형식 또는 모델명<br>② 규격 또는 등급 등<br>③ 제조자명<br>④ 제조번호 및 제조연월<br>⑤ 자율안전확인 번호 | ① 검사 대상 유해·위험 기계명<br>② 신청인<br>③ 형식번호(기호)<br>④ 합격번호<br>⑤ 검사유효기간<br>⑥ 검사기관 |

## 02
사업주가 근로자에게 실시해야 하는 안전보건교육의 [보기]에 적합한 교육시간을 적으시오. (6점)

[보기]

① 사무직 종사 근로자의 정기교육 : 매 반기 (　　)시간 이상

② 관리감독자의 정기교육 : 연간 (　　)시간 이상

③ 일용근로자 및 근로계약기간이 1주일 이하인 기간제 근로자 및 근로계약기간이 1주일 초과 1개월 이하인 기간제 근로자를 제외한 근로자의 채용 시의 교육시간 : (　　)시간 이상

④ 일용근로자 및 근로계약기간이 1주일 이하인 기간제 근로자의 작업내용변경 시의 교육시간 : (　　)시간 이상

⑤ 일용근로자 및 근로계약기간이 1주일 이하인 기간제 근로자를 제외한 근로자의 특별교육 : (　　)시간 이상

⑥ 건설업 기초안전보건교육 : (　　)시간

**정답**

① 6　② 16　③ 8　④ 1　⑤ 16　⑥ 4

**참고**

[사업주가 근로자에게 실시해야 하는 안전보건교육의 교육시간]

가. 근로자 안전보건교육

| 교육과정 | 교육대상 | | 교육시간 |
|---|---|---|---|
| 가. 정기교육 | 1) 사무직 종사 근로자 | | 매반기 6시간 이상 |
| | 2) 그 밖의 근로자 | 가) 판매업무에 직접 종사하는 근로자 | 매반기 6시간 이상 |
| | | 나) 판매업무에 직접 종사하는 근로자 외의 근로자 | 매반기 12시간 이상 |
| 나. 채용 시의 교육 | 1) 일용근로자 및 근로계약기간이 1주일 이하인 기간제 근로자 | | 1시간 이상 |
| | 2) 근로계약기간이 1주일 초과 1개월 이하인 기간제 근로자 | | 4시간 이상 |
| | 3) 그 밖의 근로자 | | 8시간 이상 |

| 교육과정 | 교육대상 | 교육시간 |
|---|---|---|
| 다. 작업내용 변경 시의 교육 | 1) 일용근로자 및 근로계약기간이 1주일 이하인 기간제 근로자 | 1시간 이상 |
| | 2) 그 밖의 근로자 | 2시간 이상 |
| 라. 특별교육 | 1) 일용근로자 및 근로계약기간이 1주일 이하인 기간제 근로자(타워크레인신호작업에 종사하는 근로자 제외) | 2시간 이상 |
| | 2) 일용근로자 및 근로계약기간이 1주일 이하인 기간제 근로자 중 타워크레인신호작업에 종사하는 근로자 | 8시간 이상 |
| | 3) 일용근로자 및 근로계약기간이 1주일 이하인 기간제 근로자를 제외한 근로자 | 가) 16시간 이상(최초 작업에 종사하기 전 4시간 이상 실시하고 12시간은 3개월 이내에서 분할하여 실시 가능)<br>나) 단기간 작업 또는 간헐적 작업인 경우에는 2시간 이상 |
| 마. 건설업 기초안전 · 보건교육 | 건설 일용근로자 | 4시간 이상 |

### 나. 관리감독자 안전보건교육

| 교육과정 | 교육시간 |
|---|---|
| 가. 정기교육 | 연간 16시간 이상 |
| 나. 채용 시 교육 | 8시간 이상 |
| 다. 작업내용 변경 시 교육 | 2시간 이상 |
| 라. 특별교육 | 16시간 이상(최초 작업에 종사하기 전 4시간 이상 실시하고, 12시간은 3개월 이내에서 분할하여 실시 가능) |
| | 단기간 작업 또는 간헐적 작업인 경우에는 2시간 이상 |

**03** 건설공사의 산업안전보건관리비를 계상하는 경우 대상액의 구성항목 3가지를 적으시오. (3점)

**정답**
① 직접 재료비
② 간접 재료비
③ 직접 노무비

**04** 산업안전보건법에 의하여 가스집합장치를 설치하는 경우의 준수사항이다. 괄호에 적합한 내용을 적으시오. (6점)

[보기]
(1) 가스집합장치는 화기를 사용하는 설비로부터 ( ① ) 이상 떨어진 장소에 설치하여야 한다.
(2) 용해아세틸렌의 가스집합용접장치의 배관 및 부속기구는 동 또는 동을 ( ② )퍼센트 이상 함유한 합금을 사용하여서는 아니 된다.

**정답**
① 5미터
② 70

**05** 산업재해예방의 4원칙을 적고 설명하시오. (4점)

**정답**
① 예방가능의 원칙 : 모든 재해는 예방이 가능하다.
② 손실우연의 원칙 : 사고의 결과 손실은 우연히 발생한다.
③ 대책선정의 원칙 : 사고의 원인에 대한 대책선정이 가능하다.
④ 원인연계의 원칙 : 사고에는 원인이 있고 그 원인은 연계되어 있다.

**06** 인화성 가스가 발생할 우려가 있는 지하 작업장에서 작업하는 때에는 가스 농도를 측정하는 자를 지명하여 당해 가스의 농도를 측정하도록 하여야 한다. 가스농도를 측정하여야 하는 경우 3가지를 적으시오. (5점)

**정답**
① 매일 작업을 시작하기 전
② 가스의 누출이 의심되는 경우
③ 가스가 발생하거나 정체할 위험이 있는 장소가 있는 경우
④ 장시간 작업을 계속하는 때(이 경우 4시간마다 가스농도를 측정하도록 하여야 한다.)

## 07 건설업체에서 상시근로자 수를 계산하는 공식을 적으시오. (4점)

**정답**

$$상시\ 근로자\ 수 = \frac{연간\ 국내공사\ 실적액 \times 노무비율}{건설업\ 월평균임금 \times 12}$$

**참고**

$$사고사망\ 만인율(‰) = \frac{사고사망자수}{상시\ 근로자\ 수} \times 10,000$$

## 08 구축물, 건축물, 그 밖의 시설물 등의 해체작업의 작업계획서에 포함하여야 하는 사항 5가지를 적으시오. (단, 그 밖에 안전·보건에 관련된 사항은 제외할 것) (5점)

**정답**

① 해체의 방법 및 해체 순서도면
② 가설설비·방호설비·환기설비 및 살수·방화설비 등의 방법
③ 사업장 내 연락방법
④ 해체물의 처분계획
⑤ 해체작업용 기계·기구 등의 작업계획서
⑥ 해체작업용 화약류 등의 사용계획서

## 09 크레인의 작업시작 전 점검사항 3가지를 적으시오. (6점)

**정답**

① 권과방지장치·브레이크·클러치 및 운전장치의 기능
② 주행로의 상측 및 트롤리가 횡행(橫行)하는 레일의 상태
③ 와이어로프가 통하고 있는 곳의 상태

## 10
통나무 비계의 구조에 관한 내용이다. 괄호에 적합한 내용을 적으시오. (4점)

> 통나무 비계는 지상높이 ( ① )층 이하 또는 ( ② ) 이하인 작업에서만 사용할 수 있다.

**정답**

① 4  ② 12m

**분석** 관련 법규에서 삭제된 내용입니다.

## 11
터널지보공 설치 시에 점검하여야 하는 항목 4가지를 적으시오. (4점)

**정답**

① 부재의 손상·변형·부식·변위 탈락의 유무 및 상태
② 부재의 긴압의 정도
③ 부재의 접속부 및 교차부의 상태
④ 기둥침하의 유무 및 상태

## 12
틀비계(강관 틀비계) 조립 시의 준수사항 3가지를 적으시오. (6점)

**정답**

① 밑둥에는 밑받침철물을 사용하여야 하며 밑받침에 고저차가 있는 경우에는 조절형 밑받침철물을 사용하여 항상 수평 및 수직을 유지하도록 할 것
② 높이가 20미터를 초과하거나 중량물의 적재를 수반하는 작업을 할 경우에는 주틀 간의 간격이 1.8미터 이하로 할 것
③ 주틀 간에 교차가새를 설치하고 최상층 및 5층 이내마다 수평재를 설치할 것
④ 벽이음 간격(조립간격)은 수직방향 6m, 수평방향으로 8m미터 이내마다 할 것
⑤ 길이가 띠장방향으로 4m 이하이고 높이가 10m를 초과하는 경우에는 10m 이내마다 띠장방향으로 버팀기둥을 설치할 것

**13** 크레인을 사용하여 근로자를 운반하거나 근로자를 달아 올린 상태에서 작업에 종사시켜서는 아니 된다. 다만, 크레인에 전용 탑승설비를 설치하고 추락 위험을 방지하기 위한 조치를 한 경우에 그러하지 아니하다. 이 경우 크레인에 갖추어야 하는 추락위험 방지조치 3가지를 적으시오. (3점)

> **정답**
> ① 탑승설비가 뒤집히거나 떨어지지 않도록 필요한 조치를 할 것
> ② 안전대나 구명줄을 설치하고, 안전난간을 설치할 수 있는 구조인 경우이면 안전난간을 설치할 것
> ③ 탑승설비를 하강시킬 때에는 동력하강방법으로 할 것

# 2012 4회

## 건설안전산업기사 필답형

**01** 달기 와이어로프 또는 달기체인의 적합한 안전계수를 적으시오. (4점)

[보기]
1. 근로자가 탑승하는 운반구를 지지하는 달기와이어로프 또는 달기체인의 경우 : ( ① ) 이상
2. 화물의 하중을 직접 지지하는 달기와이어로프 또는 달기체인의 경우 : ( ② ) 이상
3. 훅, 샤클, 클램프, 리프팅 빔의 경우 : ( ③ ) 이상
4. 그 밖의 경우 : ( ④ ) 이상

**정답**
① 10  ② 5  ③ 3  ④ 4

**02** 터널굴착공법 중 NATM공법과 실드(shield)공법을 간단히 설명하시오. (4점)

**정답**
(1) NATM 공법 : 암반을 천공하고 화약을 충전하여 발파한 후 스틸리브(Steel rib) 및 와이어 매쉬(Wire mesh)를 설치하고 숏크리트(Shot crete)를 타설하여 시공하는 터널공법을 말한다.
(2) 실드(shield) 공법 : 실드(shield)라고 하는 강제 원통 굴삭기를 추진시켜 터널을 굴착하는 공법을 말한다.

## 03
근로자가 소음작업, 강렬한 소음작업 또는 충격소음작업에 종사하는 경우 사업주가 근로자에게 알려야 하는 사항 3가지를 적으시오. (6점)

**정답**
① 해당 작업장소의 소음 수준
② 인체에 미치는 영향과 증상
③ 보호구의 선정과 착용방법
④ 그 밖에 소음으로 인한 건강장해 방지에 필요한 사항

## 04
하인리히(H. W. Heinrich)와 버드(Frank. E. Bird), 아담스(Edward Adams)의 사고연쇄성 이론을 단계별로 적으시오. (6점)

**정답**

| 하인리히(H. W. Heinrich) | 버드(Frank. E. Bird) | 아담스(Edward Adams) |
|---|---|---|
| 1단계 : 선천적 결함 | 1단계 : 제어부족(관리 부재) | 1단계 : 관리구조 |
| 2단계 : 개인적 결함 | 2단계 : 기본원인(기원) | 2단계 : 작전적 에러 |
| 3단계 : 불안전 행동, 불안전한 상태 | 3단계 : 직접원인(징후) | 3단계 : 전술적 에러 |
| 4단계 : 사고 | 4단계 : 사고(접촉) | 4단계 : 사고 |
| 5단계 : 재해(상해) | 5단계 : 상해(손실) | 5단계 : 상해 |

## 05
사업주가 산업재해가 발생한 때에 기록·보존하여야 하는 사항 3가지를 적으시오. (6점)

**정답**
① 사업장의 개요 및 근로자의 인적사항
② 재해 발생의 일시 및 장소
③ 재해 발생의 원인 및 과정
④ 재해 재발방지 계획

**06** 구내운반차를 사용하는 경우의 준수사항 4가지를 적으시오. (4점)

① 주행을 제동하고 또한 정지상태를 유지하기 위하여 유효한 **제동장치**를 갖출 것
② **경음기**를 갖출 것
③ 운전석이 차 실내에 있는 것은 **좌우에 한 개씩 방향지시기**를 갖출 것
④ **전조등과 후미등**을 갖출 것
⑤ 구내운반차가 **후진 중**에 주변의 근로자 또는 차량계 하역운반기계 등과 **충돌할 위험이 있는 경우**에는 구내운반차에 **후진 경보기와 경광등을 설치할 것**

**07** 건설공사 등의 산업안전보건관리비에 관한 내용이다. 괄호에 적합한 내용을 적으시오. (3점)

[보기]

건설공사 등의 산업안전보건관리비는 「산업재해보상보험법」의 적용을 받는 공사 중 총 공사 금액 (　　) 이상인 공사에 적용한다.

2천만 원

## 08
안전 · 보건표지의 색채, 색도기준 및 용도를 나타내었다. 괄호에 알맞은 색채를 적으시오. (6점)

[보기]

| 색채 | 색도 기준 | 용도 | 사용례 |
|---|---|---|---|
| 빨간색 | 7.5R 4/14 | 금지 | 정지신호, 소화설비 및 그 장소, 유해행위의 금지 |
| | | 경고 | 화학물질 취급장소에서의 유해 · 위험 경고 |
| ( ① ) | 5Y 8.5/12 | 경고 | 화학물질 취급장소에서의 유해 · 위험경고 이외의 위험경고, 주의표지 또는 기계방호물 |
| ( ② ) | 2.5PB 4/10 | 지시 | 특정 행위의 지시 및 사실의 고지 |
| 녹색 | 2.5G 4/10 | 안내 | 비상구 및 피난소, 사람 또는 차량의 통행표지 |
| ( ③ ) | N9.5 | | 파란색 또는 녹색에 대한 보조색 |
| ( ④ ) | N0.5 | | 문자 및 빨간색 또는 노란색에 대한 보조색 |

**정답**
① 노란색  ② 파란색  ③ 흰색  ④ 검은색

## 09
크레인 로프에 2ton의 중량을 걸어 20m/sec² 가속도로 감아올릴 때 로프에 걸리는 총 하중(kg)은 얼마인가? (4점)

**정답**

총 하중(w) = 정하중($w_1$) + 동하중($w_2$) = 정하중($w_1$) + $\dfrac{정하중(w_1)}{중력가속도(g)}$ × 가속도(a)

※ 정하중 : 매단 물체의 무게

총하중 = $2{,}000 + \dfrac{2{,}000}{9.8} \times 20 = 6{,}081.63$ (kg)

(1Ton = 1,000kg)

## 10 흙막이 공사시의 계측관리 항목 3가지를 적으시오. (3점)

**정답**
① 토압
② 수압
③ 수위
④ 수평 변위
⑤ 수직 변위
⑥ 주변 침하

## 11 학습지도의 원리 4가지를 적으시오. (4점)

**정답**
① 자발성의 원리
② 개별화의 원리
③ 목적의 원리
④ 사회화의 원리
⑤ 통합화의 원리
⑥ 직관의 원리(직접경험의 원리)

## 12 안전보건관리책임자 등에 대한 교육을 나타내었다. 괄호에 적합한 교육시간을 적으시오. (6점)

| 교육대상 | 교육시간 | |
| --- | --- | --- |
| | 신규교육 | 보수교육 |
| 가. 안전보건관리책임자 | 6시간 이상 | ( ① )시간 이상 |
| 나. 안전관리자, 안전관리전문기관의 종사자 | 34시간 이상 | ( ② )시간 이상 |
| 다. 보건관리자, 보건관리전문기관의 종사자 | 34시간 이상 | 24시간 이상 |
| 라. 건설재해예방 전문지도기관의 종사자 | 34시간 이상 | ( ③ )시간 이상 |
| 마. 석면조사기관의 종사자 | 34시간 이상 | 24시간 이상 |
| 바. 안전보건관리담당자 | - | 8시간 이상 |
| 사. 안전검사기관, 자율안전검사기관의 종사자 | 34시간 이상 | 24시간 이상 |

**[정답]**
① 6
② 24
③ 24

**13** 산업안전보건법에 의한 작업장의 적정공기 수준을 설명하였다. 괄호에 적합한 숫자를 적으시오. (4점)

1. 산소농도의 범위가 ( ① )% 이상 ( ② )% 미만
2. 탄산가스의 농도가 ( ③ )% 미만
3. 일산화탄소의 농도가 30ppm 미만
4. 황화수소의 농도가 ( ④ )ppm 미만

**[정답]**
① 18
② 23.5
③ 1.5
④ 10

# 2013년 1회 건설안전산업기사 필답형

## 01
비계의 조립간격(벽이음 간격)을 나타내었다. 괄호에 적합한 내용을 적으시오. (4점)

| 비계 종류 | | 수직방향 | 수평방향 |
|---|---|---|---|
| 강관비계 | 단관비계 | ( ① )m | ( ② )m |
| | 틀비계(높이 5m 미만인 것 제외) | ( ③ )m | ( ④ )m |

**정답**
① 5  ② 5  ③ 6  ④ 8

## 02
평균 근로자수가 500명인 사업장에서 작년 한 해동안 10건의 재해로 7명의 재해자가 발생하였다. (1) 연천인율을 구하시오. (2) 도수율을 구하시오.(단, 1일 8시간, 연간 280일 근무) (4점)

**정답**

1. 연천인율 = $\dfrac{\text{연간재해자 수}}{\text{연평균 근로자 수}} \times 1{,}000$

2. 연천인율 = 도수율 × 2.4

3. 도수율 = $\dfrac{\text{재해 건수}}{\text{연 근로시간 수}} \times 10^6$

1. 연천인율 = $\dfrac{7}{500} \times 1{,}000 = 14$

2. 도수율 = $\dfrac{10}{500 \times 8 \times 280} \times 10^6 = 8.93$

**03** 부두·안벽 등 하역작업을 하는 장소(하역작업장)의 조치기준 3가지를 적으시오. (5점)

> **정답**
> ① 작업장 및 통로의 위험한 부분에는 안전하게 작업할 수 있는 조명을 유지할 것
> ② 부두 또는 안벽의 선을 따라 통로를 설치하는 경우에는 폭을 90센티미터 이상으로 할 것
> ③ 육상에서의 통로 및 작업장소로서 다리 또는 선거(船渠) 갑문(閘門)을 넘는 보도(步道) 등의 위험한 부분에는 안전난간 또는 울타리 등을 설치할 것

**04** 바닥으로부터의 높이가 2미터 이상 되는 하적단과 인접 하적단 사이의 간격은 하적단의 밑 부분을 기준하여 얼마 이상으로 하여야 하는가? (3점)

> **정답**
> 10cm

**05** 건설업 산업안전보건관리비 계상 및 사용기준에서 정의하는 (1) 건설업의 산업안전보건관리비, (2) 산업안전보건관리비 대상액의 정의를 적으시오. (4점)

> **정답**
> (1) 산업재해 예방을 위하여 건설공사 현장에서 직접 사용되거나 해당 건설업체의 본사에 설치된 **안전전담 부서**에서 법령에 규정된 사항을 이행하는 데 소요되는 비용을 말한다.
> (2) 공사원가계산서 구성항목 중 **직접재료비, 간접재료비와 직접노무비를 합한 금액**(발주자가 재료를 제공할 경우에는 해당 재료비를 포함한 금액)을 말한다.

## 06
가설공사 표준안전 작업지침에 의한 비계설치에 관한 내용이다. 괄호에 적합한 내용을 적으시오. (3점)

1. 달대비계에 철근을 사용할 때에는 ( ① )밀리미터 이상을 쓰며 근로자는 반드시 안전모와 안전대를 착용하여야 한다.
2. 이동식비계를 조립하여 사용하는 경우 비계의 최대높이는 밑변 최소 폭의 ( ② )배 이하이어야 한다.
3. 강관 틀비계의 전체높이는 ( ③ )미터를 초과할 수 없으며, 20미터를 초과할 경우 주틀의 높이를 2미터 이내로 하고 주틀간의 간격은 1.8미터 이하로 하여야 한다.

**정답**
① 19  ② 4  ③ 40

## 07
사업주가 근로자에게 실시해야 하는 안전보건교육의 [보기]에 적합한 교육시간을 적으시오. (4점)

[보기]
① 관리감독자의 정기교육 : 연간 (    )시간 이상
② 일용근로자 및 근로계약기간이 1주일 이하인 기간제 근로자(타워크레인신호작업에 종사하는 근로자 제외)의 특별교육 : (    )시간 이상
③ 일용근로자 및 근로계약기간이 1주일 이하인 기간제 근로자의 작업내용변경 시의 교육 : (    )시간 이상
④ 근로계약기간이 1주일 초과 1개월 이하인 기간제 근로자의 채용 시 교육 : (    )시간 이상

**정답**
① 16  ② 2  ③ 1  ④ 4

> 참고

**[사업주가 근로자에게 실시해야 하는 안전보건교육의 교육시간]**

**가. 근로자 안전보건교육**

| 교육과정 | 교육대상 | | 교육시간 |
|---|---|---|---|
| 가. 정기교육 | 1) 사무직 종사 근로자 | | 매반기 6시간 이상 |
| | 2) 그 밖의 근로자 | 가) 판매업무에 직접 종사하는 근로자 | 매반기 6시간 이상 |
| | | 나) 판매업무에 직접 종사하는 근로자 외의 근로자 | 매반기 12시간 이상 |
| 나. 채용 시의 교육 | 1) 일용근로자 및 근로계약기간이 1주일 이하인 기간제 근로자 | | 1시간 이상 |
| | 2) 근로계약기간이 1주일 초과 1개월 이하인 기간제 근로자 | | 4시간 이상 |
| | 3) 그 밖의 근로자 | | 8시간 이상 |
| 다. 작업내용 변경 시의 교육 | 1) 일용근로자 및 근로계약기간이 1주일 이하인 기간제 근로자 | | 1시간 이상 |
| | 2) 그 밖의 근로자 | | 2시간 이상 |
| 라. 특별교육 | 1) 일용근로자 및 근로계약기간이 1주일 이하인 기간제 근로자(타워크레인신호작업에 종사하는 근로자 제외) | | 2시간 이상 |
| | 2) 일용근로자 및 근로계약기간이 1주일 이하인 기간제 근로자 중 타워크레인신호작업에 종사하는 근로자 | | 8시간 이상 |
| | 3) 일용근로자 및 근로계약기간이 1주일 이하인 기간제 근로자를 제외한 근로자 | | 가) 16시간 이상(최초 작업에 종사하기 전 4시간 이상 실시하고 12시간은 3개월 이내에서 분할하여 실시 가능)<br>나) 단기간 작업 또는 간헐적 작업인 경우에는 2시간 이상 |
| 마. 건설업 기초안전·보건교육 | 건설 일용근로자 | | 4시간 이상 |

**나. 관리감독자 안전보건교육**

| 교육과정 | 교육시간 |
|---|---|
| 가. 정기교육 | 연간 16시간 이상 |
| 나. 채용 시 교육 | 8시간 이상 |
| 다. 작업내용 변경 시 교육 | 2시간 이상 |
| 라. 특별교육 | 16시간 이상(최초 작업에 종사하기 전 4시간 이상 실시하고, 12시간은 3개월 이내에서 분할하여 실시 가능)<br>단기간 작업 또는 간헐적 작업인 경우에는 2시간 이상 |

**08** 발파 작업을 하는 경우 근로자의 준수사항에 관한 내용이다. 괄호에 적합한 내용을 적으시오. (3점)

> [보기]
> 가. 전기뇌관에 의한 경우에는 발파모선을 점화기에서 떼어 그 끝을 단락시켜 놓는 등 재 점화되지 않도록 조치하고 그 때부터 ( ① )분 이상 경과한 후가 아니면 화약류의 장전장소에 접근시키지 않도록 할 것
> 나. 전기뇌관 외의 것에 의한 경우에는 점화한 때부터 ( ② )분 이상 경과한 후가 아니면 화약류의 장전장소에 접근시키지 않도록 할 것
> 다. 전기뇌관에 의한 발파의 경우 점화하기 전에 화약류를 장전한 장소로부터 ( ③ )미터 이상 떨어진 안전한 장소에서 전선에 대하여 저항측정 및 도통(導通)시험을 할 것

**정답**

① 5   ② 15   ③ 30

---

**09** 하인리히와 버드의 사고빈도법칙(재해구성 비율)을 설명하시오. (4점)

**정답**

(1) 하인리히 1 : 29 : 300의 법칙
    총 330건의 사고를 분석했을 때
    • 중상 또는 사망 : 1건
    • 경상해 : 29건
    • 무상해사고 : 300건이 발생함을 의미한다.

(2) 버드의 1 : 10 : 30 : 600의 법칙
    총 641건의 사고를 분석했을 때
    • 중상 또는 폐질 : 1건
    • 경상해 : 10건
    • 무상해사고(물적 손실) : 30건
    • 무상해, 무사고(위험 순간) : 600건이 발생함을 의미한다.

## 10 크레인과 건설물 등과의 간격에 관한 내용이다. 괄호에 적합한 내용을 적으시오. (6점)

[보기]
1. 주행 크레인 또는 선회 크레인과 건설물 또는 설비와의 사이에 통로를 설치하는 경우 그 폭을 ( ① ) 이상으로 하여야 한다. 다만, 그 통로 중 건설물의 기둥에 접촉하는 부분에 대해서는 0.4미터 이상으로 할 수 있다.
2. 크레인의 운전실 또는 운전대를 통하는 통로의 끝과 건설물 등의 벽체의 간격을 ( ② ) 이하로 하여야 한다.
3. 크레인 거더(girder)의 통로 끝과 크레인 거더의 간격을 ( ③ ) 이하로 하여야 한다.

**정답**
① 0.6미터　② 0.3미터　③ 0.3미터

**참고**

다음 각 호의 간격을 0.3미터 이하로 하여야 한다. 다만, 근로자가 추락할 위험이 없는 경우에는 그 간격을 0.3미터 이하로 유지하지 아니할 수 있다.
① 크레인의 운전실 또는 운전대를 통하는 통로의 끝과 건설물 등의 벽체의 간격
② 크레인 거더(girder)의 통로 끝과 크레인 거더의 간격
③ 크레인 거더의 통로로 통하는 통로의 끝과 건설물 등의 벽체의 간격

## 11 도급사업의 경우 도급인은 자신의 근로자 및 관계수급인 근로자와 함께 작업장의 안전 및 보건에 관한 점검을 하여야 한다. 도급사업에서 실시하여야 하는 합동 안전·보건점검의 횟수를 적으시오. (4점)

가. 건설업 : ( ① )

나. 토사석 광업 : ( ② )

**정답**
① 2개월에 1회 이상
② 분기에 1회 이상

> **참고**
>
> **도급사업의 합동 안전 · 보건점검의 횟수**
>
> 1. 다음 각 목의 사업의 경우 : 2개월에 1회 이상
>    가. 건설업
>    나. 선박 및 보트 건조업
> 2. 그밖의 사업 : 분기에 1회 이상

## 12 산업안전보건법에 의하여 유해위험방지계획서를 제출해야 하는 건설공사의 종류 3가지를 적으시오. (6점)

> **정답**
>
> 1. 다음 각 목의 어느 하나에 해당하는 건축물 또는 시설 등의 건설 · 개조 또는 해체공사
>    가. **지상 높이가 31미터 이상인 건축물 또는 인공구조물**
>    나. **연면적 3만제곱미터 이상인 건축물**
>    다. **연면적 5천제곱미터 이상인 시설로서 다음의 어느 하나에 해당하는 시설**
>        1) 문화 및 집회시설(전시장 및 동물원 · 식물원은 제외한다)
>        2) 판매시설, 운수시설(고속철도의 역사 및 집배송시설은 제외한다)
>        3) 종교시설
>        4) 의료시설 중 종합병원
>        5) 숙박시설 중 관광숙박시설
>        6) 지하도상가
>        7) 냉동 · 냉장 창고시설
> 2. **연면적 5천제곱미터 이상의 냉동 · 냉장 창고시설의 설비공사 및 단열공사**
> 3. **최대 지간길이가 50미터 이상인 교량 건설 등 공사**
> 4. **터널 건설 등의 공사**
> 5. **다목적댐, 발전용댐, 저수용량 2천만톤 이상의 용수 전용 댐, 지방상수도 전용 댐 건설 등의 공사**
> 6. **깊이 10미터 이상인 굴착공사**

> **특급암기법**
>
> 지상높이 31m, 연면적 3만m², 사람 많은 시설 연면적 5,000m²
> 연면적 5,000m² 냉동냉장 창고
> 최대 지간길이가 50미터 이상 교량
> 터널
> 저수용량 2천만톤 이상 댐
> 10미터 이상인 굴착

**13** 설명에 해당하는 굴착공법의 명칭을 적으시오. (6점)

> (1) 굴착 주변에 흙이 흘러내리지 않을 정도의 경사면을 취하여 흙막이 벽이나 가설구조물 없이 굴착하는 흙파기(굴착) 공법을 말한다.
> (2) 이중 널말뚝을 건물의 주위에 박고 주변부를 먼저 굴착하여 주변부 구조체 축조 후 이를 흙막이로 사용하면서 중앙부를 파내어 지하구조물을 완성하는 공법을 말한다.
> (3) 비탈면을 남기고 중앙부를 굴착해서 흙파기 한 후 중앙부 구조체를 먼저 설치하는 방식으로 중앙부 구조체가 설치되면 흙막이 벽체를 버팀대로 지지할 수 있다.

**정답**
(1) 개착공법(Open Cut)
(2) 트렌치 컷(trench cut) 공법
(3) 아일랜드 컷(island cut) 공법

**14** 잠함·우물통·수직갱 등의 내부에서 굴착작업을 하는 경우 굴착 깊이가 20미터를 초과하는 때의 준수사항 2가지를 적으시오. (4점)

**정답**
① 당해작업장소와 외부와의 연락을 위한 통신설비 등을 설치할 것
② 송기를 위한 설비를 설치하여 필요한 양의 공기를 송급할 것

# 2013년 2회

# 건설안전산업기사 필답형

**01** 300명이 근무하던 사업장에서 7건의 재해로 10명의 재해자가 발생하였다. (1) 연천인율을 구하시오. (2) 도수율을 구하시오. (단, 1일 9시간, 연간 250일 근무) (6점)

**정답**

> 1. 연천인율 = $\dfrac{\text{연간재해자 수}}{\text{연평균 근로자 수}} \times 1{,}000$
>
> 2. 연천인율 = 도수율 × 2.4
>
> 3. 도수율 = $\dfrac{\text{재해 건수}}{\text{연 근로시간 수}} \times 10^6$

1. 연천인율 = $\dfrac{10}{300} \times 1{,}000 = 33.33$

2. 도수율 = $\dfrac{7}{300 \times 9 \times 250} \times 10^6 = 10.37$


**02** 동바리 유형에 따른 동바리 조립 시의 안전조치에 관한 설명이다. 괄호에 적합한 내용을 적으시오. (4점)

> (1) 동바리로 사용하는 파이프서포트는 높이가 3.5미터를 초과하는 경우에는 높이 ( ① )미터 이내마다 수평연결재를 2개 방향으로 만들고 수평연결재의 변위를 방지할 것
>
> (2) 파이프서포트를 이어서 사용할 때에는 ( ② )개 이상의 볼트 또는 전용철물을 사용하여 이을 것
>
> (3) 동바리로 사용하는 강관 틀은 최상단 및 5단 이내마다 동바리의 측면과 틀면의 방향 및 교차가새의 방향에서 ( ③ )개 이내마다 수평연결재를 설치하고 수평연결재의 변위를 방지할 것
>
> (4) 높이가 4미터를 초과할 때에는 높이 ( ④ )미터 이내마다 수평 연결재를 2개 방향으로 설치하고 수평연결재의 변위를 방지할 것

## 정답

① 2  ② 4  ③ 5  ④ 4

### 참고

1. 동바리로 사용하는 파이프서포트의 조립 시 준수사항
   - 파이프서포트를 3개본 이상 이어서 사용하지 아니하도록 할 것
   - 파이프서포트를 이어서 사용할 때에는 4개 이상의 볼트 또는 전용철물을 사용하여 이을 것
   - 높이가 3.5미터를 초과하는 경우에는 높이 2미터 이내마다 수평연결재를 2개 방향으로 만들고 수평연결재의 변위를 방지할 것

2. 동바리로 사용하는 강관 틀의 준수사항
   - 강관틀과 강관틀 사이에 교차가새를 설치할 것
   - 최상단 및 5단 이내마다 동바리의 측면과 틀면의 방향 및 교차가새의 방향에서 5개 이내마다 수평연결재를 설치하고 수평연결재의 변위를 방지할 것
   - 최상단 및 5단 이내마다 동바리의 틀면의 방향에서 양단 및 5개틀 이내마다 교차가새의 방향으로 띠장틀을 설치할 것

3. 동바리로 사용하는 조립강주의 준수사항
   - 높이가 4미터를 초과할 때에는 높이 4미터 이내마다 수평연결재를 2개 방향으로 설치하고 수평연결재의 변위를 방지할 것

4. 시스템 동바리의 준수사항(설치방법)
   - 수평재는 수직재와 직각으로 설치해야 하며, 흔들리지 않도록 견고하게 설치할 것
   - 연결철물을 사용하여 수직재를 견고하게 연결하고, 연결 부위가 탈락 또는 꺾어지지 않도록 할 것
   - 수직 및 수평하중에 의한 동바리의 구조적 안전성이 확보되도록 조립도에 따라 수직재 및 수평재에는 가새재를 견고하게 설치할 것
   - 동바리 최상단과 최하단의 수직재와 받침철물은 서로 밀착되도록 설치하고 수직재와 받침철물의 연결부의 겹침길이는 받침철물 전체길이의 3분의 1 이상이 되도록 할 것

5. 보 형식의 동바리의 준수사항
   - 접합부는 충분한 걸침 길이를 확보하고 못, 용접 등으로 양끝을 지지물에 고정시켜 미끄러짐 및 탈락을 방지할 것
   - 양끝에 설치된 보 거푸집을 지지하는 동바리 사이에는 수평연결재를 설치하거나 동바리를 추가로 설치하는 등 보 거푸집이 옆으로 넘어지지 않도록 견고하게 할 것
   - 설계도면, 시방서 등 설계도서를 준수하여 설치할 것

## 03 타워크레인의 악천후 시 조치에 관한 내용이다. 괄호에 적합한 숫자를 적으시오. (4점)

[보기]
1. 순간풍속이 초당 ( ① )미터를 초과는 경우 타워크레인의 설치·수리·점검 또는 해체작업을 중지한다.
2. 순간풍속이 초당 ( ② )미터를 초과는 경우 타워크레인의 운전 작업을 중지한다.

**정답**

① 10  ② 15

**참고**

① 순간풍속이 초당 10미터를 초과 : 타워크레인의 설치 · 수리 · 점검 또는 해체작업을 중지
② 순간풍속이 초당 15미터를 초과 : 타워크레인의 운전작업을 중지
③ 순간풍속이 초당 30미터를 초과 : 옥외에 설치되어 있는 주행 크레인 이탈방지조치
④ 순간풍속이 초당 30미터를 초과하는 바람이 불거나 중진(中震) 이상 진도의 지진이 있은 후 : 옥외 양중기 각 부위 이상 점검
⑤ 순간풍속이 초당 35미터를 초과 : 옥외 승강기 및 건설용 리프트(지하에 설치되어 있는 것은 제외)에 대하여 받침의 수를 증가시키는 등 승강기가 무너지는 것을 방지하기 위한 조치

## 04 산업안전보건법에 의한 안전관리자의 직무사항 5가지를 적으시오. (5점)

**정답**
① 사업장 안전교육계획의 수립 및 안전교육 실시에 관한 보좌 및 조언·지도
② 사업장 순회점검·지도 및 조치의 건의
③ 산업재해 발생의 원인 조사·분석 및 재발 방지를 위한 기술적 보좌 및 조언·지도
④ 산업재해에 관한 통계의 유지·관리·분석을 위한 보좌 및 조언·지도
⑤ 안전인증대상 기계·기구 등과 자율안전확인대상 기계·기구 등 구입 시 적격품의 선정에 관한 보좌 및 조언·지도
⑥ 위험성평가에 관한 보좌 및 조언·지도
⑦ 안전에 관한 사항의 이행에 관한 보좌 및 조언·지도
⑧ 산업안전보건위원회 또는 노사협의체, 안전보건관리규정 및 취업규칙에서 정한 직무
⑨ 업무수행 내용의 기록·유지
⑩ 그 밖에 안전에 관한 사항으로서 노동부장관이 정하는 사항

**특급암기법**

안전교육, 사업장 점검, 재해 원인조사, 재해통계 관리, 적격품 선정, 위험성평가, 업무내용 기록

## 05 차량계 하역운반기계의 운전자가 운전위치를 이탈하는 경우의 조치사항 3가지를 적으시오. (6점)

**정답**
① 포크, 버킷, 디퍼 등의 장치를 가장 낮은 위치 또는 지면에 내려 둘 것
② 원동기를 정지시키고 브레이크를 확실히 거는 등 갑작스러운 이동을 방지하기 위한 조치를 할 것
③ 운전석을 이탈하는 경우에는 시동키를 운전대에서 분리시킬 것. 다만, 운전석에 잠금장치를 하는 등 운전자가 아닌 사람이 운전하지 못하도록 조치한 경우에는 그러하지 아니하다.

## 06 [보기]의 설명에 해당하는 현상의 명칭을 적으시오. (4점)

> [보기]
> (1) 연약한 점토 지반에서 굴착에 의한 흙막이 내·외면의 흙의 중량 차이(토압 차)로 인해 굴착 저면이 부풀어 올라오는 현상을 말한다.
> (2) 사질토 지반에서 굴착저면과 흙막이 배면과의 수위 차이로 인해 굴착저면의 흙과 물이 함께 위로 솟구쳐 오르는 현상(모래의 액상화 현상)을 말한다.

**정답**
(1) 히빙 현상
(2) 보일링 현상

## 07 잠함 등의 내부에서 굴착작업을 하도록 해서는 아니 되는 경우(굴착작업을 금지하여야 하는 경우) 2가지를 적으시오. (4점)

**정답**
① 근로자가 안전하게 오르내리기 위한 설비 및 외부와의 연락을 위한 통신설비, 송기를 위한 설비에 고장이 있는 경우
② 잠함 등의 내부에 많은 양의 물 등이 스며들 우려가 있는 경우

## 08 이동식 크레인의 작업시작 전 점검사항 3가지를 적으시오. (6점)

**정답**
① 권과방지장치, 그 밖의 경보장치의 기능
② 브레이크·클러치 및 조정장치의 기능
③ 와이어로프가 통하고 있는 곳 및 작업장소의 지반상태

## 09
깊이 10.5m 이상의 굴착의 경우 계측기기를 설치하여 흙막이 구조의 안전을 예측하여야 한다. 깊이 10.5m 이상의 굴착작업 시 설치하여야 하는 계측기기 4가지를 적으시오. (4점)

**정답**
① 수위계
② 경사계
③ 하중 및 침하계
④ 응력계

## 10
안전보건 조직 중 라인형 조직과 라인 – 스태프형 조직의 장·단점을 1가지씩 적으시오. (4점)

**정답**

| | |
|---|---|
| 라인형 | 장점 : 명령 및 지시가 신속, 정확하다. |
| | 단점 : 안전정보가 불충분하다. |
| 라인 – 스태프형 | 장점 : 안전정보 수집이 용이하고 빠르다. |
| | 단점 : 명령계통과 조언, 권고적 참여의 혼돈이 우려된다. |

## 11
달비계에 사용하는 달기체인의 사용금지 조건 3가지를 적으시오. (6점)

**정답**
① 달기 체인의 길이가 달기 체인이 제조된 때의 길이의 5퍼센트를 초과한 것
② 링의 단면지름이 달기 체인이 제조된 때의 해당 링의 지름의 10퍼센트를 초과하여 감소한 것
③ 균열이 있거나 심하게 변형된 것

## 12. 보호구 안전인증 고시에 관한 내용이다. 괄호에 적합한 내용을 적으시오. (4점)

1. "안전블록"이란 안전그네와 연결하여 추락발생시 추락을 억제할 수 있는 ( ① )가 갖추어져 있고 죔줄이 자동적으로 수축되는 장치를 말한다.
2. 안전블록의 줄은 합성섬유로프, 웨빙(webbing), 와이어로프이어야 하며, 와이어로프인 경우 최소지름이 ( ② )mm 이상일 것
3. 고정된 추락방지대의 수직구명줄은 와이어로프 등으로 하며 최소지름이 ( ③ )mm 이상일 것

**정답**

① 자동잠김장치 ② 4 ③ 8

## 13. 유해위험 방지계획서 심사 결과의 구분(심사 판정 기준) 3가지를 적으시오. (3점)

**정답**

① 적정
② 조건부 적정
③ 부적정

**참고**

**유해위험 방지계획서 심사 결과의 구분**

① 적정 : 근로자의 안전과 보건을 위하여 필요한 조치가 구체적으로 확보되었다고 인정되는 경우
② 조건부 적정 : 근로자의 안전과 보건을 확보하기 위하여 일부 개선이 필요하다고 인정되는 경우
③ 부적정 : 기계·설비 또는 건설물이 심사기준에 위반되어 공사착공 시 중대한 위험발생의 우려가 있거나 계획에 근본적 결함이 있다고 인정되는 경우

# 2013년 4회 건설안전산업기사 필답형

**01** 산업안전보건법에 의하여 운전자가 운전위치를 이탈하여서는 안 되는 기계·기구 3가지를 적으시오. (6점)

> **정답**
> ① 양중기
> ② 항타기 또는 항발기(권상장치에 하중을 건 상태)
> ③ 양화장치(화물을 적재한 상태)

**02** 사업주가 근로자에게 실시해야 하는 안전보건교육의 적합한 교육시간을 적으시오. (3점)

[보기]
① 일용근로자 및 근로계약기간이 1주일 이하인 기간제 근로자의 채용 시의 교육 : (   )시간 이상
② 건설업 기초안전보건교육 : (   )시간
③ 일용근로자 및 근로계약기간이 1주일 이하인 기간제 근로자 중 타워크레인 신호작업에 종사하는 근로자의 특별교육 : (   )시간 이상

> **정답**
> ① 1
> ② 4
> ③ 8

**03** 연근로시간수가 250,000시간인 어느 사업장에서 작년도 15건의 재해로 근로손실일수 300일, 휴업일수 25일이 발생하였다. 종합재해지수를 계산하시오. (5점)

**정답**

1. 종합재해지수
   $FSI = \sqrt{FR \times SR} = \sqrt{도수율 \times 강도율}$

2. 도수율(빈도율) = $\dfrac{재해 건수}{연 근로시간 수} \times 10^6$

3. 강도율 = $\dfrac{총 요양 근로손실일수}{연 근로시간 수} \times 1,000$

* 근로손실일수 = 휴업일수, 요양일수, 입원일수 × $\dfrac{300(실제근로일수)}{365}$

1. 도수율 = $\dfrac{15}{250,000} \times 10^6 = 60$

2. 강도율 = $\dfrac{300 + 25 \times \dfrac{300}{365}}{250,000} \times 1,000 = 1.28$

3. 종합재해지수 = $\sqrt{60 \times 1.28} = 8.76$

**04** [보기]의 화재에 적합한 화재의 등급을 구분하여 적으시오. (4점)

목재, 나트륨, 섬유, 마그네슘, 석유, 누전

| A급 화재 | |
| --- | --- |
| B급 화재 | |
| C급 화재 | |
| D급 화재 | |

**정답**

| A급 화재 | 목재, 섬유 |
| --- | --- |
| B급 화재 | 석유 |
| C급 화재 | 누전 |
| D급 화재 | 나트륨, 마그네슘 |

> **참고**

| 등급\구분 | 화재의 구분 | 표시 색 | 소화기의 종류 |
|---|---|---|---|
| A급 | 일반 가연물화재<br>(종이, 섬유, 목재 등) | 백색 | 물소화기, 산·알칼리소화기<br>강화액소화기 |
| B급 | 유류화재<br>(또는 가스화재) | 황색 | 분말소화기, 포소화기<br>이산화탄소(탄산가스)소화기 |
| C급 | 전기화재<br>(발전기, 변압기 등) | 청색 | 분말소화기, 이산화탄소(탄산가스)소화기<br>할로겐화합물소화기 |
| D급 | 금속화재<br>(금속분 등) | 무색, 표시없음 | 팽창질석, 팽창진주암, 건조사 |

## 05 공기압축기 작업시작 전 점검사항 3가지를 적으시오. (6점)

**정답**
① 공기저장 압력용기의 외관상태
② 드레인밸브의 조작 및 배수
③ 압력방출장치의 기능
④ 언로드밸브의 기능
⑤ 윤활유의 상태
⑥ 회전부의 덮개 또는 울
⑦ 그 밖의 연결부위의 이상 유무

## 06 흙의 동상현상 방지 대책 3가지를 적으시오. (6점)

**정답**
① 모관수의 상승을 차단하기 위하여 지하수위 상층에 조립토층을 설치한다.
② 지표의 흙을 화학약품으로 처리한다.
③ 흙속에 단열 재료를 매입한다.
④ 배수구를 설치하여 지하수위를 저하시킨다.
⑤ 동결되지 않은 흙으로 치환한다.

## 07 산업안전보건법에 의한 자율안전확인 대상 방호장치 5가지를 적으시오. (5점)

**정답**

① 아세틸렌, 가스집합 용접장치용 안전기
② 교류아크용접기용 자동전격방지기
③ 롤러기의 급정지장치
④ 연삭기의 덮개
⑤ 목재가공용 둥근톱의 반발예방장치 및 날접촉예방장치
⑥ 동력식수동대패의 칼날 접촉방지장치
⑦ 추락, 낙하 및 붕괴 등의 위험방호에 필요한 가설기자재(안전인증 제외)

**특급암기법**

롤러를 통과한 철판을 목재가공용 둥근톱, 동력식 수동대패로 잘라서 아세틸렌, 가스집합용접장치, 교류아크용접기로 용접해서 연삭기로 다듬자.

## 08 차량계 건설기계를 사용하는 작업에서 작성하여야 하는 작업계획서에 포함하여야 하는 사항 2가지를 적으시오. (4점)

**정답**

① 사용하는 **차량계 건설기계의 종류 및 성능**
② 차량계 건설기계의 **운행경로**
③ 차량계 건설기계에 의한 **작업방법**

## 09 [보기]의 재해사례에서 기인물을 찾아 적으시오. (3점)

[보기]
(1) 외부요인이 없는 상태에서 사람이 걷다가 발목을 겹질려 다쳤다.
(2) 지게차가 운전 중 트럭과 충돌하여 지게차 운전자가 사망하였다.
(3) 이동차량에 치여 벽에 부딪쳤다.

**정답**
(1) 사람
(2) 지게차
(3) 이동차량

## 10 하역작업의 안전수칙 중 하적단의 간격에 관한 내용이다. 괄호에 적합한 숫자를 적으시오. (4점)

[보기]
바닥으로부터의 높이가 ( ① )미터 이상 되는 하적단(포대·가마니 등으로 포장된 화물이 쌓여 있는 것만 해당한다)과 인접 하적단 사이의 간격을 하적단의 밑부분을 기준하여 ( ② )센티미터 이상으로 하여야 한다.

**정답**
① 2
② 10

**11** 승강기 및 리프트의 설치·조립·수리·점검 또는 해체 작업을 하는 경우 작업지휘자의 직무 (이행사항) 3가지를 적으시오. (4점)

> **정답**
> ① 작업방법과 근로자의 배치를 결정하고 해당 작업을 지휘하는 일
> ② 재료의 결함 유무 또는 기구 및 공구의 기능을 점검하고 불량품을 제거하는 일
> ③ 작업 중 안전대 등 보호구의 착용 상황을 감시하는 일

**12** 작업발판 일체형 거푸집의 종류 4가지를 적으시오. (4점)

> **정답**
> ① 갱 폼(gang form)
> ② 슬립 폼(slip form)
> ③ 클라이밍 폼(climbing form)
> ④ 터널 라이닝 폼(tunnel lining form)

**13** 암질변화 구간 및 이상암질 출현시의 암질판별법 4가지를 적으시오. (4점)

> **정답**
> ① RQD(Rock Quality Designation) : 암반시수
> ② RMR(Rock Mass Rating) : 암반 상태
> ③ 일축 압축 강도
> ④ 탄성파 속도
> ⑤ 진동치 속도

> **분석** 관련 법규에서 삭제된 내용이나 2024년 3회 필답형에 출제되었습니다.

# 2014년 1회 건설안전산업기사 필답형

**01** 굴착작업 시의 사전조사 항목 3가지를 적으시오. (6점)

정답
① 형상·지질 및 지층의 상태
② 균열·함수(含水)·용수 및 동결의 유무 또는 상태
③ 매설물 등의 유무 또는 상태
④ 지반의 지하수위 상태

**02** 크레인(이동식 크레인 제외)의 작업 시작 전 점검사항 3가지를 적으시오. (6점)

정답
① 권과방지장치·브레이크·클러치 및 운전장치의 기능
② 주행로의 상측 및 트롤리가 횡행(橫行)하는 레일의 상태
③ 와이어로프가 통하고 있는 곳의 상태

**03** (1) 안전보건관리 조직의 형태 3가지를 적고 (2) 대기업의 건설회사에 적합한 안전조직의 장·단점을 1가지씩 적으시오. (4점)

정답
(1) 안전보건관리 조직의 형태
① 라인(Line)형 or 직계형
② 스태프(staff)형 or 참모형
③ 라인 스태프(Line Staff)형 or 혼합형

(2) 대기업의 건설회사에 적합한 안전조직: 라인 스태프(Line Staff)형 or 혼합형

| 장점 | ① 안전전문가에 의해 입안된 것을 경영자가 명령하므로 **명령이 신속, 정확하다.**<br>② 안전정보 수집이 용이하고 빠르다. |
|---|---|
| 단점 | ① **명령계통과 조언, 권고적 참여의 혼돈이 우려된다.**<br>② **스태프의 월권행위가 우려되고** 지나치게 스태프에게 의존할 수 있다. |

## 04
근로자 500명이 근무하던 사업장에서 작년 한 해 동안 5건의 재해로 사망 1명, 휴업일수 80일 1명, 휴업일수 30일 1명이 발생하였다. (1) 연천인율을 구하시오. (2) 강도율을 구하시오.(단, 1일 10시간, 연간 300일 근무) (4점)

**정답**

1. 연천인율 = $\dfrac{\text{연간재해자 수}}{\text{연평균 근로자 수}} \times 1{,}000$

2. 강도율 = $\dfrac{\text{총 요양 근로손실일수}}{\text{연 근로시간 수}} \times 1{,}000$

* 근로손실일수 = 휴업일수, 요양일수, 입원일수 × $\dfrac{300(\text{실제근로일수})}{365}$

1. 연천인율 = $\dfrac{3}{500} \times 1{,}000 = 6$

2. 강도율 = $\dfrac{7{,}500 + (80 \times \dfrac{300}{365}) + (30 \times \dfrac{300}{365})}{500 \times 10 \times 300} \times 1{,}000 = 5.06$

## 05
굴착작업 표준안전작업 지침에 의하여 인력굴착을 하는 경우 일일 준비로서 준수하여야 하는 사항(일일 준비 사항) 3가지를 적으시오. (6점)

**정답**
① 작업 전에 반드시 작업장소의 불안전한 상태 유무를 점검하고 미비점이 있을 경우 즉시 조치하여야 한다.
② 근로자를 적절히 배치하여야 한다.
③ 사용하는 기기, 공구 등을 근로자에게 확인시켜야 한다.
④ 근로자의 안전모 착용 및 복장상태, 또 추락의 위험이 있는 고소작업자는 안전대를 착용하고 있는가 등을 확인하여야 한다.
⑤ 근로자에게 당일의 작업량, 작업방법을 설명하고, 작업의 단계별 순서와 안전상의 문제점에 대하여 교육하여야 한다.
⑥ 작업장소에 관계자 이외의 자가 출입하지 않도록 하고, 또 위험장소에는 근로자가 접근하지 않도록 출입금지 조치를 하여야 한다.
⑦ 굴착된 흙이 차량으로 운반될 경우 통로를 확보하고 굴착자와 차량 운전자가 상호 연락할 수 있도록 하되, 그 신호는 고용노동부장관이 고시한 크레인작업 표준신호 지침에서 정하는 바에 의한다.

## 06
차량계 건설기계를 사용하는 작업에서 작성하여야 하는 작업계획서에 포함하여야 하는 사항 3가지를 적으시오. (6점)

**정답**
① 사용하는 차량계 건설기계의 종류 및 성능
② 차량계 건설기계의 운행 경로
③ 차량계 건설기계에 의한 작업 방법

## 07
산업재해 예방의 4원칙을 적으시오. (4점)

**정답**
① 예방 가능의 원칙
② 손실 우연의 원칙
③ 대책 선정의 원칙
④ 원인 연계의 원칙

> **참고**
> ① 예방 가능의 원칙 : 재해는 원칙적으로 원인만 제거되면 예방이 가능하다.
> ② 손실 우연의 원칙 : 사고의 결과 생기는 상해의 종류와 정도는 사고 발생 시 사고대상의 조건에 따라 우연히 발생한다.
> ③ 대책 선정의 원칙 : 사고의 원인에 대한 적합한 대책이 선정되어야 한다.
> ④ 원인 연계의 원칙 : 재해는 원인이 있고, 직접원인과 간접원인이 연계되어 일어난다.

## 08 산업안전보건법에 의한 양중기의 종류 4가지를 적으시오.(단, 세부항목을 포함하여 적을 것) (4점)

**정답**
① 크레인[호이스트(hoist)를 포함한다]
② 이동식 크레인
③ 리프트(이삿짐운반용 리프트의 경우에는 적재하중이 0.1톤 이상인 것으로 한정한다.)
④ 곤돌라
⑤ 승강기

## 09 동바리 조립 시의 안전조치 중 동바리의 침하를 방지하기 위한 조치사항 3가지를 적으시오. (3점)

**정답**
① 받침목이나 깔판의 사용
② 콘크리트 타설
③ 말뚝박기

> **참고**
>
> **동바리 조립 시의 안전조치**
> ① 받침목이나 깔판의 사용, 콘크리트 타설, 말뚝박기 등 동바리의 침하를 방지하기 위한 조치를 할 것
> ② 동바리의 상하 고정 및 미끄러짐 방지 조치를 할 것
> ③ 상부·하부의 동바리가 동일 수직선상에 위치하도록 하여 깔판·받침목에 고정시킬 것
> ④ 개구부 상부에 동바리를 설치하는 경우에는 상부하중을 견딜 수 있는 견고한 받침대를 설치할 것
> ⑤ U헤드 등의 단판이 없는 동바리의 상단에 멍에 등을 올릴 경우에는 해당 상단에 U헤드 등의 단판을 설치하고, 멍에 등이 전도되거나 이탈되지 않도록 고정시킬 것
> ⑥ 동바리의 이음은 같은 품질의 재료를 사용할 것
> ⑦ 강재의 접속부 및 교차부는 볼트·클램프 등 전용철물을 사용하여 단단히 연결할 것
> ⑧ 거푸집의 형상에 따른 부득이한 경우를 제외하고는 깔판이나 받침목은 2단 이상 끼우지 않도록 할 것
> ⑨ 깔판이나 받침목을 이어서 사용하는 경우에는 그 깔판·받침목을 단단히 연결할 것

**10** 작업으로 인하여 물체가 떨어지거나 날아올 위험이 있는 경우에는 위험을 방지하기 위한 조치를 하여야 한다. 낙하·비래 위험방지 조치 3가지를 적으시오. (3점)

> **정답**
> ① 낙하물방지망·수직보호망 또는 방호선반의 설치
> ② 출입금지구역의 설정
> ③ 보호구의 착용

**11** 사업주는 중대재해가 발생한 사실을 알게 된 경우에는 고용노동부장관에게 보고하여야 한다. 중대재해가 발생한 경우 보고시점과 보고해야 하는 사항 2가지를 적으시오. (4점)

> **정답**
> (1) 보고시점 : 지체 없이 보고
> (2) 보고사항
> ① 발생 개요 및 피해 상황
> ② 조치 및 전망
> ③ 그 밖의 중요한 사항

**12** 틀비계(강관 틀비계) 조립 시의 준수사항이다. 괄호에 적합한 내용을 적으시오. (4점)

> [보기]
> (1) 높이가 20m를 초과하거나 중량물의 적재를 수반하는 작업을 할 경우에는 주틀 간의 간격이 ( ① )m 이하로 할 것
> (2) 길이가 띠장방향으로 4m 이하이고 높이가 10m를 초과하는 경우에는 ( ② )m 이내마다 띠장방향으로 버팀기둥을 설치할 것
> (3) 수직방향으로 ( ③ )m, 수평방향으로 ( ④ )m 마다 벽이음을 할 것

> **정답**
> ① 1.8  ② 10  ③ 6  ④ 8

**13** 터널 굴착작업의 작업계획서에 포함하여야 하는 사항 3가지를 적으시오. (6점)

**정답**
① 굴착의 방법
② 터널지보공 및 복공(覆工)의 시공방법과 용수(湧水)의 처리방법
③ 환기 또는 조명시설을 설치할 때에는 그 방법

# 2014년 2회 건설안전산업기사 필답형

**01** 화물자동차의 짐 걸이로 사용해서는 안 되는 섬유 로프의 조건 2가지를 적으시오. (4점)

정답
① 꼬임이 끊어진 것
② 심하게 손상되거나 부식된 것

**02** 안전관리의 4-Cycle인 P – D – C – A를 설명하시오. (4점)

정답
① P : 계획(Plan)
② D : 실시(Do)
③ C : 검토(Check)
④ A : 조치(Action)

**03** 건설공사에서 유해·위험방지계획서를 제출하는 경우 첨부하여야 할 서류 2가지를 적으시오. (4점)

정답
① 공사 개요 및 안전보건관리계획
② 작업 공사 종류별 유해·위험방지계획

**04** 리프트 및 승강기의 설치·조립·수리·점검 또는 해체 작업을 하는 경우 작업 지휘자의 이행 사항 3가지를 적으시오. (6점)

> **정답**
> ① 작업방법과 근로자의 배치를 결정하고 해당 작업을 지휘하는 일
> ② 재료의 결함 유무 또는 기구 및 공구의 기능을 점검하고 불량품을 제거하는 일
> ③ 작업 중 안전대 등 보호구의 착용 상황을 감시하는 일

**06** 인간주의의 특성의 종류 3가지를 적고 설명하시오. (5점)

> **정답**
> ① 선택성 : 사람은 한 번에 여러 종류의 자극을 지각하거나 수용하지 못하며 소수의 특정한 것으로 한정해서 선택하는 기능을 말한다.
> ② 방향성 : 시선에서 벗어난 부분은 무시되기 쉽다.(주시점만 응시한다.)
> ③ 변동성 : 주의는 리듬이 있어 일정한 수순을 지키지 못한다.
> ④ 단속성 : 고도의 주의는 장시간 집중이 곤란하다.
> ⑤ 주의력의 중복집중 곤란 : 동시에 두 개 이상의 방향을 잡지 못한다.

**07** 동바리로 사용하는 파이프 서포트의 조립 시 준수 사항 2가지를 적으시오. (4점)

> **정답**
> ① 파이프 서포트를 3개본 이상 이어서 사용하지 아니하도록 할 것
> ② 파이프 서포트를 이어서 사용할 때에는 4개 이상의 볼트 또는 전용철물을 사용하여 이을 것
> ③ 높이가 3.5m를 초과하는 경우에는 높이 2m미터 이내마다 수평 연결재를 2개 방향으로 만들고 수평 연결재의 변위를 방지할 것

## 08 비계의 조립간격을 나타내었다. ( )에 적합한 숫자를 적으시오. (4점)

| 강관비계의 종류 | 조립 간격(단위 : m) | |
| --- | --- | --- |
| | 수직 방향 | 수평 방향 |
| 단관 비계 | ( ① ) | ( ② ) |
| 틀비계(높이가 5m 미만의 것을 제외한다) | ( ③ ) | ( ④ ) |

**정답**
① 5
② 5
③ 6
④ 8

## 09 흙막이 지보공을 설치할 때 점검하여야 하는 사항 3가지를 적으시오. (6점)

**정답**
① 부재의 손상·변형·부식·변위 및 탈락의 유무와 상태
② 버팀대의 긴압의 정도
③ 부재의 접속부·부착부 및 교차부의 상태
④ 침하의 정도

**10** 위험예지 훈련 4단계를 적으시오. (4점)

> **정답**
> 1단계 : 현상 파악
> 2단계 : 요인조사(본질추구)
> 3단계 : 대책수립
> 4단계 : 행동목표 설정(합의요약)

**11** 굴착작업 시 보일링 현상을 방지하기 위한 대책 3가지를 적으시오.(단, 작업 중지는 제외) (4점)

> **정답**
> ① 지하수위 저하
> ② 지하수 흐름 변경
> ③ 근입벽을 깊게 한다.

**12** 시스템의 신뢰도를 계산하시오. (3점)

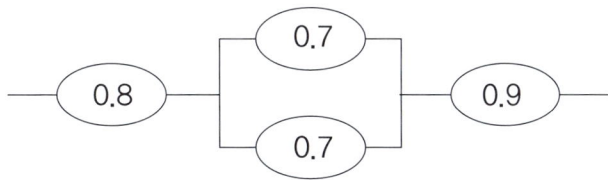

> **정답**
> 신뢰도(R) = 0.8 × { 1-(1-0.7) × (1-0.7) } × 0.9 = 0.66

## 13. 사다리식 통로의 설치기준에 대한 내용이다. 괄호에 적합한 내용을 적으시오. (4점)

> 1. 사다리의 상단은 걸쳐놓은 지점으로부터 ( ① ) 이상 올라가도록 할 것
> 2. 사다리식 통로의 길이가 10미터 이상인 경우에는 ( ② ) 이내마다 계단참을 설치할 것

**정답**
① 60센티미터(cm)
② 5미터(m)

**참고**

**사다리식 통로의 설치기준**

1. 견고한 구조로 할 것
2. 심한 손상·부식 등이 없는 재료를 사용할 것
3. 발판의 간격은 일정하게 할 것
4. 발판과 벽과의 사이는 15센티미터 이상의 간격을 유지할 것
5. 폭은 30센티미터 이상으로 할 것
6. 사다리가 넘어지거나 미끄러지는 것을 방지하기 위한 조치를 할 것
7. 사다리의 상단은 걸쳐놓은 지점으로부터 60센티미터 이상 올라가도록 할 것
8. 사다리식 통로의 길이가 10미터 이상인 경우에는 5미터 이내마다 계단참을 설치할 것
9. 사다리식 통로의 기울기는 75도 이하로 할 것. 다만, 고정식 사다리식 통로의 기울기는 90도 이하로 하고, 그 높이가 7미터 이상인 경우에는 다음 각 목의 구분에 따른 조치를 할 것
   - 등받이울이 있어도 근로자 이동에 지장이 없는 경우 : 바닥으로부터 높이가 2.5미터 되는 지점부터 등받이울을 설치할 것
   - 등받이울이 있으면 근로자가 이동이 곤란한 경우 : 한국산업표준에서 정하는 기준에 적합한 개인용 추락 방지 시스템을 설치하고 근로자로 하여금 한국산업표준에서 정하는 기준에 적합한 전신 안전대를 사용하도록 할 것
10. 접이식 사다리 기둥은 사용 시 접혀지거나 펼쳐지지 않도록 철물 등을 사용하여 견고하게 조치할 것

# 2014 건설안전산업기사 필답형 4회

**01** 터널 공사 등의 건설 작업을 할 때에 인화성 가스가 발생할 위험이 있는 경우에는 폭발이나 화재를 예방하기 위하여 자동경보장치를 설치하여야 한다. 자동경보장치의 작업 시작 전 점검사항 3가지를 적으시오. (6점)

**정답**
① 계기의 이상 유무
② 검지부의 이상 유무
③ 경보장치의 작동상태

**02** 안전인증 대상 안전모의 성능시험 종류 5가지를 적으시오. (5점)

**정답**
① 내관통성 시험
② 충격흡수성 시험
③ 내전압성 시험
④ 내수성 시험
⑤ 난연성 시험
⑥ 턱끈 풀림 시험

> **참고**
>
> 안전모의 성능 시험 종류 및 시험성능 기준
>
> | 항목 | 시험성능 기준 |
> |---|---|
> | ① 내관통성 시험 | AE, ABE종 안전모는 관통거리가 9.5mm 이하이고, AB종 안전모는 관통거리가 11.1mm 이하이어야 한다. |
> | ② 충격흡수성 시험 | 최고 전달충격력이 4,450N을 초과해서는 안 되며, 모체와 착장체의 기능이 상실되지 않아야 한다. |
> | ③ 내전압성 시험 | AE, ABE종 안전모는 교류 20KV에서 1분간 절연파괴 없이 견뎌야 하고, 이때 누설되는 충전전류는 10mA 이하이어야 한다. |
> | ④ 내수성 시험 | AE, ABE종 안전모는 질량증가율이 1% 미만이어야 한다. |
> | ⑤ 난연성 시험 | 모체가 불꽃을 내며 5초 이상 연소되지 않아야 한다. |
> | ⑥ 턱끈풀림 시험 | 150N 이상 250N 이하에서 턱끈이 풀려야 한다. |

**03** 구축물, 건축물, 그 밖의 시설물 등의 해체작업을 할 경우에는 해체계획서를 수립하여야 한다. 해체계획에 포함해야 할 사항을 3가지 적으시오. (6점)

> **정답**
>
> ① 해체의 방법 및 해체순서 도면
> ② 가설설비, 방호설비, 환기 설비 및 살수, 방화설비 등의 방법
> ③ 사업장 내 연락방법
> ④ 해체물의 처분계획
> ⑤ 해체작업용 기계·기구 등의 작업계획서
> ⑥ 해체작업용 화약류 등의 사용계획서

**04** 하적단의 붕괴 또는 화물의 낙하에 의하여 근로자가 위험해질 우려가 있는 경우의 조치사항 2가지를 적으시오. (4점)

> **정답**
>
> ① 하적단을 로프로 묶거나 망을 치는 등 위험을 방지하기 위하여 필요한 조치를 하여야 한다.
> ② 하적단을 쌓을 때에는 기본형을 조성하여 쌓고, 하적단을 헐어낼 때에는 위에서부터 순차적으로 층계를 만들면서 헐어내어야 하며 중간에서 헐어내어서는 아니 된다.

## 05 통나무 비계의 이음방법 2가지를 적으시오. (4점)

**정답**
① 겹침이음
② 맞댄이음

**참고**
겹침이음 : 이음부분에서 1미터 이상을 서로 겹쳐서 2개소 이상을 묶을 것
맞댄이음 : 비계기둥을 쌍기둥 틀로 하거나 1.8미터 이상의 덧댐목을 사용하여 4개소 이상을 묶을 것

**분석** 관련 법규에서 삭제된 내용입니다.

## 06 작업자가 시야를 가릴 정도로 부피가 큰 짐을 운반하던 중 덮개가 열려 있던 개구부 바닥으로 떨어지는 사고가 발생하였다. [보기]와 같이 재해를 분석하시오. (5점)

[보기]
① 재해발생형태  ② 기인물  ③ 가해물  ④ 불안전한 행동  ⑤ 불안전한 상태

**정답**
① 재해 발생형태 : 떨어짐
② 기인물 : 부피가 큰 짐
③ 가해물 : 바닥
④ 불안전한 행동 : 시야를 가릴 정도로 부피가 큰 짐을 운반함
⑤ 불안전한 상태 : 개구부에 덮개가 설치되지 않음

**07** 굴착공사 표준안전 작업지침에 의하여 토사붕괴의 발생을 예방하기 위하여 점검하여야 하는 사항 3가지를 적으시오. (6점)

> **정답**
> ① 전 지표면의 답사
> ② 경사면의 지층 변화부 상황 확인
> ③ 부석의 상황 변화의 확인
> ④ 용수의 발생 유·무 또는 용수량의 변화 확인
> ⑤ 결빙과 해빙에 대한 상황의 확인
> ⑥ 각종 경사면 보호공의 변위, 탈락 유·무

**08** 권과방지장치를 설치하지 않은 크레인에 대해서는 권상용 와이어로프가 지나치게 감겨서 근로자가 위험해질 상황을 방지하기 위한 조치를 하여야 한다. 이 경우 하여야 하는 조치사항 2가지를 적으시오. (4점)

> **정답**
> ① 권상용 와이어로프에 위험표시를 할 것
> ② 경보장치를 설치할 것

**09** 건설공사의 유해위험 방지계획서 (1) 제출 시기와 (2) 심사 결과의 구분 3가지를 적으시오. (4점)

> **정답**
> (1) 제출 시기 : 해당 공사의 착공 전날까지
> (2) 심사 결과의 구분
>     ① 적정
>     ② 조건부 적정
>     ③ 부적정

> **참고**
>
> **유해위험 방지계획서 심사 결과의 구분**
>
> ① 적정 : 근로자의 안전과 보건을 위하여 필요한 조치가 구체적으로 확보되었다고 인정되는 경우
> ② 조건부 적정 : 근로자의 안전과 보건을 확보하기 위하여 일부 개선이 필요하다고 인정되는 경우
> ③ 부적정 : 기계·설비 또는 건설물이 심사기준에 위반되어 공사착공 시 중대한 위험발생의 우려가 있거나 계획에 근본적 결함이 있다고 인정되는 경우

**10** 굴착공사 시에 발생하는 (1) 히빙현상을 공학적으로 설명하고 (2) 히빙에 의한 피해현상 2가지와 (3) 히빙현상 방지 대책 2가지를 적으시오. (6점)

> **정답**
>
> (1) 히빙현상
>   연질점토 지반에서 굴착에 의한 흙막이 내·외면의 흙의 중량차이(토압)로 인해 굴착저면이 부풀어 올라오는 현상을 말한다.
>
> (2) 히빙에 의한 피해현상
>   ① 흙막이 벽체(흙막이 지보공) 파괴
>   ② 배면 토사 붕괴
>
> (3) 히빙현상 방지 대책
>   ① 양질의 재료로 지반을 개량한다(흙의 전단강도 높인다.)
>   ② 어스앵커를 설치한다.
>   ③ 시트파일 등의 근입심도를 검토한다.(흙막이 벽체의 근입 깊이를 깊게 한다.)
>   ④ 굴착주변에 웰포인트 공법을 병행한다.
>   ⑤ 소단을 두면서 굴착한다.
>   ⑥ 굴착주변의 상재하중을 제거한다.

**11** 알더퍼의 E.R.G 이론을 설명하시오. (3점)

> **정답**
>
> ① E(Existenece needs) : 생존욕구 또는 존재욕구
> ② R(Relatedness needs) : 관계욕구
> ③ G(Growth needs) : 성장욕구

**12** 통나무 비계의 기둥이 미끄러지거나 침하하는 것을 방지하기 위하여 하여야 하는 조치 사항 2가지를 적으시오. (4점)

> **정답**
> ① 밑둥잡이 설치
> ② 깔판 사용

> **분석** 관련 법규에서 삭제된 내용입니다.

**13** 산업안전보건법에 의하여 철골공사 작업을 중지해야 하는 조건 3가지를 적으시오. (3점)

> **정답**
> ① 풍속이 초당 10미터 이상인 경우
> ② 강우량이 시간당 1밀리미터 이상인 경우
> ③ 강설량이 시간당 1센티미터 이상인 경우

# 2015년 1회 건설안전산업기사 필답형

**01** 출입금지 표지를 그리시오.(색은 글로 설명할 것) (4점)  [별책부록 컬러 자료를 참고해 주세요.]

정답

바탕 : 흰색
기본모형 : 빨간색
관련 부호 및 그림 : 검은색

**02** 청각장치와 시각장치 중 시각장치를 사용한 정보전달이 유리한 경우 4가지를 적으시오. (4점)

정답
① 전언이 길고, 복잡할 때
② 재참조 된다.
③ 공간적인 위치를 다룬다.
④ 즉각적인 행동을 요구하지 않을 때
⑤ 청각계통이 과부하일 때
⑥ 주위가 너무 시끄러울 때
⑦ 한곳에 머무르는 경우

> **참고**
>
> **청각 장치**
> ① 전언이 짧고, 간단할 때
> ② 재참조되지 않음
> ③ 시간적인 사상을 다룬다.
> ④ 즉각적인 행동을 요구할 때
> ⑤ 시각계통이 과부하일 때
> ⑥ 주위가 너무 밝거나 암조응일 때
> ⑦ 자주 움직이는 경우

## 03 달비계 또는 높이 5미터 이상의 비계 조립·해체 및 변경 시의 준수사항 5가지를 적으시오. (5점)

**정답**
① 관리감독자의 지휘 하에 작업하도록 할 것
② 조립·해체 또는 변경의 시기·범위 및 절차를 그 작업에 종사하는 근로자에게 교육할 것
③ 조립·해체 또는 변경작업 구역 내에는 당해 작업에 종사하는 근로자외의 자의 출입을 금지시키고 그 내용을 보기 쉬운 장소에 게시할 것
④ 비·눈 그 밖의 기상상태의 불안정으로 인하여 날씨가 몹시 나쁠 때에는 그 작업을 중지시킬 것
⑤ 비계재료의 연결·해체작업을 하는 때에는 폭 20센티미터 이상의 발판을 설치하고 근로자로 하여금 안전대를 사용하도록 하는 등 근로자의 추락방지를 위한 조치를 할 것
⑥ 재료·기구 또는 공구 등을 올리거나 내리는 때에는 근로자로 하여금 달줄 또는 달포대 등을 사용하도록 할 것

## 04 [보기]를 참고하여 빗버팀대식 흙막이 공법의 순서를 번호로 적으시오. (4점)

[보기]
① 줄파기  ② 규준대 대기  ③ 널말뚝 박기  ④ 중앙부 흙 파기  ⑤ 띠장 대기
⑥ 버팀 말뚝 및 버팀대 대기  ⑦ 주변부 흙 파기

**정답** ① → ② → ③ → ④ → ⑤ → ⑥ → ⑦

## 05 안전난간의 구조 및 설치요건에 관한 설명이다. 괄호에 적합한 숫자를 적으시오. (4점)

> [보기]
> 1. 상부 난간대는 바닥면·발판 또는 경사로의 표면으로부터 90센티미터 이상 지점에 설치하고, 상부 난간대를 120센티미터 이하에 설치하는 경우에는 중간 난간대는 상부 난간대와 바닥면 등의 중간에 설치하여야 하며, 120센티미터 이상 지점에 설치하는 경우는 중간 난간대를 2단 이상으로 설치하고 난간의 상하간격은 ( ① )센티미터 이하가 되도록 할 것(다만, 난간 기둥 간의 간격이 25센티미터 이하인 경우에는 중간 난간대를 설치하지 않을 수 있다.)
> 2. 발끝막이판은 바닥면 등으로부터 ( ② )센티미터 이상의 높이를 유지할 것
> 3. 난간대는 지름 ( ③ )센티미터 이상의 금속제 파이프나 그 이상의 강도가 있는 재료이어야 한다.
> 4. 안전난간은 구조적으로 가장 취약한 지점에서 가장 취약한 방향으로 작용하는 ( ④ )킬로그램 이상의 하중에 견딜 수 있는 튼튼한 구조이어야 한다.

**정답**

① 60  ② 10  ③ 2.7  ④ 100

**참고**

**안전난간의 구조 및 설치요건**

① 상부 난간대, 중간 난간대, 발끝 막이판 및 난간기둥으로 구성할 것
② 상부 난간대
  • 상부 난간대는 바닥면 등으로부터 90센티미터 이상 지점에 설치
  • 상부 난간대를 120센티미터 이하에 설치하는 경우 : 중간 난간대는 상부 난간대와 바닥면 등의 중간에 설치
  • 120센티미터 이상 지점에 설치하는 경우 : 중간 난간대를 2단 이상으로 설치, 난간의 상하간격은 60센티미터 이하가 되도록 할 것(다만, 난간기둥 간의 간격이 25센티미터 이하인 경우에는 중간 난간대를 설치하지 않을 수 있다.)
③ 발끝 막이판은 바닥면 등으로부터 10센티미터 이상의 높이를 유지할 것
④ 난간기둥은 상부 난간대와 중간 난간대를 견고하게 떠받칠 수 있도록 적정한 간격을 유지할 것
⑤ 상부 난간대와 중간 난간대는 난간 길이 전체에 걸쳐 바닥면 등과 평행을 유지할 것
⑥ 난간대는 지름 2.7센티미터 이상의 금속제 파이프나 그 이상의 강도가 있는 재료일 것
⑦ 안전난간은 구조적으로 가장 취약한 지점에서 가장 취약한 방향으로 작용하는 100킬로그램 이상의 하중에 견딜 수 있는 튼튼한 구조일 것

## 06 다음 설명에 해당하는 용어를 적으시오. (3점)

( )란 흙막이 벽에 작용하는 토압에 의한 휨모멘트와 전단력에 저항하도록 설치하는 휨 부재로서 흙막이 벽체에 가해지는 토압을 버팀보 등에 전달하기 위해 벽면에 직접 수평으로 설치하는 부재를 말한다.

**정답**

띠장(Wale)

## 07 터널공사 표준안전 작업지침에 의한 터널 내의 환기에 관한 내용이다. 괄호에 적합한 내용을 적으시오. (6점)

1. 발파 후 유해가스, 분진 및 내연기관의 배기가스 등을 신속히 환기시켜야 하며 발파 후 ( ① )분 이내 배기, 송기가 완료되도록 하여야 한다.
2. 환기가스 처리장치가 없는 ( ② )기관은 터널 내의 투입을 금하여야 한다.
3. 터널 내의 기온은 ( ③ )℃ 이하가 되도록 신선한 공기로 환기시켜야 하며 근로자의 작업조건에 유해하지 아니한 상태를 유지하여야 한다.

**정답**

① 30  ② 디젤  ③ 37

## 08
안전관리자의 증원·교체임명을 명할 수 있는 경우 3가지를 적으시오. (6점)

**정답**
① 해당 사업장의 **연간 재해율이 같은 업종의 평균재해율의 2배 이상**인 경우
② **중대재해가 연간 2건 이상 발생**한 경우(다만, 해당 사업장의 전년도 사망 만인율이 같은 업종의 평균 사망 만인율 이하인 경우는 제외)
③ 관리자가 질병이나 그 밖의 사유로 **3개월 이상 직무를 수행할 수 없게 된 경우**
④ 화학적 인자로 인한 **직업성질병자가 연간 3명 이상 발생**한 경우(이 경우 직업성 질병자 발생일은 요양급여의 결정일로 한다)

**특급암기법**
평균의 2배 이상, 중대재해 2건 이상 증원!
직업성 질병 3건 이상, 3개월 이상 일 안하면 교체!

## 09
노사협의체의 정기회의 개최주기와 회의록에 기록하여야 하는 사항 2가지를 적으시오. (4점)

(1) 정기회의 개최주기 :
(2) 회의록에 기록하여야 하는 사항

**정답**
(1) 정기회의 개최주기 : 2개월마다
(2) 회의록에 기록하여야 하는 사항
① 개최 일시 및 장소
② 출석위원
③ 심의 내용 및 의결·결정 사항

## 10
흙막이 지보공을 조립하는 경우에는 미리 그 구조를 검토한 후 조립도를 작성하여 그 조립도에 따라 조립하도록 해야 한다. 흙막이 지보공 조립도에 명시하여야 하는 사항 2가지를 적으시오. (4점)

**정답**
① 부재의 배치·치수·재질
② 설치방법과 순서

## 11  달비계의 안전계수를 나타내었다. 다음 빈칸을 채우시오. (6점)

[보기]

1. 달기와이어로프 및 달기강선의 안전계수는 ( ① ) 이상

2. 달기체인 및 달기 훅의 안전계수는 ( ② ) 이상

3. 달기강대와 달비계의 하부 및 상부지점의 안전계수는 강재의 경우 2.5 이상, 목재의 경우 ( ④ ) 이상

**정답**

① 10  ② 5  ③ 5

**분석** 관련 법규에서 삭제된 내용입니다.

## 12  어느 사업장의 도수율은 10이고 강도율은 1.2이다. 한사람의 근로자가 입사하여 퇴직할 때까지는 몇 건의 재해와 몇 일간의 근로손실 일수를 가져올 수 있는가? (6점)

### 1. 환산 도수율(F)

① 일평생 근로하는 동안의 재해건수를 말한다.

② 환산 도수율 = $\dfrac{\text{재해 건수}}{\text{연 근로시간 수}} \times$ 평생근로시간수(100,000)

③ 환산 도수율 = 도수율 ÷ 10

### 2. 환산 강도율(S)

① 일평생 근로하는 동안의 총 요양 근로손실일수를 말한다.

② 환산 강도율 = $\dfrac{\text{총 요양 근로손실일수}}{\text{연 근로시간 수}} \times$ 평생근로시간수(100,000)

③ 환산 강도율 = 강도율 × 100

**정답**

(1) 한사람의 근로자가 입사하여 퇴직할 때까지의 재해 건수 = 환산 도수율
환산 도수율 = 도수율÷10 = 10÷10 = 1(건)

(2) 한사람의 근로자가 입사하여 퇴직할 때까지의 근로손실 일수 = 환산 강도율
환산 강도율 = 강도율×100 = 1.2×100 = 120(일)

## 13 산업안전보건법에 의한 안전검사에 관한 내용이다. 괄호에 적합한 내용을 적으시오. (6점)

[보기]

1. 안전검사를 받아야 하는 자는 안전검사 신청서를 검사 주기 만료일 ( ① )일 전에 안전검사 기관에 제출하여야 한다.

2. 크레인(이동식 크레인은 제외한다), 리프트(이삿짐운반용 리프트는 제외한다) 및 곤돌라 : 사업장에 설치가 끝난 날부터 3년 이내에 최초 안전검사를 실시하되, 그 이후부터 ( ② )년 마다(건설현장에서 사용하는 것은 최초로 설치한 날부터 ( ③ )개월마다)

**정답**

① 30  ② 2  ③ 6

# 2015년 2회 건설안전산업기사 필답형

**01** 차량계 건설기계 작업을 하는 경우 작성하여야 하는 작업계획서에 포함하여야 하는 사항 3가지를 적으시오. (6점)

> **정답**
> ① 사용하는 차량계 건설기계의 종류 및 성능
> ② 차량계 건설기계의 운행경로
> ③ 차량계 건설기계에 의한 작업방법

**02** 항타기, 항발기를 조립하는 경우의 점검 사항 3가지를 적으시오. (6점)

> **정답**
> ① 본체 연결부의 풀림 또는 손상의 유무
> ② 권상용 와이어로프·드럼 및 도르래의 부착상태의 이상 유무
> ③ 권상장치의 브레이크 및 쐐기장치 기능의 이상 유무
> ④ 권상기의 설치상태의 이상 유무
> ⑤ 리더(leader)의 버팀 방법 및 고정상태의 이상 유무
> ⑥ 본체·부속장치 및 부속품의 강도가 적합한지 여부
> ⑦ 본체·부속장치 및 부속품에 심한 손상·마모·변형 또는 부식이 있는지 여부

## 03
비계의 조립간격을 나타내었다. (   )에 적합한 숫자를 적으시오. (4점)

| 강관비계의 종류 | 조립 간격(단위 : m) | |
| --- | --- | --- |
| | 수직 방향 | 수평 방향 |
| 단관 비계 | ( ① ) | ( ② ) |
| 틀비계(높이가 5m 미만의 것을 제외한다) | ( ③ ) | ( ④ ) |

**정답**  ① 5   ② 5   ③ 6   ④ 8

## 04
안전보건관리책임자 등에 대한 교육을 나타내었다. 괄호에 적합한 교육시간을 적으시오. (4점)

| 교육대상 | 교육시간 | |
| --- | --- | --- |
| | 신규교육 | 보수교육 |
| 가. 안전보건관리책임자 | 6시간 이상 | ( ① )시간 이상 |
| 나. 안전관리자, 안전관리전문기관의 종사자 | 34시간 이상 | ( ② )시간 이상 |
| 다. 보건관리자, 보건관리전문기관의 종사자 | 34시간 이상 | ( ③ )시간 이상 |
| 라. 건설재해예방전문지도기관의 종사자 | 34시간 이상 | ( ④ )시간 이상 |
| 마. 석면조사기관의 종사자 | 34시간 이상 | 24시간 이상 |
| 바. 안전보건관리담당자 | - | 8시간 이상 |
| 사. 안전검사기관, 자율안전검사기관의 종사자 | 34시간 이상 | 24시간 이상 |

**정답**  ① 6   ② 24   ③ 24   ④ 24

## 05 산업안전보건법상의 양중기의 종류 4가지를 적으시오. (단, 세부항목을 포함할 것) (4점)

**정답**
① 크레인[호이스트(hoist)를 포함한다]
② 이동식 크레인
③ 리프트(이삿짐운반용 리프트의 경우에는 적재하중이 0.1톤 이상인 것으로 한정한다)
④ 곤돌라
⑤ 승강기

## 06 산업안전보건법에 의한 잠수작업 시간에 관한 내용이다. 괄호에 적합한 숫자를 적으시오. (6점)

[보기]
(1) 잠수작업이 1일 1회를 초과하는 때에는 각 회별 잠수시간과 감압시간을 모두 합한 시간이 1일 ( ① )시간을 초과하지 아니할 것
(2) 사업주는 근로자에게 잠수작업을 하도록 할 때에는 각 회별 잠수시간과 감압시간을 모두 합한 시간이 1주 ( ② )시간을 초과하지 아니할 것

**정답**
① 6  ② 34

## 07 안전대의 사용 구분에 따른 종류를 4가지 적으시오. (4점)

**정답**
① 1개 걸이용
② U자 걸이용
③ 추락방지대
④ 안전블록

### 참고

| 종류 | 사용 구분 |
|---|---|
| 벨트식 | 1개 걸이용 |
| | U자 걸이용 |
| 안전그네식 | 추락방지대 |
| | 안전블록 |

**08** 다음 [보기]와 같은 조건에서 작업을 할 경우 제공하여야 할 휴식시간과 실제 작업시간을 계산하시오. (6점)

[보기]

(1) 작업자의 작업에 소요되는 평균 에너지 : 8kcal/min

(2) 작업에 대한 평균 에너지 : 5kcal/min

(3) 휴식 시의 에너지 : 1.5kcal/min

(4) 작업시간 : 60(min)

**정답**

$$휴식시간(R) = \frac{60 \times (E-5)}{E-1.5}$$

- 1.5 : 휴식 중의 에너지 소비량
- 5(kcal/분) : 보통 작업에 대한 평균 에너지(기초 대사량을 포함하지 않을 경우 4)
- 60(분) : 작업시간
- E(kcal/분) : 문제에서 주어진 작업 시 필요한 에너지

1. 휴식시간(R) = $\frac{60 \times (8-5)}{8-1.5}$ = 27.69(분)

2. 작업시간 = 60−27.69 = 32.31(분)

**09** 터널 출입구 부근의 지반 붕괴에 의한 위험 방지에 관한 내용이다. 괄호에 적합한 내용을 적으시오. (4점)

> [보기]
> 사업주는 터널 등의 건설작업을 할 때에 터널 등의 출입구 부근의 지반의 붕괴나 토사 등의 낙하에 의하여 근로자가 위험해질 우려가 있는 경우에는 ( ① )이나 ( ② )을 설치하는 등 위험을 방지하기 위하여 필요한 조치를 해야 한다.

**정답**
① 흙막이지보공
② 방호망

**10** 잠함 또는 우물통의 급격한 침하에 의한 위험을 방지하기 위하여 준수하여야 할 사항 2가지를 적으시오. (6점)

**정답**
① 침하관계도에 따라 굴착방법 및 재하량(載荷量) 등을 정할 것
② 바닥으로부터 천장 또는 보까지의 높이는 1.8미터 이상으로 할 것

**11** 터널굴착 작업에서 보링(boring) 등 적절한 방법으로 낙반·출수(出水) 및 가스폭발 등으로 인한 근로자의 위험을 방지하기 위하여 미리 조사하여야 하는 사항(사전 조사사항) 3가지를 적으시오. (3점)

**정답**
① 지형 조사
② 지질 조사
③ 지층상태를 조사

## 12 [보기]의 설명에 해당하는 안전활동 기법의 명칭을 적으시오. (3점)

> [보기]
> 작업 전 또는 종료 시 5~10분간 작업자 3~5인이 조를 이뤄 작업 시 위험요소에 대하여 말하는 방식이다.

**정답**

T.B.M(Tool Box Meeting) : 단시간 즉시 적응법

## 13 굴착면의 기울기 기준이다. 다음 표의 빈칸을 채우시오. (4점)

| 지반의 종류 | 굴착면의 기울기 |
|---|---|
| 모래 | ( ① ) |
| 연암 및 풍화암 | ( ② ) |
| 경암 | ( ③ ) |
| 그 밖의 흙 | ( ④ ) |

**정답**

① 1 : 1.8
② 1 : 1.0
③ 1 : 0.5
④ 1 : 1.2

# 2015 4회

# 건설안전산업기사 필답형

**01** 굴착공사 시에 발생하는 히빙에 의한 피해현상 2가지를 적으시오. (4점)

**정답**
① 흙막이 벽체(흙막이 지보공) 파괴
② 배면 토사 붕괴

**02** 산업안전보건법의 경고표지 중 바탕색이 노란색인 경고표지의 종류를 5가지 적으시오. (5점)

**정답**
① 방사성물질 경고
② 고압전기 경고
③ 매달린 물체 경고
④ 낙하물체 경고
⑤ 고온 경고
⑥ 저온 경고
⑦ 몸균형 상실 경고
⑧ 레이저광선 경고
⑨ 위험장소 경고

> 참고

### 경고표지의 종류

| 분류 | 종류 | 색채 |
|---|---|---|
| 경고표지 | 1. 인화성물질 경고<br>2. 산화성물질 경고<br>3. 폭발성물질 경고<br>4. 급성독성물질 경고<br>5. 부식성물질 경고<br>6. 발암성 · 변이원성 · 생식독성 · 전신독성 · 호흡기과민성물질 경고 | 바탕은 무색, 기본모형은 빨간색<br>(검은색도 가능) |
| | 7. 방사성물질 경고<br>8. 고압전기 경고<br>9. 매달린물체 경고<br>10. 낙하물 경고<br>11. 고온 경고<br>12. 저온 경고<br>13. 몸균형 상실 경고<br>14. 레이저광선 경고<br>15. 위험장소 경고 | 바탕은 노란색,<br>기본모형, 관련 부호 및 그림은 검은색 |

## 03 지게차를 사용하여 작업을 하는 때의 작업시작 전 점검사항 3가지를 적으시오. (6점)

> 정답
> ① 제동장치 및 조종장치 기능의 이상 유무
> ② 하역장치 및 유압장치 기능의 이상 유무
> ③ 바퀴의 이상 유무
> ④ 전조등 · 후미등 · 방향지시기 및 경보장치 기능의 이상 유무

**04** 산업안전보건법에 의하여 도급인은 관계수급인 근로자가 도급인의 사업장에서 작업을 하는 경우 산업재해 예방을 위한 조치를 하여야 한다. 관계수급인 근로자가 도급인의 사업장에서 작업을 하는 경우 도급인의 산업재해 예방을 위한 조치사항 3가지를 적으시오. (6점)

**정답**

① 도급인과 수급인을 구성원으로 하는 안전 및 보건에 관한 협의체의 구성 및 운영
② 작업장 순회점검
③ 관계수급인이 근로자에게 하는 안전보건교육을 위한 장소 및 자료의 제공 등 지원
④ 관계수급인이 근로자에게 하는 안전보건교육의 실시 확인
⑤ 경보체계 운영과 대피방법 등 훈련
⑥ 위생시설의 설치 등을 위하여 필요한 장소의 제공 또는 도급인이 설치한 위생시설 이용의 협조
⑦ 같은 장소에서 이루어지는 도급인과 관계수급인 등의 작업에 있어서 관계수급인 등의 작업시기·내용, 안전조치 및 보건조치 등의 확인
⑧ 관계수급인 등의 작업 혼재로 인하여 화재·폭발 등의 위험이 발생할 우려가 있는 경우 관계수급인 등의 작업시기·내용 등의 조정

**참고**

**작업장 순회점검**

| | |
|---|---|
| 2일에 1회 이상 | ① 건설업<br>② 제조업<br>③ 토사석 광업<br>④ 서적, 잡지 및 기타 인쇄물 출판업<br>⑤ 음악 및 기타 오디오물 출판업<br>⑥ 금속 및 비금속 원료 재생업 |
| 1주일에 1회 이상 | 그 밖의 사업 |

## 05 다음에 적합한 달기 와이어로프 등의 안전계수를 적으시오. (4점)

1. 근로자가 탑승하는 운반구를 지지하는 달기와이어로프 또는 달기체인의 경우 : ( ① ) 이상
2. 화물의 하중을 직접 지지하는 달기와이어로프 또는 달기체인의 경우 : ( ② ) 이상
3. 훅, 샤클, 클램프, 리프팅 빔의 경우 : ( ③ ) 이상
4. 그밖의 경우 : ( ④ ) 이상

**정답**
① 10
② 5
③ 3
④ 4

## 06 사다리식 통로의 구조(설치 시의 준수사항) 3가지를 적으시오. (6점)

**정답**
① 견고한 구조로 할 것
② 심한 손상·부식 등이 없는 재료를 사용할 것
③ 발판의 간격은 일정하게 할 것
④ 발판과 벽과의 사이는 15센티미터 이상의 간격을 유지할 것
⑤ 폭은 30센티미터 이상으로 할 것
⑥ 사다리가 넘어지거나 미끄러지는 것을 방지하기 위한 조치를 할 것
⑦ 사다리의 상단은 걸쳐놓은 지점으로부터 60센티미터 이상 올라가도록 할 것
⑧ 사다리식 통로의 길이가 10미터 이상인 경우에는 5미터 이내마다 계단참을 설치할 것
⑨ 사다리식 통로의 기울기는 75도 이하로 할 것. 다만, 고정식 사다리식 통로의 기울기는 90도 이하로 하고, 그 높이가 7미터 이상인 경우에는 다음 각 목의 구분에 따른 조치를 할 것
  • 등받이울이 있어도 근로자 이동에 지장이 없는 경우 : 바닥으로부터 높이가 2.5미터 되는 지점부터 등받이울을 설치할 것
  • 등받이울이 있으면 근로자가 이동이 곤란한 경우 : 한국산업표준에서 정하는 기준에 적합한 개인용 추락방지 시스템을 설치하고 근로자로 하여금 한국산업표준에서 정하는 기준에 적합한 전신 안전대를 사용하도록 할 것
⑩ 접이식 사다리 기둥은 사용 시 접혀지거나 펼쳐지지 않도록 철물 등을 사용하여 견고하게 조치할 것

## 07 흙막이 개굴착공법(Open Cut) 공법의 장점 3가지를 적으시오. (3점)

**정답**
① 좁은 부지에도 시공이 가능하다.(부지를 효율적으로 활용할 수 있다.)
② 연약 지반에서도 시공이 가능하다.(토질에 대해 영향을 적게 받는다.)
③ 되 메우기 토량이 적다.

**참고**

단점 : 공사비가 비싸고 공기가 길다.

## 08 연근로시간수가 250,000시간인 어느 사업장에서 작년도 15건의 재해로 근로손실일수 300일, 휴업일수 25일이 발생하였다. 종합재해지수를 계산하시오. (4점)

**정답**

1. 종합재해지수

$$\text{FSI} = \sqrt{\text{FR} \times \text{SR}} = \sqrt{도수율 \times 강도율}$$

2. 도수율(빈도율) = $\dfrac{재해 건수}{연 근로시간 수} \times 10^6$

3. 강도율 = $\dfrac{총 요양 근로손실일수}{연 근로시간 수} \times 1,000$

* 근로손실일수 = 휴업일수, 요양일수, 입원일수 $\times \dfrac{300(실제근로일수)}{365}$

1. 도수율 = $\dfrac{15}{250,000} \times 10^6 = 60$

2. 강도율 = $\dfrac{300 + 25 \times \dfrac{300}{365}}{250,000} \times 1,000 = 1.28$

3. 종합재해지수 = $\sqrt{60 \times 1.28} = 8.76$

## 09. 차량계 건설기계의 넘어짐을 방지하기 위한 조치사항 3가지를 적으시오. (3점)

**정답**
① 유도자 배치
② 지반의 부동침하 방지
③ 갓길의 붕괴 방지
④ 도로의 폭 유지

## 10. 산업안전보건법에 의하여 중대재해가 발생한 경우 사업주의 안전 및 보건에 관한 조치사항 2가지를 적으시오. (4점)

**정답**
① 즉시 해당 작업을 중지시킨다.
② 근로자를 작업장소에서 대피시킨다.

## 11. 작업발판 및 통로의 끝이나 개구부로서 근로자가 추락할 위험이 있는 장소에 하여야 하는 방호조치 3가지를 적으시오. (3점)

**정답**
① 안전난간 설치
② 울타리 설치
③ 수직형 추락방망 또는 덮개 설치
④ 추락방호망 설치(안전난간 설치 곤란 또는 해체한 경우)

**참고**

**개구부 등의 방호 조치**

난간 등을 설치하는 것이 매우 곤란하거나 작업의 필요상 임시로 난간 등을 해체하여야 하는 경우 추락방호망을 설치하여야 한다. 다만, 추락방호망을 설치하기 곤란한 경우에는 근로자에게 안전대를 착용하도록 하는 등 추락할 위험을 방지하기 위하여 필요한 조치를 하여야 한다.

**12** 크레인의 설치·조립·수리·점검 또는 해체 작업을 하는 경우의 조치사항 3가지를 적으시오. (6점)

**정답**
① 작업순서를 정하고 그 순서에 따라 작업을 할 것
② 작업을 할 구역에 관계 근로자가 아닌 사람의 출입을 금지하고 그 취지를 보기 쉬운 곳에 표시할 것
③ 비, 눈, 그 밖에 기상상태의 불안정으로 날씨가 몹시 나쁜 경우에는 그 작업을 중지시킬 것
④ 작업장소는 안전한 작업이 이루어질 수 있도록 충분한 공간을 확보하고 장애물이 없도록 할 것
⑤ 들어올리거나 내리는 기자재는 균형을 유지하면서 작업을 하도록 할 것
⑥ 크레인의 성능, 사용조건 등에 따라 충분한 응력(應力)을 갖는 구조로 기초를 설치하고 침하 등이 일어나지 않도록 할 것
⑦ 규격품인 조립용 볼트를 사용하고 대칭되는 곳을 차례로 결합하고 분해할 것

**13** 차량계 하역운반 기계를 이송하기 위하여 화물자동차 등에 싣거나 내리는 작업을 하는 경우 기계의 전도 또는 전락에 의한 위험을 방지하기 위하여 준수하여야 하는 사항 3가지를 적으시오. (6점)

**정답**
① 싣거나 내리는 작업은 평탄하고 견고한 장소에서 할 것
② 발판을 사용하는 경우에는 충분한 길이·폭 및 강도를 가진 것을 사용하고 적당한 경사를 유지하기 위하여 견고하게 설치할 것
③ 가설대 등을 사용하는 경우에는 충분한 폭 및 강도와 적당한 경사를 확보할 것
④ 지정운전자의 성명·연락처 등을 보기 쉬운 곳에 표시하고 지정운전자 외에는 운전하지 않도록 할 것

# 2016년 1회 건설안전산업기사 필답형

**01** 크레인에 설치하여야 하는 방호장치의 종류를 4가지 적으시오. (6점)

정답
① 과부하방지장치
② 권과방지장치(捲過防止裝置)
③ 비상정지장치
④ 제동장치

**02** [보기]의 재해사례에서 기인물을 찾아 적으시오. (3점)

[보기]
(1) 외부요인이 없는 상태에서 사람이 걷다가 발목을 겹질려 다쳤다.
(2) 지게차가 운전 중 트럭과 충돌하여 지게차 운전자가 사망하였다.
(3) 이동차량에 치여 벽에 부딪쳤다.

정답
(1) 사람
(2) 지게차
(3) 이동차량

## 03
추락방호망의 설치에 관한 설명이다. 괄호에 알맞은 숫자를 적으시오. (6점)

> [보기]
> 1. 추락방호망의 설치위치는 가능하면 작업면으로부터 가까운 지점에 설치하여야 하며, 작업면으로부터 망의 설치지점까지의 수직거리는 ( ① )미터를 초과하지 아니할 것
> 2. 추락방호망은 수평으로 설치하고, 망의 처짐은 짧은 변 길이의 ( ② )퍼센트 이상이 되도록 할 것
> 3. 건축물 등의 바깥쪽으로 설치하는 경우 망의 내민 길이는 벽면으로부터 ( ③ )미터 이상 되도록 할 것(다만, 그물코가 20밀리미터 이하인 망을 사용한 경우에는 낙하물방지망을 설치한 것으로 본다.)

**정답**
① 10
② 12
③ 3

## 04
산업안전보건법에 의하여 목재 가공용 둥근톱 기계에 설치하여야 하는 방호장치 2가지를 적으시오. (4점)

**정답**
① 날접촉 예방장치(덮개)
② 반발예방장치

**참고**

**반발예방장치의 종류**
① 분할날(spreader)
② 반발방지기구(finger)
③ 반발방지롤러(roll)

## 05 [보기]의 설명에 해당하는 현상의 명칭을 적으시오. (4점)

[보기]
(1) 연약한 점토 지반에서 굴착에 의한 흙막이 내·외면의 흙의 중량 차이(토압 차)로 인해 굴착 저면이 부풀어 올라오는 현상을 말한다.
(2) 사질토 지반에서 굴착 저면과 흙막이 배면과의 수위 차이로 인해 굴착 저면의 흙과 물이 함께 위로 솟구쳐 오르는 현상(모래의 액상화 현상)을 말한다.

**정답**
(1) 히빙 현상
(2) 보일링 현상

## 06 이동식 비계의 구조(조립 시의 준수사항) 4가지를 적으시오. (6점)

**정답**
① 바퀴에는 갑작스러운 이동 또는 전도를 방지하기 위하여 브레이크·쐐기 등으로 바퀴를 고정시킨 다음 비계의 일부를 견고한 시설물에 고정하거나 아웃 트리거를 설치하는 등 필요한 조치를 할 것
② 승강용 사다리는 견고하게 설치할 것
③ 비계의 최상부에서 작업을 할 때에는 안전난간을 설치할 것
④ 작업발판은 항상 수평을 유지하고 작업발판 위에서 안전 난간을 딛고 작업을 하거나 받침대 또는 사다리를 사용하여 작업하지 않도록 할 것
⑤ 작업발판의 최대적재하중은 250킬로그램을 초과하지 않도록 할 것

## 07
강관비계의 구조에 관한 내용이다. 괄호에 적합한 내용을 적으시오. (4점)

> [보기]
> 비계기둥의 제일 윗부분으로부터 ( ① )m 되는 지점 밑 부분의 비계기둥은 ( ② )의 강관으로 묶어 세울 것

**정답**
① 31   ② 2본

## 08
해체공사 표준안전 작업지침에 의한 해체공사의 공법에 따라 발생하는 소음과 진동을 방지하기 위하여 준수하여야 하는 사항 4가지를 적으시오. (4점)

**정답**
① 공기압축기 등은 적당한 장소에 설치하여야 하며 장비의 소음 진동기준은 관계법에서 정하는 바에 따라서 처리하여야 한다.
② 전도공법의 경우 전도물 규모를 작게 하여 중량을 최소화하며 전도대상물의 높이도 되도록 작게 하여야 한다.
③ 철 햄머 공법의 경우 햄머의 중량과 낙하높이를 가능한 한 낮게 하여야 한다.
④ 현장 내에서는 대형 부재로 해체하며 장외에서 잘게 파쇄하여야 한다.
⑤ 인접건물의 피해를 줄이기 위해 방음, 방진 목적의 가시설을 설치하여야 한다.

## 09
산업안전보건법에 의하여 유해위험방지계획서를 제출해야 하는 건설공사의 종류 3가지를 적으시오. (6점)

**정답**
1. 다음 각 목의 어느 하나에 해당하는 건축물 또는 시설 등의 건설·개조 또는 해체공사
   가. 지상 높이가 31미터 이상인 건축물 또는 인공구조물
   나. 연면적 3만제곱미터 이상인 건축물
   다. 연면적 5천제곱미터 이상인 시설로서 다음의 어느 하나에 해당하는 시설
      1) 문화 및 집회시설(전시장 및 동물원·식물원은 제외한다)
      2) 판매시설, 운수시설(고속철도의 역사 및 집배송시설은 제외한다)
      3) 종교시설

4) 의료시설 중 종합병원
5) 숙박시설 중 관광숙박시설
6) 지하도상가
7) 냉동·냉장 창고시설
2. 연면적 5천제곱미터 이상의 냉동·냉장 창고시설의 설비공사 및 단열공사
3. 최대 지간길이가 50미터 이상인 교량 건설 등 공사
4. 터널 건설 등의 공사
5. 다목적댐, 발전용댐, 저수용량 2천만톤 이상의 용수 전용 댐, 지방상수도 전용 댐 건설 등의 공사
6. 깊이 10미터 이상인 굴착공사

### 특급암기법

지상높이 31m, 연면적 3만m², 사람 많은 시설 연면적 5,000m²
연면적 5000m² 냉동냉장 창고
최대 지간길이가 50미터 이상 교량
터널
저수용량 2천만톤 이상 댐
10미터 이상인 굴착

## 10

연근로시간수가 250,000시간인 어느 사업장에서 작년도 15건의 재해로 근로손실일수 300일, 휴업일수 25일이 발생하였다. 종합재해지수를 계산하시오. (5점)

### 정답

1. 종합재해지수

$$FSI = \sqrt{FR \times SR} = \sqrt{도수율 \times 강도율}$$

2. 도수율(빈도율) = $\dfrac{재해 건수}{연 근로시간 수} \times 10^6$

3. 강도율 = $\dfrac{총 요양 근로손실일수}{연 근로시간 수} \times 1,000$

* 근로손실일수 = 휴업일수, 요양일수, 입원일수 × $\dfrac{300(실제근로일수)}{365}$

1. 도수율 = $\dfrac{15}{250,000} \times 10^6 = 60$

2. 강도율 = $\dfrac{300 + 25 \times \dfrac{300}{365}}{250,000} \times 1,000 = 1.28$

3. 종합재해지수 = $\sqrt{60 \times 1.28} = 8.76$

**11** 어느 사업장에서 해당 연도에 사망이 3건 발생하였다. 하인리히의 사고빈도 법칙(재해구성비율)에 의하여 경상해의 발생 건수를 구하시오. (4점)

> **정답**
>
> 하인리히 1 : 29 : 300의 법칙
> 총 330건의 사고를 분석했을 때
> - 중상 또는 사망 : 1건
> - 경상해 : 29건
> - 무상해사고 : 300건이 발생함을 의미한다.
>
> 사망이 3건이므로
> 경상해 = 3 × 29 = 87(건)

**12** 산업안전보건법에 의한 사다리식 통로의 구조를 설명하였다. 괄호에 적합한 내용을 적으시오. (4점)

> 사다리식 통로의 기울기는 ( ① )도 이하로 할 것. 다만, 고정식 사다리식 통로의 기울기는 90도 이하로 하고, 그 높이가 ( ② )미터 이상인 경우에는 바닥으로부터 높이가 2.5미터 되는 지점부터 등받이 울을 설치할 것(단, 등받이울이 있어도 근로자 이동에 지장이 없는 경우에 한함)

> **정답**
>
> ① 75  ② 7

> **참고**

**사다리식 통로의 설치기준**

1. 견고한 구조로 할 것
2. 심한 손상·부식 등이 없는 재료를 사용할 것
3. 발판의 간격은 일정하게 할 것
4. 발판과 벽과의 사이는 15센티미터 이상의 간격을 유지할 것
5. 폭은 30센티미터 이상으로 할 것
6. 사다리가 넘어지거나 미끄러지는 것을 방지하기 위한 조치를 할 것
7. 사다리의 상단은 걸쳐놓은 지점으로부터 60센티미터 이상 올라가도록 할 것
8. 사다리식 통로의 길이가 10미터 이상인 경우에는 5미터 이내마다 계단참을 설치할 것
9. 사다리식 통로의 기울기는 75도 이하로 할 것. 다만, 고정식 사다리식 통로의 기울기는 90도 이하로 하고, 그 높이가 7미터 이상인 경우에는 다음 각 목의 구분에 따른 조치를 할 것
   - 등받이울이 있어도 근로자 이동에 지장이 없는 경우 : 바닥으로부터 높이가 2.5미터 되는 지점부터 등받이울을 설치할 것
   - 등받이울이 있으면 근로자가 이동이 곤란한 경우 : 한국산업표준에서 정하는 기준에 적합한 개인용 추락 방지 시스템을 설치하고 근로자로 하여금 한국산업표준에서 정하는 기준에 적합한 전신 안전대를 사용하도록 할 것
10. 접이식 사다리 기둥은 사용 시 접혀지거나 펼쳐지지 않도록 철물 등을 사용하여 견고하게 조치할 것

**13** 건설업 산업안전보건관리비의 적용은 「산업재해보상보험법」의 적용을 받는 공사 중 총 공사금액이 얼마 이상인 공사부터 적용하는가? (4점)

> **정답**
>
> 2천만 원 이상

# 2016 2회 건설안전산업기사 필답형

**01** 비계를 조립·해체하거나 또는 변경한 후 작업시작 전 점검항목을 3가지 적으시오. (6점)

**정답**
① 발판 재료의 손상 여부 및 부착 또는 걸림 상태
② 당해 비계의 연결부 또는 접속부의 풀림 상태
③ 연결 재료 및 연결철물의 손상 또는 부식상태
④ 손잡이의 탈락 여부
⑤ 기둥의 침하·변형·변위 또는 흔들림 상태
⑥ 로프의 부착상태 및 매단 장치의 흔들림 상태

**02** 와이어로프의 사용금지 사항 3가지를 적으시오. (6점)

**정답**
① 이음매가 있는 것
② 와이어로프의 한 꼬임에서 끊어진 소선의 수가 10퍼센트 이상인 것
③ 지름의 감소가 공칭 지름의 7퍼센트를 초과하는 것
④ 꼬인 것
⑤ 심하게 변형되거나 부식된 것
⑥ 열과 전기 충격에 의해 손상된 것

**03** 안전관리 조직의 형태 3가지를 적으시오. (3점)

**정답**
① 라인(Line)형 또는 직계형
② 스태프(staff)형 또는 참모형
③ 라인 스태프(Line Staff)형 또는 혼합형

**참고**

| 라인(Line)형 or 직계형 | 스태프(staff)형 or 참모형 | 라인 스태프(Line Staff)형 or 혼합형 |
|---|---|---|
| ① **소규모 사업장**(100명이하 사업장)에 적용이 가능하다.<br>② 라인형 장점 : **명령 및 지시가 신속, 정확**하다.<br>③ 라인형 단점<br>　- **안전정보가 불충분**하다.<br>　- 라인에 과도한 책임이 부여될 수 있다.<br>④ 생산과 안전을 동시에 지시하는 형태이다. | ① **중규모 사업장**(100~1,000명 정도의 사업장)에 적용이 가능하다.<br>② 스태프형 장점 : **안전정보 수집이 용이하고 빠르다.**<br>③ 스태프 단점 : **안전과 생산을 별개로 취급**한다.<br>④ 생산부문은 안전에 대한 책임, 권한이 없다. | ① **대규모 사업장**(1,000명 이상 사업장)에 적용이 가능하다.<br>② 라인 스태프형 장점<br>　- 안전전문가에 의해 입안된 것을 경영자가 명령하므로 **명령이 신속, 정확**하다.<br>　- **안전정보 수집이 용이하고 빠르다.**<br>③ 라인 스태프형 단점<br>　- 명령계통과 조언, 권고적 참여의 혼돈이 우려된다. |

**04** 추락 시 로프의 지지점에서 최하단까지의 거리 h(m)를 계산하시오.(단, 로프의 길이는 150cm, 로프의 신율은 30%이며 근로자의 신장은 180cm임) (4점)

**정답**

h = 로프의 길이 + 로프의 신장길이 + 작업자 키의 1/2
h = 150 + (150×0.3) + (180×1/2) = 285cm = 2.85m

**05** 말비계의 조립 시 준수사항(말비계의 구조)를 설명하였다. 괄호에 적합한 내용을 적으시오. (4점)

[보기]
1. 지주부재의 하단에는 ( ① )를 하고, 양측 끝부분에 올라서서 작업하지 아니하도록 할 것
2. 지주부재와 수평면과의 기울기를 ( ② )도 이하로 하고, 지주부재와 지주부재 사이를 고정시키는 보조부재를 설치할 것
3. 말비계의 높이가 ( ③ )미터를 초과할 경우에는 작업발판의 폭을 ( ④ )센터미터 이상으로 할 것

**정답**

① 미끄럼 방지장치　② 75　③ 2　④ 40

**06** 산업안전보건법에 의하여 유해위험방지계획서를 제출해야 하는 건설공사의 종류 3가지를 적으시오. (6점)

> **정답**
> 1. 다음 각 목의 어느 하나에 해당하는 건축물 또는 시설 등의 건설·개조 또는 해체공사
>     가. 지상 높이가 31미터 이상인 건축물 또는 인공구조물
>     나. 연면적 3만제곱미터 이상인 건축물
>     다. 연면적 5천제곱미터 이상인 시설로서 다음의 어느 하나에 해당하는 시설
>         1) 문화 및 집회시설(전시장 및 동물원·식물원은 제외한다)
>         2) 판매시설, 운수시설(고속철도의 역사 및 집배송시설은 제외한다)
>         3) 종교시설
>         4) 의료시설 중 종합병원
>         5) 숙박시설 중 관광숙박시설
>         6) 지하도상가
>         7) 냉동·냉장 창고시설
> 2. 연면적 5천제곱미터 이상의 냉동·냉장 창고시설의 설비공사 및 단열공사
> 3. 최대 지간길이가 50미터 이상인 교량 건설 등 공사
> 4. 터널 건설 등의 공사
> 5. 다목적댐, 발전용댐, 저수용량 2천만톤 이상의 용수 전용 댐, 지방상수도 전용 댐 건설 등의 공사
> 6. 깊이 10미터 이상인 굴착공사

> **특급암기법**
> 지상높이 31m, 연면적 3만$m^2$, 사람 많은 시설 연면적 5,000$m^2$
> 연면적 5000$m^2$ 냉동냉장 창고
> 최대 지간길이가 50미터 이상 교량
> 터널
> 저수용량 2천만톤 이상 댐
> 10미터 이상인 굴착

**07** 굴착 작업 시의 이상 현상인 보일링(Boiling)현상을 설명하시오. (4점)

> **정답**
> 사질토 지반에서 굴착 저면과 흙막이 배면과의 수위 차이로 인해 굴착 저면의 흙과 물이 함께 위로 솟구쳐 오르는 현상(모래의 액상화 현상)을 말한다.

> **참고**
>
> **히빙(Heaving) 현상**
>
> 연질점토 지반에서 굴착에 의한 흙막이 내·외면의 흙의 중량차이(토압)로 인해 굴착저면이 부풀어 올라오는 현상을 말한다.

## 08 낙하 · 비래 위험방지 조치 3가지를 적으시오. (6점)

**정답**
① 낙하물방지망·수직보호망 또는 방호선반의 설치
② 출입금지구역의 설정
③ 보호구의 착용

## 09 하인리히의 재해손실비에 관한 내용이다. 괄호에 적합한 내용을 적으시오. (6점)

[보기]
(1) 총 재해비용 = 직접비 + 간접비 = ( ) : ( )
(2) 직접비의 항목 4가지를 적으시오.

**정답**
(1) 1 : 4

(2) 직접비의 항목
① 치료비　　　　② 휴업급여
③ 요양급여　　　④ 유족급여
⑤ 장해급여　　　⑥ 간병급여
⑦ 직업재활급여　⑧ 상병(傷病)보상연금
⑨ 장의비

**10** 비계의 조립간격(벽 이음 간격)을 나타내었다. 괄호에 적합한 숫자를 적으시오. (4점)

| 비계 종류 | | 수직방향 | 수평방향 |
|---|---|---|---|
| 강관비계 | 단관비계 | ( ① )m | ( ② )m |
| | 틀비계(높이 5m 미만인 것 제외) | ( ③ )m | ( ④ )m |

**정답**

① 5  ② 5  ③ 6  ④ 8

**11** 틀비계(강관 틀비계) 조립 시의 준수사항이다. 괄호에 적합한 내용을 적으시오. (4점)

[보기]

(1) 높이가 20미터를 초과하거나 중량물의 적재를 수반하는 작업을 할 경우에는 주틀 간의 간격이 ( ① )m 이하로 할 것

(2) 길이가 띠장방향으로 4m 이하이고 높이가 10m를 초과하는 경우에는 ( ② )m 이내마다 띠장방향으로 버팀기둥을 설치할 것

(3) 수직방향으로 ( ③ )m, 수평방향으로 ( ④ )m 마다 벽이음을 할 것

**정답**

① 1.8
② 10
③ 6
④ 8

## 12 굴착기계 중 기계가 서 있는 지반면보다 높은 곳을 굴착할 수 있는 기계의 명칭을 적으시오. (3점)

**정답**

파워셔블

**참고**

1. 파워 셔블(power shovel, 동력삽)
   - 기계가 서 있는 지반면보다 높은 곳의 땅파기에 적합하다.

2. 드래그 셔블(drag shovel, 백호)
   - 기계가 서 있는 지면보다 낮은 장소의 굴착 및 수중굴착이 가능하다.
   - 굳은 지반의 토질도 정확한 굴착이 된다.

3. 드래그라인(drag line)
   - 기계가 서 있는 위치보다 낮은 장소의 굴착에 적당하고 굳은 토질에서의 굴착은 되지 않지만 굴착 반지름이 크다.
   - 작업범위가 광범위하고 수중굴착 및 연약한 지반의 굴착에 적합하다.

4. 클램셸(clamshell)
   - 수중굴착 및 가장 협소하고 깊은 굴착이 가능하며 호퍼(hopper)에 적당하다.
   - 연약지반이나 수중굴착 및 자갈 등을 싣는데 적합하다.

## 13 안전관리의 4-Cycle인 P – D – C – A를 설명하시오. (4점)

**정답**

① P : 계획(Plan)
② D : 실시(Do)
③ C : 검토(Check)
④ A : 조치(Action)

# 2016년 4회 건설안전산업기사 필답형

**01** 차량계 하역운반기계에 단위화물의 무게가 100킬로그램 이상인 화물을 싣는 작업 또는 내리는 작업 시에 지정하여야 하는 작업지휘자의 준수사항(직무사항) 3가지를 적으시오. (6점)

**정답**
① 작업 순서 및 그 순서마다의 작업 방법을 정하고 작업을 지휘할 것
② 기구 및 공구를 점검하고 불량품을 제거할 것
③ 해당 작업을 하는 장소에 관계 근로자가 아닌 사람이 출입하는 것을 금지할 것
④ 로프를 풀거나 덮개를 벗기는 작업을 행하는 때에는 적재함의 낙하할 위험이 없음을 확인한 후에 당해 작업을 하도록 할 것

**02** 사업주가 근로자에게 실시해야 하는 안전보건교육의 적합한 교육시간을 적으시오. (3점)

[보기]
① 일용근로자 및 근로계약기간이 1주일 이하인 기간제 근로자의 채용 시의 교육 : (　)시간 이상
② 건설업 기초안전보건교육 : (　)시간
③ 일용근로자 및 근로계약기간이 1주일 이하인 기간제 근로자 중 타워크레인 신호작업에 종사하는 근로자의 특별교육 : (　)시간 이상

**정답**
① 1　② 4　③ 8

## 03 차량계 건설기계 중 도저형 기계와 천공용 기계를 각각 2가지씩 적으시오. (4점)

**정답**

(1) 도저형 기계
① 불도저  ② 스트레이트도저  ③ 틸트도저  ④ 앵글도저  ⑤ 버킷도저

(2) 천공용 기계
① 어스드릴  ② 어스오거  ③ 크롤러드릴  ④ 점보드릴

## 04 작업으로 인하여 물체가 떨어지거나 날아올 위험이 있는 경우에는 위험을 방지하기 위한 조치를 하여야 한다. 낙하·비래 위험방지 조치 3가지를 적으시오. (6점)

**정답**

① 낙하물방지망·수직보호망 또는 방호선반의 설치
② 출입금지구역의 설정
③ 보호구의 착용

## 05 안전관리의 4-Cycle인 P – D – C – A를 설명하시오. (4점)

**정답**

① P : 계획(Plan)
② D : 실시(Do)
③ C : 검토(Check)
④ A : 조치(Action)

## 06 건설업체에서 상시근로자 수를 계산하는 공식을 적으시오. (3점)

**정답**

$$\text{상시 근로자 수} = \frac{\text{연간 국내공사 실적액} \times \text{노무비율}}{\text{건설업 월평균임금} \times 12}$$

**참고**

$$\text{사고사망 만인율}(‰) = \frac{\text{사고사망자수}}{\text{상시 근로자 수}} \times 10{,}000$$

## 07 사다리식 통로의 설치기준에 대한 내용이다. 괄호에 적합한 내용을 적으시오. (6점)

[보기]
1. 사다리의 상단은 걸쳐놓은 지점으로부터 ( ① ) 이상 올라가도록 할 것
2. 사다리식 통로의 길이가 10미터 이상인 경우에는 ( ③ ) 이내마다 계단참을 설치할 것

**정답**

① 60센티미터(cm)  ② 5미터(m)

**참고**

**사다리식 통로의 설치기준**

1. 견고한 구조로 할 것
2. 심한 손상·부식 등이 없는 재료를 사용할 것
3. 발판의 간격은 일정하게 할 것
4. 발판과 벽과의 사이는 15센티미터 이상의 간격을 유지할 것
5. 폭은 30센티미터 이상으로 할 것
6. 사다리가 넘어지거나 미끄러지는 것을 방지하기 위한 조치를 할 것
7. 사다리의 상단은 걸쳐놓은 지점으로부터 60센티미터 이상 올라가도록 할 것
8. 사다리식 통로의 길이가 10미터 이상인 경우에는 5미터 이내마다 계단참을 설치할 것
9. 사다리식 통로의 기울기는 75도 이하로 할 것. 다만, 고정식 사다리식 통로의 기울기는 90도 이하로 하고, 그 높이가 7미터 이상인 경우에는 다음 각 목의 구분에 따른 조치를 할 것
    - 등받이울이 있어도 근로자 이동에 지장이 없는 경우 : 바닥으로부터 높이가 2.5미터 되는 지점부터 등받이울을 설치할 것
    - 등받이울이 있으면 근로자가 이동이 곤란한 경우 : 한국산업표준에서 정하는 기준에 적합한 개인용 추락 방지 시스템을 설치하고 근로자로 하여금 한국산업표준에서 정하는 기준에 적합한 전신 안전대를 사용하도록 할 것
10. 접이식 사다리 기둥은 사용 시 접혀지거나 펼쳐지지 않도록 철물 등을 사용하여 견고하게 조치할 것

## 08
산업안전보건법에 의하여 방호조치가 필요한 유해위험 기계·기구를 나타내었다. 적합한 방호조치를 적으시오. (6점)

[보기]
① 예초기   ② 원심기   ③ 공기압축기

**정답**
① 예초기 : 날접촉 예방장치
② 원심기 : 회전체 접촉 예방장치
③ 공기압축기 : 압력방출장치

## 09
통나무비계의 구조에 관한 내용이다. 괄호에 적합한 내용을 적으시오. (4점)

통나무 비계는 지상높이 ( ① )층 이하 또는 ( ② ) 이하인 작업에서만 사용할 수 있다.

**정답**
① 4   ② 12m

**분석** 관련 법규에서 삭제된 내용입니다.

## 10
동바리로 사용하는 파이프서포트의 조립 시 준수사항 2가지를 적으시오. (6점)

**정답**
① 파이프서포트를 3개본 이상 이어서 사용하지 아니하도록 할 것
② 파이프서포트를 이어서 사용할 때에는 4개 이상의 볼트 또는 전용철물을 사용하여 이을 것
③ 높이가 3.5m를 초과하는 경우에는 높이 2m미터 이내마다 수평 연결재를 2개 방향으로 만들고 수평 연결재의 변위를 방지할 것

## 11  안전·보건표지의 색채, 색도기준 및 용도를 나타내었다. 괄호에 알맞은 색채를 적으시오. (4점)

| 색채 | 색도기준 | 용도 | 기본모형 |
|---|---|---|---|
| ( ① ) | 7.5R 4/14 | 금지 | 정지신호, 소화설비 및 그 장소, 유해행위의 금지 |
|  |  | 경고 | 화학물질 취급장소에서의 유해·위험 경고 |
| 노란색 | 5Y 8.5/12 | 경고 | 화학물질 취급장소에서의 유해·위험 경고 이외의 위험경고, 주의표지 또는 기계방호물 |
| 파란색 | 2.5PB 4/10 | 지시 | 특정 행위의 지시 및 사실의 고지 |
| ( ② ) | 2.5G 4/10 | 안내 | 비상구 및 피난소, 사람 또는 차량의 통행표지 |
| ( ③ ) | N9.5 |  | 파란색 또는 녹색에 대한 보조색 |
| ( ④ ) | N0.5 |  | 문자 및 빨간색 또는 노란색에 대한 보조색 |

**정답**
① 빨간색
② 녹색
③ 흰색
④ 검은색

## 12
위험기계기구 안전인증 고시에 의한 와이어로프와 드럼 등과의 연결을 위한 와이어로프 단말 고정 클립의 수를 적으시오. (3점)

| 로프 지름(mm) | 클립 수 |
|---|---|
| 16 이하 | ( ① )개 |
| 16 초과 28 이하 | ( ② )개 |
| 28 초과 | ( ③ )개 이상 |

**정답**

① 4  ② 5  ③ 6

## 13
하인리히의 사고방지 5단계를 순서대로 적으시오. (5점)

**정답**

1단계 : 안전조직
2단계 : 사실의 발견
3단계 : 분석
4단계 : 시정방법 선정
5단계 : 시정책 적용

# 2017년 1회 건설안전산업기사 필답형

**01** 연천인율 20을 설명하시오. (3점)

**정답** 연평균 1,000명의 근로자가 작업하는 동안 20명의 재해자가 발생하였음을 의미한다.

**참고**

**연천인율**

① 근로자 1,000 명중 재해자수 비율(1년간)

② 연천인율 = $\dfrac{\text{연간 재해자 수}}{\text{연평균 근로자 수}} \times 1,000$

③ 연천인율 = 도수율 × 2.4

**02** 안전관리 조직의 형태 3가지를 적으시오. (3점)

**정답**
① 라인(Line)형 또는 직계형
② 스태프(staff)형 또는 참모형
③ 라인 스태프(Line Staff)형 또는 혼합형

> **참고**

| 라인(Line)형 or 직계형 | 스태프(staff)형 or 참모형 | 라인 스태프(Line Staff)형 or 혼합형 |
|---|---|---|
| ① **소규모 사업장**(100명이하 사업장)에 적용이 가능하다.<br>② 라인형 장점 : **명령 및 지시가 신속, 정확**하다.<br>③ 라인형 단점<br>　- **안전정보가 불충분**하다.<br>　- 라인에 과도한 책임이 부여될 수 있다.<br>④ 생산과 안전을 동시에 지시하는 형태이다. | ① **중규모 사업장**(100~1,000명 정도의 사업장)에 적용이 가능하다.<br>② 스태프형 장점 : **안전정보 수집이 용이하고 빠르다.**<br>③ 스태프 단점 : **안전과 생산을 별개로 취급**한다.<br>④ 생산부문은 안전에 대한 책임, 권한이 없다. | ① **대규모 사업장**(1,000명 이상 사업장)에 적용이 가능하다.<br>② 라인 스태프형 장점<br>　- 안전전문가에 의해 입안된 것을 경영자가 명령하므로 **명령이 신속, 정확**하다.<br>　- **안전정보 수집이 용이하고 빠르다.**<br>③ 라인 스태프형 단점<br>　- **명령계통과 조언, 권고적 참여의 혼돈**이 우려된다. |

**03** 산업안전보건법에 의하여 유해위험방지계획서를 제출해야 하는 건설공사의 종류 3가지를 적으시오. (6점)

> **정답**
>
> 1. 다음 각 목의 어느 하나에 해당하는 건축물 또는 시설 등의 건설·개조 또는 해체공사
>    가. **지상 높이가 31미터 이상**인 건축물 또는 인공구조물
>    나. **연면적 3만제곱미터 이상**인 건축물
>    다. **연면적 5천제곱미터 이상**인 시설로서 다음의 어느 하나에 해당하는 시설
>        1) 문화 및 집회시설(전시장 및 동물원·식물원은 제외한다)
>        2) 판매시설, 운수시설(고속철도의 역사 및 집배송시설은 제외한다)
>        3) 종교시설
>        4) 의료시설 중 종합병원
>        5) 숙박시설 중 관광숙박시설
>        6) 지하도상가
>        7) 냉동·냉장 창고시설
> 2. 연면적 5천제곱미터 이상의 냉동·냉장 창고시설의 설비공사 및 단열공사
> 3. 최대 지간길이가 **50미터 이상인 교량 건설** 등 공사
> 4. **터널 건설** 등의 공사
> 5. **다목적댐, 발전용댐**, **저수용량 2천만톤 이상의 용수 전용 댐**, 지방상수도 전용 댐 건설 **등의 공사**
> 6. **깊이 10미터 이상인 굴착공사**

> **특급암기법**
> 지상높이 31m, 연면적 3만m², 사람 많은 시설 연면적 5,000m²
> 연면적 5,000m² 냉동냉장 창고
> 최대 지간길이가 50미터 이상 교량
> 터널
> 저수용량 2천만톤 이상 댐
> 10미터 이상인 굴착

## 04 와이어로프의 사용금지 사항 3가지를 적으시오. (6점)

**정답**
① 이음매가 있는 것
② 와이어로프의 한 꼬임에서 끊어진 소선의 수가 10퍼센트 이상인 것
③ 지름의 감소가 공칭지름의 7퍼센트를 초과하는 것
④ 꼬인 것
⑤ 심하게 변형되거나 부식된 것
⑥ 열과 전기충격에 의해 손상된 것

## 05 [보기]의 설명에 해당하는 현상의 명칭을 적으시오. (4점)

**[보기]**
(1) 연약한 점토 지반에서 굴착에 의한 흙막이 내·외면의 흙의 중량 차이(토압)로 인해 굴착 저면이 부풀어 올라오는 현상을 말한다.
(2) 사질토 지반에서 굴착 저면과 흙막이 배면과의 수위 차이로 인해 굴착 저면의 흙과 물이 함께 위로 솟구쳐 오르는 현상(모래의 액상화 현상)을 말한다.

**정답**
(1) 히빙 현상
(2) 보일링 현상

## 06 산업안전보건법에서 정의하는 중대재해에 해당하는 3가지 재해를 적으시오. (6점)

**정답**
① 사망자가 1인 이상 발생한 재해
② 3개월 이상 요양을 요하는 부상자가 동시에 2인 이상 발생한 재해
③ 부상자 또는 직업성 질병자가 동시에 10인 이상 발생한 재해

## 07 청각장치와 시각장치 중 시각장치를 사용한 정보전달이 유리한 경우 3가지를 적으시오. (3점)

**정답**
① 전언이 길고, 복잡할 때
② 재참조 된다.
③ 공간적인 위치를 다룬다.
④ 즉각적인 행동을 요구하지 않을 때
⑤ 청각계통이 과부하일 때
⑥ 주위가 너무 시끄러울 때
⑦ 한곳에 머무르는 경우

**참고**

**청각 장치**
① 전언이 짧고, 간단할 때
② 재참조 되지 않음
③ 시간적인 사상을 다룬다.
④ 즉각적인 행동을 요구할 때
⑤ 시각계통이 과부하일 때
⑥ 주위가 너무 밝거나 암조응일 때
⑦ 자주 움직이는 경우

## 08 이동식 크레인의 작업 시작 전 점검사항 3가지를 적으시오. (6점)

**정답**
① 권과방지장치, 그 밖의 경보장치의 기능
② 브레이크·클러치 및 조정장치의 기능
③ 와이어로프가 통하고 있는 곳 및 작업 장소의 지반상태

## 09 콘크리트 타설 작업을 하기 위하여 콘크리트 분배기, 콘크리트 펌프카 등 콘크리트 타설장비를 사용하는 경우에 준수해야 하는 사항 3가지를 적으시오. (6점)

**정답**
① 작업을 시작하기 전에 **콘크리트 타설 장비**를 점검하고 이상을 발견하였으면 즉시 보수할 것
② 건축물의 난간 등에서 작업하는 **근로자가 호스의 요동·선회로 인하여 추락하는 위험**을 방지하기 위하여 안전난간 설치 등 필요한 조치를 할 것
③ 콘크리트 타설 장비의 붐을 조정하는 경우에는 주변의 전선 등에 의한 위험을 예방하기 위한 적절한 조치를 할 것
④ 작업 중에 지반의 침하나 아웃트리거 등 콘크리트 타설 장비 지지구조물의 손상 등에 의하여 **콘크리트 타설 장비가 넘어질 우려**가 있는 경우에는 이를 방지하기 위한 적절한 조치를 할 것

## 10 어느 사업장의 도수율은 10이고 강도율은 1.2이다. 한사람의 근로자가 입사하여 퇴직할 때까지는 몇 건의 재해와 몇 일간의 근로손실 일수를 가져올 수 있는가? (6점)

**1. 환산 도수율(F)**
① 일평생 근로하는 동안의 재해건수를 말한다.
② 환산 도수율 = $\dfrac{\text{재해 건수}}{\text{연 근로시간 수}} \times$ 평생근로시간수(100,000)
③ 환산 도수율 = 도수율 ÷ 10

**2. 환산 강도율(S)**
① 일평생 근로하는 동안의 총 요양 근로손실일수를 말한다.
② 환산 강도율 = $\dfrac{\text{총 요양 근로손실일수}}{\text{연 근로시간 수}} \times$ 평생근로시간수(100,000)
③ 환산 강도율 = 강도율 ×100

**정답**

(1) 한사람의 근로자가 입사하여 퇴직할 때까지의 재해 건수 = 환산 도수율
환산 도수율 = 도수율÷10 = 10÷10 = 1(건)

(2) 한사람의 근로자가 입사하여 퇴직할 때까지의 근로손실 일수 = 환산 강도율
환산 강도율 = 강도율×100 = 1.2×100 = 120(일)

**11** 산업안전보건법에 의한 양중기의 종류 4가지를 적으시오.(단, 세부항목을 포함하여 적을 것) (4점)

**정답**

① 크레인[호이스트(hoist)를 포함한다]
② 이동식 크레인
③ 리프트(이삿짐운반용 리프트의 경우에는 적재하중이 0.1톤 이상인 것으로 한정한다.)
④ 곤돌라
⑤ 승강기

**12** 달기 와이어로프 또는 달기체인의 적합한 안전계수를 적으시오. (4점)

1. 근로자가 탑승하는 운반구를 지지하는 달기와이어로프 또는 달기체인의 경우 : ( ① ) 이상

2. 화물의 하중을 직접 지지하는 달기와이어로프 또는 달기체인의 경우 : ( ② ) 이상

3. 훅, 샤클, 클램프, 리프팅 빔의 경우 : ( ③ ) 이상

4. 그 밖의 경우 : ( ④ ) 이상

**정답**

① 10  ② 5  ③ 3  ④ 4

**13** 동바리 유형에 따른 동바리 조립 시의 안전조치에 관한 설명이다. 괄호에 적합한 내용을 적으시오. (4점)

> (1) 동바리로 사용하는 파이프서포트는 높이가 3.5미터를 초과하는 경우에는 높이 ( ① )미터 이내마다 수평연결재를 2개 방향으로 만들고 수평연결재의 변위를 방지할 것
>
> (2) 파이프서포트를 이어서 사용할 때에는 ( ② )개 이상의 볼트 또는 전용철물을 사용하여 이을 것
>
> (3) 동바리로 사용하는 강관 틀은 최상단 및 5단 이내마다 동바리의 측면과 틀면의 방향 및 교차가새의 방향에서 ( ③ )개 이내마다 수평연결재를 설치하고 수평연결재의 변위를 방지할 것
>
> (4) 동바리로 사용하는 조립강주의 경우 높이가 4미터를 초과할 때에는 높이 ( ④ )미터 이내마다 수평 연결재를 2개 방향으로 설치하고 수평연결재의 변위를 방지할 것

**정답**

① 2  ② 4  ③ 5  ④ 4

# 2017 건설안전산업기사 필답형 2회

**01** 화물자동차의 짐 걸이로 사용해서는 안 되는 섬유로프의 조건 2가지를 적으시오. (4점)

**정답**
① 꼬임이 끊어진 것
② 심하게 손상되거나 부식된 것


**02** 굴착공사 시에 발생하는 히빙 현상과 보일링 현상을 설명하시오. (4점)

**정답**
(1) 히빙 현상
  ① 연질 점토 지반에서 굴착에 의한 흙막이 내·외면의 흙이 중량 차이(토압 차)로 인해 굴착 저면이 부풀어 올라오는 현상을 말한다.
  ② 흙막이 바깥 흙이 안으로 밀려든다.

(2) 보일링 현상
  ① 사질토 지반에서 굴착저면과 흙막이 배면과의 수위 차이로 인해 굴착 저면의 흙과 물이 함께 위로 솟구쳐 오르는 현상(모래의 액상화 현상)을 말한다.
  ② 모래가 액상화되어 솟아오른다.

## 03 [보기]의 설명에 해당하는 안전활동 기법의 명칭을 적으시오. (3점)

> [보기]
> 작업 전 또는 종료 시 5~10분간 작업자 3~5인이 조를 이뤄 작업 시 위험요소에 대하여 말하는 방식이다.

**정답**
T.B.M(Tool Box Meeting) : 단시간 즉시 적응법

## 04 채석작업 시에 작성하여야 하는 작업계획서에 포함하여야 하는 사항 4가지를 적으시오. (4점)

**정답**
① 노천굴착과 갱내굴착의 구별 및 채석방법
② 굴착면의 높이와 기울기
③ 굴착면 소단(小段)의 위치와 넓이
④ 갱내에서의 낙반 및 붕괴방지 방법
⑤ 발파방법
⑥ 암석의 분할방법
⑦ 암석의 가공장소
⑧ 사용하는 굴착기계 · 분할기계 · 적재기계 또는 운반기계(이하 "굴착기계 등"이라 한다)의 종류 및 성능
⑨ 토석 또는 암석의 적재 및 운반방법과 운반경로
⑩ 표토 또는 용수(湧水)의 처리방법

**특급암기법**
발파 → 분할 → 가공 → 적재 및 운반 → 낙반 및 붕괴 방지

## 05
흙막이 지보공을 설치할 때 점검하여야 하는 사항 3가지를 적으시오. (4점)

**정답**
① 부재의 손상·변형·부식·변위 및 탈락의 유무와 상태
② 버팀대의 긴압의 정도
③ 부재의 접속부·부착부 및 교차부의 상태
④ 침하의 정도

## 06
크레인을 사용하여 근로자를 운반하거나 근로자를 달아 올린 상태에서 작업에 종사시켜서는 아니 된다. 다만, 크레인에 전용 탑승설비를 설치하고 추락 위험을 방지하기 위한 조치를 한 경우에는 그러하지 아니하다. 이 경우 크레인에 갖추어야 하는 추락위험 방지조치 3가지를 적으시오. (6점)

**정답**
① 탑승설비가 뒤집히거나 떨어지지 않도록 필요한 조치를 할 것
② 안전대나 구명줄을 설치하고, 안전난간을 설치할 수 있는 구조인 경우이면 안전난간을 설치할 것
③ 탑승설비를 하강시킬 때에는 동력하강방법으로 할 것

## 07
평균 근로자수가 300명인 사업장에서 작년 한 해 동안 12건의 재해로 18명의 재해자가 발생하였다. (1) 연천인율을 구하시오. (2) 도수율을 구하시오.(단, 1일 9시간, 연간 250일 근무) (6점)

**정답**

1. 연천인율 = $\dfrac{\text{연간재해자 수}}{\text{연평균 근로자 수}} \times 1,000$

2. 연천인율 = 도수율 × 2.4

3. 도수율 = $\dfrac{\text{재해 건수}}{\text{연 근로시간 수}} \times 10^6$

1. 연천인율 = $\dfrac{18}{300} \times 1,000 = 60$

2. 도수율 = $\dfrac{12}{300 \times 9 \times 250} \times 10^6 = 17.78$

## 08 무게가 무거운 물건을 인력으로 운반하는 경우 우려되는 재해 발생 형태를 4가지 적으시오. (4점)

**정답**
① 과도한 힘·동작
② 압박, 진동
③ 넘어짐
④ 깔림·뒤집힘
⑤ 부딪힘·접촉

**참고**

**재해 발생 형태**

| 분류 항목 | 세부 항목 |
| --- | --- |
| 넘어짐 | - 사람이 미끄러지거나 넘어짐<br>- 사람이 거의 평면 또는 경사면, 층계 등에서 구르거나 넘어지는 경우 |
| 깔림·뒤집힘 | - 물체의 쓰러짐이나 뒤집힘<br>- 기대어져 있거나 세워져 있는 물체 등이 쓰러져 깔린 경우 및 지게차 등의 건설기계 등이 운행 또는 작업 중 뒤집어진 경우 |
| 부딪힘·접촉 | - 물체에 부딪힘, 접촉<br>- 재해자 자신의 움직임·동작으로 인하여 기인물에 접촉 또는 부딪히거나, 물체가 고정부에서 이탈하지 않은 상태로 움직임(규칙, 불규칙) 등에 의하여 접촉한 경우 |
| 과도한 힘·동작 | - 물체의 취급과 관련하여 근육의 힘을 많이 사용하는 경우로서 밀기, 당기기, 지탱하기, 들어올리기, 돌리기, 잡기, 운반하기 등과 같은 행위·동작 |
| 압박, 진동 | - 재해자가 물체의 취급과정에서 신체 특정 부위에 과도한 힘이 편중·집중·눌려진 경우나 마찰 접촉 또는 진동 등으로 신체에 부담을 주는 경우 |

**09** 산업안전보건법에 의하여 안전관리자를 정수 이상으로 증원하게 하거나 교체하여 임명할 것을 명할 수 있는 대상 사업장의 종류 3가지를 적으시오. (6점)

**정답**
① 해당 사업장의 **연간 재해율이 같은 업종의 평균 재해율의 2배 이상**인 경우
② **중대재해가 연간 2건 이상 발생**한 경우(다만, 해당 사업장의 전년도 사망만인율이 같은 업종의 평균 사망만인율 이하인 경우는 제외)
③ 관리자가 질병이나 그 밖의 사유로 **3개월 이상 직무를 수행할 수 없게 된** 경우
④ 화학적 인자로 인한 **직업성 질병자가 연간 3명 이상 발생**한 경우

**특급암기법**
평균의 2배 이상, 중대재해 2건 이상 증원!
직업성 질병 3명 이상, 3개월 이상 일안하면 교체!

**10** 터널 등의 건설작업에 있어서 낙반 등에 의하여 근로자가 위험해질 우려 있는 경우에 하여야 하는 위험방지 조치사항 2가지를 적으시오. (4점)

**정답**
① 터널지보공 및 록볼트의 설치
② 부석의 제거

**11** 차량계 건설기계의 붐·암 등을 올리고 그 밑에서 수리·점검작업 등을 하는 경우 붐·암 등이 갑자기 내려옴으로써 발생하는 위험을 방지하기 위한 조치사항 2가지를 적으시오. (4점)

**정답**
① 안전지지대의 사용
② 안전블록의 사용

**12** 비계(달비계·달대비계 및 말비계를 제외한다)의 높이가 2미터 이상인 작업 장소에는 작업발판을 설치하여야 한다. 작업발판 설치기준에 관한 다음 괄호에 적합한 내용을 적으시오. (4점)

> 높이가 2미터 이상인 장소에 설치하는 작업발판의 폭은 ( ① ) 이상으로 하고, 발판 재료 간의 틈은 ( ② ) 이하로 할 것

**정답**
① 40cm  ② 3cm

**참고**

**작업발판 설치기준**
① 발판재료 : 작업 시의 하중을 견딜 수 있도록 견고한 것으로 할 것
② 발판의 폭 : 40cm 이상으로 하고, 발판 재료간의 틈 : 3cm 이하로 할 것
③ 추락의 위험성이 있는 장소에는 안전난간을 설치할 것
④ 작업발판의 지지물 : 하중에 의하여 파괴될 우려가 없는 것을 사용할 것
⑤ 작업발판 재료는 뒤집히거나 떨어지지 아니하도록 2 이상의 지지물에 연결하거나 고정시킬 것
⑥ 작업에 따라 이동시킬 때에는 위험방지 조치를 할 것
⑦ 선박 및 보트 건조작업에서 선박블록 또는 엔진실 등의 좁은 작업공간에 작업발판을 설치하는 경우 : 작업발판의 폭을 30센티미터 이상으로 할 수 있고, 걸침비계의 경우 발판재료 간의 틈을 3센티미터 이하로 유지하기 곤란하면 5센티미터 이하로 할 수 있다.

**13** 건설기계를 사용하는 작업의 안전수칙 4가지를 적으시오. (4점)

**정답**
① 기계의 종류 및 능력, 운행경로, 작업방법 등의 작업계획을 수립한다.
② 장비별 주용도 외 사용을 제한한다.
③ 기계의 작업 반경 내에 작업관계자 외 출입을 금지한다.
④ 승차석 이외 근로자의 탑승을 금지한다.
⑤ 정비·수리 시 작업지휘자를 배치하며, 안전지지대 또는 안전블록을 사용한다.

# 2017 건설안전산업기사 필답형 (4회)

**01** 비·눈 그 밖의 기상상태의 불안정으로 인하여 날씨가 몹시 나빠서 작업을 중지시킨 후 또는 비계를 조립·해체하거나 또는 변경한 후 그 비계에서 작업을 하는 때에는 작업시작 전 비계를 점검하여야 한다. 비계를 조립·해체, 변경한 후 작업시작 전 점검항목을 3가지 적으시오. (6점)

**정답**
① 발판 재료의 손상 여부 및 부착 또는 걸림 상태
② 당해 비계의 연결부 또는 접속부의 풀림 상태
③ 연결 재료 및 연결철물의 손상 또는 부식상태
④ 손잡이의 탈락 여부
⑤ 기둥의 침하·변형·변위 또는 흔들림 상태
⑥ 로프의 부착상태 및 매단 장치의 흔들림 상태

**02** 근로자 500명이 작업하는 건설현장에서 작년 한해에 12건의 사고로 50일의 근로손실이 생겼다. 도수율을 계산하시오.(단, 1일 9시간, 연 300일 근로함) (4점)

**정답**

$$도수율 = \frac{재해 \ 건수}{연 \ 근로시간 \ 수} \times 10^6$$

$$도수율 = \frac{12}{500 \times 9 \times 300} \times 10^6 = 8.89$$

## 03 1차 감전위험 요소 4가지를 적으시오. (4점)

**정답**
① 통전전류크기
② 통전시간
③ 통전경로
④ 전원의 종류(직류보다 교류가 더 위험)

**참고**

**2차 감전 위험 요소**
① 인체 조건(저항)
② 전압
③ 계절

## 04 건설공사에서 유해·위험방지계획서를 제출하는 경우 첨부하여야 할 서류 2가지를 적으시오. (4점)

**정답**
① 공사 개요 및 안전보건관리계획
② 작업 공사 종류별 유해·위험방지계획

## 05 강관비계의 구조에 관한 내용이다. 괄호에 적합한 내용을 적으시오. (3점)

> 비계기둥 간격은 띠장방향에서는 ( ① ) 이하, 장선방향에서는 ( ② ) 이하로 할 것
> 다만, 다음 각 목의 어느 하나에 해당하는 작업의 경우에는 안전성에 대한 구조검토를 실시하고 조립도를 작성하면 띠장 방향 및 장선 방향으로 각각 ( ③ ) 이하로 할 수 있다.
>
> 가. 선박 및 보트 건조작업
> 나. 그 밖에 장비 반입·반출을 위하여 공간 등을 확보할 필요가 있는 등 작업의 성질상 비계기둥 간격에 관한 기준을 준수하기 곤란한 작업

### 정답

① 1.85m　② 1.5m　③ 2.7m

### 참고

| 강관비계의 구조 | 강관비계 조립 시의 준수사항 |
|---|---|
| ① 비계기둥 간격 : 띠장방향에서는 1.85m 이하, 장선방향에서는 1.5m 이하로 할 것<br>다만, 다음 각 목의 어느 하나에 해당하는 작업의 경우에는 안전성에 대한 구조검토를 실시하고 조립도를 작성하면 띠장 방향 및 장선 방향으로 각각 2.7미터 이하로 할 수 있다.<br>가. 선박 및 보트 건조작업<br>나. 그 밖에 장비 반입·반출을 위하여 공간 등을 확보할 필요가 있는 등 작업의 성질상 비계기둥 간격에 관한 기준을 준수하기 곤란한 작업<br>② 띠장간격 : 2.0미터 이하로 할 것(다만, 작업의 성질상 이를 준수하기가 곤란하여 쌍기둥 틀 등에 의하여 해당 부분을 보강한 경우에는 그러하지 아니하다)<br>③ 비계기둥의 제일 윗부분으로 부터 31m되는 지점 밑 부분의 비계기둥은 2본의 강관으로 묶어 세울 것(다만, 브라켓(bracket, 까치발) 등으로 보강하여 2개의 강관으로 묶을 경우 이상의 강도가 유지되는 경우에는 그러하지 아니하다)<br>④ 비계기둥간의 적재하중은 400kg을 초과하지 않도록 할 것 | ① 비계기둥에는 미끄러지거나 침하하는 것을 방지하기 위하여 밑받침 철물을 사용하거나 깔판·받침목 등을 사용하여 밑둥잡이를 설치할 것<br>② 강관의 접속부 또는 교차부는 적합한 부속철물을 사용하여 접속하거나 단단히 묶을 것<br>③ 교차가새로 보강할 것<br>④ 외줄비계·쌍줄비계 또는 돌출 비계의 벽이음 및 버팀 설치<br>　- 조립간격 : 수직방향에서 5m 이하, 수평방향에서는 5m 이하<br>　- 강관·통나무등의 재료를 사용하여 견고한 것으로 할 것<br>　- 인장재와 압축재로 구성되어 있는 때에는 인장재와 압축재의 간격을 1미터 이내로 할 것<br>⑤ 가공 전로에 근접하여 비계를 설치하는 때에는 가공 전로를 이설, 절연용 방호구 장착하는 등 가공 전로와의 접촉 방지 조치할 것 |

**06** 산업안전보건법에 의한 누전차단기를 접속할 때의 준수사항에 관한 내용이다. 괄호에 적합한 내용을 적으시오. (4점)

> 전기기계·기구에 설치되어 있는 누전차단기는 정격감도전류가 ( ① ) 이하이고 작동시간은 ( ② ) 이내일 것. 다만, 정격전부하전류가 50암페어 이상인 전기기계·기구에 접속되는 누전차단기는 오작동을 방지하기 위하여 정격감도전류는 ( ③ ) 이하로, 작동시간은 ( ④ ) 이내로 할 수 있다.

정답

① 30밀리암페어(mA)  ② 0.03초  ③ 200밀리암페어(mA)  ④ 0.1초


**07** 달비계의 안전계수를 나타내었다. 다음 빈칸을 채우시오. (6점)

> 1. 달기와이어로프 및 달기강선의 안전계수는 ( ① ) 이상
> 2. 달기체인 및 달기훅의 안전계수는 ( ② ) 이상
> 3. 달기강대와 달비계의 하부 및 상부지점의 안전계수는 강재의 경우 2.5 이상, 목재의 경우 ( ③ ) 이상

정답

① 10  ② 5  ③ 5

분석 관련 법규에서 삭제된 내용입니다.

## 08
터널 내에서 금속의 용접·용단 또는 가열작업을 하는 경우의 화재를 예방하기 위한 조치사항 3가지를 적으시오. (6점)

**정답**
① 부근에 있는 넝마·나무부스러기·종이부스러기 그 밖의 가연성 물질을 제거하거나 그 가연성 물질에 불연성 물질의 덮개를 하거나 그 작업에 수반하는 불티 등이 날아 흩어지는 것을 방지하기 위한 격벽을 설치할 것
② 당해 작업에 종사하는 근로자에게 소화설비의 설치장소 및 사용방법을 주지시킬 것
③ 당해 작업 종료 후 불티 등에 의하여 화재가 발생할 위험 유무를 확인할 것

## 09
거푸집 및 지보공(동바리)의 시공 시에 고려하여야 하는 하중의 종류 3가지를 적으시오. (3점)

**정답**
① 연직방향 하중
② 횡방향 하중
③ 콘크리트의 측압
④ 특수하중
⑤ 위의 ① ~ ④ 항목의 하중에 안전율을 고려한 하중

## 10
안전인증 대상 안전모의 용어에 관한 설명이다. 괄호에 적합한 용어를 적으시오. (4점)

1. ( ① )란 착용자의 머리 부위를 덮는 주된 물체로서 단단하고 매끄럽게 마감된 재료를 말한다.
2. ( ② )란 머리받침끈, 머리고정대 및 머리받침고리로 구성되어 추락 및 감전 위험 방지용 안전모 머리 부위에 고정시켜주며, 안전모에 충격이 가해졌을 때 착용자의 머리 부위에 전해지는 충격을 완화시켜주는 기능을 갖는 부품을 말한다

**정답**
① 모체   ② 착장체

## 11  산업안전보건법에서 정의하는 중대재해에 해당하는 3가지 재해를 적으시오. (6점)

**정답**
① 사망자가 1인 이상 발생한 재해
② 3개월 이상 요양을 요하는 부상자가 동시에 2인 이상 발생한 재해
③ 부상자 또는 직업성 질병자가 동시에 10인 이상 발생한 재해

## 12  굴착작업 표준안전작업 지침에 의하여 인력굴착을 하는 경우 일일 준비로서 준수하여야 하는 사항(일일 준비 사항) 3가지를 적으시오. (6점)

**정답**
① 작업 전에 반드시 작업장소의 불안전한 상태 유무를 점검하고 미비점이 있을 경우 즉시 조치하여야 한다.
② 근로자를 적절히 배치하여야 한다.
③ 사용하는 기기, 공구 등을 근로자에게 확인시켜야 한다.
④ 근로자의 안전모 착용 및 복장상태, 또 추락의 위험이 있는 고소작업자는 안전대를 착용하고 있는가 등을 확인하여야 한다.
⑤ 근로자에게 당일의 작업량, 작업방법을 설명하고, 작업의 단계별 순서와 안전상의 문제점에 대하여 교육하여야 한다.
⑥ 작업장소에 관계자 이외의 자가 출입하지 않도록 하고, 또 위험장소에는 근로자가 접근하지 않도록 출입금지 조치를 하여야 한다.
⑦ 굴착된 흙이 차량으로 운반될 경우 통로를 확보하고 굴착자와 차량 운전자가 상호 연락할 수 있도록 하되, 그 신호는 고용노동부장관이 고시한 크레인작업 표준신호 지침에서 정하는 바에 의한다.

## 13  다음 설명에 적합한 용어를 적으시오. (4점)

재해발생으로 인하여 생기는 직접적 또는 간접적인 물적 손실 및 인적 손실 등 의도치 않게 손실된 비용을 말한다.

**정답**
총 재해 비용(총 재해 코스트 또는 재해손실비용)

# 2018 건설안전산업기사 필답형 1회

**01** 화물자동차의 짐 걸이로 사용해서는 안 되는 섬유로프의 조건 2가지를 적으시오. (4점)

 정답
① 꼬임이 끊어진 것
② 심하게 손상되거나 부식된 것

**02** 차량계 건설기계의 넘어짐을 방지하기 위한 조치사항 3가지를 적으시오. (6점)

 정답
① 유도자 배치
② 지반의 부동침하 방지
③ 갓길의 붕괴 방지
④ 도로의 폭 유지

**참고**

차량계 하역운반기계의 넘어짐 방지 조치
① 유도자 배치
② 지반의 부동침하 방지
③ 갓길의 붕괴 방지

## 03 강관비계의 구조에 관한 내용이다. 괄호에 적합한 내용을 적으시오. (4점)

> 비계기둥의 제일 윗부분으로 부터 ( ① ) 되는 지점 밑 부분의 비계기둥은 ( ② )의 강관으로 묶어 세울 것

**정답**

① 31m  ② 2본

### 참고

| 강관비계의 구조 | 강관비계 조립 시의 준수사항 |
|---|---|
| ① 비계기둥 간격 : 띠장방향에서는 1.85m 이하, 장선방향에서는 1.5m 이하로 할 것<br>다만, 다음 각 목의 어느 하나에 해당하는 작업의 경우에는 안전성에 대한 구조검토를 실시하고 조립도를 작성하면 띠장 방향 및 장선 방향으로 각각 2.7미터 이하로 할 수 있다.<br>가. 선박 및 보트 건조작업<br>나. 그 밖에 장비 반입·반출을 위하여 공간 등을 확보할 필요가 있는 등 작업의 성질상 비계기둥 간격에 관한 기준을 준수하기 곤란한 작업<br>② 띠장간격 : 2.0미터 이하로 할 것(다만, 작업의 성질상 이를 준수하기가 곤란하여 쌍기둥 틀 등에 의하여 해당 부분을 보강한 경우에는 그러하지 아니하다)<br>③ 비계기둥의 제일 윗부분으로 부터 31m되는 지점 밑 부분의 비계기둥은 2본의 강관으로 묶어 세울 것(다만, 브라켓(bracket, 까치발) 등으로 보강하여 2개의 강관으로 묶을 경우 이상의 강도가 유지되는 경우에는 그러하지 아니하다)<br>④ 비계기둥간의 적재하중은 400kg을 초과하지 않도록 할 것 | ① 비계기둥에는 미끄러지거나 침하하는 것을 방지하기 위하여 밑받침 철물을 사용하거나 깔판·받침목 등을 사용하여 밑둥잡이를 설치할 것<br>② 강관의 접속부 또는 교차부는 적합한 부속철물을 사용하여 접속하거나 단단히 묶을 것<br>③ 교차가새로 보강할 것<br>④ 외줄비계·쌍줄비계 또는 돌출 비계의 벽이음 및 버팀 설치<br>– 조립간격 : 수직 방향에서 5m 이하, 수평 방향에서는 5m 이하<br>– 강관·통나무등의 재료를 사용하여 견고한 것으로 할 것<br>– 인장재와 압축재로 구성되어 있을 때에는 인장재와 압축재의 간격을 1미터 이내로 할 것<br>⑤ 가공 전로에 근접하여 비계를 설치하는 때에는 가공 전로를 이설, 절연용 방호구 장착하는 등 가공 전로와의 접촉 방지 조치할 것 |

## 04
산업안전보건법에 의하여 목재 가공용 둥근톱 기계에 설치하여야 하는 방호장치 2가지를 적으시오. (4점)

**정답**
① 날접촉 예방장치(덮개)
② 반발예방장치

**참고**

**반발예방장치의 종류**
① 분할날(spreader)
② 반발방지기구(finger)
③ 반발방지롤러(roll)

## 05
연근로시간수가 250,000시간인 어느 사업장에서 작년도 15건의 재해로 근로손실일수 300일, 휴업일수 25일이 발생하였다. 종합재해지수를 계산하시오. (5점)

**정답**

1. 종합재해지수
$$FSI = \sqrt{FR \times SR} = \sqrt{도수율 \times 강도율}$$

2. 도수율(빈도율) = $\dfrac{재해 건수}{연 근로시간 수} \times 10^6$

3. 강도율 = $\dfrac{총 요양 근로손실일수}{연 근로시간 수} \times 1,000$

* 근로손실일수 = 휴업일수, 요양일수, 입원일수 × $\dfrac{300(실제근로일수)}{365}$

1. 도수율 = $\dfrac{15}{250,000} \times 10^6 = 60$

2. 강도율 = $\dfrac{300 + 25 \times \dfrac{300}{365}}{250,000} \times 1,000 = 1.28$

3. 종합재해지수 = $\sqrt{60 \times 1.28} = 8.76$

## 06 산업안전보건법에 의하여 철골공사 작업을 중지해야 하는 조건 3가지를 적으시오. (3점)

**정답**
① 풍속이 초당 10미터 이상인 경우
② 강우량이 시간당 1밀리미터 이상인 경우
③ 강설량이 시간당 1센티미터 이상인 경우

## 07 계단의 설치기준을 설명하였다. 괄호에 적합한 내용을 적으시오. (4점)

> 계단 및 계단참의 강도는 ( ① )kg/m² 이상이어야 하며 안전율은 ( ② ) 이상으로 하여야 한다.

**정답**
① 500  ② 4

**참고**

**계단의 설치**
① 계단의 강도 : 계단 및 계단참의 강도는 500kg/m² 이상이어야 하며 안전율은 4 이상으로 하여야 한다.
② 계단의 폭 : 1미터 이상으로 하여야 한다.
③ 계단참의 높이 : 높이가 3m를 초과하는 계단에는 높이 3m 이내마다 너비 1.2미터 이상의 계단참을 설치해야 한다.
④ 천장의 높이 : 바닥면으로부터 높이 2미터 이내의 공간에 장애물이 없도록 하여야 한다.(다만, 급유용·보수용· 비상용 계단 및 나선형 계단에 대하여는 그러하지 아니하다.)
⑤ 계단의 난간 : 높이 1미터 이상인 계단의 개방된 측면에 안전난간을 설치하여야 한다.

**08** 작업자가 시야를 가릴 정도로 부피가 큰 짐을 운반하던 중 덮개가 열려 있던 개구부 바닥으로 떨어지는 사고가 발생하였다. [보기]와 같이 재해를 분석하시오. (5점)

> [보기]
> ① 재해 발생형태  ② 기인물  ③ 가해물  ④ 불안전한 행동  ⑤ 불안전한 상태

**정답**
① 재해 발생형태 : 떨어짐
② 기인물 : 부피가 큰 짐
③ 가해물 : 바닥
④ 불안전한 행동 : 시야를 가릴 정도로 부피가 큰 짐을 혼자 운반함
⑤ 불안전한 상태 : 개구부의 덮개가 열려있음

**09** 비탈면 보호공법의 종류 4가지를 적으시오. (4점)

**정답**
① 식생공(법)
② 블록 붙임공 또는 돌붙임공(법)
③ 콘크리트 뿜어붙이기공(법)
④ 콘크리트(블록) 격자공(법)
⑤ 돌망태공(법)

**10** 산업안전보건법에 의하여 양중기(크레인, 이동식 크레인, 리프트, 곤돌라, 승강기)에 설치하여야 하는 방호장치의 종류 5가지를 적으시오.(단, 과부하방지장치는 제외할 것) (5점)

**정답**
① 권과방지장치
② 비상정지장치
③ 제동장치
④ 승강기의 파이널 리미트 스위치
⑤ 승강기의 조속기
⑥ 승강기의 출입문 인터록

> 참고

**양중기의 방호장치**

| | |
|---|---|
| 크레인 | – 과부하방지장치<br>– 권과방지장치(捲過防止裝置)<br>– 비상정지장치<br>– 제동장치<br>(기타 방호장치)<br>훅의 해지장치<br>안전밸브(유압식) |
| 이동식 크레인 | – 과부하방지장치<br>– 권과방지장치(捲過防止裝置)<br>– 비상정지장치<br>– 제동장치<br>(기타 방호장치)<br>훅의 해지장치<br>안전밸브(유압식) |
| 리프트<br>(자동차정비용 리프트 제외) | – 권과방지장치<br>– 과부하방지장치<br>– 비상정지장치<br>– 제동장치<br>– 조작반(盤) 잠금장치 |
| 곤돌라 | – 과부하방지장치<br>– 권과방지장치(捲過防止裝置)<br>– 비상정지장치<br>– 제동장치 |
| 승강기 | – 과부하방지장치<br>– 권과방지장치(捲過防止裝置)<br>– 비상정지장치<br>– 제동장치<br>– 파이널리미트스위치<br>– 출입문인터록<br>– 조속기(속도조절기) |

> 특급암기법

- 공통 방호장치 : 과부하방지장치, 권과방지장치, 비상정지장치, 제동장치
- 추가설치
  리프트(자동차정비용 제외) : 조작반잠금장치
  승강기 : 파이널리미트스위치, 출입문인터록, 조속기(속도조절기)

**11** 근로자가 밀폐공간에서 작업을 하는 경우 작업을 시작할 때마다 사전에 작업근로자(감시인을 포함한다)에게 알려야 하는 사항 3가지를 적으시오. (6점)

**정답**
① 산소 및 유해가스농도 측정에 관한 사항
② 환기설비의 가동 등 안전한 작업방법에 관한 사항
③ 보호구의 착용과 사용방법에 관한 사항
④ 사고 시의 응급조치 요령
⑤ 구조요청을 할 수 있는 비상연락처, 구조용 장비의 사용 등 비상 시 구출에 관한 사항

**12** 산업안전보건법에 의하여 산업안전보건관리비를 사용하려는 경우에는 미리 그 사용방법, 재해예방 조치 등에 관하여 재해예방 전문지도 기관의 지도를 받아야 한다. 예외 규정으로 산업안전보건관리비 사용 시에 재해예방 전문지도 기관의 지도를 받지 않아도 되는 공사의 종류 3가지를 적으시오. (6점)

**정답**
① 공사기간이 1개월 미만인 공사
② 육지와 연결되지 아니한 섬지역(제주특별자치도는 제외)에서 이루어지는 공사
③ 사업주가 안전관리자의 자격을 가진 사람을 선임(같은 광역 자치단체의 지역 내에서 같은 사업주가 경영하는 셋 이하의 공사에 대하여 공동으로 안전관리자 자격을 가진 사람 1명을 선임한 경우를 포함)하여 안전관리자의 업무만을 전담하도록 하는 공사
④ 유해·위험방지계획서를 제출하여야 하는 공사

**13** 깊이 10.5m 이상의 굴착의 경우 계측기기를 설치하여 흙막이 구조의 안전을 예측하여야 한다. 깊이 10.5m 이상의 굴착작업 시 설치하여야 하는 계측기기 4가지를 적으시오. (4점)

**정답**
① 수위계
② 경사계
③ 하중 및 침하계
④ 응력계

# 2018 건설안전산업기사 필답형 2회

**01** 산업안전보건법에 의하여 유해위험방지계획서를 제출해야 하는 건설공사의 종류 3가지를 적으시오. (6점)

> **정답**
>
> 1. 다음 각 목의 어느 하나에 해당하는 건축물 또는 시설 등의 건설·개조 또는 해체공사
>    - 가. 지상 높이가 31미터 이상인 건축물 또는 인공구조물
>    - 나. 연면적 3만제곱미터 이상인 건축물
>    - 다. 연면적 5천제곱미터 이상인 시설로서 다음의 어느 하나에 해당하는 시설
>      1) 문화 및 집회시설(전시장 및 동물원·식물원은 제외한다)
>      2) 판매시설, 운수시설(고속철도의 역사 및 집배송시설은 제외한다)
>      3) 종교시설
>      4) 의료시설 중 종합병원
>      5) 숙박시설 중 관광숙박시설
>      6) 지하도상가
>      7) 냉동·냉장 창고시설
> 2. 연면적 5천제곱미터 이상의 냉동·냉장 창고시설의 설비공사 및 단열공사
> 3. 최대 지간길이가 50미터 이상인 교량 건설 등 공사
> 4. 터널 건설 등의 공사
> 5. 다목적댐, 발전용댐, 저수용량 2천만톤 이상의 용수 전용 댐, 지방상수도 전용 댐 건설 등의 공사
> 6. 깊이 10미터 이상인 굴착공사

> **특급암기법**
>
> 지상높이 31m, 연면적 3만m², 사람 많은 시설 연면적 5,000m²
> 연면적 5000m² 냉동냉장 창고
> 최대 지간길이가 50미터 이상 교량
> 터널
> 저수용량 2천만톤 이상 댐
> 10미터 이상인 굴착

## 02 안전인증 안전모의 종류 및 사용구분(용도)을 적으시오. (6점)

**정답**
① AB형 : 물체의 낙하 또는 비래 및 추락에 의한 위험을 방지 또는 경감시키기 위한 것
② AE형 : 물체의 낙하 또는 비래에 의한 위험을 방지 또는 경감하고, 머리 부위 감전에 의한 위험을 방지하기 위한 것
③ ABE형 : 물체의 낙하 또는 비래 및 추락에 의한 위험을 방지 또는 경감하고, 머리 부위 감전에 의한 위험을 방지하기 위한 것

## 03 굴착장비 중 클램셸(clamshell)의 용도를 적으시오. (3점)

**정답**
① 가장 협소하고 깊은 굴착이 가능하며 호퍼(hopper)에 적당하다.
② 연약지반이나 수중굴착 및 자갈 등을 싣는데 적합하다.

## 04 작업발판 및 통로의 끝이나 개구부로서 근로자가 추락할 위험이 있는 장소에 하여야 하는 방호조치 3가지를 적으시오. (3점)

**정답**
① 안전난간 설치
② 울타리 설치
③ 수직형 추락방망 또는 덮개 설치
④ 추락방호망 설치(안전난간 설치 곤란 또는 해체한 경우)

**참고**

**개구부 등의 방호 조치**

난간 등을 설치하는 것이 매우 곤란하거나 작업의 필요상 임시로 난간 등을 해체하여야 하는 경우 추락방호망을 설치하여야 한다. 다만, 추락방호망을 설치하기 곤란한 경우에는 근로자에게 안전대를 착용하도록 하는 등 추락할 위험을 방지하기 위하여 필요한 조치를 하여야 한다.

**05** 해체공사 표준안전 작업지침에 의한 해체공사의 공법에 따라 발생하는 소음과 진동을 방지하기 위하여 준수하여야 하는 사항 3가지를 적으시오. (6점)

> **정답**
> ① 공기압축기 등은 적당한 장소에 설치하여야 하며 장비의 소음 진동기준은 관계법에서 정하는 바에 따라서 처리하여야 한다.
> ② 전도공법의 경우 전도물 규모를 작게 하여 중량을 최소화하며 전도대상물의 높이도 되도록 작게 하여야 한다.
> ③ 철 햄머 공법의 경우 햄머의 중량과 낙하 높이를 가능한 한 낮게 하여야 한다.
> ④ 현장 내에서는 대형 부재로 해체하며 장외에서 잘게 파쇄하여야 한다.
> ⑤ 인접건물의 피해를 줄이기 위해 방음, 방진 목적의 가시설을 설치하여야 한다.

**06** 작업으로 인하여 물체가 떨어지거나 날아올 위험이 있는 경우에는 위험을 방지하기 위한 조치를 하여야 한다. 낙하·비래 위험방지 조치 3가지를 적으시오. (6점)

> **정답**
> ① 낙하물방지망·수직보호망 또는 방호선반의 설치
> ② 출입금지구역의 설정
> ③ 보호구의 착용

**07** 산업안전보건법에 의한 작업장의 적정공기 수준을 설명하였다. 괄호에 적합한 숫자를 적으시오. (4점)

1. 산소농도의 범위가 ( ① )% 이상 ( ② )% 미만
2. 탄산가스의 농도가 ( ③ )% 미만
3. 일산화탄소의 농도가 30ppm 미만
4. 황화수소의 농도가 ( ④ )ppm 미만

> **정답**
> ① 18  ② 23.5  ③ 1.5  ④ 10

**08** 연근로시간수가 250,000시간인 어느 사업장에서 작년도 15건의 재해로 근로손실일수 300일, 휴업일수 25일이 발생하였다. 종합재해지수를 계산하시오. (5점)

**정답**

1. 종합재해지수
   $FSI = \sqrt{FR \times SR} = \sqrt{도수율 \times 강도율}$
2. 도수율(빈도율) = $\dfrac{재해\ 건수}{연\ 근로시간\ 수} \times 10^6$
3. 강도율 = $\dfrac{총\ 요양\ 근로손실일수}{연\ 근로시간\ 수} \times 1,000$

* 근로손실일수 = 휴업일수, 요양일수, 입원일수 × $\dfrac{300(실제근로일수)}{365}$

1. 도수율 = $\dfrac{15}{250,000} \times 10^6 = 60$
2. 강도율 = $\dfrac{300 + 25 \times \dfrac{300}{365}}{250,000} \times 1,000 = 1.28$
3. 종합재해지수 = $\sqrt{60 \times 1.28} = 8.76$

**09** 콘크리트 옹벽의 안정성 검토사항 3가지를 적으시오. (3점)

**정답**

① 전도에 대한 안정
② 활동에 대한 안정
③ 침하(지반 지지력)에 대한 안정

**10** 중량물의 취급 작업 시에 작성하는 작업계획서에 포함하여야 하는 사항 5가지를 적으시오. (5점)

**정답**

① 추락위험을 예방할 수 있는 안전대책
② 낙하위험을 예방할 수 있는 안전대책
③ 전도위험을 예방할 수 있는 안전대책
④ 협착위험을 예방할 수 있는 안전대책
⑤ 붕괴위험을 예방할 수 있는 안전대책

## 11 강관비계의 구조에 관한 내용이다. 괄호에 적합한 내용을 적으시오. (3점)

[보기]
1. 비계기둥의 제일 윗 부분으로부터 ( ① ) 되는 지점 밑 부분의 비계기둥은 ( ② )의 강관으로 묶어 세울 것
2. 비계기둥 간의 적재하중은 ( ③ )kg을 초과하지 않도록 할 것

**정답**
① 31m  ② 2본  ③ 400

## 12 근로자 500명이 근무하던 사업장에서 작년 한 해 동안 5건의 재해로 사망 1명, 휴업일수 80일 1명, 휴업일수 30일 1명이 발생하였다. (1) 연천인율을 구하시오. (2) 강도율을 구하시오.(단, 1일 10시간, 연간 300일 근무) (4점)

**정답**

1. 연천인율 = $\dfrac{\text{연간재해자 수}}{\text{연평균 근로자 수}} \times 1{,}000$

2. 강도율 = $\dfrac{\text{총 요양 근로손실일수}}{\text{연 근로시간 수}} \times 1{,}000$

* 근로손실일수 = 휴업일수, 요양일수, 입원일수 × $\dfrac{300(\text{실제근로일수})}{365}$

1. 연천인율 = $\dfrac{3}{500} \times 1{,}000 = 6$

2. 강도율 = $\dfrac{7{,}500 + (80 \times \frac{300}{365}) + (30 \times \frac{300}{365})}{500 \times 10 \times 300} \times 1{,}000 = 5.06$

## 13 산업안전보건법에 의한 크레인의 작업시작 전 점검사항 3가지를 적으시오. (4점)

**정답**
① 권과방지장치·브레이크·클러치 및 운전장치의 기능
② 주행로의 상측 및 트롤리가 횡행(橫行)하는 레일의 상태
③ 와이어로프가 통하고 있는 곳의 상태

# 2018 건설안전산업기사 필답형 4회

**01** 굴착작업 시 토사 등의 붕괴 또는 낙하에 의하여 근로자에게 위험을 미칠 우려가 있는 경우의 위험방지 조치사항 3가지를 적으시오. (6점)

**정답**
① 흙막이 지보공의 설치
② 방호망의 설치
③ 근로자의 출입 금지 등

**02** 사업주가 근로자에게 실시해야 하는 안전보건교육의 [보기]에 적합한 교육시간을 적으시오. (6점)

[보기]

① 일용근로자 및 근로계약기간이 1주일 이하인 기간제 근로자의 채용 시의 교육 : (　　)시간 이상

② 근로계약기간이 1주일 초과 1개월 이하인 기간제근로자의 채용 시의 교육 : (　　)시간 이상

③ 일용근로자 및 근로계약기간이 1주일 이하인 기간제 근로자와 근로계약기간이 1주일 초과 1개월 이하인 기간제 근로자를 제외한 근로자의 채용 시의 교육 : (　　)시간 이상

④ 일용근로자 및 근로계약기간이 1주일 이하인 기간제 근로자의 작업내용변경 시의 교육 : (　　)시간 이상

⑤ 일용근로자 및 근로계약기간이 1주일 이하인 기간제 근로자를 제외한 근로자의 특별교육: (　　)시간 이상

⑥ 건설업 기초안전보건교육 : (　　)시간

**정답**
① 1　② 4　③ 8　④ 1　⑤ 16　⑥ 4

> 참고

**[사업주가 근로자에게 실시해야 하는 안전보건교육의 교육시간]**

### 가. 근로자 안전보건교육

| 교육과정 | 교육대상 | | 교육시간 |
|---|---|---|---|
| 가. 정기교육 | 1) 사무직 종사 근로자 | | 매반기 6시간 이상 |
| | 2) 그 밖의 근로자 | 가) 판매업무에 직접 종사하는 근로자 | 매반기 6시간 이상 |
| | | 나) 판매업무에 직접 종사하는 근로자 외의 근로자 | 매반기 12시간 이상 |
| 나. 채용 시의 교육 | 1) 일용근로자 및 근로계약기간이 1주일 이하인 기간제 근로자 | | 1시간 이상 |
| | 2) 근로계약기간이 1주일 초과 1개월 이하인 기간제 근로자 | | 4시간 이상 |
| | 3) 그 밖의 근로자 | | 8시간 이상 |
| 다. 작업내용 변경 시의 교육 | 1) 일용근로자 및 근로계약기간이 1주일 이하인 기간제 근로자 | | 1시간 이상 |
| | 2) 그 밖의 근로자 | | 2시간 이상 |
| 라. 특별교육 | 1) 일용근로자 및 근로계약기간이 1주일 이하인 기간제 근로자(타워크레인신호작업에 종사하는 근로자 제외) | | 2시간 이상 |
| | 2) 일용근로자 및 근로계약기간이 1주일 이하인 기간제 근로자 중 타워크레인신호작업에 종사하는 근로자 | | 8시간 이상 |
| | 3) 일용근로자 및 근로계약기간이 1주일 이하인 기간제 근로자를 제외한 근로자 | | 가) 16시간 이상(최초 작업에 종사하기 전 4시간 이상 실시하고 12시간은 3개월 이내에서 분할하여 실시 가능)<br>나) 단기간 작업 또는 간헐적 작업인 경우에는 2시간 이상 |
| 마. 건설업 기초안전·보건교육 | 건설 일용근로자 | | 4시간 이상 |

### 나. 관리감독자 안전보건교육

| 교육과정 | 교육시간 |
|---|---|
| 가. 정기교육 | 연간 16시간 이상 |
| 나. 채용 시 교육 | 8시간 이상 |
| 다. 작업내용 변경 시 교육 | 2시간 이상 |
| 라. 특별교육 | 16시간 이상(최초 작업에 종사하기 전 4시간 이상 실시하고, 12시간은 3개월 이내에서 분할하여 실시 가능)<br>단기간 작업 또는 간헐적 작업인 경우에는 2시간 이상 |

## 03
"응급구호표지"를 그리시오. (단, 색상표시는 글자로 나타내도록 하고, 크기에 대한 기준은 표시하지 않아도 된다.) (6점)

**정답**

바탕 : 녹색
기본모형 및 관련 부호 : 흰색

## 04
산업안전보건법에 의한 고소작업대의 작업시작 전 점검사항 3가지를 적으시오. (6점)

**정답**

① 비상정지 장치 및 비상 하강 방지 장치 기능의 이상 유무
② 과부하방지장치의 작동 유무(와이어로프 또는 체인구동방식의 경우)
③ 아웃 트리거 또는 바퀴의 이상 유무
④ 작업면의 기울기 또는 요철 유무

## 05
산업안전보건법에 의하여 목재 가공용 둥근톱 기계에 설치하여야 하는 방호장치 2가지를 적으시오. (4점)

**정답**

① 날접촉 예방장치(덮개)
② 반발예방장치

**참고**

**반발예방장치의 종류**

① 분할날(spreader)
② 반발 방지 기구(finger)
③ 반발 방지 롤러(roll)

## 06 굴착작업 시 보일링 현상을 방지하기 위한 대책 2가지를 적으시오.(단, 작업 중지는 제외) (4점)

**정답**
① 지하수위 저하
② 지하수 흐름 변경
③ 근입벽을 깊게 한다.

## 07 추락 시 로프의 지지점에서 최하단까지의 거리 h(m)를 계산하시오.(단, 로프의 길이는 150cm, 로프의 신율은 30%이며 근로자의 신장은 180cm임) (5점)

**정답**
h = 로프의 길이 + 로프의 신장길이 + 작업자 키의 1/2
h = 150 + (150 × 0.3) + (180 × 1/2) = 285cm = 2.85m

## 08 굴착장비 중 기계가 서 있는 지반면보다 높은 곳을 굴착하는 작업에 적합한 장비의 명칭을 적으시오. (3점)

**정답**
파워 셔블(power shovel)

### 참고

**굴착기계**

1. 파워 셔블(power shovel, 동력삽)
   - 기계가 서 있는 지반면보다 높은 곳의 땅파기에 적합하다.

2. 드래그 셔블(drag shovel, 백호)
   - 기계가 서 있는 지면보다 낮은 장소의 굴착 및 수중굴착이 가능하다.
   - 굳은 지반의 토질도 정확한 굴착이 된다.

3. 드래그라인(drag line)
   - 기계가 서있는 위치보다 낮은 장소의 굴착에 적당하고 굳은 토질에서의 굴착은 되지 않지만 굴착 반지름이 크다.
   - 작업범위가 광범위하고 수중굴착 및 연약한 지반의 굴착에 적합하다.

4. 클램셸(clamshell)
   - 수중굴착 및 가장 협소하고 깊은 굴착이 가능하며 호퍼(hopper)에 적당하다.
   - 연약지반이나 수중굴착 및 자갈 등을 싣는데 적합하다.

## 09
비계의 조립간격(벽이음 간격)을 나타내었다. 괄호에 적합한 내용을 적으시오. (4점)

| 비계 종류 | | 수직 방향 | 수평 방향 |
|---|---|---|---|
| 강관비계 | 단관비계 | ( ① )m | ( ② )m |
| | 틀비계(높이 5m 미만인 것 제외) | ( ③ )m | ( ④ )m |

**정답**

① 5  ② 5  ③ 6  ④ 8

## 10
굴착면의 기울기 기준이다. 다음 표의 빈칸을 채우시오. (4점)

| 지반의 종류 | 굴착면의 기울기 |
|---|---|
| 모래 | ( ① ) |
| 연암 및 풍화암 | ( ② ) |
| 경암 | ( ③ ) |
| 그 밖의 흙 | ( ④ ) |

**정답**

① 1 : 1.8
② 1 : 1.0
③ 1 : 0.5
④ 1 : 1.2

**11** 산업재해 예방활동에 대한 참여와 지원을 촉진하기 위하여 명예산업안전감독관을 위촉한 경우 산업안전보건법에 의한 명예산업안전감독관의 임기를 적으시오. (3점)

> **정답**
> 2년

**12** 연간 총근로시간이 1,200,000시간인 건설현장에서 작년 한 해 동안 5건의 재해로 사망 3명, 휴업일수 200일이 발생하였다. 도수율과 강도율을 계산하시오. (5점)

> **정답**
>
> 1. 도수율(빈도율) = $\dfrac{\text{재해 건수}}{\text{연 근로시간 수}} \times 10^6$
>
> 2. 강도율 = $\dfrac{\text{총 요양 근로 손실 일수}}{\text{연 근로시간 수}} \times 1,000$
>
> \* 근로손실일수 = 휴업일수, 요양일수, 입원일수 $\times \dfrac{300(\text{실제근로일수})}{365}$
>
> 1. 도수율 = $\dfrac{5}{1,200,000} \times 10^6 = 4.17$
>
> 2. 강도율 = $\dfrac{(7,500 \times 3) + (200 \times \dfrac{300}{365})}{1,200,000} \times 1,000 = 18.89$

**13** 산업안전보건법에 의한 승강기의 종류 4가지를 적으시오. (4점)

> **정답**
> ① 승객용 엘리베이터
> ② 승객화물용 엘리베이터
> ③ 화물용 엘리베이터
> ④ 소형화물용 엘리베이터
> ⑤ 에스컬레이터

# 2019년 1회 건설안전산업기사 필답형

**01** 달비계의 안전계수를 나타내었다. 다음 빈칸을 채우시오. (4점)

[보기]
1. 달기와이어로프 및 달기강선의 안전계수는 ( ① ) 이상
2. 달기체인 및 달기훅의 안전계수는 ( ② ) 이상
3. 달기강대와 달비계의 하부 및 상부지점의 안전계수는 강재의 경우 2.5 이상, 목재의 경우 ( ③ ) 이상

**정답**  ① 10  ② 5  ③ 5

**분석**  관련 법규에서 삭제된 내용입니다.

**02** 강관비계의 구조에 관한 내용이다. 괄호에 적합한 내용을 적으시오. (6점)

1. 비계기둥의 제일 윗부분으로 부터 ( ① ) 되는 지점 밑 부분의 비계기둥은 ( ② )의 강관으로 묶어 세울 것
2. 비계기둥 간격은 띠장방향에서는 ( ③ ) 이하, 장선방향에서는 ( ④ ) 이하로 할 것
3. 띠장 간격은 ( ⑤ ) 이하로 할 것
4. 비계기둥 간의 적재하중은 ( ⑥ )을 초과하지 않도록 할 것

**정답**  ① 31m  ② 2본  ③ 1.85m  ④ 1.5m  ⑤ 2m  ⑥ 400kg

> **참고**

| 강관비계의 구조 | 강관비계 조립 시의 준수사항 |
|---|---|
| ① 비계기둥 간격 : 띠장방향에서는 1.85m 이하, 장선방향에서는 1.5m 이하로 할 것<br>다만, 다음 각 목의 어느 하나에 해당하는 작업의 경우에는 안전성에 대한 구조검토를 실시하고 조립도를 작성하면 띠장 방향 및 장선 방향으로 각각 2.7미터 이하로 할 수 있다.<br>가. 선박 및 보트 건조작업<br>나. 그 밖에 장비 반입·반출을 위하여 공간 등을 확보할 필요가 있는 등 작업의 성질상 비계기둥 간격에 관한 기준을 준수하기 곤란한 작업<br>② 띠장간격 : 2.0미터 이하로 할 것(다만, 작업의 성질상 이를 준수하기가 곤란하여 쌍기둥 틀 등에 의하여 해당 부분을 보강한 경우에는 그러하지 아니하다)<br>③ 비계기둥의 제일 윗부분으로부터 31m되는 지점 밑 부분의 비계기둥은 2본의 강관으로 묶어 세울 것(다만, 브라켓(bracket), 까치발 등으로 보강하여 2개의 강관으로 묶을 경우 이상의 강도가 유지되는 경우에는 그러하지 아니하다)<br>④ 비계기둥간의 적재하중은 400kg을 초과하지 않도록 할 것 | ① 비계기둥에는 미끄러지거나 침하하는 것을 방지하기 위하여 밑받침 철물을 사용하거나 깔판·받침목 등을 사용하여 밑둥잡이를 설치할 것<br>② 강관의 접속부 또는 교차부는 적합한 부속철물을 사용하여 접속하거나 단단히 묶을 것<br>③ 교차가새로 보강할 것<br>④ 외줄비계·쌍줄비계 또는 돌출 비계의 벽이음 및 버팀 설치<br>– 조립간격 : 수직 방향에서 5m 이하, 수평 방향에서는 5m 이하<br>– 강관·통나무등의 재료를 사용하여 견고한 것으로 할 것<br>– 인장재와 압축재로 구성되어 있는 때에는 인장재와 압축재의 간격을 1미터 이내로 할 것<br>⑤ 가공 전로에 근접하여 비계를 설치하는 때에는 가공 전로를 이설, 절연용 방호구 장착하는 등 가공 전로와의 접촉 방지 조치할 것 |

**03** 발파작업 시 발파공의 충진 재료로 사용할 수 있는 2가지를 적으시오. (4점)

> **정답**
> ① 점토
> ② 모래

## 04

근로자 500명이 근무하던 사업장에서 15건의 재해로 18명의 재해자가 발생하여 휴업일수 35일, 근로손실일수 120일이 발생하였다. (1) 연천인율을 구하시오. (2) 강도율을 구하시오. (3) 도수율을 구하시오. (단, 1일 8시간, 연간 280일 근무) (6점)

**정답**

1. 연천인율 = $\dfrac{\text{연간재해자 수}}{\text{연평균 근로자 수}} \times 1{,}000$

2. 강도율 = $\dfrac{\text{총 요양 근로손실일수}}{\text{연 근로시간 수}} \times 1{,}000$

* 근로손실일수 = 휴업일수, 요양일수, 입원일수 $\times \dfrac{300(\text{실제근로일수})}{365}$

3. 도수율 = $\dfrac{\text{재해건수}}{\text{연 근로시간 수}} \times 10^6$

1. 연천인율 = $\dfrac{18}{500} \times 1{,}000 = 36$

2. 강도율 = $\dfrac{(35 \times \dfrac{280}{365}) + 120}{500 \times 8 \times 280} \times 1{,}000 = 0.13$

3. 도수율 = $\dfrac{15}{500 \times 8 \times 280} \times 10^6 = 13.39$

## 05

터널 굴착작업의 작업계획서에 포함하여야 하는 사항 3가지를 적으시오. (6점)

**정답**

① 굴착의 방법
② 터널지보공 및 복공(覆工)의 시공방법과 용수(湧水)의 처리방법
③ 환기 또는 조명시설을 설치할 때에는 그 방법

## 06
깊이 10.5m 이상의 굴착의 경우 계측기기를 설치하여 흙막이 구조의 안전을 예측하여야 한다. 깊이 10.5m 이상의 굴착작업 시 설치하여야 하는 계측기기 4가지를 적으시오. (4점)

**정답**
① 수위계
② 경사계
③ 하중 및 침하계
④ 응력계

## 07
하인리히와 버드의 사고빈도법칙(재해구성 비율)을 설명하시오. (4점)

**정답**
(1) 하인리히 1 : 29 : 300의 법칙
 총 330건의 사고를 분석했을 때
 • 중상 또는 사망 : 1건
 • 경상해 : 29건
 • 무상해사고 : 300건이 발생함을 의미한다.

(2) 버드의 1 : 10 : 30 : 600의 법칙
 총 641건의 사고를 분석했을 때
 • 중상 또는 폐질 : 1건
 • 경상해 : 10건
 • 무상해사고(물적 손실) : 30건
 • 무상해, 무사고(위험 순간) : 600건이 발생함을 의미한다.

## 08
위험예지 훈련 4단계를 적으시오. (4점)

**정답**
1단계 : 현상 파악
2단계 : 요인조사(본질추구)
3단계 : 대책수립
4단계 : 행동목표 설정(합의요약)

## 09 [보기]의 설명에 해당하는 현상의 명칭을 적으시오. (4점)

> [보기]
> 연약한 점토 지반에서 굴착에 의한 흙막이 내·외면의 흙의 중량 차이(토압 차)로 인해 굴착 저면이 부풀어 올라오는 현상을 말한다.

**정답**

히빙 현상

**참고**

**보일링 현상**

사질토 지반에서 굴착 저면과 흙막이 배면과의 수위 차이로 인해 굴착 저면의 흙과 물이 함께 위로 솟구쳐 오르는 현상(모래의 액상화 현상)을 말한다.

## 10 와이어로프의 사용금지 사항 3가지를 적으시오. (6점)

**정답**

① 이음매가 있는 것
② 와이어로프의 한 꼬임에서 끊어진 소선의 수가 10퍼센트 이상인 것
③ 지름의 감소가 공칭지름의 7퍼센트를 초과하는 것
④ 꼬인 것
⑤ 심하게 변형되거나 부식된 것
⑥ 열과 전기충격에 의해 손상된 것

## 11. 안전·보건표지의 색채, 색도기준 및 용도를 나타내었다. 괄호에 알맞은 색채를 적으시오. (4점)

[보기]

| 색채 | 색도 기준 | 용도 | 사용례 |
|---|---|---|---|
| ( ① ) | 7.5R 4/14 | 금지 | 정지신호, 소화설비 및 그 장소, 유해행위의 금지 |
| | | 경고 | 화학물질 취급장소에서의 유해·위험 경고 |
| 노란색 | 5Y 8.5/12 | 경고 | 화학물질 취급장소에서의 유해·위험경고 이외의 위험경고, 주의표지 또는 기계방호물 |
| 파란색 | 2.5PB 4/10 | 지시 | 특정 행위의 지시 및 사실의 고지 |
| ( ② ) | 2.5G 4/10 | 안내 | 비상구 및 피난소, 사람 또는 차량의 통행 표지 |
| ( ③ ) | N9.5 | | 파란색 또는 녹색에 대한 보조색 |
| ( ④ ) | N0.5 | | 문자 및 빨간색 또는 노란색에 대한 보조색 |

**정답**

① 빨간색　② 녹색　③ 흰색　④ 검은색

**12** 굴착면의 기울기 기준이다. 다음 표의 빈칸을 채우시오. (4점)

| 지반의 종류 | 굴착면의 기울기 |
|---|---|
| 모래 | ( ① ) |
| 연암 및 풍화암 | ( ② ) |
| 경암 | ( ③ ) |
| 그 밖의 흙 | ( ④ ) |

**정답**

① 1 : 1.8
② 1 : 1.0
③ 1 : 0.5
④ 1 : 1.2

**13** 차량계 건설기계 중 도저형 기계와 천공용 기계를 각각 2가지씩 적으시오. (4점)

**정답**

(1) 도저형 기계
① 불도저
② 스트레이트도저
③ 틸트도저
④ 앵글도저
⑤ 버킷도저

(2) 천공용 기계
① 어스드릴
② 어스오거
③ 크롤러드릴
④ 점보드릴

# 2019  2회

# 건설안전산업기사 필답형

**01** 평균 근로자 수가 100명인 사업장에서 5건의 재해로 사망 1명, 근로손실일수 30일이 발생하였다. 강도율을 구하시오.(단, 1일 9시간, 연간 260일 근무) (4점)

**정답**

$$강도율 = \frac{총\ 요양\ 근로손실일수}{연\ 근로시간\ 수} \times 1,000$$

* 근로손실일수 = 휴업일수, 요양일수, 입원일수 × $\frac{300(실제근로일수)}{365}$

$$강도율 = \frac{7,500+30}{100 \times 9 \times 260} \times 1,000 = 32.18$$

**참고**

| 신체<br>장해등급 | 사망,<br>1, 2, 3급 | 4급 | 5급 | 6급 | 7급 | 8급 | 9급 | 10급 | 11급 | 12급 | 13급 | 14급 |
|---|---|---|---|---|---|---|---|---|---|---|---|---|
| 손실일수 | 7,500일 | 5,500일 | 4,000일 | 3,000일 | 2,200일 | 1,500일 | 1,000일 | 600일 | 400일 | 200일 | 100일 | 50일 |

**02** 크레인에 설치하여야 하는 방호장치의 종류를 4가지 적으시오. (4점)

**정답**
① 과부하방지장치
② 권과방지장치
③ 비상정지장치
④ 제동장치

## 03
산업안전보건법에 의하여 잠함 등 내부에서 굴착작업을 하는 경우 준수하여야 하는 사항 3가지를 적으시오. (6점)

**정답**
① 산소결핍의 우려가 있는 때에는 **산소의 농도를 측정하는 자를 지명하여 측정**하도록 할 것
② 근로자가 **안전하게 오르내리기 위한 설비**를 설치할 것
③ **굴착 깊이가 20미터를 초과**하는 때에는 당해작업장소와 외부와의 연락을 위한 통신설비 등을 설치할 것

## 04
채석작업 시에 작성하여야 하는 작업계획서에 포함하여야 하는 사항 4가지를 적으시오. (4점)

**정답**
① 노천굴착과 갱내굴착의 구별 및 채석방법
② 굴착면의 높이와 기울기
③ 굴착면 소단(小段)의 위치와 넓이
④ 갱내에서의 **낙반 및 붕괴방지 방법**
⑤ **발파방법**
⑥ **암석의 분할방법**
⑦ **암석의 가공장소**
⑧ 사용하는 굴착기계 · 분할기계 · 적재기계 또는 운반기계의 종류 및 성능
⑨ 토석 또는 **암석의 적재 및 운반방법과 운반경로**
⑩ 표토 또는 용수(湧水)의 처리방법

 **특급암기법**
발파 → 분할 → 가공 → 적재 및 운반 → 낙반 및 붕괴 방지

## 05
거푸집 동바리의 조립 또는 해체작업의 특별교육 내용을 3가지 적으시오.(단, 그 밖에 안전 · 보건관리에 필요한 사항은 제외) (6점)

**정답**
① **동바리의 조립방법 및 작업 절차**에 관한 사항
② **조립재료의 취급방법 및 설치기준**에 관한 사항
③ **조립 해체 시의 사고 예방**에 관한 사항
④ **보호구 착용 및 점검**에 관한 사항

## 06 [보기]의 설명에 해당하는 안전활동 기법의 명칭을 적으시오. (3점)

> [보기]
> 작업 전 또는 종료 시 5~10분간 작업자 3~5인이 조를 이뤄 작업 시 위험요소에 대하여 말하는 방식이다.

**정답**

T.B.M(Tool Box Meeting) : 단시간 즉시 적응법

## 07 히빙 현상의 방지 대책 3가지를 적으시오. (6점)

**정답**

① 양질의 재료로 지반을 개량한다.(흙의 전단강도를 높인다.)
② 어스앵커를 설치한다.
③ 시트파일 등의 근입 심도 검토(흙막이 벽체의 근입 깊이를 깊게 한다.)
④ 굴착주변에 웰포인트 공법을 병행한다.
⑤ 소단을 두면서 굴착한다.
⑥ 굴착주변의 상재하중을 제거한다.
⑦ 굴착저면에 토사 등의 인공중력을 가중시킨다.

## 08 건설공사의 유해위험 방지계획서 심사 결과의 구분 3가지를 적고 판정기준을 설명하시오. (5점)

**정답**

① 적정 : 근로자의 안전과 보건을 위하여 필요한 조치가 구체적으로 확보되었다고 인정되는 경우
② 조건부 적정 : 근로자의 안전과 보건을 확보하기 위하여 일부 개선이 필요하다고 인정되는 경우
③ 부적정 : 기계·설비 또는 건설물이 심사기준에 위반되어 공사착공 시 중대한 위험발생의 우려가 있거나 계획에 근본적 결함이 있다고 인정되는 경우

## 09
동바리로 사용하는 파이프서포트 조립 시의 준수사항을 설명하였다. 괄호에 적합한 내용을 적으시오. (4점)

[보기]
높이가 3.5미터를 초과하는 경우에는 높이 2미터 이내마다 ( ① )를 ( ② )개 방향으로 만들고 ( ① )의 변위를 방지할 것

**정답**
① 수평연결재　② 2

**참고**

**동바리로 사용하는 파이프서포트의 조립 시 준수사항**
- 파이프서포트를 3개본 이상 이어서 사용하지 아니하도록 할 것
- 파이프서포트를 이어서 사용할 때에는 4개 이상의 볼트 또는 전용철물을 사용하여 이을 것
- 높이가 3.5미터를 초과하는 경우에는 높이 2미터 이내마다 수평연결재를 2개 방향으로 만들고 수평연결재의 변위를 방지할 것

## 10
사다리식 통로의 설치기준에 대한 내용이다. 괄호에 적합한 내용을 적으시오. (4점)

[보기]
1. 사다리의 상단은 걸쳐놓은 지점으로부터 ( ① ) 이상 올라가도록 할 것
2. 사다리식 통로의 길이가 10미터 이상인 경우에는 ( ② ) 이내마다 계단참을 설치할 것

**정답**
① 60센티미터(cm)
② 5미터(m)

> **참고**
>
> **사다리식 통로의 구조**
>
> ① 견고한 구조로 할 것
> ② 심한 손상·부식 등이 없는 재료를 사용할 것
> ③ 발판의 간격은 일정하게 할 것
> ④ 발판과 벽과의 사이는 15센티미터 이상의 간격을 유지할 것
> ⑤ 폭은 30센티미터 이상으로 할 것
> ⑥ 사다리가 넘어지거나 미끄러지는 것을 방지하기 위한 조치를 할 것
> ⑦ 사다리의 상단은 걸쳐놓은 지점으로부터 60센티미터 이상 올라가도록 할 것
> ⑧ 사다리식 통로의 길이가 10미터 이상인 경우에는 5미터 이내마다 계단참을 설치할 것
> ⑨ 사다리식 통로의 기울기는 75도 이하로 할 것. 다만, 고정식 사다리식 통로의 기울기는 90도 이하로 하고, 그 높이가 7미터 이상인 경우에는 다음 각 목의 구분에 따른 조치를 할 것
>   • 등받이울이 있어도 근로자 이동에 지장이 없는 경우 : 바닥으로부터 높이가 2.5미터 되는 지점부터 등받이울을 설치할 것
>   • 등받이울이 있으면 근로자가 이동이 곤란한 경우 : 한국산업표준에서 정하는 기준에 적합한 개인용 추락 방지 시스템을 설치하고 근로자로 하여금 한국산업표준에서 정하는 기준에 적합한 전신 안전대를 사용하도록 할 것
> ⑩ 접이식 사다리 기둥은 사용 시 접혀지거나 펼쳐지지 않도록 철물 등을 사용하여 견고하게 조치할 것

## 11 달기 와이어로프 또는 달기체인의 적합한 안전계수를 적으시오. (4점)

> **[보기]**
>
> 1. 근로자가 탑승하는 운반구를 지지하는 달기와이어로프 또는 달기체인의 경우 : ( ① ) 이상
> 2. 화물의 하중을 직접 지지하는 달기와이어로프 또는 달기체인의 경우 : ( ② ) 이상
> 3. 훅, 샤클, 클램프, 리프팅 빔의 경우 : ( ③ ) 이상
> 4. 그 밖의 경우 : ( ④ ) 이상

**정답**

① 10
② 5
③ 3
④ 4

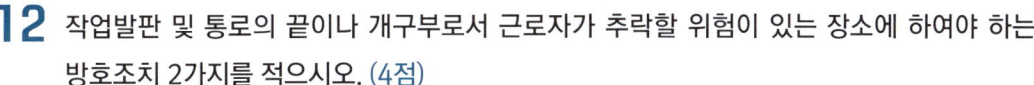

**12** 작업발판 및 통로의 끝이나 개구부로서 근로자가 추락할 위험이 있는 장소에 하여야 하는 방호조치 2가지를 적으시오. (4점)

**정답**
① 안전난간 설치
② 울타리 설치
③ 수직형 추락방망 또는 덮개 설치
④ 추락방호망 설치(안전난간 설치 곤란 또는 해체한 경우)

**참고**

**개구부 등의 방호 조치**

난간 등을 설치하는 것이 매우 곤란하거나 작업의 필요상 임시로 난간 등을 해체하여야 하는 경우 추락방호망을 설치하여야 한다. 다만, 추락방호망을 설치하기 곤란한 경우에는 근로자에게 안전대를 착용하도록 하는 등 추락할 위험을 방지하기 위하여 필요한 조치를 하여야 한다.

**13** 산업안전보건법에 의하여 고용노동부장관이 명예산업안전감독관을 해촉할 수 있는 경우 3가지를 적으시오. (6점)

**정답**
1. 근로자대표가 사업주의 의견을 들어 위촉된 명예산업안전감독관의 해촉을 요청한 경우
2. 위촉된 명예산업안전감독관이 해당 단체 또는 그 산하조직으로부터 퇴직하거나 해임된 경우
3. 명예산업안전감독관의 업무와 관련하여 부정한 행위를 한 경우
4. 질병이나 부상 등의 사유로 명예산업안전감독관의 업무 수행이 곤란하게 된 경우

# 2019 4회

# 건설안전산업기사 필답형

**01** 화물 자동차를 사용하여 작업하는 경우 사업주가 관리감독자로 하여금 작업시작 전에 점검하도록 하여야 하는 사항 3가지를 적으시오. (6점)

**정답**
① 제동 장치 및 조종 장치의 기능
② 하역 장치 및 유압 장치의 기능
③ 바퀴의 이상 유무

**02** 굴착공사 시에 발생하는 히빙현상에 의하여 인접지반 또는 흙막이 지보공에 미치는 영향(히빙의 피해현상) 2가지를 적으시오. (4점)

**정답**
① 흙막이 지보공(흙막이 벽체) 파괴
② 배면 토사 붕괴

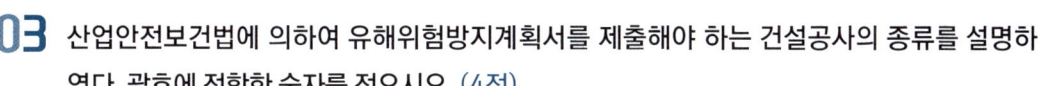

## 03  산업안전보건법에 의하여 유해위험방지계획서를 제출해야 하는 건설공사의 종류를 설명하였다. 괄호에 적합한 숫자를 적으시오. (4점)

> [보기]
> 1. 지상높이가 ( ① )미터 이상인 건축물 또는 인공구조물의 건설·개조 또는 해체공사
> 2. 연면적 ( ② )제곱미터 이상의 냉동·냉장 창고시설의 설비공사 및 단열공사
> 3. 최대 지간길이가 ( ③ )미터 이상인 교량 건설 등의 공사
> 4. 터널 건설 등의 공사
> 5. 깊이 ( ④ )미터 이상인 굴착공사

**정답**  ① 31  ② 5,000  ③ 50  ④ 10

**참고**

**유해위험방지계획서를 제출해야 될 건설공사**

1. 다음 각 목의 어느 하나에 해당하는 건축물 또는 시설 등의 건설·개조 또는 해체공사
    가. **지상 높이가 31미터 이상**인 건축물 또는 인공구조물
    나. **연면적 3만제곱미터 이상**인 건축물
    다. **연면적 5천제곱미터 이상**인 시설로서 다음의 어느 하나에 해당하는 시설
       1) 문화 및 집회시설(전시장 및 동물원·식물원은 제외한다)
       2) 판매시설, 운수시설(고속철도의 역사 및 집배송시설은 제외한다)
       3) 종교시설
       4) 의료시설 중 종합병원
       5) 숙박시설 중 관광숙박시설
       6) 지하도상가
       7) 냉동·냉장 창고시설
2. **연면적 5천제곱미터 이상의 냉동·냉장 창고시설의 설비공사 및 단열공사**
3. **최대 지간길이가 50미터 이상인 교량** 건설 등 공사
4. **터널 건설** 등의 공사
5. **다목적댐, 발전용댐, 저수용량 2천만톤 이상의 용수 전용 댐, 지방상수도 전용 댐** 건설 등의 공사
6. **깊이 10미터 이상인 굴착공사**

> **특급암기법**
>
> 지상높이 31m, 연면적 3만m², 사람 많은 시설 연면적 5,000m²
> 연면적 5,000m² 냉동냉장 창고
> 최대 지간길이가 50미터 이상 교량
> 터널
> 저수용량 2천만톤 이상 댐
> 10미터 이상인 굴착

**04** 이동식 크레인을 사용하여 작업하는 경우 사업주가 관리감독자로 하여금 작업시작 전에 점검하도록 하여야 하는 사항 3가지를 적으시오. (6점)

> **정답**
> ① 권과방지장치, 그 밖의 경보장치의 기능
> ② 브레이크·클러치 및 조정장치의 기능
> ③ 와이어로프가 통하고 있는 곳 및 작업장소의 지반상태

**참고**

크레인의 작업 시작 전 점검사항

① 권과방지장치·브레이크·클러치 및 운전장치의 기능
② 주행로의 상측 및 트롤리가 횡행(橫行)하는 레일의 상태
③ 와이어로프가 통하고 있는 곳의 상태

**05** 작업발판 및 통로의 끝이나 개구부로서 근로자가 추락할 위험이 있는 장소에 하여야 하는 방호조치 2가지를 적으시오. (4점)

> **정답**
> ① 안전난간 설치
> ② 울타리 설치
> ③ 수직형 추락방망 또는 덮개 설치
> ④ 추락방호망 설치(안전난간 설치 곤란 또는 해체한 경우)

## 06
산업안전보건법에 의한 양중기의 종류 3가지를 적으시오. (단, 세부항목을 포함하여 적을 것) (6점)

**정답**
① 크레인[호이스트(hoist)를 포함한다]
② 이동식 크레인
③ 리프트(이삿짐운반용 리프트의 경우에는 적재하중이 0.1톤 이상인 것으로 한정한다.)
④ 곤돌라
⑤ 승강기

## 07
작업자가 이동 중 계단에서 바닥으로 굴러 떨어지는 사고를 당하였다. 다음 물음에 답하시오. (6점)

1. 재해 발생형태 :
2. 기인물 :
3. 가해물 :

**정답**
1. 재해 발생형태 : 넘어짐
2. 기인물 : 계단
3. 가해물 : 바닥

**참고**

| | |
|---|---|
| 떨어짐 | • 높이가 있는 곳에서 **사람이 떨어짐**<br>• **사람이** 인력(중력)에 의하여 건축물, 구조물, 가설물, 수목, 사다리 등의 **높은 장소에서 떨어지는 것** |
| 넘어짐 | • **사람이 미끄러지거나 넘어짐**<br>• **사람이** 거의 **평면 또는 경사면**, 층계 등에서 **구르거나 넘어지는 경우** |

## 08 사다리식 통로의 설치기준에 대한 내용이다. 괄호에 적합한 내용을 적으시오. (4점)

[보기]
1. 사다리의 상단은 걸쳐놓은 지점으로부터 ( ① ) 이상 올라가도록 할 것
2. 사다리식 통로의 길이가 ( ② ) 이상인 경우에는 ( ③ ) 이내마다 계단참을 설치할 것
3. 발판과 벽과의 사이는 ( ④ ) 이상의 간격을 유지할 것

**정답**

① 60cm  ② 10m  ③ 5m  ④ 15cm

**참고**

**사다리식 통로의 구조**

① 견고한 구조로 할 것
② 심한 손상·부식 등이 없는 재료를 사용할 것
③ 발판의 간격은 일정하게 할 것
④ 발판과 벽과의 사이는 15센티미터 이상의 간격을 유지할 것
⑤ 폭은 30센티미터 이상으로 할 것
⑥ 사다리가 넘어지거나 미끄러지는 것을 방지하기 위한 조치를 할 것
⑦ 사다리의 상단은 걸쳐놓은 지점으로부터 60센티미터 이상 올라가도록 할 것
⑧ 사다리식 통로의 길이가 10미터 이상인 경우에는 5미터 이내마다 계단참을 설치할 것
⑨ 사다리식 통로의 기울기는 75도 이하로 할 것. 다만, 고정식 사다리식 통로의 기울기는 90도 이하로 하고, 그 높이가 7미터 이상인 경우에는 다음 각 목의 구분에 따른 조치를 할 것
  • 등받이울이 있어도 근로자 이동에 지장이 없는 경우 : 바닥으로부터 높이가 2.5미터 되는 지점부터 등받이울을 설치할 것
  • 등받이울이 있으면 근로자가 이동이 곤란한 경우 : 한국산업표준에서 정하는 기준에 적합한 개인용 추락 방지 시스템을 설치하고 근로자로 하여금 한국산업표준에서 정하는 기준에 적합한 전신 안전대를 사용하도록 할 것
⑩ 접이식 사다리 기둥은 사용 시 접혀지거나 펼쳐지지 않도록 철물 등을 사용하여 견고하게 조치할 것

## 09 [보기]의 그림에 해당하는 안전보건표지의 명칭을 적으시오. (6점)

**[정답]**

1. 급성독성물질 경고
2. 인화성물질 경고
3. 산화성물질 경고

## 10 도수율이 5.0, 강도율이 1.2인 사업장의 (1) 평균 강도율과 (2) 환산 강도율을 계산하시오. (4점)

**[정답]**

1. 평균 강도율
   ① 재해 1건의 평균 강하기를 말한다.
   ② 평균 강도율 = $\dfrac{강도율}{도수율} \times 1,000$

2. 환산 강도율(S)
   ① 일평생 근로하는 동안의 총 요양 근로손실일수를 말한다.
   ② 환산 강도율 = $\dfrac{총 요양 근로손실일수}{연 근로시간 수} \times$ 평생근로시간수(100,000)
   ③ 환산 강도율 = 강도율 × 100

(1) 평균 강도율 = $\dfrac{1.2}{5.0} \times 1,000 = 240$

(2) 환산 강도율 = 강도율 × 100 = 1.2 × 100 = 120

**11** 잠함 등의 내부에서 굴착작업을 하도록 해서는 아니 되는 경우(굴착작업을 금지하여야 하는 경우) 2가지를 적으시오. (4점)

정답
① 근로자가 안전하게 오르내리기 위한 설비 및 외부와의 연락을 위한 통신설비, 송기를 위한 설비에 고장이 있는 경우
② 잠함 등의 내부에 많은 양의 물 등이 스며들 우려가 있는 경우

**12** 교육실시 방법 중 OFF JT(Off The Job Training)를 설명하시오. (3점)

정답
외부강사를 초청하여 근로자를 일정한 장소에 집합시켜 실시하는 교육 형태로서 집합교육에 적합하다.

참고

OJT(On The Job Training) : 직속상사가 부하 직원에게 일상 업무를 통하여 지식, 기능, 문제해결 능력 및 태도 등을 교육하는 방법으로 개별교육에 적합하다.

**13** 굴착공사 표준 안전 작업지침에 의하여 토사 붕괴의 예방 조치 3가지를 적으시오. (3점)

정답
① 적절한 경사면의 기울기를 계획하여야 한다.
② 경사면의 기울기가 당초 계획과 차이가 발생되면 즉시 재검토하여 계획을 변경시켜야 한다.
③ 활동할 가능성이 있는 토석은 제거하여야 한다.
④ 경사면의 하단부에 압성토 등 보강공법으로 활동에 대한 저항 대책을 강구하여야 한다.
⑤ 말뚝(강관, H 형강, 철근 콘크리트)을 타입하여 지반을 강화시킨다.
⑥ 지하수위를 낮춘다.

# 2020 건설안전산업기사 필답형 1회

**01** 하인리히가 제시한 산업재해예방의 4원칙을 적으시오. (4점)

정답
① 예방 가능의 원칙
② 손실 우연의 원칙
③ 대책 선정의 원칙
④ 원인 연계의 원칙

**02** 산업안전보건법에 의하여 안전관리자를 정수 이상으로 증원하게 하거나 교체하여 임명할 것을 명할 수 있는 대상 사업장의 종류 3가지를 적으시오. (6점)

정답
① 해당 사업장의 연간 재해율이 같은 업종의 평균재해율의 2배 이상인 경우
② 중대재해가 연간 2건 이상 발생한 경우(다만, 해당 사업장의 전년도 사망 만인율이 같은 업종의 평균 사망 만인율 이하인 경우는 제외)
③ 관리자가 질병이나 그 밖의 사유로 3개월 이상 직무를 수행할 수 없게 된 경우
④ 화학적 인자로 인한 직업성질병자가 연간 3명 이상 발생한 경우(이 경우 직업성 질병자 발생일은 요양 급여의 결정일로 한다)

평균의 2배 이상, 중대재해 2건 이상 증원!
직업성 질병 3건 이상, 3개월 이상 일 안하면 교체!

## 03

비계(달비계·달대비계 및 말비계를 제외한다)의 높이가 2미터 이상인 작업 장소에는 작업발판을 설치하여야 한다. 작업발판 설치기준에 관한 다음 괄호에 적합한 내용을 적으시오. (4점)

> 높이가 2미터 이상인 장소에 설치하는 작업발판의 폭은 ( ① ) 이상으로 하고, 발판재료 간의 틈은 ( ② ) 이하로 할 것

**정답**
① 40cm   ② 3cm

**참고**

**작업발판 설치기준**
① 발판재료 : 작업 시의 하중을 견딜 수 있도록 견고한 것으로 할 것
② 발판의 폭 : 40cm 이상으로 하고, 발판 재료간의 틈 : 3cm 이하로 할 것
③ 추락의 위험성이 있는 장소에는 안전난간을 설치할 것
④ 작업발판의 지지물 : 하중에 의하여 파괴될 우려가 없는 것을 사용할 것
⑤ 작업발판 재료는 뒤집히거나 떨어지지 아니하도록 2 이상의 지지물에 연결하거나 고정시킬 것
⑥ 작업에 따라 이동시킬 때에는 위험방지 조치를 할 것
⑦ 선박 및 보트 건조작업에서 선박블록 또는 엔진실 등의 좁은 작업공간에 작업발판을 설치하는 경우 : 작업발판의 폭을 30센티미터 이상으로 할 수 있고, 걸침비계의 경우 발판재료 간의 틈을 3센티미터 이하로 유지하기 곤란하면 5센티미터 이하로 할 수 있다.

## 04

차량계 하역운반기계의 넘어짐을 방지하기 위한 조치사항 3가지를 적으시오. (3점)

**정답**
① 유도자 배치
② 지반의 부동침하 방지
③ 갓길의 붕괴 방지

## 05
굴착작업 시 토사 등의 붕괴 또는 낙하에 의하여 근로자에게 위험을 미칠 우려가 있는 경우의 위험방지 조치사항 3가지를 적으시오. (6점)

**정답**
① 흙막이 지보공의 설치
② 방호망의 설치
③ 근로자의 출입 금지 등

## 06
안전·보건표지의 색채, 색도기준 및 용도를 나타내었다. 괄호에 알맞은 색채를 적으시오. (4점)

[보기]

| 색채 | 색도 기준 | 용도 | 사용례 |
|---|---|---|---|
| ( ① ) | 7.5R 4/14 | 금지 | 정지신호, 소화설비 및 그 장소, 유해행위의 금지 |
| | | 경고 | 화학물질 취급장소에서의 유해·위험 경고 |
| 노란색 | 5Y 8.5/12 | 경고 | 화학물질 취급장소에서의 유해·위험경고 이외의 위험경고, 주의표지 또는 기계방호물 |
| 파란색 | 2.5PB 4/10 | 지시 | 특정 행위의 지시 및 사실의 고지 |
| ( ② ) | 2.5G 4/10 | 안내 | 비상구 및 피난소, 사람 또는 차량의 통행표지 |
| ( ③ ) | N9.5 | | 파란색 또는 녹색에 대한 보조색 |
| ( ④ ) | N0.5 | | 문자 및 빨간색 또는 노란색에 대한 보조색 |

**정답**
① 빨간색   ② 녹색   ③ 흰색   ④ 검은색

## 07
차량계 건설기계를 사용하는 작업에서 작성하여야 하는 작업계획서에 포함하여야 하는 사항 2가지를 적으시오. (6점)

**정답**
① 사용하는 **차량계 건설기계의 종류 및 성능**
② 차량계 건설기계의 **운행경로**
③ 차량계 건설기계에 의한 **작업방법**

## 08
산업안전보건법에 의한 작업장의 적정공기 수준을 설명하였다. 괄호에 적합한 숫자를 적으시오. (4점)

1. 산소 농도의 범위가 ( ① )% 이상 ( ② )% 미만
2. 탄산가스의 농도가 ( ③ )% 미만
3. 일산화탄소의 농도가 30ppm 미만
4. 황화수소의 농도가 ( ④ )ppm 미만

**정답**
① 18   ② 23.5   ③ 1.5   ④ 10

## 09
굴착공사 시에 발생할 수 있는 보일링 현상을 설명하시오. (4점)

**정답**
① 사질토 지반에서 굴착 저면과 흙막이 배면과의 수위 차이로 인해 굴착 저면의 흙과 물이 함께 위로 솟구쳐 오르는 현상(모래의 액상화 현상)을 말한다.
② 모래가 액상화되어 솟아오른다.

## 10
건설공사의 유해위험 방지계획서 (1) 제출시기와 (2) 심사 결과의 구분 3가지를 적으시오. (5점)

**정답**
(1) 제출 시기 : 해당 공사의 착공 전날까지
(2) 심사 결과의 구분
  ① 적정
  ② 조건부 적정
  ③ 부적정

## 11. 강관비계의 구조에 관한 내용이다. 괄호에 적합한 내용을 적으시오. (4점)

> 비계기둥의 제일 윗부분으로부터 ( ① ) 되는 지점 밑 부분의 비계기둥은 ( ② )의 강관으로 묶어 세울 것

**정답**

① 31m  ② 2본

**참고**

| 강관비계의 구조 | 강관비계 조립 시의 준수사항 |
|---|---|
| ① **비계기둥 간격 : 띠장방향에서는 1.85m 이하, 장선방향에서는 1.5m 이하로 할 것**<br>다만, **다음 각 목의 어느 하나에 해당하는 작업의 경우에는** 안전성에 대한 구조검토를 실시하고 조립도를 작성하면 **띠장 방향 및 장선 방향으로 각각 2.7미터 이하로 할 수 있다.**<br>가. **선박 및 보트 건조작업**<br>나. 그 밖에 장비 반입·반출을 위하여 공간 등을 확보할 필요가 있는 등 **작업의 성질상 비계기둥 간격에 관한 기준을 준수하기 곤란한 작업**<br>② **띠장간격 : 2.0미터 이하로 할 것**(다만, 작업의 성질상 이를 준수하기가 곤란하여 쌍기둥 틀 등에 의하여 해당 부분을 보강한 경우에는 그러하지 아니하다)<br>③ **비계기둥의 제일 윗부분으로 부터 31m되는 지점 밑 부분의 비계기둥은 2본의 강관으로 묶어 세울 것**(다만, 브라켓(bracket, 까치발) 등으로 보강하여 2개의 강관으로 묶을 경우 이상의 강도가 유지되는 경우에는 그러하지 아니하다)<br>④ **비계기둥간의 적재하중은 400kg을 초과하지 않도록 할 것** | ① 비계기둥에는 **미끄러지거나 침하하는 것을 방지하기 위하여 밑받침 철물을 사용**하거나 **깔판·받침목 등을 사용하여 밑둥잡이를 설치할 것**<br>② 강관의 **접속부 또는 교차부는 적합한 부속철물을 사용**하여 접속하거나 단단히 묶을 것<br>③ **교차가새로 보강할 것**<br>④ 외줄비계·쌍줄비계 또는 돌출 비계의 벽이음 및 버팀 설치<br>- 조립간격 : **수직 방향에서 5m 이하, 수평 방향에서는 5m 이하**<br>- 강관·통나무등의 재료를 사용하여 견고한 것으로 할 것<br>- 인장재와 압축재로 구성되어 있는 때에는 **인장재와 압축재의 간격을 1미터 이내로 할 것**<br>⑤ 가공 전로에 근접하여 비계를 설치하는 때에는 가공 전로를 이설, 절연용 방호구 장착하는 등 **가공 전로와의 접촉 방지 조치할 것** |

## 12 건설업체에서 상시근로자 수를 계산하는 공식을 적으시오. (4점)

**정답**

$$\text{상시 근로자 수} = \frac{\text{연간 국내공사 실적액} \times \text{노무비율}}{\text{건설업 월평균임금} \times 12}$$

**참고**

$$\text{사고사망 만인율}(‰) = \frac{\text{사고사망자수}}{\text{상시 근로자 수}} \times 10{,}000$$

## 13 작업으로 인하여 물체가 떨어지거나 날아올 위험이 있는 경우에는 위험을 방지하기 위한 조치를 하여야 한다. 낙하·비래 위험방지 조치 3가지를 적으시오. (6점)

**정답**

① 낙하물 방지망·수직보호망 또는 방호선반의 설치
② 출입금지구역의 설정
③ 보호구의 착용

# 2020년 2회 건설안전산업기사 필답형

**01** 도급인은 고용노동부령으로 정하는 바에 따라 자신의 근로자 및 관계수급인 근로자와 함께 정기적으로 또는 수시로 작업장의 안전 및 보건에 관한 점검을 하여야 한다. 도급사업의 합동 안전·보건점검의 횟수를 적으시오. (4점)

(1) 건설업 : ( ① )개월에 1회 이상

(2) 토사석 광업 : ( ② )에 1회 이상

**정답**

① 2    ② 분기

**참고**

### 1. 도급사업의 합동 안전·보건점검의 횟수

(1) 다음 각 목의 사업의 경우 : **2개월에 1회 이상**

　가. **건설업**

　나. **선박 및 보트 건조업**

(2) 그 밖의 사업 : **분기에 1회 이상**

### 2. 점검반의 구성

1. **도급인**(같은 사업 내에 지역을 달리하는 사업장이 있는 경우에는 그 사업장의 안전보건관리책임자)
2. **관계수급인**(같은 사업 내에 지역을 달리하는 사업장이 있는 경우에는 그 사업장의 안전보건관리책임자)
3. **도급인 및 관계수급인의 근로자 각 1명**(관계수급인의 근로자의 경우에는 해당 공정만 해당한다)

## 02 흙막이 지보공을 설치할 때 점검하여야 하는 사항 3가지를 적으시오. (6점)

**정답**
① 부재의 손상 · 변형 · 부식 · 변위 및 탈락의 유무와 상태
② 버팀대의 긴압의 정도
③ 부재의 접속부 · 부착부 및 교차부의 상태
④ 침하의 정도

## 03 사업주가 산업재해가 발생한 때에 기록 · 보존하여야 하는 사항 3가지를 적으시오. (5점)

**정답**
① 사업장의 개요 및 근로자의 인적사항
② 재해 발생의 일시 및 장소
③ 재해 발생의 원인 및 과정
④ 재해 재발방지 계획

## 04 터널굴착공법 중 NATM공법과 실드(shield)공법을 간단히 설명하시오. (4점)

**정답**
(1) NATM 공법 : 암반을 천공하고 화약을 충전하여 발파한 후 스틸리브(Steel rib) 및 와이어 매쉬(Wire mesh)를 설치하고 숏크리트(Shot crete)를 타설하여 시공하는 터널공법을 말한다.
(2) 실드(shield) 공법 : 실드(shield)라고 하는 강제 원통 굴삭기를 추진시켜 터널을 굴착하는 공법을 말한다.

## 05 작업으로 인하여 물체가 떨어지거나 날아올 위험이 있는 경우에는 위험을 방지하기 위한 조치를 하여야 한다. 낙하 · 비래 위험방지 조치 3가지를 적으시오. (6점)

**정답**
① 낙하물방지망 · 수직보호망 또는 방호선반의 설치
② 출입금지구역의 설정
③ 보호구의 착용

## 06 산업안전보건법에 의한 안전관리자의 직무 사항 5가지를 적으시오. (5점)

**정답**
① 사업장 안전교육계획의 수립 및 안전교육 실시에 관한 보좌 및 조언·지도
② 사업장 순회점검·지도 및 조치의 건의
③ 산업재해 발생의 원인 조사·분석 및 재발 방지를 위한 기술적 보좌 및 조언·지도
④ 산업재해에 관한 통계의 유지·관리·분석을 위한 보좌 및 조언·지도
⑤ 안전인증대상 기계·기구 등과 자율안전확인대상 기계·기구 등 구입 시 적격품의 선정에 관한 보좌 및 조언·지도
⑥ 위험성평가에 관한 보좌 및 조언·지도
⑦ 안전에 관한 사항의 이행에 관한 보좌 및 조언·지도
⑧ 산업안전보건위원회 또는 노사협의체, 안전보건관리규정 및 취업규칙에서 정한 직무
⑨ 업무수행 내용의 기록·유지
⑩ 그 밖에 안전에 관한 사항으로서 고용노동부장관이 정하는 사항

**특급암기법**
안전교육, 사업장 점검, 재해 원인조사, 재해통계 관리, 적격품 선정, 위험성평가, 업무내용 기록

## 07 안전보건 조직의 형태 중 라인형 조직의 장·단점을 2가지씩 적으시오. (4점)

**정답**
(1) 장점
① 명령 및 지시가 신속, 정확하다.
② 스태프형(참모형) 보다 경제적인 조직이다.

(2) 단점
① 안전정보가 불충분하다.
② 라인에 과도한 책임이 부여될 수 있다.

**08** 산업안전보건법에 의하여 안전인증을 받아야 하는 안전인증 대상 보호구의 종류 5가지를 적으시오. (5점)

**정답**

① 추락 및 감전 위험방지용 안전모
② 안전화
③ 안전장갑
④ 방진마스크
⑤ 방독마스크
⑥ 송기마스크
⑦ 전동식 호흡보호구
⑧ 보호복
⑨ 안전대
⑩ 차광 및 비산물 위험방지용 보안경
⑪ 용접용 보안면
⑫ 방음용 귀마개 또는 귀덮개

**특급암기법**

머리 : 안전모(추락 및 감전 위험방지용)
눈 : 차광 및 비산물 위험방지용 보안경
코, 입 : 방진마스크, 방독마스크, 송기마스크, 전동식 호흡보호구
얼굴 : 용접용 보안면
귀 : 방음용 귀마개 또는 귀덮개
손 : 안전장갑
허리 : 안전대
발 : 안전화
몸 : 보호복

## 09
동바리로 사용하는 파이프 서포트 조립 시의 안전조치에 관한 설명이다. 괄호에 적합한 내용을 적으시오. (4점)

(1) 파이프서포트를 ( ① )개본 이상 이어서 사용하지 아니하도록 할 것
(2) 파이프서포트를 이어서 사용할 때에는 ( ② )개 이상의 볼트 또는 전용철물을 사용하여 이을 것
(3) 동바리로 사용하는 파이프서포트는 높이가 ( ③ )미터를 초과하는 경우에는 높이 2미터 이내마다 수평연결재를 ( ④ )개 방향으로 만들고 수평연결재의 변위를 방지할 것

**정답**
① 3  ② 4  ③ 3.5  ④ 2

## 10
타워크레인의 악천후 시 조치에 관한 내용이다. 괄호에 적합한 숫자를 적으시오. (4점)

1. 순간풍속이 초당 ( ① )미터를 초과하는 경우 타워크레인의 설치·수리·점검 또는 해체작업을 중지한다.
2. 순간풍속이 초당 ( ② )미터를 초과하는 경우 타워크레인의 운전 작업을 중지한다.

**정답**
① 10  ② 15

**참고**

① 순간풍속이 초당 10미터를 초과 : 타워크레인의 설치·수리·점검 또는 해체작업을 중지
② 순간풍속이 초당 15미터를 초과 : 타워크레인의 운전작업을 중지
③ 순간풍속이 초당 30미터를 초과 : 옥외에 설치되어 있는 주행 크레인 이탈방지조치
④ 순간풍속이 초당 30미터를 초과하는 바람이 불거나 중진(中震) 이상 진도의 지진이 있은 후 : 옥외 양중기 각 부위 이상 점검
⑤ 순간풍속이 초당 35미터를 초과 : 옥외 승강기 및 건설용 리프트(지하에 설치되어 있는 것은 제외)에 대하여 받침의 수를 증가시키는 등 승강기가 무너지는 것을 방지하기 위한 조치

**11** 연평균 근로자수가 1,500명인 어느 공장에서 연간 재해건수가 3건이 발생하여 사망이 2명, 근로손실일수 60일 1명, 휴업일수 50일 1명이 발생하였다. (1) 연천인율을 구하시오. (2) 도수율을 구하시오. (4점)

정답

1. 연천인율 = $\dfrac{\text{연간재해자 수}}{\text{연평균 근로자 수}} \times 1,000$

2. 연천인율 = 도수율 × 2.4

3. 도수율 = $\dfrac{\text{재해 건수}}{\text{연 근로시간 수}} \times 10^6$

1. 연천인율 = $\dfrac{\text{연간재해자 수}}{\text{연평균 근로자 수}} \times 1,000 = \dfrac{4}{1,500} \times 1,000 = 2.67$

2. 도수율 = $\dfrac{\text{재해 건수}}{\text{연 근로시간 수}} \times 10^6 = \dfrac{3}{1,500 \times 2,400} \times 10^6 = 0.83$

**12** [보기]의 설명에 해당하는 현상의 명칭을 적으시오. (3점)

[보기]
연약한 점토 지반에서 굴착에 의한 흙막이 내·외면의 흙의 중량 차이(토압 차)로 인해 굴착 저면이 부풀어 올라오는 현상을 말한다.

정답

히빙 현상

**13** 산업안전보건법에 의하여 안전관리자를 정수 이상으로 증원하게 하거나 교체하여 임명할 것을 명할 수 있는 대상 사업장의 종류 3가지를 적으시오. (6점)

**정답**
① 해당 사업장의 연간 재해율이 같은 업종의 평균 재해율의 2배 이상인 경우
② 중대재해가 연간 2건 이상 발생한 경우(다만, 해당 사업장의 전년도 사망 만인율이 같은 업종의 평균 사망 만인율 이하인 경우는 제외)
③ 관리자가 질병이나 그 밖의 사유로 3개월 이상 직무를 수행할 수 없게 된 경우
④ 화학적 인자로 인한 직업성 질병자가 연간 3명 이상 발생한 경우(이 경우 직업성 질병자 발생일은 요양급여의 결정일로 한다)

**특급암기법**
평균의 2배 이상, 중대재해 2건 이상 증원!
직업성 질병 3건 이상, 3개월 이상 일 안하면 교체!

# 2020년 4회 건설안전산업기사 필답형

**01** 흙막이 지보공을 조립하는 경우에는 미리 조립도를 작성하여 그 조립도에 따라 조립하도록 하여야 한다. 조립도에 기록하여야 하는 내용 중 부재관련 사항 3가지를 적으시오. (3점)

**정답**
① 부재의 배치
② 부재의 치수
③ 부재의 재질

**참고**
조립도에는 흙막이판·말뚝·버팀대 및 띠장 등 부재의 배치·치수·재질 및 설치방법과 순서가 명시되어야 한다.

**02** 흙의 동상현상 방지책 3가지를 적으시오. (6점)

**정답**
① 모관수의 상승을 차단하기 위하여 지하 수위 상층에 조립토층을 설치한다.
② 지표의 흙을 화학약품으로 처리한다.
③ 흙 속에 단열재료를 매입한다.
④ 배수구를 설치하여 지하 수위를 저하시킨다.
⑤ 동결되지 않은 흙으로 치환한다.

## 03
차량계 하역운반기계에 단위화물의 무게가 100킬로그램 이상인 화물을 싣는 작업 또는 내리는 작업시 작업의 지휘자를 지정하여야 한다. 작업지휘자의 준수사항(작업지휘자의 임무) 3가지를 적으시오. (6점)

**정답**
① 작업 순서 및 그 순서마다의 작업 방법을 정하고 작업을 지휘할 것
② 기구 및 공구를 점검하고 불량품을 제거할 것
③ 해당 작업을 하는 장소에 관계 근로자가 아닌 사람이 출입하는 것을 금지할 것
④ 로프를 풀거나 덮개를 벗기는 작업을 행하는 때에는 적재함의 낙하할 위험이 없음을 확인한 후에 당해 작업을 하도록 할 것

## 04
보호구 자율안전확인 고시 기준에 따른 자율안전확인 대상 안전모의 성능시험 종류(항목) 3가지를 적으시오. (6점)

**정답**
① 내관통성 시험
② 충격흡수성 시험
③ 난연성 시험
④ 턱끈풀림 시험

**참고**

안전인증 대상 안전모의 성능시험 종류(항목)
① 내관통성 시험
② 충격흡수성 시험
③ 내전압성 시험
④ 내수성 시험
⑤ 난연성 시험
⑥ 턱끈 풀림 시험

## 05
다음 [보기]는 유해위험방지계획서 제출에 관한 내용이다. 괄호에 적합한 내용을 적으시오. (4점)

[보기]

사업주가 건설공사에 해당하는 유해·위험방지계획서를 제출하려면 건설공사 유해·위험방지계획서 관련 서류를 첨부하여 해당 공사의 ( ① )까지 공단에 ( ② )를 제출하여야 한다.

**정답**

① 착공 전날
② 2부

## 06
산업안전보건법에 의한 산소결핍에 해당하는 산소농도의 기준을 적으시오. (3점)

**정답**

산소농도 18% 미만

**참고**

**작업장의 적정 공기 수준**
- 산소농도의 범위가 18% 이상 23.5% 미만
- 탄산가스의 농도가 1.5% 미만
- 일산화탄소의 농도가 30ppm 미만
- 황화수소의 농도가 10ppm 미만

## 07
토공사 시 비탈면 붕괴방지를 위한 비탈면 보호공법(사면안정공법)의 종류 3가지를 적으시오. (6점)

**정답**
① 식생공(법)
② 블록 붙임공 또는 돌붙임공(법)
③ 콘크리트 뿜어붙이기공(법)
④ 콘크리트(블록) 격자공(법)
⑤ 돌망태공(법)

**참고**

**사면(비탈면)지반 개량공법**
① 전기 화학적 공법
② 석회 안정처리 공법
③ 이온 교환 공법
④ 주입공법 : 시멘트, 약액 주입

## 08
다음은 산업안전보건법에 의한 안전보건관리책임자 등에 대한 교육(직무교육) 시간에 대한 내용이다. 괄호에 적합한 숫자를 적으시오. (3점)

| 교육대상 | 교육시간 | |
|---|---|---|
| | 신규교육 | 보수교육 |
| 가. 안전보건관리책임자 | 6시간 이상 | ( ① )시간 이상 |
| 나. 안전관리자, 안전관리전문기관의 종사자 | ( ② )시간 이상 | 24시간 이상 |
| 다. 보건관리자, 보건관리전문기관의 종사자 | 34시간 이상 | ( ③ )시간 이상 |

**정답**
① 6  ② 34  ③ 24

> 참고

| 교육대상 | 교육시간 | |
|---|---|---|
| | 신규교육 | 보수교육 |
| 가. 안전보건관리책임자 | 6시간 이상 | 6시간 이상 |
| 나. 안전관리자, 안전관리전문기관의 종사자 | 34시간 이상 | 24시간 이상 |
| 다. 보건관리자, 보건관리전문기관의 종사자 | 34시간 이상 | 24시간 이상 |
| 라. 건설재해예방 전문지도기관의 종사자 | 34시간 이상 | 24시간 이상 |
| 마. 석면조사기관의 종사자 | 34시간 이상 | 24시간 이상 |
| 바. 안전보건관리담당자 | - | 8시간 이상 |
| 사. 안전검사기관, 자율안전검사기관의 종사자 | 34시간 이상 | 24시간 이상 |

**09** 다음 [보기]는 계단의 설치에 관한 내용이다. 괄호에 적합한 내용을 적으시오. (2점)

> [보기]
> 바닥면으로부터 높이 (     ) 이내의 공간에 장애물이 없도록 하여야 한다. (다만, 급유용·보수용·비상용계단 및 나선형계단에 대하여는 그러하지 아니하다.)

> 정답
> 2미터(m)

> 참고

**계단의 설치**
① 계단의 강도 : 계단 및 계단참의 강도는 500kg/m² 이상이어야 하며 안전율은 4 이상으로 하여야 한다.
② 계단의 폭 : 1미터 이상으로 하여야 한다.
③ 계단참의 높이 : 높이가 3m를 초과하는 계단에는 높이 3m 이내마다 너비 1.2미터 이상의 계단참을 설치해야 한다.
④ 천장의 높이 : 바닥면으로부터 높이 2미터 이내의 공간에 장애물이 없도록 하여야 한다.(다만, 급유용·보수용·비상용 계단 및 나선형 계단에 대하여는 그러하지 아니하다.)
⑤ 계단의 난간 : 높이 1미터 이상인 계단의 개방된 측면에 안전난간을 설치하여야 한다.

**10** 사업주는 "중대재해"가 발생할 때는 지체 없이 보고사항을 관할 지방고용 노동관서의 장에게 전화·팩스, 또는 그 밖에 적절한 방법으로 보고하여야 한다. 중대재해가 발생한 경우 보고하여야 하는 사항 2가지를 적으시오. (4점)

> **정답**
> ① 발생 개요 및 피해 상황
> ② 조치 및 전망
> ③ 그 밖의 중요한 사항

**11** 다음 [보기]는 강관비계의 구조에 관한 내용이다. 괄호에 적합한 내용을 적으시오. (3점)

> [보기]
> 1. 비계기둥 간격은 띠장방향에서는 ( ① ) 이하, 장선방향에서는 ( ② ) 이하로 할 것(다만, 선박 및 보트 건조작업의 경우 안전성에 대한 구조검토를 실시하고 조립도를 작성하면 띠장 방향 및 장선 방향으로 각각 2.7미터 이하로 할 수 있다)
> 2. 띠장간격은 ( ③ ) 이하로 할 것(다만, 작업의 성질상 이를 준수하기가 곤란하여 쌍기둥 틀 등에 의하여 해당 부분을 보강한 경우에는 그러하지 아니하다.)

> **정답**
> ① 1.85m  ② 1.5m  ③ 2.0m

> **참고**
> 
> | 강관비계의 구조 | 강관비계 조립 시의 준수사항 |
> |---|---|
> | ① 비계기둥 간격 : 띠장방향에서는 1.85m 이하, 장선방향에서는 1.5m 이하로 할 것<br>다만, 다음 각 목의 어느 하나에 해당하는 작업의 경우에는 안전성에 대한 구조검토를 실시하고 조립도를 작성하면 띠장 방향 및 장선 방향으로 각각 2.7미터 이하로 할 수 있다.<br>  가. 선박 및 보트 건조작업<br>  나. 그 밖에 장비 반입·반출을 위하여 공간 등을 확보할 필요가 있는 등 작업의 성질상 비계기둥 간격에 관한 기준을 준수하기 곤란한 작업<br>② 띠장간격 : 2.0미터 이하로 할 것(다만, 작업의 성질상 이를 준수하기가 곤란하여 쌍기둥 틀 등에 의하여 해당 부분을 보강한 경우에는 그러하지 아니하다)<br>③ 비계기둥의 제일 윗부분으로부터 31m되는 지점 밑 부분의 비계기둥은 2본의 강관으로 묶어 세울 것(다만, 브라켓(bracket, 까치발) 등으로 보강하여 2개의 강관으로 묶을 경우 이상의 강도가 유지되는 경우에는 그러하지 아니하다)<br>④ 비계기둥간의 적재하중은 400kg을 초과하지 않도록 할 것 | ① 비계기둥에는 미끄러지거나 침하하는 것을 방지하기 위하여 밑받침 철물을 사용하거나 깔판·받침목 등을 사용하여 밑둥잡이를 설치할 것<br>② 강관의 접속부 또는 교차부는 적합한 부속철물을 사용하여 접속하거나 단단히 묶을 것<br>③ 교차가새로 보강할 것<br>④ 외줄비계·쌍줄비계 또는 돌출 비계의 벽이음 및 버팀 설치<br>  - 조립간격 : 수직 방향에서 5m 이하, 수평 방향에서는 5m 이하<br>  - 강관·통나무등의 재료를 사용하여 견고한 것으로 할 것<br>  - 인장재와 압축재로 구성되어 있는 때에는 인장재와 압축재의 간격을 1미터 이내로 할 것<br>⑤ 가공 전로에 근접하여 비계를 설치하는 때에는 가공 전로를 이설, 절연용 방호구 장착하는 등 가공 전로와의 접촉 방지 조치할 것 |

**12** 작업발판 및 통로의 끝이나 개구부로서 근로자가 추락할 위험이 있는 장소에 추락방지를 위하여 설치하여야 하는 것을 3가지 적으시오. (6점)

> **정답**
> ① 안전난간 설치
> ② 울타리 설치
> ③ 수직형 추락방망 또는 덮개 설치
> ④ 추락방호망 설치(안전난간 설치 곤란 또는 해체한 경우)

> **참고**
>
> **개구부 등의 방호 조치**
>
> 난간 등을 설치하는 것이 매우 곤란하거나 작업의 필요상 임시로 난간 등을 해체하여야 하는 경우 추락방호망을 설치하여야 한다. 다만, 추락방호망을 설치하기 곤란한 경우에는 근로자에게 안전대를 착용하도록 하는 등 추락할 위험을 방지하기 위하여 필요한 조치를 하여야 한다.

**13** 크레인을 이용하여 10kN의 하중을 인양하는 경우 와이어로프 한 가닥에 걸리는 장력(kN)을 계산하시오. (3점)

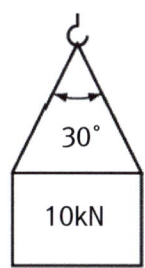

**정답**

한 가닥에 걸리는 하중(kg) = $\dfrac{\omega}{2} \div \cos\dfrac{\theta}{2}$

$\omega$ : 매단물체의 무게(kg$_f$)

$\theta$ : 매단 각도(°)

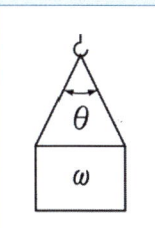

한 가닥에 걸리는 하중 = $\dfrac{10}{2} \div \cos\dfrac{30}{2}$ = 5÷cos15 = 5.18(kN)

# 2021 건설안전산업기사 필답형 1회

**01** 거푸집을 작업발판과 일체로 제작하여 사용하는 작업발판 일체형 거푸집의 종류 4가지를 적으시오. (4점)

> **정답**
> ① 갱 폼(gang form)
> ② 슬립 폼(slip form)
> ③ 클라이밍 폼(climbing form)
> ④ 터널 라이닝 폼(tunnel lining form)

**02** 다음 [보기]는 강관비계에 관한 설명이다. 괄호에 적합한 내용을 적으시오. (4점)

> 비계기둥 간격은 띠장방향에서는 ( ① )m 이하, 장선방향에서는 ( ② )m 이하로 할 것

> **정답**
> ① 1.85
> ② 1.5

### 참고

**강관비계의 구조**

① 비계기둥 간격 : 띠장방향에서는 1.85m 이하, 장선방향에서는 1.5m 이하로 할 것

다만, 다음 각 목의 어느 하나에 해당하는 작업의 경우에는 안전성에 대한 구조검토를 실시하고 조립도를 작성하면 **띠장 방향 및 장선 방향으로 각각 2.7미터 이하로 할 수 있다.**

가. 선박 및 보트 건조작업

나. 그 밖에 장비 반입·반출을 위하여 공간 등을 확보할 필요가 있는 등 **작업의 성질상 비계기둥 간격에 관한 기준을 준수하기 곤란한 작업**

② **띠장간격 : 2.0미터 이하로 할 것**(다만, 작업의 성질상 이를 준수하기가 곤란하여 쌍기둥 틀 등에 의하여 해당 부분을 보강한 경우에는 그러하지 아니하다)

③ 비계기둥의 제일 윗부분으로부터 31m되는 지점 밑 부분의 비계기둥은 2본의 강관으로 묶어 세울 것(다만, 브라켓(bracket, 까치발) 등으로 보강하여 2개의 강관으로 묶을 경우 이상의 강도가 유지되는 경우에는 그러하지 아니하다)

④ **비계기둥 간의 적재하중은 400kg을 초과하지 않도록 할 것**

---

**03** 산업재해 중 사망 등 재해 정도가 심하거나 다수의 재해자가 발생한 경우로서 산업안전보건법에 의한 중대재해에 해당하는 경우 3가지를 적으시오. (6점)

**정답**
① 사망자가 1인 이상 발생한 재해
② 3개월 이상 요양을 요하는 부상자가 동시에 2인 이상 발생한 재해
③ 부상자 또는 직업성 질병자가 동시에 10인 이상 발생한 재해

## 04. 충전전로 인근에서 콘크리트 펌프카가 작업하는 경우 사업주가 취해야 할 감전방지 조치 사항 2가지를 적으시오. (4점)

**[정답]**

충전전로 인근에서의 차량·기계장치 작업 시의 감전방지 조치
① 차량 등을 충전부로부터 300센티미터 이상 이격시켜 유지시키되, 대지전압이 50킬로볼트를 넘는 경우 이격거리는 10킬로볼트 증가할 때마다 10센티미터씩 증가시켜야 한다.
② 충전전로의 전압에 적합한 절연용 방호구 등을 설치한 경우에는 이격거리를 절연용 방호구 앞면까지로 할 수 있으며, 차량 등의 가공 붐대의 버킷이나 끝부분 등이 충전전로의 전압에 적합하게 절연되어 있고 유자격자가 작업을 수행하는 경우에는 붐대의 절연되지 않은 부분과 충전전로 간의 이격거리는 접근 한계 거리까지로 할 수 있다.
③ 근로자가 차량 등의 그 어느 부분과도 접촉하지 않도록 울타리를 설치하거나 감시인 배치 등의 조치를 하여야 한다.
④ 충전전로 인근에서 접지된 차량 등이 충전전로와 접촉할 우려가 있을 경우에는 지상의 근로자가 접지점에 접촉하지 않도록 조치하여야 한다.

**특급암기법**

1. 이격거리 : 충전부로부터 300cm 이상, 대지전압 50kV 초과 시 - 10kV 증가시마다 10cm씩 증가
2. 울타리 설치, 감시인 배치
3. 근로자가 접지점에 접촉하지 않도록 조치

## 05. 하인리히의 1 : 29 : 300의 법칙에 의하여 중상이 6건 발생할 경우 경상 및 무상해 사고의 발생 건수를 계산하시오. (단, 하인리히 1:29:300의 법칙은 중상 또는 사망이 1건 발생할 경우 경상해는 29건, 무상해사고는 300건이 발생함을 의미한다.) (5건)

**[정답]**

하인리히 1 : 29 : 300의 법칙
총 330건의 사고를 분석했을 때
- 중상 또는 사망 : 1건
- 경상해 : 29건
- 무상해사고 : 300건이 발생함을 의미한다.

중상이 6건이므로
(1) 경상 : 29 × 6 = 174(건)
(2) 무상해사고 : 300 × 6 = 1,800(건)

## 06
산업안전보건법에 의하여 사업주는 작업조건에 적합한 보호구를 작업하는 근로자의 수 이상으로 지급하고 이를 착용하도록 하여야 한다. 다음 설명에 적합한 보호구의 명칭을 적으시오. (6점)

| | |
|---|---|
| 물체가 떨어지거나 날아올 위험 또는 근로자가 추락할 위험이 있는 작업 | ( ① ) |
| 물체의 낙하·충격, 물체에의 끼임, 감전 또는 정전기의 대전(帶電)에 의한 위험이 있는 작업 | ( ② ) |
| 물체가 흩날릴 위험이 있는 작업 | ( ③ ) |

### 정답
① 안전모  ② 안전화  ③ 보안경

### 참고

| 작업조건에 적합한 보호구 | |
|---|---|
| 물체가 떨어지거나 날아올 위험 또는 근로자가 추락할 위험이 있는 작업 | 안전모 |
| 높이 또는 깊이 2미터 이상의 추락할 위험이 있는 장소에서 하는 작업 | 안전대(安全帶) |
| 물체의 낙하·충격, 물체에의 끼임, 감전 또는 정전기의 대전(帶電)에 의한 위험이 있는 작업 | 안전화 |
| 물체가 흩날릴 위험이 있는 작업 | 보안경 |
| 용접 시 불꽃이나 물체가 흩날릴 위험이 있는 작업 | 보안면 |
| 감전의 위험이 있는 작업 | 절연용 보호구 |
| 고열에 의한 화상 등의 위험이 있는 작업 | 방열복 |
| 선창 등에서 분진(粉塵)이 심하게 발생하는 하역작업 | 방진마스크 |
| 섭씨 영하 18도 이하인 급냉동어창에서 하는 하역작업 | 방한모·방한복·방한화·방한장갑 |
| 물건을 운반하거나 수거·배달하기 위하여 이륜자동차 또는 원동기장치 자전거를 운행하는 작업 | 승차용 안전모 |
| 물건을 운반하거나 수거·배달하기 위하여 자전거 등을 운행하는 작업 | 안전모 |

**07** 근로자 수가 500명인 건설현장에서 1년 작업하는 동안 15건의 요양재해가 발생하였다. 도수율을 계산하시오.(단, 1일 8시간, 연간 300일 근무) (4점)

**정답**

$$도수율 = \frac{재해\ 건수}{연\ 근로시간\ 수} \times 10^6$$

$$도수율 = \frac{15}{500 \times 8 \times 300} \times 10^6 = 12.50$$

**08** 차량계 건설기계 중 도로포장용 건설기계와 천공용 건설기계의 종류를 각각 2가지씩 적으시오. (4점)

**정답**

(1) 도로포장용 건설기계 : 아스팔트 피니셔, 콘크리트 피니셔, 아스팔트 살포기, 콘크리트 살포기
(2) 천공용 건설기계 : 어스드릴, 어스오거, 크롤러드릴, 점보드릴

**09** 채석작업 시 작성하여야 하는 채석작업 계획서에 포함하여야 하는 사항 4가지를 적으시오. (4점)

**정답**

① 노천굴착과 갱내굴착의 구별 및 채석방법
② 굴착면의 높이와 기울기
③ 굴착면 소단(小段)의 위치와 넓이
④ 갱내에서의 낙반 및 붕괴방지 방법
⑤ 발파방법
⑥ 암석의 분할방법
⑦ 암석의 가공장소
⑧ 사용하는 굴착기계 · 분할기계 · 적재기계 또는 운반기계의 종류 및 성능
⑨ 토석 또는 암석의 적재 및 운반방법과 운반경로
⑩ 표토 또는 용수(湧水)의 처리방법

**특급암기법**

발파 → 분할 → 가공 → 적재 및 운반 → 낙반 및 붕괴 방지

**10** [보기]는 발파작업의 기준에 관한 설명이다. 괄호에 적합한 내용을 적으시오. (6점)

[보기]
- 전기뇌관에 의한 경우에는 발파모선을 점화기에서 떼어 그 끝을 단락시켜 놓는 등 재 점화되지 않도록 조치하고 그 때부터 ( ① )분 이상 경과한 후가 아니면 화약류의 장전장소에 접근시키지 않도록 할 것
- 전기뇌관 외의 것에 의한 경우에는 점화한 때부터 ( ② )분 이상 경과한 후가 아니면 화약류의 장전장소에 접근시키지 않도록 할 것
- 전기뇌관에 의한 발파의 경우 점화하기 전에 화약류를 장전한 장소로부터 ( ③ )미터 이상 떨어진 안전한 장소에서 전선에 대하여 저항측정 및 도통(導通)시험을 할 것

**정답**

① 5  ② 15  ③ 30

**참고**

**발파 작업 기준**

① 얼어붙은 다이나마이트는 화기에 접근시키거나 그 밖의 고열물에 직접 접촉시키는 등 위험한 방법으로 융해하지 아니하도록 할 것
② 화약이나 폭약을 장전하는 경우에는 그 부근에서 화기를 사용하거나 흡연을 하지 않도록 할 것
③ 장전구(裝塡具)는 마찰·충격·정전기 등에 의한 폭발의 위험이 없는 안전한 것을 사용할 것
④ 발파공의 충진재료는 점토·모래 등 발화성 또는 인화성의 위험이 없는 재료를 사용할 것

**11** 타워크레인의 지지방법 중 타워크레인을 와이어로프로 지지하는 경우 준수하여야 할 사항 3가지를 적으시오. (단, 제조사의 설치작업설명서에 따라 설치, 전문가의 확인을 받아 설치 및 공인된 표준방법으로 설치할 것은 제외) (6점)

**정답**

① 와이어로프를 고정하기 위한 전용 지지프레임을 사용할 것
② 와이어로프 설치각도는 수평면에서 60도 이내로 할 것
③ 와이어로프의 고정 부위는 충분한 강도와 장력을 갖도록 설치하고, 와이어로프를 클립·샤클 등의 고정기구를 사용하여 견고하게 고정시켜 풀리지 않도록 할 것
④ 와이어로프가 가공전선(架空電線)에 근접하지 않도록 할 것

**12** 다음은 굴착면의 기울기 및 높이 기준에 관한 내용이다. 괄호에 적합한 숫자를 적으시오. (4점)

| 지반의 종류 | 굴착면의 기울기 |
|---|---|
| 모래 | ( ① ) |
| 연암 및 풍화암 | ( ② ) |
| 경암 | ( ③ ) |
| 그 밖의 흙 | ( ④ ) |

**정답**

① 1 : 1.8  ② 1 : 1.0  ③ 1 : 0.5  ④ 1 : 1.2

**13** 알더퍼의 E.R.G이론에서 E, R, G를 각각 설명하시오. (3점)

**정답**

① E : 생존 욕구 또는 존재 욕구(Existenece needs)
② R : 관계 욕구(Relatedness needs)
③ G : 성장 욕구(Growth needs)

# 2021 건설안전산업기사 필답형 2회

**01** 사업주가 근로자에게 실시해야 하는 안전보건교육의 [보기]에 적합한 교육시간을 적으시오. (4점)

[보기]
① 관리감독자의 정기교육 : 연간 (    )시간 이상

② 일용근로자 및 근로계약기간이 1주일 이하인 기간제 근로자(타워크레인신호작업에 종사하는 근로자 제외)의 특별교육 : (    )시간 이상

③ 일용근로자 및 근로계약기간이 1주일 이하인 기간제 근로자의 작업내용변경 시의 교육 : (    )시간 이상

④ 근로계약기간이 1주일 초과 1개월 이하인 기간제 근로자의 채용 시 교육 : (    )시간 이상

**정답**
① 16  ② 2  ③ 1  ④ 4

> **참고**

**[사업주가 근로자에게 실시해야 하는 안전보건교육의 교육시간]**

**가. 근로자 안전보건교육**

| 교육과정 | 교육대상 | | 교육시간 |
|---|---|---|---|
| 가. 정기교육 | 1) 사무직 종사 근로자 | | 매반기 6시간 이상 |
| | 2) 그 밖의 근로자 | 가) 판매업무에 직접 종사하는 근로자 | 매반기 6시간 이상 |
| | | 나) 판매업무에 직접 종사하는 근로자 외의 근로자 | 매반기 12시간 이상 |
| 나. 채용 시의 교육 | 1) 일용근로자 및 근로계약기간이 1주일 이하인 기간제 근로자 | | 1시간 이상 |
| | 2) 근로계약기간이 1주일 초과 1개월 이하인 기간제 근로자 | | 4시간 이상 |
| | 3) 그 밖의 근로자 | | 8시간 이상 |
| 다. 작업내용 변경 시의 교육 | 1) 일용근로자 및 근로계약기간이 1주일 이하인 기간제 근로자 | | 1시간 이상 |
| | 2) 그 밖의 근로자 | | 2시간 이상 |
| 라. 특별교육 | 1) 일용근로자 및 근로계약기간이 1주일 이하인 기간제 근로자(타워크레인신호작업에 종사하는 근로자 제외) | | 2시간 이상 |
| | 2) 일용근로자 및 근로계약기간이 1주일 이하인 기간제 근로자 중 타워크레인신호작업에 종사하는 근로자 | | 8시간 이상 |
| | 3) 일용근로자 및 근로계약기간이 1주일 이하인 기간제 근로자를 제외한 근로자 | | 가) 16시간 이상(최초 작업에 종사하기 전 4시간 이상 실시하고 12시간은 3개월 이내에서 분할하여 실시 가능)<br>나) 단기간 작업 또는 간헐적 작업인 경우에는 2시간 이상 |
| 마. 건설업 기초안전 · 보건교육 | 건설 일용근로자 | | 4시간 이상 |

**나. 관리감독자 안전보건교육**

| 교육과정 | 교육시간 |
|---|---|
| 가. 정기교육 | 연간 16시간 이상 |
| 나. 채용 시 교육 | 8시간 이상 |
| 다. 작업내용 변경 시 교육 | 2시간 이상 |
| 라. 특별교육 | 16시간 이상(최초 작업에 종사하기 전 4시간 이상 실시하고, 12시간은 3개월 이내에서 분할하여 실시 가능) |
| | 단기간 작업 또는 간헐적 작업인 경우에는 2시간 이상 |

**02** 동바리 조립 시의 안전조치 중 동바리의 침하를 방지하기 위한 조치사항 3가지를 적으시오. (3점)

① 받침목이나 깔판의 사용
② 콘크리트 타설
③ 말뚝박기

**참고**

**동바리 조립 시의 안전조치**

① 받침목이나 깔판의 사용, 콘크리트 타설, 말뚝박기 등 동바리의 침하를 방지하기 위한 조치를 할 것
② 동바리의 상하 고정 및 미끄러짐 방지 조치를 할 것
③ 상부·하부의 동바리가 동일 수직선상에 위치하도록 하여 깔판·받침목에 고정시킬 것
④ 개구부 상부에 동바리를 설치하는 경우에는 상부하중을 견딜 수 있는 견고한 받침대를 설치할 것
⑤ U헤드 등의 단판이 없는 동바리의 상단에 멍에 등을 올릴 경우에는 해당 상단에 U헤드 등의 단판을 설치하고, 멍에 등이 전도되거나 이탈되지 않도록 고정시킬 것
⑥ 동바리의 이음은 같은 품질의 재료를 사용할 것
⑦ 강재의 접속부 및 교차부는 볼트·클램프 등 전용철물을 사용하여 단단히 연결할 것
⑧ 거푸집의 형상에 따른 부득이한 경우를 제외하고는 깔판이나 받침목은 2단 이상 끼우지 않도록 할 것
⑨ 깔판이나 받침목을 이어서 사용하는 경우에는 그 깔판·받침목을 단단히 연결할 것

**03** 보일링현상의 방지대책 3가지를 적으시오.(단, 작업 중지 및 굴착토 원상매립은 제외한다) (6점)

① 지하수위 저하
② 지하수 흐름 변경
③ 근입 벽을 깊게 한다.

## 04
곤돌라 등 양중기의 방호장치 중 와이어로프 등의 과도한 감아올림을 방지하는 장치 명을 적으시오. (3점)

**정답**

권과방지장치

**참고**

권과방지장치는 훅·버킷 등 달기구의 윗면(그 달기구에 권상용 도르래가 설치된 경우에는 권상용 도르래의 윗면)이 드럼, 상부 도르래, 트롤리프레임 등 **권상장치의 아랫면과 접촉할 우려가 있는 경우에 그 간격이 0.25미터 이상**[(직동식 권과방지장치는 0.05미터 이상으로 한다)]이 되도록 조정하여야 한다.

## 05
다음 [보기]는 양중기에 대한 설명이다. 설명에 해당하는 기계의 명칭을 적으시오. (3점)

[보기]
1. ( ① )이란 동력을 사용하여 중량물을 매달아 상하 및 좌우로 운반하는 것을 목적으로 하는 기계 또는 기계장치를 말한다.
2. ( ② )란 동력을 사용하여 사람이나 화물을 운반하는 것을 목적으로 하는 기계 설비를 말한다.
3. ( ③ )란 건축물이나 고정된 시설물에 설치되어 일정한 경로에 따라 사람이나 화물을 승강장으로 옮기는 데에 사용되는 설비를 말한다.

**정답**

① 크레인
② 리프트
③ 승강기

> **참고**
>
> 1. "곤돌라"란 달기발판 또는 운반구, 승강장치, 그 밖의 장치 및 이들에 부속된 기계부품에 의하여 구성되고, **와이어로프 또는 달기강선에 의하여 달기발판 또는 운반구가 전용 승강장치에 의하여 오르내리는 설비**를 말한다.
> 2. "호이스트"란 훅이나 그 밖의 달기구 등을 사용하여 **화물을 권상 및 횡행 또는 권상동작만을 하여 양중하는 것**을 말한다.

## 06
차량계 건설기계를 사용하는 작업하는 경우에는 작업계획서를 작성하여야 한다. 작업계획서에 포함하여야 내용 3가지를 적으시오. (6점)

**정답**
① 사용하는 차량계 건설기계의 종류 및 성능
② 차량계 건설기계의 운행경로
③ 차량계 건설기계에 의한 작업방법

> **참고**
>
> **차량계 하역운반기계 등을 사용하는 작업의 작업계획서**
> ① 해당 작업에 따른 추락 · 낙하 · 전도 · 협착 및 붕괴 등의 위험 예방대책
> ② 차량계 하역운반기계 등의 운행경로 및 작업방법

## 07
비계를 조립 · 해체하거나 또는 변경한 후 또는 비, 눈 그 밖의 기상상태 불안정으로 날씨가 몹시 나빠서 작업을 중지시킨 후 그 비계에서 작업할 때 당해 작업시작 전 점검사항을 3가지 적으시오. (6점)

**정답**
① 발판 재료의 손상 여부 및 부착 또는 걸림 상태
② 당해 비계의 연결부 또는 접속부의 풀림 상태
③ 연결 재료 및 연결철물의 손상 또는 부식 상태
④ 손잡이의 탈락 여부
⑤ 기둥의 침하 · 변형 · 변위 또는 흔들림 상태
⑥ 로프의 부착상태 및 매단 장치의 흔들림 상태

## 08 비계의 조립간격(벽이음 간격)을 나타내었다. 괄호에 적합한 내용을 적으시오. (4점)

| 비계 종류 | 수직 방향 | 수평 방향 |
|---|---|---|
| 틀비계(높이 5m 미만인 것 제외) | ( ① )m | ( ② )m |

**정답**

① 6  ② 8

**참고**

| 종류 | | 수직 방향 | 수평 방향 |
|---|---|---|---|
| 강관비계 | 단관비계 | 5m | 5m |
| | 틀비계(높이 5m 미만인 것 제외) | 6m | 8m |

## 09 다음 [보기]를 보고 물음에 답하시오. (6점)

[보기]

1. 총 공사금액 800억 원 이상 1,500억 원 미만인 건설업에서 선임하여야 하는 안전관리자의 수를 적으시오.
2. 총 공사금액 2,200억 원 이상 3,000억 원 미만인 건설업에서 선임하여야 하는 안전관리자의 수를 적으시오.
3. 총 공사금액 3,900억 원 이상 4,900억 원 미만인 건설업에서 선임하여야 하는 안전관리자의 수를 적으시오.

**정답**

1. 2명 이상   2. 4명 이상   3. 6명 이상

### 참고

**건설업 안전관리자의 선임기준**

- 공사금액 **50억 원** 이상(관계수급인은 100억 원 이상) **120억 원** 미만(토목공사업의 경우에는 150억 원 미만) 또는 공사금액 **120억 원 이상**(토목공사업의 경우에는 150억 원 이상) **800억 원** 미만 : 1명 이상
- 공사금액 **800억 원** 이상 1,500원 원 미만 : 2명 이상(다만, 전체 공사기간을 100으로 할 때 공사 시작에서 15에 해당하는 기간과 공사 종료 전의 15에 해당하는 기간 동안은 1명 이상으로 한다)
- 공사금액 **1,500억** 원 이상 2,200원 원 미만 : 3명 이상(다만, 전체 공사기간 중 전·후 15에 해당하는 기간은 2명 이상으로 한다)
- 공사금액 **2,200억** 원 이상 3천억 원 미만 : 4명 이상(다만, 전체 공사기간 중 전·후 15에 해당하는 기간은 2명 이상으로 한다)
- 공사금액 **3천억** 원 이상 3,900억 원 미만 : 5명 이상(다만, 전체 공사기간 중 전·후 15에 해당하는 기간은 3명 이상으로 한다)
- 공사금액 **3,900억** 원 이상 4,900억 원 미만 : 6명 이상(다만, 전체 공사기간 중 전·후 15에 해당하는 기간은 3명 이상으로 한다)
- 공사금액 **4,900억** 원 이상 6천억 원 미만 : 7명 이상(다만, 전체 공사기간 중 전·후 15에 해당하는 기간은 4명 이상으로 한다)
- 공사금액 **6천억** 원 이상 7,200억 원 미만 : 8명 이상(다만, 전체 공사기간 중 전·후 15에 해당하는 기간은 4명 이상으로 한다)
- 공사금액 **7,200억** 원 이상 8,500억 원 미만 : 9명 이상(다만, 전체 공사기간 중 전·후 15에 해당하는 기간은 5명 이상으로 한다)
- 공사금액 **8,500억** 원 이상 1조원 미만 : 10명 이상(다만, 전체 공사기간 중 전·후 15에 해당하는 기간은 5명 이상으로 한다)
- **1조원** 이상 : 11명 이상[매 **2천억 원**(2조원 이상부터는 매 **3천억 원**)마다 **1명씩 추가**한다]. (다만, 전체 공사기간 중 전·후 15에 해당하는 기간은 선임 대상 안전관리자 수의 2분의 1(소수점 이하는 올림한다) 이상으로 한다)

**10** 건설업체의 시고사망 만인율을 계산하는 공식이다. 괄호에 적합한 내용을 적으시오. (6점)

1. 사고사망 만인율(‰) = $\dfrac{(①)}{상시\ 근로자\ 수} \times 10{,}000$

2. 상시 근로자 수 = $\dfrac{(②) \times 노무비율}{(③) \times 12}$

**정답**

① 사고 사망자 수
② 연간 국내공사 실적액
③ 건설업 월평균 임금

**11** 다음 [보기]는 안전보건 표지의 정의 및 제작에 관한 내용이다. 괄호에 적합한 내용을 적으시오. (4점)

> [보기]
> 1. 안전보건표지의 표시를 명확히 하기 위하여 필요한 경우에는 그 안전보건표지의 주위에 표시사항을 글자로 덧붙여 적을 수 있다. 이 경우 글자는 ( ① ) 바탕에 ( ② ) 한글 ( ③ )로 표기해야 한다.
> 2. 안전·보건표지 속의 그림 또는 부호의 크기는 안전·보건표지의 크기와 비례하여야 하며, 안전·보건표지 전체 규격의 ( ④ ) 이상이 되어야 한다.

**정답**
① 흰색
② 검은색
③ 고딕체
④ 30%

**12** 화물운반용 또는 고정용으로 사용할 수 없는 와이어로프의 사용금지 기준 5가지를 적으시오. (5점)

**정답**
① 이음매가 있는 것
② 와이어로프의 한 꼬임에서 끊어진 소선의 수가 10퍼센트 이상
③ 지름의 감소가 공칭지름의 7퍼센트를 초과하는 것
④ 꼬인 것
⑤ 심하게 변형되거나 부식된 것
⑥ 열과 전기충격에 의해 손상된 것

> **참고**
>
> **사용금지 기준**
>
> | 섬유로프 | ① 꼬임이 끊어진 것<br>② 심하게 손상 또는 부식된 것 |
> |---|---|
> | 달기체인 | ① 달기 체인의 길이 증가가 달기 체인이 제조된 때의 길이의 5퍼센트를 초과한 것<br>② 링의 단면지름이 달기 체인이 제조된 때의 해당 링의 지름의 10퍼센트를 초과하여 감소한 것<br>③ 균열이 있거나 심하게 변형된 것 |

**13** 잠함 또는 우물통의 내부에서 굴착작업 시 급격한 침하로 인한 위험방지 조치에 관한 내용이다. 괄호에 적합한 숫자를 적으시오. (4점)

> 1. 침하관계도에 따라 굴착방법 및 재하량 등을 정할 것
> 2. 바닥으로부터 천장 또는 보까지의 높이는 (     ) 이상으로 할 것

**정답**

1.8m

# 2021 4회 건설안전산업기사 필답형

**01** 구조안전의 위험이 큰 다음 각 목의 철골구조물은 건립 중 강풍에 의한 풍압 등 외압에 대한 내력이 설계에 고려되었는지 확인하여야 한다. 외압에 대한 내력이 설계에 고려되었는지 확인하여야 할 대상 4가지를 적으시오. (4점)

> **정답**
> ① 높이 20미터 이상의 구조물
> ② 구조물의 폭과 높이의 비가 1 : 4 이상인 구조물
> ③ 단면구조에 현저한 차이가 있는 구조물
> ④ 연면적당 철골량이 50킬로그램/평방미터 이하인 구조물
> ⑤ 기둥이 타이플레이트(tie plate)형인 구조물
> ⑥ 이음부가 현장용접인 구조물

**02** 터널지보공을 설치한 경우에는 수시로 점검하여 이상이 발견되면 즉시 보수하여야 한다. 터널지보공의 점검 항목 3가지를 적으시오. (6점)

> **정답**
> ① 부재의 손상·변형·부식·변위 탈락의 유무 및 상태
> ② 부재의 긴압의 정도
> ③ 부재의 접속부 및 교차부의 상태
> ④ 기둥침하의 유무 및 상태

**03** 사업주가 소음작업, 강렬한 소음작업 또는 충격 소음작업에 종사하는 근로자에게 알려야 하는 사항 3가지를 적으시오. (6점)

> **정답**
> ① 해당 작업장소의 소음 수준
> ② 인체에 미치는 영향과 증상
> ③ 보호구의 선정과 착용방법
> ④ 그 밖에 소음으로 인한 건강장해 방지에 필요한 사항

**04** 차량계 하역운반기계의 운전자가 운전 위치를 이탈하는 경우의 조치사항 3가지를 적으시오. (6점)

> **정답**
> ① 포크, 버킷, 디퍼 등의 장치를 가장 낮은 위치 또는 지면에 내려 둘 것
> ② 원동기를 정지시키고 브레이크를 확실히 거는 등 갑작스러운 이동을 방지하기 위한 조치를 할 것
> ③ 운전석을 이탈하는 경우에는 시동키를 운전대에서 분리시킬 것. 다만, 운전석에 잠금장치를 하는 등 운전자가 아닌 사람이 운전하지 못하도록 조치한 경우에는 그러하지 아니하다.

**05** 연평균 50명이 근무하는 사업장에서 사고로 인하여 5건의 재해가 발생하여 사망 1건, 근로손실일수 40일이 생겼다. 강도율을 계산하시오.(단, 1일 9시간, 연간 250일 근무) (3점)

> **정답**
>
> 강도율 = $\dfrac{\text{총 요양 근로손실일수}}{\text{연 근로시간 수}} \times 1,000$
>
> \* 근로손실일수 = 휴업일수, 요양일수, 입원일수 × $\dfrac{300(\text{실제근로일수})}{365}$
>
> 강도율 = $\dfrac{7,500+40}{50 \times 9 \times 250} \times 1,000 = 67.02$

**참고**

| 신체장해등급 | 사망, 1, 2, 3급 | 4급 | 5급 | 6급 | 7급 | 8급 | 9급 | 10급 | 11급 | 12급 | 13급 | 14급 |
|---|---|---|---|---|---|---|---|---|---|---|---|---|
| 손실일수 | 7,500일 | 5,500일 | 4,000일 | 3,000일 | 2,200일 | 1,500일 | 1,000일 | 600일 | 400일 | 200일 | 100일 | 50일 |

## 06 보일링(Boiling)현상과 히빙(Heaving)현상을 설명하시오. (4점)

**정답**

(1) 보일링(Boiling)현상 : 사질토 지반에서 굴착 저면과 흙막이 배면과의 수위 차이로 인해 굴착 저면의 흙과 물이 함께 위로 솟구쳐 오르는 현상(모래의 액상화 현상)을 말한다.
(2) 히빙(Heaving)현상 : 연질점토 지반에서 굴착에 의한 흙막이 내·외면의 흙의 중량 차이(토압 차)로 인해 굴착 저면이 부풀어 올라오는 현상을 말한다.

## 07 안전인증 기준에 해당하는 안전모를 설명하고 있다. 설명에 해당하는 안전모의 종류를 적으시오. (6점)

[보기]
- ( ① )형 : 물체의 낙하 또는 비래 및 추락에 의한 위험을 방지 또는 경감시키기 위한 것
- ( ② )형 : 물체의 낙하 또는 비래에 의한 위험을 방지 또는 경감하고, 머리 부위 감전에 의한 위험을 방지하기 위한 것
- ( ③ )형 : 물체의 낙하 또는 비래 및 추락에 의한 위험을 방지 또는 경감하고, 머리 부위 감전에 의한 위험을 방지하기 위한 것

**정답**

① AB  ② AE  ③ ABE

## 08 흙막이지보공을 구성하는 부재 중 흙막이 벽에 작용하는 압력을 받아서 버팀보 등에 전달하기 위하여 흙막이 벽체에 수평으로 설치하는 부재의 명칭을 적으시오. (3점)

**정답**

띠장

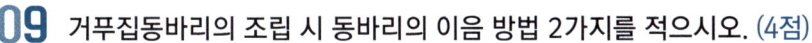

## 09 거푸집동바리의 조립 시 동바리의 이음 방법 2가지를 적으시오. (4점)

**정답**
① 맞댄이음
② 장부이음

**참고**

동바리의 이음은 맞댄이음 또는 장부이음으로 하고 같은 품질의 재료를 사용할 것

## 10 항타기 및 항발기 등의 권상용 와이어로프로 사용하기에 부적당한 와이어로프의 조건 4가지를 적으시오. (4점)

**정답**
① 이음매가 있는 것
② 와이어로프의 한 꼬임에서 끊어진 소선의 수가 10퍼센트 이상인 것
③ 지름의 감소가 공칭지름의 7퍼센트를 초과하는 것
④ 꼬인 것
⑤ 심하게 변형되거나 부식된 것
⑥ 열과 전기충격에 의해 손상된 것

## 11 다음에서 설명하는 무재해 운동의 기법을 적으시오. (4점)

[보기]

재해를 방지하기 위해 현장에서 그때그때의 상황에 맞게 적응하여 실시하는 활동으로 작업 전 또는 종료 시 5~10분간 작업자 3~5인이 조를 이뤄 작업 시 위험요소에 대하여 말하는 방식이다.

**정답**
T.B.M (Tool Box Meeting) 또는 단시간 즉시 적응법

**12** 차량계 하역운반기계에 화물을 적재하는 경우의 조치사항 3가지를 적으시오. (6점)

> **정답**
> ① 하중이 한쪽으로 치우치지 않도록 적재할 것
> ② 구내운반차 또는 화물자동차의 경우 화물의 붕괴 또는 낙하에 의한 위험을 방지하기 위하여 화물에 로프를 거는 등 필요한 조치를 할 것
> ③ 운전자의 시야를 가리지 않도록 화물을 적재할 것
> ④ 화물을 적재하는 경우에는 최대적재량을 초과해서는 아니 된다.

**13** 위험예지 훈련의 4단계를 적으시오. (4점)

> **정답**
> 1단계 : 현상 파악
> 2단계 : 요인 조사(본질 추구)
> 3단계 : 대책 수립
> 4단계 : 행동목표 설정(합의 요약)

# 2022

## 건설안전산업기사 필답형

**1회**

**01** 차량계 하역운반기계 등을 사용하는 작업을 할 때에 그 기계가 넘어지거나 굴러 떨어짐으로써 근로자에게 위험을 미칠 우려가 있는 경우에는 이를 방지하기 위한 조치를 하여야 한다. 차량계 하역운반기계의 넘어짐(전도) 방지 조치사항 3가지를 적으시오. (3점)

**정답**
① 유도자 배치
② 지반의 부동침하 방지
③ 갓길의 붕괴 방지

**참고**

**차량계 건설기계의 넘어짐(전도)방지 조치**
① 유도자 배치
② 지반의 부동침 하방지
③ 갓길의 붕괴 방지
④ 도로의 폭 유지

**02** 산업안전보건법에 의한 목재 가공용 둥근톱 기계의 방호장치 2가지를 적으시오. (4점)

**정답**
① 날 접촉 예방 장치
② 반발 예방 장치

### 참고

**반발 예방 장치의 종류**
① 분할날(spreader)
② 반발방지기구(finger)
③ 반발방지롤러(roll)

---

**03** 갱내에서 채석작업을 하는 경우로서 암석·토사의 낙하 또는 측벽의 붕괴로 인하여 근로자에게 위험이 발생할 우려가 있는 경우에 사업주가 조치하여야 하는 사항 2가지를 적으시오. (4점)

**정답**
① 동바리 설치
② 버팀대를 설치한 후 천장을 아치형으로 하는 등 위험을 방지하기 위한 조치

### 참고

**채석작업 시 지반의 붕괴 또는 토석의 낙하로 인한 위험방지 조치**
① 점검자를 지명하고 당일 작업 시작 전에 작업장소 및 그 주변 지반의 부석과 균열의 유무와 상태, 함수·용수 및 동결상태의 변화를 점검할 것
② 점검자는 발파 후 그 발파 장소와 그 주변의 부석 및 균열의 유무와 상태를 점검할 것

---

**04** 산업안전보건법에 의하여 크레인을 사용하는 작업에서의 유해위험을 방지하기 위한 관리감독자의 업무내용 3가지를 적으시오. (4점)

**정답**
① 작업 방법과 근로자 배치를 결정하고 그 작업을 지휘하는 일
② 재료의 결함 유무 또는 기구 및 공구의 기능을 점검하고 불량품을 제거하는 일
③ 작업 중 안전대 또는 안전모의 착용 상황을 감시하는 일

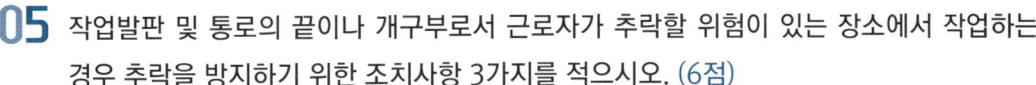

## 05
작업발판 및 통로의 끝이나 개구부로서 근로자가 추락할 위험이 있는 장소에서 작업하는 경우 추락을 방지하기 위한 조치사항 3가지를 적으시오. (6점)

**정답**
① 안전난간 설치
② 울타리 설치
③ 수직형 추락방망 또는 덮개 설치
④ 추락방호망 설치(안전난간 설치 곤란 또는 해체한 경우)

**참고**

개구부 등의 방호 조치

난간 등을 설치하는 것이 매우 곤란하거나 작업의 필요상 **임시로 난간 등을 해체하여야 하는 경우 추락방호망**을 설치하여야 한다. 다만, 추락방호망을 **설치하기 곤란한 경우**에는 **근로자에게 안전대를 착용**하도록 하는 등 추락할 위험을 방지하기 위하여 필요한 조치를 하여야 한다.

## 06
산업안전보건법에 의하여 거푸집 동바리의 조립 또는 해체작업 시에 실시하여야 하는 특별교육 내용 3가지를 적으시오. (6점)

**정답**
① **동바리의 조립방법 및 작업 절차**에 관한 사항
② **조립재료의 취급방법 및 설치기준**에 관한 사항
③ **조립 해체 시의 사고 예방**에 관한 사항
④ **보호구 착용 및 점검**에 관한 사항
⑤ 그 밖에 안전·보건관리에 필요한 사항

## 07
강관비계의 조립간격을 나타내었다. 괄호 안에 적합한 내용을 적으시오. (4점)

| 비계 종류 | | 수직 방향 | 수평 방향 |
|---|---|---|---|
| 강관비계 | 단관비계 | ( ① )m | ( ② )m |

**정답**
① 5m  ② 5m

> **참고**

| 종류 | | 수직 방향 | 수평 방향 |
|---|---|---|---|
| 강관비계 | 단관비계 | 5m | 5m |
| | 틀비계(높이 5m 미만인 것 제외) | 6m | 8m |

**08** [보기]는 하인리히의 재해손실비용 산정에 관한 내용이다. 물음에 답하시오. (6점)

(1) 괄호에 적합한 숫자를 적으시오.
(2) 직접비에 해당하는 항목 4가지를 적으시오.

> [보기]
> 총 재해비용 = 직접비 + 간접비
>          ( ① ) : ( ② )

**정답**

(1) ① 1   ② 4
(2) 직접비 항목
  ① 치료비
  ② 휴업급여
  ③ 요양급여
  ④ 유족급여
  ⑤ 장해급여
  ⑥ 간병급여
  ⑦ 직업재활급여
  ⑧ 상병보상연금
  ⑨ 장의비

> 참고

| 직접비 | 간접비 |
|---|---|
| • 치료비<br>• 휴업급여<br>• 요양급여<br>• 유족급여<br>• 장해급여<br>• 간병급여<br>• 직업재활급여<br>• 상병(傷病)보상연금<br>• 장의비 등 | • 인적 손실비<br>• 물적 손실비<br>• 생산 손실비<br>• 기계·기구 손실비 등 |

**09** 철골공사 중 악천후로 인한 위험이 예상되는 경우 철골작업을 중지해야 하는 조건 3가지를 적으시오. (3점)

> 정답
> ① 풍속이 초당 10미터 이상인 경우
> ② 강우량이 시간당 1밀리미터 이상인 경우
> ③ 강설량이 시간당 1센티미터 이상인 경우

**10** 다음 [보기]에 해당하는 건설업의 산업안전보건관리비를 계상하시오. (5점)

[보기]
• 건축공사로 계상기준은 2.28(%), 기초액 4,325,000원
• 재료비와 직접노무비의 합 : 45억 원

**[정답]**

산업안전보건관리비의 계상
1. 대상액이 5억 원 미만 또는 50억 원 이상
   산업안전보건관리비 = 대상액(재료비 + 직접 노무비) × 비율
2. 대상액이 5억 원 이상 50억 원 미만
   산업안전보건관리비 = 대상액(재료비 + 직접 노무비) × 비율 + 기초액(C)

대상액이 5억 원 이상 50억 원 미만이므로
산업안전보건관리비 = 대상액(재료비 + 직접 노무비) × 비율 + 기초액
= 4,500,000,000 × 0.0228 + 4,325,000 = 106,925,000원

**[참고]**

**공사종류 및 규모별 안전관리비 계상기준표**

| 구분<br>공사 종류 | 대상액<br>5억 원<br>미만인 경우<br>적용비율(%) | 대상액 5억 원 이상<br>50억 원 미만인 경우 | | 대상액<br>50억 원<br>이상인 경우<br>적용비율(%) | 보건관리자<br>선임 대상<br>건설공사의<br>적용비율(%) |
|---|---|---|---|---|---|
| | | 적용비율(%) | 기초액 | | |
| 건축공사 | 3.11(%) | 2.28(%) | 4,325천원 | 2.37(%) | 2.64(%) |
| 토목공사 | 3.15(%) | 2.53(%) | 3,300천원 | 2.60(%) | 2.73(%) |
| 중건설공사 | 3.64(%) | 3.05(%) | 2,975천원 | 3.11(%) | 3.39(%) |
| 특수건설공사 | 2.07(%) | 1.59(%) | 2,450천원 | 1.64(%) | 1.78(%) |

**11** 산업안전보건법에 의하여 공사용 가설도로를 설치하는 경우 준수하여야 하는 사항 3가지를 적으시오. (6점)

**[정답]**
① 도로는 장비 및 차량이 안전하게 운행할 수 있도록 **견고하게 설치할 것**
② 도로와 작업장이 접하여 있을 경우에는 울타리 등을 설치할 것
③ 도로는 배수를 위하여 경사지게 설치하거나 배수시설을 설치할 것
④ 차량의 속도제한 표지를 부착할 것

**12** 사업주는 흙막이 지보공을 설치하였을 때에는 정기적으로 점검하고 이상을 발견하면 즉시 보수하여야 한다. 흙막이 지보공 설치 시의 점검 사항 3가지를 적으시오. (3점)

> **정답**
> ① 부재의 손상 · 변형 · 부식 · 변위 및 탈락의 유무와 상태
> ② 버팀대의 긴압의 정도
> ③ 부재의 접속부 · 부착부 및 교차부의 상태
> ④ 침하의 정도

**13** [보기]는 산업안전보건법에 의한 산업재해 발생 시의 보고에 관한 내용이다. 괄호에 적합한 내용을 적으시오. (6점)

> **[보기]**
>
> 사업주는 고용노동부령으로 정하는 산업재해에 대해서는 그 발생 개요 · 원인 및 보고 시기, 재발방지 계획 등을 고용노동부령으로 정하는 바에 따라 고용노동부장관에게 보고하여야 한다.
>
> (1) 사업주는 산업재해로 사망자가 발생하거나 ( ① )일 이상의 휴업이 필요한 부상 또는 질병에 걸린 자가 발생 시 산업재해가 발생한 날부터 ( ② )개월 이내에 산업재해조사표를 작성, 관할 지방고용노동관서장에게 제출하여야 한다.
> (2) 산업재해조사표에 ( ③ )의 확인을 받아야 하며, 그 기재 내용에 대하여 ( ③ )의 이견이 있는 경우에는 그 내용을 첨부하여야 한다. 다만, ( ③ )가 없는 경우에는 재해자 본인의 확인을 받아 제출할 수 있다.

> **정답**
> ① 3
> ② 1
> ③ 근로자대표

# 2022 건설안전산업기사 필답형 2회

**01** 산업안전보건법에 의한 양중기의 종류 3가지를 적으시오.(단, 세부항목을 포함하여 적을 것) (6점)

**정답**
① 크레인[호이스트(hoist)를 포함한다]
② 이동식 크레인
③ 리프트(이삿짐운반용 리프트의 경우에는 적재하중이 0.1톤 이상인 것으로 한정한다.)
④ 곤돌라
⑤ 승강기

**02** 굴착면의 기울기 기준이다. 다음 표의 빈칸을 채우시오. (4점)

| 지반의 종류 | 굴착면의 기울기 |
|---|---|
| 모래 | ( ① ) |
| 연암 및 풍화암 | ( ② ) |
| 경암 | ( ③ ) |
| 그 밖의 흙 | ( ④ ) |

**정답**
① 1 : 1.8  ② 1 : 1.0  ③ 1 : 0.5  ④ 1 : 1.2

## 03 터널 굴착작업의 작업계획서에 포함하여야 하는 사항 3가지를 적으시오. (6점)

**정답**
① 굴착의 방법
② 터널지보공 및 복공(覆工)의 시공방법과 용수(湧水)의 처리방법
③ 환기 또는 조명시설을 설치할 때에는 그 방법

## 04 굴착장비 중 기계가 서 있는 지반면보다 높은 곳을 굴착하는 작업에 적합한 장비의 명칭을 적으시오. (3점)

**정답**
파워 셔블(power shovel)

## 05 청각장치와 시각장치 중 시각장치를 사용한 정보전달이 유리한 경우 4가지를 적으시오. (4점)

**정답**
① 전언이 길고, 복잡할 때
② 재참조된다.
③ 공간적인 위치를 다룬다.
④ 즉각적인 행동을 요구하지 않을 때
⑤ 청각계통이 과부하일 때
⑥ 주위가 너무 시끄러울 때
⑦ 한 곳에 머무르는 경우

## 06 하인리히의 사고방지 5단계를 순서대로 적으시오. (5점)

**정답**
1단계 : 안전조직
2단계 : 사실의 발견
3단계 : 분석
4단계 : 시정방법 선정
5단계 : 시정책 적용

## 07 교육실시 방법 중 OFF JT(Off The Job Training)를 설명하시오. (3점)

**정답**
외부강사를 초청하여 근로자를 일정한 장소에 집합시켜 실시하는 교육 형태로서 집합교육에 적합하다.

**참고**
OJT(On The Job Training) : 직속상사가 부하 직원에게 일상 업무를 통하여 지식, 기능, 문제해결 능력 및 태도 등을 **교육하는 방법**으로 개별교육에 적합하다.

## 08 도수율이 5.0, 강도율이 1.2인 사업장의 (1) 평균 강도율과 (2) 환산 강도율을 계산하시오. (6점)

**정답**

1. 평균 강도율
   ① 재해 1건의 평균 강하기를 말한다.
   ② 평균 강도율 = $\dfrac{강도율}{도수율} \times 1,000$

2. 환산 강도율(S)
   ① 일평생 근로하는 동안의 총 요양 근로손실일수를 말한다.
   ② 환산 강도율 = $\dfrac{총\ 요양\ 근로손실일수}{연\ 근로시간\ 수} \times 평생근로시간수(100,000)$
   ③ 환산 강도율 = 강도율 × 100

(1) 평균 강도율 = $\dfrac{1.2}{5.0} \times 1,000 = 240$

(2) 환산 강도율 = 강도율 × 100 = 1.2 × 100 = 120

## 09 산업안전보건법 기준에 의한 작업장에 적합한 조도의 기준을 적으시오. (5점)

(1) 초정밀 작업 :

(2) 정밀 작업 :

(3) 보통 작업 :

(4) 기타 작업 :

**정답**

(1) 초정밀 작업 : 750 Lux 이상
(2) 정밀 작업 : 300 Lux 이상
(3) 보통 작업 : 150 Lux 이상
(4) 기타 작업 : 75 Lux 이상

## 10 산업안전보건법에 의하여 유해위험방지계획서를 제출해야 하는 건설공사의 종류 3가지를 적으시오. (6점)

**정답**

1. 다음 각 목의 어느 하나에 해당하는 건축물 또는 시설 등의 건설 · 개조 또는 해체공사
   가. **지상 높이가 31미터 이상**인 건축물 또는 인공구조물
   나. **연면적 3만제곱미터 이상**인 건축물
   다. **연면적 5천제곱미터 이상**인 시설로서 다음의 어느 하나에 해당하는 시설
      1) 문화 및 집회시설(전시장 및 동물원 · 식물원은 제외한다)
      2) 판매시설, 운수시설(고속철도의 역사 및 집배송시설은 제외한다)
      3) 종교시설
      4) 의료시설 중 종합병원
      5) 숙박시설 중 관광숙박시설
      6) 지하도상가
      7) 냉동 · 냉장 창고시설
2. **연면적 5천제곱미터 이상의 냉동 · 냉장 창고시설의 설비공사 및 단열공사**
3. **최대 지간길이가 50미터 이상인 교량 건설 등 공사**
4. **터널 건설 등의 공사**
5. **다목적댐, 발전용댐, 저수용량 2천만톤 이상의 용수 전용 댐, 지방상수도 전용 댐 건설 등의 공사**
6. **깊이 10미터 이상인 굴착공사**

> **특급암기법**
>
> 지상높이 31m, 연면적 3만m², 사람 많은 시설 연면적 5,000m²
> 연면적 5000m² 냉동냉장 창고
> 최대 지간길이가 50미터 이상 교량
> 터널
> 저수용량 2천만톤 이상 댐
> 10미터 이상인 굴착

**11** 굴착공사 시에 발생하는 히빙현상에 의하여 인접지반 또는 흙막이 지보공에 미치는 영향(히빙의 피해현상) 2가지를 적으시오. (4점)

**정답**
① 흙막이 지보공(흙막이 벽체) 파괴
② 배면 토사 붕괴

**12** 다음에 적합한 달기 와이어로프 등의 안전계수를 적으시오. (4점)

[보기]
1. 근로자가 탑승하는 운반구를 지지하는 달기와이어로프 또는 달기체인의 경우 : ( ① ) 이상
2. 화물의 하중을 직접 지지하는 달기와이어로프 또는 달기체인의 경우 : ( ② ) 이상
3. 훅, 샤클, 클램프, 리프팅 빔의 경우 : ( ③ ) 이상
4. 그밖의 경우 : ( ④ ) 이상

**정답**
① 10  ② 5  ③ 3  ④ 4

## 13  작업발판 일체형 거푸집의 종류 4가지를 적으시오. (4점)

**정답**
① 갱 폼(gang form)
② 슬립 폼(slip form)
③ 클라이밍 폼(climbing form)
④ 터널 라이닝 폼(tunnel lining form)

# 2022 건설안전산업기사 필답형 4회

**01** 비계 등의 가설구조물 계획 시에 고려하여야 할 사항 3가지를 적으시오. (3점)

> **정답**
> ① 안정성
> ② 작업성
> ③ 경제성

**02** 산업안전보건법 상의 안전보건표지의 기본모형을 나타내었다. 모형에 해당하는 명칭을 적으시오. (6점)

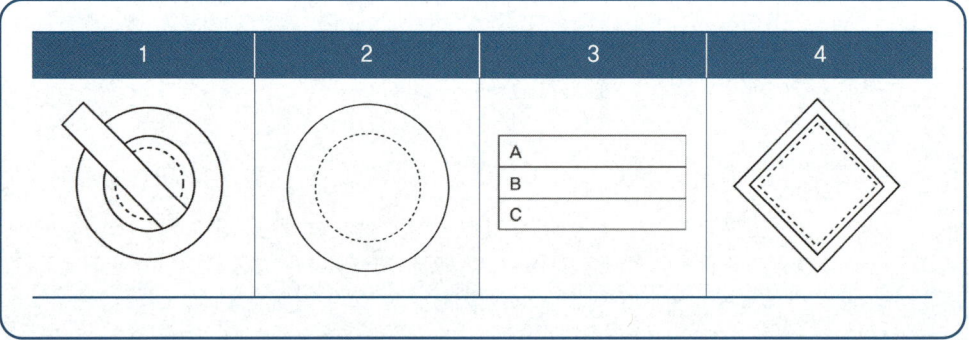

> **정답**
> 1. 금지표지
> 2. 지시표지
> 3. 관계자 외 출입금지 표지
> 4. 경고표지

| 명칭 | 기본모형 | 색상 |
|---|---|---|
| 금지표지 | | 바탕은 흰색, 기본모형은 빨간색, 관련 부호 및 그림은 검은색 |
| 경고표지 | 화학물질 경고표지 | 바탕은 무색, 기본모형은 빨간색(검은색도 가능) |
| | 화학물질 경고표지 외 | 바탕은 노란색, 기본모형, 관련 부호 및 그림은 검은색 |
| 지시표지 | | 바탕은 파란색, 관련 그림은 흰색 |
| 안내표지 | | 바탕은 흰색, 기본모형 및 관련 부호는 녹색, 또는 바탕은 녹색, 관련부호 및 그림은 흰색 |
| (관계자 외) 출입금지 표지 | A<br>B<br>C | 글자는 흰색바탕에 흑색<br>다음 글자는 적색<br>-○○○ 제조 / 사용 / 보관 중<br>- 석면 취급 / 해체 중<br>- 발암물질 취급 중 |

## 03
산업안전보건법에 의하여 도급인은 관계수급인 근로자가 도급인의 사업장에서 작업을 하는 경우 산업재해 예방을 위한 조치를 하여야 한다. 관계수급인 근로자가 도급인의 사업장에서 작업을 하는 경우 도급인의 산업재해 예방을 위한 조치사항 3가지를 적으시오. (6점)

**정답**
① 도급인과 수급인을 구성원으로 하는 안전 및 보건에 관한 협의체의 구성 및 운영
② 작업장 순회점검
③ 관계수급인이 근로자에게 하는 안전보건교육을 위한 장소 및 자료의 제공 등 지원
④ 관계수급인이 근로자에게 하는 안전보건교육의 실시 확인
⑤ 경보체계 운영과 대피방법 등 훈련
⑥ 위생시설의 설치 등을 위하여 필요한 장소의 제공 또는 도급인이 설치한 위생시설 이용의 협조
⑦ 같은 장소에서 이루어지는 도급인과 관계수급인 등의 작업에 있어서 관계수급인 등의 작업시기·내용, 안전조치 및 보건조치 등의 확인
⑧ 관계수급인 등의 작업 혼재로 인하여 화재·폭발 등의 위험이 발생할 우려가 있는 경우 관계수급인 등의 작업시기·내용 등의 조정

## 04
와이어로프의 사용금지 사항 3가지를 적으시오. (6점)

**정답**
① 이음매가 있는 것
② 와이어로프의 한 꼬임에서 끊어진 소선의 수가 10퍼센트 이상인 것
③ 지름의 감소가 공칭지름의 7퍼센트를 초과하는 것
④ 꼬인 것
⑤ 심하게 변형되거나 부식된 것
⑥ 열과 전기충격에 의해 손상된 것

**05** 작업자가 시야를 가릴 정도로 부피가 큰 짐을 운반하던 중 덮개가 열려 있던 개구부 바닥으로 떨어지는 사고가 발생하였다. [보기]와 같이 재해를 분석하시오. (5점)

[보기]
① 재해발생형태   ② 기인물   ③ 가해물   ④ 불안전한 행동   ⑤ 불안전한 상태

**정답**
① 재해 발생형태 : 떨어짐
② 기인물 : 부피가 큰 짐
③ 가해물 : 바닥
④ 불안전한 행동 : 시야를 가릴 정도로 부피가 큰 짐을 혼자 운반함
⑤ 불안전한 상태 : 개구부의 덮개가 열려있음

**06** 사업주는 강렬한 소음 작업이나 충격 소음 작업 장소에 대하여 소음 감소를 위한 조치를 하여야 한다. 산업안전보건법에 의한 소음 감소 조치 3가지를 적으시오(단, 방음 보호구 착용은 제외할 것) (3점)

**정답**
① 기계 · 기구 등의 대체
② 시설의 밀폐
③ 흡음 또는 격리

**07** 승강기 및 리프트의 설치·조립·수리·점검 또는 해체 작업을 하는 경우 작업지휘자의 직무(이행사항) 3가지를 적으시오. (3점)

**정답**
① 작업 방법과 근로자의 배치를 결정하고 해당 작업을 지휘하는 일
② 재료의 결함 유무 또는 기구 및 공구의 기능을 점검하고 불량품을 제거하는 일
③ 작업 중 안전대 등 보호구의 착용 상황을 감시하는 일

## 08 산업안전보건법에서 정의하는 중대재해에 해당하는 3가지 재해를 적으시오. (6점)

**정답**
① 사망자가 1인 이상 발생한 재해
② 3개월 이상 요양을 요하는 부상자가 동시에 2인 이상 발생한 재해
③ 부상자 또는 직업성 질병자가 동시에 10인 이상 발생한 재해

## 09 사다리식 통로의 설치기준에 대한 내용이다. 괄호에 적합한 내용을 적으시오. (3점)

(1) 사다리의 상단은 걸쳐놓은 지점으로부터 ( ① ) 이상 올라가도록 할 것
(2) 사다리식 통로의 길이가 10m 이상인 경우에는 ( ② ) 이내마다 계단참을 설치할 것
(3) 사다리식 통로의 기울기는 ( ③ ) 이하로 할 것. 다만, 고정식 사다리식 통로의 기울기는 90도 이하로 하고, 그 높이가 7미터 이상인 경우에는 바닥으로부터 높이가 2.5미터 되는 지점부터 등받이 울을 설치할 것(단, 등받이울이 있어도 근로자 이동에 지장이 없는 경우에 한함)

**정답**
① 60cm  ② 5m  ③ 75도

**참고**

**사다리식 통로의 설치기준**

1. 견고한 구조로 할 것
2. 심한 손상·부식 등이 없는 재료를 사용할 것
3. 발판의 간격은 일정하게 할 것
4. 발판과 벽과의 사이는 15센티미터 이상의 간격을 유지할 것
5. 폭은 30센티미터 이상으로 할 것
6. 사다리가 넘어지거나 미끄러지는 것을 방지하기 위한 조치를 할 것
7. 사다리의 상단은 걸쳐놓은 지점으로부터 60센티미터 이상 올라가도록 할 것
8. 사다리식 통로의 길이가 10미터 이상인 경우에는 5미터 이내마다 계단참을 설치할 것
9. 사다리식 통로의 기울기는 75도 이하로 할 것. 다만, 고정식 사다리식 통로의 기울기는 90도 이하로 하고, 그 높이가 7미터 이상인 경우에는 다음 각 목의 구분에 따른 조치를 할 것
   - 등받이울이 있어도 근로자 이동에 지장이 없는 경우 : 바닥으로부터 높이가 2.5미터 되는 지점부터 등받이울을 설치할 것
   - 등받이울이 있으면 근로자가 이동이 곤란한 경우 : 한국산업표준에서 정하는 기준에 적합한 개인용 추락 방지 시스템을 설치하고 근로자로 하여금 한국산업표준에서 정하는 기준에 적합한 전신 안전대를 사용하도록 할 것
10. 접이식 사다리 기둥은 사용 시 접혀지거나 펼쳐지지 않도록 철물 등을 사용하여 견고하게 조치할 것

**10** 연근로시간수가 250,000시간인 어느 사업장에서 작년도 15건의 재해로 근로손실일수 300일, 휴업일수 25일이 발생하였다. 종합재해지수를 계산하시오. (5점)

> **정답**
>
> 1. 종합재해지수
>    $FSI = \sqrt{FR \times SR} = \sqrt{도수율 \times 강도율}$
> 2. 도수율(빈도율) = $\dfrac{재해\ 건수}{연\ 근로시간\ 수} \times 10^6$
> 3. 강도율 = $\dfrac{총\ 요양\ 근로손실일수}{연\ 근로시간\ 수} \times 1,000$
>
> * 근로손실일수 = 휴업일수, 요양일수, 입원일수 × $\dfrac{300(실제근로일수)}{365}$

1. 도수율 = $\dfrac{15}{250,000} \times 10^6 = 60$
2. 강도율 = $\dfrac{300 + 25 \times \dfrac{300}{365}}{250,000} \times 1,000 = 1.28$
3. 종합재해지수 = $\sqrt{60 \times 1.28} = 8.76$

**11** 터널공사 표준안전 작업지침에 의한 터널 내의 환기에 관한 내용이다. 괄호에 적합한 내용을 적으시오. (3점)

> (1) 발파 후 유해가스, 분진 및 내연기관의 배기가스 등을 신속히 환기시켜야 하며 발파 후 ( ① ) 이내 배기, 송기가 완료되도록 하여야 한다.
> (2) 환기가스 처리장치가 없는 ( ② )은 터널 내의 투입을 금하여야 한다.
> (3) 터널 내의 기온은 ( ③ ) 이하가 되도록 신선한 공기로 환기시켜야 하며 근로자의 작업조건에 유해하지 아니한 상태를 유지하여야 한다.

> **정답**
>
> ① 30분
> ② 디젤기관
> ③ 37℃

**12** 잠함 또는 우물통의 내부에서 굴착작업 시 급격한 침하로 인한 위험방지 조치 사항 2가지를 적으시오. (4점)

> **정답**
> ① 침하관계도에 따라 굴착방법 및 재하량 등을 정할 것
> ② 바닥으로부터 천장 또는 보까지의 높이는 1.8m 이상으로 할 것

**13** 산업안전보건법에 의한 양중기의 종류 4가지를 적으시오.(단, 세부항목을 포함하여 적을 것) (4점)

> **정답**
> ① 크레인[호이스트(hoist)를 포함한다]
> ② 이동식 크레인
> ③ 리프트(이삿짐운반용 리프트의 경우에는 적재하중이 0.1톤 이상인 것으로 한정한다.)
> ④ 곤돌라
> ⑤ 승강기

# 2023 건설안전산업기사 필답형 1회

**01** 낙하물방지망 또는 방호선반 설치 시의 준수사항을 설명하고 있다. 괄호에 적합한 내용을 적으시오. (4점)

(1) 설치 높이는 ( ① ) 이내마다 설치하고, 내민 길이는 벽면으로부터 ( ② ) 이상으로 할 것

(2) 수평면과의 각도는 ( ③ ) 이상 ( ④ ) 이하를 유지할 것

**정답**
① 10미터  ② 2미터  ③ 20도  ④ 30도

**02** 굴착공사 표준 안전 작업 지침에 의하여 토사 붕괴의 발생을 예방하기 위한 조치사항 3가지를 적으시오. (6점)

**정답**
① 적절한 경사면의 기울기를 계획하여야 한다.
② 경사면의 기울기가 당초 계획과 차이가 발생되면 즉시 재검토하여 계획을 변경시켜야 한다.
③ 활동할 가능성이 있는 토석은 제거하여야 한다.
④ 경사면의 하단부에 압성토 등 보강공법으로 활동에 대한 저항대책을 강구하여야 한다.
⑤ 말뚝(강관, H형강, 철근 콘크리트)을 타입하여 지반을 강화시킨다.

## 03 산업안전보건법에 의하여 [보기]의 건설업에서 선임하여야 하는 안전관리자의 최소 인원을 적으시오. (4점)

[보기]
(1) 총 공사금액이 800억원 이상 1,500억원 미만인 건설업
(2) 총 공사금액이 2,200억원 이상 3,000억원 미만인 건설업
(3) 총 공사금액이 3,000억원 이상 3,900억원 미만인 건설업
(4) 총 공사금액이 8,500억원 이상 1조원 미만인 건설업

**정답**
(1) 2명(이상)
(2) 4명(이상)
(3) 5명(이상)
(4) 10명(이상)

**참고**

**건설업 안전관리자의 선임기준**

- 공사금액 **50억 원** 이상(관계수급인은 100억 원 이상) **120억 원** 미만(토목공사업의 경우에는 150억 원 미만) 또는 공사금액 **120억 원 이상**(토목공사업의 경우에는 150억 원 이상) **800억 원** 미만 : 1명 이상
- 공사금액 **800억 원** 이상 1,500억 원 미만 : 2명 이상(다만, 전체 공사기간을 100으로 할 때 공사 시작에서 15에 해당하는 기간과 공사 종료 전의 15에 해당하는 기간 동안은 1명 이상으로 한다)
- 공사금액 **1,500억 원** 이상 2,200억 원 미만 : 3명 이상(다만, 전체 공사기간 중 전·후 15에 해당하는 기간은 2명 이상으로 한다)
- 공사금액 **2,200억 원** 이상 3천억 원 미만 : 4명 이상(다만, 전체 공사기간 중 전·후 15에 해당하는 기간은 2명 이상으로 한다)
- 공사금액 **3천억 원** 이상 3,900억 원 미만 : 5명 이상(다만, 전체 공사기간 중 전·후 15에 해당하는 기간은 3명 이상으로 한다)
- 공사금액 **3,900억 원** 이상 4,900억 원 미만 : 6명 이상(다만, 전체 공사기간 중 전·후 15에 해당하는 기간은 3명 이상으로 한다)
- 공사금액 **4,900억 원** 이상 6천억 원 미만 : 7명 이상(다만, 전체 공사기간 중 전·후 15에 해당하는 기간은 4명 이상으로 한다)
- 공사금액 **6천억 원** 이상 7,200억 원 미만 : 8명 이상(다만, 전체 공사기간 중 전·후 15에 해당하는 기간은 4명 이상으로 한다)
- 공사금액 **7,200억 원** 이상 8,500억 원 미만 : 9명 이상(다만, 전체 공사기간 중 전·후 15에 해당하는 기간은 5명 이상으로 한다)
- 공사금액 **8,500억 원** 이상 1조원 미만 : 10명 이상(다만, 전체 공사기간 중 전·후 15에 해당하는 기간은 5명 이상으로 한다)
- **1조원** 이상 : 11명 이상[매 **2천억 원**(2조원 이상부터는 매 **3천억 원**)마다 **1명**씩 추가한다]. (다만, 전체 공사기간 중 전·후 15에 해당하는 기간은 선임 대상 안전관리자 수의 2분의 1(소수점 이하는 올림한다) 이상으로 한다)

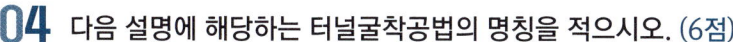

## 04 다음 설명에 해당하는 터널굴착공법의 명칭을 적으시오. (6점)

[보기]
(1) 암반을 천공하고 화약을 충전하여 발파한 후 스틸리브(Steel rib) 및 와이어매쉬(Wire mesh)를 설치하고 숏크리트(Shot crete)를 타설하여 시공하는 터널공법으로 적용지반의 범위가 넓으며 경제성이 우수한 공법으로서 주로 산악 터널공사에 적용한다.
(2) 실드(shield)라고 하는 강제 원통 굴삭기를 추진시켜 터널을 굴착하는 공법으로 연약한 토질, 용수가 있는 지반을 굴착하는데 유용하다.

**정답**
(1) NATM공법
(2) 실드(shield)공법

## 05 산업안전보건법에 의하여 위험물질을 제조·취급하는 작업장과 그 작업장이 있는 건축물에는 출입구 외에 안전한 장소로 대피할 수 있는 비상구 1개 이상을 설치하여야 한다. 비상구의 설치기준(비상구의 구조) 3가지를 적으시오. (6점)

**정답**
① 출입구와 같은 방향에 있지 아니하고, 출입구로부터 3미터 이상 떨어져 있을 것
② 작업장의 각 부분으로부터 하나의 비상구 또는 출입구까지의 수평거리가 50미터 이하가 되도록 할 것
③ 비상구의 너비는 0.75미터 이상으로 하고, 높이는 1.5미터 이상으로 할 것
④ 비상구의 문은 피난 방향으로 열리도록 하고, 실내에서 항상 열 수 있는 구조로 할 것

## 06 다음 설명에 해당하는 재해 발생 형태를 적으시오. (4점)

[보기]
(1) 사람이 인력(중력)에 의하여 건축물, 구조물, 가설물, 수목, 사다리 등의 높은 장소에서 떨어지는 것
(2) 날아오거나 떨어진 물체에 맞음, 고정되어 있던 물체가 고정부에서 이탈하거나 또는 설비 등으로부터 물질이 분출되어 사람을 가해하는 경우
(3) 재해자가 「넘어짐」으로 인하여 기계의 동력전달부위 등에 끼이는 사고가 발생하여 신체 부위가 「절단」된 경우
(4) 바닥면과 신체가 접해있는 상태에서 더 낮은 위치로 떨어진 경우

### 정답
(1) 떨어짐
(2) 맞음
(3) 끼임
(4) 넘어짐

### 참고

**1. 재해 발생 형태**

| 분류 항목 | 세부 항목 |
| --- | --- |
| 떨어짐 | - 높이가 있는 곳에서 **사람이 떨어짐**<br>- **사람이** 인력(중력)에 의하여 건축물, 구조물, 가설물, 수목, 사다리 등의 **높은 장소에서 떨어지는 것** |
| 넘어짐 | - **사람이 미끄러지거나 넘어짐**<br>- **사람이 거의 평면 또는 경사면, 층계 등에서 구르거나 넘어지는 경우** |
| 깔림 · 뒤집힘 | - 물체의 쓰러짐이나 뒤집힘<br>- 기대어져 있거나 세워져 있는 **물체 등이 쓰러져 깔린 경우** 및 지게차 등의 **건설기계 등이 운행 또는 작업 중 뒤집어진 경우** |
| 부딪힘 · 접촉 | - 물체에 부딪힘, 접촉<br>- 재해자 자신의 움직임 · 동작으로 인하여 **기인물에 접촉 또는 부딪히거나**, 물체가 고정부에서 이탈하지 않은 상태로 움직임(규칙, 불규칙)등에 의하여 **접촉한 경우** |
| 맞음 | - 날아오거나 떨어진 물체에 맞음<br>- 고정되어 있던 물체가 고정부에서 이탈하거나 또는 설비 등으로부터 **물질이 분출되어 사람을 가해하는 경우** |

| 분류 항목 | 세부 항목 |
|---|---|
| 끼임 | - 기계설비에 끼이거나 감김<br>- 두 물체 사이의 움직임에 의하여 일어난 것으로 직선 운동하는 **물체 사이의 끼임**, 회전부와 고정체 사이의 끼임, 롤러 등 회전체 사이에 **물리거나** 또는 회전체 · 돌기부 등에 **감긴 경우** |
| 무너짐 | - 건축물이나 쌓여진 물체가 무너짐<br>- 토사, 건축물, 가설물 등이 전체적으로 **허물어져 내리거나** 또는 주요 부분이 꺾어져 **무너지는 경우** |
| 감전<br>(전류접촉) | - **충전부 등**에 신체의 일부가 **직접 접촉**하거나 **유도전류의 통전**으로 근육의 수축, 호흡곤란, 심실세동 등이 발생한 경우 또는 특별고압 등에 접근함에 따라 발생한 섬락 접촉, 합선 · 혼촉 등으로 인하여 발생한 **아아크에 접촉**된 경우 |
| 이상온도 노출 · 접촉 | - **고 · 저온 환경 또는 물체에 노출 · 접촉**된 경우 |
| 유해 · 위험물질 노출 · 접촉 | - **유해 · 위험물질에 노출 · 접촉 또는 흡입**하였거나 독성동물에 쏘이거나 물린 경우 |
| 산소결핍 · 질식 | - 유해물질과 관련 없이 **산소가 부족한 상태 · 환경에 노출**되었거나 이물질 등에 의하여 **기도가 막혀 호흡기능이 불충분**한 경우 |

## 2. 재해 발생형태의 분류 기준

1) **두 가지 이상의 발생형태가 연쇄적으로 발생**된 재해의 경우는 **상해결과 또는 피해를 크게 유발한 형태로 분류**한다.

| | |
|---|---|
| 재해자가 「넘어짐」으로 인하여 기계의 **동력전달부위** 등에 끼이는 사고가 발생하여 신체부위가 「절단」된 경우 | 「끼임」 |
| 재해자가 구조물 상부에서 「넘어짐」으로 인하여 사람이 **떨어져 두개골 골절**이 발생한 경우 | 「떨어짐」 |
| 재해자가 「넘어짐」 또는 「떨어짐」으로 물에 빠져 익사한 경우 | 「유해 · 위험물질 노출 · 접촉」 |
| 재해자가 전주에서 작업 중 「전류접촉(감전)」으로 떨어진 경우 | • 상해결과가 골절인 경우에는 「떨어짐」<br>• 전기쇼크인 경우에는 「전류접촉(감전)」 |

2) 「떨어짐」과 「넘어짐」의 분류

| | | |
|---|---|---|
| 바닥면과 신체가 떨어진 상태로 더 낮은 위치로 떨어진 경우 | ⇨ | 「떨어짐」 |
| 바닥면과 신체가 접해있는 상태에서 더 낮은 위치로 떨어진 경우 | ⇨ | 「넘어짐」 |
| 신체가 바닥면과 접해있었는지 여부를 알 수 없는 경우 작업발판 등 구조물의 높이가 보폭(약 60cm) 이상인 경우 | ⇨ | 「떨어짐」 |
| 보폭 미만인 경우 | ⇨ | 「넘어짐」 |

## 07
터널 등의 건설작업에 있어서 낙반 등에 의하여 근로자가 위험해질 우려가 있는 경우에 하여야 하는 위험방지 조치사항 2가지를 적으시오. (6점)

**정답**
① 터널지보공 및 록볼트의 설치
② 부석의 제거

## 08
사업주는 밀폐공간에서 산소 및 유해가스 농도를 측정한 결과 적정공기가 유지되고 있지 아니하다고 평가된 경우에는 작업장을 환기시키거나 근로자에게 적절한 보호구를 지급하여 착용하도록 하여야 한다. 밀폐공간에서 착용하여야 하는 보호구의 종류 2가지를 적으시오. (4점)

**정답**
① 공기호흡기
② 송기마스크

## 09
크레인을 사용하여 작업하는 경우 작업 전에 관리감독자가 점검하여야 하는 사항 3가지를 적으시오.(단, 이동식크레인 제외) (6점)

**정답**
① 권과방지장치·브레이크·클러치 및 운전장치의 기능
② 주행로의 상측 및 트롤리가 횡행(橫行)하는 레일의 상태
③ 와이어로프가 통하고 있는 곳의 상태

**참고**

작업시작 전 점검

| | |
|---|---|
| 이동식크레인 | ① 권과방지장치 그 밖의 경보장치의 기능<br>② 브레이크·클러치 및 조정장치의 기능<br>③ 와이어로프가 통하고 있는 곳 및 작업장소의 지반상태 |
| 리프트 | ① 방호장치·브레이크 및 클러치의 기능<br>② 와이어로프가 통하고 있는 곳의 상태 |
| 곤돌라 | ① 방호장치·브레이크의 기능<br>② 와이어로프·슬링와이어 등의 상태 |

## 10. 하역작업의 위험방지 중 화물 적재시의 준수사항 3가지를 적으시오. (3점)

**정답**
① 침하 우려가 없는 튼튼한 기반 위에 적재할 것
② 건물의 칸막이나 벽 등이 화물의 압력에 견딜 만큼의 강도를 지니지 아니한 경우에는 **칸막이나 벽에 기대어 적재하지 않도록 할 것**
③ 불안정할 정도로 높이 쌓아 올리지 말 것
④ 하중이 한쪽으로 치우치지 않도록 쌓을 것

## 11. 산업안전보건법에 의한 안전보건개선계획서 작성 및 제출에 관한 내용이다. 괄호에 적합한 내용을 적으시오. (4점)

[보기]

(1) 안전보건개선계획서를 제출해야 하는 사업주는 안전보건개선계획서 수립·시행 명령을 받은 날부터 ( ① )일 이내에 관할 지방고용노동관서의 장에게 해당 계획서를 제출(전자문서로 제출하는 것을 포함한다)해야 한다.

(2) 안전보건개선계획서에는 시설, 안전·보건관리체제, 안전·보건교육, 산업재해예방 및 작업환경의 개선을 위하여 필요한 사항이 포함되어야 한다.

(3) 지방고용노동관서의 장이 안전보건개선계획서를 접수한 경우에는 접수일부터 ( ② )일 이내에 심사하여 사업주에게 그 결과를 알려야 한다.

**정답**
① 60
② 15

**12** [보기]는 건설기계의 종류이다. [보기]의 기계 중 셔블(shovel)계 굴착기계에 해당하는 기계를 4가지 골라 그 명칭을 적으시오. (4점)

> [보기]
> 파워셔블, 항타기, 로더, 드래그라인, 모터그레이더, 천공기, 스크레이퍼, 클램쉘, 드래그셔블(백호)

**정답**
파워셔블, 드래그라인, 클램쉘, 드래그셔블(백호)

**13** 산업안전보건법에 의하여 철골공사 중 폭풍, 폭우, 폭설 등 악천후로 인하여 위험이 예상되는 때에는 작업을 중지하여야 한다. 철골작업을 중지해야 하는 기상조건 3가지를 적으시오. (3점)

**정답**
① 풍속이 초당 10미터 이상인 경우
② 강우량이 시간당 1밀리미터 이상인 경우
③ 강설량이 시간당 1센티미터 이상인 경우

**14** 산업안전보건법에서 정한 안전보건관리담당자의 직무사항 4가지를 적으시오. (4점)

**정답**
① 안전·보건교육 실시에 관한 보좌 및 조언·지도
② 위험성 평가에 관한 보좌 및 조언·지도
③ 작업환경측정 및 개선에 관한 보좌 및 조언·지도
④ 건강진단에 관한 보좌 및 조언·지도
⑤ 산업재해 발생의 원인 조사, 산업재해 통계의 기록 및 유지를 위한 보좌 및 조언·지도
⑥ 산업안전·보건과 관련된 안전장치 및 보호구 구입 시 적격품 선정에 관한 보좌 및 조언·지도

> **특급암기법**
> 안전보건교육, 재해 원인조사 및 재해통계 관리, 적격품 선정, 위험성 평가, 건강진단

# 2023년 2회 건설안전산업기사 필답형

**01** 항타기 및 항발기의 무너짐 방지조치에 관한 내용이다. 괄호에 적합한 내용을 적으시오. (4점)

> [보기]
> 1) 연약한 지반에 설치하는 때에는 아웃트리거·받침 등 지지구조물의 침하를 방지하기 위하여 ( ① ) 등을 사용할 것
> 2) 궤도 또는 차로 이동하는 항타기 또는 항발기에 대하여는 불시에 이동하는 것을 방지하기 위하여 ( ② ) 및 ( ③ ) 등으로 고정시킬 것
> 3) 상단 부분은 버팀대·버팀줄로 고정하여 안정시키고, 그 하단 부분은 견고한 ( ④ ) 또는 철골 등으로 고정시킬 것

**정답**
① 깔판·받침목
② 레일클램프
③ 쐐기
④ 버팀·말뚝

**참고**

**항타기 및 항발기의 무너짐 방지 조치**

① **연약한 지반에 설치**하는 때에는 아웃트리거·받침 등 지지구조물의 침하를 방지하기 위하여 **깔판 · 받침목 등을 사용**할 것
② 시설 또는 가설물 등에 설치하는 경우에는 그 내력을 확인하고 내력이 부족하면 그 내력을 **보강할 것**
③ 아웃트리거·받침 등 **지지구조물이 미끄러질 우려가 있는 때에는 말뚝 또는 쐐기 등을 사용**하여 해당 지지구조물을 고정시킬 것
④ 궤도 또는 차로 이동하는 항타기 또는 항발기에 대하여는 불시에 이동하는 것을 방지하기 위하여 **레일클램프 및 쐐기 등으로 고정**시킬 것
⑤ 상단 부분은 버팀대 · 버팀줄로 고정하여 안정시키고, 그 하단 부분은 견고한 **버팀 · 말뚝 또는 철골 등으로 고정**시킬 것

## 02
매슬로(Maslow A. H.)의 욕구단계 이론(인간의 욕구 5단계)을 나타내었다. 괄호에 적합한 내용을 적으시오. (6점)

(1) 제1단계 : ( ① )

(2) 제2단계 : ( ② )

(3) 제3단계 : 사회적 욕구

(4) 제4단계 : 존경 욕구

(5) 제5단계 : ( ③ )

**정답**
① 생리적 욕구
② 안전 욕구
③ 자아실현의 욕구

## 03
산업안전보건법 상의 안전보건표지 중 경고표지 종류를 4가지 적으시오.(단, 위험장소 경고는 제외한다) (4점)

**정답**
① 인화성물질 경고
② 산화성물질 경고
③ 폭발성물질 경고
④ 급성독성물질 경고
⑤ 부식성물질 경고
⑥ 방사성물질 경고
⑦ 고압전기 경고
⑧ 매달린 물체 경고
⑨ 낙하물 경고
⑩ 고온 경고
⑪ 저온 경고
⑫ 몸 균형 상실 경고
⑬ 레이저광선 경고
⑭ 발암성 · 변이원성 · 생식독성 · 전신독성 · 호흡기과민성물질 경고

## 04 달비계의 안전계수를 나타내었다. 괄호에 적합한 숫자를 적으시오. (4점)

[보기]
(1) 달기와이어로프 및 달기강선의 안전계수는 ( ① ) 이상
(2) 달기체인 및 달기훅의 안전계수는 ( ② ) 이상
(3) 달기강대와 달비계의 하부 및 상부지점의 안전계수는 강재의 경우 ( ③ )이상, 목재의 경우 ( ④ )이상

**정답**

① 10　② 5　③ 2.5　④ 5

**분석** 관련 법규에서 삭제된 내용입니다.

## 05 굴착면의 높이가 2미터 이상이 되는 지반 굴착(터널 및 수직갱 외의 갱 굴착은 제외한다)작업의 특별교육 내용 2가지를 적으시오.(단, 그 밖에 안전·보건관리에 필요한 사항은 제외할 것) (4점)

**정답**

① 지반의 형태·구조 및 굴착 요령에 관한 사항
② 지반의 붕괴 재해 예방에 관한 사항
③ 붕괴 방지용 구조물 설치 및 작업 방법에 관한 사항
④ 보호구의 종류 및 사용에 관한 사항

## 06 재해율 중 도수율과 연천인율을 계산하는 공식을 적으시오. (4점)

**정답**

1. 도수율 = $\dfrac{\text{재해 건수}}{\text{연 근로시간 수}} \times 10^6$

2. 연천인율 = $\dfrac{\text{연간 재해자 수}}{\text{연평균 근로자 수}} \times 1{,}000$

> **참고**
>
> 1. 강도율 = $\dfrac{\text{총 요양 근로손실일수}}{\text{연 근로시간 수}} \times 1{,}000$
>
> 2. 사망만인율 = $\dfrac{\text{사망자 수}}{\text{산재보험 적용 근로자수}} \times 10{,}000$
>
> 3. 재해율 = $\dfrac{\text{재해자 수}}{\text{산재보험 적용 근로자수}} \times 100$
>
> 4. 휴업 재해율 = $\dfrac{\text{휴업 재해자 수}}{\text{임금 근로자수}} \times 100$

**07** 차량계 건설기계를 사용하여 작업하는 경우 작성하여야 하는 작업계획서의 내용을 3가지 적으시오. (6점)

> **정답**
> ① 사용하는 차량계 건설기계의 종류 및 성능
> ② 차량계 건설기계의 운행경로
> ③ 차량계 건설기계에 의한 작업방법

**08** 사업주가 흙막이 지보공을 설치하였을 때에는 정기적으로 점검하고 이상을 발견하면 즉시 보수하여야 한다. 흙막이 지보공을 설치한 경우 점검하여야 하는 사항 4가지를 적으시오. (4점)

> **정답**
> ① 부재의 손상·변형·부식·변위 및 탈락의 유무와 상태
> ② 버팀대의 긴압의 정도
> ③ 부재의 접속부·부착부 및 교차부의 상태
> ④ 침하의 정도

> **참고**
>
> **터널지보공 설치 시 점검 항목**
>
> ① 부재의 손상·변형·부식·변위 탈락의 유무 및 상태
> ② 부재의 긴압의 정도
> ③ 부재의 접속부 및 교차부의 상태
> ④ 기둥침하의 유무 및 상태

## 09 강관비계의 구조에 관한 내용이다. 괄호에 적합한 내용을 적으시오. (6점)

[보기]

(1) 비계기둥 간격은 띠장 방향에서는 ( ① ) 이하, 장선 방향에서는 ( ② ) 이하로 할 것
다만, 다음 각 목의 어느 하나에 해당하는 작업의 경우에는 안전성에 대한 구조검토를 실시하고 조립도를 작성하면 띠장 방향 및 장선 방향으로 각각 ( ③ ) 이하로 할 수 있다.
　가. 선박 및 보트 건조작업
　나. 그 밖에 장비 반입·반출을 위하여 공간 등을 확보할 필요가 있는 등 작업의 성질상 비계기둥 간격에 관한 기준을 준수하기 곤란한 작업

(2) 띠장 간격은 ( ④ ) 이하로 할 것

(3) 비계기둥의 제일 윗부분으로부터 ( ⑤ ) 되는 지점 밑 부분의 비계기둥은 2본의 강관으로 묶어세울 것

(4) 비계기둥 간의 적재하중은 ( ⑥ )을 초과하지 않도록 할 것

**정답**
① 1.85m 이하　② 1.5m　③ 2.7m　④ 2.0m　⑤ 31m　⑥ 400kg

## 10 말비계 조립 시의 준수사항에 관한 내용 중 괄호 안에 적합한 내용을 적으시오. (4점)

[보기]

1. 지주부재의 하단에는 ( ① )를 하고, 양측 끝부분에 올라서서 작업하지 아니하도록 할 것

2. 지주부재와 수평면과의 기울기를 ( ② )도 이하로 하고, 지주부재와 지주부재 사이를 고정시키는 보조부재를 설치할 것

3. 말비계의 높이가 ( ③ )를 초과할 경우에는 작업발판의 폭을 ( ④ ) 이상으로 할 것

**정답**
① 미끄럼 방지 장치　② 75　③ 2미터　④ 40센티미터

## 11. 안전난간 설치 시 준수하여야 할 사항에 대하여 괄호에 적합한 내용을 적으시오. (4점)

[보기]

(1) 상부난간대는 바닥면 등으로 부터 ( ① ) 이상 지점에 설치할 것, 상부난간대를 120cm 이하에 설치하는 경우 중간난간대는 상부난간대와 바닥면 등의 중간에 설치할 것, 상부난간대를 120cm 이상 지점에 설치하는 경우 중간난간대를 2단 이상으로 균등하게 설치하고 난간의 상하 간격은 60cm 이하가 되도록 할 것
(2) 발끝막이판은 바닥면 등으로부터 ( ② ) 이상의 높이를 유지할 것
(3) 난간대는 지름 ( ③ ) 이상의 금속제 파이프나 그 이상의 강도가 있는 재료일 것
(4) 안전난간은 구조적으로 가장 취약한 지점에서 가장 취약한 방향으로 작용하는 ( ④ ) 이상의 하중에 견딜 수 있는 튼튼한 구조일 것

**정답**

① 90cm  ② 10cm  ③ 2.7cm  ④ 100kg(킬로그램)

**참고**

**안전난간의 구조 및 설치요건**

① 상부 난간대, 중간 난간대, 발끝 막이판 및 난간기둥으로 구성할 것
② 상부 난간대는 바닥면 등으로부터 90센티미터 이상 지점에 설치하고,
  - 상부 난간대를 120센티미터 이하에 설치하는 경우 : 중간 난간대는 상부 난간대와 바닥면 등의 중간에 설치
  - 120센티미터 이상 지점에 설치하는 경우 : 중간 난간대를 2단 이상으로 설치, 난간의 상하 간격은 60센티미터 이하가 되도록 할 것(다만, 난간기둥 간의 간격이 25센티미터 이하인 경우에는 중간 난간대를 설치하지 않을 수 있다.)
③ 발끝 막이판은 바닥면 등으로부터 10센티미터 이상의 높이를 유지할 것
④ 난간기둥은 상부 난간대와 중간 난간대를 견고하게 떠받칠 수 있도록 적정한 간격을 유지할 것
⑤ 상부 난간대와 중간 난간대는 난간 길이 전체에 걸쳐 바닥면 등과 평행을 유지할 것
⑥ 난간대는 지름 2.7센티미터 이상의 금속제 파이프나 그 이상의 강도가 있는 재료일 것
⑦ 안전난간은 구조적으로 가장 취약한 지점에서 가장 취약한 방향으로 작용하는 100킬로그램 이상의 하중에 견딜 수 있는 튼튼한 구조일 것

**12** 크레인 작업 시에 관계 근로자가 준수하여야 하는 사항 3가지를 적으시오. (6점)

> **정답**
> ① 인양할 하물(荷物)을 바닥에서 끌어당기거나 밀어내는 작업을 하지 아니할 것
> ② 유류드럼이나 가스통 등 운반 도중에 떨어져 폭발하거나 누출될 가능성이 있는 위험물 용기는 보관함(또는 보관고)에 담아 안전하게 매달아 운반할 것
> ③ 고정된 물체를 직접 분리·제거하는 작업을 하지 아니할 것
> ④ 미리 근로자의 출입을 통제하여 인양 중인 하물이 작업자의 머리 위로 통과하지 않도록 할 것
> ⑤ 인양할 하물이 보이지 아니하는 경우에는 어떠한 동작도 하지 아니할 것(신호하는 사람에 의하여 작업을 하는 경우는 제외한다)

**13** 보호구 안전인증 고시에 의한 추락 및 감전 위험방지용 안전모의 구조에 관한 내용이다. 설명에 해당하는 안전모의 용어를 적으시오. (4점)

> **[보기]**
> (1) ( ① )란 착용자의 머리 부위를 덮는 주된 물체로서 단단하고 매끄럽게 마감된 재료를 말한다.
> (2) ( ② )란 머리받침끈, 머리고정대 및 머리받침고리로 구성되어 추락 및 감전 위험방지용 안전모 머리 부위에 고정시켜 주며, 안전모에 충격이 가해졌을 때 착용자의 머리 부위에 전해지는 충격을 완화시켜 주는 기능을 갖는 부품을 말한다.

> **정답**
> ① 모체
> ② 착장체

# 2023년 4회 건설안전산업기사 필답형

## 01
화물의 낙하에 의하여 지게차의 운전자에게 위험을 미칠 우려가 있는 작업장에서 사용되는 지게차의 헤드가드가 갖추어야 하는 조건 2가지를 적으시오. (4점)

**정답**
① 상부 틀의 각 개구의 폭 또는 길이는 16센티미터 미만일 것
② 운전자가 앉아서 조작하거나 서서 조작하는 지게차의 헤드가드는 「한국산업표준」에서 정하는 높이 기준 이상일 것(좌식 : 903mm, 입식 : 1,905mm 이상)
③ 최대 하중의 2배(4톤을 넘는 값에 대해서는 4톤으로 한다.)에 해당하는 등분포정하중에 견딜 수 있는 강도를 가질 것

## 02
재해율 중 도수율과 강도율을 계산하는 공식을 적으시오. (4점)

**정답**

1. 도수율 = $\dfrac{\text{재해 건수}}{\text{연 근로시간 수}} \times 10^6$

2. 강도율 = $\dfrac{\text{총 요양 근로손실일수}}{\text{연 근로시간 수}} \times 1,000$

## 03
안전교육의 3단계 교육과정을 적으시오. (3점)

**정답**
① 제1단계 : **지식교육**
② 제2단계 : **기능교육**
③ 제3단계 : **태도교육**

**04** 비, 눈, 그 밖의 기상상태의 악화로 작업을 중지시킨 후 또는 비계를 조립·해체하거나 변경한 후에 그 비계에서 작업을 하는 경우 작업시작 전 점검하여야 하는 사항 3가지를 적으시오. (6점)

**정답**
① 발판재료의 손상여부 및 부착 또는 걸림 상태
② 당해 비계의 연결부 또는 접속부의 풀림 상태
③ 연결재료 및 연결 철물의 손상 또는 부식 상태
④ 손잡이의 탈락 여부
⑤ 기둥의 침하·변형·변위 또는 흔들림 상태
⑥ 로프의 부착상태 및 매단장치의 흔들림 상태

**05** 차량계 하역운반기계에 단위화물의 무게가 100킬로그램 이상인 화물을 싣는 작업 또는 내리는 작업을 하는 경우 작업지휘자의 준수사항 (작업지휘자의 임무) 3가지를 적으시오. (6점)

**정답**
① 작업 순서 및 그 순서마다의 작업 방법을 정하고 작업을 지휘할 것
② 기구 및 공구를 점검하고 불량품을 제거할 것
③ 해당 작업을 하는 장소에 관계 근로자가 아닌 사람이 출입하는 것을 금지할 것
④ 로프를 풀거나 덮개를 벗기는 작업을 행하는 때에는 적재함의 낙하할 위험이 없음을 확인한 후에 당해 작업을 하도록 할 것

## 06 산업안전보건법에 의한 사다리식 통로의 구조를 설명하고 있다. 괄호에 적합한 내용을 적으시오. (4점)

[보기]
(1) 발판과 벽과의 사이는 ( ① ) 이상의 간격을 유지할 것
(2) 폭은 ( ② ) 이상으로 할 것
(3) 사다리가 넘어지거나 미끄러지는 것을 방지하기 위한 조치를 할 것
(4) 사다리의 상단은 걸쳐놓은 지점으로부터 ( ③ ) 이상 올라가도록 할 것
(5) 사다리식 통로의 길이가 10미터 이상인 경우에는 5미터 이내마다 계단참을 설치할 것
(6) 사다리식 통로의 기울기는 ( ④ ) 이하로 할 것. 다만, 고정식 사다리식 통로의 기울기는 90도 이하로 하고, 그 높이가 7미터 이상인 경우에는 다음 각 목의 구분에 따른 조치를 할 것
- 등받이울이 있어도 근로자 이동에 지장이 없는 경우 : 바닥으로부터 높이가 2.5미터 되는 지점부터 등받이울을 설치할 것
- 등받이울이 있으면 근로자가 이동이 곤란한 경우 : 한국산업표준에서 정하는 기준에 적합한 개인용 추락 방지 시스템을 설치하고 근로자로 하여금 한국산업표준에서 정하는 기준에 적합한 전신 안전대를 사용하도록 할 것

**정답**  ① 15센티미터   ② 30센티미터   ③ 60센티미터   ④ 75도

## 07 강관비계의 조립간격(벽이음 간격)을 나타내었다. 괄호에 적합한 숫자를 적으시오. (5점)

| 비계 종류 | | 수직 방향 | 수평 방향 |
|---|---|---|---|
| 강관비계 | 단관비계 | ( ① )m | ( ② )m |
| | 틀비계(높이 5m 미만인 것 제외) | ( ③ )m | ( ④ )m |

**정답**  ① 5   ② 5   ③ 6   ④ 8

**08** 건설공사 도급인은 자신의 사업장에서 대통령령으로 정하는 기계·기구 또는 설비 등이 설치되어 있거나 작동하고 있는 경우 또는 이를 설치·해체·조립하는 등의 작업이 이루어지고 있는 경우에는 필요한 안전조치 및 보건조치를 하여야 한다. 설치·해체·조립하는 등의 작업을 하는 경우 건설공사 도급인이 안전보건조치를 하여야 하는 기계·기구 2가지를 적으시오. (4점)

**정답**
① 타워크레인
② 건설용 리프트
③ 항타기 및 항발기

**09** 산업안전보건법에 의하여 방호조치가 필요한 유해위험 기계기구이다. 적합한 방호장치 명을 적으시오. (6점)

[보기]
(1) 예초기    (2) 원심기    (3) 공기압축기

**정답**
(1) 예초기 : 날접촉 예방장치
(2) 원심기 : 회전체 접촉 예방장치
(3) 공기압축기 : 압력방출장치

**참고**
① 금속절단기 : 날접촉 예방장치
② 지게차 : 헤드가드, 백레스트, 전조등, 후미등, 안전벨트
③ 포장기계(진공포장기, 랩핑기) : 구동부 방호 연동장치

**10** 달비계를 설치하는 경우 사용할 수 없는 작업용 섬유로프 또는 안전대의 섬유벨트의 조건 2가지를 적으시오. (4점)

> **정답**
> ① 꼬임이 끊어진 것
> ② 심하게 손상되거나 부식된 것
> ③ 2개 이상의 작업용 섬유 로프 또는 섬유벨트를 연결한 것
> ④ 작업높이보다 길이가 짧은 것

**참고**

**달기체인 등 사용 금지 항목**

| | |
|---|---|
| 달기체인 | ① 달기 체인의 길이가 달기 체인이 제조된 때의 길이의 5퍼센트를 초과한 것<br>② 링의 단면지름이 달기 체인이 제조된 때의 해당 링의 지름의 10퍼센트를 초과하여 감소한 것<br>③ 균열이 있거나 심하게 변형된 것 |
| 와이어로프 | ① 이음매가 있는 것<br>② 와이어로프의 한 꼬임에서 끊어진 소선의 수가 10퍼센트 이상인 것<br>③ 지름의 감소가 공칭지름의 7퍼센트를 초과하는 것<br>④ 꼬인 것<br>⑤ 심하게 변형되거나 부식된 것<br>⑥ 열과 전기충격에 의해 손상된 것 |
| 화물자동차의 짐걸이로 사용하는 섬유로프 | ① 꼬임이 끊어진 것<br>② 심하게 손상 또는 부식된 것 |

## 11 다음 설명에 해당하는 기계 장치의 명칭을 적으시오. (6점)

> [보기]
> - ( ① )(이)란 동력을 사용하여 중량물을 매달아 상하 및 좌우로 운반하는 것을 목적으로 하는 기계 또는 기계장치를 말한다.
> - ( ② )(이)란 동력을 사용하여 사람이나 화물을 운반하는 것을 목적으로 하는 기계 설비를 말한다.
> - ( ③ )(이)란 건축물이나 고정된 시설물에 설치되어 일정한 경로에 따라 사람이나 화물을 승강장으로 옮기는 데에 사용되는 설비를 말한다.

**정답**
① 크레인   ② 리프트   ③ 승강기

**참고**

"곤돌라"란 달기발판 또는 운반구, 승강장치, 그 밖의 장치 및 이들에 부속된 기계부품에 의하여 구성되고, **와이어로프 또는 달기강선에 의하여 달기발판 또는 운반구가 전용 승강장치에 의하여 오르내리는 설비**를 말한다.
"호이스트"란 훅이나 그 밖의 달기구 등을 사용하여 **화물을 권상 및 횡행 또는 권상동작만을 하여 양중하는 것**을 말한다.

## 12 산업안전보건법에 의한 안전보건표지의 설치·부착에 관한 내용이다. 괄호에 적합한 내용을 적으시오. (4점)

> 안전보건표지의 표시를 명확히 하기 위하여 필요한 경우에는 그 안전보건표지의 주위에 표시사항을 글자로 덧붙여 적을 수 있다. 이 경우 글자는 ( ① ) 바탕에 검은색 ( ② )로 표기해야 한다.

**정답**
① 흰색   ② 한글고딕체

**13** 정보입력에 사용되는 표시장치 중 시각장치보다 청각장치를 사용하는 것이 더 유리한 경우 4가지를 적으시오. (4점)

**정답**
① 전언이 짧고, 간단할 때
② 즉각적인 행동을 요구할 때
③ 자주 움직이는 경우
④ 시각계통이 과부하일 때
⑤ 주위가 너무 밝거나 암조응일 때

**참고**

**시각장치가 유리한 경우**
① 전언이 길고, 복잡할 때
② 즉각적인 행동을 요구하지 않을 때
③ 한곳에 머무르는 경우
④ 청각계통이 과부하일 때
⑤ 주위가 너무 시끄러울 때

# 2024 건설안전산업기사 필답형 1회

**01** 사업주는 중대재해가 발생한 사실을 알게 된 경우에는 고용노동부장관에게 보고하여야 한다. 중대재해가 발생한 경우 보고해야 하는 사항 2가지를 적으시오. (4점)

> **정답**
> ① 발생 개요 및 피해 상황
> ② 조치 및 전망
> ③ 그 밖의 중요한 사항

**02** 작업발판 및 통로의 끝이나 개구부로서 근로자가 추락할 위험이 있는 장소에 하여야 하는 방호조치 3가지를 적으시오. (6점)

> **정답**
> ① 안전난간 설치
> ② 울타리 설치
> ③ 수직형 추락방망 또는 덮개 설치
> ④ 추락방호망 설치(안전난간 설치 곤란 또는 해체한 경우)

**03** 재해율 중 도수율과 강도율, 연천인율을 계산하는 공식을 적으시오. (6점)

> **정답**
> 1. 도수율 = $\dfrac{\text{재해 건수}}{\text{연 근로시간 수}} \times 10^6$
>
> 2. 강도율 = $\dfrac{\text{총 요양 근로손실일수}}{\text{연 근로시간 수}} \times 1,000$
>
> 3. 연천인율 = $\dfrac{\text{연간 재해자 수}}{\text{연평균 근로자 수}} \times 1,000$

> **참고**
>
> 1. 사망만인율 = $\dfrac{\text{사망자 수}}{\text{산재보험 적용 근로자 수}} \times 10{,}000$
>
> 2. 재해율 = $\dfrac{\text{재해자 수}}{\text{산재보험 적용 근로자 수}} \times 100$
>
> 3. 휴업 재해율 = $\dfrac{\text{휴업 재해자 수}}{\text{임금 근로자 수}} \times 100$

## 04 산업재해로 인한 경제적 손실 비용을 말하며 직접비와 간접비를 합한 금액을 무엇이라 하는가? (3점)

**정답**

총 재해비용(또는 재해손실비용)

> **참고**
>
> 하인리히의 총 재해비용 = 직접비 + 간접비
>                       ( 1  :  4 )

| 직접비 | 간접비 |
| --- | --- |
| • 치료비<br>• 휴업급여<br>• 요양급여<br>• 유족급여<br>• 장해급여<br>• 간병급여<br>• 직업재활급여<br>• 상병(傷病)보상연금<br>• 장의비 등 | • 인적 손실비<br>• 물적 손실비<br>• 생산 손실비<br>• 기계 · 기구 손실비 등 |

## 05
다음 [보기]는 안전보건 표지의 정의 및 제작에 관한 내용이다. 괄호에 적합한 내용을 적으시오. (4점)

> **[보기]**
> 1. 안전보건표지의 표시를 명확히 하기 위하여 필요한 경우에는 그 안전보건표지의 주위에 표시사항을 글자로 덧붙여 적을 수 있다. 이 경우 글자는 ( ① ) 바탕에 ( ② ) 한글 ( ③ )로 표기해야 한다.
> 2. 안전·보건표지 속의 그림 또는 부호의 크기는 안전·보건표지의 크기와 비례하여야 하며, 안전·보건표지 전체 규격의 ( ④ ) 이상이 되어야 한다.

**정답**
① 흰색  ② 검은색  ③ 고딕체  ④ 30%

## 06
콘크리트 옹벽의 종류 3가지를 적으시오. (3점)

**정답**
① 중력식 옹벽
② 반 중력식 옹벽
③ 캔틸레버(Cantilever)식 옹벽 : 역 T형, L형
④ 부벽식 옹벽

**참고**

**옹벽**

토압에 저항하는 가장 일반적인 구조물(토사가 무너지는 것을 방지하기 위해 설치하는 구조물)로 용지의 제한에 따른 토지의 최적 이용을 목적으로 설치하는 구조물을 말한다.

## 07 산업안전보건법에 의하여 중대재해에 해당하는 3가지 재해를 적으시오. (6점)

**정답**
① 사망자가 1인 이상 발생한 재해
② 3개월 이상 요양을 요하는 부상자가 동시에 2인 이상 발생한 재해
③ 부상자 또는 직업성 질병자가 동시에 10인 이상 발생한 재해

## 08 고소작업대를 이동하는 경우 준수하여야 하는 사항을 2가지 적으시오. (4점)

**정답**
① 작업대를 가장 낮게 하강시킬 것
② 작업대를 상승시킨 상태에서 작업자를 태우고 이동하지 말 것
③ 이동통로의 요철상태 또는 장애물의 유무 등을 확인할 것

## 09 흙막이 공법의 지지방식에 의한 분류 3가지를 적으시오. (3점)

**정답**
① 자립공법
② 버팀대공법
③ 어스앵커공법
④ 타이로드공법

**참고**

**구조방식에 의한 분류**
① H-PILE 공법
② 널말뚝공법
③ 지하연속벽공법
④ 탑다운공법

**10** 굴착작업 시 토사 등의 붕괴 또는 낙하에 의하여 근로자에게 위험을 미칠 우려가 있는 경우의 위험방지 조치사항 3가지를 적으시오. (6점)

**정답**
① 흙막이 지보공의 설치
② 방호망의 설치
③ 근로자의 출입 금지 등

**11** 잠함 · 우물통 · 수직갱 그밖에 이와 유사한 건설물 또는 설비의 내부에서 굴착작업을 하는 때에 준수하여야 하는 사항 3가지를 적으시오. (6점)

**정답**
① 산소결핍의 우려가 있는 때에는 **산소의 농도를 측정하는 자를 지명하여 측정하도록 할 것**
② **근로자가 안전하게 오르내리기 위한 설비를 설치할 것**
③ **굴착 깊이가 20미터를 초과하는 때에는 당해작업장소와 외부와의 연락을 위한 통신설비 등을 설치할 것**

**12** 안전관리 조직의 형태 3가지를 적으시오. (3점)

**정답**
① 라인(Line)형 또는 직계형
② 스태프(staff)형 또는 참모형
③ 라인 스태프(Line Staff)형 또는 혼합형

**참고**

| 라인(Line)형 or 직계형 | 스태프(staff)형 or 참모형 | 라인 스태프(Line Staff)형 or 혼합형 |
|---|---|---|
| ① **소규모 사업장**(100명이하 사업장)에 적용이 가능하다.<br>② 라인형 장점 : **명령 및 지시가 신속, 정확**하다.<br>③ 라인형 단점<br>　- **안전정보가 불충분**하다.<br>　- 라인에 과도한 책임이 부여될 수 있다.<br>④ 생산과 안전을 동시에 지시하는 형태이다. | ① **중규모 사업장**(100~1,000명 정도의 사업장)에 적용이 가능하다.<br>② 스태프형 장점 : **안전정보 수집이 용이하고 빠르다.**<br>③ 스태프 단점 : **안전과 생산을 별개로 취급**한다.<br>④ 생산부문은 안전에 대한 책임, 권한이 없다. | ① **대규모 사업장**(1,000명 이상 사업장)에 적용이 가능하다.<br>② 라인 스태프형 장점<br>　- 안전전문가에 의해 입안된 것을 경영자가 명령하므로 **명령이 신속, 정확**하다.<br>　- 안전정보 수집이 용이하고 빠르다.<br>③ 라인 스태프형 단점<br>　- 명령계통과 조언, 권고적 참여의 혼돈이 우려된다. |

**13** 터널공사 표준안전 작업지침에 의하여 터널 시공의 안전성을 사전에 확보하고 설계 시의 조사치와 비교 분석하여 현장조건에 적정하도록 수정, 보완하기 위하여 실시하는 터널의 계측 항목 3가지를 적으시오. (3점)

> **정답**
> ① 터널 내 육안조사
> ② 내공 변위 측정
> ③ 천단침하 측정
> ④ 록 볼트 인발시험
> ⑤ 지표면 침하측정
> ⑥ 지중 변위 측정
> ⑦ 지중 침하 측정
> ⑧ 지중 수평 변위 측정
> ⑨ 지하수위 측정
> ⑩ 록 볼트 축력 측정
> ⑪ 뿜어 붙이기 콘크리트 응력 측정
> ⑫ 터널 내 탄성파 속도 측정
> ⑬ 주변 구조물의 변형상태 조사

**14** 산업안전보건법에 의하여 건설재해예방전문지도기관으로 지정받기 위해서는 인력·시설 및 장비를 갖추어야 한다. 건설 산업재해 예방 업무를 하려는 법인의 경우 갖추어야 하는 장비 3가지를 적으시오. (6점)

> **정답**
> ① 가스농도 측정기
> ② 산소농도 측정기
> ③ 접지저항 측정기
> ④ 절연저항 측정기
> ⑤ 조도계

# 2024 2회 건설안전산업기사 필답형

## 01
[보기]의 안전대의 종류 중 안전그네식에만 사용 가능한 두 가지를 골라 그 번호를 적으시오. (4점)

[보기]
① 1개 걸이용  ② U자 걸이용  ③ 추락방지대  ④ 안전블록

**정답**
③, ④

**참고**

| 종류 | 사용 구분 |
|---|---|
| 벨트식 | 1개 걸이용 |
|  | U자 걸이용 |
| 안전그네식 | 추락방지대 |
|  | 안전블록 |

## 02
하인리히의 재해손실비 중 간접비의 항목 3가지를 적으시오. (6점)

**정답**
① 인적손실비
② 물적손실비
③ 생산 손실비
④ 기계·기구 손실비

> **참고**
>
> **직접비의 항목**
> ① 치료비　② 휴업급여　③ 요양급여
> ④ 유족급여　⑤ 장해급여　⑥ 간병급여
> ⑦ 직업재활급여　⑧ 상병(傷病)보상연금　⑨ 장의비

**03** 산업안전보건법에 의한 안전인증 대상 안전모의 용도에 대한 설명이다. 설명에 해당하는 안전모의 종류(사용 구분)를 적으시오. (2점)

> **[보기]**
> 물체의 낙하 또는 비래 및 추락에 의한 위험을 방지 또는 경감하고, 머리 부위 감전에 의한 위험을 방지하기 위한 것

**정답**
ABE형

> **참고**
>
> ① AB형 : 물체의 낙하 또는 비래 및 추락에 의한 위험을 방지 또는 경감시키기 위한 것
> ② AE형 : 물체의 낙하 또는 비래에 의한 위험을 방지 또는 경감하고, 머리 부위 감전에 의한 위험을 방지하기 위한 것

**04** 차량계 건설기계를 사용하는 작업에서 작성하여야 하는 작업계획서에 포함하여야 하는 사항 2가지를 적으시오. (4점)

**정답**
① 사용하는 차량계 건설기계의 종류 및 성능
② 차량계 건설기계의 운행 경로
③ 차량계 건설기계에 의한 작업 방법

**05** 근로자 500명이 근무하던 사업장에서 15건의 재해로 18명의 요양재해자가 발생하였다. 도수율을 구하시오. (단, 1일 8시간, 연간 280일 근무) (4점)

정답

$$도수율 = \frac{재해\ 건수}{연\ 근로시간\ 수} \times 10^6$$

$$도수율 = \frac{15}{500 \times 8 \times 280} \times 10^6 = 13.39$$

**06** 차량계 건설기계 중 도저형 기계와 천공용 기계를 각각 2가지씩 적으시오. (4점)

정답

(1) 도저형 기계
   ① 불도저   ② 스트레이트도저   ③ 틸트도저   ④ 앵글도저   ⑤ 버킷도저

(2) 천공용 기계
   ① 어스드릴   ② 어스오거   ③ 크롤러드릴   ④ 점보드릴

**07** 산업재해 통계 작성 시의 유의사항 3가지를 적으시오. (6점)

정답

① 재해요소를 정확히 파악하여 작성할 것
② 재해 통계는 구체적으로 표시하고 내용은 이해하기 쉬울 것
③ 활용 목적에 맞게 충분한 내용을 포함할 것

## 08 타워크레인의 악천후 시 조치에 관한 내용이다. 괄호에 적합한 숫자를 적으시오. (4점)

> 1. 순간풍속이 초당 ( ① )미터를 초과하는 경우 타워크레인의 설치·수리·점검 또는 해체작업을 중지한다.
> 2. 순간풍속이 초당 ( ② )미터를 초과하는 경우 타워크레인의 운전 작업을 중지한다.

**정답**

① 10  ② 15

**참고**

① 순간풍속이 초당 10미터를 초과 : 타워크레인의 설치·수리·점검 또는 해체작업을 중지
② 순간풍속이 초당 15미터를 초과 : 타워크레인의 운전작업을 중지
③ 순간풍속이 초당 30미터를 초과 : 옥외에 설치되어 있는 주행 크레인 이탈방지조치
④ 순간풍속이 초당 30미터를 초과하는 바람이 불거나 중진(中震) 이상 진도의 지진이 있은 후 : 옥외 양중기 각 부위 이상 점검
⑤ 순간풍속이 초당 35미터를 초과 : 옥외 승강기 및 건설용 리프트(지하에 설치되어 있는 것은 제외)에 대하여 받침의 수를 증가시키는 등 승강기가 무너지는 것을 방지하기 위한 조치

## 09 고소작업대를 이동하는 경우 사업주가 준수하여야 하는 사항을 3가지 적으시오. (6점)

**정답**

① 작업대를 가장 낮게 하강시킬 것
② 작업대를 상승시킨 상태에서 작업자를 태우고 이동하지 말 것
③ 이동통로의 요철상태 또는 장애물의 유무 등을 확인할 것

**10** 말비계 조립 시의 준수사항(말비계의 구조)를 설명하였다. 괄호에 적합한 내용을 적으시오. (6점)

> 1. 지주부재의 하단에는 ( ① )를 하고, 양측 끝부분에 올라서서 작업하지 아니하도록 할 것
> 2. 지주부재와 수평면과의 기울기를 ( ② )도 이하로 하고, 지주부재와 지주부재 사이를 고정시키는 보조부재를 설치할 것
> 3. 말비계의 높이가 2미터를 초과할 경우에는 작업발판의 폭을 ( ③ )센터미터 이상으로 할 것

**정답**

① 미끄럼 방지 장치   ② 75   ③ 40


**11** 비계(달비계·달대비계 및 말비계를 제외한다)의 높이가 2미터 이상인 작업 장소에는 작업발판을 설치하여야 한다. 작업발판 설치기준에 관한 다음 괄호에 적합한 내용을 적으시오. (6점)

> 1. 높이가 2미터 이상인 장소에 설치하는 작업발판의 폭은 ( ① ) 이상으로 하고, 발판 재료 간의 틈은 ( ② ) 이하로 할 것
> 2. 작업발판 재료는 뒤집히거나 떨어지지 아니하도록 ( ③ ) 이상의 지지물에 연결하거나 고정시킬 것

**정답**

① 40cm   ② 3cm   ③ 2

> **참고**
>
> **작업발판 설치기준**
> ① 발판재료 : 작업 시의 하중을 견딜 수 있도록 견고한 것으로 할 것
> ② 발판의 폭 : 40cm 이상으로 하고, 발판 재료간의 틈 : 3cm 이하로 할 것
> ③ 추락의 위험성이 있는 장소에는 안전난간을 설치할 것
> ④ 작업발판의 지지물 : 하중에 의하여 파괴될 우려가 없는 것을 사용할 것
> ⑤ 작업발판 재료는 뒤집히거나 떨어지지 아니하도록 2 이상의 지지물에 연결하거나 고정시킬 것
> ⑥ 작업에 따라 이동시킬 때에는 위험방지 조치를 할 것
> ⑦ 선박 및 보트 건조작업에서 선박블록 또는 엔진실 등의 좁은 작업공간에 작업발판을 설치하는 경우 : 작업발판의 폭을 30센티미터 이상으로 할 수 있고, 걸침비계의 경우 발판재료 간의 틈을 3센티미터 이하로 유지하기 곤란하면 5센티미터 이하로 할 수 있다.

**12** 사업주가 근로자에게 실시해야 하는 안전보건교육의 [보기]에 적합한 교육시간을 적으시오. (4점)

[보기]
① 근로계약기간이 1주일 초과 1개월 이하인 기간제근로자의 채용 시의 교육 : (　　)시간 이상
② 일용근로자 및 근로계약기간이 1주일 이하인 기간제 근로자를 제외한 근로자의 작업내용 변경 시의 교육 : (　　)시간 이상
③ 건설업 기초안전보건교육 : (　　)시간
④ 사무직 종사 근로자의 정기교육 : 매 반기 (　　)시간 이상

**정답**

① 4　② 1　③ 4　④ 6

> 참고

**[사업주가 근로자에게 실시해야 하는 안전보건교육의 교육시간]**

### 가. 근로자 안전보건교육

| 교육과정 | 교육대상 | | 교육시간 |
|---|---|---|---|
| 가. 정기교육 | 1) 사무직 종사 근로자 | | 매반기 6시간 이상 |
| | 2) 그 밖의 근로자 | 가) 판매업무에 직접 종사하는 근로자 | 매반기 6시간 이상 |
| | | 나) 판매업무에 직접 종사하는 근로자 외의 근로자 | 매반기 12시간 이상 |
| 나. 채용 시의 교육 | 1) 일용근로자 및 근로계약기간이 1주일 이하인 기간제 근로자 | | 1시간 이상 |
| | 2) 근로계약기간이 1주일 초과 1개월 이하인 기간제 근로자 | | 4시간 이상 |
| | 3) 그 밖의 근로자 | | 8시간 이상 |
| 다. 작업내용 변경 시의 교육 | 1) 일용근로자 및 근로계약기간이 1주일 이하인 기간제 근로자 | | 1시간 이상 |
| | 2) 그 밖의 근로자 | | 2시간 이상 |
| 라. 특별교육 | 1) 일용근로자 및 근로계약기간이 1주일 이하인 기간제 근로자(타워크레인신호작업에 종사하는 근로자 제외) | | 2시간 이상 |
| | 2) 일용근로자 및 근로계약기간이 1주일 이하인 기간제 근로자 중 타워크레인신호작업에 종사하는 근로자 | | 8시간 이상 |
| | 3) 일용근로자 및 근로계약기간이 1주일 이하인 기간제 근로자를 제외한 근로자 | | 가) 16시간 이상(최초 작업에 종사하기 전 4시간 이상 실시하고 12시간은 3개월 이내에서 분할하여 실시 가능) 나) 단기간 작업 또는 간헐적 작업인 경우에는 2시간 이상 |
| 마. 건설업 기초안전·보건교육 | 건설 일용근로자 | | 4시간 이상 |

### 나. 관리감독자 안전보건교육

| 교육과정 | 교육시간 |
|---|---|
| 가. 정기교육 | 연간 16시간 이상 |
| 나. 채용 시 교육 | 8시간 이상 |
| 다. 작업내용 변경 시 교육 | 2시간 이상 |
| 라. 특별교육 | 16시간 이상(최초 작업에 종사하기 전 4시간 이상 실시하고, 12시간은 3개월 이내에서 분할하여 실시 가능) |
| | 단기간 작업 또는 간헐적 작업인 경우에는 2시간 이상 |

**13** 건설공사에서 유해·위험방지계획서를 제출하는 경우 첨부하여야 할 서류 중 공사개요서와 함께 첨부해야 하는 서류 4가지를 적으시오. (4점)

**정답**
① 공사현장의 주변 현황 및 주변과의 관계를 나타내는 도면(매설물 현황을 포함한다)
② 건설물, 사용 기계설비 등의 배치를 나타내는 도면
③ 전체 공정표
④ 산업안전보건관리비 사용계획
⑤ 안전관리 조직표
⑥ 재해 발생 위험 시 연락 및 대피방법

**참고**

**건설공사 유해·위험방지계획서 첨부 서류**

1. 공사 개요 및 안전보건관리계획
   ① 공사 개요서
   ② 공사현장의 주변 현황 및 주변과의 관계를 나타내는 도면(매설물 현황을 포함한다)
   ③ 건설물, 사용 기계설비 등의 배치를 나타내는 도면
   ④ 전체 공정표
   ⑤ 산업안전보건관리비 사용계획
   ⑥ 안전관리 조직표
   ⑦ 재해 발생 위험 시 연락 및 대피방법
2. 작업 공사 종류별 유해·위험방지계획

# 2024 건설안전산업기사 필답형 3회

**01** 산업안전보건법에 의한 작업장의 적정공기 수준을 설명하였다. 괄호에 적합한 숫자를 적으시오. (6점)

> 1. 산소농도의 범위가 18% 이상 23.5% 미만
> 2. 탄산가스의 농도가 ( ① )% 미만
> 3. 일산화탄소의 농도가 ( ② )ppm 미만
> 4. 황화수소의 농도가 ( ③ )ppm 미만

**정답**
① 1.5  ② 30  ③ 10

**02** 안전인증 대상 안전모를 설명하고 있다. 다음 물음에 답하시오. (4점)

(1) 설명에 해당하는 안전모의 종류를 적으시오.

> - ( ① ) : 물체의 낙하 또는 비래 및 추락에 의한 위험을 방지 또는 경감시키기 위한 것
> - ( ② ) : 물체의 낙하 또는 비래에 의한 위험을 방지 또는 경감하고, 머리부위 감전에 의한 위험을 방지하기 위한 것
> - ( ③ ) : 물체의 낙하 또는 비래 및 추락에 의한 위험을 방지 또는 경감하고, 머리 부위 감전에 의한 위험을 방지하기 위한 것

(2) 내 전압성이란 몇 V에 견디는 것을 말하는가?

**정답**
(1) ① AB형   ② AE형   ③ ABE형
(2) 7,000V 이하

## 03 흙의 동상현상 방지 대책 2가지를 적으시오. (4점)

**정답**
① 모관수의 상승을 차단하기 위하여 지하수위 상층에 조립토층을 설치한다.
② 지표의 흙을 화학약품으로 처리한다.
③ 흙 속에 단열 재료를 매입한다.
④ 배수구를 설치하여 지하수위를 저하시킨다.
⑤ 동결되지 않은 흙으로 치환한다.

## 04 흙막이 지보공을 설치한 때 점검하여야 하는 사항 4가지를 적으시오. (4점)

**정답**
① 부재의 손상·변형·부식·변위 및 탈락의 유무와 상태
② 버팀대의 긴압의 정도
③ 부재의 접속부·부착부 및 교차부의 상태
④ 침하의 정도

## 05 거푸집 및 지보공(동바리)의 시공 시에 고려하여야 하는 하중의 종류 3가지를 적으시오. (6점)

**정답**
① 연직방향 하중
② 횡방향 하중
③ 콘크리트의 측압
④ 특수하중
⑤ 위의 ① ~ ④ 항목의 하중에 안전율을 고려한 하중

## 06 [보기]의 설명에 해당하는 현상의 명칭을 적으시오. (4점)

> [보기]
> (1) 연약한 점토 지반에서 굴착에 의한 흙막이 내·외면의 흙의 중량 차이(토압)로 인해 굴착 저면이 부풀어 올라오는 현상을 말한다.
> (2) 사질토 지반에서 굴착 저면과 흙막이 배면과의 수위 차이로 인해 굴착 저면의 흙과 물이 함께 위로 솟구쳐 오르는 현상(모래의 액상화 현상)을 말한다.

**정답**
(1) 히빙 현상
(2) 보일링 현상

## 07 발파작업 시에는 암질 변화 구간 및 이상 암질의 출현 시 반드시 암질 판별을 실시하여야 한다. 암질 판별법 4가지를 적으시오. (4점)

**정답**
① RQD(Rock Quality Designation) : 암반지수
② RMR(Rock Mass Rating) : 암반 상태
③ 일축 압축 강도
④ 탄성파 속도
⑤ 진동치 속도

**분석** 관련 법규에서 삭제된 내용이나 출제되었습니다.

## 08
채석작업 시에 작성하여야 하는 작업계획서에 포함하여야 하는 사항 4가지를 적으시오. (4점)

**정답**
① 노천 굴착과 갱내 굴착의 구별 및 채석 방법
② 굴착면의 높이와 기울기
③ 굴착면 소단(小段)의 위치와 넓이
④ 갱내에서의 낙반 및 붕괴 방지 방법
⑤ 발파방법
⑥ 암석의 분할 방법
⑦ 암석의 가공 장소
⑧ 사용하는 굴착 기계·분할 기계·적재 기계 또는 운반기계(이하 "굴착 기계 등"이라 한다)의 종류 및 성능
⑨ 토석 또는 암석의 적재 및 운반 방법과 운반 경로
⑩ 표토 또는 용수(湧水)의 처리 방법

**특급암기법**
발파 → 분할 → 가공 → 적재 및 운반 → 낙반 및 붕괴 방지

## 09
비·눈 그 밖의 기상상태의 불안정으로 인하여 날씨가 몹시 나빠서 작업을 중지시킨 후 또는 비계를 조립·해체하거나 또는 변경한 후 그 비계에서 작업을 하는 때에는 작업 시작 전 비계를 점검하여야 한다. 비계를 조립·해체, 변경한 후 작업 시작 전 점검 항목을 4가지 적으시오. (4점)

**정답**
① 발판 재료의 손상 여부 및 부착 또는 걸림 상태
② 당해 비계의 연결부 또는 접속부의 풀림 상태
③ 연결 재료 및 연결철물의 손상 또는 부식상태
④ 손잡이의 탈락 여부
⑤ 기둥의 침하·변형·변위 또는 흔들림 상태
⑥ 로프의 부착상태 및 매단 장치의 흔들림 상태

**특급암기법**
비계(연결부, 연결재료) → 발판 → 손잡이 → 비계기둥

**10** 사업주가 근로자에게 실시해야 하는 안전보건교육의 [보기]에 적합한 교육시간을 적으시오. (6점)

> [보기]
> ① 관리감독자의 정기교육 : 연간 (　)시간 이상
> ② 일용근로자 및 근로계약기간이 1주일 이하인 기간제 근로자의 작업내용 변경 시의 교육 : (　)시간 이상
> ③ 건설업 기초안전보건교육 : (　)시간

**정답**

① 16　② 1　③ 4

> 참고

**[사업주가 근로자에게 실시해야 하는 안전보건교육의 교육시간]**

**가. 근로자 안전보건교육**

| 교육과정 | 교육대상 | | 교육시간 |
|---|---|---|---|
| 가. 정기교육 | 1) 사무직 종사 근로자 | | 매반기 6시간 이상 |
| | 2) 그 밖의 근로자 | 가) 판매업무에 직접 종사하는 근로자 | 매반기 6시간 이상 |
| | | 나) 판매업무에 직접 종사하는 근로자 외의 근로자 | 매반기 12시간 이상 |
| 나. 채용 시의 교육 | 1) 일용근로자 및 근로계약기간이 1주일 이하인 기간제 근로자 | | 1시간 이상 |
| | 2) 근로계약기간이 1주일 초과 1개월 이하인 기간제 근로자 | | 4시간 이상 |
| | 3) 그 밖의 근로자 | | 8시간 이상 |
| 다. 작업내용 변경 시의 교육 | 1) 일용근로자 및 근로계약기간이 1주일 이하인 기간제 근로자 | | 1시간 이상 |
| | 2) 그 밖의 근로자 | | 2시간 이상 |
| 라. 특별교육 | 1) 일용근로자 및 근로계약기간이 1주일 이하인 기간제 근로자(타워크레인신호작업에 종사하는 근로자 제외) | | 2시간 이상 |
| | 2) 일용근로자 및 근로계약기간이 1주일 이하인 기간제 근로자 중 타워크레인신호작업에 종사하는 근로자 | | 8시간 이상 |
| | 3) 일용근로자 및 근로계약기간이 1주일 이하인 기간제 근로자를 제외한 근로자 | | 가) 16시간 이상(최초 작업에 종사하기 전 4시간 이상 실시하고 12시간은 3개월 이내에서 분할하여 실시 가능)<br>나) 단기간 작업 또는 간헐적 작업인 경우에는 2시간 이상 |
| 마. 건설업 기초안전·보건교육 | 건설 일용근로자 | | 4시간 이상 |

**나. 관리감독자 안전보건교육**

| 교육과정 | 교육시간 |
|---|---|
| 가. 정기교육 | 연간 16시간 이상 |
| 나. 채용 시 교육 | 8시간 이상 |
| 다. 작업내용 변경 시 교육 | 2시간 이상 |
| 라. 특별교육 | 16시간 이상(최초 작업에 종사하기 전 4시간 이상 실시하고, 12시간은 3개월 이내에서 분할하여 실시 가능) |
| | 단기간 작업 또는 간헐적 작업인 경우에는 2시간 이상 |

**11** 위험기계기구 안전인증 고시에 의한 와이어로프와 드럼 등과의 연결을 위한 와이어로프 단말 고정 클립의 수를 적으시오. (6점)

| [보기] ||
|---|---|
| 로프 지름(mm) | 클립 수 |
| 16 이하 | ( ① )개 |
| 16 초과 28 이하 | ( ② )개 |
| 28 초과 | ( ③ )개 이상 |

**정답**

① 4  ② 5  ③ 6

**12** 산업안전보건법에 의한 누전차단기를 접속할 때의 준수사항에 관한 내용이다. 괄호에 적합한 내용을 적으시오. (4점)

> 전기기계·기구에 설치되어 있는 누전 차단기는 정격감도전류가 ( ① ) 이하이고 작동시간은 ( ② ) 이내일 것. 다만, 정격전부하전류가 50암페어 이상인 전기기계·기구에 접속되는 누전 차단기는 오작동을 방지하기 위하여 정격감도전류는 ( ③ ) 이하로, 작동시간은 ( ④ ) 이내로 할 수 있다.

**정답**

① 30밀리암페어(mA)
② 0.03초
③ 200밀리암페어(mA)
④ 0.1초

**13** 고소작업대를 설치하는 때의 준수사항에 관한 내용이다. 괄호에 적합한 내용을 적으시오. (4점)

> (1) 작업대를 와이어로프 또는 체인으로 상승 또는 하강시킬 때에는 와이어로프 또는 체인이 끊어져 작업대가 낙하하지 아니하는 구조이어야 하며, 와이어로프 또는 체인의 안전율은 ( ① ) 이상일 것
> (2) 작업대에 끼임·충돌 등 재해를 예방하기 위한 가드 또는 ( ② )를 설치할 것

**정답**
① 5
② 과상승 방지장치

**참고**

**고소작업대를 설치하는 때에는 다음 각 호에 해당하는 것을 설치하여야 한다.**
① 작업대를 와이어로프 또는 체인으로 상승 또는 하강시킬 때에는 와이어로프 또는 체인이 끊어져 작업대가 낙하하지 아니하는 구조이어야 하며, 와이어로프 또는 체인의 안전율은 5 이상일 것
② 작업대를 유압에 의하여 상승 또는 하강시킬 때에는 작업대를 일정한 위치에 유지할 수 있는 장치를 갖추고 압력의 이상저하를 방지할 수 있는 구조일 것
③ 권과방지장치를 갖추거나 압력의 이상상승을 방지할 수 있는 구조일 것
④ 붐의 최대 지면경사각을 초과 운전하여 전도되지 않도록 할 것
⑤ 작업대에 정격하중(안전율 5 이상)을 표시할 것
⑥ 작업대에 끼임·충돌 등 재해를 예방하기 위한 가드 또는 과상승 방지장치를 설치할 것
⑦ 조작반의 스위치는 눈으로 확인할 수 있도록 명칭 및 방향표시를 유지할 것

# FINAL
# SMART BOOK
# 작업형

| | | |
|---|---|---|
| **01** | 건설장비 관련 문제 | 002 |
| **02** | 건설안전 일반<br>(법규 관련 문제) | 010 |
| **03** | 건축시공 관련 문제 | 084 |
| **04** | 동영상 확인 문제 | 100 |

# 01 건설장비 관련 문제

01 동영상에서는 건설기계를 이용하여 잔골재를 밀고 있는 작업을 보여준다.
   (1) 건설기계의 명칭을 적으시오.
   (2) 동영상에서 보여주는 기계의 용도를 적으시오.
   (3) 차량계 건설기계를 사용하여 작업을 하는 때에 작성하여야 하는 작업계획서의 내용 2가지를 적으시오.

사진 출처 : 캐터 필라 건설기계

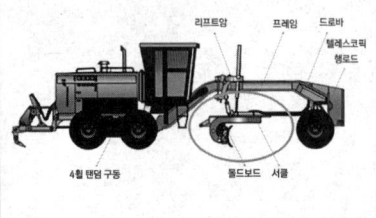

사진 출처 : 중기 114

(1) 기계의 명칭 : 모터그레이더
(2) 용도
   ① 지반의 정지작업(땅을 깎아 고르는 작업)
   ② 도랑파기
   ③ 제설작업
(3) 작업계획의 내용
   ① 사용하는 차량계 건설기계의 종류 및 성능
   ② 차량계 건설기계의 운행 경로
   ③ 차량계 건설기계에 의한 작업 방법

> 참고

모터그레이더(Motor grader) : 토공판을 작동시켜 지면의 정지작업(땅을 깎아 고르는 작업)을 하는데 사용된다.

## 02 동영상은 터널 굴착 장비를 조립하고 이를 이용하여 굴착 및 토사운반 작업 과정을 보여주고 있다.

(1) 동영상에서 보여주는 기계의 명칭을 적으시오.
(2) 동영상의 기계가 할 수 있는 작업의 종류(용도) 2가지를 적으시오.

사진 출처 : 한화건설

(1) 기계의 명칭 : 스크레이퍼

(2) 작업의 종류
    ① 토사의 굴삭(굴착)
    ② 토사의 적재
    ③ 토사의 운반
    ④ 지반 고르기

03 동영상에서 보여주고 있는 장비에 대하여 다음 물음에 답하시오.

(1) 본 장비의 명칭을 적으시오.
(2) 본 장비의 용도(사용되는 작업) 2가지를 적으시오.

(1) 명칭 : 클램셸

(2) 용도
   ① 수중굴착
   ② 연약지반 굴착
   ③ 좁은 장소의 깊은 굴착

04 동영상에서 보여주는 (1) 기계의 명칭을 적으시오. (2) 기계의 용도를 적으시오.

사진 출처 : https://blog.daum.net/kmozzart/13288

사진 출처 : 나무위키

(1) 명칭 : 아스팔트 피니셔
(2) 용도 : 아스팔트 콘크리트의 포장

## 05 영상에서 보여주는 (1) 건설기계의 명칭과 (2) 용도 3가지를 적으시오.

사진 출처 : 제원포장건설

(1) 명칭 : 타이어 롤러

(2) 용도
　① 아스팔트 포장의 마무리 다짐
　② 점성토의 다짐
　③ 노반의 표면 다짐

06 영상에서 보여주는 건설기계의 명칭과 용도(기능) 1가지를 기술하시오.

사진 출처 : Engineering Help

사진 출처 : 나무위키

(1) 명칭 : 탠덤롤러

(2) 용도
   ① 점성토나 자갈, 쇄석의 다짐
   ② 아스팔트 포장의 마무리 다짐

> 참고

탠덤롤러 : 전륜, 후륜 각 1개의 철륜을 가진 롤러이다.

07 동영상에서는 차량계 건설기계가 작업을 하는 모습을 보여준다.

(1) 동영상에서 보여주는 기계의 명칭을 적으시오.

(2) 기계의 용도를 2가지 적으시오.

(3) 차량계 건설기계를 사용하여 작업을 하는 때에 작성하여야 하는 작업계획서의 내용 2가지를 적으시오.

사진 출처 : 나무위키

사진 출처 : 나무위키

(1) 기계 명칭 : 로더

(2) 기계의 용도
   ① 골재 등의 운반
   ② 골재 등의 상차
   ③ 흙을 퍼 나르는 작업

(3) 작업계획의 내용
   ① 사용하는 차량계 건설기계의 종류 및 성능
   ② 차량계 건설기계의 운행 경로
   ③ 차량계 건설기계에 의한 작업 방법

08 동영상에서 보여주는 건설장비의 명칭과 용도를 3가지 적으시오.

(1) 기계의 명칭 : 불도저

(2) 작업 용도
① 흙의 굴착
② 흙의 적재 및 운반
③ 지반의 정지(고르기) 작업

**주의** 흙을 밀고 가는 작업을 하는 것은 불도저, 흙을 싣고 가는 작업을 하는 것은 로더입니다.
영상을 확인하고 답을 적으세요!

09 동영상을 보고 다음 물음에 답하시오.
(1) 영상에서 보여주는 차량용 건설기계의 명칭을 적으시오.
(2) 콘크리트를 비비기로 부터 치기가 끝날 때까지의 시간은 ( ① )℃를 넘었을 때는 ( ② )시간, ( ① )℃ 이하일 때는 ( ③ )시간을 넘어서는 안 된다.

(1) 콘크리트 믹서 트럭
(2) ① 25  ② 1.5  ③ 2


10 화면에서는 콘크리트 믹서 트럭의 바퀴를 물로 닦는 장면을 보여준다. 화면에서 보여주는 장비의 명칭과 용도(효과)를 적으시오.

사진 출처 : 동서 세륜기

사진 출처 : 동서 세륜기

(1) 명칭 : 세륜기
(2) 용도(효과)
    ① 비산먼지 발생 억제
    ② 바퀴의 분진 및 토사 제거

# 02 건설안전 일반(법규 관련 문제)

01 건설공사의 수급인은 가설구조물의 붕괴 등 재해 발생 위험이 높다고 판단되는 경우에는 전문가의 의견을 들어 건설공사를 발주한 도급인에게 설계변경을 요청할 수 있다. 재해 발생 위험이 높다고 판단되어 설계변경을 요청할 수 있는 구조물의 종류 3가지를 적으시오.

① 높이 31미터 이상인 비계
② 작업발판 일체형 거푸집 또는 높이 5미터 이상인 거푸집 동바리
③ 터널의 지보공 또는 높이 2미터 이상인 흙막이 지보공
④ 동력을 이용하여 움직이는 가설구조물

02 동영상은 현장에서 자재운반을 위하여 지게차를 이용하는 모습을 보여준다. 차량계 하역운반기계에 화물적재 시에 준수하여야 하는 사항 3가지를 적으시오.

① 하중이 한쪽으로 치우치지 않도록 적재할 것
② 구내운반차 또는 화물자동차의 경우 화물의 붕괴 또는 낙하에 의한 위험을 방지하기 위하여 화물에 로프를 거는 등 필요한 조치를 할 것
③ 운전자의 시야를 가리지 않도록 화물을 적재할 것
④ 화물을 적재하는 경우에는 최대적재량을 초과해서는 아니 된다.

03 동영상에서는 차량계 건설기계 작업을 보여준다. 차량계 건설기계 작업 시의 기계의 넘어짐(전도, 전락) 방지 및 근로자와의 접촉방지를 위한 조치사항 3가지를 적으시오.

① 유도자 배치
② 지반의 부동침하방지
③ 갓길의 붕괴방지
④ 도로의 폭 유지

>> 참고

**차량계 하역운반기계의 넘어짐(전도) 방지 조치**

① 유도자 배치
② 지반의 부동침하방지
③ 갓길의 붕괴방지

04 동영상에서는 차량계 건설기계 작업을 보여준다. 차량계 건설기계를 이송하기 위하여 자주 또는 견인에 의하여 화물자동차 등에 싣거나 내리는 작업에 있어서 차량계 건설기계의 넘어짐(전도 또는 전락)에 의한 위험을 방지하기 위하여 준수하여야 하는 사항 3가지를 적으시오.

① 싣거나 내리는 작업을 **평탄하고 견고한 장소에서 할 것**
② 발판을 사용하는 때에 충분한 **길이·폭 및 강도**를 가진 것을 사용하고 적당한 경사를 유지하기 위하여 견고하게 설치할 것
③ 가설대 등을 사용하는 때에는 **충분한 폭 및 강도와 적당한 경사를 확보할 것**

05 동영상은 이동식 크레인 작업을 하고 있다. 작업시작 전 점검사항 3가지를 쓰시오.

① 권과 방지장치 및 그 밖의 경보장치 기능
② 브레이크, 클러치 및 조정장치의 기능
③ 와이어로프가 통하는 곳 및 작업장소 지반의 상태

> 참고

작업시작·전 점검

| | |
|---|---|
| 크레인 | ① 권과방지장치·브레이크·클러치 및 운전장치의 기능<br>② 주행로의 상측 및 트롤리가 횡행(橫行)하는 레일의 상태<br>③ 와이어로프가 통하고 있는 곳의 상태 |
| 리프트 | ① 방호장치·브레이크 및 클러치의 기능<br>② 와이어로프가 통하고 있는 곳의 상태 |
| 곤돌라 | ① 방호장치·브레이크의 기능<br>② 와이어로프·슬링와이어 등의 상태 |

06 동영상에서는 상승식 크레인을 보여준다. 영상과 같이 구조물 위에 크레인을 설치할 경우 구조적인 안전성 확보를 위해 검토하여야 하는 사항 3가지를 적으시오.

① 마스트의 안전성
② 기초 앵커의 안전성
③ 기초 콘크리트의 안전성

> 참고

상승식 크레인(climbing crane): 건축 중인 구조물 위에 설치된 크레인으로서 구조물의 높이가 증가함에 따라 자체의 상승 장치에 의해 수직 방향으로 상승시킬 수 있는 크레인을 말한다.

07 크레인의 고리 걸이 장비 중 샤클 사용 시의 안전수칙 3가지를 적으시오.

① 샤클은 반드시 최대 사용 하중 이하의 하중에서 사용할 것
② 샤클의 볼트·너트 및 핀은 규정의 것을 사용할 것
③ 영구 변형된 샤클은 사용을 금지할 것
④ 샤클에 표시된 등급, 사용 하중 등을 확인한 후 사용할 것
⑤ 볼트·너트 및 둥근 플러그를 사용하는 형식의 샤클은 반드시 분할 핀을 사용할 것
⑥ 샤클 핀이 회전하는 조건으로 인양을 금지할 것
⑦ 샤클의 볼트 또는 핀에 세로 방향 하중을 초과하는 하중이 작용되지 않도록 할 것

>>참고

1. 샤클의 사용방법

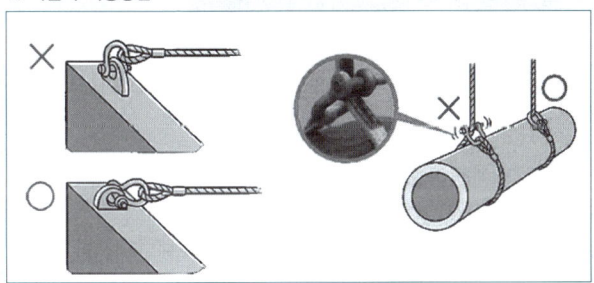

2. 샤클의 검사범위

08 동영상에서는 항타기 작업을 보여주고 있다. 항타기 및 항발기의 무너짐을 방지하기 위한 조치사항 2가지를 적으시오.

① 연약한 지반에 설치하는 때에는 아웃트리거·받침 등 지지구조물의 침하를 방지하기 위하여 깔판·받침목 등을 사용할 것
② 시설 또는 가설물 등에 설치하는 경우에는 그 내력을 확인하고 내력이 부족하면 그 내력을 보강할 것
③ 아웃트리거·받침 등 지지구조물이 미끄러질 우려가 있는 때에는 말뚝 또는 쐐기 등을 사용하여 해당 지지구조물을 고정시킬 것
④ 궤도 또는 차로 이동하는 항타기 또는 항발기에 대하여는 불시에 이동하는 것을 방지하기 위하여 레일클램프 및 쐐기 등으로 고정시킬 것
⑤ 상단 부분은 버팀대·버팀줄로 고정하여 안정시키고, 그 하단 부분은 견고한 버팀·말뚝 또는 철골 등으로 고정시킬 것

## 09 동영상에서는 항타기, 항발기 작업을 보여준다. 항타기, 항발기를 조립하는 때의 점검 사항 3가지를 적으시오.

① 본체 연결부의 풀림 또는 손상의 유무
② 권상용 와이어로프·드럼 및 도르래의 부착상태의 이상 유무
③ 권상장치의 브레이크 및 쐐기장치 기능의 이상 유무
④ 권상기의 설치상태의 이상 유무
⑤ 리더(leader)의 버팀 방법 및 고정상태의 이상 유무
⑥ 본체·부속장치 및 부속품의 강도가 적합한지 여부
⑦ 본체·부속장치 및 부속품에 심한 손상·마모·변형 또는 부식이 있는지 여부

> 참고

**항타기 또는 항발기를 조립하거나 해체하는 경우 준수사항**
① 항타기 또는 항발기에 사용하는 권상기에 쐐기장치 또는 역회전방지용 브레이크를 부착할 것
② 항타기 또는 항발기의 권상기가 들리거나 미끄러지거나 흔들리지 않도록 설치할 것
③ 그 밖에 조립·해체에 필요한 사항은 제조사에서 정한 설치·해체 작업 설명시에 따를 것


## 10 동영상에서는 이동식 크레인 작업을 보여준다. 산업안전보건법에 의한 크레인 작업 시의 조치사항(준수사항) 3가지를 적으시오.

① 인양할 하물(荷物)을 바닥에서 끌어당기거나 밀어내는 작업을 하지 아니할 것
② 유류드럼이나 가스통 등 운반 도중에 떨어져 폭발하거나 누출될 가능성이 있는 위험물 용기는 보관함(또는 보관고)에 담아 안전하게 매달아 운반할 것
③ 고정된 물체를 직접 분리·제거하는 작업을 하지 아니할 것
④ 미리 근로자의 출입을 통제하여 인양 중인 하물이 작업자의 머리 위로 통과하지 않도록 할 것
⑤ 인양할 하물이 보이지 아니하는 경우에는 어떠한 동작도 하지 아니할 것

11 동영상에서는 건설현장에 설치된 타워크레인을 이용하여 화물을 인양하는 모습을 보여준다. 운반하역 표준안전 작업지침에 따라 걸이 작업을 하는 경우 준수하여야 하는 사항 3가지를 적으시오.

① 와이어로프 등은 크레인의 후크 중심에 걸어야 한다.
② 인양 물체의 안정을 위하여 2줄 걸이 이상을 사용하여야 한다.
③ 밑에 있는 물체를 걸고자 할 때에는 위의 물체를 제거한 후에 행하여야 한다.
④ 매다는 각도는 60도 이내로 하여야 한다.
⑤ 근로자를 매달린 물체 위에 탑승시키지 않아야 한다.

12 동영상에서는 타워크레인의 모습을 보여준다. 동영상과 같은 크레인을 해체작업 할 때의 안전 조치사항 2가지를 적으시오.

① 작업순서를 정하고 그 순서에 따라 작업을 할 것
② 작업을 할 구역에 관계 근로자가 아닌 사람의 출입을 금지하고 그 취지를 보기 쉬운 곳에 표시할 것
③ 비, 눈, 그 밖에 기상상태의 불안정으로 날씨가 몹시 나쁜 경우에는 그 작업을 중지시킬 것
④ 작업장소는 안전한 작업이 이루어질 수 있도록 충분한 공간을 확보하고 장애물이 없도록 할 것
⑤ 들어올리거나 내리는 기자재는 균형을 유지하면서 작업을 하도록 할 것
⑥ 크레인의 성능, 사용조건 등에 따라 충분한 응력(應力)을 갖는 구조로 기초를 설치하고 침하 등이 일어나지 않도록 할 것
⑦ 규격품인 조립용 볼트를 사용하고 대칭되는 곳을 차례로 결합하고 분해할 것

## 13 동영상은 항타기의 작업 모습을 보여준다. 권상용 와이어로프의 사용금지 기준 3가지를 적으시오.

① 이음매가 있는 것
② 와이어로프의 한 꼬임에서 끊어진 소선의 수가 10퍼센트 이상인 것
③ 지름의 감소가 공칭지름의 7퍼센트를 초과하는 것
④ 꼬인 것
⑤ 심하게 변형되거나 부식된 것
⑥ 열과 전기충격에 의해 손상된 것

## 14 「운반하역 표준안전 작업지침」에 의하여 와이어 로프에 대하여 작업시작 전에 실시하여야 하는 검사항목(점검항목) 3가지를 적으시오.

① 이음매
② 소선의 절단
③ 마모
④ 꼬임
⑤ 비틀림
⑥ 변형
⑦ 녹, 부식
⑧ 로프 끝의 고정상태

### 》참고

| 검사 항목 | 검사 결과 | 처 치 |
| --- | --- | --- |
| 마모 | 원래 직경의 10퍼센트 이상 마모된 것은 사용하여서는 아니 된다. | 폐 기 |
| 균열 | 균열이 있는 것은 사용하여서는 아니 된다. | 폐 기 |
| 핀(Pin)의 변형 | 핀의 구부림이 지점 간격의 10퍼센트를 넘는 것은 사용하여서는 아니 된다. | 폐 기 |
| 나사 | 마모된 것은 사용하여서는 아니 된다. | 폐 기 |
| 핀 | 불안전한 것은 교환하고 사용하여서는 아니 된다. | 폐 기 |

## 15 동영상은 크레인(타워크레인)의 작업 장면을 보여주고 있다.

(1) 크레인(호이스트 포함)에 부착하여야 할 방호장치의 종류를 2가지 적으시오.
(2) 차량계 하역운반기계에 단위화물의 무게가 100킬로그램 이상인 화물을 싣는 작업 또는 내리는 작업(화물취급 작업) 시 작업의 지휘자(관리감독자)의 직무 3가지를 적으시오.

(1) 크레인(타워크레인) 방호장치의 종류
① 과부하방지장치
② 권과방지장치
③ 비상정지장치
④ 제동장치

(2) 화물 취급 작업 시 작업지휘자(관리감독자) 직무
　① 작업순서 및 작업순서마다의 **작업방법을 결정**하고 작업을 직접 지휘하는 일
　② **기구 및 공구를 점검**하고 불량품을 제거하는 일
　③ 당해 작업을 행하는 장소에는 관계근로자 외의 자의 출입을 금지시키는 일
　④ 로프 풀기 작업 및 덮개를 벗기는 작업을 행하는 때에는 적재함의 화물에 낙하 위험이 없음을 확인한 후에 당해 작업의 착수를 지시하는 일

> 참고

**양중기의 방호장치**

| | |
|---|---|
| 크레인<br>(호이스트 포함) | • 과부하방지장치<br>• 권과방지장치(捲過防止裝置)<br>• 비상정지장치<br>• 제동장치<br>(기타 방호장치)<br>훅의 해지장치<br>안전밸브(유압식) |
| 이동식 크레인 | • 과부하방지장치<br>• 권과방지장치(捲過防止裝置)<br>• 비상정지장치<br>• 제동장치<br>(기타 방호장치)<br>훅의 해지장치<br>안전밸브(유압시) |
| 리프트<br>(자동차정비용 리프트<br>제외) | • 과부하방지장치<br>• 권과방지장치<br>• 비상정지장치<br>• 제동장치<br>• 조작반(盤) 잠금장치 |
| 곤돌라 | • 과부하방지장치<br>• 권과방지장치(捲過防止裝置)<br>• 비상정지장치<br>• 제동장치 |

| 승강기 | · 과부하방지장치<br>· 권과방지장치(捲過防止裝置)<br>· 비상정지장치<br>· 제동장치<br>· 파이널리미트스위치<br>· 출입문인터록<br>· 조속기(속도조절기) |
|---|---|

16 고소작업대를 이용하여 작업자가 외벽 도장 작업 중이다. 화면에서와 같은 장비로 작업을 하는 경우 안전작업 준수사항(고소작업대를 사용하는 경우의 준수사항) 2가지를 적으시오.

사진 출처 : 할렐루야 렌탈

① 작업자는 안전모·안전대 등의 보호구를 착용하도록 할 것
② 관계자 외의 자가 작업구역 내에 들어오는 것을 방지하기 위하여 필요한 조치를 할 것
③ 안전한 작업을 위하여 적정수준의 조도를 유지할 것
④ 전로(電路)에 근접하여 작업을 하는 때에는 작업감시자를 배치하는 등 감전사고를 방지하기 위하여 필요한 조치를 할 것
⑤ 작업대를 정기적으로 점검하고 붐·작업대 등 각 부위의 이상 유무를 확인할 것
⑥ 전환스위치는 다른 물체를 이용하여 고정하지 말 것
⑦ 작업대는 정격하중을 초과하여 물건을 싣거나 탑승하지 말 것
⑧ 작업대의 붐대를 상승시킨 상태에서 탑승자는 작업대를 벗어나지 말 것


**17** 고소작업대를 이용하여 작업자가 외벽 도장 작업 중이다. 고소작업대를 이동하는 경우의 준수사항 3가지를 적으시오.

① 작업대를 가장 낮게 하강시킬 것
② 작업자를 태우고 이동하지 말 것. 다만, 이동 중 전도 등의 위험 예방을 위하여 유도하는 사람을 배치하고 짧은 구간을 이동하는 경우에는 작업대를 가장 낮게 내린 상태에서 작업자를 태우고 이동할 수 있다.
③ 이동통로의 요철상태 또는 장애물의 유무 등을 확인할 것

18 「운반하역 표준안전 작업지침」에 의하여 크레인 등 고정식 기계 운반 하역작업을 하는 경우 "걸이" 작업의 기준 3가지를 적으시오.

### 화면 설명

철골을 1줄 걸이로 들어 올리고 있다. 유도 로프가 없어 철골이 흔들리며 주변의 전선과 접촉하려는 순간 작업자가 놀라며 떨어진다. 작업자는 안전모를 착용하였으나 턱 끈을 고정하지 않았다.

| 줄걸이 작업의 종류 | | |
|---|---|---|
| 1줄 걸이(적용금지) | 2줄 걸이 | 3줄 걸이 |
| • 화물이 회전할 위험 있어 적용 금지 | • 긴 환봉 등의 줄걸이에 적합 | • U자, T자형의 줄걸이 작업에 활용 |

① 와이어로프 등은 크레인의 후크 중심에 걸어야 한다.
② 인양 물체의 안정을 위하여 2줄 걸이 이상을 사용하여야 한다.
③ 밑에 있는 물체를 걸고자 할 때에는 위의 물체를 제거한 후에 행하여야 한다.
④ 매다는 각도는 60도 이내로 하여야 한다.
⑤ 근로자를 매달린 물체 위에 탑승시키지 않아야 한다.

19 「운반하역 표준안전 작업지침」에 의하여 고정식 기계 운반하역 운전자는 작업시작 전에 점검하여 각 장치의 기능 상태를 항상 파악하고 있어야 한다. 작업시작 전 점검 항목 중 괄호에 적합한 내용을 적으시오.

(1) 점검을 실시할 때에는 사전점검의 소요시간을 정하고, 점검 시간을 보기 쉬운 장소에 표시함과 동시에 표지(점검 중)를 부착하는 등의 조치를 하고 다른 근로자에게 주지시켜야 한다.
(2) 스위치에는 표지(점검 중 스위치를 넣지 말 것 등)를 부착하거나 ( ① )를 해야 한다.
(3) 주행로 상에 복수의 장비가 있을 때에는 주행로 양측에 ( ② )을 설치하여 인접 장비와의 충돌을 방지하여야 한다.
(4) 점검을 능률적으로 하기 위하여 ( ③ )명 이상의 점검자가 점검할 때에는 사전에 점검범위 등을 협의하여야 한다.

① 시건장치
② 가설 고임목
③ 2

20 동영상에서는 도심지의 깊은 굴착현장에 설치된 흙막이 지보공을 보여준다. 흙막이 지보공을 설치한 경우의 점검사항 3가지를 적으시오.

① 부재의 손상 · 변형 · 부식 · 변위 및 탈락의 유무와 상태
② 버팀대의 긴압의 정도
③ 부재의 접속부 · 부착부 및 교차부의 상태
④ 침하의 정도

21 동영상에서는 도심지의 깊은 굴착현장에 설치된 흙막이 지보공을 보여준다. 다음 물음에 답하시오.

사진 출처 : 대한 종합안전

사진 출처 : 대한 종합안전

(1) 공법의 종류
(2) 흙막이지보공을 설치한 때 점검사항 3가지를 적으시오.
(3) 굴착작업 시 필요한 계측기의 종류 3가지와 용도를 적으시오.

(1) 공법의 종류 : 어스앵커 공법

(2) 흙막이지보공 정기 점검사항
　① 부재의 손상·변형·부식·변위 및 탈락의 유무와 상태
　② 버팀대의 긴압의 정도
　③ 부재의 접속부·부착부 및 교차부의 상태
　④ 침하의 정도

(3) 계측기의 종류 및 용도
　① 경사계(Tilt-meter) : 구조물의 경사각 및 변형상태를 측정
　② 하중계(load-cell) : 어스앵커(Earth anchor) 등의 축 하중의 변화를 측정
　③ 변형률계(Strain-gauge): 토류 구조물의 각 부재와 인근 구조물의 각 지점 및 타설 콘크리트 등의 응력변화를 측정
　④ 지하 수위계(Water levelmeter) : 지하수위 변화를 측정

> **참고**
>
> 어스앵커 공법 : 버팀대 대신 흙막이 벽을 어스드릴(Earth Drill)로 구멍을 뚫은 후 그 속에 철근 또는 PC 강선 등 인장재를 삽입하여 인장력에 의해 토압을 지지하는 흙막이공법

22 동영상에서는 도심지의 깊은 굴착현장에 설치된 흙막이 지보공을 보여준다. 깊이 10.5m 이상의 굴착작업 시에 필요한 계측기기의 종류 2가지를 적으시오.

① 수위계
② 경사계
③ 하중 및 침하계
④ 응력계

23 동영상에서는 채석작업을 보여 주고 있다. 채석작업을 하는 경우 붕괴 등에 의한 위험 방지를 위하여 사업주가 조치를 하여야 하는 사항 2가지를 적으시오.

① 붕괴 또는 낙하에 의하여 근로자를 위험하게 할 우려가 있는 토석·입목 등을 미리 제거
② 방호망 설치

**24** 동영상은 현장에서 토사 굴착을 하는 모습을 보여준다. 토사 등의 붕괴 및 토석의 낙하로 인하여 근로자에게 위험을 미칠 우려가 있을 경우 취해야 할 조치사항을 2가지 적으시오.

① 흙막이 지보공의 설치
② 방호망의 설치
③ 근로자의 출입금지 등 위험을 방지하기 위하여 필요한 조치

**25** 동영상은 현장에서 토사 굴착을 하는 모습을 보여준다. 다음 물음에 답하시오.

(1) 굴착작업 시 각 지반의 종류에 따른 기울기 기준을 적으시오.

| 지반의 종류 | 굴착면의 기울기 |
|---|---|
| 모래 | ( ① ) |
| 연암 및 풍화암 | ( ② ) |
| 경암 | ( ③ ) |
| 그 밖의 흙 | ( ④ ) |

(2) 토사 등의 붕괴 및 토석의 낙하로 인하여 근로자에게 위험을 미칠 우려가 있을 경우 취해야 할 조치사항을 2가지 적으시오.

(1) ① 1 : 1.8  ② 1 : 1.0  ③ 1 : 0.5  ④ 1 : 1.2
(2) 토사 등의 붕괴 등에 의한 위험방지 조치
　　① 흙막이 지보공의 설치
　　② 방호망의 설치
　　③ 근로자의 출입금지 등 위험을 방지하기 위하여 필요한 조치

## 26 동영상은 터널굴착작업을 보여준다. 다음 물음에 답하시오.

(1) 터널굴착 시 작성하여야 하는 작업계획서에 포함하여야 하는 사항 2가지를 적으시오.

(2) 굴착작업 시에 낙석(반)이 우려되는 경우 사업주의 조치사항을 2가지 적으시오.

(3) 터널시공계획 시의 사전조사 할 내용을 적으시오.

(4) 터널지보공 설치 시 점검하여야 하는 항목 3가지를 적으시오.

(1) 작업계획서에 포함 사항
   ① 굴착의 방법
   ② 터널지보공 및 복공의 시공방법과 용수처리 방법
   ③ 환기 또는 조명시설을 하는 때에는 그 방법

(2) 낙반 우려 시 사업주 조치사항
   ① 터널지보공 설치
   ② 록볼트 설치
   ③ 부석 제거

(3) 사전조사 내용
   보링(boring) 등 적절한 방법으로 낙반·출수(出水) 및 가스폭발 등으로 인한 근로자의 위험을 방지하기 위하여 미리 지형·지질 및 지층상태를 조사

(4) 터널지보공 설치 시의 점검항목
   ① 부재의 손상·변형·부식·변위 탈락의 유무 및 상태
   ② 부재의 긴압의 정도
   ③ 부재의 접속부 및 교차부의 상태
   ④ 기둥침하의 유무 및 상태

**27** 굴착 시에 발생할 수 있는 히빙현상의 방지책을 2가지 적으시오.

① 흙막이 벽체의 근입 깊이를 깊게 한다.
② 양질의 재료로 지반을 개량한다. (흙의 전단강도를 높인다)
③ 굴착 주변에 웰포인트 공법을 병행한다.
④ 어스앵커를 설치한다.
⑤ 굴착부 주변의 상재하중을 제거한다.

> 참고

1. 히빙현상 : 연질점토 지반에서 굴착에 의한 흙막이 내·외면의 흙의 중량 차이(토압)로 인해 굴착저면이 부풀어 올라오는 현상(흙막이 바깥 흙이 안으로 밀려든다)

2. 히빙현상의 발생원인
   ① 배면 지반과 터파기 저면과의 토압 차
   ② 연약지반 및 하부 지반의 강성 부족
   ③ 지표면의 토사 적치 등 과재하
   ④ 흙막이 밑둥 넣기 부족

**28** 절토 작업 시에는 상·하부 동시작업은 금지하여야 하나 부득이한 경우 필요한 조치를 실시한 후 작업하도록 되어있다. 이 경우 조치하여야 할 사항 3가지를 적으시오. (일반적으로 동영상과 같은 작업은 하지 않지만, 부득이한 경우 안전조치를 한 후 실시하여야 한다. 필요한 안전조치 사항 3가지를 적으시오.)

### 화면 설명

성토한 흙더미 위와 아래에서 동시에 백호 2대가 작업을 하고 있다. 아래에 있는 근로자가 흙더미에 맞아 쓰러지는 장면을 보여준다.

① 견고한 낙하물 방호시설 설치
② 부석 제거
③ 작업 장소에 불필요한 기계 등의 방치 금지
④ 신호수 및 담당자 배치

29 터널공사 표준안전작업지침에 의한 터널 작업면의 적합한 조도기준을 나타내었다. 괄호에 적합한 숫자를 적으시오.

| 작업 구분 | 기준 |
|---|---|
| 막장 구간 | ( ① ) Lux 이상 |
| 터널 중간 구간 | ( ② ) Lux 이상 |
| 터널 입출구, 수직구 구간 | ( ③ ) Lux 이상 |

① 70  ② 50  ③ 30

30 산업안전보건법에 의하여 터널 지보공 중 강(鋼)아치 지보공의 조립 시에 따라야 하는 사항 3가지를 적으시오.

① 조립간격은 조립도에 따를 것
② 주재가 아치작용을 충분히 할 수 있도록 쐐기를 박는 등 필요한 조치를 할 것
③ 연결 볼트 및 띠장 등을 사용하여 주재 상호간을 튼튼하게 연결할 것
④ 터널 등의 출입구 부분에는 받침대를 설치할 것
⑤ 낙하물이 근로자에게 위험을 미칠 우려가 있는 경우에는 널판 등을 설치할 것

> 참고

강(鋼)아치 지보공 : 강재(鋼材)로 제작된 아치형의 터널 지보공을 말한다.

31 동영상은 터널공사 현장을 보여준다. 터널작업 시 사용하는 자동경보장치는 당일 작업 시작 전에 점검하고 이상 발견 시 즉시 보수하여야 한다. 자동경보장치의 작업시작 전 점검사항 2가지를 적으시오.

① 계기의 이상 유무
② 검지부의 이상 유무
③ 경보장치의 작동상태

32 동영상에서는 터널공사 현장을 보여준다.

사진 출처 : 안전보건공단

(1) 터널 공사 안전보건작업지침(NATM공법)에 의한 장약작업 시의 준수사항 3가지를 적으시오.
(2) 터널 내에서 금속의 용접·용단 또는 가열 작업 시의 화재 예방 조치사항 2가지를 적으시오.
(3) 발파 작업의 준수사항에 관한 내용 중 괄호에 적합한 내용을 적으시오.

> 전기뇌관에 의한 발파의 경우 점화하기 전에 화약류를 장전한 장소로부터 ( ) 이상 떨어진 안전한 장소에서 전선에 대하여 저항측정 및 도통(導通)시험을 할 것

(1) 장약작업 시의 준수사항
　① 장약작업 장소 인근에서는 화기사용 및 흡연을 하지 않도록 할 것
　② 장약작업 장소 인근에서는 전기용접 작업이나 동력을 사용하는 기계를 사용하지 않을 것
　③ 장약작업을 하는 근로자가 안전모 등 적절한 보호구를 착용하도록 할 것
　④ 기존의 발파에 사용된 발파공에는 장약하지 않도록 할 것
　⑤ 장약작업 중에는 관계 근로자가 아닌 사람의 출입을 금지할 것

(2) 금속의 용접·용단 또는 가열 작업 시의 화재 예방 조치사항
　① 부근에 있는 넝마·나무 부스러기·종이 부스러기 그 밖의 가연성 물질을 제거하거나 그 가연성 물질에 불연성 물질의 덮개를 하거나 그 작업에 수반하는 불티 등이 날아 흩어지는 것을 방지하기 위한 격벽을 설치할 것
　② 당해 작업에 종사하는 근로자에게 소화설비의 설치장소 및 사용방법을 주지시킬 것
　③ 당해 작업 종료 후 불티 등에 의하여 화재가 발생할 위험 유무를 확인할 것

(3) 30m

33 동영상에서는 콘크리트 타설작업을 보여준다. 콘크리트 타설작업 시의 준수사항 2가지를 적으시오.

사진 출처 : https://e-depot.kr/503

① 당일의 작업을 시작하기 전에 해당 작업에 관한 거푸집 동바리 등의 변형·변위 및 지반의 침하 유무 등을 점검하고 이상이 있으면 보수할 것
② 작업 중에는 감시자를 배치하는 등의 방법으로 거푸집 및 동바리의 변형·변위 및 침하 유무 등을 확인해야 하며, 이상이 있으면 작업을 중지하고 근로자를 대피시킬 것
③ 콘크리트의 타설작업 시 거푸집 붕괴의 위험이 발생할 우려가 있으면 충분한 보강조치를 할 것
④ 설계도서상의 콘크리트 양생기간을 준수하여 거푸집 및 동바리를 해체할 것
⑤ 콘크리트를 타설하는 경우에는 편심이 발생하지 않도록 골고루 분산하여 타설할 것

34 동영상에서는 콘크리트 타설작업 현장을 보여준다. 콘크리트 분배기, 콘크리트 펌프카 등 콘크리트 타설 장비를 사용하는 경우 준수하여야 할 사항 3가지를 적으시오.

사진 출처 : 통일뉴스

사진 출처 : https://e-depot.kr/503

① 작업을 시작하기 전에 콘크리트 타설 장비를 점검하고 이상을 발견하였으면 즉시 보수할 것
② 건축물의 난간 등에서 작업하는 근로자가 호스의 요동·선회로 인하여 추락하는 위험을 방지하기 위하여 안전난간 설치 등 필요한 조치를 할 것
③ 콘크리트 타설 장비의 붐을 조정하는 경우에는 주변의 전선 등에 의한 위험을 예방하기 위한 적절한 조치를 할 것
④ 작업 중에 지반의 침하나 아웃트리거 등 콘크리트 타설 장비 지지구조물의 손상 등에 의하여 콘크리트 타설 장비가 넘어질 우려가 있는 경우에는 이를 방지하기 위한 적절한 조치를 할 것

**35** 동영상은 파이프서포트를 사용한 거푸집 동바리를 보여준다. 파이프서포트를 지주 (동바리)로 사용할 경우 준수해야 할 사항에 대한 다음 물음에 답하시오.

(1) 파이프서포트를 ( ① )개본 이상 이어서 사용하지 아니하도록 할 것
(2) 파이프서포트를 이어서 사용할 때에는 ( ② )개 이상의 ( ③ ) 또는 ( ④ )을 사용하여 이을 것
(3) 높이가 ( ⑤ )미터를 초과할 때 높이 ( ⑥ )미터 이내마다 수평연결재를 2개 방향으로 만들고 수평연결재의 ( ⑦ )를 방지할 것

① 3  ② 4  ③ 볼트  ④ 전용철물  ⑤ 3.5  ⑥ 2  ⑦ 변위

**36** 동영상은 거푸집 동바리의 붕괴장면을 보여준다. 지주(동바리)로 사용하는 파이프 서포트의 조립 시 준수사항 3가지를 적으시오.

① 파이프서포트를 3개본 이상 이어서 사용하지 아니하도록 할 것
② 파이프서포트를 이어서 사용할 때에는 4개 이상의 볼트 또는 전용철물을 사용하여 이을 것
③ 높이가 3.5미터를 초과할 때 높이 2미터 이내마다 수평연결재를 2개 방향으로 만들고 수평연결재의 변위를 방지할 것

## 37 동영상은 거푸집 동바리의 조립작업을 보여 주고 있다. 조립 또는 해체작업 시 준수사항 3가지를 쓰시오.

① 해당 작업을 하는 구역에는 관계 근로자가 아닌 사람의 출입을 금지할 것
② 비·눈 그 밖의 기상상태의 불안정으로 인하여 날씨가 몹시 나쁜 경우에는 그 작업을 중지할 것
③ 재료·기구 또는 공구 등을 올리거나 내리는 경우에는 근로자로 하여금 달줄·달포대 등을 사용하도록 할 것
④ 낙하·충격에 의한 돌발적 재해를 방지하기 위하여 버팀목을 설치하고 거푸집 동바리 등을 인양장비에 매단 후에 작업을 하도록 하는 등 필요한 조치를 할 것

## 38 동영상은 거푸집 동바리의 설치에 관한 내용이다. 동바리를 조립하는 경우 하중의 지지상태를 유지할 수 있도록 준수하여야 하는 사항 3가지를 적으시오.

① 받침목이나 깔판의 사용, 콘크리트 타설, 말뚝박기 등 동바리의 침하를 방지하기 위한 조치를 할 것
② 동바리의 상하 고정 및 미끄러짐 방지 조치를 할 것
③ 상부·하부의 동바리가 동일 수직선상에 위치하도록 하여 깔판·받침목에 고정시킬 것
④ 개구부 상부에 동바리를 설치하는 경우에는 상부하중을 견딜 수 있는 견고한 받침대를 설치할 것
⑤ U헤드 등의 단판이 없는 동바리의 상단에 멍에 등을 올릴 경우에는 해당 상단에 U헤드 등의 단판을 설치하고, 멍에 등이 전도되거나 이탈되지 않도록 고정시킬 것
⑥ 동바리의 이음은 같은 품질의 재료를 사용할 것
⑦ 강재의 접속부 및 교차부는 볼트·클램프 등 전용철물을 사용하여 단단히 연결할 것
⑧ 거푸집의 형상에 따른 부득이한 경우를 제외하고는 깔판이나 받침목은 2단 이상 끼우지 않도록 할 것
⑨ 깔판이나 받침목을 이어서 사용하는 경우에는 그 깔판·받침목을 단단히 연결할 것

## 39
동영상은 거푸집 동바리 설치 작업을 보여준다. 거푸집 동바리의 조립 시 준수사항에 관한 괄호에 적합한 내용을 적으시오.

1. 받침목이나 깔판의 사용, 콘크리트 타설, 말뚝박기 등 동바리의 ( ① )를 방지하기 위한 조치를 할 것
2. 개구부 상부에 동바리를 설치하는 경우에는 상부하중을 견딜 수 있는 견고한 ( ② )를 설치할 것
3. 강재의 접속부 및 교차부는 볼트·클램프 등 ( ③ )을 사용하여 단단히 연결할 것

① 침하 ② 받침대 ③ 전용철물

## 40
동영상에서는 거푸집을 조립하는 장면을 보여준다. 거푸집 조립 순서를 번호를 이용하여 순서대로 나열하시오.

① 보 받이 내력벽   ② 기둥   ③ 큰 보   ④ 바닥
⑤ 내벽   ⑥ 작은 보   ⑦ 외벽

② → ① → ③ → ⑥ → ④ → ⑤ → ⑦

> **참고**
> ① 조립 순서: 기둥 → 보 받이 내력벽 → 큰 보 → 작은 보 → 바닥 → (내벽) → (외벽)
> ② 해체 순서: 바닥 → 보 → 벽 → 기둥

## 41
동영상에서는 거푸집을 조립하는 장면을 보여준다. 거푸집 및 지보공(동바리) 시공 시에 고려해야 연직방향 하중의 종류를 3가지 적으시오.

① 거푸집의 중량
② 지보공(동바리)의 중량
③ 콘크리트의 중량
④ 철근의 중량
⑤ 타설용 기계 · 기구의 중량
⑥ 작업원의 중량


## 42
동영상에서는 비계 조립, 해체 작업을 보여준다. 달비계 또는 높이 5m 이상의 비계를 조립, 해체 및 변경 작업 시 준수 사항 3가지를 적으시오.

① 관리감독자의 지휘 하에 작업하도록 할 것
② 조립 · 해체 또는 변경의 시기 · 범위 및 절차를 그 작업에 종사하는 근로자에게 교육할 것
③ 조립 · 해체 또는 변경작업 구역 내에는 당해 작업에 종사하는 근로자외의 자의 출입을 금지시키고 그 내용을 보기 쉬운 장소에 게시할 것
④ 비 · 눈 그 밖의 기상상태의 불안정으로 인하여 날씨가 몹시 나쁠 때에는 그 작업을 중지시킬 것
⑤ 비계재료이 연결 · 헤체직입을 하는 때에는 폭 20센티미터 이상의 발판을 설치하고 근로자로 하여금 안전대를 사용하도록 하는 등 근로자의 추락방지를 위한 조치를 할 것
⑥ 재료 · 기구 또는 공구 등을 올리거나 내리는 때에는 근로자로 하여금 달줄 또는 달포대 등을 사용하도록 할 것

43 동영상에서는 말비계를 보여준다. (1) 말비계의 구조(설치기준) 2가지를 적으시오. (2) 걸침비계의 구조 2가지를 적으시오.

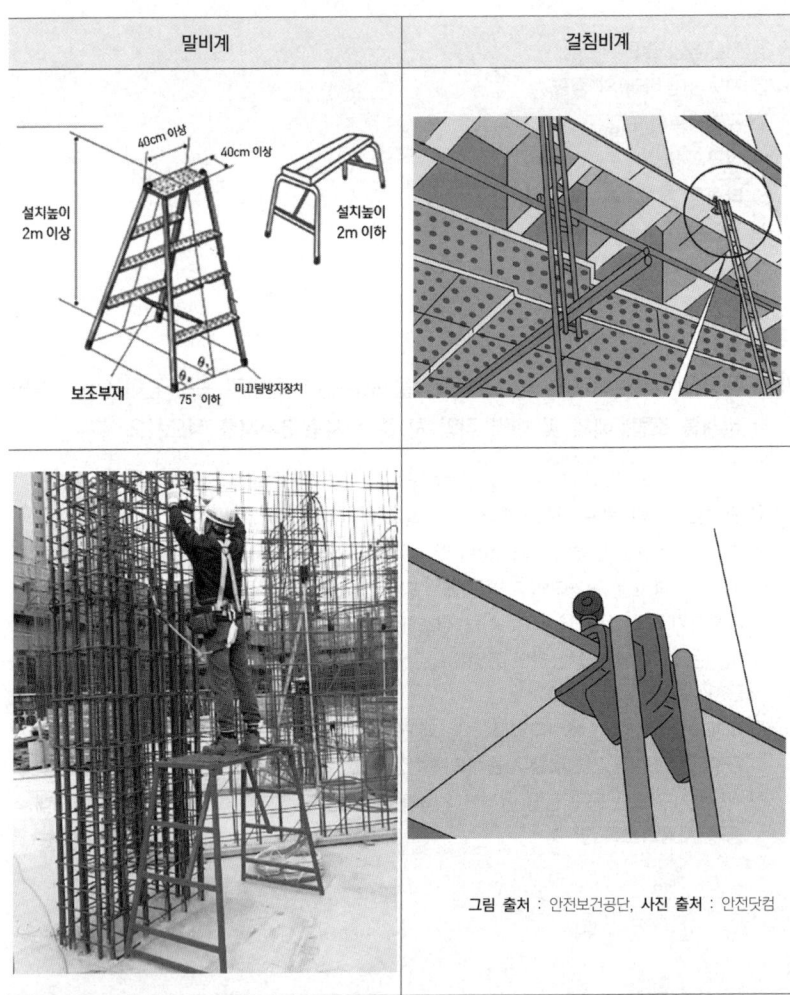

(1) 말비계의 구조
  ① 지주부재의 하단에는 **미끄럼 방지장치**를 하고, **양측 끝부분에 올라서서 작업하지 아니하도록 할 것**
  ② 지주부재와 수평면과의 기울기를 75도 이하로 하고, **지주부재와 지주부재 사이를 고정시키는 보조부재를 설치할 것**
  ③ 말비계의 높이가 2미터를 초과할 경우에는 작업발판의 폭을 40cm 이상으로 할 것

(2) 걸침비계의 구조
  ① 지지점이 되는 **매달림 부재의 고정부는 구조물로부터 이탈되지 않도록 견고히 고정할 것**
  ② **비계재료 간에는 서로 움직임, 뒤집힘 등이 없어야 하고, 재료가 분리되지 않도록 철물 또는 철선으로 충분히 결속할 것**. 다만, 작업발판 밑 부분에 띠장 및 장선으로 사용되는 수평부재 간의 결속은 철선을 사용하지 않을 것
  ③ 매달림 부재의 안전율은 4 이상일 것
  ④ **작업발판에는 구조검토에 따라 설계한 최대적재하중을 초과하여 적재하여서는 아니 되며**, 그 작업에 종사하는 근로자에게 최대적재하중을 충분히 알릴 것

## 44 동영상은 교각에 설치된 가설물을 보여주고 있다. 강관틀비계의 벽이음 간격을 적으시오.

  ① 수평 방향 :
  ② 수직 방향 :

① 수평 방향 : 8m
② 수직 방향 : 6m

> 참고

비계 조립간격(벽이음 간격)

| 비계 종류 | | 수직 방향 | 수평 방향 |
|---|---|---|---|
| 강관 비계 | 단관비계 | 5m | 5m |
| | 틀비계 (높이 5m 미만인 것 제외) | 6m | 8m |

## 45 동영상은 건설현장 강관 틀비계를 보여준다. 강관 틀비계의 설치기준에 대하여 아래 ( )를 채우시오.

(1) 주틀 간에 ( ① )를 설치하고 최상층 및 ( ② )층 이내마다 ( ③ )를 설치할 것
(2) 길이가 띠장방향으로 4m 이하이고 높이가 10m를 초과하는 경우에는 ( ④ ) 이내마다 띠장방향으로 버팀기둥을 설치할 것
(3) 높이가 20m를 초과하거나 중량물 적재를 수반할 경우는 주틀 간격을 ( ⑤ ) 이하로 할 것
(4) 수직 방향으로 ( ⑥ ), 수평 방향으로 ( ⑦ ) 이내마다 벽이음을 할 것

① 교차가새
② 5층
③ 수평재
④ 10m
⑤ 1.8m
⑥ 6m
⑦ 8m

> **참고**

**강관 틀비계의 설치 기준(구조)**
① 밑둥에는 밑받침철물을 사용하여야 하며 밑받침에 고저차가 있는 경우에는 조절형 밑받침철물을 사용하여 항상 수평 및 수직을 유지하도록 할 것
② 높이가 20미터를 초과하거나 중량물의 적재를 수반하는 작업을 할 경우에는 주틀 간의 간격이 1.8미터 이하로 할 것
③ 주틀 간에 교차가새를 설치하고 최상층 및 5층 이내마다 수평재를 설치할 것
④ 벽이음 간격(조립 간격) : 수직 방향 6m, 수평 방향으로 8m 이내마다 할 것
⑤ 길이가 띠장방향으로 4m 이하이고 높이가 10m를 초과하는 경우에는 10m 이내마다 띠장방향으로 버팀기둥을 설치할 것

## 46 동영상은 건설현장 강관비계의 설치 모습을 보여준다. 단관비계의 설치기준에 대하여 아래 ( )를 채우시오.

(1) 비계기둥의 간격 : 띠장방향 ( ① )m 이하
(2) 비계기둥의 간격 : 장선방향 ( ② )m 이하
(3) 띠장의 간격 : ( ③ )m 이하
(4) 비계기둥의 최고부로부터 ( ④ )m 되는 지점 밑부분의 비계기둥은 ( ⑤ ) 본의 강관으로 묶어세울 것
(5) 비계기둥 간의 적재하중은 ( ⑥ )kg을 초과하지 않도록 할 것

① 1.85
② 1.5
③ 2
④ 31
⑤ 2
⑥ 400

> **참고**

강관비계의 구조
① 비계기둥 간격 : 띠장방향에서는 1.85m 이하, 장선방향에서는 1.5m 이하로 할 것
다만, 다음 각 목의 어느 하나에 해당하는 작업의 경우에는 안전성에 대한 구조검토를 실시하고 조립도를 작성하면 띠장 방향 및 장선 방향으로 각각 2.7m 이하로 할 수 있다.
  가. 선박 및 보트 건조작업
  나. 그 밖에 장비 반입·반출을 위하여 공간 등을 확보할 필요가 있는 등 작업의 성질상 비계기둥 간격에 관한 기준을 준수하기 곤란한 작업
② 띠장간격 : 2.0m 이하로 할 것(다만, 작업의 성질상 이를 준수하기가 곤란하여 쌍기둥틀 등에 의하여 해당 부분을 보강한 경우에는 그러하지 아니하다)
③ 비계기둥의 제일 윗부분으로 부터 31m되는 지점 밑 부분의 비계기둥은 2본의 강관으로 묶어 세울 것(다만, 브라켓(bracket, 까치발) 등으로 보강하여 2개의 강관으로 묶을 경우 이상의 강도가 유지되는 경우에는 그러하지 아니하다)
④ 비계기둥 간의 적재하중은 400kg을 초과하지 않도록 할 것

## 47
동영상은 이동식 비계를 이용한 작업을 보여준다. 이동식 비계의 구조(설치기준) 3가지를 적으시오.

① 바퀴에는 갑작스러운 이동 또는 전도를 방지하기 위하여 브레이크·쐐기 등으로 바퀴를 고정시킨 다음 비계의 일부를 견고한 시설물에 고정하거나 아웃트리거를 설치할 것
② 승강용사다리는 견고하게 설치할 것
③ 비계의 최상부에서 작업을 할 때에는 안전난간을 설치할 것
④ 작업발판은 항상 수평을 유지하고 작업발판 위에서 안전난간을 딛고 작업을 하거나 받침대 또는 사다리를 사용하여 작업하지 않도록 할 것
⑤ 작업발판의 최대적재하중은 250킬로그램을 초과하지 않도록 할 것

> 참고

**이동식 비계**

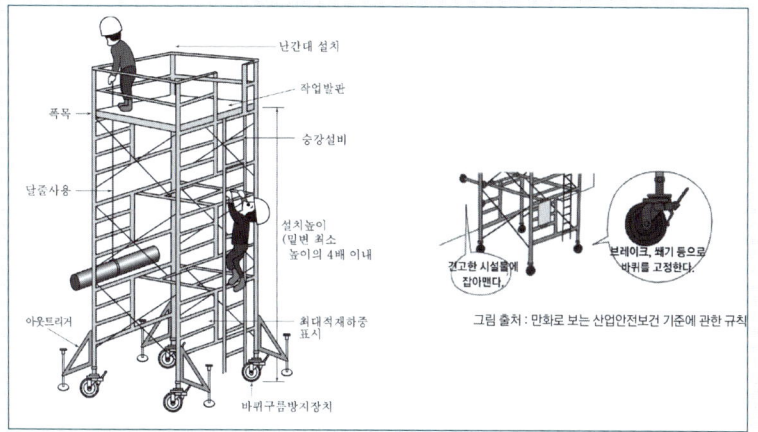

그림 출처 : 만화로 보는 산업안전보건 기준에 관한 규칙

## 48 동영상은 이동식 비계를 보여준다. 이동식 비계 구조에 관한 다음 물음에 답하시오.

**화면 설명** 작업자가 이동식 비계에 올라가서 작업하고 내려오던 중 비계가 흔들리며 떨어진다.

(1) 이동식 비계의 바퀴에 갑작스러운 이동 또는 전도를 방지하기 위하여 하여야 하는 조치사항 2가지를 적으시오.
(2) 이동식 비계 작업발판의 최대 적재하중을 적으시오.
(3) 사진의 동그라미 부분에 해당하는 명칭을 적으시오.

(1) 갑작스러운 이동 또는 전도를 방지하기 위하여 하여야 하는 조치사항
   ① 브레이크・쐐기 등으로 바퀴를 고정시킨 다음 비계의 일부를 견고한 시설물에 고정
   ② 아웃트리거를 설치할 것
(2) 작업발판의 최대 적재하중
   250킬로그램(을 초과하지 않도록 할 것)
(3) 아웃트리거

49 동영상은 시스템비계에서 작업하는 모습을 보여준다. 시스템비계의 구조에 관한 내용 중 괄호에 적합한 내용을 적으시오.

1. 수직재 · 수평재 · ( ① )를 견고하게 연결하는 구조가 되도록 할 것
2. 비계 밑단의 수직재와 ( ② )은 밀착되도록 설치하고, 수직재와 받침철물의 연결부의 겹침길이는 받침철물 전체 길이의 ( ③ )이상이 되도록 할 것

① 가새재
② 받침철물
③ 3분의 1

>> 참고

**시스템 비계의 구조**

① 수직재 · 수평재 · 가새재를 견고하게 연결하는 구조가 되도록 할 것
② 비계 밑단의 수직재와 받침철물은 밀착되도록 설치하고, 수직재와 받침철물의 연결부의 겹침길이는 받침철물 전체 길이의 3분의 1 이상이 되도록 할 것
③ 수평재는 수직재와 직각으로 설치하여야 하며, 체결 후 흔들림이 없도록 견고하게 설치할 것
④ 수직재와 수직재의 연결철물은 이탈되지 않도록 견고한 구조로 할 것
⑤ 벽 연결재의 설치 간격은 제조사가 정한 기준에 따라 설치할 것

50 동영상에서는 철골공사 중 볼트작업 등을 하기 위하여 철골에 매달아 작업발판을 만드는 비계를 보여준다. 다음 물음에 답하시오.

그림 출처 : 안전보건공단

사진 출처 : 대한종합안전(주)

(1) 영상에서 보여주는 비계의 명칭을 적으시오.
(2) 해당 비계의 하중에 대한 안전계수는 얼마 이상이어야 하는가?
(3) 철근을 사용할 때 철근의 직경은 얼마 이상이어야 하는가?
(4) 해당 비계를 매다는 철선(소성철선)의 호칭치수는 얼마인가?

(1) 달대비계
(2) 8 이상
(3) 19mm(밀리미터) 이상
(4) #8

> **참고**

**달대비계**
① 달대비계를 매다는 철선은 #8 소성철선을 사용하며 4가닥 정도로 꼬아서 하중에 대한 안전계수가 8 이상 확보되어야 한다.
② 철근을 사용할 때에는 19밀리미터 이상을 쓰며 근로자는 반드시 안전모와 안전대를 착용하여야 한다.
③ 달대비계는 가급적 안전성이 확보된 기성제품을 사용하고 현장에서 제작하는 경우 안전하중을 고려해야 하며 사용재료는 변형, 부식, 손상이 없어야 한다.
④ 달대비계에는 **최대적재하중과 안전표지판을 설치**한다.
⑤ 달대비계는 적절한 양중장비를 사용하여 설치장소까지 운반하고 안전대를 착용하는 등 안전한 작업방법으로 설치한다.

**51** 동영상에서 작업자는 비계작업을 하고 있다. 높이 2m 이상인 장소에 설치하여야 하는 작업발판의 설치기준 3가지를 적으시오.

① **발판재료는** 작업 시의 하중을 견딜 수 있도록 **견고한 것으로** 할 것
② **발판의 폭은 40cm 이상**으로 하고, **발판재료 간의 틈은 3cm 이하**로 할 것
③ **추락의 위험성이 있는 장소에는 안전난간을 설치**할 것
④ 작업발판의 지지물은 **하중에 의하여 파괴될 우려가 없는 것**을 사용할 것
⑤ 작업발판재료는 뒤집히거나 떨어지지 아니하도록 **2 이상이 지지물에 연결**하거나 고정시킬 것
⑥ 작업에 따라 이동시킬 때에는 위험방지 조치를 할 것
⑦ **선박 및 보트 건조작업**에서 선박블록 또는 엔진실 등의 좁은 작업공간에 작업발판을 설치하는 경우 **작업발판의 폭을 30cm 이상**으로 할 수 있고, **걸침비계의 경우 발판재료 간의 틈을 3cm 이하**로 유지하기 곤란하면 **5cm 이하**로 할 수 있다.

> 참고

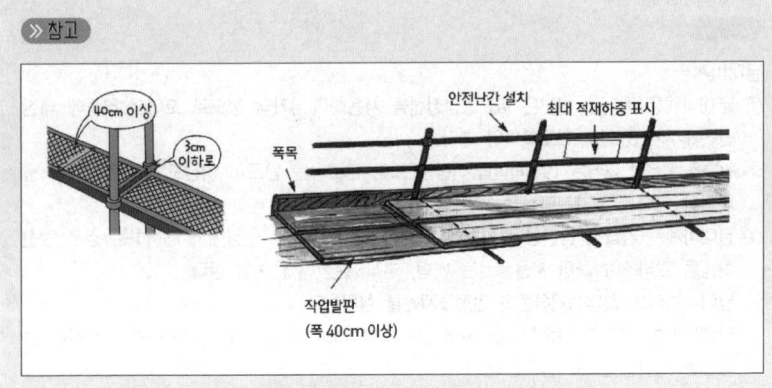

## 52 동영상에서는 비계의 작업발판을 보여준다. 작업발판의 설치기준 등에 대한 다음 빈칸에 알맞은 내용을 적으시오.

1. 작업발판의 폭은 ( ① )cm 이상으로 하고, 발판재료 간의 틈은 ( ② )cm 이하로 할 것
2. 추락의 위험성이 있는 장소에는 ( ③ )을 설치할 것
3. 강관 비계기둥 간의 적재하중은 ( ④ )kg을 초과하지 않도록 할 것

① 40
② 3
③ 안전난간
④ 400

53 동영상에서는 비계를 점검· 보수하는 장면을 보여준다. 날씨가 몹시 나빠서 작업을 중지시킨 후 또는 비계를 조립·해체하거나 또는 변경한 후 작업시작 전에 비계를 점검하여야 하는 사항 3가지를 적으시오.

① 발판 재료의 손상 여부 및 부착 또는 걸림 상태
② 당해 비계의 연결부 또는 접속부의 풀림 상태
③ 연결 재료 및 연결철물의 손상 또는 부식 상태
④ 손잡이의 탈락 여부
⑤ 기둥의 침하 · 변형 · 변위 또는 흔들림 상태
⑥ 로프의 부착상태 및 매단 장치의 흔들림 상태

비계(연결부, 연결철물) → 발판 → 손잡이 → 비계기둥


54 동영상은 시스템 비계에서 작업하는 모습을 보여준다. 시스템 비계를 조립하는 경우 준수하여야 하는 사항 2가지를 적으시오.

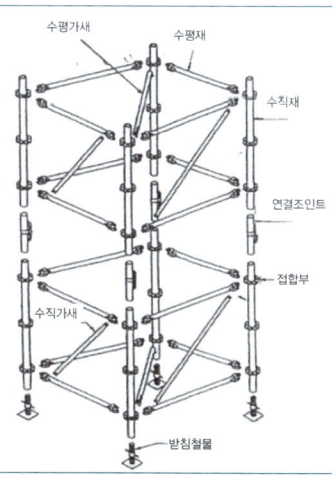

① 비계기둥의 밑둥에는 **밑받침철물**을 사용하여야 하며, 밑받침에 고저차가 있는 경우에는 조절형 밑받침철물을 사용하여 시스템 비계가 항상 수평 및 수직을 유지하도록 할 것
② 경사진 바닥에 설치하는 경우에는 피벗형 받침 철물 또는 쐐기 등을 사용하여 밑받침 철물의 바닥면이 수평을 유지하도록 할 것
③ 가공전로에 근접하여 비계를 설치하는 경우에는 가공전로를 이설하거나 가공전로에 절연용 방호구를 설치하는 등 가공전로와의 접촉을 방지하기 위하여 필요한 조치를 할 것
④ 비계 내에서 근로자가 상하 또는 좌우로 이동하는 경우에는 반드시 지정된 통로를 이용하도록 주지시킬 것
⑤ 비계 작업 근로자는 같은 수직면상의 위와 아래 동시 작업을 금지할 것
⑥ 작업발판에는 제조사가 정한 최대적재하중을 초과하여 적재해서는 아니 되며, 최대 적재하중이 표기된 표지판을 부착하고 근로자에게 주지시키도록 할 것

## 55 동영상은 가설통로 설치작업을 보여주고 있다. [보기]는 가설통로 설치 시 준수사항에 관한 괄호에 적합한 숫자를 적으시오.

1. 경사는 ( ① )도 이하일 것
2. 경사가 ( ② )도를 초과하는 때에는 미끄러지지 아니하는 구조로 할 것
3. 수직갱에 가설된 통로의 길이가 ( ③ )m 이상인 때에는 ( ④ )m 이내마다 계단참을 설치할 것
4. 높이 8m 이상인 비계다리에는 ( ⑤ )m 이내마다 계단참을 설치할 것
5. 35m의 수직갱에는 최소 ( ⑥ )개의 계단참을 설치하여야 한다.

① 30  ② 15  ③ 15  ④ 10  ⑤ 7  ⑥ 3

### >참고

가설통로 설치 시 준수사항
① 견고한 구조로 할 것
② 경사는 30도 이하일 것
③ 경사가 15도 초과하는 때에는 미끄러지지 아니하는 구조로 할 것
④ 추락의 위험이 있는 장소에는 안전난간 설치
⑤ 수직갱에 가설된 통로의 길이가 15m 이상인 때에는 10m 이내마다 계단참을 설치할 것
⑥ 높이 8m 이상인 비계다리에는 7m 이내마다 계단참을 설치할 것

## 56 동영상에서는 건설현장의 경사로를 보여준다. 다음 물음에 적합한 내용을 적으시오.

(1) 「가설공사 표준안전 작업지침」에 의하여 경사로의 비탈면의 경사각은 ( ① ) 이내로 한다.
(2) 「가설공사 표준안전 작업지침」에 의하여 경사로의 높이 ( ② ) 이내마다 계단참을 설치하여야 한다.
(3) 산업안전보건법에 의하여 근로자가 안전하게 통행할 수 있도록 통로에 ( ③ ) 이상의 채광 또는 조명시설을 하여야 한다.

그림 출처 : 안전보건공단

그림 출처 : 건설공무

① 30도  ② 7m(미터)  ③ 75럭스(Lux)

## 57 동영상은 가설통로 설치작업을 보여주고 있다. 가설통로 설치 시 준수사항 3가지를 쓰시오.

그림 출처 : 안전보건공단

① 견고한 구조로 할 것
② 경사는 30도 이하일 것
③ 경사가 15도 초과하는 때에는 미끄러지지 아니하는 구조로 할 것
④ 추락의 위험이 있는 장소에는 안전난간 설치
⑤ 수직갱에 가설된 통로의 길이가 15m 이상인 때에는 10m 이내마다 계단참을 설치할 것
⑥ 높이 8m 이상인 비계다리에는 7m 이내마다 계단참을 설치할 것

## 58 동영상은 가설계단을 보여주고 있다. 다음 물음에 답하시오.

1. 계단 및 계단참의 강도는 매제곱미터당 ( ① )kg 이상이어야 하며 안전율은 ( ② )이상으로 하여야 한다.
2. 계단의 폭은 ( ③ )m 이상으로 하여야 한다. (다만, 급유용·보수용·비상용계단 및 나선형계단에 대하여는 그러하지 아니하다.)
3. 높이가 3m를 초과하는 계단에는 높이 ( ④ )m 이내마다 너비 ( ⑤ )m 이상의 계단참을 설치하여야 한다.
4. 바닥면으로부터 높이 ( ⑥ )m 이내의 공간에 장애물이 없도록 하여야 한다.

① 500  ② 4  ③ 1  ④ 3  ⑤ 1.2  ⑥ 2

>>참고

계단의 난간 : 높이 1미터 이상인 계단의 개방된 측면에 안전난간을 설치하여야 한다.

59 동영상은 안전난간을 보여준다. (1) 난간에서 보여주는 안전난간 각 부위의 명칭을 적으시오. (2) 안전난간의 구성요소 중 3가지를 적으시오.

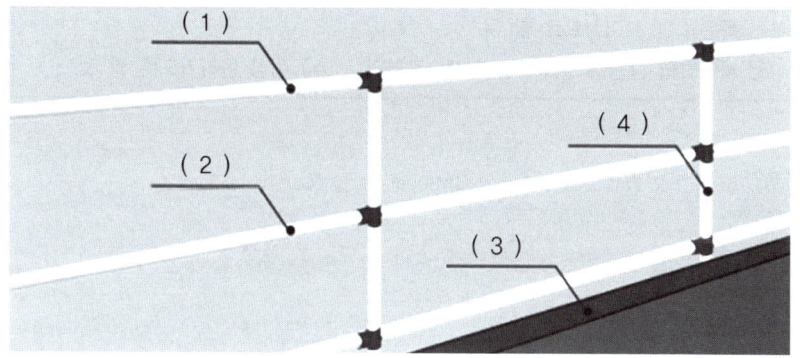

(1) 명칭
(1) 상부난간대   (2) 중간난간대   (3) 발끝막이판   (4) 난간기둥

(2) 구성요소
① 상부난간대   ② 중간난간대   ③ 발끝막이판   ④ 난간기둥

60 동영상에서는 사다리식 통로를 보여준다. 사다리식 통로 설치 시의 준수사항에 대한 [보기]의 괄호에 적합한 내용을 적으시오.

---

1. 사다리식 통로의 기울기는 ( ① ) 이하로 할 것. 다만, 고정식 사다리식 통로의 기울기는 90도 이하로 하고, 그 높이가 ( ② ) 이상인 경우에는 다음 각 목의 구분에 따른 조치를 할 것
   - 등받이울이 있어도 근로자 이동에 지장이 없는 경우 : 바닥으로부터 높이가 ( ③ ) 되는 지점부터 등받이울을 설치할 것
   - 등받이울이 있으면 근로자가 이동이 곤란한 경우 : 한국산업표준에서 정하는 기준에 적합한 개인용 추락 방지 시스템을 설치하고 근로자로 하여금 한국산업표준에서 정하는 기준에 적합한 전신 안전대를 사용하도록 할 것
2. 폭은 ( ④ ) 이상으로 할 것
3. 사다리의 상단은 걸쳐놓은 지점으로부터 ( ⑤ ) 이상 올라가도록 할 것

---

① 75도　② 7m　③ 2.5m　④ 30cm　⑤ 60cm

### ≫참고

사다리식 통로의 구조
① 견고한 구조로 할 것
② 심한 손상·부식 등이 없는 재료를 사용할 것
③ 발판의 간격은 일정하게 할 것
④ 발판과 벽과의 사이는 15센티미터 이상의 간격을 유지할 것
⑤ 폭은 30센티미터 이상으로 할 것
⑥ 사다리가 넘어지거나 미끄러지는 것을 방지하기 위한 조치를 할 것
⑦ 사다리의 상단은 걸쳐놓은 지점으로부터 60센티미터 이상 올라가도록 할 것
⑧ 사다리식 통로의 길이가 10미터 이상인 경우에는 5미터 이내마다 계단참을 설치할 것
⑨ 사다리식 통로의 기울기는 75도 이하로 할 것. 다만, 고정식 사다리식 통로의 기울기는 90도 이하로 하고, 그 높이가 7미터 이상인 경우에는 다음 각 목의 구분에 따른 조치를 할 것

- 등받이울이 있어도 근로자 이동에 지장이 없는 경우 : 바닥으로부터 높이가 2.5미터 되는 지점부터 등받이울을 설치할 것
- 등받이울이 있으면 근로자가 이동이 곤란한 경우 : 한국산업표준에서 정하는 기준에 적합한 개인용 추락 방지 시스템을 설치하고 근로자로 하여금 한국산업표준에서 정하는 기준에 적합한 전신 안전대를 사용하도록 할 것
⑩ 접이식 사다리 기둥은 사용 시 접혀지거나 펼쳐지지 않도록 철물 등을 사용하여 견고하게 조치할 것

## 61 동영상에서는 공사현장의 가설도로를 보여준다. 공사용 가설도로 설치 시의 준수사항 3가지를 적으시오.

① 도로는 장비 및 차량이 안전하게 운행할 수 있도록 견고하게 설치할 것
② 도로와 작업장이 접하여 있을 경우에는 울타리 등을 설치할 것
③ 도로는 배수를 위하여 경사지게 설치하거나 배수시설을 설치할 것
④ 차량의 속도제한 표지를 부착할 것

## 62 동영상은 안전 난간을 보여주고 있다. 안전난간 설치 시 준수하여야 할 사항에 대하여 괄호에 적합한 내용을 적으시오.

(1) 안전난간은 ( ① ), ( ② ), ( ③ ), 및 ( ④ )으로 구성할 것
(2) ( ① )는 바닥면 등으로 부터 ( ⑤ )cm 이상 지점에 설치할 것, 상부 난간대를 ( ⑥ )cm 이하에 설치하는 경우 중간 난간대는 상부 난간대와 바닥면 등의 중간에 설치할 것
(3) ( ③ )은 바닥면 등으로부터 ( ⑦ )cm 이상의 높이를 유지할 것

① 상부 난간대
② 중간 난간대
③ 발 끝막이판
④ 난간기둥
⑤ 90
⑥ 120
⑦ 10

> **참고**

안전난간의 구조 및 설치요건

① 상부 난간대, 중간 난간대, 발 끝막이판 및 난간기둥으로 구성할 것
② 상부 난간대는 **바닥면·발판 또는 경사로의 표면으로부터** 90센티미터 이상 지점에 설치하고, 상부 난간대를 120센티미터 이하에 설치하는 경우에는 중간 난간대는 상부 난간대와 바닥면 등의 중간에 설치하여야 하며, 120센티미터 이상 지점에 설치하는 경우에는 중간 난간대를 2단 이상으로 균등하게 설치하고 난간의 상하 간격은 60센티미터 이하가 되도록 할 것

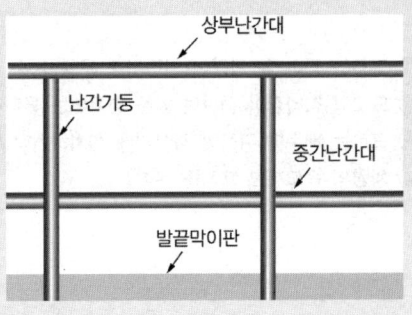

③ 발 끝막이판은 바닥면 등으로부터 10센티미터 이상의 높이를 유지할 것
④ 난간기둥은 상부 난간대와 중간 난간대를 견고하게 떠받칠 수 있도록 적정한 간격을 유지할 것
⑤ 상부 난간대와 중간 난간대는 **난간 길이 전체에 걸쳐 바닥면 등과 평행을 유지할 것**
⑥ 난간대는 **지름 2.7센티미터 이상의 금속제 파이프나 그 이상의 강도가 있는 재료일 것**
⑦ 안전난간은 구조적으로 가장 취약한 지점에서 가장 취약한 방향으로 작용하는 100킬로그램 이상의 하중에 견딜 수 있는 튼튼한 구조일 것

## 63 동영상을 보고 물음에 답하시오.

**화면 설명** 신축공사 중인 2층의 거실 창에서 작업 후 남은 벽돌을 손수레에 담아 아래로 쏟아 내리던 중 그 아래를 지나가던 안전모를 착용한 근로자가 떨어지는 벽돌에 맞고 쓰러진다.

---

(1) 사업주는 높이가 ( ① ) 이상인 장소로부터 물체를 투하하는 때에는 적당한 ( ② )를 설치하거나 ( ③ )을 배치하는 등 위험방지를 위하여 필요한 조치를 하여야 한다.

(2) 동영상과 같은 사고를 방지하기 위하여 공사현장에서 지상의 근로자의 사고 예방을 위하여 설치하여야 하는 안전시설 1가지를 적으시오.

---

(1) ① 3m  ② 투하설비  ③ 감시인
(2) 낙하물 방지망

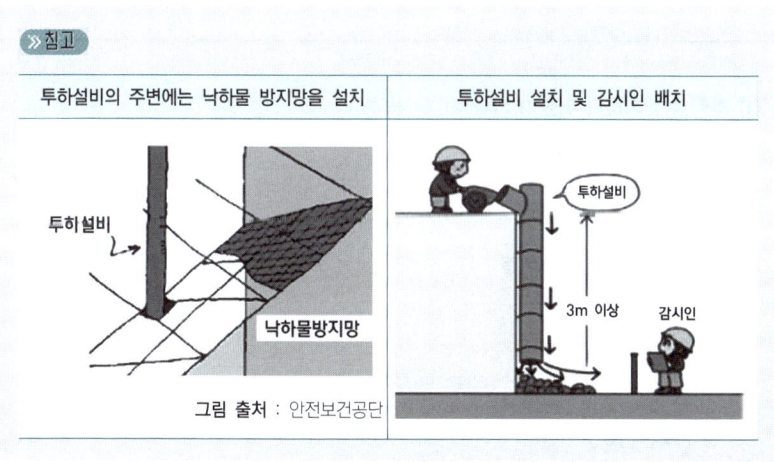

## 64 동영상에서 작업자는 낙하물 방지망 보수작업을 하고 있다.

(1) 작업자의 추락을 방지하기 위한 조치사항 3가지를 적으시오.

(2) 낙하물 방지망의 설치기준에 관한 다음 [보기]의 괄호에 적합한 내용을 적으시오.(단, 단위를 정확히 적을 것)

**화면 설명** 작업자는 작업발판 없이 낙하물 방지망의 파이프를 밟고 낙하물 방지망 보수를 하고 있다. 작업자는 안전대를 미착용한 상태에서 이동하던 중 떨어지는 사고가 발생한다.

---

[보기]

1. 낙하물 방지망 또는 방호선반의 설치높이는 ( ① ) 이내마다 설치하고, 내민길이는 벽면으로부터 ( ② ) 이상으로 할 것
2. 수평면과의 각도는 ( ③ ) 이상 ( ④ ) 이하를 유지할 것
3. 낙하물 방지망 및 수직보호망은 「산업표준화법」에 따른 ( ⑤ )에서 정하는 성능기준에 적합한 것을 사용하여야 한다.

---

(1) 추락을 방지하기 위한 조치사항
  ① 작업발판 설치
  ② 근로자 안전대 착용
  ③ 추락방호망 설치

(2) 낙하물 방지망의 설치기준
  ① 10m
  ② 2m
  ③ 20도
  ④ 30도
  ⑤ 한국산업표준

» 참고

| | | |
|---|---|---|
| 낙하물 방지망 | 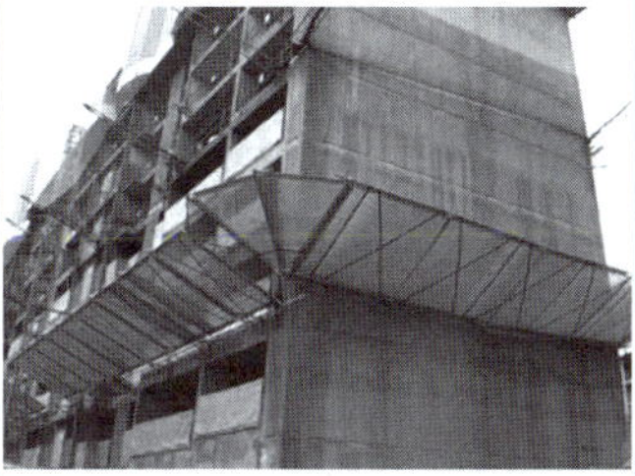 | 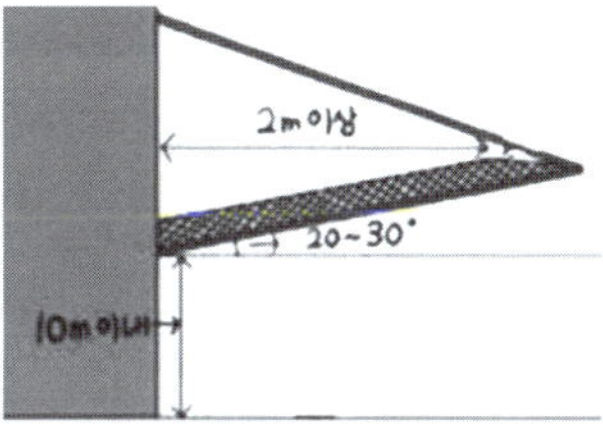2m 이상<br>20~30°<br>10m 이내 |
| 추락 방호망 | 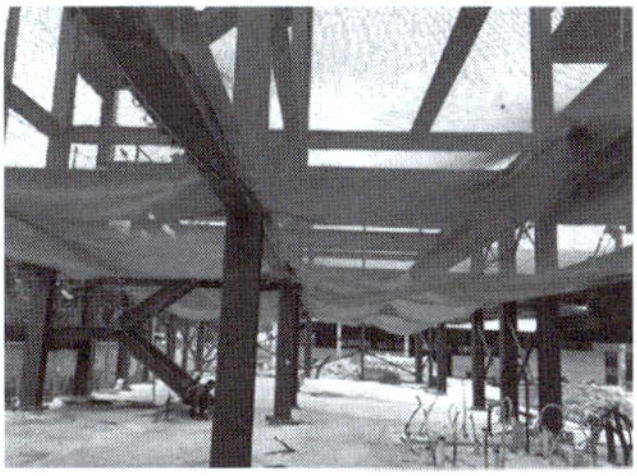 | 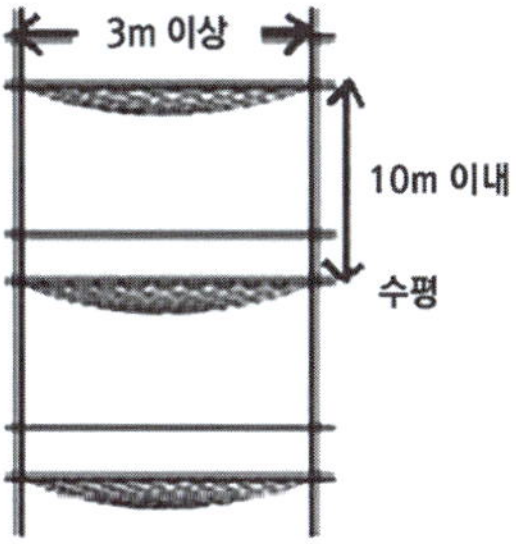3m 이상<br>10m 이내<br>수평 |

65 동영상에서 작업자는 낙하물 방지망 보수작업을 하고 있다. 낙하물 방지망 또는 방호선반 설치 시의 준수사항 2가지를 적으시오.

① 설치 높이는 10미터 이내마다 설치하고, 내민 길이는 벽면으로부터 2미터 이상으로 할 것
② 수평면과의 각도는 20도 이상 30도 이하를 유지할 것

> 참고

추락방호망의 설치
① 추락방호망의 설치 위치는 가능하면 작업면으로 부터 가까운 지점에 설치하여야 하며, 작업면으로 부터 망의 설치지점까지의 수직거리는 10미터를 초과하지 아니할 것
② 추락방호망은 수평으로 설치하고, 망의 처짐은 짧은 변 길이의 12퍼센트 이상이 되도록 할 것
③ 건축물 등의 바깥쪽으로 설치하는 경우 망의 내민 길이는 벽면으로부터 3미터 이상 되도록 할 것

**66** 동영상에서는 아파트 신축현장을 보여준다. 현장에서 물체가 떨어지거나 날아올 위험(낙하 또는 비래할 위험)이 있을 경우 취해야 할 조치사항 3가지를 적으시오.

① 낙하물 방지망·수직보호망 또는 방호선반의 설치
② 출입금지구역의 설정
③ 보호구의 착용

**67** 동영상에서는 추락 방호망을 보여준다. 추락 방호망 등 방망의 정기시험에 관한 내용이다. 괄호에 적합한 내용을 적으시오.

> 방망의 정기시험은 사용개시 후 ( ① ) 이내로 하고, 그 후 ( ② )마다 1회씩 정기적으로 시험용사에 대해서 ( ③ )을 하여야 한다.

① 1년   ② 6개월   ③ 등속인장시험

**68** 동영상에서 작업자는 추락 방호망을 보수하는 중이다. 추락방호망의 설치기준 3가지를 적으시오.

① 추락방호망의 설치 위치는 가능하면 작업 면으로부터 가까운 지점에 설치하여야 하며, **작업 면으로부터 망의 설치지점까지의 수직거리는 10미터를 초과하지 아니할 것**
② 추락방호망은 **수평으로 설치**하고, 망의 처짐은 짧은 변 길이의 **12퍼센트 이상**이 되도록 할 것
③ 건축물 등의 바깥쪽으로 설치하는 경우 망의 내민 길이는 벽면으로부터 **3미터 이상** 되도록 할 것

69 동영상은 추락을 방지하기 위한 추락방호망을 보여준다. 추락방호망의 처짐은 짧은 변 길이의 몇 퍼센트 이상이어야 하는가?

12% 이상

70 화면에서 작업자는 승강기 개구부에서 작업하는 모습을 보여준다. 산업안전보건법에 의하여 작업발판 및 통로의 끝이나 개구부로서 근로자가 추락할 위험이 있는 장소에 설치하여야 하는 방호조치(추락방지 시설) 3가지를 적으시오.

사진 출처 : https://ulsansafety.tistory.com/969

사진 출처 : https://ulsansafety.tistory.com/969

① 안전난간 설치
② 울타리 설치
③ 수직형 추락방망 또는 덮개 설치
④ 추락방호망 설치(안전난간 설치 곤란 또는 해체한 경우)

> **참고**

**개구부의 추락을 방지하기 위한 조치**

① 안전난간 설치
② 울타리 설치
③ 수직형 추락방망 또는 덮개 설치
④ 개구부 내부에 추락방호망 설치(안전난간 설치 곤란 또는 해체한 경우)
⑤ 작업자 안전대 착용(안전난간 및 추락방호망 설치가 불가능한 경우)

## 71 동영상에서는 철근을 운반하는 장면을 보여준다. 철근을 인력으로 운반할 경우의 준수사항 3가지를 적으시오.

① 1인당 무게는 25킬로그램 정도가 적절하며, 무리한 운반을 삼가하여야 한다.
② 2인 이상이 1조가 되어 어깨메기로 하여 운반하는 등 안전을 도모하여야 한다.
③ 긴 철근을 부득이 한 사람이 운반할 때에는 한쪽을 어깨에 메고 한쪽 끝을 끌면서 운반하여야 한다.
④ 운반할 때에는 양끝을 묶어 운반하여야 한다.
⑤ 내려 놓을 때는 천천히 내려놓고 던지지 않아야 한다.
⑥ 공동 작업을 할 때에는 신호에 따라 작업을 하여야 한다.

## 72 동영상에서는 철근을 운반하는 장면을 보여준다. 철근을 인력으로 운반할 경우의 준수사항 중 괄호에 적합한 내용을 적으시오.

1. 1인당 무게는 ( ① )킬로그램 정도가 적절하며, 무리한 운반을 삼가하여야 한다.
2. 2인 이상이 1조가 되어 ( ② )로 하여 운반하는 등 안전을 도모하여야 한다.

① 25  ② 어깨메기

73 동영상에서는 철골공사 현장을 보여준다. 철골작업을 중지하여야 하는 조건을 3가지 적으시오.

① 풍속이 초당 10m(미터) 이상인 경우
② 강우량이 시간당 1mm(밀리미터) 이상인 경우
③ 강설량이 시간당 1cm(센티미터) 이상인 경우

74 동영상에서는 철골보 인양작업을 보여준다. 철골보 인양 작업에서 클램프로 부재를 체결하는 경우의 준수사항 2가지를 적으시오.

사진 출처 : 안전보건공단

① 클램프는 부재를 수평으로 하는 두 곳의 위치에 사용하여야 하며 부재 양단방향은 등간격이어야 한다.
② 부득이 한 군데만을 사용할 때는 위험이 적은 장소로서 간단한 이동을 하는 경우에 한하여야 하며 부재 길이의 1/3지점을 기준하여야 한다.
③ 두 곳을 매어 인양시킬 때 와이어로프의 내각은 60도 이하이어야 한다.
④ 클램프의 정격용량 이상 매달지 않아야 한다.
⑤ 체결작업 중 클램프 본체가 장애물에 부딪치지 않게 주의하여야 한다.
⑥ 클램프의 작동상태를 점검한 후 사용하여야 한다.

75 철골공사 표준안전 작업 지침에 의한 앵커 볼트의 매립 시의 준수사항에 관한 내용이다. 괄호에 적합한 숫자를 적으시오.

> 앵커 볼트를 매립하는 정밀도는 다음 각 목의 범위 내 이어야 한다.
> (1) 기둥 중심은 기준선 및 인접 기둥의 중심에서 ( ① ) 이상 벗어나지 않을 것
> (2) 인접 기둥 간 중심거리의 오차는 ( ② ) 이하일 것
> (3) 앵커 볼트는 기둥 중심에서 ( ③ ) 이상 벗어나지 않을 것
> (4) 베이스 플레이트의 하단은 기준 높이 및 인접 기둥의 높이에서 ( ④ ) 이상 벗어나지 않을 것

① 5mm  ② 3mm  ③ 2mm  ④ 3mm

76 동영상에서는 둥근톱 작업을 보여준다. 목재 가공용 둥근톱 기계의 방호장치 2가지를 적으시오.

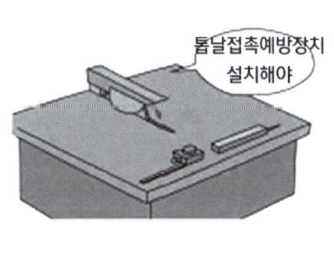

① 톱날 접촉 예방장치
② 반발 예방장치

> 참고

반발예방장치의 종류
① 분할날
② 반발 방지 기구(finger)
③ 반발 방지 롤러

77 동영상은 해체작업을 하고 있다.

(1) 동영상에서의 해체공법의 종류를 적으시오.
(2) 구축물, 건축물, 그 밖의 시설물 등의 해체작업 시에 작성하여야 하는 해체계획에 포함되어야 할 사항 2가지를 적으시오.

사진 출처 : (주)코리아 카고

사진 출처 : www.volvo.com

(1) 해체공법 : 대형 브레이커공법
(2) 해체계획에 포함하여야 하는 사항
  ① 해체의 방법 및 해체 순서 도면
  ② 가설, 방호, 환기, 살수, 방화설비 등의 방법
  ③ 사업장 내 연락방법

④ 해체물의 처분 계획
⑤ 해체작업용 기계, 기구 등의 작업계획서
⑥ 해체작업용 화약류의 사용계획서


78 동영상에서는 장비를 사용하여 아파트 해체작업을 하는 장면을 보여준다. 분진 발생을 억제하기 위한 대책 2가지를 적으시오.

사진 출처 : (주)코리아 카고

사진 출처 : www.volvo.com

① 피라밋식, 수평 살수식으로 물을 뿌린다.
② 방진 시트, 분진 차단막 등의 방진벽을 설치한다.

79 동영상에서는 과전류차단기가 설치된 분전반을 보여준다. 과전류로 인한 재해를 방지하기 위하여 과전류차단장치를 설치하는 경우 설치기준 2가지를 적으시오.

① 과전류 차단장치는 반드시 접지선이 아닌 전로에 직렬로 연결하여 과전류 발생 시 전로를 자동으로 차단하도록 설치할 것
② 차단기·퓨즈는 계통에서 발생하는 최대 과전류에 대하여 충분하게 차단할 수 있는 성능을 가질 것
③ 과전류 차단장치가 전기계통상에서 상호 협조·보완되어 과전류를 효과적으로 차단하도록 할 것

80 동영상에서는 임시 분전반 주변에서 작업하는 모습을 보여준다. 충전부에 작업자가 직접 접촉함으로 인한 감전방지 조치사항(충전부에 대하여 사업주가 하여야 할 방호조치) 3가지를 적으시오.

① 충전부가 노출되지 아니하도록 폐쇄형 외함이 있는 구조로 할 것
② 충전부에 충분한 절연효과가 있는 방호망 또는 절연덮개를 설치할 것
③ 충전부는 내구성이 있는 절연물로 덮어 감쌀 것
④ 전주 위 및 철탑 위 등 격리되어 있는 장소로서 관계근로자 외의 자가 접근할 우려가 없는 장소에 충전부를 설치할 것
⑤ 발전소·변전소 및 개폐소 등 구획되어 있는 장소로서 관계 근로자가 아닌 사람의 출입이 금지되는 장소에 충전부를 설치하고, 위험표시 등의 방법으로 방호를 강화할 것

81 건물의 크기, 용도에 따른 분전반의 설치방법 2가지를 적으시오.

① 매입형
② 반매입형
③ 노출벽부형
④ 자립형

82 동영상에서 작업자는 전기용접기(교류아크 용접기)로 용접작업을 하는 중이다.

(1) 작업자가 착용하여야 하는 개인보호구 3가지를 적으시오.
(2) 전기용접기(교류아크 용접기)에 설치하여야 하는 방호장치 명을 적으시오.
(3) 교류아크 용접기에 자동전격 방지기를 설치하여야 하는 장소 3곳을 적으시오.

(1) 착용하여야 할 보호구
 ① 안전모(AE, ABE형)
 ② 용접용 보안면
 ③ 절연장갑
 ④ 절연화

(2) 방호장치 : 자동전격방지기

(3) 자동전격방지기를 설치하여야 하는 장소
 ① 선박의 이중 선체 내부, 밸러스트(Ballast) 탱크, 보일러 내부 등 도전체에 둘러싸인 장소
 ② 추락할 위험이 있는 높이 2미터 이상의 장소로 철골 등 도전성이 높은 물체에 근로자가 접촉할 우려가 있는 장소
 ③ 근로자가 물·땀 등으로 인하여 도전성이 높은 습윤 상태에서 작업하는 장소

83 꽂음 접속기를 설치 또는 사용할 경우 준수하여야 할 사항 3가지를 적으시오.

① 서로 다른 전압의 꽂음 접속기는 서로 접속되지 아니한 구조의 것을 사용할 것
② 습윤한 장소에 사용되는 꽂음 접속기는 방수형 등 그 장소에 적합한 것을 사용할 것
③ 근로자가 해당 꽂음 접속기를 접속시킬 경우 땀 등으로 젖은 손으로 취급하지 않도록 할 것
④ 해당 꽂음 접속기에 잠금장치가 있는 때에는 접속 후 잠그고 사용할 것


84 동영상에서 작업자는 전기용접기(교류아크용접기)로 용접작업을 하는 중이다. 전기용접기(교류아크용접기)에 설치하여야 하는 방호장치 명을 적으시오.

자동전격 방지기(자동전격 방지장치)


85 동영상은 건설현장에서 휴대장비로 작업하는 모습을 보여준다. 이동 및 휴대장비 등을 사용하는 전기 작업 시에 조치하여야 할 사항 3가지를 적으시오.

① 근로자가 착용하거나 취급하고 있는 **도전성 공구·장비 등이 노출 충전부에 닿지 않도록 할 것**
② 근로자가 사다리를 노출 충전부가 있는 곳에서 사용하는 경우에는 **도전성 재질의 사다리를 사용하지 않도록 할 것**
③ 근로자가 **젖은 손으로 전기기계·기구의 플러그를 꽂거나 제거하지 않도록 할 것**
④ 근로자가 전기회로를 개방, 변환 또는 투입하는 경우에는 전기 차단용으로 특별히 설계된 스위치, 차단기 등을 사용하도록 할 것
⑤ 차단기 등의 과전류 차단장치에 의하여 자동 차단된 후에는 전기회로 또는 전기기계·기구가 안전하다는 것이 증명되기 전까지는 과전류 차단장치를 재투입하지 않도록 할 것

## 86 동영상에서는 가스용기를 보여준다. 현장에서 가스용기 취급 시의 주의해야 할 사항 3가지를 적으시오.

① **용기의 온도를 섭씨 40도 이하로 유지할 것**
② **전도의 위험이 없도록 할 것**
③ **충격을 가하지 아니하도록 할 것**
④ **운반할 때 캡을 씌울 것**
⑤ **밸브의 개폐는 서서히 할 것**
⑥ 사용 전 또는 사용 중인 용기와 그 외의 용기를 명확히 구분하고 보관할 것
⑦ 용해 아세틸렌의 용기는 세워 둘 것
⑧ 사용할 때에는 용기의 마개에 부착되어 있는 유류 및 먼지를 제거할 것

## 87 동영상에서는 아세틸렌 용접장치를 보여준다.

(1) 괄호에 적합한 내용을 적으시오.

1. 사업주는 아세틸렌 용접장치의 취관마다 (　)를 설치하여야 한다. 다만, 주관 및 취관에 가장 가까운 분기관(分岐管)마다 안전기를 부착한 경우에는 그러하지 아니하다.
2. 사업주는 가스용기가 발생기와 분리되어 있는 아세틸렌 용접장치에 대하여 발생기와 가스용기 사이에 (　)를 설치하여야 한다.

(2) 발생기실을 설치하는 경우에 사업주가 준수하여야 하는 사항 3가지를 적으시오.

(1) 안전기

(2) 발생기실을 설치하는 경우의 준수 사항
① 벽은 불연성 재료로 하고 철근 콘크리트 또는 그 밖에 이와 같은 수준이거나 그 이상의 강도를 가진 구조로 할 것
② 지붕과 천장에는 얇은 철판이나 가벼운 불연성 재료를 사용할 것
③ 바닥면적의 16분의 1 이상의 단면적을 가진 배기통을 옥상으로 돌출시키고 그 개구부를 창이나 출입구로부터 1.5미터 이상 떨어지도록 할 것
④ 출입구의 문은 불연성 재료로 하고 두께 1.5밀리미터 이상의 철판이나 그 밖에 그 이상의 강도를 가진 구조로 할 것
⑤ 벽과 발생기 사이에는 발생기의 조정 또는 카바이드 공급 등의 작업을 방해하지 않도록 간격을 확보할 것

88 동영상은 가스용기를 운반한 후 용접하는 모습을 보여준다. 가스용기 운반 시의 준수사항 3가지를 적으시오.

① 전도의 위험이 없도록 할 것
② 충격을 가하지 아니하도록 할 것
③ 운반할 때 캡을 씌울 것

89 동영상에서는 작업장의 가스용기를 보여준다. 가연성 물질이 있는 장소에서 화재위험작업을 하는 경우에 화재 예방을 위하여 준수하여야 하는 사항 3가지를 적으시오.

① 작업 준비 및 작업 절차 수립
② 작업장 내 위험물의 사용·보관 현황 파악
③ 화기 작업에 따른 인근 가연성 물질에 대한 방호조치 및 소화기구 비치
④ 용접불티 비산 방지 덮개, 용접 방화포 등 불꽃, 불티 등 비산 방지 조치
⑤ 인화성 액체의 증기 및 인화성 가스가 남아 있지 않도록 환기 등의 조치
⑥ 작업 근로자에 대한 화재예방 및 피난 교육 등 비상조치

90 동영상에서는 용접작업을 보여준다. 용접 등 화재위험작업을 하는 경우에는 화재의 위험을 감시하고 화재 발생 시 사업장 내 근로자의 대피를 유도하는 업무만을 담당하는 화재감시자를 배치하여야 한다. 화재감시자를 배치하여야 하는 장소 3가지를 적으시오.

① 연면적 15,000제곱미터 이상의 건설공사 또는 개조공사가 이루어지는 **건축물의 지하장소**
② 연면적 5,000제곱미터 이상의 냉동·냉장창고시설의 설비공사 또는 **단열공사** 현장
③ 액화석유가스 운반선 중 단열재가 부착된 액화석유가스 저장시설에 인접한 장소


## 91 동영상은 밀폐공간에서의 작업을 보여준다.

(1) 산소결핍의 기준을 적으시오.
(2) 밀폐공간 작업 시의 적정 공기수준을 적으시오.
(3) 영상에서와 같은 잠함, 우물통, 수직갱 등의 내부에서 굴착작업을 하는 때에 준수하여야 할 사항 2가지를 적으시오.
(4) 산소결핍 시의 조치사항 3가지를 적으시오.

(1) **산소결핍의 기준** : 산소 농도가 18% 미만인 상태

(2) **적정 공기 수준**
  ① 산소 농도 : 18% 이상 23.5% 미만
  ② 탄산가스 농도: 1.5% 미만
  ③ 일산화탄소 농도: 30ppm 미만
  ④ 황화수소 농도: 10ppm 미만

(3) **잠함, 우물통, 수직갱 등의 내부에서 굴착작업을 하는 때의 준수사항**
  ① 산소결핍의 우려가 있는 때에는 **산소의 농도를 측정하는 자를 지명하여** 측정하도록 할 것
  ② 근로자가 안전하게 오르내리기 위한 설비를 설치할 것
  ③ **굴착 깊이가 20미터를 초과하는 때에는** 당해 작업장소와 외부와의 연락을 위한 **통신설비** 등을 설치할 것

(4) **산소결핍 시의 조치사항**
  ① 작업장 환기실시
  ② 근로자 공기호흡기 또는 송기마스크 착용
  ③ 작업장에 관계자 외 출입금지 조치

92 동영상은 근로자가 밀폐공간에서 방수작업을 하던 중 쓰러지는 장면을 보여준다. (1) 산소결핍의 기준을 적으시오. (2) 동종 재해방지를 위한 안전대책 3가지를 적으시오.

(1) 산소결핍의 기준 : 산소 농도가 18% 미만인 상태
(2) 동종 재해방지를 위한 안전대책(밀폐공간에서 근로자가 작업하는 경우의 안전조치 사항)
① 작업 시작 전 및 작업 중에 해당 작업장을 적정공기 상태가 유지되도록 환기하여야 한다.
② 밀폐공간에 근로자를 종사하도록 하는 경우에는 그 장소에 근로자를 입장시킬 때와 퇴장시킬 때마다 인원을 점검하여야 한다.
③ 작업하는 근로자가 아닌 사람이 그 장소에 출입하는 것을 금지하고, 출입금지 표지를 밀폐공간 근처의 보기 쉬운 장소에 게시하여야 한다.
④ 작업상황을 감시할 수 있는 감시인을 지정하여 밀폐공간 외부에 배치하여야 한다.
⑤ 밀폐공간에서 작업을 하는 동안 그 작업장과 외부의 감시인 간에 항상 연락을 취할 수 있는 설비를 설치하여야 한다.
⑥ 밀폐공간에서 작업을 하는 경우에 산소결핍이나 유해가스로 인한 질식·화재·폭발 등의 우려가 있으면 즉시 작업을 중단시키고 해당 근로자를 대피하도록 하여야 한다.
⑦ 공기호흡기 또는 송기마스크, 사다리 및 섬유로프 등 비상 시에 근로자를 피난시키거나 구출하기 위하여 필요한 기구를 갖추어 두어야 한다.
⑧ 밀폐공간에서 근로자를 구출하는 경우 구출작업에 종사하는 근로자에게 공기호흡기 또는 송기마스크를 지급하여야 한다.

환기 / 입장 및 퇴장 시 인원 점검 / 관계자 외 출입금지 조치 / 감시인 배치

**93** 동영상에서는 3명의 작업자들이 담배를 피운 후 개구부를 열고 들어가 밀폐공간에서 작업을 하던 중 질식 사고를 당하는 장면을 보여준다.

(1) 해당 영상에서 보여주는 밀폐공간 작업 시의 문제점 3가지

(2) 산소결핍 인정 시의 조치사항 1가지

(3) 밀폐공간(산소결핍 장소)에서 근로자가 작업하는 경우의 안전조치 사항 3가지를 적으시오.

(4) 밀폐공간 작업 시에 작업이 가능한 최소 산소농도를 적으시오.

(5) 밀폐공간 작업을 하는 근로자가 착용하여야 하는 호흡용 보호구의 종류 2가지를 적으시오.

### (1) 밀폐공간 작업 시의 문제점
① 산소 및 유해가스 농도를 측정하지 않았다.
② 작업장 환기를 하지 않았다.
③ 작업자들이 송기마스크를 착용하지 않았다.
④ 작업장 외부에 작업 상황을 감시하는 감시인을 배치하지 않았다.

### (2) 산소결핍 인정 시의 조치사항
① 작업장 환기실시
② 근로자 공기호흡기 또는 송기마스크 착용
③ 작업장에 관계자 외 출입금지 조치

### (3) 밀폐공간(산소결핍 장소)에서 근로자가 작업하는 경우의 안전조치 사항
① 작업 시작 전 및 작업 중에 해당 작업장을 **적정 공기 상태가 유지되도록** 환기하여야 한다.
② 밀폐공간에 근로자를 종사하도록 하는 경우에는 그 장소에 **근로자를 입장시킬 때와 퇴장시킬 때마다 인원을 점검**하여야 한다.
③ 작업하는 **근로자가 아닌 사람**이 그 장소에 **출입하는 것을 금지**하고, **출입금지 표지**를 밀폐공간 근처의 보기 쉬운 장소에 게시하여야 한다.
④ 작업상황을 감시할 수 있는 **감시인을 지정**하여 밀폐공간 **외부에 배치**하여야 한다.
⑤ 밀폐공간에서 작업을 하는 동안 그 **작업장과 외부의 감시인 간에 항상 연락을 취할 수 있는 설비를 설치**하여야 한다.

⑥ 밀폐공간에서 작업을 하는 경우에 산소결핍이나 유해가스로 인한 질식·화재·폭발 등의 우려가 있으면 즉시 작업을 중단시키고 해당 근로자를 대피하도록 하여야 한다.

⑦ 공기호흡기 또는 송기 마스크, 사다리 및 섬유로프 등 비상시에 근로자를 피난시키거나 구출하기 위하여 필요한 기구를 갖추어 두어야 한다.

⑧ 밀폐공간에서 근로자를 구출하는 경우 구출작업에 종사하는 근로자에게 공기호흡기 또는 송기마스크를 지급하여야 한다.

(4) 작업이 가능한 최소 산소 농도 : 산소 농도 18% 이상

(5) 근로자가 착용하여야 하는 호흡용 보호구의 종류
① 송기마스크
② 공기호흡기

**그림 출처** : 만화로 보는 산업안전보건기준에 관한 규칙

## 94 산업안전보건법에 의한 작업장의 조도기준을 나타내었다. 괄호에 적합한 숫자를 적으시오.

| 초정밀 작업 | 정밀 작업 | 보통 작업 | 기타 작업 |
|---|---|---|---|
| 750 Lux 이상 | ( ① ) Lux 이상 | ( ② )Lux 이상 | ( ③ )Lux 이상 |

① 300  ② 150  ③ 75

## 95 동영상은 눈으로 얼어붙은 도로의 모습을 보여준다. 작업자들이 삽으로 얼어붙은 눈을 부수는 중이다. 동절기 도로에 조치하여야 할 사항 3가지를 적으시오.

① 현장 내 가설도로에는 차량계 건설기계의 미끄럼 방지를 위하여 모래함이나 염화칼슘 등을 비치
② 결빙 부위 및 눈을 신속히 제거
③ 모래, 부직포 등을 이용하여 미끄럼 방지 조치
④ 현장 내 가설도로는 근로자 주 통행로와 구별되도록 한다.

## 96 동영상에서는 눈이 많이 쌓인 현장을 보여준다. 건설현장의 폭설, 한파로 인한 결빙 시의 조치사항 2가지를 적으시오.

① 가설계단, 작업발판, 개구부 주위 및 근로자 주 통행로 결빙 시 결빙 제거 및 미끄럼 방지 조치
② 현장 내 모래함, 염화칼슘 등 비치 여부
③ 현장 내 차량계 건설기계용 가설도로와 근로자용 통행로 구별 여부
④ 폭설로 인한 하중 증가로 무너질 위험이 있는 지붕, 가설구조물에 대한 조치 여부

**97** 동영상에서는 작업자가 DMF를 배합기에 넣는 유해물질 취급 작업을 보여준다. DMF 등 유해물질 취급 장소에 게시하여야 하는 사항 3가지를 적으시오.

**관리대상 유해물질(또는 허가대상 유해물질)취급 장소에 게시하여야 하는 사항**
① 유해물질의 명칭
② 인체에 미치는 영향
③ 취급상 주의사항
④ 착용하여야 할 보호구
⑤ 응급조치와 긴급 방재 요령
* 디메틸포름아미드(DMF)는 관리대상 유해물질에 해당한다.


**98** 동영상은 분진 시험을 하는 장면을 보여준다. 근로자가 상시 분진작업에 관련된 업무를 하는 경우에 근로자에게 알려야 하는 사항 4가지를 적으시오.

① 분진의 유해성과 노출 경로
② 분진의 발산 방지와 작업장의 환기 방법
③ 작업장 및 개인위생 관리
④ 호흡용 보호구의 사용 방법
⑤ 분진에 관련된 질병 예방 방법


**99** 산업안전보건법에 의하여 높이 2m 이상의 추락위험이 있는 장소에서 작업하는 근로자에게 사업주가 지급하여야 하는 보호구의 명칭을 적으시오.

안전대

# 03 건축시공 관련 문제

01 동영상에서 보여주는 교량의 형식 2가지를 적으시오.

| (1) | (2) |
|---|---|
| 사진 출처 : 단비뉴스 | 사진 출처 : 연합뉴스 |

(1) 현수교
(2) 사장교

| 현수교 | 사장교 |
| --- | --- |
| • 두 개의 주탑을 케이블로 연결하고, 이 케이블에 교량 상판을 매어단 형태의 교량 | • 주탑에 케이블을 연결하여 교량 상판을 직접 연결한 형태의 교량 |

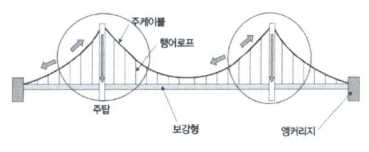
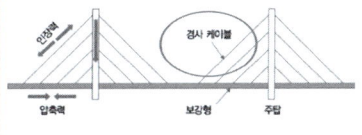

그림 출처 : bestuser

02 동영상은 서해대교의 모습을 보여준다. 다음의 물음에 적합한 답을 적으시오.

사진 출처 : 교통일보

사진 출처 : 당진신문

(1) 영상과 같은 교량의 형식을 적으시오.
(2) [보기]의 교량 공정을 참고하여 교량 시공순서를 번호로 적으시오.

[보기]

① 케이블 설치  ② 우물통 기초공사  ③ 주탑 시공  ④ 상판 아스팔트 타설

(1) 사장교
(2) ② - ③ - ① - ④


03 동영상은 교량의 가설공법을 보여준다. 영상에서 보여주는 공법의 (1) 명칭과 (2) 특징을 설명하시오.

사진 출처 : https://a.eeliassi.com/51

사진 출처 : 디올이엔씨(주)

(1) 명칭 : F.C.M 공법
(2) 특징
    ① 반복 공정으로 적은 인력으로 시공이 가능하다.
    ② 반복 공정으로 시공 속도가 빠르다.
    ③ 각 단계마다 오차의 수정이 가능하여 시공정밀도가 높다.
    ④ 깊은 계곡, 유량 많은 하천의 장대교량에 유리하다.

> 참고

F.C.M 공법(Free Cantilevering Method) : 교각으로부터 양쪽으로 3~5m씩의 현장타설 세그먼트를 점진적으로 시공해 나가는 방식으로 거푸집 이동과 콘크리트 타설을 위하여 Form-traveller를 사용한다.

04 동영상을 보고 다음 물음에 답하시오.
   (1) 동영상에 보여주는 교량공법의 명칭은 무엇인가?
   (2) 공법의 특징을 3가지 적으시오.

사진 출처 : 안전보건공단

사진 출처 : 송정석닷컴

(1) **명칭** : PSM(Precast Segment Method) 공법
(2) **특징**
   ① 공장화, 기계화 시공으로 공사기간 단축이 가능하다.
   ② 공장화, 기계화 시공으로 콘크리트의 품질관리가 용이하다.
   ③ 기계화로 인력 투입이 적다.
   ④ Segment 제작 및 보관을 위한 넓은 장소가 필요하다.
   ⑤ Segment의 운반, 가설을 위하여 대형 장비가 필요하다.

> 참고

PSM(Precast Segment Method) 공법 : 상부 구조물을 세그먼트 단위로 현장에서 제작하여 현장 조립하는 공법(일정한 길이의 세그먼트(Segment)를 별도의 제작장에서 제작·운반하여 인양기계를 이용하여 가설한 후 세그먼트를 연결하여 상부구조를 가설하는 공법)

05 동영상은 교량 가설 공법을 보여주고 있다. 1번 사진은 현장의 전경, 2번 사진은 추진코, 3번 사진은 PC 슬래브 제작장, 4번 사진은 반력대, 5번 사진은 추진잭, 6번 사진은 슬래브 탈락 방지시설 등을 보여주고 있다. 이와 같은 공법의 명칭을 적으시오.

사진 출처 : https://m.blog.naver.com/safe1825

사진 출처 : (주)관수이엔씨

ILM(압출 공법)

> 참고

ILM(Incremental Launching Method) 공법 : 주형 제작장에서 세그먼트를 제작하여 압출장치에 의해 거더를 밀어내어 교량을 가설하는 공법

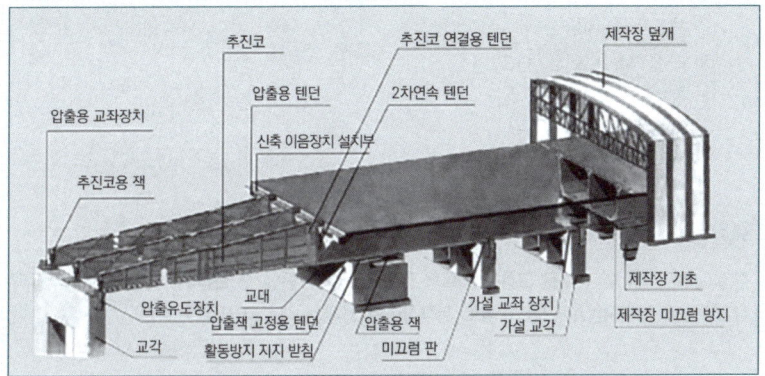

그림 출처 : 안전보건공단 ILM 교량 가설공법 안전

06 동영상에서는 아파트 건설현장의 외벽 거푸집 작업을 보여준다. (1) 영상에서 보여주는 거푸집의 명칭을 적으시오. (2) 콘크리트 타설 시 측압에 영향을 주는 요인 3가지를 적으시오.

사진 출처 : DONG IN

사진 출처 : ㈜ 한림

(1) 거푸집의 명칭 : 갱폼

(2) 측압에 영향을 주는 요인
   ① 타설 속도
   ② 콘크리트 비중
   ③ 타설 시 온도 및 습도
   ④ 철골, 철근량
   ⑤ 콘크리트 다짐 정도

> 참고

갱폼(GANG FORM) : 주로 고층 아파트와 같은 상·하부 동일 구조물에서 외부 벽체 거푸집과 작업발판용 케이지(CAGE)를 일체로 제작하여 사용하는 대형 거푸집을 말한다.

07 동영상에서는 오토클라이밍 폼 작업과정을 보여주다. [보기]를 참고하여 오토클라이밍 폼 작업순서에 맞게 번호를 적으시오.

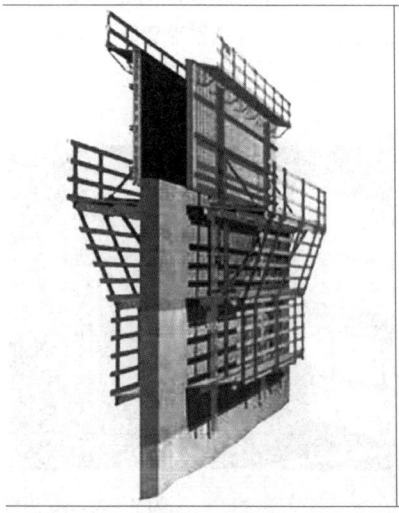

사진 출처 : 페리코리아

① 상부타설 시작
② 상부타설 진행
③ 중앙 key segment
④ 중앙 박스 타설(키세그 연결 전)
⑤ 오토클라이밍 폼으로 교각시공
⑥ 측 경간 시공

⑤ → ① → ② → ⑥ → ④ → ③

> 참고

오토클라이밍 폼(Auto Climbing System) : 벽체 거푸집을 자동 승강장치(유압잭)를 이용하여 타워크레인의 사용 없이 거푸집 자체를 인양시키는 대형 벽체 거푸집

08 동영상은 흙막이 지보공 작업 장면을 보여 주고 있다. 다음 물음에 답하시오.
(1) 공법의 종류
(2) 영상에서 보여주는 계측기의 명칭을 적으시오.
(3) 영상에서 보여주는 계측기의 용도를 적으시오.
(4) 영상에서 보여주는 굴착기계의 종류(명칭)를 적으시오.

| 공법 | 계측기 | 굴착기계 |
|---|---|---|
| 사진 출처 : 단비뉴스 | 사진 출처 : 단비뉴스 | 사진 출처 : 연합뉴스 |

(1) 어스 앵커 공법
(2) 하중계(Load Cell)
(3) 스트러트(Strut) 또는 어스앵커(Earth anchor) 등의 축 하중 변화를 측정한다.
(4) 크롤러 드릴

## 09 동영상은 흙막이 지보공 작업 장면을 보여주고 있다. 흙막이 지보공의 안전대책 2가지를 적으시오.

① 흙막이 지보공의 재료로 변형·부식되거나 심하게 손상된 것을 사용해서는 아니 된다.
② 흙막이 지보공을 조립하는 경우 미리 그 구조를 검토한 후 조립도를 작성하여 그 조립도에 따라 조립해야 한다.
③ 흙막이 지보공을 설치하였을 때에는 정기적으로 점검하고 이상을 발견하면 즉시 보수하여야 한다.
④ 설계도서에 따른 계측을 하고 계측 분석 결과 토압의 증가 등 이상한 점을 발견한 경우에는 즉시 보강조치를 하여야 한다.

### ≫참고

흙막이 지보공을 설치한 때 점검 사항
① 부재의 손상·변형·부식·변위 및 탈락의 유무와 상태
② 버팀대의 긴압의 정도
③ 부재의 접속부·부착부 및 교차부의 상태
④ 침하의 정도

## 10 동영상은 Precast Concrete 제품의 제작과정을 보여준다. (1) 동영상을 보고 올바른 제작 순서를 번호를 이용하여 순서대로 나열하시오. (2) 동영상에서 ④번 사진의 작업명칭을 적으시오. (3) Precast Concrete의 장점 3가지를 적으시오.

① 탈형   ② 철근 거치   ③ 선 부착품 설치   ④ 거푸집 제작
⑤ 철근 배근 및 조립   ⑥ 수중양생   ⑦ 콘크리트 타설

① 몰드 셋팅/청소

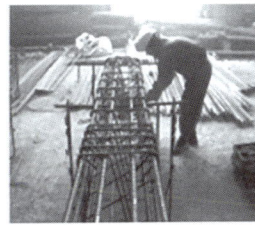
② 철근 배근

③ 철근 설치

④ 콘크리트 타설

⑤ 양생

⑥ 탈형

(1) 제작 순서

④ → ③ → ② → ⑤ → ⑦ → ⑥ → ①

> **참고**

거푸집 제작 → 선 부착품 설치 → 철근 거치 → 철근 배근 및 조립 → 콘크리트 타설 → 수중양생 → 탈형

(2) 수중양생

(3) Precast 콘크리트의 장점
① 공사기간 단축
② 공사비 절감(가설공사를 최소화할 수 있다.)
③ 품질 향상
④ 동절기 시공 가능(기후의 영향을 적게 받는다.)

**주의** 교재의 그림과 해설은 Precast Concrete를 제작하는 과정을 설명한 것입니다. 시험에서는 동영상을 확인하고 번호를 적으세요.

> 참고

PC(Precast Concrete) 공법 : 건축물의 구조부재인 기둥, 보, 슬래브 등을 공장에서 미리 만들어 현장에서 조립만 하는 공법

11 동영상은 콘크리트 말뚝의 항타 작업을 보여준다. (1) 콘크리트 말뚝의 항타 공법의 종류를 2가지 적으시오. (2) 콘크리트 말뚝의 단점 2가지를 적으시오.

사진 출처 : 토목신문

사진 출처 : https://www.youtube.com/watch?v=_Fj5sfFVTjI

(1) 항타 공법의 종류
   ① 타격 공법
   ② 진동 공법
   ③ 프리보링 공법
   ④ 압입 공법
(2) 단점
   ① 운반 시 균열 또는 파손이 발생할 수 있다.
   ② 말뚝 이음부의 신뢰성(품질)이 떨어질 수 있다.
   ③ 무거워서 취급이 곤란하다.

**12** 동영상에서는 원심력 철근콘크리트 말뚝을 보여준다. 원심력 철근콘크리트 말뚝의 장점 2가지를 적으시오.

사진 출처 : 한국건설신문

사진 출처 : 한국과학기술정보연구원

① **재질이 균일하다.**(재료가 균질하여 신뢰성이 높다.)
② **강도가 크다.**(강도가 커서 지지말뚝에 적합하다.)
③ **말뚝 재료의 구입이 용이**하다.
④ 말뚝 길이 15m 이하에서는 경제적인 공법이다.

**13** 동영상은 터널굴착 현장을 보여준다.

(1) 동영상에서 보여주는 터널 굴착공법의 명칭을 적으시오.
(2) 영상에서와 같은 터널 굴착공법의 적용이 어려운 지반을 2가지 적으시오.

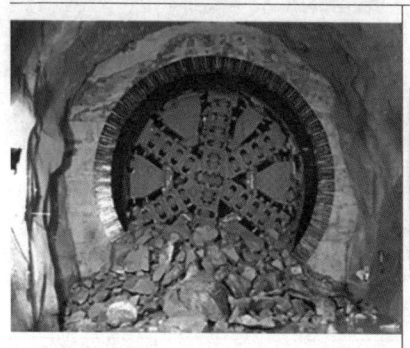 

(1) 공법의 명칭 : TBM 공법
(2) 적용이 어려운 지반
  ① 연약지반
  ② 단면형상의 변형이 심한 경우
  ③ 다량의 용수가 있는 지반

> 참고

TBM 공법 : 발파를 하지 않고 tunnel boring machine의 회전 cutter에 의해 터널전단면을 절삭 또는 파쇄하는 공법으로서, 주로 암반 터널굴착 공사에 적용한다.

**14** 동영상에서는 터널 내부에서의 굴착작업을 보여준다. 물음에 답하시오.

> **화면 설명** 터널 내에서 굴착한 토사(버력)을 컨베이어로 이동하여 버력 반출용 대차를 이용하여 반출하는 모습과 TBM 장비를 보여준다.

(1) 버력처리 장비 선정 시의 고려사항 3가지를 적으시오.

(2) 차량계 운반장비는 작업시작 전 점검하고 이상이 발견된 때에는 즉시 보수 및 기타 필요한 조치를 하여야 한다. 차량계 운반장비는 작업시작 전 점검사항 3가지를 적으시오.

사진 출처 : 연합뉴스

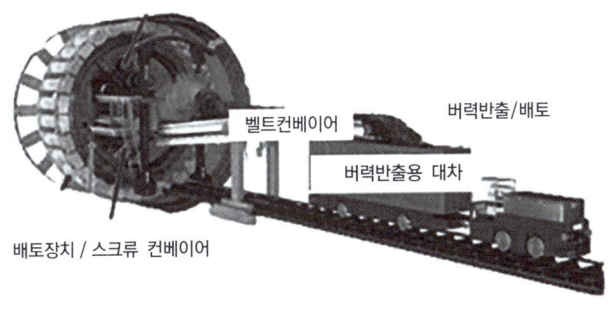

사진 출처 : https://patents.google.com/patent/KR101867665B1/ko

(1) 버력처리 장비 선정 시의 고려사항
   ① 굴착 단면의 크기 및 단위 발파 버력의 물량
   ② 터널의 경사도
   ③ 굴착방식
   ④ 버력의 상상 및 함수비
   ⑤ 운반 통로의 노면상태

(2) 차량계 운반장비의 작업시작 전 점검 사항
   ① 제동장치 및 조절장치 기능의 이상 유무
   ② 하역장치 및 유압장치 기능의 이상 유무
   ③ 차륜의 이상 유무
   ④ 경광, 경음장치의 이상 유무

> 참고

- 버력 : 터널을 굴착하기 위하여 암을 파쇄한 후 남는 암 조각, 즉 쪼개진 암석을 (암)버력이라고 한다.
- 버력처리 : 천공발파로 발생된 버력을 갱 밖으로 반출하는 작업을 말하며 싣기, 운반, 버리기의 작업으로 이루어진다.

15 동영상은 교각공사에서 철근을 조립하는 모습을 보여준다. 철근의 이음방법 3가지를 적으시오.

① 겹침 이음
② 기계적 이음
③ 가스압접 이음
④ 용접 이음

# 04 동영상 확인 문제

01 동영상에서는 아파트 공사현장을 보여준다. 작업자가 낙하물 방지망 보수작업을 하던 중 떨어지는 사고가 발생한다. (1) 재해발생 형태를 적으시오. (2) 동종 재해의 방지를 위하여 취해야 할 조치사항을 2가지 적으시오.

> **화면 설명** 작업발판이 미설치된 비계 위에서 안전모를 착용한 작업자가 낙하물 방지망을 비계에 고정하던 중 떨어진다.

(1) 재해발생 형태 : 떨어짐
(2) 조치사항
   ① 안전한 작업발판 설치
   ② 작업자 안전대 착용
   ③ 안전난간 설치

**주의** 동영상을 확인하고 답을 적으세요.

### 참고

위험요인
① 작업발판 미설치
② 작업자 안전대 미착용
③ 안전난간 미설치

02 동영상에서 작업자는 작업발판 위에서 구두를 신은 채 도장작업을 하고 있다. 작업을 하던 중 옆으로 이동하다 떨어지는 사고를 당한다. 시설 측면에서의 안전작업 대책 3가지를 적으시오.

① **안전한 작업발판 설치**(작업발판 폭 40cm 이상의 발판을 설치하고 고정한다.)
② **추락방호망 설치**(높이 10m 이상인 경우)
③ **안전난간 설치**(높이 2m 이상이며 안전난간이 미설치 된 경우)


03 동영상은 강 교량의 시공과정을 보여준다. 강박스를 거치한 후에 콘크리트 상판을 타설하기 전의 공정에서 작업자가 연결재에 걸려 추락하거나, 강박스를 건너뛰다가 추락할 수 있다.

(1) 이러한 추락사고를 예방할 수 있는 대책 3가지를 적으시오.
(2) 추락사고를 예방할 수 있는 추락방지시설 2가지를 적으시오.
(3) 영상에서 추락을 방지하기 위하여 가장 우선적으로 고려해야 하는 시설을 적으시오.

(1) 추락예방 대책
  ① 안전난간 설치
  ② 추락방호망 설치
  ③ 근로자 안전대 착용

(2) 추락방지 시설
  ① 안전난간 설치
  ② 추락방호망 설치

(3) 추락을 방지하기 위하여 가장 우선적으로 고려해야 하는 시설
  ① 안전난간(영상에서 안전난간이 미설치되어 단부에서 떨어진 경우)
  ② 추락방호망(안전난간이 설치되었으나 추락방호망이 미설치되어 바닥까지 떨어진 경우)
  ③ 작업발판(안전한 작업발판 없이 작업하는 경우)

**주의** 동영상을 확인하고 답을 적으세요.

04 동영상에서는 작업자 2명이 작업발판 위에서 돌 붙임 작업을 하고 있다. (1) 동영상에서 보여주는 현장에서의 추락 사고를 유발하는 불안전한 상태 3가지를 적으시오. (2) 추락을 방지하기 위한 시설 측면의 안전대책 3가지를 적으시오.

사진 출처 : 세이프티 넷

**(1) 추락 사고를 유발하는 불안전한 상태**
① 안전난간 미설치
② 추락 방호망 미설치(높이가 10m 이상인 경우)
③ 작업발판 미설치 혹은 설치 불량(폭 40cm 이상의 발판이 확보되지 않은 경우만 해당)

**(2) 추락을 방지하기 위한 시설 측면의 안전대책**
① 안전난간 설치
② 추락 방호망 설치(높이가 10m 이상인 경우)
③ 작업발판 설치(폭 40cm 이상의 발판이 확보되지 않은 경우만 해당)

주의 동영상을 확인하고 답을 적으세요.

05 동영상은 아파트 건설현장을 보여주고 있다. 추락 및 낙하를 방지하기 위한 시설 중 영상에 보이는 시설을 추락과 낙하재해로 구분하여 각각 1가지씩 적으시오.
   (1) 추락재해 방지시설
   (2) 낙하재해 방지시설

(1) 추락재해 방지시설
    ① 추락방호망
    ② 안전난간
    ③ 작업발판
(2) 낙하재해 방지시설
    ① 낙하물방지망
    ② 수직보호망
    ③ 방호선반

> 참고

06 동영상은 옹벽을 보여준다. 옹벽 아래 추락할 수 있는 개구부가 존재한다. (1) 작업자의 추락을 방지하기 위한 안전대책 3가지를 적으시오. (2) 작업발판 및 통로 끝이나 개구부로서 근로자가 추락할 위험이 있는 장소에 설치해야 하는 시설물 3가지를 적으시오.

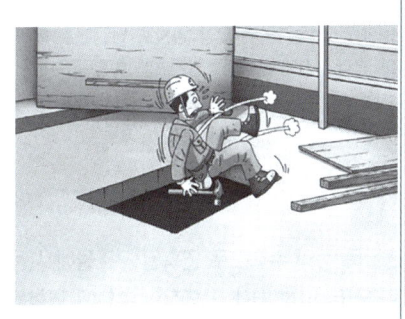

그림 출처 : https://ulsansafety.tistory.com/

그림 출처 : https://ulsansafety.tistory.com/

(1) 작업자의 추락을 방지하기 위한 안전대책 3가지
   ① 안전난간 설치
   ② 울타리 설치
   ③ 수직형 추락방망 또는 덮개 설치
   ④ 추락방호망 설치(안전난간 설치 곤란 또는 해체한 경우)
   ⑤ 작업자 안전대 착용(안전난간 및 추락방호망 설치가 곤란한 경우)

(2) 설치해야 할 시설물
   ① 안전난간 설치
   ② 울타리 설치
   ③ 수직형 추락방망 또는 덮개 설치
   ④ 추락방호망 설치(안전난간 설치 곤란 또는 해체한 경우)

> **참고**

개구부 등의 방호조치
1. 사업주는 작업발판 및 통로의 끝이나 개구부로서 근로자가 추락할 위험이 있는 장소에는 안전난간, 울타리, 수직형 추락방망 또는 덮개 등의 방호 조치를 충분한 강도를 가진 구조로 튼튼하게 설치하여야 하며, 덮개를 설치하는 경우에는 뒤집히거나 떨어지지 않도록 설치하여야 한다.
2. 사업주는 난간 등을 설치하는 것이 매우 곤란하거나 작업의 필요상 임시로 난간등을 해체하여야 하는 경우 추락방호망을 설치하여야 한다. 다만, 추락방호망을 설치하기 곤란한 경우에는 근로자에게 안전대를 착용하도록 하는 등 추락할 위험을 방지하기 위하여 필요한 조치를 하여야 한다.

07 동영상에서 보여주는 (1) 교각, 사일로, 굴뚝 등의 수직으로 연속된 구조물에 사용하는 거푸집의 명칭을 적으시오. (2) 콘크리트 타설 시에 거푸집의 측압에 영향을 주는 요인 2가지를 적으시오.

그림 출처 : 안전보건공단 공종별 위험성평가 모델

(1) 거푸집의 명칭 : 슬라이딩 폼

(2) 거푸집의 측압에 영향을 주는 요인
   ① 외기온도
   ② 습도
   ③ 타설 속도
   ④ 콘크리트의 비중
   ⑤ 철골 or 철근량

> **참고**

**콘크리트 타설 시 거푸집의 측압**
① 외기온도가 낮을수록 측압이 크다.
② 습도가 낮을수록 측압이 크다.
③ 타설 속도가 빠를수록 측압이 크다.
④ 콘크리트 비중이 클수록 측압이 크다.
⑤ 철골 or 철근량이 적을수록 측압이 크다.


08 동영상은 건물의 엘리베이터 피트 거푸집 공사 현장을 보여준다. 영상에서와 같은 엘리베이터 피트 부분에서 발생할 수 있는 (1) 사고의 형태와 (2) 사고의 원인 1가지를 적으시오. (3) 엉상에서와 같은 엘리베이터 피트 부분에서 발생할 수 있는 위험 상황을 적으시오. (4) 추락을 방지하기 위한 안전조치사항 3가지를 적으시오.

(1) 사고의 형태 : 떨어짐

(2) 사고의 원인
  ① 개구부에 안전난간이 설치되지 않았다.
  ② 개구부에 울타리가 설치되지 않았다.
  ③ 개구부에 수직형 추락방망 또는 덮개가 설치되지 않았다.
  ④ 작업자가 안전대를 착용하지 않았다.
  ⑤ 엘리베이트 피트 내부에 추락방호망이 설치되지 않았다.

(3) 위험 상황
  ① 개구부에 안전난간이 설치되지 않아 떨어짐(추락)이 발생한다.
  ② 개구부에 울타리가 설치되지 않아 떨어짐(추락)이 발생한다.
  ③ 개구부에 수직형 추락방망 또는 덮개가 설치되지 않아 떨어짐(추락)이 발생한다.
  ④ 작업자가 안전대를 착용하지 않아 떨어짐(추락)이 발생한다.
  ⑤ 엘리베이트 피트 내부에 추락방호망이 설치되지 않아 떨어짐(추락)이 발생한다.

(4) 안전조치 사항
  ① 안전난간 설치
  ② 울타리 설치
  ③ 수직형 추락방망 또는 덮개 설치
  ④ 작업자 안전대 착용
  ⑤ 추락방호망 설치(안전난간 설치 곤란 또는 해체한 경우)

| 엘리베이터 개구부에<br>안전난간 및 수직형 추락방망 설치 | 근로자 안전대 착용, 추락방호망 설치 |
|---|---|
|  |  |

09 건설용 리프트 운행 시 불안전한 상태가 많이 발생된다. 영상에 나타난 불안전한 행동 및 상태를 각각 2가지씩 적으시오.

### 화면 설명

리프트 탑승구에 방호울이 설치되지 않았으며, 하부에서 자재를 올리는 작업자는 안전모를 미착용한 상태로 작업 중이다. 상부 층에서 리프트를 탑승하기 위해 기다리는 작업자들은 안전난간 밖으로 머리를 내밀어 리프트 위치를 확인하고 있다. 리프트에는 긴 자재를 실어 리프트의 문을 닫지 않은 채 운행 중인 모습을 보여준다.

사진 출처 : 안전보건공단 사고사례

사진 출처 : 안전닷컴, 중대재해

(1) 불안전한 행동
   ① 탑승 대기 중인 작업자가 안전난간 밖으로 머리를 내밀어 리프트의 위치를 확인하고 있어 리프트와 충돌할 위험이 있다.
   ② 근로자가 안전모를 미 착용하였다.

(2) 불안전한 상태
   ① 리프트 운반구 문을 개방한 상태에서 운행하여 근로자가 떨어질 위험이 있다.
   ② 리프트 탑승구에 방호울이 설치되지 않아 근로자가 떨어질 위험이 있다.

**주의** 동영상을 확인하고 답을 적으세요.

10 동영상에서 근로자는 손수레에 모래를 가득 싣고 리프트 탑승구로 향하는 중이다. 리프트의 탑승구는 방호울이 미설치되어 있으며, 리프트 탑승구 주변의 안전난간도 해체된 상태이다. 탑승 중 손수레가 뒤로 움직이며 추락하는 모습을 보여준다. 작업자는 안전모의 턱 끈을 풀고 있는 상태이다. 다음 물음에 답하시오.

(1) 리프트에 설치하여야 하는 방호장치 3가지를 적으시오.

(2) 동영상에서의 사고발생 형태를 적으시오.

(3) 사고발생 원인을 2가지 적으시오.

(4) 사고방지 대책 2가지를 적으시오.

**(1) 리프트의 방호장치**
 ① 권과방지장치
 ② 과부하방지장치
 ③ 비상정지장치
 ④ 제동장치
 ⑤ 조작반(盤) 잠금장치

(2) 사고발생 형태 : 떨어짐

(3) 사고발생 원인
   ① 리프트 운반구 문을 개방한 채 운행하였다.
   ② 리프트 탑승구에 방호울이 설치되지 않았다.
   ③ 리프트 탑승구 주변에 안전난간이 설치되지 않았다.
   ④ 근로자가 안전모의 턱 끈을 고정하지 않았다.

(4) 사고방지 대책
   ① 리프트 운반구의 문 개방 시에는 리프트의 운행을 중단되도록 한다.
      (출입문 연동장치를 설치한다.)
   ② 리프트 탑승구에 방호울을 설치한다.
   ③ 리프트 탑승구 주변에 안전난간을 설치한다.
   ④ 안전모의 턱 끈을 고정하고 바르게 착용한다.

**주의** 동영상을 확인하고 답을 적으세요.

> 참고

**11** 동영상에서는 건설현장에서 건설용 리프트가 운행 중인 모습을 보여준다.
   (1) 리프트가 운행 중 무너지거나 또는 넘어지는(붕괴 또는 전도) 원인을 2가지 적으시오.
   (2) 괄호에 적합한 내용을 적으시오.

> 사업주는 순간풍속이 초당 (     ) 미터를 초과하는 바람이 불어올 우려가 있는 경우 건설작업용 리프트(지하에 설치되어 있는 것은 제외한다)에 대하여 받침의 수를 증가시키는 등 그 붕괴 등을 방지하기 위한 조치를 하여야 한다.

사진 출처 : 매일건설신문

사진 출처 : 중앙일보

(1) **리프트의 넘어지는(붕괴 또는 전도) 원인**
   ① 지반의 침하(부동침하)
   ② 불량한 자재사용 또는 헐거운 결선

(2) 35

> **참고**

1. 악천후 시 조치
   ① 순간풍속이 초당 10미터를 초과 : 타워크레인의 설치·수리·점검 또는 해체작업을 중지
   ② 순간풍속이 초당 15미터를 초과 : 타워크레인의 운전작업을 중지
   ③ 순간풍속이 초당 30미터를 초과 : 옥외에 설치되어 있는 주행 크레인 이탈방지조치
   ④ 순간풍속이 초당 30미터를 초과하는 바람이 불거나 중진(中震) 이상 진도의 지진이 있은 후 : 옥외 양중기 각 부위 이상 점검
   ⑤ 순간풍속이 초당 35미터를 초과 : 옥외 승강기 및 건설용 리프트(지하에 설치되어 있는 것은 제외)에 대하여 받침의 수를 증가시키는 등 승강기가 무너지는 것을 방지하기 위한 조치

2. 이삿짐 운반용 리프트 전도의 방지
   ① 아웃트리거가 정해진 작동위치 또는 최대전개위치에 있지 않는 경우(아웃트리거 발이 닿지 않는 경우를 포함한다)에는 사다리 붐 조립체를 펼친 상태에서 화물 운반작업을 하지 않을 것
   ② 사다리 붐 조립체를 펼친 상태에서 이삿짐 운반용 리프트를 이동시키지 않을 것
   ③ 지반의 부동침하 방지 조치를 할 것

**12** 동영상은 건물 외벽의 돌 마감 공사를 보여주고 있다. (1) 동영상에서 작업자의 추락의 원인이 되는 제거 또는 개선하여야 할 불안전 요소(불안전한 행동 및 상태) 4가지를 적으시오. (2) 동영상에서 작업자의 안전을 위하여 제거 또는 개선하여야 할 불안전 요소에 대한 안전대책 4가지를 적으시오.

### 화면 설명

위의 작업자는 그라인더로 석재를 절단하고 있다. 안전난간은 설치되지 않았고 작업발판은 불량한 상태이며 주변 정리정돈 또한 불량한 상태이다. 작업자는 안전화 대신 구두를 신고 있으며 방진마스크와 보안경도 미 착용한 상태이다. 석재 절단 후 비계를 타고 내려오던 중 떨어지는 장면을 보여준다. 그 아래에는 다른 작업자가 안전모를 착용하지 않은 채 작업을 하고 있다.

(1) 개선하여야 할 불안전 요소
  ① 안전난간 미설치
  ② **추락방호망의 미설치**(높이 10m 이상일 경우만 해당)
  ③ 작업자 안전대 미착용
  ④ 작업발판 고정상태 불량
  ⑤ 비계의 **이동통로를 이용하지 않고 비계를 타고 내려옴**
  ⑥ 작업장의 **정리정돈 불량**

(2) 불안전 요소의 안전대책
  ① 안전난간 미설치로 떨어짐 위험이 있으므로 **안전난간을 설치**하여야 한다.
  ② **추락방호망의 미설치**로 떨어짐 위험이 있으므로 **추락방호망을 설치**하여야 한다. (높이 10m 이상일 경우만 해당)
  ③ 작업자가 **안전대를 착용**하여야 한다.
  ④ **작업발판 고정상태 불량**으로 떨어짐 위험이 있으므로 **작업발판을 고정**하여야 한다.
  ⑤ 비계를 타고 이동하여 떨어짐 위험이 있으므로 **지정된 통로를 이용하여 이동**한다.
  ⑥ 작업장의 정리정돈 불량으로 걸려 넘어짐 등 위험이 있으므로 **작업장을 정리정돈**하여야 한다.

**주의** 동영상을 확인하고 답을 적으세요.

13. 동영상에서 작업자는 지게차(차량계 하역운반기계)를 이용하여 판넬 운반 작업을 하고 있다. 신호수의 지시에 따라 운전하던 중 판넬이 신호수에게 낙하하는 사고가 발생한다. 사고의 원인 2가지를 적으시오.

① 화물의 하중이 한쪽으로 치우쳐 적재되었다.
② 화물의 붕괴 또는 낙하에 의한 위험을 방지하기 위하여 화물에 로프를 거는 등의 조치를 하지 않았다.
③ 운전자의 시야를 가려 적재하였다.

> 참고

차량계 하역운반기계에 화물적재 시의 조치
① 하중이 한쪽으로 치우치지 않도록 적재할 것
② 구내운반차 또는 화물자동차의 경우 화물의 붕괴 또는 낙하에 의한 위험을 방지하기 위하여 화물에 로프를 거는 등 필요한 조치를 할 것
③ 운전자의 시야를 가리지 않도록 화물을 적재할 것
④ 화물을 적재하는 경우에는 최대적재량을 초과해서는 아니 된다.

**14** 동영상은 실내에서 도장작업을 하던 중 발생한 재해를 보여주고 있다.

(1) 동영상에서의 불안전 요소 3가지를 적으시오.

(2) 안전작업 대책 3가지를 적으시오.

### 화면 설명

동영상에서 작업자는 실내에서 말비계 위에서 페인트칠을 하고 있으며 손에 페인트 통을 들고 작업하고 있다. 말비계 위에서 옆으로 이동하며 작업하던 중 말비계에서 떨어진다.

(1) 불안전 요소
 ① 작업발판 불량(높이가 2미터를 초과하며 작업발판의 폭이 40센터미터 미만인 경우만 해당)
 ② 작업방법 및 작업자세 불량(페인트 통을 손에 들고 작업함)
 ③ 근로자 안전대 미착용(높이 2미터 이상의 장소에서 작업할 경우만 해당)
 ④ 방독마스크 미착용

(2) 안전작업 대책
  ① 안전한 작업발판을 설치한다.
  ② 작업자는 안전대를 착용한다.
  ③ 작업자는 방독마스크, 화학물질용 안전화, 화학물질용 안전장갑을 착용한다.
     (영상에서 미착용한 보호구만 작성)
  ④ 페인트 통을 바닥에 내리고 작업할 수 있도록 작업방법을 개선한다.

주의 동영상을 확인하고 답을 적으세요.

>> 참고

 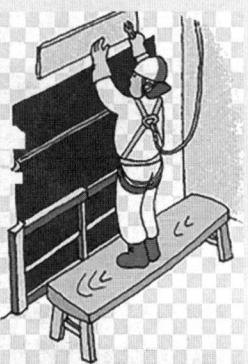

**15** 동영상에서는 터널공사 중 일부 공정(공법)의 작업을 보여주고 있다. 다음 물음에 답하시오.

(1) 동영상에서 보여주는 공정(공법)의 명칭을 적으시오.

(2) 터널굴착 시 작성하여야 하는 작업계획서에 포함하여야 하는 사항 2가지를 적으시오.

**(1) 공정의 명칭** : 숏크리트 뿜칠(모르타르 뿜칠) 공정(공법)

**(2) 작업계획서에 포함 사항**
  ① 굴착의 방법
  ② 터널지보공 및 복공의 시공방법과 용수처리 방법
  ③ 환기 또는 조명시설을 하는 때에는 그 방법

> 참고

**숏크리트** : 분무기로 뿜어서 사용하는 콘크리트

16 동영상은 크레인(타워크레인)의 작업 장면을 보여주고 있다. 크레인(호이스트 포함)에 부착하여야 할 방호장치의 종류를 2가지 적으시오.

① 과부하방지장치
② 권과방지장치
③ 비상정지장치
④ 제동장치

17 동영상은 터널 내부 공사현장을 보여준다. 동영상을 보고 불안전한 행동 및 불안전한 상태에 해당하는 2가지를 찾아 적으시오.

① 복장, 보호구의 불량
② 작업장 정리정돈 불량
③ 환기장치 불량으로 인한 분진 발생
④ 적정 조도 미확보로 발을 헛딛음
⑤ 지하용수 고임

주의 동영상을 확인하고 답을 적으세요.

18 동영상은 터널 내부에서 고소작업대를 이용한 작업 모습을 보여준다. 동영상을 보고 불안전한 행동 및 불안전한 상태에 해당하는 3가지를 찾아 적으시오.

### 화면 설명

작업자는 고소작업대의 난간을 딛고 올라서서 작업하고 있으며 상, 하부에서 2명의 작업자가 동시 작업을 하고 있다. 작업자는 안전대를 미착용한 상태이며 작업장이 매우 어두운 상태에서 작업하고 있다.

사진 출처 : 안전보건공단자료실

사진 출처 : e대한경제

① **고소작업대의 난간에 올라서서 작업함**(떨어짐 위험이 있다.)
② **상, 하 동시작업**(떨어지는 자재 등에 맞을 위험이 있다.)
③ **작업자 안전대 미착용**(떨어짐 위험이 있다.)
④ **작업장 적정 조도 미확보**(걸려 넘어짐 등의 위험이 있다.)

19 동영상은 작업장 내에 2대의 백호가 굴착작업을 하고 있으며 백호의 작업 반경 내에 다른 작업자가 지나가는 모습을 보여준다. 동영상에서의 (1) 위험요인 3가지와 (2) 사고예방 대책 3가지를 적으시오. (3) 화면에서 보여주는 장비의 운전자가 운전 위치를 이탈하는 경우의 조치사항 3가지를 적으시오.

(1) 위험요인
  ① 작업 반경 내 근로자가 출입하여 장비와 근로자가 충돌할 위험 있다.
  ② 신호자 및 유도자를 배치하지 않아 장비 간 충돌할 위험 있다.
  ③ 백호가 넘어질(전도) 위험 있다.
  ④ 백호의 버킷이탈방지 안전핀 미설치로 버킷이 탈락할 위험 있다.

(2) 사고예방 대책
  ① 작업 반경 내 근로자 출입금지 조치
  ② 신호자 및 유도자 배치하여 신호에 의한 작업
  ③ 백호의 넘어짐(전도) 방지 조치(유도자 배치, 지반의 부동침하 방지, 갓길의 붕괴 방지, 도로의 폭 유지 등의 조치)
  ④ 버킷이탈방지 안전핀 설치

(3) 차량계 건설기계 및 차량계 하역운반기계의 운전자가 위치 이탈 시의 조치
  ① 포크, 버킷, 디퍼 등의 장치를 가장 낮은 위치 또는 지면에 내려 둘 것
  ② 원동기를 정지시키고 브레이크를 확실히 거는 등 갑작스러운 이동을 방지하기 위한 조치를 할 것
  ③ 운전석을 이탈하는 경우에는 시동키를 운전대에서 분리시킬 것

> 참고

20. 동영상은 백호를 이용하여 하수관을 인양하는 장면을 보여주고 있다. 동영상에서의 재해를 다음과 같이 분석하시오.

▣ 화면 설명

하수관을 1줄 걸이로 인양하여 이동하던 중 하수관이 흔들리자 신호수가 손으로 잡다가 하수관이 떨어진다. 하수관 바로 아래에서 작업하던 작업자가 떨어지는 하수관 아래에 깔리는 사고가 발생한다. 훅에는 해지장치가 설치되지 않았으며 유도로프도 사용하지 않았다.

(1) 기인물

(2) 재해 발생 형태

(3) 재해 발생 원인 1가지를 적으시오.

(1) 기인물 : 백호
(2) 재해 발생 형태 : 맞음

(3) 재해 발생 원인
① 하수관과 같은 긴 자재의 인양 시는 2줄 걸이를 하여야 하나 1줄 걸이로 작업하였다.
② 훅에 해지장치를 사용하지 않았다.
③ 화물 인양작업을 할 수 없는 굴착기로 인양하였다.
④ 유도 로프를 사용하지 않았다.
⑤ 작업반경 내에 근로자 출입을 통제하지 않았다.

### 참고

1. 가해물 : 하수관

2. 안전작업 대책
   ① 하수관을 양쪽 두 군데 이상을 묶어 균형을 유지하며 인양(2줄 걸이 작업)한다.
   ② 훅에 해지장치를 사용한다.
   ③ 인양작업이 가능하도록 제작된 굴착기를 사용하거나 크레인 등의 인양장비를 사용한다.
   ④ 유도 로프를 사용하여 흔들림을 방지한다.
   ⑤ 작업반경 내에 근로자 출입금지 조치를 한다.

## 21 동영상을 보고 물음에 답하시오.

1. 동영상에서 보여주는 와이어로프의 체결방법 중 올바른 것의 번호를 적으시오.

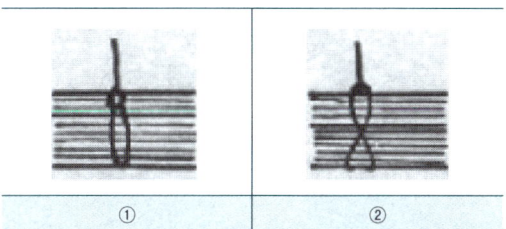

2. 와이어로프의 클립 체결방법 중 올바른 것의 번호를 적고 그 이유를 적으시오.

3. 와이어로프 지름에 적합한 클립의 수를 적으시오.

| 와이어로프의 지름(mm) | 클립 수 |
|---|---|
| 16 이하 | ( ① )개 |
| 16 초과 ~ 28 이하 | ( ② )개 |
| 28 초과 | ( ③ )개 |

1. ①
2. ①, 클립의 새들(saddle)은 로프의 힘이 걸리는 쪽에 있어야 한다.
3. ① 4  ② 5  ③ 6

**22** 동영상에서는 굴착한 흙을 덤프트럭으로 운반하는 작업을 보여준다.

(1) 동영상에서 보여주는 건설기계의 명칭을 적으시오.
(2) 동영상에서와 같은 작업 시의 주의사항을 2가지 적으시오.

(1) 건설기계의 명칭 : 백호(드래그셔블)
(2) 작업 시의 주의사항
　① 운행로를 확보할 것
　② 유도자 및 교통 정리원을 배치할 것
　③ 굴착기계 운전자와 차량운전자 간의 상호 연락을 위한 신호체계를 갖출 것

> 참고

굴착공사 안전작업지침
굴착된 토사를 덤프트럭 등을 이용하여 운반할 경우에는 운행로를 확보하고 유도자와 교통 정리원을 배치하여야 하며 굴착기계 운전자와 차량운전자 간의 상호 연락을 위해 신호체계를 갖추어야 한다.

23 동영상에서는 백호를 이용하여 굴착한 흙을 언덕 위에서 트럭에 퍼 담는 장면을 보여준다. (1) 풍화암의 굴착면 기울기 기준을 적으시오. (2) 작업구역 내에 근로자가 접근 시의 위험방지 대책 2가지를 적으시오.

(1) 1 : 1.0
(2) ① 작업 반경 내 출입금지 조치
   ② 유도자 및 교통 정리원을 배치하여 작업한다.

> 참고

| 지반의 종류 | 설치 위치 |
| --- | --- |
| 모래 | 1 : 1.8 |
| 연암 및 풍화암 | 1 : 1.0 |
| 경암 | 1 : 0.5 |
| 그 밖의 흙 | 1 : 1.2 |

**24** 동영상은 콘크리트 펌프카를 이용한 콘크리트 타설작업을 보여준다. 펌프카를 이용한 콘크리트 타설작업 시에 빈번하게 발생할 수 있는 (1) 사고유형 2가지와 (2) 콘크리트 분배기, 콘크리트 펌프카 등 콘크리트 타설 장비 사용 시의 준수사항 (사고 예방대책) 2가지를 적으시오.

(1) 사고유형
① 타설 호스의 요동, 선회로 인한 근로자의 떨어짐(추락)
② 콘크리트 펌프카의 넘어짐(전도)
③ 콘크리트 펌프카의 붐 조정 시 주변전선 등에 의한 감전 위험
④ 타설 호스 선단의 요동으로 인한 근로자와 호스의 충돌

(2) 콘크리트 타설 장비 사용 시의 준수사항(사고 예방대책)
① 작업을 시작하기 전에 콘크리트 타설 장비를 점검하고 이상을 발견하였으면 즉시 보수할 것
② 건축물의 난간 등에서 작업하는 근로자가 호스의 요동·선회로 인하여 추락하는 위험을 방지하기 위하여 안전난간 설치 등 필요한 조치를 할 것
③ 콘크리트 타설 장비의 붐을 조정하는 경우에는 주변의 전선 등에 의한 위험을 예방하기 위한 적절한 조치를 할 것
④ 작업 중에 지반의 침하나 아웃트리거 등 콘크리트 타설 장비 지지구조물의 손상 등에 의하여 콘크리트 타설 장비가 넘어질 우려가 있는 경우에는 이를 방지하기 위한 적절한 조치를 할 것

25 동영상은 타워크레인을 이용하여 비계재료인 강관을 들어 올리는 모습을 보여준다. 강관을 와이어 로프 한 가닥으로만 묶고 인양하고 있으며 작업자는 안전모의 턱 끈을 매지 않고 작업하고 있다. (1) 동영상에서 예상되는 재해의 형태를 적으시오. (2) 동영상에서 재해의 요인으로 추정되는 사항 3가지를 적으시오.

(1) 예상되는 재해의 형태(재해발생 형태) : 맞음

(2) 재해의 요인
　① 강관을 한 곳만 묶어(1줄 걸이) 인양하였다.
　② 작업자가 안전모의 턱 끈을 매지 않았다.
　③ 작업반경 내 출입금지 조치를 실시하지 않았다.(작업 반경 내에 근로자가 접근하였다.)
　④ 신호수를 배치하지 않았다.

> 참고

2줄 걸이 작업

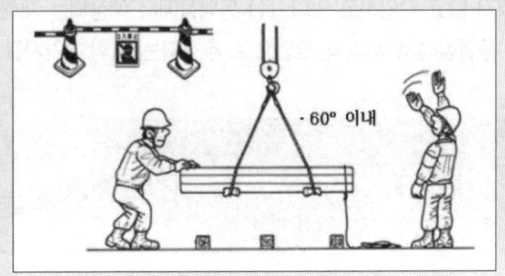

**26** 동영상에서는 크레인(타워크레인)을 사용한 인양작업을 보여준다. 재해의 발생 원인 2가지를 적으시오.

### 화면 설명

타워크레인으로 합판을 1줄 걸이로 인양하던 중 합판이 흔들리며 떨어진다. 그 아래에는 작업자가 지나가고 있다.

사진 출처 : e대한경제

① 화물(합판)을 **한줄 걸이로 운반**(중간의 1개소만 묶어서 운반)하였다.
   (화물이 균형을 잃고 떨어짐)
② 작업 반경 내 **출입금지 조치를 실시하지 않았다.**(작업 반경 내에 근로자가 접근하였다.)
③ **유도 로프를 사용하지 않아** 화물(합판)이 흔들렸다.(유도 로프를 사용하지 않은 경우만 해당)

## 27 동영상에서 작업자는 비계를 조립·해체하는 작업 중이다. 안전작업 대책 2가지를 적으시오.

### 화면 설명

작업자는 안전대를 착용하지 않고 있으며 발판 또한 불안해 보인다. 해체한 비계를 아래로 던지는 장면을 보여준다.

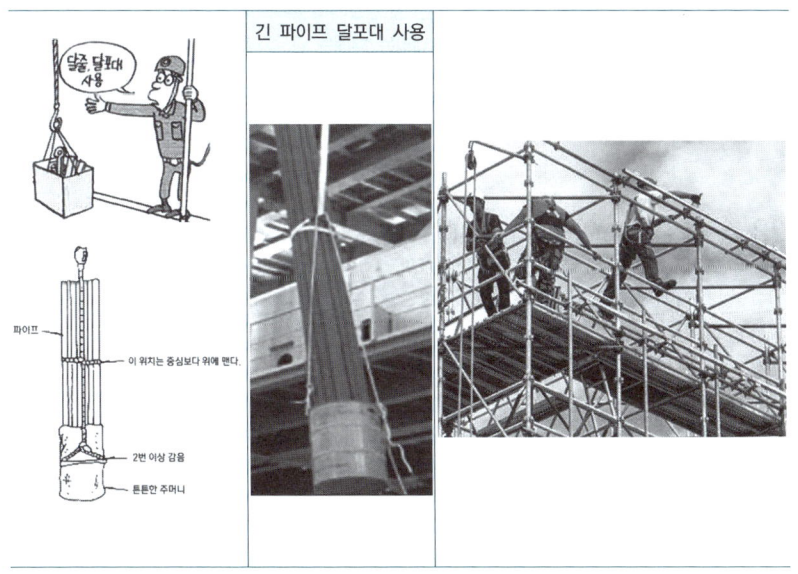

① 폭 20cm 이상의 발판을 설치하고 작업자는 안전대를 착용한다.
② 달줄 또는 달포대를 사용하여 자재를 운반한다.
③ 관리감독자를 배치하여 작업을 관리 감독한다.
④ 관계 근로자 외의 자의 출입을 금지한다.

>> 참고

달비계 또는 높이 5미터 이상의 비계 조립·해체 및 변경 시 준수사항
① 관리감독자의 지휘 하에 작업하도록 할 것
② 조립·해체 또는 변경의 시기·범위 및 절차를 그 작업에 종사하는 근로자에게 교육할 것
③ 조립·해체 또는 변경작업 구역 내에는 당해 작업에 종사하는 근로자 외의 자의 출입을 금지시키고 그 내용을 보기 쉬운 장소에 게시할 것
④ 비·눈 그 밖의 기상상태의 불안정으로 인하여 날씨가 몹시 나쁠 때에는 그 작업을 중지시킬 것
⑤ 비계재료의 연결·해체작업을 하는 때에는 폭 20센티미터 이상의 발판을 설치하고 근로자로 하여금 안전대를 사용하도록 하는 등 근로자의 추락방지를 위한 조치를 할 것
⑥ 재료·기구 또는 공구 등을 올리거나 내리는 때에는 근로자로 하여금 달줄 또는 달포대 등을 사용하도록 할 것

## 28 동영상은 건설현장의 작업 모습을 보여준다.

(1) 작업에서 보여주는 비계의 명칭을 적으시오.
(2) 작업에서 보여주는 비계의 작업발판의 폭을 적으시오.
(3) 지주부재와 수평면과의 기울기를 적으시오.

 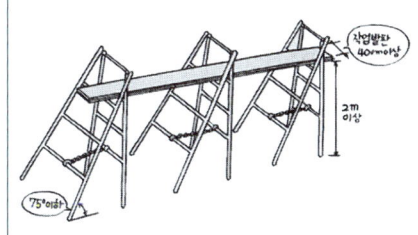

(1) 말비계
(2) 40cm 이상
(3) 75도 이하

> 참고

말비계 조립 시의 준수사항(말비계의 구조)
① 지주부재의 하단에는 미끄럼 방지장치를 하고, 양측 끝부분에 올라서서 작업하지 아니하도록 할 것
② 지주부재와 수평면과의 기울기를 75도 이하로 하고, 지주부재와 지주부재 사이를 고정시키는 보조부재를 설치할 것
③ 말비계의 높이가 2미터를 초과할 경우에는 작업발판의 폭을 40센티미터 이상으로 할 것

29 동영상은 이동식 비계에서의 작업 모습을 보여준다. 영상에서의 사고발생 원인 3가지를 기술하시오.

### 화면 설명

근로자 1명이 이동식 비계의 승강설비를 이용하지 않고 비계를 타고 올라가고 있다. 이동식 비계에는 안전난간이 설치되지 않은 상태이며 작업자는 안전대를 미착용 하였다. 작업 중 비계의 바퀴가 움직이며 작업자가 떨어지는 사고를 당한다.

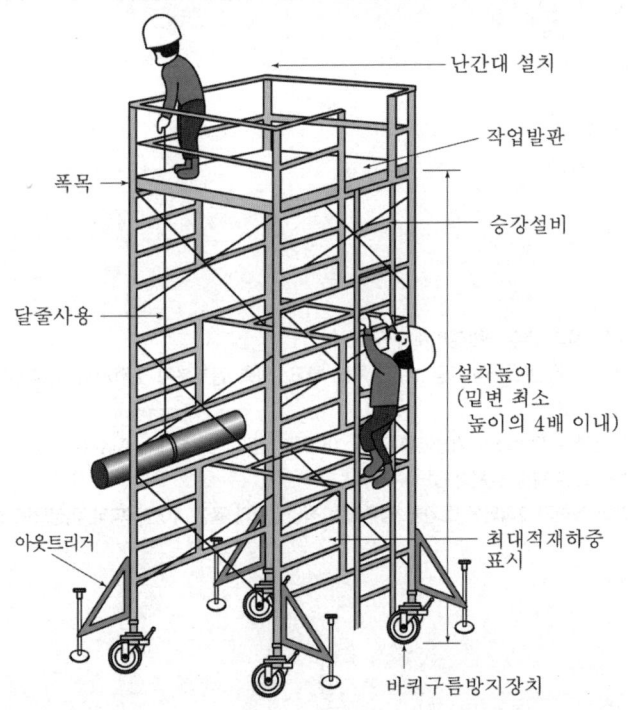

① 이동식 비계의 바퀴는 브레이크·쐐기 등으로 바퀴를 고정시킨 다음 비계의 일부를 시설물에 고정하거나 아웃트리거를 설치하여야 하나 바퀴의 고정이 불량하다.
② 비계에 안전난간이 설치되지 않았다.
③ 작업자가 안전대를 착용하지 않았다.

30  동영상은 비계 위에서 작업하는 작업자를 보여준다. (1) 2m 이상의 비계 위에서 작업 시에 착용하여야 하는 보호구를 1가지 적으시오.(단, 안전모 제외) (2) 2m 이상의 비계 위에서 작업 시에 안전난간을 설치하기 곤란한 경우 추락을 방지하기 위하여 설치하여야 하는 안전시설 1가지를 적으시오.

(1) 안전대
(2) 추락방호망


31  동영상은 비계 위에서 작업하고 있는 모습을 보여준다. 작업자가 작업 중 들고 있던 파이프를 놓치며 밑에서 주머니에 손을 넣은 채 이동하던 작업자에게 떨어지는 장면을 보여준다. 해당 사고를 예방하기 위한 작업안전 대책 2가지를 적으시오.

① 비계작업 시 같은 수직면상의 위와 아래 동시 작업을 금할 것
② 근로자는 안전모 등 개인보호구를 착용할 것
③ 작업구역 내에는 관계근로자외의 자의 출입을 금지시킬 것

32 동영상은 근로자가 리프트에 탑승하지 못하고 외부 비계를 타고 올라가다 사고가 발생하는 장면을 보여 준다. 다음 물음에 답하시오.

(1) 재해발생 형태를 적으시오.

(2) 재해발생 원인 2가지를 적으시오.

(3) 시설 측면에서의 불안전한 상태 2가지를 적으시오.

(4) 사고방지 대책 3가지를 적으시오.

(1) 재해발생 형태 : 떨어짐(추락)

(2) 재해발생 원인
① 외부비계에 작업발판 및 이동통로를 설치하지 않았다.
② 추락방호망을 설치하지 않았다.
③ 안전난간을 설치하지 않았다.
④ 작업자가 안전대를 착용하지 않았다.

(3) 시설 측면에서의 불안전한 상태
① 외부비계에 작업발판 및 이동통로를 설치하지 않았다.
② 추락방호망을 설치하지 않았다.
③ 안전난간을 설치하지 않았다.

(4) 사고방지 대책
① 외부비계에는 작업발판 및 이동통로를 설치하고 이동 시에는 이동통로를 이용한다.
② 추락방호망을 설치한다.
③ 안전난간을 설치한다.
④ 작업자는 안전대를 착용한다.

**외부비계의 작업발판 및 이동통로**

33 동영상은 거푸집 동바리의 설치 불량으로 인하여 거푸집 붕괴가 발생한 사고를 보여준다. 동영상에서 동바리의 설치가 잘못된 사항을 3가지를 적으시오.

① 수평 연결재의 미설치(설치 불량)
② 교차가새의 미설치(설치 불량)
③ 전용 연결철물 미사용
④ 거푸집동바리 상·하단 고정 불량
⑤ 동바리 하부의 받침철물(깔판, 받침목)의 설치 불량
⑥ 거푸집동바리 지지 지반의 침하

**주의** 동영상을 확인하고 답을 적으세요.

> 참고

거푸집 동바리의 설치기준

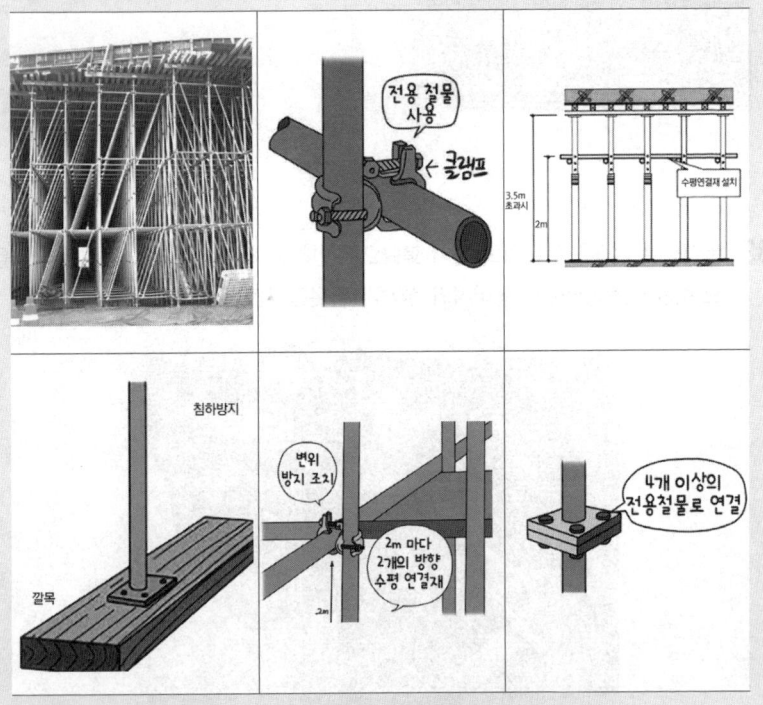

34. 동영상에서 작업자는 둥근톱 작업을 하고 있다. 작업자가 분전함의 누전차단기와 전선의 상태를 확인한 후 둥근톱으로 합판을 절단하던 중 사고가 발생한다. 작업자는 합판 절단 중 다른 곳을 보고 있으며, 면장갑을 착용하고 있다. 둥근톱의 톱날접촉 예방장치는 위로 올라가 있는 상태이다. 동영상을 참고하여 다음 물음에 답하시오.

(1) 동영상의 재해발생 원인을 2가지 적으시오.

(2) 전동 기계·기구를 사용하여 작업을 하는 경우 감전을 방지하기 위하여 반드시 누전차단기를 설치하여야 하는 장소 2가지를 적으시오.

(1) 재해발생 원인
① 작업자가 면장갑을 착용하고 작업함(면장갑을 착용하여 둥근톱에 장갑이 말려들 위험 있다.)
② 톱날접촉 예방장치 설치 불량(또는 톱날접촉 예방장치를 제거하고 작업함)
③ 반발예방장치 미설치
④ 보안경 및 방진마스크 미착용

(2) 누전차단기를 설치하여야 하는 장소(기계·기구)
① 대지전압이 150볼트를 초과하는 이동형 또는 휴대형 전기기계·기구
② 물 등 도전성이 높은 액체가 있는 습윤장소에서 사용하는 저압용 전기기계·기구
③ 철판·철골 위 등 도전성이 높은 장소에서 사용하는 이동형 또는 휴대형 전기기계·기구
④ 임시배선의 전로가 설치되는 장소에서 사용하는 이동형 또는 휴대형 전기기계·기구

> **암기법**
>
> 누전차단기 설치 → 누전이 잘 생기는 곳(전기가 잘 통하는 곳)
> → 1. 땅(대지전압 150V 초과) 2. 물(습윤장소) 3. 철판, 철골(도전성이 높은 장소)

35 동영상에서 작업자는 전기용접 작업 중이다. 작업자가 용접을 하기 위하여 전원을 켜고 용접기를 잡아당기던 중 감전을 당하였다. (1) 작업자가 전기 용접 작업 시에 착용하여야 하는 보호구를 3가지 적으시오. (2) 교류아크용접장치에 설치하여야 하는 방호장치를 적으시오.

(1) 착용하여야 하는 보호구
  ① 안전모(AE, ABE형)
  ② 용접용 보안면
  ③ 절연장갑
  ④ 절연화
(2) 방호장치
  자동전격방지기(자동전격방지장치)

36 동영상은 작업자가 맨손으로 임시 배전반 점검 중에 감전재해가 발생하는 것을 보여준다. 화면에서의 위험요인을 2가지 적으시오.

### 화면 설명
동영상에서 작업자는 전원을 차단하고 점검 중이다. 동료가 차단기 함을 열고 전원을 투입하는 순간 감전이 발생한다.

사진 출처 : 안전보건공단

① 작업자가 **절연장갑을 착용하지 않았다.**
② **차단기 함에 잠금장치 및 통전금지 표찰을 부착하지 않았다.**

**주의** 동영상에서 전원을 차단하지 않고 점검하였다면 "전원을 차단하지 않고 점검하였다."

37 동영상에서는 안전대를 착용하고 작업하는 모습을 보여준다. (1) 안전대의 종류 2가지를 적고, (2) 동영상에서 보여주는 안전대의 명칭을 적으시오.

(1) 안전대의 종류
  ① 벨트식
  ② 안전그네식
(2) 안전대의 명칭 : U자 걸이용

>> 참고

1. 안전대의 종류

| 종류 | 사용 구분 |
| --- | --- |
| 벨트식 | 1개 걸이용 |
|  | U자 걸이용 |
| 안전그네식 | 추락방지대 |
|  | 안전블록 |

2. 안전대의 선정
  ① U자 걸이용은 전주 위에서의 작업과 같이 발받침은 확보되어 있어도 불완전하여 체중의 일부는 U자 걸이로 하여 안전대에 지지하여야만 작업을 할 수 있으며, 1개 걸이의 상태로서는 사용하지 않는 경우에 선정해야 한다.
  ② 1개 걸이용은 안전대에 의지하지 않아도 작업할 수 있는 발판이 확보되었을 때 사용한다.

| U자 걸이용 안전대 | 1개 걸이용 안전대 |
|---|---|
| 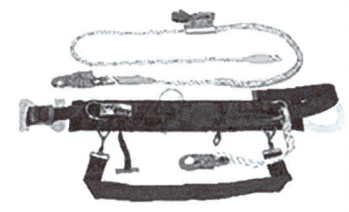 | 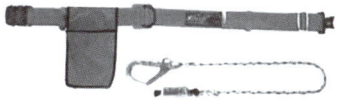 |
| <br>그림 출처 : 안전보건공단 | <br>그림 출처 : 안전보건공단 |

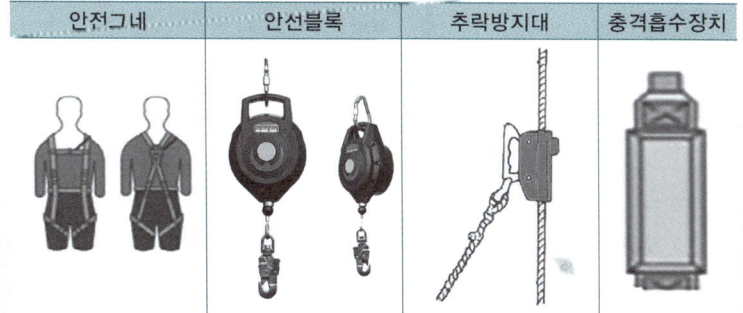

**38** 동영상에서는 3가지 유형의 안전대를 보여준다. (1) 사진 [3]에서 화살표가 가리키는 부분의 명칭을 적으시오. (2) 사진 [1]과 비교하여 사진 [2]의 장점을 적으시오.

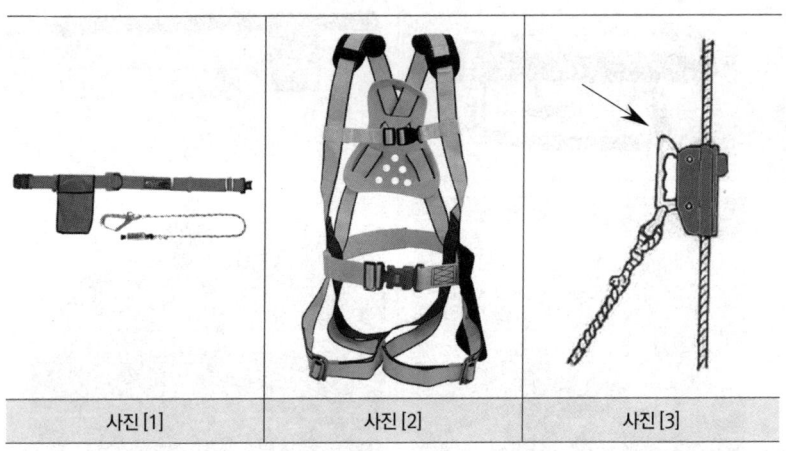

| 사진 [1] | 사진 [2] | 사진 [3] |

(1) 추락방지대
(2) 추락 시의 충격하중을 신체에 고르게 분산시켜 충격을 최소화한다.

> 참고

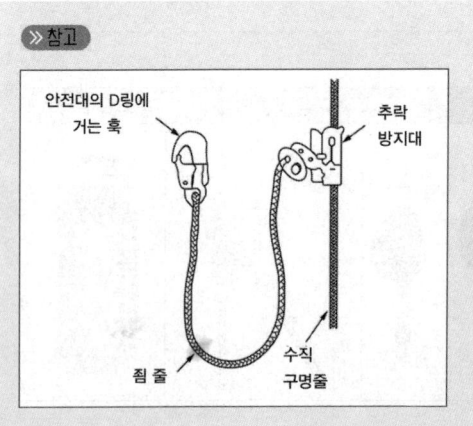

# FINAL SMART BOOK 필답형

**01** 안전관리 … 002

**02** 건설공사 안전, 안전기준 … 047

**03** 기타 내용 … 108
(기계, 전기, 인간공학)

**04** 계산형 문제 … 116

# 01 안전관리

**01** 하인리히의 사고방지 5단계를 순서대로 적으시오. ★★★

1단계 : 안전조직
2단계 : 사실의 발견
3단계 : 분석
4단계 : 시정방법 선정
5단계 : 시정책 적용

**02** 하인리히(H. W. Heinrich)와 버드(Frank. E. Bird), 아담스(Edward Adams)의 사고연쇄성 이론을 단계별로 적으시오. ★★

| 하인리히(H. W. Heinrich) | 버드(Frank. E. Bird) | 아담스(Edward Adams) |
|---|---|---|
| 1단계 : 선천적 결함 | 1단계 : 제어 부족(관리 부재) | 1단계 : 관리구조 |
| 2단계 : 개인적 결함 | 2단계 : 기본 원인(기원) | 2단계 : 작전적 에러 |
| 3단계 : 불안전 행동, 불안전한 상태 | 3단계 : 직접 원인(징후) | 3단계 : 전술적 에러 |
| 4단계 : 사고 | 4단계 : 사고(접촉) | 4단계 : 사고 |
| 5단계 : 재해(상해) | 5단계 : 상해(손실) | 5단계 : 상해 |

**03** 안전관리의 4-Cycle인 P – D – C – A를 설명하시오.

① P : 계획(Plan)
② D : 실시(Do)
③ C : 검토(check)
④ A : 조치(Action)

## 04 안전관리 조직의 형태 3가지를 적으시오. ★★

① 라인(Line)형 또는 직계형
② 스태프(staff)형 또는 참모형
③ 라인 스태프(Line Staff)형 또는 혼합형

**참고**

| 라인(Line)형 or 직계형 | 스태프(staff)형 or 참모형 | 라인 스태프(Line Staff)형 or 혼합형 |
| --- | --- | --- |
| ① 소규모 사업장(100명 이하 사업장)에 적용이 가능하다.<br>② 라인형 장점 : 명령 및 지시가 신속, 정확하다.<br>③ 라인형 단점<br>• 안전정보가 불충분하다.<br>• 라인에 과도한 책임이 부여될 수 있다.<br>④ 생산과 안전을 동시에 지시하는 형태이다. | ① 중규모 사업장(100~1,000명 정도의 사업장)에 적용이 가능하다.<br>② 스태프형 장점 : 안전정보 수집이 용이하고 빠르다.<br>③ 스태프형 단점 : 안전과 생산을 별개로 취급한다.<br>④ 생산부문은 안전에 대한 책임, 권한이 없다. | ① 대규모 사업장(1,000명 이상 사업장)에 적용이 가능하다.<br>② 라인 스태프형 장점<br>• 안전전문가에 의해 입안된 것을 경영자가 명령하므로 명령이 신속, 정확하다.<br>• 안전정보 수집이 용이하고 빠르다.<br>③ 라인 스태프형 단점 : 명령계통과 조언, 권고적 참여의 혼돈이 우려된다. |

## 05 안전보건 조직 중 라인형 조직과 라인 – 스태프형 조직의 장 · 단점을 1가지씩 적으시오. ★★

| 라인형 | • 장점 : 명령 및 지시가 신속, 정확하다.<br>• 단점 : 안전정보가 불충분하다. |
| --- | --- |
| 라인 – 스태프형 | • 장점 : 안전정보 수집이 용이하고 빠르다.<br>• 단점 : 명령계통과 조언, 권고적 참여의 혼돈이 우려된다. |

06 안전보건 조직의 형태 중 라인형 조직의 장·단점을 2가지씩 적으시오. ★★

(1) 장점
　① 명령 및 지시가 신속, 정확하다.
　② 스태프형(참모형) 보다 경제적인 조직이다.

(2) 단점
　① 안전정보가 불충분하다.
　② 라인에 과도한 책임이 부여될 수 있다.


07 (1) 안전보건관리 조직의 형태 3가지를 적고 (2) 대기업의 건설회사에 적합한 안전 조직의 장·단점을 1가지씩 적으시오. ★★

(1) 안전보건관리 조직의 형태
　① 라인(Line)형 or 직계형
　② 스태프(staff)형 or 참모형
　③ 라인 스태프(Line Staff)형 or 혼합형

(2) 대기업의 건설회사에 적합한 안전조직 : 라인 스태프(Line Staff)형 or 혼합형

| | |
|---|---|
| 장점 | ① 안전전문가에 의해 입안된 것을 경영자가 명령하므로 명령이 신속, 정확하다.<br>② 안전정보 수집이 용이하고 빠르다. |
| 단점 | ① 명령계통과 조언, 권고적 참여의 혼돈이 우려된다.<br>② 스태프의 월권행위가 우려되고 지나치게 스태프에게 의존할 수 있다. |

## 08 하인리히와 버드의 사고빈도법칙(재해구성 비율)을 설명하시오. ★★

(1) 하인리히 1 : 29 : 300의 법칙
    총 330건의 사고를 분석했을 때
    - 중상 또는 사망 : 1건
    - 경상해 : 29건
    - 무상해사고 : 300건이 발생함을 의미한다.

(2) 버드의 1 : 10 : 30 : 600의 법칙
    총 641건의 사고를 분석했을 때
    - 중상 또는 폐질 : 1건
    - 경상해 : 10건
    - 무상해사고(물적 손실) : 30건
    - 무상해, 무사고(위험 순간) : 600건이 발생함을 의미한다.

## 09 산업재해로 인한 경제적 손실 비용을 말하며 직접비와 간접비를 합한 금액을 무엇이라 하는가? ★

총 재해 비용(총 재해 코스트 또는 재해손실비용)

## 10 하인리히의 재해손실비에 관한 내용이다. 괄호에 적합한 내용을 적으시오. ★★

(1) 총 재해비용 = 직접비 + 간접비 = (　) : (　)
(2) 직접비의 항목 4가지를 적으시오.
(3) 간접비의 항목 3가지를 적으시오.

(1) 1 : 4

(2) 직접비의 항목
① 치료비　　　　　② 휴업급여
③ 요양급여　　　　④ 유족급여
⑤ 장해급여　　　　⑥ 간병급여
⑦ 직업재활급여　　⑧ 상병(傷病)보상연금
⑨ 장의비

(3) 간접비의 항목
① 인적손실비
② 물적손실비
③ 생산 손실비
④ 기계·기구 손실비

## 11 위험예지 훈련 4단계를 적으시오. ★★

1단계 : 현상 파악
2단계 : 요인조사(본질추구)
3단계 : 대책수립
4단계 : 행동목표 설정(합의요약)

## 12 하인리히가 제시한 산업재해예방의 4원칙을 적고 설명하시오. ★★

① 예방가능의 원칙 : 모든 재해는 예방이 가능하다.
② 손실우연의 원칙 : 사고의 결과 손실은 우연히 발생한다.
③ 대책선정의 원칙 : 사고의 원인에 대한 대책선정이 가능하다.
④ 원인연계의 원칙 : 사고에는 원인이 있고 그 원인은 연계되어 있다.

## 13  휴먼 에러의 배후요인 4M을 적으시오. ★★

① Man(인간)
② Machine(기계)
③ Media(매체)
④ Management(관리)


## 14  산업안전보건법에 의한 안전관리자의 직무사항 5가지를 적으시오. ★★★

① 사업장 안전교육계획의 수립 및 안전교육 실시에 관한 보좌 및 조언·지도
② 사업장 순회점검·지도 및 조치의 건의
③ 산업재해 발생의 원인 조사·분석 및 재발 방지를 위한 기술적 보좌 및 조언·지도
④ 산업재해에 관한 통계의 유지·관리·분석을 위한 보좌 및 조언·지도
⑤ 안전인증대상 기계·기구 등과 자율안전확인대상 기계·기구 등 구입 시 적격품의 선정에 관한 보좌 및 조언·지도
⑥ 위험성평가에 관한 보좌 및 조언·지도
⑦ 안전에 관한 사항의 이행에 관한 보좌 및 조언·지도
⑧ 산업안전보건위원회 또는 노사협의체, 안전보건관리규정 및 취업규칙에서 정한 직무
⑨ 업무수행 내용의 기록·유지
⑩ 그 밖에 안전에 관한 사항으로서 노동부장관이 정하는 사항

### 암기법

안전교육, 사업장 점검, 재해 원인조사, 재해통계 관리, 적격품 선정, 위험성 평가, 업무내용 기록

## 15 산업안전보건법에서 정한 안전보건관리담당자의 직무사항 4가지를 적으시오. ★★

① 안전·보건교육 실시에 관한 보좌 및 조언·지도
② 위험성 평가에 관한 보좌 및 조언·지도
③ 작업환경측정 및 개선에 관한 보좌 및 조언·지도
④ 건강진단에 관한 보좌 및 조언·지도
⑤ 산업재해 발생의 원인 조사, 산업재해 통계의 기록 및 유지를 위한 보좌 및 조언·지도
⑥ 산업안전·보건과 관련된 안전장치 및 보호구 구입 시 적격품 선정에 관한 보좌 및 조언·지도

> 암기법
>
> 안전보건교육, 재해 원인조사 및 재해통계 관리, 적격품 선정, 위험성 평가, 건강진단

## 16 다음 [보기]를 보고 물음에 답하시오. ★★

1. 총 공사금액 800억 원 이상 1,500억 원 미만인 건설업에서 선임하여야 하는 안전관리자의 수를 적으시오.
2. 총 공사금액 2,200억 원 이상 3,000억 원 미만인 건설업에서 선임하여야 하는 안전관리자의 수를 적으시오.
3. 총 공사금액 3,000억 원 이상 3,900억 원 미만인 건설업
4. 총 공사금액 3,900억 원 이상 4,900억 원 미만인 건설업에서 선임하여야 하는 안전관리자의 수를 적으시오.
5. 총 공사금액 8,500억 원 이상 1조원 미만인 건설업

1. 2명(이상)
2. 4명(이상)
3. 5명(이상)
4. 6명(이상)
5. 10명(이상)

**참고**

건설업 안전관리자의 선임기준

- 공사금액 50억 원 이상(관계수급인은 100억 원 이상) 120억 원 미만
  (토목공사업의 경우에는 150억 원 미만) 또는 공사금액 120억 원 이상(토목공사업의 경우에는 150억 원 이상) 800억 원 미만 : 1명 이상
- 공사금액 800억 원 이상 1,500억 원 미만 : 2명 이상(다만, 전체 공사기간을 100으로 할 때 공사 시작에서 15에 해당하는 기간과 공사 종료 전의 15에 해당하는 기간 동안은 1명 이상으로 한다)
- 공사금액 1,500억 원 이상 2,200억 원 미만 : 3명 이상 (다만, 전체 공사기간 중 전·후 15에 해당하는 기간은 2명 이상으로 한다)
- 공사금액 2,200억 원 이상 3천억 원 미만 : 4명 이상 (다만, 전체 공사기간 중 전·후 15에 해당하는 기간은 2명 이상으로 한다)
- 공사금액 3천억 원 이상 3,900억 원 미만 : 5명 이상(다만, 전체 공사기간 중 전·후 15에 해당하는 기간은 3명 이상으로 한다)
- 공사금액 3,900억 원 이상 4,900억 원 미만 : 6명 이상 (다만, 전체 공사기간 중 전·후 15에 해당하는 기간은 3명 이상으로 한다)
- 공사금액 4,900억 원 이상 6천억 원 미만 : 7명 이상(다만, 전체 공사기간 중 전·후 15에 해당하는 기간은 4명 이상으로 한다)
- 공사금액 6천억 원 이상 7,200억 원 미만 : 8명 이상(다만, 전체 공사기간 중 전·후 15에 해당하는 기간은 4명 이상으로 한다)
- 공사금액 7,200억 원 이상 8,500억 원 미만 : 9명 이상(다만, 전체 공사기간 중 전·후 15에 해당하는 기간은 5명 이상으로 한다)
- 공사금액 8,500억 원 이상 1조원 미만 : 10명 이상(다만, 전체 공사기간 중 전·후 15에 해당하는 기간은 5명 이상으로 한다)
- 1조원 이상 : 11명 이상[매 2천억 원(2조원이상부터는 매 3천억 원)마다 1명씩 추가한다]. 다만, 전체 공사기간 중 전·후 15에 해당하는 기간은 선임 대상 안전관리자 수의 2분의 1(소수점 이하는 올림한다) 이상으로 한다)

**17** 산업안전보건법에 의하여 도급인은 관계수급인 근로자가 도급인의 사업장에서 작업을 하는 경우 산업재해 예방을 위한 조치를 하여야 한다. 관계수급인 근로자가 도급인의 사업장에서 작업을 하는 경우 도급인의 산업재해 예방을 위한 조치사항 3가지를 적으시오. ★★

① 도급인과 수급인을 구성원으로 하는 안전 및 보건에 관한 협의체의 구성 및 운영
② 작업장 순회 점검
③ 관계수급인이 근로자에게 하는 안전보건교육을 위한 장소 및 자료의 제공 등 지원
④ 관계수급인이 근로자에게 하는 안전보건교육의 실시 확인
⑤ 경보체계 운영과 대피방법 등 훈련
⑥ 위생시설의 설치 등을 위하여 필요한 장소의 제공 또는 도급인이 설치한 위생시설 이용의 협조
⑦ 같은 장소에서 이루어지는 도급인과 관계수급인 등의 작업에 있어서 관계수급인 등의 작업시기·내용, 안전조치 및 보건조치 등의 확인
⑧ 관계수급인 등의 작업 혼재로 인하여 화재·폭발 등의 위험이 발생할 우려가 있는 경우 관계수급인 등의 작업시기·내용 등의 조정

### 참고

작업장 순회점검

| | |
|---|---|
| 2일에 1회 이상 | ① 건설업<br>② 제조업<br>③ 토사석 광업<br>④ 서적, 잡지 및 기타 인쇄물 출판업<br>⑤ 음악 및 기타 오디오물 출판업<br>⑥ 금속 및 비금속 원료 재생업 |
| 1주일에 1회 이상 | 그 밖의 사업 |

18 노사협의체의 정기 회의 개최 주기와 회의록에 기록하여야 하는 사항 2가지를 적으시오. ★★

(1) 정기 회의 개최 주기 :
(2) 회의록에 기록하여야 하는 사항

(1) 정기 회의 개최 주기 : 2개월마다

(2) 회의록에 기록하여야 하는 사항
  ① 개최 일시 및 장소
  ② 출석위원
  ③ 심의 내용 및 의결 · 결정 사항

19 도급인은 고용노동부령으로 정하는 바에 따라 자신의 근로자 및 관계수급인 근로자와 함께 정기적으로 또는 수시로 작업장의 안전 및 보건에 관한 점검을 하여야 한다. 도급사업의 합동 안전 · 보건점검의 횟수를 적으시오. ★★

(1) 건설업 : ( ① )개월에 1회 이상
(2) 토사석 광업 : ( ② )에 1회 이상

① 2  ② 분기

### 참고

1. 도급사업의 합동 안전 · 보건점검의 횟수
   (1) 다음 각 목의 사업의 경우 : 2개월에 1회 이상
      가. 건설업
      나. 선박 및 보트 건조업
   (2) 그 밖의 사업 : 분기에 1회 이상

2. 점검반의 구성
   (1) 도급인(같은 사업 내에 지역을 달리하는 사업장이 있는 경우에는 그 사업장의 안전보건관리책임자)
   (2) 관계수급인(같은 사업 내에 지역을 달리하는 사업장이 있는 경우에는 그 사업장의 안전보건관리책임자)
   (3) 도급인 및 관계수급인의 근로자 각 1명(관계수급인의 근로자의 경우에는 해당 공정만 해당한다)

**20** 산업재해 예방활동에 대한 참여와 지원을 촉진하기 위하여 명예산업안전감독관을 위촉한 경우 산업안전보건법에 의한 명예산업안전감독관의 임기를 적으시오. ★★

2년

**21** 산업안전보건법에 의하여 고용노동부장관이 명예산업안전감독관을 해촉할 수 있는 경우 3가지를 적으시오. ★

① 근로자 대표가 사업주의 의견을 들어 위촉된 명예산업안전감독관의 해촉을 요청한 경우
② 위촉된 명예산업안전감독관이 해당 단체 또는 그 산하 조직으로부터 퇴직하거나 해임된 경우
③ 명예산업안전감독관의 업무와 관련하여 부정한 행위를 한 경우
④ 질병이나 부상 등의 사유로 명예산업안전감독관의 업무 수행이 곤란하게 된 경우

**22** 산업안전보건법에 의하여 안전관리자를 정수 이상으로 증원하게 하거나 교체하여 임명할 것을 명할 수 있는 대상 사업장의 종류 3가지를 적으시오. ★★

① 해당 사업장의 연간 재해율이 같은 업종의 평균재해율의 2배 이상인 경우
② 중대재해가 연간 2건 이상 발생한 경우(다만, 해당 사업장의 전년도 사망 만인율이 같은 업종의 평균 사망만인율 이하인 경우는 제외)

③ 관리자가 질병이나 그 밖의 사유로 3개월 이상 직무를 수행할 수 없게 된 경우
④ 화학적 인자로 인한 직업성질병자가 연간 3명 이상 발생한 경우(이 경우 직업성 질병자 발생일은 요양급여의 결정일로 한다)

#### 암기법

평균의 2배 이상, 중대재해 2건 이상 증원!
직업성 질병 3명 이상, 3개월 이상 일 안하면 교체!

### 참고

#### 안전보건 개선계획 작성대상 사업장 ★★

① 산업재해율이 같은 업종의 규모별 평균 산업재해율 보다 높은 사업장
② 사업주가 안전·보건조치의무를 이행하지 아니하여 중대재해가 발생한 사업장
③ 직업성 질병자가 연간 2명 이상 발생한 사업장
④ 유해인자의 노출기준을 초과한 사업장

#### 암기법

평균보다 높으면 개선계획! 중대재해 발생하면 개선계획!
직업성 질병자 2명, 노출기준 초과하면 개선계획!

#### 안전·보건진단을 받아 안전보건개선계획을 수립·제출하도록 명할 수 있는 사업장 ★★

① 산업재해율이 같은 업종 평균 산업재해율의 2배 이상인 사업장
② 사업주가 필요한 안전조치 또는 보건조치를 이행하지 아니하여 중대재해가 발생한 사업장
③ 직업성 질병자가 연간 2명 이상(상시근로자 1천명 이상 사업장의 경우 3명 이상) 발생한 사업장
④ 그 밖에 작업환경 불량, 화재·폭발 또는 누출 사고 등으로 사업장 주변까지 피해가 확산된 사업장으로서 고용노동부령으로 정하는 사업장

#### 암기법

평균의 2배 이상, 직업성 질병 2명 이상(1,000명 이상 3명) 진단받아 개선!
중대재해 발생하면 진단받아 개선!

### 재해발생 건수 등 재해율 공표 대상 사업장 ★★★

① 사망재해자가 연간 2명 이상 발생한 사업장
② 사망만인율(사망재해자 수를 연간 상시근로자 1만 명당 발생하는 사망재해자 수로 환산한 것)
   이 규모별 같은 업종의 평균 사망만인율 이상인 사업장
③ 중대산업사고가 발생한 사업장
④ 산업재해 발생 사실을 은폐한 사업장
⑤ 산업재해의 발생에 관한 보고를 최근 3년 이내 2회 이상 하지 않은 사업장

> **암기법**
>
> 사망자 2명, 평균 사망만인율 이상 공표!
> 중대산업사고 발생하면 공표!
> 재해은폐, 재해보고 3년 동안 2번 이상 안하면 공표!

## 23
산업안전보건법에 의한 안전보건개선계획서 작성 및 제출에 관한 내용이다. 괄호에 적합한 내용을 적으시오. ★

(1) 안전보건개선계획서를 제출해야 하는 사업주는 안전보건개선계획서 수립·시행 명령을 받은 날부터 ( ① )일 이내에 관할 지방고용노동관서의 장에게 해당 계획서를 제출(전자문서로 제출하는 것을 포함한다)해야 한다.

(2) 안전보건개선계획서에는 시설, 안전·보건관리체제, 안전·보건교육, 산업재해예방 및 작업환경의 개선을 위하여 필요한 사항이 포함되어야 한다.

(3) 지방고용노동관서의 장이 안전보건개선계획서를 접수한 경우에는 접수일부터 ( ② )일 이내에 심사하여 사업주에게 그 결과를 알려야 한다.

① 60  ② 15

**24** 산업안전보건법에 의하여 건설재해예방전문지도기관으로 지정받기 위해서는 인력·시설 및 장비를 갖추어야 한다. 건설 산업재해 예방 업무를 하려는 법인의 경우 갖추어야 하는 장비 3가지를 적으시오. ★

① 가스농도 측정기
② 산소농도 측정기
③ 접지저항 측정기
④ 절연저항 측정기
⑤ 조도계


**25** 사업주가 산업재해가 발생한 때에 기록·보존하여야 하는 사항 3가지를 적으시오. ★

① 사업장의 개요 및 근로자의 인적사항
② 재해 발생의 일시 및 장소
③ 재해 발생의 원인 및 과정
④ 재해 재발방시 계획


**26** 사업주는 중대재해가 발생한 사실을 알게 된 경우에는 고용노동부장관에게 보고하여야 한다. 중대재해가 발생한 경우 보고시점과 보고해야 하는 사항 2가지를 적으시오. ★

(1) 보고시점 : 지체 없이 보고
(2) 보고사항
 ① 발생 개요 및 피해 상황
 ② 조치 및 전망
 ③ 그 밖의 중요한 사항

**27** [보기]는 산업안전보건법에 의한 산업재해 발생 시의 보고에 관한 내용이다. 괄호에 적합한 내용을 적으시오. ★★

> 사업주는 고용노동부령으로 정하는 산업재해에 대해서는 그 발생 개요·원인 및 보고 시기, 재발 방지 계획 등을 고용노동부령으로 정하는 바에 따라 고용노동부장관에게 보고하여야 한다.
> ① 사업주는 산업재해로 사망자가 발생하거나 ( ① )일 이상의 휴업이 필요한 부상 또는 질병에 걸린 자가 발생 시 산업재해가 발생한 날부터 ( ② )개월 이내에 산업재해조사표를 작성, 관할 지방고용노동관서장에게 제출하여야 한다.
> ② 산업재해조사표에 ( ③ )의 확인을 받아야 하며, 그 기재 내용에 대하여 ( ③ )의 이견이 있는 경우에는 그 내용을 첨부하여야 한다. 다만, ( ③ )가 없는 경우에는 재해자 본인의 확인을 받아 제출할 수 있다.

① 3  ② 1  ③ 근로자대표


**28** 산업안전보건법에 의하여 중대재해에 해당하는 3가지 재해를 적으시오. ★

① 사망자가 1인 이상 발생한 재해
② 3개월 이상 요양을 요하는 부상자가 동시에 2인 이상 발생한 재해
③ 부상자 또는 직업성 질병자가 동시에 10인 이상 발생한 재해


**29** 산업안전보건법에 의하여 중대재해가 발생한 경우 사업주의 안전 및 보건에 관한 조치사항 2가지를 적으시오. ★

① 즉시 해당 작업을 중지시킨다.
② 근로자를 작업장소에서 대피시킨다.

## 30 [보기]의 설명에 해당하는 안전활동 기법의 명칭을 적으시오. ★

> 작업 전 또는 종료 시 5~10분간 작업자 3~5인이 조를 이뤄 작업 시 위험요소에 대하여 말하는 방식이다.

T.B.M (Tool Box Meeting) : 단시간 즉시 적응법

## 31 작업자가 고소작업을 하던 중 작업발판에서 떨어지며 바닥에 부딪혀 상해를 입었다. 다음 물음에 답하시오. ★★

> 1. 재해 발생형태 :
> 2. 기인물 :
> 3. 가해물 :

1. 재해 발생형태 : 떨어짐
2. 기인물 : 작업발판
3. 가해물 : 바닥

### 참고

| | |
|---|---|
| 떨어짐 | • 높이가 있는 곳에서 사람이 떨어짐<br>• 사람이 인력(중력)에 의하여 건축물, 구조물, 가설물, 수목, 사다리 등의 높은 장소에서 떨어지는 것 |
| 넘어짐 | • 사람이 미끄러지거나 넘어짐<br>• 사람이 거의 평면 또는 경사면, 층계 등에서 구르거나 넘어지는 경우 |

**32** 작업자가 시야를 가릴 정도로 부피가 큰 짐을 운반하던 중 덮개가 열려 있던 개구부 바닥으로 떨어지는 사고가 발생하였다. [보기]와 같이 재해를 분석하시오. ★★

① 재해 발생 형태  ② 기인물  ③ 가해물  ④ 불안전한 행동  ⑤ 불안전한 상태

① 재해 발생 형태 : 떨어짐
② 기인물 : 부피가 큰 짐
③ 가해물 : 바닥
④ 불안전한 행동 : 시야를 가릴 정도로 부피가 큰 짐을 혼자 운반함
⑤ 불안전한 상태 : 개구부에 덮개가 설치되지 않음(덮개가 열려 있음)


**33** [보기]의 재해사례에서 기인물을 찾아 적으시오. ★★

(1) 외부요인이 없는 상태에서 사람이 걷다가 발목을 겹질려 다쳤다.
(2) 지게차가 운전 중 트럭과 충돌하여 지게차 운전자가 사망하였다.
(3) 이동차량에 치여 벽에 부딪혔다.

(1) 사람
(2) 지게차
(3) 이동차량

## 34 다음 설명에 해당하는 재해 발생 형태를 적으시오. ★★

(1) 사람이 인력(중력)에 의하여 건축물, 구조물, 가설물, 수목, 사다리 등의 높은 장소에서 떨어지는 것
(2) 날아오거나 떨어진 물체에 맞음, 고정되어 있던 물체가 고정부에서 이탈하거나 또는 설비 등으로부터 물질이 분출되어 사람을 가해하는 경우
(3) 재해자가 「넘어짐」으로 인하여 기계의 동력 전달 부위 등에 끼이는 사고가 발생하여 신체 부위가 「절단」된 경우
(4) 바닥면과 신체가 접해 있는 상태에서 더 낮은 위치로 떨어진 경우

(1) 떨어짐  (2) 맞음  (3) 끼임  (4) 넘어짐

### 참고

1. 재해 발생 형태

| 분류 항목 | 세부 항목 |
| --- | --- |
| 떨어짐 | • 높이가 있는 곳에서 사람이 떨어짐<br>• 사람이 인력(중력)에 의하여 건축물, 구조물, 가설물, 수목, 사다리 등의 높은 장소에서 떨어지는 것 |
| 넘어짐 | • 사람이 미끄러지거나 넘어짐<br>• 사람이 거의 평면 또는 경사면, 층계 등에서 구르거나 넘어지는 경우 |
| 깔림·뒤집힘 | • 물체의 쓰러짐이나 뒤집힘<br>• 기대어져 있거나 세워져 있는 물체 등이 쓰러져 깔린 경우 및 지게차 등의 건설기계 등이 운행 또는 작업 중 뒤집어진 경우 |
| 부딪힘·접촉 | • 물체에 부딪힘, 접촉<br>• 재해자 자신의 움직임·동작으로 인하여 기인물에 접촉 또는 부딪히거나, 물체가 고정부에서 이탈하지 않은 상태로 움직임(규칙, 불규칙) 등에 의하여 접촉한 경우 |
| 맞음 | • 날아오거나 떨어진 물체에 맞음<br>• 고정되어 있던 물체가 고정부에서 이탈하거나 또는 설비 등으로부터 물질이 분출되어 사람을 가해하는 경우 |

| 분류 항목 | 세부 항목 |
|---|---|
| 끼임 | • 기계설비에 끼이거나 감김<br>• 두 물체 사이의 움직임에 의하여 일어난 것으로 직선 운동하는 물체 사이의 끼임, 회전부와 고정체 사이의 끼임, 롤러 등 회전체 사이에 물리거나 또는 회전체·돌기부 등에 감긴 경우 |
| 무너짐 | • 건축물이나 쌓여진 물체가 무너짐<br>• 토사, 건축물, 가설물 등이 전체적으로 허물어져 내리거나 또는 주요 부분이 꺾여져 무너지는 경우 |
| 감전<br>(전류접촉) | • 충전부 등에 신체의 일부가 직접 접촉하거나 유도전류의 통전으로 근육의 수축, 호흡곤란, 심실세동 등이 발생한 경우 또는 특별고압 등에 접근함에 따라 발생한 섬락 접촉, 합선·혼촉 등으로 인하여 발생한 아아크에 접촉된 경우 |
| 이상온도 노출·접촉 | • 고·저온 환경 또는 물체에 노출·접촉된 경우 |
| 유해·위험물질 노출·접촉 | • 유해·위험물질에 노출·접촉 또는 흡입하였거나 독성동물에 쏘이거나 물린 경우 |
| 산소결핍·질식 | • 유해물질과 관련 없이 산소가 부족한 상태·환경에 노출되었거나 이물질 등에 의하여 기도가 막혀 호흡기능이 불충분한 경우 |

## 2. 재해 발생 형태의 분류기준

1) 두 가지 이상의 발생형태가 연쇄적으로 발생된 재해의 경우는 상해결과 또는 피해를 크게 유발한 형태로 분류한다.

| | |
|---|---|
| 재해자가 「넘어짐」으로 인하여 기계의 동력전달부위 등에 끼이는 사고가 발생하여 신체 부위가 「절단」된 경우 | 「끼임」 |
| 재해자가 구조물 상부에서 「넘어짐」으로 인하여 사람이 떨어져 두개골 골절이 발생한 경우 | 「떨어짐」 |
| 재해자가 「넘어짐」 또는 「떨어짐」으로 물에 빠져 익사한 경우 | 「유해·위험물질 노출·접촉」 |
| 재해자가 전주에서 작업 중 「전류접촉(감전)」으로 떨어진 경우 | • 상해결과가 골절인 경우에는 「떨어짐」<br>• 전기쇼크인 경우에는 「전류접촉(감전)」 |

2) 「떨어짐」과 「넘어짐」의 분류

| 바닥면과 신체가 떨어진 상태로 더 낮은 위치로 떨어진 경우 | 「떨어짐」 |
|---|---|
| 바닥면과 신체가 접해있는 상태에서 더 낮은 위치로 떨어진 경우 | 「넘어짐」 |
| 신체가 바닥면과 접해있었는지 여부를 알 수 없는 경우에는 작업발판 등 구조물의 높이가 보폭(약 60cm) 이상인 경우 | 「떨어짐」 |
| 보폭 미만인 경우 | 「넘어짐」 |

## 35 산업재해 통계 작성 시의 유의사항 3가지를 적으시오. ★

① 재해요소를 정확히 파악하여 작성할 것
② 재해통계는 구체적으로 표시하고 내용은 이해하기 쉬울 것
③ 활용 목적에 맞게 충분한 내용을 포함할 것

## 36 산업안전보건법에 의한 자율안전확인 대상 방호장치 5가지를 적으시오. ★★★

① 아세틸렌, 가스집합 용접장치용 안전기
② 교류아크용접기용 자동전격방지기
③ 롤러기의 급정지장치
④ 연삭기의 덮개
⑤ 목재가공용 둥근톱의 반발예방장치 및 날접촉예방장치
⑥ 동력식수동대패의 칼날 접촉방지장치
⑦ 추락, 낙하 및 붕괴 등의 위험방호에 필요한 가설기자재(안전인증 제외)

### 암기법
롤러를 통과한 철판을 목재가공용 둥근톱, 동력식 수동대패로 잘라서 아세틸렌, 가스집합용접장치, 교류아크용접기로 용접해서 연삭기로 다듬자.

> **참고**
>
> 자율안전확인 대상 기계·기구
>
> ① 연삭기 및 연마기(휴대형 제외)
> ② 산업용 로봇
> ③ 혼합기
> ④ 파쇄기 or 분쇄기
> ⑤ 식품가공용 기계(파쇄, 절단, 혼합, 제면기만 해당)
> ⑥ 컨베이어
> ⑦ 자동차정비용 리프트
> ⑧ 공작기계(선반, 드릴, 평삭·형삭기, 밀링만 해당)
> ⑨ 고정형 목재가공용 기계(둥근톱, 대패, 루타기, 띠톱, 모떼기 기계만 해당)
> ⑩ 인쇄기
>
> **암기법**
>
> 공작기계로 철판 잘라서 연삭기, 연마기로 갈고, 고정형 목재가공용 기계로 나무 자르고, 식품가공용 기계로 식품 파쇄, 분쇄하여 혼합기로 혼합한 후 컨베이어로 운반해서 자동차 리프트에 올려놓고 인기있는 산업용 로봇 만들자.

## 37 안전인증 대상 제품에 표시해야 해야 할 사항을 4가지 적으시오. ★★★

① 형식 또는 모델명
② 규격 또는 등급 등
③ 제조자명
④ 제조번호 및 제조연월
⑤ 안전인증 번호

> **참고**
>
> | 자율안전확인 제품 표시사항 | 안전검사 합격표시 사항 |
> |---|---|
> | ① 형식 또는 모델명<br>② 규격 또는 등급 등<br>③ 제조자명<br>④ 제조번호 및 제조연월<br>⑤ 자율안전확인 번호 | ① 검사 대상 유해·위험 기계명<br>② 신청인<br>③ 형식번호(기호)<br>④ 합격번호<br>⑤ 검사유효기간<br>⑥ 검사기관 |

| 안전인증 대상 기계·기구 | 안전인증 대상 방호장치 |
|---|---|
| 1. 설치·이전하는 경우 안전인증을 받아야 하는 기계<br>① 크레인<br>② 리프트<br>③ 곤돌라<br><br>2. 주요 구조 부분을 변경하는 경우 안전인증을 받아야 하는 기계 및 설비<br>① 프레스<br>② 전단기 및 절곡기(折曲機)<br>③ 크레인<br>④ 리프트<br>⑤ 압력용기<br>⑥ 롤러기<br>⑦ 사출성형기(射出成形機)<br>⑧ 고소(高所)작업대<br>⑨ 곤돌라 | ① 프레스 및 전단기 방호장치<br>② 양중기용 과부하방지장치<br>③ 보일러 압력방출용 안전밸브<br>④ 압력용기 압력방출용 안전밸브<br>⑤ 압력용기 압력방출용 파열판<br>⑥ 절연용 방호구 및 활선작업용 기구<br>⑦ 방폭구조 전기기계 기구 및 부품<br>⑧ 추락·낙하 및 붕괴 등의 위험 방지 및 보호에 필요한 가설기자재<br>⑨ 충돌·협착 등의 위험 방지에 필요한 산업용 로봇 방호장치 |
| **암기법**<br>유사한 종류끼리 묶어서 암기<br>손 다치는 기계 – 프레스, 전단기 및 절곡기, 사출성형기, 롤러기<br>양중기 – 크레인, 리프트, 곤돌라<br>폭발 – 압력용기<br>추락 – 고소작업대 | **암기법**<br>안전인증 대상 중<br>손 다치는 기계 – 프레스 전단기의 방호장치<br>양중기 – 과부하방지장치<br>폭발 – 보일러 안전밸브, 압력용기 안전밸브, 파열판<br>충돌 – 산업용 로봇<br>전기 – 방폭구조, 절연용 방호구, 활선작업용 기구 |

Part 1 안전관리

## 38 산업안전보건법에 의한 안전검사에 관한 내용이다. 괄호에 적합한 내용을 적으시오.
★★★

> 1. 안전검사를 받아야 하는 자는 안전검사 신청서를 검사 주기 만료일 ( ① )일 전에 안전검사기관에 제출하여야 한다.
>
> 2. 크레인(이동식 크레인은 제외한다), 리프트(이삿짐운반용 리프트는 제외한다) 및 곤돌라
> : 사업장에 설치가 끝난 날부터 3년 이내에 최초 안전검사를 실시하되, 그 이후부터 ( ② )년마다(건설현장에서 사용하는 것은 최초로 설치한 날부터 ( ③ )개월마다)

① 30
② 2
③ 6

### 참고

안전검사 대상 기계·기구
① 프레스
② 전단기
③ 크레인[정격 하중이 2톤 미만인 것 제외]
④ 리프트
⑤ 압력용기
⑥ 곤돌라
⑦ 국소 배기장치(이동식은 제외)
⑧ 원심기(산업용만 해당)
⑨ 롤러기(밀폐형 구조는 제외한다)
⑩ 사출성형기[형 체결력 294킬로뉴턴(KN) 미만은 제외]
⑪ 고소작업대
⑫ 컨베이어
⑬ 산업용 로봇

> **암기법**
> 안전인증 대상 중 손 다치는 기계 - 프레스, 전단기, 사출성형기, 롤러기
> 양중기 - 크레인, 리프트, 곤돌라
> 폭발 - 압력용기
> 추가 - 극소(국소) 로봇이 고소(높은 곳)의 큰(컨) 원을 검사(안전검사)
> 국소배기장치 산업용로봇, 고소작업대, 컨베이어, 원심기

39 안전·보건표지의 색채, 색도기준 및 용도를 나타내었다. 괄호에 알맞은 색채를 적으시오. ★★★

| 색채 | 색도기준 | 용도 | 사용례 |
|---|---|---|---|
| ( ① ) | 7.5R 4/14 | 금지 | 정지신호, 소화설비 및 그 장소, 유해행위의 금지 |
| | | 경고 | 화학물질 취급장소에서의 유해·위험 경고 |
| ( ② ) | 5Y 8.5/12 | 경고 | 화학물질 취급장소에서의 유해·위험경고 이외의 위험경고, 주의표지 또는 기계방호물 |
| ( ③ ) | 2.5PB 4/10 | 지시 | 특정 행위의 지시 및 사실의 고지 |
| ( ④ ) | 2.5G 4/10 | 안내 | 비상구 및 피난소, 사람 또는 차량의 통행표지 |
| ( ⑤ ) | N9.5 | | 파란색 또는 녹색에 대한 보조색 |
| ( ⑥ ) | N0.5 | | 문자 및 빨간색 또는 노란색에 대한 보조색 |

① 빨간색
② 노란색
③ 파란색
④ 녹색
⑤ 흰색
⑥ 검은색

**40** 안전·보건표지의 색채기준을 나타내었다. 괄호에 알맞은 색채를 적으시오.

★★★

| 표지의 종류 | 바탕 | 기본 모형 |
|---|---|---|
| 금지 | 흰색 | ( ① ) |
| 지시 | ( ② ) | 흰색 |
| 안내 | 흰색 | ( ③ ) |
| 출입금지 | ( ④ ) | 글자 : ( ⑤ ) |

① 빨간색  ② 파란색  ③ 녹색  ④ 흰색  ⑤ 흑색

### 참고

| 구분 | 표지의 종류 | 색채 기준 |
|---|---|---|
| 금지표지 | 1. 출입금지<br>2. 보행금지<br>3. 차량통행금지<br>4. 사용금지<br>5. 탑승금지<br>6. 금연<br>7. 화기금지<br>8. 물체이동금지 | • 바탕 : 흰색<br>• 기본모형 : 빨간색<br>• 관련 부호 및 그림 : 검은색 |
| 경고표지 | 1. 인화성물질 경고<br>2. 산화성물질 경고<br>3. 폭발물질 경고<br>4 급성독성물질 경고<br>5. 부식성물질 경고<br>6. 발암성·변이원성·생식독성·전신독성·호흡기<br>　과민성물질 경고 | 화학물질 경고표지<br>• 바탕 : 무색<br>• 기본모형 : 빨간색<br>　(검은색도 가능) |

| | | |
|---|---|---|
| 경고표지 | 7. 방사성물질 경고<br>8. 고압전기 경고<br>9. 매달린물체 경고<br>10. 낙하물체 경고<br>11. 고온 경고<br>12. 저온 경고<br>13. 몸균형 상실 경고<br>14. 레이저광선 경고<br>15. 위험장소 경고 | 화학물질 경고 외의 경고표지<br>• 바탕 : 노란색<br>• 기본모형, 관련 부호 및 그림<br>  : 검은색 |
| 지시표지 | 1. 보안경 착용<br>2. 방독마스크 착용<br>3. 방진마스크 착용<br>4. 보안면 착용<br>5. 안전모 착용<br>6. 귀마개 착용<br>7. 안전화 착용<br>8. 안전장갑 착용<br>9. 안전복 착용 | • 바탕 : 파란색<br>• 관련 그림 : 흰색 |
| 안내표지 | 1. 녹십자표지<br>2. 응급구호표지<br>3. 들것<br>4. 세안장치<br>5. 비상용기구<br>6. 비상구<br>7. 좌측비상구<br>8. 우측비상구 | • 바탕 : 흰색<br>• 기본모형 및 관련 부호 : 녹색<br>또는<br>• 바탕 : 녹색<br>• 관련 부호 및 그림 : 흰색 |
| (관계자 외)<br>출입금지<br>표지 | 1. 허가대상유해물질 취급<br>2. 석면취급 및 해체·제거<br>3. 금지유해물질 취급 | • 글자 : 흰색 바탕에 흑색<br>• 다음 글자는 적색<br>  - ○○○제조/사용/보관 중<br>  - 석면취급/해체 중<br>  - 발암물질 취급 중 |

## 41 출입금지 표지를 그리시오. (색은 글로 설명할 것) ★★★

바탕 : 흰색
기본 모형 : 빨간색
관련 부호 및 그림 : 검은색

## 42 "응급구호표지"를 그리시오. (단, 색상표시는 글자로 나타내도록 하고, 크기에 대한 기준은 표시하지 않아도 된다.) ★★★

바탕 : 녹색
기본모형 및 관련 부호 : 흰색

## 43
산업안전보건법 상의 안전보건표지의 기본모형을 나타내었다. 모형에 해당하는 명칭을 적으시오. ★★★

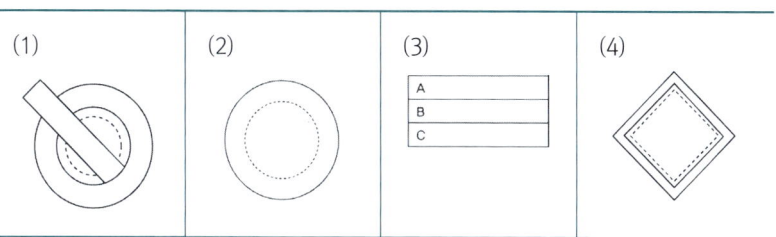

1. 금지표지   2. 지시표지   3. 관계자 외 출입금지 표지   4. 경고표지

**참고**

| 경고표지 | | 안내표지 |
|---|---|---|

## 44
산업안전보건법 상의 안전보건표지 중 경고표지 종류를 4가지 적으시오.
(단, 위험장소 경고는 제외한다) ★★★

① 인화성물질 경고       ② 산화성물질 경고
③ 폭발성물질 경고       ④ 급성독성물질 경고
⑤ 부식성물질 경고       ⑥ 방사성물질 경고
⑦ 고압전기 경고         ⑧ 매달린 물체 경고
⑨ 낙하물 경고           ⑩ 고온 경고
⑪ 저온 경고             ⑫ 몸 균형 상실 경고
⑬ 레이저광선 경고       ⑭ 발암성·변이원성·생식독성·전신독성·호흡기과민성물질 경고
⑮ 위험장소 경고

## 45 산업안전보건법의 경고표지 중 바탕색이 노란색인 경고표지의 종류를 5가지 적으시오. ★★★

① 방사성물질 경고  ② 고압전기 경고
③ 매달린 물체 경고  ④ 낙하물 경고
⑤ 고온 경고  ⑥ 저온 경고
⑦ 몸 균형 상실 경고  ⑧ 레이저광선 경고
⑨ 위험장소 경고

### 참고

경고표지의 종류

| 종류 | 색상 |
|---|---|
| 1. 인화성물질 경고<br>2. 산화성물질 경고<br>3. 폭발성물질 경고<br>4. 급성독성물질 경고<br>5. 부식성물질 경고<br>6. 발암성·변이원성·생식독성·전신독성·호흡기과민성물질 경고 | 바탕은 무색<br>기본모형은 빨간색(검은색도 가능) |
| 7. 방사성물질 경고<br>8. 고압전기 경고<br>9. 매달린물체 경고<br>10. 낙하물 경고<br>11. 고온 경고<br>12. 저온 경고<br>13. 몸균형 상실 경고<br>14. 레이저광선 경고<br>15. 위험장소 경고 | 바탕은 노란색<br>기본모형, 관련 부호 및<br>그림은 검은색 |

**46** [보기]의 그림에 해당하는 안전보건표지의 명칭을 적으시오. ★★★

(1) 급성독성물질 경고
(2) 인화성물질 경고
(3) 산화성물질 경고


**47** 다음 [보기]는 안전보건 표지의 정의 및 제작에 관한 내용이다. 괄호에 적합한 내용을 적으시오. ★★

1. 안전보건표지의 표시를 명확히 하기 위하여 필요한 경우에는 그 안전보건표지의 주위에 표시사항을 글자로 덧붙여 적을 수 있다. 이 경우 글자는 ( ① ) 바탕에 ( ② ) 한글 ( ③ )로 표기해야 한다.

2. 안전·보건표지 속의 그림 또는 부호의 크기는 안전·보건표지의 크기와 비례하여야 하며, 안전·보건표시 전체 규격의 ( ④ ) 이상이 되어야 한다.

① 흰색
② 검은색
③ 고딕체
④ 30%

**48** 산업안전보건법에 의하여 안전인증을 받아야 하는 안전인증 대상 보호구의 종류 5가지를 적으시오. ★★★

① 추락 및 감전 위험방지용 안전모
② 안전화
③ 안전장갑
④ 방진마스크
⑤ 방독마스크
⑥ 송기마스크
⑦ 전동식 호흡보호구
⑧ 보호복
⑨ 안전대
⑩ 차광 및 비산물 위험방지용 보안경
⑪ 용접용 보안면
⑫ 방음용 귀마개 또는 귀덮개

### 암기법

신체 부위별로 구분하여 암기
머리 – 안전모(추락 및 감전방지용)
눈 – 보안경(차광 및 비산물 위험방지용)
코, 입 – 방진마스크, 방독마스크, 송기마스크, 전동식 호흡보호구
얼굴 – 보안면(용접용)
귀 – 귀마개 또는 귀덮개(방음용)
손 – 안전장갑
허리 – 안전대
발 – 안전화
몸 – 보호복

**49** 산업안전보건법에 의하여 사업주는 작업조건에 적합한 보호구를 작업하는 근로자의 수 이상으로 지급하고 이를 착용하도록 하여야 한다. 다음 설명에 적합한 보호구의 명칭을 적으시오. ★★★

| | |
|---|---|
| 물체가 떨어지거나 날아올 위험 또는 근로자가 추락할 위험이 있는 작업 | ① |
| 물체의 낙하·충격, 물체에의 끼임, 감전 또는 정전기의 대전(帶電)에 의한 위험이 있는 작업 | ② |
| 물체가 흩날릴 위험이 있는 작업 | ③ |

① 안전모
② 안전화
③ 보안경

### 참고

| | |
|---|---|
| 용접 시 불꽃이나 물체가 흩날릴 위험이 있는 작업 | 보안면 |
| 감전의 위험이 있는 작업 | 절연용 보호구 |
| 고열에 의한 화상 등의 위험이 있는 작업 | 방열복 |
| 선창 등에서 분진(粉塵)이 심하게 발생하는 하역작업 | 방진마스크 |
| 섭씨 영하 18도 이하인 급냉동 어창에서 하는 하역작업 | 방한모·방한복·방한화·방한장갑 |
| 물건을 운반하거나 수거·배달하기 위하여 이륜자동차 또는 원동기장치 자전거를 운행하는 작업 | 승차용 안전모 |
| 물건을 운반하거나 수거·배달하기 위하여 자전거 등을 운행하는 작업 | 안전모 |

## 50 보호구 안전인증 고시에 관한 내용이다. 괄호에 적합한 내용을 적으시오. ★

1. "안전블록"이란 안전그네와 연결하여 추락발생 시 추락을 억제할 수 있는 ( ① )가 갖추어져 있고 죔줄이 자동적으로 수축되는 장치를 말한다.

2. 안전블록의 줄은 합성섬유로프, 웨빙(webbing), 와이어로프이어야 하며, 와이어로프인 경우 최소지름이 ( ② )mm 이상일 것

3. 고정된 추락방지대의 수직구명줄은 와이어로프 등으로 하며 최소지름이 ( ③ )mm 이상일 것

① 자동잠김장치　② 4　③ 8


## 51 안전인증 대상 안전모를 설명하고 있다. 다음 물음에 답하시오. ★★★
(1) 안전인증 대상 안전모의 종류 및 사용 구분(용도)를 적으시오.
(2) 내 전압성이란 몇 V의 전압에 견디는 것을 말하는가?

(1) 안전인증 대상 안전모의 종류 및 사용 구분(용도)
　① AB형 : 물체의 낙하 또는 비래 및 추락에 의한 위험을 방지 또는 경감시키기 위한 것
　② AE형 : 물체의 낙하 또는 비래에 의한 위험을 방지 또는 경감하고, 머리 부위 감전에 의한 위험을 방지하기 위한 것
　③ ABE형 : 물체의 낙하 또는 비래 및 추락에 의한 위험을 방지 또는 경감하고, 머리 부위 감전에 의한 위험을 방지하기 위한 것

(2) 7,000V 이하

## 52 안전인증 대상 안전모의 성능시험 종류 5가지를 적으시오. ★★★

① 내관통성 시험 ② 충격흡수성 시험
③ 내전압성 시험 ④ 내수성 시험
⑤ 난연성 시험 ⑥ 턱끈 풀림 시험

### 참고

안전모의 성능 시험 종류 및 시험성능 기준

| 항목 | 시험성능 기준 |
| --- | --- |
| ① 내관통성 시험 | AE, ABE종 안전모는 관통거리가 9.5mm 이하이고, AB종 안전모는 관통거리가 11.1mm 이하이어야 한다. |
| ② 충격흡수성 시험 | 최고 전달충격력이 4,450N을 초과해서는 안 되며, 모체와 착장체의 기능이 상실되지 않아야 한다. |
| ③ 내전압성 시험 | AE, ABE종 안전모는 교류 20kV에서 1분간 절연파괴 없이 견뎌야 하고, 이때 누설되는 충전전류는 10mA 이하이어야 한다. |
| ④ 내수성 시험 | AE, ABE종 안전모는 질량증가율이 1% 미만이어야 한다. |
| ⑤ 난연성 시험 | 모체가 불꽃을 내며 5초 이상 연소되지 않아야 한다 |
| ⑥ 턱끈풀림 시험 | 150N 이상 250N 이하에서 턱끈이 풀려야 한다. |

## 53 보호구 자율안전확인 고시 기준에 따른 자율안전확인 대상 안전모의 성능시험 종류 (항목) 3가지를 적으시오. ★★

① 내관통성 시험
② 충격흡수성 시험
③ 난연성 시험
④ 턱끈풀림 시험

**54** 안전인증 대상 안전모의 용어에 관한 설명이다. 괄호에 적합한 용어를 적으시오. ★

1. ( ① )란 착용자의 머리 부위를 덮는 주된 물체로서 단단하고 매끄럽게 마감된 재료를 말한다.
2. ( ② )란 머리받침끈, 머리고정대 및 머리받침고리로 구성되어 추락 및 감전 위험 방지용 안전모 머리 부위에 고정시켜주며, 안전모에 충격이 가해졌을 때 착용자의 머리 부위에 전해지는 충격을 완화시켜주는 기능을 갖는 부품을 말한다.

① 모체  ② 착장체

**55** 안전대의 사용 구분에 따른 종류를 4가지 적으시오. ★★

① 1개 걸이용
② U자 걸이용
③ 추락방지대
④ 안전블록

**참고**

| 종류 | 사용 구분 |
| --- | --- |
| 벨트식 | 1개 걸이용 |
|  | U자 걸이용 |
| 안전그네식 | 추락방지대 |
|  | 안전블록 |

## 56
[보기]의 안전대의 종류 중 안전그네식에만 사용 가능한 두 가지를 골라 그 번호를 적으시오. ★

> ① 1개 걸이용   ② U자 걸이용   ③ 추락방지대   ④ 안전블록

③, ④

**참고**

| 종류 | 사용 구분 |
|---|---|
| 벨트식 | 1개 걸이용 |
|  | U자 걸이용 |
| 안전그네식 | 추락방지대 |
|  | 안전블록 |

## 57
사업주는 밀폐공간에서 산소 및 유해가스 농도를 측정한 결과 적정공기가 유지되고 있지 아니하다고 평가된 경우에는 작업장을 환기시키거나 근로자에게 적절한 보호구를 지급하여 착용하도록 하여야 한다. 밀폐공간에서 착용하여야 하는 보호구의 종류 2가지를 적으시오. ★★

① 공기호흡기   ② 송기마스크

## 58
교육실시 방법 중 OFF JT(Off The Job Training)를 설명하시오. ★

외부강사를 초청하여 근로자를 일정한 장소에 집합시켜 실시하는 교육 형태로서 집합교육에 적합하다.

**참고**

OJT(On The Job Training): 직속상사가 부하 직원에게 일상 업무를 통하여 지식, 기능, 문제해결 능력 및 태도 등을 교육하는 방법으로 개별교육에 적합하다.

59 안전교육의 3단계 교육과정을 적으시오. ★

① 제1단계 : 지식교육  ② 제2단계 : 기능교육  ③ 제3단계 : 태도교육

60 사업주가 근로자에게 실시해야 하는 안전보건교육의 [보기]에 적합한 교육시간을 적으시오. ★★★

① 일용근로자 및 근로계약기간이 1주일 이하인 기간제 근로자의 채용 시의 교육 : (   )시간 이상
② 근로계약기간이 1주일 초과 1개월 이하인 기간제근로자의 채용 시의 교육 : (   )시간 이상
③ 일용근로자 및 근로계약기간이 1주일 이하인 기간제 근로자와 근로계약기간이 1주일 초과 1개월 이하인 기간제 근로자를 제외한 근로자의 채용 시의 교육 : (   )시간 이상
④ 일용근로자 및 근로계약기간이 1주일 이하인 기간제 근로자의 작업내용 변경 시의 교육 : (   )시간 이상
⑤ 일용근로자 및 근로계약기간이 1주일 이하인 기간제 근로자를 제외한 근로자의 작업내용 변경 시의 교육 : (   )시간 이상
⑥ 일용근로자 및 근로계약기간이 1주일 이하인 기간제 근로자를 제외한 근로자의 특별교육 : (   )시간 이상
⑦ 일용근로자 및 근로계약기간이 1주일 이하인 기간제 근로자 중 타워크레인 신호작업에 종사하는 근로자의 특별교육 : (   )시간 이상
⑧ 건설업 기초안전보건교육 : (   )시간 이상
⑨ 사무직 종사 근로자의 정기교육 : 매 반기 (   )시간 이상
⑩ 관리감독자의 정기교육 : 연간 (   )시간 이상

① 1  ② 4  ③ 8  ④ 1  ⑤ 2  ⑥ 16  ⑦ 8  ⑧ 4  ⑨ 6  ⑩ 16

**참고**

사업주가 근로자에게 실시해야 하는 안전보건교육의 교육시간

가. 근로자 안전보건교육

| 교육과정 | 교육대상 | | 교육시간 |
|---|---|---|---|
| 가. 정기교육 | 1) 사무직 종사 근로자 | | 매반기 6시간 이상 |
| | 2) 그 밖의 근로자 | 가) 판매업무에 직접 종사하는 근로자 | 매반기 6시간 이상 |
| | | 나) 판매업무에 직접 종사하는 근로자 외의 근로자 | 매반기 12시간 이상 |
| 나. 채용 시 교육 | 1) 일용근로자 및 근로계약기간이 1주일 이하인 기간제 근로자 | | 1시간 이상 |
| | 2) 근로계약기간이 1주일 초과 1개월 이하인 기간제 근로자 | | 4시간 이상 |
| | 3) 그 밖의 근로자 | | 8시간 이상 |
| 다. 작업내용 변경 시 교육 | 1) 일용근로자 및 근로계약기간이 1주일 이하인 기간제 근로자 | | 1시간 이상 |
| | 2) 그 밖의 근로자 | | 2시간 이상 |
| 라. 특별교육 | 1) 일용근로자 및 근로계약기간이 1주일 이하인 기간제 근로자(타워크레인신호작업에 종사하는 근로자 제외) | | 2시간 이상 |
| | 2) 일용근로자 및 근로계약기간이 1주일 이하인 기간제 근로자 중 타워크레인신호작업에 종사하는 근로자 | | 8시간 이상 |
| | 3) 일용근로자 및 근로계약기간이 1주일 이하인 기간제 근로자를 제외한 근로자 | | 가) 16시간 이상(최초 작업에 종사하기 전 4시간 이상 실시하고 12시간은 3개월 이내에서 분할하여 실시 가능) 나) 단기간 작업 또는 간헐적 작업인 경우에는 2시간 이상 |
| 마. 건설업 기초안전·보건교육 | 건설 일용근로자 | | 4시간 이상 |

나. 관리감독자 안전보건교육

| 교육과정 | 교육시간 |
|---|---|
| 가. 정기교육 | 연간 16시간 이상 |
| 나. 채용 시 교육 | 8시간 이상 |
| 다. 작업내용 변경 시 교육 | 2시간 이상 |
| 라. 특별교육 | 16시간 이상(최초 작업에 종사하기 전 4시간 이상 실시하고, 12시간은 3개월 이내에서 분할하여 실시 가능) |
| | 단기간 작업 또는 간헐적 작업인 경우에는 2시간 이상 |

**61** 안전보건관리책임자 등에 대한 교육을 나타내었다. 괄호에 적합한 교육시간을 적으시오. ★★★

| 교육대상 | 교육시간 | |
|---|---|---|
| | 신규교육 | 보수교육 |
| 가. 안전보건관리책임자 | 6시간 이상 | ( ① )시간 이상 |
| 나. 안전관리자, 안전관리전문기관의 종사자 | ( ② )시간 이상 | 24시간 이상 |
| 다. 보건관리자, 보건관리전문기관의 종사자 | 34시간 이상 | ( ③ )시간 이상 |
| 라. 건설재해예방 전문지도기관의 종사자 | 34시간 이상 | ( ④ )시간 이상 |
| 마. 석면조사기관의 종사자 | 34시간 이상 | 24시간 이상 |
| 바. 안전보건관리담당자 | - | 8시간 이상 |
| 사. 안전검사기관, 자율안전검사기관의 종사자 | 34시간 이상 | 24시간 이상 |

① 6  ② 34  ③ 24  ④ 24

**참고**

1. 특수형태근로종사자에 대한 안전보건교육

| 교육과정 | 교육시간 |
|---|---|
| 가. 최초 노무제공 시 교육 | 2시간 이상(단기간 작업 또는 간헐적 작업에 노무를 제공하는 경우에는 1시간 이상 실시하고, 특별교육을 실시한 경우는 면제) |
| 나. 특별교육 | 16시간 이상(최초 작업에 종사하기 전 4시간 이상 실시하고 12시간은 3개월 이내에서 분할하여 실시 가능) |
| | 단기간 작업 또는 간헐적 작업인 경우에는 2시간 이상 |

2. 검사원 성능검사 교육

| 교육과정 | 교육대상 | 교육시간 |
|---|---|---|
| 성능검사 교육 | - | 28시간 이상 |

## 62 거푸집 동바리의 조립 또는 해체작업의 특별교육 내용을 3가지 적으시오. (단, 그 밖에 안전·보건관리에 필요한 사항은 제외) ★

① 동바리의 조립방법 및 작업 절차에 관한 사항
② 조립재료의 취급방법 및 설치기준에 관한 사항
③ 조립 해체 시의 사고 예방에 관한 사항
④ 보호구 착용 및 점검에 관한 사항

**참고**

근로자의 정기안전·보건교육 내용
① 산업안전 및 사고 예방에 관한 사항
② 산업보건 및 직업병 예방에 관한 사항
③ 유해·위험 작업환경 관리에 관한 사항
④ 산업안전보건법령 및 산업재해보상보험제도에 관한 사항
⑤ 직무스트레스 예방 및 관리에 관한 사항

⑥ 직장 내 괴롭힘, 고객의 폭언 등으로 인한 건강장해 예방 및 관리에 관한 사항
⑦ 건강증진 및 질병 예방에 관한 사항
⑧ 위험성 평가에 관한 사항

> **암기법**
>
> 공통 항목(관리감독자, 근로자)
> 1. 근로자는 법, 산재보상제도를 알자.
> 2. 근로자는 건강을 보존(산업보건)하고 직업병, 스트레스, 괴롭힘, 폭언 예방**하자!**
> 3. 근로자는 유해위험 환경을 관리해서 안전하고 사고예방하자!
> 4. 근로자는 위험성을 평가하자!
>
> 근로자 정기교육의 특징
> 1. 근로자는 건강증진하고 질병예방하자!

근로자의 채용 시의 교육 및 작업내용 변경 시의 교육 내용
① 산업안전 및 사고 예방에 관한 사항
② 산업보건 및 직업병 예방에 관한 사항
③ 산업안전보건법령 및 산업재해보상보험제도에 관한 사항
④ 직무스트레스 예방 및 관리에 관한 사항
⑤ 직장 내 괴롭힘, 고객의 폭언 등으로 인한 건강장해 예방 및 관리에 관한 사항
⑥ 기계·기구의 위험성과 작업의 순서 및 동선에 관한 사항
⑦ 물질안전보건자료에 관한 사항
⑧ 작업 개시 전 점검에 관한 사항
⑨ 정리정돈 및 청소에 관한 사항
⑩ 사고 발생 시 긴급조치에 관한 사항
⑪ 위험성 평가에 관한 사항

> **암기법**
>
> 공통 항목
> 1. 신규자는 법, 산재보상제도를 알자!
> 2. 신규자는 건강을 보존(산업보건)하고 직업병, 스트레스, 괴롭힘, 폭언 예방하자!
> 3. 신규자는 안전하고 사고예방하자!
> 4. 신규자는 위험성을 평가하자!

신규채용자는 회사에 처음 입사해서 처음 일을 하는 근로자, 안전하게 일하기 위한 기본내용을 교육한다.
1. 신규자는 기계기구 위험성, 작업순서, 동선을 알자!
2. 신규자는 취급물질의 위험성(물질안전보건자료)을 알자!
3. 신규자는 작업 전 점검하자!
4. 신규자는 항상 정리정돈 청소하자!
5. 신규자는 사고 시 조치를 알자!

**63** 굴착면의 높이가 2미터 이상이 되는 지반 굴착(터널 및 수직갱 외의 갱 굴착은 제외한다)작업의 특별교육 내용 2가지를 적으시오.
(단, 그 밖에 안전·보건관리에 필요한 사항은 제외할 것) ★

① 지반의 형태·구조 및 굴착 요령에 관한 사항
② 지반의 붕괴재해 예방에 관한 사항
③ 붕괴 방지용 구조물 설치 및 작업방법에 관한 사항
④ 보호구의 종류 및 사용에 관한 사항

### 참고

관리감독자의 정기교육 내용
① 산업안전 및 사고 예방에 관한 사항
② 산업보건 및 직업병 예방에 관한 사항
③ 유해·위험 작업환경 관리에 관한 사항
④ 산업안전보건법령 및 산업재해보상보험 제도에 관한 사항
⑤ 직무스트레스 예방 및 관리에 관한 사항
⑥ 직장 내 괴롭힘, 고객의 폭언 등으로 인한 건강장해 예방 및 관리에 관한 사항
⑦ 위험성평가에 관한 사항
⑧ 작업공정의 유해·위험과 재해 예방대책에 관한 사항
⑨ 표준안전 작업방법 결정 및 지도·감독 요령에 관한 사항
⑩ 비상시 또는 재해 발생 시 긴급조치에 관한 사항
⑪ 사업장 내 안전보건관리체제 및 안전·보건조치 현황에 관한 사항
⑫ 현장근로자와의 의사소통능력 및 강의능력 등 안전보건교육 능력 배양에 관한 사항
⑬ 그 밖의 관리감독자의 직무에 관한 사항

> **암기법**
>
> 공통 항목(관리감독자, 근로자)
> 1. 관리자는 법, 산재보상제도를 알자.
> 2. 관리자는 건강을 보존(산업보건)하고 직업병, 스트레스, 괴롭힘, 폭언 예방하자!
> 3. 관리자는 유해위험 환경을 관리해서 안전하고 사고예방하자!
> 4. 관리자는 위험성을 평가하자!
>
> 관리감독자 정기교육의 특징
> 1. 관리자는 유해위험의 재해예방대책 세우자!
> 2. 관리자는 안전 작업방법 결정해서 감독하자!
> 3. 관리자는 재해발생 시 긴급조치하자!
> 4. 관리자는 안전보건 조치하자!
> 5. 관리자는 안전보건교육 능력 배양하자!

관리감독자의 채용 시 교육 및 작업내용 변경 시 교육내용
① 산업안전 및 사고 예방에 관한 사항
② 산업보건 및 직업병 예방에 관한 사항
③ 산업안전보건법령 및 산업재해보상보험 제도에 관한 사항
④ 직무스트레스 예방 및 관리에 관한 사항
⑤ 직장 내 괴롭힘, 고객의 폭언 등으로 인한 건강장해 예방 및 관리에 관한 사항
⑥ 위험성평가에 관한 사항
⑦ 기계·기구의 위험성과 작업의 순서 및 동선에 관한 사항
⑧ 작업 개시 전 점검에 관한 사항
⑨ 물질안전보건자료에 관한 사항
⑩ 사업장 내 안전보건관리체제 및 안전·보건조치 현황에 관한 사항
⑪ 표준안전 작업방법 결정 및 지도·감독 요령에 관한 사항
⑫ 비상 시 또는 재해 발생 시 긴급조치에 관한 사항
⑬ 그 밖의 관리감독자의 직무에 관한 사항

> **암기법**
>
> 공통 항목 - 채용 시 근로자 교육과 동일
> 1. 신규 관리자는 법, 산재보상제도를 알자!
> 2. 신규 관리자는 건강을 보존(산업보건)하고 직업병, 스트레스, 괴롭힘, 폭언 예방하자!
> 3. 신규 관리자는 안전하고 사고예방하자!
> 4. 신규 관리자는 위험성을 평가하자!
>
> 채용시 근로자 교육 중 "정리정돈 청소" 제외
> 1. 신규 관리자는 기계기구 위험성, 작업순서, 동선을 알자!
> 2. 신규 관리자는 취급물질의 위험성(물질안전보건자료)을 알자!
> 3. 신규 관리자는 작업 전 점검하자!
>
> 신규 관리자 내용 추가
> 1. 신규 관리자는 안전보건 조치하자!
> 2. 신규 관리자는 안전 작업방법 결정해서 감독하자!
> 3. 신규 관리자는 재해 시 긴급조치하자!

## 64 인간 주의의 특성의 종류 3가지를 적고 설명하시오. ★

① 선택성 : 사람은 한 번에 여러 종류의 자극을 지각하거나 수용하지 못하며 소수의 특정한 것으로 한정해서 선택하는 기능을 말한다.
② 방향성 : 시선에서 벗어난 부분은 무시되기 쉽다.(주시점만 응시한다.)
③ 변동성 : 주의는 리듬이 있어 일정한 수순을 지키지 못한다.
④ 단속성 : 고도의 주의는 장시간 집중이 곤란하다.
⑤ 주의력의 중복집중 곤란 : 동시에 두 개 이상의 방향을 잡지 못한다.

## 65 알더퍼의 E.R.G이론에서 E, R, G를 각각 설명하시오.(E.R.G이론을 설명하시오.)

★

① E : 생존욕구 또는 존재욕구(Existenece needs)
② R : 관계욕구(Relatedness needs)
③ G : 성장욕구(Growth needs)


## 66 매슬로(Maslow A. H.)의 욕구단계 이론(인간의 욕구 5단계)을 나타내었다. 괄호에 적합한 내용을 적으시오.

★★

(1) 제1단계 : ( ① )
(2) 제2단계 : ( ② )
(3) 제3단계 : 사회적 욕구
(4) 제4단계 : 존경 욕구
(5) 제5단계 : ( ③ )

① 생리적 욕구   ② 안전 욕구   ③ 자아실현의 욕구


## 67 학습지도의 원리 4가지를 적으시오.

★

① 자발성의 원리
② 개별화의 원리
③ 목적의 원리
④ 사회화의 원리
⑤ 통합화의 원리
⑥ 직관의 원리(직접경험의 원리)

# 02 건설공사 안전, 안전기준

## 01 [보기]의 설명에 해당하는 현상의 명칭을 적으시오. ★★★

(1) 연약한 점토 지반에서 굴착에 의한 흙막이 내·외면의 흙의 중량 차이(토압)로 인해 굴착 저면이 부풀어 올라오는 현상을 말한다.
(2) 사질토 지반에서 굴착 저면과 흙막이 배면과의 수위 차이로 인해 굴착 저면의 흙과 물이 함께 위로 솟구쳐 오르는 현상(모래의 액상화 현상)을 말한다.

(1) 히빙 현상
(2) 보일링 현상


## 02 굴착공사 시에 발생할 수 있는 히빙 현상과 보일링 현상을 설명하시오. ★★★

(1) 히빙 현상
  ① 연질 점토 지반에서 굴착에 의한 흙막이 내·외면의 흙의 중량 차이(토압)로 인해 굴착 저면이 부풀어 올라오는 현상을 말한다.
  ② 흙막이 바깥 흙이 안으로 밀려든다

(2) 보일링 현상
  ① 사질토 지반에서 굴착 저면과 흙막이 배면과의 수위 차이로 인해 굴착저면의 흙과 물이 함께 위로 솟구쳐 오르는 현상(모래의 액상화 현상)을 말한다.
  ② 모래가 액상화되어 솟아오른다.

03  굴착공사 시에 발생하는 히빙 현상에 의하여 인접지반 또는 흙막이 지보공에 미치는 영향(히빙의 피해 현상) 2가지를 적으시오. ★

① 흙막이 지보공(흙막이 벽체) 파괴
② 배면 토사 붕괴


04  보일링 현상의 방지대책 3가지를 적으시오.
    (단, 작업 중지 및 굴착토 원상매립은 제외한다) ★★

① 지하 수위 저하
② 지하수 흐름 변경
③ 근입 벽을 깊게 한다.


05  히빙 현상의 방지대책 3가지를 적으시오. ★★

① 양질의 재료로 지반을 개량한다.(흙의 전단강도를 높인다.)
② 어스앵커를 설치한다.
③ 시트파일 등의 근입 심도 검토(흙막이 벽체의 근입 깊이를 깊게 한다.)
④ 굴착 주변에 웰포인트 공법을 병행한다.
⑤ 소단을 두면서 굴착한다.
⑥ 굴착 주변의 상재하중을 제거한다.
⑦ 굴착 저면에 토사 등의 인공중력을 가중시킨다.

## 06 흙의 동상현상 방지 대책 3가지를 적으시오. ★

① 모관수의 상승을 차단하기 위하여 지하수위 상층에 조립토층을 설치한다.
② 지표의 흙을 화학약품으로 처리한다.
③ 흙속에 단열 재료를 매입한다.
④ 배수구를 설치하여 지하 수위를 저하시킨다.
⑤ 동결되지 않은 흙으로 치환한다.


## 07 건설공사 등의 산업안전보건관리비에 관한 내용이다. 괄호에 적합한 내용을 적으시오. ★★

> 건설공사 등의 산업안전보건관리비는 「산업재해보상보험법」의 적용을 받는 공사 중 총 공사금액 (    ) 이상인 공사에 적용한다.

2천만 원


## 08 건설공사의 산업안전보건관리비를 계상하는 경우 대상액의 구성항목 3가지를 적으시오. ★★

① 직접 재료비
② 간접 재료비
③ 직접 노무비

09 건설업 산업안전보건관리비 계상 및 사용기준에서 정의하는 (1) 건설업의 산업안전보건관리비, (2) 산업안전보건관리비 대상액의 정의를 적으시오. ★★

(1) 산업재해 예방을 위하여 건설공사 현장에서 직접 사용되거나 해당 건설 업체의 본사에 설치된 안전 전담 부서에서 법령에 규정된 사항을 이행하는 데 소요되는 비용을 말한다.

(2) 공사원가 계산서 구성항목 중 직접재료비, 간접재료비와 직접노무비를 합한 금액(발주자가 재료를 제공할 경우에는 해당 재료비를 포함한 금액)을 말한다.

10 산업안전보건법에 의하여 산업안전보건관리비를 사용하려는 경우에는 미리 그 사용방법, 재해 예방 조치 등에 관하여 재해예방 전문지도 기관의 지도를 받아야 한다. 예외 규정으로 산업안전보건관리비 사용 시에 재해 예방 전문지도 기관의 지도를 받지 않아도 되는 공사의 종류 3가지를 적으시오.

① 공사기간이 1개월 미만인 공사
② 육지와 연결되지 아니한 섬지역(제주특별자치도는 제외)에서 이루어지는 공사
③ 사업주가 안전관리자의 자격을 가진 사람을 선임(같은 광역 자치단체의 지역 내에서 같은 사업주가 경영하는 셋 이하의 공사에 대하여 공동으로 안전관리자 자격을 가진 사람 1명을 선임한 경우를 포함)하여 안전관리자의 업무만을 전담하도록 하는 공사
④ 유해·위험 방지 계획서를 제출하여야 하는 공사

11 건설공사 도급인은 자신의 사업장에서 대통령령으로 정하는 기계·기구 또는 설비 등이 설치되어 있거나 작동하고 있는 경우 또는 이를 설치·해체·조립하는 등의 작업이 이루어지고 있는 경우에는 필요한 안전조치 및 보건조치를 하여야 한다. 설치·해체·조립하는 등의 작업을 하는 경우 건설공사 도급인이 안전보건조치를 하여야 하는 기계·기구 2가지를 적으시오. ★★

① 타워크레인
② 건설용 리프트
③ 항타기 및 항발기

**12** 인화성 가스가 발생할 우려가 있는 지하작업장에서 작업하는 때에는 가스 농도를 측정하는 자를 지명하여 당해 가스의 농도를 측정하도록 하여야 한다. 가스 농도를 측정하여야 하는 경우 3가지를 적으시오. ★

① 매일 작업을 시작하기 전
② 가스의 누출이 의심되는 경우
③ 가스가 발생하거나 정체할 위험이 있는 장소가 있는 경우
④ 장시간 작업을 계속하는 때(이 경우 4시간마다 가스농도를 측정하도록 하여야 한다.)


**13** 터널공사 등의 건설작업을 할 때에 인화성 가스가 발생할 위험이 있는 경우에는 폭발이나 화재를 예방하기 위하여 자동경보장치를 설치하여야 한다. 자동경보장치의 작업시작 전 점검사항 3가지를 적으시오. ★★

① 계기의 이상 유무
② 검지부의 이상 유무
③ 경보장치의 작동 상태


**14** 터널공사 표준안전 작업지침에 의한 터널 내의 환기에 관한 내용이다. 괄호에 적합한 내용을 적으시오.

> (1) 발파 후 유해가스, 분진 및 내연기관의 배기가스 등을 신속히 환기시켜야 하며 발파 후 ( ① )분 이내 배기, 송기가 완료되도록 하여야 한다.
>
> (2) 환기가스 처리장치가 없는 ( ② )기관은 터널 내의 투입을 금하여야 한다.
>
> (3) 터널 내의 기온은 ( ③ )℃ 이하가 되도록 신선한 공기로 환기시켜야 하며 근로자의 작업조건에 유해하지 아니한 상태를 유지하여야 한다.

① 30  ② 디젤  ③ 37

**15** 구축물, 건축물, 그 밖의 시설물 등의 해체작업의 작업계획서에 포함하여야 하는 사항 5가지를 적으시오.(단, 그 밖에 안전·보건에 관련된 사항은 제외할 것) ★★

① 해체의 방법 및 해체 순서도면
② 가설설비·방호설비·환기설비 및 살수·방화설비 등의 방법
③ 사업장 내 연락방법
④ 해체물의 처분계획
⑤ 해체작업용 기계·기구 등의 작업계획서
⑥ 해체작업용 화약류 등의 사용계획서


**16** 해체공사 표준안전 작업지침에 의한 해체공사의 공법에 따라 발생하는 소음과 진동을 방지하기 위하여 준수하여야 하는 사항 4가지를 적으시오.

① 공기압축기 등은 적당한 장소에 설치하여야 하며 장비의 소음 진동기준은 관계법에서 정하는 바에 따라서 처리하여야 한다.
② 전도공법의 경우 전도물 규모를 작게 하여 중량을 최소화하며 전도대상물의 높이도 되도록 작게 하여야 한다.
③ 철 햄머 공법의 경우 햄머의 중량과 낙하 높이를 가능한 한 낮게 하여야 한다.
④ 현장 내에서는 대형 부재로 해체하며 장외에서 잘게 파쇄하여야 한다.
⑤ 인접 건물의 피해를 줄이기 위해 방음, 방진 목적의 가시설을 설치하여야 한다.

## 17  산업안전보건법에 의하여 유해위험방지계획서를 제출해야 하는 건설공사의 종류 3가지를 적으시오. ★★★

1. 다음 각 목의 어느 하나에 해당하는 건축물 또는 시설 등의 건설·개조 또는 해체공사
    가. 지상높이가 31미터 이상인 건축물 또는 인공구조물
    나. 연면적 3만제곱미터 이상인 건축물
    다. 연면적 5천제곱미터 이상인 시설로서 다음의 어느 하나에 해당하는 시설
        ① 문화 및 집회시설(전시장 및 동물원·식물원은 제외한다)
        ② 판매시설, 운수시설(고속철도의 역사 및 집배송시설은 제외한다)
        ③ 종교시설
        ④ 의료시설 중 종합병원
        ⑤ 숙박시설 중 관광숙박시설
        ⑥ 지하도상가
        ⑦ 냉동·냉장 창고시설
2. 연면적 5천제곱 미터 이상의 냉동·냉장창고시설의 설비공사 및 단열공사
3. 최대 지간길이(다리의 기둥과 기둥의 중심사이의 거리)가 50미터 이상인 교량 건설 등 공사
4. 터널 건설 등의 공사
5. 다목적 댐, 발전용 댐, 저수용량 2천만 톤 이상의 용수 전용 댐, 지방상수도 전용 댐 건설 등의 공사
6. 깊이 10미터 이상인 굴착공사

### 암기법

1. 지상높이 31m, 연면적 3만m$^2$, 사람 많은 시설 연면적 5,000m$^2$
2. 연면적 5,000m$^2$ 냉동냉장 창고
3. 최대 지간길이가 50미터 이상 교량
4. 터널
5. 저수용량 2천만톤 이상 댐
6. 10미터 이상인 굴착

18  산업안전보건법에 의하여 유해위험방지계획서를 제출해야 하는 건설공사의 종류를 설명하였다. 괄호에 적합한 숫자를 적으시오. ★★★

---

1. 지상높이가 ( ① )미터 이상인 건축물 또는 인공구조물의 건설·개조 또는 해체공사
2. 연면적 ( ② )제곱미터 이상의 냉동·냉장 창고시설의 설비공사 및 단열공사
3. 최대 지간길이가 ( ③ )미터 이상인 교량 건설 등의 공사
4. 터널 건설 등의 공사
5. 깊이 ( ④ )미터 이상인 굴착공사

---

① 31  ② 5,000  ③ 50  ④ 10


19  건설공사에서 유해·위험방지계획서를 제출하는 경우 첨부하여야 할 서류 2가지를 적으시오. ★★

① 공사 개요 및 안전보건관리계획
② 작업 공사 종류별 유해·위험방지계획


20  건설공사에서 유해·위험방지계획서를 제출하는 경우 첨부하여야 할 서류 중 공사 개요서와 함께 첨부해야 하는 서류 4가지를 적으시오. ★

① 공사현장의 주변 현황 및 주변과의 관계를 나타내는 도면(매설물 현황을 포함한다)
② 건설물, 사용 기계설비 등의 배치를 나타내는 도면
③ 전체 공정표
④ 산업안전보건관리비 사용계획
⑤ 안전관리 조직표
⑥ 재해 발생 위험 시 연락 및 대피방법

**참고**

건설공사 유해 · 위험방지계획서 첨부 서류

1. 공사 개요 및 안전보건관리계획
   ① 공사 개요서
   ② 공사현장의 주변 현황 및 주변과의 관계를 나타내는 도면(매설물 현황을 포함한다)
   ③ 건설물, 사용 기계설비 등의 배치를 나타내는 도면
   ④ 전체 공정표
   ⑤ 산업안전보건관리비 사용계획
   ⑥ 안전관리 조직표
   ⑦ 재해 발생 위험 시 연락 및 대피방법

2. 작업 공사 종류별 유해 · 위험방지계획

**21** 다음 [보기]는 유해위험방지계획서 제출에 관한 내용이다. 괄호에 적합한 내용을 적으시오. ★★

> 사업주가 건설공사에 해당하는 유해 · 위험방지계획서를 제출하려면 건설공사 유해 · 위험 방지계획서 관련 서류를 첨부하여 해당 공사의 ( ① ) 까지 공단에 ( ② )부를 제출하여야 한다.

① 착공 전날   ② 2부

**22** 건설공사의 유해위험 방지계획서 심사 결과의 구분 3가지를 적고 판정 기준을 설명하시오. ★★

① 적정 : 근로자의 안전과 보건을 위하여 필요한 조치가 구체적으로 확보되었다고 인정되는 경우
② 조건부 적정 : 근로자의 안전과 보건을 확보하기 위하여 일부 개선이 필요하다고 인정되는 경우
③ 부적정 : 기계 · 설비 또는 건설물이 심사기준에 위반되어 공사 착공 시 중대한 위험 발생의 우려가 있거나 계획에 근본적 결함이 있다고 인정되는 경우

**23** 중량물의 취급 작업 시에 작성하는 작업계획서에 포함하여야 하는 사항 5가지를 적으시오. ★★

① 추락위험을 예방할 수 있는 안전대책
② 낙하위험을 예방할 수 있는 안전대책
③ 전도위험을 예방할 수 있는 안전대책
④ 협착위험을 예방할 수 있는 안전대책
⑤ 붕괴위험을 예방할 수 있는 안전대책

**24** 산업안전보건법에 의한 양중기의 종류 4가지를 적으시오.
(단, 세부항목을 포함하여 적을 것) ★★★

① 크레인[호이스트(hoist)를 포함한다]
② 이동식 크레인
③ 리프트(이삿짐운반용 리프트의 경우에는 적재하중이 0.1톤 이상인 것으로 한정한다.)
④ 곤돌라
⑤ 승강기

**25** 다음 [보기]는 양중기에 대한 설명이다. 설명에 해당하는 기계의 명칭을 적으시오. ★

1. ( ① )이란 동력을 사용하여 중량물을 매달아 상하 및 좌우로 운반하는 것을 목적으로 하는 기계 또는 기계장치를 말한다.

2. ( ② )란 동력을 사용하여 사람이나 화물을 운반하는 것을 목적으로 하는 기계 설비를 말한다.

3. ( ③ )란 건축물이나 고정된 시설물에 설치되어 일정한 경로에 따라 사람이나 화물을 승강장으로 옮기는 데에 사용되는 설비를 말한다.

① 크레인 ② 리프트 ③ 승강기

> **참고**
>
> 1. "곤돌라"란 달기 발판 또는 운반구, 승강 장치, 그 밖의 장치 및 이들에 부속된 기계부품에 의하여 구성되고, 와이어로프 또는 달기 강선에 의하여 달기 발판 또는 운반구가 전용 승강장치에 의하여 오르내리는 설비를 말한다.
> 2. "호이스트"란 훅이나 그 밖의 달기구 등을 사용하여 화물을 권상 및 횡행 또는 권상 동작만을 하여 양중하는 것을 말한다.

## 26 산업안전보건법에 의한 승강기의 종류 4가지를 적으시오. ★

① 승객용 엘리베이터
② 승객화물용 엘리베이터
③ 화물용 엘리베이터
④ 소형화물용 엘리베이터
⑤ 에스컬레이터

## 27 산업안전보건법에 의하여 양중기(크레인, 이동식 크레인, 리프트, 곤돌라, 승강기)에 설치하여야 하는 방호장치의 종류 5가지를 적으시오. ★★★
(단, 과부하방지장치는 제외할 것)

① 권과방지장치
② 비상정지장치
③ 제동장치
④ 승강기의 파이널 리미트 스위치
⑤ 승강기의 조속기
⑥ 승강기의 출입문 인터록

## 참고

양중기의 방호장치

| | |
|---|---|
| 크레인 | • 과부하방지장치<br>• 권과방지장치(捲過防止裝置)<br>• 비상정지장치<br>• 제동장치<br>(기타 방호장치)<br>훅의 해지장치<br>안전밸브(유압식) |
| 이동식 크레인 | • 과부하방지장치<br>• 권과방지장치(捲過防止裝置)<br>• 비상정지장치<br>• 제동장치<br>(기타 방호장치)<br>훅의 해지장치<br>안전밸브(유압식) |
| 리프트<br>(자동차정비용 리프트 제외) | • 권과방지장치<br>• 과부하방지장치<br>• 비상정지장치<br>• 제동장치<br>• 조작반(盤) 잠금장치 |
| 곤돌라 | • 과부하방지장치<br>• 권과방지장치(捲過防止裝置)<br>• 비상정지장치<br>• 제동장치 |
| 승강기 | • 과부하방지장치<br>• 권과방지장치(捲過防止裝置)<br>• 비상정지장치<br>• 제동장치<br>• 파이널리미트스위치<br>• 출입문인터록<br>• 조속기(속도조절기) |

> **암기법**
> - 양중기 공통 방호장치 : 과부하방지장치, 권과방지장치, 비상정지장치, 제동장치
> - 추가 설치
>   리프트(자동차정비용 제외) : 조작반잠금장치
>   승강기 : 파이널리미트스위치, 출입문인터록, 속도조절기

**28** 크레인에 설치하여야 하는 방호장치의 종류를 4가지 적으시오. ★★★

① 과부하방지장치
② 권과방지장치(捲過防止裝置)
③ 비상정지장치
④ 제동장치

**29** 권과방지장치를 설치하지 않은 크레인에 대해서는 권상용 와이어로프가 지나치게 감겨서 근로자가 위험해질 상황을 방지하기 위한 조치를 하여야 한다. 이 경우 하여야 하는 조치사항 2가지를 적으시오. ★

① 권상용 와이어로프에 위험표시를 할 것
② 경보장치를 설치할 것

**30** 곤돌라 등 양중기의 방호장치 중 와이어로프 등의 과도한 감아올림을 방지하는 장치명을 적으시오. ★★

권과방지장치

> **참고**
>
> 권과방지장치는 훅·버킷 등 달기구의 윗면(그 달기구에 권상용 도르래가 설치된 경우에는 권상용 도르래의 윗면)이 드럼, 상부 도르래, 트롤리프레임 등 권상장치의 아랫면과 접촉할 우려가 있는 경우에 그 간격이 0.25미터 이상(직동식 권과방지장치는 0.05 미터 이상으로 한다)이 되도록 조정하여야 한다.

## 31 크레인의 작업 시작 전 점검사항 3가지를 적으시오. ★★★

① 권과방지장치·브레이크·클러치 및 운전장치의 기능
② 주행로의 상측 및 트롤리가 횡행(橫行)하는 레일의 상태
③ 와이어로프가 통하고 있는 곳의 상태


## 32 산업안전보건법에 의하여 크레인을 사용하는 작업에서의 유해위험을 방지하기 위한 관리감독자의 업무내용 4가지를 적으시오. ★

① 작업방법과 근로자 배치를 결정하고 그 작업을 지휘하는 일
② 재료의 결함 유무 또는 기구 및 공구의 기능을 점검하고 불량품을 제거하는 일
③ 작업 중 안전대 또는 안전모의 착용 상황을 감시하는 일


## 33 크레인 작업 시에 관계 근로자가 준수하여야 하는 사항 3가지를 적으시오. ★

① 인양할 하물(荷物)을 바닥에서 끌어당기거나 밀어내는 작업을 하지 아니할 것
② 유류드럼이나 가스통 등 운반 도중에 떨어져 폭발하거나 누출될 가능성이 있는 위험물 용기는 보관함(또는 보관고)에 담아 안전하게 매달아 운반할 것
③ 고정된 물체를 직접 분리·제거하는 작업을 하지 아니할 것
④ 미리 근로자의 출입을 통제하여 인양 중인 하물이 작업자의 머리 위로 통과하지 않도록 할 것
⑤ 인양할 하물이 보이지 아니하는 경우에는 어떠한 동작도 하지 아니할 것(신호하는 사람에 의하여 작업을 하는 경우는 제외한다)

**34** 이동식 크레인을 사용하여 작업하는 경우 사업주가 관리감독자로 하여금 작업 시작 전에 점검하도록 하여야 하는 사항(작업시작 전 점검사항) 3가지를 적으시오. ★★★

① 권과방지장치, 그 밖의 경보장치의 기능
② 브레이크·클러치 및 조정장치의 기능
③ 와이어로프가 통하고 있는 곳 및 작업장소의 지반상태

> **참고**
>
> 1. 리프트의 작업 시작 전 점검사항
>    ① 방호장치·브레이크 및 클러치의 기능
>    ② 와이어로프가 통하고 있는 곳의 상태
> 2. 곤돌라의 작업 시작 전 점검사항
>    ① 방호장치·브레이크의 기능
>    ② 와이어로프·슬링와이어(sling wire) 등의 상태

**35** 크레인을 사용하여 근로자를 운반하거나 근로자를 달아 올린 상태에서 작업에 종사시켜서는 아니 된다. 다만, 크레인에 전용 탑승설비를 설치하고 추락 위험을 방지하기 위한 조치를 한 경우에 그러하지 아니하다. 이 경우 크레인에 갖추어야 하는 추락 위험 방지 조치 3가지를 적으시오. ★

① 탑승설비가 뒤집히거나 떨어지지 않도록 필요한 조치를 할 것
② 안전대나 구명줄을 설치하고, 안전난간을 설치할 수 있는 구조인 경우이면 안전난간을 설치할 것
③ 탑승설비를 하강시킬 때에는 동력하강방법으로 할 것

## 36 크레인과 건설물 등과의 간격에 관한 내용이다. 괄호에 적합한 내용을 적으시오. ★

1. 주행 크레인 또는 선회 크레인과 건설물 또는 설비와의 사이에 통로를 설치하는 경우 그 폭을 ( ① ) 이상으로 하여야 한다. 다만, 그 통로 중 건설물의 기둥에 접촉하는 부분에 대해서는 0.4미터 이상으로 할 수 있다.

2. 크레인의 운전실 또는 운전대를 통하는 통로의 끝과 건설물 등의 벽체의 간격을 ( ② ) 이하로 하여야 한다.

3. 크레인 거더(girder)의 통로 끝과 크레인 거더의 간격을 ( ③ ) 이하로 하여야 한다.

① 0.6미터  ② 0.3미터  ③ 0.3미터

### 참고

다음 각 호의 간격을 0.3미터 이하로 하여야 한다. 다만, 근로자가 추락할 위험이 없는 경우에는 그 간격을 0.3미터 이하로 유지하지 아니할 수 있다.

① 크레인의 운전실 또는 운전대를 통하는 통로의 끝과 건설물 등의 벽체의 간격
② 크레인 거더(girder)의 통로 끝과 크레인 거더의 간격
③ 크레인 거더의 통로로 통하는 통로의 끝과 건설물 등의 벽체의 간격

## 37 타워크레인의 지지방법 중 타워크레인을 와이어로프로 지지하는 경우 준수하여야 할 사항 3가지를 적으시오.(단, 제조사의 설치작업설명서에 따라 설치, 전문가의 확인을 받아 설치 및 공인된 표준방법으로 설치할 것은 제외)

① 와이어로프를 고정하기 위한 전용 지지프레임을 사용할 것
② 와이어로프 설치 각도는 수평면에서 60도 이내로 할 것
③ 와이어로프의 고정 부위는 충분한 강도와 장력을 갖도록 설치하고, 와이어로프를 클립·샤클 등의 고정기구를 사용하여 견고하게 고정시켜 풀리지 않도록 할 것
④ 와이어로프가 가공전선(架空電線)에 근접하지 않도록 할 것

**38** 타워크레인의 악천후 시 조치에 관한 내용이다. 괄호에 적합한 숫자를 적으시오.

★★★

> 1. 순간풍속이 초당 ( ① )미터를 초과는 경우 타워크레인의 설치·수리·점검 또는 해체작업을 중지한다.
> 2. 순간풍속이 초당 ( ② )미터를 초과는 경우 타워크레인의 운전 작업을 중지한다.

① 10  ② 15

### 참고

① 순간풍속이 초당 10미터를 초과 : 타워크레인의 설치·수리·점검 또는 해체작업을 중지
② 순간풍속이 초당 15미터를 초과 : 타워크레인의 운전작업을 중지
③ 순간풍속이 초당 30미터를 초과 : 옥외에 설치되어 있는 주행 크레인 이탈방지조치
④ 순간풍속이 초당 30미터를 초과하는 바람이 불거나 중진(中震) 이상 진도의 지진이 있은 후 : 옥외 양중기 각 부위 이상 점검
⑤ 순간풍속이 초당 35미터를 초과 : 옥외 승강기 및 건설용 리프트(지하에 설치되어 있는 것은 제외)에 대하여 받침의 수를 증가시키는 등 승강기가 무너지는 것을 방지하기 위한 조치

**39** 크레인의 설치·조립·수리·점검 또는 해체 작업을 하는 경우의 조치사항 3가지를 적으시오. ★

① 작업순서를 정하고 그 순서에 따라 작업을 할 것
② 작업을 할 구역에 관계 근로자가 아닌 사람의 출입을 금지하고 그 취지를 보기 쉬운 곳에 표시할 것
③ 비, 눈, 그 밖에 기상상태의 불안정으로 날씨가 몹시 나쁜 경우에는 그 작업을 중지시킬 것
④ 작업장소는 안전한 작업이 이루어질 수 있도록 충분한 공간을 확보하고 장애물이 없도록 할 것
⑤ 들어올리거나 내리는 기자재는 균형을 유지하면서 작업을 하도록 할 것
⑥ 크레인의 성능, 사용조건 등에 따라 충분한 응력(應力)을 갖는 구조로 기초를 설치하고 침하 등이 일어나지 않도록 할 것
⑦ 규격품인 조립용 볼트를 사용하고 대칭되는 곳을 차례로 결합하고 분해할 것


**40** 승강기 및 리프트의 설치·조립·수리·점검 또는 해체 작업을 하는 경우 작업지휘자의 직무(이행사항) 3가지를 적으시오. ★

① 작업방법과 근로자의 배치를 결정하고 해당 작업을 지휘하는 일
② 재료의 결함 유무 또는 기구 및 공구의 기능을 점검하고 불량품을 제거하는 일
③ 작업 중 안전대 등 보호구의 착용 상황을 감시하는 일


**41** 위험기계기구 안전인증 고시에 의한 와이어로프와 드럼 등과의 연결을 위한 와이어로프 단말 고정 클립의 수를 적으시오.

| 로프 지름(mm) | 클립 수 |
| --- | --- |
| 16 이하 | ( ① )개 |
| 16 초과 28 이하 | ( ② )개 |
| 28 초과 | ( ③ )개 이상 |

① 4  ② 5  ⑥ 6

## 42 차량계 건설기계의 넘어짐을 방지하기 위한 조치사항 3가지를 적으시오. ★★

① 유도자 배치
② 지반의 부동침하방지
③ 갓길의 붕괴방지
④ 도로의 폭 유지

### 참고

차량계 하역운반기계의 넘어짐 방지 조치
① 유도자 배치
② 지반의 부동침하방지
③ 갓길의 붕괴방지


## 43 차량계 건설기계를 사용하는 작업에서 작성하여야 하는 작업계획서에 포함하여야 하는 사항 2가지를 적으시오. ★★

① 사용하는 차량계 건설기계의 종류 및 성능
② 차량계 건설기계의 운행경로
③ 차량계 건설기계에 의한 작업방법


## 44 차량계 건설기계 중 도저형 기계와 천공용 기계를 각각 2가지씩 적으시오. ★

(1) 도저형 기계
   ① 불도저   ② 스트레이트도저   ③ 틸트도저   ④ 앵글도저   ⑤ 버킷도저

(2) 천공용 기계
   ① 어스드릴   ② 어스오거   ③ 크롤러드릴   ④ 점보드릴

**45** 차량계 건설기계 중 도로포장용 건설기계와 천공용 건설기계의 종류를 각각 2가지씩 적으시오.

(1) 도로포장용 건설기계 : 아스팔트 피니셔, 콘크리트 피니셔, 아스팔트 살포기, 콘크리트 살포기
(2) 천공용 건설기계 : 어스드릴, 어스오거, 크롤러드릴, 점보드릴

**46** [보기]는 건설기계의 종류이다. [보기]의 기계 중 셔블(shovel)계 굴착기계에 해당하는 기계를 4가지 골라 그 명칭을 적으시오.

파워셔블, 항타기, 로더, 드래그라인, 모터그레이더, 천공기, 스크레이퍼, 클램쉘, 드래그셔블(백호)

파워셔블, 드래그라인, 클램쉘, 드래그셔블(백호)

**47** 차량계 건설기계의 붐·암 등을 올리고 그 밑에서 수리·점검작업 등을 하는 경우 붐·암 등이 갑자기 내려옴으로써 발생하는 위험을 방지하기 위한 조치사항 2가지를 적으시오. ★

① 안전지지대의 사용
② 안전블록의 사용

**48** 굴착장비 중 기계가 서 있는 지반면보다 높은 곳을 굴착하는 작업에 적합한 장비의 명칭을 적으시오. ★

파워 셔블(power shovel)

**참고**

1. 파워 셔블(power shovel, 동력삽)
    - 기계가 서 있는 지반면보다 높은 곳의 땅파기에 적합하다.
2. 드래그 셔블(drag shovel, 백호)
    - 기계가 서 있는 지면보다 낮은 장소의 굴착 및 수중굴착이 가능하다
    - 굳은 지반의 토질도 정확한 굴착이 된다.
3. 드래그라인(drag line)
    - 기계가 서있는 위치보다 낮은 장소의 굴착에 적당하고 굳은 토질에서의 굴착은 되지 않지만 굴착 반지름이 크다.
    - 작업범위가 광범위하고 수중굴착 및 연약한 지반의 굴착에 적합하다.
4. 클램셸(clamshell)
    - 수중굴착 및 가장 협소하고 깊은 굴착이 가능하며 호퍼(hopper)에 적당하다.
    - 연약지반이나 수중굴착 및 자갈 등을 싣는데 적합하다.

## 49  건설기계를 사용하는 작업의 안전수칙 4가지를 적으시오.

① 기계의 종류 및 능력, 운행경로, 작업방법 등의 작업계획을 수립한다.
② 장비별 주 용도 외 사용을 제한한다.
③ 기계의 작업 반경 내에 작업관계자 외 출입을 금지한다.
④ 승차석 이외 근로자의 탑승을 금지한다.
⑤ 정비·수리 시 작업지휘자를 배치하며, 안전지지대 또는 안전블록을 사용한다.

## 50  차량계 하역운반기계의 넘어짐을 방지하기 위한 조치사항 3가지를 적으시오.

★★

① 유도자 배치
② 지반의 부동침하방지
③ 갓길의 붕괴방지

**51** 차량계 하역운반기계의 운전자가 운전위치를 이탈하는 경우의 조치사항 3가지를 적으시오. ★★

① 포크, 버킷, 디퍼 등의 장치를 가장 낮은 위치 또는 지면에 내려 둘 것
② 원동기를 정지시키고 브레이크를 확실히 거는 등 갑작스러운 이동을 방지하기 위한 조치를 할 것
③ 운전석을 이탈하는 경우에는 시동키를 운전대에서 분리시킬 것(다만, 운전석에 잠금장치를 하는 등 운전자가 아닌 사람이 운전하지 못하도록 조치한 경우에는 그러하지 아니하다.)

**52** 차량계 하역운반기계에 단위화물의 무게가 100킬로그램 이상인 화물을 싣는 작업 또는 내리는 작업 시에 지정하여야 하는 작업지휘자의 준수사항(직무사항) 3가지를 적으시오. ★

① 작업 순서 및 그 순서마다의 작업 방법을 정하고 작업을 지휘할 것
② 기구 및 공구를 점검하고 불량품을 제거할 것
③ 해당 작업을 하는 장소에 관계 근로자가 아닌 사람이 출입하는 것을 금지할 것
④ 로프를 풀거나 덮개를 벗기는 작업을 행하는 때에는 적재함의 낙하할 위험이 없음을 확인한 후에 당해 작업을 하도록 할 것

**53** 차량계 하역운반기계에 화물을 적재하는 경우의 조치사항 3가지를 적으시오. ★

① 하중이 한쪽으로 치우치지 않도록 적재할 것
② 구내운반차 또는 화물자동차의 경우 화물의 붕괴 또는 낙하에 의한 위험을 방지하기 위하여 화물에 로프를 거는 등 필요한 조치를 할 것
③ 운전자의 시야를 가리지 않도록 화물을 적재할 것
④ 화물을 적재하는 경우에는 최대적재량을 초과해서는 아니 된다.

**54** 차량계 하역운반 기계를 이송하기 위하여 화물자동차 등에 싣거나 내리는 작업을 하는 경우 기계의 전도 또는 전락에 의한 위험을 방지하기 위하여 준수하여야 하는 사항 3가지를 적으시오.

① 싣거나 내리는 작업은 평탄하고 견고한 장소에서 할 것
② 발판을 사용하는 경우에는 충분한 길이 · 폭 및 강도를 가진 것을 사용하고 적당한 경사를 유지하기 위하여 견고하게 설치할 것
③ 가설대 등을 사용하는 경우에는 충분한 폭 및 강도와 적당한 경사를 확보할 것
④ 지정운전자의 성명 · 연락처 등을 보기 쉬운 곳에 표시하고 지정운전자 외에는 운전하지 않도록 할 것


**55** 화물의 낙하에 의하여 지게차의 운전자에게 위험을 미칠 우려가 있는 작업장에서 사용되는 지게차의 헤드가드가 갖추어야 하는 조건 2가지를 적으시오. ★

① 상부 틀의 각 개구의 폭 또는 길이는 16센티미터 미만일 것
② 운전자가 앉아서 조작하거나 서서 조작하는 지게차의 헤드가드는 「한국산업표준」에서 정하는 높이 기준 이상일 것
③ 최대하중의 2배(4톤을 넘는 값에 대해서는 4톤으로 한다.)에 해당하는 등분포정하중에 견딜 수 있는 강도를 가질 것


**56** 지게차를 사용하여 작업을 하는 때의 작업시작 전 점검사항 3가지를 적으시오.
★★★

① 제동장치 및 조종장치 기능의 이상 유무
② 하역장치 및 유압장치 기능의 이상 유무
③ 바퀴의 이상 유무
④ 전조등 · 후미등 · 방향지시기 및 경보장치 기능의 이상 유무

**57** 화물 자동차를 사용하여 작업하는 경우 사업주가 관리감독자로 하여금 작업시작 전에 점검하도록 하여야 하는 사항 3가지를 적으시오. ★★★

① 제동 장치 및 조종 장치의 기능
② 하역 장치 및 유압 장치의 기능
③ 바퀴의 이상 유무

> **참고**
>
> | 구내 운반차의 작업 시작 전 점검 | ① 제동장치 및 조종장치 기능의 이상 유무<br>② 하역장치 및 유압장치 기능의 이상 유무<br>③ 바퀴의 이상 유무<br>④ 전조등·후미등·방향지시기 및 경음기 기능의 이상 유무<br>⑤ 충전장치를 포함한 홀더 등의 결합상태의 이상 유무 |
> |---|---|

**58** 산업안전보건법에 의한 고소작업대의 작업시작 전 점검사항 3가지를 적으시오. ★★★

① 비상정지 장치 및 비상 하강 방지장치 기능의 이상 유무
② 과부하방지장치의 작동 유무(와이어로프 또는 체인구동방식의 경우)
③ 아웃 트리거 또는 바퀴의 이상 유무
④ 작업 면의 기울기 또는 요철 유무

**59** 고소작업대를 이동하는 경우 사업주가 준수하여야 하는 사항을 3가지 적으시오. ★★

① 작업대를 가장 낮게 하강시킬 것
② 작업대를 상승시킨 상태에서 작업자를 태우고 이동하지 말 것
③ 이동통로의 요철상태 또는 장애물의 유무 등을 확인할 것

## 60
고소작업대를 설치하는 때의 준수사항에 관한 내용이다. 괄호에 적합한 내용을 적으시오. ★

> (1) 작업대를 와이어로프 또는 체인으로 상승 또는 하강시킬 때에는 와이어로프 또는 체인이 끊어져 작업대가 낙하하지 아니하는 구조이어야 하며, 와이어로프 또는 체인의 안전율은 ( ① ) 이상일 것
> (2) 작업대에 끼임·충돌 등 재해를 예방하기 위한 가드 또는 ( ② )를 설치할 것

① 5  ② 과상승 방지장치

### 참고

고소작업대를 설치하는 때에는 다음 각 호에 해당하는 것을 설치하여야 한다.
① 작업대를 와이어로프 또는 체인으로 상승 또는 하강시킬 때에는 와이어로프 또는 체인이 끊어져 작업대가 낙하하지 아니하는 구조이어야 하며, 와이어로프 또는 체인의 안전율은 5 이상일 것
② 작업대를 유압에 의하여 상승 또는 하강시킬 때에는 작업대를 일정한 위치에 유지할 수 있는 장치를 갖추고 압력의 이상 저하를 방지할 수 있는 구조일 것
③ 권과방지장치를 갖추거나 압력의 이상상승을 방지할 수 있는 구조일 것
④ 붐의 최대 지면경사각을 초과 운전하여 전도되지 않도록 할 것
⑤ 작업대에 정격하중(안전율 5 이상)을 표시할 것
⑥ 작업대에 끼임·충돌 등 재해를 예방하기 위한 가드 또는 과상승방지장치를 설치할 것
⑦ 조작반의 스위치는 눈으로 확인할 수 있도록 명칭 및 방향표시를 유지할 것

## 61
산업안전보건법에 의하여 운전자가 운전위치를 이탈하여서는 안 되는 기계·기구 3가지를 적으시오. ★★

① 양중기
② 항타기 또는 항발기(권상장치에 하중을 건 상태)
③ 양화장치(화물을 적재한 상태)

## 62 구내운반차를 사용하는 경우의 준수사항 4가지를 적으시오. ★

① 주행을 제동하고 또한 정지상태를 유지하기 위하여 유효한 제동장치를 갖출 것
② 경음기를 갖출 것
③ 운전석이 차 실내에 있는 것은 좌우에 한 개씩 방향지시기를 갖출 것
④ 전조등과 후미등을 갖출 것(다만, 작업을 안전하게 하기 위하여 필요한 조명이 있는 장소에서 사용하는 구내운반차에 대해서는 그러하지 아니하다.)
⑤ 구내운반차가 후진 중에 주변의 근로자 또는 차량계 하역운반기계 등과 충돌할 위험이 있는 경우에는 구내운반차에 후진 경보기와 경광등을 설치할 것

## 63 항타기, 항발기를 조립하는 경우의 점검 사항 3가지를 적으시오. ★

① 본체 연결부의 풀림 또는 손상의 유무
② 권상용 와이어로프 · 드럼 및 도르래의 부착상태의 이상 유무
③ 권상장치의 브레이크 및 쐐기장치 기능의 이상 유무
④ 권상기의 설치상태의 이상 유무
⑤ 리더(leader)의 버팀 방법 및 고정상태의 이상 유무
⑥ 본체 · 부속장치 및 부속품의 강도가 적합한지 여부
⑦ 본체 · 부속장치 및 부속품에 심한 손상 · 마모 · 변형 또는 부식이 있는지 여부

## 64 항타기 및 항발기의 무너짐 방지조치에 관한 내용이다. 괄호에 적합한 내용을 적으시오. ★

(1) 연약한 지반에 설치하는 때에는 아웃트리거·받침 등 지지구조물의 침하를 방지하기 위하여 ( ① ) 등을 사용할 것

(2) 궤도 또는 차로 이동하는 항타기 또는 항발기에 대하여는 불시에 이동하는 것을 방지하기 위하여 ( ② ) 및 ( ③ ) 등으로 고정시킬 것

(3) 상단 부분은 버팀대·버팀줄로 고정하여 안정시키고, 그 하단 부분은 견고한 ( ④ ) 또는 철골 등으로 고정시킬 것

① 깔판·받침목
② 레일클램프
③ 쐐기
④ 버팀·말뚝

### 참고

항타기 및 항발기의 무너짐 방지조치
① 연약한 지반에 설치하는 때에는 아웃트리거·받침 등 지지구조물의 침하를 방지하기 위하여 깔판·깔목 등을 사용할 것
② 시설 또는 가설물 등에 설치하는 때에는 그 내력을 확인하고 내력이 부족한 때에는 그 내력을 보강할 것
③ 아웃트리거·받침 등 지지구조물이 미끄러질 우려가 있는 때에는 말뚝 또는 쐐기 등을 사용하여 해당 지지구조물을 고정시킬 것
④ 궤도 또는 차로 이동하는 항타기 또는 항발기에 대하여는 불시에 이동하는 것을 방지하기 위하여 레일클램프 및 쐐기 등으로 고정시킬 것
⑤ 상단 부분은 버팀대·버팀줄로 고정하여 안정시키고, 그 하단 부분은 견고한 버팀·말뚝 또는 철골 등으로 고정시킬 것

## 65 굴착장비 중 클램셸(clamshell)의 용도를 적으시오. ★

① 가장 협소하고 깊은 굴착이 가능하며 호퍼(hopper)에 적당하다.
② 연약지반이나 수중굴착 및 자갈 등을 싣는데 적합하다.

## 66 설명에 해당하는 굴착공법의 명칭을 적으시오.

(1) 굴착 주변에 흙이 흘러내리지 않을 정도의 경사면을 취하여 흙막이 벽이나 가설구조물이 없이 굴착하는 흙파기(굴착) 공법을 말한다.

(2) 이중 널말뚝을 건물의 주위에 박고 주변부를 먼저 굴착하여 주변부 구조체 축조 후 이를 흙막이로 사용하면서 중앙부 파내어 지하구조물을 완성하는 공법을 말한다.

(3) 비탈면을 남기고 중앙부를 굴착해서 흙파기 한 후 중앙부 구조체를 먼저 설치하는 방식으로 중앙부 구조체가 설치되면 흙막이 벽체를 버팀대로 지지할 수 있다.

(1) 개착공법(Open Cut 공법)
(2) 트렌치 컷(trench cut) 공법
(3) 아일랜드 컷(island cut) 공법

## 67 굴착작업 표준안전작업 지침에 의하여 인력굴착을 하는 경우 일일 준비로서 준수하여야 하는 사항(일일 준비 사항) 3가지를 적으시오.

① 작업 전에 반드시 작업장소의 불안전한 상태 유무를 점검하고 미비점이 있을 경우 즉시 조치하여야 한다.
② 근로자를 적절히 배치하여야 한다.
③ 사용하는 기기, 공구 등을 근로자에게 확인시켜야 한다.
④ 근로자의 안전모 착용 및 복장상태, 또 추락의 위험이 있는 고소작업자는 안전대를 착용하고 있는가 등을 확인하여야 한다.

⑤ 근로자에게 당일의 작업량, 작업방법을 설명하고, 작업의 단계별 순서와 안전상의 문제점에 대하여 교육하여야 한다.
⑥ 작업장소에 관계자 이외의 자가 출입하지 않도록 하고, 또 위험장소에는 근로자가 접근하지 않도록 출입금지 조치를 하여야 한다.
⑦ 굴착된 흙이 차량으로 운반될 경우 통로를 확보하고 굴착자와 차량 운전자가 상호 연락할 수 있도록 하되, 그 신호는 노동부장관이 고시한 크레인작업 표준신호 지침에서 정하는 바에 의한다.

## 68 굴착공사 표준안전 작업지침에 의하여 토사 붕괴의 발생을 예방하기 위하여 점검하여야 하는 사항 3가지를 적으시오.

① 전 지표면의 답사
② 경사면의 지층 변화부 상황 확인
③ 부석의 상황 변화의 확인
④ 용수의 발생 유·무 또는 용수량의 변화 확인
⑤ 결빙과 해빙에 대한 상황의 확인
⑥ 각종 경사면 보호공의 변위, 탈락 유·무

## 69 굴착공사 표준안전 작업지침에 의하여 토사 붕괴의 예방 조치 3가지를 적으시오.

★

① 적설한 경사면의 기울기를 계획하여야 한다.
② 경사면의 기울기가 당초 계획과 차이가 발생되면 즉시 재검토하여 계획을 변경시켜야 한다.
③ 활동할 가능성이 있는 토석은 제거하여야 한다.
④ 경사면의 하단부에 압성토 등 보강공법으로 활동에 대한 저항대책을 강구하여야 한다.
⑤ 말뚝(강관, H형강, 철근 콘크리트)을 타입하여 지반을 강화시킨다.
⑥ 지하 수위를 낮춘다.

## 70 굴착면의 기울기 기준이다. 다음 표의 빈칸을 채우시오. ★★★

| 지반의 종류 | 굴착면의 기울기 |
|---|---|
| 모래 | ( ① ) |
| 연암 및 풍화암 | ( ② ) |
| 경암 | ( ③ ) |
| 그 밖의 흙 | ( ④ ) |

① 1 : 1.8  ② 1 : 1.0  ③ 1 : 0.5  ④ 1 : 1.2


## 71 토공사 시 비탈면 붕괴방지를 위한 비탈면 보호공법(사면안정공법)의 종류 3가지를 적으시오.

① 식생공(법)
② 블록 붙임공 또는 돌붙임공(법)
③ 콘크리트 뿜어붙이기공(법)
④ 콘크리트(블록) 격자공(법)
⑤ 돌망태공(법)

### 참고

사면(비탈면)지반 개량공법
① 전기 화학적 공법
② 석회 안정처리 공법
③ 이온 교환 공법
④ 주입공법 : 시멘트, 약액 주입

**72** 잠함·우물통·수직갱 그밖에 이와 유사한 건설물 또는 설비의 내부에서 굴착작업을 하는 때에 준수하여야 하는 사항 3가지를 적으시오. ★

① 산소결핍의 우려가 있는 때에는 산소의 농도를 측정하는 자를 지명하여 측정하도록 할 것
② 근로자가 안전하게 오르내리기 위한 설비를 설치할 것
③ 굴착 깊이가 20미터를 초과하는 때에는 당해 작업장소와 외부와의 연락을 위한 통신설비 등을 설치할 것


**73** 잠함·우물통·수직갱 등의 내부에서 굴착작업을 하는 경우 굴착 깊이가 20미터를 초과하는 때의 준수사항 2가지를 적으시오. ★

① 당해 작업 장소와 외부와의 연락을 위한 통신설비 등을 설치할 것
② 송기를 위한 설비를 설치하여 필요한 양의 공기를 송급할 것


**74** 잠함 또는 우물통의 내부에서 굴착작업 시 급격한 침하로 인한 위험방지 조치에 관한 내용이다. 괄호에 적합한 숫자를 적으시오. ★★

> 1. 침하관계도에 따라 굴착방법 및 재하량 등을 정할 것
> 2. 바닥으로부터 천장 또는 보까지의 높이는 ( ) 이상으로 할 것

1.8m

**75** 잠함 등의 내부에서 굴착작업을 하도록 해서는 아니 되는 경우(굴착작업을 금지하여야 하는 경우) 2가지를 적으시오. ★

① 근로자가 안전하게 오르내리기 위한 설비 및 외부와의 연락을 위한 통신설비, 송기를 위한 설비에 고장이 있는 경우
② 잠함 등의 내부에 많은 양의 물 등이 스며들 우려가 있는 경우


**76** 굴착작업 시의 사전조사 항목 3가지를 적으시오. ★★

① 형상·지질 및 지층의 상태
② 균열·함수(含水)·용수 및 동결의 유무 또는 상태
③ 매설물 등의 유무 또는 상태
④ 지반의 지하수위 상태


**77** 굴착작업 시 토사 등의 붕괴 또는 낙하에 의하여 근로자에게 위험을 미칠 우려가 있는 경우의 위험방지 조치사항 3가지를 적으시오. ★

① 흙막이 지보공의 설치
② 방호망의 설치
③ 근로자의 출입 금지 등


**78** 흙막이 공법의 지지방식에 의한 분류 3가지를 적으시오. ★

① 자립공법
② 버팀대공법
③ 어스앵커공법
④ 타이로드공법

**참고**

구조방식에 의한 분류
① H-PILE 공법
② 널말뚝공법
③ 지하연속벽공법
④ 탑다운공법

## 79 흙막이 공사 시의 계측관리 항목 3가지를 적으시오.

① 토압
② 수압
③ 수위
④ 수평 변위
⑤ 수직 변위
⑥ 주변 침하

## 80 [보기]를 참고하여 빗버팀대식 흙막이 공법의 순서를 번호로 적으시오.

> ① 줄파기  ② 규준대 대기  ③ 널말뚝 박기  ④ 중앙부 흙 파기  ⑤ 띠장 대기
> ⑥ 버팀 말뚝 및 버팀대 대기  ⑦ 주변부 흙 파기

① → ② → ③ → ④ → ⑤ → ⑥ → ⑦

**81** 흙막이 지보공을 조립하는 경우에는 미리 조립도를 작성하여 그 조립도에 따라 조립하도록 하여야 한다. 조립도에 기록하여야 하는 내용 중 부재 관련 사항 3가지를 적으시오.

① 부재의 배치
② 부재의 치수
③ 부재의 재질
④ 설치방법과 순서

#### 참고

조립도에는 흙막이판·말뚝·버팀대 및 띠장 등 부재의 배치·치수·재질 및 설치방법과 순서가 명시되어야 한다.

**82** 흙막이 개굴착공법(Open Cut) 공법의 장점 3가지를 적으시오.

① 좁은 부지에도 시공이 가능하다.(부지를 효율적으로 활용할 수 있다.)
② 연약 지반에서도 시공이 가능하다.(토질에 대해 영향을 적게 받는다.)
③ 되 메우기 토량이 적다.

**83** 다음 설명에 해당하는 용어를 적으시오.

( )란 흙막이 벽에 작용하는 토압에 의한 휨모멘트와 전단력에 저항하도록 설치하는 휨 부재로서 흙막이 벽체에 가해지는 토압을 버팀보 등에 전달하기 위해 벽면에 직접 수평으로 설치하는 부재를 말한다.

띠장(Wale)

**84** 발파 작업을 하는 경우 근로자의 준수사항에 관한 내용이다. 괄호에 적합한 내용을 적으시오. ★

> 가. 전기뇌관에 의한 경우에는 발파모선을 점화기에서 떼어 그 끝을 단락시켜 놓는 등 재 점화되지 않도록 조치하고 그 때부터 ( ① )분 이상 경과한 후가 아니면 화약류의 장전장소에 접근시키지 않도록 할 것
>
> 나. 전기뇌관 외의 것에 의한 경우에는 점화한 때부터 ( ② )분 이상 경과한 후가 아니면 화약류의 장전장소에 접근시키지 않도록 할 것
>
> 다. 전기뇌관에 의한 발파의 경우 점화하기 전에 화약류를 장전한 장소로부터 ( ③ )미터 이상 떨어진 안전한 장소에서 전선에 대하여 저항측정 및 도통(導通)시험을 할 것

① 5  ② 15  ③ 30

#### 참고

발파 작업 기준
① 얼어붙은 다이너마이트는 화기에 접근시키거나 그 밖의 고열물에 직접 접촉시키는 등 위험한 방법으로 융해하지 아니하도록 할 것
② 화약이나 폭약을 장전하는 경우에는 그 부근에서 화기를 사용하거나 흡연을 하지 않도록 할 것
③ 장전구(裝塡具)는 마찰·충격·정전기 등에 의한 폭발의 위험이 없는 안전한 것을 사용할 것
④ 발파공의 충진 재료는 점토·모래 등 발화성 또는 인화성의 위험이 없는 재료를 사용할 것

**85** 터널 출입구 부근의 지반 붕괴에 의한 위험 방지에 관한 내용이다. 괄호에 적합한 내용을 적으시오. ★

> 사업주는 터널 등의 건설작업을 할 때에 터널 등의 출입구 부근의 지반의 붕괴나 토사 등의 낙하에 의하여 근로자가 위험해질 우려가 있는 경우에는 ( ① )이나 ( ② )을 설치하는 등 위험을 방지하기 위하여 필요한 조치를 해야 한다.

① 흙막이지보공
② 방호망

## 86  터널공사 표준안전 작업지침에 의한 터널 내의 환기에 관한 내용이다. 괄호에 적합한 내용을 적으시오.

(1) 발파 후 유해가스, 분진 및 내연기관의 배기가스 등을 신속히 환기시켜야 하며 발파 후 ( ① ) 이내 배기, 송기가 완료되도록 하여야 한다.
(2) 환기가스 처리장치가 없는 ( ② )은 터널 내의 투입을 금하여야 한다.
(3) 터널 내의 기온은 ( ③ ) 이하가 되도록 신선한 공기로 환기시켜야 하며 근로자의 작업조건에 유해하지 아니한 상태를 유지하여야 한다.

① 30분  ② 디젤기관  ③ 37°C

## 87  터널굴착 작업에서 보링(boring) 등 적절한 방법으로 낙반·출수(出水) 및 가스폭발 등으로 인한 근로자의 위험을 방지하기 위하여 미리 조사하여야 하는 사항(사전조사사항) 3가지를 적으시오.

① 지형 조사
② 지질 조사
③ 지층상태를 조사

## 88  발파작업 시 발파공의 충진 재료로 사용할 수 있는 2가지를 적으시오. ★

① 점토  ② 모래

**89** 터널 등의 건설작업에 있어서 낙반 등에 의하여 근로자가 위험해질 우려 있는 경우에 하여야 하는 위험방지 조치사항 2가지를 적으시오. ★★

① 터널지보공 및 록볼트의 설치
② 부석의 제거


**90** 터널 내에서 금속의 용접·용단 또는 가열작업을 하는 경우의 화재를 예방하기 위한 조치사항 3가지를 적으시오. ★

① 부근에 있는 넝마·나무 부스러기·종이 부스러기 그 밖의 가연성 물질을 제거하거나 그 가연성 물질에 불연성 물질의 덮개를 하거나 그 작업에 수반하는 불티 등이 날아 흩어지는 것을 방지하기 위한 격벽을 설치할 것
② 당해 작업에 종사하는 근로자에게 소화설비의 설치장소 및 사용방법을 주지시킬 것
③ 당해 작업 종료 후 불티 등에 의하여 화재가 발생할 위험 유무를 확인할 것


**91** 터널공사 표준안전 작업지침에 의하여 터널 시공의 안전성을 사전에 확보하고 설계 시의 조사치와 비교 분석하여 현장조건에 적정하도록 수정, 보완하기 위하여 실시하는 터널의 계측항목 3가지를 적으시오.

① 터널 내 육안조사
② 내공변위 측정
③ 천단침하 측정
④ 록 볼트 인발시험
⑤ 지표면 침하측정
⑥ 지중변위 측정
⑦ 지중침하 측정
⑧ 지중수평변위 측정
⑨ 지하수위 측정
⑩ 록 볼트 축력측정
⑪ 뿜어붙이기 콘크리트 응력측정
⑫ 터널 내 탄성파 속도 측정
⑬ 주변 구조물의 변형상태 조사

**92** 발파작업 시에는 암질 변화 구간 및 이상 암질의 출현 시 반드시 암질 판별을 실시하여야 한다. 암질 판별법 4가지를 적으시오.

① RQD(Rock Quality Designation) : 암반지수
② RMR(Rock Mass Rating) : 암반 상태
③ 일축 압축 강도
④ 탄성파 속도
⑤ 진동치 속도

**분석** 2023년 7월 관련 법규에서 삭제된 내용이나 2024년 3회 필답형에 출제되었습니다.

**93** 깊이 10.5m 이상의 굴착의 경우 계측기기를 설치하여 흙막이 구조의 안전을 예측하여야 한다. 깊이 10.5m 이상의 굴착작업 시 설치하여야 하는 계측기기 4가지를 적으시오. ★

① 수위계   ② 경사계   ③ 하중 및 침하계   ④ 응력계

**94** 채석작업 시에 작성하여야 하는 작업계획서에 포함하여야 하는 사항 4가지를 적으시오. ★★

① 노천굴착과 갱내굴착의 구별 및 채석방법
② 굴착면의 높이와 기울기
③ 굴착면 소단(小段)의 위치와 넓이
④ 갱내에서의 낙반 및 붕괴방지 방법
⑤ 발파방법
⑥ 암석의 분할방법
⑦ 암석의 가공장소
⑧ 사용하는 굴착기계·분할기계·적재기계 또는 운반기계(이하 "굴착기계 등"이라 한다)의 종류 및 성능
⑨ 토석 또는 암석의 적재 및 운반방법과 운반경로
⑩ 표토 또는 용수(湧水)의 처리방법

> **암기법**
> 발파 → 분할 → 가공 → 적재 및 운반 → 낙반 및 붕괴방지

**95** 갱내에서 채석작업을 하는 경우로서 암석·토사의 낙하 또는 측벽의 붕괴로 인하여 근로자에게 위험이 발생할 우려가 있는 경우에 사업주가 조치하여야 하는 사항 2가지를 적으시오.

① 동바리 설치
② 버팀대를 설치한 후 천장을 아치형으로 하는 등 위험을 방지하기 위한 조치

> **참고**
>
> 채석작업 시 지반의 붕괴 또는 토석의 낙하로 인한 위험방지 조치
> ① 점검자를 지명하고 당일 작업 시작 전에 작업장소 및 그 주변 지반의 부석과 균열의 유무와 상태, 함수·용수 및 동결상태의 변화를 점검할 것
> ② 점검자는 발파 후 그 발파 장소와 그 주변의 부석 및 균열의 유무와 상태를 점검할 것

**96** 터널 굴착공법 중 NATM 공법과 실드(shield) 공법을 간단히 설명하시오. ★

(1) NATM 공법: 암반을 천공하고 화약을 충전하여 발파한 후 스틸리브(Steel rib) 및 와이어 매쉬(Wire mesh)를 설치하고 숏크리트(Shot crete)를 타설하여 시공하는 터널공법을 말한다.
(2) 실드(shield) 공법: 실드(shield)라고 하는 강제 원통 굴삭기를 추진시켜 터널을 굴착하는 공법을 말한다.

## 97 터널 굴착작업의 작업계획서에 포함하여야 하는 사항 3가지를 적으시오. ★★

① 굴착의 방법
② 터널지보공 및 복공(覆工)의 시공방법과 용수(湧水)의 처리방법
③ 환기 또는 조명시설을 설치할 때에는 그 방법


## 98 터널지보공 설치 시에 점검하여야 하는 항목 4가지를 적으시오. ★★

① 부재의 손상·변형·부식·변위 탈락의 유무 및 상태
② 부재의 긴압의 정도
③ 부재의 접속부 및 교차부의 상태
④ 기둥 침하의 유무 및 상태


## 99 흙막이 지보공을 설치한 때 점검하여야 하는 사항 3가지를 적으시오. ★★

① 부재의 손상·변형·부식·변위 및 탈락의 유무와 상태
② 버팀대의 긴압의 정도
③ 부재의 접속부·부착부 및 교차부의 상태
④ 침하의 정도


## 100 작업발판 및 통로의 끝이나 개구부로서 근로자가 추락할 위험이 있는 장소에 하여야 하는 방호조치 2가지를 적으시오. ★★

① 안전난간 설치
② 울타리 설치
③ 수직형 추락방망 또는 덮개 설치
④ 추락방호망 설치(안전난간 설치 곤란 또는 해체한 경우)

### 참고

**개구부 등의 방호 조치**

난간 등을 설치하는 것이 매우 곤란하거나 작업의 필요상 임시로 난간 등을 해체하여야 하는 경우 추락방호망을 설치하여야 한다. 다만, 추락방호망을 설치하기 곤란한 경우에는 근로자에게 안전대를 착용하도록 하는 등 추락할 위험을 방지하기 위하여 필요한 조치를 하여야 한다.

## 101 안전난간의 구조 및 설치요건 4가지를 적으시오. ★★

① 상부 난간대, 중간 난간대, 발끝막이판 및 난간기둥으로 구성할 것
② 상부 난간대는 바닥면·발판 또는 경사로의 표면으로부터 90센티미터 이상 지점에 설치하고, 상부 난간대를 120센티미터 이하에 설치하는 경우에는 중간 난간대는 상부 난간대와 바닥면 등의 중간에 설치하여야 하며, 120센티미터 이상 지점에 설치하는 경우에는 중간 난간대를 2단 이상으로 균등하게 설치하고 난간의 상하 간격은 60센티미터 이하가 되도록 할 것(다만, 난간기둥 간의 간격이 25센티미터 이하인 경우에는 중간 난간대를 설치하지 않을 수 있다.)
③ 발끝막이판은 바닥면 등으로부터 10센티미터 이상의 높이를 유지할 것
④ 난간기둥은 상부 난간대와 중간 난간대를 견고하게 떠받칠 수 있도록 적정한 간격을 유지할 것
⑤ 상부 난간대와 중간 난간대는 난간 길이 전체에 걸쳐 바닥면 등과 평행을 유지할 것
⑥ 난간대는 지름 2.7센티미터 이상의 금속제 파이프나 그 이상의 강도가 있는 재료일 것
⑦ 안전난간은 구조적으로 가장 취약한 지점에서 가장 취약한 방향으로 작용하는 100킬로그램 이상의 하중에 견딜 수 있는 튼튼한 구조일 것

## 102 안전난간의 구조 및 설치요건에 관한 설명이다. 괄호에 적합한 숫자를 적으시오. ★★

1. 상부 난간대는 바닥면·발판 또는 경사로의 표면으로부터 ( ① ) 센티미터 이상 지점에 설치하고, 상부 난간대를 120센티미터 이하에 설치하는 경우에는 중간 난간대는 상부 난간대와 바닥면 등의 중간에 설치하여야 하며, 120센티미터 이상 지점에 설치하는 경우는 중간 난간대를 2단 이상으로 설치하고 난간의 상하간격은 ( ② )센티미터 이하가 되도록 할 것(다만, 난간기둥 간의 간격이 25센티미터 이하인 경우에는 중간 난간대를 설치하지 않을 수 있다.)
2. 발 끝막이판은 바닥면 등으로부터 ( ③ )센티미터 이상의 높이를 유지할 것
3. 난간대는 지름 ( ④ )센티미터 이상의 금속제 파이프나 그 이상의 강도가 있는 재료이어야 한다.
4. 안전난간은 구조적으로 가장 취약한 지점에서 가장 취약한 방향으로 작용하는 ( ⑤ )킬로그램 이상의 하중에 견딜 수 있는 튼튼한 구조이어야 한다.

① 90　② 60　③ 10　④ 2.7　⑤ 100

## 103 추락방호망의 설치에 관한 설명이다. 괄호에 알맞은 숫자를 적으시오. ★★

1. 추락방호망의 설치위치는 가능하면 작업면으로 부터 가까운 지점에 설치하여야 하며, 작업면으로 부터 망의 설치지점까지의 수직거리는 ( ① )미터를 초과하지 아니할 것
2. 추락방호망은 수평으로 설치하고, 망의 처짐은 짧은 변 길이의 ( ② )퍼센트 이상이 되도록 할 것
3. 건축물 등의 바깥쪽으로 설치하는 경우 망의 내민 길이는 벽면으로부터 ( ③ )미터 이상 되도록 할 것(다만, 그물코가 20밀리미터 이하인 망을 사용한 경우에는 낙하물 방지망을 설치한 것으로 본다.)

① 10　② 12　③ 3

**104** 작업으로 인하여 물체가 떨어지거나 날아올 위험이 있는 경우에는 위험을 방지하기 위한 조치를 하여야 한다. 낙하·비래 위험방지 조치 3가지를 적으시오. ★★

① 낙하물방지망·수직보호망 또는 방호선반의 설치
② 출입금지구역의 설정
③ 보호구의 착용


**105** 낙하물방지망 또는 방호선반 설치 시의 준수사항을 설명하고 있다. 괄호에 적합한 내용을 적으시오. ★★

(1) 설치 높이는 ( ① ) 이내마다 설치하고, 내민 길이는 벽면으로부터 ( ② ) 이상으로 할 것
(2) 수평면과의 각도는 ( ③ ) 이상 ( ④ ) 이하를 유지할 것

① 10미터  ② 2미터  ③ 20도  ④ 30도


**106** 와이어로프의 사용금지 사항 3가지를 적으시오. ★★★

① 이음매가 있는 것
② 와이어로프의 한 꼬임에서 끊어진 소선의 수가 10퍼센트 이상인 것
③ 지름의 감소가 공칭지름의 7퍼센트를 초과하는 것
④ 꼬인 것
⑤ 심하게 변형되거나 부식된 것
⑥ 열과 전기충격에 의해 손상된 것

## 107 달비계에 사용하는 달기체인의 사용금지 조건 3가지를 적으시오. ★★★

① 달기 체인의 길이가 달기 체인이 제조된 때의 길이의 5퍼센트를 초과한 것
② 링의 단면지름이 달기 체인이 제조된 때의 해당 링의 지름의 10퍼센트를 초과하여 감소한 것
③ 균열이 있거나 심하게 변형된 것

## 108 달기 와이어로프 또는 달기체인의 적합한 안전계수를 적으시오. ★★★

1. 근로자가 탑승하는 운반구를 지지하는 달기와이어로프 또는 달기체인의 경우 : ( ① ) 이상
2. 화물의 하중을 직접 지지하는 달기와이어로프 또는 달기체인의 경우 : ( ② ) 이상
3. 훅, 샤클, 클램프, 리프팅 빔의 경우 : ( ③ ) 이상
4. 그 밖의 경우 : ( ④ ) 이상

① 10  ② 5  ③ 3  ④ 4

## 109 틀비계(강관 틀비계) 조립 시의 준수사항 3가지를 적으시오. ★★

① 밑둥에는 밑받침철물을 사용하여야 하며 밑받침에 고저 차가 있는 경우에는 조절형 밑받침철물을 사용하여 항상 수평 및 수직을 유지하도록 할 것
② 높이가 20미터를 초과하거나 중량물의 적재를 수반하는 작업을 할 경우에는 주틀 간의 간격이 1.8미터 이하로 할 것
③ 주틀 간에 교차가새를 설치하고 최상층 및 5층 이내마다 수평재를 설치할 것
④ 벽이음 간격(조립간격)은 수직방향 6m, 수평방향으로 8m 이내마다 할 것
⑤ 길이가 띠장방향으로 4m 이하이고 높이가 10m를 초과하는 경우에는 10m 이내마다 띠장방향으로 버팀기둥을 설치할 것

## 110 틀비계(강관 틀비계) 조립 시의 준수사항이다. 괄호에 적합한 내용을 적으시오. ★★

(1) 높이가 20미터를 초과하거나 중량물의 적재를 수반하는 작업을 할 경우에는 주틀 간의 간격이 ( ① )m 이하로 할 것

(2) 길이가 띠장방향으로 4m 이하이고 높이가 10m를 초과하는 경우에는 ( ② )m 이내마다 띠장방향으로 버팀기둥을 설치할 것

(3) 수직방향으로 ( ③ )m, 수평방향으로 ( ④ )m 마다 벽이음을 할 것

① 1.8  ② 10  ③ 6  ④ 8

## 111 강관비계의 구조에 관한 내용이다. 괄호에 적합한 내용을 적으시오. ★★

1. 비계기둥의 제일 윗부분으로부터 ( ① ) 되는 지점 밑 부분의 비계기둥은 ( ② )의 강관으로 묶어 세울 것

2. 비계기둥 간격은 띠장방향에서는 ( ③ ) 이하, 장선방향에서는 ( ④ ) 이하로 할 것 다만, 다음 각 목의 어느 하나에 해당하는 작업의 경우에는 안전성에 대한 구조검토를 실시하고 조립도를 작성하면 띠장 방향 및 장선 방향으로 각각 ( ⑤ ) 이하로 할 수 있다.

   가. 선박 및 보트 건조작업
   나. 그 밖에 장비 반입·반출을 위하여 공간 등을 확보할 필요가 있는 등 작업의 성질상 비계기둥 간격에 관한 기준을 준수하기 곤란한 작업

3. 띠장간격은 ( ⑥ ) 이하로 할 것

4. 비계기둥 간의 적재하중은 ( ⑦ )을 초과하지 않도록 할 것

① 31m
② 2본
③ 1.85m
④ 1.5m
⑤ 2.7m
⑥ 2m
⑦ 400kg

**참고**

| 강관비계의 구조 | 강관비계 조립 시의 준수사항 |
|---|---|
| ① 비계기둥 간격 : 띠장방향에서는 1.85m 이하, 장선방향에서는 1.5m 이하로 할 것<br>다만, 다음 각 목의 어느 하나에 해당하는 작업의 경우에는 안전성에 대한 구조검토를 실시하고 조립도를 작성하면 띠장 방향 및 장선 방향으로 각각 2.7m 이하로 할 수 있다.<br>가. 선박 및 보트 건조작업<br>나. 그 밖에 장비 반입·반출을 위하여 공간 등을 확보할 필요가 있는 등 작업의 성질상 비계기둥 간격에 관한 기준을 준수하기 곤란한 작업<br>② 띠장간격 : 2.0m 이하로 할 것(다만, 작업의 성질상 이를 준수하기가 곤란하여 쌍기둥 틀 등에 의하여 해당 부분을 보강한 경우에는 그러하지 아니하다)<br>③ 비계기둥의 제일 윗부분으로 부터 31m되는 지점 밑 부분의 비계기둥은 2본의 강관으로 묶어 세울 것(다만, 브라켓(bracket, 까치발) 등으로 보강하여 2개의 강관으로 묶을 경우 이상의 강도가 유지되는 경우에는 그러하지 아니하다)<br>④ 비계기둥 간의 적재하중은 400kg을 초과하지 않도록 할 것 | ① 비계기둥에는 미끄러지거나 침하하는 것을 방지하기 위하여 밑받침철물을 사용하거나 깔판·받침목 등을 사용하여 밑둥잡이를 설치할 것<br>② 강관의 접속부 또는 교차부는 적합한 부속철물을 사용하여 접속하거나 단단히 묶을 것<br>③ 교차가새로 보강할 것<br>④ 외줄비계·쌍줄비계 또는 돌출 비계의 벽이음 및 버팀 설치<br>• 조립간격 : 수직방향에서 5m 이하, 수평방향에서는 5m 이하<br>• 강관·통나무 등의 재료를 사용하여 견고한 것으로 할 것<br>• 인장재와 압축재로 구성되어 있는 때에는 인장재와 압축재의 간격을 1m 이내로 할 것<br>⑤ 가공전로에 근접하여 비계를 설치하는 때에는 가공전로를 이설, 절연용 방호구 장착하는 등 가공전로와의 접촉 방지 조치할 것 |

## 112 달비계 또는 높이 5미터 이상의 비계 조립·해체 및 변경 시의 준수사항 5가지를 적으시오. ★

① 관리감독자의 지휘 하에 작업하도록 할 것
② 조립·해체 또는 변경의 시기·범위 및 절차를 그 작업에 종사하는 근로자에게 교육할 것
③ 조립·해체 또는 변경작업 구역 내에는 당해 작업에 종사하는 근로자 외의 자의 출입을 금지시키고 그 내용을 보기 쉬운 장소에 게시할 것
④ 비·눈 그 밖의 기상상태의 불안정으로 인하여 날씨가 몹시 나쁠 때에는 그 작업을 중지시킬 것
⑤ 비계재료의 연결·해체작업을 하는 때에는 폭 20센티미터 이상의 발판을 설치하고 근로자로 하여금 안전대를 사용하도록 하는 등 근로자의 추락 방지를 위한 조치를 할 것
⑥ 재료·기구 또는 공구 등을 올리거나 내리는 때에는 근로자로 하여금 달줄 또는 달포대 등을 사용하도록 할 것


## 113 이동식 비계의 구조(조립 시의 준수사항) 4가지를 적으시오. ★★

① 바퀴에는 갑작스러운 이동 또는 전도를 방지하기 위하여 브레이크·쐐기 등으로 바퀴를 고정시킨 다음 비계의 일부를 견고한 시설물에 고정하거나 아웃트리거를 설치하는 등 필요한 조치를 할 것
② 승강용 사다리는 견고하게 설치할 것
③ 비계의 최상부에서 작업을 할 때에는 안전 난간을 설치할 것
④ 작업발판은 항상 수평을 유지하고 작업발판 위에서 안전 난간을 딛고 작업을 하거나 받침대 또는 사다리를 사용하여 작업하지 않도록 할 것
⑤ 작업발판의 최대적재하중은 250킬로그램을 초과하지 않도록 할 것

## 114
말비계의 조립 시의 준수사항(말비계의 구조)를 설명하였다. 괄호에 적합한 내용을 적으시오. ★★

> 1. 지주 부재의 하단에는 ( ① )를 하고, 양측 끝부분에 올라서서 작업하지 아니하도록 할 것
>
> 2. 지주 부재와 수평면과의 기울기를 ( ② )도 이하로 하고, 지주 부재와 지주 부재 사이를 고정시키는 보조 부재를 설치할 것
>
> 3. 말비계의 높이가 ( ③ )미터를 초과할 경우에는 작업발판의 폭을 ( ④ )센티미터 이상으로 할 것

① 미끄럼 방지 장치
② 75
③ 2
④ 40


## 115
비·눈 그 밖의 기상상태의 불안정으로 인하여 날씨가 몹시 나빠서 작업을 중지시킨 후 또는 비계를 조립·해체하거나 또는 변경한 후 그 비계에서 작업을 하는 때에는 작업 시작 전 비계를 점검하여야 한다. 비계를 조립·해체, 변경한 후 작업 시작 전 점검항목을 3가지 적으시오. ★★

① 발판재료의 손상 여부 및 부착 또는 걸림 상태
② 당해비계의 연결부 또는 접속부의 풀림 상태
③ 연결재료 및 연결철물의 손상 또는 부식 상태
④ 손잡이의 탈락 여부
⑤ 기둥의 침하·변형·변위 또는 흔들림 상태
⑥ 로프의 부착상태 및 매단장치의 흔들림 상태

**116** 비계의 조립간격(벽이음 간격)을 나타내었다. 괄호에 적합한 내용을 적으시오.

★★★

| 비계 종류 | | 수직 방향 | 수평 방향 |
|---|---|---|---|
| 강관비계 | 단관비계 | ( ① )m | ( ② )m |
| | 틀비계(높이 5m 미만인 것 제외) | ( ③ )m | ( ④ )m |

① 5  ② 5  ③ 6  ④ 8


**117** 가설공사 표준안전 작업지침에 의한 비계설치에 관한 내용이다. 괄호에 적합한 내용을 적으시오.

1. 달대비계에 철근을 사용할 때에는 ( ① )밀리미터 이상을 쓰며 근로자는 반드시 안전모와 안전대를 착용하여야 한다.

2. 이동식비계를 조립하여 사용하는 경우 비계의 최대높이는 밑변 최소 폭의 ( ② )배 이하이어야 한다.

3. 강관 틀비계의 전체높이는 ( ③ )미터를 초과할 수 없으며, 20미터를 초과할 경우 주틀의 높이를 2미터 이내로 하고 주틀간의 간격은 1.8미터 이하로 하여야 한다.

① 19  ② 4  ③ 40

**118** 비계(달비계·달대비계 및 말비계를 제외한다)의 높이가 2미터 이상인 작업 장소에는 작업발판을 설치하여야 한다. 작업발판 설치기준에 관한 다음 괄호에 적합한 내용을 적으시오. ★★

> 높이가 2미터 이상인 장소에 설치하는 작업발판의 폭은 ( ① ) 이상으로 하고, 발판재료간의 틈은 ( ② ) 이하로 할 것

① 40cm  ② 3cm

### 참고

작업발판 설치기준
① 발판재료 : 작업 시의 하중을 견딜 수 있도록 견고한 것으로 할 것
② 발판의 폭 : 40cm 이상으로 하고, 발판 재료 간의 틈 : 3cm 이하로 할 것
③ 추락의 위험성이 있는 장소에는 안전난간을 설치할 것
④ 작업발판의 지지물 : 하중에 의하여 파괴될 우려가 없는 것을 사용할 것
⑤ 작업발판재료는 뒤집히거나 떨어지지 아니하도록 2 이상의 지지물에 연결하거나 고정시킬 것
⑥ 작업에 따라 이동시킬 때에는 위험방지 조치를 할 것
⑦ 선박 및 보트 건조작업에서 선박블록 또는 엔진실 등의 좁은 작업공간에 작업발판을 설치하는 경우 : 작업발판의 폭을 30센티미터 이상으로 할 수 있고, 걸침비계의 경우 발판재료 간의 틈을 3센티미터 이하로 유지하기 곤란하면 5센티미터 이하로 할 수 있다.

## 119 계단의 설치기준을 설명하였다. 괄호에 적합한 내용을 적으시오. ★★

1. 계단 및 계단참의 강도는 ( ① )kg/m² 이상이어야 하며 안전율은 ( ② ) 이상으로 하여야 한다.

2. 바닥면으로부터 높이 ( ③ ) 이내의 공간에 장애물이 없도록 하여야 한다. (다만, 급유용·보수용·비상용계단 및 나선형계단에 대하여는 그러하지 아니하다.)

3. 계단의 폭은 ( ④ ) 이상으로 하여야 한다.

4. 높이 ( ⑤ ) 이상인 계단의 개방된 측면에 안전난간을 설치하여야 한다.

① 500  ② 4  ③ 2m  ④ 1m  ⑤ 1m

### 참고

계단의 설치

① 계단의 강도
- 계단 및 계단참의 강도는 500kg/m² 이상이어야 하며 안전율(안전의 정도를 표시하는 것으로서 재료의 파괴 응력도와 허용 응력도와의 비를 말한다)은 4 이상으로 하여야 한다.

② 계단의 폭
- 1미터 이상으로 하여야 한다.

③ 계단참의 높이
- 높이가 3m를 초과하는 계단에는 높이 3m 이내마다 너비 1.2미터 이상의 계단참을 설치하여야 한다.

④ 천장의 높이
- 바닥면으로부터 높이 2미터 이내의 공간에 장애물이 없도록 하여야 한다.

⑤ 계단의 난간
- 높이 1미터 이상인 계단의 개방된 측면에 안전난간을 설치하여야 한다.

**120** 사다리식 통로의 설치기준에 대한 내용이다. 괄호에 적합한 내용을 적으시오. ★★

(1) 사다리의 상단은 걸쳐놓은 지점으로부터 ( ① ) 이상 올라가도록 할 것
(2) 사다리식 통로의 길이가 ( ② ) 이상인 경우에는 ( ③ ) 이내마다 계단참을 설치할 것
(3) 발판과 벽과의 사이는 ( ④ ) 이상의 간격을 유지할 것
(4) 폭은 ( ⑤ ) 이상으로 할 것
(5) 사다리식 통로의 기울기는 ( ⑥ ) 이하로 할 것

① 60cm  ② 10m  ③ 5m  ④ 15cm  ⑤ 30cm  ⑥ 75도


**121** 사다리식 통로의 구조(설치 시의 준수사항) 3가지를 적으시오. ★★

① 견고한 구조로 할 것
② 심한 손상·부식 등이 없는 재료를 사용할 것
③ 발판의 간격은 일정하게 할 것
④ 발판과 벽과의 사이는 15센티미터 이상의 간격을 유지할 것
⑤ 폭은 30센티미터 이상으로 할 것
⑥ 사다리가 넘어지거나 미끄러지는 것을 방지하기 위한 조치를 할 것
⑦ 사다리의 상단은 걸쳐놓은 지점으로부터 60센티미터 이상 올라가도록 할 것
⑧ 사다리식 통로의 길이가 10미터 이상인 경우에는 5미터 이내마다 계단참을 설치할 것
⑨ 사다리식 통로의 기울기는 75도 이하로 할 것. 다만, 고정식 사다리식 통로의 기울기는 90도 이하로 하고, 그 높이가 7미터 이상인 경우에는 다음 각 목의 구분에 따른 조치를 할 것
  • 등받이울이 있어도 근로자 이동에 지장이 없는 경우 : 바닥으로부터 높이가 2.5미터 되는 지점부터 등받이울을 설치할 것
  • 등받이울이 있으면 근로자가 이동이 곤란한 경우 : 한국산업표준에서 정하는 기준에 적합한 개인용 추락 방지 시스템을 설치하고 근로자로 하여금 한국산업표준에서 정하는 기준에 적합한 전신 안전대를 사용하도록 할 것
⑩ 접이식 사다리 기둥은 사용 시 접혀지거나 펼쳐지지 않도록 철물 등을 사용하여 견고하게 조치할 것

**122** 산업안전보건법에 의하여 위험물질을 제조·취급하는 작업장과 그 작업장이 있는 건축물에는 출입구 외에 안전한 장소로 대피할 수 있는 비상구 1개 이상을 설치하여야 한다. 비상구의 설치기준(비상구의 구조) 3가지를 적으시오. ★★

① 출입구와 같은 방향에 있지 아니하고, 출입구로부터 3미터 이상 떨어져 있을 것
② 작업장의 각 부분으로부터 하나의 비상구 또는 출입구까지의 수평거리가 50미터 이하가 되도록 할 것
③ 비상구의 너비는 0.75미터 이상으로 하고, 높이는 1.5미터 이상으로 할 것
④ 비상구의 문은 피난 방향으로 열리도록 하고, 실내에서 항상 열 수 있는 구조로 할 것

**123** 동바리 조립 시의 안전조치 중 동바리의 침하를 방지하기 위한 조치사항 3가지를 적으시오. ★★

① 받침목이나 깔판의 사용
② 콘크리트 타설
③ 말뚝박기

### 참고

동바리 조립 시의 안전조치
① 받침목이나 깔판의 사용, 콘크리트 타설, 말뚝박기 등 동바리의 침하를 방지하기 위한 조치를 할 것
② 동바리의 상하 고정 및 미끄러짐 방지 조치를 할 것
③ 상부·하부의 동바리가 동일 수직선상에 위치하도록 하여 깔판·받침목에 고정시킬 것
④ 개구부 상부에 동바리를 설치하는 경우에는 상부하중을 견딜 수 있는 견고한 받침대를 설치할 것
⑤ U헤드 등의 단판이 없는 동바리의 상단에 멍에 등을 올릴 경우에는 해당 상단에 U헤드 등의 단판을 설치하고, 멍에 등이 전도되거나 이탈되지 않도록 고정시킬 것
⑥ 동바리의 이음은 같은 품질의 재료를 사용할 것
⑦ 강재의 접속부 및 교차부는 볼트·클램프 등 전용철물을 사용하여 단단히 연결할 것
⑧ 거푸집의 형상에 따른 부득이한 경우를 제외하고는 깔판이나 받침목은 2단 이상 끼우지 않도록 할 것
⑨ 깔판이나 받침목을 이어서 사용하는 경우에는 그 깔판·받침목을 단단히 연결할 것

## 124
동바리로 사용하는 파이프서포트 조립 시의 안전조치에 관한 설명이다. 괄호에 적합한 내용을 적으시오. ★★

(1) 파이프서포트를 ( ① )개본 이상 이어서 사용하지 아니하도록 할 것

(2) 파이프서포트를 이어서 사용할 때에는 ( ② )개 이상의 볼트 또는 전용철물을 사용하여 이을 것

(3) 동바리로 사용하는 파이프서포트는 높이가 ( ③ )미터를 초과하는 경우에는 높이 2미터 이내마다 수평연결재를 ( ④ )개 방향으로 만들고 수평연결재의 변위를 방지할 것

(4) 동바리로 사용하는 강관 틀은 최상단 및 5단 이내마다 동바리의 측면과 틀면의 방향 및 교차가새의 방향에서 ( ⑤ )개 이내마다 수평연결재를 설치하고 수평연결재의 변위를 방지할 것

(5) 동바리로 사용하는 조립강주의 경우 높이가 4미터를 초과할 때에는 높이 ( ⑥ )미터 이내마다 수평연결재를 2개 방향으로 설치하고 수평연결재의 변위를 방지할 것

① 3  ② 4  ③ 3.5  ④ 2  ⑤ 5  ⑥ 4

### 참고

1. 동바리로 사용하는 파이프서포트의 조립 시 준수사항 ★★
    - 파이프시포트를 3개본 이상 이어서 사용하지 아니하도록 할 것
    - 파이프서포트를 이어서 사용할 때에는 4개 이상의 볼트 또는 전용철불을 사용하여 이을 것
    - 높이가 3.5미터를 초과하는 경우에는 높이 2미터 이내마다 수평연결재를 2개 방향으로 만들고 수평연결재의 변위를 방지할 것

2. 동바리로 사용하는 강관틀의 준수사항 ★
    - 강관틀과 강관틀 사이에 교차가새를 설치할 것
    - 최상단 및 5단 이내마다 동바리의 측면과 틀면의 방향 및 교차가새의 방향에서 5개 이내마다 수평연결재를 설치하고 수평연결재의 변위를 방지할 것
    - 최상단 및 5단 이내마다 동바리의 틀면의 방향에서 양단 및 5개틀 이내마다 교차가새의 방향으로 띠장틀을 설치할 것

3. 동바리로 사용하는 조립강주의 준수사항 ★
   - 높이가 4미터를 초과할 때에는 높이 4미터 이내마다 수평연결재를 2개 방향으로 설치하고 수평연결재의 변위를 방지할 것

4. 시스템 동바리의 준수사항(설치방법)
   - 수평재는 수직재와 직각으로 설치해야 하며, 흔들리지 않도록 견고하게 설치할 것
   - 연결철물을 사용하여 수직재를 견고하게 연결하고, 연결 부위가 탈락 또는 꺾어지지 않도록 할 것
   - 수직 및 수평하중에 의한 동바리의 구조적 안전성이 확보되도록 조립도에 따라 수직재 및 수평재에는 가새재를 견고하게 설치할 것
   - 동바리 최상단과 최하단의 수직재와 받침철물은 서로 밀착되도록 설치하고 수직재와 받침철물의 연결부의 겹침길이는 받침철물 전체 길이의 3분의 1 이상이 되도록 할 것

5. 보 형식의 동바리의 준수사항
   - 접합부는 충분한 걸침 길이를 확보하고 못, 용접 등으로 양끝을 지지물에 고정시켜 미끄러짐 및 탈락을 방지할 것
   - 양 끝에 설치된 보 거푸집을 지지하는 동바리 사이에는 수평연결재를 설치하거나 동바리를 추가로 설치하는 등 보 거푸집이 옆으로 넘어지지 않도록 견고하게 할 것
   - 설계도면, 시방서 등 설계도서를 준수하여 설치할 것

## 125 동바리로 사용하는 파이프서포트의 조립 시 준수사항 2가지를 적으시오. ★★

① 파이프서포트를 3개본 이상 이어서 사용하지 아니하도록 할 것
② 파이프서포트를 이어서 사용할 때에는 4개 이상의 볼트 또는 전용철물을 사용하여 이을 것
③ 높이가 3.5m를 초과하는 경우에는 높이 2m 이내마다 수평 연결재를 2개 방향으로 만들고 수평연결재의 변위를 방지할 것

## 126 작업발판 일체형 거푸집의 종류 4가지를 적으시오. ★

① 갱 폼(gang form)
② 슬립 폼(slip form)
③ 클라이밍 폼(climbing form)
④ 터널 라이닝 폼(tunnel lining form)


## 127 콘크리트 타설 작업을 하기 위하여 콘크리트 분배기, 콘크리트 펌프카 등 콘크리트 타설장비를 사용하는 경우에 준수해야 하는 사항 3가지를 적으시오. ★

① 작업을 시작하기 전에 콘크리트 타설 장비를 점검하고 이상을 발견하였으면 즉시 보수할 것
② 건축물의 난간 등에서 작업하는 근로자가 호스의 요동·선회로 인하여 추락하는 위험을 방지하기 위하여 안전난간 설치 등 필요한 조치를 할 것
③ 콘크리트 타설 장비의 붐을 조정하는 경우에는 주변의 전선 등에 의한 위험을 예방하기 위한 적절한 조치를 할 것
④ 작업 중에 지반의 침하나 아웃트리거 등 콘크리트 타설 장비 지지구조물의 손상 등에 의하여 콘크리트 타설 장비가 넘어질 우려가 있는 경우에는 이를 방지하기 위한 적절한 조치를 할 것


## 128 콘크리트 옹벽에 해당하는 종류를 3가지 적으시오.

① 중력식 옹벽
② 반 중력식 옹벽
③ 캔틸레버(Cantilever)식 옹벽 : 역 T형, L형
④ 부벽식 옹벽

### 참고

옹벽 : 토압에 저항하는 가장 일반적인 구조물(토사가 무너지는 것을 방지하기 위해 설치하는 구조물)로 용지의 제한에 따른 토지의 최적 이용을 목적으로 설치하는 구조물을 말한다.

## 129 콘크리트 옹벽(또는 흙막이 지보공)의 안정성 검토사항 3가지를 적으시오. ★

① 전도에 대한 안정
② 활동에 대한 안정
③ 침하(지반 지지력)에 대한 안정

## 130 거푸집 및 지보공(동바리)의 시공 시에 고려하여야 하는 하중의 종류 3가지를 적으시오. ★

① 연직방향 하중
② 횡방향 하중
③ 콘크리트의 측압
④ 특수하중
⑤ 위의 ①~④ 항목의 하중에 안전율을 고려한 하중

## 131 산업안전보건법에 의하여 철골공사 작업을 중지해야 하는 조건 3가지를 적으시오. ★★★

① 풍속이 초당 10미터 이상인 경우
② 강우량이 시간당 1밀리미터 이상인 경우
③ 강설량이 시간당 1센티미터 이상인 경우

## 132 구조안전의 위험이 큰 다음 각 목의 철골구조물은 건립 중 강풍에 의한 풍압 등 외압에 대한 내력이 설계에 고려되었는지 확인하여야 한다. 외압에 대한 내력이 설계에 고려되었는지 확인하여야 할 대상 4가지를 적으시오. ★★

① 높이 20미터 이상의 구조물
② 구조물의 폭과 높이의 비가 1:4 이상인 구조물
③ 단면 구조에 현저한 차이가 있는 구조물

④ 연면적당 철골량이 50킬로그램/평방미터 이하인 구조물
⑤ 기둥이 타이플레이트(tie plate)형인 구조물
⑥ 이음부가 현장 용접인 구조물

**133** 부두·안벽 등 하역작업을 하는 장소(하역작업장)의 조치기준 3가지를 적으시오. ★

① 작업장 및 통로의 위험한 부분에는 안전하게 작업할 수 있는 조명을 유지할 것
② 부두 또는 안벽의 선을 따라 통로를 설치하는 경우에는 폭을 90센티미터 이상으로 할 것
③ 육상에서의 통로 및 작업장소로서 다리 또는 선거(船渠) 갑문(閘門)을 넘는 보도(步道) 등의 위험한 부분에는 안전난간 또는 울타리 등을 설치할 것

**134** 화물자동차의 짐 걸이로 사용해서는 안 되는 섬유로프의 조건 2가지를 적으시오. ★★★

① 꼬임이 끊어진 것
② 심하게 손상되거나 부식된 것

**135** 달비계를 설치하는 경우 사용할 수 없는 작업용 섬유로프 또는 안전대의 섬유벨트의 조건 2가지를 적으시오. ★★★

① 꼬임이 끊어진 것
② 심하게 손상되거나 부식된 것
③ 2개 이상의 작업용 섬유로프 또는 섬유벨트를 연결한 것
④ 작업높이보다 길이가 짧은 것

### 참고

달기체인 등 사용 금지 항목

| | |
|---|---|
| 달기체인 | ① 달기 체인의 길이가 달기 체인이 제조된 때의 길이의 5퍼센트를 초과한 것<br>② 링의 단면지름이 달기 체인이 제조된 때의 해당 링의 지름의 10퍼센트를 초과하여 감소한 것<br>③ 균열이 있거나 심하게 변형된 것 |
| 와이어로프 | ① 이음매가 있는 것<br>② 와이어로프의 한 꼬임에서 끊어진 소선의 수가 10퍼센트 이상인 것<br>③ 지름의 감소가 공칭지름의 7퍼센트를 초과하는 것<br>④ 꼬인 것<br>⑤ 심하게 변형되거나 부식된 것<br>⑥ 열과 전기충격에 의해 손상된 것 |

## 136
바닥으로부터의 높이가 2미터 이상 되는 하적단과 인접 하적단 사이의 간격은 하적단의 밑 부분을 기준하여 얼마 이상으로 하여야 하는가?

10cm

## 137
하역작업의 안전수칙 중 하적단의 간격에 관한 내용이다. 괄호에 적합한 숫자를 적으시오.

바닥으로부터의 높이가 ( ① )미터 이상 되는 하적단(포대·가마니 등으로 포장된 화물이 쌓여 있는 것만 해당한다)과 인접 하적단 사이의 간격을 하적단의 밑부분을 기준하여 ( ② )센티미터 이상으로 하여야 한다.

① 2  ② 10

**138** 하역작업의 위험방지 중 화물 적재시의 준수사항 3가지를 적으시오. ★

① 침하 우려가 없는 튼튼한 기반 위에 적재할 것
② 건물의 칸막이나 벽 등이 화물의 압력에 견딜 만큼의 강도를 지니지 아니한 경우에는 칸막이나 벽에 기대어 적재하지 않도록 할 것
③ 불안정할 정도로 높이 쌓아 올리지 말 것
④ 하중이 한쪽으로 치우치지 않도록 쌓을 것


**139** 하적단의 붕괴 또는 화물의 낙하에 의하여 근로자가 위험해질 우려가 있는 경우의 조치사항 2가지를 적으시오.

① 하적단을 로프로 묶거나 망을 치는 등 위험을 방지하기 위하여 필요한 조치를 하여야 한다.
② 하적단을 쌓을 때에는 기본형을 조성하여 쌓고, 하적단을 헐어낼 때에는 위에서부터 순차적으로 층계를 만들면서 헐어내어야 하며 중간에서 헐어내어서는 아니 된다.

# 03 기타 내용(기계, 전기, 인간공학)

**01** 산업안전보건법에 의한 산소결핍에 해당하는 산소농도의 기준을 적으시오. ★★

산소농도 18% 미만

**02** 산업안전보건법에 의한 작업장의 적정공기 수준을 설명하였다. 괄호에 적합한 숫자를 적으시오. ★★

1. 산소농도의 범위가 ( ① )% 이상 ( ② )% 미만
2. 탄산가스의 농도가 ( ③ )% 미만
3. 일산화탄소의 농도가 ( ④ )ppm 미만
4. 황화수소의 농도가 ( ⑤ )ppm 미만

① 18  ② 23.5  ③ 1.5  ④ 30  ⑤ 10

**03** 산업안전보건법에 의한 잠수작업 시간에 관한 내용이다. 괄호에 적합한 숫자를 적으시오.

> (1) 잠수작업이 1일 1회를 초과하는 때에는 각 회별 잠수시간과 감압시간을 모두 합한 시간이 1일 ( ① )시간을 초과하지 아니할 것
> (2) 사업주는 근로자에게 잠수작업을 하도록 할 때에는 각 회별 잠수시간과 감압시간을 모두 합한 시간이 1주 ( ② )시간을 초과하지 아니할 것

① 6  ② 34


**04** 근로자가 밀폐공간에서 작업을 하는 경우 작업을 시작할 때마다 사전에 작업근로자(감시인을 포함한다)에게 알려야 하는 사항 3가지를 적으시오. ★

① 산소 및 유해가스농도 측정에 관한 사항
② 환기설비의 가동 등 안전한 작업방법에 관한 사항
③ 보호구의 착용과 사용방법에 관한 사항
④ 사고 시의 응급조치 요령
⑤ 구조요청을 할 수 있는 비상연락처, 구조용 장비의 사용 등 비상 시 구출에 관한 사항


**05** 사업주가 소음작업, 강렬한 소음작업 또는 충격 소음작업에 종사하는 근로자에게 알려야 하는 사항 3가지를 적으시오.

① 해당 작업 장소의 소음 수준
② 인체에 미치는 영향과 증상
③ 보호구의 선정과 착용방법
④ 그 밖에 소음으로 인한 건강장해 방지에 필요한 사항

06 사업주는 강렬한 소음 작업이나 충격소음 작업 장소에 대하여 소음 감소를 위한 조치를 하여야 한다. 산업안전보건법에 의한 소음 감소 조치 3가지를 적으시오. (단, 방음 보호구 착용은 제외할 것)

① 기계·기구 등의 대체
② 시설의 밀폐
③ 흡음 또는 격리


07 산업안전보건법 기준에 의한 작업장에 적합한 조도의 기준을 적으시오. ★★

(1) 초정밀 작업 :
(2) 정밀 작업 :
(3) 보통 작업 :
(4) 기타 작업 :

(1) 750Lux 이상
(2) 300Lux 이상
(3) 150Lux 이상
(4) 75Lux 이상


08 충전 전로 인근에서 콘크리트 펌프카가 작업하는 경우 사업주가 취해야 할 감전방지 조치 사항 2가지를 적으시오. ★

충전전로 인근에서의 차량·기계장치 작업 시의 감전방지 조치

① 차량 등을 충전부로부터 300센티미터 이상 이격시켜 유지시키되, 대지전압이 50킬로볼트를 넘는 경우 이격거리는 10킬로볼트 증가할 때마다 10센티미터씩 증가시켜야 한다.

② 충전전로의 전압에 적합한 절연용 방호구 등을 설치한 경우에는 이격거리를 절연용 방호구 앞면까지로 할 수 있으며, 차량 등의 가공 붐대의 버킷이나 끝부분 등이 충전전로의 전압에 적합하게 절연되어 있고 유자격자가 작업을 수행하는 경우에는 붐대의 절연되지 않은 부분과 충전전로 간의 이격거리는 접근 한계거리까지로 할 수 있다.
③ 근로자가 차량 등의 그 어느 부분과도 접촉하지 않도록 울타리를 설치하거나 감시인 배치 등의 조치를 하여야 한다.
④ 충전전로 인근에서 접지된 차량 등이 충전전로와 접촉할 우려가 있을 경우에는 지상의 근로자가 접지점에 접촉하지 않도록 조치하여야 한다.

#### 암기법

1. 이격거리 : 충전부로부터 300cm 이상, 대지전압 50kV 초과 시 – 10kV 증가 시마다 10cm씩 증가
2. 울타리 설치, 감시인 배치
3. 근로자가 접지점에 접촉하지 않도록 조치

## 09 1차 감전위험 요소 4가지를 적으시오. ★★

① 통전전류크기
② 통전시간
③ 통전경로
④ 전원의 종류(직류보다 교류가 더 위험)

#### 참고

2차 감전 위험 요소
① 인체조건(저항)
② 전압
③ 계절

**10** 산업안전보건법에 의한 누전차단기를 접속할 때의 준수사항에 관한 내용이다. 괄호에 적합한 내용을 적으시오. ★

전기기계·기구에 설치되어 있는 누전차단기는 정격감도전류가 ( ① ) 이하이고 작동시간은 ( ② ) 이내일 것. 다만, 정격전부하전류가 50암페어 이상인 전기기계·기구에 접속되는 누전차단기는 오작동을 방지하기 위하여 정격감도전류는 ( ③ ) 이하로, 작동시간은 ( ④ ) 이내로 할 수 있다.

① 30밀리암페어(mA)　② 0.03초　③ 200밀리암페어(mA)　④ 0.1초

**11** [보기]의 화재에 적합한 화재의 등급을 구분하여 적으시오.

목재, 나트륨, 섬유, 마그네슘, 석유, 누전

| A급 화재 | 목재, 섬유 |
|---|---|
| B급 화재 | 석유 |
| C급 화재 | 누전 |
| D급 화재 | 나트륨, 마그네슘 |

**참고**

화재의 분류 및 소화방법

| 등급\구분 | 화재의 구분 | 표시 색 | 소화기의 종류 |
|---|---|---|---|
| A급 | 일반 가연물화재<br>(종이, 섬유, 목재 등) | 백색 | 물소화기, 산·알칼리소화기<br>강화액소화기 |
| B급 | 유류화재<br>(또는 가스화재) | 황색 | 분말소화기, 포소화기,<br>이산화탄소(탄산가스)소화기 |
| C급 | 전기화재<br>(발전기, 변압기 등) | 청색 | 분말소화기, 이산화탄소(탄산가스)소화기,<br>할로겐 화합물 소화기 |
| D급 | 금속화재<br>(금속분 등) | 무색, 표시 없음 | 팽창질석, 팽창진주암, 건조사 |

**12** 공기압축기 작업시작 전 점검사항 3가지를 적으시오. ★★★

① 공기저장 압력용기의 외관 상태
② 드레인밸브의 조작 및 배수
③ 압력방출장치의 기능
④ 언로드밸브의 기능
⑤ 윤활유의 상태
⑥ 회전부의 덮개 또는 울
⑦ 그 밖의 연결 부위의 이상 유무

**13** 산업안전보건법에 의하여 방호조치가 필요한 유해 위험 기계 기구이다. 적합한 방호장치명을 적으시오. ★★

> (1) 예초기　　(2) 원심기　　(3) 공기압축기

(1) 예초기 : 날접촉 예방장치
(2) 원심기 : 회전체 접촉 예방장치
(3) 공기압축기 : 압력방출장치

> **참고**
>
> ① 금속절단기 : 날접촉 예방장치
> ② 지게차 : 헤드가드, 백레스트, 전조등, 후미등, 안전벨트
> ③ 포장기계(진공포장기, 랩핑기) : 구동부 방호 연동장치

## 14 산업안전보건법에 의하여 목재 가공용 둥근톱 기계에 설치하여야 하는 방호장치 2가지를 적으시오. ★★

① 날접촉 예방장치(덮개)
② 반발예방장치

> **참고**
>
> 반발예방장치의 종류
> ① 분할날(spreader)
> ② 반발방지기구(finger)
> ③ 반발방지롤러(roll)

## 15 산업안전보건법에 의하여 가스집합장치를 설치하는 경우의 준수사항이다. 괄호에 적합한 내용을 적으시오. ★

(1) 가스집합장치는 화기를 사용하는 설비로부터 ( ① ) 이상 떨어진 장소에 설치하여야 한다.

(2) 용해아세틸렌의 가스집합용접장치의 배관 및 부속기구는 동 또는 동을 ( ② )퍼센트 이상 함유한 합금을 사용하여서는 아니 된다.

① 5미터  ② 70

**16** 청각장치와 시각장치 중 시각장치를 사용한 정보전달이 유리한 경우 4가지를 적으시오. ★★★

① 전언이 길고, 복잡할 때
② 재참조 된다.
③ 공간적인 위치를 다룬다.
④ 즉각적인 행동을 요구하지 않을 때
⑤ 청각계통이 과부하일 때
⑥ 주위가 너무 시끄러울 때
⑦ 한곳에 머무르는 경우

**17** 정보입력에 사용되는 표시장치 중 시각장치보다 청각장치를 사용하는 것이 더 유리한 경우 4가지를 적으시오. ★

① 전언이 짧고, 간단할 때
② 즉각적인 행동 요구할 때
③ 자주 움직이는 경우
④ 시각계통이 과부하일 때
⑤ 주위가 너무 밝거나 암조응일 때

# 04 계산형 문제

**01** 재해율 중 도수율과 강도율, 연천인율을 계산하는 공식을 적으시오. ★★★

1. 도수율 = $\dfrac{\text{재해건수}}{\text{연근로시간수}} \times 10^6$

2. 강도율 = $\dfrac{\text{총요양근로손실일수}}{\text{연근로시간수}} \times 1{,}000$

3. 연천인율 = $\dfrac{\text{연간재해자수}}{\text{연평균근로자수}} \times 1{,}000$

### 참고

1. 사망만인율 = $\dfrac{\text{사망자수}}{\text{산재보험적용근로자수}} \times 10{,}000$

2. 재해율 = $\dfrac{\text{재해자수}}{\text{산재보험적용근로자수}} \times 100$

3. 휴업재해율 = $\dfrac{\text{휴업재해자수}}{\text{임금근로자수}} \times 100$

02 연 근로시간 수가 250,000시간인 어느 사업장에서 작년도 15건의 재해로 근로손실일수300일, 휴업일수 25일이 발생하였다. 종합재해지수를 계산하시오. ★★★

1. 종합재해지수 = $\sqrt{도수율 \times 강도율}$

2. 도수율 = $\dfrac{재해 건수}{연 근로시간수} \times 10^6$

3. 강도율 = $\dfrac{총 요양근로손실일수}{연 근로시간수} \times 1,000$

* 근로손실일수 = 휴업일수, 요양일수, 입원일수 × $\dfrac{300(실제근로일수)}{365}$


1. 도수율 = $\dfrac{재해 건수}{연 근로시간수} \times 10^6 = \dfrac{15}{250,000} \times 10^6 = 60$

2. 강도율 = $\dfrac{총 요양근로손실일수}{연 근로시간수} \times 1,000 = \dfrac{300 + 25 \times \dfrac{300}{365}}{250,000} \times 1,000 = 1.28$

3. 종합재해지수 = $\sqrt{도수율 \times 강도율} = \sqrt{60 \times 1.28} = 8.76$


03 근로자 500명이 근무하던 사업장에서 작년 한 해 동안 5건의 재해로 사망 1명, 휴업일수 80일 1명, 휴업일수 30일 1명이 발생하였다. (1) 연천인율을 구하시오. (2) 강도율을 구하시오.(단, 1일 10시간, 연간 300일 근무) ★★★

1. 연천인율 = $\dfrac{연간재해자수}{연평균 근로자수} \times 1,000$

2. 강도율 = $\dfrac{총 요양근로손실일수}{연 근로시간수} \times 1,000$

* 근로손실일수 = 휴업일수, 요양일수, 입원일수 × $\dfrac{300(실제근로일수)}{365}$

1. 연천인율 $= \dfrac{\text{연간재해자수}}{\text{연평균 근로자수}} \times 1{,}000 = \dfrac{3}{500} \times 1{,}000 = 6$

2. 강도율 $= \dfrac{\text{총요양근로손실일수}}{\text{연근로시간수}} \times 1{,}000$

$= \dfrac{7500 + (80 \times \dfrac{300}{365}) + (30 \times \dfrac{300}{365})}{500 \times 10 \times 300} \times 1{,}000 = 5.06$

04 근로자 500명이 작업하는 건설현장에서 작년 한해에 12건의 사고로 50일의 근로손실이 생겼다. 도수율을 계산하시오.(단, 1일 9시간, 연 300일 근로함) ★★★

$$\text{도수율} = \dfrac{\text{재해건수}}{\text{연근로시간수}} \times 10^6$$

$$\text{도수율} = \dfrac{12}{500 \times 9 \times 300} \times 10^6 = 8.89$$

05 평균 근로자 수가 300명인 사업장에서 작년 한 해 동안 3건의 재해로 사망 1명, 휴업일수 30일 2명, 휴업일수 50일 1명이 발생하였다. 강도율을 구하시오.
(단, 1일 8시간, 연간 305일 근무) ★★★

$$\text{강도율} = \dfrac{\text{총요양근로손실일수}}{\text{연근로시간수}} \times 1{,}000$$

* 근로손실일수 = 휴업일수, 요양일수, 입원일수 $\times \dfrac{300(\text{실제근로일수})}{365}$

$$강도율 = \frac{총요양근로손실일수}{연근로시간수} \times 1,000$$

$$= \frac{7,500 + (2 \times 30 \times \frac{305}{365}) + (50 \times \frac{305}{365})}{300 \times 8 \times 305} \times 1,000 = 10.37$$

06 평균 근로자 수가 100명인 사업장에서 5건의 재해로 사망 1명, 근로손실일수 30일이 발생하였다. 강도율을 구하시오.(단, 1일 9시간, 연간 260일 근무) ★★★

$$강도율 = \frac{총요양근로손실일수}{연근로시간수} \times 1,000$$

* 근로손실일수 = 휴업일수, 요양일수, 입원일수 $\times \frac{300(실제근로일수)}{365}$

$$강도율 = \frac{총요양근로손실일수}{연근로시간수} \times 1,000 = \frac{7,500 + 30}{100 \times 9 \times 260} \times 1,000 = 32.18$$

**참고**

| 신체장해등급 | 사망 1, 2, 3급 | 4급 | 5급 | 6급 | 7급 | 8급 |
|---|---|---|---|---|---|---|
| 손실일수 | 7,500일 | 5,500일 | 4,000일 | 3,000일 | 2,200일 | 1,500일 |
| 신체장해등급 | 9급 | 10급 | 11급 | 12급 | 13급 | 14급 |
| 손실일수 | 1,000일 | 600일 | 400일 | 200일 | 100일 | 50일 |

07 연간 총근로시간이 1,200,000시간인 건설현장에서 작년 한 해 동안 5건의 재해로 사망 3명, 휴업일수 200일이 발생하였다. 도수율과 강도율을 계산하시오. ★★★

---

1. 도수율 $= \dfrac{재해건수}{연근로시간수} \times 10^6$

2. 강도율 $= \dfrac{총요양근로손실일수}{연근로시간수} \times 1,000$

* 근로손실일수 = 휴업일수, 요양일수, 입원일수 $\times \dfrac{300(실제근로일수)}{365}$

---

1. 도수율 $= \dfrac{재해건수}{연근로시간수} \times 10^6 = \dfrac{5}{1,200,000} \times 10^6 = 4.17$

2. 강도율 $= \dfrac{총요양근로손실일수}{연근로시간수} \times 1,000$

$= \dfrac{(7,500 \times 3) + (200 \times \dfrac{300}{365})}{1,200,000} \times 1,000 = 18.89$

08 연평균 근로자 수가 1,500명인 어느 공장에서 연간 재해건수가 3건이 발생하여 사망이 2명, 근로손실일수 60일 1명, 휴업일수 50일 1명이 발생하였다. (1) 연천인율을 구하시오. (2) 도수율을 구하시오. ★★★

---

1. 연천인율 $= \dfrac{연간재해자수}{연평균근로자수} \times 1,000$

2. 연천인율 = 도수율 $\times 2.4$

3. 도수율 $= \dfrac{재해건수}{연근로시간수} \times 10^6$

1. 연천인율 $= \dfrac{\text{연간재해자수}}{\text{연평균 근로자수}} \times 1{,}000 = \dfrac{4}{1{,}500} \times 1{,}000 = 2.67$

2. 도수율 $= \dfrac{\text{재해 건수}}{\text{연근로시간수}} \times 10^6 = \dfrac{3}{1{,}500 \times 2{,}400} \times 10^6 = 0.83$

09 근로자 500명이 근무하던 사업장에서 15건의 재해로 18명의 재해자가 발생하여 휴업일수 35일, 근로손실일수 120일이 발생하였다. (1) 연천인율을 구하시오. (2) 강도율을 구하시오. (3) 도수율을 구하시오. (단, 1일 8시간, 연간 280일 근무)

★★★

---

1. 연천인율 $= \dfrac{\text{연간재해자수}}{\text{연평균 근로자수}} \times 1{,}000$

2. 강도율 $= \dfrac{\text{총요양근로손실일수}}{\text{연근로시간수}} \times 1{,}000$

* 근로손실일수 = 휴업일수, 요양일수, 입원일수 $\times \dfrac{300(\text{실제근로일수})}{365}$

3. 도수율 $= \dfrac{\text{재해 건수}}{\text{연근로시간수}} \times 10^6$

---

1. 연천인율 $= \dfrac{\text{연간재해자수}}{\text{연평균 근로자수}} \times 1{,}000 = \dfrac{18}{500} \times 1{,}000 = 36$

2. 강도율 $= \dfrac{\text{총요양근로손실일수}}{\text{연근로시간수}} \times 1{,}000 = \dfrac{(35 \times \frac{280}{365}) + 120}{500 \times 8 \times 280} \times 1{,}000 = 0.13$

3. 도수율 $= \dfrac{\text{재해 건수}}{\text{연근로시간수}} \times 10^6 = \dfrac{15}{500 \times 8 \times 280} \times 10^6 = 13.39$

**10** 어느 사업장의 도수율은 10이고 강도율은 1.2이다. 한사람의 근로자가 입사하여 퇴직할 때까지는 몇 건의 재해와 몇 일간의 근로손실 일수를 가져올 수 있는가?

★★★

---

환산 도수율(F)

① 일평생 근로하는 동안의 재해건수를 말한다.

② 환산 도수율 = $\dfrac{재해건수}{연\ 근로시간수} \times$ 평생근로시간수(100,000)

③ 환산 도수율 = 도수율 ÷ 10

---

(1) 한 사람의 근로자가 입사하여 퇴직할 때까지의 재해 건수 = 환산 도수율
   환산 도수율 = 도수율 ÷ 10 = 10 ÷ 10 = 1(건)

(2) 한 사람의 근로자가 입사하여 퇴직할 때까지의 근로손실 일수 = 환산 강도율
   환산 강도율 = 강도율 × 100 = 1.2 × 100 = 120(일)


**11** 평균 근로자수가 500명인 사업장에서 작년 한 해동안 10건의 재해로 7명의 재해자가 발생하였다. (1) 연천인율을 구하시오. (2) 도수율을 구하시오.(단, 1일 8시간, 연간 280일 근무)

★★★

---

1. 연천인율 = $\dfrac{연간재해자수}{연평균\ 근로자수} \times 1,000$

2. 연천인율 = 도수율 × 2.4

3. 도수율 = $\dfrac{재해건수}{연근로시간수} \times 10^6$

1. 연천인율 = $\dfrac{\text{연간재해자수}}{\text{연평균 근로자수}} \times 1,000 = \dfrac{7}{500} \times 1,000 = 14$

2. 도수율 = $\dfrac{\text{재해 건수}}{\text{연근로시간수}} \times 10^6 = \dfrac{10}{500 \times 8 \times 280} \times 10^6 = 8.93$

## 12 연천인율 20을 설명하시오. ★★★

연평균 1,000명의 근로자가 작업하는 동안 연간 20명의 재해자가 발생하였음을 의미한다.

### 참고

연천인율

① 근로자 1,000명 중 재해자 수 비율(1년간)

② 연천인율 = $\dfrac{\text{연간재해자수}}{\text{연평균 근로자수}} \times 1,000$

③ 연천인율 = 도수율 × 2.4

## 13 도수율이 5.0, 강도율이 1.2인 사업장의 (1) 평균 강도율과 (2) 환산 강도율을 계산하시오.

1. 평균 강도율
   ① 재해 1건의 평균 강하기를 말한다.
   ② 평균 강도율 = $\dfrac{\text{강도율}}{\text{도수율}} \times 1,000$

2. 환산 강도율(S)
   ① 일평생 근로하는 동안의 총 요양 근로손실일수를 말한다.
   ② 환산 강도율 = $\dfrac{\text{총 요양 근로손실일수}}{\text{연 근로시간수}} \times$ 평생근로시간수(100,000)
   ③ 환산 강도율 = 강도율 × 100

(1) 평균 강도율 = $\dfrac{강도율}{도수율} \times 1{,}000 = \dfrac{1.2}{5.0} \times 1{,}000 = 240$

(2) 환산 강도율 = 강도율 × 100 = 1.2 × 100 = 120

## 14 건설업체에서 상시근로자 수를 계산하는 공식을 적으시오. ★★★

$$상시근로자수 = \dfrac{연간국내공사실적액 \times 노무비율}{건설업 월평균임금 \times 12}$$

**참고**

$$사고사망만인율(‰) = \dfrac{사고사망자수}{상시근로자수} \times 10{,}000$$

## 15 다음 [보기]와 같은 조건에서 작업을 할 경우 제공하여야 할 휴식시간과 실제 작업시간을 계산하시오. ★

(1) 작업자의 작업에 소요되는 평균 에너지 : 8kcal/min
(2) 작업에 대한 평균 에너지 : 5kcal/min
(3) 휴식 시의 에너지 : 1.5kcal/min
(4) 작업시간 : 60분

$$휴식시간(R) = \frac{60 \times (E-5)}{E-1.5} [분]$$

- 1.5 : 휴식 중의 에너지 소비량
- 5(kcal/분) : 보통 작업에 대한 평균 에너지(기초대사량을 포함하지 않을 경우 4)
- 60(분) : 작업시간
- E(kcal/분) : 문제에서 주어진 작업 시 필요한 에너지

1. 휴식시간$(R) = \dfrac{60 \times (8-5)}{8-1.5} = 27.69(분)$
2. 작업시간 = 60 - 27.69 = 32.31(분)

**16** 어느 사업장에서 해당 연도에 사망이 3건 발생하였다. 하인리히의 사고빈도 법칙(재해구성 비율)에 의하여 경상해의 발생 건수를 구하시오. ★★

하인리히 1 : 29 : 300의 법칙

총 330건의 사고를 분석했을 때

- 중상 또는 사망 : 1건
- 경상해 : 29건
- 무상해 사고 : 300건이 발생함을 의미한다.

사망이 3건이므로
경상해 = 3 × 29 = 87(건)

**17** 하인리히의 1 : 29 : 300의 법칙에 의하여 중상이 6건 발생할 경우 경상 및 무상해 사고의 발생 건수를 계산하시오. (단, 하인리히 1 : 29 : 300의 법칙은 중상 또는 사망이 1건 발생할 경우 경상해는 29건, 무상해 사고는 300건이 발생함을 의미한다.) ★★

중상이 6건이므로
(1) 경상 : 29×6 = 174(건)
(2) 무상해 사고 : 300 × 6 = 1,800(건)

**18** 크레인을 이용하여 10kN의 하중을 인양하는 경우 와이어로프 한 가닥에 걸리는 장력(kN)을 계산하시오. ★

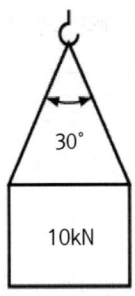

한 가닥에 걸리는 하중($kg_f$) = $\dfrac{w}{2} \div \cos\dfrac{\theta}{2}$

- $w$ : 매단물체의 무게($kg_f$)
- $\theta$ : 매단 각도(°)

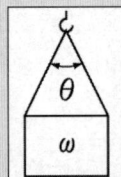

한 가닥에 걸리는 하중($kg$) = $\dfrac{w}{2} \div \cos\dfrac{\theta}{2} = \dfrac{10}{2} \div \cos\dfrac{30}{2} = 5 \div \cos 15 = 5.18(kN)$

**19** 크레인 로프에 2ton의 중량을 걸어 20m/sec² 가속도로 감아올릴 때 로프에 걸리는 총 하중은 얼마인가? ★

$$\text{총 하중}(w) = \text{정하중}(w_1) + \text{동하중}(w_2) = \text{정하중}(w_1) + \frac{\text{정하중}(w_1)}{\text{중력가속도}(g)} \times \text{가속도}(a)$$

\* 정하중 : 매단 물체의 무게

$$\text{총 하중} = 2,000 + \frac{2,000}{9.8} \times 20 = 6,081.63(kg)$$

(1Ton = 1,000kg)

**20** 다음 [보기]에 해당하는 건설업의 산업안전보건관리비를 계상하시오. ★★

- 건축공사로 계상기준은 2.28(%), 기초액 4,325,000원
- 재료비와 직접 노무비의 합 : 45억 원

> 산업안전보건관리비의 계상
> 1. 대상액이 5억 원 미만 또는 50억 원 이상
>    산업안전보건관리비 = 대상액(재료비 + 직접 노무비)×비율
> 2. 대상액이 5억 원 이상 50억 원 미만
>    산업안전보건관리비 = 대상액(재료비 + 직접 노무비)×비율 + 기초액(C)

대상액이 5억 원 이상 50억 원 미만이므로
산업안전보건관리비 = 대상액(재료비 + 직접 노무비) × 비율 + 기초액
= 4,500,000,000 × 0.0228 + 4,325,000 = 106,925,000원

참고

| 구분<br>공사 종류 | 대상액 5억 원 미만인 경우 적용 비율(%) | 대상액 5억 원 이상 50억 원 미만인 경우 | | 대상액 50억 원 이상인 경우 적용 비율(%) | 보건관리자 선임 대상 건설공사의 적용비율(%) |
|---|---|---|---|---|---|
| | | 적용 비율(%) | 기초액 | | |
| 건축공사 | 3.11% | 2.28% | 4,325,000원 | 2.37% | 2.64% |
| 토목공사 | 3.15% | 2.53% | 3,300,000원 | 2.60% | 2.73% |
| 중건설공사 | 3.64% | 3.05% | 2,975,000원 | 3.11% | 3.39% |
| 특수건설공사 | 2.07% | 1.59% | 2,450,000원 | 1.64% | 1.78% |

**21** 추락 시 로프의 지지점에서 최하단까지의 거리 h(m)를 계산하시오.
(단, 로프의 길이는 150cm, 로프의 신율은 30%이며 근로자의 신장은 180cm임)

h = 로프의 길이 + 로프의 신장길이 + 작업자 키의 1/2
h = 150 + (150×0.3) + (180×1/2) = 285cm = 2.85m

**22** 시스템의 신뢰도를 계산하시오. ★

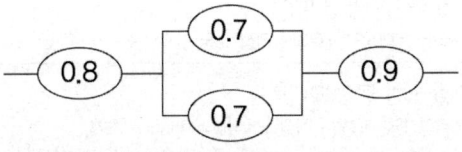

신뢰도$(R) = 0.8 \times \{1-(1-0.7) \times (1-0.7)\} \times 0.9 = 0.66$

건설안전산업기사실기

# 작업형

---
**PART 01**
실기[작업형] 과목별
요약정리 기출문제

---
**PART 02**
실기[작업형] 기출문제

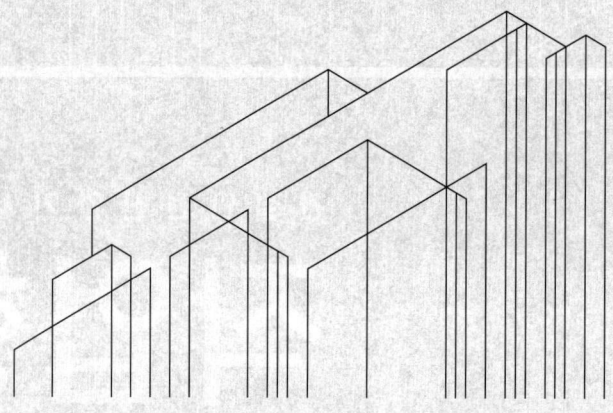

건 설 안 전 산 업 기 사 실 기
Industrial Engineer Construction Safety

# PART 01

## 실기[작업형] 과목별
## 요약정리 기출문제

**01** 건설장비 관련 문제

**02** 건설안전 일반 〔법규 관련 문제 – 암기형 문제〕

**03** 건축시공 관련 문제

**04** 동영상 확인 문제

# 01

## 건설장비 관련 문제

**01** 화면의 건설기계의 이름과 이 기계의 작업 중 넘어짐(전도)이 우려되는 경우를 1가지 적으시오.

(1) 명칭 : 항타기, 항발기
(2) 넘어짐이 우려되는 경우
　① 연약지반에 설치한 경우(깔판의 미사용으로 인한 지반의 침하)
　② 항타기, 항발기의 불시 움직임(레일 클램프, 쐐기 등으로 고정하지 않음)
　③ 강풍 등 악천후 시에 작업 실시
※ 1가지를 적으라는 경우는 1번을 우선으로 작성한다.

02 동영상에서 보여주는 건설장비의 명칭과 기기의 전면에 수직으로 지지된 나선형 장치의 명칭을 적으시오.

사진 출처 : ㈜설송ENC

(1) 건설장비의 명칭 : 천공기
(2) 수직으로 지지된 나선형 장치의 명칭 : 어스오거

03 동영상은 터널에서 작업하는 모습을 보여준다. 영상에서 보여주는 장비의 명칭을 적으시오.

사진 출처 : epirockorea

사진 출처 : https://www.jumbodrill.com

**정답** 천공기(점보드릴)

**참고**

점보드릴 : 주로 터널 막장에서 사용되며, **다수의 드리프터로 동시에 2~3개의 천공이 가능**하다.

**04** 동영상에서는 건설기계를 이용하여 잔골재를 밀고 있는 작업을 보여준다.

사진 출처 : 캐터 필라 건설기계    사진 출처 : 중기114

(1) 건설기계의 명칭을 적으시오.
(2) 동영상에서 보여주는 기계의 용도를 적으시오.
(3) 차량계 건설기계를 사용하여 작업을 하는 때에 작성하여야 하는 작업계획서의 내용 2가지를 적으시오.

**정답**
(1) 모터그레이더
(2) 용도
   ① 지반의 정지작업(땅을 깎아 고르는 작업)
   ② 도랑파기
   ③ 제설작업
(3) ① 사용하는 **차량계 건설기계의 종류 및 성능**
   ② 차량계 건설기계의 **운행 경로**
   ③ 차량계 건설기계에 의한 **작업 방법**

> **참고**
>
> 모터 그레이더(Motor grader)
>
> 토공판을 작동시켜 지면의 정지작업(땅을 깎아 고르는 작업)을 하는데 사용된다.

05  동영상은 터널 굴착 장비를 조립하고 이를 이용하여 굴착 및 토사운반 작업 과정을 보여주고 있다.

사진 출처 : 한화건설

(1) 영상에서 보여주는 기계의 명칭을 적으시오.
(2) 영상의 기계가 할 수 있는 작업의 종류(용도) 3가지를 적으시오.

(1) 스크레이퍼
(2) 작업의 종류
    ① 토사의 굴삭(굴착)
    ② 토사의 적재
    ③ 토사의 운반
    ④ 지반 고르기

**06** 동영상에는 건설기계의 작업 장면을 보여준다. (1) 화면 1번과 2번에서 보여주는 건설기계의 명칭과 주요작업을 적으시오. (2) 동영상에서는 굴착한 흙을 덤프트럭으로 운반하는 작업을 보여준다. 동영상에서와 같은 작업 시의 주의사항을 2가지 적으시오.

사진 출처 : ㈜엔티에스 기초

**정답**

(1) 건설기계의 명칭과 주요작업

| 화면 1 | 화면 2 |
|---|---|
| ① 기계의 명칭 : 천공기<br>② 주요작업 : 암석 또는 지면의 **천공작업(구멍 뚫기)** | ① 기계의 명칭 : 백호 또는 드래그셔블<br>② 주요작업 : **토사의 굴착작업**(기계가 서있는 지면보다 낮은 곳의 굴착) |

(2) 작업 시의 주의사항
 ① 운행로를 확보
 ② 유도자와 교통 정리원을 배치
 ③ 굴착기계 운전자와 차량운전자 간의 상호 연락을 위한 신호체계를 갖출 것

**참고**

**1. 굴착공사 안전작업지침**

굴착된 토사를 덤프트럭 등을 이용하여 운반할 경우에는 **운행로를 확보**하고 **유도자와 교통정리원을 배치**하여야 하며 **굴착기계 운전자와 차량운전자 간의 상호 연락을 위해 신호체계를 갖추어야 한다.**

2. **파워셔블** : 기계가 서있는 지면보다 높은 곳의 굴착에 사용

사진 출처 : https://m.blog.naver.com/PostView.naver?isHttpsRedirect=true&blogId=mjp511&logNo=221074223643

## 07 동영상에서 보여주고 있는 장비에 대하여 다음 물음에 답하시오.

(1) 본 장비의 명칭을 적으시오.
(2) 본 장비의 용도(사용되는 작업)를 적으시오.
(3) 영상에서와 같은 장비를 사용하여 작업을 할 때 준수하여야 할 사항을 2가지 적으시오.

(1) 클램셸
(2) 용도
　① 수중굴착
　② 연약지반 굴착
　③ 좁은 장소의 깊은 굴착

(3) 작업을 할 때의 준수사항
　① 작업장소의 지형 및 지반 상태를 고려하여 **작업계획서를 수립 후 작업**
　② 기계의 **작업 범위 내에 관계자근로자 외 출입을 금지**
　③ **유도자를 배치하여 작업을 유도, 일정한 신호방법을 정할 것**

**08** 동영상에서 보여주는 (1) 기계의 명칭을 적으시오. (2) 기계의 용도를 적으시오.

사진 출처 : https://blog.daum.net/kmozzart/13288     사진 출처 : 나무위키

(1) 아스팔트 피니셔
(2) 아스팔트 콘크리트의 포장

**09** 영상에서 보여주는 (1) 건설기계의 명칭과 (2) 용도 3가지, (3) 건설용 기계를 경사면에 주정차 시 갑작스런 이동이나 미끄럼 방지를 위하여 설치하여야 하는 안전장치 1가지를 적으시오.

사진 출처 : 제원포장건설     사진 출처 : 연우건설기계

(1) 명칭 : 타이어 롤러
(2) 용도
　① 아스팔트 포장의 마무리 다짐
　② 점성토의 다짐
　③ 노반의 표면 다짐
(3) 주정차 시의 안전장치 : 고임목

**10** 영상에서 보여주는 건설기계의 명칭과 용도(기능) 1가지를 기술하시오.

사진 출처 : Engineering Help

사진 출처 : 나무위키

(1) 명칭 : 탠덤롤러
(2) 용도
　① 점성토나 자갈, 쇄석의 다짐
　② 아스팔트 포장의 마무리 다짐
※ 탠덤롤러 : 전륜, 후륜 각 1개의 철륜을 가진 롤러이다.

> **참고**

| 머캐덤 롤러 | 탬핑 롤러 |
|---|---|
| • 2축 3륜형이다.(3륜 자동차와 같은 형태)<br>• 아스팔트의 초기 다짐 작업에 사용된다. | • 롤러에 다수의 돌기가 있어 깊은 땅속까지 다질 수 있다.<br>• 점토 등의 다짐에 사용한다. |
| <br>사진출처 : terex corporation | <br>사진출처 : https://blog.daum.net/kmozzart/13421 |

**11** 동영상에서는 차량계 건설기계가 작업을 하고 있다.

사진 출처 : 나무위키

사진 출처 : 나무위키

(1) 동영상에서 보여주는 기계의 명칭을 적으시오.
(2) 기계의 용도를 적으시오.

 (1) 기계 명칭 : 로더
(2) 기계의 용도
① 골재 등의 운반
② 골재 등의 상차
③ 흙을 퍼 나르는 작업

**참고**

로더는 토사 등을 퍼서 덤프트럭에 옮겨 싣는 작업이 주 용도이며 굴착기처럼 토사를 굴착하거나 불도저처럼 토사를 밀고 가는 용도로는 잘 사용되지 않는다.

## 12 동영상에서 보여주는 (1) 기계의 명칭 및 (2) 작업용도를 3가지 적으시오.

 (1) 불도저

(2) 작업 용도
① 흙의 굴착
② 흙의 적재 및 운반
③ 지반의 정지(고르기)작업

## 13 동영상을 보고 다음 물음에 답하시오.

(1) 영상에서 보여주는 차량용 건설기계의 명칭을 적으시오.
(2) 콘크리트를 비비기로 부터 치기가 끝날 때까지의 시간은 ( ① )℃를 넘었을 때는 ( ② ) 시간, ( ① )℃ 이하일 때는 ( ③ )시간을 넘어서는 안 된다.
(3) 차량 내의 내용물의 구성을 적으시오.
(4) 기계가 회전하는 이유 2가지를 적으시오.

 정답

(1) 콘크리트 믹서 트럭(애지테이터 트럭, Agitator Truck)
(2) ① 25
    ② 1.5
    ③ 2
(3) 시멘트, 혼화재료, 잔골재, 굵은 골재, 물 → 콘크리트
(4) ① 콘크리트 재료 분리의 방지
    ② 콘크리트가 굳어지는 것을 방지

14 화면에서는 콘크리트 믹서 트럭의 바퀴를 물로 닦는 장면을 보여준다. 화면에서 보여주는 장비의 명칭과 용도(효과)를 적으시오.

사진 출처 : 동서 세륜기

사진 출처 : 동서 세륜기

(1) 명칭 : 세륜기
(2) 용도(효과)
    ① 비산먼지 발생 억제
    ② 바퀴의 분진 및 토사 제거

15 동영상에서 보여주는 기계의 명칭을 적으시오.

사진 출처 : 매일노동뉴스

사진 출처 : ㈜에스앤씨

콘크리트 펌프카

# 02 암기형 문제

# 건설안전 일반(법규 관련 문제)

**01** 건설공사의 수급인은 가설구조물의 붕괴 등 재해 발생 위험이 높다고 판단되는 경우에는 전문가의 의견을 들어 건설공사를 발주한 도급인에게 설계변경을 요청할 수 있다. 재해 발생 위험이 높다고 판단되어 설계변경을 요청할 수 있는 구조물의 종류 3가지를 적으시오.

① 높이 31미터 이상인 비계
② 작업발판 일체형 거푸집 또는 높이 5미터 이상인 거푸집 동바리
③ 터널의 지보공 또는 높이 2미터 이상인 흙막이 지보공
④ 동력을 이용하여 움직이는 가설구조물

**02** 동영상은 현장에서 자재운반을 위하여 지게차를 이용하는 모습을 보여준다. 차량계 하역운반기계에 화물적재 시에 준수하여야 하는 사항 3가지를 적으시오.

① 하중이 한쪽으로 치우치지 않도록 적재할 것
② 구내운반차 또는 화물자동차의 경우 화물의 붕괴 또는 낙하에 의한 위험을 방지하기 위하여 화물에 로프를 거는 등 필요한 조치를 할 것
③ 운전자의 시야를 가리지 않도록 화물을 적재할 것
④ 화물을 적재하는 경우에는 최대적재량을 초과해서는 아니 된다.

03 「운반하역 표준안전 작업지침」에 의하여 지게차를 이용한 하물을 들어올리는 작업을 할 때에는 다음 각 호의 사항을 준수하여야 한다. 괄호에 적합한 숫자를 적으시오.

[보기]
(1) 지상에서 5센티미터 이상 ( ① )센티미터 이하의 지점까지 들어올린 후 일단 정지하여야 한다.
(2) 하물의 안전상태, 포크에 대한 편심하중 및 그 밖에 이상이 없는가를 확인하여야 한다.
(3) 마스트는 뒷쪽으로 경사를 주어야 한다.
(4) 지상에서 ( ② )센티미터 이상 ( ③ )센티미터 이하의 높이까지 들어 올려야 한다.
(5) 들어올린 상태로 출발, 주행하여야 한다.

**정답**
① 10
② 10
③ 30

04 동영상에서는 차량계 하역운반기계(지게차, 덤프트럭 등)에 화물을 적재하는 장면을 보여준다. 산업안전보건법에 의하여 차량계 하역운반기계 등을 사용하여 작업을 하는 경우에 하역 또는 운반 중인 화물이나 그 차량계 하역운반기계 등에 접촉되어 근로자가 위험해질 우려가 있는 장소에서의 위험 방지 조치 3가지를 적으시오.

**정답**
① 차량계 하역운반기계 등에 접촉되어 근로자가 위험해질 우려가 있는 장소에 근로자 출입 금지 조치
② 작업지휘자 또는 유도자를 배치하여 차량계 하역운반기계 등을 유도
③ 차량계 하역운반기계 등의 운전자는 작업지휘자 또는 유도자가 유도하는 대로 따를 것

**05** 동영상에서는 차량계 건설기계 작업을 보여준다. 차량계 건설기계 작업 시 기계의 넘어짐 (전도, 전락) 방지 및 근로자와의 접촉방지를 위한 조치사항 3가지를 적으시오.

① 유도자 배치
② 지반의 부동침하 방지
③ 갓길의 붕괴 방지
④ 도로의 폭 유지

**참고**

**차량계 하역운반기계의 넘어짐(전도) 방지 조치**
① 유도자 배치
② 지반의 부동침하 방지
③ 갓길의 붕괴 방지

**06** 다음 [보기]의 괄호에 적합한 내용을 적으시오.

[보기]

산업안전보건기준에 관한 규칙에서 정하는 각 호의 작업을 하는 경우 근로자의 위험을 방지하기 위하여 해당 작업, 작업장의 지형·지반 및 지층 상태 등에 대한 ( ① )를 하고 그 결과를 기록·보존하여야 하며, 조사결과를 고려하여 ( ② )를 작성하고 그 계획에 따라 작업을 하도록 하여야 한다.

① 사전조사
② 작업계획서

**07** 동영상에서는 차량계 건설기계 작업을 보여준다.

(1) 차량계 건설기계 작업 시에 작성하여야 하는 작업계획서의 내용을 3가지 적으시오.
(2) 동영상에서와 같은 차량계 건설기계 작업 시 운전자가 운전 위치에서 이탈하는 경우 운전자의 준수사항 2가지를 적으시오.

(1) 작업계획서의 내용
　① 사용하는 **차량계 건설기계의 종류 및 성능**
　② 차량계 건설기계의 **운행경로**
　③ 차량계 건설기계에 의한 **작업방법**

(2) 차량계 건설기계의 운전자 위치이탈 시 조치
　① **포크, 버킷, 디퍼 등의 장치를 가장 낮은 위치 또는 지면에 내려 둘 것**
　② **원동기를 정지시키고 브레이크를 확실히 거는 등 갑작스러운 이동을 방지하기 위한 조치를 할 것**
　③ **운전석을 이탈하는 경우에는 시동키를 운전대에서 분리시킬 것**

**08** 동영상에서는 차량계 건설기계 작업을 보여준다. 차량계 건설기계를 이송하기 위하여 자주 또는 견인에 의하여 화물자동차 등에 싣거나 내리는 작업에 있어서 차량계 건설기계의 넘어짐(전도 또는 전락)에 의한 위험을 방지하기 위하여 준수하여야 하는 사항 3가지를 적으시오.

① 싣거나 내리는 작업을 **평탄하고 견고한 장소에서 할 것**
② **발판을 사용하는 때에 충분한 길이·폭 및 강도를 가진 것을 사용하고 적당한 경사를 유지하기 위하여 견고하게 설치할 것**
③ 가설대 등을 사용하는 때에는 **충분한 폭 및 강도와 적당한 경사를 확보할 것**

**09** 기계에 의한 굴착 작업 시에는 작업 전에 기계의 정비 상태를 정비 기록표 등에 의해 확인하고 점검하여야 한다. 굴착 기계의 작업 전에 점검하여야 하는 사항 3가지를 적으시오.

① 낙석, 낙하물 등의 위험이 예상되는 작업 시 견고한 헤드가드 설치상태
② 브레이크 및 클러치의 작동상태
③ 타이어 및 궤도차륜 상태
④ 경보장치 작동상태
⑤ 부속장치의 상태

**10** 동영상에서는 이동식 크레인 작업을 보여 준다. 이동식 크레인의 작업시작 전 점검사항 3가지를 쓰시오.

① 권과 방지장치 및 그 밖의 경보장치 기능
② 브레이크, 클러치 및 조정장치의 기능
③ 와이어로프가 통하는 곳 및 작업장소 지반의 상태

**참고**

### 작업시작 전 점검

| | |
|---|---|
| 크레인 | ① 권과방지장치 · 브레이크 · 클러치 및 운전장치의 기능<br>② 주행로의 상측 및 트롤리가 횡행(橫行)하는 레일의 상태<br>③ 와이어로프가 통하고 있는 곳의 상태 |
| 리프트 | ① 방호장치 · 브레이크 및 클러치의 기능<br>② 와이어로프가 통하고 있는 곳의 상태 |
| 곤돌라 | ① 방호장치 · 브레이크의 기능<br>② 와이어로프 · 슬링와이어 등의 상태 |

## 11 크레인의 고리 걸이 장비 중 샤클 사용 시의 안전수칙 3가지를 적으시오.

① 샤클은 반드시 **최대 사용 하중 이하의 하중에서 사용할 것**
② 샤클의 **볼트·너트 및 핀은 규정의 것을 사용할 것**
③ **영구 변형된 샤클은 사용을 금지할 것**
④ 샤클에 **표시된 등급, 사용 하중 등을 확인한 후 사용할 것**
⑤ 볼트·너트 및 둥근 플러그를 사용하는 형식의 샤클은 반드시 분할 핀을 사용할 것
⑥ 샤클핀이 회전하는 조건으로 인양을 금지할 것
⑦ 샤클의 볼트 또는 핀에 세로 방향 하중을 초과하는 하중이 작용되지 않도록 할 것

### 참고

1. 샤클의 사용방법

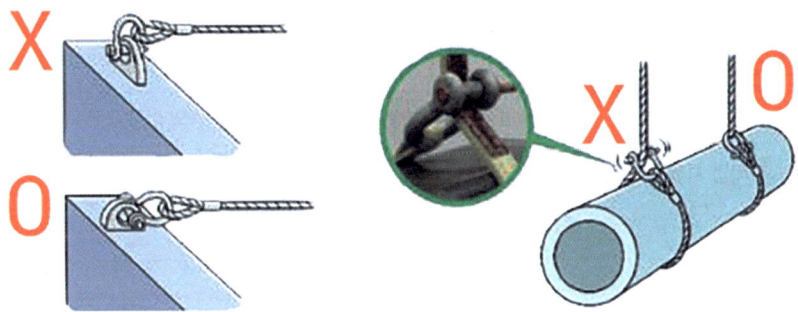

2. 샤클의 검사 범위

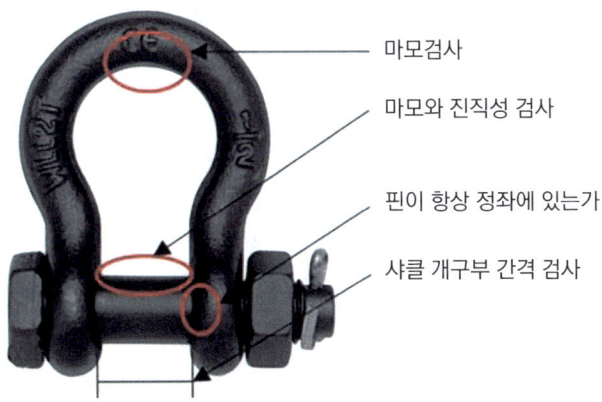

사진 출처 : 안전보건공단

**12** 동영상에서 보여주는 화물자동차의 작업시작 전 점검사항 2가지를 쓰시오.

① 제동장치 및 조종장치의 기능
② 하역장치 및 유압장치의 기능
③ 바퀴의 이상 유무

**참고**

| 지게차의 작업 시작 전 점검 | ① 하역장치 및 유압장치 기능의 이상 유무<br>② 제동장치 및 조종장치 기능의 이상 유무<br>③ 바퀴의 이상 유무<br>④ 전조등, 후미등, 방향지시기, 경보장치 기능의 이상 유무 |
|---|---|
| 구내운반차의 작업 시작 전 점검 | ① 제동장치 및 조종장치 기능의 이상 유무<br>② 하역장치 및 유압장치 기능의 이상 유무<br>③ 바퀴의 이상 유무<br>④ 전조등·후미등·방향지시기 및 경음기 기능의 이상 유무<br>⑤ 충전장치를 포함한 홀더 등의 결합상태의 이상 유무 |
| 고소작업대의 작업 시작 전 점검 | ① 비상정지장치 및 비상하강방지장치 기능의 이상 유무<br>② 과부하방지장치의 작동 유무(와이어로프 또는 체인구동방식의 경우)<br>③ 아웃트리거 또는 바퀴의 이상 유무<br>④ 작업면의 기울기 또는 요철 유무 |

**13** 동영상은 트럭크레인이 작업하는 장면을 보여준다. 트럭크레인 등 이동식크레인 작업 시의 준수사항 3가지를 적으시오.

① 크레인을 경사면에 설치한 채로 인양작업을 금지하여야 한다.
② 인양물을 측면에서 끌어당기는 작업을 금지하여야 한다.
③ 바람의 영향 등 수평하중이 작용될 때는 작업을 금지하여야 한다.
④ 인양물의 크기나 형상에 따라 적합한 작업방법을 선정하여야 한다.
⑤ 인양상태에서 지브의 급회전 및 급정지를 금지하여야 한다.
⑥ 인양작업 시 훅과 인양물의 중심이 일치하도록 하여야 한다.
⑦ 고정된 구조물의 제거 또는 철거 작업 등에 이동식 크레인을 사용하지 않아야 한다.

**이동식크레인**

| 트럭 크레인 | 크롤러 크레인 | 카고크레인(트럭탑재형 크레인) |
|---|---|---|
| 사진출처 : terex corporation | 사진출처 : alibaba | 사진출처 : https://blog.daum.net/kmozzart/13421 |

**14** 동영상에서는 항타기 작업을 보여주고 있다. 항타기 및 항발기의 도괴(무너짐)를 방지하기 위한 조치사항 3가지를 적으시오.

① 연약한 지반에 설치하는 때에는 아웃트리거·받침 등 지지구조물의 침하를 방지하기 위하여 깔판·받침목 등을 사용할 것
② 시설 또는 가설물 등에 설치하는 경우에는 그 내력을 확인하고 내력이 부족하면 그 내력을 보강할 것
③ 아웃트리거·받침 등 지지구조물이 미끄러질 우려가 있는 때에는 말뚝 또는 쐐기 등을 사용하여 해당 지지구조물을 고정시킬 것
④ 궤도 또는 차로 이동하는 항타기 또는 항발기에 대하여는 불시에 이동하는 것을 방지하기 위하여 레일클램프 및 쐐기 등으로 고정시킬 것
⑤ 상단 부분은 버팀대·버팀줄로 고정하여 안정시키고, 그 하단 부분은 견고한 버팀·말뚝 또는 철골 등으로 고정시킬 것

**15** 동영상에서는 항타기 작업을 보여주고 있다. 항타기 및 항발기의 도괴(무너짐)를 방지하기 위한 조치사항에 관한 다음 물음에 답하시오.

(1) 아웃트리거 · 받침 등 지지구조물이 미끄러질 우려가 있는 때의 조치사항
(2) 상단과 하단부분을 안정시키는 때의 조치사항
(3) 연약한 지반에 설치하는 때의 조치사항
(4) 궤도 또는 차로 이동하는 항타기 또는 항발기에 대하여는 불시에 이동하는 것을 방지하기 위한 조치사항

(1) 말뚝 또는 쐐기 등을 사용하여 해당 지지구조물을 고정시킬 것
(2) 상단 부분은 버팀대 · 버팀줄로 고정하여 안정시키고, 그 하단 부분은 견고한 버팀 · 말뚝 또는 철골 등으로 고정시킬 것
(3) 아웃트리거·받침 등 지지구조물의 침하를 방지하기 위하여 깔판 · 받침목 등을 사용할 것
(4) 레일클램프 및 쐐기 등으로 고정시킬 것

**16** 동영상에서는 항타기, 항발기 작업을 보여준다. 항타기 항발기를 조립하는 때의 점검사항 3가지를 적으시오.

① 본체의 연결부의 풀림 또는 손상의 유무
② 권상용 와이어로프 · 드럼 및 도르래의 부착상태의 이상 유무
③ 권상장치의 브레이크 및 쐐기장치 기능의 이상 유무
④ 권상기의 설치상태의 이상 유무
⑤ 리더(leader)의 버팀 방법 및 고정상태의 이상 유무
⑥ 본체 · 부속장치 및 부속품의 강도가 적합한지 여부
⑦ 본체 · 부속장치 및 부속품에 심한 손상 · 마모 · 변형 또는 부식이 있는지 여부

> **참고**
>
> **항타기 또는 항발기를 조립하거나 해체하는 경우의 준수사항**
>
> ① 항타기 또는 항발기에 사용하는 권상기에 쐐기장치 또는 역회전방지용 브레이크를 부착할 것
> ② 항타기 또는 항발기의 권상기가 들리거나 미끄러지거나 흔들리지 않도록 설치할 것
> ③ 그 밖에 조립 · 해체에 필요한 사항은 제조사에서 정한 설치 · 해체 작업 설명서에 따를 것

**17** 동영상에서는 이동식 크레인 작업을 보여준다. 산업안전보건법에 의한 크레인 작업 시의 조치사항(준수사항) 3가지를 적으시오.

① 인양할 하물(荷物)을 바닥에서 끌어당기거나 밀어내는 작업을 하지 아니할 것
② 유류 드럼이나 가스통 등 운반 도중에 떨어져 폭발하거나 누출될 가능성이 있는 위험물 용기는 보관함(또는 보관고)에 담아 안전하게 매달아 운반할 것
③ 고정된 물체를 직접 분리·제거하는 작업을 하지 아니할 것
④ 미리 근로자의 출입을 통제하여 인양 중인 하물이 작업자의 머리 위로 통과하지 않도록 할 것
⑤ 인양할 하물이 보이지 아니하는 경우에는 어떠한 동작도 하지 아니할 것

**18** 동영상에서는 건설 현장에 설치된 타워크레인을 이용하여 화물을 인양하는 모습을 보여준다. 운반하역 표준안전 작업지침에 따라 걸이 작업을 하는 경우 준수하여야 하는 사항 3가지를 적으시오.

① 와이어로프 등은 크레인의 후크 중심에 걸어야 한다.
② 인양 물체의 안정을 위하여 2줄 걸이 이상을 사용하여야 한다.
③ 밑에 있는 물체를 걸고자 할 때에는 위의 물체를 제거한 후에 행하여야 한다.
④ 매다는 각도는 60도 이내로 하여야 한다.
⑤ 근로자를 매달린 물체 위에 탑승시키지 않아야 한다.

**19** 동영상에서는 타워크레인의 모습을 보여준다. 다음 물음에 답하시오.

(1) 동영상과 같은 크레인을 해체 작업할 때의 안전 조치 사항 3가지를 적으시오.

(2) 강풍 시 타워크레인의 작업 제한에 관한 풍속 기준을 적으시오.

> 1. 순간풍속이 초당 ( ① )를 초과하는 경우 타워크레인의 설치·수리·점검 또는 해체작업을 중지
> 2. 순간풍속이 초당 ( ② )를 초과하는 경우 타워크레인의 운전작업을 중지

**(3) 타워크레인을 와이어로프로 지지하는 경우의 준수 사항이다. 괄호에 적합한 내용을 적으시오.**

> 1. 와이어로프를 고정하기 위한 전용 지지프레임을 사용할 것
> 2. 와이어로프의 설치각도는 수평면에서 ( ① ) 이내로 하되, 지지점은 ( ② )개소 이상으로 하고, 같은 각도로 설치할 것

(1) 크레인을 해체 작업 시의 안전 조치 사항
  ① 작업순서를 정하고 그 순서에 따라 작업을 할 것
  ② 작업을 할 구역에 관계 근로자가 아닌 사람의 출입을 금지하고 그 취지를 보기 쉬운 곳에 표시할 것
  ③ 비, 눈, 그 밖에 기상상태의 불안정으로 날씨가 몹시 나쁜 경우에는 그 작업을 중지시킬 것
  ④ 작업장소는 안전한 작업이 이루어질 수 있도록 충분한 공간을 확보하고 장애물이 없도록 할 것
  ⑤ 들어올리거나 내리는 기자재는 균형을 유지하면서 작업을 하도록 할 것
  ⑥ 크레인의 성능, 사용조건 등에 따라 충분한 응력(應力)을 갖는 구조로 기초를 설치하고 침하 등이 일어나지 않도록 할 것
  ⑦ 규격품인 조립용 볼트를 사용하고 대칭되는 곳을 차례로 결합하고 분해할 것

(2) ① 10m(미터)
    ② 15m(미터)

(3) ① 60도
    ② 4

---

**악천후 시 조치**

① 순간풍속이 초당 10미터를 초과 : 타워크레인의 설치·수리·점검 또는 해체작업을 중지
② 순간풍속이 초당 15미터를 초과 : 타워크레인의 운전작업을 중지
③ 순간풍속이 초당 30미터를 초과 : 옥외에 설치되어 있는 주행 크레인 이탈방지조치
④ 순간풍속이 초당 30미터를 초과하는 바람이 불거나 중진(中震) 이상 진도의 지진이 있은 후 : 옥외 양중기 각 부위 이상 점검
⑤ 순간풍속이 초당 35미터를 초과 : 옥외 승강기 및 건설용 리프트(지하에 설치되어 있는 것은 제외)에 대하여 받침의 수를 증가시키는 등 승강기가 무너지는 것을 방지하기 위한 조치

**20** 타워크레인을 설치·조립·해체하는 작업에서 작성하여야 하는 작업계획서의 내용 4가지를 적으시오.

① 타워크레인의 종류 및 형식
② 설치·조립 및 해체순서
③ 작업도구·장비·가설설비(假設設備) 및 방호설비
④ 작업인원의 구성 및 작업근로자의 역할 범위
⑤ 타워크레인의 지지 방법

**21** 동영상에서는 상승식 (타워)크레인을 보여준다. 영상과 같이 구조물 위에 크레인을 설치할 경우 구조적인 안전성 확보를 위해 검토하여야 하는 사항 3가지를 적으시오.

① 마스트의 안전성
② 기초 앵커의 안전성
③ 기초 콘크리트의 안전성

> **참고**
>
> **상승식 크레인(climbing crane)**
>
> 건축물 외곽에 타워크레인을 설치할 공간이 없거나 고층건물 건축 시 사용되는 방법으로 건축 중인 구조물 위에 설치된 크레인을 말한다. 구조물의 높이가 증가함에 따라 자체의 상승 장치에 의해 수직방향으로 상승시킬 수 있는 크레인을 말한다.

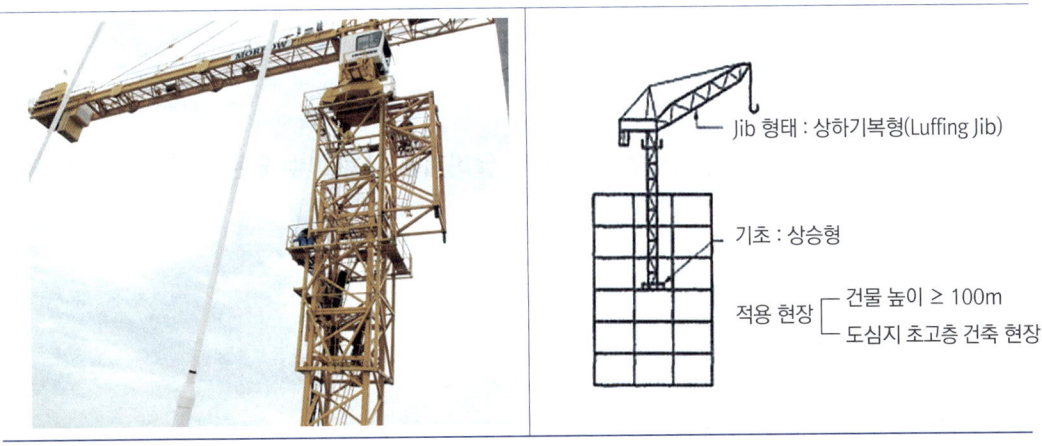

**22** 크레인을 사용하여 근로자를 운반하거나 근로자를 달아 올린 상태에서 작업에 종사시켜서는 아니 된다. 다만, 크레인에 전용 탑승설비를 설치하고 추락 위험을 방지하기 위한 조치를 한 경우는 그러하지 아니하다. 이 경우 하여야 하는 조치사항 3가지를 적으시오.

① 탑승설비가 뒤집히거나 떨어지지 않도록 필요한 조치를 할 것
② 안전대나 구명줄을 설치하고, 안전난간을 설치할 수 있는 구조인 경우이면 안전난간을 설치할 것
③ 탑승설비를 하강시킬 때에는 동력하강방법으로 할 것

**23** 동영상은 항타기의 작업 모습을 보여준다. (1) 권상용 와이어로프의 사용금지 기준 3가지를 적으시오. (2) 화물 권상용으로 사용하는 섬유로프의 사용금지 기준을 2가지 적으시오.

(1) 와이어로프의 사용금지 기준
① 이음매가 있는 것
② 와이어로프의 한 꼬임에서 끊어진 소선의 수가 10퍼센트 이상인 것
③ 지름의 감소가 공칭지름의 7퍼센트를 초과하는 것
④ 꼬인 것
⑤ 심하게 변형되거나 부식된 것
⑥ 열과 전기충격에 의해 손상된 것

(2) 섬유로프의 사용금지 기준
① 꼬임이 끊어진 것
② 심하게 손상되거나 부식된 것

**24** 동영상은 달비계의 작업 모습을 보여준다. 달비계에 사용할 수 없는 섬유로프 또는 섬유벨트의 조건을 2가지 적으시오.

① 꼬임이 끊어진 것
② 심하게 손상되거나 부식된 것
③ 2개 이상의 작업용 섬유로프 또는 섬유벨트를 연결한 것
④ 작업높이보다 길이가 짧은 것

> **참고**
>
> **달기체인의 사용 금지 조건**
> ① 달기 체인의 **길이가** 달기 체인이 **제조된 때의 길이의 5퍼센트를 초과한 것**
> ② **링의 단면지름이** 달기 체인이 제조된 때의 해당 **링의 지름의 10퍼센트를 초과하여 감소한 것**
> ③ **균열이 있거나 심하게 변형된 것**

**25** 「운반하역 표준 안전 작업지침」에 의하여 와이어로프에 대하여 작업 시작 전에 실시하여야 하는 검사 항목(점검 항목) 3가지를 적으시오.

 정답
① 이음매
② 소선의 절단
③ 마모
④ 꼬임
⑤ 비틀림
⑥ 변형
⑦ 녹, 부식
⑧ 로프 끝의 고정상태

**26** 「운반하역 표준안전 작업지침」에 의하여 샤클에 대하여 작업시작 전에 실시하여야 하는 검사항목(점검항목) 3가지를 적으시오.

 정답
① 마모
② 균열
③ 핀의 변형
④ 나사
⑤ 핀

**27** 동영상을 보고 다음 물음에 답하시오.

(1) 동영상에서 보여주는 건설장비의 명칭을 적으시오.
(2) 동영상에서의 건설장비가 화물의 하중을 직접 지지하는 경우 사용되는 와이어로프의 안전율은 얼마인가?
(3) 근로자가 탑승하는 운반구를 지지하는 달기와이어로프 또는 달기체인의 안전율(안전계수)은 얼마인가?

정답

(1) 이동식 크레인
(2) 5 이상
(3) 10 이상

### 참고

**양중기의 와이어로프 등 달기구의 안전계수**

① 근로자가 탑승하는 운반구를 지지하는 달기와이어로프 또는 달기체인의 경우 : 10 이상
② 화물의 하중을 직접 지지하는 달기와이어로프 또는 달기체인의 경우 : 5 이상
③ 훅, 샤클, 클램프, 리프팅 빔의 경우 : 3 이상
④ 그 밖의 경우: 4 이상

## 28. 동영상은 크레인(타워크레인)의 작업 장면을 보여주고 있다.

(1) 크레인 또는 타워크레인(호이스트 포함)에 부착하여야 할 방호장치의 종류를 2가지 적으시오.

(2) 차량계 하역운반 기계에 단위 화물의 무게가 100킬로그램 이상인 화물을 싣는 작업 또는 내리는 작업(화물 취급 작업) 시 작업의 지휘자(관리감독자)의 직무 3가지를 적으시오.

**정답**

(1) ① 과부하방지장치
   ② 권과방지장치
   ③ 비상정지장치
   ④ 제동장치

(2) ① 작업순서 및 작업순서마다의 작업방법을 결정하고 작업을 직접 지휘하는 일
   ② 기구 및 공구를 점검하고 불량품을 제거하는 일
   ③ 당해 작업을 행하는 장소에는 관계근로자 외의 자의 출입을 금지시키는 일
   ④ 로프풀기 작업 및 덮개를 벗기는 작업을 행하는 때에는 적재함의 화물에 낙하 위험이 없음을 확인한 후에 당해 작업의 착수를 지시하는 일

**참고**

**양중기의 방호장치**

| | |
|---|---|
| 크레인<br>(호이스트 포함) | – 과부하방지장치<br>– 권과방지장치(捲過防止裝置)<br>– 비상정지장치<br>– 제동장치<br>(기타 방호장치)<br>훅의 해지장치<br>안전밸브(유압식) |
| 이동식 크레인 | – 과부하방지장치<br>– 권과방지장치(捲過防止裝置)<br>– 비상정지장치<br>– 제동장치<br>(기타 방호장치)<br>훅의 해지장치<br>안전밸브(유압식) |

| | |
|---|---|
| 리프트<br>(자동차정비용 리프트 제외) | – 과부하방지장치<br>– 권과방지장치<br>– 비상정지장치<br>– 제동장치<br>– 조작반(盤) 잠금장치 |
| 곤돌라 | – 과부하방지장치<br>– 권과방지장치(捲過防止裝置)<br>– 비상정지장치<br>– 제동장치 |
| 승강기 | – 과부하방지장치<br>– 권과방지장치(捲過防止裝置)<br>– 비상정지장치<br>– 제동장치<br>– 파이널리미트스위치<br>– 출입문인터록<br>– 조속기(속도조절기) |

> **특급 암기법**
> - 공통 방호장치 : 과부하방지장치, 권과방지장치, 비상정지장치, 제동장치
> - 추가 설치
>   리프트(자동차정비용 제외) : 조작반잠금장치
>   승강기 : 파이널리미트스위치, 출입문인터록, 조속기(속도조절기)

**29** 동영상에서는 크레인(호이스트 포함)에 설치된 방호장치에 동그라미가 하나씩 그려지는 것을 보여준다. 동그라미가 그려지는 방호장치의 명칭을 적으시오.

**정답**
① 과부하방지장치
② 권과방지장치
③ 비상정지장치
④ 제동장치

**참고**

과부하 방지장치

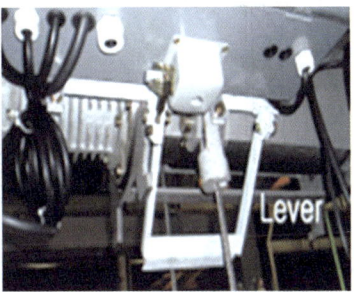

권과 방지장치

비상정치장치 스위치

훅 해지장치

출처 : 안전보건공단 자료실

**30** 화면에서는 건설용 리프트를 보여준다. 화면을 보고 건설용 리프트(자동차 정비용 리프트 제외)의 위험을 방지하기 위하여 설치하여야 하는 방호장치의 명칭을 3가지 적으시오. (단, 화면의 방호장치 (1) ~ (6) 중 순서에 상관없이 3가지를 적을 것)

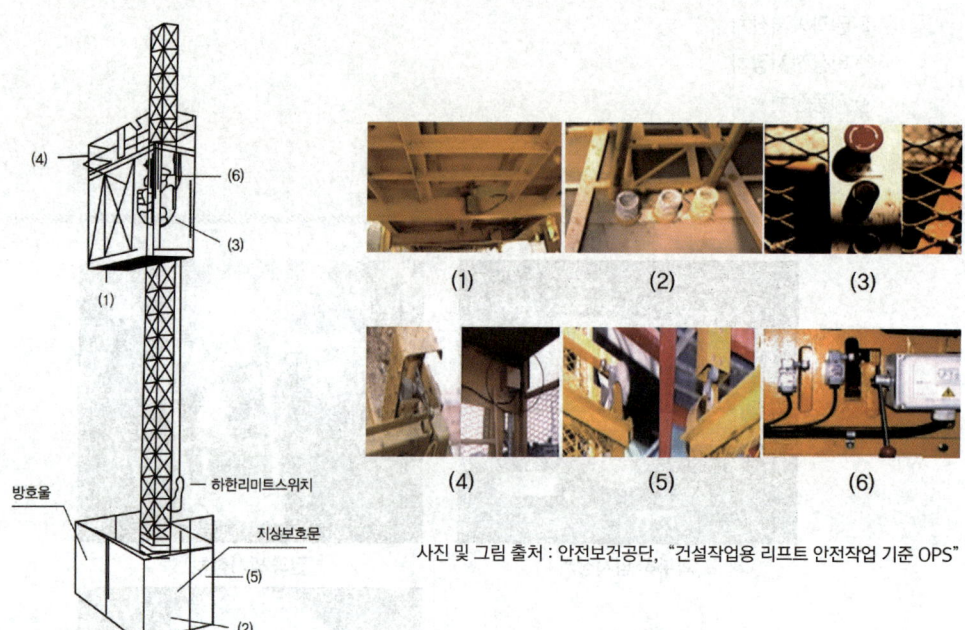

사진 및 그림 출처 : 안전보건공단, "건설작업용 리프트 안전작업 기준 OPS"

① 과부하방지장치
② 완충스프링
③ 비상정지장치
④ 출입문 인터록장치(연동장치)
⑤ 방호울 출입문 연동장치
⑥ 3상 전원차단장치

> 참고

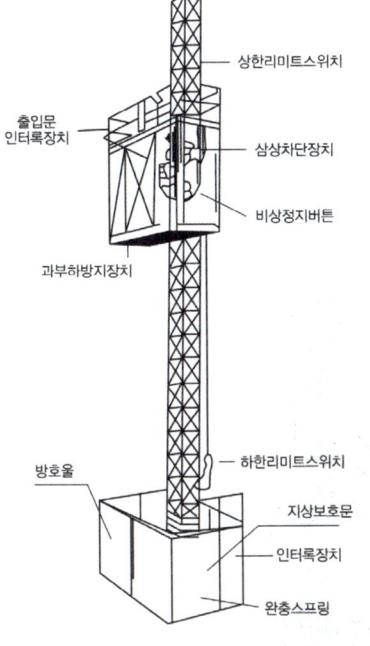

낙하방지장치(조속기)

완충 스프링

권과방지장치
(좌)전기식, (우)기계식

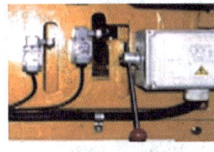
3상 전원차단장치

안전고리

과부하방지장치

출입문 연동장치

방호울 출입문 연동장치

비상정지장치

사진 및 그림 출처 : 안전보건공단, "건설작업용 리프트 안전작업 기준 OPS"

**31** 동영상은 지게차에 의한 하역운반 작업을 보여주고 있다. 다음 물음에 답하시오.

(1) 지게차 작업시작 전 점검사항 3가지
(2) 동영상에서와 같은 차량계 하역운반기계 작업시 운전자가 운전위치에서 이탈할 때 운전자의 준수사항 2가지
(3) 산업안전보건법에 의하여 지게차에 설치하여야 하는 방호장치 4가지를 적으시오.

(1) 지게차 작업시작 전 점검사항 3가지
 ① 제동장치 및 조정장치 기능의 이상 유무
 ② 하역장치 및 유압장치 기능의 이상 유무
 ③ 바퀴의 이상 유무
 ④ 전조등, 후미등, 방향지시기 및 경보장치 기능의 이상 유무

(2) 운전자가 운전위치에서 이탈하는 경우 운전자의 준수사항 2가지
 ① 포크, 버킷, 디퍼 등의 장치를 가장 낮은 위치 또는 지면에 내려 둘 것
 ② 원동기를 정지시키고 브레이크를 확실히 거는 등 갑작스러운 이동을 방지하기 위한 조치를 할 것
 ③ 운전석을 이탈하는 경우에는 시동키를 운전대에서 분리시킬 것

(3) 지게차의 방호장치
 ① 헤드가드
 ② 백레스트
 ③ 전조등, 후미등
 ④ 안전벨트

> **참고**

## 1. 차량계 건설기계의 운전자 위치 이탈 시 조치

① 포크, 버킷, 디퍼 등의 장치를 가장 낮은 위치 또는 지면에 내려 둘 것
② 원동기를 정지시키고 브레이크를 확실히 거는 등 갑작스러운 이동을 방지하기 위한 조치를 할 것
③ 운전석을 이탈하는 경우에는 시동키를 운전대에서 분리시킬 것

## 2. 지게차의 방호장치

① 헤드가드 : 지게차에는 최대하중의 2배(4톤을 넘는 값에 대해서는 4톤으로 한다)에 해당하는 등분포정하중(等分布靜荷重)에 견딜 수 있는 강도의 헤드가드를 설치하여야 한다.
② 백레스트 : 지게차에는 포크에 적재된 화물이 마스트의 뒤쪽으로 떨어지는 것을 방지하기 위한 백레스트(backrest)를 설치하여야 한다.
③ 전조등, 후미등 : 지게차에는 7천5백칸델라 이상의 광도를 가지는 전조등, 2칸델라 이상의 광도를 가지는 후미등을 설치하여야 한다.
④ 안전벨트 : 다음 각 호의 요건에 적합한 안전벨트를 설치하여야 한다.
  • 「산업표준화법」에 따라 인증을 받은 제품, 「품질경영 및 공산품안전관리법」에 따라 안전인증을 받은 제품, 국제적으로 인정되는 규격에 따른 제품 또는 국토해양부장관이 이와 동등 이상이라고 인정하는 제품일 것
  • 사용자가 쉽게 잠그고 풀 수 있는 구조일 것

**32** 동영상에서는 작업자가 맨손으로 리프트를 수리하던 중 감전을 당하는 장면을 보여준다.

(1) 감전을 방지하기 위하여 작업자가 착용하여야 하는 보호구의 명칭을 1가지 적으시오.
(2) 리프트에 설치하여야 하는 방호장치 2가지를 적으시오.

(1) 절연장갑

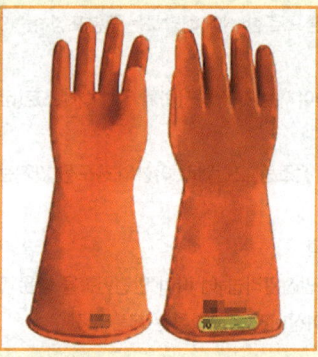

(2) 방호장치
① 권과방지장치
② 과부하방지장치
③ 비상정지장치
④ 제동장치
⑤ 조작반(盤) 잠금장치

**33** 타워크레인을 설치하거나 해체를 하려는 자는 산업안전보건법에서 정하는 바에 따라 인력·시설 및 장비 등의 요건을 갖추어 고용노동부장관에게 등록하여야 한다. 타워크레인 설치·해체업의 등록요건 중 (1) 기술자의 보유 인원수는 몇 명인가? (2) 필요한 자격요건 2가지를 적으시오.

(1) 기술자의 보유 인원수 : 4명 이상
(2) 필요한 자격 요건
① 판금제관기능사 또는 비계기능사의 자격을 가진 사람
② 타워크레인 설치·해체작업 교육기관에서 **지정된 교육을 이수하고 수료시험에 합격한 사람으로서** 합격 후 5년이 지나지 않은 사람
③ 지정된 타워크레인 설치·해체작업 교육기관에서 보수교육을 이수한 후 5년이 지나지 않은 사람

**34** 고소작업대를 이용하여 작업자가 외벽 도장 작업 중이다. (1) 화면에서와 같은 장비로 작업을 하는 경우의 안전 준수사항(고소작업대를 사용하는 경우의 준수사항) 2가지를 적으시오.(단, 설치 시의 준수사항은 제외할 것) (2) 고소작업대를 이동하는 경우의 준수사항 3가지를 적으시오.

사진 출처 : 할렐루야 렌탈

정답

(1) 고소작업대를 사용하는 때 준수사항
　① 작업자는 안전모·안전대 등의 보호구를 착용하도록 할 것
　② 관계자 외의 자가 작업구역 내에 들어오는 것을 방지하기 위하여 필요한 조치를 할 것
　③ 안전한 작업을 위하여 적정수준의 조도를 유지할 것
　④ 전로(電路)에 근접하여 작업을 하는 때에는 작업감시자를 배치하는 등 감전사고를 방지하기 위하여 필요한 조치를 할 것
　⑤ 작업대를 정기적으로 점검하고 붐·작업대 등 각 부위의 이상 유무를 확인할 것
　⑥ 전환스위치는 다른 물체를 이용하여 고정하지 말 것
　⑦ 작업대는 정격하중을 초과하여 물건을 싣거나 탑승하지 말 것
　⑧ 작업대의 붐대를 상승시킨 상태에서 탑승자는 작업대를 벗어나지 말 것

(2) 고소작업대를 이동하는 경우의 준수사항
   ① 작업대를 가장 낮게 하강시킬 것
   ② **작업자를 태우고 이동하지 말 것**(다만, 이동 중 전도 등의 위험예방을 위하여 유도하는 사람을 배치하고 짧은 구간을 이동하는 경우에는 작업대를 가장 낮게 내린 상태에서 작업자를 태우고 이동할 수 있다.)
   ③ 이동통로의 요철상태 또는 장애물의 유무 등을 확인할 것

> 참고
>
> 고소작업대를 설치하는 경우의 준수사항
> ① 바닥과 고소작업대는 가능하면 수평을 유지하도록 할 것
> ② 갑작스러운 이동을 방지하기 위하여 아웃트리거 또는 브레이크 등을 확실히 사용할 것

**35** 「운반하역 표준안전 작업지침」에 의하여 크레인 등 고정식기계 운반 하역작업을 하는 경우 "걸이" 작업의 기준 3가지를 적으시오.

> 화면 설명
>
> 철골을 1줄 걸이로 들어 올리고 있다. 유도 로프가 없어 철골이 흔들리며 주변의 전선과 접촉하려는 순간 작업자가 놀라며 떨어진다. 작업자는 안전모를 착용하였으나 턱끈을 고정하지 않았다.

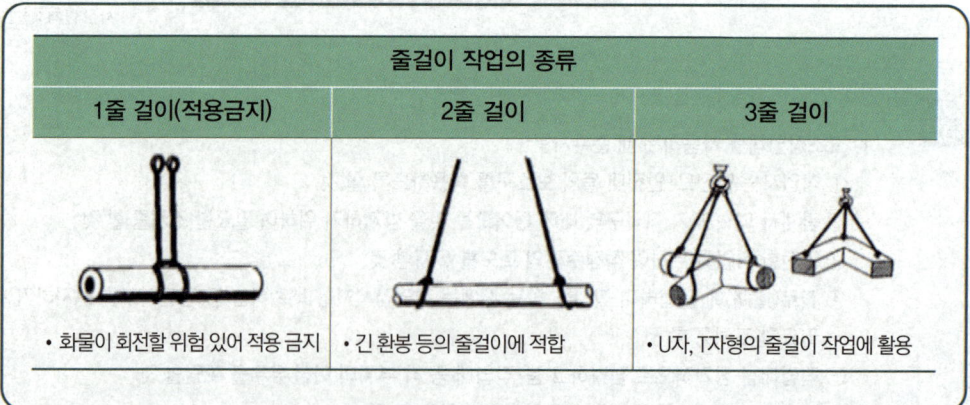

① 와이어로프 등은 크레인의 후크 중심에 걸어야 한다.
② 인양 물체의 안정을 위하여 2줄 걸이 이상을 사용하여야 한다.
③ 밑에 있는 물체를 걸고자 할 때에는 위의 물체를 제거한 후에 행하여야 한다.
④ 매다는 각도는 60도 이내로 하여야 한다.
⑤ 근로자를 매달린 물체 위에 탑승시키지 않아야 한다.

36  운반하역 표준 안전 작업지침에 의하여 고정식 기계 운반하역 운전자는 작업 시작 전에 점검하여 각 장치의 기능 상태를 항상 파악하고 있어야 한다. 작업 시작 전 점검 항목 중 괄호에 적합한 내용을 적으시오.

[보기]
(1) 점검을 실시할 때에는 사전점검의 소요시간을 정하고, 점검시간을 보기 쉬운 장소에 표시함과 동시에 표지(점검 중)를 부착하는 등의 조치를 하고 다른 근로자에게 주지시켜야 한다.
(2) 스위치에는 표지(점검 중 스위치를 넣지 말 것 등)를 부착하거나 ( ① )를 해야 한다.
(3) 주행로 상에 복수의 장비가 있을 때에는 주행로 양측에 ( ② )을 설치하여 인접 장비와의 충돌을 방지하여야 한다.
(4) 점검을 능률적으로 하기 위하여 ( ③ )명 이상의 점검자가 점검할 때에는 사전에 점검범위 등을 협의하여야 한다.

① 시건장치
② 가설 고임목
③ 2

**37** 동영상에서는 굴착작업을 보여 주고 있다. 다음 물음에 답하시오.

(1) 굴착 작업 시 사전조사 사항 3가지를 적으시오.
(2) 굴착 작업 시 작성하여야 하는 작업계획서의 내용 3가지를 적으시오.
(3) 굴착작업 시 토사 등의 붕괴 또는 낙하에 의한 위험방지 조치사항 3가지를 적으시오.
(4) 굴착사면을 덮어놓은 비닐(천막)의 용도를 2가지 적으시오.

(1) ① 형상, 지질 및 지층의 상태
　　② 매설물 등의 유무 또는 상태
　　③ 균열, 함수, 용수 및 동결의 유무 또는 상태
　　④ 지반의 지하수위 상태
(2) ① 굴착방법 및 순서, 토사 반출 방법
　　② 필요한 인원 및 장비 사용계획
　　③ 매설물 등에 대한 이설 · 보호대책
　　④ 사업장 내 연락방법 및 신호방법
　　⑤ 흙막이 지보공 설치방법 및 계측계획
　　⑥ 작업지휘자의 배치계획
　　⑦ 그 밖에 안전 · 보건에 관련된 사항

> **특급 암기법** 작업지휘자 배치 → 인원 · 장비계획 → 지보공 설치 → 매설물보호 → 굴착 · 반출

(3) 토사 등의 붕괴 또는 낙하에 의한 위험방지 조치사항
　　① 흙막이 지보공 설치
　　② 방호망 설치
　　③ 근로자 출입금지 조치
(4) ① 빗물 등의 침투 방지
　　② 사면의 붕괴재해 예방

**38** 굴착 시에 발생할 수 있는 히빙현상의 방지책을 2가지 적으시오.

① 흙막이 벽체의 근입 깊이를 깊게 한다.
② 양질의 재료로 지반을 개량한다. (흙의 전단강도를 높인다)
③ 굴착 주변에 웰포인트 공법을 병행한다.
④ 어스앵커를 설치한다.
⑤ 굴착부 주변의 상재하중을 제거한다.

> **참고**

### 1. 히빙현상

연질점토 지반에서 굴착에 의한 흙막이 내·외면의 흙의 중량차이(토압)로 인해 굴착저면이 부풀어 올라오는 현상(흙막이 바깥 흙이 안으로 밀려든다)

### 2. 히빙현상의 발생원인

① 배면지반과 터파기 저면과의 **토압 차**
② **연약지반** 및 하부지반의 강성부족
③ **지표면**의 토사적치 등 **과재하**
④ **흙막이 밑둥 넣기 부족**

---

**39** 절토작업 시에는 상·하부 동시작업은 금지하여야 하나 부득이한 경우 필요한 조치를 실시한 후 작업하도록 되어있다. 이 경우 조치하여야 할 사항 3가지를 적으시오. (일반적으로 동영상과 같은 작업은 하지 않지만, 부득이한 경우 안전조치를 한 후 실시하여야 한다. 필요한 안전조치 사항 3가지를 적으시오.)

> **화면 설명**

성토한 흙더미 위와 아래에서 동시에 백호 2대가 작업을 하고 있다. 아래에 있는 근로자가 흙더미에 맞아 쓰러지는 장면을 보여준다.

① 견고한 낙하물 방호시설 설치
② 부석 제거
③ 작업 장소에 불필요한 기계 등의 방치 금지
④ 신호수 및 담당자 배치

**40** 동영상에서는 도심지의 깊은 굴착현장에 설치된 흙막이지보공을 보여준다. 다음 물음에 답하시오.

그림출처 : 대한 종합안전 / 그림출처 : 대한 종합안전

(1) 공법의 종류
(2) 흙막이지보공을 설치한 때 점검사항 3가지를 적으시오.
(3) 깊이 10.5m 이상의 굴착작업 시에 필요한 계측기기의 종류 3가지를 적으시오.
(4) 굴착작업 시 필요한 계측기의 종류 3가지와 용도를 적으시오.

**정답**

(1) 공법의 종류 : 어스 앵커 공법

(2) 흙막이지보공 정기 점검사항
 ① 부재의 손상·변형·부식·변위 및 탈락의 유무와 상태
 ② 버팀대의 긴압의 정도
 ③ 부재의 접속부·부착부 및 교차부의 상태
 ④ 침하의 정도

(3) 10.5m 이상의 굴착작업 시에 필요한 계측기의 종류
 ① 수위계
 ② 경사계
 ③ 하중 및 침하계
 ④ 응력계

(4) 굴착작업 시 필요한 계측기의 종류 3가지와 용도
 ① 경사계(Tilt-meter) : 구조물의 경사각 및 변형상태를 측정
 ② 하중계(load-cell) : 어스앵커(Earth anchor) 등의 축 하중의 변화를 측정
 ③ 변형률계(Strain-gauge) : 토류 구조물의 각 부재와 인근 구조물의 각 지점 및 타설 콘크리트 등의 응력변화를 측정
 ④ 지하 수위계(Water levelmeter) : 지하수위 변화를 측정

### 참고

**어스앵커공법**

버팀대 대신 흙막이 벽을 어스드릴(Earth Drill)로 구멍을 뚫은 후 그 속에 철근 또는 PC강선 등 인장재를 삽입하고 그 주변을 모르타르로 그라우팅한 다음 외부에서 PC 강선이나 철근 등에 인장력을 가해 정착시키는 흙막이공법

---

**41** 동영상에서는 채석작업을 보여 주고 있다. (1) 연암의 굴착면의 기울기 기준을 적으시오. (2) 채석작업을 하는 경우 지반의 붕괴 또는 토석의 낙하로 인한 위험을 방지하기 위하여 당일 작업시작 전에 점검하여야 하는 내용을 2가지 적으시오.

 **정답**

(1) 연암의 기울기 기준
   1 : 1.0
(2) 채석작업 시 작업시작 전 점검하여야 하는 내용
   ① 작업장소 및 그 주변 지반의 부석과 균열의 유무 및 상태
   ② 함수·용수 및 동결상태의 변화

---

### 참고

**채석작업 시 지반붕괴 위험방지 조치**

채석작업을 하는 경우 지반의 붕괴 또는 토석의 낙하로 인하여 근로자에게 발생할 우려가 있는 위험을 방지하기 위하여 다음 각 호의 조치를 하여야 한다.
① 점검자를 지명하고 당일 작업 시작 전에 작업장소 및 그 주변 지반의 부석과 균열의 유무와 상태, 함수·용수 및 동결상태의 변화를 점검할 것
② 점검자는 발파 후 그 발파 장소와 그 주변의 부석 및 균열의 유무와 상태를 점검할 것

---

**42** 동영상에서는 채석작업을 보여 주고 있다. 채석작업을 하는 경우 붕괴 등에 의한 위험방지를 위하여 사업주가 조치를 하여야 하는 사항 2가지를 적으시오.

 **정답**

① 붕괴 또는 낙하에 의하여 근로자를 위험하게 할 우려가 있는 토석·입목 등을 미리 제거
② 방호망 설치

**43** 동영상에서는 흙막이 공사를 보여준다. 흙막이지보공 설치시의 안전사항 2가지를 적으시오.

① 흙막이 지보공의 **재료로 변형·부식**되거나 심하게 손상된 것을 사용해서는 아니 된다.
② 흙막이 지보공을 조립하는 경우 미리 **조립도**를 작성하여 그 조립도에 따라 조립하도록 하여야 한다.
③ **조립도에는** 흙막이판·말뚝·버팀대 및 띠장 등 부재의 배치·치수·재질 및 설치방법과 순서가 명시되어야 한다.

**44** 동영상은 사면 보호공을 보여주고 있다. 사면보호 공법 중 구조물에 의한 보호공법 2가지를 적으시오.

① 블록 붙임공 또는 돌붙임공(법)
② 콘크리트(블록) 격자공(법)
③ 돌망태공(법)
④ 콘크리트 뿜어붙이기공(법)

**45** 동영상에서는 토공작업을 보여준다. 토공작업 시 토석붕괴의 (1) 외적요인 2가지와 (2) 내적요인 3가지를 쓰시오.

(1) ① 사면, 법면의 경사 및 기울기의 증가
② 절토 및 성토 높이의 증가
③ 공사에 의한 진동 및 반복 하중의 증가
④ 지표수 및 지하수의 침투에 의한 토사 중량의 증가
⑤ 지진, 차량, 구조물의 하중작용
⑥ 토사 및 암석의 혼합층 두께

(2) ① 절토 사면의 토질·암질
② 성토 사면의 토질구성 및 분포
③ 토석의 강도 저하

**46** 동영상에서는 굴착사면을 보여준다. 경사면의 안정성 검토를 위한 조사사항 3가지를 적으시오.

① 지질조사
② 토질시험
③ 사면붕괴 이론적 분석
④ 과거의 붕괴된 사례 유무
⑤ 토층의 방향과 경사면의 상호관련성
⑥ 단층, 파쇄대의 방향 및 폭
⑦ 풍화의 정도
⑧ 용수의 상황

**47** 동영상에서 작업자는 상수도관을 매설하기 위하여 굴착작업을 하고 있다. 굴착작업 시 각 지반의 종류에 따른 기울기 기준을 적으시오.

| 지반의 종류 | 굴착면의 기울기 |
| --- | --- |
| 모래 | ( ① ) |
| 연암 및 풍화암 | ( ② ) |
| 경암 | ( ③ ) |
| 그 밖의 흙 | ( ④ ) |

| 지반의 종류 | 굴착면의 기울기 |
| --- | --- |
| 모래 | 1 : 1.8 |
| 연암 및 풍화암 | 1 : 1.0 |
| 경암 | 1 : 0.5 |
| 그 밖의 흙 | 1 : 1.2 |

**48** 「굴착공사 표준안전 작업지침」에 의하여 기계에 의한 굴착작업 시에 작업 전 점검하여야 하는 사항 3가지를 적으시오.

① 낙석, 낙하물 등의 위험이 예상되는 작업 시 견고한 헤드가드 설치상태
② 브레이크 및 클러치의 작동상태
③ 타이어 및 궤도차륜 상태
④ 경보장치 작동상태
⑤ 부속장치의 상태

**49** 동영상은 터널굴착작업을 보여준다. 다음 물음에 답하시오.

(1) 터널굴착 시 작성하여야 하는 작업계획서에 포함하여야 하는 사항 2가지를 적으시오.
(2) 굴착작업 시에 낙석(반)이 우려되는 경우 사업주의 조치사항을 2가지 적으시오.
(3) 터널시공계획 시의 사전조사 할 내용을 적으시오.
(4) 터널지보공 설치 시 점검하여야 하는 항목 3가지를 적으시오.
(5) 동영상에서 보여주는 터널공사 공법의 명칭을 적으시오.

(1) ① 굴착의 방법
    ② 터널지보공 및 복공의 시공방법과 용수처리 방법
    ③ 환기 또는 조명시설을 하는 때에는 그 방법
(2) ① 터널지보공 설치
    ② 록볼트 설치
    ③ 부석 제거
(3) 보링(boring) 등 적절한 방법으로 낙반 · 출수(出水) 및 가스폭발 등으로 인한 근로자의 위험을 방지하기 위하여 미리 지형 · 지질 및 지층상태를 조사
(4) ① 부재의 손상 · 변형 · 부식 · 변위 탈락의 유무 및 상태
    ② 부재의 긴압의 정도
    ③ 부재의 접속부 및 교차부의 상태
    ④ 기둥침하의 유무 및 상태
(5) TBM 공법

> 참고

**TBM 공법**

터널 굴착기(tunnel boring machine)를 이용해서 암반을 압쇄, 절삭해서 굴착하는 기계식 터널굴착공법

**50** 동영상은 터널공사 현장을 보여준다. 물음에 답하시오.

(1) 터널공사 표준안전작업지침에 의하여 버력 처리 장비 선정 시에 고려하여야 하는 사항 3가지를 적으시오.

(2) 버력 처리에 사용되는 차량계 운반 장비는 작업 시작 전 점검하고 이상이 발견된 때에는 즉시 보수 및 기타 필요한 조치를 하여야 한다. 차량계 운반 장비의 작업 시작 전 점검사항 3가지를 적으시오.

> 화면 설명

터널 내에서 굴착한 토사(버력)을 컨베이어로 이동하여 버력 반출용 대차를 이용하여 반출하는 모습과 TBM 장비를 보여준다.

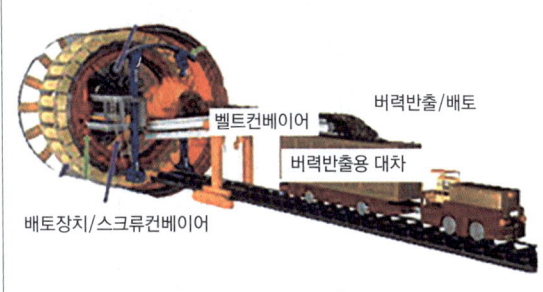

사진 출처 : https://patents.google.com

**정답**

(1) 버력 처리 장비 선정 시에 고려 사항
   ① 굴착 단면의 크기 및 단위 발파 버력의 물량
   ② 터널의 경사도
   ③ 굴착방식
   ④ 버력의 상상 및 함수비
   ⑤ 운반 통로의 노면상태

(2) 차량계 운반 장비의 작업 시작 전 점검사항
   ① 제동장치 및 조절장치 기능의 이상 유무
   ② 하역장치 및 유압장치 기능의 이상 유무
   ③ 차륜의 이상 유무
   ④ 경광, 경음장치의 이상 유무

**참고**

**버력** : 터널을 굴착하기 위하여 암을 파쇄한 후 남는 암 조각, 즉 쪼개진 암석을 (암)버력이라고 한다.
**버력 처리** : 천공발파로 발생된 버력을 갱 밖으로 반출하는 작업을 말하며 싣기, 운반, 버리기의 작업으로 이루어진다.

**51** 산업안전보건법에 의하여 터널 지보공 중 강(鋼)아치 지보공의 조립 시에 따라야 하는 사항 3가지를 적으시오.

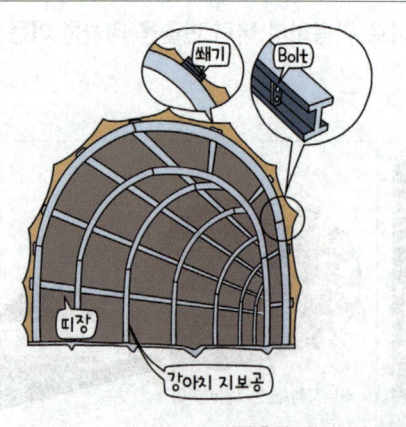
사진 출처 : 안전보건공단

사진 출처 : 안전보건공단

① 조립 간격은 조립도에 따를 것
② 주재가 아치작용을 충분히 할 수 있도록 쐐기를 박는 등 필요한 조치를 할 것
③ 연결 볼트 및 띠장 등을 사용하여 주재 상호 간을 튼튼하게 연결할 것
④ 터널 등의 출입구 부분에는 받침대를 설치할 것
⑤ 낙하물이 근로자에게 위험을 미칠 우려가 있는 경우에는 널판 등을 설치할 것

**참고**

강(鋼)아치 지보공 : 강재(鋼材)로 제작된 아치형의 터널 지보공을 말한다.

**52** 터널공사 표준안전작업지침에 의한 터널 작업면의 적합한 조도기준을 나타내었다. 괄호에 적합한 숫자를 적으시오.

| 작업 구분 | 기준 |
|---|---|
| 막장 구간 | ( ① )Lux 이상 |
| 터널중간 구간 | ( ② )Lux 이상 |
| 터널 입출구, 수직구 구간 | ( ③ )Lux 이상 |

① 70　② 50　③ 30

**53** 동영상은 터널공사현장을 보여준다. 터널작업 시 사용하는 자동경보장치는 당일 작업 시작 전에 점검하고 이상 발견 시 즉시 보수하여야 한다. 자동경보장치의 작업시작 전 점검사항 2가지를 적으시오.

① 계기의 이상 유무
② 검지부의 이상 유무
③ 경보장치의 작동상태

**54** 터널공사(NATM 기준)의 경우 굴착지반의 거동, 지보공 부재의 변위, 응력의 변화 등에 대한 정밀 측정을 통해 계측관리를 지속적으로 해주어야 한다. 이를 위해 측정하여야 할 사항 4가지만 쓰시오.

① 내공변위 측정
② 천단침하 측정
③ 지중, 지표침하 측정
④ 록볼트 축력측정
⑤ 숏크리트 응력 측정

**55** 동영상은 터널공사 현장의 록볼트 설치장면을 보여준다. 록볼트의 역할을 3가지 적으시오.

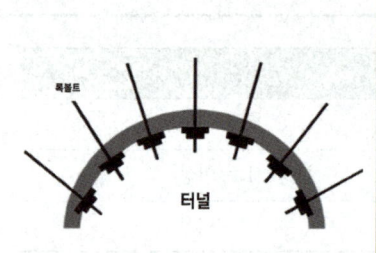

사진 출처 : ㈜한토이엔씨    사진 출처 : 세한기초개발

① 봉합효과 : 암반을 고정하여 부석 및 낙반의 낙하방지
② 내압효과 : 록볼트의 인장력이 터널의 내압으로 작용한다.
③ 보강효과 : 암반의 균열과 절리면에 록볼트를 삽입하여 균열에 따른 지반의 파괴 방지
④ 전단저항 효과 : 전단파괴 방지

## 56 동영상에서는 터널공사 현장을 보여준다.

(1) 터널공사 안전보건작업지침(NATM공법)에 의한 장약작업 시의 준수사항 3가지를 적으시오.

(2) 전기뇌관에 의한 발파의 경우 점화하기 전에 화약류를 장전한 장소로부터 얼마 이상 떨어진 장소에서 도통시험을 하여야 하는가?

(3) 터널 내에서 금속의 용접 · 용단 또는 가열 작업시의 화재 예방 조치사항 2가지를 적으시오.

정답

(1) 장약작업 시의 준수사항
   ① 장약작업 장소 인근에서는 화기사용 및 흡연을 하지 않도록 할 것
   ② 장약작업 장소 인근에서는 전기용접 작업이나 동력을 사용하는 기계를 사용하지 않을 것
   ③ 장약작업을 하는 근로자가 안전모 등 적절한 보호구를 착용하도록 할 것
   ④ 기존의 발파에 사용된 발파공에는 장약하지 않도록 할 것
   ⑤ 장약작업 중에는 관계 근로자가 아닌 사람의 출입을 금지할 것

(2) 30m

(3) 금속의 용접 · 용단 또는 가열 작업 시의 화재 예방 조치사항
   ① 부근에 있는 넝마·나무 부스러기·종이 부스러기 그 밖의 가연성 물질을 제거하거나 그 가연성 물질에 불연성 물질의 덮개를 하거나 그 작업에 수반하는 불티 등이 날아 흩어지는 것을 방지하기 위한 격벽을 설치할 것
   ② 당해 작업에 종사하는 근로자에게 소화설비의 설치장소 및 사용방법을 주지시킬 것
   ③ 당해 작업 종료 후 불티 등에 의하여 화재가 발생할 위험 유무를 확인할 것

사진 출처 : 안전보건공단

**57** 발파작업 표준 안전 작업지침에 의하여 발파작업 장소에서 약포에 공업뇌관 혹은 전기 뇌관을 설치하거나 약포를 취급하는 작업을 하기 위해 화공 작업소를 설치하는 경우 화공 작업소의 주위에는 적당한 경계선을 설치하고 경계표시판을 설치하여야 한다.

(1) 화공 작업소에 설치하여야 하는 경계 표시판의 종류 3가지를 적으시오.

(2) 화약류 저장소의 내부에 동·하절기의 계절적 영향과 온도의 변화를 최소화하거나 또는 다이너마이트를 저장할 때 비치하여야 하는 것 1가지를 적으시오.

(1) 경계표시판의 종류
① "화약" 표시판
② "출입금지" 표시판
③ "화기엄금" 표시판

(2) 화약류 저장소의 내부에 비치하여야 하는 것 : 최고 최저 온도계

**58** 동영상에서는 터널 내 뿜어붙이기 콘크리트 작업을 보여준다. 뿜어붙이기 콘크리트 작업 시에는 사전에 작업계획을 수립 후 실시하여야 한다. 작업계획에 포함하여야 하는 사항 3가지를 적으시오.

① 사용목적 및 투입장비
② 건식공법, 습식공법 등 공법의 선택
③ 노즐의 분사출력기준
④ 압송거리
⑤ 분진방지대책
⑥ 재료의 혼입기준
⑦ 리바운드 방지대책
⑧ 작업의 안전수칙

**59** 「터널공사 표준안전작업 지침」에 의하여 지반 및 암반의 상태에 따른 뿜어붙이기 콘크리트의 최소 두께는 다음 기준 이상이 되어야 한다. 괄호에 적합한 숫자를 적으시오.

[보기]

가. 약간 취약한 암반 : 2cm

나. 약간 파괴되기 쉬운 암반 : 3cm

다. 파괴되기 쉬운 암반 : ( ① )cm

라. 매우 파괴되기 쉬운 암반 : 7cm(철망병용)

마. 팽창성의 암반 : ( ② )cm(강재 지보공과 철망병용)

① 5   ② 15

**60** 동영상은 콘크리트 타설 장면을 보여준다. 콘크리트 타설 시 측압에 영향을 주는 요인 3가지를 적으시오.

① 타설 속도
② 콘크리트 비중
③ 타설 시 온도 및 습도
④ 철골, 철근량
⑤ 콘크리트 다짐 정도

**콘크리트의 측압**

① 타설속도가 빠를수록 측압이 크다.
② 콘크리트 비중이 클수록 측압이 크다.
③ 다짐이 좋을수록 측압이 크다.
④ 외기온도가 낮을수록 측압이 크다.
⑤ 습도가 낮을수록 측압이 크다.
⑥ 철골 or 철근량 적을수록 측압이 크다.

**61** 동영상에서는 콘크리트 타설작업을 보여준다. (1) 콘크리트 타설작업 시의 준수사항 3가지를 적으시오. (2) 콘크리트 타설작업 시의 준수사항 중 이상 유무 등을 점검하고 이상을 발견한 때에는 이를 보수하여야 하는 사항 3가지를 적으시오.

(1) 콘크리트 타설작업 시의 준수사항
① 당일의 작업을 시작하기 전에 해당 작업에 관한 거푸집 동바리 등의 변형·변위 및 지반의 침하 유무 등을 점검하고 이상이 있으면 보수할 것
② 작업 중에는 감시자를 배치하는 등의 방법으로 거푸집 및 동바리의 변형·변위 및 침하 유무 등을 확인해야 하며, 이상이 있으면 작업을 중지하고 근로자를 대피시킬 것
③ 콘크리트의 타설작업 시 거푸집붕괴의 위험이 발생할 우려가 있으면 충분한 보강조치를 할 것
④ 설계도서상의 콘크리트 양생기간을 준수하여 거푸집 및 동바리를 해체할 것
⑤ 콘크리트를 타설하는 경우에는 편심이 발생하지 않도록 골고루 분산하여 타설할 것

(2) 이상 유무 등을 점검하고 이상을 발견한 때에는 이를 보수하여야 하는 사항
① 거푸집 동바리 등의 변형
② 거푸집 동바리 등의 변위
③ 지반의 침하 유무

**62** 동영상에서는 콘크리트 타설작업 현장을 보여준다. (1) 펌프카 등 콘크리트 타설 장비를 사용하는 경우 빈번하게 발생할 수 있는 사고 유형 2가지와 (2) 콘크리트 분배기, 콘크리트 펌프카 등 콘크리트 타설 장비를 사용하는 경우 준수하여야 할 사항(사고 예방 대책) 3가지를 적으시오.

(1) 사고 유형
① 타설 호스의 요동, 선회로 인한 근로자의 추락
② 콘크리트 펌프카의 전도
③ 콘크리트 펌프카의 붐 조정 시 주변전선 등에 의한 감전 위험
④ 타설 호스 선단의 요동으로 인한 근로자와 호스의 충돌

(2) 콘크리트 타설 장비를 사용하는 경우 준수 사항(사고 예방 대책)
① 작업을 시작하기 전에 콘크리트 타설 장비를 점검하고 이상을 발견하였으면 즉시 보수할 것
② 건축물의 난간 등에서 작업하는 근로자가 호스의 요동·선회로 인하여 추락하는 위험을 방지하기 위하여 안전난간 설치 등 필요한 조치를 할 것
③ 콘크리트 타설 장비의 붐을 조정하는 경우에는 주변의 전선 등에 의한 위험을 예방하기 위한 적절한 조치를 할 것
④ 작업 중에 지반의 침하나 아웃트리거 등 콘크리트 타설 장비 지지구조물의 손상 등에 의하여 콘크리트 타설 장비가 넘어질 우려가 있는 경우에는 이를 방지하기 위한 적절한 조치를 할 것

**63** 동영상에서는 시스템 동바리를 보여준다. 시스템 동바리의 설치방법에 관한 내용 중 괄호에 적합한 내용을 적으시오.

[보기]
(1) 수직 및 수평하중에 의한 동바리 본체의 변위로부터 구조적 안전성이 확보되도록 조립도에 따라 수직재 및 수평재에는 ( ① )를 견고하게 설치하도록 할 것
(2) 동바리 최상단과 최하단의 수직재와 ( ② )은 서로 밀착되도록 설치하고 수직재와 ( ② )의 연결부의 겹침길이는 받침철물 전체길이의 ( ③ ) 이상 되도록 할 것

사진 출처:㈜신영스틸    그림 출처 : 안전보건공단

**정답**
① 가새재
② 받침철물
③ 3분의 1

**참고**

**시스템 동바리의 설치방법**
① 수평재는 수직재와 직각으로 설치하여야 하며, 흔들리지 않도록 견고하게 설치할 것
② 연결철물을 사용하여 수직재를 견고하게 연결하고, 연결 부위가 탈락 또는 꺾어지지 않도록 할 것
③ 수직 및 수평하중에 의한 동바리 본체의 변위로부터 구조적 안전성이 확보되도록 조립도에 따라 수직재 및 수평재에는 가새재를 견고하게 설치하도록 할 것
④ 동바리 최상단과 최하단의 수직재와 받침철물은 서로 밀착되도록 설치하고 수직재와 받침철물의 연결부의 겹침길이는 받침철물 전체길이의 3분의 1 이상 되도록 할 것

**64** 동영상은 파이프서포트를 사용한 거푸집 동바리를 보여준다. 파이프서포트를 지주(동바리)로 사용할 경우 준수해야 할 사항에 대한 다음 물음에 답하시오.

> 1. 동바리의 이음은 ( ① ) 또는 ( ② )으로 하고 같은 품질의 재료를 사용할 것
> 2. 강재와 강재와의 접속부 및 교차부는 사진과 같은 ( ③ ) 등 전용철물을 사용하여 단단히 연결할 것
> 3. 동바리로 사용하는 강관은 높이가 ( ④ )m를 초과하는 파이프서포트를 사용할 경우에 대해서는 높이( ⑤ )m 이내마다 수평연결재를 2개 방향으로 만들고 수평연결재의 변위를 방지할 것

1. ① 맞댄이음, ② 장부이음
2. ③ 볼트 · 클램프
3. ④ 3.5, ⑤ 2

**65** 동영상은 파이프 서포트를 사용한 거푸집 동바리를 보여준다. 동바리로 사용하는 파이프 서포트 조립 시의 준수사항에 관한 다음 물음에 답하시오.

> 1. 파이프 서포트를 ( ① )개본 이상 이어서 사용하지 아니하도록 할 것
> 2. 파이프 서포트를 이어서 사용할 때에는 ( ② )개 이상의 ( ③ ) 또는 ( ④ )을 사용하여 이을 것
> 3. 높이가 ( ⑤ )미터를 초과할 때 높이 ( ⑥ )미터 이내마다 수평연결재를 ( ⑦ )개 방향으로 만들고 수평연결재의 ( ⑧ )를 방지할 것

① 3  ② 4  ③ 볼트  ④ 전용철물  ⑤ 3.5  ⑥ 2  ⑦ 2  ⑧ 변위

**66** 동영상은 거푸집 동바리의 붕괴장면을 보여준다. 지주(동바리)로 사용하는 파이프서포트의 조립 시 준수사항 3가지를 적으시오.

> ① 파이프서포트를 3개본 이상 이어서 사용하지 아니하도록 할 것
> ② 파이프서포트를 이어서 사용할 때에는 4개 이상의 볼트 또는 전용철물을 사용하여 이을 것
> ③ 높이가 3.5미터를 초과할 때 높이 2미터 이내마다 수평연결재를 2개 방향으로 만들고 수평연결재의 변위를 방지할 것

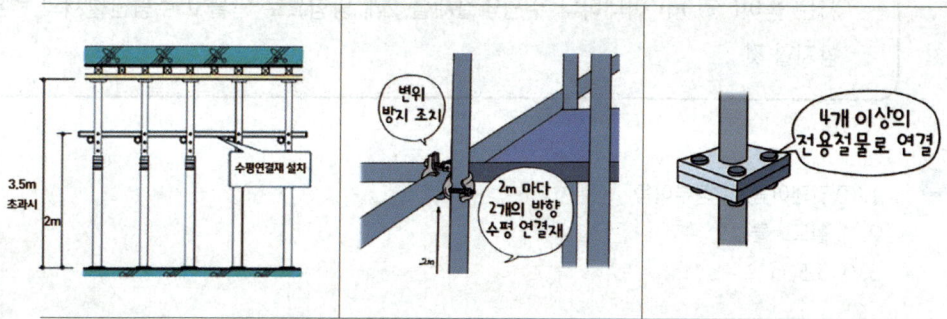

### 참고

**1. 동바리로 사용하는 강관 틀의 준수사항**
- 강관틀과 강관틀 사이에 교차가새를 설치할 것
- **최상단 및 5단 이내마다** 동바리의 측면과 틀면의 방향 및 교차가새의 방향에서 5개 이내마다 **수평연결재를 설치**하고 수평연결재의 변위를 방지할 것
- **최상단 및 5단 이내마다** 동바리의 틀면의 방향에서 양단 및 5개틀 이내마다 교차가새의 방향으로 **띠장틀을 설치할 것**

**2. 동바리로 사용하는 조립강주의 준수사항**
- **높이가 4미터를 초과할 때에는** 높이 4미터 이내마다 수평연결재를 2개 방향으로 설치하고 수평연결재의 변위를 방지할 것

**3. 보 형식의 동바리의 경우**
- 접합부는 충분한 걸침 길이를 확보하고 못, 용접 등으로 양 끝을 지지물에 고정시켜 미끄러짐 및 탈락을 방지할 것
- 양 끝에 설치된 보 거푸집을 지지하는 **동바리 사이에는 수평연결재를 설치하거나 동바리를 추가로 설치하는 등 보 거푸집이 옆으로 넘어지지 않도록** 견고하게 할 것
- 설계도면, 시방서 등 **설계도서를 준수하여 설치할 것**

## 67
동영상에서는 거푸집을 조립하는 장면을 보여준다. 거푸집 조립 순서를 번호를 이용하여 순서대로 나열하시오.

[보기]
① 보 받이 내력벽  ② 기둥  ③ 큰 보  ④ 바닥  ⑤ 내벽  ⑥ 작은 보  ⑦ 외벽

② → ① → ③ → ⑥ → ④ → ⑤ → ⑦

**참고**

① **조립 순서** : 기둥 → 보 받이 내력벽 → 큰 보 → 작은 보 → 바닥 → (내벽) → (외벽)
② **해체 순서** : 바닥 → 보 → 벽 → 기둥

## 68
동영상은 거푸집 동바리의 조립작업을 보여 주고 있다. 조립 또는 해체작업 시 준수사항 3가지를 쓰시오.

① 해당 작업을 하는 구역에는 **관계 근로자가 아닌 사람의 출입을 금지할 것**
② 비·눈 그 밖의 기상상태의 불안정으로 인하여 **날씨가 몹시 나쁜 경우에는** 그 **작업을 중지할 것**
③ 재료·기구 또는 공구 등을 올리거나 내리는 경우에는 근로자로 하여금 **달줄·달포대 등을 사용하도록 할 것**
④ 낙하·충격에 의한 돌발적 재해를 방지하기 위하여 **버팀목을 설치하고 거푸집 동바리 등을 인양장비에 매단 후에 작업을 하도록 하는** 등 필요한 조치를 할 것

**69** 동영상은 거푸집 동바리 설치 작업을 보여준다. 거푸집동바리의 조립 시 준수사항에 관한 괄호에 적합한 내용을 적으시오.

> [보기]
> 1. 받침목이나 깔판의 사용, 콘크리트 타설, 말뚝박기 등 동바리의 ( ① )를 방지하기 위한 조치를 할 것
> 2. 개구부 상부에 동바리를 설치하는 경우에는 상부하중을 견딜 수 있는 견고한 ( ② )를 설치할 것
> 3. 강재의 접속부 및 교차부는 볼트·클램프 등 ( ③ )을 사용하여 단단히 연결할 것

① 침하   ② 받침대   ③ 전용철물

**70** 동영상은 거푸집 동바리의 설치에 관한 내용이다.

(1) 동바리를 조립하는 경우 하중의 지지상태를 유지할 수 있도록 준수하여야 하는 사항 3가지를 적으시오.

(2) 거푸집 동바리의 침하를 방지하기 위한 조치사항 3가지를 적으시오.

(1) 거푸집 동바리의 조립 시 준수사항
  ① 받침목이나 깔판의 사용, 콘크리트 타설, 말뚝박기 등 **동바리의 침하를 방지하기 위한 조치를 할 것**
  ② **동바리의 상하 고정 및 미끄러짐 방지 조치를 할 것**
  ③ **상부·하부의 동바리가 동일 수직선상에 위치하도록 하여 깔판·받침목에 고정시킬 것**
  ④ **개구부 상부에 동바리를 설치하는 경우에는 상부하중을 견딜 수 있는 견고한 받침대를 설치할 것**
  ⑤ **U헤드 등의 단판이 없는 동바리의 상단에 멍에 등을 올릴 경우에는 해당 상단에 U헤드 등의 단판을 설치하고, 멍에 등이 전도되거나 이탈되지 않도록 고정시킬 것**
  ⑥ **동바리의 이음은 같은 품질의 재료를 사용할 것**
  ⑦ **강재의 접속부 및 교차부는 볼트·클램프 등 전용철물을 사용**하여 단단히 연결할 것
  ⑧ 거푸집의 형상에 따른 부득이한 경우를 제외하고는 **깔판이나 받침목은 2단 이상 끼우지 않도록 할 것**
  ⑨ **깔판이나 받침목을 이어서 사용하는 경우에는 그 깔판·받침목을 단단히 연결할 것**

(2) 거푸집 동바리의 침하를 방지하기 위한 조치사항
  ① 받침목이나 깔판의 사용
  ② 콘크리트 타설
  ③ 말뚝 박기

**71** 동영상에서는 거푸집 동바리를 보여준다. 화면에서 보여주는 거푸집 동바리 각 부재의 명칭을 적으시오.

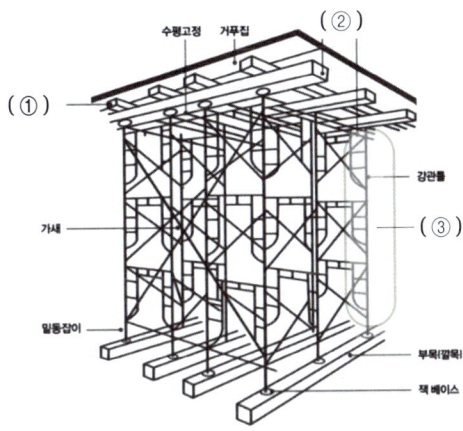

 ① 장선  ② 멍에  ③ 동바리(거푸집 동바리)

**참고**

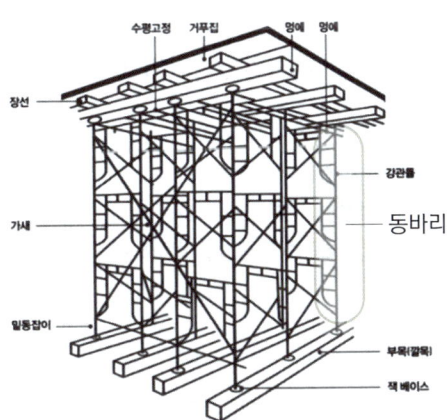

출처 : 안전보건공단 자료실

**72** 동영상에서는 거푸집을 조립하는 장면을 보여준다. 다음 물음에 답하시오.

(1) 거푸집을 조립하는 때에 거푸집이 콘크리트 하중이나 그 밖의 외력에 견딜 수 있거나, 넘어지지 않도록 하는 목적으로 설치해야 하는 장치 2가지를 적으시오.

(2) 거푸집 및 지보공(동바리) 시공 시에 고려해야 연직방향 하중의 종류를 3가지 적으시오.

(1) 설치해야 하는 장치
   ① 견고한 구조의 긴결재
   ② 버팀대 또는 지지대

(2) 연직방향 하중의 종류
   ① 거푸집의 중량
   ② 지보공(동바리)의 중량
   ③ 콘크리트의 중량
   ④ 철근의 중량
   ⑤ 타설용 기계기구의 중량
   ⑥ 작업원의 중량

**73** 거푸집 동바리 조립, 해체작업 시 관리감독자의 직무 3가지를 쓰시오.

① 안전한 작업방법을 결정하고 작업을 지휘하는 일
② 재료·기구의 결함 유무를 점검하고 불량품을 제거하는 일
③ 작업 중 안전대 및 안전모 등 보호구 착용상황을 감시하는 일

**74** 경사면 하부에 조립하는 거푸집 동바리 조립시의 준수사항 중 깔판·받침목 사용에 관한 준수사항 2가지를 적으시오.

① 거푸집의 형상에 따른 부득이한 경우를 제외하고는 깔판·받침목은 2단 이상 끼우지 않도록 할 것
② 깔판이나 받침목을 이어서 사용하는 경우에는 그 깔판·받침목을 단단히 연결할 것
③ 상부·하부의 동바리가 동일 수직선상에 위치하도록 하여 깔판·받침목에 고정시킬 것

**75** 콘크리트의 압축강도를 시험하지 않을 경우 거푸집널의 해체 시기를 나타내었다. 괄호에 적합한 숫자를 적으시오.

| 시멘트의 종류<br>평균기온 | 조강 포틀랜드 시멘트 | 보통 포틀랜드 시멘트<br>고로 슬래그 시멘트<br>(특급)<br>포틀랜드 포졸란 시멘트<br>(A종)<br>플라이애쉬 시멘트<br>(A종) | 고로 슬래그 시멘트<br>(1급)<br>포틀랜드 포졸란<br>시멘트(B종)<br>플라이애쉬 시멘트<br>(B종) |
|---|---|---|---|
| 20℃ 이상 | ( ① )일 | 4일 | 5일 |
| 20℃ 미만<br>10℃ 이상 | 3일 | ( ② )일 | 8일 |

**정답**  ① 2  ② 6

**참고**

**콘크리트의 압축강도를 시험할 경우 거푸집널의 해체 시기**

| 부위 | | 콘크리트 압축강도 |
|---|---|---|
| 기초, 보, 기둥, 벽 등의 측면 | | 5MPa 이상 |
| 슬래브 및 보의<br>밑면, 아치 내면 | 단층구조인 경우 | 설계기준 압축강도의 2/3배 이상<br>또한, 최소강도 14MPa 이상 |
| | 다층구조인 경우 | 설계기준 압축강도 이상<br>(필러 동바리 구조를 이용할 경우는 구조계산에 의해 기간을 단축할 수 있음. 단, 이 경우라도 최소강도는 14MPa 이상으로 함) |

주) 내구성이 중요한 구조물의 경우 10MPa 이상

**76** 동영상에서는 비계 조립, 해체 작업을 보여준다. 달비계 또는 높이 5m 이상의 비계를 조립, 해체 및 변경 작업 시 준수 사항 3가지를 적으시오.

정답

① 관리감독자의 지휘 하에 작업하도록 할 것
② 조립·해체 또는 변경의 시기·범위 및 절차를 그 작업에 종사하는 근로자에게 교육할 것
③ 조립·해체 또는 변경작업 구역 내에는 당해 작업에 종사하는 근로자외의 자의 출입을 금지시키고 그 내용을 보기 쉬운 장소에 게시할 것
④ 비·눈 그 밖의 기상상태의 불안정으로 인하여 날씨가 몹시 나쁠 때에는 그 작업을 중지시킬 것
⑤ 비계재료의 연결·해체작업을 하는 때에는 폭 20센티미터 이상의 발판을 설치하고 근로자로 하여금 안전대를 사용하도록 하는 등 근로자의 추락방지를 위한 조치를 할 것
⑥ 재료·기구 또는 공구 등을 올리거나 내리는 때에는 근로자로 하여금 달줄 또는 달포대 등을 사용하도록 할 것

**77** 동영상에서는 말비계를 보여준다. 말비계의 조립 시 준수사항(말비계의 구조)에 관한 내용 중 괄호 안에 적합한 내용을 적으시오.

1. 지주부재의 하단에는 미끄럼 방지장치를 하고, 양측 끝부분에 올라서서 작업하지 아니하도록 할 것
2. 지주부재와 수평면과의 기울기를 ( ① )도 이하로 하고, 지주부재와 지주부재 사이를 고정시키는 ( ② )를 설치할 것
3. 말비계의 높이가 2미터를 초과할 경우에는 작업발판의 폭을 ( ③ ) 이상으로 할 것

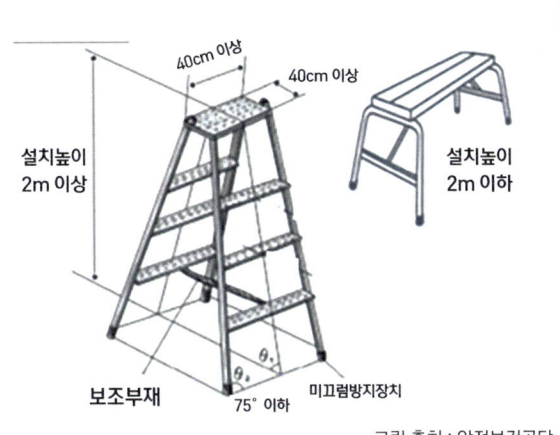 

그림 출처 : 안전보건공단  사진 출처 : 안전닷컴

① 75
② 보조부재
③ 40cm(센티미터)

78 동영상에서는 말비계를 보여준다. (1) 말비계의 조립 시 준수사항(말비계의 구조) 2가지를 적으시오. (2) 걸침비계의 구조 2가지를 적으시오.

 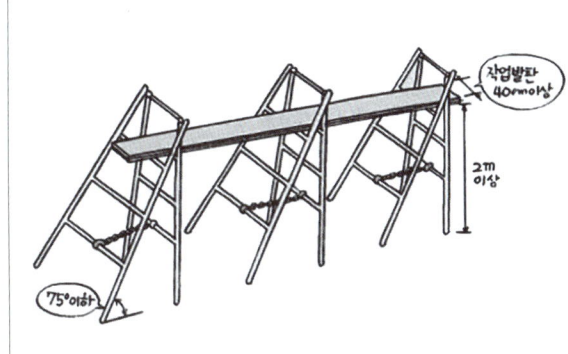

(1) 말비계의 조립 시 준수사항(말비계의 구조)
　① 지주부재의 하단에는 미끄럼 방지장치를 하고, 양측 끝부분에 올라서서 작업하지 아니하도록 할 것
　② 지주부재와 수평면과의 기울기를 75도 이하로 하고, 지주부재와 지주부재 사이를 고정시키는 보조 부재를 설치할 것
　③ 말비계의 높이가 2미터를 초과할 경우에는 작업발판의 폭을 40cm 이상으로 할 것
(2) 걸침비계의 구조
　① 지지점이 되는 매달림 부재의 고정부는 구조물로부터 이탈되지 않도록 견고히 고정할 것
　② 비계재료 간에는 서로 움직임, 뒤집힘 등이 없어야 하고, 재료가 분리되지 않도록 철물 또는 철선으로 충분히 결속할 것. 다만, 작업발판 밑부분에 띠장 및 장선으로 사용되는 수평부재 간의 결속은 철선을 사용하지 않을 것
　③ 매달림 부재의 안전율은 4 이상일 것
　④ 작업발판에는 구조검토에 따라 설계한 최대적재하중을 초과하여 적재하여서는 아니 되며, 그 작업에 종사하는 근로자에게 최대적재하중을 충분히 알릴 것

**79** 동영상은 교각에 설치된 가설물을 보여주고 있다.

(1) 강관틀비계의 설치 기준을 3가지만 쓰시오.
(2) 틀비계의 벽이음 간격을 적으시오.
　① 수평 방향 :
　② 수직 방향 :

(1) ① 밑받침철물을 사용하여 항상 수평, 수직을 유지할 것
　② 높이가 20m를 초과하거나 중량물 적재를 수반할 경우는 주틀 간격을 1.8m 이하로 할 것
　③ 주틀 간에 교차가새를 설치하고 최상층 및 5층 이내마다 수평재를 설치할 것
　④ 수직 방향으로 6m, 수평 방향으로 8m 이내마다 벽이음을 할 것
　⑤ 길이가 띠장방향으로 4m 이하이고 높이가 10m를 초과하는 경우는 10m 이내마다 띠장방향으로 버팀기둥을 설치할 것
(2) ① 8m(이내)
　② 6m(이내)

> **참고**
>
> 1. 비계 조립간격(벽이음 간격)
>
> | 비계 종류 | | 수직방향 | 수평방향 |
> |---|---|---|---|
> | 강관비계 | 단관비계 | 5m | 5m |
> | | 틀비계(높이 5m 미만인 것 제외) | 6m | 8m |
>
> 2. 틀비계
>
>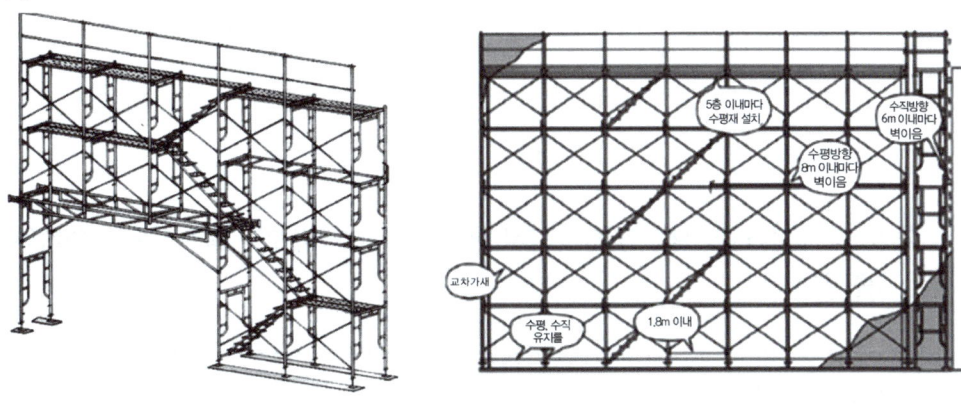

**80** 동영상은 건설현장 강관 틀비계를 보여준다. 강관 틀비계의 설치기준에 대하여 아래 ( )를 채우시오.

> (1) 주틀 간에 ( ① )를 설치하고 최상층 및 ( ② )층 이내마다 ( ③ )를 설치할 것
>
> (2) 길이가 띠장방향으로 4m 이하이고 높이가 10m를 초과하는 경우에는 ( ④ ) 이내마다 띠장 방향으로 버팀기둥을 설치할 것
>
> (3) 높이가 20m를 초과하거나 중량물 적재를 수반할 경우는 주틀 간격을 ( ⑤ ) 이하로 할 것
>
> (4) 수직방향으로 ( ⑥ ), 수평방향으로 ( ⑦ ) 이내마다 벽이음을 할 것

① 교차가새  ② 5층  ③ 수평재  ④ 10m  ⑤ 1.8m  ⑥ 6m  ⑦ 8m

> **참고**
>
> **강관 틀비계의 설치기준(구조)**
>
> ① 밑둥에는 밑받침철물을 사용하여야 하며 밑받침에 고저차가 있는 경우에는 조절형 밑받침철물을 사용하여 항상 수평 및 수직을 유지하도록 할 것
> ② 높이가 20m를 초과하거나 중량물의 적재를 수반하는 작업을 할 경우에는 주틀 간의 간격을 1.8m 이하로 할 것
> ③ 주틀 간에 교차가새를 설치하고 최상층 및 5층 이내마다 수평재를 설치할 것
> ④ 벽이음 간격(조립 간격) : 수직방향 6m, 수평방향으로 8m미터 이내마다 할 것
> ⑤ 길이가 띠장방향으로 4m 이하이고 높이가 10m를 초과하는 경우에는 10m 이내마다 띠장방향으로 버팀기둥을 설치할 것

**81** 동영상은 건설현장 강관비계의 설치 모습이다. 단관비계의 설치기준에 대하여 아래 (   )를 채우시오.

> 1. 비계기둥의 간격 : 띠장방향 ( ① )m 이하
>
> 2. 비계기둥의 간격 : 장선방향 ( ② )m 이하
>
> 3. 띠장의 간격 : ( ③ )m 이하
>
> 4. 비계기둥의 최고부로부터 ( ④ ) 미터 되는 지점 밑부분의 비계기둥은 ( ⑤ ) 본의 강관으로 묶어세울 것
>
> 5. 비계기둥 간의 적재하중을 적으시오.

> 1. ① 1.85
> 2. ② 1.5
> 3. ③ 2
> 4. ④ 31, ⑤ 2
> 5. ⑥ 400kg 이하(400kg을 초과하지 않을 것)

> **참고**
>
> **강관비계의 구조**
>
> ① 비계기둥 간격 : 띠장방향에서는 1.85m 이하, 장선방향에서는 1.5m 이하로 할 것
>   다만, 다음 각 목의 어느 하나에 해당하는 작업의 경우에는 안전성에 대한 구조검토를 실시하고 조립도를 작성하면 **띠장방향 및 장선 방향으로 각각 2.7미터 이하로 할 수 있다.**
>   가. 선박 및 보트 건조작업
>   나. 그 밖에 장비 반입·반출을 위하여 공간 등을 확보할 필요가 있는 등 작업의 성질상 비계기둥 간격에 관한 기준을 준수하기 곤란한 작업
> ② 띠장간격 : 2.0미터 이하로 할 것(다만, 작업의 성질상 이를 준수하기가 곤란하여 쌍기둥 틀 등에 의하여 해당 부분을 보강한 경우에는 그러하지 아니하다)
> ③ 비계기둥의 제일 윗부분으로부터 31m되는 지점 밑 부분의 비계기둥은 2본의 강관으로 묶어 세울 것(다만, 브라켓(bracket, 까치발) 등으로 보강하여 2개의 강관으로 묶을 경우 이상의 강도가 유지되는 경우에는 그러하지 아니하다)
> ④ 비계기둥 간의 적재하중은 400kg을 초과하지 않도록 할 것

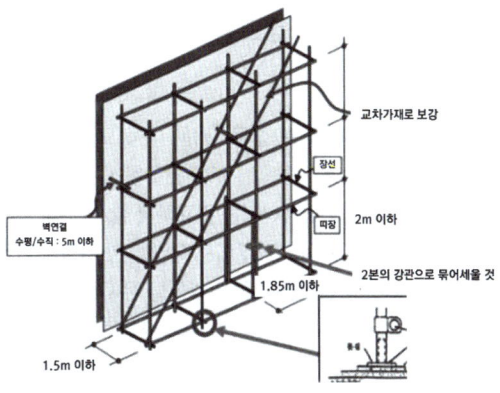

## 82  동영상에서는 강관비계 작업을 보여준다. 강관비계 조립시의 준수사항을 2가지 적으시오.

**정답**

① 비계기둥에는 **미끄러지거나 침하하는 것을 방지하기 위하여 밑받침철물을 사용**하거나 **깔판·받침목 등을 사용하여 밑둥잡이를 설치할 것**
② **강관의 접속부 또는 교차부는 적합한 부속철물을 사용**하여 접속하거나 단단히 묶을 것
③ **교차가새로 보강할 것**
④ 외줄비계·쌍줄비계 또는 돌출 비계의 벽이음 및 버팀 설치
  - 조립간격 : **수직방향에서 5m 이하, 수평방향에서는 5m 이하**
  - 강관·통나무 등의 재료를 사용하여 견고한 것으로 할 것
  - 인장재와 압축재로 구성되어 있을 때에는 **인장재와 압축재의 간격을 1미터 이내로 할 것**
⑤ 가공전로에 근접하여 비계를 설치하는 때에는 가공전로를 이설, 절연용 방호구 장착하는 등 **가공전로와의 접촉 방지 조치할 것**

## 83 동영상은 이동식 비계를 이용한 작업을 보여준다.

(1) 이동식 비계의 구조(설치기준) 3가지를 적으시오.
(2) 이동식 비계의 작업발판에서 근로자가 추락했을 경우의 기인물을 기술하시오.
(3) 이동식 비계 바퀴의 갑작스러운 이동 또는 전도를 방지하기 위하여 브레이크·쐐기 등으로 바퀴를 고정시킨 다음 설치하여야 하는 장치의 이름을 적으시오.

(1) ① 바퀴에는 갑작스러운 이동 또는 전도를 방지하기 위하여 브레이크·쐐기 등으로 바퀴를 고정시킨 다음 비계의 일부를 견고한 시설물에 고정하거나 아웃트리거를 설치할 것
② 승강용사다리는 견고하게 설치할 것
③ 비계의 최상부에서 작업을 할 때에는 안전난간을 설치할 것
④ 작업발판은 항상 수평을 유지하고 작업발판 위에서 안전난간을 딛고 작업을 하거나 받침대 또는 사다리를 사용하여 작업하지 않도록 할 것
⑤ 작업발판의 최대적재하중은 250킬로그램을 초과하지 않도록 할 것
(2) 작업발판
(3) 아웃트리거

### 참고

**이동식 비계**

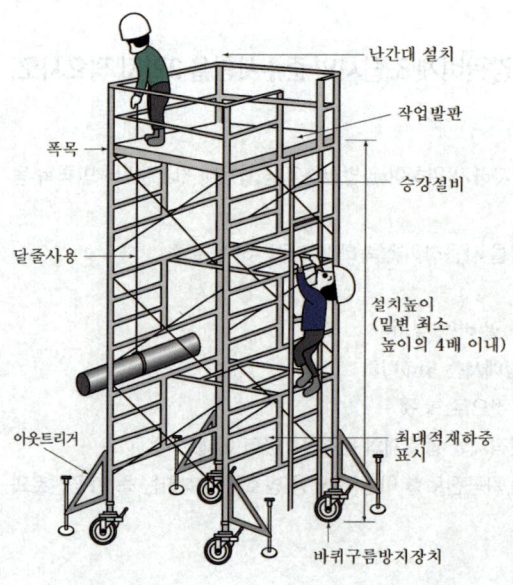

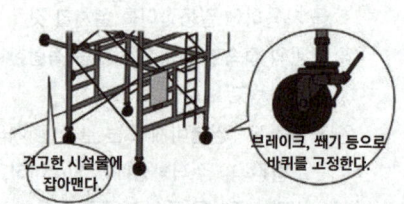

그림 출처 : 만화로 보는 산업안전보건 기준에 관한 규칙

## 84
동영상은 이동식비계를 보여준다. 이동식 비계의 조립 시 준수사항(이동식 비계의 구조, 설치기준)에 관한 설명 중 괄호에 적합한 용어를 적으시오.

(1) 이동식 비계의 바퀴에는 갑작스러운 이동 또는 전도를 방지하기 위하여 ( ① ) 등으로 바퀴를 고정시킨 다음 비계의 일부를 견고한 시설물에 고정하거나 ( ② )을 설치할 것

(2) 비계의 최상부에서 작업을 할 때에는 ( ③ )을 설치할 것

(3) 작업발판의 최대 적재하중은 ( ④ )킬로그램을 초과하지 않도록 할 것

정답

① 브레이크·쐐기
② 아웃트리거
③ 안전난간
④ 250

## 85
동영상은 이동식 비계를 보여준다. 이동식 비계의 조립 시 준수사항(이동식 비계의 구조, 설치 기준)에 관한 다음 물음에 답하시오.

**화면 설명**

작업자가 이동식 비계에 올라가서 작업하고 내려오던 중 비계가 흔들리며 떨어진다.

(1) 이동식 비계의 바퀴에 갑작스러운 이동 또는 전도를 방지하기 위하여 하여야 하는 조치사항 2가지를 적으시오.

(2) 이동식 비계 작업발판의 최대 적재하중을 적으시오.

(3) 사진의 동그라미 부분에 해당하는 명칭을 적으시오.

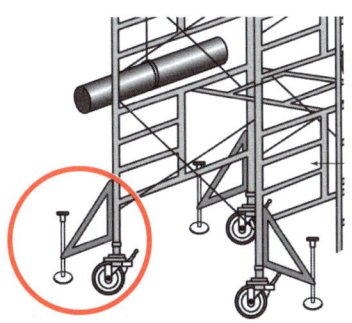

(1) 갑작스러운 이동 또는 전도를 방지하기 위하여 하여야 하는 조치사항
   ① 브레이크·쐐기 등으로 바퀴를 고정시킨 다음 비계의 일부를 견고한 시설물에 고정할 것
   ② 아웃트리거를 설치할 것
(2) 작업발판의 최대 적재하중
   250킬로그램(을 초과하지 않도록 할 것)
(3) 아웃트리거

**86** 동영상은 비계를 보수, 점검하던 중 발생된 재해이다. 높이 5m 이상의 비계를 조립, 해체하거나 변경작업을 하는 때에 관리감독자가 취해야 할 안전조치 사항을 3가지만 쓰시오.

① 재료의 결함 유무를 점검하고 불량품을 제거하는 일
② 기구, 공구, 안전대 및 안전모 등의 기능을 점검하고 불량품을 제거하는 일
③ 작업방법 및 근로자의 배치를 결정하고 작업 진행 상태를 감시하는 일
④ 안전대 및 안전모 등의 착용상황을 감시하는 일

**87** 비계 조립 시 벽이음의 역할을 2가지 적으시오.

① 비계 전체의 좌굴 방지
② 풍하중, 충격하중 등에 의한 도괴방지

88. 동영상에서는 시스템비계 작업을 보여준다. 시스템비계 조립 시의 준수사항 중 괄호에 적합한 내용을 적으시오.

> 1. 밑받침 철물을 사용하여야 하며, 고저차가 있는 경우는 ( ① )을 사용하여 수평, 수직을 유지하도록 할 것
>
> 2. 경사진 바닥에 설치하는 경우에는 ( ② ) 또는 ( ③ ) 등을 사용하여 바닥면이 수평을 유지하도록 할 것
>
> 3. 가공전로에 근접하여 비계를 설치하는 경우에는 가공전로를 이설하거나 가공전로에 ( ④ )를 설치하는 등 가공전로와의 접촉을 방지하기 위하여 필요한 조치를 할 것

 정답

① 조절형 밑받침 철물
② 피벗형 받침 철물
③ 쐐기
④ 절연용 방호구

89. 동영상은 시스템비계에서 작업하는 모습을 보여준다. 시스템비계의 구조에 관한 내용 중 괄호에 적합한 내용을 적으시오.

> 1. 수직재·수평재·( ① )를 견고하게 연결하는 구조가 되도록 할 것
>
> 2. 비계 밑단의 수직재와 ( ② )은 밀착되도록 설치하고, 수직재와 받침철물의 연결부의 겹침 길이는 받침철물 전체 길이의 ( ③ )이상이 되도록 할 것

 정답

① 가새재
② 받침철물
③ 3분의 1

> **참고**
>
> ### 시스템 비계의 구조
>
> ① 수직재·수평재·가새재를 견고하게 연결하는 구조가 되도록 할 것
> ② 비계 밑단의 수직재와 받침철물은 밀착되도록 설치하고, 수직재와 받침철물의 연결부의 겹침 길이는 받침철물 전체 길이의 3분의 1 이상이 되도록 할 것
> ③ 수평재는 수직재와 직각으로 설치하여야 하며, 체결 후 흔들림이 없도록 견고하게 설치할 것
> ④ 수직재와 수직재의 연결철물은 이탈되지 않도록 견고한 구조로 할 것
> ⑤ 벽 연결재의 설치간격은 제조사가 정한 기준에 따라 설치할 것

**90** 동영상은 시스템비계에서 작업하는 모습을 보여준다. 시스템 비계를 조립하는 경우 준수하여야 하는 사항 2가지를 적으시오.

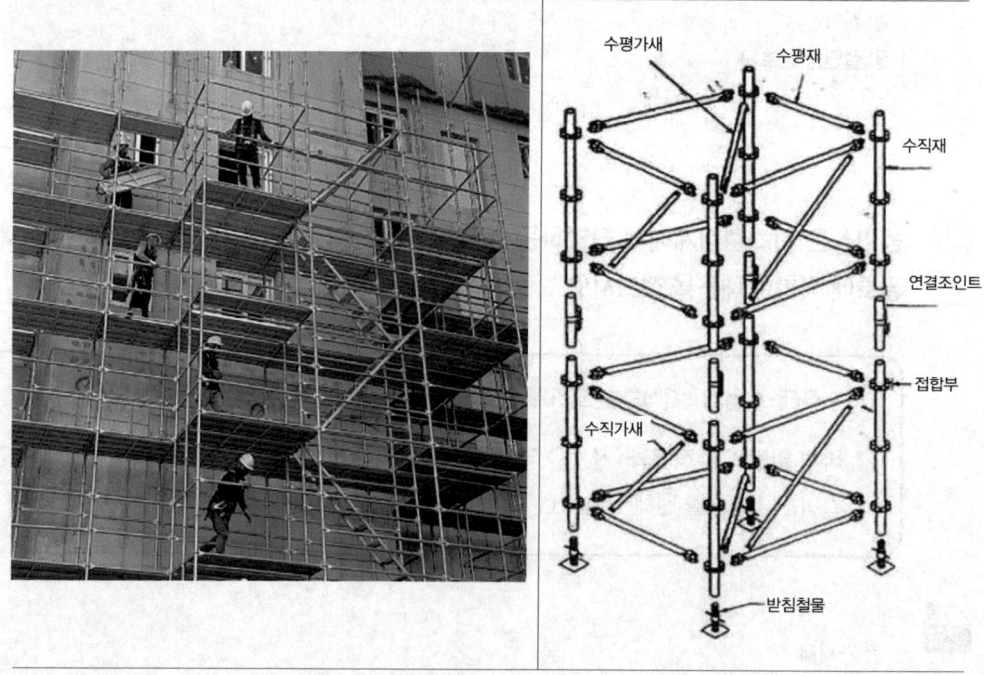

① 비계 기둥의 밑둥에는 밑받침철물을 사용하여야 하며, 밑받침에 고저 차가 있는 경우에는 조절형 밑받침 철물을 사용하여 시스템 비계가 항상 수평 및 수직을 유지하도록 할 것
② 경사진 바닥에 설치하는 경우에는 피벗형 받침 철물 또는 쐐기 등을 사용하여 밑받침 철물의 바닥면이 수평을 유지하도록 할 것
③ 가공전로에 근접하여 비계를 설치하는 경우에는 가공전로를 이설하거나 가공전로에 절연용 방호구를 설치하는 등 가공전로와의 접촉을 방지하기 위하여 필요한 조치를 할 것
④ 비계 내에서 근로자가 상하 또는 좌우로 이동하는 경우에는 반드시 지정된 통로를 이용하도록 주지시킬 것
⑤ 비계 작업 근로자는 같은 수직면상의 위와 아래 동시 작업을 금지할 것
⑥ 작업발판에는 제조사가 정한 최대적재하중을 초과하여 적재해서는 아니 되며, 최대적재하중이 표기된 표지판을 부착하고 근로자에게 주지시키도록 할 것

**91** 동영상에서는 비계를 점검 · 보수하는 장면을 보여준다. 날씨가 몹시 나빠서 작업을 중지시킨 후 또는 비계를 조립 · 해체하거나 또는 변경한 후 작업시작 전에 비계를 점검하여야 하는 사항 3가지를 적으시오.

① 발판재료의 손상 여부 및 부착 또는 걸림 상태
② 당해비계의 연결부 또는 접속부의 풀림 상태
③ 연결재료 및 연결철물의 손상 또는 부식 상태
④ 손잡이의 탈락 여부
⑤ 기둥의 침하 · 변형 · 변위 또는 흔들림 상태
⑥ 로프의 부착상태 및 매단장치의 흔들림 상태

| 특급 암기법 | 비계(연결부, 연결철물) → 발판 → 손잡이 → 비계기둥 |

**92** 동영상에서는 철골공사 중 볼트작업 등을 하기 위하여 철골에 매달아 작업발판을 만드는 비계를 보여준다. 다음 물음에 답하시오.

그림 출처 : 안전보건공단

사진 출처 : 대한종합안전(주)

(1) 영상에서 보여주는 비계의 명칭을 적으시오.

(2) 해당 비계의 하중에 대한 안전계수는 얼마 이상이어야 하는가?

(3) 철근을 사용할 때 철근의 직경은 얼마 이상이어야 하는가?

(4) 해당 비계를 매다는 철선(소성철선)의 호칭치수는 얼마인가?

정답
(1) 달대비계
(2) 8 이상
(3) 19mm(밀리미터) 이상
(4) #8

> **참고**

**달대비계**

① 달대비계를 매다는 철선은 #8 소성철선을 사용하며 4가닥 정도로 꼬아서 하중에 대한 안전계수가 8 이상 확보되어야 한다.
② 철근을 사용할 때에는 19밀리미터 이상을 쓰며 근로자는 반드시 안전모와 안전대를 착용하여야 한다.
③ 달대비계는 가급적 안전성이 확보된 기성제품을 사용하고 현장에서 제작하는 경우 안전하중을 고려해야 하며 사용재료는 변형, 부식, 손상이 없어야 한다.
④ 달대비계에는 최대적재하중과 안전표지판을 설치한다.
⑤ 달대비계는 적절한 양중장비를 사용하여 설치장소까지 운반하고 안전대를 착용하는 등 안전한 작업방법으로 설치한다.

## 93 동영상에서 작업자는 비계작업을 하고 있다. 높이 2m 이상인 장소에 설치하여야 하는 작업발판의 설치기준 3가지를 적으시오.

**정답**
① 발판재료는 작업 시의 하중을 견딜 수 있도록 견고한 것으로 할 것
② 발판의 폭은 40cm 이상으로 하고, 발판재료간의 틈은 3cm 이하로 할 것
③ 추락의 위험성이 있는 장소에는 안전난간을 설치할 것
④ 작업발판의 지지물은 하중에 의하여 파괴될 우려가 없는 것을 사용할 것
⑤ 작업발판재료는 뒤집히거나 떨어지지 아니하도록 2 이상의 지지물에 연결하거나 고정시킬 것
⑥ 작업에 따라 이동시킬 때에는 위험방지 조치를 할 것
⑦ 선박 및 보트 건조작업에서 선박블록 또는 엔진실 등의 좁은 작업공간에 작업발판을 설치하는 경우 작업발판의 폭을 30센티미터 이상으로 할 수 있고, 걸침비계의 경우 발판재료 간의 틈을 3센티미터 이하로 유지하기 곤란하면 5센티미터 이하로 할 수 있다.

> **참고**

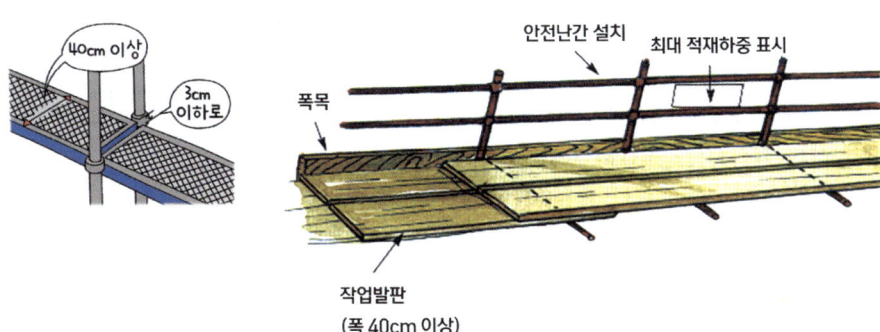

## 94. 동영상에서는 비계의 작업발판을 보여준다. 작업발판의 설치기준 등에 대한 다음 빈칸에 알맞은 내용을 적으시오.

1. 작업발판의 폭은 ( ① )cm 이상으로 하고, 발판재료 간의 틈은 ( ② )cm 이하로 할 것
2. 추락의 위험성이 있는 장소에는 ( ③ )을 설치할 것
3. 강관 비계기둥 간의 적재하중은 ( ④ )kg을 초과하지 않도록 할 것

**정답**
① 40
② 3
③ 안전난간
④ 400

**참고**

### 강관비계의 구조

① 비계기둥 간격 : 띠장방향에서는 1.85m 이하, 장선방향에서는 1.5m 이하로 할 것
  다만, 다음 각 목의 어느 하나에 해당하는 작업의 경우에는 안전성에 대한 구조검토를 실시하고 조립도를 작성하면 **띠장 방향 및 장선 방향으로 각각 2.7m 이하**로 할 수 있다.
  가. 선박 및 보트 건조작업
  나. 그 밖에 장비 반입·반출을 위하여 공간 등을 확보할 필요가 있는 등 작업의 성질상 비계기둥 간격에 관한 기준을 준수하기 곤란한 작업
② **띠장간격 : 2.0m 이하**로 할 것(다만, 작업의 성질상 이를 준수하기가 곤란하여 쌍기둥 틀 등에 의하여 해당 부분을 보강한 경우에는 그러하지 아니하다)
③ 비계기둥의 제일 윗부분으로부터 **31m되는 지점 밑 부분의 비계기둥은 2본의 강관으로 묶어 세울 것**(다만, 브라켓(bracket, 까치발) 등으로 보강하여 2개의 강관으로 묶을 경우 이상의 강도가 유지되는 경우에는 그러하지 아니하다)
④ 비계기둥 간의 적재하중은 **400kg을 초과하지 않도록 할 것**

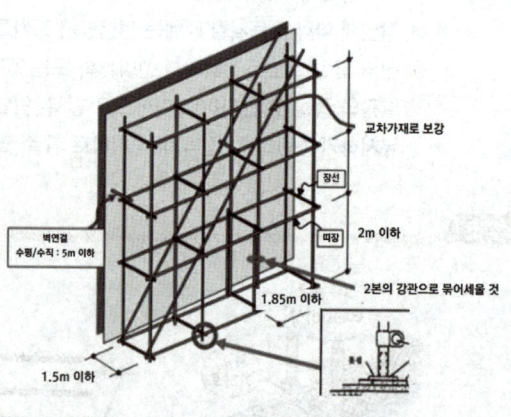

## 95 동영상은 작업발판의 구조를 보여준다. 물음에 답하시오.

(1) 동영상에서 동그라미 부분의 명칭과 용도를 적으시오.

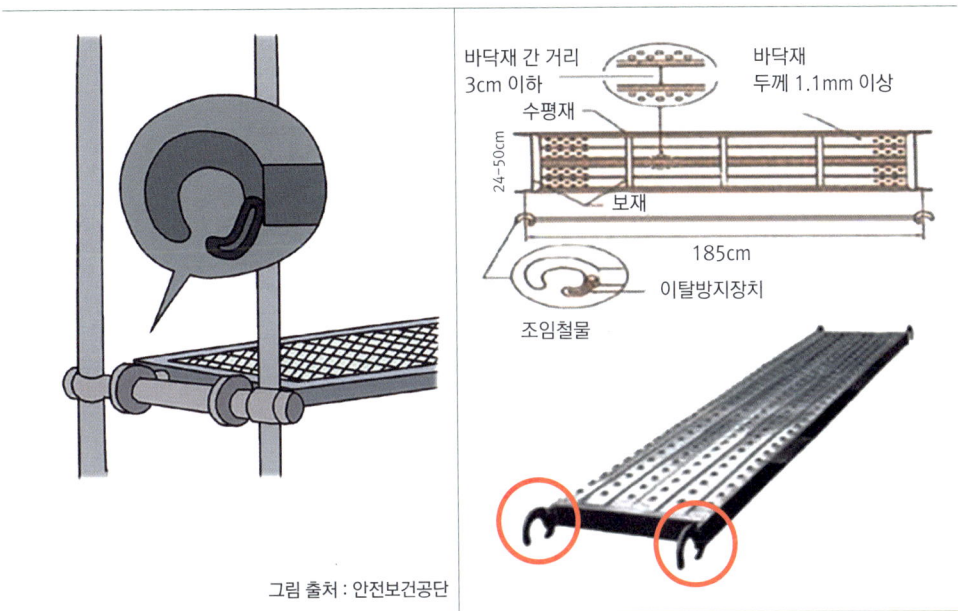

그림 출처 : 안전보건공단

(2) 작업발판의 설치기준 등에 대한 다음 빈칸에 알맞은 내용을 적으시오.

> 작업발판의 폭은 ( ① )cm 이상으로 하고, 발판재료 간의 틈은 ( ② )cm 이하로 할 것

정답

(1) 걸침고리, 수평재 또는 보재를 지지물에 고정시키는 역할을 한다.
(2) ① 40  ② 3

참고

1. "걸침고리"라 함은 수평재 또는 보재를 지지물에 고정시킬 수 있게 만들어진 갈고리형 철물을 말한다.
2. "수평재"라 함은 작업발판의 긴 방향으로 걸쳐 바닥재를 지지하는 부재를 말한다.
3. "보재"라 함은 작업발판의 짧은 방향으로 걸쳐 바닥재를 지지하는 부재를 말한다.

**96** 동영상은 가설통로 설치작업을 보여주고 있다. 가설통로 경사의 각도는 얼마인가?

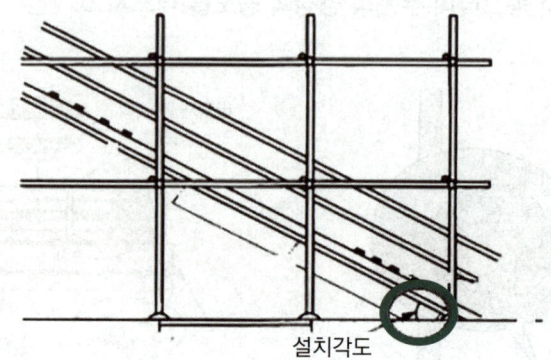

**정답** 30도 이하

**97** 동영상은 가설통로 설치작업을 보여주고 있다. 가설통로 설치 시 준수사항 3가지를 쓰시오.

**정답**
① 견고한 구조로 할 것
② 경사는 30도 이하일 것
③ 경사가 15도 초과하는 때에는 미끄러지지 아니하는 구조로 할 것
④ 추락의 위험이 있는 장소에는 안전난간 설치
⑤ 수직갱에 가설된 통로의 길이가 15m 이상인 때에는 10m 이내마다 계단참을 설치할 것
⑥ 높이 8m 이상인 비계다리에는 7m 이내마다 계단참을 설치할 것

**98** 동영상은 가설통로 설치작업을 보여주고 있다. 가설통로 설치기준에 의하여 미끄러지지 아니하는 구조로 하여야 하는 경사의 각도는 얼마인가?

**정답** 15도 초과

**99** 동영상은 가설통로 설치작업을 보여주고 있다. [보기]는 가설통로 설치 시 준수사항에 관한 괄호에 적합한 숫자를 적으시오.

> 1. 경사는 ( ① )도 이하일 것
> 2. 수직갱에 가설된 통로의 길이가 ( ② )m이상인 때에는 ( ③ )m 이내마다 계단참을 설치할 것
> 3. 높이 8m 이상인 비계다리에는 ( ④ )m 이내마다 계단참을 설치할 것
> 4. 35m의 수직갱에는 최소 ( ⑤ )개의 계단참을 설치하여야 한다.

 ① 30  ② 15  ③ 10  ④ 7  ⑤ 3

**참고**

**가설통로 설치 시 준수사항**

① 견고한 구조로 할 것
② 경사는 30도 이하일 것
③ 경사가 15도 초과하는 때에는 미끄러지지 아니하는 구조로 할 것
④ 추락의 위험이 있는 장소에는 안전난간 설치
⑤ 수직갱에 가설된 통로의 길이가 15m 이상인 때에는 10m 이내마다 계단참을 설치할 것
⑥ 높이 8m 이상인 비계다리에는 7m 이내마다 계단참을 설치할 것

**100** 동영상에서는 건설현장의 경사로를 보여준다. 다음 물음에 적합한 내용을 적으시오.

> (1)「가설공사 표준안전 작업지침」에 의하여 경사로의 비탈면의 경사각은 ( ① ) 이내로 한다.
> (2)「가설공사 표준안전 작업지침」에 의하여 경사로의 높이 ( ② ) 이내마다 계단참을 설치하여야 한다.
> (3) 산업안전보건법에 의하여 근로자가 안전하게 통행할 수 있도록 통로에 ( ③ ) 이상의 채광 또는 조명시설을 하여야 한다.다.

그림 출처 : 안전보건공단

그림 출처 : 건설공무

> **정답**
> ① 30도　② 7m(미터)　③ 75럭스(Lux)

**101** 「가설공사 표준안전 작업지침」에 의하여 경사로를 설치·사용하는 경우 사업주가 준수하여야 하는 사항 4가지를 적으시오.

> **정답**
> ① 시공 하중 또는 폭풍, 진동 등 외력에 대하여 안전하도록 설계하여야 한다.
> ② 경사로는 항상 정비하고 안전통로를 확보하여야 한다.
> ③ 비탈면의 경사각은 30도 이내로 한다.
> ④ 경사로의 폭은 최소 90센티미터 이상이어야 한다.
> ⑤ 높이 7미터 이내마다 계단참을 설치하여야 한다.
> ⑥ 추락방지용 안전 난간을 설치하여야 한다.
> ⑦ 목재는 미송, 육송 또는 그 이상의 재질을 가진 것이어야 한다.
> ⑧ 경사로 지지기둥은 3미터 이내마다 설치하여야 한다.
> ⑨ 발판 폭 40센티미터 이상으로 하고, 틈은 3센티미터 이내로 설치하여야 한다.
> ⑩ 발판이 이탈하거나 한쪽 끝을 밟으면 다른 쪽이 들리지 않게 장선에 결속하여야 한다.
> ⑪ 결속용 못이나 철선이 발에 걸리지 않아야 한다.

**102** 공사현장의 가설도로에서 도로와 작업장 간에 높이의 차이가 있을 경우 설치하는 방호대책을 2가지 적으시오.

> ① 바리케이트, ② 연석

**103** 동영상에서는 공사현장의 가설도로를 보여준다. 공사용 가설도로 설치 시의 준수사항 3가지를 적으시오.

> ① 도로는 장비 및 차량이 안전하게 운행할 수 있도록 견고하게 설치할 것
> ② 도로와 작업장이 접하여 있을 경우에는 울타리 등을 설치할 것
> ③ 도로는 배수를 위하여 경사지게 설치하거나 배수시설을 설치할 것
> ④ 차량의 속도제한 표지를 부착할 것

**104** 동영상은 가설계단을 보여주고 있다. 다음 물음에 답하시오.

> 1. 계단 및 계단참의 강도는 매제곱미터당 ( ① )kg 이상이어야 하며 안전율은 ( ② )이상으로 하여야 한다.
> 2. 계단의 폭은 ( ③ )미터 이상으로 하여야 한다. (다만, 급유용·보수용·비상용계단 및 나선형계단에 대하여는 그러하지 아니하다.)
> 3. 높이가 3m를 초과하는 계단에는 높이 ( ④ )m 이내마다 너비 ( ⑤ )m 이상의 계단참을 설치하여야 한다.
> 4. 바닥면으로부터 높이 ( ⑥ )m 이내의 공간에 장애물이 없도록 하여야 한다.

> 1. ① 500, ② 4
> 2. ③ 1
> 3. ④ 3, ⑤ 1.2
> 4. ⑥ 2

> **참고**
>
> **계단의 설치**
> ① 계단의 강도 : 계단 및 계단참의 강도는 500kg/m² 이상이어야 하며 안전율은 4 이상으로 하여야 한다.
> ② 계단의 폭 : 1미터 이상으로 하여야 한다.
> ③ 계단참의 높이 : 높이가 3m를 초과하는 계단에는 높이 3m 이내마다 너비 1.2미터 이상의 계단참을 설치하여야 한다.
> ④ 천장의 높이 : 바닥면으로부터 높이 2미터 이내의 공간에 장애물이 없도록 하여야 한다.
> ⑤ 계단의 난간 : 높이 1미터 이상인 계단의 개방된 측면에 안전난간을 설치하여야 한다.

그림 출처 : 만화로 보는 산업안전보건기준에 관한 규칙

**105** 가설계단을 설치하는 경우 바닥면으로부터 높이 몇 미터 이내의 공간에 장애물이 없도록 하여야 하는가?

> **정답**
>
> 2m

## 106 동영상은 안전 난간을 보여주고 있다. 안전난간 설치 시 준수하여야 할 사항에 대하여 괄호에 적합한 내용을 적으시오.

> 1. 안전난간은 ( ① ), ( ② ), ( ③ ) 및 ( ④ )으로 구성할 것
> 2. 상부난간대는 바닥면 등으로부터 ( ⑤ )cm 이상 지점에 설치할 것, 상부난간대를 ( ⑥ )cm 이하에 설치하는 경우 중간난간대는 상부난간대와 바닥면 등의 중간에 설치할 것, 상부난간대를 ( ⑥ )cm 이상 지점에 설치하는 경우 중간난간대를 2단 이상으로 균등하게 설치하고 난간의 상하 간격은 ( ⑦ )cm 이하가 되도록 할 것
> 3. 발끝막이판은 바닥면 등으로부터 ( ⑧ )cm 이상의 높이를 유지할 것
> 4. 난간대는 지름 ( ⑨ )센티미터 이상의 금속제 파이프나 그 이상의 강도가 있는 재료일 것

**정답**
1. ① 상부난간대, ② 중간난간대, ③ 발끝막이판, ④ 난간기둥
2. ⑤ 90, ⑥ 120, ⑦ 60
3. ⑧ 10
4. ⑨ 2.7

**참고**

### 안전난간의 구조 및 설치요건

① 상부 난간대, 중간 난간대, 발끝막이판 및 난간기둥으로 구성할 것
② 상부 난간대는 바닥면·발판 또는 경사로의 표면으로부터 90센티미터 이상 지점에 설치하고, 상부 난간대를 120센티미터 이하에 설치하는 경우에는 중간 난간대는 상부 난간대와 바닥면 등의 중간에 설치하여야 하며, 120센티미터 이상 지점에 설치하는 경우에는 중간 난간대를 2단 이상으로 균등하게 설치하고 난간의 상하 간격은 60센티미터 이하가 되도록 할 것(다만, 난간기둥 간의 간격이 25센티미터 이하인 경우에는 중간 난간대를 설치하지 않을 수 있다.)
③ 발끝막이판은 바닥면 등으로부터 10센티미터 이상의 높이를 유지할 것
④ 난간기둥은 상부 난간대와 중간 난간대를 견고하게 떠받칠 수 있도록 적정한 간격을 유지할 것
⑤ 상부 난간대와 중간 난간대는 난간 길이 전체에 걸쳐 바닥면 등과 평행을 유지할 것
⑥ 난간대는 지름 2.7센티미터 이상의 금속제 파이프나 그 이상의 강도가 있는 재료일 것
⑦ 안전난간은 구조적으로 가장 취약한 지점에서 가장 취약한 방향으로 작용하는 100킬로그램 이상의 하중에 견딜 수 있는 튼튼한 구조일 것

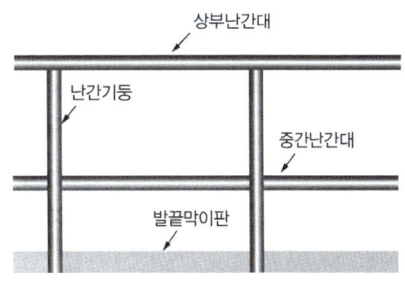

## 107 동영상은 안전난간을 보여준다.

(1) 난간에서 보여주는 안전난간 각 부위의 명칭을 적으시오.

(2) 안전난간의 구성요소의 명칭 4가지를 적으시오.

(3) 화면에서 (3) 부위의 명칭을 적으시오.

(4) 화면에서 (3) 부위의 설치 기준을 설명하시오.

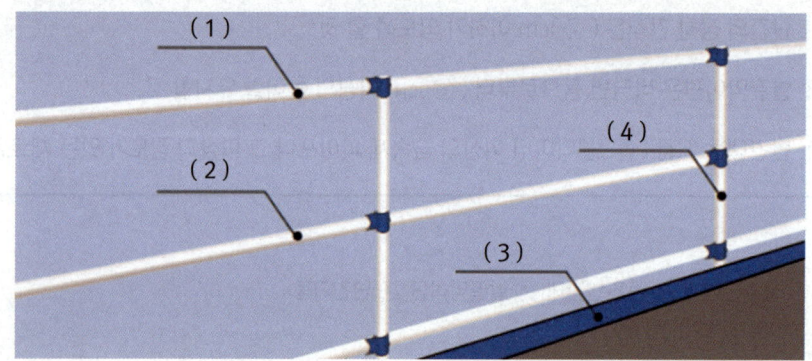

**정답**

(1) 명칭
  ① 상부난간대  ② 중간난간대  ③ 발끝막이판  ④ 난간기둥

(2) 구성요소
  ① 상부난간대  ② 중간난간대  ③ 발끝막이판  ④ 난간기둥

(3) 발끝막이판

(4) 발끝막이판은 바닥면 등으로부터 10센티미터 이상의 높이를 유지할 것

**108** 동영상에서는 사다리식 통로를 보여준다. 사다리식 통로의 구조(설치 시의 준수사항) 3가지를 적으시오.

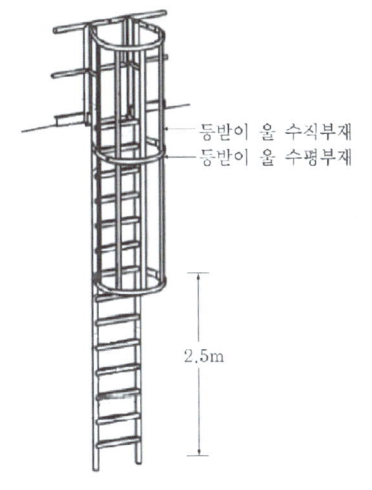

그림 출처 : 만화로 보는 산업안전보건기준에 관한 규칙

**정답**
① 견고한 구조로 할 것
② 심한 손상·부식 등이 없는 재료를 사용할 것
③ 발판의 간격은 일정하게 할 것
④ 발판과 벽과의 사이는 15센티미터 이상의 간격을 유지할 것
⑤ 폭은 30센티미터 이상으로 할 것
⑥ 사다리가 넘어지거나 미끄러지는 것을 방지하기 위한 조치를 할 것
⑦ 사다리의 상단은 걸쳐놓은 지점으로부터 60센티미터 이상 올라가도록 할 것
⑧ 사다리식 통로의 길이가 10미터 이상인 경우에는 5미터 이내마다 계단참을 설치할 것

⑨ 사다리식 통로의 기울기는 75도 이하로 할 것. 다만, 고정식 사다리식 통로의 기울기는 90도 이하로 하고, 그 높이가 7미터 이상인 경우에는 다음 각 목의 구분에 따른 조치를 할 것
  • 등받이울이 있어도 근로자 이동에 지장이 없는 경우 : 바닥으로부터 높이가 2.5미터 되는 지점부터 등받이울을 설치할 것
  • 등받이울이 있으면 근로자가 이동이 곤란한 경우 : 한국산업표준에서 정하는 기준에 적합한 개인용 추락 방지 시스템을 설치하고 근로자로 하여금 한국산업표준에서 정하는 기준에 적합한 전신 안전대를 사용하도록 할 것
⑩ 접이식 사다리 기둥은 사용 시 접혀지거나 펼쳐지지 않도록 철물 등을 사용하여 견고하게 조치할 것

## 109

동영상에서는 사다리식 통로를 보여준다. 사다리식 통로 및 옥외용 사다리 설치 시의 준수사항에 대한 [보기]의 괄호에 적합한 내용을 적으시오.

[보기]

1. 사다리식 통로의 기울기는 ( ① ) 이하로 할 것. 다만, 고정식 사다리식 통로의 기울기는 ( ② ) 이하로 하고, 그 높이가 ( ③ ) 이상인 경우에는 다음 각 목의 구분에 따른 조치를 할 것
   • 등받이울이 있어도 근로자 이동에 지장이 없는 경우 : 바닥으로부터 높이가 ( ④ ) 되는 지점부터 등받이울을 설치할 것
   • 등받이울이 있으면 근로자가 이동이 곤란한 경우 : 한국산업표준에서 정하는 기준에 적합한 개인용 추락 방지 시스템을 설치하고 근로자로 하여금 한국산업표준에서 정하는 기준에 적합한 전신 안전대를 사용하도록 할 것

2. 사다리식 통로의 길이가 ( ⑤ ) 이상인 경우에는 ( ⑥ ) 이내마다 계단참을 설치할 것

3. 발판과 벽과의 사이는 ( ⑦ ) 이상의 간격을 유지할 것

4. 발판의 간격은 ( ⑧ )하게 할 것

5. 폭은 ( ⑨ ) 이상으로 할 것

6. 사다리의 상단은 걸쳐놓은 지점으로부터 ( ⑩ ) 이상 올라가도록 할 것

7. 옥외용 사다리 전면의 사방 ( ⑪ ) 이내에는 장애물이 없어야 한다.

 ① 75도　② 90도　③ 7m　④ 2.5m　⑤ 10m　⑥ 5m　⑦ 15cm　⑧ 일정
　　　⑨ 30cm　⑩ 60cm　⑪ 75cm

1. 사다리식 통로의 구조
   ① 견고한 구조로 할 것
   ② 심한 손상·부식 등이 없는 재료를 사용할 것
   ③ 발판의 간격은 일정하게 할 것
   ④ 발판과 벽과의 사이는 15센티미터 이상의 간격을 유지할 것
   ⑤ 폭은 30센티미터 이상으로 할 것
   ⑥ 사다리가 넘어지거나 미끄러지는 것을 방지하기 위한 조치를 할 것
   ⑦ 사다리의 상단은 걸쳐놓은 지점으로부터 60센티미터 이상 올라가도록 할 것
   ⑧ 사다리식 통로의 길이가 10미터 이상인 경우에는 5미터 이내마다 계단참을 설치할 것
   ⑨ 사다리식 통로의 기울기는 75도 이하로 할 것. 다만, 고정식 사다리식 통로의 기울기는 90도 이하로 하고, 그 높이가 7미터 이상인 경우에는 다음 각 목의 구분에 따른 조치를 할 것
   • 등받이울이 있어도 근로자 이동에 지장이 없는 경우 : 바닥으로부터 높이가 2.5미터 되는 지점부터 등받이울을 설치할 것
   • 등받이울이 있으면 근로자가 이동이 곤란한 경우 : 한국산업표준에서 정하는 기준에 적합한 개인용 추락 방지 시스템을 설치하고 근로자로 하여금 한국산업표준에서 정하는 기준에 적합한 전신 안전대를 사용하도록 할 것
   ⑩ 접이식 사다리 기둥은 사용 시 접혀지거나 펼쳐지지 않도록 철물 등을 사용하여 견고하게 조치할 것

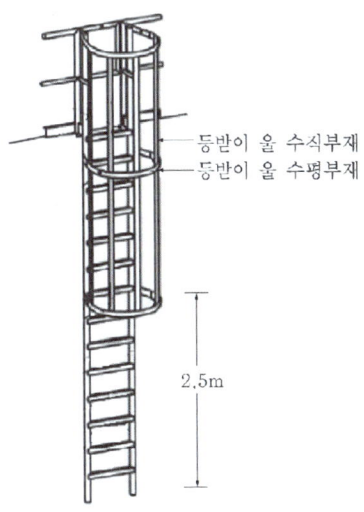

2. 옥외용 사다리의 구조
   ① 철재를 원칙으로 한다.
   ② 길이가 10m 이상인 때에는 5m마다 계단참을 설치한다.
   ③ 사다리 전면의 사방 75cm 이내에는 장애물이 없어야 한다.

**110** 화면에서는 사다리식 통로의 등받이 울 설치 모습을 보여준다. 높이가 7m 이상인 사다리식 통로의 경우 바닥으로부터 높이가 몇 미터 되는 지점부터 등받이 울을 설치해야 하는가?

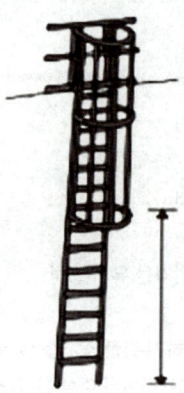

2.5m

**111** 동영상에서는 이동식 금속 사다리를 보여준다. 이동식 금속재 사다리의 제작 시 필요사항에 관한 다음 내용 중 괄호에 적합한 내용을 적으시오.

> (1) 금속 자재는 시험 요구사항에 따라 충분한 강도를 가져야 하고 부식방지 처리가 되어야 한다.
> (2) 사다리 디딤대의 수직간격은 ( ① ) ~ ( ② ) 사이, 사다리 폭은 ( ③ ) 이상이어야 한다.
> (3) 사다리 디딤대는 전도방지를 위해 표면을 주름지게 하거나, 오톨도톨하게 하고, 필요할 경우에는 미끄럼방지 물질로 도장되어야 한다.
> (4) 사다리의 길이는 ( ④ ) 이하가 되어야 한다.
> (5) 디딤대는 편평하고 수평을 이루어야 한다.
> (6) 사다리의 버팀대 아래쪽에 마찰력이 큰 재질의 미끄럼방지장치를 설치하여야 한다.

① 25cm  ② 35cm  ③ 30cm  ④ 6m

## 112 동영상을 보고 물음에 답하시오.

**화면 설명**

신축공사 중인 2층의 거실 창에서 작업 후 남은 벽돌을 손수레에 담아 아래로 쏟아 내리던 중 그 아래를 지나가던 안전모를 착용한 근로자가 떨어지는 벽돌에 맞고 쓰러진다.

(1) 사업주는 높이가 ( ① ) 이상인 장소로부터 물체를 투하하는 때에는 적당한 ( ② )를 설치하거나 ( ③ )을 배치하는 등 위험방지를 위하여 필요한 조치를 하여야 한다.

(2) 동영상과 같은 사고를 방지하기 위하여 공사현장에서 지상의 근로자의 사고예방을 위하여 설치하여야 하는 안전시설 1가지를 적으시오.

(1) ① 3m   ② 투하설비   ③ 감시인
(2) 낙하물 방지망

**참고**

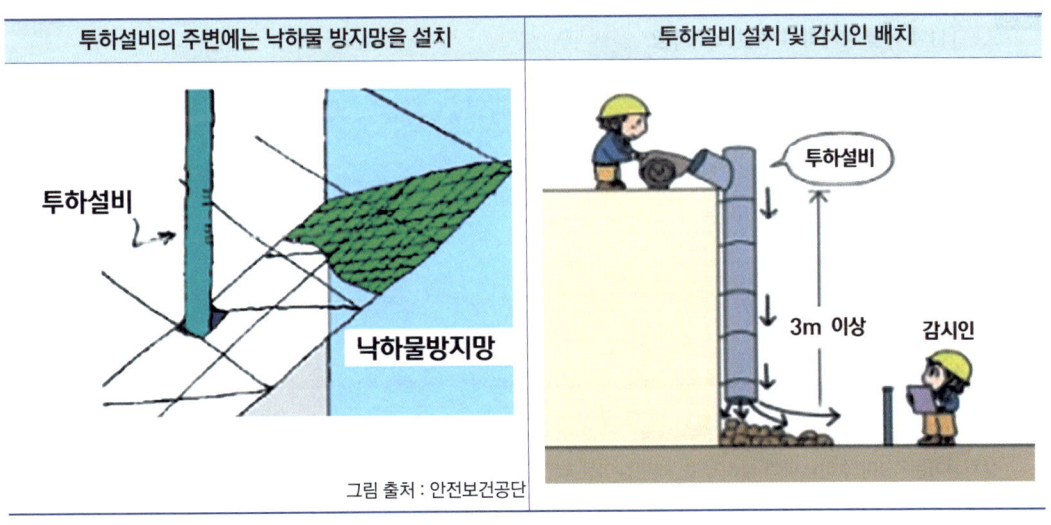

그림 출처 : 안전보건공단

## 113 동영상에서 작업자는 낙하물방지망 보수작업을 하고 있다.

(1) 작업자의 추락을 방지하기 위한 조치사항 3가지를 적으시오.
(2) 낙하물 방지망의 설치기준에 관한 다음 [보기]의 괄호에 적합한 내용을 적으시오.
　　(단, 단위를 정확히 적을 것)

> **화면 설명**
> 작업자는 작업발판 없이 낙하물 방지망의 파이프를 밟고 낙하물 방지망 보수를 하고 있다. 작업자는 안전대를 미착용한 상태에서 이동하던 중 떨어지는 사고가 발생한다.

> **[보기]**
> 1. 낙하물 방지망 또는 방호 선반의 설치 높이는 ( ① ) 이내마다 설치하고, 내민 길이는 벽면으로부터 ( ② ) 이상으로 할 것
> 2. 수평면과의 각도는 ( ③ ) 이상 ( ④ ) 이하를 유지할 것

**정답**

(1) 추락을 방지하기 위한 조치사항
　① 작업발판 설치
　② 근로자 안전대 착용
　③ 추락방호망 설치

(2) 낙하물방지망의 설치기준
　① 10m　② 2m　③ 20도　④ 30도

**참고**

1. 낙하물 방지망 또는 방호선반 설치 시 준수사항
   ① 설치높이는 10미터 이내마다 설치하고, 내민길이는 벽면으로부터 2미터 이상으로 할 것
   ② 수평면과의 각도는 20도 이상 30도 이하를 유지할 것

2. 추락방호망의 설치
   ① 추락방호망의 설치위치는 가능하면 작업면으로부터 가까운 지점에 설치하여야 하며, **작업면으로부터 망의 설치지점까지의 수직거리는 10미터를 초과하지 아니할 것**
   ② 추락방호망은 수평으로 설치하고, 망의 처짐은 짧은 변 길이의 12퍼센트 이상이 되도록 할 것
   ③ 건축물 등의 바깥쪽으로 설치하는 경우 망의 내민 길이는 벽면으로부터 3미터 이상 되도록 할 것

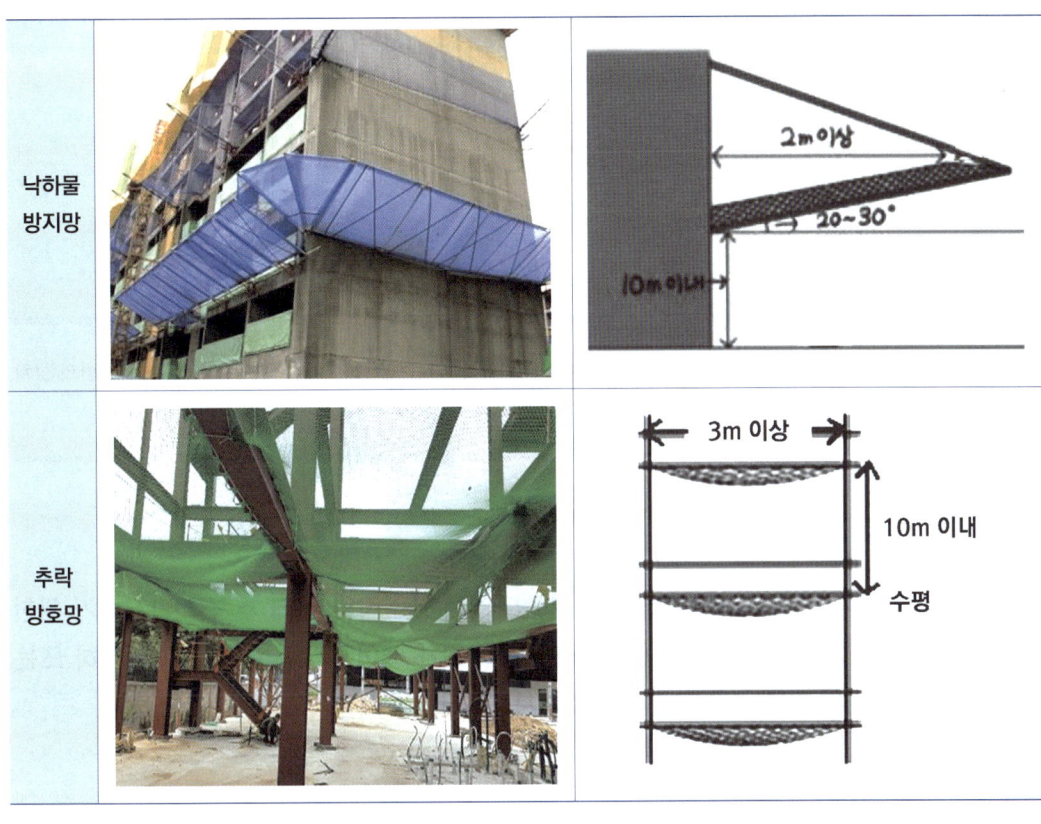

**114** 동영상에서 작업자는 낙하물 방지망 보수작업을 하고 있다.

(1) 작업으로 인하여 물체가 떨어지거나 날아올 위험이 있는 경우 설치하여야 하는 안전시설 중 화면에서 보여주는 시설의 명칭을 적으시오.

(2) 낙하물 방지망 또는 방호선반 설치 시의 준수사항 2가지를 적으시오.

(1) 낙하물 방지망

(2) 낙하물방지망 또는 방호선반 설치 시의 준수사항
① 설치 높이는 10미터 이내마다 설치하고, 내민 길이는 벽면으로부터 2미터 이상으로 할 것
② 수평면과의 각도는 20도 이상 30도 이하를 유지할 것

**참고**

사업주는 작업으로 인하여 물체가 떨어지거나 날아올 위험이 있는 경우 낙하물 방지망, 수직보호망 또는 방호선반의 설치, 출입금지구역의 설정, 보호구의 착용 등 위험을 방지하기 위하여 필요한 조치를 하여야 한다.

---

**115** 동영상에서는 아파트 신축현장을 보여준다. (1) 고소작업 시에 추락을 방지하기 위한 조치사항을 2가지 적으시오. (2) 현장에서 물체가 떨어지거나 날아올 위험(낙하 또는 비래할 위험)이 있을 경우 취해야 할 조치사항 3가지를 적으시오.

(1) 추락을 방지하기 위한 조치사항
① 작업발판 설치
② 안전대 착용
③ 안전난간 설치
④ 추락방호망 설치
⑤ 주변 정리정돈 철저

(2) 낙하 및 비래 위험을 방지하기 위한 조치사항
① 낙하물방지망·수직보호망 또는 방호선반의 설치
② 출입금지구역의 설정
③ 보호구의 착용

**주의** 추락 방지 조치사항 5가지 중 동영상에서 부족한 부분을 찾아 적으세요!

**116** 동영상에서는 근로자의 추락을 방지하는 추락방호망을 보여준다. 추락방호망에 표시하여야 하는 사항 4가지를 적으시오.

① 제조자명
② 제조년월
③ 재봉 치수
④ 그물코
⑤ 신품인 때의 방망의 강도

**117** 동영상은 추락을 방지하기 위한 추락방호망을 보여준다. (1) 매듭방망이며 신품인 경우 그물코의 종류에 따른 방망의 인장강도 기준을 적으시오. (2) 추락방호망의 처짐은 짧은 변 길이의 몇 퍼센트 이상이어야 하는가?

(1) 방망의 인장강도
　① 10cm 그물코 : 200(kg)
　② 5cm 그물코 : 110(kg)

(2) 12% 이상

**참고**

방망사의 신품에 대한 인장강도

| 그물코의 크기 (단위 : 센티미터) | 방망의 종류(단위 : 킬로그램) | |
|---|---|---|
| | 매듭없는 방망 | 매듭방망 |
| 10 | 240 | 200 |
| 5 | | 110 |

방망사의 폐기 시 인장강도

| 그물코의 크기 (단위 : 센티미터) | 방망의 종류(단위 : 킬로그램) | |
|---|---|---|
| | 매듭없는 방망 | 매듭방망 |
| 10 | 150 | 135 |
| 5 | | 60 |

**118** 동영상에서는 추락 방호망을 보여준다. 추락 방호망 등 방망의 정기시험에 관한 내용이다. 괄호에 적합한 내용을 적으시오.

> [보기]
> 방망의 정기시험은 사용개시 후 ( ① ) 이내로 하고, 그 후 ( ② )마다 1회씩 정기적으로 시험 용사에 대해서 ( ③ )을 하여야 한다.

정답
① 1년   ② 6개월   ③ 등속인장시험

**119** 동영상에서는 개구부에서 작업하던 근로자가 추락하는 모습을 보여준다.

(1) 안전하게 통행할 수 있는 조도는 몇 lux 인가?

(2) 화면에서 작업자는 승강기 개구부에서 작업하는 모습을 보여준다. 산업안전보건법에 의하여 작업발판 및 통로의 끝이나 개구부로서 근로자가 추락할 위험이 있는 장소에 설치하여야 하는 방호조치(추락방지 시설) 3가지를 적으시오.

사진 출처 : https://ulsansafety.tistory.com/969

사진 출처 : https://ulsansafety.tistory.com/969

(1) 조도 : 75 lux 이상
(2) 개구부로서 근로자가 추락할 위험이 있는 장소에 설치하여야 하는 방호 조치
   ① 안전난간 설치
   ② 울타리 설치
   ③ 수직형 추락방망 또는 덮개 설치
   ④ 개구부 내부에 **추락방호망 설치**(안전난간 설치 곤란 또는 해체한 경우)

### 참고

**1. 개구부의 추락을 방지하기 위한 조치**

① 안전난간 설치
② 울타리 설치
③ 수직형 추락방망 또는 덮개 설치
④ 개구부 내부에 **추락방호망 설치**(안전난간 설치 곤란 또는 해체한 경우)
⑤ 작업자 **안전대 착용**(안전난간 및 추락방망 설치가 불가능한 경우)

**2. 개구부 등의 방호조치**

① 사업주는 작업발판 및 통로의 끝이나 개구부로서 근로자가 추락할 위험이 있는 장소에는 **안전난간, 울타리, 수직형 추락방망 또는 덮개** 등의 방호 조치를 충분한 강도를 가진 구조로 튼튼하게 설치하여야 하며, 덮개를 설치하는 경우에는 뒤집히거나 떨어지지 않도록 설치하여야 한다. 이 경우 어두운 장소에서도 알아볼 수 있도록 개구부임을 표시하여야 한다.
② 사업주는 난간 등을 설치하는 것이 매우 곤란하거나 작업의 필요상 임시로 난간 등을 해체하여야 하는 경우 추락방호망을 설치하여야 한다. 다만, 추락방호망을 설치하기 곤란한 경우에는 근로자에게 안전대를 착용하도록 하는 등 추락할 위험을 방지하기 위하여 필요한 조치를 하여야 한다.

**120** 동영상에서 작업자는 추락방호망을 보수하는 중이다. 추락방호망의 설치기준 3가지를 적으시오.

① 추락방호망의 설치 위치는 가능하면 작업면으로부터 가까운 지점에 설치하여야 하며, **작업면으로부터 망의 설치지점까지의 수직거리는 10미터를 초과하지 아니할 것**
② 추락방호망은 **수평으로 설치**하고, 망의 처짐은 짧은 변 길이의 **12퍼센트 이상**이 되도록 할 것
③ 건축물 등의 바깥쪽으로 설치하는 경우 망의 내민 길이는 벽면으로부터 **3미터 이상** 되도록 할 것

## 121
동영상에서는 개구부에서 작업하던 근로자가 추락하는 모습을 보여준다.

(1) 안전하게 통행할 수 있는 조도는 몇 lux 인가?
(2) 작업발판 및 통로의 끝이나 개구부로서 근로자가 추락할 위험이 있는 장소에 설치하여야 하는 방호 조치(시설물) 3가지를 적으시오.

(1) 조도 : 75 lux 이상
(2) 개구부로서 근로자가 추락할 위험이 있는 장소에 설치하여야 하는 방호 조치
① 안전난간 설치
② 수직형 추락방망 설치
③ 뒤집히거나 떨어지지 않는 구조의 덮개 설치
④ 울타리 설치

**참고**

**개구부 등의 방호조치**

① 사업주는 작업발판 및 통로의 끝이나 개구부로서 근로자가 추락할 위험이 있는 장소에는 **안전난간, 울타리, 수직형 추락방망 또는 덮개** 등의 방호 조치를 충분한 강도를 가진 구조로 튼튼하게 설치하여야 하며, 덮개를 설치하는 경우에는 뒤집히거나 떨어지지 않도록 설치하여야 한다. 이 경우 어두운 장소에서도 알아볼 수 있도록 개구부임을 표시하여야 한다.
② 사업주는 난간 등을 설치하는 것이 매우 곤란하거나 작업의 필요상 임시로 난간 등을 해체하여야 하는 경우 추락방호망을 설치하여야 한다. 다만, 추락방호망을 설치하기 곤란한 경우에는 **근로자에게 안전대를 착용하도록** 하는 등 추락할 위험을 방지하기 위하여 필요한 조치를 하여야 한다.

## 122
동영상은 강교량 건설현장의 모습을 보여준다. 교량작업 시 추락을 방지하기 위하여 설치하여야 하는 추락방지시설 2가지를 적으시오.

① 추락방호망 설치
② 안전난간 설치

**123** 동영상에서는 교량 설치작업을 보여준다. 교량의 설치 · 해체 · 변경작업 시 준수하여야 할 사항(교량작업 시 준수사항) 3가지를 적으시오.

① 작업을 하는 구역에는 관계 근로자가 아닌 사람의 출입을 금지할 것
② 재료, 기구 또는 공구 등을 올리거나 내릴 경우에는 근로자로 하여금 달줄, 달포대 등을 사용하도록 할 것
③ 중량물 부재를 크레인 등으로 인양하는 경우에는 부재에 인양용 고리를 견고하게 설치하고, 인양용 로프는 부재에 두 군데 이상 결속하여 인양하여야 하며, 중량물이 안전하게 거치되기 전까지는 걸이로프를 해제시키지 아니할 것
④ 자재나 부재의 낙하 · 전도 또는 붕괴 등에 의하여 근로자에게 위험을 미칠 우려가 있을 경우에는 **출입금지구역의 설정, 자재 또는 가설시설의 좌굴(挫屈) 또는 변형 방지를 위한 보강재 부착** 등의 조치를 할 것

**124** 동영상에서는 교량 설치작업을 보여준다. 물음에 답하시오.

(1) 재료, 기구, 공구 등을 올리거나 내릴 경우 사업주의 준수 사항 1가지를 적으시오.
(2) 중량물 부재를 크레인 등으로 인양하는 경우 사업주의 준수 사항 1가지를 적으시오.
(3) 자재나 부재의 낙하, 전도 및 붕괴 등의 위험이 있을 경우 사업주의 준수 사항 1가지를 적으시오.

(1) 재료, 기구 또는 공구 등을 올리거나 내릴 경우에는 근로자로 하여금 달줄, 달포대 등을 사용하도록 할 것
(2) 중량물 부재를 크레인 등으로 인양하는 경우에는 부재에 인양용 고리를 견고하게 설치하고, 인양용 로프는 부재에 두 군데 이상 결속하여 인양하여야 하며, 중량물이 안전하게 거치되기 전까지는 걸이로프를 해제시키지 아니할 것
(3) 자재나 부재의 낙하 · 전도 또는 붕괴 등에 의하여 근로자에게 위험을 미칠 우려가 있을 경우에는 **출입금지구역의 설정, 자재 또는 가설시설의 좌굴(挫屈) 또는 변형 방지를 위한 보강재 부착** 등의 조치를 할 것

**125** 교량(상부구조가 금속 또는 콘크리트로 구성되는 교량으로서 그 높이가 5미터 이상이거나 교량의 최대 지간 길이가 30미터 이상인 교량)의 설치·해체 또는 변경 작업 시에 작성하여야 하는 작업계획서의 내용을 3가지 적으시오.

① 작업방법 및 순서
② 부재의 낙하·전도 또는 붕괴를 방지하기 위한 방법
③ 작업에 종사하는 근로자의 추락 위험을 방지하기 위한 안전조치 방법
④ 공사에 사용되는 가설 철구조물 등의 설치·사용·해체 시 안전성 검토 방법
⑤ 사용하는 기계 등의 종류 및 성능, 작업방법
⑥ 작업지휘자 배치계획
⑦ 그 밖에 안전·보건에 관련된 사항

**126** 동영상에서는 철근을 운반하는 장면을 보여준다. 철근을 인력으로 운반할 경우의 준수사항 2가지를 적으시오.

① 1인당 무게는 25킬로그램 정도가 적절하며, 무리한 운반을 삼가하여야 한다.
② 2인 이상이 1조가 되어 어깨메기로 하여 운반하는 등 안전을 도모하여야 한다.
③ 긴 철근을 부득이 한 사람이 운반할 때에는 한쪽을 어깨에 메고 한쪽 끝을 끌면서 운반하여야 한다.
④ 운반할 때에는 양끝을 묶어 운반하여야 한다.
⑤ 내려 놓을 때는 천천히 내려놓고 던지지 않아야 한다.
⑥ 공동 작업을 할 때에는 신호에 따라 작업을 하여야 한다.

**참고**

**인력에 의한 화물 운반 시 준수사항**

① 수평거리 운반을 원칙으로 한다.
② 운반 시의 시선은 진행방향을 향하고 뒷걸음 운반을 하여서는 아니 된다.
③ 쌓여있는 화물을 운반할 때에는 중간 또는 하부에서 뽑아내어서는 아니 된다.
④ 어깨 높이보다 높은 위치에서 하물을 들고 운반하여서는 아니 된다.

**127** 동영상에서는 철근을 운반하는 장면을 보여준다. 철근을 인력으로 운반할 경우의 준수사항 중 괄호에 적합한 내용을 적으시오.

> 1. 1인당 무게는 ( ① ) 킬로그램 정도가 적절하며, 무리한 운반을 삼가하여야 한다.
> 2. 2인 이상이 1조가 되어 ( ② )로 하여 운반하는 등 안전을 도모하여야 한다.

① 25
② 어깨메기

**128** 동영상에서는 철골공사 현장을 보여준다. 철골작업을 중지하여야 하는 조건을 3가지 적으시오.

① 풍속이 초당 10m(미터) 이상인 경우
② 강우량이 시간당 1mm(밀리미터) 이상인 경우
③ 강설량이 시간당 1cm(센티미터) 이상인 경우

**129** 구조안전의 위험이 큰 다음 각 목의 철골구조물은 건립 중 강풍에 의한 풍압 등 외압에 대한 내력이 설계에 고려되었는지 확인하여야 한다. 외압에 대한 내력이 설계에 고려되었는지 확인하여야 할 대상 3가지를 적으시오.

① 높이 20미터 이상의 구조물
② 구조물의 폭과 높이의 비가 1:4 이상인 구조물
③ 단면구조에 현저한 차이가 있는 구조물
④ 연면적당 철골량이 50킬로그램/평방미터(50kg/m²) 이하인 구조물
⑤ 기둥이 타이플레이트(tie plate)형인 구조물
⑥ 이음부가 현장용접인 구조물

**130** 동영상은 철골공사 현장을 보여준다. 근로자가 수직방향으로 이동하는 철골부재에 설치하는 트랩(승강로)의 (1) 폭과 (2) 답단 간격을 적으시오.

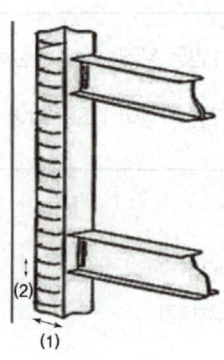

**정답**
(1) 30cm 이상
(2) 30cm 이내

**참고**

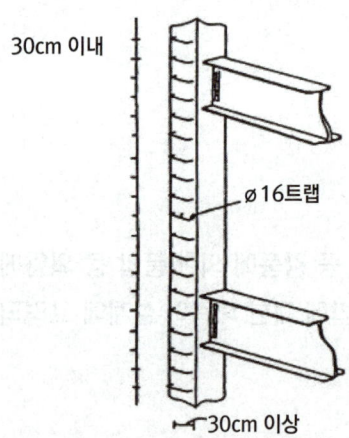

**131** 동영상에서는 철골보 인양작업을 보여준다. (1) 철골보 인양 작업에서 클램프로 부재를 체결하는 경우의 준수사항 2가지를 적으시오. (2) 철골공사 표준안전 작업지침에 의하여 철골 보를 설치할 때의 준수사항 중 인양 와이어 로프를 해체할 때의 준수사항 2가지를 적으시오.

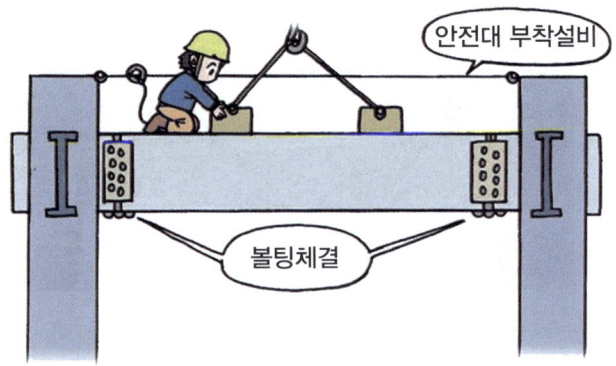

사진 출처 : 안전보건공단

(1) 클램프로 부재를 체결하는 경우의 준수사항
　① 클램프는 부재를 수평으로 하는 두 곳의 위치에 사용하여야 하며 부재 **양단방향은 등 간격**이어야 한다.
　② **부득이 한 군데만을 사용할 때**는 위험이 적은 장소로서 간단한 이동을 하는 경우에 한하여야 하며 **부재 길이의 1/3지점을 기준하여야** 한다.
　③ 두 곳을 매어 인양시킬 때 와이어로프의 내각은 60도 이하이어야 한다.
　④ 클램프의 정격용량 이상 매달지 않아야 한다.
　⑤ 체결작업 중 클램프 본체가 장애물에 부딪치지 않게 주의하여야 한다.
　⑥ 클램프의 작동상태를 점검한 후 사용하여야 한다.

(2) 인양 와이어로프를 해체할 때의 준수사항
　① 인양 와이어로프를 해체할 때에는 **안전대를 사용하여 보 위를 이동**하여야 하며 안전대를 설치할 구명줄은 보의 설치와 동시에 기둥 간에 설치하도록 해야 한다.
　② **해체한 와이어로프는 후크에 걸어 내리며 밑으로 던져서는 안 된다.**

## 132. 철골공사 표준안전 작업지침에 의하여 철골기둥을 앵커 볼트에 접속시킬 때 사업주가 하여야 하는 준수사항을 2가지 적으시오.

사진 출처 : https://conpass.tistory.com/m/306

① 기둥의 인양은 고정시킬 바로 위에서 일단 멈춘 다음 손이 닿을 위치까지 내리도록 한다.
② 앵커 볼트의 바로 위까지 흔들림이 없도록 유도하면서 방향을 확인하고 천천히 내려야 한다.
③ 기둥 베이스 구멍을 통해 앵커 볼트를 보면서 정확히 유도하고, 볼트가 손상되지 않도록 조심스럽게 제자리에 위치시켜야 한다. 이때 손, 발이 끼지 않도록 주의한다.
④ 바른 위치에 잘 들어갔는지 확인하고 앵커 볼트 전체의 균형을 유지하면서 확실히 조여야 한다.
⑤ 인양 와이어 로프를 제거하기 위하여 기둥 위로 올라갈 때 또는 기둥에서 내려올 때는 기둥의 트랩을 이용하여야 한다.
⑥ 인양 와이어 로프를 풀어 제거할 때에는 안전대를 사용해야 하며 샤클핀이 빠져 떨어지는 일 등이 발생하지 않도록 주의해야 한다.

### 참고

다른 철골기둥에 접속시키는 작업은 다음의 각 목의 순서에 따라야 한다.

① 작업자는 2인 1조로 하여 기둥에 올라간 다음 안전대를 기둥의 위쪽 부분에 설치한 후 인양되는 기둥을 기다리도록 한다.
② 기둥이 아래층 기둥의 윗부분까지 인양되면 일단 동작을 정지시켜야 한다.
③ 인양된 기둥이 흔들리거나 기둥의 접속방향이 맞지 않을 때는 신호를 명확히 하여 유도하여야 한다.
④ 기둥의 접속에 앞서 이음철판(splice plate)에 설치된 볼트를 느슨하게 풀어둔다.
⑤ 아래층 기둥 윗부분 가까이 이동되면 작업자는 수공구등을 이용하여 정확한 접속위치로 유도하여야 한다.
⑥ **볼트를 필요한 수만큼 신속히 체결**해야 한다.
⑦ 작업자가 기둥을 오르내릴 때에는 기둥의 트랩을 이용하고 인양 와이어 로우프를 제거할 때는 안전대를 사용하여야 한다.

**133** 영상에서는 철골에서 작업하는 모습을 보여준다. 「철골작업 표준안전 작업지침」에 의하여 철골공사 중 재해방지를 위한 설비를 설명하고 있다. 괄호에 적합한 설비를 적으시오.

| 기능 | | 용도, 사용장소, 조건 | 설비 |
|---|---|---|---|
| 추락방지 | 추락자를 보호 할 수 있는 것 | 작업대 설치가 어렵거나 개구부 주위로 난간설치가 어려운 곳 | ( ① ) |
| | 추락의 우려가 있는 위험장소에서 작업자의 행동을 제한하는 것 | 개구부 및 작업대의 끝 | ( ② ), ( ③ ) |
| 비래낙하 및 비산방지 | 불꽃의 비산방지 | 용접, 용단을 수반하는 작업 | ( ④ ) |

**정답**

① 추락방지용 방망  ② 난간  ③ 울타리  ④ 석면포

**참고**

| 기능 | | 용도, 사용장소, 조건 | 설비 |
|---|---|---|---|
| 추락방지 | 안전한 작업이 가능한 작업대 | 높이 2미터 이상의 장소로서 추락의 우려가 있는 작업 | 비계, 달비계, 수평통로, 안전난간대 |
| | 추락자를 보호할 수 있는 것 | 작업대 설치가 어렵거나 개구부 주위로 난간설치가 어려운 곳 | 추락방지용 방망 |
| | 추락의 우려가 있는 위험장소에서 작업자의 행동을 제한하는 것 | 개구부 및 작업대의 끝 | 난간, 울타리 |
| | 작업자의 신체를 유지시키는 것 | 안전한 작업대나 난간설비를 할 수 없는 곳 | 안전대부착설비, 안전대, 구명줄 |
| 비래낙하 및 비산방지 | 위에서 낙하된 것을 막는 것 | 철골 건립, 볼트 체결 및 기타 상하 작업 | 방호철망, 방호울타리, 가설앵커 설비 |
| | 제3자의 위해방지 | 볼트, 콘크리트 덩어리, 형틀재, 일반자재, 먼지 등이 낙하·비산할 우려가 있는 작업 | 방호철망, 방호시트, 방호울타리, 방호선반, 안전망 |
| | 불꽃의 비산방지 | 용접, 용단을 수반하는 작업 | 석면포 |

**134** 철골공사 표준안전 작업 지침에 의한 앵커 볼트의 매립 시의 준수사항에 관한 내용이다. 괄호에 적합한 숫자를 적으시오.

> 앵커 볼트를 매립하는 정밀도는 다음 각 목의 범위 내 이어야 한다.
> 
> (1) 기둥중심은 기준선 및 인접기둥의 중심에서 ( ① ) 이상 벗어나지 않을 것
> 
> (2) 인접기둥 간 중심거리의 오차는 ( ② ) 이하일 것
> 
> (3) 앵커 볼트는 기둥중심에서 ( ③ ) 이상 벗어나지 않을 것
> 
> (4) 베이스 플레이트의 하단은 기준 높이 및 인접기둥의 높이에서 ( ④ ) 이상 벗어나지 않을 것

① 5mm  ② 3mm  ③ 2mm  ④ 3mm

**135** 동영상에서는 둥근톱 작업을 보여준다. 목재 가공용 둥근톱 기계의 방호장치 2가지를 적으시오.

① 톱날 접촉 예방장치(날접촉 예방장치)
② 반발 예방장치

### 참고

**반발 예방장치의 종류**

① 분할날
② 반발 방지 기구(finger)
③ 반발 방지 롤러

**136** 동영상에서는 장비를 사용하여 아파트 해체작업을 하는 장면을 보여준다. 다음 물음에 답하시오.

사진 출처 : ㈜ 코리아 카고

사진 출처 : www.volvo.com

(1) 영상에서 보여주는 해체공법을 적으시오.

(2) 해체작업 시에는 해체건물의 조사결과에 따른 해체계획을 작성하여야 한다. 해체계획에 포함되어야 할 사항 3가지를 적으시오.

(3) 분진 발생을 억제하기 위한 대책 2가지를 적으시오.

(1) 해체공법 : 대형 브레이커공법
(2) 해체계획에 포함하여야 하는 사항
　① 해체의 방법 및 해체 순서 도면
　② 가설, 방호, 환기, 살수, 방화설비 등의 방법
　③ 사업장 내 연락방법
　④ 해체물의 처분 계획
　⑤ 해체작업용 기계, 기구 등의 작업계획서
　⑥ 해체작업용 화약류의 사용계획서
(3) 분진 발생을 억제하기 위한 대책
　① 피라밋식, 수평 살수식으로 물을 뿌린다.
　② 방진시트, 분진차단막 등의 방진벽을 설치한다.

> **참고**
>
> **해체공법**
>
> | 압쇄기 공법 | 절단톱 공법 | 핸드브레이커 공법 |
> |---|---|---|

**137** 동영상은 해체작업을 하고 있다. 동영상에서의 해체공법의 종류를 적으시오.

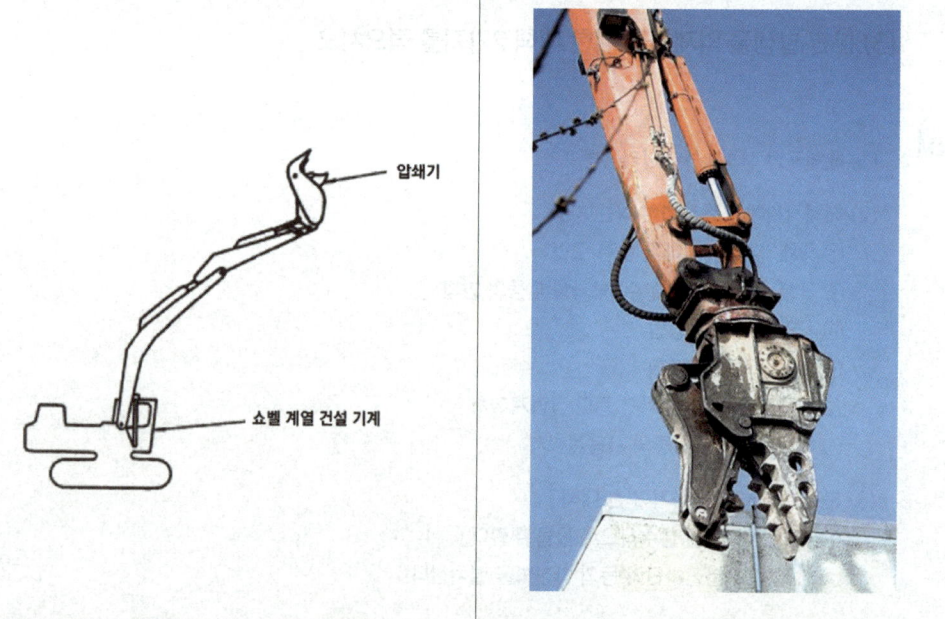

 압쇄기 공법

**138** 동영상에서 작업자는 핸드브레이커를 이용하여 해체작업을 하는 모습을 보여준다. 동영상에서와 같은 작업에서 감전방지를 위하여 착용하여야 할 보호구와 분진의 비산에 대비하여 착용하여야 하는 보호구의 명칭을 1가지씩 적으시오.

그림 출처 : 안전보건공단     그림 출처 : ㈜ 코리아 카코

 정답

(1) 감전방지 보호구 : 절연장갑
(2) 분진 비산방지 보호구 : ① 방진마스크  ② 보안경

**139** 전동기계기구를 사용하여 작업을 하는 경우 감전을 방지하기 위하여 반드시 누전차단기를 설치하여야 하는 장소 2가지를 적으시오.

 정답

① 대지전압이 150볼트를 초과하는 이동형 또는 휴대형 전기기계·기구
② 물 등 도전성이 높은 액체가 있는 습윤장소에서 사용하는 저압용 전기기계·기구
③ 철판·철골 위 등 도전성이 높은 장소에서 사용하는 이동형 또는 휴대형 전기기계·기구
④ 임시배선의 전로가 설치되는 장소에서 사용하는 이동형 또는 휴대형 전기기계·기구

> **특급 암기법**
> 누전차단기 설치 → 누전이 잘 생기는 곳(전기가 잘 통하는 곳)
> 1. 땅(대지전압 150V 초과) 2. 물(습윤장소) 3. 철판, 철골(도전성이 높은 장소)

> **참고**
>
> 누전차단기를 설치하지 않아도 되는 경우
> ① **이중절연구조** 또는 이와 같은 수준 이상으로 보호되는 전기기계·기구
> ② **절연대 위** 등과 같이 **감전위험이 없는 장소**에서 사용하는 전기기계·기구
> ③ **비접지방식의 전로**
>
> | 특급 암기법 | 누전차단기 설치× → 전기가 잘 통하지 않음 → 절연이 우수한 경우 → 이중 절연구조, 절연대 위 |

**140** 동영상에서는 누전차단기를 보여준다. 누전차단기를 접속할 때의 준수사항에 관한 [보기]의 내용 중 괄호 안에 적합한 내용을 적으시오.

> 전기기계·기구에 설치되어 있는 누전차단기는 정격감도전류가 ( ① ) 이하이고 작동시간은 ( ② ) 이내일 것. 다만, 정격전부하전류가 50암페어 이상인 전기기계·기구에 접속되는 누전차단기는 오작동을 방지하기 위하여 정격감도전류는 200밀리암페어 이하로, 작동시간은 0.1초 이내로 할 수 있다.

① 30밀리암페어(mA)
② 0.03초

**141** 동영상에서는 과전류 차단기가 설치된 분전반을 보여준다. 과전류로 인한 재해를 방지하기 위하여 과전류 차단장치를 설치하는 경우 설치 기준 2가지를 적으시오.

① 과전류 차단장치는 반드시 접지선이 아닌 전로에 직렬로 연결하여 과전류 발생 시 전로를 자동으로 차단하도록 설치할 것
② 차단기·퓨즈는 계통에서 발생하는 최대 과전류에 대하여 충분하게 차단할 수 있는 성능을 가질 것
③ 과전류 차단장치가 전기계통상에서 상호 협조·보완되어 과전류를 효과적으로 차단하도록 할 것

## 142
동영상에서는 임시 분전반 주변에서 작업하는 모습을 보여준다. 충전부에 작업자가 직접 접촉함으로 인한 감전방지 조치사항(충전부에 대하여 사업주가 하여야 할 방호조치) 3가지를 적으시오.

 **정답**
① 충전부가 노출되지 아니하도록 **폐쇄형 외함이 있는 구조로** 할 것
② 충전부에 충분한 절연효과가 있는 **방호망 또는 절연덮개를** 설치할 것
③ 충전부는 내구성이 있는 **절연물로 덮어 감쌀 것**
④ 전주 위 및 철탑 위 등 격리되어 있는 장소로서 **관계근로자 외의 자가 접근할 우려가 없는 장소**에 충전부를 설치할 것
⑤ 발전소·변전소 및 개폐소 등 구획되어 있는 장소로서 **관계 근로자가 아닌 사람의 출입이 금지되는 장소**에 충전부를 설치하고, 위험표시 등의 방법으로 방호를 강화할 것

## 143
동영상에서는 임시 배전시설에서 작업하는 모습을 보여준다. 작업자가 손으로 배전시설을 접촉 시에 감전이 발생하였다면 감전의 원인 2가지를 적으시오.

 **정답**
① 작업자가 절연장갑을 착용하지 않았다.
② 전원을 차단한 후 배전시설을 점검하여야 하나 전원을 차단하지 않았다.

---

**참고**

**정전작업 시 전로 차단 절차**
① 전기기기 등에 공급되는 모든 전원을 관련 도면, 배선도 등으로 확인할 것
② **전원을 차단한 후** 각 단로기 등을 개방하고 확인할 것
③ 차단장치나 단로기 등에 **잠금장치 및 꼬리표를 부착할** 것
④ 개로된 전로에서 유도전압 또는 전기에너지가 축적되어 근로자에게 전기위험을 끼칠 수 있는 전기기기 등은 접촉하기 전에 **잔류전하를 완전히 방전시킬 것**
⑤ **검전기를 이용하여** 작업 대상 기기가 **충전되었는지를 확인할 것**
⑥ 전기기기 등이 다른 노출 충전부와의 접촉, 유도 또는 예비동력원의 역송전 등으로 전압이 발생할 우려가 있는 경우에는 충분한 용량을 가진 **단락 접지기구를 이용하여 접지할 것**

---

**특급 암기법** 전원차단 → 잠금장치, 꼬리표 부착 → 잔류전하 방전 → 검전기로 확인 → 단락접지 실시

**144** 건물의 크기, 용도에 따른 분전반의 설치방법 2가지를 적으시오.

① 매입형
② 반매입형
③ 노출벽부형
④ 자립형

**145** 꽂음접속기를 설치 또는 사용할 경우 준수하여야 할 사항 3가지를 적으시오.

① 서로 다른 전압의 꽂음접속기는 서로 접속되지 아니한 구조의 것을 사용할 것
② 습윤한 장소에 사용되는 꽂음 접속기는 방수형 등 그 장소에 적합한 것을 사용할 것
③ 근로자가 해당 꽂음 접속기를 접속시킬 경우 땀 등으로 젖은 손으로 취급하지 않도록 할 것
④ 해당 꽂음접속기에 잠금장치가 있는 때에는 접속 후 잠그고 사용할 것

**146** 동영상에서 작업자는 전기용접기(교류아크 용접기)로 용접작업을 하는 중이다.

(1) 작업자가 착용하여야 하는 개인보호구 3가지를 적으시오.
(2) 전기용접기(교류아크 용접기)에 설치하여야 하는 방호장치 명을 적으시오.
(3) 교류아크용접기에 자동전격 방지기를 설치하여야 하는 장소 3곳을 적으시오.

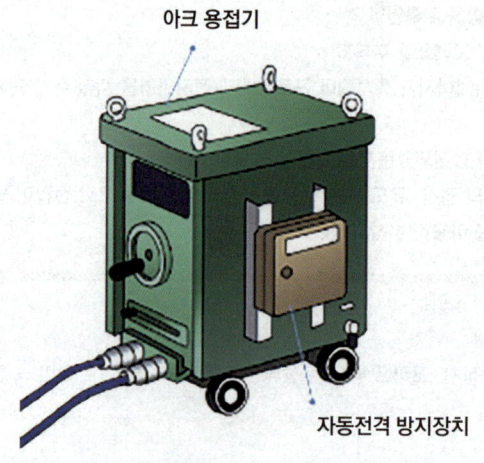

(1) 착용하여야 할 보호구
   ① 안전모(AE, ABE형)
   ② 용접용 보안면
   ③ 절연장갑
   ④ 절연화
(2) 방호장치 : 자동전격방지기(자동전격방지장치)
(3) 자동전격방지기를 설치하여야 하는 장소
   ① 선박의 이중 선체 내부, 밸러스트(Ballast) 탱크, 보일러 내부 등 도전체에 둘러싸인 장소
   ② 추락할 위험이 있는 높이 2미터 이상의 장소로 철골 등 도전성이 높은 물체에 근로자가 접촉할 우려가 있는 장소
   ③ 근로자가 물·땀 등으로 인하여 도전성이 높은 습윤 상태에서 작업하는 장소

**147** 동영상은 타워크레인이 고압선 부근에서 작업하는 모습을 보여준다. 크레인 등 차량·기계장치가 고압선 부근에서 작업할 때 감전방지 대책(충전전로 인근에서의 차량·기계장치 작업시 감전방지 대책) 3가지를 쓰시오.

① 차량 등을 충전부로부터 300센티미터 이상 이격, 대지전압이 50킬로볼트를 넘는 경우 이격거리는 10킬로볼트 증가할 때마다 10센티미터씩 증가시킬 것
② 방책을 설치, 감시인 배치 등의 조치
③ 접지된 차량 등이 충전전로와 접촉할 우려가 있을 경우에는 지상의 근로자가 접지점에 접촉하지 않도록 조치할 것
④ 절연용 방호구를 설치한 경우에는 이격거리를 절연용 방호구 앞면까지, 차량 등의 버킷이나 끝부분이 절연되어 있고 유자격자가 작업을 행하는 경우의 이격거리는 접근 한계거리까지로 할 수 있다.

**특급 암기법**
1. 이격거리 ┌ 충전부로부터 300cm 이상
           └ 대지전압 50kV 초과 시 - 10kV 증가 시마다 10cm씩 증가
2. 울타리 설치, 감시인 배치
3. 근로자가 접지점에 접촉하지 않도록 조치

## 148 충전전로에서 전기작업을 하거나 그 부근에서 작업을 하는 경우의 안전조치사항 3가지를 적으시오.

① 근로자에게 절연용 보호구를 착용시킬 것
② 절연용 방호구를 설치할 것
③ 고압 및 특별고압의 전로에서 전기작업을 하는 근로자에게 활선작업용 기구 및 장치를 사용하도록 할 것
④ 절연용 방호구의 설치·해체작업시 절연용 보호구 착용하거나 활선작업용 기구 및 장치를 사용하도록 할 것

### 참고

**충전전로에서의 전기작업(활선작업) 시의 조치**
① 충전전로를 정전시키는 경우에는 정전작업시 전로차단 절차에 따른 조치를 할 것
② 충전전로를 방호, 차폐하거나 절연 등의 조치를 하는 경우에는 근로자의 신체가 전로와 직접 접촉하거나 도전재료, 공구 또는 기기를 통하여 간접 접촉되지 않도록 할 것
③ 충전전로를 취급하는 근로자에게 그 작업에 적합한 절연용 보호구를 착용시킬 것
④ 충전전로에 근접한 장소에서 전기작업을 하는 경우에는 해당 전압에 적합한 절연용 방호구를 설치할 것
⑤ 고압 및 특별고압의 전로에서 전기작업을 하는 근로자에게 활선작업용 기구 및 장치를 사용하도록 할 것
⑥ 근로자가 절연용 방호구의 설치·해체작업을 하는 경우에는 절연용 보호구를 착용하거나 활선작업용 기구 및 장치를 사용하도록 할 것
⑦ 유자격자가 아닌 근로자가 충전전로 인근의 높은 곳에서 작업할 때에 근로자의 몸 또는 긴 도전성 물체가 방호되지 않은 충전전로에서 대지전압이 50킬로볼트 이하인 경우에는 300센티미터 이내로, 대지전압이 50킬로볼트를 넘는 경우에는 10킬로볼트당 10센티미터씩 더한 거리 이내로 각각 접근할 수 없도록 할 것
⑧ 유자격자가 충전전로 인근에서 작업하는 경우에는 노출 충전부에 접근한계거리 이내로 접근하거나 절연 손잡이가 없는 도전체에 접근할 수 없도록 할 것
⑨ 절연이 되지 않은 충전부나 그 인근에 근로자가 접근하는 것을 막거나 제한할 필요가 있는 경우에는 울타리를 설치하고 근로자가 쉽게 알아볼 수 있도록 하여야 한다.
⑩ 울타리의 설치가 곤란한 경우에는 근로자를 감전위험에서 보호하기 위하여 사전에 위험을 경고하는 감시인을 배치하여야 한다.

**149** 동영상에서는 차량계 건설기계가 충전전로 부근에서 작업하는 모습을 보여준다. 충전전로 인근에서의 차량·기계장치 작업시의 안전조치 중 동영상에서 확인할 수 있는 조치를 적으시오.

> **화면 설명**
> 충전전로 부근에는 녹색의 울타리가 둘러쳐져 있고 감전방지 표지판이 부착되어 있다.

울타리의 설치

**150** 주변에 충전전로가 있는 장소에서 건설작업을 하는 경우 작업에 종사하는 근로자의 신체가 전로에 직, 간접 접촉함으로 인한 감전의 위험이 있다. 감전의 위험요소 3가지를 적으시오. ("예"통전전류의 세기. 단, "예"는 제외한다)

① 통전시간
② 통전 경로
③ 전원의 종류

> **참고**
>
> **1차 감전위험요소 및 영향력**
>
> 통전전류크기 〉 통전시간 〉 통전경로 〉 전원의 종류(직류보다 교류가 더 위험)

**151** 동영상은 건설 현장에서 휴대장비로 작업하는 모습을 보여준다. 이동 및 휴대장비 등을 사용하는 전기 작업 시에 조치하여야 할 사항 3가지를 적으시오.

① 근로자가 착용하거나 취급하고 있는 도전성 공구·장비 등이 노출 충전부에 닿지 않도록 할 것
② 근로자가 사다리를 노출 충전부가 있는 곳에서 사용하는 경우에는 도전성 재질의 사다리를 사용하지 않도록 할 것
③ 근로자가 젖은 손으로 전기기계·기구의 플러그를 꽂거나 제거하지 않도록 할 것
④ 근로자가 전기회로를 개방, 변환 또는 투입하는 경우에는 전기 차단용으로 특별히 설계된 스위치, 차단기 등을 사용하도록 할 것
⑤ 차단기 등의 과전류 차단장치에 의하여 자동 차단된 후에는 전기회로 또는 전기기계·기구가 안전하다는 것이 증명되기 전까지는 과전류 차단장치를 재투입하지 않도록 할 것

**152** 동영상에서는 가스용기를 보여준다. 현장에서 가스용기 취급시의 주의해야 할 사항 3가지를 적으시오.

① 용기의 온도를 섭씨 40도 이하로 유지할 것
② 전도의 위험이 없도록 할 것
③ 충격을 가하지 아니하도록 할 것
④ 운반할 때 캡을 씌울 것
⑤ 밸브의 개폐는 서서히 할 것
⑥ 사용 전 또는 사용 중인 용기와 그 외의 용기를 명확히 구분하고 보관할 것
⑦ 용해 아세틸렌의 용기는 세워 둘 것
⑧ 사용할 때에는 용기의 마개에 부착되어 있는 유류 및 먼지를 제거할 것

**153** 동영상에서는 아세틸렌 용접장치를 보여준다. 괄호에 적합한 내용을 적으시오.

가스용기가 발생기와 분리되어 있는 아세틸렌 용접장치에 대하여는 발생기와 가스용기 사이에 (　　　)를 설치하여야 한다.

안전기

**154** 동영상은 가스용기를 운반한 후 용접하는 모습을 보여준다. 동영상에서 보이는 (1) 가스용기 운반시의 문제점 2가지 (2) 용접작업시의 문제점 2가지 (3) 가스용기 운반시의 준수사항 3가지를 적으시오.

(1) ① 운반할 때 캡을 씌워야 하나 캡을 씌우지 않고 운반하고 있다.
② 전도의 위험이 없도록 가스용기를 고정하여야 하나 고정하지 않은 채 운반하고 있다.
③ 가스용기를 차에 싣거나 내릴 때에는 용기가 충격을 받지 아니하도록 주의하여 취급하여야 하나 충격을 가하고 있다.

(2) ① 용접용 보안면 미착용으로 화상이 우려된다.
② 절연장갑의 미착용으로 화상이 우려된다.
③ 안전대 미착용으로 추락의 위험이 있다.(높이 2m 이상의 추락위험이 있는 장소인 경우만 해당)

(3) 가스용기 운반 시의 준수 사항
① 전도의 위험이 없도록 할 것
② 충격을 가하지 아니하도록 할 것
③ 운반할 때 캡을 씌울 것

**주의** 동영상을 확인하고 답을 적으세요!

**155** 동영상에서는 작업장의 가스용기를 보여준다. 가연성 물질이 있는 장소에서 화재 위험 작업을 하는 경우에 화재예방을 위하여 준수하여야 하는 사항 3가지를 적으시오.

① 작업 준비 및 작업 절차 수립
② 작업장 내 위험물의 사용·보관 현황 파악
③ 화기 작업에 따른 인근 가연성 물질에 대한 방호조치 및 소화기구 비치
④ 용접불티 비산 방지 덮개, 용접 방화포 등 불꽃, 불티 등 비산방지조치
⑤ 인화성 액체의 증기 및 인화성 가스가 남아 있지 않도록 환기 등의 조치
⑥ 작업 근로자에 대한 화재예방 및 피난 교육 등 비상조치

**156** 동영상에서는 용접작업을 보여준다. 용접 등 화재위험작업을 하는 경우에는 화재의 위험을 감시하고 화재 발생 시 사업장 내 근로자의 대피를 유도하는 업무만을 담당하는 화재감시자를 배치하여야 한다. 화재감시자를 배치하여야 하는 장소 3가지를 적으시오.

① 연면적 15,000제곱미터 이상의 건설공사 또는 개조공사가 이루어지는 건축물의 지하장소
② 연면적 5,000제곱미터 이상의 냉동·냉장창고시설의 설비공사 또는 단열공사 현장
③ 액화석유가스 운반선 중 단열재가 부착된 액화석유가스 저장시설에 인접한 장소

**157** 동영상은 가스용접작업을 보여준다. 가스를 사용하여 금속의 용접·용단 또는 가열작업을 하는 경우 가스의 누출 또는 방출로 인한 폭발·화재 또는 화상을 예방하기 위하여 준수하여야 할 사항 3가지를 적으시오.

① 가스 등의 호스와 취관(吹管)은 손상·마모 등에 의하여 가스 등이 누출할 우려가 없는 것을 사용할 것
② 가스 등의 취관 및 호스의 상호 접촉부분은 호스밴드, 호스클립 등 조임기구를 사용하여 가스 등이 누출되지 않도록 할 것
③ 가스 등의 호스에 가스 등을 공급하는 경우에는 미리 그 호스에서 가스 등이 방출되지 않도록 필요한 조치를 할 것
④ 사용 중인 가스 등을 공급하는 공급구의 밸브나 콕에는 그 밸브나 콕에 접속된 가스 등의 호스를 사용하는 사람의 명찰을 붙이는 등 가스 등의 공급에 대한 오조작을 방지하기 위한 표시를 할 것
⑤ 용단작업을 하는 경우에는 취관으로부터 산소의 과잉방출로 인한 화상을 예방하기 위하여 근로자가 조절밸브를 서서히 조작하도록 주지시킬 것
⑥ 작업을 중단하거나 마치고 작업장소를 떠날 경우에는 가스 등의 공급구의 밸브나 콕을 잠글 것
⑦ 가스 등의 분기관은 전용 접속기구를 사용하여 불량체결을 방지하여야 하며, 서로 이어지지 않는 구조의 접속기구 사용, 서로 다른 색상의 배관·호스의 사용 및 꼬리표 부착 등을 통하여 서로 다른 가스배관과의 불량 체결을 방지할 것

**158** 산업안전보건법에 의한 아세틸렌 용접장치에 관한 내용이다. 다음 물음에 답하시오.

(1) 괄호에 적합한 용어를 적으시오.

1. 사업주는 아세틸렌 용접장치의 취관마다 (　　)를 설치하여야 한다. 다만, 주관 및 취관에 가장 가까운 분기관(分岐管)마다 안전기를 부착한 경우에는 그러하지 아니하다.
2. 사업주는 가스용기가 발생기와 분리되어 있는 아세틸렌 용접장치에 대하여 발생기와 가스용기 사이에 (　　)를 설치하여야 한다.

(2) 발생기실을 설치하는 경우에 사업주가 준수하여야 하는 사항 3가지를 적으시오.

(1) 안전기

(2) 발생기실을 설치하는 경우의 준수 사항
   ① 벽은 불연성 재료로 하고 철근 콘크리트 또는 그 밖에 이와 같은 수준이거나 그 이상의 강도를 가진 구조로 할 것
   ② 지붕과 천장에는 얇은 철판이나 가벼운 불연성 재료를 사용할 것
   ③ 바닥면적의 16분의 1 이상의 단면적을 가진 배기통을 옥상으로 돌출시키고 그 개구부를 창이나 출입구로부터 1.5미터 이상 떨어지도록 할 것
   ④ 출입구의 문은 불연성 재료로 하고 두께 1.5밀리미터 이상의 철판이나 그 밖에 그 이상의 강도를 가진 구조로 할 것
   ⑤ 벽과 발생기 사이에는 발생기의 조정 또는 카바이드 공급 등의 작업을 방해하지 않도록 간격을 확보할 것

참고

그림 출처 : 안전보건공단

## 159 동영상은 밀폐공간에서의 작업을 보여준다.

(1) 산소결핍의 기준을 적으시오.
(2) 밀폐공간 작업 시의 적정 공기 수준을 적으시오.
(3) 영상에서와 같은 잠함, 우물통, 수직갱 등의 내부에서 굴착 작업을 하는 때에 준수하여야 할 사항 2가지를 적으시오.

(1) 산소결핍의 기준 : 산소농도가 18% 미만인 상태
(2) 적정공기 수준
  ① 산소 농도 : 18% 이상 23.5% 미만
  ② 탄산가스 농도 : 1.5% 미만
  ③ 일산화탄소 농도 : 30ppm 미만
  ④ 황화수소 농도 : 10ppm 미만
(3) 잠함, 우물통, 수직갱 등의 내부에서 굴착작업을 하는 때의 준수사항
  ① 산소결핍의 우려가 있는 때에는 산소 농도 측정하는 자를 지명하여 측정하도록 할 것
  ② 근로자가 안전하게 오르내리기 위한 설비를 설치할 것
  ③ 굴착 깊이가 20미터를 초과하는 때에는 당해작업장소와 외부와의 연락을 위한 통신설비 등을 설치할 것

## 160 동영상은 근로자가 밀폐공간에서 방수작업을 하던 중 쓰러지는 장면을 보여준다. 동종 재해방지를 위한 안전대책 3가지를 적으시오.

① 작업 시작 전 및 작업 중에 해당 작업장을 적정공기 상태가 유지되도록 환기하여야 한다.
② 밀폐공간에 근로자를 종사하도록 하는 경우에는 그 장소에 근로자를 입장시킬 때와 퇴장시킬 때마다 인원을 점검하여야 한다.
③ 작업하는 근로자가 아닌 사람이 그 장소에 출입하는 것을 금지하고, 출입금지 표지를 밀폐공간 근처의 보기 쉬운 장소에 게시하여야 한다.
④ 작업상황을 감시할 수 있는 감시인을 지정하여 밀폐공간 외부에 배치하여야 한다.
⑤ 밀폐공간에서 작업을 하는 동안 그 작업장과 외부의 감시인 간에 항상 연락을 취할 수 있는 설비를 설치하여야 한다.
⑥ 밀폐공간에서 작업을 하는 경우에 산소결핍이나 유해가스로 인한 질식·화재·폭발 등의 우려가 있으면 즉시 작업을 중단시키고 해당 근로자를 대피하도록 하여야 한다.
⑦ 공기호흡기 또는 송기마스크, 안전대나 구명밧줄, 사다리 및 섬유로프 등 비상 시에 대피용기구 및 근로자를 구출하기 위하여 필요한 기구를 갖추어 두어야 한다.
⑧ 밀폐공간에서 근로자를 구출하는 경우 구출작업에 종사하는 근로자에게 공기호흡기 또는 송기마스크를 지급하여야 한다.

**161** 동영상에서는 3명의 작업자들이 담배를 피운 후 개구부를 열고 들어가 밀폐공간에서 작업을 하던 중 질식 사고를 당하는 장면을 보여준다.

(1) 해당 영상에서 보여주는 밀폐공간 작업 시의 문제점 3가지
(2) 산소결핍 인정 시의 조치사항 1가지
(3) 밀폐공간(산소결핍 장소)에서 근로자가 작업하는 경우의 안전조치 사항 3가지를 적으시오.
(4) 밀폐공간 작업 시에 작업이 가능한 최소 산소 농도를 적으시오.
(5) 밀폐공간 작업을 하는 근로자가 착용하여야 하는 호흡용 보호구의 종류 2가지를 적으시오.

(1) 밀폐공간 작업 시의 문제점
  ① 산소 및 유해가스 농도 측정을 하지 않았다.
  ② 작업장 환기를 하지 않았다.
  ③ 작업자들이 송기마스크를 착용하지 않았다.
  ④ 작업장 외부에 작업상황을 감시하는 감시인을 배치하지 않았다.
(2) 산소결핍 인정 시의 조치사항
  ① 작업장 환기실시
  ② 근로자 공기호흡기 또는 송기마스크 착용
  ③ 작업장에 관계자 외 출입금지 조치
(3) 밀폐공간(산소결핍 장소)에서 근로자가 작업하는 경우의 안전조치 사항
  ① 작업 시작 전 및 작업 중에 해당 작업장을 **적정 공기 상태가 유지되도록 환기**하여야 한다.
  ② 밀폐공간에 근로자를 종사하도록 하는 경우에는 그 장소에 **근로자를 입장시킬 때와 퇴장시킬 때마다 인원을 점검**하여야 한다.
  ③ 작업하는 **근로자가 아닌 사람**이 그 장소에 **출입하는 것을 금지**하고, 출입금지 표지를 밀폐공간 근처의 보기 쉬운 장소에 게시하여야 한다.
  ④ 작업 상황을 감시할 수 있는 **감시인을 지정**하여 밀폐공간 **외부에 배치**하여야 한다.
  ⑤ 밀폐공간에서 작업을 하는 동안 그 **작업장과 외부의 감시인 간에 항상 연락을 취할 수 있는 설비를 설치**하여야 한다.
  ⑥ 밀폐공간에서 작업을 하는 경우에 **산소결핍**이나 유해가스로 인한 질식·화재·폭발 등의 우려가 있으면 즉시 작업을 중단시키고 해당 **근로자를 대피**하도록 하여야 한다.
  ⑦ **공기호흡기 또는 송기 마스크, 안전대나 구명 밧줄, 사다리 및 섬유 로프** 등 비상 시에 대피용기구 및 근로자를 구출하기 위하여 **필요한 기구를 갖추어 두어야 한다.**
  ⑧ 밀폐공간에서 근로자를 구출하는 경우 **구출작업에 종사하는 근로자에게 공기호흡기 또는 송기마스크를 지급**하여야 한다.
(4) 작업이 가능한 최소 산소농도 : 산소농도 18% 이상
(5) 근로자가 착용하여야 하는 호흡용 보호구의 종류
  ① 송기마스크
  ② 공기호흡기

> 참고

그림 출처: 만화로 보는 산업안전보건기준에 관한 규칙

## 162
동영상은 밀폐공간에서 작업하는 모습을 보여준다. 밀폐공간에서 작업 시 밀폐공간 작업 프로그램을 수립·시행하는 경우 밀폐공간 작업 프로그램의 내용을 3가지 적으시오.

 **정답**
① 사업장 내 밀폐공간의 위치 파악 및 관리 방안
② 밀폐공간 내 질식·중독 등을 일으킬 수 있는 유해·위험 요인의 파악 및 관리 방안
③ 밀폐공간 작업 시 사전 확인이 필요한 사항에 대한 확인 절차
④ 안전보건교육 및 훈련
⑤ 그 밖에 밀폐공간 작업 근로자의 건강장해 예방에 관한 사항

**참고**

사업주는 근로자가 밀폐공간에서 작업을 하는 경우에 작업을 시작할 때마다 사전에 다음 각 호의 사항을 작업근로자(감시인을 포함한다)에게 알려야 한다.
① 산소 및 유해가스농도 측정에 관한 사항
② 환기설비의 가동 등 안전한 작업방법에 관한 사항
③ 보호구의 착용과 사용방법에 관한 사항
④ 사고 시의 응급조치 요령
⑤ 구조요청을 할 수 있는 비상연락처, 구조용 장비의 사용 등 비상 시 구출에 관한 사항

## 163
밀폐공간에서 작업을 시작하기 전에 사업주는 근로자가 안전한 상태에서 작업하도록 산업안전보건법에서 정한 내용을 확인하고 그 내용을 해당 작업장 출입구에 게시하여야 한다. 사업주가 확인하고 출입구에 게시하여야 하는 사항 3가지를 적으시오.

 **정답**
① 작업 일시, 기간, 장소 및 내용 등 작업 정보
② 관리감독자, 근로자, 감시인 등 작업자 정보
③ 산소 및 유해가스 농도의 측정결과 및 후속조치 사항
④ 작업 중 불활성가스 또는 유해가스의 누출·유입·발생 가능성 검토 및 후속조치 사항
⑤ 작업 시 착용하여야 할 보호구의 종류
⑥ 비상연락체계

**164** 작업에 적합한 조도기준을 적으시오.

    (1) 정밀 작업
    (2) 보통 작업
    (3) 자재창고 및 지하공간에서 작업 시에 적합한 조도기준(단, 초정밀, 정밀, 보통 작업을 하는 창고는 아님)

    (1) 300 Lux 이상
    (2) 150 Lux 이상
    (3) 75 Lux 이상

**참고**

**법적 조도기준**

① **초정밀** 작업 : 750Lux 이상　② **정밀** 작업 : 300Lux 이상
③ **보통** 작업 : 150Lux 이상　④ **기타** 작업 : 75Lux 이상

---

**165** 산업안전보건법에 의한 작업장의 조도기준을 나타내었다. 괄호에 적합한 숫자를 적으시오.

| 초정밀 작업 | 정밀 작업 | 보통 작업 | 기타 작업 |
|---|---|---|---|
| ( ① )Lux 이상 | ( ② )Lux 이상 | ( ③ )Lux 이상 | ( ④ )Lux 이상 |

① 750　② 300　③ 150　④ 75

**166** 동영상은 눈으로 얼어붙은 도로의 모습을 보여준다. 작업자들이 삽으로 얼어붙은 눈을 부수는 중이다. 동절기 도로에 조치하여야 할 사항(도로 결빙 시의 조치사항) 3가지를 적으시오.

① 현장 내 가설도로에는 차량계 건설기계의 미끄럼 방지를 위하여 **모래함이나 염화칼슘 등을 비치**
② **결빙 부위 및 눈을 신속히 제거**
③ **모래, 부직포 등을 이용하여 미끄럼 방지 조치**
④ 현장 내 가설도로는 **근로자 주 통행로와 구별되도록** 한다.

**참고**

**동절기 폭설, 결빙 시 안전조치사항**

(1) 가설계단, 작업발판, 개구부 주위 및 근로자 주 통로에는 눈과 결빙으로 인한 넘어짐, 떨어짐의 우려가 있으므로 작업 전 점검을 실시하여 결빙 부위 및 눈을 신속히 제거하거나 모래, 부직포 등을 이용하여 미끄럼 방지조치를 실시하여야 한다.
(2) 현장 내 가설도로에는 차량계 건설기계의 미끄럼 방지를 위하여 모래함이나 염화칼슘 등을 비치하고 근로자 주 통행로와 구별되도록 한다.
(3) 대설주의보, 대설경보 등의 특보 발령 시 눈이 계속 쌓여 이로 인한 하중 증가로 가설구조물 등이 무너질 위험이 있는 곳이 있는지 사전에 파악하고, 무너짐 위험구간에는 지속적으로 쌓인 눈을 제거하고, 하부에 근로자의 통행을 금지한다.

**167** 동영상에서는 눈이 많이 쌓인 현장을 보여준다. 건설현장의 폭설, 한파로 인한 결빙 시의 조치사항 3가지를 적으시오.

① 가설계단, 작업발판, 개구부 주위 및 근로자 **주 통행로 결빙 시 결빙 제거 및 미끄럼 방지 조치**
② 현장 내 **모래함, 염화칼슘 등 비치 여부**
③ 현장 내 **차량계 건설기계용 가설도로와 근로자용 통행로 구별** 여부
④ **폭설로 인한 하중 증가로 무너질 위험이 있는 지붕, 가설구조물에 대한 조치** 여부

**168** 산업안전보건법에 의하여 경사면에서 드럼통 등의 중량물을 취급하는 경우의 준수사항 2가지를 적으시오.

> **화면 설명**
> 높은 곳에 드럼통 3개가 놓여 있으며 그 중 1개가 굴러 떨어지고 있다. 그 아래로 작업자가 지나가는 장면을 보여준다.

① 구름멈춤대·쐐기 등을 이용하여 중량물의 동요나 이동을 조절할 것
② 중량물이 구를 위험이 있는 방향 앞의 일정거리 이내로는 근로자의 출입을 제한할 것. 다만, 중량물을 보관하거나 작업 중인 장소가 경사면인 경우에는 경사면 아래로는 근로자의 출입을 제한해야 한다.

**참고**

그림 출처 : 안전보건공단

**169** 동영상에서는 작업자가 DMF를 배합기에 넣는 유해물질 취급 작업을 보여준다. DMF 등 유해물질 취급 장소에 게시하여야 하는 사항 3가지를 적으시오.

관리대상 유해물질(또는 허가대상 유해물질)취급 장소에 게시하여야 하는 사항
① 유해물질의 명칭
② 인체에 미치는 영향
③ 취급상 주의사항
④ 착용하여야 할 보호구
⑤ 응급조치와 긴급 방재 요령
* 디메틸포름아미드(DMF)는 관리대상 유해물질에 해당한다.

**170** 동영상은 분진 시험을 하는 장면을 보여준다. 근로자가 상시 분진작업에 관련된 업무를 하는 경우에 근로자에게 알려야 하는 사항 3가지를 적으시오.

> **정답**
> ① 분진의 유해성과 노출경로
> ② 분진의 발산 방지와 작업장의 환기 방법
> ③ 작업장 및 개인위생 관리
> ④ 호흡용 보호구의 사용 방법
> ⑤ 분진에 관련된 질병 예방 방법

**171** 산업안전보건법에 의하여 높이 2m 이상의 추락위험이 있는 장소에서 작업하는 근로자에게 사업주가 지급하여야 하는 보호구의 명칭을 적으시오.

> **정답**
> 안전대

**172** 안전대에서 일정속도 이상의 추락 발생 시 자동잠김 기능으로 추락재해를 방지하는 기구의 명칭을 쓰시오.

> **정답**
> 안전블록

> **참고**
> "안전블록"이란 안전그네와 연결하여 추락발생시 추락을 억제할 수 있는 자동잠김장치가 갖추어져 있고 죔줄이 자동적으로 수축되는 장치를 말한다.
> "신축조절기"란 죔줄의 길이를 조절하기 위해 죔줄에 부착된 금속의 조절장치를 말한다.

**173** 동영상에서 보여주는 안전대의 종류와 용도를 종류별로 쓰시오.

> **정답**
>
> | 종류 | 사용 구분 |
> |---|---|
> | 벨트식 | 1개 걸이용 |
> | | U자 걸이용 |
> | 안전그네식 | 추락방지대 |
> | | 안전블록 |

**174** 동영상에서는 3가지 유형의 안전대를 보여준다. (1) 사진 [3]에서 화살표가 가리키는 부분의 명칭을 적으시오. (2) 사진 [1]과 비교하여 사진 [2]의 장점을 적으시오.

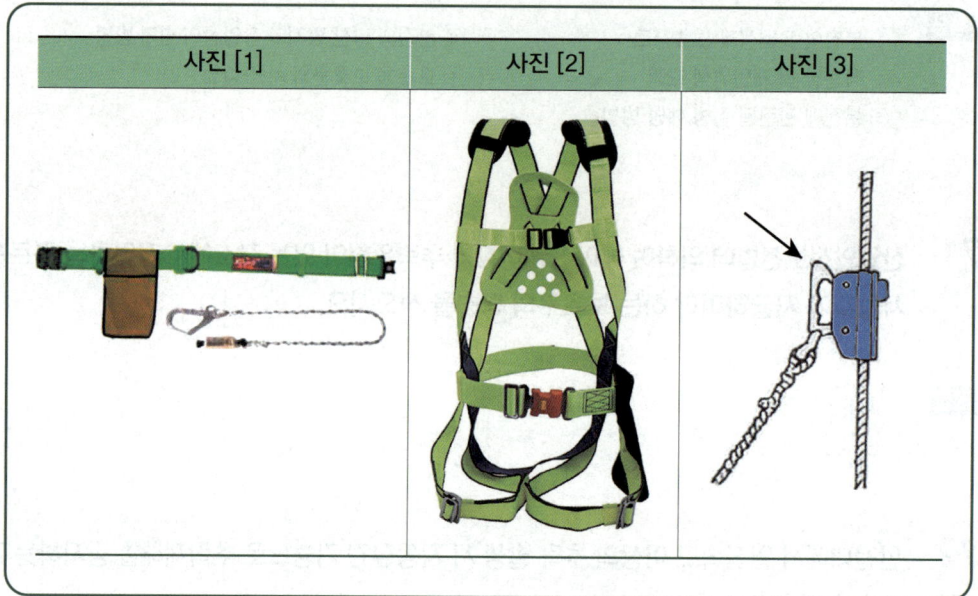

| 사진 [1] | 사진 [2] | 사진 [3] |

 정답
(1) 추락방지대
(2) 추락 시의 충격하중을 신체에 고르게 분산시켜 충격을 최소화한다.

참고

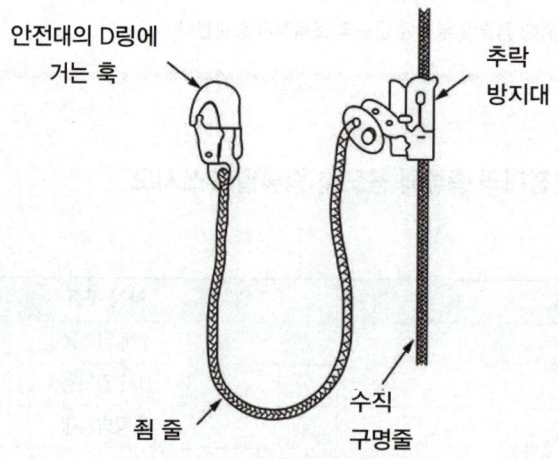

# 03

# 건축시공 관련 문제

**01** 동영상에서는 광안대교와 서해대교, 인천대교의 모습을 보여준다. 동영상에서 보여주는 교량의 형식을 적으시오.

(1) 광안대교

(2) 서해대교, 인천대교

정답
(1) 현수교
(2) 사장교

> **참고**

| 현수교 | 사장교 |
|---|---|
| • 두 개의 주탑을 케이블로 연결하고, 이 케이블에 교량 상판을 매어단 형태의 교량 | • 주탑에 케이블을 연결하여 교량 상판을 직접 연결한 형태의 교량 |

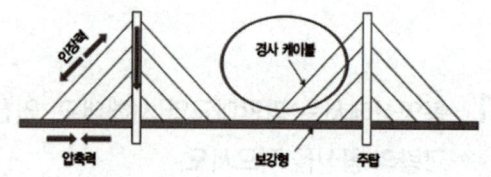

그림 출처 : bestuser

**02** 동영상에서 보여주는 교량의 형식 2가지를 적으시오.

(1)

(2)

**정답**
(1) 현수교
(2) 사장교

**03** 동영상은 서해대교의 모습을 보여준다. 다음의 물음에 적합한 답을 적으시오.

(1) 영상과 같은 교량의 형식을 적으시오.
(2) [보기]의 교량 공정을 참고하여 교량 시공순서를 번호로 적으시오.

[보기]
① 케이블 설치  ② 우물통 기초공사  ③ 주탑 시공  ④ 상판 아스팔트 타설

정답
(1) 사장교
(2) ② - ③ - ① - ④

## 04 동영상은 교량의 가설공법을 보여준다. 영상에서 보여주는 공법의 (1) 명칭과 (2) 특징을 설명하시오.

사진 출처 : https://a.eeliassi.com/51

사진 출처 : 디올이엔씨(주)

**정답**

(1) 명칭 : F.C.M 공법
(2) 특징
   ① 반복 공정으로 **적은 인력으로 시공이 가능**하다.
   ② 반복 공정으로 **시공 속도가 빠르다.**
   ③ 각 단계마다 오차의 수정이 가능하여 **시공정밀도가 높다.**
   ④ 깊은 계곡, 유량 많은 **하천의 장대교량에 유리**하다.

**참고**

F.C.M 공법(Free Cantilevering Method) : 교각으로부터 양쪽으로 3~5m씩의 현장타설 세그먼트를 점진적으로 **시공해 나가는 방식**으로 거푸집 이동과 콘크리트 타설을 위하여 Form-traveller를 사용한다.

05  동영상에서 보여주고 있는 특수교량 가설공법의 명칭을 적고 공법의 장점을 2가지 적으시오.

사진 출처 : https://blog.daum.net/yh841650/1014

사진 출처 : https://blog.daum.net/yh841650/1014

(1) 명칭 : MSS공법(이동식 비계공법 : Movable Scaffolding System)
(2) 장점
  ① 기계화 시공으로 **급속시공 가능**
  ② 반복공정으로 **적은 인력으로 시공 가능**
  ③ 동바리의 **하부 지형조건과 무관**(하천, 도로 및 계곡 등의 시공 가능)

06  동영상을 보고 다음 물음에 답하시오.

(1) 동영상에 보여주는 교량공법의 명칭은 무엇인가?
(2) 공법의 특징을 3가지 적으시오.

사진출처 : 안전보건공단

그림 출처 : 송정석닷컴

(1) 명칭 : PSM(Precast Segment Method) 공법
(2) 특징
① 공장화, 기계화 시공으로 **공사기간 단축이** 가능하다.
② 공장화, 기계화 시공으로 **콘크리트의 품질관리가** 용이하다.
③ 기계화로 **인력 투입이** 적다.
④ Segment 제작 및 보관을 위한 **넓은 장소가 필요**하다.
⑤ Segment의 **운반**, 가설을 위하여 **대형 장비가 필요**하다.

**참고**

PSM(Precast Segment Method) 공법 : 상부 구조물을 세그먼트 단위로 현장에서 제작하여 현장 조립하는 공법(일정한 길이의 세그먼트(Segment)를 별도의 제작장에서 제작 · 운반하여 인양기계를 이용하여 가설한 후 세그먼트를 연결하여 상부구조를 가설하는 공법)

**07** 동영상은 교량 가설 공법을 보여주고 있다. 1번 사진은 현장의 전경, 2번 사진은 추진코, 3번 사진은 PC 슬래브 제작장, 4번 사진은 반력대, 5번 사진은 추진잭, 6번 사진은 슬래브 탈락 방지시설 등을 보여주고 있다. 이와 같은 공법의 명칭을 쓰시오.

ILM공법(압출 공법)

> **참고**
>
> ILM(Incremental Launching Method) 공법 : 주형 **제작장에서 세그먼트를 제작**하여 **압출장치에 의해 거더를 밀어내어 교량을 가설**하는 공법

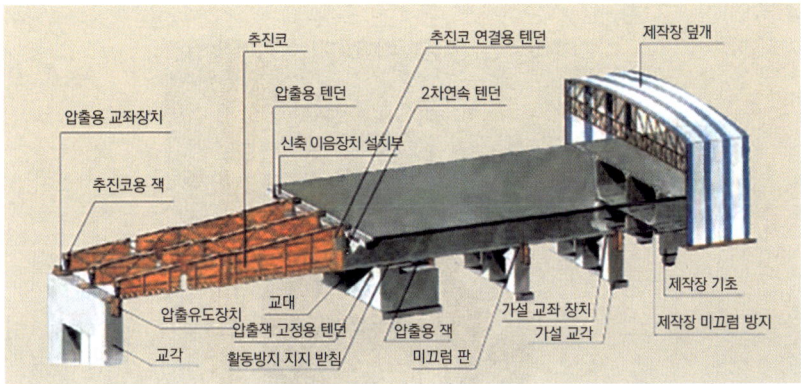

그림 출처 : 안전보건공단 ILM 교량 가설공법 안전

**08** 동영상에서 보여주는 (1) 교각, 사일로, 굴뚝 등의 수직으로 연속된 구조물에 사용하는 거푸집의 명칭을 적으시오. (2) 동영상에서 보여주는 교각거푸집의 장점을 2가지 적으시오.

그림 출처 : 안전보건공단 공종별 위험성평가 모델

**정답**
(1) 거푸집의 명칭 : 슬라이딩 폼
(2) 장점
   ① **공사기간 단축**
   ② **원가 절감**(자재 및 인력 절감)
   ③ **구조물의 성능 향상**(시공이음이 없으므로 수밀성, 차폐성이 높다.)

> **참고**
>
> 1. 슬라이딩 폼(Sliding Form) : 교각, 사일로 등 단면 형상에 변화가 없는 수직으로 연속된 콘크리트 구조물에 사용하는 벽체용 거푸집(연속적으로 끌어올리는 거푸집)
> 2. 슬립 폼(Slip Form) : 단면 형상에 변화가 있는 수직으로 연속된 콘크리트 구조물에 사용하는 벽체용 거푸집

사진 출처 : 동해이앤씨(주)

[슬립 폼]

**09** 동영상에서는 아파트 건설현장의 외벽 거푸집 작업을 보여준다. (1) 영상에서 보여주는 거푸집의 명칭을 적으시오. (2) 영상에서 보여주는 거푸집의 장점을 2가지 적으시오.

사진 출처 : DONG IN   사진 출처 : ㈜한림

**정답**

(1) 거푸집의 명칭 : 갱폼

(2) 장점
   ① 무 비계공법으로 **작업자의 안전성 확보**
   ② **공사기간 단축 가능**
   ③ 콘크리트 면 미려, **품질 향상**
   ④ 견출 등 **마감작업 용이**

**참고**

갱폼(GANG FORM) : 주로 고층 아파트와 같은 상·하부 동일 구조물에서 **외부 벽체 거푸집과 작업발판용 케이지(CAGE)를 일체로 제작하여** 사용하는 대형 거푸집을 말한다.

**10** 동영상에서는 오토클라이밍 폼 작업과정을 보여주다. [보기]를 참고하여 오토클라이밍 폼 작업순서에 맞게 번호를 적으시오.

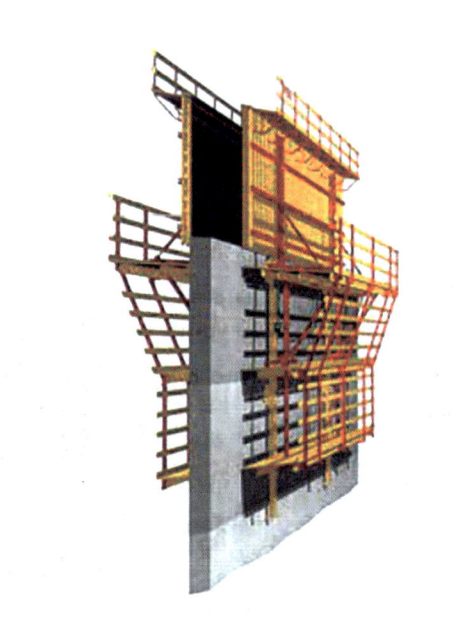

사진 출처 : 페리코리아

① 상부타설 시작
② 상부타설 진행
③ 중앙 key segment
④ 중앙 박스 타설(키세그 연결전)
⑤ 오토클라이밍 폼으로 교각시공
⑥ 측경 간 시공

 정답

⑤ → ① → ② → ⑥ → ④ → ③

참고

오토클라이밍 폼(Auto Climbing System) : 벽체 거푸집을 자동 승강장치(유압잭)를 이용하여 타워크레인의 사용 없이 거푸집 자체를 인양시키는 대형 벽체 거푸집

**11** 동영상은 건설현장의 흙막이 시설을 보여준다. (1) 동영상에서와 같은 흙막이 공법의 명칭과 (2) 동영상에서와 같은 흙막이 공법의 구성요소의 명칭 2가지를 적으시오.

사진 출처 : 정성기 안전보건연구소

사진 출처 : PSS 홍보센터

(1) 흙막이 공법 명칭 : 버팀대(Strut) 공법
(2) 공법의 구성 요소
　① 엄지말뚝
　② 토류판
　③ 버팀대
　④ 띠장

### 참고

버팀대(Strut) 공법 : 굴착부 외곽에 흙막이벽을 설치하고 버팀대 및 띠장 등의 지보공으로 토사의 붕괴를 방지하며 굴착하는 공법

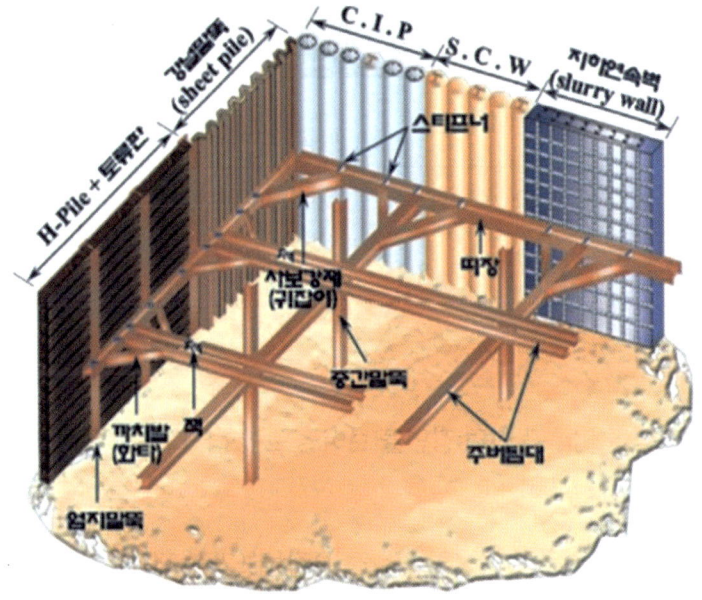

그림 출처 : 가시설 시공 전문가 블로그

**12** 동영상에서는 흙막이 시설을 보여준다. 동영상에서 보여주는 흙막이 공법의 명칭을 적으시오.

**화면 설명**
영상에서는 토류판, H파일, 띠장으로 구성된 흙막이 시설을 보여준다.

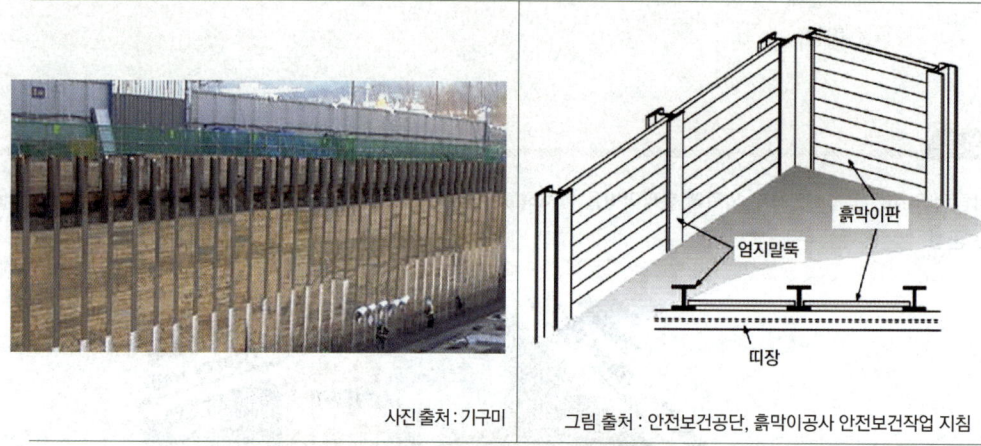

사진 출처 : 기구미    그림 출처 : 안전보건공단, 흙막이공사 안전보건작업 지침

**정답**
자립식 흙막이 공법

**13** 동영상은 흙막이 지보공 작업 장면을 보여 주고 있다. 다음 물음에 답하시오.

(1) 공법의 종류
(2) 동영상에서 보여주는 공법의 역학적 특징을 1가지 적으시오.
(3) 영상에서 보여주는 계측기의 명칭을 적으시오.
(4) 영상에서 보여주는 계측기의 용도를 적으시오.
(5) 영상에서 보여주는 굴착기계의 종류(명칭)를 적으시오.
(6) 흙막이 지보공의 안전대책 2가지를 적으시오.

| 공법 | 계측기 | 굴착기계 |
|---|---|---|
| 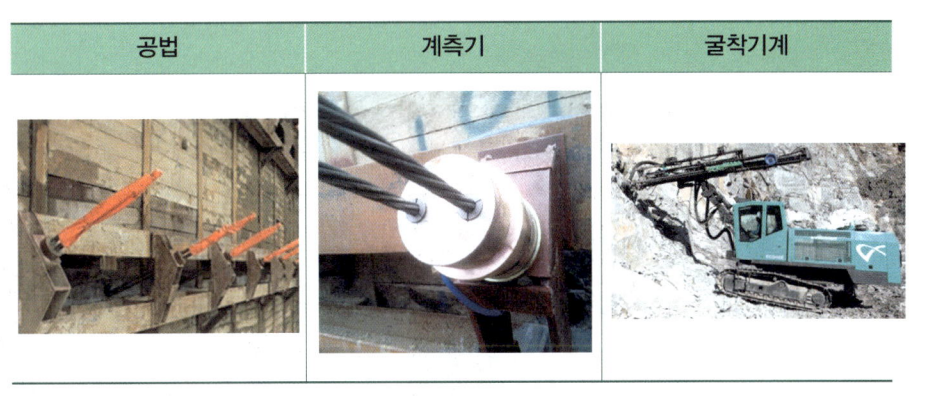 | | |

(1) 어스 앵커 공법
(2) 버팀대 대신 흙막이 벽에 인장재를 삽입하여 인장력에 의해 토압을 지지하는 흙막이공법으로 지보공이 불필요하며, 작업능률 증대 및 공사기간 단축이 가능하다.
(3) 하중계(Load Cell)
(4) 스트러트(Strut) 또는 어스앵커(Earth anchor) 등의 축 하중 변화를 측정한다.
(5) 크롤러 드릴
(6) 흙막이 지보공의 안전대책
   ① 흙막이 지보공의 재료로 변형·부식되거나 심하게 손상된 것을 사용해서는 아니 된다.
   ② 흙막이 지보공을 조립하는 경우 미리 그 구조를 검토한 후 조립도를 작성하여 그 조립도에 따라 조립해야 한다.
   ③ 흙막이 지보공을 설치하였을 때에는 정기적으로 점검하고 이상을 발견하면 즉시 보수하여야 한다.
   ④ 설계도서에 따른 계측을 하고 계측 분석 결과 토압의 증가 등 이상한 점을 발견한 경우에는 즉시 보강조치를 하여야 한다.

### 참고

**흙막이 지보공을 설치한 때 점검 사항**

① 부재의 손상·변형·부식·변위 및 탈락의 유무와 상태
② 버팀대의 긴압의 정도
③ 부재의 접속부·부착부 및 교차부의 상태
④ 침하의 정도

**14** 동영상에서 보여주는 거푸집 작업에 사용되는 연결철물의 명칭과 기능효과를 적으시오.

사진출처: https://m.blog.naver.com/minjoo9318/221468573361

(1) 명칭 : 거푸집 긴결재(폼타이 or 타이핀)
(2) 기능 효과 : **거푸집의 변형 방지**(거푸집이 벌어지거나 수축되지 않도록 고정)

**15** 동영상은 Precast Concrete 제품의 제작과정을 보여준다. (1) 동영상을 보고 올바른 제작 순서를 번호를 이용하여 순서대로 나열하시오. (2) 동영상에서 ⑤번 사진의 작업 명칭을 적으시오. (3) Precast Concrete의 장점 3가지를 적으시오.

① 탈형  ② 철근 거치  ③ 선 부착품 설치  ④ 거푸집 제작  ⑤ 철근 배근 및 조립  ⑥ 수중양생

(1) 제작순서

④ → ③ → ② → ⑤ → ⑥ → ①

(2) 수중양생

(3) Precast 콘크리트의 장점
① 공사기간 단축
② 공사비 절감(가설공사를 최소화 할 수 있다.)
③ 품질 향상
④ 동절기 시공 가능(기후의 영향을 적게 받는다.)

> **주의** 교재의 그림과 해설은 Precast Concrete를 제작하는 과정을 설명한 것입니다. 시험에서는 동영상을 확인하고 번호를 적으세요.

**참고**

1. 거푸집 제작 → 선 부착품 설치 → 철근 거치 → 철근 배근 및 조립 → 콘크리트 타설 → 수중양생 → 탈형

① 몰드 셋팅/청소

② 철근 배근

③ 철근 설치

④ 콘크리트 타설

⑤ 양생

⑥ 탈형

2. PC(Precast Concrete) 공법 : 건축물의 구조부재인 기둥, 보, 슬래브 등을 공장에서 미리 만들어 현장에서 조립만 하는 공법

**16** 영상을 참고하여 지하층 파일작업(굴착작업) 시의 안전조치사항 2가지를 적으시오.

> **화면 설명**
> 콘크리트 말뚝에 파란색 캡을 씌우고 지반을 천막으로 덮은 장면을 보여준다.

사진 출처 : 한국건설교통신기술협회

① 매설물, 장애물 등에 주의하고 대책을 강구한 후에 작업을 하여야 한다.
② 용수 등의 유입수가 있는 경우 반드시 배수시설을 한 뒤에 작업을 하여야 한다.

**17** 동영상은 콘크리트 말뚝의 항타 작업을 보여준다. (1) 콘크리트 말뚝의 항타 공법의 종류를 4가지 적으시오. (2) 콘크리트 말뚝의 단점 2가지를 적으시오.

사진 출처 : 토목신문

사진 출처 : https://www.youtube.com/watch?v=_Fj5sfFVTjI

(1) ① 타격공법
　　② 진동공법
　　③ 프리보링공법
　　④ 압입공법
(2) ① 운반 시 균열 또는 파손이 발생할 수 있다.
　　② 말뚝 이음부의 신뢰성(품질)이 떨어질 수 있다.
　　③ 무거워서 취급이 곤란하다.

**18** 동영상에서는 원심력 철근콘크리트 말뚝을 보여준다. 원심력 철근콘크리트 말뚝의 장점 2가지를 적으시오.

사진 출처 : 한국건설신문

사진 출처 : 한국과학기술정보연구원

① **재질이 균일하다.**(재료가 균질하여 신뢰성이 높다.)
② **강도가 크다.**(강도가 커서 지지말뚝에 적합하다.)
③ **말뚝 재료의 구입이 용이**하다.
④ 말뚝 길이 15m 이하에서는 경제적인 공법이다.

**19** 동영상은 터널굴착 현장을 보여준다. 다음 물음에 답하시오.

(1) 동영상에서 보여주는 터널 굴착공법의 명칭을 적으시오.
(2) 발파에 의한 굴착공법과 비교한 이 굴착공법의 장점을 3가지 적으시오.
(3) 이 공법의 적용이 어려운 지반을 3가지 적으시오.

(1) 공법의 명칭 : TBM 공법

(2) 공법의 장점
  ① 안전성이 높다.
  ② 굴진속도가 빠르다.
  ③ 시공성이 우수하다.

(3) 적용이 어려운 지반
  ① 연약지반
  ② 단면형상의 변형이 심한 경우
  ③ 다량의 용수가 있는 지반

**20** 동영상에서는 터널현장의 콘크리트 라이닝 작업을 보여주고 있다. 콘크리트 라이닝의 목적 2가지를 적으시오.

사진 출처: 한국도로공사

사진 출처: korea science

**정답**
① 굴착면의 풍화 방지
② 터널의 수밀성 향상(누수 방지)
③ 터널의 내구성 향상(터널 안정성 향상)
④ 외력지지(수압, 토압, 침투압, 상재하중 등)

**21** 동영상에서는 터널공사의 과정을 보여준다. 터널공사에서 콘크리트 라이닝 공법을 선정하는 경우 사전에 검토(점검)하여야 하는 사항 2가지를 적으시오.

**정답**
① 지질, 암질상태
② 단면형상
③ 라이닝의 작업능률
④ 굴착공법

**22** 동영상에서는 콘크리트 펌프카를 이용하여 타설하는 장면을 보여준다. 영상의 장비를 사용하지 못하는 경우에 이용할 수 있는 콘크리트 타설 방법을 2가지만 적으시오.

① 슈트(Chute)를 이용하는 방법
② 백호(굴삭기)를 이용하는 방법
③ 인력 또는 수레(리어카)를 이용하는 방법

**23** 동영상은 굴삭기를 이용한 석축 쌓기 작업을 보여준다. 석축의 붕괴원인 3가지를 적으시오.

사진 출처 : cnb 뉴스

① 기초지반의 침하(기초지반의 처리 불량)
② 뒷채움 불량
③ 배수 불량(배수공 미설치)

**24** 영상에서는 옹벽이 설치된 모습을 보여준다. (1) 영상을 보고 옹벽의 명칭을 적으시오. (2) 옹벽 설치 시에 설치하여야 하는 안전시설물의 명칭을 적으시오.

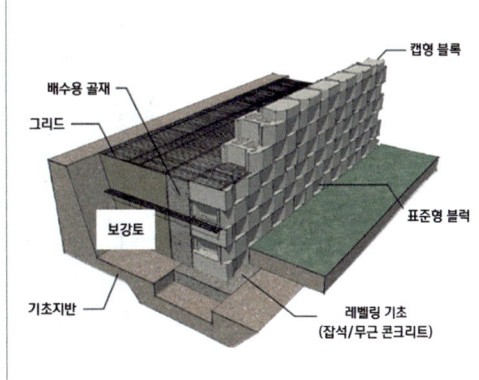

그림 출처 : 미건디자인

(1) 옹벽의 명칭 : 보강토 옹벽
(2) 안전시설물
  ① 안전난간
  ② 안전대 부착설비

---

**참고**

1. 보강토 옹벽 : 전면에 블록을 설치하고 흙과 흙 사이에 기타 보강재를 넣어 토사를 안정시켜 옹벽을 유지하도록 하는 구조물을 말한다.
2. 추락재해 방지시설은 옹벽 전면에 쌍줄비계를 설치하여 안전난간을 설치하거나 옹벽 후면에 **안전대 부착설비**를 갖추어 **안전대를 착용**하는 등의 조치를 하여야 한다.(블록식보강토옹벽공사안전보건작업지침)

**25** 동영상에서는 철근을 조립하는 모습을 보여준다. (1) 기초에서 주철근에 가로로 들어가는 철근의 역할을 적으시오. (2) 기둥에서 전단력에 저항하는 철근의 명칭을 적으시오.

사진 출처: ㈜ 삼관종합건설

(1) ① 주철근의 좌굴방지
② 주철근의 위치유지
③ 전단력 보강
(2) 띠철근

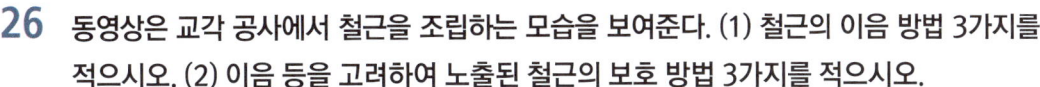

**26** 동영상은 교각 공사에서 철근을 조립하는 모습을 보여준다. (1) 철근의 이음 방법 3가지를 적으시오. (2) 이음 등을 고려하여 노출된 철근의 보호 방법 3가지를 적으시오.

(1) 철근의 이음 방법
  ① 겹침 이음
  ② 기계식 이음
  ③ 가스압접 이음
  ④ 용접 이음

(2) 노출된 철근의 보호 방법
  ① 부식 방지 재료(방청도료, 방청제) 도포
  ② 철근 보호 캡 또는 철근 보호 비닐 설치(빗물, 습기 침투 방지)
  ③ 에폭시수지 도막 철근 사용

**참고**

에폭시수지 도막철근 : 철근 부식을 방지하기 위해 철근의 표면에 에폭시 수지를 도장하여 도막을 입힌 코팅철근을 말한다.

# 04 동영상 확인 문제

**01** 동영상에서는 아파트 공사현장을 보여준다. 작업자가 낙하물방지망 보수작업을 하던 중 떨어지는 사고가 발생한다. (1) 동영상에서 발생한 사고의 재해 발생형태와 (2) 동종 재해의 방지를 위하여 취해야 할 조치사항을 2가지 적으시오.

> 화면 설명
>
> 작업발판이 미설치된 비계 위에서 안전모를 착용한 작업자가 낙하물 방지망을 비계에 고정하던 중 떨어진다.

**정답**
(1) 재해 발생형태 : 떨어짐
(2) 조치사항
  ① 안전한 작업발판 설치
  ② 작업자 안전대 착용
  ③ 안전난간 설치

주의! 동영상을 확인하고 답을 적으세요!

> **참고**
>
> 위험요인
> ① 작업발판 미설치
> ② 작업자 안전대 미착용
> ③ 안전난간 미설치

**02** 동영상은 아파트 건설현장을 보여준다. 영상에서 보여주는 작업의 위험요인 2가지를 적으시오.

**화면 설명**

안전대를 미착용한 작업자 2명이 거푸집을 옮기는 작업 중이다. 작업발판 없이 파이프를 밟고 작업하던 중 거푸집이 떨어지며 낙하물 방지망에 걸린다.

① **작업발판 미설치**(작업발판 대신 파이프를 밟고 작업하여 떨어짐이 우려된다.)
② **작업자 안전대 미착용**(작업자가 안전대를 착용하지 않아 떨어짐이 우려된다.)

**03** 동영상에서 작업자는 작업발판 위에서 구두를 신은 채 도장작업을 하고 있다. 작업을 하던 중 옆으로 이동하다 떨어지는 사고를 당한다. (1) 동영상에서의 위험요인 3가지를 적으시오. (2) 시설 측면에서의 안전작업 대책 3가지를 적으시오.

(1) 위험요인
 ① 작업발판 설치 불량(작업발판 폭이 40cm 미만이거나 발판 고정이 안 된 경우 해당)
 ② 작업자 안전대 미착용
 ③ 작업자 화학물질용 안전화 미착용
 ④ 작업자 방독마스크 미착용
 ⑤ 추락방호망 미설치(높이 10m 이상인 경우)
 ⑥ 안전난간 미설치(높이 2m 이상이며 안전난간이 미설치 된 경우)
(2) 시설 측면에서의 안전작업 대책
 ① **안전한 작업발판 설치**(작업발판 폭 40cm 이상의 발판을 설치하고 고정한다.)
 ② **추락방호망 설치**(높이 10m 이상인 경우)
 ③ **안전난간 설치**(높이 2m 이상이며 안전난간이 미설치된 경우)

**04** 동영상에서는 철근 조립작업을 보여준다. 동영상 작업에서 미준수한 안전 준수사항 3가지를 적으시오.

> 화면 설명

안전대를 착용하지 않고 운동화를 신은 철근공이 안전통로 없이 철근을 밟고 이동하고 있으며 안전한 작업발판도 확보되지 않은 상태에서 철근조립 작업을 하고 있다.

① 작업자 안전화 및 안전대 미착용(안전화 및 안전대를 착용하지 않았다.)
② 작업발판 미설치(안전한 작업발판이 확보되지 않았다.)
③ 이동통로 미설치(안전한 이동통로가 설치되지 않았다.)

> **참고**

| 안전 이동통로(실족 방지용 발판, 실족 방지망) | 안전 작업발판 |
| --- | --- |
| <br> |  |

사진 출처 : 세이프티넷, 안전신문

**05** 동영상에서는 철골작업을 보여준다. (1) 동영상에서와 같은 추락재해를 방지하기 위해 설치해야 하는 안전시설물 2가지를 적으시오. (2) 추락의 위험이 있는 장소에서 작업하는 경우 추락재해를 방지하기 위하여 작업자가 착용하여야 하는 보호구 2가지를 적으시오.

> **화면 설명**
> 안전모를 쓴 작업자가 안전대 없이 철골 위를 이동하다가 볼트 뭉치에 발이 걸려 떨어지는 장면을 보여준다.

**정답**
(1) 추락재해를 방지하기 위해 설치해야 하는 안전시설물
  ① 추락방호망 설치
  ② 안전난간 설치
  ③ 안전대 부착설비 설치 또는 고정된 가설통로 설치
  * ①, ②번을 우선으로 작성할 것

(2) 추락재해를 방지하기 위하여 착용하여야 하는 보호구
  ① 안전대    ② 안전모

**참고**

사진 출처 : 안전보건공단

## 1. 승강로의 설치

사업주는 근로자가 수직방향으로 이동하는 **철골부재(鐵骨部材)에는 답단(踏段) 간격이 30센티미터 이내인 고정된 승강로를 설치**하여야 하며, 수평방향 철골과 수직방향 철골이 연결되는 부분에는 연결작업을 위하여 **작업발판 등을 설치**하여야 한다.

## 2. 가설통로의 설치

사업주는 철골작업을 하는 경우에 **근로자의 주요 이동통로에 고정된 가설통로를 설치**하여야 한다. 다만, 안전대의 부착설비 등을 갖춘 경우에는 그러하지 아니하다.

---

**06** 동영상은 강 교량의 시공과정을 보여준다. 강박스를 거치한 후에 콘크리트 상판을 타설하기 전의 공정에서 작업자가 연결재에 걸려 추락하거나, 강박스를 건너뛰다가 추락할 수 있다.

(1) 이러한 추락사고를 예방할 수 있는 대책 3가지를 적으시오.

(2) 추락사고를 예방할 수 있는 추락방지시설 2가지를 적으시오.

(3) 영상에서 추락을 방지하기 위하여 가장 우선적으로 고려해야 하는 시설을 적으시오.

**정답**

**(1) 추락예방 대책**
① 안전난간 설치
② 추락방호망 설치
③ 근로자 안전대 착용

**(2) 추락방지 시설**
① 안전난간 설치
② 추락방호망 설치

**(3) 추락을 방지하기 위하여 가장 우선적으로 고려해야 하는 시설**
① **안전난간**(영상에서 안전난간이 미설치되어 **단부에서 떨어진 경우**)
② **추락방호망**(안전난간이 설치되었으나 추락방호망이 미설치되어 **바닥까지 떨어진 경우**)
③ **작업발판**(안전한 작업발판 없이 작업하는 경우)

**주의** 동영상을 확인하고 답을 적으세요!

**07** 동영상에서는 작업자 2명이 작업발판 위에서 돌 붙임 작업을 하고 있다. (1) 동영상에서 보여주는 현장에서의 추락 사고를 유발하는 불안전한 상태 3가지를 적으시오. (2) 추락을 방지하기 위한 시설 측면의 안전대책 3가지를 적으시오.

그림 출처 : 세이프티 넷

(1) 추락 사고를 유발하는 불안전한 상태
  ① 안전난간 미설치
  ② 추락 방호망 미설치(높이가 10m 이상인 경우)
  ③ 작업발판 미설치 혹은 설치불량(폭 40cm 이상의 발판이 확보되지 않은 경우만 해당)

(2) 추락을 방지하기 위한 시설 측면의 안전대책
  ① 안전난간 설치
  ② 추락 방호망 설치
  ③ 작업발판 설치(폭 40cm 이상의 발판이 확보되지 않은 경우만 해당)

08  동영상은 아파트 건설현장을 보여주고 있다. 추락 및 낙하를 방지하기 위한 시설 중 영상에 보이는 시설을 추락과 낙하재해로 구분하여 각각 1가지씩 적으시오.

(1) 추락재해 방지시설
(2) 낙하재해 방지시설

(1) 추락재해 방지시설
    ① 추락 방호망
    ② 안전난간
    ③ 작업발판

(2) 낙하재해 방지시설
    ① 낙하물 방지망
    ② 수직 보호망
    ③ 방호선반

**참고**

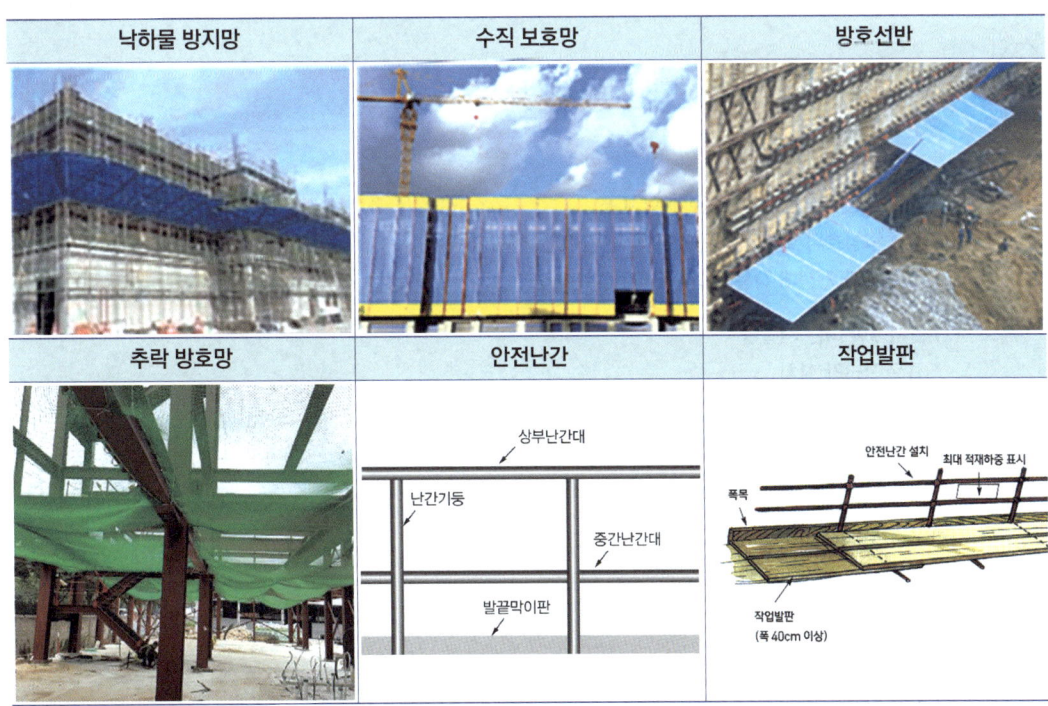

**09** 동영상은 옹벽을 보여준다. 옹벽 아래 추락할 수 있는 개구부가 존재한다.

(1) 작업자의 추락을 방지하기 위한 안전대책 3가지를 적으시오.

(2) 작업발판 및 통로 끝이나 개구부로서 근로자가 추락할 위험이 있는 장소에 설치해야 하는 시설물 3가지를 적으시오.

그림 출처 : https://ulsansafety.tistory.com/

그림 출처 : https://ulsansafety.tistory.com/

**정답**

(1) 작업자의 추락을 방지하기 위한 안전대책 3가지
  ① 안전난간 설치
  ② 울타리 설치
  ③ 수직형 추락방망 또는 덮개 설치
  ④ 추락방호망 설치(안전난간 설치 곤란 또는 해체한 경우)
  ⑤ 작업자 안전대 착용(안전난간 및 추락방호망 설치가 불가능한 경우)

(2) 설치해야 하는 시설물
  ① 안전난간 설치
  ② 울타리 설치
  ③ 수직형 추락방망 또는 덮개 설치
  ④ 추락방호망 설치(안전난간 설치 곤란 또는 해체한 경우)

> **참고**
>
> **개구부 등의 방호조치**
> 1. 사업주는 작업발판 및 통로의 끝이나 개구부로서 근로자가 추락할 위험이 있는 장소에는 안전난간, 울타리, 수직형 추락방망 또는 덮개 등의 방호 조치를 충분한 강도를 가진 구조로 튼튼하게 설치하여야 하며, 덮개를 설치하는 경우에는 뒤집히거나 떨어지지 않도록 설치하여야 한다.
> 2. 사업주는 난간 등을 설치하는 것이 매우 곤란하거나 작업의 필요상 임시로 난간 등을 해체하여야 하는 경우 추락방호망을 설치하여야 한다. 다만, 추락방호망을 설치하기 곤란한 경우에는 근로자에게 안전대를 착용하도록 하는 등 추락할 위험을 방지하기 위하여 필요한 조치를 하여야 한다.

**10** 화면에서 작업자는 지하 작업장에서 바닥청소를 하던 중 개구부에 발이 빠지는 사고를 당한다. (1) 동종 사고를 방지하기 위한 대책 2가지를 적으시오. (2) 추락의 위험이 있는 높이 2m 이상의 장소에서 작업하는 작업자에게 지급하고 착용시켜야 하는 보호구의 종류 2가지를 적으시오.

**화면 설명**

작업자는 안전모 턱 끈을 매지 않은 채 어두운 지하 작업장의 판자를 정리하고 청소 중이다. 바닥을 쓸기 위해 뒷걸음 치던 중 개구부에 발이 빠지며 놀라는 모습을 보여준다.

(1) 개구부 등의 방호 조치
   ① 안전난간 설치
   ② 울타리 설치
   ③ 수직형 추락방망 또는 덮개 설치
   ④ 추락방호망 설치(안전난간 설치 곤란 또는 해체한 경우)
   ⑤ 작업자 안전대 착용(안전난간 및 추락방호망 설치가 불가능한 경우)

(2) 착용하여야 하는 보호구의 종류
   ① 안전모 착용
   ② 안전대 착용

**11** 동영상은 건물의 엘리베이터 피트 거푸집 공사 현장을 보여준다. 영상에서와 같은 엘리베이터피트 부분에서 발생할 수 있는 (1) 사고의 형태와 (2) 사고의 원인 1가지를 적으시오. (3) 영상에서와 같은 엘리베이터 피트 부분에서 발생할 수 있는 위험상황을 적으시오. (4) 추락을 방지하기 위한 안전조치사항 3가지를 적으시오.

(1) 사고의 형태 : 떨어짐

(2) 사고의 원인
  ① 개구부에 안전난간이 설치되지 않았다.
  ② 개구부에 울타리가 설치되지 않았다.
  ③ 개구부에 수직형 추락방망 또는 덮개가 설치되지 않았다.
  ④ 작업자가 안전대를 착용하지 않았다.
  ⑤ 엘리베이트 피트 내부에 추락방호망이 설치되지 않았다.

(3) 위험 상황
  ① 개구부에 안전난간이 설치되지 않아 떨어짐(추락)이 발생한다.
  ② 개구부에 울타리가 설치되지 않아 떨어짐(추락)이 발생한다.
  ③ 개구부에 수직형 추락방망 또는 덮개가 설치되지 않아 떨어짐(추락)이 발생한다.
  ④ 작업자가 안전대를 착용하지 않아 떨어짐(추락)이 발생한다.
  ⑤ 엘리베이트 피트 내부에 추락방호망이 설치되지 않아 떨어짐(추락)이 발생한다.

(4) 안전조치 사항
  ① **안전난간** 설치
  ② **울타리** 설치
  ③ **수직형 추락방망 또는 덮개** 설치
  ④ **추락방호망** 설치(안전난간 설치 곤란 또는 해체한 경우)
  ⑤ 작업자 **안전대 착용**(안전난간 및 추락방호망 설치가 불가능한 경우)

> 참고

1. 엘리베이터 개구부에 안전난간 및 수직형 추락방망 설치

2. 근로자 안전대 착용

**12** 건설용 리프트 운행 시 불안전한 상태가 많이 발생된다. 영상에 나타난 불안전한 행동 및 상태를 4가지만 기술하시오.

> 화면 설명

리프트 탑승구에 방호울이 설치되지 않았으며, 하부에서 자재를 올리는 작업자는 안전모를 미착용한 상태로 작업 중이다. 상부 층에서 리프트를 탑승하기 위해 기다리는 작업자들은 안전난간 밖으로 머리를 내밀어 리프트 위치를 확인하고 있다. 리프트에는 긴 자재를 실어 리프트의 문을 닫지 않은 채 운행 중인 모습을 보여준다.

출처 : 안전보건공단 사고사례

출처 : 안전닷컴, 중대재해

(1) 불안전한 행동
 ① 탑승 대기 중인 **작업자가** 안전 난간 밖으로 **머리를** 내밀어 리프트의 위치를 확인하고 있어 **리프트와 충돌할 위험이** 있다.
 ② 근로자가 안전모를 미 착용하였다.

(2) 불안전한 상태
 ① 리프트 운반구 문을 개방한 상태에서 운행하여 근로자가 떨어질 위험이 있다.
 ② 리프트 탑승구에 방호울이 설치되지 않아 근로자가 떨어질 위험이 있다.

주의 ▶ 동영상을 확인하고 답을 적으세요!

참고

**건설작업용 리프트**

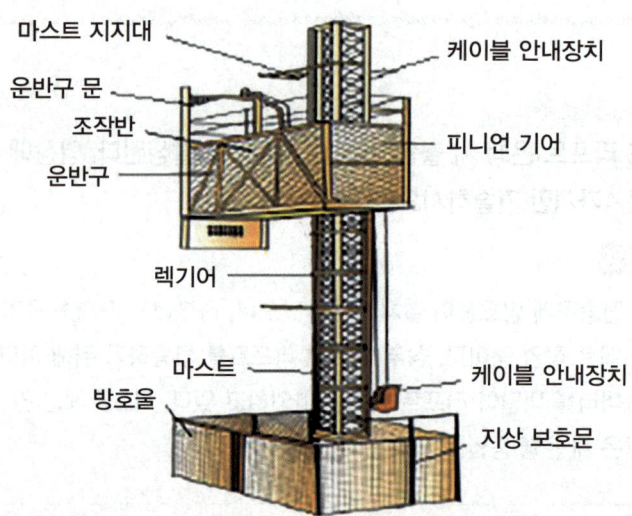

**13** 동영상에서 근로자는 손수레에 모래를 가득 싣고 리프트 탑승구로 향하는 중이다. 리프트의 탑승구는 방호울이 미설치되어 있으며, 리프트의 안전난간도 해체된 상태이다. 탑승 중 손수레가 뒤로 움직이며 추락하는 모습을 보여준다. 작업자는 안전모의 턱 끈을 풀고 있는 상태이다. 다음 물음에 답하시오.

(1) 리프트에 설치하여야 하는 방호장치 3가지를 적으시오.

(2) 동영상에서의 사고발생 형태를 적으시오.

(3) 사고발생 원인을 2가지 적으시오.

(4) 사고방지 대책 2가지를 적으시오.

(1) ① 권과방지장치
② 과부하방지장치
③ 비상정지장치
④ 조작반(盤) 잠금장치
⑤ 제동장치

(2) 떨어짐

(3) ① 리프트 운반구 문을 개방한 채 운행하였다.
② 리프트 탑승구에 방호울이 설치되지 않았다.
③ 리프트 탑승구 주변에 안전난간이 설치되지 않았다.
④ 근로자가 안전모의 턱 끈을 고정하지 않았다.

(4) ① 리프트 운반구의 문 개방 시에는 리프트의 운행을 중단되도록 한다. (출입문 연동장치를 설치한다.)
② 리프트 탑승구에 방호울을 설치한다.
③ 리프트 탑승구 주변에 안전난간이 설치한다.
④ 안전모의 턱 끈을 고정하고 바르게 착용한다.

주의) 동영상을 확인하고 답을 적으세요!

참고

안전난간 설치    탑승구 방호울 설치

**14** 동영상에서 근로자는 손수레에 모래를 싣고 가던 중 사고가 발생하는 장면을 보여준다.

(1) 리프트 설치, 조립, 수리, 점검, 해체 시 조치사항 2가지를 적으시오.

(2) 손수레 운반 작업 중 재해발생 원인 2가지를 적으시오.

(3) 동종 사고를 방지하기 위한 안전대책을 2가지 적으시오.

(1) ① 작업을 지휘하는 사람을 선임하여 그 사람의 지휘 하에 작업을 실시할 것
② 작업을 할 구역에 관계 근로자가 아닌 사람의 출입을 금지하고 그 취지를 보기 쉬운 장소에 표시할 것
③ 비, 눈, 그 밖에 기상상태의 불안정으로 날씨가 몹시 나쁜 경우에는 그 작업을 중지시킬 것

(2) ① 모래가 한쪽으로 치우쳐있고, 모래를 과적하여 시야가 확보되지 않는다.
② 손수레 운전 부주의로 모래가 흔들리며 운반된다.
③ 외바퀴수레를 사용하고 있다.

(3) ① 편하중이 생기지 않도록 적재하고 시야를 가리지 않는 높이로 적재한다.
② 무게중심이 밑으로 오도록 적재하고 운전 시 적재물이 흔들리지 않도록 주의한다.
③ 손수레는 외바퀴수레의 사용을 피하고 두 바퀴 수레를 사용한다.

 동영상을 확인하고 답을 적으세요!

**참고**

**손수레를 이용하여 운반하는 경우 준수하여야 하는 사항(운반하역 표준안전 작업지침 – 고용노동부고시)**

① 사용 전에 손수레의 각부를 점검하여 차체, 차륜의 회전 등의 이상 유무를 점검히여 이상이 발견된 때에는 수리, 교체하여 사용하여야 한다.
② 운반 통로를 정비하여 돌조각, 나뭇조각, 벽돌조각 등의 장애물을 정리하여야 한다.
③ 적재물의 무게 중심은 가능한 한 밑으로 오도록 하고 손수레 운전 시 적재물이 흔들리지 않도록 주의하여야 한다.
④ 적재물의 무게는 어느 한 방향에 편중되지 않도록 적재하고 시야를 가리지 않는 높이로 적재하여야 한다.
⑤ 하물을 적재할 때에는 하물이 손수레의 반동에 대하여 안전한 장소에서 적재하여야 한다.
⑥ 구르기 쉬운 하물은 운반 도중 굴러 떨어지지 않도록 고정하고, 병이나 항아리 등을 운반하거나 손수레를 운전할 때에는 질주하여서는 아니 된다.
⑦ 손수레는 가능한 한 외바퀴수레의 사용을 피하고 두바퀴 수레를 사용하여야 한다.

**15** 동영상에서는 건설현장에서 건설용 리프트가 운행 중인 모습을 보여준다.

**(1) 리프트가 운행 중 무너지거나 또는 넘어지는(붕괴 또는 전도) 원인을 2가지 적으시오.**

사진 출처 : 매일건설신문      사진 출처 : 중앙일보

**(2) 괄호에 적합한 내용을 적으시오.**

> 사업주는 순간풍속이 초당 ( ) 미터를 초과하는 바람이 불어올 우려가 있는 경우 건설작업용 리프트(지하에 설치되어 있는 것은 제외한다)에 대하여 받침의 수를 증가시키는 등 그 붕괴 등을 방지하기 위한 조치를 하여야 한다.

**정답**
(1) 리프트의 넘어지는(붕괴 또는 전도) 원인
  ① 지반의 침하(부동침하)
  ② 불량한 자재 사용 또는 헐거운 결선
(2) 35

**참고**

**1. 이삿짐 운반용 리프트의 전도 방지**
① 아웃트리거가 정해진 작동 위치 또는 최대 전개 위치에 있지 않는 경우(아웃트리거 발이 닿지 않는 경우를 포함한다)에는 **사다리 붐 조립체를 펼친 상태에서 화물 운반 작업을 하지 않을 것**
② 사다리 붐 조립체를 펼친 상태에서 이삿짐 운반용 리프트를 이동시키지 않을 것
③ 지반의 부동침하 방지 조치를 할 것

## 2. 악천후 시 조치

① 순간풍속이 초당 10미터를 초과 : 타워크레인의 설치 · 수리 · 점검 또는 해체작업을 중지
② 순간풍속이 초당 15미터를 초과 : 타워크레인의 운전작업을 중지
③ 순간풍속이 초당 30미터를 초과 : 옥외에 설치되어 있는 주행 크레인 이탈방지조치
④ 순간풍속이 초당 30미터를 초과하는 바람이 불거나 중진(中震) 이상 진도의 지진이 있은 후 : 옥외 양중기 각 부위 이상 점검
⑤ 순간풍속이 초당 35미터를 초과 : 옥외 승강기 및 건설용 리프트(지하에 설치되어 있는 것은 제외)에 대하여 받침의 수를 증가시키는 등 승강기가 무너지는 것을 방지하기 위한 조치

---

**16** 동영상은 건물 외벽의 돌 마감 공사를 보여주고 있다.
(1) 동영상에서 작업자의 추락의 원인이 되는 제거 또는 개선하여야 할 불안전 요소 (불안전한 행동 및 상태) 4가지를 적으시오.
(2) 동영상에서 작업자의 안전을 위하여 제거 또는 개선하여야 할 불안전 요소에 대한 안전대책 4가지를 적으시오.

**화면 설명**

위의 작업자는 그라인더로 석재를 절단하고 있다. 안전난간은 설치되지 않았고 작업발판은 불량한 상태이며 주변 정리 정돈 또한 불량한 상태이다. 작업자는 안전화 대신 구두를 신고 있으며 방진마스크와 보안경도 미 착용한 상태이다. 석재 절단 후 비계를 타고 내려오던 중 떨어지는 장면을 보여준다. 그 아래에는 다른 작업자가 안전모를 착용하지 않은 채 작업을 하고 있다.

**정답**

(1) 개선하여야 할 불안전 요소
    ① 안전난간 미설치
    ② **추**락방호망의 미설치(높이 10m 이상일 경우만 해당)
    ③ 작업자 안전대 미착용
    ④ 작업발판 고정상태 불량
    ⑤ 비계의 이동통로를 이용하지 않고 비계를 타고 내려옴
    ⑥ 작업장의 정리정돈 불량

(2) 불안전 요소의 안전대책
    ① 안전난간 미설치로 떨어짐 위험이 있으므로 **안전난간을 설치**하여야 한다.
    ② **추락방호망의 미설치**로 떨어짐 위험이 있으므로 **추락방호망을 설치**하여야 한다. (높이 10m 이상일 경우만 해당)
    ③ 작업자 **안전대를 착용**하여야 한다.
    ④ **작업발판 고정상태 불량**으로 떨어짐 위험이 있으므로 **작업발판을 고정**하여야 한다.
    ⑤ 비계를 타고 이동하여 떨어짐 위험이 있으므로 **지정된 통로를 이용하여 이동**한다.
    ④ 작업장의 정리 정돈 불량으로 걸려 넘어짐 등 위험이 있으므로 **작업장을 정리 정돈** 하여야 한다.

**주의** 동영상을 확인하고 답을 적으세요!

**17** 동영상에서 작업자는 지게차(차량계 하역운반기계)를 이용하여 판넬 운반 작업을 하고 있다. 신호수의 지시에 따라 운전하던 중 판넬이 신호수에게 낙하하는 사고가 발생한다. 사고의 원인 2가지를 적으시오.

① 화물의 하중이 한쪽으로 치우쳐 적재되었다.
② 화물의 붕괴 또는 낙하에 의한 위험을 방지하기 위하여 화물에 로프를 거는 등의 조치를 하지 않았다.
③ 운전자의 시야를 가려 적재하였다.

**참고**

**차량계 하역운반기계에 화물적재 시의 조치**
① 하중이 한쪽으로 치우치지 않도록 적재할 것
② 구내운반차 또는 화물자동차의 경우 화물의 붕괴 또는 낙하에 의한 위험을 방지하기 위하여 화물에 로프를 거는 등 필요한 조치를 할 것
③ 운전자의 시야를 가리지 않도록 화물을 적재할 것
④ 화물을 적재하는 경우에는 최대적재량을 초과해서는 아니 된다.


**18** 동영상에서는 지게차를 이용한 하역운반 작업을 보여주고 있다. 지게차 작업 중 운전자가 내려 운전석을 이탈하는 모습을 보여준다. 동영상에서의 위험요인 3가지를 적으시오.

① 포크를 들어 올린 채 운전석을 이탈하였다.(포크가 낙하하며 작업자가 다칠 우려 있다.)
② 지게차의 원동기 정지, 브레이크를 거는 등 이탈방지 조치를 하지 않았다.(지게차가 갑작스러운 주행을 할 위험이 있다.)
③ 시동키를 운전대에서 분리시키지 않았다.(운전자 외의 자가 조작할 우려 있다.)

**참고**

**차량계 건설기계의 운전자 위치이탈 시 조치**
① 포크, 버킷, 디퍼 등의 장치를 가장 낮은 위치 또는 지면에 내려 둘 것
② 원동기를 정지시키고 브레이크를 확실히 거는 등 갑작스러운 이동을 방지하기 위한 조치를 할 것
③ 운전석을 이탈하는 경우에는 시동키를 운전대에서 분리시킬 것

**19** 동영상은 실내에서 도장작업을 하던 중 발생한 재해를 보여주고 있다. (1) 동영상에서의 불안전 요소 3가지를 적으시오. (2) 안전작업 대책 3가지를 적으시오.

> **화면 설명**
>
> 동영상에서 작업자는 실내에서 말비계 위에서 페인트칠을 하고 있으며 손에 페인트 통을 들고 작업하고 있다. 말비계 위에서 옆으로 이동하며 작업하던 중 말비계에서 떨어진다.

(1) 불안전 요소
  ① 작업발판 불량(높이가 2미터를 초과하며 작업발판의 폭이 40센터미터 미만인 경우만 해당)
  ② 작업방법 및 작업자세 불량(페인트 통을 손에 들고 작업함)
  ③ 근로자 안전대 미착용(높이 2미터 이상의 장소에서 작업할 경우만 해당)
  ④ 방독마스크 미착용

(2) 안전작업 대책
  ① 안전한 **작업발판**을 설치한다.
  ② 작업자는 **안전대**를 착용한다.
  ③ 작업자는 **방독마스크, 화학물질용 안전화, 화학물질용 안전장갑**을 착용한다. (영상에서 미착용한 보호구만 작성)
  ④ 페인트 통을 바닥에 내리고 작업할 수 있도록 작업방법을 개선한다.

**주의** 동영상을 확인하고 답을 적으세요!

**20** 동영상에서 작업자는 실내에서 창틀을 붓으로 도장작업을 하고 있다. 작업의 위험요인 3가지를 적으시오.

**화면 설명**

동영상에서 작업자는 면장갑을 착용하고 말비계 위에서 창틀에 페인트칠을 하고 있다. 말비계 끝부분에 서서 작업하던 중 발을 헛디디며 떨어지는 모습을 보여준다. 말비계는 폭이 좁으며 보조부재가 설치되지 않았다.

**정답**

① **말비계에 보조부재가 설치되지 않았다.** (말비계에 지주부재와 지주부재 사이를 고정시키는 보조부재가 설치되지 않아 말비계가 무너질 위험이 있다.)
② **작업발판 불량**(작업발판의 폭이 40cm 미만으로 떨어질 위험이 있다.)
③ **화학물질용 안전장갑, 화학물질용 안전화, 방독마스크 미착용**(영상에서 미착용한 경우만 해당)

**21** 동영상에서는 터널공사 중 일부 공정(공법)의 작업을 보여주고 있다. 다음 물음에 답하시오.

(1) 동영상에서 보여주는 공정(공법)의 명칭을 적으시오.

(2) 영상에서와 같은 공법의 종류를 2가지 적으시오.

(1) 숏크리트 뿜칠 공정(공법)(모르타르 뿜칠 공정)
(2) ① 건식공법
② 습식공법

> **참고**

1. 숏크리트
   분무기로 뿜어서 사용하는 콘크리트

2. 숏크리트 뿜칠 공정(모르타르 뿜칠 공정)

**22** 동영상에서는 터널 굴착공사 현장을 보여준다. 다음 물음에 답하시오.

(1) 동영상에서 보여주는 굴착공법의 명칭을 적으시오.
(2) 터널 굴착작업을 하는 때에는 사전에 시공계획서를 작성하여야 한다. 이때 반드시 포함하여야 할 사항을 3가지 적으시오.

**정답**
(1) T.B.M공법
(2) ① 굴착방법
② 터널 지보공 및 복공의 시공방법과 용수의 처리방법
③ 환기 또는 조명시설을 하는 때에는 그 방법

**참고**

**T.B.M 공법**
대형굴착기계(Tunnel boring machine)를 이용하여 터널 전단면을 굴착하는 공법

**23** 동영상은 터널 내부 공사현장을 보여준다. 동영상을 보고 불안전한 행동 및 불안전한 상태에 해당하는 3가지를 찾아 적으시오.

**정답**
① 복장, 보호구의 불량
② 작업장 정리 정돈 불량
③ 환기장치 불량으로 인한 분진 발생
④ 적정 조도 미확보로 발을 헛딛음
⑤ 지하 용수 고임

**주의** 동영상을 확인하고 답을 적으세요.

**24** 동영상은 터널 내부에서 고소작업대를 이용한 작업 모습을 보여준다. 동영상을 보고 불안전한 행동 및 불안전한 상태에 해당하는 3가지를 찾아 적으시오.

> **화면 설명**
> 작업자는 고소작업대의 난간을 딛고 올라서서 작업하고 있으며 상, 하부에서 2명의 작업자가 동시 작업을 하고 있다. 작업자는 안전대를 미착용한 상태이며 작업장이 매우 어두운 상태에서 작업하고 있다.

출처 : 안전보건공단자료실

출처 : e대한경제

**정답**
① 고소작업대의 난간에 올라서서 작업함(떨어짐 위험이 있다.)
② 상, 하 동시작업(떨어지는 자재 등에 맞을 위험이 있다.)
③ 작업자 안전대 미착용(떨어짐 위험이 있다.)
④ 작업장 적정 조도 미확보(걸려 넘어짐 등의 위험이 있다.)

**주의** 동영상을 확인하고 답을 적으세요.

**25** 동영상은 건축물 공사 실내작업장에서 틀비계 위에 올라가 전기용접기를 이용하여 용접작용 중 사고가 발생한 장면을 보여준다. 사고발생 원인을 2가지 적으시오.

① 근로자가 안전대를 착용하지 않았다.
② 틀비계에 안전난간이 설치되지 않았다.
③ 용접기에 **자동전격방지기**를 설치하지 않았다.
④ 근로자가 용접용 보안면, 절연장갑, 절연화를 착용하지 않았다. (영상에서 착용하지 않은 보호구만 작성)

주의 › 동영상을 확인하고 답을 적으세요.

참고

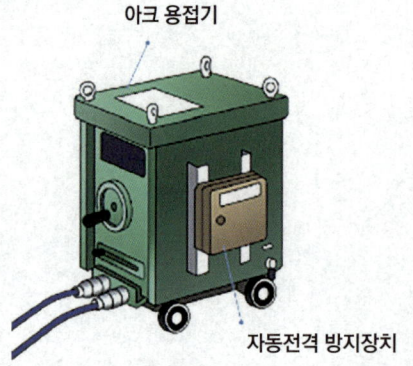

아크 용접기
자동전격 방지장치

자동전격 방지기

**26** 동영상에서 작업자는 전기용접기로 용접작업을 하는 중이다. (1) 작업자가 착용하여야 하는 개인보호구 3가지를 적으시오. (2) 전기용접기에 설치하여야 하는 방호장치명을 적으시오.

(1) 착용하여야 할 보호구
① 용접용 보안면
② 절연장갑
③ 절연화
(2) 방호장치 : 자동전격방지기(자동전격방지장치)

**27** 동영상은 작업장 내에 2대의 백호가 굴착작업을 하고 있으며 백호의 작업 반경 내에 다른 작업자가 지나가는 모습을 보여준다. 동영상에서의 (1) 위험요인 3가지와 (2) 사고예방 대책 3가지를 적으시오. (3) 화면에서 보여주는 장비의 운전자가 운전 위치를 이탈하는 경우의 조치사항 3가지를 적으시오.

(1) ① 작업반경 내 근로자가 출입하여 장비와 근로자가 충돌할 위험 있다.
② 신호자 및 유도자를 배치하지 않아 장비 간 충돌할 위험 있다.
③ 백호가 넘어짐(전도) 위험 있다.
④ 백호의 버킷이탈방지 안전핀 미설치로 버킷이 탈락힐 위험 있다.
(2) ① 작업반경 내 근로자 출입금지 조치
② 신호자 및 유도자 배치하여 신호에 의한 작업
③ 백호의 넘어짐(전도) 방지 조치(유도자 배치, 지반의 부동침하 방지, 갓길의 붕괴방지, 도로의 폭 유지 등의 조치)
④ 버킷이탈방지 안전핀 설치
(3) 차량계 건설기계 및 차량계 하역운반기계의 운전자가 위치 이탈 시의 조치
① 포크, 버킷, 디퍼 등의 장치를 가장 낮은 위치 또는 지면에 내려 둘 것
② 원동기를 정지시키고 브레이크를 확실히 거는 등 갑작스러운 이동을 방지하기 위한 조치를 할 것
③ 운전석을 이탈하는 경우에는 시동키를 운전대에서 분리시킬 것

> 참고

> 주의 동영상을 확인하고 답을 적으세요.

**28** 동영상은 백호를 이용하여 하수관을 인양하는 장면을 보여주고 있다. 동영상에서의 재해를 다음과 같이 분석하시오.

> 화면 설명
> 하수관을 1줄 걸이로 인양하여 이동하던 중 하수관이 흔들리자 신호수가 손으로 잡다가 하수관이 떨어진다. 하수관 바로 아래에서 작업하던 작업자가 떨어지는 하수관 아래에 깔리는 사고가 발생한다. 훅에는 해지 장치가 설치되지 않았으며 유도 로프도 사용하지 않았다.

(1) 기인물
(2) 가해물
(3) 재해 발생 형태
(4) 화물 인양 중의 위험요소 및 안전 작업 대책을 1가지씩 적으시오.
(5) 화물 이동 중의 위험요소 및 안전 작업 대책을 1가지씩 적으시오.
(6) 화물을 땅에 내려놓는 경우의 위험요소 및 안전 작업 대책을 1가지씩 적으시오.

 (1) 기인물 : 백호

(2) 가해물 : 하수관

(3) 재해 발생 형태 : 맞음

(4) 화물 인양 중의 위험요소 및 안전 작업 대책

① 위험요소
- 하수관과 같은 긴 자재의 인양 시는 2줄 걸이를 하여야 하나 **1줄 걸이로 작업하였다.**
- 훅에 해지장치를 사용하지 않았다.
- 화물 인양작업을 할 수 없는 굴착기로 인양하였다.

② 안전작업 대책
- 하수관을 양쪽 두 군데 이상을 묶어 균형을 유지하며 인양(**2줄 걸이 작업**)한다.
- 훅에 해지장치를 사용한다.
- 인양작업이 가능하도록 제작된 굴착기를 사용하거나 크레인 등의 인양장비를 사용한다.

(5) 화물 이동 중의 위험요소 및 안전 작업 대책

① 위험요소 : 유도 로프를 사용하지 않았다.

② 안전 작업 대책 : 유도 로프를 사용하여 흔들림을 방지한다.

(6) 화물을 땅에 내려놓는 경우의 위험요소 및 안전 작업 대책

① 위험요소 : 작업반경 내에 근로자 출입을 통제하지 않았다.

② 안전 작업 대책 : 작업반경 내에 근로자 출입금지 조치를 실시한다.

---

**참고**

### 1. 줄걸이 방법

| 1줄걸이 | 2줄걸이 | 3줄걸이 | 십자(+)걸이 |
|---|---|---|---|
| 하물이 회전할 위험이 상존하며 회전에 의하여 로프꼬임이 풀려 약하게 될 수 있으므로 원칙적으로 적용 금지 | 긴 환봉 등의 줄걸이 작업 시 활용 | U자 T자형의 형상일 때 적합 | 사다리꼴의 형상 등에 적합 |

2. 굴착기를 사용하여 화물 인양작업을 할 수 있는 경우
① 굴착기의 퀵커플러 또는 작업장치에 달기구(훅, 걸쇠 등을 말한다)가 부착되어 있는 등 인양작업이 가능하도록 제작된 기계일 것
② 굴착기 제조사에서 정한 정격하중이 확인되는 굴착기를 사용할 것

**29** 동영상에서는 크레인이 아닌 굴삭기 2대가 철강을 인양하는 장면을 보여준다. 인양하는 바로 옆에 작업자가 있으며, 주변에는 충전전로도 존재하고 있다. 작업 시의 위험요소 2가지를 적으시오.

> ① 화물 인양작업이 불가능한 굴착기로 인양하였다. (굴착기의 용도 외 사용)
> ② 충전전로에 대한 방호조치(절연용방호구 설치 등)를 하지 않았다.
> ③ 작업반경 내 관계자 외 출입금지 조치를 하지 않았다.
> ④ 작업지휘자를 배치하지 않았다.

**30** 산업안전보건법에 의하여 굴착기를 사용하여 인양작업을 하는 경우에 사업주가 준수해야 하는 사항 3가지를 적으시오.

> **화면 설명**
> 영상에서는 크레인이 아닌 굴착기를 이용하여 흄관을 들어 올리는 작업을 하고 있다.

출처 : 안전보건공단자료실

**정답**
① 굴착기 제조사에서 정한 작업설명서에 따라 인양할 것
② 사람을 지정하여 인양작업을 신호하게 할 것
③ 인양물과 근로자가 접촉할 우려가 있는 장소에 **근로자의 출입을 금지시킬 것**
④ 지반의 침하 우려가 없고 평평한 장소에서 **작업할 것**
⑤ 인양 대상 화물의 무게는 정격하중을 넘지 않을 것

**주의** 동영상을 확인하고 답을 적으세요.

## 31  동영상을 보고 물음에 답하시오.

1. 동영상에서 보여주는 와이어로프의 체결방법 중 올바른 것의 번호를 적으시오.

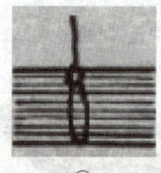 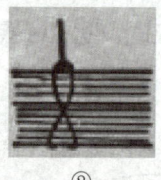
①                    ②

2. 와이어로프의 클립 체결방법 중 올바른 것의 번호를 적고 그 이유를 적으시오.

①

②

③

3. 와이어로프 지름에 적합한 클립의 수를 적으시오.

| 와이어로프의 지름(mm) | 클립 수 |
|---|---|
| 16 이하 | ( ① )개 |
| 16 초과 ~ 28 이하 | ( ② )개 |
| 28 초과 | ( ③ )개 |

4. 샤클의 체결 방법을 보여준다. 부적합한 그림의 번호를 적고 그 이유를 설명하시오.

| ① | ② |
|---|---|

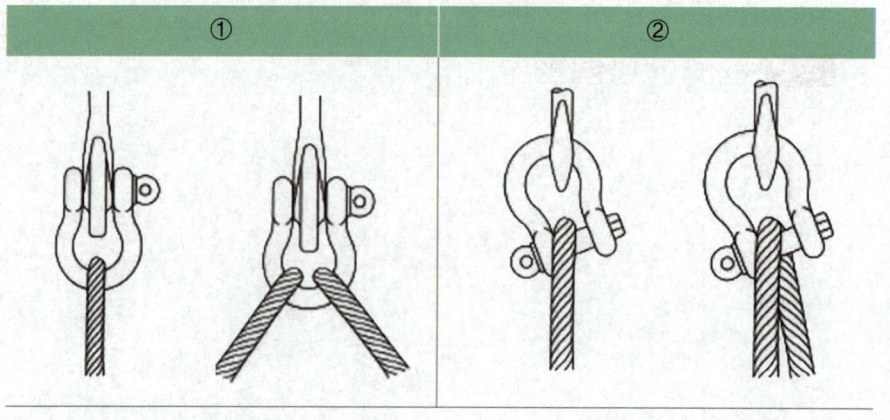

(1) ①
(2) ①, 클립의 새들(saddle)은 로프의 힘이 걸리는 쪽에 있어야 한다.
(3) ① 4, ② 5, ③ 6
(4) • 부적합한 그림 : ②
  • 이유
   - 샤클에 가해지는 하중은 샤클의 중심에 걸리도록 하여야 한다.(하중이 샤클의 중심선에서 벗어나서는 안 된다.)
   - 와이어로프의 체결 방향이 잘못되었다.(샤클의 위, 아래 반대방향에 와이어로프를 체결했다.)

참고

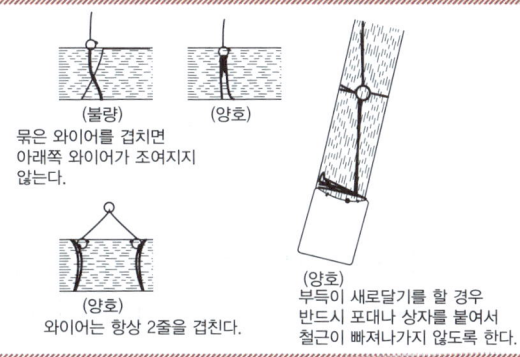

**32** 동영상에서는 굴착한 흙을 덤프트럭으로 운반하는 작업을 보여준다. 다음 물음에 답하시오.

(1) 동영상에서 보여주는 건설기계(굴삭기)의 명칭을 적으시오.
(2) 동영상 작업에서의 문제점 2가지를 적으시오.
(3) 동영상에서와 같은 작업 시의 주의사항을 2가지 적으시오.

(1) 백호(드래그셔블)
(2) ① 장애물 제거 등 운행로를 확보하지 않았다.
　　② 유도자 및 교통 정리원을 배치하지 않았다.
　　③ 굴착기계 운전자와 차량운전자 간의 신호체계를 갖추지 않았다.
(3) ① 운행로를 확보할 것
　　② 유도자 및 교통 정리원을 배치할 것
　　③ 굴착기계 운전자와 차량운전자 간의 상호 연락을 위한 신호체계를 갖출 것

### 참고

**굴착공사 안전작업지침**

굴착된 토사를 덤프트럭 등을 이용하여 운반할 경우에는 **운행로를 확보**하고 **유도자와 교통정리원을 배치**하여야 하며 **굴착기계 운전자와 차량운전자 간의 상호 연락을 위해 신호체계를 갖추어야** 한다.

**33** 동영상에서는 백호를 이용하여 굴착한 흙을 언덕 위에서 트럭에 퍼 담는 장면을 보여준다. 작업구역 내에 근로자가 접근 시의 위험방지 대책 2가지를 적으시오.

① 작업 반경 내 출입금지 조치
② 유도자 및 교통 정리원을 배치하여 작업한다.

**34** 동영상은 콘크리트 펌프카를 이용한 콘크리트 타설작업을 보여준다. 펌프카를 이용한 콘크리트 타설작업 시에 빈번하게 발생할 수 있는 (1) 사고유형 2가지와 (2) 콘크리트 분배기, 콘크리트 펌프카 등 콘크리트 타설 장비 사용 시의 준수사항(사고 예방대책) 2가지를 적으시오.

 정답

(1) ① 타설 호스의 요동, 선회로 인한 **근로자의 떨어짐(추락)**
② 콘크리트 **펌프카의 넘어짐(전도)**
③ 콘크리트 펌프카의 붐 조정 시 **주변전선 등에 의한 감전 위험**
④ 타설 호스 선단의 요동으로 인한 **근로자와 호스의 충돌**

(2) 콘크리트 타설 장비 사용 시의 준수사항(사고 예방대책)
① 작업을 시작하기 전에 콘크리트 타설 장비를 점검하고 이상을 발견하였으면 즉시 보수할 것
② 건축물의 난간 등에서 작업하는 근로자가 호스의 요동·선회로 인하여 추락하는 위험을 방지하기 위하여 안전난간 설치 등 필요한 조치를 할 것
③ 콘크리트 타설 장비의 붐을 조정하는 경우에는 주변의 전선 등에 의한 위험을 예방하기 위한 적절한 조치를 할 것
④ 작업 중에 지반의 침하나 아웃트리거 등 콘크리트 타설 장비 지지구조물의 손상 등에 의하여 **콘크리트 타설 장비가 넘어질 우려가 있는 경우에는 이를 방지하기 위한 적절한 조치를 할 것**

**35** 동영상은 타워크레인을 이용하여 비계재료인 강관을 들어 올리는 모습을 보여준다. 강관을 와이어 로프 한 가닥으로만 묶고 인양하고 있으며 작업자는 안전모의 턱 끈을 매지 않고 작업하고 있다. (1) 동영상에서 예상되는 재해의 형태를 적으시오. (2) 동영상에서 재해의 요인으로 추정되는 사항 3가지를 적으시오. (3) 와이어로프를 이용한 줄걸이 작업 시에 훅에 매다는 와이어로프의 각도는 몇도 이내로 하여야 하는가?

(1) 예상되는 재해의 형태(재해발생 형태) : 맞음
(2) 재해의 요인
   ① 강관을 한 곳만 묶어(1줄 걸이) 인양하였다.
   ② 작업자가 안전모의 턱 끈을 매지 않았다.
   ③ 작업반경 내 출입금지 조치를 실시하지 않았다.(작업 반경 내에 근로자가 접근하였다.)
   ④ 신호수를 배치하지 않았다.
(3) 60도

**참고**

타워크레인의 신호수 배치 : 작업자와 조종사 사이의 신호를 전담하는 신호수를 배치하여야 한다.

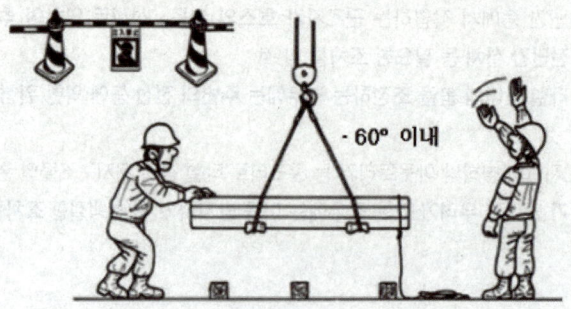

## 36. 동영상에서는 크레인(타워크레인)을 사용한 인양작업을 보여준다. 다음 물음에 답하시오.

**화면 설명**

타워크레인으로 합판을 1줄 걸이로 인양하던 중 합판이 흔들리며 떨어진다. 그 아래에는 작업자가 지나가고 있다.

(1) 재해의 발생형태는 무엇인가?

(2) 재해의 발생 원인 한 가지를 적으시오.

(3) 재해방지 대책 한 가지를 적으시오.

(4) 와이어로프의 안전점검 결과 최초의 공칭지름이 30mm이었으나 현재는 25mm로 측정되었다. 계산에 의하여 와이어로프 폐기 여부를 판정하시오. (단, 계산근거를 제시할 것)

사진 출처 : 대한경제

**정답**

(1) 재해 발생 형태 : 맞음

(2) 재해 발생 원인

① 화물(합판)을 한줄 걸이로 운반(중간의 1개소만 묶어서 운반)하였다. (화물이 균형을 잃고 떨어짐)

② 작업 반경 내 출입금지 조치를 실시하지 않았다. (작업 반경 내에 근로자가 접근하였다.)

③ 유도 로프를 사용하지 않아 화물(합판)이 흔들렸다. (유도 로프를 사용하지 않은 경우만 해당)

### (3) 재해방지 대책
① 화물을 2줄 걸이로 운반(양끝 등 2개소를 묶어서 운반)하여 균형을 유지한다.
② 작업구역 내에 출입금지 구역을 설정하여 **관계근로자 외의 출입**을 금지시킨다.
③ **유도로프를 사용**하여 화물의 흔들림을 방지한다.(유도 로프를 사용하지 않은 경우만 해당)

### (4) 와이어로프의 폐기 여부
**지름의 감소가 공칭지름의 7퍼센트를 초과**하는 것은 폐기하여야 한다.
① 와이어로프 지름의 감소: 30 - 25 = 5mm
② 공칭지름의 7% : 30 × 0.07 = 2.1mm
③ 와이어로프 지름의 감소(5mm)가 공칭지름의 7%(2.1mm)를 초과하였으므로 폐기하여야 한다.

---

**참고**

**와이어로프의 사용금지 사항**

① **이음매가 있는 것**
② 와이어로프의 **한 꼬임에서 끊어진 소선의 수가 10퍼센트 이상인 것**
③ **지름의 감소가 공칭지름의 7퍼센트를 초과**하는 것
④ **꼬인 것**
⑤ 심하게 **변형되거나 부식된 것**
⑥ **열과 전기충격에 의해 손상된 것**

| 1줄 매달기(걸이) 금지 | 유도로프(보조로프) 이용 |
|---|---|

---

**주의** 동영상을 확인하고 답을 적으세요!

**37** 동영상은 트럭크레인을 이용하여 강관 비계 다발을 인양하던 중 비계 다발이 흔들리며 떨어져 작업자가 맞는 사고가 발생하는 장면을 보여준다.

(1) 재해발생 형태를 적으시오.
(2) 영상에서 보여주는 인양작업의 문제점 2가지를 적으시오.
(3) 영상과 같은 작업에서의 안전 준수사항 4가지를 적으시오.

(1) 맞음
(2) ① 줄걸이 방법 불량(비계를 1줄 걸이로 인양하였다.)
    ② 유도로프를 사용하지 않았다.
    ③ 작업반경 내 출입금지 조치를 하지 않았다.
    ④ 신호수를 배치하지 않았다.
    ⑤ 훅의 해지장치를 사용하지 않았다.
(3) ① 비계 인양 시 2줄걸이로 인양한다.
    ② 유도로프를 사용하여 흔들림을 방지한다.
    ③ 훅의 해지장치를 사용하여 인양물이 훅에서 이탈하는 것을 방지한다.
    ④ 신호수를 배치하여 표준 신호에 따라 작업을 실시한다.
    ⑤ 작업구역 내에 출입금지 구역을 설정하여 관계근로자 외의 출입을 금지시킨다.

주의 동영상을 확인하고 답을 적으세요!

참고

**38** 동영상에서는 카고크레인(트럭 탑재형 크레인)이 작업하는 모습을 보여준다. 동영상을 참고하여 안전작업 대책 3가지를 적으시오.

> **화면 설명**
> 크레인의 붐대를 접지 않고 이동하고 있으며 아우트리거를 습윤한 지반에 설치한 모습을 보여준다.

① 아웃트리거의 밑에는 깔판, 철판 등 강도가 충분히 유지되는 재료로 보강하고, 침하나 미끄러짐 등을 방지한다.
② 현장 내에서 **이동 시 붐은 60도~65도** 정도의 기울기로 유지시킨다.
③ 작업 반경 내에 관계자 외의 출입을 통제한다.

**39** 건설 현장에서 로더(Loader)가 자재를 운반하는 작업을 하고 있다. 동영상에서의 작업 시 위험요인 3가지를 적으시오.

> **화면 설명**
> 포크를 장착한 로더가 긴 자재를 싣고 포크를 위로 올린 상태에서 운전자가 운전 위치를 이탈한다. 잠시 후 운전자가 돌아와서 자재를 운반 중에 자재가 고정되지 않아 흔들린다. 신호수는 안전모를 미착용한 상태이며 작업 반경 내에 작업자가 지나가는 모습을 보여준다.

출처 : https://www.youtube.com/watch?v=LNaFywe_yw0

[로더]

사진 출처 : 안전보건공단

① 로더의 작업반경 내에 근로자 출입금지 조치를 하지 않았다.
② 운전자가 운전위치 이탈 시에는 포크 등을 가장 낮은 위치로 내려놓아야 하나 이를 준수하지 않았다.
③ 자재를 고정하지 않고 운반하였다.
④ 신호수(또는 유도자)가 안전모를 미 착용하였다.

**참고**

- 로더는 트랙터 앞부분에 셔블장치(Shovel attachment) 등을 부착하여 토사, 자갈, 골재 등을 운반하고 덤프트럭(dump truck)에 상차하는 용도로 주로 사용된다.
- 여러 가지 부대장치(attachment)를 사용하여 다양한 작업을 할 수 있으며 로더에 지게(포크)를 설치하여 긴 철근 등을 운반할 수 있다.

**40** 화면에서는 타워크레인 해체작업을 하고 있다. 화면에서의 인양작업 시 존재하는 불안전한 요소 3가지를 적으시오.

[화면 설명]

해체한 부품을 2줄 걸이로 인양하여 트럭에 적재하고 있다. 인양물을 작업자가 손으로 잡고 인양하고 있으며 작업자는 안전모를 착용하지 않았다. 인양하는 하부로 다른 작업자가 지나가는 모습을 보여준다.

사진 출처 : https://www.safety1st.news/

사진 출처 : https://www.safety1st.news/

① 유도로프를 사용하지 않았다.
② 작업반경 내 출입금지 조치를 실시하지 않았다.
③ 작업자가 안전모를 착용하지 않았다.

**41** 동영상에서는 철골 보 인양작업을 보여준다. 철골 보 인양 작업에서 클램프로 부재를 체결하는 경우 준수하여야 하는 사항 2가지를 적으시오.

사진 출처 : 안전보건공단

① 클램프는 부재를 수평으로 하는 두 곳의 위치에 사용하여야 하며 부재 양단방향은 등 간격이어야 한다.
② 부득이 한 군데만을 사용할 때는 위험이 적은 장소로서 간단한 이동을 하는 경우에 한하여야 하며 부재 길이의 1/3지점을 기준하여야 한다.
③ 두 곳을 매어 인양시킬 때 와이어로프의 내각은 60도 이하이어야 한다.
④ 클램프의 정격용량 이상 매달지 않아야 한다.
⑤ 체결작업 중 클램프 본체가 장애물에 부딪치지 않게 주의하여야 한다.
⑥ 클램프의 작동상태를 점검한 후 사용하여야 한다.

**42** 동영상에서 작업자는 H빔 철골 보를 와이어로프에 매달고 볼트로 고정하는 작업을 하고 있다. 볼트고정을 마치고 와이어로프를 해체하는 경우 준수하여야 하는 사항 2가지를 적으시오.

① 인양 와이어로프를 해체할 때에는 안전대를 사용하여 보 위를 이동하여야 하며 안전대를 설치할 구명줄은 보의 설치와 동시에 기둥 간에 설치하도록 해야 한다.
② 해체한 와이어로프는 후크에 걸어 내리며 밑으로 던져서는 안 된다.

**43** 동영상에서는 거푸집 운반 작업을 보여준다. 거푸집을 1줄 걸이로 인양하던 중 거푸집이 떨어지며 아래 작업자가 맞는 사고가 난다. 사고를 예방하기 위한 안전작업 방법 2가지를 적으시오.

사진 출처 : 안전보건공단

① 거푸집 인양 시 **2줄 걸이로 인양**한다.
② **유도로프를 사용**하여 흔들림을 방지한다.
③ **훅의 해지장치를 사용**하여 인양물이 훅에서 이탈하는 것을 방지한다.
④ **신호수를 배치**하여 표준 신호에 따라 작업을 실시한다.
⑤ 작업구역 내에 출입금지 구역을 설정하여 **관계근로자 외의 출입을 금지**시킨다.

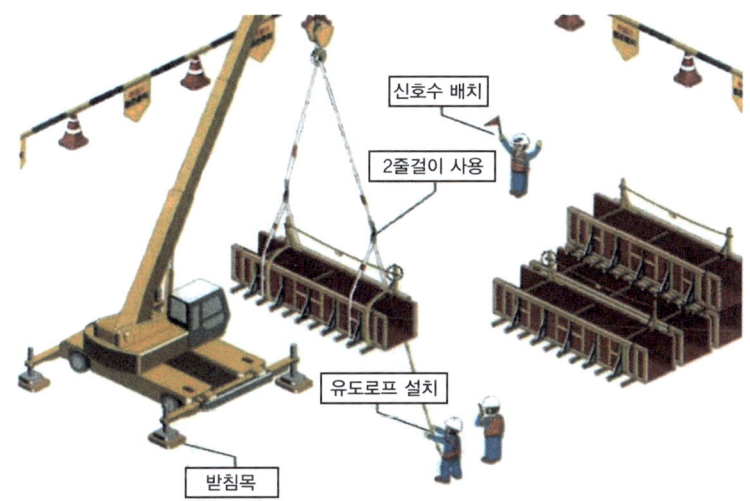

**44** 동영상에서는 이동식크레인으로 철제 배관을 옮기는 작업을 하고 있다. 신호수간 신호가 맞지 않아 배관이 흔들리며 작업자 위로 배관이 떨어져 작업자가 맞는 사고를 보여준다. 사고발생 원인 중 이동식 크레인 운전자가 준수하여야 할 사항 2가지를 적으시오.

① 인양중인 하물이 작업자의 머리 위로 통과하게 하지 아니하게 한다.
② 작업 중 운전석 이탈을 금지한다.
③ 이동식 크레인의 지브와 인양물 또는 각종 장애물과 부딪치지 않도록 한다.

> **참고**
>
> **이동식 크레인 운전원 준수사항**
> ① 이동식 크레인의 탑승과 하차는 승강 계단을 이용하여야 한다.
> ② 이동식 크레인의 작업 중 운전석 이탈을 금지하여야 한다. 운전원이 장비를 떠나야 할 경우는 인양물을 지면에 내려놓아야 하고, 구동 엔진 정지 및 브레이크를 작동 상태로 하여 잠금장치를 하여야 한다.
> ③ 인양작업 중 고장 발생 시 인양물을 지상에 내려놓고 브레이크와 안전장치를 작동상태로 유지하여야 한다.
> ④ 이동식 크레인의 지브와 인양물 또는 각종 장애물과 부딪치지 않도록 하여야 한다.

**45** 동영상에서 작업자는 비계를 조립·해체하는 작업 중이다. (1) 동영상을 보고 작업의 위험요소 3가지를 적으시오. (2) 안전작업 대책 3가지를 적으시오.

**화면 설명**

작업자는 안전대를 착용하지 않고 있으며 발판 또한 불안해 보인다. 해체한 비계를 아래로 던지는 장면을 보여준다.

긴 파이프 달포대 사용

사진 출처 : 코리아 리뷰

**정답**

(1) 위험요소
① 폭 20cm 이상의 발판을 설치하지 않았으며 **작업자가 안전대를 착용하지 않았다.**
② 달줄 또는 달포대를 사용하지 않고 **해체한 비계를 던지고 있다.**
③ 관계 근로자 외의 자의 **출입금지 조치를 하지 않았다.**
④ 관리감독자를 배치하지 않았다.

(2) 안전작업 대책
① 폭 20cm 이상의 발판을 설치하고 작업자는 안전대를 착용한다.
② 달줄 또는 달포대를 사용하여 자재를 운반한다.
③ 관계 근로자 외의 자의 출입을 금지한다.
④ 관리감독자를 배치하여 작업을 관리 감독한다.

### 참고

**달비계 또는 높이 5미터 이상의 비계 조립 · 해체 및 변경 시 준수사항**

① 관리감독자의 지휘 하에 작업하도록 할 것
② 조립·해체 또는 변경의 시기·범위 및 절차를 그 작업에 종사하는 근로자에게 교육할 것
③ 조립·해체 또는 변경작업 구역 내에는 당해 작업에 종사하는 근로자 외의 자의 출입을 금지시키고 그 내용을 보기 쉬운 장소에 게시할 것
④ 비·눈 그 밖의 기상상태의 불안정으로 인하여 날씨가 몹시 나쁠 때에는 그 작업을 중지시킬 것
⑤ 비계재료의 연결 · 해체작업을 하는 때에는 폭 20센티미터 이상의 발판을 설치하고 근로자로 하여금 안전대를 사용하도록 하는 등 근로자의 추락방지를 위한 조치를 할 것
⑥ 재료 · 기구 또는 공구 등을 올리거나 내리는 때에는 근로자로 하여금 달줄 또는 달포대 등을 사용하도록 할 것

## 46
동영상에서는 작업자가 인력으로 철근을 운반하는 모습을 보여준다. 허리보다 아랫부분에서 두 손으로 철근을 들고 있으며 안전모의 턱 끈은 풀려있고, 안전화는 착용하지 않은 상태이다. 철근 운반 작업자의 미준수 사항 3가지를 적으시오.

**정답**
① 긴 철근은 한쪽을 어깨에 메고 한쪽을 끌면서 운반하여야 하나 이를 준수하지 않았다.
② 철근을 운반할 때에는 양끝을 묶어 운반하여야 하나 이를 준수하지 않았다.
③ 안전모의 턱 끈을 고정하지 않았다.
④ 안전화를 착용하지 않았다.

### 참고

**철근의 인력 운반 시 준수사항**

① 1인당 무게는 25킬로그램 정도가 적절하며, 무리한 운반을 삼가하여야 한다.
② 2인 이상이 1조가 되어 어깨메기로 하여 운반하는 등 안전을 도모하여야 한다.
③ 긴 철근을 부득이 한 사람이 운반할 때에는 한쪽을 어깨에 메고 한쪽 끝을 끌면서 운반하여야 한다.
④ 운반할 때에는 양끝을 묶어 운반하여야 한다.
⑤ 내려 놓을 때는 천천히 내려놓고 던지지 않아야 한다.
⑥ 공동 작업을 할 때에는 신호에 따라 작업을 하여야 한다.

**47** 동영상에서는 이동식크레인이 붐대를 펴고 운행하는 장면을 보여준다. 훅의 해지장치가 없는 상태에서 2줄 걸이로 인양하고 있으며, 물기가 있는 바닥에 아우트리거가 설치되어 있다. 다음 물음에 답하시오.

(1) 영상에서 보이는 위험요인 2가지를 적으시오.
(2) 사고방지 대책 2가지를 적으시오.

 정답
(1) ① 이동식크레인의 붐대를 펴고 운행하고 있다.
② 훅에 해지장치가 설치되지 않았다.(화물이 떨어질 우려 있다.)
③ 연약한 지반(미끄러운 지반)에 아우트리거가 설치되었다.(이동식크레인이 넘어질(전도) 위험 있다.)
④ 신호수가 배치되지 않았다.
(2) ① 이동식크레인의 붐대를 접고 운행한다.
② 훅에 해지장치를 설치한다.
③ 아웃트리거는 견고한 바닥에 설치하여야 하고, 미끄럼방지나 보강이 필요한 경우 받침이나 매트 등의 위에 설치한다.
④ 신호수를 배치하여 신호에 따라 작업한다.

**참고**

작업이 끝나면 붐을 인입시키고 훅을 차량에 고정한다.

## 48  동영상을 보고 물음에 답하시오.

(1) 동영상에서 보여주는 장비의 명칭을 적으시오.
(2) 동영상의 장비 등이 화물의 하중을 직접 지지하는 경우 와이어로프의 안전율은 얼마인가?

**정답**
(1) 이동식 크레인
(2) 5 이상

> **참고**
>
> **양중기의 와이어로프 등 달기구의 안전계수**
>
> ① 근로자가 탑승하는 운반구를 지지하는 달기와이어로프 또는 달기체인의 경우 : 10 이상
> ② 화물의 하중을 직접 지지하는 달기와이어로프 또는 달기체인의 경우 : 5 이상
> ③ 훅, 샤클, 클램프, 리프팅 빔의 경우 : 3 이상
> ④ 그 밖의 경우 : 4 이상

**49** 동영상은 건설현장의 작업 모습을 보여준다.

(1) 작업에서 보여주는 비계의 명칭을 적으시오.
(2) 작업에서 보여주는 비계의 작업발판의 폭을 적으시오.
(3) 지주부재와 수평면과의 기울기를 적으시오.

 **정답**

(1) 말비계
(2) 40cm 이상
(3) 75도 이하

> **참고**
>
> **말비계의 조립 시의 준수사항**
>
> ① 지주부재의 하단에는 미끄럼 방지장치를 하고, 양측 끝부분에 올라서서 작업하지 아니하도록 할 것
> ② 지주부재와 수평면과의 기울기를 75도 이하로 하고, 지주부재와 지주부재 사이를 고정시키는 보조부재를 설치할 것
> ③ 말비계의 높이가 2미터를 초과할 경우에는 작업발판의 폭을 40센티미터 이상으로 할 것

**50** 화면에서 작업자는 울퉁불퉁한 콘크리트 표면을 매끄럽게 마무리하는 면처리 작업 중이다. 작업장에는 먼지가 심하게 날리고 있다. 해당 작업을 하는 경우 작업자가 착용하여야 하는 보호구를 2가지 적으시오.

사진 출처 : https://blog.naver.com/yesmco/221960614172

① 보안경
② 방진마스크
③ 안전모(영상에서 착용하지 않은 경우만 해당)
④ 안전화(영상에서 착용하지 않은 경우만 해당)
⑤ 안전대(높이 2m 이상의 떨어짐이 예상되는 장소만 해당)

**51** 동영상은 이동식 비계에서 작업 중 이동식 비계의 설치 불량으로 사고가 나는 장면을 보여준다. 이동식 비계의 설치 시의 문제점 3가지를 적으시오.

① 바퀴에는 브레이크·쐐기 등으로 바퀴를 고정시킨 다음 비계의 일부를 시설물에 고정하거나 아웃트리거를 설치하여야 하나 **바퀴고정 및 아웃트리거 설치를 하지 않았다.**
② **승강용사다리를 설치하지 않았다.**
③ **비계의 최상부**에서 작업을 할 때에는 **안전난간**을 설치하여야 하나 **설치하지 않았다.**
④ **작업발판은 수평을 유지**하고 작업발판 위에서 **안전난간을 딛고 작업을 하거나 받침대 또는 사다리를 사용하여 작업하지 않아야** 하나 이를 준수하지 않았다.

### 이동식 비계의 구조

① **바퀴**에는 갑작스러운 이동 또는 전도를 방지하기 위하여 **브레이크·쐐기** 등으로 바퀴를 고정시킨 다음 비계의 일부를 견고한 **시설물에 고정하거나 아웃트리거를 설치**하는 등 필요한 조치를 할 것
② **승강용사다리**는 견고하게 설치할 것
③ 비계의 **최상부**에서 작업을 할 때에는 안전난간을 설치할 것
④ **작업발판은 항상 수평을 유지**하고 작업발판 위에서 **안전난간을 딛고 작업을 하거나 받침대 또는 사다리를 사용하여 작업하지 않도록** 할 것
⑤ 작업발판의 최대적재하중은 250킬로그램을 초과하지 않도록 할 것

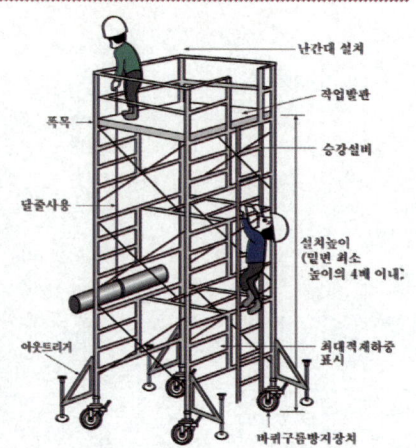

**52** 동영상은 이동식비계에서의 작업 모습을 보여준다. 근로자 1명이 이동식비계의 승강설비를 이용하지 않고 비계를 타고 올라가고 있다. 이동식 비계에는 안전난간이 설치되지 않은 상태이며 작업자는 안전대를 미착용하였다. 작업 중 비계의 바퀴가 움직이며 작업자가 떨어지는 사고를 당한다. 영상에서의 사고발생 원인 3가지를 기술하시오.

① 이동식비계의 바퀴는 브레이크·쐐기 등으로 바퀴를 고정시킨 다음 비계의 일부를 시설물에 고정하거나 아웃트리거를 설치하여야 하나 바퀴의 고정이 불량하다.
② 비계에 안전난간이 설치되지 않았다.
③ 근로자가 안전대를 미착용 하였다.

**53** 동영상에서는 틀비계를 보여준다. 영상에서 가리키는 틀비계 부재의 명칭을 적으시오.

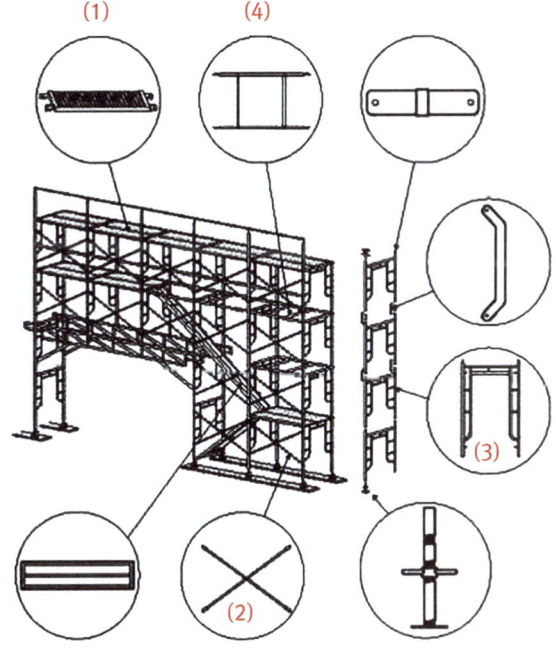

(1) 작업대  (2) 교차가새  (3) 주틀  (4) 띠장틀

> **참고**

### 1. 틀비계의 구조

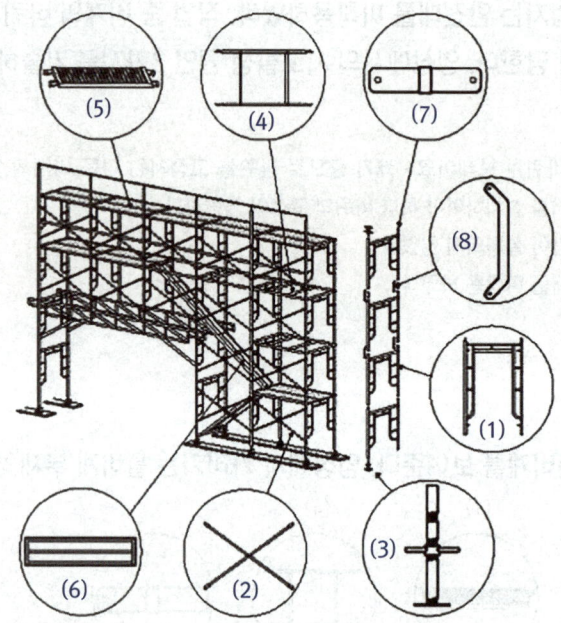

 (1) 주틀  (2) 교차가새  (3) 조절형 받침철물  (4) 띠장틀  (5) 작업대
 (6) 통로용 작업발판  (7) 강관틀 비계용 주틀의 연결핀  (8) 강관틀 비계용 주틀의 암록

### 2. 강관 틀비계의 설치 기준

① 밑받침 철물을 사용하여 항상 수평, 수직을 유지할 것
② 높이가 20m를 초과하거나 중량물 적재를 수반할 경우는 주틀 간격을 1.8m 이하로 할 것
③ 주틀 간에 교차가새를 설치하고 최상층 및 5층 이내마다 수평재를 설치할 것
④ 수직방향으로 6m, 수평방향으로 8m 이내마다 벽이음을 할 것
⑤ 길이가 띠장방향으로 4미터 이하이고 높이가 10미터를 초과하는 경우는 10미터 이내마다 띠장방향으로 버팀기둥을 설치할 것

## 54  비계에서 벽이음할 때 사용되는 삼각형 부재의 명칭을 적으시오.

 브라켓(bracket) 또는 까치발

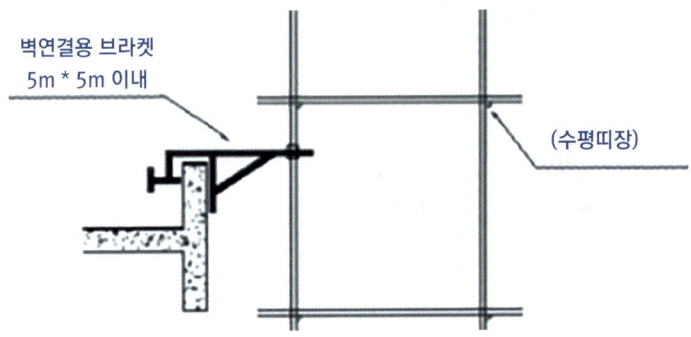

## 55  동영상은 비계 위에서 작업하는 작업자를 보여준다. (1) 2m 이상의 비계 위에서 작업 시에 착용하여야 하는 보호구를 1가지 적으시오.(단, 안전모 제외) (2) 2m 이상의 비계 위에서 작업 시에 안전난간을 설치하기 곤란한 경우 추락을 방지하기 위하여 설치하여야 하는 안전시설 1가지를 적으시오.

(1) 안전대
(2) 추락방호망

**56** 동영상은 비계 위에서 작업하고 있는 모습을 보여준다. 작업자가 작업 중 들고 있던 파이프를 놓치며 밑에서 주머니에 손을 넣은 채 이동하던 작업자에게 떨어지는 장면을 보여준다. 해당 사고를 예방하기 위한 작업안전 대책 2가지를 적으시오.

① 비계작업 시 같은 수직면상의 위와 아래 동시 작업을 금할 것
② 근로자는 안전모 등 개인보호구를 착용할 것
③ 작업구역 내에는 관계근로자외의 자의 출입을 금지시킬 것

### 참고

**비계작업 시 안전 준수사항(시스템비계 안전작업 지침)**

① 작업구역 내에는 **관계근로자외의 자의 출입을 금지**시켜야 한다.
② 비, 눈 그 밖의 **기상상태의 불안정**으로 인하여 풍속이 초당 10m 이상, 강우량이 시간당 1mm 이상, 강설량이 시간당 1cm 이상인 경우에는 **조립 및 해체작업을 중지**하여야 한다.
③ 비계 내에서 근로자가 **상하 또는 좌우로 이동하는 경우**에는 반드시 **지정된 통로**를 이용하도록 주지시켜야 한다.
④ 비계 작업 근로자는 **같은 수직면상의 위와 아래 동시 작업을 금지**시켜야 한다.
⑤ 근로자는 당해 작업에 **적합한 개인보호구(안전모, 안전대, 안전화, 안전장갑 등)를 착용**하여야 한다.

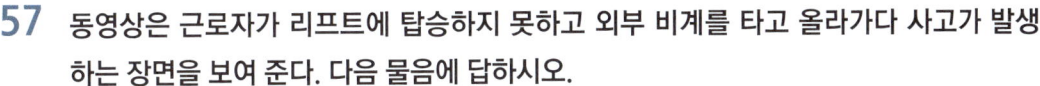

## 57. 동영상은 근로자가 리프트에 탑승하지 못하고 외부 비계를 타고 올라가다 사고가 발생하는 장면을 보여 준다. 다음 물음에 답하시오.

(1) 재해발생 형태를 적으시오.
(2) 재해발생 원인 2가지를 적으시오.
(3) 추락재해의 원인이 되는 시설측면의 불안전한 상태 2가지를 적으시오.
(4) 사고방지 대책 3가지를 적으시오.

(1) 떨어짐(추락)
(2) ① 외부비계에 작업발판 및 이동통로를 설치하지 않았다.
    ② 추락방호망을 설치하지 않았다.
    ③ 안전난간을 설치하지 않았다.
    ④ 작업자가 안전대를 착용하지 않았다.
(3) ① 외부비계에 작업발판 및 이동통로를 설치하지 않았다.
    ② 추락방호망을 설치하지 않았다.
    ③ 안전난간을 설치하지 않았다.
(4) ① 외부비계에는 작업발판 및 이동통로를 설치하고 이동 시에는 이동통로를 이용한다.
    ② 추락방호망을 설치한다.
    ③ 안전난간을 설치한다.
    ④ 작업자는 안전대를 착용한다

### 참고

외부비계의 작업발판 및 이동통로

**58** 동영상은 거푸집 동바리의 설치 불량으로 인하여 거푸집 붕괴가 발생한 사고를 보여준다. 동영상에서 동바리의 설치가 잘못된 사항을 2가지만 적으시오.

 **정답**
① 수평 연결재의 미설치(설치 불량)   ② 교차가새의 미설치(설치 불량)
③ 전용 연결철물 미사용   ④ 거푸집 동바리 상·하단 고정 불량
⑤ 동바리 하부의 받침철물(깔판, 받침목)의 설치 불량   ⑥ 거푸집 동바리 지지 지반의 침하

**참고**

**거푸집 동바리의 설치기준**

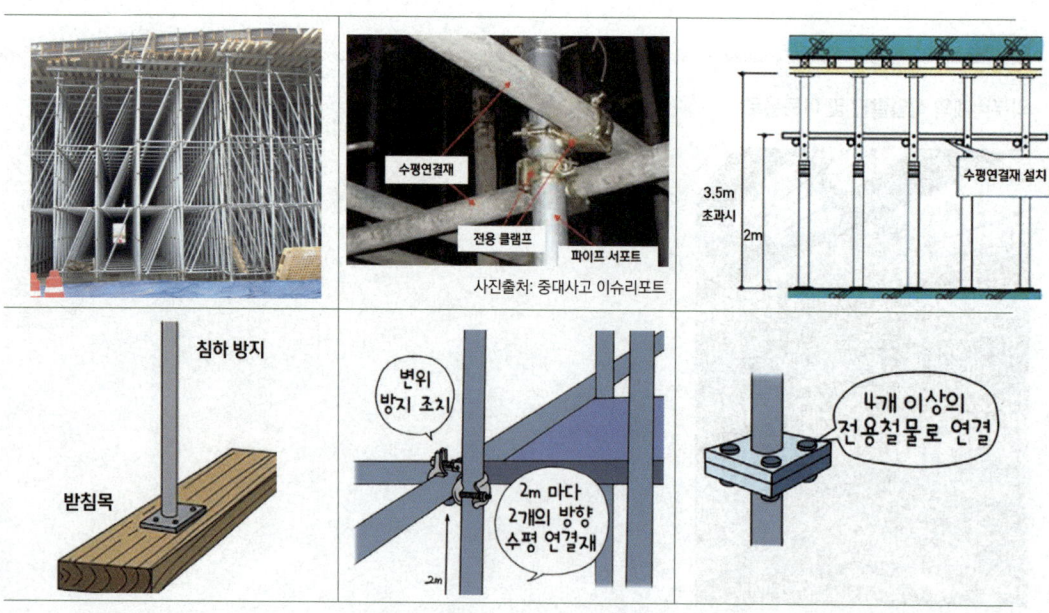

**59** 동영상을 참고하여 (1) 가스용기 운반 작업 시의 문제점과 (2) 용접작업 시의 문제점을 각각 2가지씩 적으시오. (3) 금속의 용접·용단 작업을 하는 경우 가스용기 취급 시의 주의사항 3가지를 적으시오.

> **화면 설명**
>
> 동영상에서 작업자는 맨손으로 높은 곳에서 아크용접 작업을 하고 있다. 그 옆에는 트럭에서 가스용기를 내리고 있으며, 녹색과 회색의 가스통 중 회색 가스통을 트럭에서 내리며 땅에 쾅 놓는 순간 폭발이 발생한다.

(1) 가스용기 운반 시의 문제점
  ① 운반할 때 캡을 씌워야 하나 캡을 씌우지 않고 운반하고 있다.
  ② 전도의 위험이 없도록 가스용기를 고정하여야 하나 고정하지 않은 채 운반하고 있다.
  ③ 가스용기를 차에 싣거나 내릴 때에는 용기가 부딪히거나 충격을 받지 아니하도록 주의하여 취급하여야 하나 충격을 가하고 있다.

(2) 용접작업 시의 문제점
  ① 용접용 보안면 미착용으로 화상이 우려된다.
  ② 절연장갑의 미착용으로 감전이 우려된다.
  ③ 안전대의 미착용으로 작업자의 떨어짐이 우려된다. (높이 2m 이상의 추락위험 장소에만 해당)

(3) 가스용기 취급 시의 주의사항
  ① 운반할 때에는 캡을 씌울 것
  ② 전도의 위험이 없도록 할 것
  ③ 용기에 충격을 가하지 아니할 것

> **주의** 동영상을 확인하고 답을 적으세요!

---

**참고**

**가스등의 용기의 취급 시 주의사항**

① 가스용기를 사용·설치·저장 또는 방치하지 않아야 하는 장소
  • 통풍 또는 환기가 불충분한 장소
  • 화기를 사용하는 장소 및 그 부근
  • 위험물 또는 인화성 액체를 취급하는 장소 및 그 부근
② 용기의 온도를 섭씨 40도 이하로 유지할 것
③ 전도의 위험이 없도록 할 것
④ 충격을 가하지 아니하도록 할 것
⑤ 운반할 때에는 캡을 씌울 것
⑥ 사용할 때에는 용기의 마개에 부착되어 있는 유류 및 먼지를 제거할 것
⑦ 밸브의 개폐는 서서히 할 것
⑧ 사용 전 또는 사용 중인 용기와 그 외의 용기를 명확히 구별하여 보관할 것
⑨ 용해아세틸렌의 용기는 세워 둘 것
⑩ 용기의 부식·마모 또는 변형상태를 점검한 후 사용할 것

**60** 동영상에서 작업자는 둥근톱 작업을 하고 있다. 작업자가 분전함의 누전차단기와 전선의 상태를 확인한 후 둥근톱으로 합판을 절단하던 중 사고가 발생한다. 작업자는 합판 절단 중 다른 곳을 보고 있으며, 면장갑을 착용하고 있다. 둥근톱의 톱날접촉예방장치는 위로 올라가 있는 상태이다. 동영상을 참고하여 다음 물음에 답하시오.

(1) 동영상의 재해발생 원인을 2가지 적으시오.
(2) 전동기계기구를 사용하여 작업을 하는 경우 감전을 방지하기 위하여 반드시 누전차단기를 설치하여야 하는 장소 2가지를 적으시오.

**정답**

(1) 재해발생 원인
  ① 작업자가 면장갑을 착용하고 작업함(면장갑을 착용하여 둥근톱에 장갑이 말려들 위험이 있다.)
  ② 톱날접촉예방장치 설치 불량(또는 톱날접촉예방장치를 제거하고 작업함)
  ③ 반발예방장치 미설치
  ④ 보안경 및 방진마스크 미착용

(2) 누전차단기를 설치하여야 하는 장소
  ① 대지전압이 150볼트를 초과하는 이동형 또는 휴대형 전기기계 · 기구
  ② 물 등 도전성이 높은 액체가 있는 습윤장소에서 사용하는 저압용 전기기계 · 기구
  ③ 철판 · 철골 위 등 도전성이 높은 장소에서 사용하는 이동형 또는 휴대형 전기기계 · 기구
  ④ 임시배선의 전로가 설치되는 장소에서 사용하는 이동형 또는 휴대형 전기기계 · 기구

> **특급 암기법** 누전차단기 설치 → 누전이 잘 생기는 곳(전기가 잘 통하는 곳)
> → 1. 땅(대지전압 150V 초과) 2. 물(습윤장소) 3. 철판, 철골(도전성이 높은 장소)

> 참고

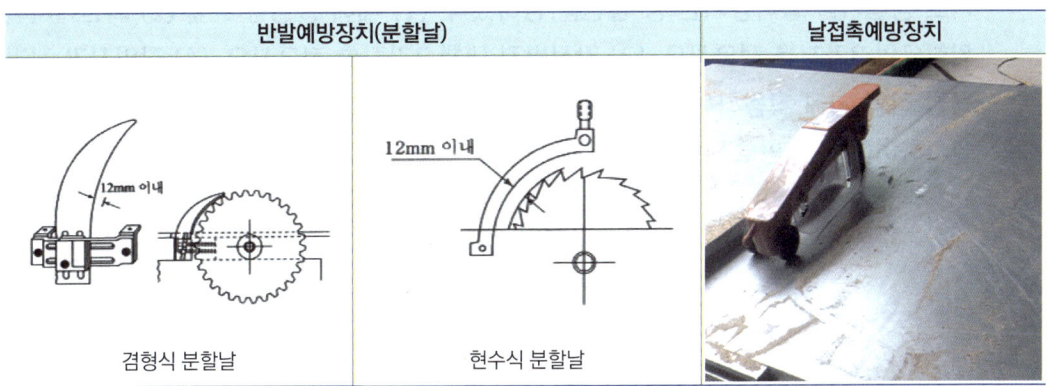

| 반발예방장치(분할날) | 날접촉예방장치 |
|---|---|
| 겸형식 분할날 / 현수식 분할날 | |

**61** 동영상에서 작업자는 호이스트 점검을 하는 중이다. 점검 중에 손에 감전을 당하는 장면이 나온다. 이러한 감전 사고를 예방하기 위하여 착용하여야 하는 보호구를 적으시오.

 정답  절연장갑

> 참고

**전기작업 시 착용하여야 하는 보호구**

① 절연장갑
② 절연화
③ 안전모(AE, ABE형)

**62** 동영상에서 작업자는 전기용접 작업 중이다. 작업자가 용접을 하기 위하여 전원을 켜고 용접기를 잡아당기던 중 감전을 당하였다. (1) 재해 발생형태 및 (2) 화면에서의 위험요인 3가지를 적으시오. (3) 감전방지 대책 3가지를 적으시오. (4) 작업자가 전기 용접 작업 시에 착용하여야 하는 보호구를 3가지 적으시오. (5) 교류아크용접장치에 설치하여야 하는 방호장치를 적으시오.

정답

(1) 재해 발생형태 : 감전(전류접촉)

(2) 화면에서의 위험요인 3가지
　① 자동전격방지기를 설치하지 않았다.
　② 누전차단기를 설치하지 않았다.
　③ 접지를 실시하지 않았다.
　④ 작업자가 절연장갑을 착용하지 않았다.

(3) 감전방지 대책
　① 자동전격방지기 설치
　② 누전차단기 설치
　③ 용접기 외함에 접지 실시
　④ 작업자 절연장갑 착용

(4) 착용하여야 하는 보호구
① 안전모(AE, ABE형)
② 용접용 보안면
③ 절연장갑
④ 절연화

(5) 교류아크용접기의 방호장치
자동전격방지기(자동전격방지장치)

> **참고**
>
> - 용접을 하다가 잠시 작업을 멈추었을 때 용접봉, 홀더 등에 접촉하여 감전을 당하였다면 → 자동전격방지기 미설치
> - 누전차단기와 접지는 용접기 본체에 접촉하였을 경우의 감전을 방지하며 자동전격방지기는 용접을 하다가 잠시 작업을 멈추었을 때 용접봉, 홀더, 어스선(케이블) 등에 접촉하였을 경우의 감전을 방지한다.

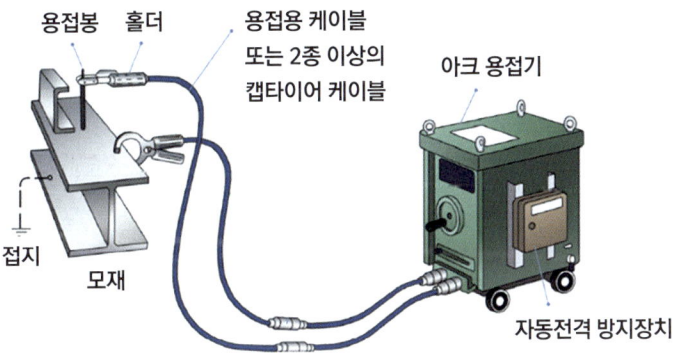

**주의** 동영상을 확인하고 답을 적으세요!

**63** 동영상은 작업자가 맨손으로 임시 배전반 점검 중에 감전재해가 발생하는 것을 보여준다. 화면에서의 위험요인을 2가지 적으시오.

**화면 설명**

동영상에서 작업자는 전원을 차단하고 점검 중이다. 동료가 차단기 함을 열고 전원을 투입하는 순간 감전이 발생한다.

사진 출처: 안전보건공단

① 작업자가 절연장갑을 착용하지 않았다.
② 차단기 함에 잠금장치 및 통전금지 표찰을 부착하지 않았다.

주의 동영상에서 전원을 차단하지 않고 점검하였다면 "전원을 차단하지 않고 점검하였다."

**64** 동영상에서는 안전대의 사진을 3가지 보여준다. 동영상의 [사진 3]의 (1) 동그라미 친 부분의 명칭과 (2) 용도를 적으시오.

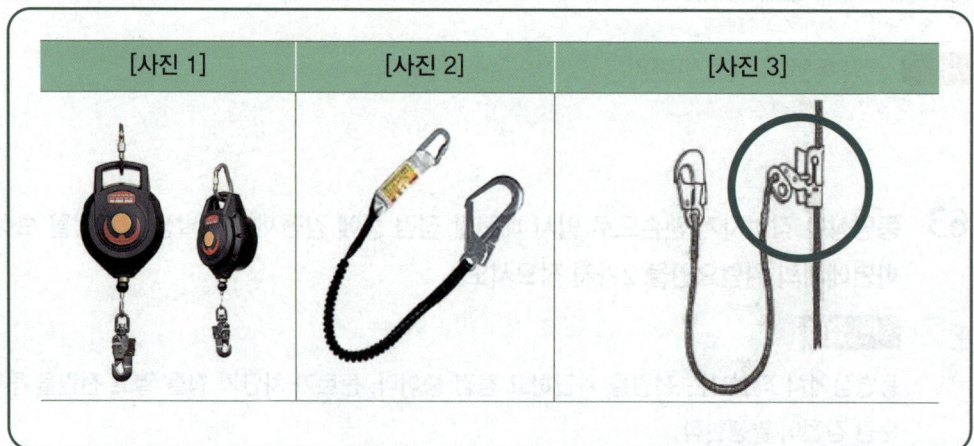

(1) 추락방지대
(2) 수직이동 및 수직으로 이동하는 작업 시에 개인용 추락방지 장치로 사용된다.

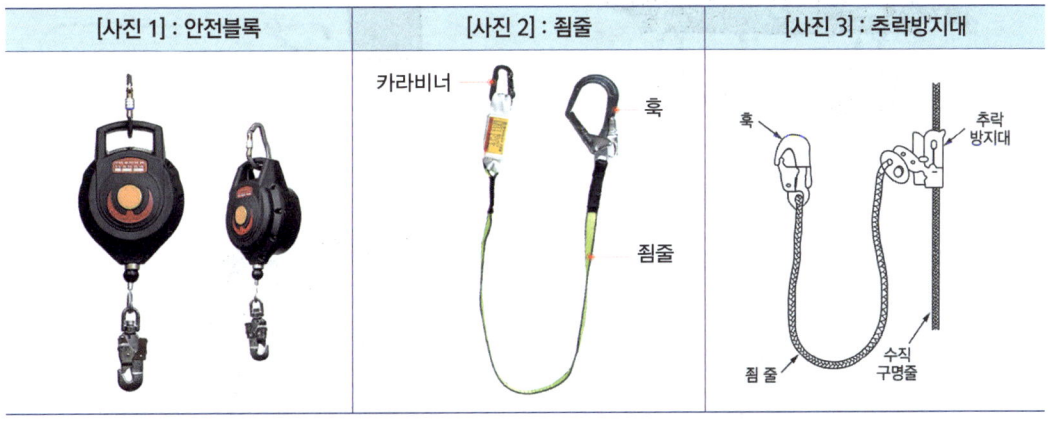

**65** 동영상에서는 안전대를 착용하고 작업하는 모습을 보여준다. (1) 안전대의 종류 2가지를 적고, (2) 동영상에서 보여주는 안전대의 명칭을 적으시오.

(1) 벨트식, 안전그네식    (2) U자 걸이용

### 참고

| U자걸이용 안전대 | 1개걸이용 안전대 |
|---|---|
|  |  |
| 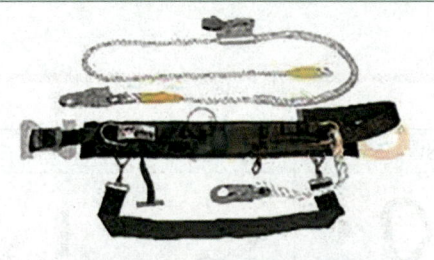 U자 걸이용 |  1개 걸이용 |
| 그림 출처 : 안전보건공단 | 그림 출처 : 안전보건공단 |

| 안전그네 | 안전블록 | 추락방지대 | 충격흡수장치 |
|---|---|---|---|
| 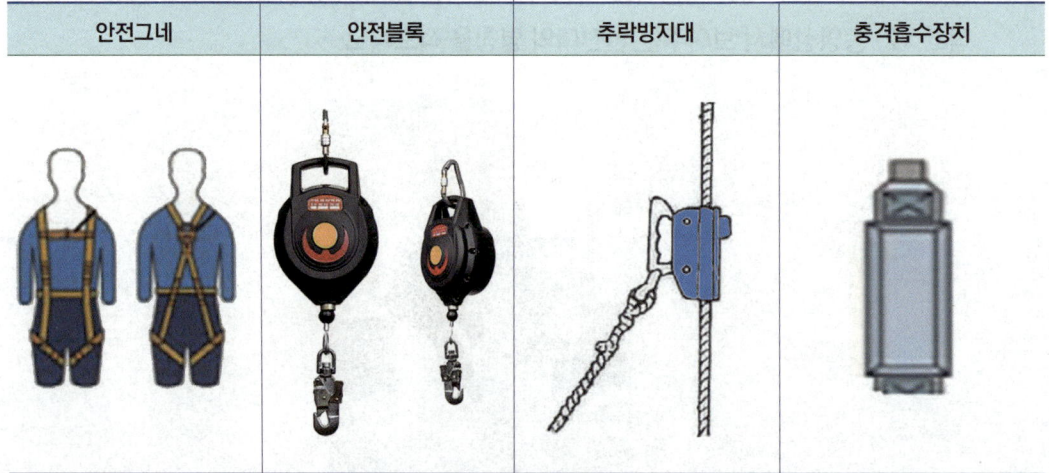 | | | |

# 실기[작업형]
## 기출문제

# 2012 1회 1부

# 건설안전산업기사 작업형

**01** 동영상에서는 추락 방호망을 보여준다. 추락 방호망 등 방망의 정기시험에 관한 내용이다. 괄호에 적합한 내용을 적으시오. (6점)

> 방망의 정기시험은 사용개시 후 ( ① ) 이내로 하고, 그 후 ( ② )마다 1회씩 정기적으로 시험 용사에 대해서 ( ③ )을 하여야 한다.

**정답** ① 1년  ② 6개월  ③ 등속인장시험

**02** 동영상은 터널 굴착 현장을 보여준다. (4점)

(1) 동영상에서 보여주는 터널 굴착공법의 명칭을 적으시오.
(2) 영상에서와 같은 터널 굴착공법의 적용이 어려운 지반을 2가지 적으시오.

(1) 공법의 명칭 : TBM 공법
(2) 적용이 어려운 지반
  ① 연약지반
  ② 단면형상의 변형이 심한 경우
  ③ 다량의 용수가 있는 지반

**참고**

**TBM 공법**

발파를 하지 않고 tunnel boring machine의 회전 cutter에 의해 터널전단면을 절삭 또는 파쇄하는 공법으로서, 주로 암반 터널굴착 공사에 적용한다.

**03** 동영상에서는 항타기 작업을 보여주고 있다. 항타기 및 항발기의 무너짐을 방지하기 위한 조치사항 2가지를 적으시오. (4점)

① 연약한 지반에 설치하는 때에는 아웃트리거·받침 등 지지구조물의 침하를 방지하기 위하여 깔판·받침목 등을 사용할 것
② 시설 또는 가설물 등에 설치하는 경우에는 그 내력을 확인하고 내력이 부족하면 그 내력을 보강할 것
③ 아웃트리거·받침 등 지지구조물이 미끄러질 우려가 있는 때에는 말뚝 또는 쐐기 등을 사용하여 해당 지지구조물을 고정시킬 것
④ 궤도 또는 차로 이동하는 항타기 또는 항발기에 대하여는 불시에 이동하는 것을 방지하기 위하여 레일 클램프 및 쐐기 등으로 고정시킬 것
⑤ 상단 부분은 버팀대·버팀줄로 고정하여 안정시키고, 그 하단 부분은 견고한 버팀·말뚝 또는 철골 등으로 고정시킬 것

**04** 동영상은 거푸집 동바리의 조립 작업을 보여 주고 있다. 조립 또는 해체작업 시 준수 사항 3가지를 쓰시오. (6점)

① 해당 작업을 하는 구역에는 관계 근로자가 아닌 사람의 출입을 금지할 것
② 비·눈 그 밖의 기상상태의 불안정으로 인하여 날씨가 몹시 나쁜 경우에는 그 작업을 중지할 것
③ 재료·기구 또는 공구 등을 올리거나 내리는 경우에는 근로자로 하여금 달줄·달포대 등을 사용하도록 할 것
④ 낙하·충격에 의한 돌발적 재해를 방지하기 위하여 버팀목을 설치하고 거푸집 동바리 등을 인양장비에 매단 후에 작업을 하도록 하는 등 필요한 조치를 할 것

**05** 동영상에서 보여주는 건설장비의 명칭과 용도를 3가지 적으시오. (6점)

(1) 기계의 명칭 : 불도저
(2) 작업 용도
① 흙의 굴착
② 흙의 적재 및 운반

**06** 동영상에서는 철골공사 중 볼트 작업 등을 하기 위하여 철골에 매달아 작업발판을 만드는 비계를 보여준다. 다음 물음에 답하시오. (4점)

그림 출처 : 안전보건공단

사진 출처 : 대한종합안전(주)

(1) 영상에서 보여주는 비계의 명칭을 적으시오.
(2) 해당 비계의 하중에 대한 안전계수는 얼마 이상이어야 하는가?
(3) 철근을 사용할 때 철근의 직경은 얼마 이상이어야 하는가?
(4) 해당 비계를 매다는 철선(소성철선)의 호칭치수는 얼마인가?

(1) 달대비계
(2) 8 이상
(3) 19mm(밀리미터) 이상
(4) #8

> **참고**
>
> **달대비계**
>
> ① 달대비계를 매다는 철선은 #8 소성철선을 사용하며 4가닥 정도로 꼬아서 하중에 대한 안전계수가 8 이상 확보되어야 한다.
> ② **철근을 사용할 때에는 19밀리미터 이상**을 쓰며 근로자는 반드시 안전모와 안전대를 착용하여야 한다.
> ③ 달대비계는 가급적 안전성이 확보된 기성제품을 사용하고 현장에서 제작하는 경우 안전하중을 고려해야 하며 사용재료는 변형, 부식, 손상이 없어야 한다.
> ④ 달대비계에는 **최대적재하중과 안전 표지판**을 설치한다.
> ⑤ 달대비계는 적절한 양중장비를 사용하여 설치 장소까지 운반하고 안전대를 착용하는 등 안전한 작업방법으로 설치한다.

**07** 건설용 리프트 운행 시 불안전한 상태가 많이 발생된다. 영상에 나타난 불안전한 행동 및 상태를 각각 2가지씩 적으시오. (4점)

> **화면 설명**
>
> 리프트 탑승구에 방호울이 설치되지 않았으며, 하부에서 자재를 올리는 작업자는 안전모를 미착용한 상태로 작업 중이다. 상부 층에서 리프트를 탑승하기 위해 기다리는 작업자들은 안전난간 밖으로 머리를 내밀어 리프트 위치를 확인하고 있다. 리프트에는 긴 자재를 실어 리프트의 문을 닫지 않은 채 운행 중인 모습을 보여준다.

출처 : 안전보건공단 사고사례

출처 : 안전닷컴, 중대재해

(1) 불안전한 행동
① 탑승 대기 중인 **작업자가** 안전 난간 밖으로 **머리를 내밀어** 리프트의 위치를 확인하고 있어 **리프트와 충돌할 위험**이 있다.
② 근로자가 **안전모를 미 착용**하였다.

(2) 불안전한 상태
① 리프트 **운반구 문을 개방**한 상태에서 운행하여 근로자가 떨어질 위험이 있다.
② 리프트 **탑승구에 방호울이 설치되지 않아** 근로자가 떨어질 위험이 있다.

주의 ▶ 동영상을 확인하고 답을 적으세요!

08 동영상에서는 콘크리트 타설작업 현장을 보여준다. 콘크리트 분배기, 콘크리트 펌프카 등 콘크리트 타설 장비를 사용하는 경우 준수하여야 할 사항 3가지를 적으시오. (6점)

사진 출처 : 통일뉴스

사진 출처 : https://e-depot.kr/503

① 작업을 시작하기 전에 콘크리트 타설 장비를 점검하고 이상을 발견하였으면 즉시 보수할 것
② 건축물의 난간 등에서 작업하는 근로자가 호스의 요동·선회로 인하여 추락하는 위험을 방지하기 위하여 안전난간 설치 등 필요한 조치를 할 것
③ 콘크리트 타설 장비의 붐을 조정하는 경우에는 주변의 전선 등에 의한 위험을 예방하기 위한 적절한 조치를 할 것
④ 작업 중에 지반의 침하나 아웃트리거 등 콘크리트 타설 장비 지지구조물의 손상 등에 의하여 **콘크리트 타설 장비가 넘어질 우려가 있는 경우**에는 이를 방지하기 위한 적절한 조치를 할 것

# 2012 2회 1부

# 건설안전산업기사 작업형

**01** 동영상은 밀폐공간에서의 작업을 보여준다. (1) 밀폐공간 작업 시의 적정 공기 수준을 적으시오. (2) 산소결핍 시의 조치사항 2가지를 적으시오. (4점)

(1) 적정공기 수준
① 산소 농도 : 18% 이상 23.5% 미만
② 탄산가스 농도 : 1.5% 미만
③ 일산화탄소 농도 : 30ppm 미만
④ 황화수소 농도 : 10ppm 미만

(2) 산소결핍 시의 조치사항
① 작업장 환기실시
② 근로자 공기호흡기 또는 송기마스크 착용
③ 작업장에 관계자 외 출입금지 조치

**02** 동영상은 작업장 내에 2대의 백호가 굴착작업을 하고 있으며 백호의 작업 반경 내에 다른 작업자가 지나가는 모습을 보여준다. 동영상에서의 (1) 위험요인 2가지와 (2) 사고예방 대책 2가지를 적으시오. (4점)

(1) 위험요인
① 작업 반경 내 근로자가 출입하여 장비와 근로자가 충돌할 위험 있다.
② 신호자 및 유도자를 배치하지 않아 장비간 충돌할 위험 있다.
③ 백호가 넘어질(전도) 위험 있다.
④ 백호의 버킷이탈방지 안전핀 미설치로 버킷이 탈락할 위험 있다.

(2) 사고예방 대책
① 작업 반경 내 근로자 출입금지 조치
② 신호자 및 유도자 배치하여 신호에 의한 작업
③ 백호의 넘어짐(전도) 방지 조치(유도자 배치, 지반의 부동침하 방지, 갓길의 붕괴 방지, 도로의 폭 유지 등의 조치)
④ 버킷이탈방지 안전핀 설치

**참고**

## 03  동영상은 터널 굴착 현장을 보여준다. (4점)

(1) 동영상에서 보여주는 터널 굴착공법의 명칭을 적으시오.
(2) 영상에서와 같은 터널 굴착공법의 적용이 어려운 지반을 2가지 적으시오.

(1) 공법의 명칭 : TBM 공법
(2) 적용이 어려운 지반
   ① 연약지반
   ② 단면형상의 변형이 심한 경우
   ③ 다량의 용수가 있는 지반

**참고**

**TBM 공법**

발파를 하지 않고 tunnel boring machine의 회전 cutter에 의해 터널전단면을 절삭 또는 파쇄하는 공법으로서, 주로 암반 터널굴착 공사에 적용한다.

**04** 동영상은 거푸집 동바리의 조립작업을 보여 주고 있다. 거푸집 동바리의 조립 또는 해체 작업 시 준수사항 3가지를 쓰시오. (6점)

① 해당 작업을 하는 구역에는 관계 근로자가 아닌 사람의 출입을 금지할 것
② 비·눈 그 밖의 기상상태의 불안정으로 인하여 날씨가 몹시 나쁜 경우에는 그 작업을 중지할 것
③ 재료·기구 또는 공구 등을 올리거나 내리는 경우에는 근로자로 하여금 달줄·달포대 등을 사용하도록 할 것
④ 낙하·충격에 의한 돌발적 재해를 방지하기 위하여 버팀목을 설치하고 거푸집 동바리 등을 인양장비에 매단 후에 작업을 하도록 하는 등 필요한 조치를 할 것

05 동영상은 콘크리트 말뚝의 항타 작업을 보여준다. 콘크리트 말뚝의 항타 공법의 종류를 3가지 적으시오. (6점)

사진 출처 : 토목신문

사진 출처 : https://www.youtube.com/watch?v=_Fj5sfFVTjI

① 타격 공법  ② 진동 공법  ③ 프리 보링 공법  ④ 압입공법

06 동영상은 교각 공사에서 철근을 조립하는 모습을 보여준다. 철근의 이음 방법 3가지를 적으시오. (6점)

정답

① 겹침 이음
② 기계적 이음
③ 가스압접 이음
④ 용접 이음

## 07 동영상에서는 말비계를 보여준다. (1) 말비계의 구조(설치 기준) 2가지를 적으시오. (2) 걸침비계의 구조 2가지를 적으시오. (4점)

| 말비계 | 걸침비계 |
| --- | --- |
| 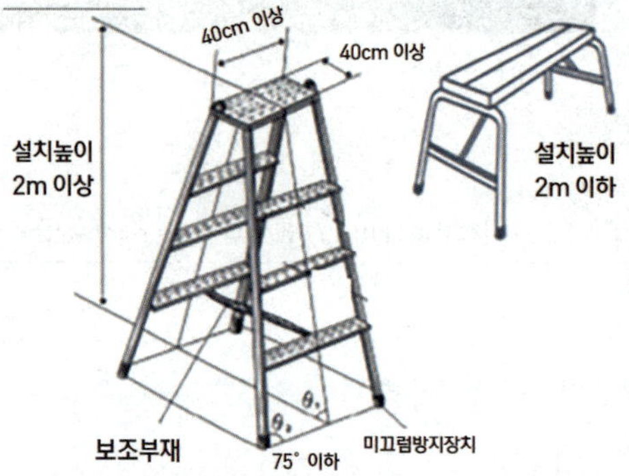 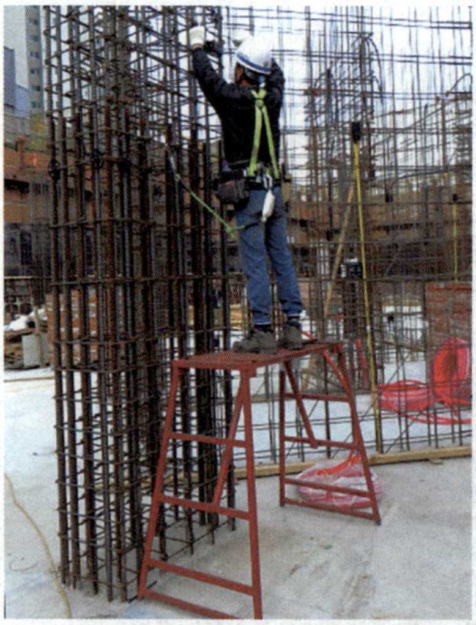 | 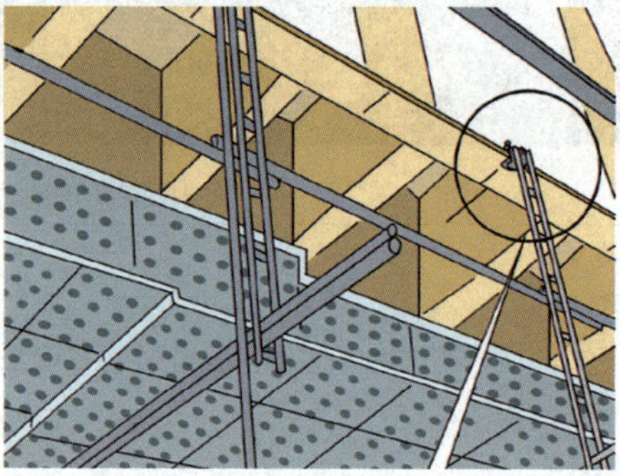 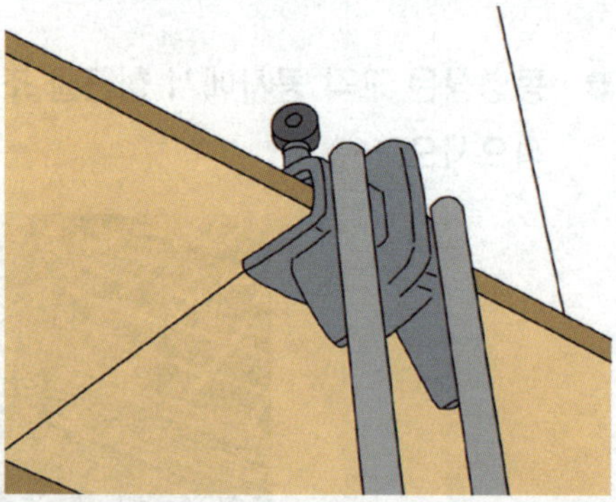 |



그림 출처 : 안전보건공단, 사진 출처 : 안전닷컴

(1) 말비계의 구조(조립 시의 준수사항, 설치 기준)
  ① 지주부재의 하단에는 미끄럼 방지 장치를 하고, 양측 끝부분에 올라서서 작업하지 아니하도록 할 것
  ② 지주부재와 수평면과의 기울기를 75도 이하로 하고, 지주부재와 지주부재 사이를 고정시키는 보조 부재를 설치할 것
  ③ 말비계의 높이가 2미터를 초과할 경우에는 작업발판의 폭을 40cm 이상으로 할 것
(2) 걸침비계의 구조
  ① 지지점이 되는 매달림 부재의 고정부는 구조물로부터 이탈되지 않도록 견고히 고정할 것
  ② 비계 재료 간에는 서로 움직임, 뒤집힘 등이 없어야 하고, 재료가 분리되지 않도록 철물 또는 철선으로 충분히 결속할 것. 다만, 작업발판 밑 부분에 띠장 및 장선으로 사용되는 수평부재 간의 결속은 철선을 사용하지 않을 것
  ③ 매달림 부재의 안전율은 4 이상일 것
  ④ 작업발판에는 구조검토에 따라 설계한 최대적재하중을 초과하여 적재하여서는 아니 되며, 그 작업에 종사하는 근로자에게 최대적재하중을 충분히 알릴 것

08 동영상은 터널 내부 공사현장을 보여준다. 동영상을 보고 불안전한 행동 및 불안전한 상태에 해당하는 2가지를 찾아 적으시오. (4점)

① 복장, 보호구의 불량
② 작업장 정리 정돈 불량
③ 환기장치 불량으로 인한 분진 발생
④ 적정 조도 미확보로 발을 헛딛음
⑤ 지하 용수 고임

주의 동영상을 확인하고 답을 적으세요.

# 2012 2회 2부

## 건설안전산업기사 작업형

**01** 동영상에서는 임시 분전반 주변에서 작업하는 모습을 보여준다. 충전부에 작업자가 직접 접촉함으로 인한 감전방지 조치사항(충전부에 대하여 사업주가 하여야 할 방호조치) 3가지를 적으시오. (6점)

① 충전부가 노출되지 아니하도록 폐쇄형 외함이 있는 구조로 할 것
② 충전부에 충분한 절연 효과가 있는 방호망 또는 절연덮개를 설치할 것
③ 충전부는 내구성이 있는 절연물로 덮어 감쌀 것
④ 전주 위 및 철탑 위 등 격리되어 있는 장소로서 관계 근로자 외의 자가 접근할 우려가 없는 장소에 충전부를 설치할 것
⑤ 발전소·변전소 및 개폐소 등 구획되어 있는 장소로서 관계 근로자가 아닌 사람의 출입이 금지되는 장소에 충전부를 설치하고, 위험표시 등의 방법으로 방호를 강화할 것

**02** 동영상은 거푸집 동바리의 설치 불량으로 인하여 거푸집 붕괴가 발생한 사고를 보여준다. 동영상에서 동바리의 설치가 잘못된 사항을 3가지를 적으시오. (6점)

① 수평 연결재의 미설치(설치 불량)
② 교차가새의 미설치(설치 불량)
③ 전용 연결철물 미사용
④ 거푸집 동바리 상·하단 고정 불량
⑤ 동바리 하부의 받침철물(깔판, 받침목)의 설치 불량
⑥ 거푸집 동바리 지지 지반의 침하

 동영상을 확인하고 답을 적으세요.

### 거푸집 동바리의 설치 기준

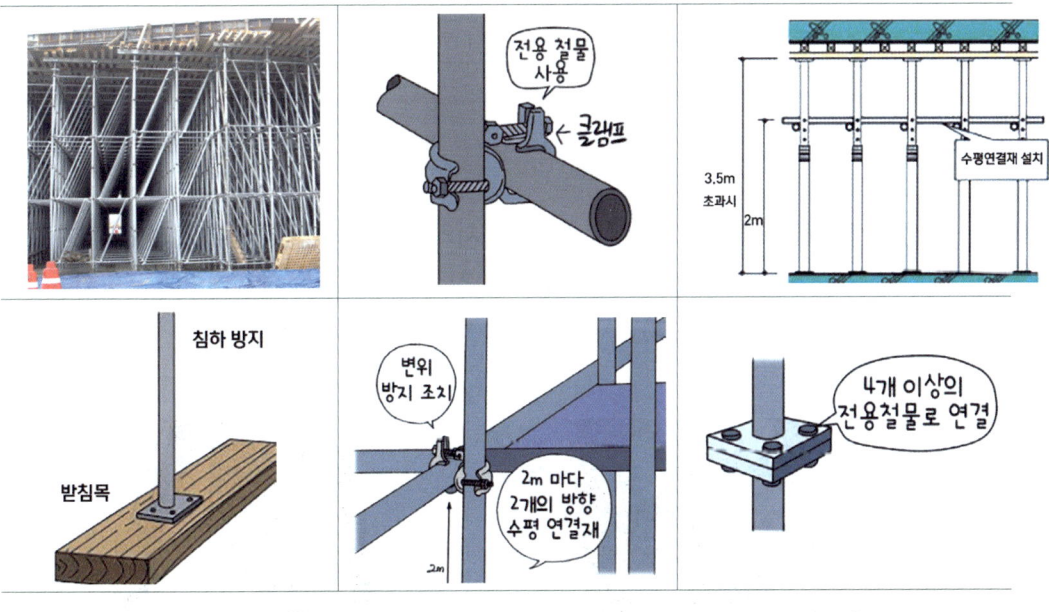

**03** 「운반하역 표준안전 작업지침」에 의하여 샤클에 대하여 작업시작 전에 실시하여야 하는 검사항목(점검항목) 3가지를 적으시오. (6점)

**정답**
① 마모  ② 균열  ③ 핀의 변형  ④ 나사  ⑤ 핀

**참고**

| 검사 항목 | 검사 결과 | 처치 |
| --- | --- | --- |
| 마모 | 원래 직경의 10퍼센트 이상 마모된 것은 사용하여서는 아니 된다. | 폐기 |
| 균열 | 균열이 있는 것은 사용하여서는 아니 된다. | 폐기 |
| 핀(Pin)의 변형 | 핀의 구부림이 지점 간격이 10퍼센트를 넘는 것은 사용하여서는 아니된다. | 폐기 |
| 나사 | 마모된 것은 사용하여서는 아니 된다. | 폐기 |
| 핀 | 불완전한 것은 교환하고 사용하여서는 아니 된다. | 폐기 |

**04** 동영상은 해체작업을 하고 있다. (1) 동영상에서의 해체공법의 종류를 적으시오. (2) 구축물, 건축물, 그 밖의 시설물 등의 해체작업 시에 작성하여야 하는 해체계획에 포함되어야 할 사항 2가지를 적으시오. (5점)

(1) 해체공법 : 대형 브레이커 공법

(2) 해체계획에 포함하여야 하는 사항
  ① 해체의 방법 및 해체 순서 도면
  ② **가설**, 방호, 환기, 살수, 방화설비 등의 **방법**
  ③ 사업장 내 **연락방법**
  ④ **해체물의 처분 계획**
  ⑤ 해체작업용 **기계, 기구 등의 작업계획서**
  ⑥ 해체작업용 **화약류의 사용계획서**

**05** 동영상에서 보여주는 (1) 기계의 명칭을 적으시오. (2) 기계의 용도를 적으시오. (4점)

사진 출처 : https://blog.daum.net/kmozzart/13288

사진 출처 : 나무위키

(1) 아스팔트 피니셔
(2) 아스팔트 콘크리트의 포장

**06** 동영상에서는 콘크리트 타설작업 현장을 보여준다. 콘크리트 분배기, 콘크리트 펌프카 등 콘크리트 타설 장비를 사용하는 경우 준수하여야 할 사항 3가지를 적으시오. (4점)

사진 출처 : 통일뉴스

사진 출처 : https://e-depot.kr/503

 정답

① 작업을 시작하기 전에 콘크리트 타설 장비를 점검하고 이상을 발견하였으면 즉시 보수할 것
② 건축물의 난간 등에서 작업하는 근로자가 호스의 요동·선회로 인하여 추락하는 위험을 방지하기 위하여 안전난간 설치 등 필요한 조치를 할 것
③ 콘크리트 타설 장비의 붐을 조정하는 경우에는 주변의 전선 등에 의한 위험을 예방하기 위한 적절한 조치를 할 것
④ 작업 중에 지반의 침하나 아웃트리거 등 콘크리트 타설 장비 지지구조물의 손상 등에 의하여 콘크리트 타설 장비가 넘어질 우려가 있는 경우에는 이를 방지하기 위한 적절한 조치를 할 것

**07** 동영상에서는 항타기 작업을 보여주고 있다. 항타기 및 항발기의 무너짐을 방지하기 위한 조치사항 2가지를 적으시오. (4점)

① 연약한 지반에 설치하는 때에는 아웃트리거·받침 등 지지구조물의 침하를 방지하기 위하여 **깔판·받침목** 등을 사용할 것
② 시설 또는 가설물 등에 설치하는 경우에는 그 내력을 확인하고 내력이 부족하면 그 내력을 **보강할 것**
③ 아웃트리거·받침 등 **지지구조물이 미끄러질 우려가 있는 때**에는 말뚝 또는 쐐기 등을 사용하여 해당 지지구조물을 고정시킬 것
④ 궤도 또는 차로 이동하는 항타기 또는 항발기에 대하여는 **불시에 이동하는 것을 방지하기 위하여** 레일 클램프 및 쐐기 등으로 고정시킬 것
⑤ **상단 부분은 버팀대·버팀줄로 고정하여 안정시키고, 그 하단 부분은 견고한 버팀·말뚝 또는 철골 등으로** 고정시킬 것

## 08
동영상에서는 비계의 작업발판을 보여준다. 작업발판의 설치 기준 등에 대한 다음 빈칸에 알맞은 내용을 적으시오. (3점)

> 1. 작업발판의 폭은 ( ① )cm 이상으로 하고, 발판 재료 간의 틈은 ( ② )cm 이하로 할 것
> 2. 추락의 위험성이 있는 장소에는 ( ③ )을 설치할 것

**정답**

① 40   ② 3   ③ 안전난간

**참고**

**작업발판의 설치 기준**
① 발판재료는 작업 시의 하중을 견딜 수 있도록 **견고한 것으로 할 것**
② **발판의 폭은 40cm 이상으로 하고, 발판재료간의 틈은 3cm 이하로 할 것**
③ **추락의 위험성이 있는 장소에는 안전난간을 설치할 것**
④ 작업발판의 지지물은 **하중에 의하여 파괴될 우려가 없는 것을 사용할 것**
⑤ 작업발판 재료는 뒤집히거나 떨어지지 아니하도록 **2 이상의 지지물에 연결하거나 고정시킬 것**
⑥ **작업에 따라 이동시킬 때에는 위험방지 조치를 할 것**
⑦ 선박 및 보트 건조작업에서 선박블록 또는 엔진실 등의 좁은 작업공간에 작업발판을 설치하는 경우 **작업발판의 폭을 30센티미터 이상으로 할 수 있고, 걸침비계의 경우 발판재료 간의 틈을 3센티미터 이하로 유지하기 곤란하면 5센티미터 이하로 할 수 있다.**

# 2012 4회 1부

# 건설안전산업기사 작업형

**01** 동영상은 항타기의 작업 모습을 보여준다. 권상용 와이어로프의 사용금지 기준 3가지를 적으시오. (6점)

정답
① 이음매가 있는 것
② 와이어로프의 한 꼬임에서 끊어진 소선의 수가 10퍼센트 이상인 것
③ 지름의 감소가 공칭지름의 7퍼센트를 초과하는 것
④ 꼬인 것
⑤ 심하게 변형되거나 부식된 것
⑥ 열과 전기충격에 의해 손상된 것

**02** 동영상은 콘크리트 펌프카를 이용한 콘크리트 타설 작업을 보여준다. 펌프카를 이용한 콘크리트 타설 작업 시에 빈번하게 발생할 수 있는 (1) 사고 유형 2가지와 (2) 콘크리트 분배기, 콘크리트 펌프카 등 콘크리트 타설 장비 사용 시의 준수 사항(사고 예방대책) 2가지를 적으시오. (6점)

(1) 사고 유형
  ① 타설 호스의 요동, 선회로 인한 근로자의 떨어짐(추락)
  ② 콘크리트 펌프카의 넘어짐(전도)
  ③ 콘크리트 펌프카의 붐 조정 시 주변 전선 등에 의한 감전 위험
  ④ 타설 호스 선단의 요동으로 인한 근로자와 호스의 충돌

(2) 콘크리트 타설 장비 사용 시의 준수사항(사고 예방대책)
  ① 작업을 시작하기 전에 콘크리트 타설 장비를 점검하고 이상을 발견하였으면 즉시 보수할 것
  ② 건축물의 난간 등에서 작업하는 근로자가 호스의 요동·선회로 인하여 추락하는 위험을 방지하기 위하여 안전난간 설치 등 필요한 조치를 할 것
  ③ 콘크리트 타설 장비의 붐을 조정하는 경우에는 주변의 전선 등에 의한 위험을 예방하기 위한 적절한 조치를 할 것
  ④ 작업 중에 지반의 침하나 아웃트리거 등 콘크리트 타설 장비 지지구조물의 손상 등에 의하여 콘크리트 타설 장비가 넘어질 우려가 있는 경우에는 이를 방지하기 위한 적절한 조치를 할 것

**03** 동영상에서는 굴착한 흙을 덤프트럭으로 운반하는 작업을 보여준다. 동영상에서와 같은 작업 시의 주의사항을 2가지 적으시오. (4점)

① 운행로를 확보할 것
② 유도자 및 교통 정리원을 배치할 것
③ 굴착기계 운전자와 차량운전자 간의 상호 연락을 위한 신호체계를 갖출 것

> **참고**
>
> **굴착공사 안전작업지침**
>
> 굴착된 토사를 덤프트럭 등을 이용하여 운반할 경우에는 **운행로를** 확보하고 **유도자와 교통정리원을 배치**하여야 하며 **굴착기계 운전자와 차량운전자 간의 상호 연락을 위해 신호체계**를 갖추어야 한다.

**04** 동영상에서는 도심지의 깊은 굴착 현장에 설치된 흙막이 지보공을 보여준다. 흙막이 지보공을 설치한 경우의 점검사항 3가지를 적으시오. (4점)

**정답**
① 부재의 **손상·변형·부식**·변위 및 **탈락**의 유무와 상태
② 버팀대의 **긴압**의 정도
③ 부재의 **접속부·부착부** 및 **교차부**의 상태
④ **침하**의 정도

**05** 동영상에서는 원심력 철근콘크리트 말뚝을 보여준다. 원심력 철근콘크리트 말뚝의 장점 2가지를 적으시오. (4점)

사진 출처 : 한국건설신문

사진 출처 : 한국과학기술정보연구원

정답
① 재질이 균일하다.(재료가 균질하여 신뢰성이 높다.)
② 강도가 크다.(강도가 커서 지지말뚝에 적합하다.)
③ 말뚝 재료의 구입이 용이하다.
④ 말뚝 길이 15m 이하에서는 경제적인 공법이다.

**06** 동영상은 교각공사에서 철근을 조립하는 모습을 보여준다. 철근의 이음방법 3가지를 적으시오. (6점)

① 겹침 이음
② 기계적 이음
③ 가스압접 이음
④ 용접 이음

07  동영상은 타워크레인을 이용하여 비계 재료인 강관을 들어 올리는 모습을 보여준다. 강관을 와이어로프 한 가닥으로만 묶고 인양하고 있으며 작업자는 안전모의 턱 끈을 매지 않고 작업하고 있다. 동영상에서 재해의 요인으로 추정되는 사항 2가지를 적으시오. (4점)

① 강관을 한 곳만 묶어(1줄 걸이) 인양하였다.
② 작업자가 안전모의 턱 끈을 매지 않았다.
③ 작업반경 내 출입금지 조치를 하지 않았다.(작업반경 내에 근로자가 접근하였다.)
④ 신호수를 배치하지 않았다.

> **참고**
>
> 2줄 걸이 작업 – 올바른 작업

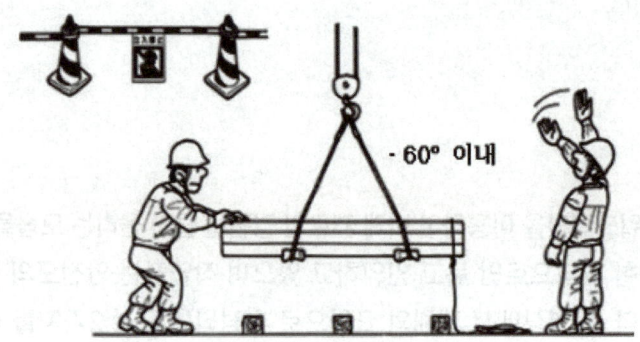

**08** 동영상에서는 항타기 작업을 보여주고 있다. 항타기 및 항발기의 무너짐을 방지하기 위한 조치사항 2가지를 적으시오. (4점)

① 연약한 지반에 설치하는 때에는 아웃트리거·받침 등 지지구조물의 침하를 방지하기 위하여 **깔판·받침목** 등을 사용할 것
② 시설 또는 가설물 등에 설치하는 경우에는 그 내력을 확인하고 내력이 부족하면 그 내력을 보강할 것
③ 아웃트리거·받침 등 지지구조물이 미끄러질 우려가 있는 때에는 말뚝 또는 쐐기 등을 사용하여 해당 지지구조물을 고정시킬 것
④ 궤도 또는 차로 이동하는 항타기 또는 항발기에 대하여는 불시에 이동하는 것을 방지하기 위하여 레일클램프 및 쐐기 등으로 고정시킬 것
⑤ 상단 부분은 버팀대·버팀줄로 고정하여 안정시키고, 그 하단 부분은 견고한 버팀·말뚝 또는 철골 등으로 고정시킬 것

# 2013 1회 1부

# 건설안전산업기사 작업형

**01** 동영상에서는 임시 분전반 주변에서 작업하는 모습을 보여준다. 충전부에 작업자가 직접 접촉함으로 인한 감전방지 조치사항(충전부에 대하여 사업주가 하여야 할 방호조치) 2가지를 적으시오. (4점)

정답

① 충전부가 노출되지 아니하도록 **폐쇄형 외함이 있는 구조**로 할 것
② **충전부에 충분한 절연효과가 있는 방호망 또는 절연덮개**를 설치할 것
③ 충전부는 내구성이 있는 **절연물로 덮어 감쌀 것**
④ 전주 위 및 철탑 위 등 격리되어 있는 장소로서 **관계근로자 외의 자가 접근할 우려가 없는 장소**에 충전부를 설치할 것
⑤ 발전소·변전소 및 개폐소 등 구획되어 있는 장소로서 관계 근로자가 아닌 사람의 출입이 금지되는 장소에 **충전부를 설치하고, 위험표시** 등의 방법으로 방호를 강화할 것

**02** 동영상에서는 건설현장의 경사로를 보여준다. 다음 물음에 적합한 내용을 적으시오. (6점)

[보기]
(1) 「가설공사 표준안전 작업지침」에 의하여 경사로의 비탈면의 경사각은 ( ① ) 이내로 한다.
(2) 「가설공사 표준안전 작업지침」에 의하여 경사로의 높이 ( ② ) 이내마다 계단참을 설치하여야 한다.
(3) 산업안전보건법에 의하여 근로자가 안전하게 통행할 수 있도록 통로에 ( ③ ) 이상의 채광 또는 조명시설을 하여야 한다.

그림 출처: 안전보건공단

그림 출처: 건설공무

① 30도　② 7미터　③ 75럭스(Lux)

03 동영상은 항타기의 작업 모습을 보여준다. 권상용 와이어로프의 사용금지 기준 3가지를 적으시오. (6점)

① 이음매가 있는 것
② 와이어로프의 한 꼬임에서 끊어진 소선의 수가 10퍼센트 이상인 것
③ 지름의 감소가 공칭지름의 7퍼센트를 초과하는 것
④ 꼬인 것
⑤ 심하게 변형되거나 부식된 것
⑥ 열과 전기충격에 의해 손상된 것

**04** 동영상은 크레인(타워크레인)의 작업 장면을 보여주고 있다. 크레인(호이스트 포함)에 부착하여야 할 방호장치의 종류를 3가지 적으시오. (6점)

① 과부하방지장치
② 권과방지장치
③ 비상정지장치
④ 제동장치

**05** 동영상에서는 굴착한 흙을 덤프트럭으로 운반하는 작업을 보여준다. 동영상에서와 같은 작업 시의 주의사항을 2가지 적으시오. (4점)

① 운행로를 확보할 것
② 유도자 및 교통 정리원을 배치할 것
③ 굴착기계 운전자와 차량운전자 간의 상호 연락을 위한 신호체계를 갖출 것

> **참고**
>
> **굴착공사 안전작업지침**
>
> 굴착된 토사를 덤프트럭 등을 이용하여 운반할 경우에는 **운행로를 확보**하고 **유도자와 교통정리원을 배치**하여야 하며 **굴착기계 운전자와 차량운전자 간의 상호 연락을 위해 신호체계**를 갖추어야 한다.

**06** 동영상에서는 안전대를 착용하고 작업하는 모습을 보여준다. (1) 안전대의 종류 2가지를 적고, (2) 동영상에서 보여주는 안전대의 명칭을 적으시오. (6점)

 **정답**

(1) 안전대의 종류
   ① 벨트식
   ② 안전그네식

(2) 안전대의 명칭 : U자 걸이용

> **참고**

**안전대의 종류**

| 종류 | 사용 구분 |
|---|---|
| 벨트식 | 1개 걸이용 |
| | U자 걸이용 |
| 안전그네식 | 추락방지대 |
| | 안전블록 |

| U자걸이용 안전대 | 1개걸이용 안전대 |
|---|---|
| | 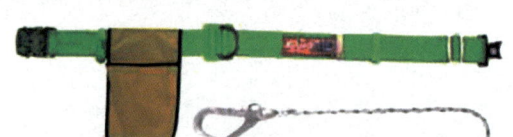 |

| 안전그네 | 안전블록 | 추락방지대 | 충격흡수장치 |
|---|---|---|---|

그림 출처 : 안전보건공단

**07** 동영상은 옹벽을 보여준다. 옹벽 아래 추락할 수 있는 개구부가 존재한다. 작업자의 추락을 방지하기 위한 안전대책 2가지를 적으시오. (4점)

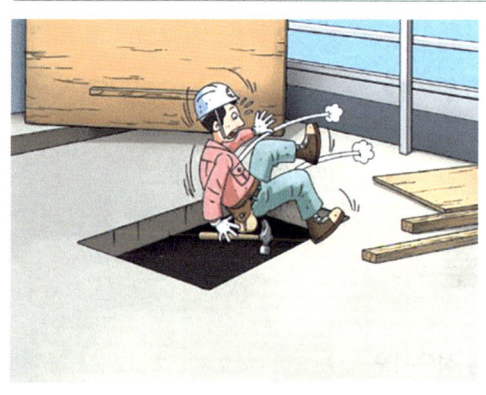

그림 출처 : https://ulsansafety.tistory.com/

그림 출처 : https://ulsansafety.tistory.com/

① **안전난간 설치**
② **울타리 설치**
③ **수직형 추락방망 또는 덮개 설치**
④ **추락방호망 설치**(안전난간 설치 곤란 또는 해체한 경우)
⑤ 작업자 **안전대 착용**(안전난간 및 추락방호망 설치가 곤란한 경우)

## 08 동영상에서는 와이어로프를 보여준다. (4점)

(1) 와이어로프의 체결방법 중 올바른 것의 번호를 적으시오.

①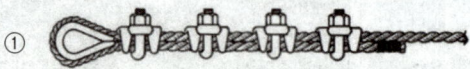

②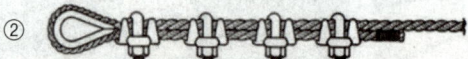

③

(2) 와이어로프 지름에 적합한 클립의 수를 적으시오.

| 와이어로프의 지름(mm) | 클립 수 |
| --- | --- |
| 16 이하 | ( ① )개 |
| 16 초과 ~ 28 이하 | ( ② )개 |
| 28 초과 | ( ③ )개 |

**정답**
(1) ①
(2) ① 4, ② 5, ③ 6

# 2013 1회 2부

# 건설안전산업기사 작업형

01 동영상은 밀폐공간에서의 작업을 보여준다. (1) 밀폐공간 작업 시의 적정 공기 수준을 적으시오. (2) 산소결핍 시의 조치사항 3가지를 적으시오. (6점)

정답

(1) 적정 공기 수준
  ① 산소 농도 : 18% 이상 23.5% 미만
  ② 탄산가스 농도 : 1.5% 미만
  ③ 일산화탄소 농도 : 30ppm 미만
  ④ 황화수소 농도 : 10ppm 미만

(2) 산소 결핍 시의 조치사항
  ① 작업장 환기 실시
  ② 근로자 공기호흡기 또는 송기 마스크 착용
  ③ 작업장에 관계자 외 출입 금지 조치

**02** 동영상에서 근로자는 손수레에 모래를 가득 싣고 리프트 탑승구로 향하는 중이다. 리프트의 탑승구는 방호울이 미설치 되어 있으며, 리프트 탑승구 주변의 안전 난간도 해체된 상태이다. 탑승 중 손수레가 뒤로 움직이며 추락하는 모습을 보여준다. 작업자는 안전모의 턱 끈을 풀고 있는 상태이다. 사고 방지 대책 2가지를 적으시오. (6점)

**정답**
① 리프트 운반구의 문 개방 시에는 리프트의 운행을 중단되도록 한다. (출입문 연동장치를 설치한다.)
② 리프트 탑승구에 방호울을 설치한다.
③ 리프트 탑승구 주변에 안전난간을 설치한다.
④ 안전모의 턱 끈을 고정하고 바르게 착용한다.

**주의** 동영상을 확인하고 답을 적으세요!

**참고**

안전난간 설치 / 탑승구 방호울 설치

03  동영상에서는 도심지의 깊은 굴착현장에 설치된 흙막이 지보공을 보여준다. 깊이 10.5m 이상의 굴착작업 시에 필요한 계측기기의 종류 2가지를 적으시오. (4점)

① 수위계
② 경사계
③ 하중 및 침하계
④ 응력계

04  동영상에서는 철골공사 현장을 보여준다. 철골작업을 중지하여야 하는 조건을 3가지 적으시오. (6점)

① 풍속이 초당 10m(미터) 이상인 경우
② 강우량이 시간당 1mm(밀리미터) 이상인 경우
③ 강설량이 시간당 1cm(센티미터) 이상인 경우

## 05 동영상에서는 거푸집을 조립하는 장면을 보여준다. 거푸집 조립 순서를 번호를 이용하여 순서대로 나열하시오. (4점)

① 보 받이 내력벽  ② 기둥  ③ 큰 보  ④ 바닥  ⑤ 내벽  ⑥ 작은 보  ⑦ 외벽

**정답**  ② 기둥 → ① 보 받이 내력벽 → ③ 큰 보 → ⑥ 작은 보 → ④ 바닥 → ⑤ 내벽 → ⑦ 외벽

**참고**

① 조립 순서 : 기둥 → 보 받이 내력벽 → 큰 보 → 작은 보 → 바닥 → (내벽) → (외벽)
② 해체 순서 : 바닥 → 보 → 벽 → 기둥

## 06 동영상에서는 터널공사 중 일부 공정의 작업을 보여주고 있다. 다음 물음에 답하시오. (6점)

(1) 동영상에서 보여주는 공정의 명칭을 적으시오.

(2) 터널굴착 시 작성하여야 하는 작업계획서에 포함하여야 하는 사항 2가지를 적으시오.

**정답**

(1) 공정 명 : 숏크리트 뿜칠 공정(모르타르 뿜칠 공정)

(2) 작업계획서에 포함 사항
　① 굴착의 방법
　② 터널지보공 및 복공의 시공방법과 용수처리 방법
　③ 환기 또는 조명시설을 하는 때에는 그 방법

**참고**

1. 숏크리트 : 분무기로 뿜어서 사용하는 콘크리트
2. 숏크리트 뿜칠 공정(모르타르 뿜칠 공정)

---

**07** 동영상은 백호를 이용하여 하수관을 인양하는 장면을 보여주고 있다. 동영상에서의 재해를 다음과 같이 분석하시오. (6점)

**화면 설명**

하수관을 1줄 걸이로 인양하여 이동하던 중 하수관이 흔들리자 신호수가 손으로 잡다가 하수관이 떨어진다. 하수관 바로 아래에서 작업하던 작업자가 떨어지는 하수관 아래에 깔리는 사고가 발생한다. 훅에는 해지 장치가 설치되지 않았으며 유도 로프도 사용하지 않았다.

(1) 기인물

(2) 재해 발생 형태

(3) 재해 발생 원인 1가지를 적으시오.

(1) 기인물 : 백호
(2) 재해 발생 형태 : 맞음
(3) 재해 발생 원인
   ① 하수관과 같은 긴 자재의 인양 시는 2줄 걸이를 하여야 하나 1줄 걸이로 작업하였다.
   ② 훅에 해지장치를 사용하지 않았다.
   ③ 화물 인양작업을 할 수 없는 굴착기로 인양하였다.
   ④ 유도 로프를 사용하지 않았다.
   ⑤ 작업반경 내에 근로자 출입을 통제하지 않았다.

08 건설용 리프트 운행 시 불안전한 상태가 많이 발생된다. 영상에 나타난 불안전한 행동 및 상태를 각각 2가지씩 적으시오. (4점)

화면 설명

리프트 탑승구에 방호울이 설치되지 않았으며, 하부에서 자재를 올리는 작업자는 안전모를 미착용한 상태로 작업 중이다. 상부 층에서 리프트를 탑승하기 위해 기다리는 작업자들은 안전난간 밖으로 머리를 내밀어 리프트 위치를 확인하고 있다. 리프트에는 긴 자재를 실어 리프트의 문을 닫지 않은 채 운행 중인 모습을 보여준다.

출처 : 안전보건공단 사고사례

출처 : 안전닷컴, 중대재해

(1) 불안전한 행동
   ① 탑승 대기 중인 **작업자가** 안전 난간 밖으로 머리를 내밀어 리프트의 위치를 확인하고 있어 **리프트와 충돌할 위험이** 있다.
   ② 근로자가 안전모를 미 착용하였다.
(2) 불안전한 상태
   ① 리프트 운반구 문을 개방한 상태에서 운행하여 근로자가 떨어질 위험이 있다.
   ② 리프트 탑승구에 방호울이 설치되지 않아 근로자가 떨어질 위험이 있다.

주의 동영상을 확인하고 답을 적으세요!

# 2013  2회 1부

# 건설안전산업기사 작업형

**01** 동영상에서 작업자는 둥근톱 작업을 하고 있다. 작업자가 분전함의 누전차단기와 전선의 상태를 확인한 후 둥근톱으로 합판을 절단하던 중 사고가 발생한다. 작업자는 합판 절단 중 다른 곳을 보고 있으며, 면장갑을 착용하고 있다. 둥근톱의 톱날 접촉 예방 장치는 위로 올라가 있는 상태이다. 동영상을 참고하여 다음 물음에 답하시오. (6점)

(1) 동영상의 재해발생 원인을 2가지 적으시오.
(2) 전동기계기구를 사용하여 작업을 하는 경우 감전을 방지하기 위하여 반드시 누전차단기를 설치하여야 하는 장소 2가지를 적으시오.

**정답**

(1) 재해발생 원인
　① 작업자가 **면장갑을 착용하고 작업함**(면장갑을 착용하여 둥근톱에 장갑이 말려들 위험 있다.)
　② **톱날 접촉 예방 장치 설치 불량**(또는 톱날 접촉 예방 장치를 제거하고 작업함)
　③ 반발 예방 장치 미설치
　④ 보안경 및 방진마스크 미착용

(2) 누전차단기를 설치하여야 하는 장소(기계 · 기구)
　① 대지전압이 150볼트를 초과하는 이동형 또는 휴대형 전기기계 · 기구
　② 물 등 도전성이 높은 액체가 있는 습윤장소에서 사용하는 저압용 전기기계 · 기구
　③ 철판 · 철골 위 등 도전성이 높은 장소에서 사용하는 이동형 또는 휴대형 전기기계 · 기구
　④ 임시배선의 전로가 설치되는 장소에서 사용하는 이동형 또는 휴대형 전기기계 · 기구

**특급 암기법** 누전차단기 설치 → 누전이 잘 생기는 곳(전기가 잘 통하는 곳)
→ 1. 땅(대지전압 150V 초과) 2. 물(습윤장소) 3. 철판, 철골(도전성이 높은 장소)

**02** 동영상은 터널 공사현장을 보여준다. 터널 작업 시 사용하는 자동경보장치는 당일 작업 시작 전에 점검하고 이상 발견 시 즉시 보수하여야 한다. 자동경보장치의 작업 시작 전 점검사항 3가지를 적으시오. (6점)

① 계기의 이상 유무
② 검지부의 이상 유무
③ 경보장치의 작동상태

**03** 동영상에서 보여주는 (1) 교각, 사일로, 굴뚝 등의 수직으로 연속된 구조물에 사용하는 거푸집의 명칭을 적으시오. (2) 콘크리트 타설 시에 거푸집의 측압에 영향을 주는 요인 2가지를 적으시오. (4점)

그림 출처 : 안전보건공단 공종별 위험성평가 모델

(1) 거푸집의 명칭 : 슬라이딩 폼
(2) 거푸집의 측압에 영향을 주는 요인
　① 외기온도
　② 습도
　③ 타설 속도
　④ 콘크리트의 비중
　⑤ 철골 or 철근량

> **참고**
>
> **콘크리트 타설 시 거푸집의 측압**
>
> ① 외기온도가 낮을수록 측압이 크다.
> ② 습도가 낮을수록 측압이 크다.
> ③ 타설속도가 빠를수록 측압이 크다.
> ④ 콘크리트 비중이 클수록 측압이 크다.
> ⑤ 철골 or 철근량이 적을수록 측압이 크다.

**04** 동영상은 교량 가설 공법을 보여주고 있다. 1번 사진은 현장의 전경, 2번 사진은 추진코, 3번 사진은 PC 슬래브 제작장, 4번 사진은 반력대, 5번 사진은 추진잭, 6번 사진은 슬래브 탈락 방지시설 등을 보여주고 있다. 이와 같은 공법의 명칭을 적으시오. (4점)

사진 출처 : https://m.blog.naver.com/safe1825/50131226625
사진 출처 : ㈜ 관수이엔씨

**정답**  ILM 공법(압출 공법)

> **참고**

ILM(Incremental Launching Method) 공법 : 주형 제작장에서 세그먼트를 제작하여 압출장치에 의해 거더를 밀어내어 교량을 가설하는 공법

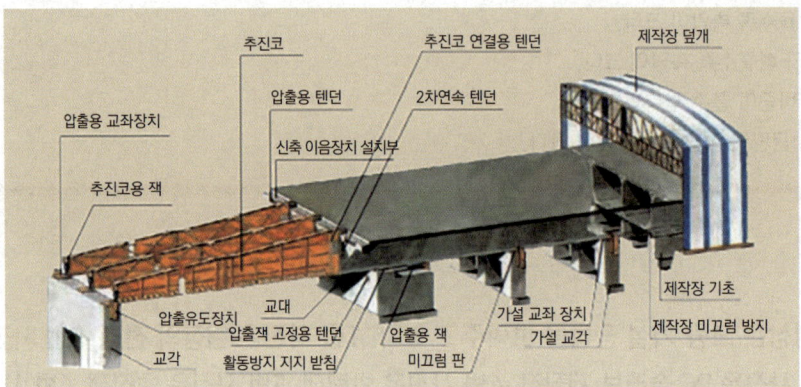

그림 출처 : 안전보건공단 ILM 교량 가설공법 안전

**05** 동영상에서는 철골공사 중 볼트 작업 등을 하기 위하여 철골에 매달아 작업발판을 만드는 비계를 보여준다. 다음 물음에 답하시오. (6점)

그림 출처 : 안전보건공단

사진 출처 : 대한종합안전(주)

(1) 영상에서 보여주는 비계의 명칭을 적으시오.
(2) 해당 비계의 하중에 대한 안전계수는 얼마 이상이어야 하는가?
(3) 철근을 사용할 때 철근의 직경은 얼마 이상이어야 하는가?
(4) 해당 비계를 매다는 철선(소성철선)의 호칭치수는 얼마인가?

**정답**
(1) 달대비계
(2) 8 이상
(3) 19mm(밀리미터) 이상
(4) #8

### 참고

**달대비계**

① 달대비계를 매다는 철선은 #8 소성철선을 사용하며 4가닥 정도로 꼬아서 하중에 대한 안전계수가 8 이상 확보되어야 한다.
② 철근을 사용할 때에는 19밀리미터 이상을 쓰며 근로자는 반드시 안전모와 안전대를 착용하여야 한다.
③ 달대비계는 가급적 안전성이 확보된 기성제품을 사용하고 현장에서 제작하는 경우 안전하중을 고려해야 하며 사용재료는 변형, 부식, 손상이 없어야 한다.
④ 달대비계에는 최대적재하중과 안전 표지판을 설치한다.
⑤ 달대비계는 적절한 양중장비를 사용하여 설치 장소까지 운반하고 안전대를 착용하는 등 안전한 작업방법으로 설치한다.

06  동영상은 강교량의 시공과정을 보여준다. 강박스를 거치한 후에 콘크리트 상판을 타설하기 전의 공정에서 작업자가 연결재에 걸려 추락하거나, 강박스를 건너뛰다가 추락할 수 있다. 추락 사고를 예방할 수 있는 추락방지시설 2가지를 적으시오. (4점)

 정답
① 안전난간 설치
② 추락방호망 설치

07  동영상은 Precast Concrete 제품의 제작과정을 보여준다. (1) 동영상을 보고 올바른 제작순서를 번호를 이용하여 순서대로 나열하시오. (2) Precast Concrete의 장점 3가지를 적으시오. (4점)

① 탈형
② 철근 거치
③ 선 부착품 설치
④ 거푸집 제작
⑤ 철근 배근 및 조립
⑥ 수중양생

① 몰드 셋팅/청소

② 철근 배근

③ 철근 설치

④ 콘크리트 타설

⑤ 양생

⑥ 탈형

### 정답

**(1) 제작 순서**

④ → ③ → ② → ⑤ → ⑥ → ①

> **참고**
> 거푸집 제작 → 선 부착품 설치 → 철근 거치 → 철근 배근 및 조립 → 콘크리트 타설 → 수중양생 → 탈형

**(2) Precast 콘크리트의 장점**
① 공사기간 단축
② 공사비 절감(가설공사를 최소화 할 수 있다.)
③ 품질 향상
④ 동절기 시공 가능(기후의 영향을 적게 받는다.)

> **주의** 교재의 그림과 해설은 Precast Concrete를 제작하는 과정을 설명한 것입니다. 시험에서는 동영상을 확인하고 번호를 적으세요.

> **참고**
>
> PC(Precast Concrete)공법 : 건축물의 구조부재인 기둥, 보, 슬래브 등을 공장에서 미리 만들어 현장에서 조립만 하는 공법

**08** 동영상에서 보여주고 있는 장비에 대하여 다음 물음에 답하시오. (6점)

(1) 본 장비의 명칭을 적으시오.
(2) 본 장비의 용도(사용되는 작업)를 2가지 적으시오.

> **정답**
>
> (1) 명칭 : 클램셸
>
> (2) 용도
>   ① 수중굴착
>   ② 연약지반 굴착
>   ③ 좁은 장소의 깊은 굴착

# 2013 4회 1부

# 건설안전산업기사 작업형

**01** 동영상은 타워크레인을 이용하여 비계재료인 강관을 들어 올리는 모습을 보여준다. 강관을 와이어로프 한 가닥으로만 묶고 인양하고 있으며 작업자는 안전모의 턱 끈을 매지 않고 작업하고 있다. 동영상에서 재해의 요인으로 추정되는 사항 3가지를 적으시오. (6점)

**정답**
① 강관을 한 곳만 묶어(1줄 걸이) 인양하였다.
② 작업자가 안전모의 턱 끈을 매지 않았다.
③ 작업반경 내 출입금지 조치를 실시하지 않았다.(작업 반경 내에 근로자가 접근하였다.)
④ 신호수를 배치하지 않았다.

**참고**

**타워크레인의 신호수 배치**

: 작업자와 조종사 사이의 신호를 전담하는 신호수를 배치하여야 한다.

2줄 걸이 작업 – 올바른 작업

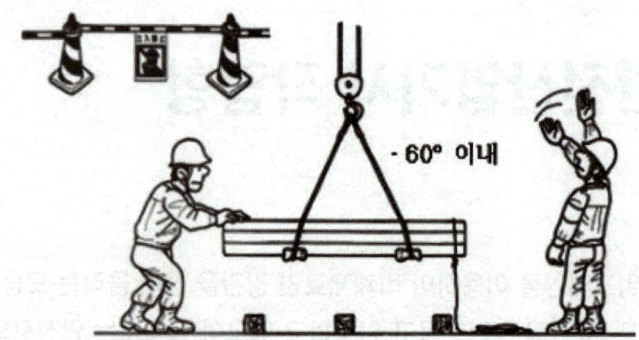

**02** 동영상은 터널 굴착 현장을 보여준다. (4점)

(1) 동영상에서 보여주는 터널 굴착공법의 명칭을 적으시오.
(2) 영상에서와 같은 터널 굴착공법의 적용이 어려운 지반을 2가지 적으시오.

(1) 공법의 명칭 : TBM 공법
(2) 적용이 어려운 지반
　① 연약지반
　② 단면형상의 변형이 심한 경우
　③ 다량의 용수가 있는 지반

> 참고

**TBM 공법**

발파를 하지 않고 tunnel boring machine의 회전 cutter에 의해 터널전단면을 절삭 또는 파쇄하는 공법으로서, 주로 암반 터널굴착 공사에 적용한다.

**03** 건설용 리프트 운행 시 불안전한 상태가 많이 발생된다. 영상에 나타난 불안전한 행동 및 상태를 각각 2가지씩 적으시오. (4점)

> 화면 설명

리프트 탑승구에 방호울이 설치되지 않았으며, 하부에서 자재를 올리는 작업자는 안전모를 미착용한 상태로 작업 중이다. 상부 층에서 리프트를 탑승하기 위해 기다리는 작업자들은 안전난간 밖으로 머리를 내밀어 리프트 위치를 확인하고 있다. 리프트에는 긴 자재를 실어 리프트의 문을 닫지 않은 채 운행 중인 모습을 보여준다.

출처 : 안전보건공단 사고사례   출처 : 안전닷컴, 중대재해

> 정답

(1) 불안전한 행동
  ① 탑승 대기 중인 **작업자가 안전 난간 밖으로 머리를 내밀어** 리프트의 위치를 확인하고 있어 **리프트와 충돌할 위험**이 있다.
  ② 근로자가 안전모를 미 착용하였다.

(2) 불안전한 상태
  ① 리프트 운반구 문을 개방한 상태에서 운행하여 근로자가 떨어질 위험이 있다.
  ② 리프트 탑승구에 방호울이 설치되지 않아 근로자가 떨어질 위험이 있다.

> 주의  동영상을 확인하고 답을 적으세요!

## 04
동영상은 거푸집 동바리의 설치 불량으로 인하여 거푸집 붕괴가 발생한 사고를 보여준다. 동영상에서 동바리의 설치가 잘못된 사항 3가지를 적으시오. (6점)

**정답**
① 수평 연결재의 미설치(설치 불량)
② 교차가새의 미설치(설치 불량)
③ 전용 연결철물 미사용
④ 거푸집 동바리 상·하단 고정 불량
⑤ 동바리 하부의 받침철물(깔판, 받침목)의 설치 불량
⑥ 거푸집 동바리 지지 지반의 침하

**주의** 동영상을 확인하고 답을 적으세요!

**참고**

**거푸집 동바리의 설치 기준**

## 05 「운반하역 표준안전 작업지침」에 의하여 샤클에 대하여 작업시작 전에 실시하여야 하는 검사항목(점검항목) 3가지를 적으시오. (6점)

① 마모  ② 균열  ③ 핀의 변형  ④ 나사  ⑤ 핀

**참고**

| 검사 항목 | 검사 결과 | 처치 |
|---|---|---|
| 마모 | 원래 직경의 10퍼센트 이상 마모된 것은 사용하여서는 아니 된다. | 폐기 |
| 균열 | 균열이 있는 것은 사용하여서는 아니 된다. | 폐기 |
| 핀(Pin)의 변형 | 핀의 구부림이 지점 간격이 10퍼센트를 넘는 것은 사용하여서는 아니된다. | 폐기 |
| 나사 | 마모된 것은 사용하여서는 아니 된다. | 폐기 |
| 핀 | 불완전한 것은 교환하고 사용하여서는 아니 된다. | 폐기 |

**06** 동영상은 교량 가설 공법을 보여주고 있다. 1번 사진은 현장의 전경, 2번 사진은 추진코, 3번 사진은 PC 슬래브 제작장, 4번 사진은 반력대, 5번 사진은 추진잭, 6번 사진은 슬래브 탈락 방지시설 등을 보여주고 있다. 이와 같은 공법의 명칭을 적으시오. (4점)

사진 출처 : https://m.blog.naver.com/safe1825/50131226625

사진 출처 : ㈜ 관수이엔씨

> **정답**
> ILM 공법(압출 공법)

**참고**

ILM(Incremental Launching Method) 공법 : 주형 제작장에서 세그먼트를 제작하여 압출장치에 의해 거더를 밀어내어 교량을 가설하는 공법

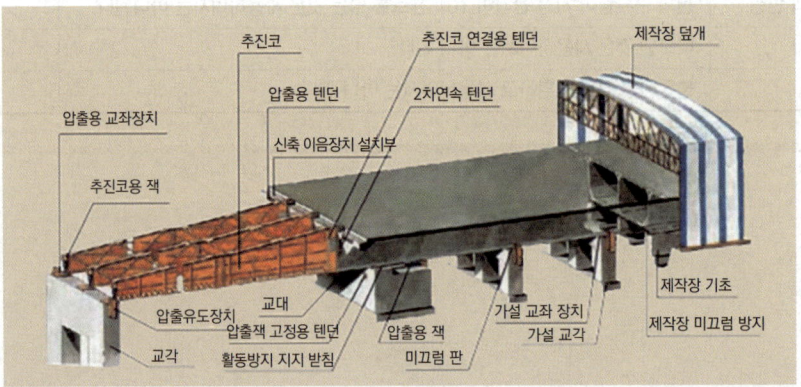

그림 출처 : 안전보건공단 ILM 교량 가설공법 안전

07 동영상은 콘크리트 말뚝의 항타 작업을 보여준다. 콘크리트 말뚝의 항타 공법의 종류를 2가지 적으시오. (4점)

사진 출처 : 토목신문

사진 출처 : https://www.youtube.com/watch?v=_Fj5sfFVTjl

① 타격 공법
② 진동 공법
③ 프리보링 공법
④ 압입 공법

08 동영상은 강교량의 시공과정을 보여준다. 강박스를 거치한 후에 콘크리트 상판을 타설하기 전의 공정에서 작업자가 연결재에 걸려 추락하거나, 강박스를 건너뛰다가 추락할 수 있다. 추락 사고를 예방할 수 있는 추락방지시설 2가지를 적으시오. (4점)

① 안전난간 설치
② 추락방호망 설치

# 건설안전산업기사 작업형

**01** 동영상에서는 아파트 공사현장을 보여준다. 작업자가 낙하물 방지망 보수작업을 하던 중 떨어지는 사고가 발생한다. (1) 재해 발생 형태를 적으시오. (2) 동종 재해의 방지를 위하여 취해야 할 조치사항을 2가지 적으시오. (4점)

> **화면 설명**
>
> 작업발판이 미설치된 비계 위에서 안전모를 착용한 작업자가 낙하물 방지망을 비계에 고정하던 중 떨어진다.

(1) 재해 발생 형태 : 떨어짐

(2) 재해의 방지를 위하여 취해야 할 조치사항
　① 안전한 작업발판 설치
　② 작업자 안전대 착용
　③ 안전난간 설치

 동영상을 확인하고 답을 적으세요!

**02** 동영상에서는 철골공사 현장을 보여준다. 철골작업을 중지하여야 하는 조건을 3가지 적으시오. (6점)

① 풍속이 초당 10m(미터) 이상인 경우
② 강우량이 시간당 1mm(밀리미터) 이상인 경우
③ 강설량이 시간당 1cm(센티미터) 이상인 경우

03  동영상에서는 임시 분전반 주변에서 작업하는 모습을 보여준다. 충전부에 작업자가 직접 접촉함으로 인한 감전방지 조치사항(충전부에 대하여 사업주가 하여야 할 방호조치) 2가지를 적으시오. (4점)

정답
① 충전부가 노출되지 아니하도록 폐쇄형 외함이 있는 구조로 할 것
② 충전부에 충분한 절연효과가 있는 방호망 또는 절연덮개를 설치할 것
③ 충전부는 내구성이 있는 절연물로 덮어 감쌀 것
④ 전주 위 및 철탑 위 등 격리되어 있는 장소로서 관계근로자 외의 자가 접근할 우려가 없는 장소에 충전부를 설치할 것
⑤ 발전소·변전소 및 개폐소 등 구획되어 있는 장소로서 관계 근로자가 아닌 사람의 출입이 금지되는 장소에 충전부를 설치하고, 위험표시 등의 방법으로 방호를 강화할 것

04  동영상은 백호를 이용하여 하수관을 인양하는 장면을 보여주고 있다. 동영상에서의 재해를 다음과 같이 분석하시오. (6점)

화면 설명

하수관을 1줄 걸이로 인양하여 이동하던 중 하수관이 흔들리자 신호수가 손으로 잡다가 하수관이 떨어진다. 하수관 바로 아래에서 작업하던 작업자가 떨어지는 하수관 아래에 깔리는 사고가 발생한다. 훅에는 해지 장치가 설치되지 않았으며 유도 로프도 사용하지 않았다.

(1) 기인물
(2) 재해 발생 형태
(3) 재해 발생 원인 1가지를 적으시오.

(1) 기인물 : 백호
(2) 재해 발생 형태 : 맞음
(3) 재해 발생 원인
　① 하수관과 같은 긴 자재의 인양 시는 2줄 걸이를 하여야 하나 1줄 걸이로 작업하였다.
　② 훅에 해지장치를 사용하지 않았다.
　③ 화물 인양작업을 할 수 없는 굴착기로 인양하였다.
　④ 유도 로프를 사용하지 않았다.
　⑤ 작업반경 내에 근로자 출입을 통제하지 않았다.

05 동영상에서 보여주는 (1) 기계의 명칭을 적으시오. (2) 기계의 용도를 적으시오. (4점)

사진 출처 : https://blog.daum.net/kmozzart/13288　　　　사진 출처 : 나무위키

(1) 기계의 명칭 : 아스팔트 피니셔
(2) 기계의 용도 : 아스팔트 콘크리트의 포장

## 06 동영상은 현장에서 토사 굴착을 하는 모습을 보여준다. 다음 물음에 답하시오. (6점)

(1) 굴착작업 시 모래 지반의 기울기 기준을 적으시오.

(2) 토사 등의 붕괴 및 토석의 낙하로 인하여 근로자에게 위험을 미칠 우려가 있을 경우 취해야 할 조치사항을 2가지 적으시오.

(1) 1 : 1.8
(2) 토사 등의 붕괴 등에 의한 위험방지 조치
  ① 흙막이 지보공의 설치
  ② 방호망의 설치
  ③ 근로자의 출입금지 등 위험을 방지하기 위하여 필요한 조치

**참고**

| 지반의 종류 | 굴착면의 기울기 |
|---|---|
| 모래 | 1 : 1.8 |
| 연암 및 풍화암 | 1 : 1.0 |
| 경암 | 1 : 0.5 |
| 그 밖의 흙 | 1 : 1.2 |

## 07 동영상은 Precast Concrete 제품의 제작과정을 보여준다. Precast Concrete의 장점 2가지를 적으시오. (4점)

① 공사기간 단축
② 공사비 절감(가설공사를 최소화 할 수 있다.)
③ 품질 향상
④ 동절기 시공 가능(기후의 영향을 적게 받는다.)

**참고**

PC(Precast Concrete)공법 : 건축물의 구조부재인 기둥, 보, 슬래브 등을 공장에서 미리 만들어 현장에서 조립만 하는 공법

## 08 동영상을 보고 다음 물음에 답하시오. (6점)

(1) 동영상에 보여주는 교량공법의 명칭은 무엇인가?

(2) 공법의 특징을 3가지 적으시오.

사진출처 : 안전보건공단

그림 출처 : 송정석닷컴

정답

(1) 명칭 : PSM(Precast Segment Method) 공법
(2) 특징
① 공장화, 기계화 시공으로 **공사기간 단축이 가능**하다.
② 공장화, 기계화 시공으로 **콘크리트의 품질관리가 용이**하다.
③ 기계화로 **인력 투입이 적다.**
④ Segment 제작 및 보관을 위한 **넓은 장소가 필요**하다.
⑤ Segment의 **운반, 가설**을 위하여 **대형 장비가 필요**하다.

### 참고

PSM(Precast Segment Method) 공법 : 상부 구조물을 세그먼트 단위로 현장에서 제작하여 현장 조립하는 공법(일정한 길이의 세그먼트(Segment)를 별도의 제작장에서 제작·운반하여 인양기계를 이용하여 가설한 후 세그먼트를 연결하여 상부구조를 가설하는 공법)

# 2014  1회 1부

## 건설안전산업기사 작업형

**01** 동영상은 서해대교의 모습을 보여준다. 다음의 물음에 적합한 답을 적으시오. (4점)

사진 출처 : 교통일보    사진 출처 : 당진신문

(1) 영상과 같은 교량의 형식을 적으시오.

(2) [보기]의 교량 공정을 참고하여 교량 시공순서를 번호로 적으시오.

> [보기]
> ① 케이블 설치  ② 우물통 기초공사  ③ 주탑 시공  ④ 상판 아스팔트 타설

 **정답**
(1) 사장교
(2) ② - ③ - ① - ④

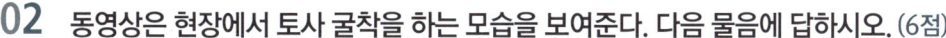

02  동영상은 현장에서 토사 굴착을 하는 모습을 보여준다. 다음 물음에 답하시오. (6점)

(1) 굴착작업 시 경암 기울기 기준을 적으시오.

(2) 토사 등의 붕괴 및 토석의 낙하로 인하여 근로자에게 위험을 미칠 우려가 있을 경우 취해야할 조치사항을 2가지 적으시오.

(1) 1 : 0.5
(2) 토사 등의 붕괴 등에 의한 위험방지 조치
  ① 흙막이 지보공의 설치
  ② 방호망의 설치
  ③ 근로자의 출입금지 등 위험을 방지하기 위하여 필요한 조치

**참고**

| 지반의 종류 | 굴착면의 기울기 |
| --- | --- |
| 모래 | 1 : 1.8 |
| 연암 및 풍화암 | 1 : 1.0 |
| 경암 | 1 : 0.5 |
| 그 밖의 흙 | 1 : 1.2 |

03  동영상에서 작업자는 낙하물 방지망 보수작업을 하고 있다. 낙하물 방지망 또는 방호선반 설치 시의 준수 사항 2가지를 적으시오. (4점)

**정답**
① 설치 높이는 10미터 이내마다 설치하고, 내민 길이는 벽면으로부터 2미터 이상으로 할 것
② 수평면과의 각도는 20도 이상 30도 이하를 유지할 것

**참고**

**추락방호망의 설치**
① 추락방호망의 설치위치는 가능하면 작업면으로부터 가까운 지점에 설치하여야 하며, **작업면으로부터 망의 설치지점까지의 수직거리는 10미터를 초과하지 아니할 것**
② 추락방호망은 **수평으로 설치하고, 망의 처짐은 짧은 변 길이의 12퍼센트 이상이 되도록 할 것**
③ **건축물 등의 바깥쪽으로 설치하는 경우 망의 내민 길이는 벽면으로부터 3미터 이상 되도록 할 것**

**04** 동영상에서는 철골공사 중 볼트 작업 등을 하기 위하여 철골에 매달아 작업발판을 만드는 비계를 보여준다. 다음 물음에 답하시오. (4점)

그림 출처 : 안전보건공단

사진 출처 : 대한종합안전(주)

(1) 영상에서 보여주는 비계의 명칭을 적으시오.
(2) 해당 비계의 하중에 대한 안전계수는 얼마 이상이어야 하는가?

**정답**
(1) 달대비계  (2) 8 이상

> **참고**
>
> **달대비계**
> ① 달대비계를 매다는 철선은 #8 소성철선을 사용하며 4가닥 정도로 꼬아서 하중에 대한 안전계수가 8 이상 확보되어야 한다.
> ② **철근을 사용할 때에는 19밀리미터 이상**을 쓰며 근로자는 반드시 안전모와 안전대를 착용하여야 한다.
> ③ 달대비계는 가급적 안전성이 확보된 기성제품을 사용하고 현장에서 제작하는 경우 안전하중을 고려해야 하며 사용재료는 변형, 부식, 손상이 없어야 한다.
> ④ 달대비계에는 **최대적재하중과 안전 표지판을 설치**한다.
> ⑤ 달대비계는 적절한 양중장비를 사용하여 설치 장소까지 운반하고 안전대를 착용하는 등 안전한 작업방법으로 설치한다.

**05** 동영상은 교각공사에서 철근을 조립하는 모습을 보여준다. 철근의 이음방법 3가지를 적으시오. (6점)

**정답**
① 겹침 이음
② 기계적 이음
③ 가스압접 이음
④ 용접 이음

**06** 동영상에서 보여주는 건설장비의 명칭과 용도를 2가지 적으시오. (6점)

(1) 기계의 명칭 : 불도저
(2) 작업 용도
  ① 흙의 굴착
  ② 흙의 적재 및 운반

주의 ▶ 흙을 밀고 가는 작업을 하는 것은 불도저, 흙을 싣고 가는 작업을 하는 것은 로더입니다. 영상을 확인하고 답을 적으세요!

**07** 동영상은 터널 내부 공사현장을 보여준다. 동영상을 보고 불안전한 행동 및 불안전한 상태에 해당하는 2가지를 찾아 적으시오. (4점)

① 복장, 보호구의 불량
② 작업장 정리 정돈 불량
③ 환기장치 불량으로 인한 분진 발생
④ 적정 조도 미확보로 발을 헛딛음
⑤ 지하 용수 고임

 동영상을 확인하고 답을 적으세요.

## 08 동영상은 가설계단을 보여주고 있다. 다음 물음에 답하시오. (6점)

1. 계단 및 계단참의 강도는 매제곱미터당 ( ① )kg 이상이어야 하며 안전율은 ( ② )이상으로 하여야 한다.
2. 계단의 폭은 ( ③ )m 이상으로 하여야 한다. (다만, 급유용·보수용·비상용계단 및 나선형 계단에 대하여는 그러하지 아니하다.)
3. 높이가 3m를 초과하는 계단에는 높이 ( ④ )m 이내마다 너비 ( ⑤ )m 이상의 계단참을 설치 하여야 한다.
4. 바닥면으로부터 높이 ( ⑥ )m 이내의 공간에 장애물이 없도록 하여야 한다.

① 500  ② 4  ③ 1  ④ 3  ⑤ 1.2  ⑥ 2

### 참고

**계단의 난간**

높이 1미터 이상인 계단의 개방된 측면에 안전난간을 설치하여야 한다.

# 2014 1회 2부

# 건설안전산업기사 작업형

01 동영상에서는 아파트 공사현장을 보여준다. 작업자가 낙하물 방지망 보수작업을 하던 중 떨어지는 사고가 발생한다. (1) 재해 발생 형태를 적으시오. (2) 동종 재해의 방지를 위하여 취해야 할 조치사항을 2가지 적으시오. (4점)

> **화면 설명**
> 작업발판이 미설치된 비계 위에서 안전모를 착용한 작업자가 낙하물 방지망을 비계에 고정하던 중 떨어진다.

**정답**
(1) 재해 발생 형태 : 떨어짐
(2) 재해의 방지를 위하여 취해야 할 조치사항
① 안전한 작업발판 설치
② 작업자 안전대 착용
③ 안전난간 설치

**주의** 동영상을 확인하고 답을 적으세요!

02 동영상은 백호를 이용하여 하수관을 인양하는 장면을 보여주고 있다. 동영상에서의 재해를 다음과 같이 분석하시오.

> **화면 설명**
> 하수관을 1줄 걸이로 인양하여 이동하던 중 하수관이 흔들리자 신호수가 손으로 잡다가 하수관이 떨어진다. 하수관 바로 아래에서 작업하던 작업자가 떨어지는 하수관 아래에 깔리는 사고가 발생한다. 훅에는 해지 장치가 설치되지 않았으며 유도 로프도 사용하지 않았다.

(1) 기인물

(2) 재해 발생 형태

(3) 재해 발생 원인 1가지를 적으시오.

**정답**

(1) 기인물 : 백호

(2) 재해 발생 형태 : 맞음

(3) 재해 발생 원인
① 하수관과 같은 긴 자재의 인양 시는 2줄 걸이를 하여야 하나 1줄 걸이로 작업하였다.
② 훅에 해지장치를 사용하지 않았다.
③ 화물 인양작업을 할 수 없는 굴착기로 인양하였다.
④ 유도 로프를 사용하지 않았다.
⑤ 작업반경 내에 근로자 출입을 통제하지 않았다.

## 03 동영상은 터널굴착 현장을 보여준다. 다음 물음에 답하시오. (6점)

(1) 동영상에서 보여주는 터널 굴착공법의 명칭을 적으시오.
(2) 영상에서와 같은 터널 굴착공법의 적용이 어려운 지반을 2가지 적으시오.

> **정답**
> (1) 공법의 명칭 : TBM 공법
> (2) 적용이 어려운 지반
>   ① 연약지반
>   ② 단면형상의 변형이 심한 경우
>   ③ 다량의 용수가 있는 지반

**참고**

**TBM 공법**

발파를 하지 않고 tunnel boring machine의 회전 cutter에 의해 터널전단면을 절삭 또는 파쇄하는 공법으로서, 주로 암반 터널굴착 공사에 적용한다.

**04** 동영상에서는 도심지의 깊은 굴착 현장에 설치된 흙막이 지보공을 보여준다. 흙막이 지보공을 설치한 경우의 점검사항 3가지를 적으시오. (6점)

① 부재의 **손상 · 변형 · 부식** · 변위 및 **탈락**의 유무와 상태
② 버팀대의 **긴압**의 정도
③ 부재의 **접속부 · 부착부 및 교차부**의 상태
④ **침하**의 정도

**05** 동영상에서는 철근을 운반하는 장면을 보여준다. 철근을 인력으로 운반할 경우의 준수사항 3가지를 적으시오. (6점)

① 1인당 무게는 25킬로그램 정도가 적절하며, **무리한 운반을 삼가**하여야 한다.
② **2인 이상이 1조가 되어 어깨메기로 하여 운반**하는 등 안전을 도모하여야 한다.
③ 긴 철근을 부득이 한 사람이 운반할 때에는 **한쪽을 어깨에 메고 한쪽 끝을 끌면서 운반**하여야 한다.
④ 운반할 때에는 **양 끝을 묶어 운반**하여야 한다.
⑤ 내려 놓을 때는 **천천히 내려놓고 던지지 않아야 한다.**
⑥ 공동 작업을 할 때에는 신호에 따라 작업을 하여야 한다.

## 06 동영상에서는 굴착한 흙을 덤프트럭으로 운반하는 작업을 보여준다. (4점)

(1) 동영상에서 보여주는 건설기계의 명칭을 적으시오.
(2) 동영상에서와 같은 작업 시의 주의사항을 2가지 적으시오.

**정답**

(1) 건설기계의 명칭 : 백호(드래그셔블)

(2) 작업 시의 주의사항
   ① 운행로를 확보할 것
   ② 유도자 및 교통 정리원을 배치할 것
   ③ 굴착기계 운전자와 차량운전자 간의 상호 연락을 위한 신호체계를 갖출 것

**참고**

**굴착공사 안전작업지침**

굴착된 토사를 덤프트럭 등을 이용하여 운반할 경우에는 운행로를 확보하고 유도자와 교통정리원을 배치하여야 하며 굴착기계 운전자와 차량운전자 간의 상호 연락을 위해 신호체계를 갖추어야 한다.

**07** 동영상은 파이프서포트를 사용한 거푸집 동바리를 보여준다. 파이프서포트를 지주(동바리)로 사용할 경우 준수해야 할 사항에 대한 다음 물음에 답하시오. (6점)

1. 파이프서포트를 ( ① )개본 이상 이어서 사용하지 아니하도록 할 것
2. 파이프서포트를 이어서 사용할 때에는 ( ② )개 이상의 ( ③ ) 또는 ( ④ )을 사용하여 이을 것
3. 높이가 ( ⑤ )미터를 초과할 때 높이 ( ⑥ )미터 이내마다 수평연결재를 2개 방향으로 만들고 수평연결재의 ( ⑦ )를 방지할 것

① 3　② 4　③ 볼트　④ 전용철물　⑤ 3.5　⑥ 2　⑦ 변위

**08** 동영상은 콘크리트 말뚝의 항타작업을 보여준다. 콘크리트 말뚝의 항타공법의 종류를 4가지 적으시오. (4점)

사진 출처 : 토목신문

사진 출처 : https://www.youtube.com/watch?v=_Fj5sfFVTjl

① 타격 공법
② 진동 공법
③ 프리 보링 공법
④ 압입 공법

# 2014 2회 1부

## 건설안전산업기사 작업형

**01** 동영상은 거푸집 동바리의 설치에 관한 내용이다. 동영상을 참고하여 거푸집 동바리의 조립 시 준수하여야 할 사항을 3가지를 적으시오. (6점)

① 받침목이나 깔판의 사용, 콘크리트 타설, 말뚝박기 등 동바리의 침하를 방지하기 위한 조치를 할 것
② 동바리의 상하 고정 및 미끄러짐 방지 조치를 할 것
③ 상부·하부의 동바리가 동일 수직선상에 위치하도록 하여 깔판·받침목에 고정시킬 것
④ 개구부 상부에 동바리를 설치하는 경우에는 상부하중을 견딜 수 있는 견고한 받침대를 설치할 것
⑤ U헤드 등의 단판이 없는 동바리의 상단에 멍에 등을 올릴 경우에는 해당 상단에 U헤드 등의 단판을 설치하고, 멍에 등이 전도되거나 이탈되지 않도록 고정시킬 것
⑥ 동바리의 이음은 같은 품질의 재료를 사용할 것
⑦ 강재의 접속부 및 교차부는 볼트·클램프 등 전용철물을 사용하여 단단히 연결할 것
⑧ 거푸집의 형상에 따른 부득이한 경우를 제외하고는 깔판이나 받침목은 2단 이상 끼우지 않도록 할 것
⑨ 깔판이나 받침목을 이어서 사용하는 경우에는 그 깔판·받침목을 단단히 연결할 것

**02** 동영상에서 보여주고 있는 장비에 대하여 다음 물음에 답하시오. (6점)

(1) 본 장비의 명칭을 적으시오.
(2) 본 장비의 용도(사용되는 작업) 2가지를 적으시오.

(1) 명칭 : 클램셸
(2) 용도
　① 수중굴착
　② 연약지반 굴착
　③ 좁은 장소의 깊은 굴착

03 동영상에서는 작업자 2명이 작업발판 위에서 돌 붙임 작업을 하고 있다. 동영상에서 보여주는 현장에서의 추락 사고를 유발하는 불안전한 상태 2가지를 적으시오. (4점)

그림 출처 : 세이프티 넷

① 안전 난간 미설치
② 추락 방호망 미설치(높이가 10m 이상인 경우)
③ 작업발판 미설치 혹은 설치 불량(폭 40cm 이상의 발판이 확보되지 않은 경우만 해당)

 동영상을 확인하고 답을 적으세요.

**04** 동영상은 콘크리트 펌프카를 이용한 콘크리트 타설작업을 보여준다. 펌프카를 이용한 콘크리트 타설작업 시에 빈번하게 발생할 수 있는 (1) 사고 유형 2가지와 (2) 콘크리트 분배기, 콘크리트 펌프카 등 콘크리트 타설 장비 사용 시의 준수 사항(사고 예방대책) 2가지를 적으시오. (6점)

정답

(1) 사고 유형
   ① 타설 호스의 요동, 선회로 인한 근로자의 떨어짐(추락)
   ② 콘크리트 펌프카의 넘어짐(전도)
   ③ 콘크리트 펌프카의 붐 조정 시 주변 전선 등에 의한 감전 위험
   ④ 타설 호스 선단의 요동으로 인한 근로자와 호스의 충돌

(2) 콘크리트 타설 장비 사용 시의 준수사항(사고 예방대책)
   ① 작업을 시작하기 전에 콘크리트 타설 장비를 점검하고 이상을 발견하였으면 즉시 보수할 것
   ② 건축물의 난간 등에서 작업하는 근로자가 호스의 요동·선회로 인하여 추락하는 위험을 방지하기 위하여 안전난간 설치 등 필요한 조치를 할 것
   ③ 콘크리트 타설 장비의 붐을 조정하는 경우에는 주변의 전선 등에 의한 위험을 예방하기 위한 적절한 조치를 할 것
   ④ 작업 중에 지반의 침하나 아웃트리거 등 콘크리트 타설 장비 지지구조물의 손상 등에 의하여 콘크리트 타설 장비가 넘어질 우려가 있는 경우에는 이를 방지하기 위한 적절한 조치를 할 것

05 동영상을 보고 다음 물음에 답하시오. (4점)

(1) 영상에서 보여주는 차량용 건설기계의 명칭을 적으시오.
(2) 콘크리트를 비비기로부터 치기가 끝날 때까지의 시간은 ( ① )℃를 넘었을 때는 ( ② ) 시간, ( ① )℃이하일 때는 ( ③ )시간을 넘어서는 안 된다.

(1) 콘크리트 믹서 트럭
(2) ① 25  ② 1.5  ③ 2

06 동영상은 현장에서 토사 굴착을 하는 모습을 보여준다. 토사 등의 붕괴 및 토석의 낙하로 인하여 근로자에게 위험을 미칠 우려가 있을 경우 취해야 할 조치사항을 3가지 적으시오. (6점)

① 흙막이 지보공의 설치
② 방호망의 설치
③ 근로자의 출입 금지 등 위험을 방지하기 위하여 필요한 조치

**07** 동영상에서는 오토클라이밍 폼 작업과정을 보여주다. [보기]를 참고하여 오토클라이밍 폼 작업순서에 맞게 번호를 적으시오. (4점)

사진 출처 : 페리코리아

[보기]

① 상부타설 시작
② 상부타설 진행
③ 중앙 key segment
④ 중앙 박스 타설(키세그 연결 전)
⑤ 오토클라이밍 폼으로 교각시공
⑥ 측경 간 시공

**정답** ⑤ → ① → ② → ⑥ → ④ → ③

> **참고**
>
> 오토클라이밍 폼(Auto Climbing System) : **벽체 거푸집을 자동 승강장치(유압잭)를 이용**하여 **타워크레인의 사용 없이 거푸집 자체를 인양**시키는 대형 벽체 거푸집

**08** 동영상은 옹벽을 보여준다. 옹벽 아래 추락할 수 있는 개구부가 존재한다. 작업자의 추락을 방지하기 위한 안전대책 2가지를 적으시오. (4점)

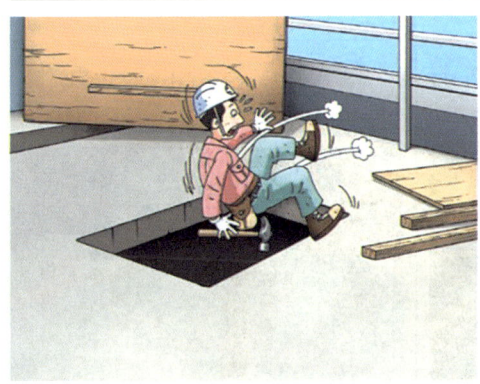

그림 출처 : https://ulsansafety.tistory.com/    그림 출처 : https://ulsansafety.tistory.com/

**정답**

① **안전난간** 설치
② **울타리** 설치
③ **수직형 추락방망** 또는 **덮개** 설치
④ **추락방호망 설치**(안전난간 설치 곤란 또는 해체한 경우)
⑤ 작업자 **안전대 착용**(안전난간 및 추락방호망 설치가 곤란한 경우)

# 2014 2회 2부

## 건설안전산업기사 작업형

**01** 동영상에서는 타워크레인의 모습을 보여준다. 동영상과 같은 크레인을 해체작업할 때의 안전 조치사항 2가지를 적으시오. (6점)

① 작업순서를 정하고 그 순서에 따라 작업을 할 것
② 작업을 할 구역에 관계 근로자가 아닌 사람의 출입을 금지하고 그 취지를 보기 쉬운 곳에 표시할 것
③ 비, 눈, 그 밖에 기상상태의 불안정으로 날씨가 몹시 나쁜 경우에는 그 작업을 중지시킬 것
④ 작업장소는 안전한 작업이 이루어질 수 있도록 충분한 공간을 확보하고 장애물이 없도록 할 것
⑤ 들어올리거나 내리는 기자재는 균형을 유지하면서 작업을 하도록 할 것
⑥ 크레인의 성능, 사용조건 등에 따라 충분한 응력(應力)을 갖는 구조로 기초를 설치하고 침하 등이 일어나지 않도록 할 것
⑦ 규격품인 조립용 볼트를 사용하고 대칭되는 곳을 차례로 결합하고 분해할 것

**02** 동영상에서는 도심지의 깊은 굴착현장에 설치된 흙막이 지보공을 보여준다. 흙막이 지보공을 설치한 경우의 점검 사항 3가지를 적으시오. (6점)

**정답**
① 부재의 **손상 · 변형 · 부식** · 변위 및 **탈락**의 유무와 상태
② 버팀대의 **긴압**의 정도
③ 부재의 **접속부 · 부착부 및 교차부**의 상태
④ **침하**의 정도

**03** 동영상은 건물의 엘리베이터 피트 거푸집 공사 현장을 보여준다. 영상에서와 같은 엘리베이터 피트 부분에서 발생할 수 있는 (1) 사고의 형태와 (2) 사고의 원인 1가지를 적으시오. (3) 영상에서와 같은 엘리베이터 피트 부분에서 발생할 수 있는 위험상황을 적으시오. (4) 추락을 방지하기 위한 안전조치사항 3가지를 적으시오. (4점)

(1) 사고의 형태 : 떨어짐
(2) 사고의 원인
   ① 개구부에 안전난간이 설치되지 않았다.
   ② 개구부에 울타리가 설치되지 않았다.
   ③ 개구부에 수직형 추락방망 또는 덮개가 설치되지 않았다.
   ④ 작업자가 안전대를 착용하지 않았다.
   ⑤ 엘리베이트 피트 내부에 추락방호망이 설치되지 않았다.

(3) 위험 상황
   ① 개구부에 안전난간이 설치되지 않아 떨어짐(추락)이 발생한다.
   ② 개구부에 울타리가 설치되지 않아 떨어짐(추락)이 발생한다.
   ③ 개구부에 수직형 추락방망 또는 덮개가 설치되지 않아 떨어짐(추락)이 발생한다.
   ④ 작업자가 안전대를 착용하지 않아 떨어짐(추락)이 발생한다.
   ⑤ 엘리베이트 피트 내부에 추락방호망이 설치되지 않아 떨어짐(추락)이 발생한다.

(4) 안전조치사항
   ① 안전난간 설치
   ② 울타리 설치
   ③ 수직형 추락방망 또는 덮개 설치
   ④ 작업자 안전대 착용
   ⑤ 추락방호망 설치(안전난간 설치 곤란 또는 해체한 경우)

> **참고**
>
> 1. 엘리베이터 개구부에 안전난간 및 수직형 추락방망 설치
> 2. 근로자 안전대 착용, 추락방호망 설치

## 04
동영상은 옹벽을 보여준다. 옹벽 아래 추락할 수 있는 개구부가 존재한다. 작업자의 추락을 방지하기 위한 안전대책 2가지를 적으시오. (4점)

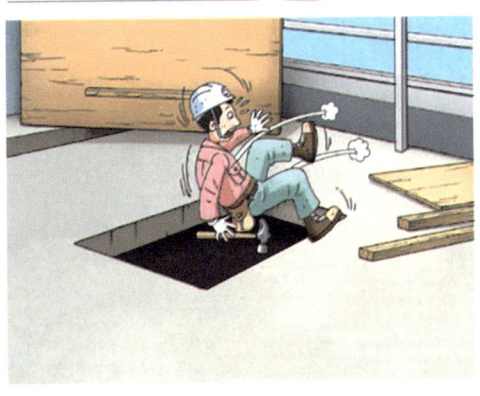

그림 출처 : https://ulsansafety.tistory.com/   그림 출처 : https://ulsansafety.tistory.com/

**정답**

① 안전난간 설치
② 울타리 설치
③ 수직형 추락방망 또는 덮개 설치
④ **추락방호망 설치**(안전난간 설치 곤란 또는 해체한 경우)
⑤ 작업자 **안전대 착용**(안전난간 및 추락방호망 설치가 곤란한 경우)

**05** 동영상은 근로자가 리프트에 탑승하지 못하고 외부 비계를 타고 올라가다 사고가 발생하는 장면을 보여 준다. 다음 물음에 답하시오. (6점)

(1) 재해 발생 형태를 적으시오.
(2) 재해 발생 원인 2가지를 적으시오.
(3) 사고 방지 대책 3가지를 적으시오.

**정답**

(1) 재해 발생 형태 : 떨어짐(추락)

(2) 재해 발생 원인
  ① 외부비계에 작업발판 및 이동통로를 설치하지 않았다.
  ② 추락방호망을 설치하지 않았다.
  ③ 안전난간을 설치하지 않았다.
  ④ 작업자가 안전대를 착용하지 않았다.

(3) 사고방지 대책
  ① 외부비계에는 작업발판 및 이동통로를 설치하고 이동시에는 이동통로를 이용한다.
  ② 추락방호망을 설치한다.
  ③ 안전난간을 설치한다.
  ④ 작업자는 안전대를 착용한다.

**참고**

외부비계의 작업발판 및 이동통로

06 동영상은 터널 굴착 장비를 조립하고 이를 이용하여 굴착 및 토사운반 작업 과정을 보여주고 있다. (1) 동영상에서 보여주는 기계의 명칭을 적으시오. (2) 동영상의 기계가 할 수 있는 작업의 종류(용도) 2가지를 적으시오. (4점)

사진 출처 : 한화건설

(1) 기계의 명칭 : 스크레이퍼

(2) 작업의 종류
① 토사의 굴삭(굴착)
② 토사의 적재
③ 토사의 운반
④ 지반 고르기


07 동영상에서는 아파트 공사현장을 보여준다. 작업자가 낙하물 방지망 보수작업을 하던 중 떨어지는 사고가 발생한다. 동종 재해의 방지를 위하여 취해야 할 조치사항을 3가지 적으시오. (6점)

**화면 설명**

작업발판이 미설치된 비계 위에서 안전모를 착용한 작업자가 낙하물 방지망을 비계에 고정하던 중 떨어진다.

① 안전한 작업발판 설치
② 작업자 안전대 착용
③ 안전난간 설치

**주의** 동영상을 확인하고 답을 적으세요.

**08** 동영상은 작업자가 맨손으로 임시 배전반 점검 중에 감전재해가 발생하는 것을 보여준다. 화면에서의 위험요인을 2가지 적으시오. (4점)

> **화면 설명**
> 동영상에서 작업자는 전원을 차단하고 점검 중이다. 동료가 차단기 함을 열고 전원을 투입하는 순간 감전이 발생한다.

사진 출처 : 안전보건공단

**정답**
① 작업자가 절연 장갑을 착용하지 않았다.
② 차단기 함에 잠금장치 및 통전금지 표찰을 부착하지 않았다.

**주의** 동영상에서 전원을 차단하지 않고 점검하였다면 "전원을 차단하지 않고 점검하였다."

# 2014  4회 1부

# 건설안전산업기사 작업형

01  동영상에서 보여주는 (1) 교각, 사일로, 굴뚝 등의 수직으로 연속된 구조물에 사용하는 거푸집의 명칭을 적으시오. (2) 콘크리트 타설 시에 거푸집의 측압에 영향을 주는 요인 2가지를 적으시오. (6점)

그림 출처 : 안전보건공단 공종별 위험성평가 모델

정답

(1) 거푸집의 명칭 : 슬라이딩 폼

(2) 거푸집의 측압에 영향을 주는 요인
   ① 외기온도
   ② 습도
   ③ 타설 속도
   ④ 콘크리트의 비중
   ⑤ 철골 or 철근량

> **참고**
>
> **콘크리트 타설 시 거푸집의 측압**
>
> ① 외기 온도가 낮을수록 측압이 크다.
> ② 습도가 낮을수록 측압이 크다.
> ③ 타설 속도가 빠를수록 측압이 크다.
> ④ 콘크리트 비중이 클수록 측압이 크다.
> ⑤ 철골 or 철근량이 적을수록 측압이 크다..

**02** 동영상에서 보여주고 있는 장비에 대하여 다음 물음에 답하시오. (6점)

(1) 본 장비의 명칭을 적으시오.
(2) 본 장비의 용도(사용되는 작업)를 2가지 적으시오.

(1) 명칭 : 클램셸

(2) 용도
 ① 수중굴착
 ② 연약지반 굴착
 ③ 좁은 장소의 깊은 굴착

**03** 동영상은 콘크리트 펌프카를 이용한 콘크리트 타설작업을 보여준다. 펌프카를 이용한 콘크리트 타설작업 시에 빈번하게 발생할 수 있는 (1) 사고 유형 2가지와 (2) 콘크리트 분배기, 콘크리트 펌프카 등 콘크리트 타설 장비 사용 시의 준수 사항(사고 예방대책) 2가지를 적으시오. (6점)

(1) 사고 유형
  ① 타설 호스의 요동, 선회로 인한 근로자의 떨어짐(추락)
  ② 콘크리트 펌프카의 넘어짐(전도)
  ③ 콘크리트 펌프카의 붐 조정 시 주변 전선 등에 의한 감전 위험
  ④ 타설 호스 선단의 요동으로 인한 근로자와 호스의 충돌

(2) 콘크리트 타설 장비 사용 시의 준수사항(사고 예방대책)
  ① 작업을 시작하기 전에 콘크리트 타설 장비를 점검하고 이상을 발견하였으면 즉시 보수할 것
  ② 건축물의 난간 등에서 작업하는 근로자가 호스의 요동 · 선회로 인하여 추락하는 위험을 방지하기 위하여 안전난간 설치 등 필요한 조치를 할 것
  ③ 콘크리트 타설 장비의 붐을 조정하는 경우에는 주변의 전선 등에 의한 위험을 예방하기 위한 적절한 조치를 할 것
  ④ 작업 중에 지반의 침하나 아웃트리거 등 콘크리트 타설 장비 지지구조물의 손상 등에 의하여 콘크리트 타설 장비가 넘어질 우려가 있는 경우에는 이를 방지하기 위한 적절한 조치를 할 것

**04** 동영상은 건설현장 강관비계의 설치 모습이다. 단관비계의 설치 기준에 대하여 아래 ( )를 채우시오. (4점)

> (1) 비계기둥의 간격 : 띠장방향 ( ① )m 이하
> (2) 비계기둥의 간격 : 장선방향 ( ② )m 이하
> (3) 띠장의 간격 : ( ③ )m 이하
> (4) 비계기둥의 최고부로부터 ( ④ )m 되는 지점 밑부분의 비계기둥은 ( ⑤ ) 본의 강관으로 묶어세울 것
> (5) 비계기둥 간의 적재하중은 ( ⑥ )kg을 초과하지 않도록 할 것

**정답** ① 1.85  ② 1.5  ③ 2  ④ 31  ⑤ 2  ⑥ 400

**참고**

**강관비계의 구조**

① 비계기둥 간격 : 띠장방향에서는 1.85미터 이하, 장선방향에서는 1.5미터 이하로 할 것
   다만, **다음 각 목의 어느 하나에 해당하는 작업의 경우에는** 안전성에 대한 구조검토를 실시하고 조립도를 작성하면 **띠장 방향 및 장선 방향으로 각각 2.7미터 이하로 할 수 있다.**
   가. **선박 및 보트 건조작업**
   나. 그 밖에 장비 반입·반출을 위하여 공간 등을 확보할 필요가 있는 등 **작업의 성질상 비계기둥 간격에 관한 기준을 준수하기 곤란한 작업**
② **띠장간격 : 2.0미터 이하**로 할 것(다만, 작업의 성질상 이를 준수하기가 곤란하여 쌍기둥 틀 등에 의하여 해당 부분을 보강한 경우에는 그러하지 아니하다)
③ **비계기둥의 제일 윗부분으로 부터 31미터되는 지점 밑 부분의 비계기둥은 2본의 강관으로 묶어 세울 것**(다만, 브라켓(bracket, 까치발) 등으로 보강하여 2개의 강관으로 묶을 경우 이상의 강도가 유지되는 경우에는 그러하지 아니하다)
④ **비계기둥 간의 적재하중은 400kg을 초과하지 않도록 할 것**

05 동영상에서는 와이어로프를 보여준다. 와이어로프의 체결 방법 중 올바른 것의 번호를 적고 그 이유를 적으시오. (4점)

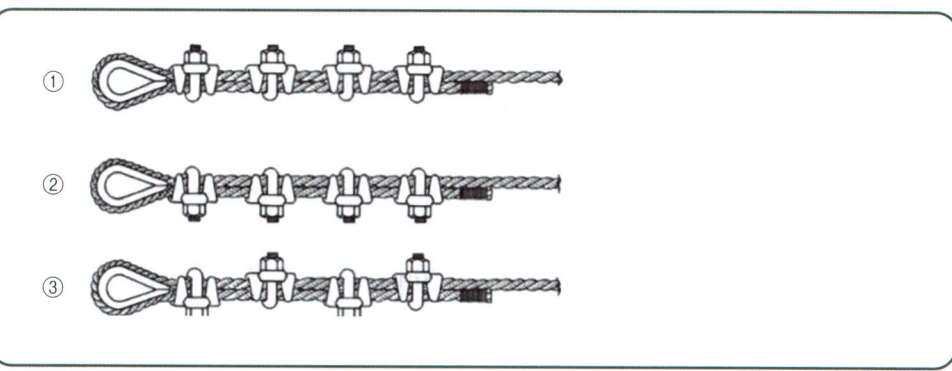

①, 클립의 새들(saddle)은 로프의 힘이 걸리는 쪽에 있어야 한다.

06 동영상은 건물 외벽의 돌 마감 공사를 보여주고 있다. 동영상에서 작업자의 추락의 원인이 되는 제거 또는 개선하여야 할 불안전 요소(불안전한 행동 및 상태) 4가지를 적으시오. (6점)

**화면 설명**

위의 작업자는 그라인더로 석재를 절단하고 있다. 안전난간은 설치되지 않았고 작업발판은 불량한 상태이며 주변 정리정돈 또한 불량한 상태이다. 작업자는 안전화 대신 구두를 신고 있으며 방진마스크와 보안경도 미 착용한 상태이다. 석재 절단 후 비계를 타고 내려오던 중 떨어지는 장면을 보여준다. 그 아래에는 다른 작업자가 안전모를 착용하지 않은 채 작업을 하고 있다.

① 안전난간 미설치
② 추락방호망의 미설치(높이 10m 이상일 경우만 해당)
③ 작업자 안전대 미착용
④ 작업발판 고정상태 불량
⑤ 비계의 이동통로를 이용하지 않고 비계를 타고 내려옴
⑥ 작업장의 정리정돈 불량

 동영상을 확인하고 답을 적으세요!

**07** 동영상은 Precast Concrete 제품의 제작과정을 보여준다. (1) 동영상을 보고 올바른 제작 순서를 번호를 이용하여 순서대로 나열하시오. (2) 동영상에서 ④번 사진의 작업 명칭을 적으시오. (6점)

> ① 탈형  ② 철근 거치  ③ 선 부착품 설치  ④ 거푸집 제작
> ⑤ 철근 배근 및 조립  ⑥ 수중양생

**정답**

(1) 제작 순서
  ④ → ③ → ② → ⑤ → ⑥ → ①
(2) 수중양생

**참고**

거푸집 제작 → 선 부착품 설치 → 철근 거치 → 철근 배근 및 조립 → 콘크리트 타설 → 수중양생 → 탈형

① 몰드 셋팅/청소

② 철근 배근

③ 철근 설치

④ 콘크리트 타설

⑤ 양생

⑥ 탈형

**주의** 교재의 그림과 해설은 Precast Concrete를 제작하는 과정을 설명한 것입니다. 시험에서는 동영상을 확인하고 번호를 적으세요.

08  동영상은 교량 가설 공법을 보여주고 있다. 1번 사진은 현장의 전경, 2번 사진은 추진코, 3번 사진은 PC 슬래브 제작장, 4번 사진은 반력대, 5번 사진은 추진잭, 6번 사진은 슬래브 탈락 방지시설 등을 보여주고 있다. 이와 같은 공법의 명칭을 쓰시오. (4점)

사진 출처 : https://m.blog.naver.com/safe1825/50131226625

사진 출처 : ㈜ 관수이엔씨

 정답

ILM 공법(압출 공법)

**참고**

**ILM**(Incremental Launching Method) 공법 : 주형 제작장에서 세그먼트를 제작하여 압출장치에 의해 거더를 밀어내어 교량을 가설하는 공법

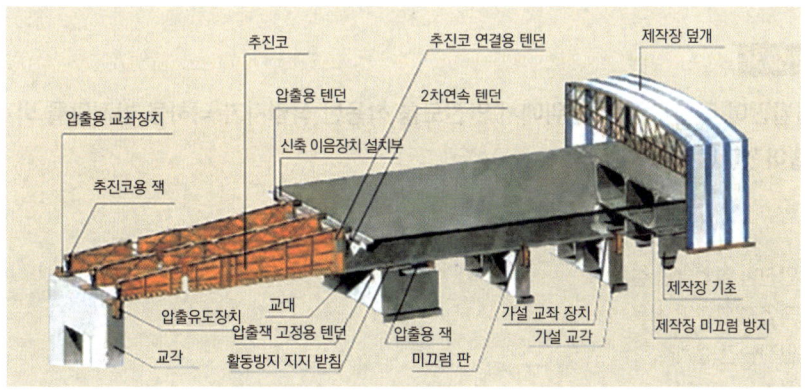

그림 출처 : 안전보건공단 ILM 교량 가설공법 안전

# 2014 4회 2부

# 건설안전산업기사 작업형

**01** 동영상은 크레인(타워크레인)의 작업 장면을 보여주고 있다. 크레인(호이스트 포함)에 부착하여야 할 방호장치의 종류를 2가지 적으시오. (4점)

① 과부하방지장치
② 권과방지장치
③ 비상정지장치
④ 제동장치

**02** 동영상에서는 아파트 공사현장을 보여준다. 작업자가 낙하물 방지망 보수작업을 하던 중 떨어지는 사고가 발생한다. 동종 재해의 방지를 위하여 취해야 할 조치사항을 3가지 적으시오. (6점)

화면 설명

작업발판이 미설치된 비계 위에서 안전모를 착용한 작업자가 낙하물 방지망을 비계에 고정하던 중 떨어진다.

① 안전한 작업발판 설치
② 작업자 안전대 착용
③ 안전난간 설치

주의 동영상을 확인하고 답을 적으세요!

**03** 동영상은 흙막이 지보공 작업 장면을 보여 주고 있다. 다음 물음에 답하시오. (4점)

(1) 영상에서 보여주는 계측기의 명칭을 적으시오.

(2) 영상에서 보여주는 계측기의 용도를 적으시오.

(1) 하중계(Load Cell)
(2) 스트러트(Strut) 또는 어스앵커(Earth anchor) 등의 축 하중 변화를 측정한다.

**04** 동영상은 백호를 이용하여 하수관을 인양하는 장면을 보여주고 있다. 동영상에서의 재해를 다음과 같이 분석하시오. (6점)

  화면 설명
  하수관을 1줄 걸이로 인양하여 이동하던 중 하수관이 흔들리자 신호수가 손으로 잡다가 하수관이 떨어진다. 하수관 바로 아래에서 작업하던 작업자가 떨어지는 하수관 아래에 깔리는 사고가 발생한다. 훅에는 해지 장치가 설치되지 않았으며 유도 로프도 사용하지 않았다.

(1) 기인물

(2) 재해 발생 형태

(3) 재해 발생 원인 1가지를 적으시오.

(1) 기인물 : 백호
(2) 재해 발생 형태 : 맞음
(3) 재해 발생 원인
　① 하수관과 같은 긴 자재의 인양 시는 2줄 걸이를 하여야 하나 1줄 걸이로 작업하였다.
　② 훅에 해지장치를 사용하지 않았다.
　③ 화물 인양작업을 할 수 없는 굴착기로 인양하였다.
　④ 유도 로프를 사용하지 않았다.
　⑤ 작업반경 내에 근로자 출입을 통제하지 않았다.

**05** 동영상에서는 거푸집을 조립하는 장면을 보여준다. 거푸집 조립 순서를 번호를 이용하여 순서대로 나열하시오. (4점)

① 보 받이 내력벽　② 기둥　③ 큰 보　④ 바닥　⑤ 내벽　⑥ 작은 보　⑦ 외벽

② → ① → ③ → ⑥ → ④ → ⑤ → ⑦

**참고**

① **조립 순서** : 기둥 → 보 받이 내력벽 → 큰 보 → 작은 보 → 바닥 → (내벽) → (외벽)
② **해체 순서** : 바닥 → 보 → 벽 → 기둥

**06** 동영상에서는 3가지 유형의 안전대를 보여준다. (1) 사진 [3]에서 화살표가 가리키는 부분의 명칭을 적으시오. (2) 사진 [1]과 비교하여 사진 [2]의 장점을 적으시오. (6점)

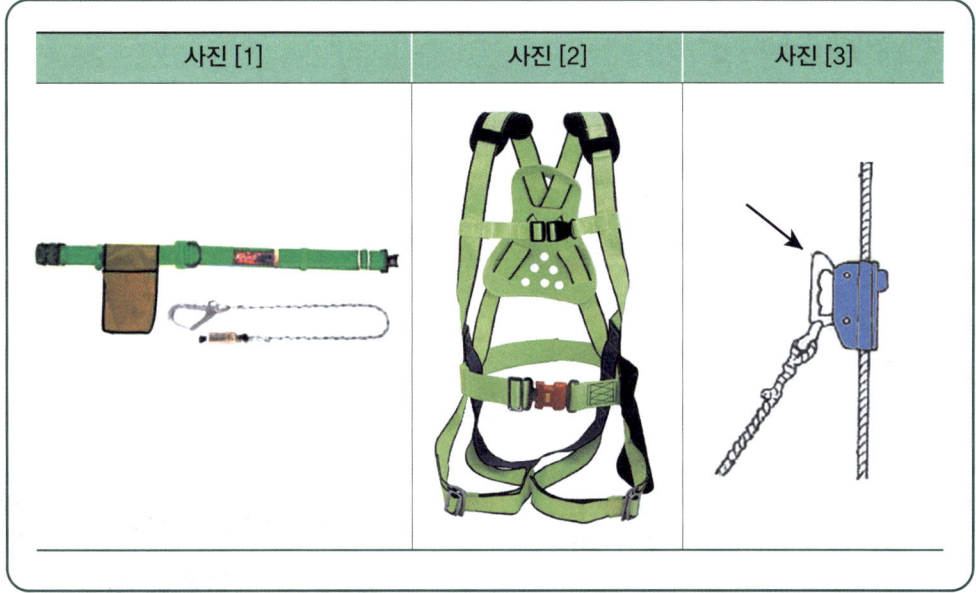

**정답**
(1) 추락방지대
(2) 추락 시의 충격하중을 신체에 고르게 분산시켜 충격을 최소화한다.

**참고**

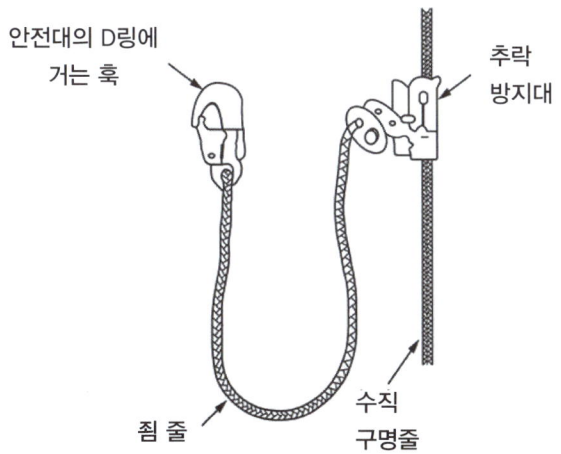

**07** 동영상은 항타기의 작업 모습을 보여준다. 권상용 와이어로프의 사용금지 기준 3가지를 적으시오. (6점)

① 이음매가 있는 것
② 와이어로프의 한 꼬임에서 끊어진 소선의 수가 10퍼센트 이상인 것
③ 지름의 감소가 공칭지름의 7퍼센트를 초과하는 것
④ 꼬인 것
⑤ 심하게 변형되거나 부식된 것
⑥ 열과 전기충격에 의해 손상된 것

**08** 동영상에서는 차량계 건설기계가 작업을 하는 모습을 보여준다. (4점)

사진 출처 : 나무위키

사진 출처 : 나무위키

(1) 동영상에서 보여주는 기계의 명칭을 적으시오.
(2) 기계의 용도를 2가지 적으시오.

(1) 기계의 명칭 : 로더
(2) 기계의 용도
　① 골재 등의 운반
　② 골재 등의 상차
　③ 흙을 퍼 나르는 작업

# 2015 1회 1부

# 건설안전산업기사 작업형

**01** 동영상에서는 철골공사 현장을 보여준다. 철골작업을 중지하여야 하는 조건을 3가지 적으시오. (6점)

① 풍속이 초당 10m(미터) 이상인 경우
② 강우량이 시간당 1mm(밀리미터) 이상인 경우
③ 강설량이 시간당 1cm(센티미터) 이상인 경우

**02** 동영상에서는 항타기 작업을 보여주고 있다. 항타기 및 항발기의 도괴(무너짐)를 방지하기 위한 조치사항 2가지를 적으시오. (4점)

① **연약한 지반에 설치**하는 때에는 아웃트리거·받침 등 지지구조물의 침하를 방지하기 위하여 **깔판·받침목 등을 사용**할 것
② 시설 또는 가설물 등에 설치하는 경우에는 그 내력을 확인하고 내력이 부족하면 그 내력을 보강할 것
③ 아웃트리거·받침 등 지지구조물이 미끄러질 우려가 있는 때에는 **말뚝 또는 쐐기 등을 사용**하여 해당 지지구조물을 고정시킬 것
④ 궤도 또는 차로 이동하는 항타기 또는 항발기에 대하여는 **불시에 이동하는 것을 방지**하기 위하여 레일클램프 및 쐐기 등으로 고정시킬 것
⑤ 상단 부분은 버팀대·버팀줄로 고정하여 안정시키고, 그 하단 부분은 견고한 버팀·말뚝 또는 철골 등으로 고정시킬 것

**03** 동영상에서는 아파트 공사현장을 보여준다. 작업자가 낙하물 방지망 보수작업을 하던 중 떨어지는 사고가 발생한다. 동종 재해의 방지를 위하여 취해야 할 조치사항을 2가지 적으시오. (4점)

> 화면 설명
> 작업발판이 미설치된 비계 위에서 안전모를 착용한 작업자가 낙하물 방지망을 비계에 고정하던 중 떨어진다.

> ① 안전한 작업발판 설치
> ② 작업자 안전대 착용
> ③ 안전난간 설치

주의 동영상을 확인하고 답을 적으세요!

**04** 동영상에서는 말비계를 보여준다. 말비계의 구조(조립 시의 준수사항) 3가지를 적으시오. (6점)

> ① 지주부재의 하단에는 미끄럼 방지장치를 하고, 양측 끝부분에 올라서서 작업하지 아니하도록 할 것
> ② 지주부재와 수평면과의 기울기를 75도 이하로 하고, 지주부재와 지주부재 사이를 고정시키는 보조부재를 설치할 것
> ③ 말비계의 높이가 2미터를 초과할 경우에는 작업발판의 폭을 40센터미터 이상으로 할 것

참고

말비계

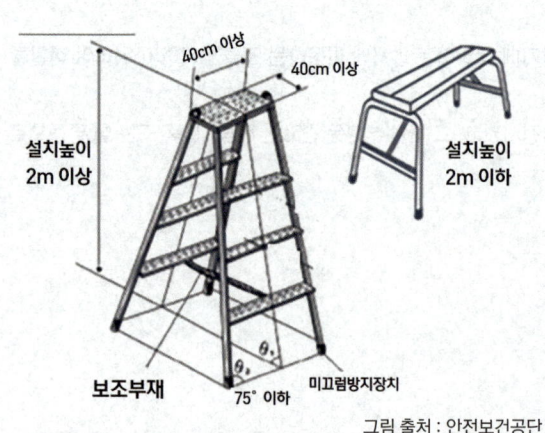
그림 출처 : 안전보건공단

사진 출처 : 안전닷컴

05 동영상에서는 임시 분전반 주변에서 작업하는 모습을 보여준다. 충전부에 작업자가 직접 접촉함으로 인한 감전방지 조치사항(충전부에 대하여 사업주가 하여야 할 방호조치) 3가지를 적으시오. (6점)

① 충전부가 노출되지 아니하도록 **폐쇄형 외함이 있는 구조**로 할 것
② **충전부에 충분한 절연효과가 있는 방호망 또는 절연덮개를 설치할 것**
③ 충전부는 내구성이 있는 **절연물로 덮어 감쌀 것**
④ **전주 위 및 철탑 위 등** 격리되어 있는 장소로서 관계근로자 외의 자가 접근할 우려가 없는 장소에 충전부를 설치할 것
⑤ 발전소 · 변전소 및 개폐소 등 구획되어 있는 장소로서 **관계 근로자가 아닌 사람의 출입이 금지되는 장소에 충전부를 설치**하고, 위험표시 등의 방법으로 방호를 강화할 것

06 동영상은 터널굴착 현장을 보여준다. 영상에서와 같은 터널 굴착공법의 적용이 어려운 지반을 3가지 적으시오. (6점)

① 연약지반
② 단면형상의 변형이 심한 경우
③ 다량의 용수가 있는 지반

> **참고**
>
> **TBM 공법**
>
> 발파를 하지 않고 tunnel boring machine의 회전 cutter에 의해 터널전단면을 절삭 또는 파쇄하는 공법으로서, 주로 암반 터널굴착 공사에 적용한다.

**07** 동영상은 콘크리트 말뚝의 항타작업을 보여준다. (1) 콘크리트 말뚝의 항타공법의 종류를 3가지 적으시오. (2) 콘크리트 말뚝의 단점 2가지를 적으시오. (4점)

사진 출처: 토목신문

사진 출처: https://www.youtube.com/watch?v=_Fj5sfFVTjI

**정답**

(1) 항타 공법의 종류
  ① 타격 공법
  ② 진동 공법
  ③ 프리보링 공법
  ④ 압입 공법

(2) 콘크리트 말뚝의 단점
  ① 운반 시 균열 또는 파손이 발생할 수 있다.
  ② 말뚝 이음부의 신뢰성(품질)이 떨어질 수 있다.
  ③ 무거워서 취급이 곤란하다.

## 08 동영상에서 보여주는 (1) 기계의 명칭을 적으시오. (2) 기계의 용도를 적으시오. (4점)

사진 출처 : https://blog.daum.net/kmozzart/13288

사진 출처 : 나무위키

(1) 기계의 명칭 : 아스팔트 피니셔
(2) 기계의 용도 : 아스팔트 콘크리트의 포장

# 2015년 2회 1부

## 건설안전산업기사 작업형

**01** 동영상은 교각공사에서 철근을 조립하는 모습을 보여준다. 철근의 이음방법 3가지를 적으시오. (6점)

① 겹침 이음
② 기계적 이음
③ 가스압접 이음
④ 용접 이음

## 02 동영상은 가설계단을 보여주고 있다. 다음 물음에 답하시오. (6점)

1. 계단 및 계단참의 강도는 매제곱미터당 ( ① )kg 이상이어야 하며 안전율은 ( ② )이상으로 하여야 한다.
2. 계단의 폭은 ( ③ )m 이상으로 하여야 한다. (다만, 급유용·보수용·비상용계단 및 나선형 계단에 대하여는 그러하지 아니하다.)
3. 높이가 3m를 초과하는 계단에는 높이 ( ④ )m 이내마다 너비 ( ⑤ )m 이상의 계단참을 설치하여야 한다.
4. 바닥면으로부터 높이 ( ⑥ )m 이내의 공간에 장애물이 없도록 하여야 한다.

**정답**  ① 500  ② 4  ③ 1  ④ 3  ⑤ 1.2  ⑥ 2

**참고**

계단의 난간

높이 1미터 이상인 계단의 개방된 측면에 안전난간을 설치하여야 한다.

## 03 동영상은 거푸집 동바리의 설치 불량으로 인하여 거푸집 붕괴가 발생한 사고를 보여준다. 동영상에서 동바리의 설치가 잘못된 사항을 2가지만 적으시오. (6점)

**정답**
① 수평 연결재의 미설치(설치 불량)
② 교차가새의 미설치(설치 불량)
③ 전용 연결철물 미사용
④ 거푸집 동바리 상·하단 고정 불량
⑤ 동바리 하부의 받침철물(깔판, 받침목)의 설치 불량
⑥ 거푸집 동바리 지지 지반의 침하

 동영상을 확인하고 답을 적으세요.

**참고**

**거푸집 동바리의 설치 기준**

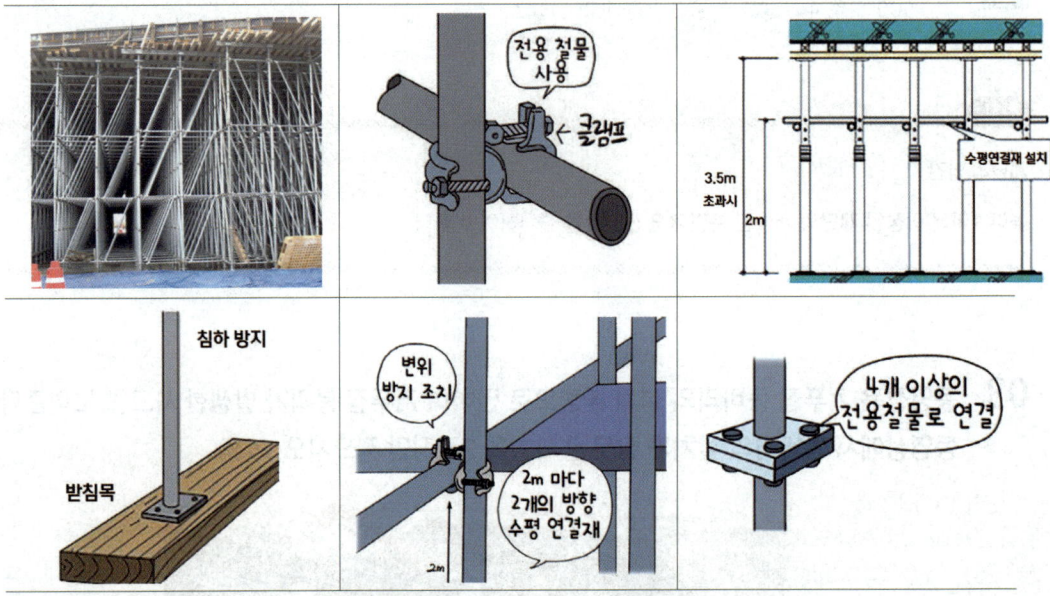

**04** 동영상에서는 굴착한 흙을 덤프트럭으로 운반하는 작업을 보여준다. 동영상에서와 같은 작업 시의 주의사항을 2가지 적으시오. (4점)

① 운행로를 확보할 것
② 유도자 및 교통 정리원을 배치할 것
③ 굴착기계 운전자와 차량운전자 간의 상호 연락을 위한 **신호체계를 갖출 것**

### 참고

**굴착공사 안전 작업지침**

굴착된 토사를 덤프트럭 등을 이용하여 운반할 경우에는 **운행로를 확보**하고 **유도자와 교통정리원을 배치**하여야 하며 **굴착기계 운전자와 차량운전자 간의 상호 연락을 위해 신호체계**를 갖추어야 한다.

## 05 동영상은 백호를 이용하여 하수관을 인양하는 장면을 보여주고 있다. (4점)

**화면 설명**

하수관을 1줄 걸이로 인양하여 이동하던 중 하수관이 흔들리자 신호수가 손으로 잡다가 하수관이 떨어진다. 하수관 바로 아래에서 작업하던 작업자가 떨어지는 하수관 아래에 깔리는 사고가 발생한다. 훅에는 해지장치가 설치되지 않았으며 유도 로프도 사용하지 않았다.

(1) 재해 발생 형태
(2) 동영상과 같은 작업에서의 안전작업 대책 2가지를 적으시오

**정답**

(1) 재해 발생 형태 : 맞음

(2) 안전작업 대책
① 하수관을 양쪽 두 군데 이상을 묶어 균형을 유지하며 인양(2줄 걸이 작업)한다.
② 훅에 해지장치를 사용한다.
③ 인양작업이 가능하도록 제작된 굴착기를 사용하거나 크레인 등의 인양장비를 사용한다.
④ 유도 로프를 사용하여 흔들림을 방지한다.
⑤ 작업반경 내에 근로자 출입금지 조치를 한다.

06 동영상에서 보여주고 있는 장비에 대하여 다음 물음에 답하시오. (6점)

(1) 본 장비의 명칭을 적으시오.
(2) 본 장비의 용도(사용되는 작업)를 2가지 적으시오.

(1) 명칭 : 클램셸
(2) 용도
  ① 수중굴착
  ② 연약지반 굴착
  ③ 좁은 장소의 깊은 굴착

07 동영상은 교량의 가설공법을 보여준다. 영상에서 보여주는 공법의 (1) 명칭과 (2) 특징을 설명하시오.

사진 출처 : https://a.eeliassi.com/51              사진 출처 : 디올이엔씨(주)

(1) 명칭 : F.C.M 공법
(2) 특징
① 반복공정으로 적은 인력으로 시공이 가능하다.
② 반복공정으로 시공속도가 빠르다.
③ 각 단계마다 오차의 수정이 가능하여 시공정밀도가 높다.
④ 깊은 계곡, 유량 많은 하천의 장대교량에 유리하다.

**참고**

F.C.M 공법(Free Cantilevering Method) : 교각으로부터 양쪽으로 3~5m씩의 현장타설 세그먼트를 점진적으로 시공해 나가는 방식으로 거푸집 이동과 콘크리트 타설을 위하여 Form-traveller를 사용한다.

**08** 동영상에서는 원심력 철근콘크리트 말뚝을 보여준다. 원심력 철근콘크리트 말뚝의 장점 2가지를 적으시오. (4점)

사진 출처 : 한국건설신문

사진 출처 : 한국과학기술정보연구원

① 재질이 균일하다.(재료가 균질하여 신뢰성이 높다.)
② 강도가 크다.(강도가 커서 지지말뚝에 적합하다.)
③ 말뚝재료의 구입이 용이하다.
④ 말뚝길이 15m 이하에서는 경제적인 공법이다.

# 2015  4회 1부

## 건설안전산업기사 작업형

01 동영상은 터널굴착 현장을 보여준다. 다음 물음에 답하시오. (4점)
   (1) 동영상에서 보여주는 터널 굴착공법의 명칭을 적으시오.
   (2) 이 공법의 적용이 어려운 지반을 3가지 적으시오.

 정답

(1) 공법의 명칭 : TBM 공법
(2) 적용이 어려운 지반
   ① 연약지반
   ② 단면형상의 변형이 심한 경우
   ③ 다량의 용수가 있는 지반

**02** 동영상은 가설계단을 보여주고 있다. 다음 물음에 답하시오. (6점)

> 1. 계단 및 계단참의 강도는 매제곱미터당 ( ① )kg 이상이어야 하며 안전율은 ( ② )이상으로 하여야 한다.
> 2. 계단의 폭은 ( ③ )m 이상으로 하여야 한다. (다만, 급유용·보수용·비상용계단 및 나선형 계단에 대하여는 그러하지 아니하다.)
> 3. 높이가 3m를 초과하는 계단에는 높이 ( ④ )m 이내마다 너비 ( ⑤ )m 이상의 계단참을 설치 하여야 한다.
> 4. 바닥면으로부터 높이 ( ⑥ )m 이내의 공간에 장애물이 없도록 하여야 한다.

**정답**  ① 500  ② 4  ③ 1  ④ 3  ⑤ 1.2  ⑥ 2

**03** 동영상은 해체작업을 하고 있다. (1) 동영상에서의 해체공법의 종류를 적으시오. (2) 구축물, 건축물, 그 밖의 시설물 등의 해체작업 시에 작성하여야 하는 해체계획에 포함되어야 할 사항 2가지를 적으시오. (5점)

(1) 해체공법 : 대형 브레이커공법

(2) 해체계획에 포함하여야 하는 사항
   ① 해체의 방법 및 해체 순서 도면
   ② 가설, 방호, 환기, 살수, 방화설비 등의 방법
   ③ 사업장 내 연락방법
   ④ 해체물의 처분 계획
   ⑤ 해체작업용 기계, 기구 등의 작업계획서
   ⑥ 해체작업용 화약류의 사용계획서

**04** 동영상은 실내에서 도장작업을 하던 중 발생한 재해를 보여주고 있다. 동영상에서의 불안전 요소 3가지를 적으시오. (6점)

**화면 설명**

동영상에서 작업자는 실내에서 말비계 위에서 페인트칠을 하고 있으며 손에 페인트 통을 들고 작업하고 있다. 말비계 위에서 옆으로 이동하며 작업하던 중 말비계에서 떨어진다.

① 작업발판 불량 (높이가 2미터를 초과하며 작업발판의 폭이 40센티미터 미만인 경우만 해당)
② 작업방법 및 작업자세 불량(페인트 통을 손에 들고 작업함)
③ 근로자 안전대 미착용(높이 2미터 이상의 장소에서 작업할 경우만 해당)
④ 방독마스크 미착용

**참고**

**05** 동영상에서는 항타기 작업을 보여주고 있다. 항타기 및 항발기의 무너짐을 방지하기 위한 조치사항 3가지를 적으시오. (6점)

① 연약한 지반에 설치하는 때에는 아웃트리거·받침 등 지지구조물의 침하를 방지하기 위하여 깔판·받침목 등을 사용할 것
② 시설 또는 가설물 등에 설치하는 경우에는 그 내력을 확인하고 내력이 부족하면 그 내력을 보강할 것
③ 아웃트리거·받침 등 지지구조물이 미끄러질 우려가 있는 때에는 말뚝 또는 쐐기 등을 사용하여 해당 지지구조물을 고정시킬 것
④ 궤도 또는 차로 이동하는 항타기 또는 항발기에 대하여는 불시에 이동하는 것을 방지하기 위하여 레일 클램프 및 쐐기 등으로 고정시킬 것
⑤ 상단 부분은 버팀대·버팀줄로 고정하여 안정시키고, 그 하단 부분은 견고한 버팀·말뚝 또는 철골 등으로 고정시킬 것

**06** 동영상에서 작업자는 지게차를 이용하여 판넬 운반 작업을 하고 있다. 신호수의 지시에 따라 운전하던 중 판넬이 신호수에게 낙하하는 사고가 발생한다. 사고의 원인 2가지를 적으시오. (4점)

① 화물의 하중이 한쪽으로 치우쳐 적재되었다.
② 화물의 붕괴 또는 낙하에 의한 위험을 방지하기 위하여 화물에 로프를 거는 등의 조치를 하지 않았다.
③ 운전자의 시야를 가려 적재하였다.

---

**참고**

**차량계 하역운반기계에 화물적재 시의 조치**
① **하중이 한쪽으로 치우치지 않도록 적재할 것**
② 구내운반차 또는 화물자동차의 경우 **화물의 붕괴 또는 낙하에 의한 위험을 방지하기 위하여 화물에 로프를 거는 등 필요한 조치를 할 것**
③ **운전자의 시야를 가리지 않도록 화물을 적재할 것**
④ 화물을 적재하는 경우에는 **최대적재량을 초과해서는 아니 된다.**

**07** 영상에서는 콘크리트 믹서 트럭을 보여준다. 차량 내 내용물의 구성을 적으시오. (4점)

> 시멘트 + 물 + ( ① ), ( ② )

 정답
① 모래(잔골재)
② 자갈(굵은 골재)

**08** 동영상은 근로자가 리프트에 탑승하지 못하고 외부 비계를 타고 올라가다 사고가 발생하는 장면을 보여 준다. 다음 물음에 답하시오. (6점)

(1) 재해 발생 형태를 적으시오.
(2) 사고방지 대책 3가지를 적으시오.

> **정답**
>
> (1) 재해 발생 형태 : 떨어짐(추락)
>
> (2) 사고방지 대책
> ① 외부 비계에는 **작업발판 및 이동통로를 설치**하고 이동 시에는 이동통로를 이용한다.
> ② **추락방호망을 설치**한다.
> ③ **안전 난간을 설치**한다.
> ④ 작업자는 **안전대를 착용**한다.

### 참고

외부비계의 작업발판 및 이동통로

# 2015 4회 2부

## 건설안전산업기사 작업형

**01** 동영상에서는 임시 분전반 주변에서 작업하는 모습을 보여준다. 충전부에 작업자가 직접 접촉함으로 인한 감전방지 조치사항(충전부에 대하여 사업주가 하여야 할 방호조치) 3가지를 적으시오. (6점)

정답
① 충전부가 노출되지 아니하도록 폐쇄형 외함이 있는 구조로 할 것
② 충전부에 충분한 절연효과가 있는 방호망 또는 절연덮개를 설치할 것
③ 충전부는 내구성이 있는 절연물로 덮어 감쌀 것
④ 전주 위 및 철탑 위 등 격리되어 있는 장소로서 관계근로자 외의 자가 접근할 우려가 없는 장소에 충전부를 설치할 것
⑤ 발전소·변전소 및 개폐소등 구획되어 있는 장소로서 관계 근로자가 아닌 사람의 출입이 금지되는 장소에 충전부를 설치하고, 위험표시 등의 방법으로 방호를 강화할 것

**02** 동영상에서는 건설기계를 이용하여 진골재를 밀고 있는 작업을 보여준다. (1) 건설기계의 명칭을 적으시오. (2) 동영상에서 보여주는 기계의 용도 3가지를 적으시오. (6점)

사진 출처 : 캐터 필라 건설기계

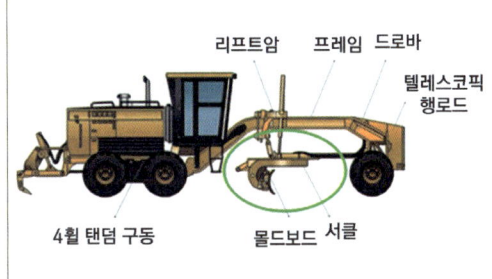

사진 출처 : 중기114

**정답**

(1) 건설기계의 명칭 : 모터그레이더

(2) 용도
① 지반의 정지작업(땅을 깎아 고르는 작업)
② 도랑파기
③ 제설작업

**03** 동영상은 비계 위에서 작업하고 있는 모습을 보여준다. 작업자가 작업 중 들고 있던 파이프를 놓치며 밑에서 주머니에 손을 넣은 채 이동하던 작업자에게 떨어지는 장면을 보여준다. 해당 사고를 예방하기 위한 작업안전 대책 2가지를 적으시오. (4점)

**정답**

① 비계작업 시 같은 수직면상의 위와 아래 동시 작업을 금할 것
② 근로자는 안전모 등 개인보호구를 착용할 것
③ 작업구역 내에는 관계근로자외의 자의 출입을 금지시킬 것

04 동영상은 터널 내부 공사현장을 보여준다. 동영상을 보고 불안전한 행동 및 불안전한 상태에 해당하는 2가지를 찾아 적으시오. (4점)

**정답**
① 복장, 보호구의 불량
② 작업장 정리 정돈 불량
③ 환기장치 불량으로 인한 분진 발생
④ 적정 조도 미확보로 발을 헛딛음
⑤ 지하 용수 고임

**주의** 동영상을 확인하고 답을 적으세요.

05 동영상에서는 아파트 공사현장을 보여준다. 작업자가 낙하물 방지망 보수작업을 하던 중 떨어지는 사고가 발생한다. 동종 재해의 방지를 위하여 취해야 할 조치사항을 3가지 적으시오. (6점)

**화면 설명**
작업발판이 미설치된 비계 위에서 안전모를 착용한 작업자가 낙하물 방지망을 비계에 고정하던 중 떨어진다.

**정답**
① 안전한 작업발판 설치
② 작업자 안전대 착용
③ 안전난간 설치

**주의** 동영상을 확인하고 답을 적으세요.

**06** 동영상에서 작업자는 상수도관을 매설하기 위하여 굴착작업을 하고 있다. 굴착작업 시 각 지반의 종류에 따른 기울기 기준을 적으시오. (4점)

| 지반의 종류 | 굴착면의 기울기 |
|---|---|
| 모래 | ( ① ) |
| 연암 및 풍화암 | ( ② ) |
| 경암 | ( ③ ) |
| 그 밖의 흙 | ( ④ ) |

| 지반의 종류 | 굴착면의 기울기 |
|---|---|
| 모래 | 1 : 1.8 |
| 연암 및 풍화암 | 1 : 1.0 |
| 경암 | 1 : 0.5 |
| 그 밖의 흙 | 1 : 1.2 |

**07** 화면에서 작업자는 승강기 개구부에서 작업하는 모습을 보여준다. 산업안전보건법에 의하여 작업발판 및 통로의 끝이나 개구부로서 근로자가 추락할 위험이 있는 장소에 설치하여야 하는 방호조치 3가지를 적으시오. (6점)

① 안전난간 설치
② 울타리 설치
③ 수직형 추락방망 또는 덮개 설치
④ **추락방호망 설치**(안전난간 설치 곤란 또는 해체한 경우)

**08** 「운반하역 표준안전 작업지침」에 의하여 샤클에 대하여 작업시작 전에 실시하여야 하는 검사항목(점검항목) 3가지를 적으시오. (6점)

① 마모   ② 균열   ③ 핀의 변형   ④ 나사   ⑤ 핀

| 검사 항목 | 검사 결과 | 처치 |
|---|---|---|
| 마모 | 원래 직경의 10퍼센트 이상 마모된 것은 사용하여서는 아니 된다. | 폐기 |
| 균열 | 균열이 있는 것은 사용하여서는 아니 된다. | 폐기 |
| 핀(Pin)의 변형 | 핀의 구부림이 지점 간격이 10퍼센트를 넘는 것은 사용하여서는 아니된다. | 폐기 |
| 나사 | 마모된 것은 사용하여서는 아니 된다. | 폐기 |
| 핀 | 불완전한 것은 교환하고 사용하여서는 아니 된다. | 폐기 |

# 2016년 1회 1부

# 건설안전산업기사 작업형

**01** 동영상에서는 아파트 공사현장을 보여준다. 작업자가 낙하물 방지망 보수작업을 하던 중 떨어지는 사고가 발생한다. 동종 재해의 방지를 위하여 취해야 할 조치사항을 3가지 적으시오. (6점)

**화면 설명**

작업발판이 미설치된 비계 위에서 안전모를 착용한 작업자가 낙하물 방지망을 비계에 고정하던 중 떨어진다.

① 안전한 작업발판 설치
② 작업자 안전대 착용
③ 안전난간 설치

 동영상을 확인하고 답을 적으세요!

**02** 동영상은 백호를 이용하여 하수관을 인양하는 장면을 보여주고 있다. (6점)

**화면 설명**

하수관을 1줄 걸이로 인양하여 이동하던 중 하수관이 흔들리자 신호수가 손으로 잡다가 하수관이 떨어진다. 하수관 바로 아래에서 작업하던 작업자가 떨어지는 하수관 아래에 깔리는 사고가 발생한다. 훅에는 해지 장치가 설치되지 않았으며 유도 로프도 사용하지 않았다.

(1) 재해 발생 형태

(2) 기인물

(3) 동영상과 같은 작업에서의 안전작업 대책 2가지를 적으시오.

(1) 재해 발생 형태 : 맞음

(2) 기인물 : 백호

(3) 안전작업 대책
　① 하수관을 양쪽 두 군데 이상을 묶어 균형을 유지하며 인양(2줄 걸이 작업)한다.
　② 훅에 해지장치를 사용한다.
　③ 인양작업이 가능하도록 제작된 굴착기를 사용하거나 크레인 등의 인양장비를 사용한다.
　④ 유도 로프를 사용하여 흔들림을 방지한다.
　⑤ 작업반경 내에 근로자 출입금지 조치를 한다.

03　동영상은 Precast Concrete 제품의 제작과정을 보여준다. (1) 동영상을 보고 올바른 제작 순서를 번호를 이용하여 순서대로 나열하시오. (2) 동영상에서 ④번 사진의 작업 명칭을 적으시오. (6점)

> ① 탈형　② 철근 거치　③ 선 부착품 설치　④ 거푸집 제작
> ⑤ 철근 배근 및 조립　⑥ 수중양생

(1) 제작 순서
　④ → ③ → ② → ⑤ → ⑥ → ①

(2) 수중양생

거푸집 제작 → 선 부착품 설치 → 철근 거치 → 철근 배근 및 조립 → 콘크리트 타설 → 수중양생 → 탈형

① 몰드 셋팅/청소

② 철근 배근

③ 철근 설치

④ 콘크리트 타설

⑤ 양생

⑥ 탈형

> **주의** 교재의 그림과 해설은 Precast Concrete를 제작하는 과정을 설명한 것입니다. 시험에서는 동영상을 확인하고 번호를 적으세요.

**참고**

PC(Precast Concrete)공법 : 건축물의 구조부재인 기둥, 보, 슬래브 등을 공장에서 미리 만들어 현장에서 조립만 하는 공법

04  동영상에서 보여주는 건설장비의 명칭과 용도를 2가지 적으시오. (6점)

(1) 기계의 명칭 : 불도저
(2) 작업 용도
　① 흙의 굴착
　② 흙의 적재 및 운반

05  동영상에서는 3가지 유형의 안전대를 보여준다. (1) 사진 [3]에서 화살표가 가리키는 부분의 명칭을 적으시오. (2) 사진 [1]과 비교하여 사진 [2]의 장점을 적으시오. (4점)

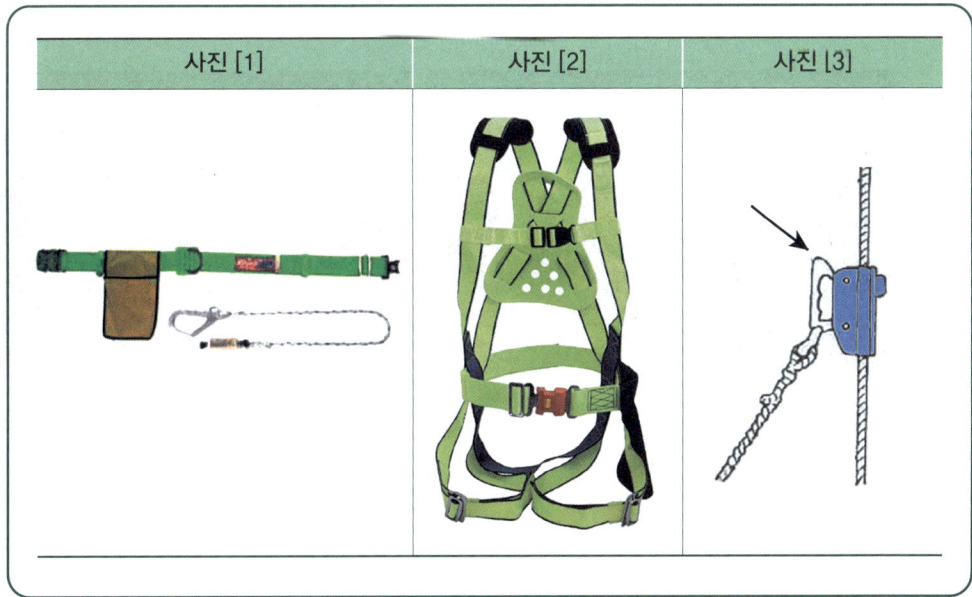

(1) 추락방지대
(2) **추락 시의 충격하중을 신체에 고르게 분산시켜 충격을 최소화한다.**

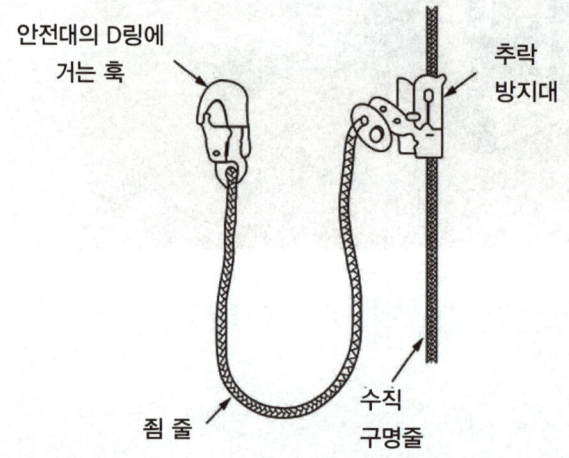

**06** 동영상은 교량 가설 공법을 보여주고 있다. 1번 사진은 현장의 전경, 2번 사진은 추진코, 3번 사진은 PC 슬래브 제작장, 4번 사진은 반력대, 5번 사진은 추진잭, 6번 사진은 슬래브 탈락 방지시설 등을 보여주고 있다. 이와 같은 공법의 명칭을 적으시오. (4점)

사진 출처 : https://m.blog.naver.com/safe1825/50131226625

사진 출처 : ㈜ 관수이엔씨

ILM 공법(압출 공법)

> **참고**

ILM(Incremental Launching Method) 공법 : 주형 **제작장에서 세그먼트를 제작**하여 **압출장치에 의해 거더를 밀어내어 교량을 가설**하는 공법

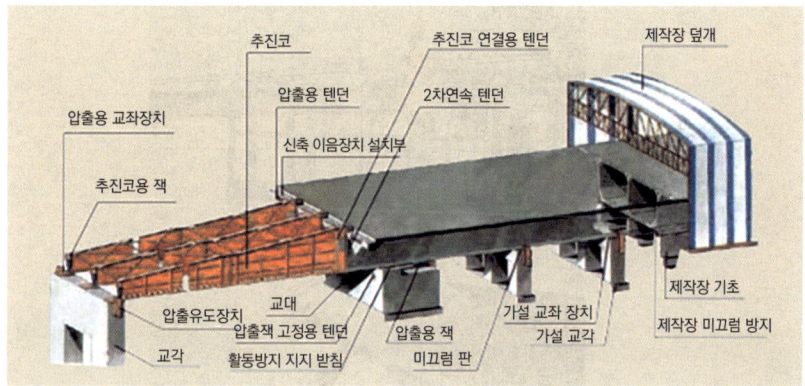

그림 출처 : 안전보건공단 ILM 교량 가설공법 안전

## 07 동영상은 이동식 비계를 이용한 작업을 보여준다. 이동식 비계의 구조(설치 기준) 3가지를 적으시오. (6점)

**정답**

① **바퀴**에는 갑작스러운 이동 또는 전도를 방지하기 위하여 **브레이크 · 쐐기** 등으로 바퀴를 고정시킨 다음 비계의 일부를 견고한 **시설물에 고정**하거나 **아웃트리거를 설치**할 것
② 승강용사다리는 견고하게 설치할 것
③ 비계의 **최상부**에서 **작업**을 할 때에는 안전난간을 설치할 것
④ 작업발판은 항상 수평을 유지하고 작업발판 위에서 안전난간을 딛고 작업을 하거나 받침대 또는 사다리를 사용하여 작업하지 않도록 할 것
⑤ 작업발판의 최대적재하중은 250킬로그램을 초과하지 않도록 할 것

**08** 고소작업대를 이용하여 작업자가 외벽 도장 작업 중이다. 화면에서와 같은 장비로 작업을 하는 경우 안전작업 준수사항(안전 조치사항) 2가지를 적으시오. (4점)

사진 출처 : 할렐루야 렌탈

① 작업자는 안전모·안전대 등의 **보호구를 착용**하도록 할 것
② **관계자외의 자**가 작업구역 내에 들어오는 것을 방지하기 위하여 필요한 조치를 할 것
③ 안전한 작업을 위하여 **적정수준의 조도**를 유지할 것
④ **전로(電路)**에 근접하여 작업을 하는 때에는 작업감시자를 배치하는 등 감전사고를 방지하기 위하여 필요한 조치를 할 것
⑤ **작업대를 정기적으로 점검**하고 붐·작업대 등 각 부위의 이상 유무를 확인할 것
⑥ **전환스위치는 다른 물체를 이용하여 고정**하지 말 것
⑦ 작업대는 **정격하중을 초과**하여 물건을 싣거나 탑승하지 말 것
⑧ 작업대의 **붐대를 상승시킨 상태**에서 탑승자는 작업대를 벗어나지 말 것

# 2016 1회 2부

## 건설안전산업기사 작업형

**01** 동영상에서는 아파트 신축현장을 보여준다. 현장에서 물체가 떨어지거나 날아올 위험(낙하 또는 비래할 위험)이 있을 경우 취해야 할 조치사항 3가지를 적으시오. (6점)

① 낙하물방지망·수직보호망 또는 방호선반의 설치
② 출입 금지구역의 설정
③ 보호구의 착용

**02** 산업안전보건법에 의하여 터널 지보공 중 강(鋼)아치 지보공의 조립 시에 따라야 하는 사항 3가지를 적으시오. (6점)

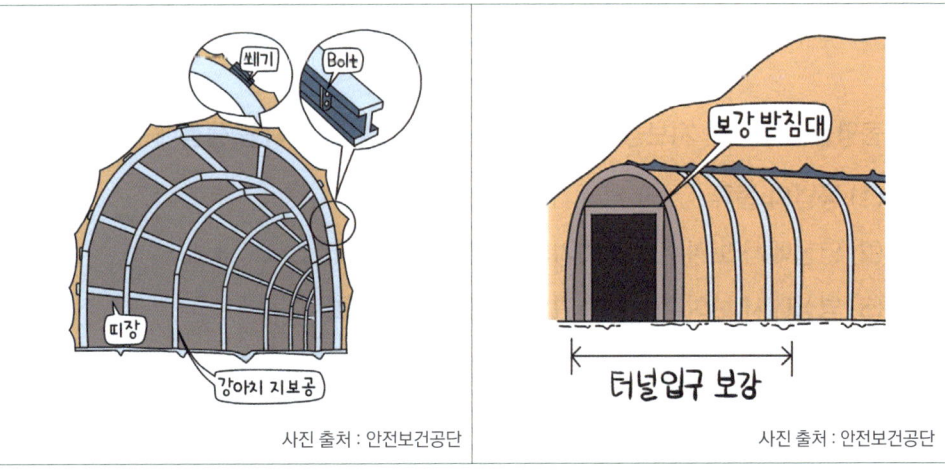

① 조립간격은 조립도에 따를 것
② 주재가 아치작용을 충분히 할 수 있도록 쐐기를 박는 등 필요한 조치를 할 것
③ 연결 볼트 및 띠장 등을 사용하여 주재 상호 간을 튼튼하게 연결할 것
④ 터널 등의 출입구 부분에는 받침대를 설치할 것
⑤ 낙하물이 근로자에게 위험을 미칠 우려가 있는 경우에는 널판 등을 설치할 것

**참고**

**강(鋼)아치 지보공** : 강재(鋼材)로 제작된 아치형의 터널 지보공을 말한다.

**03** 동영상은 크레인(타워크레인)의 작업 장면을 보여주고 있다. 크레인(호이스트 포함)에 부착하여야 할 방호장치의 종류를 2가지 적으시오. (4점)

① 과부하방지장치
② 권과방지장치
③ 비상정지장치
④ 제동장치

**04** 동영상은 흙막이 지보공 작업 장면을 보여 주고 있다. 다음 물음에 답하시오. (4점)

(1) 공법의 종류
(2) 영상에서 보여주는 계측기의 명칭을 적으시오.
(3) 영상에서 보여주는 계측기의 용도를 적으시오.

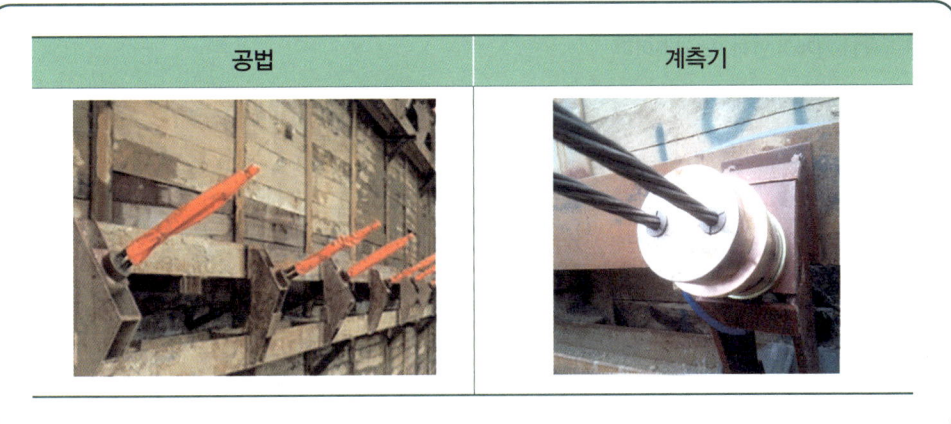

(1) 어스 앵커 공법
(2) 하중계(Load Cell)
(3) 스트러트(Strut) 또는 어스앵커(Earth anchor) 등의 축 하중 변화를 측정한다.

05 동영상은 터널 굴착 장비를 조립하고 이를 이용하여 굴착 및 토사운반 작업 과정을 보여주고 있다. (1) 동영상에서 보여주는 기계의 명칭을 적으시오. (2) 동영상의 기계가 할 수 있는 작업의 종류(용도) 2가지를 적으시오. (4점)

사진 출처 : 한화건설

(1) 기계의 명칭 : 스크레이퍼

(2) 작업의 종류
   ① 토사의 굴삭(굴착)
   ② 토사의 적재
   ③ 토사의 운반
   ④ 지반 고르기

**06** 동영상에서는 아파트 건설현장의 외벽 거푸집 작업을 보여준다. (1) 영상에서 보여주는 거푸집의 명칭을 적으시오. (2) 콘크리트 타설 시 측압에 영향을 주는 요인 3가지를 적으시오. (6점)

사진 출처 : DONG IN

사진 출처 : ㈜ 한림

(1) 거푸집의 명칭 : 갱폼

(2) 측압에 영향을 주는 요인
   ① 타설 속도
   ② 콘크리트 비중
   ③ 타설 시 온도 및 습도
   ④ 철골, 철근량
   ⑤ 콘크리트 다짐 정도

> **참고**
>
> **갱폼(GANG FORM)** : 주로 고층 아파트와 같은 상·하부 동일 구조물에서 **외부벽체 거푸집과 작업발판용 케이지(CAGE)**를 일체로 제작하여 사용하는 대형 거푸집을 말한다.

**07** 동영상에서는 아파트 공사현장을 보여준다. 작업자가 낙하물 방지망 보수작업을 하던 중 떨어지는 사고가 발생한다. (1) 동영상에서 발생한 사고의 재해 발생 형태와 (2) 동종 재해의 방지를 위하여 취해야 할 조치사항을 2가지 적으시오. (4점)

> **화면 설명**
>
> 작업발판이 미설치된 비계 위에서 안전모를 착용한 작업자가 낙하물 방지망을 비계에 고정하던 중 떨어진다.

**정답**

(1) 재해 발생 형태 : 떨어짐

(2) 조치사항
　① 안전한 작업발판 설치
　② 작업자 안전대 착용
　③ 안전난간 설치

**주의** 동영상을 확인하고 답을 적으세요!

**08** 동영상에서는 도심지의 깊은 굴착현장에 설치된 흙막이 지보공을 보여준다. 흙막이 지보공을 설치한 경우의 점검사항 3가지를 적으시오. (6점)

① 부재의 손상·변형·부식·변위 및 탈락의 유무와 상태
② 버팀대의 긴압의 정도
③ 부재의 접속부·부착부 및 교차부의 상태
④ 침하의 정도

# 2016  2회 1부

## 건설안전산업기사 작업형

**01** 동영상에서는 임시 분전반 주변에서 작업하는 모습을 보여준다. 충전부에 작업자가 직접 접촉함으로 인한 감전방지 조치사항(충전부에 대하여 사업주가 하여야 할 방호조치) 3가지를 적으시오. (6점)

정답

① 충전부가 노출되지 아니하도록 **폐쇄형 외함이 있는 구조**로 할 것
② 충전부에 충분한 절연 효과가 있는 **방호망 또는 절연덮개**를 설치할 것
③ 충전부는 내구성이 있는 **절연물로 덮어 감쌀 것**
④ **전주 위 및 철탑 위** 등 격리되어 있는 장소로서 관계 근로자 외의 자가 접근할 우려가 없는 장소에 충전부를 설치할 것
⑤ 발전소·변전소 및 개폐소 등 구획되어 있는 장소로서 **관계 근로자가 아닌 사람의 출입이 금지되는 장소**에 충전부를 설치하고, 위험표시 등의 방법으로 방호를 강화할 것

**02** 동영상에서 보여주는 (1) 기계의 명칭을 적으시오. (2) 기계의 용도를 적으시오.

사진 출처 : https://blog.daum.net/kmozzart/13288

사진 출처 : 나무위키

(1) 기계의 명칭 : 아스팔트 피니셔
(2) 기계의 용도 : 아스팔트 콘크리트의 포장

**03** 동영상에서는 클램셸을 보여준다. 동영상에서 보여주고 있는 장비의 용도(사용되는 작업) 2가지를 적으시오. (4점)

① 수중굴착
② 연약지반 굴착
③ 좁은 장소의 깊은 굴착

**04** 동영상에서는 항타기 작업을 보여주고 있다. 항타기 및 항발기의 무너짐을 방지하기 위한 조치사항 3가지를 적으시오. (6점)

① **연약한 지반에 설치**하는 때에는 아웃트리거·받침 등 지지구조물의 침하를 방지하기 위하여 **깔판·받침목 등을 사용**할 것
② **시설 또는 가설물 등에 설치하는 경우**에는 그 내력을 확인하고 내력이 부족하면 그 내력을 보강할 것
③ 아웃트리거·받침 등 **지지구조물이 미끄러질 우려가 있는 때에는 말뚝 또는 쐐기 등을 사용하여** 해당 지지구조물을 고정시킬 것
④ **궤도 또는 차로 이동하는 항타기 또는 항발기**에 대하여는 **불시에 이동하는 것을 방지하기 위하여 레일 클램프 및 쐐기 등으로 고정**시킬 것
⑤ 상단 부분은 버팀대·버팀줄로 고정하여 안정시키고, 그 하단 부분은 견고한 버팀·말뚝 또는 철골 등으로 고정시킬 것

**05** 동영상에서 작업자는 둥근톱 작업을 하고 있다. 작업자가 분전함의 누전차단기와 전선의 상태를 확인한 후 둥근톱으로 합판을 절단하던 중 사고가 발생한다. 작업자는 합판 절단 중 다른 곳을 보고 있으며, 면장갑을 착용하고 있다. 둥근톱의 톱날접촉예방장치는 위로 올라가 있는 상태이다. 동영상을 참고하여 다음 물음에 답하시오. (6점)

(1) 동영상의 재해발생 원인을 2가지 적으시오.
(2) 전동기계기구를 사용하여 작업을 하는 경우 감전을 방지하기 위하여 반드시 누전차단기를 설치하여야 하는 장소(기계·기구) 2가지를 적으시오.

정답

(1) 재해발생 원인
　① 작업자가 면장갑을 착용하고 작업함(면장갑을 착용하여 둥근톱에 장갑이 말려들 위험 있다.)
　② 톱날 접촉 예방 장치 설치 불량(또는 톱날 접촉 예방 장치를 제거하고 작업함)
　③ 반발 예방 장치 미설치
　④ 보안경 및 방진마스크 미착용

(2) 누전차단기를 설치하여야 하는 장소(기계·기구)
　① 대지전압이 150볼트를 초과하는 이동형 또는 휴대형 전기기계·기구
　② 물 등 도전성이 높은 액체가 있는 습윤장소에서 사용하는 저압용 전기기계·기구
　③ 철판·철골 위 등 도전성이 높은 장소에서 사용하는 이동형 또는 휴대형 전기기계·기구
　④ 임시배선의 전로가 설치되는 장소에서 사용하는 이동형 또는 휴대형 전기기계·기구

**특급 암기법**　누전차단기 설치 → 누전이 잘 생기는 곳(전기가 잘 통하는 곳)
　　　　　　　→ 1. 땅(대지전압 150V 초과) 2. 물(습윤장소) 3. 철판, 철골(도전성이 높은 장소)

06  동영상은 터널굴착 현장을 보여준다. 다음 물음에 답하시오. (6점)

(1) 동영상에서 보여주는 터널 굴착공법의 명칭을 적으시오.
(2) 이 공법의 적용이 어려운 지반을 2가지 적으시오.

(1) 공법의 명칭 : TBM 공법

(2) 적용이 어려운 지반
   ① 연약지반
   ② 단면형상의 변형이 심한 경우
   ③ 다량의 용수가 있는 지반

07  동영상에서는 도심지의 깊은 굴착현장에 설치된 흙막이 지보공을 보여준다. 흙막이 지보공을 설치한 경우의 점검사항 2가지를 적으시오. (4점)

> **정답**
> ① 부재의 **손상·변형·부식**·변위 및 **탈락**의 유무와 상태
> ② 버팀대의 **긴압**의 정도
> ③ 부재의 **접속부·부착부** 및 **교차부**의 상태
> ④ **침하**의 정도

**08** 동영상에서 보여주는 와이어로프의 체결방법 중 올바른 것의 번호를 적으시오. (4점)

> **정답**
> ①

# 2016 2회 2부

## 건설안전산업기사 작업형

01 동영상은 근로자가 밀폐공간에서 방수작업을 하던 중 쓰러지는 장면을 보여준다. (1) 산소결핍의 기준을 적으시오. (2) 동종 재해방지를 위한 안전대책 3가지를 적으시오. (6점)

(1) 산소결핍의 기준 : 산소 농도가 18% 미만인 상태
(2) 동종 재해방지를 위한 안전대책(밀폐공간에서 근로자가 작업하는 경우의 안전조치 사항)
   ① 작업 시작 전 및 작업 중에 해당 작업장을 **적정공기 상태가 유지되도록 환기**하여야 한다.
   ② 밀폐공간에 근로자를 종사하도록 하는 경우에는 그 장소에 **근로자를 입장시킬 때와 퇴장시킬 때마다 인원을 점검**하여야 한다.
   ③ 작업하는 **근로자가 아닌 사람**이 그 장소에 **출입하는 것을 금지**하고, 출입 금지 표지를 밀폐공간 근처의 보기 쉬운 장소에 **게시**하여야 한다.
   ④ 작업 상황을 감시할 수 있는 **감시인을 지정**하여 밀폐공간 **외부에 배치**하여야 한다.
   ⑤ 밀폐공간에서 작업을 하는 동안 그 **작업장과 외부의 감시인 간에 항상 연락을 취할 수 있는 설비를 설치**하여야 한다.
   ⑥ 밀폐공간에서 작업을 하는 경우에 **산소결핍이나 유해가스로 인한 질식·화재·폭발 등의 우려가 있으면 즉시 작업을 중단시키고 해당 근로자를 대피**하도록 하여야 한다.
   ⑦ **공기호흡기 또는 송기마스크, 안전대나 구명밧줄, 사다리 및 섬유로프 등** 비상 시에 대피용 기구 및 근로자를 구출하기 위하여 **필요한 기구를 갖추어 두어야 한다.**
   ⑧ 밀폐공간에서 근로자를 구출하는 경우 **구출 작업에 종사하는 근로자에게 공기호흡기 또는 송기마스크를 지급**하여야 한다.

**02** 동영상은 교량 가설 공법을 보여주고 있다. 1번 사진은 현장의 전경, 2번 사진은 추진코, 3번 사진은 PC 슬래브 제작장, 4번 사진은 반력대, 5번 사진은 추진잭, 6번 사진은 슬래브 탈락 방지시설 등을 보여주고 있다. 이와 같은 공법의 명칭을 적으시오. (4점)

사진 출처 : https://m.blog.naver.com/safe1825/50131226625

사진 출처 : ㈜ 관수이엔씨

**정답**

ILM 공법(압출 공법)

**참고**

**ILM**(Incremental Launching Method) 공법 : 주형 제작장에서 세그먼트를 제작하여 압출장치에 의해 거더를 밀어내어 교량을 가설하는 공법

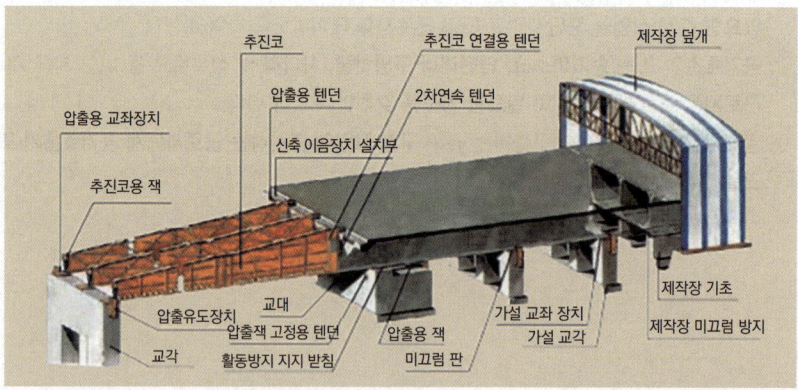

그림 출처 : 안전보건공단 ILM 교량 가설공법 안전

**03** 동영상에서는 타워크레인의 모습을 보여준다. 동영상과 같은 크레인을 해체작업할 때의 안전 조치사항 2가지를 적으시오. (6점)

정답

① 작업순서를 정하고 그 순서에 따라 작업을 할 것
② 작업을 할 구역에 관계 근로자가 아닌 사람의 출입을 금지하고 그 취지를 보기 쉬운 곳에 표시할 것
③ 비, 눈, 그 밖에 기상상태의 불안정으로 날씨가 몹시 나쁜 경우에는 그 작업을 중지시킬 것
④ 작업장소는 안전한 작업이 이루어질 수 있도록 충분한 공간을 확보하고 장애물이 없도록 할 것
⑤ 들어올리거나 내리는 기자재는 균형을 유지하면서 작업을 하도록 할 것
⑥ 크레인의 성능, 사용조건 등에 따라 충분한 응력(應力)을 갖는 구조로 기초를 설치하고 침하 등이 일어나지 않도록 할 것
⑦ 규격품인 조립용 볼트를 사용하고 대칭되는 곳을 차례로 결합하고 분해할 것

**04** 동영상에서는 차량계 건설기계 작업을 보여준다. 차량계 건설기계 작업 시의 기계의 넘어짐 (전도, 전락) 방지 및 근로자와의 접촉방지를 위한 조치사항 3가지를 적으시오. (6점)

① 유도자 배치
② 지반의 부동침하 방지
③ 갓길의 붕괴 방지
④ 도로의 폭 유지

**참고**

차량계 하역운반기계의 넘어짐(전도) 방지 조치

① 유도자 배치
② 지반의 부동침하 방지
③ 갓길의 붕괴 방지

**05** 동영상에서 작업자는 지게차(차량계 하역운반기계)를 이용하여 판넬 운반 작업을 하고 있다. 신호수의 지시에 따라 운전하던 중 판넬이 신호수에게 낙하하는 사고가 발생한다. 사고의 원인 2가지를 적으시오. (4점)

① 화물의 **하중이 한쪽으로 치우쳐 적재**되었다.
② 화물의 붕괴 또는 낙하에 의한 위험을 방지하기 위하여 **화물에 로프를 거는 등의 조치를 하지 않았다.**
③ **운전자의 시야를 가려 적재**하였다.

**참고**

차량계 하역운반기계에 화물적재 시의 조치

① **하중이 한쪽으로 치우치지 않도록 적재**할 것
② 구내운반차 또는 화물자동차의 경우 **화물의 붕괴 또는 낙하에 의한 위험을 방지하기 위하여 화물에 로프를 거는 등 필요한 조치**를 할 것
③ **운전자의 시야를 가리지 않도록 화물을 적재**할 것
④ 화물을 적재하는 경우에는 **최대적재량을 초과해서는 아니 된다.**

**06** 동영상은 서해대교의 모습을 보여준다. 다음의 물음에 적합한 답을 적으시오. (4점)

사진 출처 : 교통일보

사진 출처 : 당진신문

(1) 영상과 같은 교량의 형식을 적으시오.

(2) [보기]의 교량 공정을 참고하여 교량 시공순서를 번호로 적으시오.

[보기]
① 케이블 실치  ② 우물통 기초공사  ③ 수탑 시공  ④ 상판 아스팔트 타설

**정답**
(1) 사장교
(2) ② - ③ - ① - ④

**07** 동영상에서는 백호를 이용하여 굴착한 흙을 언덕 위에서 트럭에 퍼 담는 장면을 보여준다. (1) 풍화암의 굴착면 기울기 기준을 적으시오. (2) 작업구역 내에 근로자가 접근 시의 위험방지 대책 2가지를 적으시오. (4점)

(1) 1 : 1.0
(2) ① 작업 반경 내 출입금지 조치
② 유도자 및 교통 정리원을 배치하여 작업한다.

| 지반의 종류 | 굴착면의 기울기 |
|---|---|
| 모래 | 1 : 1.8 |
| 연암 및 풍화암 | 1 : 1.0 |
| 경암 | 1 : 0.5 |
| 그 밖의 흙 | 1 : 1.2 |

**08** 산업안전보건법에 의하여 터널 지보공 중 강(鋼)아치 지보공의 조립 시에 따라야 하는 사항 3가지를 적으시오. (6점)

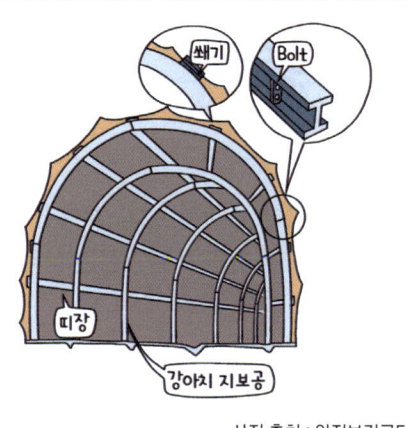 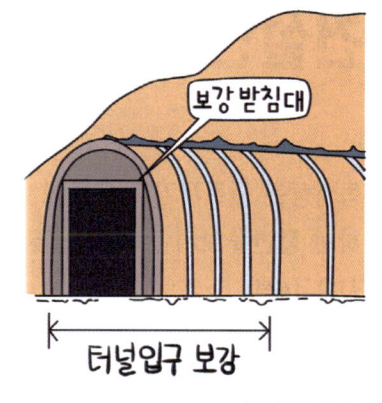

사진 출처 : 안전보건공단    사진 출처 : 안전보건공단

**정답**
① 조립간격은 조립도에 따를 것
② 주재가 아치작용을 충분히 할 수 있도록 쐐기를 박는 등 필요한 조치를 할 것
③ 연결 볼트 및 띠장 등을 사용하여 주재 상호 간을 튼튼하게 연결할 것
④ 터널 등의 출입구 부문에는 받침대를 설치할 것
⑤ 낙하물이 근로자에게 위험을 미칠 우려가 있는 경우에는 널판 등을 설치할 것

**참고**

**강(鋼)아치 지보공** : 강재(鋼材)로 제작된 아치형의 터널 지보공을 말한다.

# 2016  4회 1부

## 건설안전산업기사 작업형

**01** 동영상은 근로자가 리프트에 탑승하지 못하고 외부 비계를 타고 올라가다 사고가 발생하는 장면을 보여 준다. 추락재해의 원인이 되는 시설 측면의 불안전한 상태 2가지를 적으시오. (4점)

 정답
① 외부비계에 **작업발판 및 이동통로를** 설치하지 않았다.
② **추락방호망을** 설치하지 않았다.
③ **안전난간을** 설치하지 않았다.

참고

외부비계의 작업발판 및 이동통로

**02** 동영상은 백호를 이용하여 하수관을 인양하는 장면을 보여주고 있다. 동영상에서의 재해를 다음과 같이 분석하시오. (6점)

> **화면 설명**
> 하수관을 1줄 걸이로 인양하여 이동하던 중 하수관이 흔들리자 신호수가 손으로 잡다가 하수관이 떨어진다. 하수관 바로 아래에서 작업하던 작업자가 떨어지는 하수관 아래에 깔리는 사고가 발생한다. 훅에는 해지 장치가 설치되지 않았으며 유도 로프도 사용하지 않았다.

(1) 재해 발생 형태

(2) 재해 발생 원인 1가지를 적으시오.

**정답**

(1) 재해 발생 형태 : 맞음

(2) 재해 발생 원인
  ① 하수관과 같은 긴 자재의 인양 시는 2줄 걸이를 하여야 하나 **1줄 걸이로 작업하였다.**
  ② 훅에 **해지장치를 사용하지 않았다.**
  ③ 화물 인양작업을 할 수 없는 굴착기로 인양하였다.
  ④ **유도 로프를 사용하지 않았다.**
  ⑤ 작업반경 내에 **근로자 출입을 통제하지 않았다.**

## 03 동영상에서는 건설현장의 경사로를 보여준다. 다음 물음에 적합한 내용을 적으시오. (6점)

> [보기]
> (1) 「가설공사 표준안전 작업지침」에 의하여 경사로의 비탈면의 경사각은 ( ① ) 이내로 한다.
> 
> (2) 「가설공사 표준안전 작업지침」에 의하여 경사로의 높이 ( ② ) 이내마다 계단참을 설치하여야 한다.
> 
> (3) 산업안전보건법에 의하여 근로자가 안전하게 통행할 수 있도록 통로에 ( ③ ) 이상의 채광 또는 조명시설을 하여야 한다.

그림 출처 : 안전보건공단

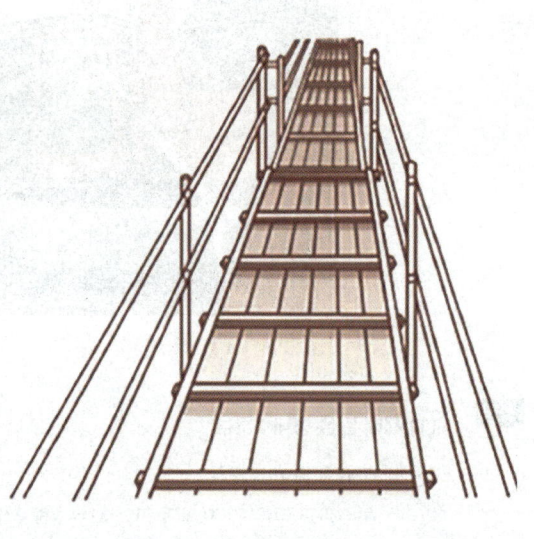

그림 출처 : 건설공무

**정답**
① 30도  ② 7미터  ③ 75럭스(Lux)

04 동영상은 콘크리트 말뚝의 항타작업을 보여준다. (1) 콘크리트 말뚝의 항타 공법의 종류를 2가지 적으시오. (2) 콘크리트 말뚝의 단점 2가지를 적으시오. (4점)

사진 출처 : 토목신문

사진 출처 : https://www.youtube.com/watch?v=_Fj5sfFVTjI

(1) 항타 공법의 종류
　① 타격 공법
　② 진동 공법
　③ 프리보링 공법
　④ 압입 공법

(2) 단점
　① 운반 시 균열 또는 파손이 발생할 수 있다.
　② 말뚝 이음부의 신뢰성(품질)이 떨어질 수 있다.
　③ 무거워서 취급이 곤란하다.

**05** 동영상은 교각공사에서 철근을 조립하는 모습을 보여준다. 철근의 이음방법 3가지를 적으시오. (6점)

① 겹침 이음
② 기계적 이음
③ 가스압접 이음
④ 용접 이음

**06** 동영상에서는 철골공사 현장을 보여준다. 철골작업을 중지하여야 하는 조건을 3가지 적으시오. (6점)

① 풍속이 초당 10m(미터) 이상인 경우
② 강우량이 시간당 1mm(밀리미터) 이상인 경우
③ 강설량이 시간당 1cm(센티미터) 이상인 경우

**07** 동영상은 항타기의 작업 모습을 보여준다. 권상용 와이어로프의 사용금지 기준 3가지를 적으시오. (6점)

① 이음매가 있는 것
② 와이어로프의 한 꼬임에서 끊어진 소선의 수가 10퍼센트 이상인 것
③ 지름의 감소가 공칭지름의 7퍼센트를 초과하는 것
④ 꼬인 것
⑤ 심하게 변형되거나 부식된 것
⑥ 열과 전기충격에 의해 손상된 것

**08** 동영상에서는 콘크리트 타설작업을 보여준다. 콘크리트 타설작업 시의 준수사항 2가지를 적으시오. (4점)

사진 출처 : https://e-depot.kr/503

① 당일의 작업을 시작하기 전에 해당 작업에 관한 거푸집 동바리 등의 변형·변위 및 지반의 침하 유무 등을 점검하고 이상이 있으면 보수할 것
② 작업 중에는 감시자를 배치하는 등의 방법으로 거푸집 및 동바리의 변형·변위 및 침하 유무 등을 확인해야 하며, 이상이 있으면 작업을 중지하고 근로자를 대피시킬 것
③ 콘크리트의 타설작업 시 거푸집붕괴의 위험이 발생할 우려가 있으면 충분한 보강조치를 할 것
④ 설계도서상의 콘크리트 양생기간을 준수하여 거푸집 및 동바리를 해체할 것
⑤ 콘크리트를 타설하는 경우에는 편심이 발생하지 않도록 골고루 분산하여 타설할 것

# 2016 4회 2부

## 건설안전산업기사 작업형

**01** 동영상에서는 임시 분전반 주변에서 작업하는 모습을 보여준다. 충전부에 작업자가 직접 접촉함으로 인한 감전방지 조치사항(충전부에 대하여 사업주가 하여야 할 방호조치) 3가지를 적으시오. (6점)

① 충전부가 노출되지 아니하도록 폐쇄형 외함이 있는 구조로 할 것
② 충전부에 충분한 절연효과가 있는 방호망 또는 절연덮개를 설치할 것
③ 충전부는 내구성이 있는 절연물로 덮어 감쌀 것
④ 전주 위 및 철탑 위 등 격리되어 있는 장소로서 관계근로자 외의 자가 접근할 우려가 없는 장소에 충전부를 설치할 것
⑤ 발전소·변전소 및 개폐소 등 구획되어 있는 장소로서 관계 근로자가 아닌 사람의 출입이 금지되는 장소에 충전부를 설치하고, 위험표시 등의 방법으로 방호를 강화할 것

**02** 동영상은 타워크레인을 이용하여 비계재료인 강관을 들어 올리는 모습을 보여준다. 강관을 와이어로프 한 가닥으로만 묶고 인양하고 있으며 작업자는 안전모의 턱 끈을 매지 않고 작업하고 있다. 동영상에서 재해의 요인으로 추정되는 사항을 2가지만 적으시오.

① 강관을 한 곳만 묶어(1줄 걸이) 인양하였다.
② 작업자가 안전모의 턱 끈을 매지 않았다.
③ 작업반경 내 출입금지 조치를 실시하지 않았다.(작업 반경 내에 근로자가 접근하였다.)
④ 신호수를 배치하지 않았다.

**참고**

2줄 걸이 작업 – 올바른 작업

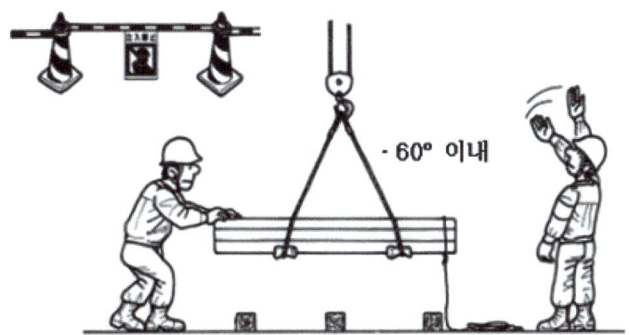

**03** 동영상에서는 추락 방호망을 보여준다. 추락 방호망 등 방망의 정기시험에 관한 내용이다. 괄호에 적합한 내용을 적으시오. (6점)

> 방망의 정기시험은 사용개시 후 ( ① ) 이내로 하고, 그 후 ( ② )마다 1회씩 정기적으로 시험 용사에 대해서 ( ③ )을 하여야 한다.

① 1년
② 6개월
③ 등속인장시험

04 동영상에서는 철근을 운반하는 장면을 보여준다. 철근을 인력으로 운반할 경우의 준수사항 3가지를 적으시오. (6점)

① 1인당 무게는 25킬로그램 정도가 적절하며, 무리한 운반을 삼가하여야 한다.
② 2인 이상이 1조가 되어 어깨메기로 하여 운반하는 등 안전을 도모하여야 한다.
③ 긴 철근을 부득이 한 사람이 운반할 때에는 한쪽을 어깨에 메고 한쪽 끝을 끌면서 운반하여야 한다.
④ 운반할 때에는 양끝을 묶어 운반하여야 한다.
⑤ 내려 놓을 때는 천천히 내려놓고 던지지 않아야 한다.
⑥ 공동 작업을 할 때에는 신호에 따라 작업을 하여야 한다.

05 동영상에서 작업자는 상수도관을 매설하기 위하여 굴착작업을 하고 있다. 굴착작업 시 각 지반의 종류에 따른 기울기 기준을 적으시오. (4점)

| 지반의 종류 | 굴착면의 기울기 |
|---|---|
| 모래 | ( ① ) |
| 연암 및 풍화암 | ( ② ) |
| 경암 | ( ③ ) |
| 그 밖의 흙 | ( ④ ) |

| 지반의 종류 | 굴착면의 기울기 |
|---|---|
| 모래 | 1 : 1.8 |
| 연암 및 풍화암 | 1 : 1.0 |
| 경암 | 1 : 0.5 |
| 그 밖의 흙 | 1 : 1.2 |

**06** 동영상은 콘크리트 말뚝의 항타작업을 보여준다. (1) 콘크리트 말뚝의 항타 공법의 종류를 2가지 적으시오. (2) 콘크리트 말뚝의 단점 2가지를 적으시오. (4점)

사진 출처 : 토목신문

사진 출처 : https://www.youtube.com/watch?v=_Fj5sfFVTjl

**정답**

(1) 항타 공법의 종류
   ① 타격 공법
   ② 진동 공법
   ③ 프리보링 공법
   ④ 압입 공법

(2) 단점
   ① 운반 시 균열 또는 파손이 발생할 수 있다.
   ② 말뚝 이음부의 신뢰성(품질)이 떨어질 수 있다.
   ③ 무거워서 취급이 곤란하다.

**07** 동영상은 이동식 비계를 이용한 작업을 보여준다. 이동식 비계의 구조(설치 기준) 3가지를 적으시오.

**정답**

① 바퀴에는 갑작스러운 이동 또는 전도를 방지하기 위하여 브레이크·쐐기 등으로 바퀴를 고정시킨 다음 비계의 일부를 견고한 시설물에 고정하거나 아웃트리거를 설치할 것
② 승강용사다리는 견고하게 설치할 것

③ 비계의 최상부에서 작업을 할 때에는 안전난간을 설치할 것
④ 작업발판은 항상 수평을 유지하고 작업발판 위에서 안전난간을 딛고 작업을 하거나 받침대 또는 사다리를 사용하여 작업하지 않도록 할 것
⑤ 작업발판의 최대적재하중은 250킬로그램을 초과하지 않도록 할 것

### 참고

**이동식 비계**

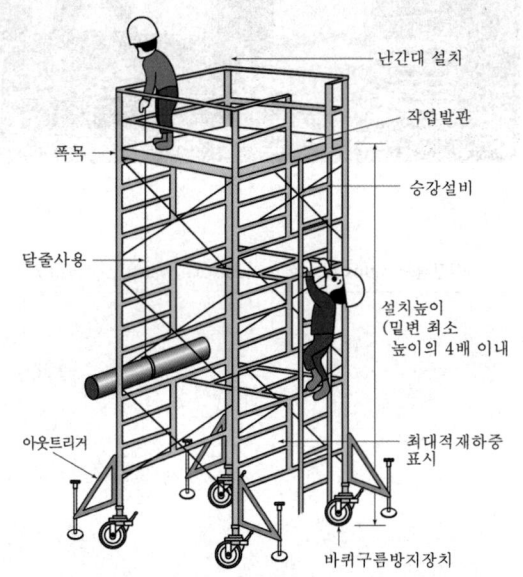

그림 출처 : 만화로 보는 산업안전보건 기준에 관한 규칙

**08** 동영상은 Precast Concrete 제품의 제작과정을 보여준다. (1) 동영상을 보고 올바른 제작 순서를 번호를 이용하여 순서대로 나열하시오. (2) 동영상에서 ④번 사진의 작업명칭을 적으시오. (3) Precast Concrete의 장점 3가지를 적으시오.

① 탈형　② 철근 거치　③ 선 부착품 설치　④ 거푸집 제작
⑤ 철근 배근 및 조립　⑥ 수중양생

Industrial Engineer Construction Safety

① 몰드 셋팅/청소

② 철근 배근

③ 철근 설치

④ 콘크리트 타설

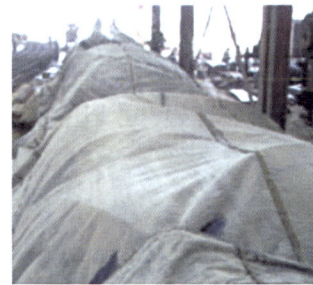
⑤ 양생

⑥ 탈형

 정답

**(1) 제작 순서**

④ → ③ → ② → ⑤ → ⑥ → ①

> 참고
>
> 거푸집 제작 → 선 부착품 설치 → 철근 거치 → 철근 배근 및 조립 → 콘크리트 타설 → 수중양생 → 탈형

**(2) 수중양생**

**(3) Precast 콘크리트의 장점**
① 공사기간 단축
② 공사비 절감(가설공사를 최소화 할 수 있다.)
③ 품질 향상
④ 동절기 시공 가능(기후의 영향을 적게 받는다.)

 교재의 그림과 해설은 Precast Concrete를 제작하는 과정을 설명한 것입니다. 시험에서는 동영상을 확인하고 번호를 적으세요.

> 참고

PC(Precast Concrete)공법 : 건축물의 구조부재인 기둥, 보, 슬래브 등을 공장에서 미리 만들어 현장에서 조립만 하는 공법

# 2017년 1회 1부

## 건설안전산업기사 작업형

**01** 동영상은 근로자가 리프트에 탑승하지 못하고 외부 비계를 타고 올라가다 사고가 발생하는 장면을 보여 준다. 추락재해의 원인이 되는 시설 측면의 불안전한 상태 2가지를 적으시오. (4점)

① 외부비계에 작업발판 및 이동통로를 설치하지 않았다.
② 추락방호망을 설치하지 않았다.
③ 안전난간을 설치하지 않았다.

**참고**

**외부비계의 작업발판 및 이동통로**

## 02 동영상은 터널 굴착 현장을 보여준다. (4점)

(1) 동영상에서 보여주는 터널 굴착공법의 명칭을 적으시오.

(2) 터널 굴착 시 작성하여야 하는 작업계획서에 포함하여야 하는 사항 3가지를 적으시오.

**(1) 공법의 명칭** : TBM 공법

**(2) 작업계획서에 포함 사항**
   ① 굴착의 방법
   ② 터널지보공 및 복공의 시공방법과 용수처리 방법
   ③ 환기 또는 조명시설을 하는 때에는 그 방법

### TBM 공법

터널 굴착기(tunnel boring machine)를 이용해서 암반을 압쇄, 절삭해서 굴착하는 기계식 터널 굴착 공법

03 동영상에서 작업자는 상수도관을 매설하기 위하여 굴착작업을 하고 있다. 굴착작업 시 각 지반의 종류에 따른 기울기 기준을 적으시오. (6점)

| 지반의 종류 | 굴착면의 기울기 |
|---|---|
| 모래 | ( ① ) |
| 연암 및 풍화암 | ( ② ) |
| 경암 | ( ③ ) |
| 그 밖의 흙 | 1 : 1.2 |

정답

| 지반의 종류 | 굴착면의 기울기 |
|---|---|
| 모래 | 1 : 1.8 |
| 연암 및 풍화암 | 1 : 1.0 |
| 경암 | 1 : 0.5 |
| 그 밖의 흙 | 1 : 1.2 |

04 동영상은 가설계단을 보여주고 있다. 다음 물음에 답하시오. (6점)

1. 계단 및 계단참의 강도는 매제곱미터당 ( ① )kg 이상이어야 하며 안전율은 ( ② )이상으로 하여야 한다.
2. 계단의 폭은 ( ③ )m 이상으로 하여야 한다. (다만, 급유용·보수용·비상용계단 및 나선형 계단에 대하여는 그러하지 아니하다.)
3. 높이가 3m를 초과하는 계단에는 높이 ( ④ )m 이내마다 너비 ( ⑤ )m 이상의 계단참을 설치 하여야 한다.
4. 바닥면으로부터 높이 ( ⑥ )m 이내의 공간에 장애물이 없도록 하여야 한다.

정답
1. ① 500, ② 4
2. ③ 1
3. ④ 3, ⑤ 1.2
4. ⑥ 2

참고

계단의 난간

- 높이 1미터 이상인 계단의 개방된 측면에 안전난간을 설치하여야 한다.

**05** 동영상에서 작업자는 비계를 조립 · 해체하는 작업 중이다. 안전작업 대책 2가지를 적으시오. (4점)

화면 설명

작업자는 안전대를 착용하지 않고 있으며 발판 또한 불안해 보인다. 해체한 비계를 아래로 던지는 장면을 보여준다.

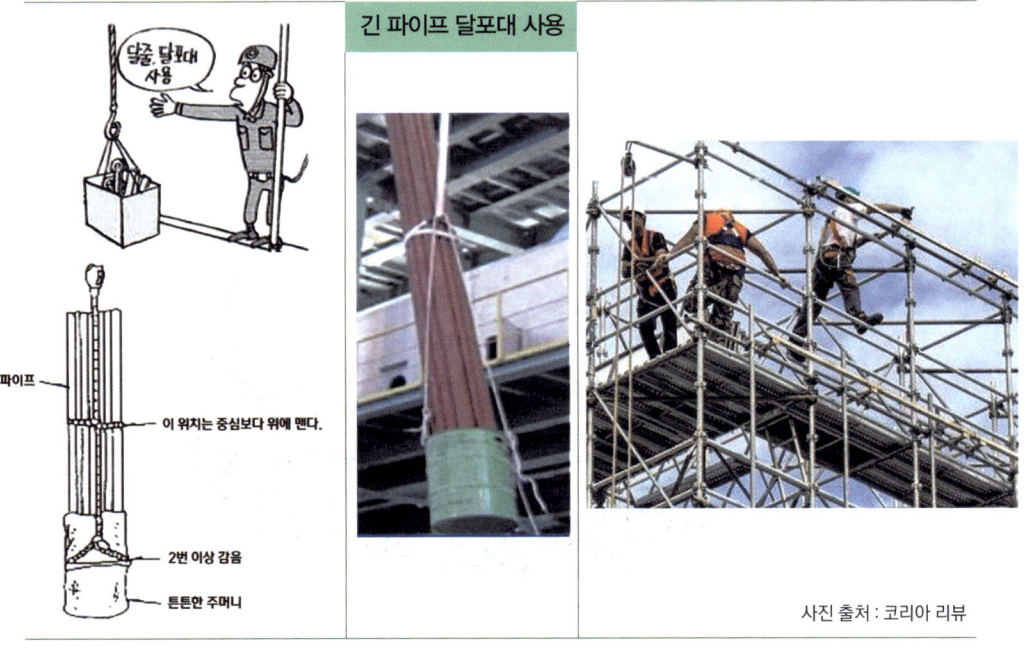

사진 출처 : 코리아 리뷰

**정답**
① 폭 20cm 이상의 발판을 설치하고 작업자는 안전대를 착용한다.
② 달줄 또는 달포대를 사용하여 자재를 운반한다.
③ 관리감독자를 배치하여 작업을 관리 감독한다.
④ 관계 근로자 외의 자의 출입을 금지한다.

**참고**

**달비계 또는 높이 5미터 이상의 비계 조립·해체 및 변경 시 준수사항**
① 관리감독자의 지휘 하에 작업하도록 할 것
② 조립·해체 또는 변경의 시기·범위 및 절차를 그 작업에 종사하는 근로자에게 교육할 것
③ 조립·해체 또는 변경작업 구역 내에는 당해 작업에 종사하는 근로자외의 자의 출입을 금지시키고 그 내용을 보기 쉬운 장소에 게시할 것
④ 비·눈 그 밖의 기상상태의 불안정으로 인하여 날씨가 몹시 나쁠 때에는 그 작업을 중지시킬 것
⑤ 비계재료의 연결·해체작업을 하는 때에는 폭 20센티미터 이상의 발판을 설치하고 근로자로 하여금 안전대를 사용하도록 하는 등 근로자의 추락방지를 위한 조치를 할 것
⑥ 재료·기구 또는 공구 등을 올리거나 내리는 때에는 근로자로 하여금 달줄 또는 달포대 등을 사용하도록 할 것

## 06 동영상에서는 콘크리트 믹서 트럭을 보여준다. 차량 내 내용물의 구성을 적으시오. (4점)

시멘트 + 물 + ( ① ), ( ② )

 **정답** ① 모래(잔골재) ② 자갈(굵은 골재)

**07** 동영상은 이동식 비계를 이용한 작업을 보여준다. 이동식 비계의 구조(설치기준) 3가지를 적으시오. (6점)

**정답**
① 바퀴에는 갑작스러운 이동 또는 전도를 방지하기 위하여 **브레이크·쐐기 등으로 바퀴를 고정시킨 다음** 비계의 일부를 견고한 시설물에 고정하거나 아웃트리거를 설치할 것
② 승강용사다리는 견고하게 설치할 것
③ 비계의 최상부에서 작업을 할 때에는 안전난간을 설치할 것
④ 작업발판은 항상 수평을 유지하고 작업발판 위에서 **안전난간을 딛고 작업을 하거나 받침대 또는 사다리를 사용하여 작업하지 않도록 할 것**
⑤ 작업발판의 최대적재하중은 250킬로그램을 초과하지 않도록 할 것

**참고**

**이동식 비계**

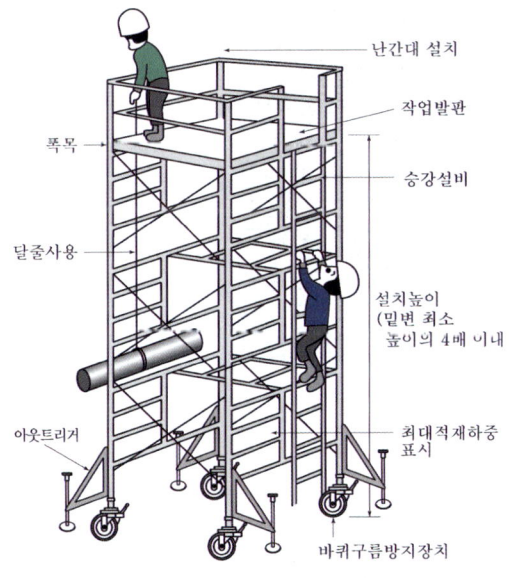

그림 출처 : 만화로 보는 산업안전보건 기준에 관한 규칙

08 동영상에서는 크레인(타워크레인)을 사용한 인양작업을 보여준다. 재해의 발생원인 2가지를 적으시오. (4점)

> 화면 설명
> 타워크레인으로 합판을 1줄 걸이로 인양하던 중 합판이 흔들리며 떨어진다. 그 아래에는 작업자가 지나가고 있다.

사진 출처 : 대한경제

**정답**
① 화물(합판)을 한 줄 걸이로 운반(중간의 1개소만 묶어서 운반) 하였다.(화물이 균형을 잃고 떨어짐)
② 작업 반경 내 출입 금지 조치를 실시하지 않았다.(작업 반경 내에 근로자가 접근하였다.)
③ 유도 로프를 사용하지 않아 화물(합판)이 흔들렸다.(유도 로프를 사용하지 않은 경우만 해당)

# 2017 1회 2부

# 건설안전산업기사 작업형

01 동영상에서는 철골공사 현장을 보여준다. 철골작업을 중지하여야 하는 조건을 3가지 적으시오. (6점)

 정답
① 풍속이 초당 10m(미터) 이상인 경우
② 강우량이 시간당 1mm(밀리미터) 이상인 경우
③ 강설량이 시간당 1cm(센티미터) 이상인 경우

02 동영상은 터널 굴착 장비를 조립하고 이를 이용하여 굴착 및 토사운반 작업 과정을 보여주고 있다. (1) 동영상에서 보여주는 기계의 명칭을 적으시오. (2) 동영상의 기계가 할 수 있는 작업의 종류(용도) 2가지를 적으시오. (6점)

사진 출처 : 한화건설

(1) 기계의 명칭 : 스크레이퍼
(2) 작업의 종류
  ① 토사의 굴삭(굴착)
  ② 토사의 적재
  ③ 토사의 운반
  ④ 지반 고르기

**03** 동영상에서는 임시 분전반 주변에서 작업하는 모습을 보여준다. 충전부에 작업자가 직접 접촉함으로 인한 감전방지 조치사항(충전부에 대하여 사업주가 하여야 할 방호조치) 3가지를 적으시오. (6점)

① 충전부가 노출되지 아니하도록 폐쇄형 외함이 있는 구조로 할 것
② 충전부에 충분한 절연 효과가 있는 방호망 또는 절연덮개를 설치할 것
③ 충전부는 내구성이 있는 절연물로 덮어 감쌀 것
④ 전주 위 및 철탑 위 등 격리되어 있는 장소로서 관계 근로자 외의 자가 접근할 우려가 없는 장소에 충전부를 설치할 것
⑤ 발전소·변전소 및 개폐소 등 구획되어 있는 장소로서 관계 근로자가 아닌 사람의 출입이 금지되는 장소에 충전부를 설치하고, 위험표시 등의 방법으로 방호를 강화할 것

**04** 동영상에서는 항타기 작업을 보여주고 있다. 항타기 및 항발기의 무너짐을 방지하기 위한 조치사항 2가지를 적으시오. (4점)

① **연약한 지반에 설치**하는 때에는 아웃트리거·받침 등 지지구조물의 침하를 방지하기 위하여 **깔판·받침목** 등을 사용할 것
② 시설 또는 가설물 등에 설치하는 경우에는 그 내력을 확인하고 내력이 부족하면 그 내력을 보강할 것
③ 아웃트리거·받침 등 **지지구조물이 미끄러질 우려가 있는 때에는 말뚝 또는 쐐기** 등을 사용하여 해당 지지구조물을 고정시킬 것
④ 궤도 또는 차로 이동하는 항타기 또는 항발기에 대하여는 불시에 이동하는 것을 방지하기 위하여 레일 클램프 및 쐐기 등으로 고정시킬 것
⑤ **상단 부분은 버팀대·버팀줄로 고정**하여 안정시키고, 그 하단 부분은 견고한 버팀·말뚝 또는 철골 등으로 고정시킬 것

05 동영상에서는 건설기계를 이용하여 잔골재를 밀고 있는 작업을 보여준다. (1) 건설기계의 명칭을 적으시오. (2) 동영상에서 보여주는 기계의 용도 3가지를 적으시오. (4점)

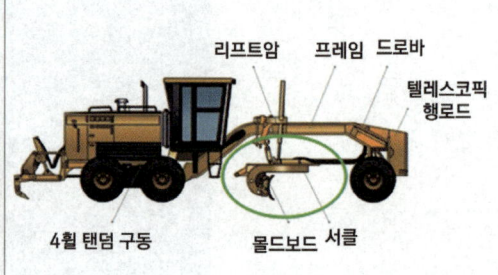

> **정답**
> (1) 건설기계의 명칭 : 모터그레이더
> (2) 용도
>   ① 지반의 정지작업(땅을 깎아 고르는 작업)
>   ② 도랑파기
>   ③ 제설작업

06 동영상은 터널 굴착 현장을 보여준다. (4점)

(1) 동영상에서 보여주는 터널 굴착공법의 명칭을 적으시오.
(2) 영상에서와 같은 터널 굴착공법의 적용이 어려운 지반을 적으시오.

(1) 공법의 명칭 : TBM 공법
(2) 적용이 어려운 지반
　① 연약지반
　② 단면형상의 변형이 심한 경우
　③ 다량의 용수가 있는 지반

07 화면에서 작업자는 승강기 개구부에서 작업하는 모습을 보여준다. 산업안전보건법에 의하여 작업발판 및 통로의 끝이나 개구부로서 근로자가 추락할 위험이 있는 장소에 설치하여야 하는 방호조치 3가지를 적으시오. (6점)

① 안전난간 설치
② 울타리 설치
③ 수직형 추락방망 또는 덮개 설치
④ 추락방호망 설치(안전난간 설치 곤란 또는 해체한 경우)

08 동영상은 근로자가 리프트에 탑승하지 못하고 외부 비계를 타고 올라가다 사고가 발생하는 장면을 보여 준다. 추락재해의 원인이 되는 시설 측면의 불안전한 상태 2가지를 적으시오. (4점)

정답
① 외부비계에 작업발판 및 이동통로를 설치하지 않았다.
② 추락방호망을 설치하지 않았다.
③ 안전난간을 설치하지 않았다.

참고

외부비계의 작업발판 및 이동통로

# 2017 2회 1부

## 건설안전산업기사 작업형

**01** 동영상에서 작업자는 지게차(차량계 하역운반기계)를 이용하여 판넬 운반 작업을 하고 있다. 신호수의 지시에 따라 운전하던 중 판넬이 신호수에게 낙하하는 사고가 발생한다. 사고의 원인 2가지를 적으시오. (4점)

**정답**

① 화물의 하중이 한쪽으로 치우쳐 적재되었다.
② 화물의 붕괴 또는 낙하에 의한 위험을 방지하기 위하여 화물에 로프를 거는 등의 조치를 하지 않았다.
③ 운전자의 시야를 가려 적재하였다.

**참고**

**차량계 하역운반기계에 화물적재 시의 조치**

① 하중이 한쪽으로 치우치지 않도록 적재할 것
② 구내운반차 또는 화물자동차의 경우 화물의 붕괴 또는 낙하에 의한 위험을 방지하기 위하여 화물에 로프를 거는 등 필요한 조치를 할 것
③ 운전자의 시야를 가리지 않도록 화물을 적재할 것
④ 화물을 적재하는 경우에는 최대적재량을 초과해서는 아니 된다.

**02** 동영상은 터널 굴착 현장을 보여준다. 다음 물음에 답하시오. (4점)

(1) 동영상에서 보여주는 터널 굴착공법의 명칭을 적으시오.

(2) 이 공법의 적용이 어려운 지반을 2가지 적으시오.

> **정답**
> (1) 공법의 명칭 : TBM 공법
> (2) 적용이 어려운 지반
>   ① 연약지반
>   ② 단면형상의 변형이 심한 경우
>   ③ 다량의 용수가 있는 지반

**03** 화면에서 작업자는 승강기 개구부에서 작업하는 모습을 보여준다. 산업안전보건법에 의하여 작업발판 및 통로의 끝이나 개구부로서 근로자가 추락할 위험이 있는 장소에 설치하여야 하는 방호조치 3가지를 적으시오. (6점)

> **정답**
> ① 안전난간 설치
> ② 울타리 설치
> ③ 수직형 추락방망 또는 덮개 설치
> ④ 추락방호망 설치(안전난간 설치 곤란 또는 해체한 경우)

**04** 동영상에서는 3가지 유형의 안전대를 보여준다. (1) 사진 [3]에서 화살표가 가리키는 부분의 명칭을 적으시오. (2) 사진 [1]과 비교하여 사진 [2]의 장점을 적으시오. (4점)

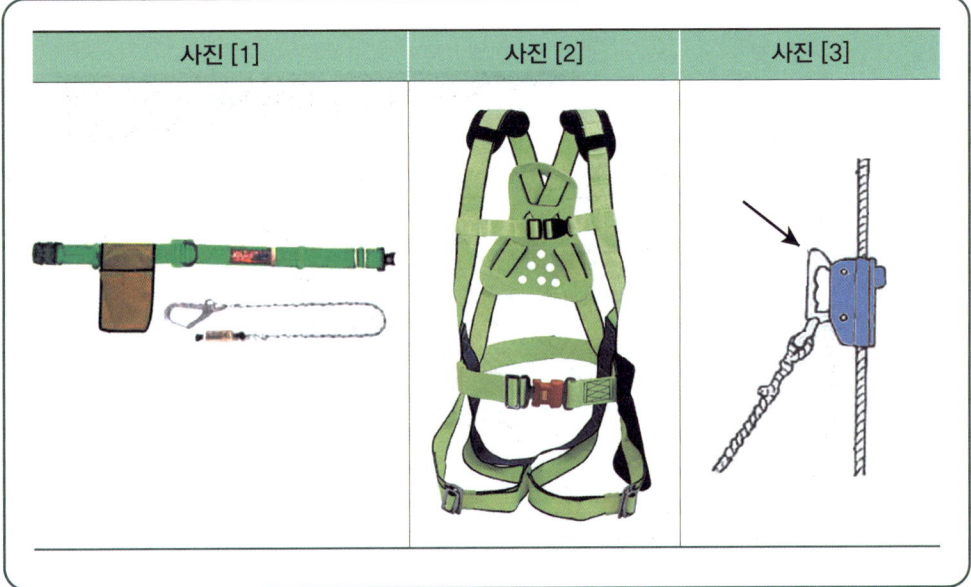

(1) 추락방지대
(2) **추락 시의 충격하중을 신체에 고르게 분산시켜 충격을 최소화한다.**

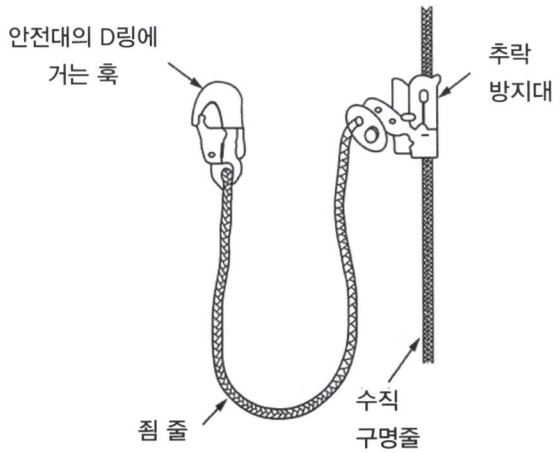

**05** 동영상에서 작업자는 작업발판 위에서 구두를 신은 채 도장작업을 하고 있다. 작업을 하던 중 옆으로 이동하다 떨어지는 사고를 당한다. 시설 측면에서의 안전 작업 대책 3가지를 적으시오. (6점)

① 안전한 작업발판 설치(작업발판 폭 40cm 이상의 발판을 설치하고 고정한다.)
② 추락방호망 설치(높이 10m 이상인 경우)
③ 안전난간 설치(높이 2m 이상이며 안전난간이 미설치 된 경우)

**06** 동영상은 이동식 비계를 이용한 작업을 보여준다. 이동식 비계의 구조(설치기준) 3가지를 적으시오. (6점)

① 바퀴에는 갑작스러운 이동 또는 전도를 방지하기 위하여 브레이크·쐐기 등으로 바퀴를 고정시킨 다음 비계의 일부를 견고한 시설물에 고정하거나 아웃트리거를 설치할 것
② 승강용사다리는 견고하게 설치할 것
③ 비계의 최상부에서 작업을 할 때에는 안전난간을 설치할 것
④ 작업발판은 항상 수평을 유지하고 작업발판 위에서 안전난간을 딛고 작업을 하거나 받침대 또는 사다리를 사용하여 작업하지 않도록 할 것
⑤ 작업발판의 최대적재하중은 250킬로그램을 초과하지 않도록 할 것

> 참고

**이동식 비계**

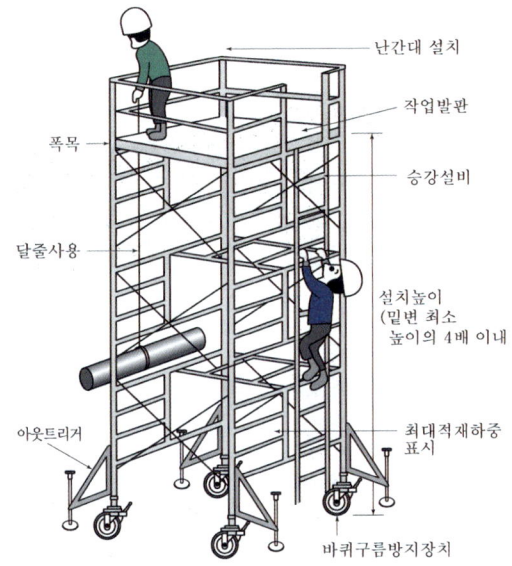

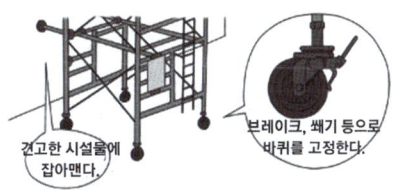

그림 출처 : 만화로 보는 산업안전보건 기준에 관한 규칙

---

**07** 동영상에서는 거푸집을 조립하는 장면을 보여준다. 거푸집 조립 순서를 번호를 이용하여 순서대로 나열하시오. (4점)

> ① 보 받이 내력벽  ② 기둥  ③ 큰 보  ④ 바닥  ⑤ 내벽  ⑥ 작은 보  ⑦ 외벽

 정답

② 기둥 → ① 보 받이 내력벽 → ③ 큰 보 → ⑥ 작은 보 → ④ 바닥 → ⑤ 내벽 → ⑦ 외벽

> 참고

① **조립 순서** : 기둥 → 보 받이 내력벽 → 큰 보 → 작은 보 → 바닥 → (내벽) → (외벽)
② **해체 순서** : 바닥 → 보 → 벽 → 기둥

08 동영상에서는 철골공사 중 볼트 작업 등을 하기 위하여 철골에 매달아 작업발판을 만드는 비계를 보여준다. 다음 물음에 답하시오. (6점)

그림 출처 : 안전보건공단 / 사진 출처 : 대한종합안전(주)

(1) 영상에서 보여주는 비계의 명칭을 적으시오.
(2) 해당 비계의 하중에 대한 안전계수는 얼마 이상이어야 하는가?
(3) 철근을 사용할 때 철근의 직경은 얼마 이상이어야 하는가?
(4) 해당 비계를 매다는 철선(소성철선)의 호칭치수는 얼마인가?

 정답

(1) 달대비계
(2) 8 이상
(3) 19mm(밀리미터) 이상
(4) #8

> **참고**

**달대비계**

① 달대비계를 매다는 철선은 **#8 소성철선을 사용**하며 **4가닥 정도로 꼬아서 하중에 대한 안전계수가 8 이상** 확보되어야 한다.
② **철근을 사용할 때에는 19밀리미터 이상**을 쓰며 근로자는 반드시 안전모와 안전대를 착용하여야 한다.
③ 달대비계는 가급적 안전성이 확보된 기성제품을 사용하고 현장에서 제작하는 경우 안전하중을 고려해야 하며 사용재료는 변형, 부식, 손상이 없어야 한다.
④ 달대비계에는 **최대적재하중과 안전 표지판을 설치**한다.
⑤ 달대비계는 적절한 양중장비를 사용하여 설치 장소까지 운반하고 안전대를 착용하는 등 안전한 작업방법으로 설치한다.

# 2017 2회 2부

## 건설안전산업기사 작업형

**01** 동영상에서는 철골공사 현장을 보여준다. 철골작업을 중지하여야 하는 조건을 3가지 적으시오. (6점)

> **정답**
> ① 풍속이 초당 10m(미터) 이상인 경우
> ② 강우량이 시간당 1mm(밀리미터) 이상인 경우
> ③ 강설량이 시간당 1cm(센티미터) 이상인 경우

**02** 동영상에서는 아파트 건설현장의 외벽 거푸집 작업을 보여준다. (1) 영상에서 보여주는 거푸집의 명칭을 적으시오. (2) 영상에서 보여주는 거푸집의 장점을 2가지 적으시오. (4점)

사진 출처 : DONG IN

사진 출처 : ㈜한림

(1) 거푸집의 명칭 : 갱폼

(2) 장점
    ① 무 비계공법으로 **작업자의 안전성 확보**
    ② **공사기간 단축 가능**
    ③ 콘크리트 면 미려, **품질 향상**
    ④ 견출 등 **마감작업 용이**

---

**참고**

**갱폼(GANG FORM)** : 주로 고층 아파트와 같은 상·하부 동일 구조물에서 **외부벽체 거푸집과 작업발판용 케이지(CAGE)를 일체로 제작하여 사용하는 대형 거푸집**을 말한다.

---

**03** 동영상은 흙막이 지보공 작업 장면을 보여 주고 있다. 다음 물음에 답하시오. (4점)

(1) 공법의 종류
(2) 영상에서 보여주는 계측기의 명칭을 적으시오.
(3) 영상에서 보여주는 계측기의 용도를 적으시오.

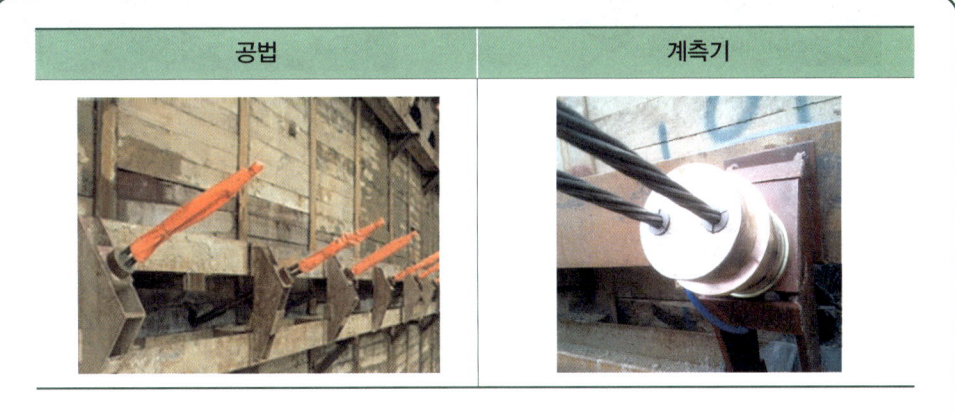

(1) 어스 앵커 공법
(2) 하중계(Load Cell)
(3) **스트러트(Strut)** 또는 **어스앵커(Earth anchor)** 등의 축 하중 변화를 측정한다.

04 동영상은 크레인(타워크레인)의 작업 장면을 보여주고 있다. 크레인(호이스트 포함)에 부착하여야 할 방호장치의 종류를 2가지 적으시오. (4점)

① 과부하방지장치
② 권과방지장치
③ 비상정지장치
④ 제동장치

05 동영상은 교량 가설 공법을 보여주고 있다. 1번 사진은 현장의 전경, 2번 사진은 추진코, 3번 사진은 PC 슬래브 제작장, 4번 사진은 반력대, 5번 사진은 추진잭, 6번 사진은 슬래브 탈락 방지시설 등을 보여주고 있다. 이와 같은 공법의 명칭을 적으시오. (4점)

사진 출처: https://m.blog.naver.com/safe1825/50131226625

사진 출처: ㈜관수이엔씨

ILM 공법(압출 공법)

> **참고**
>
> ILM(Incremental Launching Method) 공법 : 주형 제작장에서 세그먼트를 제작하여 압출장치에 의해 거더를 밀어내어 교량을 가설하는 공법

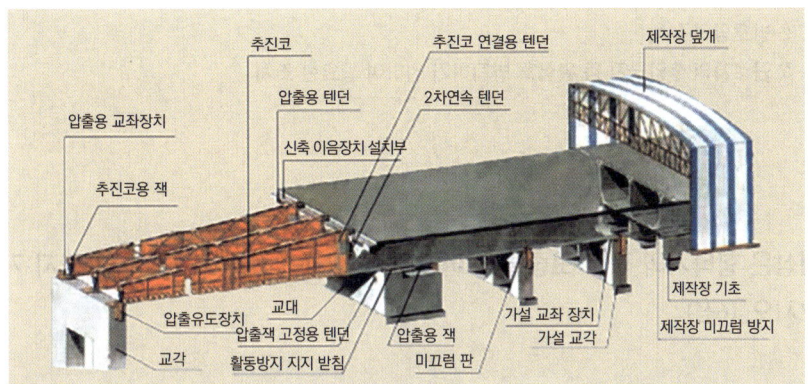

그림 출처 : 안전보건공단 ILM 교량 가설공법 안전

**06** 동영상은 현장에서 토사 굴착을 하는 모습을 보여준다. 다음 물음에 답하시오. (6점)

(1) 굴착작업 시 각 지반의 종류에 따른 기울기 기준을 적으시오.

| 지반의 종류 | 굴착면의 기울기 |
|---|---|
| 모래 | ( ① ) |
| 연암 및 풍화암 | ( ② ) |
| 경암 | ( ③ ) |
| 그 밖의 흙 | 1 : 1.2 |

(2) 토사 등의 붕괴 및 토석의 낙하로 인하여 근로자에게 위험을 미칠 우려가 있을 경우 취해야할 조치사항을 2가지 적으시오.

(1) ① 1:1.8  ② 1:1.0  ③ 1:0.5
(2) 토사 등의 붕괴 등에 의한 위험방지 조치
   ① 흙막이 지보공의 설치
   ② 방호망의 설치
   ③ 근로자의 출입금지 등 위험을 방지하기 위하여 필요한 조치

**07** 동영상은 항타기의 작업 모습을 보여준다. 권상용 와이어로프의 사용금지 기준 3가지를 적으시오. (6점)

① 이음매가 있는 것
② 와이어로프의 한 꼬임에서 끊어진 소선의 수가 10퍼센트 이상인 것
③ 지름의 감소가 공칭지름의 7퍼센트를 초과하는 것
④ 꼬인 것
⑤ 심하게 변형되거나 부식된 것
⑥ 열과 전기충격에 의해 손상된 것

**08** 동영상에서 작업자는 비계를 조립 · 해체하는 작업 중이다. 안전작업 대책 2가지를 적으시오. (4점)

<u>화면 설명</u>
작업자는 안전대를 착용하지 않고 있으며 발판 또한 불안해 보인다. 해체한 비계를 아래로 던지는 장면을 보여준다.

긴 파이프 달포대 사용

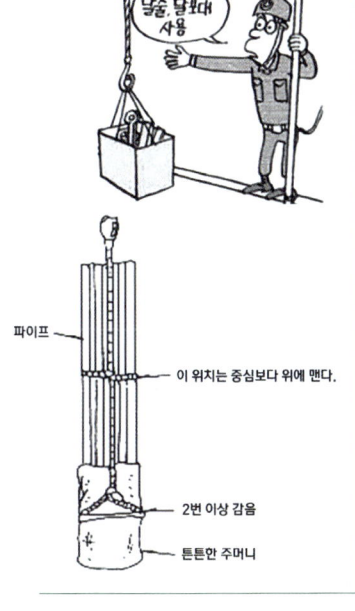

사진 출처 : 코리아 리뷰

 **정답**

① 폭 20cm 이상의 발판을 설치하고 작업자는 안전대를 착용한다.
② 달줄 또는 달포대를 사용하여 자재를 운반하다.
③ 관리감독자를 배치하여 작업을 관리 감독한다.
④ 관계 근로자 외의 자의 출입을 금지한다.

**참고**

**달비계 또는 높이 5미터 이상의 비계 조립ㆍ해체 및 변경 시 준수사항**

① 관리감독자의 지휘 하에 작업하도록 할 것
② 조립ㆍ해체 또는 변경의 시기ㆍ범위 및 절차를 그 작업에 종사하는 근로자에게 교육할 것
③ 조립ㆍ해체 또는 변경작업 구역 내에는 당해 작업에 종사하는 근로자외의 자의 출입을 금지시키고 그 내용을 보기 쉬운 장소에 게시할 것
④ 비ㆍ눈 그 밖의 기상상태의 불안정으로 인하여 날씨가 몹시 나쁠 때에는 그 작업을 중지시킬 것
⑤ 비계재료의 연결ㆍ해체작업을 하는 때에는 폭 20센티미터 이상의 발판을 설치하고 근로자로 하여금 안전대를 사용하도록 하는 등 근로자의 추락방지를 위한 조치를 할 것
⑥ 재료ㆍ기구 또는 공구 등을 올리거나 내리는 때에는 근로자로 하여금 달줄 또는 달포대 등을 사용하도록 할 것

# 2017 4회 1부

# 건설안전산업기사 작업형

**01** 동영상에서 보여주고 있는 장비에 대하여 다음 물음에 답하시오. (4점)

(1) 본 장비의 명칭을 적으시오.
(2) 본 장비의 용도(사용되는 작업)를 2가지 적으시오.

> **정답**
> (1) 명칭 : 클램셸
> (2) 용도
>   ① 수중굴착
>   ② 연약지반 굴착
>   ③ 좁은 장소의 깊은 굴착

**02** 동영상은 아파트 건설현장을 보여주고 있다. 추락 및 낙하를 방지하기 위한 시설 중 영상에 보이는 시설을 추락과 낙하재해로 구분하여 각각 1가지씩 적으시오. (4점)

(1) 추락재해 방지시설
(2) 낙하재해 방지시설

(1) 추락재해 방지시설
① 추락방호망
② 안전난간
③ 작업발판

(2) 낙하재해 방지시설
① 낙하물방지망
② 수직보호망
③ 방호선반

**참고**

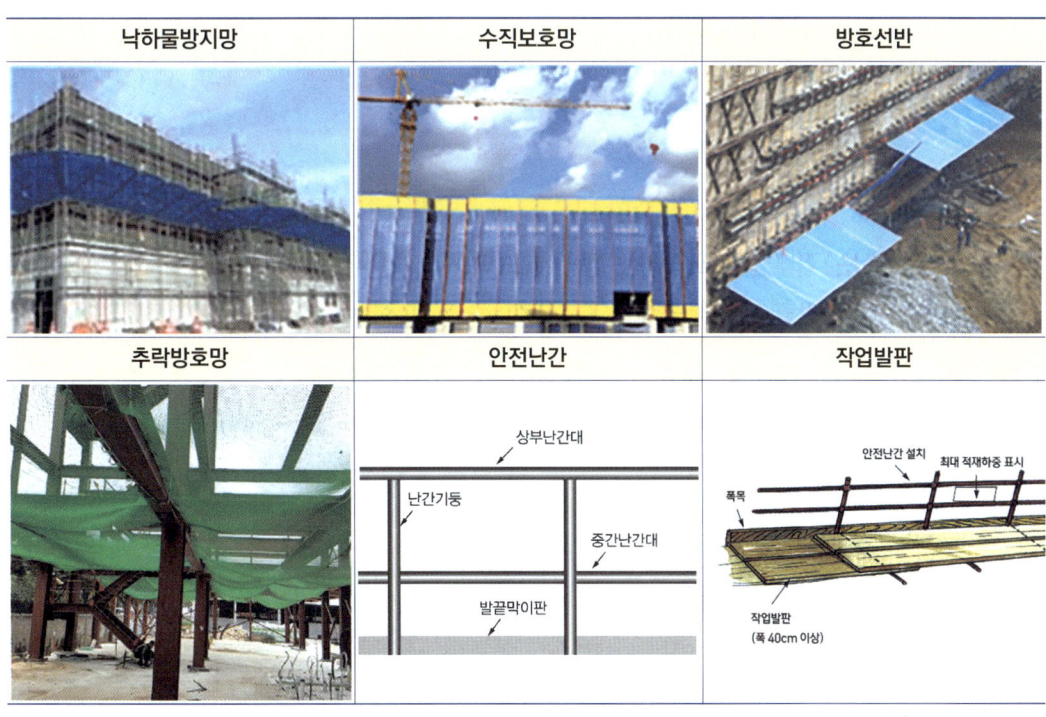

**03** 동영상은 터널 굴착 현장을 보여준다. (6점)

(1) 동영상에서 보여주는 터널 굴착공법의 명칭을 적으시오.
(2) 이 공법의 적용이 어려운 지반을 2가지 적으시오.

> **정답**
> (1) 공법의 명칭 : TBM 공법
> (2) 적용이 어려운 지반
>   ① 연약지반
>   ② 단면형상의 변형이 심한 경우
>   ③ 다량의 용수가 있는 지반

**04** 동영상에서는 거푸집을 조립하는 장면을 보여준다. 거푸집 및 지보공(동바리) 시공 시에 고려해야 연직방향 하중의 종류를 3가지 적으시오. (6점)

> **정답**
> ① 거푸집의 중량
> ② 지보공(동바리)의 중량
> ③ 콘크리트의 중량
> ④ 철근의 중량
> ⑤ 타설용 기계·기구의 중량
> ⑥ 작업원의 중량

**05** 동영상은 실내에서 도장작업을 하던 중 발생한 재해를 보여주고 있다. 동영상에서의 불안전 요소 3가지를 적으시오. (6점)

**화면 설명**

동영상에서 작업자는 실내에서 말비계 위에서 페인트칠을 하고 있으며 손에 페인트 통을 들고 작업하고 있다. 말비계 위에서 옆으로 이동하며 작업하던 중 말비계에서 떨어진다.

**정답**
① 작업발판 불량 (높이가 2미터를 초과하며 작업발판의 폭이 40센티미터 미만인 경우만 해당)
② 작업방법 및 작업자세 불량(페인트 통을 손에 들고 작업함)
③ 근로자 안전대 미착용(높이 2미터 이상의 장소에서 작업할 경우만 해당)
④ 방독마스크 미착용

**참고**

**주의** 동영상을 확인하고 답을 적으세요!

## 06
동영상에서 보여주는 와이어로프의 체결방법 중 올바른 것의 번호를 적으시오. (4점)

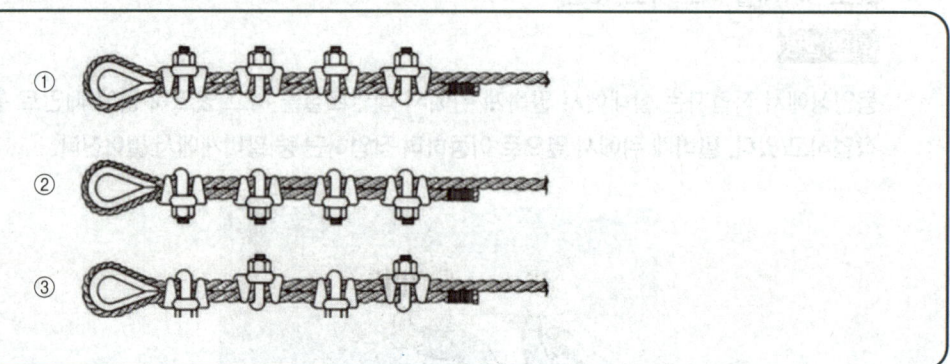

**정답**
① 

## 07
동영상은 근로자가 리프트에 탑승하지 못하고 외부 비계를 타고 올라가다 사고가 발생하는 장면을 보여 준다. 추락재해의 원인이 되는 시설 측면의 불안전한 상태 3가지를 적으시오. (6점)

**정답**
① 외부비계에 작업발판 및 이동통로를 설치하지 않았다.
② 추락방호망을 설치하지 않았다.
③ 안전난간을 설치하지 않았다.

**참고**

외부비계의 작업발판 및 이동통로

08 동영상은 서해대교의 모습을 보여준다. 다음의 물음에 적합한 답을 적으시오. (4점)

사진 출처 : 교통일보

사진 출처 : 당진신문

(1) 영상과 같은 교량의 형식을 적으시오.

(2) [보기]의 교량 공정을 참고하여 교량 시공순서를 번호로 적으시오.

[보기]
① 케이블 설치   ② 우물통 기초공사   ③ 주탑 시공   ④ 상판 아스팔트 타설

**정답**

(1) 사장교
(2) ② - ③ - ① - ④

# 2018년 1회 1부

## 건설안전산업기사 작업형

**01** 동영상에서 작업자는 전기용접기(교류아크용접기)로 용접작업을 하는 중이다. 전기용접기(교류아크용접기)에 설치하여야 하는 방호장치 명을 적으시오. (4점)

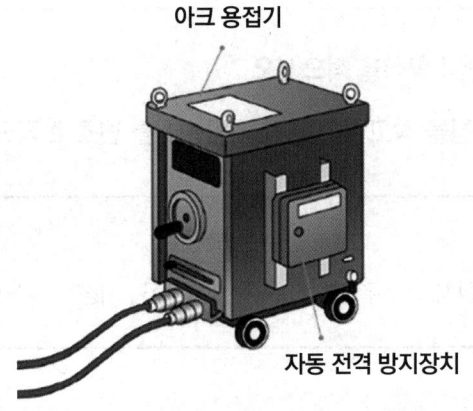
아크 용접기
자동 전격 방지장치

**정답** 자동 전격 방지기(자동 전격 방지장치)

**02** 동영상에서는 철골공사 현장을 보여준다. 철골작업을 중지하여야 하는 조건을 3가지 적으시오. (6점)

**정답**
① 풍속이 초당 10m(미터) 이상인 경우
② 강우량이 시간당 1mm(밀리미터) 이상인 경우
③ 강설량이 시간당 1cm(센티미터) 이상인 경우

03  동영상에서는 굴착한 흙을 덤프트럭으로 운반하는 작업을 보여준다. 동영상 작업에서의 문제점 2가지를 적으시오. (4점)

정답

① 장애물 제거 등 운행로를 확보하지 않았다.
② 유도자 및 교통 정리원을 배치하지 않았다.
③ 굴착기계 운전자와 차량운전자 간의 **신호체계를 갖추지 않았다.**

참고

**굴착공사 안전작업지침**

굴착된 토사를 덤프트럭 등을 이용하여 운반할 경우에는 **운행로를 확보**하고 **유도자와 교통정리원을 배치**하여야 하며 **굴착기계 운전자와 차량운전자 간의 상호 연락을 위해 신호체계**를 갖추어야 한다.

**04** 동영상은 콘크리트 말뚝의 항타 작업을 보여준다. (1) 콘크리트 말뚝의 항타 공법의 종류를 2가지 적으시오. (2) 콘크리트 말뚝의 단점 2가지를 적으시오. (6점)

사진 출처 : 토목신문

사진 출처 : https://www.youtube.com/watch?v=_Fj5sfFVTjI

(1) 항타 공법의 종류
　① 타격 공법
　② 진동 공법
　③ 프리보링 공법
　④ 압입 공법

(2) 콘크리트 말뚝의 단점
　① 운반 시 균열 또는 파손이 발생할 수 있다.
　② 말뚝 이음부의 신뢰성(품질)이 떨어질 수 있다.
　③ 무거워서 취급이 곤란하다.

05 동영상에서는 콘크리트 타설 작업을 보여준다. 콘크리트 타설 작업 시의 준수사항 3가지를 적으시오. (6점)

사진 출처 : https://e-depot.kr/503

**정답**
① 당일의 작업을 시작하기 전에 해당 작업에 관한 거푸집 동바리 등의 변형·변위 및 지반의 침하 유무 등을 점검하고 이상이 있으면 보수할 것
② 작업 중에는 감시자를 배치하는 등의 방법으로 거푸집 및 동바리의 변형·변위 및 침하 유무 등을 확인해야 하며, 이상이 있으면 작업을 중지하고 근로자를 대피시킬 것
③ 콘크리트의 타설작업 시 거푸집붕괴의 위험이 발생할 우려가 있으면 충분한 보강조치를 할 것
④ 설계도서상의 콘크리트 양생기간을 준수하여 거푸집 및 동바리를 해체할 것
⑤ 콘크리트를 타설하는 경우에는 편심이 발생하지 않도록 골고루 분산하여 타설할 것

## 06 동영상에서 작업자는 낙하물 방지망 보수작업을 하고 있다. 낙하물 방지망 또는 방호선반 설치 시의 준수 사항 2가지를 적으시오. (4점)

① 설치 높이는 10미터 이내마다 설치하고, 내민 길이는 벽면으로부터 2미터 이상으로 할 것
② 수평면과의 각도는 20도 이상 30도 이하를 유지할 것

**추락방호망의 설치**
① 추락방호망의 설치위치는 가능하면 작업면으로부터 가까운 지점에 설치하여야 하며, **작업면으로 부터 망의 설치지점까지의 수직거리는 10미터를 초과하지 아니할 것**
② 추락방호망은 **수평으로 설치**하고, **망의 처짐은 짧은 변 길이의 12퍼센트 이상**이 되도록 할 것
③ 건축물 등의 바깥쪽으로 설치하는 경우 망의 내민 길이는 벽면으로부터 3미터 이상 되도록 할 것

**07** 동영상에서는 차량계 건설기계가 작업을 하는 모습을 보여준다. (4점)

사진 출처 : 나무위키

사진 출처 : 나무위키

(1) 동영상에서 보여주는 기계의 명칭을 적으시오.
(2) 차량계 건설기계를 사용하여 작업을 하는 때에 작성하여야 하는 작업계획서의 내용 2가지를 적으시오.

(1) 기계의 명칭 : 로더

(2) 작업계획의 내용
① 사용하는 **차량계 건설기계의 종류 및 능력**
② 차량계 건설기계의 **운행 경로**
③ 차량계 건설기계에 의한 **작업 방법**

**08** 동영상에서 작업자는 비계작업을 하고 있다. 높이 2m 이상인 장소에 설치하여야 하는 작업발판의 설치기준 3가지를 적으시오. (6점)

① 발판재료는 작업 시의 하중을 견딜 수 있도록 견고한 것으로 할 것
② 발판의 폭은 40cm 이상으로 하고, 발판재료 간의 틈은 3cm 이하로 할 것
③ 추락의 위험성이 있는 장소에는 안전난간을 설치할 것
④ 작업발판의 지지물은 하중에 의하여 파괴될 우려가 없는 것을 사용할 것
⑤ 작업발판재료는 뒤집히거나 떨어지지 아니하도록 2 이상의 지지물에 연결하거나 고정시킬 것
⑥ 작업에 따라 이동시킬 때에는 위험방지 조치를 할 것
⑦ 선박 및 보트 건조작업에서 선박블록 또는 엔진실 등의 좁은 작업공간에 작업발판을 설치하는 경우 작업발판의 폭을 30센티미터 이상으로 할 수 있고, 걸침비계의 경우 발판재료 간의 틈을 3센티미터 이하로 유지하기 곤란하면 5센티미터 이하로 할 수 있다.

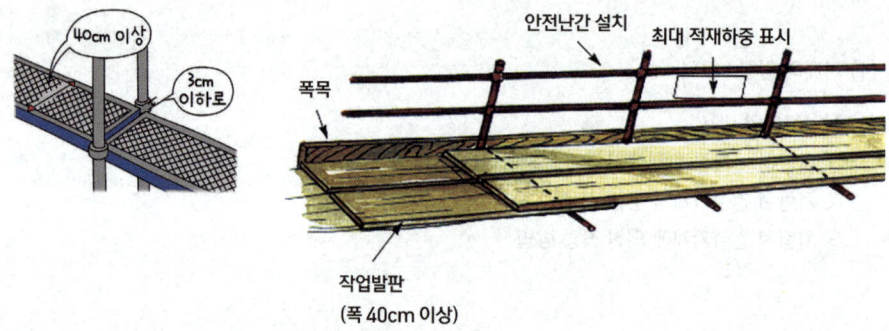

# 2018 1회 2부

# 건설안전산업기사 작업형

**01** 동영상은 터널 공사현장을 보여준다. 터널 작업 시 사용하는 자동경보장치는 당일 작업 시작 전에 점검하고 이상 발견 시 즉시 보수하여야 한다. 자동경보장치의 작업 시작 전 점검사항 2가지를 적으시오. (4점)

① 계기의 이상 유무
② 검지부의 이상 유무
③ 경보장치의 작동상태

**02** 동영상은 이동식 비계를 이용한 작업을 보여준다. 이동식 비계의 구조(설치기준) 3가지를 적으시오. (6점)

① 바퀴에는 갑작스러운 이동 또는 전도를 방지하기 위하여 브레이크·쐐기 등으로 바퀴를 고정시킨 다음 비계의 일부를 견고한 시설물에 고정하거나 아웃트리거를 설치할 것
② 승강용사다리는 견고하게 설치할 것
③ 비계의 최상부에서 작업을 할 때에는 안전난간을 설치할 것
④ 작업발판은 항상 수평을 유지하고 작업발판 위에서 안전난간을 딛고 작업을 하거나 받침대 또는 사다리를 사용하여 작업하지 않도록 할 것
⑤ 작업발판의 최대적재하중은 250킬로그램을 초과하지 않도록 할 것

> **참고**
>
> **이동식 비계**

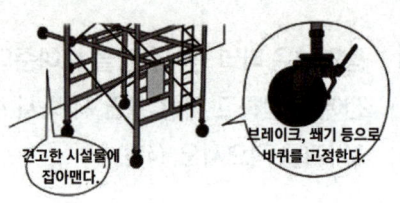

그림 출처 : 만화로 보는 산업안전보건 기준에 관한 규칙

**03** 동영상에서는 작업자가 DMF를 배합기에 넣는 유해물질 취급 작업을 보여준다. DMF 등 유해물질 취급 장소에 게시하여야 하는 사항 3가지를 적으시오. (6점)

**정답**

관리대상 유해물질(또는 허가대상 유해물질)취급 장소에 게시하여야 하는 사항
① 유해물질의 명칭
② 인체에 미치는 영향
③ 취급상 주의사항
④ 착용하여야 할 보호구
⑤ 응급조치와 긴급 방재 요령
※ 디메틸포름아미드(DMF)는 관리대상 유해물질에 해당한다.

04 동영상에서는 타워크레인의 모습을 보여준다. 동영상과 같은 크레인을 해체작업할 때의 안전 조치사항 2가지를 적으시오. (6점)

① 작업순서를 정하고 그 순서에 따라 작업을 할 것
② 작업을 할 구역에 관계 근로자가 아닌 사람의 출입을 금지하고 그 취지를 보기 쉬운 곳에 표시할 것
③ 비, 눈, 그 밖에 기상상태의 불안정으로 날씨가 몹시 나쁜 경우에는 그 작업을 중지시킬 것
④ 작업장소는 안전한 작업이 이루어질 수 있도록 충분한 공간을 확보하고 장애물이 없도록 할 것
⑤ 들어올리거나 내리는 기자재는 균형을 유지하면서 작업을 하도록 할 것
⑥ 크레인의 성능, 사용조건 등에 따라 충분한 응력(應力)을 갖는 구조로 기초를 설치하고 침하 등이 일어나지 않도록 할 것
⑦ 규격품인 조립용 볼트를 사용하고 대칭되는 곳을 차례로 결합하고 분해할 것

**05** 동영상에서는 항타기 작업을 보여주고 있다. 항타기 및 항발기의 무너짐을 방지하기 위한 조치사항 2가지를 적으시오. (4점)

 정답
① 연약한 지반에 설치하는 때에는 아웃트리거·받침 등 지지구조물의 침하를 방지하기 위하여 깔판·받침목 등을 사용할 것
② 시설 또는 가설물 등에 설치하는 경우에는 그 내력을 확인하고 내력이 부족하면 그 내력을 보강할 것
③ 아웃트리거·받침 등 지지구조물이 미끄러질 우려가 있는 때에는 말뚝 또는 쐐기 등을 사용하여 해당 지지구조물을 고정시킬 것
④ 궤도 또는 차로 이동하는 항타기 또는 항발기에 대하여는 불시에 이동하는 것을 방지하기 위하여 레일 클램프 및 쐐기 등으로 고정시킬 것
⑤ 상단 부분은 버팀대·버팀줄로 고정하여 안정시키고, 그 하단 부분은 견고한 버팀·말뚝 또는 철골 등으로 고정시킬 것

**06** 동영상에서는 비계의 작업발판을 보여준다. 작업발판의 설치기준 등에 대한 다음 빈칸에 알맞은 내용을 적으시오. (4점)

> 1. 작업발판의 폭은 ( ① )cm 이상으로 하고, 발판 재료 간의 틈은 ( ② )cm 이하로 할 것
> 2. 강관 비계기둥 간의 적재하중은 ( ③ )kg을 초과하지 않도록 할 것

**정답**

① 40  ② 3  ③ 400

**참고**

**강관비계의 구조**

① **비계기둥 간격** : 띠장방향에서는 1.85미터 이하, 장선방향에서는 1.5미터 이하로 할 것
  다만, 다음 각 목의 어느 하나에 해당하는 작업의 경우에는 안전성에 대한 구조검토를 실시하고 조립도를 작성하면 띠장 방향 및 장선 방향으로 각각 2.7미터 이하로 할 수 있다.
  가. 선박 및 보트 건조작업
  나. 그 밖에 장비 반입·반출을 위하여 공간 등을 확보할 필요가 있는 등 작업의 성질상 비계기둥 간격에 관한 기준을 준수하기 곤란한 작업
② **띠장간격** : 2.0미터 이하로 할 것(다만, 작업의 성질상 이를 준수하기가 곤란하여 쌍기둥 틀 등에 의하여 해당 부분을 보강한 경우에는 그러하지 아니하다)
③ 비계기둥의 제일 윗부분으로 부터 31미터되는 지점 밑 부분의 비계기둥은 2본의 강관으로 묶어 세울 것(다만, 브라켓(bracket, 까치발) 등으로 보강하여 2개의 강관으로 묶을 경우 이상의 강도가 유지되는 경우에는 그러하지 아니하다)
④ 비계기둥 간의 적재하중은 400kg을 초과하지 않도록 할 것

**07** 동영상에서는 둥근톱 작업을 보여준다. 목재 가공용 둥근톱 기계의 방호장치 2가지를 적으시오. (4점)

**정답**
① 톱날 접촉 예방장치
② 반발 예방장치

**참고**

**반발 예방장치의 종류**
① 분할날
② 반발 방지 기구(finger)
③ 반발 방지 롤러

---

**08** 동영상은 파이프서포트를 사용한 거푸집 동바리를 보여준다. 파이프서포트를 지주(동바리)로 사용할 경우 준수해야 할 사항에 대한 다음 물음에 답하시오. (6점)

1. 파이프서포트를 ( ① )개본 이상 이어서 사용하지 아니하도록 할 것
2. 파이프서포트를 이어서 사용할 때에는 ( ② )개 이상의 볼트 또는 ( ③ )을 사용하여 이을 것
3. 높이가 ( ④ )미터를 초과할 때 높이 ( ⑤ )미터 이내마다 수평연결재를 2개 방향으로 만들고 수평연결재의 ( ⑥ )를 방지할 것

**정답**
① 3   ② 4   ③ 전용철물   ④ 3.5   ⑤ 2   ⑥ 변위

# 2018 2회 1부

## 건설안전산업기사 작업형

**01** 동영상은 항타기의 작업 모습을 보여준다. 권상용 와이어로프의 사용금지 기준 3가지를 적으시오. (6점)

정답
① 이음매가 있는 것
② 와이어로프의 한 꼬임에서 끊어진 소선의 수가 10퍼센트 이상인 것
③ 지름의 감소가 공칭지름의 7퍼센트를 초과하는 것
④ 꼬인 것
⑤ 심하게 변형되거나 부식된 것
⑥ 열과 전기충격에 의해 손상된 것

**02** 동영상에서는 건설기계를 이용하여 잔골재를 밀고 있는 작업을 보여준다. (4점)

(1) 건설기계의 명칭을 적으시오.
(2) 동영상에서 보여주는 기계의 용도 3가지를 적으시오.
(3) 차량계 건설기계를 사용하여 작업을 하는 때에 작성하여야 하는 작업계획서의 내용 2가지를 적으시오.

사진 출처 : 캐터 필라 건설기계

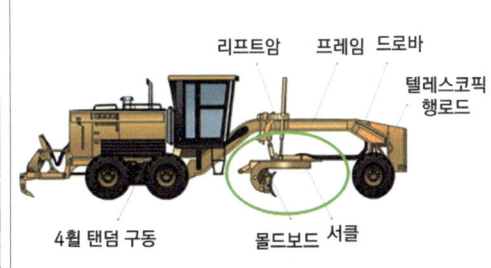

사진 출처 : 중기114

(1) 건설기계의 명칭 : 모터그레이더
(2) 용도
  ① 지반의 정지작업(땅을 깎아 고르는 작업)
  ② 도랑파기
  ③ 제설작업
(3) 작업계획의 내용
  ① 사용하는 차량계 건설기계의 종류 및 능력
  ② 차량계 건설기계의 운행 경로
  ③ 차량계 건설기계에 의한 작업 방법

**참고**

**모터 그레이더(Motor grader)**
토공판을 작동시켜 지면의 정지작업(땅을 깎아 고르는 작업)을 하는데 사용된다.

**03** 동영상은 밀폐공간에서의 작업을 보여준다. (1) 산소결핍의 기준을 적으시오. (2) 밀폐공간 작업을 하는 근로자가 착용하여야 하는 호흡용 보호구의 종류 2가지를 적으시오. (4점)

(1) 산소결핍의 기준 : 산소 농도가 18% 미만인 상태
(2) 근로자가 착용하여야 하는 호흡용 보호구의 종류
  ① 송기 마스크
  ② 공기호흡기

**04** 동영상에서는 비계를 점검·보수하는 장면을 보여준다. 날씨가 몹시 나빠서 작업을 중지시킨 후 또는 비계를 조립·해체하거나 또는 변경한 후 작업시작 전에 비계를 점검하여야 하는 사항 3가지를 적으시오. (6점)

① 발판 재료의 손상 여부 및 부착 또는 걸림 상태
② 당해 비계의 연결부 또는 접속부의 풀림 상태
③ 연결 재료 및 연결철물의 손상 또는 부식상태
④ 손잡이의 탈락 여부
⑤ 기둥의 침하·변형·변위 또는 흔들림 상태
⑥ 로프의 부착상태 및 매단 장치의 흔들림 상태

**특급 암기법**  비계(연결부, 연결철물) → 발판 → 손잡이 → 비계기둥

**05** 동영상에서는 장비를 사용하여 아파트 해체작업을 하는 장면을 보여준다. 분진 발생을 억제하기 위한 대책 2가지를 적으시오. (4점)

사진 출처 : ㈜ 코리아 카고

사진 출처 : www.volvo.com

① 피라밋식, 수평 살수식으로 물을 뿌린다.
② 방진시트, 분진차단막 등의 방진벽을 설치한다.

## 06 동영상에서 작업자는 비계를 조립·해체하는 작업 중이다. 안전작업 대책 2가지를 적으시오. (4점)

**화면 설명**

작업자는 안전대를 착용하지 않고 있으며 발판 또한 불안해 보인다. 해체한 비계를 아래로 던지는 장면을 보여준다.

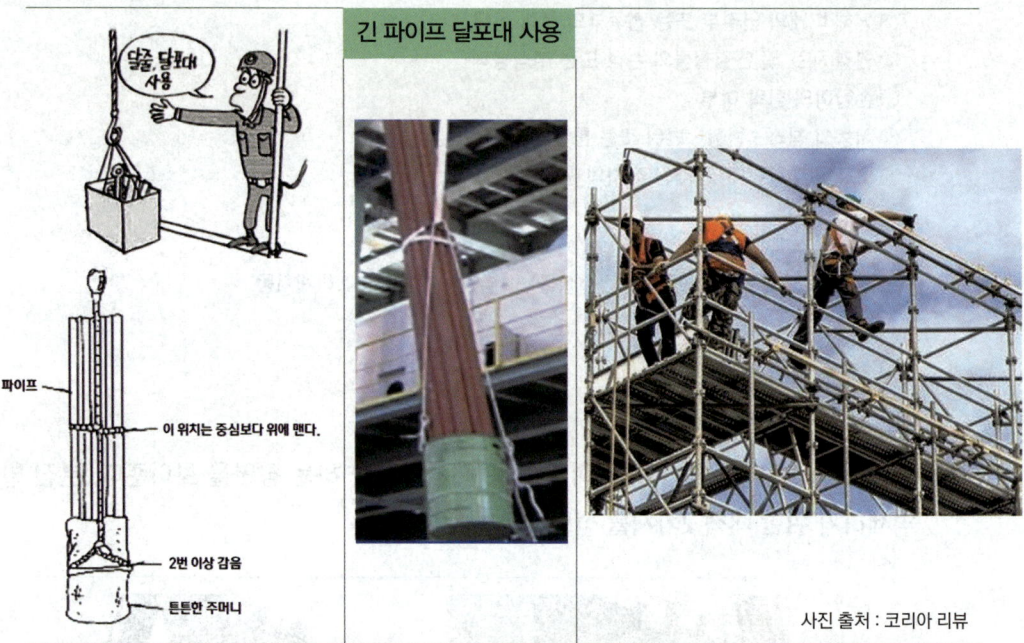

사진 출처 : 코리아 리뷰

**정답**
① 폭 20cm 이상의 발판을 설치하고 작업자는 안전대를 착용한다.
② 달줄 또는 달포대를 사용하여 자재를 운반한다.
③ 관리감독자를 배치하여 작업을 관리 감독한다.
④ 관계 근로자 외의 자의 출입을 금지한다.

> **참고**
>
> 달비계 또는 높이 5미터 이상의 비계 조립·해체 및 변경 시 준수사항
>
> ① 관리감독자의 지휘 하에 작업하도록 할 것
> ② 조립·해체 또는 변경의 시기·범위 및 절차를 그 작업에 종사하는 근로자에게 교육할 것
> ③ 조립·해체 또는 변경작업 구역 내에는 당해 **작업에 종사하는 근로자외의 자의 출입을 금지시키고 그 내용을 보기 쉬운 장소에 게시할 것**
> ④ 비·눈 그 밖의 기상상태의 불안정으로 인하여 **날씨가 몹시 나쁠 때에는 그 작업을 중지시킬 것**
> ⑤ **비계재료의 연결·해체작업을 하는 때에는 폭 20센티미터 이상의 발판을 설치하고 근로자로 하여금 안전대를 사용**하도록 하는 등 근로자의 추락방지를 위한 조치를 할 것
> ⑥ 재료·기구 또는 공구 등을 올리거나 내리는 때에는 근로자로 하여금 **달줄 또는 달포대 등을 사용**하도록 할 것

**07** 동영상은 Precast Concrete 제품의 제작과정을 보여준다. Precast Concrete의 장점 2가지를 적으시오. (4점)

① 몰드 셋팅/청소

② 철근 배근

③ 철근 설치

④ 콘크리트 타설

⑤ 양생

⑥ 탈형

정답

① 공사기간 단축
② 공사비 절감(가설공사를 최소화 할 수 있다.)
③ 품질 향상
④ 동절기 시공 가능(기후의 영향을 적게 받는다.)

참고

PC(Precast Concrete)공법 : 건축물의 구조부재인 기둥, 보, 슬래브 등을 공장에서 미리 만들어 현장에서 조립만 하는 공법

08 동영상에서 작업자는 상수도관을 매설하기 위하여 굴착작업을 하고 있다. 굴착작업 시 각 지반의 종류에 따른 기울기 기준을 적으시오. (4점)

| 지반의 종류 | 굴착면의 기울기 |
|---|---|
| 모래 | ( ① ) |
| 연암 및 풍화암 | ( ② ) |
| 경암 | ( ③ ) |
| 그 밖의 흙 | 1 : 1.2 |

정답

| 지반의 종류 | 굴착면의 기울기 |
|---|---|
| 모래 | 1 : 1.8 |
| 연암 및 풍화암 | 1 : 1.0 |
| 경암 | 1 : 0.5 |
| 그 밖의 흙 | 1 : 1.2 |

# 2018 2회 2부

## 건설안전산업기사 작업형

**01** 고소작업대를 이용하여 작업자가 외벽 도장 작업 중이다. 고소작업대를 이동하는 경우의 준수사항 3가지를 적으시오. (6점)

사진 출처 : 할렐루야 렌탈

① 작업대를 가장 낮게 하강시킬 것
② 작업자를 태우고 이동하지 말 것. 다만, 이동 중 전도 등의 위험 예방을 위하여 유도하는 사람을 배치하고 짧은 구간을 이동하는 경우에는 작업대를 가장 낮게 내린 상태에서 작업자를 태우고 이동할 수 있다.
③ 이동통로의 요철 상태 또는 장애물의 유무 등을 확인할 것

## 02 동영상은 건설현장 강관비계의 설치 모습이다. 단관비계의 설치기준에 대하여 아래 ( )를 채우시오. (4점)

(1) 비계기둥의 간격 : 띠장방향 ( ① )m 이하

(2) 비계기둥의 간격 : 장선방향 ( ② )m 이하

(3) 띠장의 간격 : ( ③ )m 이하

(4) 비계기둥의 최고부로부터 ( ④ )m 되는 지점 밑부분의 비계기둥은 ( ⑤ ) 본의 강관으로 묶어세울 것

**정답**

① 1.85  ② 1.5  ③ 2  ④ 31  ⑤ 2

**참고**

**강관비계의 구조**

① **비계기둥 간격** : 띠장방향에서는 1.85미터 이하, 장선방향에서는 1.5미터 이하로 할 것

다만, 다음 각 목의 어느 하나에 해당하는 작업의 경우에는 안전성에 대한 구조검토를 실시하고 조립도를 작성하면 **띠장 방향 및 장선 방향으로 각각 2.7미터 이하로 할 수 있다.**

가. 선박 및 보트 건조작업

나. 그 밖에 장비 반입·반출을 위하여 공간 등을 확보할 필요가 있는 등 **작업의 성질상 비계기둥 간격에 관한 기준을 준수하기 곤란한 작업**

② **띠장간격** : 2.0미터 이하로 할 것(다만, 작업의 성질상 이를 준수하기가 곤란하여 쌍기둥 틀 등에 의하여 해당 부분을 보강한 경우에는 그러하지 아니하다)

③ **비계기둥의 제일 윗부분으로 부터 31미터되는 지점 밑 부분의 비계기둥은 2본의 강관으로 묶어 세울 것**(다만, 브라켓(bracket, 까치발) 등으로 보강하여 2개의 강관으로 묶을 경우 이상의 강도가 유지되는 경우에는 그러하지 아니하다)

④ **비계기둥 간의 적재하중은 400kg을 초과하지 않도록 할 것**

03 동영상에서는 철골공사 현장을 보여준다. 철골작업을 중지하여야 하는 조건을 3가지 적으시오. (6점)

① 풍속이 초당 10m(미터) 이상인 경우
② 강우량이 시간당 1mm(밀리미터) 이상인 경우
③ 강설량이 시간당 1cm(센티미터) 이상인 경우

04 동영상은 흙막이 지보공 작업 장면을 보여 주고 있다. 흙막이 지보공의 안전대책 2가지를 적으시오. (4점)

① 흙막이 지보공의 재료로 변형·부식되거나 심하게 손상된 것을 사용해서는 아니 된다.
② 흙막이 지보공을 조립하는 경우 미리 그 구조를 검토한 후 조립도를 작성하여 그 조립도에 따라 조립해야 한다.
③ 흙막이 지보공을 설치하였을 때에는 정기적으로 점검하고 이상을 발견하면 즉시 보수하여야 한다.
④ 설계도서에 따른 계측을 하고 계측 분석 결과 토압의 증가 등 이상한 점을 발견한 경우에는 즉시 보강조치를 하여야 한다.

**참고**

**흙막이 지보공을 설치한 때 점검 사항**
① 부재의 손상·변형·부식·변위 및 탈락의 유무와 상태
② 버팀대의 긴압의 정도
③ 부재의 접속부·부착부 및 교차부의 상태
④ 침하의 정도

**05** 동영상은 실내에서 도장작업을 하던 중 발생한 재해를 보여주고 있다. 안전작업 대책 3가지를 적으시오. (6점)

> **화면 설명**
> 동영상에서 작업자는 실내에서 말비계 위에서 페인트칠을 하고 있으며 손에 페인트 통을 들고 작업하고 있다. 말비계 위에서 옆으로 이동하며 작업하던 중 말비계에서 떨어진다.

> **정답**
> ① 안전한 **작업발판을 설치**한다.
> ② 작업자는 **안전대를 착용**한다.
> ③ 작업자는 **방독마스크, 화학물질용 안전화, 화학물질용 안전장갑을 착용**한다.
>   (영상에서 미착용한 보호구만 작성)
> ④ **페인트 통을 바닥에 내리고 작업할 수 있도록 작업방법을 개선**한다.

**참고**

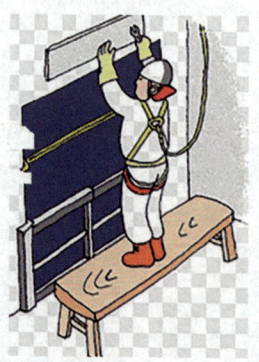 

> **주의** 동영상을 확인하고 답을 적으세요!

## 06
동영상에서는 크레인(타워크레인)을 사용한 인양작업을 보여준다. 재해의 발생원인 2가지를 적으시오. (6점)

**화면 설명**
타워크레인으로 합판을 1줄 걸이로 인양하던 중 합판이 흔들리며 떨어진다. 그 아래에는 작업자가 지나가고 있다.

사진 출처 : 대한경제

**정답**
① 화물(합판)을 한 줄 걸이로 운반(중간의 1개소만 묶어서 운반)하였다.(화물이 균형을 잃고 떨어짐)
② 작업 반경 내 출입 금지 조치를 실시하지 않았다.(작업 반경 내에 근로자가 접근하였다.)
③ 유도 로프를 사용하지 않아 화물(합판)이 흔들렸다.(유도 로프를 사용하지 않은 경우만 해당)

## 07 영상에서 보여주는 (1) 건설기계의 명칭과 (2) 용도 3가지를 적으시오. (4점)

사진 출처 : 제원포장건설

(1) 명칭 : 타이어 롤러

(2) 용도
① 아스팔트 포장의 마무리 다짐
② 점성토의 다짐
③ 노반의 표면 다짐

08 동영상에서는 터널공사 중 일부 공정의 작업을 보여주고 있다. 다음 물음에 답하시오.
(4점)

(1) 동영상에서 보여주는 공정의 명칭을 적으시오.

(2) 터널굴착 시 작성하여야 하는 작업계획서에 포함하여야 하는 사항 2가지를 적으시오.

(1) **공정 명** : 숏크리트 뿜칠 공정(모르타르 뿜칠 공정)

(2) **작업계획서에 포함 사항**
① 굴착의 방법
② 터널지보공 및 복공의 시공방법과 용수처리 방법
③ 환기 또는 조명시설을 하는 때에는 그 방법

**참고**

1. **숏크리트** : 분무기로 뿜어서 사용하는 콘크리트
2. **숏크리트 뿜칠 공정(모르타르 뿜칠 공정)**

# 2018 4회 1부

## 건설안전산업기사 작업형

**01** 동영상은 근로자가 리프트에 탑승하지 못하고 외부 비계를 타고 올라가다 사고가 발생하는 장면을 보여 준다. 추락재해의 원인이 되는 시설 측면의 불안전한 상태 2가지를 적으시오. (4점)

① 외부비계에 작업발판 및 이동통로를 설치하지 않았다.
② 추락방호망을 설치하지 않았다.
③ 안전난간을 설치하지 않았다.

**참고**

외부비계의 작업발판 및 이동통로

**02** 동영상에서는 차량계 건설기계 작업을 보여준다. 차량계 건설기계 작업 시의 기계의 넘어짐 (전도, 전락) 방지 및 근로자와의 접촉방지를 위한 조치사항 3가지를 적으시오. (6점)

> ① 유도자 배치
> ② 지반의 부동침하 방지
> ③ 갓길의 붕괴 방지
> ④ 도로의 폭 유지

**참고**

**차량계 하역운반기계의 넘어짐(전도) 방지 조치**

① 유도자 배치
② 지반의 부동침하 방지
③ 갓길의 붕괴 방지

**03** 동영상은 백호를 이용하여 하수관을 인양하는 장면을 보여주고 있다. 동영상과 같은 작업에서의 안전작업 대책 3가지를 적으시오. (6점)

**화면 설명**

하수관을 1줄 걸이로 인양하여 이동하던 중 하수관이 흔들리자 신호수가 손으로 잡다가 하수관이 떨어진다. 하수관 바로 아래에서 작업하던 작업자가 떨어지는 하수관 아래에 깔리는 사고가 발생한다. 훅에는 해지 장치가 설치되지 않았으며 유도 로프도 사용하지 않았다.

① 하수관을 양쪽 두 군데 이상을 묶어 균형을 유지하며 인양(2줄 걸이 작업)한다.
② 훅에 해지장치를 사용한다.
③ 인양작업이 가능하도록 제작된 굴착기를 사용하거나 크레인 등의 인양장비를 사용한다.
④ 유도 로프를 사용하여 흔들림을 방지한다.
⑤ 작업반경 내에 근로자 출입금지 조치를 한다.

## 04 동영상에서는 와이어로프를 보여준다. (4점)

(1) 와이어로프의 체결방법 중 올바른 것의 번호를 적으시오.

①

②

③

(2) 와이어로프 지름에 적합한 클립의 수를 적으시오.

| 와이어로프의 지름(mm) | 클립 수 |
|---|---|
| 16 이하 | ( ① )개 |
| 16 초과 ~ 28 이하 | ( ② )개 |
| 28 초과 | ( ③ )개 |

(1) ①
(2) ① 4, ② 5, ③ 6

05 동영상에서 작업자는 둥근톱 작업을 하고 있다. 작업자가 분전함의 누전차단기와 전선의 상태를 확인한 후 둥근톱으로 합판을 절단하던 중 사고가 발생한다. 작업자는 합판 절단 중 다른 곳을 보고 있으며, 면장갑을 착용하고 있다. 둥근톱의 톱날 접촉 예방 장치는 위로 올라가 있는 상태이다. 동영상을 참고하여 다음 물음에 답하시오. (6점)

(1) 동영상의 재해발생 원인을 2가지 적으시오.
(2) 전동기계기구를 사용하여 작업을 하는 경우 감전을 방지하기 위하여 반드시 누전차단기를 설치하여야 하는 장소(기계·기구) 2가지를 적으시오.

(1) 재해발생 원인
① 작업자가 면장갑을 착용하고 작업함(면장갑을 착용하여 둥근톱에 장갑이 말려들 위험이 있다.)
② 톱날 접촉 예방 장치 설치 불량(또는 톱날 접촉 예방 장치를 제거하고 작업함)
③ 반발 예방 장치 미설치
④ 보안경 및 방진마스크 미착용

(2) 누전차단기를 설치하여야 하는 장소(기계·기구)
① 대지전압이 150볼트를 초과하는 이동형 또는 휴대형 전기기계·기구
② 물 등 도전성이 높은 액체가 있는 습윤장소에서 사용하는 저압용 전기기계·기구
③ 철판·철골 위 등 도전성이 높은 장소에서 사용하는 이동형 또는 휴대형 전기기계·기구
④ 임시배선의 전로가 설치되는 장소에서 사용하는 이동형 또는 휴대형 전기기계·기구

**특급 암기법**
누전차단기 설치 → 누전이 잘 생기는 곳(전기가 잘 통하는 곳)
→ 1. 땅(대지전압 150V 초과) 2. 물(습윤장소) 3. 철판, 철골(도전성이 높은 장소)

## 06
동영상은 아파트 건설현장을 보여주고 있다. 추락 및 낙하를 방지하기 위한 시설 중 영상에 보이는 시설을 추락과 낙하재해로 구분하여 각각 1가지씩 적으시오. (4점)

(1) 추락재해 방지시설
(2) 낙하재해 방지시설

(1) 추락재해 방지시설
① 추락방호망
② 안전난간
③ 작업발판

(2) 낙하재해 방지시설
① 낙하물방지망
② 수직보호망
③ 방호선반

참고

**07** 동영상은 강교량의 시공과정을 보여준다. 강박스를 거치한 후에 콘크리트 상판을 타설 하기 전의 공정에서 작업자가 연결재에 걸려 추락하거나, 강박스를 건너뛰다가 추락할 수 있다. 추락 사고를 예방할 수 있는 추락방지시설 2가지를 적으시오. (4점)

 정답

① 안전난간 설치
② 추락방호망 설치

## 08 동영상에서는 콘크리트 타설 작업을 보여준다. 콘크리트 타설 작업 시의 준수사항 3가지를 적으시오. (6점)

사진 출처 : https://e-depot.kr/503

① 당일의 작업을 시작하기 전에 해당 작업에 관한 거푸집 동바리 등의 변형·변위 및 지반의 침하 유무 등을 점검하고 이상이 있으면 보수할 것
② 작업 중에는 감시자를 배치하는 등의 방법으로 거푸집 및 동바리의 변형·변위 및 침하 유무 등을 확인해야 하며, 이상이 있으면 작업을 중지하고 근로자를 대피시킬 것
③ 콘크리트의 타설작업 시 거푸집붕괴의 위험이 발생할 우려가 있으면 충분한 보강조치를 할 것
④ 설계도서상의 콘크리트 양생기간을 준수하여 거푸집 및 동바리를 해체할 것
⑤ 콘크리트를 타설하는 경우에는 편심이 발생하지 않도록 골고루 분산하여 타설할 것

# 2018 4회 2부

# 건설안전산업기사 작업형

**01** 동영상에서는 차량계 건설기계 작업을 보여준다. 차량계 건설기계를 이송하기 위하여 자주 또는 견인에 의하여 화물자동차 등에 싣거나 내리는 작업에 있어서 차량계 건설기계의 넘어짐(전도 또는 전락)에 의한 위험을 방지하기 위하여 준수하여야 하는 사항 2가지를 적으시오. (4점)

① 싣거나 내리는 작업을 평탄하고 견고한 장소에서 할 것
② 발판을 사용하는 때에 충분한 길이·폭 및 강도를 가진 것을 사용하고 적당한 경사를 유지하기 위하여 견고하게 설치할 것
③ 가설대 등을 사용하는 때에는 충분한 폭 및 강도와 적당한 경사를 확보할 것

**02** 동영상에서는 상승식 크레인을 보여준다. 영상과 같이 구조물 위에 크레인을 설치할 경우 구조적인 안전성 확보를 위해 검토하여야 하는 사항 3가지를 적으시오. (4점)

① 마스트의 안전성
② 기초 앵커의 안전성
③ 기초 콘크리트의 안전성

**참고**

"상승식 크레인(climbing crane)"이란 건축 중인 구조물위에 설치된 크레인으로서 구조물의 높이가 증가함에 따라 자체의 상승 장치에 의해 수직방향으로 상승시킬 수 있는 크레인을 말한다.

**03** 동영상은 근로자가 리프트에 탑승하지 못하고 외부 비계를 타고 올라가다 사고가 발생하는 장면을 보여 준다. 추락재해의 원인이 되는 시설 측면의 불안전한 상태 2가지를 적으시오. (4점)

① 외부비계에 작업발판 및 이동통로를 설치하지 않았다.
② 추락방호망을 설치하지 않았다.
③ 안전난간을 설치하지 않았다.

**외부비계의 작업발판 및 이동통로**

**04** 동영상은 이동식 비계를 이용한 작업을 보여준다. 이동식 비계의 구조(설치기준) 3가지를 적으시오. (6점)

**정답**
① 바퀴에는 갑작스러운 이동 또는 전도를 방지하기 위하여 브레이크·쐐기 등으로 바퀴를 고정시킨 다음 비계의 일부를 견고한 시설물에 고정하거나 아웃트리거를 설치할 것
② 승강용사다리는 견고하게 설치할 것
③ 비계의 최상부에서 작업을 할 때에는 안전난간을 설치할 것
④ 작업발판은 항상 수평을 유지하고 작업발판 위에서 안전난간을 딛고 작업을 하거나 받침대 또는 사다리를 사용하여 작업하지 않도록 할 것
⑤ 작업발판의 최대적재하중은 250킬로그램을 초과하지 않도록 할 것

**참고**

**이동식 비계**

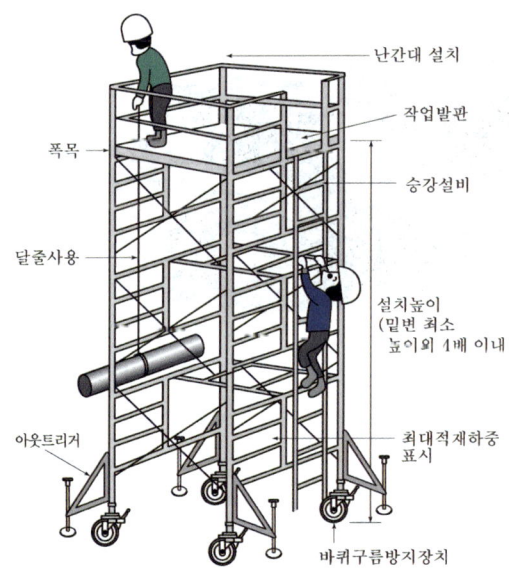

그림 출처 : 만화로 보는 산업안전보건 기준에 관한 규칙

**05** 동영상은 현장에서 토사 굴착을 하는 모습을 보여준다. 토사 등의 붕괴 및 토석의 낙하로 인하여 근로자에게 위험을 미칠 우려가 있을 경우 취해야 할 조치사항을 2가지 적으시오. (4점)

① 흙막이 지보공의 설치
② 방호망의 설치
③ 근로자의 출입금지 등 위험을 방지하기 위하여 필요한 조치

**06** 동영상은 터널 굴착 장비를 조립하고 이를 이용하여 굴착 및 토사운반 작업 과정을 보여주고 있다. (1) 동영상에서 보여주는 기계의 명칭을 적으시오. (2) 동영상의 기계가 할 수 있는 작업의 종류(용도) 2가지를 적으시오. (6점)

사진 출처 : 한화건설

(1) 기계의 명칭 : 스크레이퍼
(2) 작업의 종류
    ① 토사의 굴삭(굴착)
    ② 토사의 적재
    ③ 토사의 운반
    ④ 지반 고르기

07 동영상에서 작업자는 전기용접 작업 중이다. 작업자가 용접을 하기 위하여 전원을 켜고 용접기를 잡아당기던 중 감전을 당하였다. (1) 작업자가 전기 용접 작업 시에 착용하여야 하는 보호구를 3가지 적으시오. (2) 교류아크용접장치에 설치하여야 하는 방호장치를 적으시오. (6점)

 정답

(1) 착용하여야 하는 보호구
① 안전모(AE, ABE형)
② 용접용 보안면
③ 절연장갑
④ 절연화

(2) 방호장치
자동전격방지기(자동전격방지장치)


08 동영상은 크레인(타워크레인)의 작업 장면을 보여주고 있다. 크레인(호이스트 포함)에 부착하여야 할 방호장치의 종류를 3가지 적으시오. (6점)

 정답

① 과부하방지장치
② 권과방지장치
③ 비상정지장치
④ 제동장치

# 2019 1회 1부

## 건설안전산업기사 작업형

**01** 건설용 리프트 운행 시 불안전한 상태가 많이 발생된다. 영상에 나타난 불안전한 행동 및 상태를 각각 2가지씩 적으시오. (4점)

> **화면 설명**
> 리프트 탑승구에 방호울이 설치되지 않았으며, 하부에서 자재를 올리는 작업자는 안전모를 미착용한 상태로 작업 중이다. 상부 층에서 리프트를 탑승하기 위해 기다리는 작업자들은 안전난간 밖으로 머리를 내밀어 리프트 위치를 확인하고 있다. 리프트에는 긴 자재를 실어 리프트의 문을 닫지 않은 채 운행 중인 모습을 보여준다.

출처 : 안전보건공단 사고사례 / 출처 : 안전닷컴, 중대재해

**정답**

(1) 불안전한 행동
 ① 탑승 대기 중인 **작업자가 안전 난간 밖으로 머리를 내밀어** 리프트의 위치를 확인하고 있어 **리프트와 충돌할 위험**이 있다.
 ② 근로자가 안전모를 미 착용하였다.

(2) 불안전한 상태
 ① 리프트 운반구 문을 개방한 상태에서 운행하여 근로자가 떨어질 위험이 있다.
 ② 리프트 탑승구에 방호울이 설치되지 않아 근로자가 떨어질 위험이 있다.

주의 동영상을 확인하고 답을 적으세요!

**02** 동영상은 백호를 이용하여 하수관을 인양하는 장면을 보여주고 있다. 동영상에서의 재해를 다음과 같이 분석하시오. (6점)

> **화면 설명**
> 하수관을 1줄 걸이로 인양하여 이동하던 중 하수관이 흔들리자 신호수가 손으로 잡다가 하수관이 떨어진다. 하수관 바로 아래에서 작업하던 작업자가 떨어지는 하수관 아래에 깔리는 사고가 발생한다. 훅에는 해지 장치가 설치되지 않았으며 유도 로프도 사용하지 않았다.

(1) 기인물

(2) 재해 발생 형태

(3) 재해 발생 원인 1가지를 적으시오.

**정답**

(1) 기인물 : 백호

(2) 재해 발생 형태 : 맞음

(3) 재해 발생 원인
① 하수관과 같은 긴 자재의 인양 시는 2줄 걸이를 하여야 하나 1줄 걸이로 작업하였다.
② 훅에 해지장치를 사용하지 않았다.
③ 화물 인양작업을 할 수 없는 굴착기로 인양하였다.
④ 유도 로프를 사용하지 않았다.
⑤ 작업반경 내에 근로자 출입을 통제하지 않았다.

## 03 동영상은 건설현장 강관비계의 설치 모습이다. 단관비계의 설치기준에 대하여 아래 (    )를 채우시오. (4점)

> (1) 비계기둥의 간격 : 띠장방향 ( ① )m 이하
>
> (2) 비계기둥의 간격 : 장선방향 ( ② )m 이하
>
> (3) 띠장의 간격 : ( ③ )m 이하
>
> (4) 비계기둥의 최고부로부터 ( ④ )m 되는 지점 밑부분의 비계기둥은 ( ⑤ ) 본의 강관으로 묶어세울 것

**정답**

① 1.85   ② 1.5   ③ 2   ④ 31   ⑤ 2

**참고**

**강관비계의 구조**

① 비계기둥 간격 : 띠장방향에서는 1.85미터 이하, 장선방향에서는 1.5미터 이하로 할 것
   다만, 다음 각 목의 어느 하나에 해당하는 작업의 경우에는 안정성에 대한 구조검토를 실시하고 조립도를 작성하면 띠장 방향 및 장선 방향으로 각각 2.7미터 이하로 할 수 있다.
   가. 선박 및 보트 건조작업
   나. 그 밖에 장비 반입·반출을 위하여 공간 등을 확보할 필요가 있는 등 작업의 성질상 비계기둥 간격에 관한 기준을 준수하기 곤란한 작업
② 띠장간격 : 2.0미터 이하로 할 것(다만, 작업의 성질상 이를 준수하기가 곤란하여 쌍기둥 틀 등에 의하여 해당 부분을 보강한 경우에는 그러하지 아니하다)
③ 비계기둥의 제일 윗부분으로 부터 31미터되는 지점 밑 부분의 비계기둥은 2본의 강관으로 묶어 세울 것(다만, 브라켓(bracket, 까치발) 등으로 보강하여 2개의 강관으로 묶을 경우 이상의 강도가 유지되는 경우에는 그러하지 아니하다)
④ 비계기둥 간의 적재하중은 400kg을 초과하지 않도록 할 것

## 04
동영상은 파이프서포트를 사용한 거푸집 동바리를 보여준다. 파이프서포트를 지주(동바리)로 사용할 경우 준수해야 할 사항에 대한 다음 물음에 답하시오. (6점)

1. 파이프서포트를 ( ① )개본 이상 이어서 사용하지 아니하도록 할 것
2. 파이프서포트를 이어서 사용할 때에는 ( ② )개 이상의 볼트 또는 ( ③ )을 사용하여 이을 것
3. 높이가 ( ③ )미터를 초과할 때 높이 ( ④ )미터 이내마다 수평연결재를 2개 방향으로 만들고 수평연결재의 ( ⑥ )를 방지할 것

 정답

① 3  ② 4  ③ 전용철물  ④ 3.5  ⑤ 2  ⑥ 변위

## 05
동영상은 안전 난간을 보여주고 있다. 안전난간 설치 시 준수하여야 할 사항에 대하여 괄호에 적합한 내용을 적으시오. (6점)

(1) 안전난간은 ( ① ), ( ② ), ( ③ ), 및 ( ④ )으로 구성할 것
(2) ( ① )는 바닥면 등으로 부터 90cm 이상 지점에 설치할 것, 상부난간대를 ( ⑤ )cm 이하에 설치하는 경우 중간난간대는 상부난간대와 바닥면 등의 중간에 설치할 것
(3) ( ③ )은 바닥면 등으로부터 ( ⑥ )cm 이상의 높이를 유지할 것

 정답

① 상부 난간대
② 중간 난간대
③ 발끝막이판
④ 난간기둥
⑤ 120
⑥ 10

### 참고

**안전난간의 구조 및 설치요건**

① 상부 난간대, 중간 난간대, 발끝막이판 및 난간기둥으로 구성할 것
② 상부 난간대는 바닥면 등으로부터 90센티미터 이상 지점에 설치하고,
  • 상부 난간대를 120센티미터 이하에 설치하는 경우 : 중간 난간대는 상부 난간대와 바닥면 등의 중간에 설치
  • 120센티미터 이상 지점에 설치하는 경우 : 중간 난간대를 2단 이상으로 설치, 난간의 상하 간격은 60센티미터 이하가 되도록 할 것(다만, 난간기둥 간의 간격이 25센티미터 이하인 경우에는 중간 난간대를 설치하지 않을 수 있다.)
③ 발끝막이판은 바닥면 등으로부터 10센티미터 이상의 높이를 유지할 것
④ 난간기둥은 상부 난간대와 중간 난간대를 견고하게 떠받칠 수 있도록 적정한 간격을 유지할 것
⑤ 상부 난간대와 중간 난간대는 난간 길이 전체에 걸쳐 바닥면 등과 평행을 유지할 것
⑥ 난간대는 지름 2.7센티미터 이상의 금속제 파이프나 그 이상의 강도가 있는 재료일 것
⑦ 안전난간은 구조적으로 가장 취약한 지점에서 가장 취약한 방향으로 작용하는 100킬로그램 이상의 하중에 견딜 수 있는 튼튼한 구조일 것

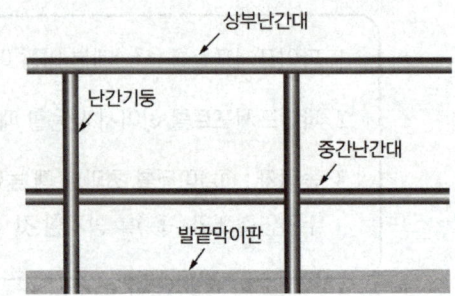

**06** 동영상에서는 말비계를 보여준다. 영상에서 보여주는 비계의 구조(설치기준) 2가지를 적으시오. (4점)

① 지주부재의 하단에는 미끄럼 방지 장치를 하고, 양측 끝부분에 올라서서 작업하지 아니하도록 할 것
② 지주부재와 수평면과의 기울기를 75도 이하로 하고, 지주부재와 지주부재 사이를 고정시키는 보조부재를 설치할 것
③ 말비계의 높이가 2미터를 초과할 경우에는 작업발판의 폭을 40cm 이상으로 할 것

07 동영상에서는 도심지의 깊은 굴착현장에 설치된 흙막이지보공을 보여준다. 깊이 10.5m 이상의 굴착작업 시에 필요한 계측기기의 종류 2가지를 적으시오. (4점)

그림출처 : 대한 종합안전

그림출처 : 대한 종합안전

① 수위계
② 경사계
③ 하중 및 침하계
④ 응력계

# 2019 1회 2부

# 건설안전산업기사 작업형

**01** 동영상에서는 비계의 작업발판을 보여준다. 작업발판의 설치기준 등에 대한 다음 빈칸에 알맞은 내용을 적으시오. (4점)

> 1. 작업발판의 폭은 ( ① )cm 이상으로 하고, 발판 재료 간의 틈은 ( ② )cm 이하로 할 것
> 2. 강관 비계기둥 간의 적재하중은 ( ③ )kg을 초과하지 않도록 할 것

① 40  ② 3  ③ 400

**02** 동영상에서 작업자는 낙하물방지망 보수작업을 하고 있다. 낙하물방지망 또는 방호선반 설치 시의 준수사항 2가지를 적으시오. (4점)

① 설치 높이는 10미터 이내마다 설치하고, 내민 길이는 벽면으로부터 2미터 이상으로 할 것
② 수평면과의 각도는 20도 이상 30도 이하를 유지할 것

> **참고**
>
> **추락방호망의 설치**
>
> ① 추락방호망의 설치위치는 가능하면 작업면으로부터 가까운 지점에 설치하여야 하며, **작업면으로부터 망의 설치 지점까지의 수직거리는 10미터를 초과하지 아니할 것**
> ② 추락방호망은 수평으로 설치하고, 망의 처짐은 짧은 변 길이의 12퍼센트 이상이 되도록 할 것
> ③ 건축물 등의 바깥쪽으로 설치하는 경우 망의 내민 길이는 벽면으로부터 3미터 이상 되도록 할 것

**03** 동영상에서는 임시 분전반 주변에서 작업하는 모습을 보여준다. 충전부에 작업자가 직접 접촉함으로 인한 감전방지 조치사항(충전부에 대하여 사업주가 하여야 할 방호조치) 3가지를 적으시오. (6점)

> ① 충전부가 노출되지 아니하도록 **폐쇄형 외함이 있는 구조로 할 것**
> ② **충전부에 충분한 절연효과가 있는 방호망 또는 절연덮개를 설치할 것**
> ③ 충전부는 내구성이 있는 **절연물로 덮어 감쌀 것**
> ④ **전주 위 및 철탑 위 등** 격리되어 있는 장소로서 **관계근로자 외의 자가 접근할 우려가 없는 장소에 충전부**를 설치할 것
> ⑤ 발전소·변전소 및 개폐소 등 구획되어 있는 장소로서 **관계 근로자가 아닌 사람의 출입이 금지되는 장소에 충전부를 설치**하고, **위험표시** 등의 방법으로 방호를 강화할 것

## 04

동영상에서는 백호를 이용하여 굴착한 흙을 언덕 위에서 트럭에 퍼 담는 장면을 보여준다. (1) 풍화암의 굴착면 기울기 기준을 적으시오. (2) 작업구역 내에 근로자가 접근 시의 위험방지 대책 2가지를 적으시오. (6점)

**정답**

(1) 1 : 1.0
(2) ① 작업 반경 내 출입금지 조치
② 유도자 및 교통 정리원을 배치하여 작업한다.

**참고**

| 지반의 종류 | 굴착면의 기울기 |
|---|---|
| 모래 | 1 : 1.8 |
| 연암 및 풍화암 | 1 : 1.0 |
| 경암 | 1 : 0.5 |
| 그 밖의 흙 | 1 : 1.2 |

**05** 동영상에서는 차량계 건설기계가 작업을 하는 모습을 보여준다. (4점)

사진 출처 : 나무위키

사진 출처 : 나무위키

(1) 동영상에서 보여주는 기계의 명칭을 적으시오.
(2) 기계의 용도를 2가지 적으시오.

정답

(1) 기계의 명칭 : 로더
(2) 기계의 용도
　① 골재 등의 운반
　② 골재 등의 상차
　③ 흙을 퍼 나르는 작업

**06** 동영상에서는 도심지의 깊은 굴착현장에 설치된 흙막이 지보공을 보여준다. 흙막이 지보공을 설치한 경우의 점검사항 3가지를 적으시오. (6점)

① 부재의 **손상·변형·부식·변위** 및 **탈락**의 유무와 상태
② 버팀대의 **긴압**의 정도
③ 부재의 **접속부·부착부** 및 **교차부**의 상태
④ **침하**의 정도

**07** 동영상에서는 눈이 많이 쌓인 현장을 보여준다. 건설 현장의 폭설, 한파로 인한 결빙 시의 조치사항 2가지를 적으시오. (4점)

① 가설 계단, 작업발판, 개구부 주위 및 근로자 주 통행로 결빙 시 결빙 제거 및 미끄럼 방지 조치
② 현장 내 **모래함, 염화칼슘** 등 비치 여부
③ 현장 내 **차량계 건설기계용 가설도로**와 **근로자용 통행로** 구별 여부
④ 폭설로 인한 하중 증가로 무너질 위험이 있는 지붕, 가설구조물에 대한 조치 여부

**08** 동영상은 가설통로 설치작업을 보여주고 있다. 가설통로 설치 시 준수사항 3가지를 쓰시오. (6점)

① 견고한 구조로 할 것
② 경사는 30도 이하일 것
③ 경사가 15도 초과하는 때에는 미끄러지지 아니하는 구조로 할 것
④ 추락의 위험이 있는 장소에는 안전난간 설치
⑤ 수직갱에 가설된 통로의 길이가 15m 이상인 때에는 10m 이내마다 계단참을 설치할 것
⑥ 높이 8m 이상인 비계다리에는 7m 이내마다 계단참을 설치할 것

# 2019 2회 1부

# 건설안전산업기사 작업형

**01** 동영상은 건설현장 강관비계의 설치 모습이다. 단관비계의 설치기준에 대하여 아래 ( )를 채우시오. (4점)

> (1) 비계기둥의 간격 : 띠장방향 ( ① )m 이하
>
> (2) 비계기둥의 간격 : 장선방향 ( ② )m 이하
>
> (3) 띠장의 간격 : ( ③ )m 이하
>
> (4) 비계기둥의 최고부로부터 ( ④ )m 되는 지점 밑부분의 비계기둥은 ( ⑤ ) 본의 강관으로 묶어세울 것

① 1.85  ② 1.5  ③ 2  ④ 31  ⑤ 2

**참고**

**강관비계의 구조**

① **비계기둥 간격 : 띠장방향에서는 1.85미터 이하, 장선방향에서는 1.5미터 이하로 할 것**
   다만, **다음 각 목의 어느 하나에 해당하는 작업의 경우에는** 안전성에 대한 구조검토를 실시하고 조립도를 작성하면 **띠장 방향 및 장선 방향으로 각각 2.7미터 이하로 할 수 있다.**
   가. 선박 및 보트 건조작업
   나. 그 밖에 장비 반입·반출을 위하여 공간 등을 확보할 필요가 있는 등 **작업의 성질상 비계기둥 간격에 관한 기준을 준수하기 곤란한 작업**
② **띠장간격 : 2.0미터 이하로 할 것**(다만, 작업의 성질상 이를 준수하기가 곤란하여 쌍기둥 틀 등에 의하여 해당 부분을 보강한 경우에는 그러하지 아니하다)
③ **비계기둥의 제일 윗부분으로 부터 31미터되는 지점 밑 부분의 비계기둥은 2본의 강관으로 묶어 세울 것**(다만, 브라켓 (bracket, 까치발) 등으로 보강하여 2개의 강관으로 묶을 경우 이상의 강도가 유지되는 경우에는 그러하지 아니하다)
④ **비계기둥 간의 적재하중은 400kg을 초과하지 않도록 할 것**

02 동영상은 백호를 이용하여 하수관을 인양하는 장면을 보여주고 있다. 동영상에서의 재해를 다음과 같이 분석하시오. (6점)

> **화면 설명**
>
> 하수관을 1줄 걸이로 인양하여 이동하던 중 하수관이 흔들리자 신호수가 손으로 잡다가 하수관이 떨어진다. 하수관 바로 아래에서 작업하던 작업자가 떨어지는 하수관 아래에 깔리는 사고가 발생한다. 훅에는 해지 장치가 설치되지 않았으며 유도 로프도 사용하지 않았다.

(1) 재해 발생 형태

(2) 재해 발생 원인 1가지를 적으시오.

(1) 재해 발생 형태 : 맞음

(2) 재해 발생 원인
① 하수관과 같은 긴 자재의 인양 시는 2줄 걸이를 하여야 하나 1줄 걸이로 작업하였다.
② 훅에 해지장치를 사용하지 않았다.
③ 화물 인양작업을 할 수 없는 굴착기로 인양하였다.
④ 유도 로프를 사용하지 않았다.
⑤ 작업반경 내에 근로자 출입을 통제하지 않았다.

03 동영상에서는 3가지 유형의 안전대를 보여준다. (1) 사진 [3]에서 화살표가 가리키는 부분의 명칭을 적으시오. (2) 사진 [1]과 비교하여 사진 [2]의 장점을 적으시오. (6점)

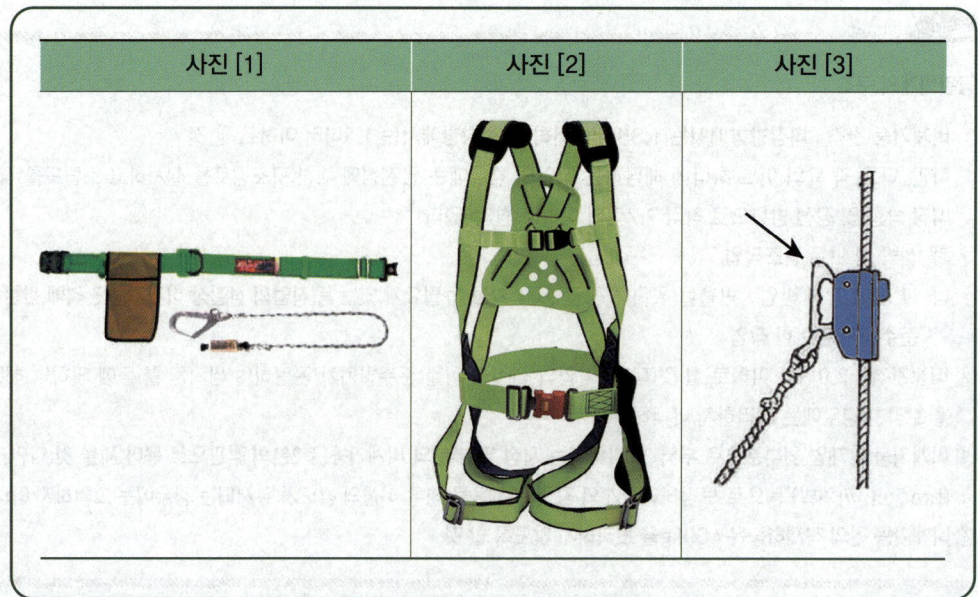

**정답**

(1) 추락방지대
(2) 추락 시의 충격하중을 신체에 고르게 분산시켜 충격을 최소화한다.

**참고**

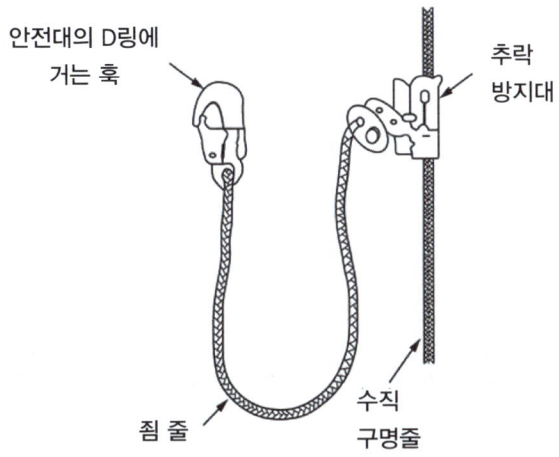

**04** 동영상에서는 콘크리트 타설작업 현장을 보여준다. 콘크리트 분배기, 콘크리트 펌프카 등 콘크리트 타설 장비를 사용하는 경우 준수하여야 할 사항 3가지를 적으시오. (6점)

사진 출처 : 통일뉴스

사진 출처 : https://e-depot.kr/503

① 작업을 시작하기 전에 콘크리트 타설 장비를 점검하고 이상을 발견하였으면 즉시 보수할 것
② 건축물의 난간 등에서 작업하는 근로자가 호스의 요동·선회로 인하여 추락하는 위험을 방지하기 위하여 안전난간 설치 등 필요한 조치를 할 것
③ 콘크리트 타설 장비의 붐을 조정하는 경우에는 주변의 전선 등에 의한 위험을 예방하기 위한 적절한 조치를 할 것
④ 작업 중에 지반의 침하나 아웃트리거 등 콘크리트 타설 장비 지지구조물의 손상 등에 의하여 콘크리트 타설 장비가 넘어질 우려가 있는 경우에는 이를 방지하기 위한 적절한 조치를 할 것

**05** 산업안전보건법에 의한 작업장의 조도기준을 나타내었다. 괄호에 적합한 숫자를 적으시오. (4점)

| 초정밀 작업 | 정밀 작업 | 보통 작업 | 기타 작업 |
|---|---|---|---|
| 750 Lux 이상 | 300 Lux 이상 | ( ① )Lux 이상 | ( ② )Lux 이상 |

① 150  ② 75

**06** 동영상은 가설통로 설치작업을 보여주고 있다. 가설통로 설치 시 준수사항 3가지를 쓰시오. (6점)

① 견고한 구조로 할 것
② **경사는 30도 이하**일 것
③ **경사가 15도 초과**하는 때에는 **미끄러지지 아니하는 구조**로 할 것
④ 추락의 위험이 있는 장소에는 안전난간 설치
⑤ **수직갱**에 가설된 통로의 **길이가 15m 이상**인 때에는 **10m 이내마다 계단참**을 설치할 것
⑥ **높이 8m 이상**인 비계다리에는 **7m 이내마다 계단참**을 설치할 것

**07** 동영상에서는 항타기 작업을 보여주고 있다. 항타기 및 항발기의 무너짐을 방지하기 위한 조치사항 2가지를 적으시오. (4점)

① 연약한 지반에 설치하는 때에는 아웃트리거·받침 등 지지구조물의 침하를 방지하기 위하여 깔판 · 받침목 등을 사용할 것
② 시설 또는 가설물 등에 설치하는 경우에는 그 내력을 확인하고 내력이 부족하면 그 내력을 보강할 것
③ 아웃트리거·받침 등 지지구조물이 미끄러질 우려가 있는 때에는 말뚝 또는 쐐기 등을 사용하여 해당 지지구조물을 고정시킬 것
④ 궤도 또는 차로 이동하는 항타기 또는 항발기에 대하여는 불시에 이동하는 것을 방지하기 위하여 레일 클램프 및 쐐기 등으로 고정시킬 것
⑤ 상단 부분은 버팀대 · 버팀줄로 고정하여 안정시키고, 그 하단 부분은 견고한 버팀 · 말뚝 또는 철골 등으로 고정시킬 것

**08** 동영상에서는 가스용기를 보여준다. 현장에서 가스용기 취급 시의 주의해야 할 사항 3가지를 적으시오. (6점)

① 용기의 온도를 섭씨 40도 이하로 유지할 것
② 전도의 위험이 없도록 할 것
③ 충격을 가하지 아니하도록 할 것
④ 운반할 때 캡을 씌울 것
⑤ 밸브의 개폐는 서서히 할 것
⑥ 사용 전 또는 사용 중인 용기와 그 외의 용기를 명확히 구분하고 보관할 것
⑦ 용해 아세틸렌의 용기는 세워 둘 것
⑧ 사용할 때에는 용기의 마개에 부착되어 있는 유류 및 먼지를 제거할 것

# 건설안전산업기사 작업형

01 영상은 시스템 비계에서 작업하는 모습을 보여준다. 시스템 비계를 조립하는 경우 준수하여야 하는 사항 2가지를 적으시오. (4점)

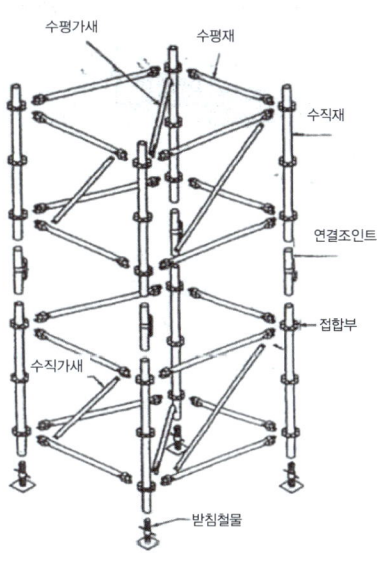

**정답**

① 비계 기둥의 밑둥에는 **밑받침철물을 사용**하여야 하며, 밑받침에 고저차가 있는 경우에는 조절형 밑받침 철물을 사용하여 시스템 비계가 항상 수평 및 수직을 유지하도록 할 것
② 경사진 바닥에 설치하는 경우에는 **피벗형 받침 철물 또는 쐐기 등을 사용**하여 밑받침 철물의 바닥면이 수평을 유지하도록 할 것
③ 가공전로에 근접하여 비계를 설치하는 경우에는 가공전로를 이설하거나 가공전로에 절연용 방호구를 설치하는 등 **가공전로와의 접촉을 방지**하기 위하여 필요한 조치를 할 것
④ **비계 내에서 근로자가** 상하 또는 좌우로 **이동하는 경우에는** 반드시 **지정된 통로를 이용**하도록 주지시킬 것
⑤ 비계 작업 근로자는 **같은 수직면상의 위와 아래 동시 작업을 금지**할 것
⑥ **작업발판에는** 제조사가 정한 최대적재하중을 초과하여 적재해서는 아니 되며, 최대적재하중이 표기된 **표지판을 부착**하고 근로자에게 주지시키도록 할 것

**02** 동영상에서는 건설 현장에서 건설용 리프트가 운행 중인 모습을 보여준다. 리프트가 운행 중 무너지거나 또는 넘어지는(붕괴 또는 전도) 원인을 2가지 적으시오. (4점)

사진 출처 : 매일건설신문

사진 출처 : 중앙일보

정답
① 지반의 침하(부동침하)
② 불량한 자재 사용 또는 헐거운 결선

**03** 동영상에서는 철골공사 현장을 보여준다. 철골작업을 중지하여야 하는 조건을 3가지 적으시오. (6점)

정답
① 풍속이 초당 10m(미터) 이상인 경우
② 강우량이 시간당 1mm(밀리미터) 이상인 경우
③ 강설량이 시간당 1cm(센티미터) 이상인 경우

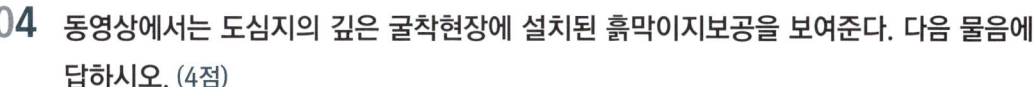

**04** 동영상에서는 도심지의 깊은 굴착현장에 설치된 흙막이지보공을 보여준다. 다음 물음에 답하시오. (4점)

그림출처 : 대한 종합안전    그림출처 : 대한 종합안전

(1) 공법의 종류

(2) 굴착작업 시 필요한 계측기의 종류 3가지와 용도를 적으시오.

정답

(1) 공법의 종류 : 어스 앵커 공법

(2) 계측기의 종류 및 용도
   ① **경사계**(Tilt-meter) : 구조물의 **경사각 및 변형상태를 측정**
   ② **하중계**(load-cell) : 어스앵커(Earth anchor) 등의 **축 하중의 변화를 측정**
   ③ **변형률계**(Strain-gauge) : 토류 구조물의 각 부재와 인근 구조물의 각 지점 및 **타설 콘크리트 등의 응력변화를 측정**
   ④ **지하 수위계**(Water levelmeter) : **지하수위 변화를 측정**

참고

**어스앵커공법**

버팀대 대신 흙막이 벽을 **어스드릴(Earth Drill)**로 구멍을 뚫은 후 그 속에 철근 또는 PC강선 등 **인장재를 삽입**하여 인장력에 의해 토압을 지지하는 흙막이공법

**05** 동영상은 건물의 엘리베이터 피트 거푸집 공사 현장을 보여준다. 영상에서와 같은 엘리베이터 피트 부분에서 발생할 수 있는 (1) 사고의 형태와 (2) 사고의 원인 1가지를 적으시오. (4점)

(1) 사고의 형태 : 떨어짐
(2) 사고의 원인
① 개구부에 안전난간이 설치되지 않았다.
② 개구부에 울타리가 설치되지 않았다.
③ 개구부에 수직형 추락방망 또는 덮개가 설치되지 않았다.
④ 작업자가 안전대를 착용하지 않았다.
⑤ 엘리베이트 피트 내부에 추락방호망이 설치되지 않았다.

**06** 동영상에서 작업자는 낙하물 방지망 보수작업을 하고 있다. 낙하물 방지망 또는 방호선반 설치 시의 준수 사항 2가지를 적으시오. (4점)

**정답**

① 설치 높이는 10미터 이내마다 설치하고, 내민 길이는 벽면으로부터 2미터 이상으로 할 것
② 수평면과의 각도는 20도 이상 30도 이하를 유지할 것

**참고**

**추락방호망의 설치**

① 추락방호망의 설치위치는 가능하면 작업면으로부터 가까운 지점에 설치하여야 하며, 작업면으로 부터 망의 설치지점까지의 수직거리는 10미터를 초과하지 아니할 것
② 추락방호망은 수평으로 설치하고, 망의 처짐은 짧은 변 길이의 12퍼센트 이상이 되도록 할 것
③ 건축물 등의 바깥쪽으로 설치하는 경우 망의 내민 길이는 벽면으로부터 3미터 이상 되도록 할 것

**07** 동영상에서는 도심지의 깊은 굴착 현장에 설치된 흙막이 지보공을 보여준다. 흙막이 지보공을 설치한 경우의 점검사항 3가지를 적으시오. (6점)

**정답**

① 부재의 **손상·변형·부식·**변위 및 **탈락**의 유무와 상태
② 버팀대의 **긴압**의 정도
③ 부재의 **접속부·부착부** 및 **교차부**의 상태
④ **침하**의 정도

08 동영상에서는 말비계를 보여준다. 영상에서 보여주는 비계의 구조(설치기준) 3가지를 적으시오. (6점)

① 지주부재의 하단에는 미끄럼 방지 장치를 하고, 양측 끝부분에 올라서서 작업하지 아니하도록 할 것
② 지주부재와 수평면과의 기울기를 75도 이하로 하고, 지주부재와 지주부재 사이를 고정시키는 보조부재를 설치할 것
③ 말비계의 높이가 2미터를 초과할 경우에는 작업발판의 폭을 40cm 이상으로 할 것

# 2019  4회 1부

## 건설안전산업기사 작업형

01 동영상에서는 콘크리트 타설작업 현장을 보여준다. 콘크리트 분배기, 콘크리트 펌프카 등 콘크리트 타설 장비를 사용하는 경우 준수하여야 할 사항 3가지를 적으시오. (6점)

사진 출처 : 통일뉴스

사진 출처 : https://e-depot.kr/503

① 작업을 시작하기 전에 **콘크리트 타설 장비를 점검**하고 이상을 발견하였으면 즉시 보수할 것
② 건축물의 난간 등에서 작업하는 **근로자가 호스의 요동·선회로 인하여 추락하는 위험을 방지**하기 위하여 안전난간 설치 등 필요한 조치를 할 것
③ 콘크리트 타설 장비의 붐을 조정하는 경우에는 주변의 전선 등에 의한 위험을 예방하기 위한 적절한 조치를 할 것
④ 작업 중에 지반의 침하나 아웃트리거 등 콘크리트 타설 장비 지지구조물의 손상 등에 의하여 **콘크리트 타설 장비가 넘어질 우려가 있는 경우에는 이를 방지**하기 위한 적절한 조치를 할 것

## 02
동영상은 안전 난간을 보여주고 있다. 안전난간 설치 시 준수하여야 할 사항에 대하여 괄호에 적합한 내용을 적으시오. (4점)

> (1) 안전난간은 상부 난간대, 중간 난간대, 발 끝막이판 및 난간기둥으로 구성할 것
> (2) 상부 난간대는 바닥면 등으로 부터 ( ① )cm 이상 지점에 설치할 것, 상부 난간대를 ( ② )cm 이하에 설치하는 경우 중간 난간대는 상부 난간대와 바닥면 등의 중간에 설치할 것

**정답**

① 90  ② 120

**참고**

### 안전난간의 구조 및 설치요건

① 상부 난간대, 중간 난간대, 발끝막이판 및 난간기둥으로 구성할 것
② 상부 난간대는 바닥면 등으로부터 90센티미터 이상 지점에 설치하고,
  • 상부 난간대를 120센티미터 이하에 설치하는 경우 : 중간 난간대는 상부 난간대와 바닥면 등의 중간에 설치
  • 120센티미터 이상 지점에 설치하는 경우 : 중간 난간대를 2단 이상으로 설치, 난간의 상하 간격은 60센티미터 이하가 되도록 할 것(다만, 난간기둥 간의 간격이 25센티미터 이하인 경우에는 중간 난간대를 설치하지 않을 수 있다.)
③ 발끝막이판은 바닥면 등으로부터 10센티미터 이상의 높이를 유지할 것
④ 난간기둥은 상부 난간대와 중간 난간대를 견고하게 떠받칠 수 있도록 적정한 간격을 유지할 것
⑤ 상부 난간대와 중간 난간대는 난간 길이 전체에 걸쳐 바닥면 등과 평행을 유지할 것
⑥ 난간대는 지름 2.7센티미터 이상의 금속제 파이프나 그 이상의 강도가 있는 재료일 것
⑦ 안전난간은 구조적으로 가장 취약한 지점에서 가장 취약한 방향으로 작용하는 100킬로그램 이상의 하중에 견딜 수 있는 튼튼한 구조일 것

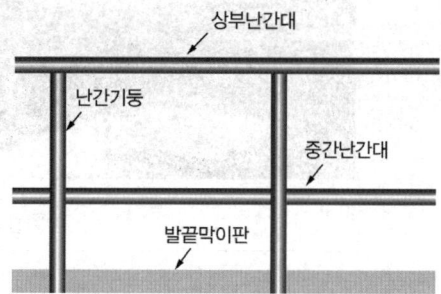

**03** 영상에서 보여주는 (1) 건설기계의 명칭과 (2) 용도 3가지를 적으시오. (6점)

사진 출처 : 제원포장건설

(1) 명칭 : 타이어 롤러
(2) 용도
  ① 아스팔트 포장의 마무리 다짐
  ② 점성토의 다짐
  ③ 노반의 표면 다짐

**04** 동영상은 건설현장 강관비계의 설치 모습이다. 단관비계의 설치기준에 대하여 아래 (  )를 채우시오. (4점)

1. 비계기둥의 간격 : 띠장방향 ( ① )m 이하

2. 비계기둥의 간격 : 장선방향 ( ② )m 이하

3. 띠장의 간격: ( ③ )m 이하

4. 비계기둥의 최고부로부터 ( ④ )m 되는 지점 밑부분의 비계기둥은 ( ⑤ ) 본의 강관으로 묶어 세울 것

### 정답

① 1.85　② 1.5　③ 2　④ 31　⑤ 2

### 참고

**안전난간의 구조 및 설치요건**

① 상부 난간대, 중간 난간대, 발끝막이판 및 난간기둥으로 구성할 것
② 상부 난간대는 바닥면 등으로부터 90센티미터 이상 지점에 설치하고,
　• 상부 난간대를 120센티미터 이하에 설치하는 경우 : 중간 난간대는 상부 난간대와 바닥면 등의 중간에 설치
　• 120센티미터 이상 지점에 설치하는 경우 : 중간 난간대를 2단 이상으로 설치, 난간의 상하 간격은 60센티미터 이하가 되도록 할 것(다만, 난간기둥 간의 간격이 25센티미터 이하인 경우에는 중간 난간대를 설치하지 않을 수 있다.)
③ 발끝막이판은 바닥면 등으로부터 10센티미터 이상의 높이를 유지할 것
④ 난간기둥은 상부 난간대와 중간 난간대를 견고하게 떠받칠 수 있도록 적정한 간격을 유지할 것
⑤ 상부 난간대와 중간 난간대는 난간 길이 전체에 걸쳐 바닥면 등과 평행을 유지할 것
⑥ 난간대는 지름 2.7센티미터 이상의 금속제 파이프나 그 이상의 강도가 있는 재료일 것
⑦ 안전난간은 구조적으로 가장 취약한 지점에서 가장 취약한 방향으로 작용하는 100킬로그램 이상의 하중에 견딜 수 있는 튼튼한 구조일 것

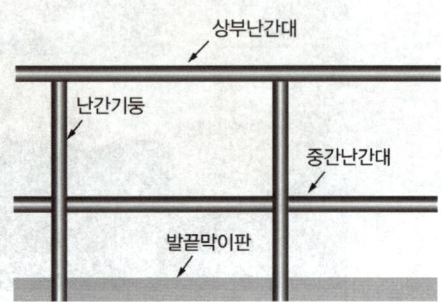

**05** 동영상에서 작업자는 작업발판 위에서 구두를 신은 채 도장작업을 하고 있다. 작업을 하던 중 옆으로 이동하다 떨어지는 사고를 당한다. 시설 측면에서의 안전 작업 대책 3가지를 적으시오. (6점)

① **안전한 작업발판 설치**(작업발판 폭 40cm 이상의 발판을 설치하고 고정한다.)
② **추락방호망 설치**(높이 10m 이상인 경우)
③ **안전난간 설치**(높이 2m 이상이며 안전난간이 미설치 된 경우)

06 동영상에서는 콘크리트 믹서 트럭을 보여준다. 차량 내 내용물의 구성을 적으시오. (4점)

시멘트 + 물 + ( ① ), ( ② )

① 모래(잔골재)  ② 자갈(굵은 골재)

**07** 동영상에서는 사다리식 통로를 보여준다. 사다리식 통로의 구조(설치 시의 준수사항) 3가지를 적으시오. (6점)

 정답

① 견고한 구조로 할 것
② 심한 손상·부식 등이 없는 재료를 사용할 것
③ 발판의 간격은 일정하게 할 것
④ 발판과 벽과의 사이는 15센티미터 이상의 간격을 유지할 것
⑤ 폭은 30센티미터 이상으로 할 것
⑥ 사다리가 넘어지거나 미끄러지는 것을 방지하기 위한 조치를 할 것
⑦ 사다리의 상단은 걸쳐놓은 지점으로부터 60센티미터 이상 올라가도록 할 것
⑧ 사다리식 통로의 길이가 10미터 이상인 경우에는 5미터 이내마다 계단참을 설치할 것
⑨ 사다리식 통로의 기울기는 75도 이하로 할 것. 다만, 고정식 사다리식 통로의 기울기는 90도 이하로 하고, 그 높이가 7미터 이상인 경우에는 다음 각 목의 구분에 따른 조치를 할 것

- 등받이울이 있어도 근로자 이동에 지장이 없는 경우 : 바닥으로부터 높이가 2.5미터 되는 지점부터 등받이울을 설치할 것
- 등받이울이 있으면 근로자가 이동이 곤란한 경우 : 한국산업표준에서 정하는 기준에 적합한 개인용 추락 방지 시스템을 설치하고 근로자로 하여금 한국산업표준에서 정하는 기준에 적합한 전신 안전대를 사용하도록 할 것
⑩ 접이식 사다리 기둥은 사용 시 접혀지거나 펼쳐지지 않도록 철물 등을 사용하여 견고하게 조치할 것

## 08 동영상은 현장에서 토사 굴착을 하는 모습을 보여준다. 다음 물음에 답하시오. (4점)

(1) 굴착작업 시 각 지반의 종류에 따른 기울기 기준을 적으시오.

| 지반의 종류 | 굴착면의 기울기 |
|---|---|
| 모래 | ( ① ) |
| 연암 및 풍화암 | ( ② ) |
| 경암 | ( ③ ) |
| 그 밖의 흙 | ( ④ ) |

(2) 토사 등의 붕괴 및 토석의 낙하로 인하여 근로자에게 위험을 미칠 우려가 있을 경우 취해야할 조치사항을 2가지 적으시오.

(1) ① 1 : 1.8   ② 1 : 1.0   ③ 1 : 0.5   ④ 1 : 1.2
(2) 토사 등의 붕괴 등에 의한 위험방지 조치
  ① 흙막이 지보공의 설치
  ② 방호망의 설치
  ③ 근로자의 출입금지 등 위험을 방지하기 위하여 필요한 조치

# 2019 4회 2부

# 건설안전산업기사 작업형

**01** 동영상에서는 철골공사 현장을 보여준다. 철골작업을 중지하여야 하는 조건을 3가지 적으시오. (6점)

① 풍속이 초당 10m(미터) 이상인 경우
② 강우량이 시간당 1mm(밀리미터) 이상인 경우
③ 강설량이 시간당 1cm(센티미터) 이상인 경우

**02** 동영상에서는 거푸집을 조립하는 장면을 보여준다. 거푸집 및 지보공(동바리) 시공 시에 고려해야 할 연직방향 하중의 종류를 3가지 적으시오. (6점)

① 거푸집의 중량
② 지보공(동바리)의 중량
③ 콘크리트의 중량
④ 철근의 중량
⑤ 타설용 기계·기구의 중량
⑥ 작업원의 중량

**03** 동영상에서는 장비를 사용하여 아파트 해체작업을 하는 장면을 보여준다. 분진 발생을 억제하기 위한 대책 2가지를 적으시오. (4점)

사진 출처 : ㈜ 코리아 카고

사진 출처 : www.volvo.com

정답
① 피라밋식, 수평 살수식으로 **물을 뿌린다.**
② 방진시트, 분진차단막 등의 **방진벽을 설치한다.**

**04** 동영상은 아파트 건설현장을 보여주고 있다. 추락 및 낙하를 방지하기 위한 시설 중 영상에 보이는 시설을 추락과 낙하재해로 구분하여 각각 1가지씩 적으시오. (4점)

(1) 추락재해 방지시설
(2) 낙하재해 방지시설

정답

(1) **추락재해 방지시설**
   ① 추락방호망
   ② 안전난간
   ③ 작업발판

(2) **낙하재해 방지시설**
   ① 낙하물방지망
   ② 수직보호망
   ③ 방호선반

> 참고

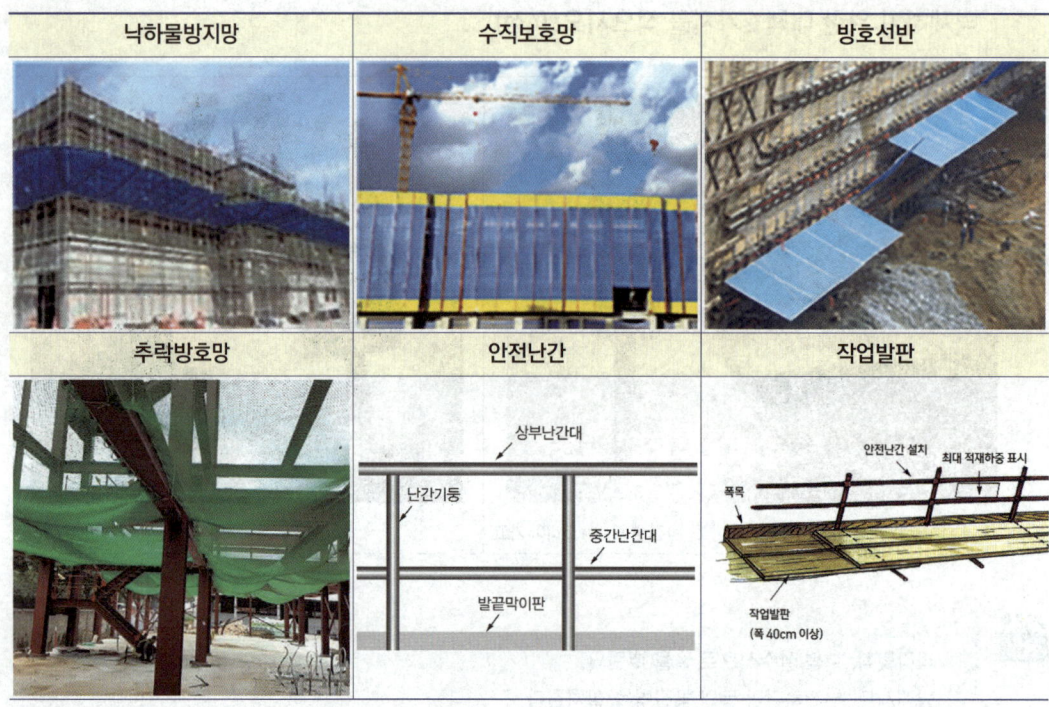

**05** 동영상에서는 공사현장의 가설도로를 보여준다. 공사용 가설도로 설치 시의 준수사항 3가지를 적으시오. (6점)

① 도로는 장비 및 차량이 안전하게 운행할 수 있도록 견고하게 설치할 것
② 도로와 작업장이 접하여 있을 경우에는 울타리 등을 설치할 것
③ 도로는 배수를 위하여 경사지게 설치하거나 배수시설을 설치할 것
④ 차량의 속도제한 표지를 부착할 것

06 동영상은 타워크레인을 이용하여 비계 재료인 강관을 들어 올리는 모습을 보여준다. 강관을 와이어로프 한 가닥으로만 묶고 인양하고 있으며 작업자는 안전모의 턱 끈을 매지 않고 작업하고 있다. 동영상에서 재해의 요인으로 추정되는 사항 3가지를 적으시오. (4점)

① 하수관과 같은 긴 자재의 인양 시는 2줄 걸이를 하여야 하나 **1줄 걸이로 작업**하였다.
② 훅에 **해지장치를 사용하지 않**았다.
③ 화물 인양작업을 할 수 없는 굴착기로 인양하였다.
④ **유도 로프를 사용하지 않**았다.
⑤ 작업반경 내에 **근로자 출입을 통제하지 않**았다.

참고

2줄 걸이 작업 – 올바른 작업

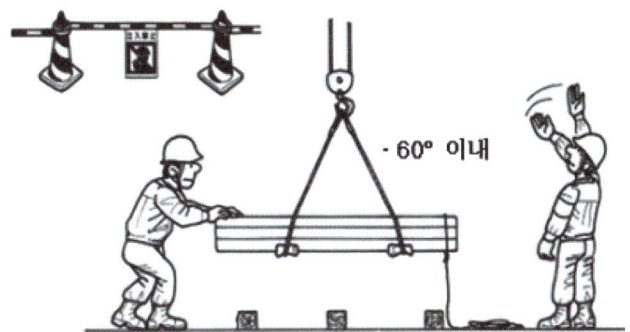

**07** 동영상은 터널 공사현장을 보여준다. 터널 작업 시 사용하는 자동경보장치는 당일 작업 시작 전에 점검하고 이상 발견 시 즉시 보수하여야 한다. 자동경보장치의 작업 시작 전 점검사항 3가지를 적으시오. (4점)

① 계기의 이상 유무
② 검지부의 이상 유무
③ 경보장치의 작동상태

**08** 동영상은 밀폐공간에서의 작업을 보여준다. (1) 산소결핍의 기준을 적으시오. (2) 밀폐공간 작업을 하는 근로자가 착용하여야 하는 호흡용 보호구의 종류 2가지를 적으시오. (4점)

(1) 산소결핍의 기준 : 산소농도가 18% 미만인 상태
(2) 근로자가 착용하여야 하는 호흡용 보호구의 종류
　① 송기마스크
　② 공기호흡기

# 2020 1회 1부

## 건설안전산업기사 작업형

**01** 산업안전보건법에 의한 작업장의 조도기준을 나타내었다. 괄호에 적합한 숫자를 적으시오. (4점)

| 초정밀 작업 | 정밀 작업 | 보통 작업 | 기타 작업 |
|:---:|:---:|:---:|:---:|
| 750Lux 이상 | ( ① )Lux 이상 | ( ② )Lux 이상 | 75Lux 이상 |

① 300　② 150

**02** 동영상에서 작업자는 지게차(차량계 하역운반기계)를 이용하여 판넬 운반 작업을 하고 있다. 신호수의 지시에 따라 운전하던 중 판넬이 신호수에게 낙하하는 사고가 발생한다. 사고의 원인 2가지를 적으시오. (4점)

① 화물의 하중이 한쪽으로 치우쳐 적재되었다.
② 화물의 붕괴 또는 낙하에 의한 위험을 방지하기 위하여 화물에 로프를 거는 등의 조치를 하지 않았다.
③ 운전자의 시야를 가려 적재하였다.

03 동영상에서는 아파트 신축현장을 보여준다. 현장에서 물체가 떨어지거나 날아올 위험(낙하 또는 비래할 위험)이 있을 경우 취해야 할 조치사항 3가지를 적으시오. (6점)

① 낙하물방지망·수직보호망 또는 방호선반의 설치
② 출입 금지구역의 설정
③ 보호구의 착용

04 고소작업대를 이용하여 작업자가 외벽 도장 작업 중이다. 고소작업대를 이동하는 경우의 준수사항 3가지를 적으시오. (6점)

사진 출처 : 할렐루야 렌탈

① 작업대를 가장 낮게 하강시킬 것
② 작업자를 태우고 이동하지 말 것. 다만, 이동 중 전도 등의 위험 예방을 위하여 유도하는 사람을 배치하고 짧은 구간을 이동하는 경우에는 작업대를 가장 낮게 내린 상태에서 작업자를 태우고 이동할 수 있다.
③ 이동통로의 요철 상태 또는 장애물의 유무 등을 확인할 것

05 화면에서는 콘크리트 믹서 트럭의 바퀴를 물로 닦는 장면을 보여준다. 화면에서 보여주는 장비의 명칭과 용도(효과)를 적으시오. (4점)

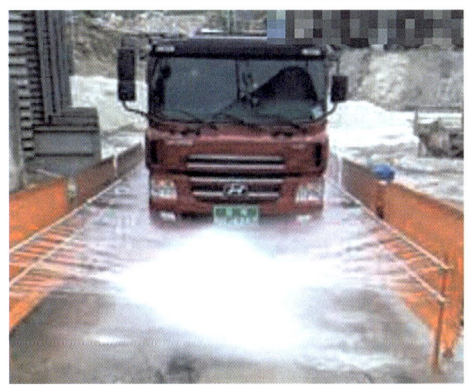
사진 출처 : 동서 세륜기

사진 출처 : 동서 세륜기

(1) 명칭 : 세륜기
(2) 용도(효과)
 ① 비산먼지 발생 억제
 ② 바퀴의 분진 및 토사 제거

## 06
동영상은 타워크레인을 이용하여 비계 재료인 강관을 들어 올리는 모습을 보여준다. 강관을 와이어로프 한 가닥으로만 묶고 인양하고 있으며 작업자는 안전모의 턱 끈을 매지 않고 작업하고 있다. 동영상에서 재해의 요인으로 추정되는 사항 2가지를 적으시오. (4점)

① 강관을 한 곳만 묶어(1줄 걸이) 인양하였다.
② 작업자가 안전모의 턱 끈을 매지 않았다.
③ 작업반경 내 출입금지 조치를 하지 않았다.(작업반경 내에 근로자가 접근하였다.)
④ 신호수를 배치하지 않았다.

**참고**

2줄 걸이 작업 – 올바른 작업

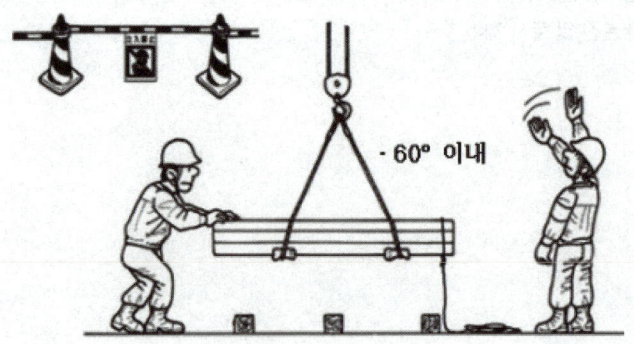

07 동영상은 현장에서 토사 굴착을 하는 모습을 보여준다. 토사 등의 붕괴 및 토석의 낙하로 인하여 근로자에게 위험을 미칠 우려가 있을 경우 취해야 할 조치사항을 3가지 적으시오. (6점)

① 흙막이 지보공의 설치
② 방호망의 설치
③ 근로자의 출입금지 등 위험을 방지하기 위하여 필요한 조치

08 동영상에서는 콘크리트 타설작업을 보여준다. 콘크리트 타설작업 시의 준수사항 2가지를 적으시오. (4점)

사진 출처 : https://e-depot.kr/503

① 당일의 작업을 시작하기 전에 해당 작업에 관한 거푸집 동바리 등의 변형·변위 및 지반의 침하 유무 등을 점검하고 이상이 있으면 보수할 것
② 작업 중에는 감시자를 배치하는 등의 방법으로 거푸집 및 동바리의 변형·변위 및 침하 유무 등을 확인해야 하며, 이상이 있으면 작업을 중지하고 근로자를 대피시킬 것
③ 콘크리트의 타설작업 시 거푸집붕괴의 위험이 발생할 우려가 있으면 충분한 보강조치를 할 것
④ 설계도서상의 콘크리트 양생기간을 준수하여 거푸집 및 동바리를 해체할 것
⑤ 콘크리트를 타설하는 경우에는 편심이 발생하지 않도록 골고루 분산하여 타설할 것

# 2020 2회 1부

## 건설안전산업기사 작업형

**01** 동영상은 백호를 이용하여 하수관을 인양하는 장면을 보여주고 있다. 동영상에서의 재해를 다음과 같이 분석하시오. (6점)

> **화면 설명**
> 하수관을 1줄 걸이로 인양하여 이동하던 중 하수관이 흔들리자 신호수가 손으로 잡다가 하수관이 떨어진다. 하수관 바로 아래에서 작업하던 작업자가 떨어지는 하수관 아래에 깔리는 사고가 발생한다. 훅에는 해지 장치가 설치되지 않았으며 유도 로프도 사용하지 않았다.

(1) 재해 발생 형태

(2) 재해 발생 원인 1가지를 적으시오.

정답

(1) 재해 발생 형태 : 맞음

(2) 재해 발생 원인
  ① 하수관과 같은 긴 자재의 인양 시는 2줄 걸이를 하여야 하나 1줄 걸이로 작업하였다.
  ② 훅에 해지장치를 사용하지 않았다.
  ③ 화물 인양작업을 할 수 없는 굴착기로 인양하였다.
  ④ 유도 로프를 사용하지 않았다.
  ⑤ 작업반경 내에 근로자 출입을 통제하지 않았다.

## 02
동영상에서는 철근을 운반하는 장면을 보여준다. 철근을 인력으로 운반할 경우의 준수사항 3가지를 적으시오. (6점)

**정답**
① 1인당 무게는 25킬로그램 정도가 적절하며, **무리한 운반을 삼가**하여야 한다.
② **2인 이상이 1조가 되어 어깨메기로 하여 운반**하는 등 안전을 도모하여야 한다.
③ 긴 철근을 부득이 한 사람이 운반할 때에는 **한쪽을 어깨에 메고 한쪽 끝을 끌면서 운반**하여야 한다.
④ 운반할 때에는 **양 끝을 묶어 운반**하여야 한다.
⑤ **내려 놓을 때는 천천히 내려놓고 던지지 않아야** 한다.
⑥ **공동 작업을 할 때에는 신호에 따라 작업**을 하여야 한다.

## 03
동영상은 건설현장 강관비계의 설치 모습이다. 단관비계의 설치기준에 대하여 아래 ( )를 채우시오. (6점)

(1) 비계기둥의 간격 : 띠장방향 ( ① )m 이하

(2) 비계기둥의 간격 : 장선방향 ( ② )m 이하

(3) 띠장의 간격 : ( ③ )m 이하

(4) 비계기둥의 최고부로부터 ( ④ )m 되는 지점 밑부분의 비계기둥은 ( ⑤ ) 본의 강관으로 묶어세울 것

(5) 비계기둥 간의 적재하중은 ( ⑥ )kg을 초과하지 않도록 할 것

**정답**
① 1.85　② 1.5　③ 2　④ 31　⑤ 2　⑥ 400

### 참고

**강관비계의 구조**

① 비계기둥 간격 : 띠장방향에서는 1.85미터 이하, 장선방향에서는 1.5미터 이하로 할 것
　다만, 다음 각 목의 어느 하나에 해당하는 작업의 경우에는 안전성에 대한 구조검토를 실시하고 조립도를 작성하면 띠장 방향 및 장선 방향으로 각각 2.7미터 이하로 할 수 있다.
　가. 선박 및 보트 건조작업
　나. 그 밖에 장비 반입·반출을 위하여 공간 등을 확보할 필요가 있는 등 작업의 성질상 비계기둥 간격에 관한 기준을 준수하기 곤란한 작업
② 띠장간격 : 2.0미터 이하로 할 것(다만, 작업의 성질상 이를 준수하기가 곤란하여 쌍기둥 틀 등에 의하여 해당 부분을 보강한 경우에는 그러하지 아니하다)
③ 비계기둥의 제일 윗부분으로부터 31미터되는 지점 밑 부분의 비계기둥은 2본의 강관으로 묶어 세울 것(다만, 브라켓(bracket, 까치발) 등으로 보강하여 2개의 강관으로 묶을 경우 이상의 강도가 유지되는 경우에는 그러하지 아니하다)
④ 비계기둥 간의 적재하중은 400kg을 초과하지 않도록 할 것

---

**04** 동영상은 이동식 비계를 보여준다. 이동식 비계 구조에 관한 다음 물음에 답하시오. (4점)

(1) 이동식 비계 작업발판의 최대적재하중을 적으시오.
(2) 사진의 동그라미 부분에 해당하는 명칭을 적으시오.

> **화면 설명**
> 작업자가 이동식 비계에 올라가서 작업하고 내려오던 중 비계가 흔들리며 떨어진다.

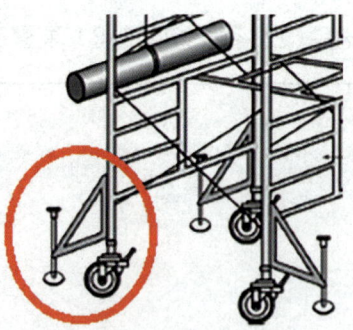

**정답**

(1) 작업발판의 최대적재하중
　　250킬로그램(을 초과하지 않도록 할 것)

(2) 아웃트리거

**05** 동영상에서는 터널 공사 현장을 보여준다. 터널 공사 안전보건 작업지침(NATM 공법)에 의한 장약 작업 시의 준수 사항 3가지를 적으시오. (6점)

정답

① 장약작업 장소 인근에서는 화기사용 및 흡연을 하지 않도록 할 것
② 장약작업 장소 인근에서는 전기용접 작업이나 동력을 사용하는 기계를 사용하지 않을 것
③ 장약작업을 하는 근로자가 안전모 등 적절한 보호구를 착용하도록 할 것
④ 기존의 발파에 사용된 발파공에는 장약하지 않도록 할 것
⑤ 장약작업 중에는 관계 근로자가 아닌 사람의 출입을 금지할 것

**06** 동영상에서는 도심지의 깊은 굴착현장에 설치된 흙막이지보공을 보여준다. 깊이 10.5m 이상의 굴착작업 시에 필요한 계측기기의 종류 2가지를 적으시오. (4점)

그림출처 : 대한 종합안전

그림출처 : 대한 종합안전

정답

① 수위계
② 경사계
③ 하중 및 침하계
④ 응력계

**07** 동영상에서 작업자는 낙하물 방지망 보수작업을 하고 있다. 낙하물 방지망 또는 방호선반 설치 시의 준수 사항 2가지를 적으시오. (4점)

① 설치 높이는 10미터 이내마다 설치하고, 내민 길이는 벽면으로부터 2미터 이상으로 할 것
② 수평면과의 각도는 20도 이상 30도 이하를 유지할 것

**추락방호망의 설치**
① 추락방호망의 설치위치는 가능하면 작업면으로부터 가까운 지점에 설치하여야 하며, **작업면으로부터 망의 설치 지점까지의 수직거리는 10미터를 초과하지 아니할 것**
② 추락방호망은 **수평으로 설치**하고, 망의 처짐은 짧은 변 길이의 **12퍼센트 이상**이 되도록 할 것
③ 건축물 등의 바깥쪽으로 설치하는 경우 망의 내민 길이는 벽면으로부터 **3미터 이상** 되도록 할 것

**08** 동영상은 타워크레인을 이용하여 비계 재료인 강관을 들어 올리는 모습을 보여준다. 강관을 와이어로프 한 가닥으로만 묶고 인양하고 있으며 작업자는 안전모의 턱 끈을 매지 않고 작업하고 있다. 동영상에서 재해의 요인으로 추정되는 사항 2가지를 적으시오. (4점)

① 강관을 한 곳만 묶어(1줄 걸이) 인양하였다.
② 작업자가 안전모의 턱 끈을 매지 않았다.
③ 작업반경 내 출입금지 조치를 하지 않았다.(작업반경 내에 근로자가 접근하였다.)
④ 신호수를 배치하지 않았다.

# 2020 2회 2부

# 건설안전산업기사 작업형

**01** 화면에서 작업자는 승강기 개구부에서 작업하는 모습을 보여준다. 산업안전보건법에 의하여 작업발판 및 통로의 끝이나 개구부로서 근로자가 추락할 위험이 있는 장소에 설치하여야 하는 방호조치 3가지를 적으시오. (6점)

① 안전난간 설치
② 울타리 설치
③ 수직형 추락방망 또는 덮개 설치
④ 추락방호망 설치(안전난간 설치 곤란 또는 해체한 경우)

**02** 동영상에서는 도심지의 깊은 굴착현장에 설치된 흙막이지보공을 보여준다. 흙막이지보공을 설치한 때 점검사항 3가지를 적으시오. (4점)

그림출처 : 대한 종합안전

그림출처 : 대한 종합안전

① 부재의 손상·변형·부식·변위 및 탈락의 유무와 상태
② 버팀대의 긴압의 정도
③ 부재의 접속부·부착부 및 교차부의 상태
④ 침하의 정도

**03** 동영상은 분진 시험을 하는 장면을 보여준다. 근로자가 상시 분진작업에 관련된 업무를 하는 경우에 근로자에게 알려야 하는 사항 4가지를 적으시오. (4점)

 **정답**
① 분진의 유해성과 노출경로
② 분진의 발산 방지와 작업장의 환기 방법
③ 작업장 및 개인위생 관리
④ 호흡용 보호구의 사용 방법
⑤ 분진에 관련된 질병 예방 방법

**04** 동영상에서는 터널 공사 현장을 보여준다. 터널 내에서 금속의 용접·용단 또는 가열 작업 시의 화재 예방 조치사항 2가지를 적으시오. (4점)

 **정답**
① 부근에 있는 넝마·나무 부스러기·종이 부스러기 그 밖의 가연성 물질을 제거하거나 그 가연성 물질에 불연성 물질의 덮개를 하거나 그 작업에 수반하는 불티 등이 날아 흩어지는 것을 방지하기 위한 격벽을 설치할 것
② 당해 작업에 종사하는 근로자에게 소화 설비의 설치 장소 및 사용방법을 주지시킬 것
③ 당해 작업 종료 후 불티 등에 의하여 화재가 발생할 위험 유무를 확인할 것

**05** 동영상에서 작업자는 전기용접기(교류아크용접기)로 용접 작업을 하는 중이다. 교류아크 용접기에 자동 전격 방지기를 설치하여야 하는 장소 3곳을 적으시오. (6점)

① 선박의 이중 선체 내부, 밸러스트(Ballast) 탱크, 보일러 내부 등 도전체에 둘러싸인 장소
② 추락할 위험이 있는 높이 2미터 이상의 장소로 철골 등 도전성이 높은 물체에 근로자가 접촉할 우려가 있는 장소
③ 근로자가 물·땀 등으로 인하여 도전성이 높은 습윤 상태에서 작업하는 장소

**06** 동영상은 가설통로 설치작업을 보여주고 있다. 가설통로 설치 시 준수사항에 관한 괄호에 적합한 숫자를 적으시오. (4점)

1. 경사는 ( ① )도 이하일 것
2. 수직갱에 가설된 통로의 길이가 ( ② )m 이상인 때에는 ( ③ )m 이내마다 계단참을 설치할 것
3. 높이 8m 이상인 비계다리에는 ( ④ )m 이내마다 계단참을 설치할 것

① 30도  ② 15  ③ 10  ④ 7

**참고**

**가설통로 설치 시 준수사항**
① **견고한 구조로 할 것**
② **경사는 30도 이하일 것**
③ **경사가 15도 초과하는 때에는 미끄러지지 아니하는 구조로 할 것**
④ **추락의 위험이 있는 장소에는 안전난간 설치**
⑤ **수직갱에 가설된 통로의 길이가 15m 이상인 때에는 10m 이내마다 계단참을 설치할 것**
⑥ **높이 8m 이상인 비계다리에는 7m 이내마다 계단참을 설치할 것**

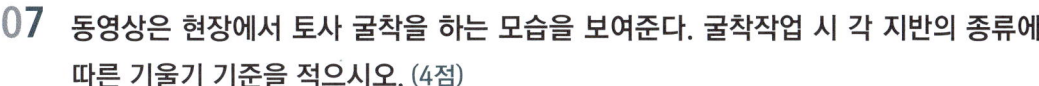

**07** 동영상은 현장에서 토사 굴착을 하는 모습을 보여준다. 굴착작업 시 각 지반의 종류에 따른 기울기 기준을 적으시오. (4점)

| 지반의 종류 | 굴착면의 기울기 |
|---|---|
| 모래 | ( ① ) |
| 연암 및 풍화암 | ( ② ) |
| 경암 | ( ③ ) |
| 그 밖의 흙 | ( ④ ) |

정답

| 지반의 종류 | 굴착면의 기울기 |
|---|---|
| 모래 | 1 : 1.8 |
| 연암 및 풍화암 | 1 : 1.0 |
| 경암 | 1 : 0.5 |
| 그 밖의 흙 | 1 : 1.2 |

**08** 동영상은 건설 현장 강관 틀비계를 보여준다. 강관 틀비계의 설치 기준에 대하여 아래 (   )를 채우시오. (6점)

> 1. 높이가 20m를 초과하거나 중량물 적재를 수반할 경우는 주틀 간격을 ( ① ) 이하로 할 것
> 2. 수직방향으로 ( ② ), 수평방향으로 ( ③ ) 이내마다 벽이음을 할 것

정답

① 1.8m　② 6m　③ 8m

**참고**

**강관 틀비계의 설치 기준(구조)**

① 밑둥에는 밑받침 철물을 사용하여야 하며 밑받침에 고저차가 있는 경우에는 조절형 밑받침 철물을 사용하여 **항상 수평 및 수직을 유지하도록 할 것**
② 높이가 20미터를 초과하거나 중량물의 적재를 수반하는 작업을 할 경우에는 **주틀 간의 간격이 1.8미터 이하로 할 것**
③ 주틀 간에 교차가새를 설치하고 최상층 및 5층 이내마다 수평재를 설치할 것
④ 벽이음 간격(조립 간격) : **수직 방향 6m, 수평 방향으로 8m미터 이내마다 할 것**
⑤ 길이가 띠장방향으로 **4m 이하**이고 높이가 **10m를 초과**하는 경우에는 **10m 이내마다** 띠장방향으로 버팀기둥을 설치할 것

# 2020 3회 1부

# 건설안전산업기사 작업형

01  동영상에서는 임시 분전반 주변에서 작업하는 모습을 보여준다. 충전부에 작업자가 직접 접촉함으로 인한 감전방지 조치사항(충전부에 대하여 사업주가 하여야 할 방호조치) 3가지를 적으시오. (6점)

정답
① 충전부가 노출되지 아니하도록 **폐쇄형 외함이 있는 구조**로 할 것
② 충전부에 충분한 절연 효과가 있는 **방호망 또는 절연덮개**를 설치할 것
③ 충전부는 내구성이 있는 **절연물로 덮어 감쌀 것**
④ **전주 위 및 철탑 위 등** 격리되어 있는 장소로서 **관계 근로자 외의 자가 접근할 우려가 없는 장소에 충전부를 설치할 것**
⑤ 발전소·변전소 및 개폐소 등 구획되어 있는 장소로서 **관계 근로자가 아닌 사람의 출입이 금지되는 장소에 충전부를 설치**하고, **위험표시** 등의 방법으로 방호를 강화한 것

02  화면에서는 콘크리트 믹서 트럭의 바퀴를 물로 닦는 장면을 보여준다. 화면에서 보여주는 장비의 명칭과 용도(효과)를 적으시오. (4점)

사진 출처 : 동서 세륜기

사진 출처 : 동서 세륜기

(1) 명칭 : 세륜기
(2) 용도(효과)
① 비산먼지 발생 억제
② 바퀴의 분진 및 토사 제거

**03** 동영상은 백호를 이용하여 하수관을 인양하는 장면을 보여주고 있다. 동영상에서의 재해를 다음과 같이 분석하시오. (6점)

**화면 설명**
하수관을 1줄 걸이로 인양하여 이동하던 중 하수관이 흔들리자 신호수가 손으로 잡다가 하수관이 떨어진다. 하수관 바로 아래에서 작업하던 작업자가 떨어지는 하수관 아래에 깔리는 사고가 발생한다. 훅에는 해지 장치가 설치되지 않았으며 유도 로프도 사용하지 않았다.

(1) 재해 발생 형태
(2) 재해 발생 원인 1가지를 적으시오.

(1) 재해 발생 형태 : 맞음
(2) 재해 발생 원인
① 하수관과 같은 긴 자재의 인양 시는 2줄 걸이를 하여야 하나 1줄 걸이로 작업하였다.
② 훅에 해지장치를 사용하지 않았다.
③ 화물 인양작업을 할 수 없는 굴착기로 인양하였다.
④ 유도 로프를 사용하지 않았다.
⑤ 작업반경 내에 근로자 출입을 통제하지 않았다.

## 04
동영상은 건설 현장 강관 틀비계를 보여준다. 강관 틀비계의 설치 기준에 대하여 아래 (   )를 채우시오. (6점)

> 1. 높이가 20m를 초과하거나 중량물 적재를 수반할 경우는 주틀 간격을 ( ① ) 이하로 할 것
> 2. 수직방향으로 ( ② ), 수평방향으로 ( ③ ) 이내마다 벽이음을 할 것

① 1.8m   ② 6m   ③ 8m

### 참고

**강관 틀비계의 설치 기준(구조)**
① 밑둥에는 밑받침 철물을 사용하여야 하며 밑받침에 고저차가 있는 경우에는 조절형 밑받침 철물을 사용하여 항상 수평 및 수직을 유지하도록 할 것
② 높이가 20미터를 초과하거나 중량물의 적재를 수반하는 작업을 할 경우에는 주틀 간의 간격이 1.8미터 이하로 할 것
③ 주틀 간에 교차가새를 설치하고 최상층 및 5층 이내마다 수평재를 설치할 것
④ 벽이음 간격(조립 간격) : 수직 방향 6m, 수평 방향으로 8m미터 이내마다 할 것
⑤ 길이가 띠장방향으로 4m 이하이고 높이가 10m를 초과하는 경우에는 10m 이내마다 띠장방향으로 버팀기둥을 설치할 것

## 05
동영상은 가설통로 설치작업을 보여주고 있다. 가설통로 설치 시 준수사항에 관한 괄호에 적합한 숫자를 적으시오. (4점)

> 1. 경사는 ( ① )도 이하일 것
> 2. 수직갱에 가설된 통로의 길이가 ( ② )m 이상인 때에는 ( ③ )m 이내마다 계단참을 설치할 것
> 3. 높이 8m 이상인 비계다리에는 ( ④ )m 이내마다 계단참을 설치할 것

① 30도   ② 15   ③ 10   ④ 7

> **참고**
>
> **가설통로 설치 시 준수사항**
>
> ① 견고한 구조로 할 것
> ② 경사는 30도 이하일 것
> ③ 경사가 15도 초과하는 때에는 미끄러지지 아니하는 구조로 할 것
> ④ 추락의 위험이 있는 장소에는 안전난간 설치
> ⑤ 수직갱에 가설된 통로의 길이가 15m 이상인 때에는 10m 이내마다 계단참을 설치할 것
> ⑥ 높이 8m 이상인 비계다리에는 7m 이내마다 계단참을 설치할 것

**06** 동영상에서는 도심지의 깊은 굴착현장에 설치된 흙막이지보공을 보여준다. 흙막이지보공을 설치한 때 점검사항 3가지를 적으시오. (6점)

그림출처 : 대한 종합안전    그림출처 : 대한 종합안전

**정답**

① 부재의 손상·변형·부식·변위 및 탈락의 유무와 상태
② 버팀대의 긴압의 정도
③ 부재의 접속부·부착부 및 교차부의 상태
④ 침하의 정도

07 동영상에서는 공사현장의 가설도로를 보여준다. 공사용 가설도로 설치 시의 준수사항 3가지를 적으시오. (6점)

① 도로는 장비 및 차량이 안전하게 운행할 수 있도록 견고하게 설치할 것
② 도로와 작업장이 접하여 있을 경우에는 울타리 등을 설치할 것
③ 도로는 배수를 위하여 경사지게 설치하거나 배수시설을 설치할 것
④ 차량의 속도제한 표지를 부착할 것


08 동영상에서는 철근을 운반하는 장면을 보여준다. 철근을 인력으로 운반할 경우의 준수사항 3가지를 적으시오. (6점)

① 1인당 무게는 25킬로그램 정도가 적절하며, 무리한 운반을 삼가하여야 한다.
② 2인 이상이 1조가 되어 어깨메기로 하여 운반하는 등 안전을 도모하여야 한다.
③ 긴 철근을 부득이 한 사람이 운반할 때에는 한쪽을 어깨에 메고 한쪽 끝을 끌면서 운반하여야 한다.
④ 운반할 때에는 양 끝을 묶어 운반하여야 한다.
⑤ 내려 놓을 때는 천천히 내려놓고 던지지 않아야 한다.
⑥ 공동 작업을 할 때에는 신호에 따라 작업을 하여야 한다.

# 2020 3회 2부

# 건설안전산업기사 작업형

**01** 동영상에서는 터널 공사 현장을 보여준다. 터널 공사 안전보건 작업지침(NATM 공법)에 의한 장약 작업 시의 준수 사항 3가지를 적으시오. (6점)

① 장약작업 장소 인근에서는 화기사용 및 흡연을 하지 않도록 할 것
② 장약작업 장소 인근에서는 전기용접 작업이나 동력을 사용하는 기계를 사용하지 않을 것
③ 장약작업을 하는 근로자가 안전모 등 적절한 보호구를 착용하도록 할 것
④ 기존의 발파에 사용된 발파공에는 장약하지 않도록 할 것
⑤ 장약작업 중에는 관계 근로자가 아닌 사람의 출입을 금지할 것

**02** 건설용 리프트 운행 시 불안전한 상태가 많이 발생된다. 영상에 나타난 불안전한 행동 및 상태를 각각 2가지씩 적으시오. (4점)

[화면 설명]

리프트 탑승구에 방호울이 설치되지 않았으며, 하부에서 자재를 올리는 작업자는 안전모를 미착용한 상태로 작업 중이다. 상부 층에서 리프트를 탑승하기 위해 기다리는 작업자들은 안전난간 밖으로 머리를 내밀어 리프트 위치를 확인하고 있다. 리프트에는 긴 자재를 실어 리프트의 문을 닫지 않은 채 운행 중인 모습을 보여준다.

출처: 안전보건공단 사고사례

출처: 안전닷컴, 중대재해

**(1) 불안전한 행동**
① 탑승 대기 중인 **작업자가** 안전 난간 밖으로 **머리를 내밀어** 리프트의 위치를 확인하고 있어 **리프트와 충돌할 위험이** 있다.
② 근로자가 **안전모를 미 착용하였다.**

**(2) 불안전한 상태**
① 리프트 **운반구 문을 개방한 상태에서 운행**하여 근로자가 떨어질 위험이 있다.
② 리프트 **탑승구에 방호울이 설치되지 않아** 근로자가 떨어질 위험이 있다.

 동영상을 확인하고 답을 적으세요!

**03** 동영상은 이동식 비계를 이용한 작업을 보여준다. 이동식 비계의 구조(설치기준) 3가지를 적으시오. (6점)

① 바퀴에는 갑작스러운 이동 또는 전도를 방지하기 위하여 **브레이크·쐐기** 등으로 바퀴를 고정시킨 다음 비계의 일부를 견고한 **시설물에 고정하거나 아웃트리거를 설치할 것**
② **승강용사다리는 견고하게 설치할 것**
③ 비계의 **최상부에서 작업을 할 때에는 안전난간을 설치할 것**
④ 작업발판은 항상 수평을 유지하고 작업발판 위에서 안전난간을 딛고 작업을 하거나 받침대 또는 사다리를 사용하여 작업하지 않도록 할 것
⑤ 작업발판의 최대적재하중은 250킬로그램을 초과하지 않도록 할 것

> **참고**
>
> **이동식 비계**
>
>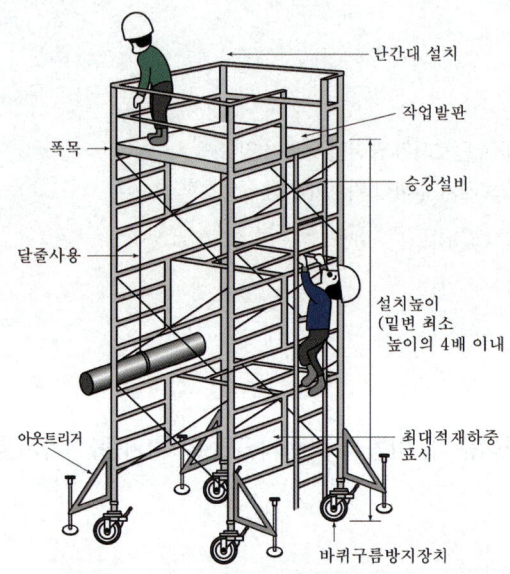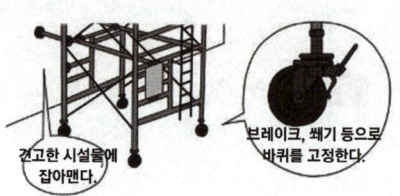
>
> 그림 출처 : 만화로 보는 산업안전보건 기준에 관한 규칙

**04** 동영상은 가설통로 설치작업을 보여주고 있다. 가설통로 설치 시 준수사항에 관한 괄호에 적합한 숫자를 적으시오. (4점)

> 1. 경사는 ( ① )도 이하일 것
> 2. 수직갱에 가설된 통로의 길이가 ( ② )m 이상인 때에는 ( ③ )m 이내마다 계단참을 설치할 것
> 3. 높이 8m 이상인 비계다리에는 ( ④ )m 이내마다 계단참을 설치할 것

**정답**

① 30도  ② 15  ③ 10  ④ 7

> **참고**
>
> **가설통로 설치 시 준수사항**
>
> ① 견고한 구조로 할 것
> ② 경사는 30도 이하일 것
> ③ 경사가 15도 초과하는 때에는 미끄러지지 아니하는 구조로 할 것
> ④ 추락의 위험이 있는 장소에는 안전난간 설치
> ⑤ 수직갱에 가설된 통로의 길이가 15m 이상인 때에는 10m 이내마다 계단참을 설치할 것
> ⑥ 높이 8m 이상인 비계다리에는 7m 이내마다 계단참을 설치할 것

**05** 동영상에서는 항타기 작업을 보여주고 있다. 항타기 및 항발기의 무너짐을 방지하기 위한 조치사항 2가지를 적으시오. (4점)

① 연약한 지반에 설치하는 때에는 아웃트리거·받침 등 지지구조물의 침하를 방지하기 위하여 깔판·받침목 등을 사용할 것
② 시설 또는 가설물 등에 설치하는 경우에는 그 내력을 확인하고 내력이 부족하면 그 내력을 보강할 것
③ 아웃트리거·받침 등 지지구조물이 미끄러질 우려가 있는 때에는 말뚝 또는 쐐기 등을 사용하여 해당 지지구조물을 고정시킬 것
④ 궤도 또는 차로 이동하는 항타기 또는 항발기에 대하여는 불시에 이동하는 것을 방지하기 위하여 레일 클램프 및 쐐기 등으로 고정시킬 것
⑤ 상단 부분은 버팀대·버팀줄로 고정하여 안정시키고, 그 하단 부분은 견고한 버팀·말뚝 또는 철골 등으로 고정시킬 것

**06** 동영상은 안전 난간을 보여주고 있다. 안전난간 설치 시 준수하여야 할 사항에 대하여 괄호에 적합한 내용을 적으시오. (6점)

(1) 안전난간은 ( ① ), ( ② ), ( ③ ), 및 ( ④ )으로 구성할 것
(2) ( ① )는 바닥면 등으로부터 ( ⑤ )cm 이상 지점에 설치할 것, 상부 난간대를 ( ⑥ )cm 이하에 설치하는 경우 중간 난간대는 상부 난간대와 바닥면 등의 중간에 설치할 것
(3) ( ③ )은 바닥면 등으로부터 ( ⑦ )cm 이상의 높이를 유지할 것

① 상부 난간대
② 중간 난간대
③ 발 끝막이판
④ 난간기둥
⑤ 90
⑥ 120
⑦ 10

> **참고**

### 안전난간의 구조 및 설치요건

① 상부 난간대, 중간 난간대, 발끝막이판 및 난간기둥으로 구성할 것
② 상부 난간대는 바닥면 등으로부터 90센티미터 이상 지점에 설치하고,
  • 상부 난간대를 120센티미터 이하에 설치하는 경우 : 중간 난간대는 상부 난간대와 바닥면 등의 중간에 설치
  • 120센티미터 이상 지점에 설치하는 경우 : 중간 난간대를 2단 이상으로 설치, 난간의 상하 간격은 60센티미터 이하가 되도록 할 것(다만, 난간기둥 간의 간격이 25센티미터 이하인 경우에는 중간 난간대를 설치하지 않을 수 있다.)
③ 발끝막이판은 바닥면 등으로부터 10센티미터 이상의 높이를 유지할 것
④ 난간기둥은 상부 난간대와 중간 난간대를 견고하게 떠받칠 수 있도록 적정한 간격을 유지할 것
⑤ 상부 난간대와 중간 난간대는 난간 길이 전체에 걸쳐 바닥면 등과 평행을 유지할 것
⑥ 난간대는 지름 2.7센티미터 이상의 금속제 파이프나 그 이상의 강도가 있는 재료일 것
⑦ 안전난간은 구조적으로 가장 취약한 지점에서 가장 취약한 방향으로 작용하는 100킬로그램 이상의 하중에 견딜 수 있는 튼튼한 구조일 것

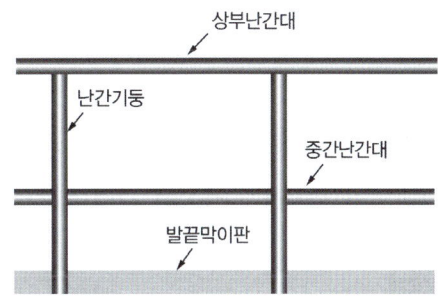

**07** 동영상은 강교량의 시공과정을 보여준다. 강박스를 거치한 후에 콘크리트 상판을 타설 하기 전의 공정에서 작업자가 연결재에 걸려 추락하거나, 강박스를 건너뛰다가 추락할 수 있다. 추락 사고를 예방할 수 있는 추락방지시설 2가지를 적으시오. (4점)

① 안전난간 설치
② 추락방호망 설치

**08** 「운반하역 표준안전 작업지침」에 의하여 샤클에 대하여 작업시작 전에 실시하여야 하는 검사항목(점검항목) 3가지를 적으시오. (6점)

① 마모  ② 균열  ③ 핀의 변형  ④ 나사  ⑤ 핀

**참고**

| 검사 항목 | 검사 결과 | 처치 |
|---|---|---|
| 마모 | 원래 직경의 10퍼센트 이상 마모된 것은 사용하여서는 아니 된다. | 폐기 |
| 균열 | 균열이 있는 것은 사용하여서는 아니 된다. | 폐기 |
| 핀(Pin)의 변형 | 핀의 구부림이 지점 간격이 10퍼센트를 넘는 것은 사용하여서는 아니된다. | 폐기 |
| 나사 | 마모된 것은 사용하여서는 아니 된다. | 폐기 |
| 핀 | 불완전한 것은 교환하고 사용하여서는 아니 된다. | 폐기 |

# 2020 4회 1부

# 건설안전산업기사 작업형

**01** 동영상에서는 도심지의 깊은 굴착현장에 설치된 흙막이 지보공을 보여준다. 흙막이 지보공을 설치한 경우의 점검 사항 3가지를 적으시오. (6점)

**정답**
① 부재의 **손상 · 변형 · 부식** · 변위 및 **탈락**의 유무와 상태
② 버팀대의 **긴압**의 정도
③ 부재의 **접속부 · 부착부 및 교차부**의 상태
④ **침하**의 정도

02 동영상은 근로자가 리프트에 탑승하지 못하고 외부 비계를 타고 올라가다 사고가 발생하는 장면을 보여 준다. 시설 측면에서의 불안전한 상태 2가지를 적으시오. (6점)

정답
① 외부비계에 작업발판 및 이동통로를 설치하지 않았다.
② 추락방호망을 설치하지 않았다.
③ 안전난간을 설치하지 않았다.

참고

외부비계의 작업발판 및 이동통로

**03** 동영상은 강교량의 시공과정을 보여준다. 강박스를 거치한 후에 콘크리트 상판을 타설 하기 전의 공정에서 작업자가 연결재에 걸려 추락하거나, 강박스를 건너뛰다가 추락할 수 있다. 영상에서 추락을 방지하기 위하여 가장 우선적으로 고려해야 하는 시설을 적으시오. (4점)

 정답
① 안전난간(영상에서 안전난간이 미설치되어 단부에서 떨어진 경우)
② 추락방호망(안전난간이 설치되었으나 추락방호망이 미설치되어 바닥까지 떨어진 경우)
③ 작업발판(안전한 작업발판 없이 작업하는 경우)

주의 ➤ 동영상을 확인하고 답을 적으세요.

**04** 동영상은 거푸집 동바리의 설치에 관한 내용이다. 동영상을 참고하여 거푸집 동바리의 조립 시 준수하여야 할 사항 3가지를 적으시오. (6점)

 정답
① 받침목이나 깔판의 사용, 콘크리트 타설, 말뚝박기 등 동바리의 침하를 방지하기 위한 조치를 할 것
② 동바리의 상하 고정 및 미끄러짐 방지 조치를 할 것
③ 상부·하부의 동바리가 동일 수직선상에 위치하도록 하여 깔판·받침목에 고정시킬 것
④ 개구부 상부에 동바리를 설치하는 경우에는 상부하중을 견딜 수 있는 견고한 받침대를 설치할 것
⑤ U헤드 등의 단판이 없는 동바리의 상단에 멍에 등을 올릴 경우에는 해당 상단에 U헤드 등의 단판을 설치하고, 멍에 등이 전도되거나 이탈되지 않도록 고정시킬 것

⑥ 동바리의 이음은 같은 품질의 재료를 사용할 것
⑦ 강재의 접속부 및 교차부는 볼트·클램프 등 전용철물을 사용하여 단단히 연결할 것
⑧ 거푸집의 형상에 따른 부득이한 경우를 제외하고는 **깔판이나 받침목은 2단 이상 끼우지 않도록 할 것**
⑨ 깔판이나 받침목을 이어서 사용하는 경우에는 그 깔판·받침목을 단단히 연결할 것

**05** 동영상에서 작업자는 낙하물 방지망 보수작업을 하고 있다. 낙하물 방지망 또는 방호선반 설치 시의 준수 사항 2가지를 적으시오. (4점)

① 설치 높이는 10미터 이내마다 설치하고, 내민 길이는 벽면으로부터 2미터 이상으로 할 것
② 수평면과의 각도는 20도 이상 30도 이하를 유지할 것

**추락방호망의 설치**
① 추락방호망의 설치위치는 가능하면 작업면으로부터 가까운 지점에 설치하여야 하며, **작업면으로부터 망의 설치지점까지의 수직거리는 10미터를 초과하지 아니할 것**
② 추락방호망은 **수평으로 설치하고, 망의 처짐은 짧은 변 길이의 12퍼센트 이상**이 되도록 할 것
③ 건축물 등의 바깥쪽으로 설치하는 경우 망의 내민 길이는 벽면으로부터 3미터 이상 되도록 할 것

06 동영상은 항타기의 작업 모습을 보여준다. 권상용 와이어로프의 사용금지 기준 3가지를 적으시오. (6점)

① 이음매가 있는 것
② 와이어로프의 한 꼬임에서 끊어진 소선의 수가 10퍼센트 이상인 것
③ 지름의 감소가 공칭지름의 7퍼센트를 초과하는 것
④ 꼬인 것
⑤ 심하게 변형되거나 부식된 것
⑥ 열과 전기충격에 의해 손상된 것

07 동영상에서 근로자는 손수레에 모래를 가득 싣고 리프트 탑승구로 향하는 중이다. 리프트의 탑승구는 방호울이 미설치 되어 있으며, 리프트 탑승구 주변의 안전 난간도 해체된 상태이다. 탑승 중 손수레가 뒤로 움직이며 추락하는 모습을 보여준다. 작업자는 안전모의 턱끈을 풀고 있는 상태이다. 다음 물음에 답하시오. (6점)

(1) 리프트에 설치하여야 하는 방호장치 3가지를 적으시오.
(2) 동영상에서의 사고발생 형태를 적으시오.
(3) 사고발생 원인을 2가지 적으시오.

**정답**

(1) 리프트의 방호장치
　① 권과방지장치
　② 과부하방지장치
　③ 비상정지장치
　④ 제동장치
　⑤ 조작반(盤) 잠금장치
(2) 사고발생 형태 : 떨어짐
(3) 사고발생 원인
　① 리프트 운반구 문을 개방한 채 운행하였다.
　② 리프트 탑승구에 방호울이 설치되지 않았다.
　③ 리프트 탑승구 주변에 안전난간이 설치되지 않았다.
　④ 근로자가 안전모의 턱 끈을 고정하지 않았다.

 동영상을 확인하고 답을 적으세요!

**참고**

안전난간 설치 　　탑승구 방호울 설치

08 동영상은 타워크레인을 이용하여 비계 재료인 강관을 들어 올리는 모습을 보여준다. 강관을 와이어로프 한 가닥으로만 묶고 인양하고 있으며 작업자는 안전모의 턱 끈을 매지 않고 작업하고 있다. 동영상에서 재해의 요인으로 추정되는 사항 3가지를 적으시오. (6점)

정답

① 강관을 **한 곳만 묶어(1줄 걸이)** 인양하였다.
② 작업자가 **안전모의 턱 끈을 매지 않았다.**
③ 작업반경 내 **출입금지 조치를 하지 않았다.**(작업반경 내에 근로자가 접근하였다.)
④ **신호수를 배치하지 않았다.**

# 2020  4회 2부

# 건설안전산업기사 작업형

**01** 동영상에서는 비계의 작업발판을 보여준다. 작업발판의 설치기준 등에 대한 다음 빈칸에 알맞은 내용을 적으시오. (4점)

> 작업발판의 폭은 ( ① )cm 이상으로 하고, 발판 재료 간의 틈은 ( ② )cm 이하로 할 것

① 40  ② 3

**참고**

**작업발판의 설치 기준**
① **발판재료는 작업 시의 하중을 견딜 수 있도록 견고한 것으로 할 것**
② **발판의 폭은 40cm 이상으로 하고, 발판재료간의 틈은 3cm 이하로 할 것**
③ **추락의 위험성이 있는 장소에는 안전난간을 설치할 것**
④ 작업발판의 지지물은 하중에 의하여 파괴될 우려가 없는 것을 사용할 것
⑤ 작업발판 재료는 뒤집히거나 떨어지지 아니하도록 2 이상의 지지물에 연결하거나 고정시킬 것
⑥ 작업에 따라 이동시킬 때에는 위험방지 조치를 할 것
⑦ 선박 및 보트 건조작업에서 선박블록 또는 엔진실 등의 좁은 작업공간에 작업발판을 설치하는 경우 **작업발판의 폭을 30센티미터 이상**으로 할 수 있고, 걸침비계의 경우 발판재료 간의 틈을 3센티미터 이하로 유지하기 곤란하면 5센티미터 이하로 할 수 있다.

**02** 동영상에서는 비계를 점검·보수하는 장면을 보여준다. 날씨가 몹시 나빠서 작업을 중지시킨 후 또는 비계를 조립·해체하거나 또는 변경한 후 작업시작 전에 비계를 점검하여야 하는 사항 3가지를 적으시오. (6점)

① 발판 재료의 손상 여부 및 부착 또는 걸림 상태
② 당해 비계의 연결부 또는 접속부의 풀림 상태
③ 연결 재료 및 연결철물의 손상 또는 부식상태
④ 손잡이의 탈락 여부
⑤ 기둥의 침하·변형·변위 또는 흔들림 상태
⑥ 로프의 부착상태 및 매단 장치의 흔들림 상태

| 특급 암기법 | 비계(연결부, 연결철물) → 발판 → 손잡이 → 비계기둥 |

**03** 동영상에서 작업자는 추락방호망을 보수하는 중이다. 추락방호망의 설치기준 3가지를 적으시오. (6점)

① 추락방호망의 설치위치는 가능하면 작업면으로부터 가까운 지점에 설치하여야 하며, 작업면으로부터 망의 설치지점까지의 수직거리는 10미터를 초과하지 아니할 것
② 추락방호망은 수평으로 설치하고, 망의 처짐은 짧은 변 길이의 12퍼센트 이상이 되도록 할 것
③ 건축물 등의 바깥쪽으로 설치하는 경우 망의 내민 길이는 벽면으로부터 3미터 이상 되도록 할 것

**04** 동영상은 백호를 이용하여 하수관을 인양하는 장면을 보여주고 있다. 동영상에서의 재해를 다음과 같이 분석하시오. (6점)

> **화면 설명**
>
> 하수관을 1줄 걸이로 인양하여 이동하던 중 하수관이 흔들리자 신호수가 손으로 잡다가 하수관이 떨어진다. 하수관 바로 아래에서 작업하던 작업자가 떨어지는 하수관 아래에 깔리는 사고가 발생한다. 훅에는 해지 장치가 설치되지 않았으며 유도 로프도 사용하지 않았다.

(1) 재해 발생 형태
(2) 재해 발생 원인 1가지를 적으시오.

**정답**
(1) 재해 발생 형태 : 맞음
(2) 재해 발생 원인
   ① 하수관과 같은 긴 자재의 인양 시는 2줄 걸이를 하여야 하나 1줄 걸이로 작업하였다.
   ② 훅에 해지장치를 사용하지 않았다.
   ③ 화물 인양작업을 할 수 없는 굴착기로 인양하였다.
   ④ 유도 로프를 사용하지 않았다.
   ⑤ 작업반경 내에 근로자 출입을 통제하지 않았다.

05 동영상은 현장에서 토사 굴착을 하는 모습을 보여준다. 토사 등의 붕괴 및 토석의 낙하로 인하여 근로자에게 위험을 미칠 우려가 있을 경우 취해야 할 조치사항을 2가지 적으시오. (4점)

① 흙막이 지보공의 설치
② 방호망의 설치
③ 근로자의 출입금지 등 위험을 방지하기 위하여 필요한 조치

06 동영상에서는 건설기계를 이용하여 잔골재를 밀고 있는 작업을 보여준다. 동영상에서 보여주는 건설기계의 명칭을 적으시오. (4점)

사진 출처 : 캐터 필라 건설기계

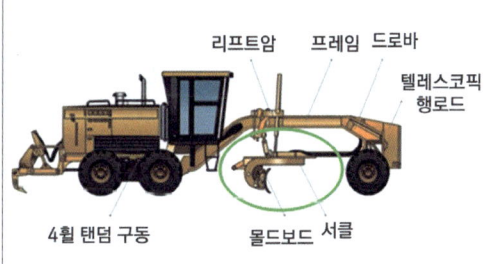
사진 출처 : 중기114

모터그레이더

> 참고
>
> 모터 그레이더(Motor grader)
> 토공판을 작동시켜 **지면의 정지작업**(땅을 깎아 고르는 작업)을 하는데 사용된다.

**07** 동영상에서는 철골공사 현장을 보여준다. 철골작업을 중지하여야 하는 조건을 3가지 적으시오. (6점)

① 풍속이 초당 10m(미터) 이상인 경우
② 강우량이 시간당 1mm(밀리미터) 이상인 경우
③ 강설량이 시간당 1cm(센티미터) 이상인 경우

**08** 꽂음 접속기를 설치 또는 사용할 경우 준수하여야 할 사항 2가지를 적으시오. (4점)

① 서로 다른 전압의 꽂음 접속기는 서로 접속되지 아니한 구조의 것을 사용할 것
② 습윤한 장소에 사용되는 꽂음 접속기는 방수형 등 그 장소에 적합한 것을 사용할 것
③ 근로자가 해당 꽂음 접속기를 접속시킬 경우 땀 등으로 젖은 손으로 취급하지 않도록 할 것
④ 해당 꽂음 접속기에 잠금장치가 있는 때에는 접속 후 잠그고 사용할 것

# 2021  1회 1부

## 건설안전산업기사 작업형

**01** 동영상에서는 불도저가 작업하는 모습을 보여준다. 동영상에서 보여주는 장비의 용도를 2가지 적으시오. (4점)

① 흙의 굴착
② 흙의 적재 및 운반

02 동영상에서는 눈이 많이 쌓인 현장을 보여준다. 건설 현장의 폭설, 한파로 인한 결빙 시의 조치사항 3가지를 적으시오. (6점)

① 가설계단, 작업발판, 개구부 주위 및 근로자 주 통행로 결빙 시 결빙 제거 및 미끄럼 방지 조치
② 현장 내 모래함, 염화칼슘 등 비치 여부
③ 현장 내 차량계 건설기계용 가설도로와 근로자용 통행로 구별 여부
④ 폭설로 인한 하중증가로 무너질 위험이 있는 지붕, 가설구조물에 대한 조치 여부

03 동영상에서 근로자는 손수레에 모래를 가득 싣고 리프트 탑승구로 향하는 중이다. 리프트의 탑승구는 방호울이 미설치 되어 있으며, 리프트 탑승구 주변의 안전 난간도 해체된 상태이다. 탑승 중 손수레가 뒤로 움직이며 추락하는 모습을 보여준다. 작업자는 안전모의 턱끈을 풀고 있는 상태이다. 사고방지 대책 2가지를 적으시오. (4점)

① 리프트 운반구의 문 개방 시에는 리프트의 운행을 중단되도록 한다. (출입문 연동장치를 설치한다.)
② 리프트 탑승구에 방호울을 설치한다.
③ 리프트 탑승구 주변에 안전난간을 설치한다.
④ 안전모의 턱 끈을 고정하고 바르게 착용한다.

주의! 동영상을 확인하고 답을 적으세요!

참고

안전난간 설치   탑승구 방호울 설치

04 산업안전보건법에 의하여 높이 2m 이상의 추락위험이 있는 장소에서 작업하는 근로자에게 사업주가 지급하여야 하는 보호구의 명칭을 적으시오. (4점)

안전대

05 동영상에서 작업자는 낙하물 방지망 보수작업을 하고 있다. 낙하물 방지망의 설치기준에 관한 다음 [보기]의 괄호에 적합한 내용을 적으시오. (4점)

[보기]
1. 낙하물방지망 또는 방호선반의 설치높이는 ( ① ) 미터 이내마다 설치하고, 내민길이는 벽면으로부터 ( ② ) 미터 이상으로 할 것
2. 수평면과의 각도는 ( ③ )도 이상 ( ④ )도 이하를 유지할 것

① 10   ② 2   ③ 20   ④ 30

**06** 동영상은 터널 내부에서 고소작업대를 이용한 작업 모습을 보여준다. 동영상을 보고 불안전한 행동 및 불안전한 상태에 해당하는 3가지를 찾아 적으시오. (6점)

> **화면 설명**
> 작업자는 고소작업대의 난간을 딛고 올라서서 작업하고 있으며 상, 하부에서 2명의 작업자가 동시 작업을 하고 있다. 작업자는 안전대를 미착용한 상태이며 작업장이 매우 어두운 상태에서 작업하고 있다.

출처 : 안전보건공단자료실

출처 : e대한경제

**정답**
① 고소작업대의 **난간에 올라서서 작업함**(떨어짐 위험이 있다.)
② **상, 하 동시작업**(떨어지는 자재 등에 맞을 위험이 있다.)
③ **작업자 안전대 미착용**(떨어짐 위험이 있다.)
④ **작업장 적정 조도 미확보**(걸려 넘어짐 등의 위험이 있다.)

**주의** 동영상을 확인하고 답을 적으세요.

**07** 동영상은 항타기의 작업 모습을 보여준다. 권상용 와이어로프의 사용금지 기준 3가지를 적으시오. (6점)

① 이음매가 있는 것
② 와이어로프의 한 꼬임에서 끊어진 소선의 수가 10퍼센트 이상인 것
③ 지름의 감소가 공칭지름의 7퍼센트를 초과하는 것
④ 꼬인 것
⑤ 심하게 변형되거나 부식된 것
⑥ 열과 전기충격에 의해 손상된 것

**08** 화면에서 작업자는 승강기 개구부에서 작업하는 모습을 보여준다. 산업안전보건법에 의하여 작업발판 및 통로의 끝이나 개구부로서 근로자가 추락할 위험이 있는 장소에 설치하여야 하는 방호조치 3가지를 적으시오. (6점)

사진 출처 : https://ulsansafety.tistory.com/969

사진 출처 : https://ulsansafety.tistory.com/969

① 안전난간 설치
② 울타리 설치
③ 수직형 추락방망 또는 덮개 설치
④ 추락방호망 설치(안전난간 설치 곤란 또는 해체한 경우)

# 2021 1회 2부

# 건설안전산업기사 작업형

**01** 동영상에서는 건설기계(모터 그레이더)를 이용하여 잔골재를 밀고 있는 작업을 보여준다. 동영상에서 보여주는 기계의 용도를 2가지 적으시오. (6점)

사진 출처 : 캐터 필라 건설기계

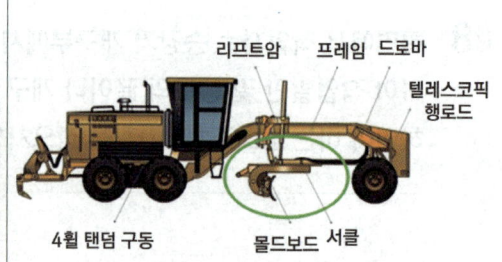
사진 출처 : 중기114

 정답
① 지반의 정지작업(땅을 깎아 고르는 작업)
② 도랑파기
③ 제설작업

**02** 건물의 크기, 용도에 따른 분전반의 설치방법 2가지를 적으시오. (4점)

 정답
① 매입형
② 반매입형
③ 노출벽부형
④ 자립형

03  동영상은 강교량의 시공과정을 보여준다. 강박스를 거치한 후에 콘크리트 상판을 타설하기 전의 공정에서 작업자가 연결재에 걸려 추락하거나, 강박스를 건너뛰다가 추락할 수 있다. 영상에서 추락을 방지하기 위하여 가장 우선적으로 고려해야 하는 시설을 적으시오. (4점)

 정답
① **안전난간**(영상에서 안전난간이 미설치되어 **단부에서 떨어진 경우**)
② **추락방호망**(안전난간이 설치되었으나 추락 방호망이 미설치되어 **바닥까지 떨어진 경우**)
③ **작업발판**(안전한 작업발판 없이 작업하는 경우)

 동영상을 확인하고 답을 적으세요!

04  동영상에서는 철골공사 현장을 보여준다. 철골작업을 중지하여야 하는 조건을 3가지 적으시오. (6점)

 정답
① **풍속이 초당 10m(미터) 이상**인 경우
② **강우량이 시간당 1mm(밀리미터) 이상**인 경우
③ **강설량이 시간당 1cm(센티미터) 이상**인 경우

**05** 동영상에서는 철골 보 인양작업을 보여준다. 철골 보 인양 작업에서 클램프로 부재를 체결하는 경우 준수하여야 하는 사항 2가지를 적으시오. (4점)

사진 출처 : 안전보건공단

① 클램프는 부재를 수평으로 하는 두 곳의 위치에 사용하여야 하며 부재 양단방향은 등 간격이어야 한다.
② 부득이 한 군데만을 사용할 때는 위험이 적은 장소로서 간단한 이동을 하는 경우에 한하여야 하며 **부재 길이의 1/3지점을 기준하여야 한다.**
③ 두 곳을 매어 인양시킬 때 와이어로프의 내각은 60도 이하이어야 한다.
④ 클램프의 정격용량 이상 매달지 않아야 한다.
⑤ 체결작업 중 클램프 본체가 장애물에 부딪치지 않게 주의하여야 한다.
⑥ 클램프의 작동상태를 점검한 후 사용하여야 한다.

## 06
동영상은 항타기의 작업 모습을 보여준다. 권상용 와이어로프의 사용금지 기준 3가지를 적으시오. (6점)

**정답**
① 이음매가 있는 것
② 와이어로프의 한 꼬임에서 끊어진 소선의 수가 10퍼센트 이상인 것
③ 지름의 감소가 공칭지름의 7퍼센트를 초과하는 것
④ 꼬인 것
⑤ 심하게 변형되거나 부식된 것
⑥ 열과 전기충격에 의해 손상된 것

## 07
동영상에서는 둥근톱 작업을 보여준다. 목재 가공용 둥근톱 기계의 방호장치 2가지를 적으시오. (4점)

**정답**
① 톱날 접촉 예방장치
② 반발 예방장치

### 참고

**반발 예방장치의 종류**
① 분할날
② 반발 방지 기구(finger)
③ 반발 방지 롤러

**08** 동영상은 파이프서포트를 사용한 거푸집 동바리를 보여준다. 파이프서포트를 지주(동바리)로 사용할 경우 준수해야 할 사항에 대한 다음 물음에 답하시오. (6점)

> 1. 파이프서포트를 ( ① )개본 이상 이어서 사용하지 아니하도록 할 것
> 2. 파이프서포트를 이어서 사용할 때에는 ( ② )개 이상의 볼트 또는 전용철물을 사용하여 이을 것
> 3. 높이가 3.5미터를 초과할 때 높이 ( ③ )미터 이내마다 수평연결재를 2개 방향으로 만들고 수평연결재의 변위를 방지할 것

① 3  ② 4  ③ 2

# 2021 2회 1부

## 건설안전산업기사 작업형

**01** 동영상은 현장에서 토사 굴착을 하는 모습을 보여준다. 토사 등의 붕괴 및 토석의 낙하로 인하여 근로자에게 위험을 미칠 우려가 있을 경우 취해야 할 조치사항을 2가지 적으시오. (4점)

① 흙막이 지보공의 설치
② 방호망의 설치
③ 근로자의 출입금지 등 위험을 방지하기 위하여 필요한 조치

**02** 동영상에서는 콘크리트 타설작업 현장을 보여준다. 콘크리트 분배기, 콘크리트 펌프카 등 콘크리트 타설 장비를 사용하는 경우 준수하여야 할 사항 3가지를 적으시오. (6점)

사진 출처 : 통일뉴스

사진 출처 : https://e-depot.kr/503

① 작업을 시작하기 전에 콘크리트 타설 장비를 점검하고 이상을 발견하였으면 즉시 보수할 것
② 건축물의 난간 등에서 작업하는 근로자가 호스의 요동·선회로 인하여 추락하는 위험을 방지하기 위하여 안전난간 설치 등 필요한 조치를 할 것
③ 콘크리트 타설 장비의 붐을 조정하는 경우에는 주변의 전선 등에 의한 위험을 예방하기 위한 적절한 조치를 할 것
④ 작업 중에 지반의 침하나 아웃트리거 등 콘크리트 타설 장비 지지구조물의 손상 등에 의하여 콘크리트 타설 장비가 넘어질 우려가 있는 경우에는 이를 방지하기 위한 적절한 조치를 할 것

**03** 동영상에서는 철골공사 현장을 보여준다. 철골작업을 중지하여야 하는 조건을 3가지 적으시오. (6점)

① 풍속이 초당 10m(미터) 이상인 경우
② 강우량이 시간당 1mm(밀리미터) 이상인 경우
③ 강설량이 시간당 1cm(센티미터) 이상인 경우

**04** 산업안전보건법에 의하여 높이 2m 이상의 추락위험이 있는 장소에서 작업하는 근로자에게 사업주가 지급하여야 하는 보호구의 명칭을 적으시오. (4점)

안전대

05 동영상은 강교량의 시공과정을 보여준다. 강박스를 거치한 후에 콘크리트 상판을 타설하기 전의 공정에서 작업자가 연결재에 걸려 추락하거나, 강박스를 건너뛰다가 추락할 수 있다. 이러한 추락사고를 예방할 수 있는 대책 2가지를 적으시오. (4점)

**정답**

① 안전난간 설치
② 추락방호망 설치
③ 근로자 안전대 착용

06 「운반하역 표준안전 작업지침」에 의하여 크레인 등 고정식기계 운반 하역작업을 하는 경우 "걸이" 작업의 기준 3가지를 적으시오. (6점)

**화면 설명**

철골을 1줄 걸이로 들어 올리고 있다. 유도 로프가 없어 철골이 흔들리며 주변의 전선과 접촉하려는 순간 작업자가 놀라며 떨어진다. 작업자는 안전모를 착용하였으나 턱끈을 고정하지 않았다.

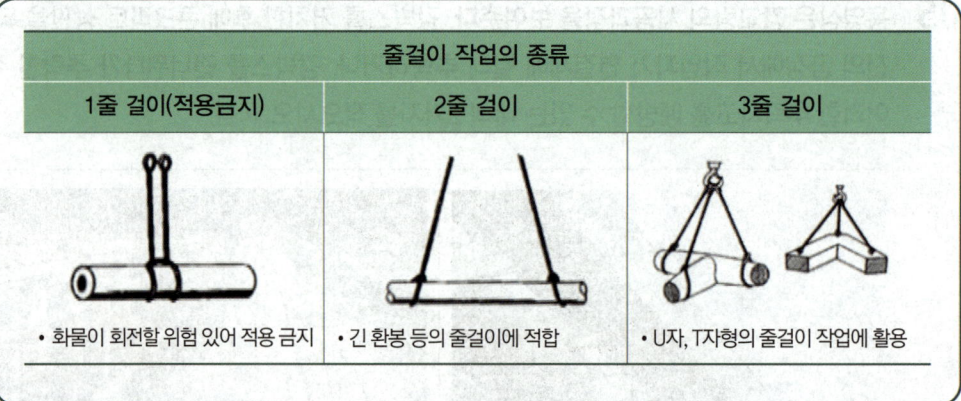

① 와이어로프 등은 크레인의 후크 중심에 걸어야 한다.
② 인양 물체의 안정을 위하여 2줄 걸이 이상을 사용하여야 한다.
③ 밑에 있는 물체를 걸고자 할 때에는 위의 물체를 제거한 후에 행하여야 한다.
④ 매다는 각도는 60도 이내로 하여야 한다.
⑤ 근로자를 매달린 물체 위에 탑승시키지 않아야 한다.

**07** 동영상에서는 작업장의 가스용기를 보여준다. 가연성 물질이 있는 장소에서 화재 위험 작업을 하는 경우에 화재예방을 위하여 준수하여야 하는 사항 2가지를 적으시오. (4점)

① 작업 준비 및 작업 절차 수립
② 작업장 내 위험물의 사용·보관 현황 파악
③ 화기 작업에 따른 인근 가연성 물질에 대한 방호조치 및 소화기구 비치
④ 용접불티 비산 방지 덮개, 용접 방화포 등 불꽃, 불티 등 비산 방지 조치
⑤ 인화성 액체의 증기 및 인화성 가스가 남아 있지 않도록 환기 등의 조치
⑥ 작업 근로자에 대한 화재예방 및 피난 교육 등 비상조치

08 「운반하역 표준안전 작업지침」에 의하여 와이어로프에 대하여 작업시작 전에 실시하여야 하는 검사항목(점검항목) 3가지를 적으시오. (6점)

① 이음매
② 소선의 절단
③ 마모
④ 꼬임
⑤ 비틀림
⑥ 변형
⑦ 녹, 부식
⑧ 로프 끝의 고정상태

# 2021 2회 2부

# 건설안전산업기사 작업형

**01** 동영상에서는 과전류 차단기가 설치된 분전반을 보여준다. 과전류로 인한 재해를 방지하기 위하여 과전류 차단 장치를 설치하는 경우 설치 기준 2가지를 적으시오. (4점)

정답

① 과전류 차단 장치는 반드시 접지선이 아닌 전로에 직렬로 연결하여 과전류 발생 시 전로를 자동으로 차단하도록 설치할 것
② 차단기·퓨즈는 계통에서 발생하는 최대 과전류에 대하여 충분하게 차단할 수 있는 성능을 가질 것
③ 과전류 차단 장치가 전기 계통상에서 상호 협조·보완되어 과전류를 효과적으로 차단하도록 할 것

**02** 동영상에서 작업자는 지게차(차량계 하역운반기계)를 이용하여 판넬 운반 작업을 하고 있다. 신호수의 지시에 따라 운전하던 중 판넬이 신호수에게 낙하하는 사고가 발생한다. 사고의 원인 3가지를 적으시오. (4점)

**정답**
① 화물의 하중이 한쪽으로 치우쳐 적재되었다.
② 화물의 붕괴 또는 낙하에 의한 위험을 방지하기 위하여 화물에 로프를 거는 등의 조치를 하지 않았다.
③ 운전자의 시야를 가려 적재하였다.

**참고**

차량계 하역운반기계에 화물적재 시의 조치
① 하중이 한쪽으로 치우치지 않도록 적재할 것
② 구내운반차 또는 화물자동차의 경우 화물의 붕괴 또는 낙하에 의한 위험을 방지하기 위하여 화물에 로프를 거는 등 필요한 조치를 할 것
③ 운전자의 시야를 가리지 않도록 화물을 적재할 것
④ 화물을 적재하는 경우에는 최대적재량을 초과해서는 아니 된다.

**03** 동영상에서는 도심지의 깊은 굴착현장에 설치된 흙막이 지보공을 보여준다. 흙막이 지보공을 설치한 경우의 점검사항 3가지를 적으시오. (6점)

**정답**
① 부재의 손상·변형·부식·변위 및 탈락의 유무와 상태
② 버팀대의 긴압의 정도
③ 부재의 접속부·부착부 및 교차부의 상태
④ 침하의 정도

## 04 동영상은 안전난간을 보여준다. 안전난간의 구성요소 중 3가지를 적으시오. (4점)

**정답**

① 상부 난간대  ② 중간 난간대  ③ 발끝막이판  ④ 난간기둥

**참고**

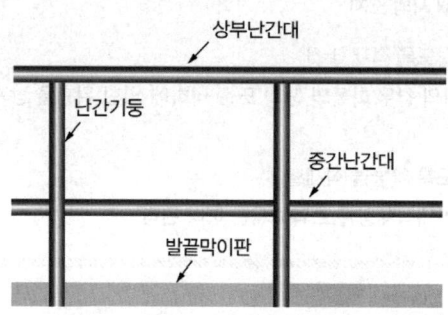

## 05 동영상은 눈으로 얼어붙은 도로의 모습을 보여준다. 작업자들이 삽으로 얼어붙은 눈을 부수는 중이다. 동절기 도로에 조치하여야 할 사항 3가지를 적으시오. (6점)

**정답**

① 현장 내 가설도로에는 차량계 건설기계의 미끄럼 방지를 위하여 모래함이나 염화칼슘 등을 비치
② 결빙 부위 및 눈을 신속히 제거
③ 모래, 부직포 등을 이용하여 미끄럼 방지 조치
④ 현장 내 가설도로는 근로자 주 통행로와 구별되도록 한다.

## 06
동영상에서는 아세틸렌 용접장치를 보여준다. 괄호에 적합한 내용을 적으시오. (4점)

> 가스용기가 발생기와 분리되어 있는 아세틸렌 용접장치에 대하여는 발생기와 가스용기 사이에 ( )를 설치하여야 한다.

**정답** 안전기

## 07
동영상에서 작업자는 낙하물방지망 보수작업을 하고 있다. 낙하물방지망의 설치기준에 관한 다음 [보기]의 괄호에 적합한 내용을 적으시오.(단, 단위를 정확히 적을 것) (4점)

**화면 설명**
작업자는 작업발판 없이 낙하물방지망의 파이프를 밟고 낙하물 방지망 보수를 하고 있다. 작업자는 안전대를 미착용한 상태에서 이동하던 중 떨어지는 사고가 발생한다.

[보기]
1. 낙하물방지망 또는 방호선반의 설치높이는 ( ① ) 이내마다 설치하고, 내민길이는 벽면으로부터 ( ② ) 이상으로 할 것
2. 수평면과의 각도는 ( ③ ) 이상 ( ④ ) 이하를 유지할 것

**정답** ① 10m  ② 2m  ③ 20도  ④ 30도

**08** 동영상에서는 용접 작업을 보여준다. 용접 등 화재 위험 작업을 하는 경우에는 화재의 위험을 감시하고 화재 발생 시 사업장 내 근로자의 대피를 유도하는 업무만을 담당하는 화재감시자를 배치하여야 한다. 화재감시자를 배치하여야 하는 장소 3가지를 적으시오. (6점)

① 연면적 15,000제곱미터 이상의 건설공사 또는 개조공사가 이루어지는 건축물의 지하장소
② 연면적 5,000제곱미터 이상의 냉동 · 냉장 창고시설의 설비공사 또는 단열공사 현장
③ 액화석유가스 운반선 중 단열재가 부착된 액화석유가스 저장시설에 인접한 장소

# 2021  4회 1부

## 건설안전산업기사 작업형

**01** 동영상에서는 철골공사 현장을 보여준다. 철골작업을 중지하여야 하는 조건을 3가지 적으시오. (6점)

① 풍속이 초당 10m(미터) 이상인 경우
② 강우량이 시간당 1mm(밀리미터) 이상인 경우
③ 강설량이 시간당 1cm(센티미터) 이상인 경우

**02** 동영상에서는 장비를 사용하여 아파트 해체작업을 하는 장면을 보여준다. 분진 발생을 억제하기 위한 대책 2가지를 적으시오. (4점)

사진 출처 : ㈜코리아 카고

사진 출처 : www.volvo.com

① 피라밋식, 수평 살수식으로 물을 뿌린다.
② 방진시트, 분진차단막 등의 방진벽을 설치한다.

**03** 동영상에서는 항타기 작업을 보여주고 있다. 항타기 및 항발기의 무너짐을 방지하기 위한 조치사항 3가지를 적으시오. (4점)

① **연약한 지반에 설치**하는 때에는 아웃트리거·받침 등 지지구조물의 침하를 방지하기 위하여 **깔판·받침목** 등을 사용할 것
② 시설 또는 가설물 등에 설치하는 경우에는 그 내력을 확인하고 내력이 부족하면 그 내력을 보강할 것
③ 아웃트리거·받침 등 지지구조물이 미끄러질 우려가 있는 때에는 말뚝 또는 쐐기 등을 사용하여 해당 지지구조물을 고정시킬 것
④ 궤도 또는 차로 이동하는 항타기 또는 항발기에 대하여는 불시에 이동하는 것을 방지하기 위하여 레일 클램프 및 쐐기 등으로 고정시킬 것
⑤ 상단 부분은 버팀대·버팀줄로 고정하여 안정시키고, 그 하단 부분은 견고한 버팀·말뚝 또는 철골 등으로 고정시킬 것

**04** 철골공사 표준안전 작업 지침에 의한 앵커 볼트의 매립 시의 준수사항에 관한 내용이다. 괄호에 적합한 숫자를 적으시오. (4점)

> 앵커 볼트를 매립하는 정밀도는 다음 각 목의 범위 내 이어야 한다.
> (1) 기둥 중심은 기준선 및 인접 기둥의 중심에서 ( ① ) 이상 벗어나지 않을 것
> (2) 인접 기둥 간 중심거리의 오차는 ( ② ) 이하일 것
> (3) 앵커 볼트는 기둥 중심에서 ( ③ ) 이상 벗어나지 않을 것
> (4) 베이스 플레이트의 하단은 기준 높이 및 인접 기둥의 높이에서 ( ④ ) 이상 벗어나지 않을 것

① 5mm   ② 3mm   ③ 2mm   ④ 3mm


**05** 동영상에서 작업자는 낙하물방지망 보수작업을 하고 있다. 낙하물방지망의 설치기준에 관한 다음 [보기]의 괄호에 적합한 내용을 적으시오.(단, 단위를 정확히 적을 것) (4점)

**화면 설명**
작업자는 작업발판 없이 낙하물방지망의 파이프를 밟고 낙하물 방지망 보수를 하고 있다. 작업자는 안전대를 미착용한 상태에서 이동하던 중 떨어지는 사고가 발생한다.

> [보기]
> 1. 낙하물방지망 또는 방호선반의 설치높이는 ( ① ) 이내마다 설치하고, 내민길이는 벽면으로부터 ( ② ) 이상으로 할 것
> 2. 수평면과의 각도는 ( ③ ) 이상 ( ④ ) 이하를 유지할 것

① 10m   ② 2m   ③ 20도   ④ 30도

**06** 동영상은 흙막이 지보공 작업 장면을 보여 주고 있다. 다음 물음에 답하시오. (6점)

(1) 공법의 종류
(2) 영상에서 보여주는 계측기의 명칭을 적으시오.
(3) 영상에서 보여주는 계측기의 용도를 적으시오.

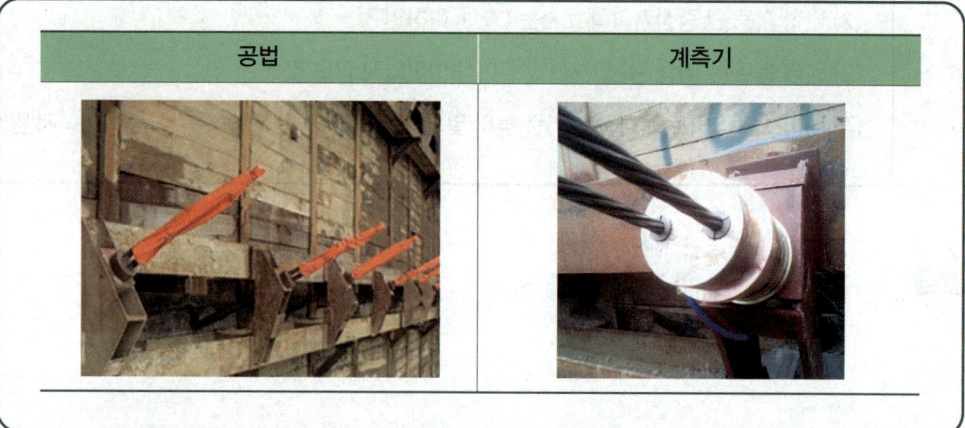

| 공법 | 계측기 |
| --- | --- |

(1) 어스 앵커 공법
(2) 하중계(Load Cell)
(3) 스트러트(Strut) 또는 어스앵커(Earth anchor) 등의 축 하중 변화를 측정한다.

**07** 동영상은 터널 공사현장을 보여준다. 터널 작업 시 사용하는 자동경보장치는 당일 작업 시작 전에 점검하고 이상 발견 시 즉시 보수하여야 한다. 자동경보장치의 작업 시작 전 점검사항 2가지를 적으시오. (6점)

① 계기의 이상 유무
② 검지부의 이상 유무
③ 경보장치의 작동상태

08 동영상은 비계 위에서 작업하는 작업자를 보여준다. (1) 2m 이상의 비계 위에서 작업 시에 착용하여야 하는 보호구를 1가지 적으시오.(단, 안전모 제외) (2) 2m 이상의 비계 위에서 작업 시에 안전 난간을 설치하기 곤란한 경우 추락을 방지하기 위하여 설치하여야 하는 안전시설 1가지를 적으시오. (4점)

(1) 안전대
(2) 추락방호망

# 2021년 4회 2부

## 건설안전산업기사 작업형

**01** 동영상은 파이프서포트를 사용한 거푸집 동바리를 보여준다. 파이프서포트를 지주(동바리)로 사용할 경우 준수해야 할 사항에 대한 다음 물음에 답하시오. (6점)

> 1. 파이프서포트를 ( ① )개본 이상 이어서 사용하지 아니하도록 할 것
> 2. 파이프서포트를 이어서 사용할 때에는 ( ② )개 이상의 볼트 또는 ( ③ )을 사용하여 이을 것
> 3. 높이가 ( ④ )미터를 초과할 때 높이 ( ⑤ )미터 이내마다 수평연결재를 2개 방향으로 만들고 수평연결재의 ( ⑥ )를 방지할 것

① 3　② 4　③ 전용철물　④ 3.5　⑤ 2　⑥ 변위

**02** 동영상은 터널 내부에서 고소작업대를 이용한 작업 모습을 보여준다. 동영상을 보고 불안전한 행동 및 불안전한 상태에 해당하는 3가지를 찾아 적으시오. (6점)

> [화면 설명]
> 작업자는 고소작업대의 난간을 딛고 올라서서 작업하고 있으며 상, 하부에서 2명의 작업자가 동시 작업을 하고 있다. 작업자는 안전대를 미착용한 상태이며 작업장이 매우 어두운 상태에서 작업하고 있다.

출처 : 안전보건공단자료실 / 출처 : e대한경제

① 고소작업대의 **난간에 올라서서 작업함**(떨어짐 위험이 있다.)
② **상, 하 동시작업**(떨어지는 자재 등에 맞을 위험이 있다.)
③ **작업자 안전대 미착용**(떨어짐 위험이 있다.)
④ **작업장 적정 조도 미확보**(걸려 넘어짐 등의 위험이 있다.)

**03** 동영상에서는 아파트 공사현장을 보여준다. 작업자가 낙하물 방지망 보수작업을 하던 중 떨어지는 사고가 발생한다. (1) 동영상에서 발생한 사고의 재해 발생 형태와 (2) 동종 재해의 방지를 위하여 취해야 할 조치사항을 2가지 적으시오. (6점)

(1) 재해발생 형태 : 떨어짐

(2) 조치사항
 ① 안전한 **작업발판 설치**
 ② **안전 난간 설치**
 ③ **추락방호망 설치**
 ④ **작업자 안전대 착용**
 ⑤ **주변 정리 정돈 철저**

주의 동영상을 확인하고 답을 적으세요!

**04** 동영상에서 작업자는 지게차(차량계 하역운반기계)를 이용하여 판넬 운반 작업을 하고 있다. 신호수의 지시에 따라 운전하던 중 판넬이 신호수에게 낙하하는 사고가 발생한다. 사고의 원인 2가지를 적으시오. (4점)

> **정답**
> ① 화물의 하중이 한쪽으로 치우쳐 적재되었다.
> ② 화물의 붕괴 또는 낙하에 의한 위험을 방지하기 위하여 화물에 로프를 거는 등의 조치를 하지 않았다.
> ③ 운전자의 시야를 가려 적재하였다.

**참고**

**차량계 하역운반기계에 화물적재 시의 조치**
① 하중이 한쪽으로 치우치지 않도록 적재할 것
② 구내운반차 또는 화물자동차의 경우 화물의 붕괴 또는 낙하에 의한 위험을 방지하기 위하여 화물에 로프를 거는 등 필요한 조치를 할 것
③ 운전자의 시야를 가리지 않도록 화물을 적재할 것
④ 화물을 적재하는 경우에는 최대적재량을 초과해서는 아니 된다.

## 05 동영상에서는 아세틸렌 용접장치를 보여준다. 괄호에 적합한 내용을 적으시오. (4점)

> 가스용기가 발생기와 분리되어 있는 아세틸렌 용접장치에 대하여는 발생기와 가스용기 사이에 (    )를 설치하여야 한다.

 안전기

## 06 동영상은 크레인(타워크레인)의 작업 장면을 보여주고 있다. 크레인(호이스트 포함)에 부착하여야 할 방호장치의 종류를 2가지 적으시오. (4점)

① 과부하방지장치
② 권과방지장치
③ 비상정지장치
④ 제동장치

### 참고

**양중기의 방호장치**

| | |
|---|---|
| 크레인<br>(호이스트 포함) | - 과부하방지장치<br>- 권과방지장치(捲過防止裝置)<br>- 비상정지장치<br>- 제동장치<br>(기타 방호장치)<br>훅의 해지장치<br>안전밸브(유압식) |
| 이동식 크레인 | - 과부하방지장치<br>- 권과방지장치(捲過防止裝置)<br>- 비상정지장치<br>- 제동장치<br>(기타 방호장치)<br>훅의 해지장치<br>안전밸브(유압식) |

| | |
|---|---|
| 리프트<br>(자동차정비용 리프트 제외) | - 과부하방지장치<br>- 권과방지장치<br>- 비상정지장치<br>- 제동장치<br>- 조작반(盤) 잠금장치 |
| 곤돌라 | - 과부하방지장치<br>- 권과방지장치(捲過防止裝置)<br>- 비상정지장치<br>- 제동장치 |
| 승강기 | - 과부하방지장치<br>- 권과방지장치(捲過防止裝置)<br>- 비상정지장치<br>- 제동장치<br>- 파이널리미트스위치<br>- 출입문인터록<br>- 조속기(속도조절기) |

**07** 동영상에서는 작업장의 가스용기를 보여준다. 가연성 물질이 있는 장소에서 화재 위험 작업을 하는 경우에 화재예방을 위하여 준수하여야 하는 사항 3가지를 적으시오. (6점)

① 작업 준비 및 작업 절차 수립
② 작업장 내 위험물의 사용·보관 현황 파악
③ 화기 작업에 따른 인근 가연성 물질에 대한 방호조치 및 소화기구 비치
④ 용접불티 비산 방지 덮개, 용접 방화포 등 불꽃, 불티 등 비산 방지 조치
⑤ 인화성 액체의 증기 및 인화성 가스가 남아 있지 않도록 환기 등의 조치
⑥ 작업 근로자에 대한 화재예방 및 피난 교육 등 비상조치

**08** 동영상에서는 터널 공사 현장을 보여준다. 발파 작업의 준수 사항에 관한 내용 중 괄호에 적합한 내용을 적으시오. (4점)

> 전기뇌관에 의한 발파의 경우 점화하기 전에 화약류를 장전한 장소로부터 (  ) 이상 떨어진 안전한 장소에서 전선에 대하여 저항측정 및 도통(導通)시험을 할 것

30m

# 2022 1회 1부

# 건설안전산업기사 작업형

**01** 동영상은 크레인의 작업 장면을 보여주고 있다. 차량계 하역운반기계에 단위 화물의 무게가 100킬로그램 이상인 화물을 싣는 작업 또는 내리는 작업(화물 취급 작업) 시 작업 지휘자(관리감독자)의 직무 3가지를 적으시오. (6점)

① 작업순서 및 작업순서마다의 작업 방법을 결정하고 작업을 직접 지휘하는 일
② 기구 및 공구를 점검하고 불량품을 제거하는 일
③ 당해 작업을 행하는 장소에는 관계 근로자 외의 자의 출입을 금지시키는 일
④ 로프 풀기 작업 및 덮개를 벗기는 작업을 행하는 때에는 적재함의 화물에 낙하 위험이 없음을 확인한 후에 당해 작업의 착수를 지시하는 일

**02** 동영상에서 작업자는 낙하물 방지망 보수작업을 하고 있다. 낙하물 방지망의 설치기준에 관한 다음 [보기]의 괄호에 적합한 내용을 적으시오. (2점)

[보기]
낙하물 방지망 또는 방호선반의 설치높이는 ( ① ) 이내마다 설치하고, 내민길이는 벽면으로부터 ( ② ) 이상으로 할 것

① 10m  ② 2m

**참고**

수평면과의 각도는 20도 이상 30도 이하를 유지할 것

**03** 동영상에서는 아파트 신축현장을 보여준다. 현장에서 물체가 떨어지거나 날아올 위험 (낙하 또는 비래할 위험)이 있을 경우 취해야 할 조치사항 2가지를 적으시오. (4점)

① 낙하물방지망·수직보호망 또는 방호선반의 설치
② 출입 금지구역의 설정
③ 보호구의 착용

**04** 동영상에서는 항타기, 항발기 작업을 보여준다. 항타기 항발기를 조립하는 때의 점검 사항 3가지를 적으시오. (6점)

① 본체의 연결부의 풀림 또는 손상의 유무
② 권상용 와이어로프·드럼 및 도르래의 부착상태의 이상 유무
③ 권상장치의 브레이크 및 쐐기장치 기능의 이상 유무
④ 권상기의 설치상태의 이상 유무
⑤ 리더(leader)의 버팀 방법 및 고정상태의 이상 유무
⑥ 본체·부속장치 및 부속품의 강도가 적합한지 여부
⑦ 본체·부속장치 및 부속품에 심한 손상·마모·변형 또는 부식이 있는지 여부

**05** 동영상에서는 이동식 크레인 작업을 보여준다. 산업안전보건법에 의한 크레인 작업 시의 조치사항(준수 사항) 3가지를 적으시오. (6점)

① 인양할 하물(荷物)을 바닥에서 끌어당기거나 밀어내는 작업을 하지 아니할 것
② 유류 드럼이나 가스통 등 운반 도중에 떨어져 폭발하거나 누출될 가능성이 있는 위험물 용기는 보관함 (또는 보관고)에 담아 안전하게 매달아 운반할 것
③ 고정된 물체를 직접 분리·제거하는 작업을 하지 아니할 것
④ 미리 근로자의 출입을 통제하여 인양 중인 하물이 작업자의 머리 위로 통과하지 않도록 할 것
⑤ 인양할 하물이 보이지 아니하는 경우에는 어떠한 동작도 하지 아니할 것

06 동영상에서는 철근을 운반하는 장면을 보여준다. 철근을 인력으로 운반할 경우의 준수사항 3가지를 적으시오. (6점)

① 1인당 무게는 25킬로그램 정도가 적절하며, 무리한 운반을 삼가하여야 한다.
② 2인 이상이 1조가 되어 어깨메기로 하여 운반하는 등 안전을 도모하여야 한다.
③ 긴 철근을 부득이 한 사람이 운반할 때에는 한쪽을 어깨에 메고 한쪽 끝을 끌면서 운반하여야 한다.
④ 운반할 때에는 양끝을 묶어 운반하여야 한다.
⑤ 내려 놓을 때는 천천히 내려놓고 던지지 않아야 한다.
⑥ 공동 작업을 할 때에는 신호에 따라 작업을 하여야 한다.

07 동영상은 시스템비계에서 작업하는 모습을 보여준다. 시스템비계의 구조에 관한 내용 중 괄호에 적합한 내용을 적으시오. (2점)

[보기]
비계 밑단의 수직재와 ( ① )은 밀착되도록 설치하고, 수직재와 받침철물의 연결부의 겹침 길이는 받침철물 전체 길이의 ( ② )이상이 되도록 할 것

① 받침철물  ② 3분의 1

> **참고**

| 시스템 비계의 구조 | 시스템 비계 조립 시의 준수사항 |
|---|---|
| ① 수직재·수평재·가새재를 견고하게 연결하는 구조가 되도록 할 것<br>② 비계 밑단의 수직재와 받침철물은 밀착되도록 설치하고, 수직재와 받침철물의 연결부의 겹침길이는 받침철물 전체길이의 3분의 1 이상이 되도록 할 것<br>③ 수평재는 수직재와 직각으로 설치하여야 하며, 체결 후 흔들림이 없도록 견고하게 설치할 것<br>④ 수직재와 수직재의 연결철물은 이탈되지 않도록 견고한 구조로 할 것<br>⑤ 벽 연결재의 설치간격은 제조사가 정한 기준에 따라 설치할 것 | ① 비계 기둥의 밑둥에는 밑받침철물을 사용하여야 하며, 밑받침에 고저차가 있는 경우에는 조절형 밑받침철물을 사용하여 시스템 비계가 항상 수평 및 수직을 유지하도록 할 것<br>② 경사진 바닥에 설치하는 경우에는 피벗형 받침 철물 또는 쐐기 등을 사용하여 밑받침 철물의 바닥면이 수평을 유지하도록 할 것<br>③ 가공전로에 근접하여 비계를 설치하는 경우에는 가공전로를 이설하거나 가공전로에 절연용 방호구를 설치하는 등 가공전로와의 접촉을 방지하기 위하여 필요한 조치를 할 것<br>④ 비계 내에서 근로자가 상하 또는 좌우로 이동하는 경우에는 반드시 지정된 통로를 이용하도록 주지시킬 것<br>⑤ 비계 작업 근로자는 같은 수직면상의 위와 아래 동시 작업을 금지할 것<br>⑥ 작업발판에는 제조사가 정한 최대적재하중을 초과하여 적재해서는 아니 되며, 최대적재하중이 표기된 표지판을 부착하고 근로자에게 주지시키도록 할 것 |

**08** 동영상은 가스용기를 취급하는 모습을 보여준다. 가스의 누출 또는 방출로 인한 폭발·화재 또는 화상을 예방하기 위하여 가스용기 운반 시의 준수 사항 3가지를 적으시오. (6점)

정답

① 전도의 위험이 없도록 할 것
② 충격을 가하지 아니하도록 할 것
③ 운반할 때 캡을 씌울 것

참고

**가스용기 취급 시의 주의사항**

① 용기의 온도를 섭씨 40도 이하로 유지할 것
② 전도의 위험이 없도록 할 것
③ 충격을 가하지 아니하도록 할 것
④ 운반할 때 캡을 씌울 것
⑤ 밸브의 개폐는 서서히 할 것
⑥ 사용 전 또는 사용 중인 용기와 그 외의 용기를 명확히 구분하고 보관할 것
⑦ 용해 아세틸렌의 용기는 세워 둘 것
⑧ 사용할 때에는 용기의 마개에 부착되어 있는 유류 및 먼지를 제거 할 것

# 2022 1회 2부

## 건설안전산업기사 작업형

**01** 동영상은 현장에서 토사 굴착을 하는 모습을 보여준다. 토사 등의 붕괴 및 토석의 낙하로 인하여 근로자에게 위험을 미칠 우려가 있을 경우 취해야 할 조치사항을 2가지 적으시오. (4점)

정답
① 흙막이 지보공의 설치
② 방호망의 설치
③ 근로자의 출입금지 등 위험을 방지하기 위하여 필요한 조치

**02** 동영상에서는 콘크리트 타설작업 현장을 보여준다. 콘크리트 분배기, 콘크리트 펌프카 등 콘크리트 타설 장비를 사용하는 경우 준수하여야 할 사항 3가지를 적으시오. (6점)

사진 출처 : 통일뉴스

사진 출처 : https://e-depot.kr/503

① 작업을 시작하기 전에 콘크리트 타설 장비를 점검하고 이상을 발견하였으면 즉시 보수할 것
② 건축물의 난간 등에서 작업하는 근로자가 호스의 요동·선회로 인하여 추락하는 위험을 방지하기 위하여 안전난간 설치 등 필요한 조치를 할 것
③ 콘크리트 타설 장비의 붐을 조정하는 경우에는 주변의 전선 등에 의한 위험을 예방하기 위한 적절한 조치를 할 것
④ 작업 중에 지반의 침하나 아웃트리거 등 콘크리트 타설 장비 지지구조물의 손상 등에 의하여 **콘크리트 타설 장비가 넘어질 우려가 있는 경우에는 이를 방지하기 위한 적절한 조치를 할 것**

**03** 동영상에서는 건설 현장에서 건설용 리프트가 운행 중인 모습을 보여준다. 리프트가 운행 중 무너지거나 또는 넘어지는(붕괴 또는 전도) 원인을 2가지 적으시오. (4점)

사진 출처 : 매일건설신문

사진 출처 : 중앙일보

① 지반의 침하(부동침하)
② 불량한 자재 사용 또는 헐거운 결선

참고

사업주는 **순간풍속이 초당 35미터를 초과하는 바람이 불어올 우려가 있는 경우** 건설 작업용 리프트(지하에 설치되어 있는 것은 제외한다)에 대하여 받침의 수를 증가시키는 등 그 **붕괴 등을 방지하기 위한 조치**를 하여야 한다.

## 04
동영상은 건설 현장 강관 틀비계를 보여준다. 강관 틀비계의 설치 기준에 대하여 아래 ( )를 채우시오. (4점)

(1) 주틀 간에 ( ① )를 설치하고 최상층 및 ( ② )층 이내마다 ( ③ )를 설치할 것

(2) 길이가 띠장방향으로 4m 이하이고 높이가 10m를 초과하는 경우에는 ( ④ ) 이내마다 띠장방향으로 버팀기둥을 설치할 것

**정답**
① 교차가새
② 5층
③ 수평재
④ 10m

### 참고

**강관 틀비계의 설치기준(구조)**

① 밑둥에는 **밑받침철물을 사용**하여야 하며 밑받침에 고저차가 있는 경우에는 조질형 밑받침철물을 사용하여 **항상 수평 및 수직을 유지**하도록 할 것
② 높이가 20미터를 초과하거나 중량물의 적재를 수반하는 작업을 할 경우에는 **주틀 간의 간격이 1.8미터 이하**로 할 것
③ 주틀 간에 교차가새를 설치하고 최상층 및 5층 이내마다 수평재를 설치할 것
④ 벽이음 간격(조립 간격) : **수직방향** 6m, **수평방향**으로 8m미터 이내마다 할 것
⑤ 길이가 띠장방향으로 4m 이하이고 높이가 10m를 초과하는 경우에는 10m 이내마다 띠장방향으로 버팀기둥을 실시할 것

05 동영상에서는 건설현장에 설치된 임시 분전반을 보여준다. 임시분전반 설치 시 충전부에 대하여 사업주가 하여야 할 방호조치(충전부에 작업자가 직접 접촉함으로 인한 감전방지 조치) 사항 3가지를 적으시오. (6점)

① 충전부가 노출되지 아니하도록 폐쇄형 외함이 있는 구조로 할 것
② 충전부에 충분한 절연 효과가 있는 방호망 또는 절연덮개를 설치할 것
③ 충전부는 내구성이 있는 절연물로 덮어 감쌀 것
④ 전주 위 및 철탑 위 등 격리되어 있는 장소로서 관계 근로자 외의 자가 접근할 우려가 없는 장소에 충전부를 설치할 것
⑤ 발전소·변전소 및 개폐소 등 구획되어 있는 장소로서 관계 근로자가 아닌 사람의 출입이 금지되는 장소에 충전부를 설치하고, 위험표시 등의 방법으로 방호를 강화할 것

06 동영상에서는 아파트 신축현장을 보여준다. 현장에서 물체가 떨어지거나 날아올 위험(낙하 또는 비래할 위험)이 있을 경우 설치해야 하는 재해방지 시설 3가지를 적으시오. (6점)

① 낙하물방지망의 설치
② 수직보호망의 설치
③ 방호선반의 설치

07 동영상에서는 3명의 작업자들이 담배를 피운 후 개구부를 열고 들어가 밀폐공간에서 작업을 하던 중 질식 사고를 당하는 장면을 보여준다. (1) 밀폐공간 작업 시에 작업이 가능한 최소 산소 농도를 적으시오. (2) 밀폐공간 작업을 하는 근로자가 착용하여야 하는 호흡용 보호구의 종류 2가지를 적으시오. (4점)

(1) 작업이 가능한 최소 산소농도 : 산소농도 18% 이상
(2) 근로자가 착용하여야 하는 호흡용 보호구의 종류
    ① 송기마스크
    ② 공기호흡기

## 08 동영상은 건설 현장의 작업 모습을 보여준다. (6점)

(1) 작업에서 보여주는 비계의 명칭을 적으시오.
(2) 작업에서 보여주는 비계의 작업발판의 폭을 적으시오.
(3) 지주 부재와 수평면과의 기울기를 적으시오.

정답

(1) 말비계
(2) 40cm 이상
(3) 75도 이하

### 참고

**말비계의 구조**

① 지주부재의 하단에는 미끄럼 방지장치를 하고, 양측 끝부분에 올라서서 작업하지 아니하도록 할 것
② 지주부재와 수평면과의 기울기를 75도 이하로 하고, 지주부재와 지주부재 사이를 고정시키는 보조부재를 설치할 것
③ 말비계의 높이가 2미터를 초과할 경우에는 작업발판의 폭을 40센티미터 이상으로 할 것

# 2022 2회 1부

# 건설안전산업기사 작업형

**01** 동영상에서는 이동식 크레인 작업을 보여준다. 산업안전보건법에 의한 크레인 작업 시의 조치사항(준수 사항) 3가지를 적으시오. (6점)

① 인양할 하물(荷物)을 바닥에서 끌어당기거나 밀어내는 작업을 하지 아니할 것
② 유류 드럼이나 가스통 등 운반 도중에 떨어져 폭발하거나 누출될 가능성이 있는 위험물 용기는 보관함(또는 보관고)에 담아 안전하게 매달아 운반할 것
③ 고정된 물체를 직접 분리 · 제거하는 작업을 하지 아니할 것
④ 미리 근로자의 출입을 통제하여 인양 중인 하물이 작업자의 머리 위로 통과하지 않도록 할 것
⑤ 인양할 하물이 보이지 아니하는 경우에는 어떠한 동작도 하지 아니할 것

**02** 동영상은 교각에 설치된 가설물을 보여주고 있다. 강관틀비계의 틀비계의 벽이음 간격을 적으시오. (4점)

(1) 수평 방향 :

(2) 수직 방향 :

(1) 수평 방향 : 8m
(2) 수직 방향 : 6m

> **참고**
>
> 비계 조립간격(벽이음 간격)
>
> | 비계 종류 | | 수직 방향 | 수평 방향 |
> |---|---|---|---|
> | 강관비계 | 단관비계 | 5m | 5m |
> | | 틀비계(높이 5m 미만인 것 제외) | 6m | 8m |

**03** 동영상에서는 건설 현장에 설치된 타워크레인을 이용하여 화물을 인양하는 모습을 보여준다. 운반하역 표준 안전 작업지침에 따라 걸이 작업을 하는 경우 준수하여야 하는 사항 3가지를 적으시오. (6점)

① 와이어로프 등은 크레인의 후크 중심에 걸어야 한다.
② 인양 물체의 안정을 위하여 2줄 걸이 이상을 사용하여야 한다.
③ 밑에 있는 물체를 걸고자 할 때에는 위의 물체를 제거한 후에 행하여야 한다.
④ 매다는 각도는 60도 이내로 하여야 한다.
⑤ 근로자를 매달린 물체 위에 탑승시키지 않아야 한다.

**04** 동영상에서는 둥근톱 작업을 보여준다. 목재 가공용 둥근톱 기계의 방호장치 2가지를 적으시오. (4점)

**정답**
① 톱날 접촉 예방장치
② 반발 예방장치

**참고**

반발 예방장치의 종류
① 분할날
② 반발 방지 기구(finger)
③ 반발 방지 롤러

**05** 동영상은 이동식 비계를 이용한 작업을 보여준다. 이동식 비계의 구조(설치기준) 3가지를 적으시오. (6점)

**정답**
① 바퀴에는 갑작스러운 이동 또는 전도를 방지하기 위하여 브레이크·쐐기 등으로 바퀴를 고정시킨 다음 비계의 일부를 견고한 시설물에 고정하거나 아웃트리거를 설치할 것
② 승강용사다리는 견고하게 설치할 것
③ 비계의 최상부에서 작업을 할 때에는 안전난간을 설치할 것
④ 작업발판은 항상 수평을 유지하고 작업발판 위에서 안전난간을 딛고 작업을 하거나 받침대 또는 사다리를 사용하여 작업하지 않도록 할 것
⑤ 작업발판의 최대적재하중은 250킬로그램을 초과하지 않도록 할 것

**06** 동영상은 가설통로 설치작업을 보여주고 있다. 가설통로 설치 시 준수사항에 관한 괄호에 적합한 숫자를 적으시오. (4점)

1. 경사는 ( ① )도 이하일 것
2. 수직갱에 가설된 통로의 길이가 ( ② )m 이상인 때에는 ( ③ )m 이내마다 계단참을 설치할 것
3. 높이 8m 이상인 비계다리에는 ( ④ )m 이내마다 계단참을 설치할 것

**정답**  ① 30도  ② 15  ③ 10  ④ 7

> **참고**
>
> 가설통로 설치 시 준수사항
>
> ① 견고한 구조로 할 것
> ② 경사는 30도 이하일 것
> ③ 경사가 15도 초과하는 때에는 미끄러지지 아니하는 구조로 할 것
> ④ 추락의 위험이 있는 장소에는 안전난간 설치
> ⑤ 수직갱에 가설된 통로의 길이가 15m 이상인 때에는 10m 이내마다 계단참을 설치할 것
> ⑥ 높이 8m 이상인 비계다리에는 7m 이내마다 계단참을 설치할 것

**07** 동영상은 터널굴착 작업을 보여준다. 굴착 작업 시에 낙석(반)이 우려되는 경우 사업주의 조치사항을 2가지 적으시오. (4점)

① 터널지보공 설치
② 록볼트 설치
③ 부석 제거

**08** 동영상에서는 채석작업을 보여 주고 있다. 채석작업을 하는 경우 붕괴 등에 의한 위험 방지를 위하여 사업주가 조치를 하여야 하는 사항 2가지를 적으시오. (4점)

① 붕괴 또는 낙하에 의하여 근로자를 위험하게 할 우려가 있는 토석·입목 등을 미리 제거
② 방호망 설치

# 2022 2회 2부

# 건설안전산업기사 작업형

**01** 동영상에서는 공사현장의 가설도로를 보여준다. 공사용 가설도로 설치 시의 준수 사항 3가지를 적으시오. (6점)

① 도로는 장비 및 차량이 안전하게 운행할 수 있도록 견고하게 설치할 것
② 도로와 작업장이 접하여 있을 경우에는 울타리 등을 설치할 것
③ 도로는 배수를 위하여 경사지게 설치하거나 배수시설을 설치할 것
④ 차량의 속도제한 표지를 부착할 것

**02** 동영상은 이동식 비계에서의 작업 모습을 보여준다. 영상에서의 사고 발생 원인 3가지를 기술하시오. (6점)

**화면 설명**
근로자 1명이 이동식 비계의 승강 설비를 이용하지 않고 비계를 타고 올라가고 있다. 이동식 비계에는 안전난간이 설치되지 않은 상태이며 작업자는 안전대를 미착용하였다. 작업 중 비계의 바퀴가 움직이며 작업자가 떨어지는 사고를 당한다.

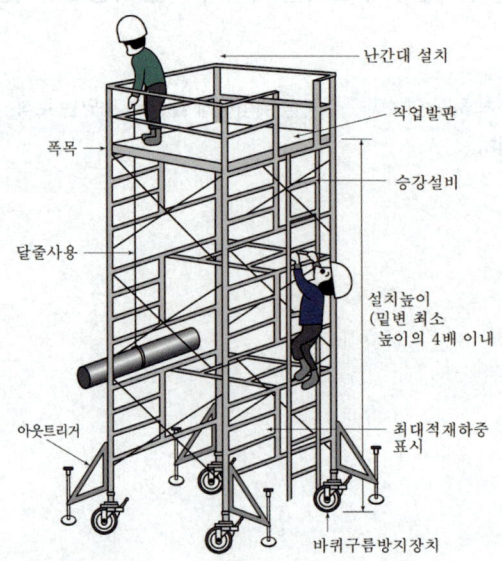

① 이동식 비계의 바퀴는 브레이크·쐐기 등으로 바퀴를 고정시킨 다음 비계의 일부를 시설물에 고정하거나 아웃트리거를 설치하여야 하나 바퀴의 고정이 불량하다.
② 비계에 안전난간이 설치되지 않았다.
③ 근로자가 안전대를 미착용하였다.

03  동영상에서는 철근을 운반하는 장면을 보여준다. 철근을 인력으로 운반할 경우의 준수 사항 중 괄호에 적합한 내용을 적으시오. (4점)

1. 1인당 무게는 ( ① )킬로그램 정도가 적절하며, 무리한 운반을 삼가하여야 한다.
2. 2인 이상이 1조가 되어 ( ② )로 하여 운반하는 등 안전을 도모하여야 한다.

① 25    ② 어깨 메기

04  동영상은 추락을 방지하기 위한 추락방호망을 보여준다. 추락방호망의 처짐은 짧은 변 길이의 몇 퍼센트 이상이어야 하는가? (4점)

12% 이상

**05** 동영상은 안전난간을 보여준다. 안전난간의 구성요소의 명칭 4가지를 적으시오. (4점)

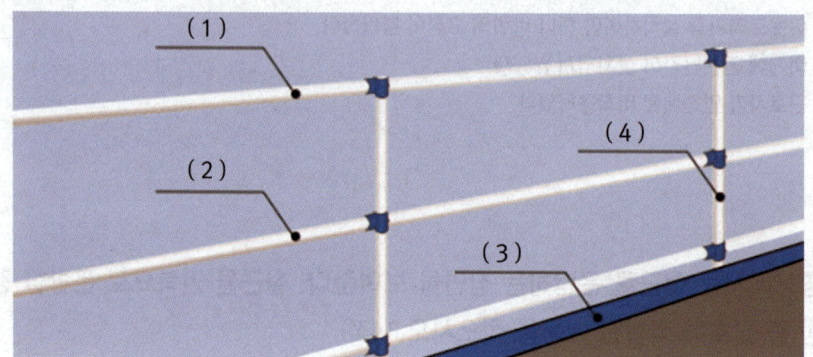

**정답**
(1) 상부난간대  (2) 중간난간대  (3) 발끝막이판  (4) 난간기둥

**06** 동영상은 크레인(타워크레인)의 작업 장면을 보여주고 있다. 크레인(호이스트 포함)에 부착하여야 할 방호장치의 종류를 2가지 적으시오. (4점)

**정답**
① 과부하방지장치
② 권과방지장치
③ 비상정지장치
④ 제동장치

**07** 동영상에서 작업자는 비계작업을 하고 있다. 높이 2m 이상인 장소에 설치하여야 하는 작업발판의 설치기준 3가지를 적으시오. (6점)

**정답**
① 발판재료는 작업 시의 하중을 견딜 수 있도록 견고한 것으로 할 것
② 발판의 폭은 40cm 이상으로 하고, 발판재료간의 틈은 3cm 이하로 할 것
③ 추락의 위험성이 있는 장소에는 안전난간을 설치할 것
④ 작업발판의 지지물은 하중에 의하여 파괴될 우려가 없는 것을 사용할 것
⑤ 작업발판재료는 뒤집히거나 떨어지지 아니하도록 2 이상의 지지물에 연결하거나 고정시킬 것
⑥ 작업에 따라 이동시킬 때에는 위험방지 조치를 할 것
⑦ 선박 및 보트 건조작업에서 선박블록 또는 엔진실 등의 좁은 작업공간에 작업발판을 설치하는 경우 작업발판의 폭을 30센티미터 이상으로 할 수 있고, 걸침비계의 경우 발판재료 간의 틈을 3센티미터 이하로 유지하기 곤란하면 5센티미터 이하로 할 수 있다.

> 참고

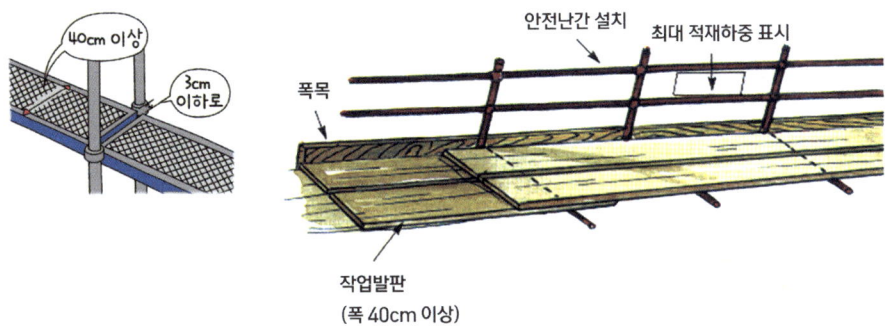

08 동영상은 거푸집 동바리의 붕괴장면을 보여준다. 지주(동바리)로 사용하는 파이프서포트의 조립 시 준수사항 3가지를 적으시오. (6점)

 정답
① 파이프서포트를 3개본 이상 이어서 사용하지 아니하도록 할 것
② 파이프서포트를 이어서 사용할 때에는 4개 이상의 볼트 또는 전용철물을 사용하여 이을 것
③ 높이가 3.5미터를 초과할 때 높이 2미터 이내마다 수평연결재를 2개 방향으로 만들고 수평연결재의 변위를 방지할 것

# 2022 4회 1부

# 건설안전산업기사 작업형

**01** 동영상에서는 이동식 크레인 작업을 보여준다. 산업안전보건법에 의한 크레인 작업 시의 조치사항(준수 사항) 3가지를 적으시오. (6점)

정답

① 인양할 하물(荷物)을 바닥에서 끌어당기거나 밀어내는 작업을 하지 아니할 것
② 유류 드럼이나 가스통 등 운반 도중에 떨어져 폭발하거나 누출될 가능성이 있는 위험물 용기는 보관함(또는 보관고)에 담아 안전하게 매달아 운반할 것
③ 고정된 물체를 직접 분리·제거하는 작업을 하지 아니할 것
④ 미리 근로자의 출입을 통제하여 인양 중인 하물이 작업자의 머리 위로 통과하지 않도록 할 것
⑤ 인양할 하물이 보이지 아니하는 경우에는 어떠한 동작도 하지 아니할 것

**02** 동영상에서 작업자는 둥근톱 작업을 하고 있다. 작업자가 분전함의 누전차단기와 전선의 상태를 확인한 후 둥근톱으로 합판을 절단하던 중 사고가 발생한다. 작업자는 합판 절단 중 다른 곳을 보고 있으며, 면장갑을 착용하고 있다. 둥근톱의 톱날접촉예방장치는 위로 올라가 있는 상태이다. 동영상을 참고하여 다음 물음에 답하시오. (6점)

(1) 동영상의 재해발생 원인을 2가지 적으시오.
(2) 전동기계기구를 사용하여 작업을 하는 경우 감전을 방지하기 위하여 반드시 누전차단기를 설치하여야 하는 장소(기계·기구) 2가지를 적으시오.

**정답**

(1) 재해발생 원인
　① 작업자가 면장갑을 착용하고 작업함(면장갑을 착용하여 둥근톱에 장갑이 말려들 위험 있다.)
　② 톱날 접촉 예방 장치 설치 불량(또는 톱날 접촉 예방 장치를 제거하고 작업함)
　③ 반발 예방 장치 미설치
　④ 보안경 및 방진마스크 미착용

(2) 누전차단기를 설치하여야 하는 장소(기계·기구)
　① 대지전압이 150볼트를 초과하는 이동형 또는 휴대형 전기기계·기구
　② 물 등 도전성이 높은 액체가 있는 습윤장소에서 사용하는 저압용 전기기계·기구
　③ 철판·철골 위 등 도전성이 높은 장소에서 사용하는 이동형 또는 휴대형 전기기계·기구
　④ 임시배선의 전로가 설치되는 장소에서 사용하는 이동형 또는 휴대형 전기기계·기구

> **특급 암기법**　누전차단기 설치 → 누전이 잘 생기는 곳(전기가 잘 통하는 곳)
> 　→ 1. 땅(대지전압 150V 초과) 2. 물(습윤장소) 3. 철판, 철골(도전성이 높은 장소)

## 03 영상에서 보여주는 건설기계의 명칭과 용도(기능) 1가지를 기술하시오. (4점)

사진 출처 : Engineering Help

사진 출처 : 나무위키

(1) 명칭 : 탠덤 롤러
(2) 용도
① 점성토나 자갈, 쇄석의 다짐
② 아스팔트 포장의 마무리 다짐

**탠덤 롤러** : 전륜, 후륜 각 1개의 철륜을 가진 롤러이다.

**04** 동영상은 파이프서포트를 사용한 거푸집 동바리를 보여준다. 파이프서포트를 지주(동바리)로 사용할 경우 준수해야 할 사항에 대한 다음 물음에 답하시오. (6점)

1. 파이프서포트를 ( ① )개본 이상 이어서 사용하지 아니하도록 할 것
2. 파이프서포트를 이어서 사용할 때에는 ( ② )개 이상의 ( ③ ) 또는 ( ④ )을 사용하여 이을 것

① 3   ② 4   ③ 볼트   ④ 전용철물

**05** 건설공사의 수급인은 가설구조물의 붕괴 등 재해 발생 위험이 높다고 판단되는 경우에는 전문가의 의견을 들어 건설공사를 발주한 도급인에게 설계변경을 요청할 수 있다. 재해 발생 위험이 높다고 판단되어 설계변경을 요청할 수 있는 구조물의 종류 3가지를 적으시오. (6점)

① 높이 31미터 이상인 비계
② 작업발판 일체형 거푸집 또는 높이 5미터 이상인 거푸집 동바리
③ 터널의 지보공 또는 높이 2미터 이상인 흙막이 지보공
④ 동력을 이용하여 움직이는 가설구조물

**06** 동영상에서는 갱폼을 보여준다. 작업발판의 설치기준 등에 대한 다음 빈칸에 알맞은 내용을 적으시오. (4점)

> 1. 작업발판의 폭은 ( ① ) cm 이상으로 하고, 발판 재료 간의 틈은 ( ② ) cm 이하로 할 것
> 2. 안전 난간의 발 끝막이판의 높이는 바닥면 등으로부터 ( ③ ) cm 이상의 높이를 유지할 것

 정답

① 40  ② 3  ③ 10

**07** 동영상에서는 도심지의 깊은 굴착현장에 설치된 흙막이 지보공을 보여준다. 흙막이 지보공을 설치한 경우의 점검사항 3가지를 적으시오. (6점)

 정답

① 부재의 **손상 · 변형 · 부식** · 변위 및 **탈락**의 유무와 상태
② 버팀대의 **긴압**의 정도
③ 부재의 **접속부 · 부착부 및 교차부**의 상태
④ **침하**의 정도

08 화면에서 작업자는 승강기 개구부에서 작업하는 모습을 보여준다. 산업안전보건법에 의하여 작업발판 및 통로의 끝이나 개구부로서 근로자가 추락할 위험이 있는 장소에 설치하여야 하는 방호조치 2가지를 적으시오. (4점)

사진 출처 : https://ulsansafety.tistory.com/969

사진 출처 : https://ulsansafety.tistory.com/969

① 안전난간 설치
② 울타리 설치
③ 수직형 추락방망 또는 덮개 설치
④ 추락방호망 설치(안전난간 설치 곤란 또는 해체한 경우)

## 09 동영상을 보고 물음에 답하시오. (4점)

**화면 설명**

신축공사 중인 2층의 거실 창에서 작업 후 남은 벽돌을 손수레에 담아 아래로 쏟아 내리던 중 그 아래를 지나가던 안전모를 착용한 근로자가 떨어지는 벽돌에 맞고 쓰러진다.

(1) 동영상과 같은 사고를 방지하기 위하여 공사현장에서 지상의 근로자의 사고예방을 위하여 설치하여야 하는 안전시설 1가지를 적으시오.

(2) 낙하물방지망의 설치기준에 관한 다음 [보기]의 괄호에 적합한 내용을 적으시오. (단, 단위를 정확히 적을 것)

> [보기]
> 낙하물방지망 또는 방호선반의 설치 높이는 ( ① ) 이내마다 설치하고, 내민길이는 벽면으로부터 ( ② ) 이상으로 할 것

**정답**

(1) 낙하물방지망
(2) ① 10m  ② 2m

# 2022  4회 2부

# 건설안전산업기사 작업형

**01** 동영상은 가스용기를 운반한 후 용접하는 모습을 보여준다. 가스용기 운반 시의 준수 사항 3가지를 적으시오. (6점)

① 전도의 위험이 없도록 할 것
② 충격을 가하지 아니하도록 할 것
③ 운반할 때 캡을 씌울 것

**참고**

**가스용기 취급 시의 주의 사항**
① 용기의 온도를 섭씨 40도 이하로 유지할 것
② 전도의 위험이 없도록 할 것
③ 충격을 가하지 아니하도록 할 것
④ 운반할 때 캡을 씌울 것
⑤ 밸브의 개폐는 서서히 할 것
⑥ 사용 전 또는 사용 중인 용기와 그 외의 용기를 명확히 구분하고 보관할 것
⑦ 용해 아세틸렌의 용기는 세워 둘 것
⑧ 사용할 때에는 용기의 마개에 부착되어 있는 유류 및 먼지를 제거 할 것

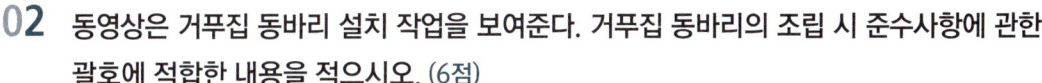

**02** 동영상은 거푸집 동바리 설치 작업을 보여준다. 거푸집 동바리의 조립 시 준수사항에 관한 괄호에 적합한 내용을 적으시오. (6점)

> 1. 받침목이나 깔판의 사용, 콘크리트 타설, 말뚝박기 등 동바리의 ( ① )를 방지하기 위한 조치를 할 것
> 2. 개구부 상부에 동바리를 설치하는 경우에는 상부하중을 견딜 수 있는 견고한 ( ② )를 설치할 것
> 3. 강재의 접속부 및 교차부는 볼트ㆍ클램프 등 ( ③ )을 사용하여 단단히 연결할 것

① 침하   ② 받침대   ③ 전용철물

**참고**

**거푸집 동바리의 조립 시 준수사항**

① 받침목이나 깔판의 사용, 콘크리트 타설, 말뚝박기 등 **동바리의 침하를** 방지하기 위한 조치를 할 것
② **동바리의 상하 고정 및 미끄러짐 방지 조치**를 할 것
③ **상부ㆍ하부의 동바리가 동일 수직선상에 위치하도록** 하여 깔판ㆍ받침목에 고정시킬 것
④ 개구부 상부에 동바리를 설치하는 경우에는 상부하중을 견딜 수 있는 **견고한 받침대를 설치**할 것
⑤ U헤드 등의 **단판이 없는 동바리의 상단에 멍에 등을 올릴 경우에는 해당 상단에 U헤드 등의 단판을 설치**하고, 멍에 등이 전도되거나 이탈되지 않도록 **고정**시킬 것
⑥ **동바리의 이음은 같은 품질의 재료를 사용**할 것
⑦ **강재의 접속부 및 교차부는 볼트ㆍ클램프 등 전용철물을 사용**하여 단단히 연결할 것
⑧ 거푸집의 형상에 따른 부득이한 경우를 제외하고는 **깔판이나 받침목은 2단 이상 끼우지 않도록** 할 것
⑨ **깔판이나 받침목을 이어서 사용하는 경우에는 그 깔판ㆍ받침목을 단단히 연결**할 것

**03** 산업안전보건법에 의한 작업장의 조도기준을 나타내었다. 괄호에 적합한 숫자를 적으시오. (4점)

| 초정밀 작업 | 정밀 작업 | 보통 작업 | 기타 작업 |
|---|---|---|---|
| 750 Lux 이상 | 300 Lux 이상 | ( ① )Lux 이상 | ( ② )Lux 이상 |

① 150  ② 75

**04** 동영상에서 작업자는 낙하물 방지망 보수작업을 하고 있다. 낙하물 방지망 또는 방호선반 설치 시의 준수 사항 2가지를 적으시오. (4점)

① 설치 높이는 10미터 이내마다 설치하고, 내민 길이는 벽면으로부터 2미터 이상으로 할 것
② 수평면과의 각도는 20도 이상 30도 이하를 유지할 것

**추락방호망의 설치**

① 추락방호망의 설치위치는 가능하면 작업면으로부터 가까운 지점에 설치하여야 하며, 작업면으로 부터 망의 설치지점까지의 수직거리는 10미터를 초과하지 아니할 것
② 추락방호망은 수평으로 설치하고, 망의 처짐은 짧은 변 길이의 12퍼센트 이상이 되도록 할 것
③ 건축물 등의 바깥쪽으로 설치하는 경우 망의 내민 길이는 벽면으로부터 3미터 이상 되도록 할 것

---

**05** 동영상은 건설 현장에서 휴대장비로 작업하는 모습을 보여준다. 이동 및 휴대장비 등을 사용하는 전기 작업 시에 조치하여야 할 사항 3가지를 적으시오. (6점)

① 근로자가 착용하거나 취급하고 있는 **도전성 공구·장비 등이 노출 충전부에 닿지 않도록 할 것**
② 근로자가 사다리를 노출 충전부가 있는 곳에서 사용하는 경우에는 **도전성 재질의 사다리를 사용하지 않도록 할 것**
③ 근로자가 **젖은 손으로 전기기계·기구의 플러그를 꽂거나 제거하지 않도록 할 것**
④ 근로자가 전기회로를 개방, 변환 또는 투입하는 경우에는 전기 차단용으로 특별히 설계된 스위치, 차단기 등을 사용하도록 할 것
⑤ 차단기 등의 과전류 차단 장치에 의하여 자동 차단된 후에는 전기회로 또는 전기기계·기구가 안전하다는 것이 증명되기 전까지는 과전류 차단장치를 재투입하지 않도록 할 것

---

**06** 동영상은 현장에서 자재운반을 위하여 지게차를 이용하는 모습을 보여준다. 차량계 하역 운반기계에 화물적재 시에 준수하여야 하는 사항 3가지를 적으시오. (6점)

① **하중이 한쪽으로 치우치지 않도록 적재할 것**
② 구내운반차 또는 화물자동차의 경우 화물의 붕괴 또는 낙하에 의한 위험을 방지하기 위하여 화물에 로프를 거는 등 필요한 조치를 할 것
③ 운전자의 시야를 가리지 않도록 화물을 적재할 것
④ 화물을 적재하는 경우에는 **최대적재량을 초과해서는 아니 된다.**

**07** 동영상은 현장에서 토사 굴착을 하는 모습을 보여준다. 토사 등의 붕괴 및 토석의 낙하로 인하여 근로자에게 위험을 미칠 우려가 있을 경우 취해야 할 조치사항을 2가지 적으시오. (4점)

① 흙막이 지보공의 설치
② 방호망의 설치
③ 근로자의 출입금지 등 위험을 방지하기 위하여 필요한 조치

**08** 화면에서는 콘크리트 믹서 트럭의 바퀴를 물로 닦는 장면을 보여준다. 화면에서 보여주는 장비의 명칭과 용도(효과)를 적으시오. (4점)

사진 출처 : 동서 세륜기

사진 출처 : 동서 세륜기

(1) 명칭 : 세륜기

(2) 용도(효과)
① 비산먼지 발생 억제
② 바퀴의 분진 및 토사 제거

# 2023 1회 1부

## 건설안전산업기사 작업형

**01** 동영상은 이동식 비계를 이용한 작업을 보여준다. 이동식 비계를 조립하여 작업을 하는 경우의 사업주의 준수사항 2가지를 적으시오. (4점)

① 바퀴에는 갑작스러운 이동 또는 전도를 방지하기 위하여 브레이크·쐐기 등으로 바퀴를 고정시킨 다음 비계의 일부를 견고한 시설물에 고정하거나 아웃트리거를 설치할 것
② 승강용사다리는 견고하게 설치할 것
③ 비계의 최상부에서 작업을 할 때에는 안전난간을 설치할 것
④ 작업발판은 항상 수평을 유지하고 작업발판 위에서 안전난간을 딛고 작업을 하거나 받침대 또는 사다리를 사용하여 작업하지 않도록 할 것
⑤ 작업발판의 최대적재하중은 250킬로그램을 초과하지 않도록 할 것

**참고**

**이동식 비계**

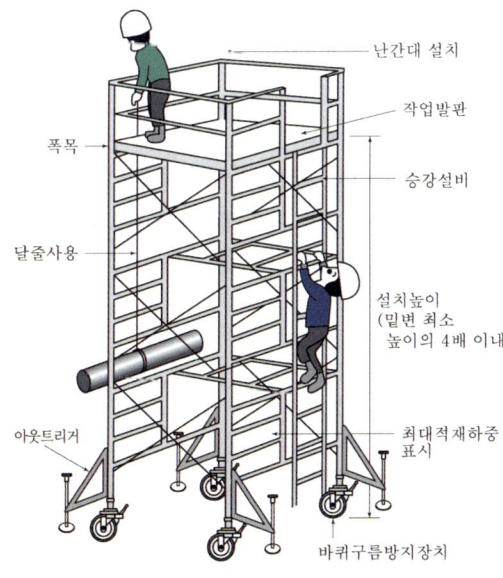

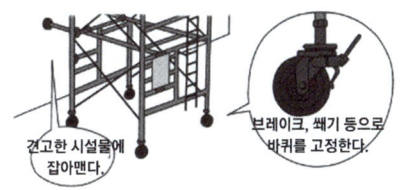

그림 출처 : 만화로 보는 산업안전보건 기준에 관한 규칙

**02** 동영상에서는 항타기, 항발기 작업을 보여준다. 항타기 항발기를 조립하는 때의 점검 사항 3가지를 적으시오. (6점)

정답

① 본체의 연결부의 풀림 또는 손상의 유무
② 권상용 와이어로프·드럼 및 도르래의 부착상태의 이상 유무
③ 권상장치의 브레이크 및 쐐기장치 기능의 이상 유무
④ 권상기의 설치상태의 이상 유무
⑤ 리더(leader)의 버팀 방법 및 고정상태의 이상 유무
⑥ 본체·부속장치 및 부속품의 강도가 적합한지 여부
⑦ 본체·부속장치 및 부속품에 심한 손상·마모·변형 또는 부식이 있는지 여부

참고

항타기 또는 항발기를 조립하거나 해체하는 경우 준수사항
① 항타기 또는 항발기에 사용하는 권상기에 쐐기장치 또는 **역회전방지용 브레이크를 부착할 것**
② 항타기 또는 항발기의 **권상기가 들리거나 미끄러지거나 흔들리지 않도록** 설치할 것
③ 그 밖에 조립·해체에 필요한 사항은 **제조사에서 정한 설치·해체 작업 설명서에 따를 것**

**03** 동영상은 백호를 이용하여 하수관을 인양하는 장면을 보여주고 있다. 동영상에서의 재해를 다음과 같이 분석하시오. (6점)

화면 설명

하수관을 1줄 걸이로 인양하여 이동하던 중 하수관이 흔들리자 신호수가 손으로 잡다가 하수관이 떨어진다. 하수관 바로 아래에서 작업하던 작업자가 떨어지는 하수관 아래에 깔리는 사고가 발생한다. 훅에는 해지 장치가 설치되지 않았으며 유도 로프도 사용하지 않았다.

(1) 재해 발생 형태
(2) 가해물

(1) 재해 발생 형태 : 맞음
(2) 가해물 : 하수관

주의 가해물은 작업자와 직접 접촉한 부분입니다. 동영상을 확인하고 답을 적으세요.

04 화면에서는 콘크리트 믹서 트럭의 바퀴를 물로 닦는 장면을 보여준다. 화면에서 보여주는 장비의 명칭과 용도(효과)를 적으시오. (4점)

사진 출처 : 동서 세륜기

사진 출처 : 동서 세륜기

(1) 명칭 : 세륜기
(2) 용도(효과)
① 비산먼지 발생 억제
② 바퀴의 분진 및 토사 제거

**05** 산업안전보건법에 따라 현장에 공사용 가설도로를 설치하는 경우 준수하여야 하는 사항 3가지를 적으시오. (6점)

① **도로는** 장비 및 차량이 안전하게 운행할 수 있도록 **견고하게 설치할 것**
② 도로와 **작업장이 접하여 있을 경우에는 울타리 등을 설치할 것**
③ **도로는** 배수를 위하여 경사지게 설치하거나 배수시설을 설치할 것
④ **차량의 속도제한 표지를 부착할 것**

**06** 동영상은 흙막이 지보공 작업 장면을 보여 주고 있다. 다음 물음에 답하시오. (6점)
(1) 공법의 종류(명칭)
(2) 굴착기계의 종류(명칭)

(1) 어스 앵커 공법
(2) 크롤러 드릴

**07** 근로자의 추락 등의 위험을 방지하기 위하여 설치하는 안전난간의 구성요소 3가지를 적으시오. (6점)

① 상부 난간대
② 중간 난간대
③ 발 끝막이판 및 난간기둥

**참고**

**안전난간의 구조 및 설치요건**

① 상부 난간대, 중간 난간대, 발끝막이판 및 난간기둥으로 구성할 것
② 상부 난간대는 바닥면 등으로부터 90센티미터 이상 지점에 설치하고,
  • 상부 난간대를 120센티미터 이하에 설치하는 경우 : 중간 난간대는 상부 난간대와 바닥면 등의 중간에 설치
  • 120센티미터 이상 지점에 설치하는 경우 : 중간 난간대를 2단 이상으로 설치, 난간의 상하 간격은 60센티미터 이하가 되도록 할 것(다만, 난간기둥 간의 간격이 25센티미터 이하인 경우에는 중간 난간대를 설치하지 않을 수 있다.)

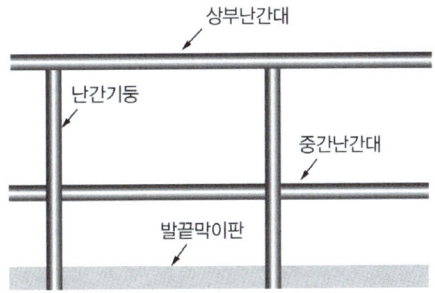

③ 발끝막이판은 바닥면 등으로부터 10센티미터 이상의 높이를 유지할 것
④ 난간기둥은 상부 난간대와 중간 난간대를 견고하게 떠받칠 수 있도록 적정한 간격을 유지할 것
⑤ 상부 난간대와 중간 난간대는 난간 길이 전체에 걸쳐 바닥면 등과 평행을 유지할 것
⑥ 난간대는 지름 2.7센티미터 이상의 금속제 파이프나 그 이상의 강도가 있는 재료일 것
⑦ 안전난간은 구조적으로 가장 취약한 지점에서 가장 취약한 방향으로 작용하는 100킬로그램 이상의 하중에 견딜 수 있는 튼튼한 구조일 것

## 08
동영상은 파이프 서포트를 사용한 거푸집동바리를 보여준다. 파이프 서포트를 지주(동바리)로 사용할 경우 준수해야 할 사항에 대한 다음 물음에 답하시오. (4점)

(1) 파이프 서포트를 ( ① )개본 이상 이어서 사용하지 아니하도록 할 것
(2) 파이프 서포트를 이어서 사용할 때에는 ( ② )개 이상의 볼트 또는 전용철물을 사용하여 이을 것
(3) 높이가 3.5미터를 초과할 때 높이 ( ③ )미터 이내마다 수평 연결재를 ( ④ )개 방향으로 만들고 수평연결재의 변위를 방지할 것

① 3  ② 4  ③ 2  ④ 2

# 2023 2회 1부

# 건설안전산업기사 작업형

**01** 동영상에서는 도심지의 깊은 굴착 현장에 설치된 흙막이지보공을 보여준다. 사업주는 흙막이 지보공을 설치하였을 때에는 정기적으로 다음 각 호의 사항을 점검하고 이상을 발견하면 즉시 보수하여야 한다. 흙막이 지보공을 설치한 때 점검사항 3가지를 적으시오. (6점)

 정답

① 부재의 손상·변형·부식·변위 및 탈락의 유무와 상태
② 버팀대의 긴압의 정도
③ 부재의 접속부·부착부 및 교차부의 상태
④ 침하의 정도

## 02
동영상에서는 비계의 작업발판을 보여준다. 작업발판의 설치기준에 관한 다음 빈칸에 알맞은 내용을 적으시오. (4점)

> 작업발판의 폭은 ( ① )cm 이상으로 하고, 발판재료 간의 틈은 ( ② )cm 이하로 할 것

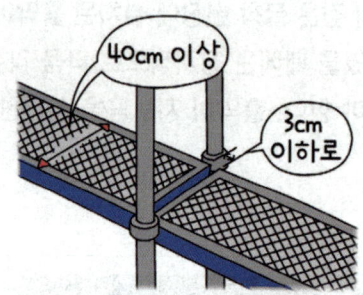

**정답**
① 40  ② 3

**참고**

**작업발판의 설치 기준**

① **발판재료**는 작업 시의 하중을 견딜 수 있도록 **견고한 것으로 할 것**
② **발판의 폭은 40cm 이상**으로 하고, **발판재료간의 틈은 3cm 이하로 할 것**
③ **추락의 위험성이 있는 장소에는 안전난간을 설치할 것**
④ 작업발판의 지지물은 **하중에 의하여 파괴될 우려가 없는 것을 사용할 것**
⑤ 작업발판 재료는 뒤집히거나 떨어지지 아니하도록 **2 이상의 지지물에 연결하거나 고정시킬 것**
⑥ **작업에 따라 이동시킬 때에는 위험방지 조치**를 할 것
⑦ 선박 및 보트 건조작업에서 선박블록 또는 엔진실 등의 좁은 작업공간에 작업발판을 설치하는 경우 **작업발판의 폭을 30센티미터 이상으로 할 수 있고, 걸침비계의 경우 발판재료 간의 틈을 3센티미터 이하로 유지하기 곤란하면 5센티미터 이하로 할 수 있다.**

**03** 산업안전보건법에 의한 작업장의 조도기준을 나타내었다. 괄호에 적합한 숫자를 적으시오. (4점)

| 초정밀 작업 | 정밀 작업 | 보통 작업 | 기타 작업 |
|---|---|---|---|
| ( ① )Lux 이상 | ( ② )Lux 이상 | ( ③ )Lux 이상 | ( ④ )Lux 이상 |

① 750  ② 300  ③ 150  ④ 75

**04** 동영상에서는 아파트 신축현장을 보여준다. 현장에서 물체가 떨어지거나 날아올 위험(낙하 또는 비래할 위험)이 있을 경우 취해야 할 조치사항 3가지를 적으시오. (6점)

① 낙하물방지망·수직보호망 또는 방호선반의 설치
② 출입 금지구역의 설정
③ 보호구의 착용

**05** 운반하역 표준 안전 작업지침에 의하여 고정식 기계 운반하역 운전자는 작업 시작 전에 점검하여 각 장치의 기능 상태를 항상 파악하고 있어야 한다. 작업 시작 전 점검 항목 중 괄호에 적합한 내용을 적으시오. (6점)

(1) 점검을 실시할 때에는 사전점검의 소요시간을 정하고, 점검시간을 보기 쉬운 장소에 표시함과 동시에 표지(점검 중)를 부착하는 등의 조치를 하고 다른 근로자에게 주지시켜야 한다.
(2) 스위치에는 표지(점검 중 스위치를 넣지 말 것 등)를 부착하거나 ( ① )를 해야 한다.
(3) 주행로 상에 복수의 장비가 있을 때에는 주행로 양측에 ( ② )을 설치하여 인접 장비와의 충돌을 방지하여야 한다.
(4) 점검을 능률적으로 하기 위하여 ( ③ )명 이상의 점검자가 점검할 때에는 사전에 점검 범위 등을 협의하여야 한다.

① 시건장치   ② 가설 고임목   ③ 2

**06** 가설통로 설치 시의 준수사항 중 수직갱에 관한 내용이다. 괄호에 적합한 숫자를 적으시오. (4점)

> 수직갱에 가설된 통로의 길이가 ( ① )m 이상인 때에는 ( ② )m 이내마다 계단참을 설치할 것

① 15   ② 10

**참고**

**가설통로 설치 시 준수사항**

① 견고한 구조로 할 것
② 경사는 30도 이하일 것
③ 경사가 15도 초과하는 때에는 미끄러지지 아니하는 구조로 할 것
④ 추락의 위험이 있는 장소에는 안전난간 설치
⑤ 수직갱에 가설된 통로의 길이가 15m 이상인 때에는 10m 이내마다 계단참을 설치할 것
⑥ 높이 8m 이상인 비계다리에는 7m 이내마다 계단참을 설치할 것

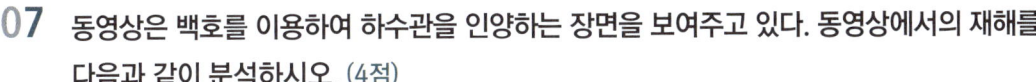

**07** 동영상은 백호를 이용하여 하수관을 인양하는 장면을 보여주고 있다. 동영상에서의 재해를 다음과 같이 분석하시오. (4점)

> **화면 설명**
> 하수관을 1줄 걸이로 인양하여 이동하던 중 하수관이 흔들리자 신호수가 손으로 잡다가 하수관이 떨어진다. 하수관 바로 아래에서 작업하던 작업자가 떨어지는 하수관 아래에 깔리는 사고가 발생한다. 훅에는 해지 장치가 설치되지 않았으며 유도 로프도 사용하지 않았다.

(1) 재해 발생 형태

(2) 가해물

 (1) 재해 발생 형태 : 맞음
(2) 가해물 : 하수관

> 주의! 가해물은 작업자와 직접 접촉한 부분입니다. 동영상을 확인하고 답을 적으세요.

## 08 동영상에서는 콘크리트 타설작업을 보여준다. 콘크리트 타설작업 시의 준수사항 2가지를 적으시오. (6점)

사진 출처: https://e-depot.kr/503

① 당일의 작업을 시작하기 전에 해당 작업에 관한 거푸집 동바리 등의 변형·변위 및 지반의 침하 유무 등을 점검하고 이상이 있으면 보수할 것
② 작업 중에는 감시자를 배치하는 등의 방법으로 거푸집 및 동바리의 변형·변위 및 침하 유무 등을 확인해야 하며, 이상이 있으면 작업을 중지하고 근로자를 대피시킬 것
③ 콘크리트의 타설작업 시 거푸집붕괴의 위험이 발생할 우려가 있으면 충분한 보강조치를 할 것
④ 설계도서상의 콘크리트 양생기간을 준수하여 거푸집 및 동바리를 해체할 것
⑤ 콘크리트를 타설하는 경우에는 편심이 발생하지 않도록 골고루 분산하여 타설할 것

# 2023 4회 1부

# 건설안전산업기사 작업형

**01** 동영상에서는 작업자는 철골 위에서 볼트를 조립하던 중 볼트를 아래로 떨어뜨린다. 현장에서 물체가 떨어지거나 날아올 위험(낙하 또는 비래할 위험)이 있을 경우 취해야 할 조치사항 3가지를 적으시오. (6점)

① 낙하물방지망·수직보호망 또는 방호선반의 설치
② 출입금지구역의 설정
③ 보호구의 착용

**02** 동영상에서는 사다리식 통로를 보여준다. 사다리식 통로 설치 시의 준수사항에 대한 괄호에 적합한 내용을 적으시오. (4점)

1. 발판의 간격은 ( ① )하게 할 것
2. 발판과 벽과의 사이는 15센티미터 이상의 간격을 유지할 것
3. 폭은 ( ② ) 이상으로 할 것
4. 사다리가 넘어지거나 미끄러지는 것을 방지하기 위한 조치를 할 것

① 일정
② 30센티미터

> 참고

**사다리식 통로의 구조**

① 견고한 구조로 할 것
② 심한 손상·부식 등이 없는 재료를 사용할 것
③ 발판의 간격은 일정하게 할 것
④ 발판과 벽과의 사이는 15센티미터 이상의 간격을 유지할 것
⑤ 폭은 30센티미터 이상으로 할 것
⑥ 사다리가 넘어지거나 미끄러지는 것을 방지하기 위한 조치를 할 것
⑦ 사다리의 상단은 걸쳐놓은 지점으로부터 60센티미터 이상 올라가도록 할 것
⑧ 사다리식 통로의 길이가 10미터 이상인 경우에는 5미터 이내마다 계단참을 설치할 것
⑨ 사다리식 통로의 기울기는 75도 이하로 할 것. 다만, 고정식 사다리 통로의 기울기는 90도 이하로 하고, 그 높이가 7미터 이상인 경우에는 다음 각 목의 구분에 따른 조치를 할 것
  • 등받이울이 있어도 근로자 이동에 지장이 없는 경우 : 바닥으로부터 높이가 2.5미터 되는 지점부터 등받이울을 설치할 것
  • 등받이울이 있으면 근로자가 이동이 곤란한 경우 : 한국산업표준에서 정하는 기준에 적합한 **개인용 추락 방지 시스템**을 설치하고 근로자로 하여금 한국산업표준에서 정하는 기준에 적합한 **전신 안전대를 사용**하도록 할 것
⑩ 접이식 사다리 기둥은 사용 시 접혀지거나 펼쳐지지 않도록 철물 등을 사용하여 견고하게 조치할 것

03 사업주는 가연성 물질이 있는 장소에서 화재위험작업을 하는 경우에는 화재 예방에 필요한 사항을 준수하여야 한다. 화재 예방을 위하여 준수하여야 하는 사항 3가지를 적으시오. (6점)

① 작업 준비 및 작업 절차 수립
② 작업장 내 위험물의 사용·보관 현황 파악
③ 화기 작업에 따른 인근 가연성 물질에 대한 방호조치 및 소화기구 비치
④ 용접불티 비산 방지 덮개, 용접 방화포 등 불꽃, 불티 등 비산 방지 조치
⑤ 인화성 액체의 증기 및 인화성 가스가 남아 있지 않도록 환기 등의 조치
⑥ 작업 근로자에 대한 화재예방 및 피난 교육 등 비상조치

04 고소작업대를 이용하여 작업자가 외벽 도장 작업 중이다. 고소작업대를 이동하는 경우의 준수사항 2가지를 적으시오. (4점)

사진 출처 : 할렐루야 렌탈

① 작업대를 가장 낮게 하강시킬 것
② 작업자를 태우고 이동하지 말 것. 다만, 이동 중 전도 등의 위험 예방을 위하여 유도하는 사람을 배치하고 짧은 구간을 이동하는 경우에는 작업대를 가장 낮게 내린 상태에서 작업자를 태우고 이동할 수 있다.
③ 이동통로의 요철 상태 또는 장애물의 유무 등을 확인할 것

## 05 가설통로 설치 시의 준수사항에 관한 내용이다. 괄호에 적합한 숫자를 적으시오. (4점)

(1) 경사는 ( ① )도 이하일 것
(2) 경사가 ( ② )도를 초과하는 때에는 미끄러지지 아니하는 구조로 할 것

① 30  ② 15

### 참고

**가설통로 설치 시 준수사항**

① 견고한 구조로 할 것
② 경사는 30도 이하일 것
③ 경사가 15도 초과하는 때에는 **미끄러지지 아니하는 구조로 할 것**
④ 추락의 위험이 있는 장소에는 **안전난간 설치**
⑤ 수직갱에 가설된 통로의 길이가 **15m 이상인 때에는 10m 이내마다 계단참을 설치할 것**
⑥ 높이 8m 이상인 비계다리에는 **7m 이내마다 계단참을 설치할 것**

06 동영상은 이동식 비계를 이용한 작업을 보여준다. 이동식 비계를 조립하여 작업을 하는 경우의 사업주의 준수사항 2가지를 적으시오. (4점)

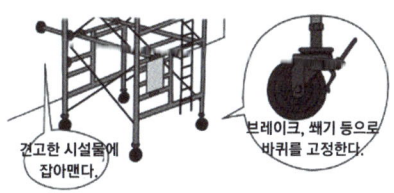

그림 출처 : 만화로 보는 산업안전보건 기준에 관한 규칙

**정답**

① 바퀴에는 갑작스러운 이동 또는 전도를 방지하기 위하여 브레이크·쐐기 등으로 바퀴를 고정시킨 다음 비계의 일부를 견고한 시설물에 고정하거나 아웃트리거를 설치할 것
② 승강용사다리는 견고하게 설치할 것
③ 비계의 최상부에서 작업을 할 때에는 안전난간을 설치할 것
④ 작업발판은 항상 수평을 유지하고 작업발판 위에서 안전난간을 딛고 작업을 하거나 받침대 또는 사다리를 사용하여 작업하지 않도록 할 것
⑤ 작업발판의 최대적재하중은 250킬로그램을 초과하지 않도록 할 것

**07** 동영상에서는 건설 현장에 설치된 타워크레인을 이용하여 화물을 인양하는 모습을 보여준다. 운반하역 표준안전 작업지침에 따라 걸이 작업을 하는 경우 준수하여야 하는 사항 3가지를 적으시오. (6점)

① 와이어로프 등은 크레인의 후크 중심에 걸어야 한다.
② 인양 물체의 안정을 위하여 2줄 걸이 이상을 사용하여야 한다.
③ 밑에 있는 물체를 걸고자 할 때에는 위의 물체를 제거한 후에 행하여야 한다.
④ 매다는 각도는 60도 이내로 하여야 한다.
⑤ 근로자를 매달린 물체 위에 탑승시키지 않아야 한다.

**08** 동영상에서는 콘크리트 타설작업 현장을 보여준다. 콘크리트 분배기, 콘크리트 펌프카 등 콘크리트 타설 장비를 사용하는 경우 준수하여야 할 사항 3가지를 적으시오. (6점)

사진 출처 : 통일뉴스

사진 출처 : https://e-depot.kr/503

① 작업을 시작하기 전에 콘크리트 타설 장비를 점검하고 이상을 발견하였으면 즉시 보수할 것
② 건축물의 난간 등에서 작업하는 근로자가 호스의 요동·선회로 인하여 추락하는 위험을 방지하기 위하여 안전난간 설치 등 필요한 조치를 할 것
③ 콘크리트 타설 장비의 붐을 조정하는 경우에는 주변의 전선 등에 의한 위험을 예방하기 위한 적절한 조치를 할 것
④ 작업 중에 지반의 침하나 아웃트리거 등 콘크리트 타설 장비 지지구조물의 손상 등에 의하여 콘크리트 타설 장비가 넘어질 우려가 있는 경우에는 이를 방지하기 위한 적절한 조치를 할 것

# 건설안전산업기사 작업형

01 산업안전보건법에 의한 작업장의 조도기준을 나타내었다. 괄호에 적합한 숫자를 적으시오. (4점)

| 초정밀 작업 | 정밀 작업 | 보통 작업 | 기타 작업 |
|---|---|---|---|
| ( ① )Lux 이상 | ( ② )Lux 이상 | ( ③ )Lux 이상 | ( ④ )Lux 이상 |

① 750  ② 300  ③ 150  ④ 75

02 고소작업대를 이용하여 작업자가 외벽 도장 작업 중이다. 화면에서와 같은 장비로 작업을 하는 경우 안전작업 준수사항(고소작업대를 사용하는 경우의 준수사항) 2가지를 적으시오. (6점)

사진 출처 : 할렐루야 렌탈

① 작업자는 안전모·안전대 등의 보호구를 착용하도록 할 것
② 관계자 외의 자가 작업구역 내에 들어오는 것을 방지하기 위하여 필요한 조치를 할 것
③ 안전한 작업을 위하여 적정수준의 조도를 유지할 것
④ 전로(電路)에 근접하여 작업을 하는 때에는 작업감시자를 배치하는 등 감전사고를 방지하기 위하여 필요한 조치를 할 것
⑤ 작업대를 정기적으로 점검하고 붐·작업대 등 각 부위의 이상 유무를 확인할 것
⑥ 전환스위치는 다른 물체를 이용하여 고정하지 말 것
⑦ 작업대는 정격하중을 초과하여 물건을 싣거나 탑승하지 말 것
⑧ 작업대의 붐대를 상승시킨 상태에서 탑승자는 작업대를 벗어나지 말 것

**03** 동영상은 분진 시험을 하는 장면을 보여준다. 근로자가 상시 분진작업에 관련된 업무를 하는 경우에 근로자에게 알려야 하는 사항 3가지를 적으시오. (6점)

① 분진의 유해성과 노출경로
② 분진의 발산 방지와 작업장의 환기 방법
③ 작업장 및 개인위생 관리
④ 호흡용 보호구의 사용 방법
⑤ 분진에 관련된 질병 예방 방법

**04** 화면에서 작업자는 승강기 개구부에서 작업하는 모습을 보여준다. 산업안전보건법에 의하여 작업발판 및 통로의 끝이나 개구부로서 근로자가 추락할 위험이 있는 장소에 설치하여야 하는 방호조치 3가지를 적으시오. (6점)

사진 출처 : https://ulsansafety.tistory.com/969

사진 출처 : https://ulsansafety.tistory.com/969

**정답**
① 안전난간 설치
② 울타리 설치
③ 수직형 추락방망 또는 덮개 설치
④ 추락방호망 설치(안전난간 설치 곤란 또는 해체한 경우)

**05** 동영상은 건설현장 강관 틀비계를 보여준다. 강관 틀비계의 설치기준에 대하여 아래 ( )를 채우시오. (4점)

> (1) 주틀 간에 교차가새를 설치하고 최상층 및 5층 이내마다 ( ① )를 설치할 것
> (2) 길이가 띠장방향으로 4m 이하이고 높이가 10m를 초과하는 경우에는 ( ② ) 이내마다 띠장방향으로 버팀기둥을 설치할 것
> (3) 높이가 20m를 초과하거나 중량물 적재를 수반할 경우는 주틀 간격을 ( ③ ) 이하로 할 것
> (4) 수직방향으로 6m, 수평방향으로 ( ④ ) 이내마다 벽이음을 할 것

 **정답**  ① 수평재  ② 10m  ③ 1.8m  ④ 8m

**참고**

강관 틀비계의 설치 기준(구조)
① 밑둥에는 밑받침 철물을 사용하여야 하며 밑받침에 고저차가 있는 경우에는 조절형 밑받침 철물을 사용하여 **항상 수평 및 수직을 유지**하도록 할 것
② 높이가 20미터를 초과하거나 **중량물의 적재를 수반**하는 작업을 할 경우에는 **주틀 간의 간격이 1.8미터 이하**로 할 것
③ 주틀 간에 교차가새를 설치하고 최상층 및 5층 이내마다 수평재를 설치할 것
④ 벽이음 간격(조립 간격) : 수직 방향 6m, 수평 방향으로 8m미터 이내마다 할 것
⑤ 길이가 띠장방향으로 4m 이하이고 높이가 10m를 초과하는 경우에는 10m 이내마다 띠장방향으로 버팀기둥을 설치할 것

**06** 동영상에서는 임시 분전반 주변에서 작업하는 모습을 보여준다. 충전부에 작업자가 직접 접촉함으로 인한 감전방지 조치사항(충전부에 대하여 사업주가 하여야 할 방호조치) 3가지를 적으시오. (6점)

① 충전부가 노출되지 아니하도록 폐쇄형 외함이 있는 구조로 할 것
② 충전부에 충분한 절연 효과가 있는 방호망 또는 절연덮개를 설치할 것
③ 충전부는 내구성이 있는 절연물로 덮어 감쌀 것
④ 전주 위 및 철탑 위 등 격리되어 있는 장소로서 관계 근로자 외의 자가 접근할 우려가 없는 장소에 충전부를 설치할 것
⑤ 발전소·변전소 및 개폐소 등 구획되어 있는 장소로서 관계 근로자가 아닌 사람의 출입이 금지되는 장소에 충전부를 설치하고, 위험표시 등의 방법으로 방호를 강화할 것

**07** 동영상은 파이프 서포트를 사용한 거푸집 동바리를 보여준다. 파이프 서포트를 지주(동바리)로 사용할 경우 준수해야 할 사항에 대한 다음 물음에 답하시오. (6점)

(1) 파이프서포트를 ( ① )개본 이상 이어서 사용하지 아니하도록 할 것
(2) 파이프서포트를 이어서 사용할 때에는 ( ② )개 이상의 볼트 또는 전용철물을 사용하여 이을 것
(3) 높이가 3.5미터를 초과할 때 높이 ( ③ )미터 이내마다 수평연결재를 2개 방향으로 만들고 수평연결재의 변위를 방지할 것

① 3  ② 4  ③ 2

08 영상에서 보여주는 건설기계의 명칭과 용도(기능) 1가지를 기술하시오. (4점)

사진 출처 : Engineering Help

사진 출처 : 나무위키

**정답**

(1) 명칭 : 탠덤 롤러

(2) 용도
  ① 점성토나 자갈, 쇄석의 다짐
  ② 아스팔트 포장의 마무리 다짐

**참고**

**탠덤 롤러** : 전륜, 후륜 각 1개의 철륜을 가진 롤러이다.

# 2024 2회

# 건설안전산업기사 작업형

01 동영상에서는 콘크리트 타설작업 현장을 보여준다. 콘크리트 분배기, 콘크리트 펌프카 등 콘크리트 타설 장비를 사용하는 경우 준수하여야 할 사항 3가지를 적으시오. (6점)

사진 출처 : 통일뉴스

사진 출처 : https://e-depot.kr/503

정답

① 작업을 시작하기 전에 콘크리트 타설 장비를 점검하고 이상을 발견하였으면 즉시 보수할 것
② 건축물의 난간 등에서 작업하는 근로자가 호스의 요동·선회로 인하여 추락하는 위험을 방지하기 위하여 안전난간 설치 등 필요한 조치를 할 것
③ 콘크리트 타설 장비의 붐을 조정하는 경우에는 주변의 전선 등에 의한 위험을 예방하기 위한 적절한 조치를 할 것
④ 작업 중에 지반의 침하나 아웃트리거 등 콘크리트 타설 장비 지지구조물의 손상 등에 의하여 콘크리트 타설 장비가 넘어질 우려가 있는 경우에는 이를 방지하기 위한 적절한 조치를 할 것

## 02

동영상에서 작업자는 낙하물 방지망 보수작업을 하고 있다. 낙하물 방지망의 설치기준에 관한 다음 [보기]의 괄호에 적합한 내용을 적으시오. (단, 단위를 정확히 적을 것) (4점)

**화면 설명**

작업자는 작업발판 없이 낙하물 방지망의 파이프를 밟고 낙하물 방지망 보수를 하고 있다. 작업자는 안전대를 미착용한 상태에서 이동하던 중 떨어지는 사고가 발생한다.

[보기]

1. 낙하물 방지망 또는 방호선반의 설치높이는 10m 이내마다 설치하고, 내민길이는 벽면으로부터 ( ① ) 이상으로 할 것
2. 수평면과의 각도는 ( ② ) 이상 ( ③ ) 이하를 유지할 것
3. 낙하물 방지망 및 수직 보호망은 「산업표준화법」에 따른 ( ④ )에서 정하는 성능기준에 적합한 것을 사용하여야 한다.

**정답**  ① 2m  ② 20도  ③ 30도  ④ 한국산업표준

**참고**

낙하물 방지망

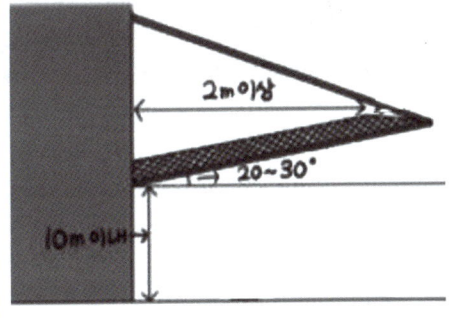

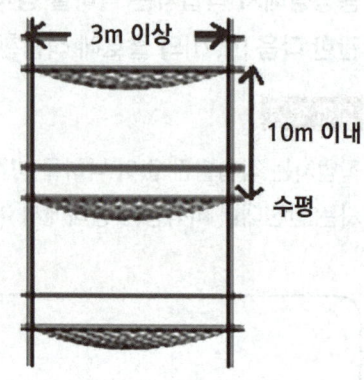

**03** 화면에서 작업자는 승강기 개구부에서 작업하는 모습을 보여준다. 산업안전보건법에 의하여 작업발판 및 통로의 끝이나 개구부로서 근로자가 추락할 위험이 있는 장소에 설치하여야 하는 방호조치 3가지를 적으시오. (4점)

사진 출처 : https://ulsansafety.tistory.com/969

사진 출처 : https://ulsansafety.tistory.com/969

**정답**
① 안전난간 설치
② 울타리 설치
③ 수직형 추락방망 또는 덮개 설치
④ 추락방호망 설치(안전난간 설치 곤란 또는 해체한 경우)

04 터널공사 표준안전작업지침에 의한 터널 작업면의 적합한 조도기준을 나타내었다. 괄호에 적합한 숫자를 적으시오. (6점)

| 초정밀 작업 | 기타 작업 |
|---|---|
| 막장 구간 | ( ① ) Lux 이상 |
| 터널중간 구간 | ( ② ) Lux 이상 |
| 터널 입출구, 수직구 구간 | ( ③ ) Lux 이상 |

① 70  ② 50  ③ 30


05 동영상은 밀폐공간에서의 작업을 보여준다. 다음 물음에 답하시오. (4점)

(1) 밀폐공간 작업 시의 적정 공기 수준에 관한 내용이다. 괄호에 적합한 숫자를 적으시오.

- 산소 농도 : 18% 이상 23.5% 미만
- 탄산가스 농도 : ( ① )% 미만
- 일산화탄소 농도 : ( ② )ppm 미만
- 황화수소 농도 : ( ③ )ppm 미만

(2) 밀폐공간 작업을 하는 근로자가 착용하여야 하는 호흡용 보호구의 종류 2가지를 적으시오.

(1) ① 1.5  ② 30  ③ 10
(2) ① 송기마스크
    ② 공기호흡기

## 06
동영상에서는 건설현장에서 건설용 리프트가 운행 중인 모습을 보여준다. (6점)

(1) 리프트가 운행 중 무너지거나 또는 넘어지는(붕괴 또는 전도) 원인을 2가지 적으시오.
(2) 괄호에 적합한 내용을 적으시오.

> 사업주는 순간풍속이 초당 (   ) 미터를 초과하는 바람이 불어올 우려가 있는 경우 건설작업용 리프트(지하에 설치되어 있는 것은 제외한다)에 대하여 받침의 수를 증가시키는 등 그 붕괴 등을 방지하기 위한 조치를 하여야 한다.

사진 출처 : 매일건설신문

사진 출처 : 중앙일보

**정답**

(1) 리프트의 넘어지는(붕괴 또는 전도) 원인
 ① 지반의 침하(부동침하)
 ② 불량한 자재사용 또는 헐거운 결선

(2) 35

**07** 동영상에서는 건설기계를 이용하여 잔골재를 밀고 있는 작업을 보여준다. (1) 건설기계의 명칭을 적으시오. (2) 동영상에서 보여주는 기계의 용도 3가지를 적으시오. (4점)

 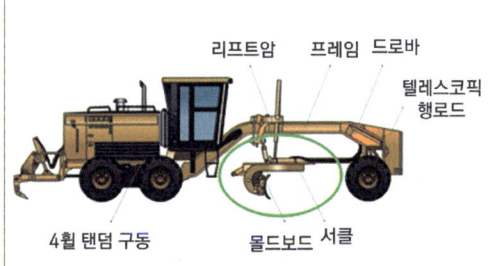

사진 출처 : 캐터 필라 건설기계 　　　　　　　사진 출처 : 중기114

정답

(1) 건설기계의 명칭 : 모터그레이더

(2) 용도
　① 지반의 정지작업(땅을 깎아 고르는 작업)
　② 도랑파기
　③ 제설작업

**참고**

**모터그레이더 (Motor grader)** : 토공판을 작동시켜 **지면의 정지작업**(땅을 깎아 고르는 작업)을 하는데 사용된다.

**08** 산업안전보건법에 의한 아세틸렌 용접장치에 관한 내용이다. 다음 물음에 답하시오. (6점)

(1) 괄호에 적합한 용어를 적으시오.

> 1. 사업주는 아세틸렌 용접장치의 취관마다 (    )를 설치하여야 한다. 다만, 주관 및 취관에 가장 가까운 분기관(分岐管)마다 (    )를 부착한 경우에는 그러하지 아니하다.
> 2. 사업주는 가스용기가 발생기와 분리되어 있는 아세틸렌 용접장치에 대하여 발생기와 가스용기 사이에 (    )를 설치하여야 한다.

(2) 발생기실을 설치하는 경우에 사업주가 준수하여야 하는 사항 3가지를 적으시오.

(1) 안전기
(2) 발생기실을 설치하는 경우의 준수 사항
① 벽은 불연성 재료로 하고 철근 콘크리트 또는 그 밖에 이와 같은 수준이거나 그 이상의 강도를 가진 구조로 할 것
② 지붕과 천장에는 얇은 철판이나 가벼운 불연성 재료를 사용할 것
③ 바닥면적의 16분의 1 이상의 단면적을 가진 배기통을 옥상으로 돌출시키고 그 개구부를 창이나 출입구로부터 1.5미터 이상 떨어지도록 할 것
④ 출입구의 문은 불연성 재료로 하고 두께 1.5밀리미터 이상의 철판이나 그 밖에 그 이상의 강도를 가진 구조로 할 것
⑤ 벽과 발생기 사이에는 발생기의 조정 또는 카바이드 공급 등의 작업을 방해하지 않도록 간격을 확보할 것

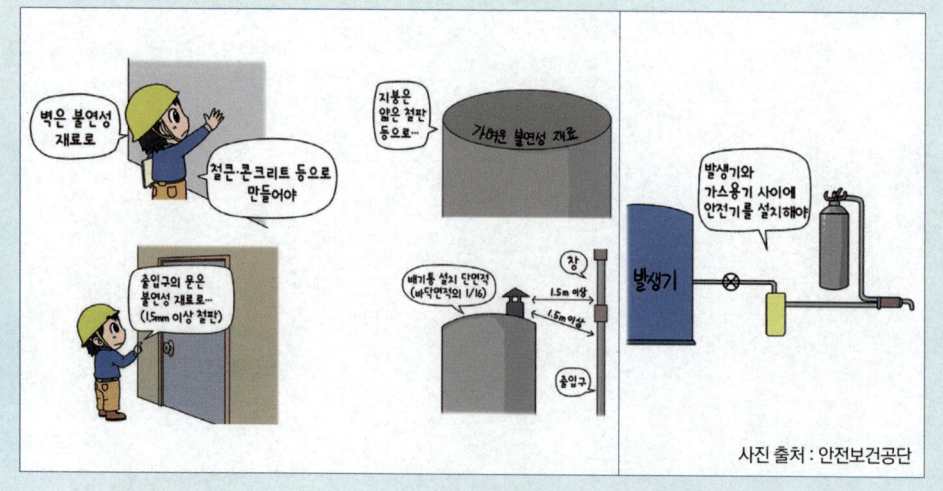

사진 출처 : 안전보건공단

# 2024 3회 1부

# 건설안전산업기사 작업형

**01** 동영상은 터널굴착 작업을 보여준다. 다음 물음에 답하시오. (6점)

(1) 터널굴착 시 작성하여야 하는 작업계획서에 포함하여야 하는 사항 2가지를 적으시오.

(2) 터널시공계획 시의 사전조사 할 내용을 적으시오.

**정답**

(1) 작업계획서에 포함 사항
  ① 굴착의 방법
  ② 터널지보공 및 복공의 시공방법과 용수처리 방법
  ③ 환기 또는 조명시설을 하는 때에는 그 방법

(2) 사전조사 내용
  보링(boring) 등 적절한 방법으로 낙반·출수(出水) 및 가스폭발 등으로 인한 근로자의 위험을 방지하기 위하여 미리 지형·지질 및 지층상태를 조사

**02** 동영상을 보고 물음에 답하시오. (4점)

**화면 설명**

신축공사 중인 2층의 거실 창에서 작업 후 남은 벽돌을 손수레에 담아 아래로 쏟아 내리던 중 그 아래를 지나가던 안전모를 착용한 근로자가 떨어지는 벽돌에 맞고 쓰러진다.

> 사업주는 높이가 ( ① ) 이상인 장소로부터 물체를 투하하는 때에는 적당한 투하설비를 설치하거나 ( ③ )을 배치하는 등 위험방지를 위하여 필요한 조치를 하여야 한다.

**정답**

① 3m  ② 감시인

> 참고

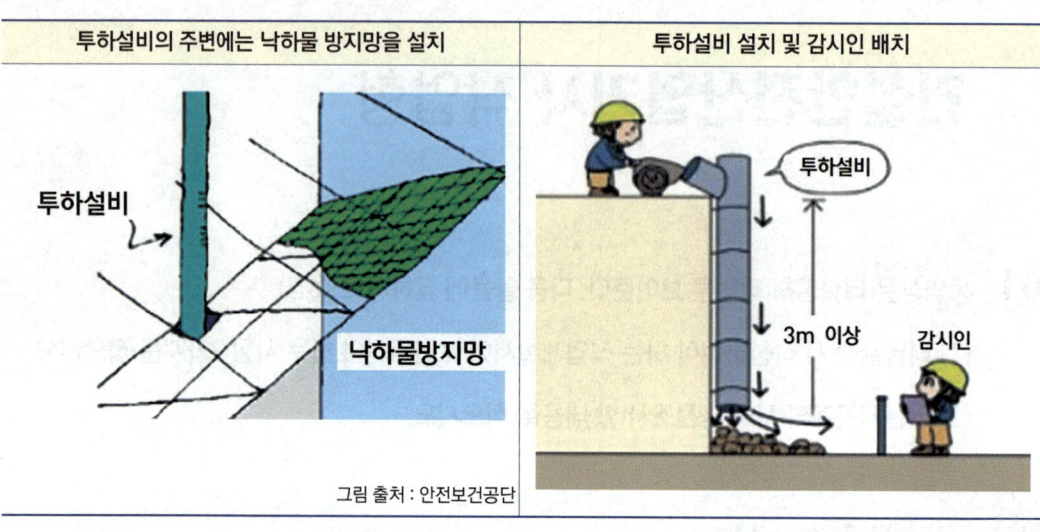

**03** 산업안전보건법에 의한 작업장의 조도기준을 나타내었다. 괄호에 적합한 숫자를 적으시오. (4점)

| 초정밀 작업 | 정밀 작업 | 보통 작업 | 기타 작업 |
|---|---|---|---|
| ( ① )Lux 이상 | ( ② )Lux 이상 | ( ③ )Lux 이상 | ( ④ )Lux 이상 |

① 750  ② 300  ③ 150  ④ 75

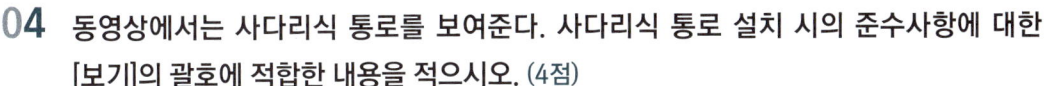

## 04
동영상에서는 사다리식 통로를 보여준다. 사다리식 통로 설치 시의 준수사항에 대한 [보기]의 괄호에 적합한 내용을 적으시오. (4점)

> **[보기]**
> 1. 사다리식 통로의 기울기는 ( ① ) 이하로 할 것. 다만, 고정식 사다리식 통로의 기울기는 90도 이하로 하고, 그 높이가 7m 이상인 경우에는 다음 각 목의 구분에 따른 조치를 할 것
>    - 등받이울이 있어도 근로자 이동에 지장이 없는 경우: 바닥으로부터 높이가 2.5m 되는 지점부터 등받이울을 설치할 것
>    - 등받이울이 있으면 근로자가 이동이 곤란한 경우: 한국산업표준에서 정하는 기준에 적합한 개인용 추락 방지 시스템을 설치하고 근로자로 하여금 한국산업표준에서 정하는 기준에 적합한 전신안전대를 사용하도록 할 것
> 2. 폭은 ( ② ) 이상으로 할 것

① 75도  ② 30cm

### 참고

**사다리식 통로의 구조**
① 견고한 구조로 할 것
② 심한 손상·부식 등이 없는 재료를 사용할 것
③ 발판의 간격은 일정하게 할 것
④ 발판과 벽과의 사이는 15센티미터 이상의 간격을 유지할 것
⑤ 폭은 30센티미터 이상으로 할 것
⑥ 사다리가 넘어지거나 미끄러지는 것을 방지하기 위한 조치를 할 것
⑦ 사다리의 상단은 걸쳐놓은 지점으로부터 60센티미터 이상 올라가도록 할 것
⑧ 사다리식 통로의 길이가 10미터 이상인 경우에는 5미터 이내마다 계단참을 설치할 것
⑨ 사다리식 통로의 기울기는 75도 이하로 할 것. 다만, 고정식 사다리식 통로의 기울기는 90도 이하로 하고, 그 높이가 7미터 이상인 경우에는 다음 각 목의 구분에 따른 조치를 할 것
   - 등받이울이 있어도 근로자 이동에 지장이 없는 경우 : 바닥으로부터 높이가 2.5미터 되는 지점부터 등받이울을 설치할 것
   - 등받이울이 있으면 근로자가 **이동이 곤란한 경우** : 한국산업표준에서 정하는 기준에 적합한 **개인용 추락 방지 시스템**을 설치하고 근로자로 하여금 한국산업표준에서 정하는 기준에 적합한 **전신 안전대**를 사용하도록 할 것
⑩ 접이식 사다리 기둥은 사용 시 접혀지거나 펼쳐지지 않도록 철물 등을 사용하여 견고하게 조치할 것

05 「운반하역 표준안전 작업지침」에 의하여 크레인 등 고정식기계 운반 하역작업을 하는 경우 "걸이" 작업의 기준 3가지를 적으시오. (6점)

**화면 설명**
철골을 1줄 걸이로 들어 올리고 있다. 유도 로프가 없어 철골이 흔들리며 주변의 전선과 접촉하려는 순간 작업자가 놀라며 떨어진다. 작업자는 안전모를 착용하였으나 턱끈을 고정하지 않았다.

| 줄걸이 작업의 종류 | | |
|---|---|---|
| 1줄 걸이(적용금지) | 2줄 걸이 | 3줄 걸이 |
| • 화물이 회전할 위험 있어 적용 금지 | • 긴 환봉 등의 줄걸이에 적합 | • U자, T자형의 줄걸이 작업에 활용 |

① 와이어로프 등은 크레인의 후크 중심에 걸어야 한다.
② 인양 물체의 안정을 위하여 2줄 걸이 이상을 사용하여야 한다.
③ 밑에 있는 물체를 걸고자 할 때에는 위의 물체를 제거한 후에 행하여야 한다.
④ 매다는 각도는 60도 이내로 하여야 한다.
⑤ 근로자를 매달린 물체 위에 탑승시키지 않아야 한다.

**06** 절토작업 시에는 상·하부 동시작업은 금지하여야 하나 부득이한 경우 필요한 조치를 실시한 후 작업하도록 되어있다. 이 경우 조치하여야 할 사항 3가지를 적으시오. (일반적으로 동영상과 같은 작업은 하지 않지만, 부득이한 경우 안전조치를 한 후 실시하여야 한다. 필요한 안전조치 사항 3가지를 적으시오.)

> **화면 설명**
> 성토한 흙더미 위와 아래에서 동시에 백호 2대가 작업을 하고 있다. 아래에 있는 근로자가 흙더미에 맞아 쓰러지는 장면을 보여준다.

① 견고한 낙하물 방호시설 설치
② 부석 제거
③ 작업 장소에 불필요한 기계 등의 방치 금지
④ 신호수 및 담당자 배치

**07** 동영상은 이동식 비계를 이용한 작업을 보여준다. 이동식 비계의 구조(설치기준) 3가지를 적으시오. (6점)

① 바퀴에는 갑작스러운 이동 또는 전도를 방지하기 위하여 브레이크·쐐기 등으로 바퀴를 고정시킨 다음 비계의 일부를 견고한 시설물에 고정하거나 아웃트리거를 설치할 것
② 승강용사다리는 견고하게 설치할 것
③ 비계의 최상부에서 작업을 할 때에는 안전난간을 설치할 것
④ 작업발판은 항상 수평을 유지하고 작업발판 위에서 안전난간을 딛고 작업을 하거나 받침대 또는 사다리를 사용하여 작업하지 않도록 할 것
⑤ 작업발판의 최대적재하중은 250킬로그램을 초과하지 않도록 할 것

> 참고

**이동식 비계**

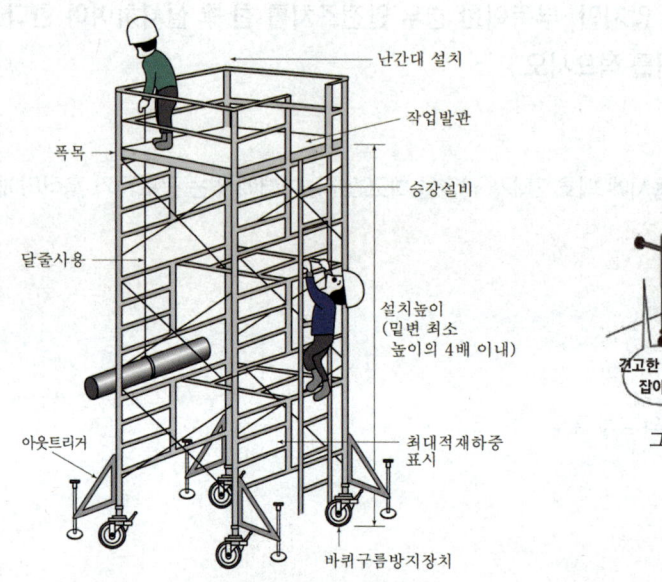

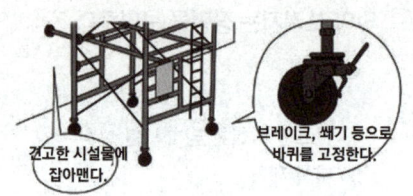

그림 출처 : 만화로 보는 산업안전보건 기준에 관한 규칙

**08** 동영상은 현장에서 토사 굴착을 하는 모습을 보여준다. 굴착작업 시 각 지반의 종류에 따른 기울기 기준을 적으시오. (4점)

| 지반의 종류 | 굴착면의 기울기 |
|---|---|
| 모래 | ( ① ) |
| 연암 및 풍화암 | ( ② ) |
| 경암 | ( ③ ) |
| 그 밖의 흙 | ( ④ ) |

 정답

① 1 : 1.8  ② 1 : 1.0  ③ 1 : 0.5  ④ 1 : 1.2

# 건설안전산업기사 작업형

## 2024년 3회 2부

**01** 동영상은 터널 굴착 장비를 조립하고 이를 이용하여 굴착 및 토사운반 작업 과정을 보여주고 있다. (1) 동영상에서 보여주는 기계의 명칭을 적으시오. (2) 동영상의 기계가 할 수 있는 작업의 종류(용도) 2가지를 적으시오. (4점)

사진 출처 : 한화건설

(1) 기계의 명칭 : 스크레이퍼

(2) 작업의 종류
   ① 토사의 굴삭(굴착)
   ② 토사의 적재
   ③ 토사의 운반
   ④ 지반 고르기

02  동영상에서는 콘크리트 타설작업 현장을 보여준다. 콘크리트 분배기, 콘크리트 펌프카 등 콘크리트 타설 장비를 사용하는 경우 준수하여야 할 사항 3가지를 적으시. (6점)

사진 출처 : 통일뉴스

사진 출처 : https://e-depot.kr/503

정답
① 작업을 시작하기 전에 콘크리트 타설 장비를 점검하고 이상을 발견하였으면 즉시 보수할 것
② 건축물의 난간 등에서 작업하는 근로자가 호스의 요동·선회로 인하여 추락하는 위험을 방지하기 위하여 안전난간 설치 등 필요한 조치를 할 것
③ 콘크리트 타설 장비의 붐을 조정하는 경우에는 주변의 전선 등에 의한 위험을 예방하기 위한 적절한 조치를 할 것
④ 작업 중에 지반의 침하나 아웃트리거 등 콘크리트 타설 장비 지지구조물의 손상 등에 의하여 콘크리트 타설 장비가 넘어질 우려가 있는 경우에는 이를 방지하기 위한 적절한 조치를 할 것

03  터널공사 표준안전작업지침에 의한 터널 작업면의 적합한 조도기준을 나타내었다. 괄호에 적합한 숫자를 적으시오. (6점)

| 초정밀 작업 | 기타 작업 |
| --- | --- |
| 막장 구간 | ( ① ) Lux 이상 |
| 터널중간 구간 | ( ② ) Lux 이상 |
| 터널 입출구, 수직구 구간 | ( ③ ) Lux 이상 |

정답
① 70  ② 50  ③ 30

04  산업안전보건법에 의한 밀폐공간 작업 시의 적정 공기 수준에 관한 내용이다. 괄호에 적합한 숫자를 적으시오. (6점)

> (1) 산소 농도 : 18% 이상 23.5% 미만
> (2) 탄산가스 농도 : ( ① ) 미만
> (3) 일산화탄소 농도 : ( ② ) 미만
> (4) 황화수소 농도 : ( ③ ) 미만

① 1.5%   ② 30ppm   ③ 10ppm


05  화면에서 작업자는 승강기 개구부에서 작업하는 모습을 보여준다. 산업안전보건법에 의하여 작업발판 및 통로의 끝이나 개구부로서 근로자가 추락할 위험이 있는 장소에 설치하여야 하는 방호조치(추락방지 시설) 2가지를 적으시오. (4점)

사진 출처 : https://ulsansafety.tistory.com/969

사진 출처 : https://ulsansafety.tistory.com/969

① 안전난간 설치
② 울타리 설치
③ 수직형 추락방망 또는 덮개 설치
④ 추락방호망 설치(안전난간 설치 곤란 또는 해체한 경우)

> **참고**
>
> **개구부의 추락을 방지하기 위한 조치**
> ① 안전난간 설치
> ② 울타리 설치
> ③ 수직형 추락방망 또는 덮개 설치
> ④ 개구부 내부에 추락방호망 설치(안전난간 설치 곤란 또는 해체한 경우)
> ⑤ 작업자 안전대 착용(안전난간 및 추락방호망 설치가 불가능한 경우)

**06** 동영상에서 작업자는 낙하물 방지망 보수작업을 하고 있다. 낙하물 방지망의 설치기준에 관한 다음 [보기]의 괄호에 적합한 내용을 적으시오. (4점)

> **화면 설명**
> 작업자는 작업발판 없이 낙하물 방지망의 파이프를 밟고 낙하물 방지망 보수를 하고 있다. 작업자는 안전대를 미착용한 상태에서 이동하던 중 떨어지는 사고가 발생한다.

> [보기]
> 1. 낙하물 방지망 또는 방호선반의 설치높이는 ( ① ) 이내마다 설치하고, 내민길이는 벽면으로부터 ( ② ) 이상으로 할 것
> 2. 수평면과의 각도는 ( ③ ) 이상 ( ④ ) 이하를 유지할 것

① 10m  ② 2m  ③ 20도  ④ 30도

**07** 동영상에서는 건설현장에서 건설용 리프트가 운행 중인 모습을 보여준다. (4점)

(1) 리프트가 운행 중 무너지거나 또는 넘어지는(붕괴 또는 전도) 원인을 2가지 적으시오.
(2) 괄호에 적합한 내용을 적으시오.

> 사업주는 순간풍속이 초당 ( ) 미터를 초과하는 바람이 불어올 우려가 있는 경우 건설작업용 리프트(지하에 설치되어 있는 것은 제외한다)에 대하여 받침의 수를 증가시키는 등 그 붕괴 등을 방지하기 위한 조치를 하여야 한다.

사진 출처 : 매일건설신문

사진 출처 : 중앙일보

 **정답**

(1) 리프트의 넘어지는(붕괴 또는 전도) 원인
  ① 지반의 침하(부동침하)
  ② 불량한 자재사용 또는 헐거운 결선

(2) 35

### 참고

**1. 이삿짐 운반용 리프트 전도의 방지**
① 아웃트리거가 정해진 작동 위치 또는 최대전개위치에 있지 않는 경우(아웃트리거 발이 닿지 않는 경우를 포함한다)에는 사다리 붐 조립체를 펼친 상태에서 화물 운반작업을 하지 않을 것
② 사다리 붐 조립체를 펼친 상태에서 이삿짐 운반용 리프트를 이동시키지 않을 것
③ 지반의 부동침하 방지 조치를 할 것

**2. 악천후 시 조치**
① 순간풍속이 초당 10미터를 초과 : 타워크레인의 설치·수리·점검 또는 해체작업을 중지
② 순간풍속이 초당 15미터를 초과 : 타워크레인의 운전작업을 중지
③ 순간풍속이 초당 30미터를 초과 : 옥외에 설치되어 있는 주행 크레인 이탈방지조치
④ 순간풍속이 초당 30미터를 초과하는 바람이 불거나 중진(中震) 이상 진도의 지진이 있은 후 : 옥외 양중기 각 부위 이상 점검
⑤ 순간풍속이 초당 35미터를 초과 : 옥외 승강기 및 건설용 리프트(지하에 설치되어 있는 것은 제외)에 대하여 받침의 수를 증가시키는 등 승강기가 무너지는 것을 방지하기 위한 조치

**08** 산업안전보건법에 의한 아세틸렌 용접장치에 관한 내용이다. 다음 물음에 답하시오. (6점)

(1) 괄호에 적합한 용어를 적으시오.

> 1. 사업주는 아세틸렌 용접장치의 취관마다 (　　)를 설치하여야 한다. 다만, 주관 및 취관에 가장 가까운 분기관(分岐管)마다 (　　)를 부착한 경우에는 그러하지 아니하다.
> 2. 사업주는 가스용기가 발생기와 분리되어 있는 아세틸렌 용접장치에 대하여 발생기와 가스용기 사이에 (　　)를 설치하여야 한다.

(2) 발생기실을 설치하는 경우에 사업주가 준수하여야 하는 사항 3가지를 적으시오.

(1) 안전기

(2) 발생기실을 설치하는 경우의 준수 사항
　① 벽은 불연성 재료로 하고 철근 콘크리트 또는 그 밖에 이와 같은 수준이거나 그 이상의 강도를 가진 구조로 할 것
　② 지붕과 천장에는 얇은 철판이나 가벼운 불연성 재료를 사용할 것
　③ 바닥면적의 16분의 1 이상의 단면적을 가진 배기통을 옥상으로 돌출시키고 그 개구부를 창이나 출입구로부터 1.5미터 이상 떨어지도록 할 것
　④ 출입구의 문은 불연성 재료로 하고 두께 1.5밀리미터 이상의 철판이나 그 밖에 그 이상의 강도를 가진 구조로 할 것
　⑤ 벽과 발생기 사이에는 발생기의 조정 또는 카바이드 공급 등의 작업을 방해하지 않도록 간격을 확보할 것

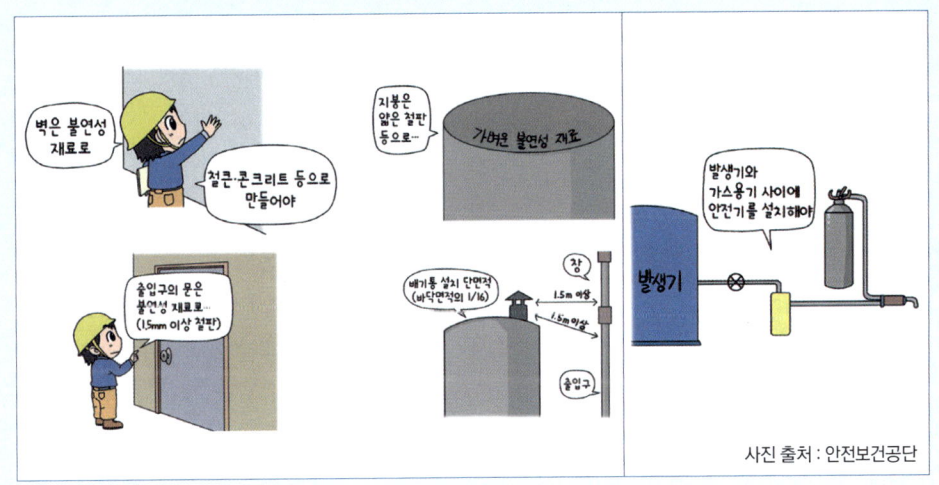

# 건설안전산업기사 실기

초　판　인쇄 | 2024년 6월 20일
초　판　발행 | 2024년 6월 25일
개정1판　발행 | 2025년 3월 31일

저　자 | 최윤정
발행인 | 조규백
발행처 | 도서출판 구민사
　　　　(07293) 서울특별시 영등포구 문래북로 116, 604호(문래동 3가 46, 트리플렉스)
전　화 | 02.701.7421
팩　스 | 02.3273.9642
홈페이지 | www.kuhminsa.co.kr
신고번호 | 제2012-000055호(1980년 2월 4일)
ISBN | 979-11-6875-547-5　13500

가격　47,000원

※ 낙장 및 파본은 구입하신 서점에서 바꿔드립니다.
※ 본 서를 허락없이 부분 또는 전부를 무단복제, 게제행위는 저작권법에 저촉됩니다.